Comportamento Animal

Coordenação da tradução:

Eduardo Bessa Pereira da Silva

Biólogo. Professor efetivo da Universidade do Estado de Mato Grosso (Unemat). Mestre em Ciências Biológicas: Zoologia pela Universidade de São Paulo (USP). Doutorando em Ciências Biológicas: Biologia Animal pela Universidade Estadual Paulista (UNESP). Membro do Comitê Educacional da Animal Behavior Society.

Equipe de tradução:

Denise de Araujo Alves (cap. 13/parte)

Bióloga. Doutora em Ecologia pela USP.

Eduardo Bessa Pereira da Silva (iniciais, caps. 10-12, finais)

Biólogo. Professor efetivo da Universidade do Estado de Mato Grosso (Unemat). Mestre em Ciências Biológicas: Zoologia pela Universidade de São Paulo (USP). Doutorando em Ciências Biológicas: Biologia Animal pela Universidade Estadual Paulista (UNESP). Membro do Comitê Educacional da Animal Behavior Society.

Eliane Gonçalves de Freitas (cap. 5)

Professora do Departamento de Zoologia e Botânica do Instituto de Biociências, Letras e Ciências Exatas da UNESP, São José do Rio Preto, SP. Doutora em Ciências Biológicas: Zoologia pela UNESP. Livre-Docente em Comportamento Animal pela UNESP.

Elias Francisco Lopes de Freitas (cap. 3)

Biólogo. Doutor em Ciências Biológicas: Zoologia pela UNESP.

Fábio Santos do Nascimento (cap. 13/parte)

Biólogo. Professor da USP. Mestre em Ciências Biológicas: Zoologia pela Universidade Federal de Juiz de Fora (UFJF). Doutor em Entomologia pela USP.

Lucila de Sousa Campos (cap. 6)

Coordenadora do Curso de Psicologia da Faculdade de Ciências Biomédicas (FACIMED) de Cacoal, RO. Doutora pelo Departamento de Psicologia Experimental do Instituto de Psicologia da USP.

Patrícia Ferreira Monticelli (caps. 1, 2, 8)

Bióloga. Pesquisadora do Núcleo de Pesquisa em Neurociências e Comportamento da USP. Doutora em Neurociências e Comportamento pela USP. Pós-doutorado em Psicoetologia pela USP.

Percília Cardoso Giaquinto (cap. 4)

Bióloga. Professora do Departamento de Fisiologia do Instituto de Biociências da UNESP/Botucatu. Doutora em Fisiologia e Comportamento Animal pela Universidade Estadual Paulista Júlio de Mesquita Filho, pela University of Alberta, Edmonton, e pela University of Manitoba, Freshwater Institute, Winnipeg, Canadá. Pós-doutorado em Fisiologia pela Faculdade de Medicina da USP/Ribeirão Preto e pelo Departamento de Biologia Celular y Molecular da Universidade da Coruna, Coruna, Espanha.

Rodrigo Hirata Willemart (caps. 7, 9)

Biólogo. Professor da Escola de Artes, Ciências e Humanidades da USP, onde coordena o Laboratório de Ecologia Sensorial e Comportamento de Aracnídeos (LESCA). Doutor em Zoologia pela USP. Pós-doutor pela University of Nebraska.

Wallisen Tadashi Hattori (cap. 14)

Biólogo. Mestre em Psicobiologia: Comportamento Animal pela Universidade Federal do Rio Grande do Norte (UFRN). Doutor em Psicobiologia: Estudos do Comportamento pela UFRN. Pós-doutorando na UFRN, coordenando o Projeto EPA-Brasil - Escolha de Parceiros entre Adolescentes Brasileiros.

John Alcock
Arizona State University

Comportamento Animal
Uma abordagem evolutiva

9ª Edição

Consultoria, supervisão e revisão técnica desta edição:
Regina Helena Ferraz Macedo
Bióloga. Mestre e Doutora em Zoologia pela University of Oklahoma, EUA.
Pós-doutora pela University of St. Andrews, Escócia.
Professora cadastrada do Programa de Pós-Graduação em
Ecologia da Universidade de Brasília.

Obra originalmente publicada sob o título
Animal behavior: an evolutionary approach, 9th Edition.
ISBN 978-0-87893-225-2

Copyright © 2009

This translation of *Animal behavior: an evolutionary approach*, 9th Edition, is published by arrangement with Sinauer Associates, Inc., Sunderland,MA, USA.
Tradução de *Animal behavior: an evolutionary approach*, 9ª edição, publicada por acordo com Sinauer Associates, Inc., Sunderland, MA, USA.

Capa: *Mário Röhnelt*

Preparação de original: *Henrique de Oliveira Guerra*

Leitura final: *Débora Benke de Bittencourt*

Editora sênior – Biociências: *Letícia Bispo de Lima*

Projeto e editoração: *Techbooks*

```
A354c   Alcock, John.
            Comportamento animal : uma abordagem evolutiva / John
        Alcock ; coordenação da tradução: Eduardo Bessa Pereira da
        Silva ; revisão técnica: Regina Helena Ferraz Macedo. – 9. ed. –
        Porto Alegre : Artmed, 2011.
            xvii, 606 p. : il. color. ; 28 cm.

            ISBN 978-85-363-2445-6

            1. Zoologia. 2. Comportamento animal. I. Título.

                                                        CDU 591.5
```

Catalogação na publicação: Ana Paula M. Magnus – CRB 10/2052

Reservados todos os direitos de publicação, em língua portuguesa, à
ARTMED® EDITORA S.A.
Av. Jerônimo de Ornelas, 670 - Santana
90040-340 Porto Alegre RS
Fone (51) 3027-7000 Fax (51) 3027-7070

É proibida a duplicação ou reprodução deste volume, no todo ou em parte, sob quaisquer formas ou por quaisquer meios (eletrônico, mecânico, gravação, fotocópia, distribuição na Web e outros), sem permissão expressa da Editora.

SÃO PAULO
Av. Embaixador Macedo Soares, 10.735 - Pavilhão 5 - Cond. Espace Center
Vila Anastácio 05095-035 São Paulo SP
Fone (11) 3665-1100 Fax (11) 3667-1333

SAC 0800 703-3444

IMPRESSO NO BRASIL
PRINTED IN BRAZIL

*À memória de meus pais,
John P. e Mariana C. Alcock*

Apresentação à edição brasileira

Por muitos anos, o principal livro-texto de comportamento animal tem sido este que agora temos o prazer de apresentar em sua edição traduzida para a língua portuguesa. Ele é o produto da admirável iniciativa realizada pelo Grupo A, para tornar mais acessível ao público brasileiro este que é o princípio do aprendizado da etologia em todo o mundo há 35 anos. Por meio desta empreitada, toda a equipe de tradução procurou dar sua parcela de contribuição para o progresso desta ciência que constitui nossa carreira e paixão.

Comportamento animal: uma abordagem evolutiva é a tradução da 9ª edição publicada em inglês. Este livro faz uma profunda análise teórica do comportamento de forma didática, utilizando desde trabalhos clássicos até a mais atualizada bibliografia disponível. Em seus 35 anos de existência, bem-sucedido em todo o mundo, serve de guia e fonte de informações a professores e estudantes de biologia, psicologia, sociologia, veterinária e zootecnia. John Alcock, com esta que é sua maior obra, certamente inspirou e arrebanhou uma legião de etólogos nas últimas décadas.

O livro que o leitor tem agora em mãos apresenta o corpo teórico do comportamento animal sob a ótica da teoria evolutiva. As diversas atividades que os animais realizam são vistas como produtos adaptativos aos desafios que sua ecologia apresenta. O conhecimento, no entanto, não é abordado de forma definitiva, mas com perguntas abertas à discussão e dando atenção a teorias alternativas que buscam explicar um mesmo fenômeno. Esta obra também é amplamente ilustrada com figuras que facilitam a compreensão do que está sendo discutido.

A equipe de tradução dedicou-se a respeitar o texto original desta obra e torná-lo compreensível ao público brasileiro da forma mais fiel e conceitualmente precisa possível. Um grande desafio foi traduzir os nomes das espécies, que no texto original é apresentado apenas utilizando seus nomes populares, mas que em geral não têm tradução ou pouco querem dizer ao público brasileiro. Na tradução, optamos por apresentar, sempre que julgamos necessário, o nome científico da espécie, já que em muitos casos se tratava de animais inexistentes em nossa fauna.

A figura simpática e atenciosa do autor, que conhecemos pessoalmente em ocasiões distintas, faz-se presente em todo o livro. Esperamos que a edição traduzida cumpra o duplo papel já atribuído a esta obra em vários outros países, que é o de encantar e educar aqueles que dão seus primeiros passos na ciência do comportamento animal.

Eduardo Bessa Pereira da Silva
Coordenação da tradução

Regina Helena Ferraz Macedo
Revisão técnica

Prefácio

Estou completando a 9ª edição de meu livro-texto pouco depois de me aposentar na Escola de Ciências da Vida na Arizona State University. Comecei minha longa e feliz carreira como professor universitário em salas de aula dominadas por quadros negros, então suplantados por telas retráteis e retroprojetores, antes das apresentações em PowerPoint® tornarem-se procedimentos operacionais padrão. Com o passar do tempo, vi máquinas de datilografia manuais darem lugar às eletrônicas, as quais desapareceram na competição com os primeiros computadores pessoais rodando com MS-DOS®, seja lá o que fosse isso, até a versão mais recente do Windows®, conexões sem fio, *pen drives* e seus assemelhados. A palestra-padrão de 50 minutos ininterruptos de modo geral seguiu o mesmo caminho que os dodôs, e agora a maioria dos meus colegas ainda na ativa usa versões do método socrático ou divide suas turmas em equipes para exercícios de aprendizado cooperativo ou lança mão de sistemas eletrônicos de respostas pessoais, de modo que os alunos possam clicar seu caminho em direção à educação do século XXI.

O campo do comportamento animal também mudou radicalmente durante minha carreira de professor, que começou em 1969, o ano de meu primeiro emprego, até 2008, o ano em que disse adeus ao ensino na ASU. Quando comecei, queria escrever um livro-texto para trazer novidades aos meus alunos sobre uma revolução na área ainda não abordada pelos livros-texto da época. Essa revolução foi estimulada pelo trabalho de W.D. Hamilton, que nos mostrou como pensar geneticamente para identificar desafios teóricos interessantes, como de que forma poderia evoluir o comportamento de autossacrifício em espécies animais, e George C. Williams, que sabia por que explicações para o comportamento com base no "bem do grupo" estavam quase invariavelmente erradas. Eu mesmo mal absorvera essas mensagens 40 anos atrás, mas sabia que elas eram muito importantes e que deviam ser apresentadas a estudantes que àquela época eram apenas um pouco mais jovens do que eu.

Depois que a 1ª edição saiu, em 1975, continuei a manter registros dos desenvolvimentos em comportamento animal, de forma a revisar o livro-texto a cada quatro ou cinco anos. As revisões aconteceram naturalmente, pois todos os anos surgem excelentes novos artigos sobre comportamento. A natureza da ciência é tal que a terra está sempre mudando sob nossos pés; ideias antigas são revistas e modificadas ou descartadas como um todo, enquanto, por sua vez, suas substitutas são apresentadas, desafiadas e modificadas. Por isso foi tanto possível quanto desejável atualizar meu livro regularmente. Das 502 citações da 1ª edição, apenas uma pequena parte sobreviveu às múltiplas revisões até hoje e ainda são usadas nesta 9ª edição, que apresenta mais de 1.500 referências. A ciência não é estática.

Nesta edição, segui as regras de atualização usadas em muitas das edições antecedentes. Meu principal objetivo foi adicionar informações de artigos recentes que modificam ou complementam conclusões com base no que hoje é material mais antigo, assim como oferecer aos leitores novos exemplos que ilustram pontos específicos de importância teórica. A cada revisão, fiquei impressionado com a quantidade e com a qualidade da pesquisa publicada em comportamento animal disponível ao autor de um livro-texto. Os procedimentos experimentais estão mais sofisticados, os testes estatísticos mais complexos, a aplicação do método hipotético-dedutivo mais disseminada pelas áreas do que no passado.

Ultimamente tenho um enleio de riquezas a considerar ao revisar meu texto. Ao escolher o que usar, tenho sido ajudado por um de meus recentes alunos de doutorado, David Skryja, que me envia (e a diversos outros colegas) novidades na pesquisa comportamental que lhe interessaram. Guardo esses itens de forma a identificar pesquisas promissoras à medida que começo o processo de atualização. Busco o artigo original no Web of Science (http://www.webofscience.com), maravilhoso mecanismo de busca, altamente recomendado, que todo aluno de graduação com interesse em ciência deveria conhecer e usar.

Posteriormente, os capítulos atualizados passam pela revisão de pessoas que não só apontam erros no que escrevi, mas também indicam outros bons artigos. Essas críticas me ajudam a melhorar e aprimorar o texto. Desta vez fui ajudado por Steve Phelps (Capítulo 1), Sarah Woolley (Capítulo 2), Maydianne Andrade (Capítulo 3), Ken Catania (Capítulo 4), Brian Trainor (Capítulo 5), Don Owings (Capítulo 6), Todd Blackledge (Capítulo 7), Anthony Zera (Capítulo 8), Stephanie Dloniak (Capítulo 9), Gerry Borgia (Capítulos 9 e 10), Dustin Rubenstein (Capítulo 11), Jeff Hoover (Capítulo 12), David Queller (Capítulo 13) e Joan Silk (Capítulo 14). Taewon Kim e Juergen Leibig também me alertaram para erros na 8ª edição, de forma que pude corrigi-los desta vez. Não utilizei todas as dicas que recebi, embora provavelmente devesse ter aceito, mas todas as alterações que fiz foram para aprimorar o texto.

Generosamente, muitos colegas ofereceram ilustrações para esta edição. Dou o crédito aos fornecedores de fotografias e desenhos na legenda de cada figura do texto, mas gostaria de agradecer especialmente Bob Montgomerie por trabalhar comigo no quadro sobre análise de microssatélites (*ver* página 389). Doug Emlen também foi de grande ajuda, pois passou muito tempo construindo uma figura inteiramente nova para o Capítulo 10 (*ver* página 343). Agradecemos às editoras que gentilmente permitiram usar material com direitos autorais, os quais aparecem nos créditos das ilustrações.

Meu editor na Sinauer Associates, Graig Donini, tem sido imensamente atencioso ao longo dos anos. Entre suas muitas contribuições figuram organizar a revisão dos capítulos de forma a melhorar o processo editorial. Também recebi muita assistência de outros membros da equipe da Sinauer Associates, incluindo Joanne Delphia, Laura Green, David McIntyre, Elizabeth Morales e Chris Small, todos extraordinariamente atenciosos e competentes em suas respectivas especialidades. Lou Doucette fez o que um bom copidesque faz, limpar a prosa que precisa de correções, tarefa que exige imensa paciência e meticuloso senso de detalhe. Obrigado por isso.

Apesar de eu estar aposentado, o Coordenador da Escola de Ciências da Vida, Rob Page, encorajou-me a permanecer no campus e manter meu escritório, motivo pelo qual o agradeço. Tenho passado a maioria dos dias da semana em meu escritório na ASU, nem que seja apenas para almoçar com meus colegas da ativa, o mesmo grupo que tem me acompanhado por décadas (exceto Jim Collins, que foi para um posto administrativo na National Science Foundation). Com Dave Brown, Stuart Fisher, Tony Lawson, Dave Pearson e Ron Rutowski ainda em plena atividade, continuamos tendo quórum na maioria dos dias de semana para uma acalorada discussão sobre os defeitos de caráter dos administradores superiores e seus companheiros (desde que eles não estejam presentes na mesa!), nossa visão geral sobre assuntos políticos e personalidades, como preparar-se financeira e psicologicamente para a aposentadoria e quais os filmes bons em cartaz ou disponíveis na locadora, todos assuntos de suma importância para nós.

Um aspecto da minha vida pessoal permaneceu constante durante minha vida acadêmica: continuo casado com Sue Alcock, uma tolerante e reconfortante esposa que ainda conversa comigo, assim como nossos dois filhos, Joe e Nick. Joe nos deu nos últimos quatro anos uma nora, Satkirin, enquanto Nick e sua esposa, Sara, nos deram uma neta chamada Abby, que me chama de Yoyo quando está de bom humor. Abby e companhia fazem minha existência mais rica e mais divertida do que seria de outra forma, pelo que sou grato.

Materiais complementares

Uma série de materiais complementares foi elaborada para professores e estudantes para auxiliar no ensino e na aprendizagem dos temas. Todos os recursos estão totalmente integrados com o estilo e os objetivos da 9ª edição do livro!

Para o estudante:
Visite **www.grupoaeditoras.com.br** para ter acesso ao *Lab Manual* e a *quizzes* (em inglês), bem como a vídeos que complementarão o estudo.

Para o professor:
Visite a Área do Professor em **www.grupoaeditoras.com.br** para ter acesso a PowerPoints® (em português) com as figuras da obra, bem como ao *Lab Manual* (em inglês), os quais poderão auxiliar na elaboração de suas aulas.

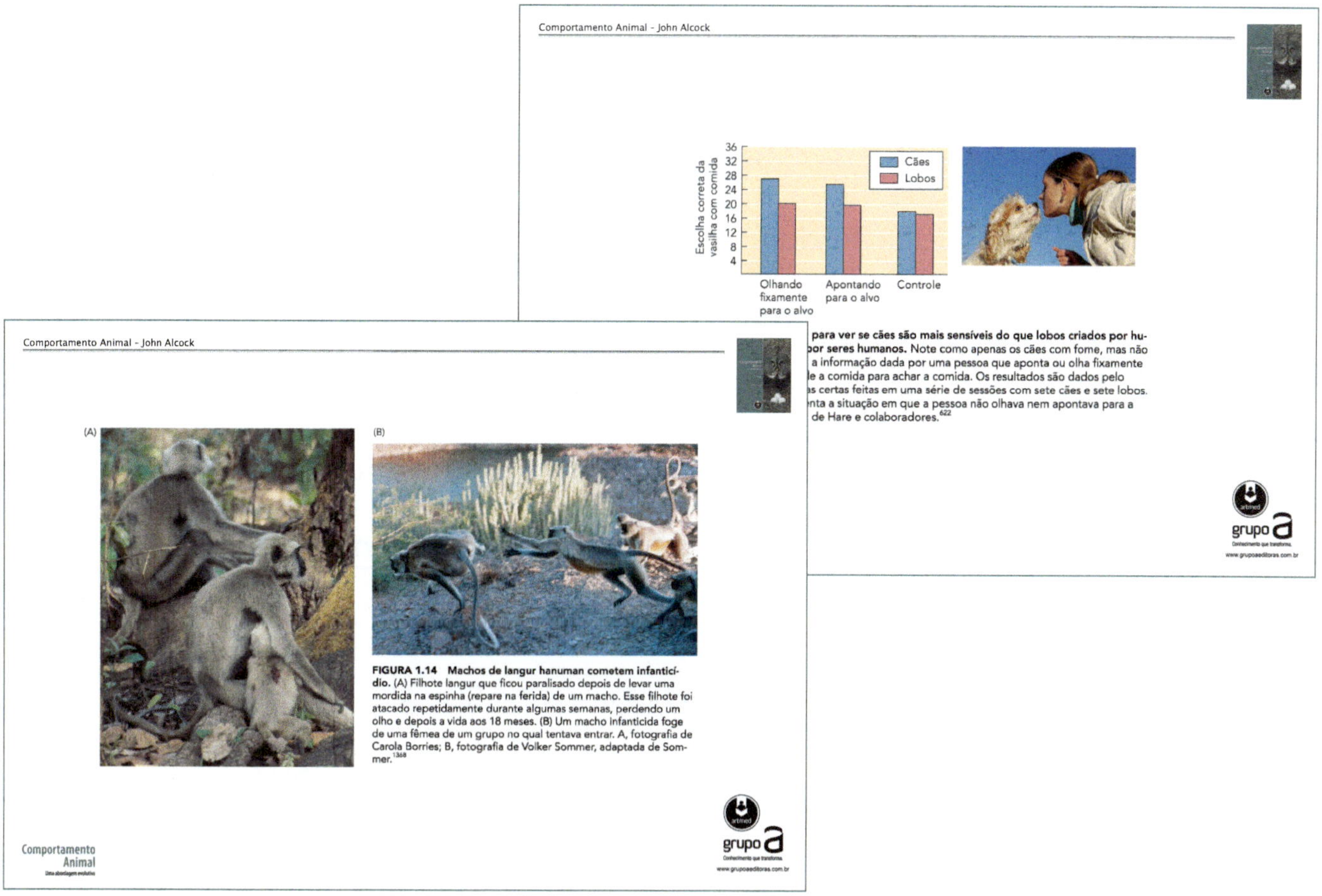

Sumário

Capítulo 1   Uma Abordagem Evolucionista do Comportamento Animal   3

Capítulo 2   Entendendo as Causas Proximais e Distais do Canto das Aves   29

Capítulo 3   O Desenvolvimento do Comportamento   63

Capítulo 4   O Controle do Comportamento: Mecanismos Neurais   107

Capítulo 5   A Organização do Comportamento: Neurônios e Hormônios   149

Capítulo 6   Adaptações Comportamentais para Sobrevivência   183

Capítulo 7   A Evolução do Comportamento Alimentar   219

Capítulo 8   Escolhendo onde Viver   249

Capítulo 9   A Evolução da Comunicação   287

Capítulo 10   A Evolução do Comportamento Reprodutivo   329

Capítulo 11   A Evolução dos Sistemas de Acasalamento   379

Capítulo 12   A Evolução do Cuidado Parental   421

Capítulo 13   A Evolução do Comportamento Social   457

Capítulo 14   A Evolução do Comportamento Humano   507

Sumário detalhado

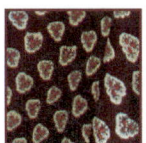

CAPÍTULO 1
Uma Abordagem Evolucionista do Comportamento Animal 3

Entendendo a monogamia 4
   Níveis de análise 8
   Explicações proximais e distais em biologia 9

Como descobrir cientificamente as causas do comportamento 12
   Teoria darwiniana e as hipóteses distais 14
   Teoria darwiniana e o estudo do comportamento animal 16
   O problema com a seleção de grupo 21
   Testando hipóteses alternativas 22
   Certeza e ciência 25

Resumo 26
Leitura sugerida 27

CAPÍTULO 2
Entendendo as Causas Proximais e Distais do Canto das Aves 29

Cantos distintos: causas proximais 30
   Experiência social e desenvolvimento do canto 33
   Desenvolvimento dos mecanismos básicos que controlam o comportamento de canto 36
   Como funciona o sistema de controle do canto das aves? 40

Cantos distintos: causas distais 43
   Benefícios reprodutivos do aprendizado do canto 46
   Benefícios do aprendizado de um dialeto 48
   Preferências das fêmeas e aprendizagem do canto 53

Causas proximais e distais são complementares 58
Resumo 60
Leitura sugerida 61

CAPÍTULO 3
O Desenvolvimento do Comportamento 63

A teoria interativa do desenvolvimento 64
- A falácia natureza *versus* criação 68
- Desenvolvimento comportamental requer a interação dos genes com o ambiente 69

Por que os indivíduos se desenvolvem de maneira diferente? 72
- Diferenças ambientais e diferenças comportamentais 73
- Diferenças genéticas e diferenças comportamentais 76
- Diferenças hereditárias na preferência alimentar das cobras-de-jardim (*Thamnophis elegans*) 79
- Efeitos dos genes individuais sobre o desenvolvimento 82

Evolução e desenvolvimento comportamental 87

Características adaptativas do desenvolvimento comportamental 88
- Homeostase ontogenética: protegendo o desenvolvimento contra perturbações 89
- O valor adaptativo dos mecanismos de alternância ontogenética 94
- O valor adaptativo da aprendizagem 97

Resumo 104
Leitura sugerida 105

CAPÍTULO 4
O Controle do Comportamento: Mecanismos Neurais 107

Como os neurônios controlam o comportamento 109
- Receptores sensoriais e sobrevivência 112
- Transmissão e resposta aos impulsos sensoriais 120
- Geradores de padrões centrais 122

Bases proximais da filtração de estímulos 125
- Amplificação cortical da função tátil 127

Adaptação e mecanismos proximais do comportamento 131
- Mecanismos adaptativos da percepção humana 134
- Mecanismos adaptativos da navegação 137
- Mecanismos adaptativos da migração 141

Resumo 146
Leitura sugerida 147

CAPÍTULO 5
A Organização do Comportamento: Neurônios e Hormônios 149

Centros de comando neurais organizam o comportamento 150

Cronogramas comportamentais 153
- Como os mecanismos circadianos funcionam? 157
- Ciclos de comportamento de longo prazo 161
- O ambiente físico influencia os ciclos de longo prazo 162

Mudança de prioridades em ambientes socialmente variáveis 168
- Hormônios e a organização do comportamento reprodutivo 172
- O papel variável da testosterona 176

Resumo 181
Leitura sugerida 181

Sumário detalhado xv

CAPÍTULO 6
Adaptações Comportamentais para Sobrevivência 183

Comportamento de enfrentamento ou de mobilização (*mobbing behavior*) e a evolução de adaptações 184
    O método comparativo para testar hipóteses adaptacionistas 190

A abordagem custo-benefício para o comportamento antipredação 196
    Os custos e benefícios da camuflagem 200
    Alguns quebra-cabeças darwinistas 204
    Teoria da otimização e comportamento antipredação 211
    Teoria dos jogos aplicada a defesas sociais 213

Resumo 216
Leitura sugerida 217

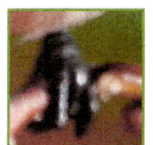

CAPÍTULO 7
A Evolução do Comportamento Alimentar 219

Comportamento de forrageio ótimo 220
    Como escolher um mexilhão ótimo 223
    Críticas à teoria do forrageio ótimo 225

Teoria dos jogos e comportamento alimentar 228

Mais quebra-cabeças darwinistas no comportamento alimentar 231
    Por que algumas aranhas tornam visíveis suas teias? 233
    Por que os humanos consomem álcool, temperos e terra? 235

O valor adaptativo e a história de um comportamento complexo 238
    O valor adaptativo da dança das abelhas melíferas 242
    Origem e modificação das danças das abelhas melíferas 243

Resumo 246
Leitura sugerida 247

CAPÍTULO 8
Escolhendo onde Viver 249

Seleção do hábitat 250
    Preferências de hábitat de um afídeo territorial 254
    Custos e benefícios da dispersão 257

Migração 261
    Os custos da migração 265
    Os benefícios da migração 268
    Migração como tática condicional 271

Territorialidade 274
    Disputas territoriais 278

Resumo 284
Leitura sugerida 285

CAPÍTULO 9
A Evolução da Comunicação 287

A origem e a modificação de um sinal 288
    O valor adaptativo de um sinal 291
    Uma hipótese adaptacionista 293

A história de um mecanismo receptor de sinais 294
    A história das asas dos insetos 296
    Exploração sensorial de receptores de sinais 299

Questões adaptacionistas sobre comunicação 309
    Por que ninhegos vocalizam tão alto para pedir comida? 311
    Como lidar com receptores ilegítimos 317
    Por que resolver disputas com ameaças inofensivas? 320
    Como a trapaça pode evoluir? 324

Resumo 326
Leitura sugerida 327

CAPÍTULO 10
A Evolução do Comportamento Reprodutivo 329

A evolução das diferenças nos papéis sexuais 330
  Testando a teoria evolutiva das diferenças sexuais 336
Seleção sexual e competição por parceiros 340
  Táticas alternativas de acasalamento 345
  Estratégias de acasalamento condicionais 347
  Estratégias de acasalamento distintas 350
  Competição de esperma 352
  Guarda de parceiro 356
Seleção sexual e escolha de parceiro 360
  Escolha do parceiro sem benefício material 363
  A corte do macho sinaliza sua qualidade como parceiro? 366
  Testando as teorias do parceiro saudável, dos bons genes e da seleção *runaway* 369
Conflito sexual 371
Resumo 376
Leitura sugerida 377

CAPÍTULO 11
A Evolução dos Sistemas de Acasalamento 379

A monogamia nos machos é adaptativa? 380
  Monogamia dos machos em mamíferos 384
  Monogamia em machos de aves 387
O que as fêmeas ganham com a poliandria? 393
  Poliandria e bons genes 395
  Poliandria e benefícios materiais 402

A diversidade dos sistemas de acasalamento poligínicos 404
  Poliginia de defesa de fêmeas 404
  Poliginia de defesa de recursos 406
  Poliginia de competição indireta (*scramble competition*) 409
  Poliginia de lek 410
Resumo 418
Leitura sugerida 419

CAPÍTULO 12
A Evolução do Cuidado Parental 421

A análise de custo e benefício do cuidado parental 422
  Por que há mais cuidado das mães do que dos pais? 422
  Exceções à regra 426
  Por que os machos de baratas d'água realizam todo o trabalho? 428
Cuidado parental diferencial 430
  Por que adotar desconhecidos genéticos? 433
  A história do parasitismo de ninhada interespecífico 435
  Por que aceitar o ovo de um parasita? 439
A evolução do favoritismo parental 444
  Como avaliar o valor reprodutivo da prole 449
Resumo 454
Leitura sugerida 455

CAPÍTULO 13
A Evolução do Comportamento Social 457

Os custos e benefícios da vida social 458
A evolução do comportamento de ajuda 463
  A hipótese da reciprocidade 466

Altruísmo e seleção indireta   470
A importância do parentesco   472
Seleção indireta e grito de alarme do esquilo-de-belding   472

O conceito de aptidão inclusiva   473
Aptidão inclusiva e o martim-pescador-malhado   474
Aptidão inclusiva e os ajudantes de ninho   476
A história evolutiva da ajuda no ninho   481
Insetos ajudantes de ninho   483

A evolução do comportamento eussocial   488
Determinação sexual haplodiploide e a evolução do altruísmo extremo   490
Testando a hipótese haplodiploide   492
Eussocialidade na ausência de parentesco muito próximo   497
A ecologia da eussocialidade   502

Resumo   504
Leitura sugerida   505

A controvérsia da sociobiologia   510
Teoria da cultura arbitrária   513
Teoria da evolução cultural   517

Preferências adaptativas por parceiros   518
Preferências femininas adaptativas por parceiros   521
Preferências condicionais masculinas e femininas por parceiros   525
Conflito sexual   528
Sexo coercivo   532

Cuidado parental adaptativo   535
Ajudando os filhos a casar   538

Aplicações da psicologia evolucionista   541
Resumo   545
Leitura sugerida   546

Glossário   547
Referências   553
Créditos das Ilustrações   591
Índice   593

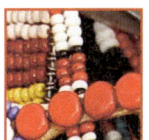

CAPÍTULO 14
A Evolução do Comportamento Humano   507

A abordagem adaptacionista ao comportamento humano   508

Comportamento Animal

1

Uma Abordagem Evolucionista do Comportamento Animal

Nossos ancestrais passaram centenas de milhares de anos observando ansiosamente os animais e aprendendo detalhes precisos sobre o seu comportamento, porque disso dependia sua próxima refeição. Ainda hoje, o comportamento animal é um assunto de grande importância prática. Se você quisesse maximizar a produção de patos-carolinos para os caçadores de patos, deveria determinar as consequências de distribuir inúmeras caixas de ninho nas áreas de reprodução dos patos.[1305] Se você desejasse proteger sua colheita de algodão da nociva lagarta rosada, talvez fosse bom saber que a fêmea adulta usa odores especiais para atrair seus parceiros; assim, você poderia tentar impedir a transmissão desses sinais.[228] Da mesma forma, se você quisesse reduzir a incidência de estupro cometido por pessoas conhecidas das vítimas,* talvez precisasse aprender algo sobre as bases biológicas do comportamento sexual humano.[1438] Ou, ainda, se o seu objetivo fosse minimizar a crescente destruição ambiental causada pela nossa espécie, por que não buscar as raízes evolutivas do problema?[1115, 1116]

Embora algumas pessoas estudem o comportamento animal para ajudar a resolver um dos tantos problemas enfrentados pelas sociedades humanas, outros se tornam biólogos comportamentais

◀ **O escritório de Charles Darwin** em *Down House* onde ele desenvolveu a teoria da evolução por seleção natural, o alicerce do estudo moderno do comportamento animal. Fotografia de Mark Moffett.

---
* N. de T. O termo usado pelo autor é *date rape*.

simplesmente porque consideram o tema intrinsecamente fascinante. Entre esses pesquisadores estão aqueles que querem descobrir porque machos de algumas (mas não de todas) espécies de libélulas voam agarrados às parceiras por um longo tempo depois de copularem com elas. Outros gostariam de saber como mariposas noturnas conseguem se esquivar de morcegos capazes de manobras muito mais rápidas do que elas. Ou por que em certas aves marinhas os pais permitem que seus dois filhotes briguem até que um mate o outro? E como é possível que machos da cobra-de-jardim norte-americana copulem na primavera quando quase não há testosterona circulando em seus corpos?

Nas páginas seguintes você aprenderá algo sobre guarda de parceiro em libélulas, táticas antipredatórias de mariposas, fratricídio em aves e a relação entre testosterona e atividade sexual na cobra-de-jardim. As aplicações práticas dessas descobertas são modestas, mas há algo fundamentalmente satisfatório no estudo do comportamento, que normalmente é vivenciado pelos milhares de naturalistas curiosos que tentam descobrir porque os animais desenvolvem certos comportamentos. Esses pesquisadores forneceram o material que apresento neste livro. Espero que você concorde comigo que as descobertas deles valem a pena ser estudadas e até servem como entretenimento. Mas, mais ainda, eu gostaria que você entendesse como os cientistas chegam às conclusões apresentadas aqui. Acredito que o processo de fazer ciência é tão interessante quanto as descobertas que constituem o seu produto final. Portanto, o foco de todo esse livro será em como a lógica científica promove raciocínio eficaz e leva a conclusões convincentes. Então, começaremos examinando o que alguns cientistas aprenderam sobre o comportamento do arganaz-do-campo (*Microtus ochrogaster*).*

FIGURA 1.1 O arganaz-do-campo monogâmico. Nessa espécie, machos de pelo menos algumas populações mantêm relacionamentos de longo prazo com fêmeas, com quem formam um casal e coordenam suas atividades de cuidado parental. Fotografia de Lowell Getz.

Entendendo a monogamia

O arganaz-do-campo é um mamífero semelhante a um pequeno roedor que vive em tocas subterrâneas em regiões de campos abertos na parte central dos Estados Unidos e mais ao sul do Canadá. No seu comportamento há uma importante característica: ele é frequentemente monogâmico (Figura 1.1). Isso quer dizer que muitos machos dessa espécie possuem uma única parceira sexual, com quem passam todo o ciclo reprodutivo e, algumas vezes, toda a vida.[532] Ao contrário deles, machos de muitas outras espécies de arganaz (há dúzias de espécies), e a maioria dos outros mamíferos, geralmente são poligâmicos. De modo distinto do arganaz-do-campo frequentemente monogâmico (um macho – uma fêmea), machos de espécies poligínicas, como o roedor-da-campina (*Microtus pennsylvanicus*), vagam de uma fêmea para outra; alguns chegam a persuadir várias fêmeas a copular com eles na mesma estação reprodutiva.

Então, por que os machos do arganaz-do-campo são monogâmicos se a maioria das outras espécies de mamíferos é poligínica? Um grupo de pesquisadores, chefiado por Larry Young, obteve a resposta.[865] Eles descobriram que células de determinadas regiões do cérebro dos machos do arganaz-do-campo estão cheias de receptores proteicos que se ligam quimicamente a um hormônio chamado vasopressina. Quando o camundongo copula certo número de vezes com uma fêmea, a vasopressina é produzida e liberada na corrente sanguínea por outras células cerebrais. Moléculas de vasopressina são levadas à região do pálio ventral, nome dado a uma estrutura particular localizada na base do cérebro de mamíferos e outros vertebrados com a importante função de prover sensações reforçadoras associadas a certos comportamentos. Quando o receptor proteico do pálio ventral, chamado receptor V1a, é estimulado pela vasopressina, a atividade das células ricas desses receptores

---

* N. de T. Em inglês, *prairie vole*. Grupo de pequenos roedores miomorfos (da subordem dos ratos). Pertencem à família Cricetidae, composta de ratos, camundongos e hamsters neotropicais.

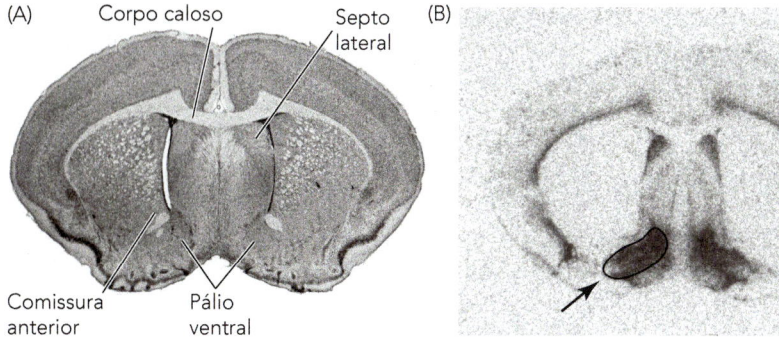

FIGURA 1.2 O cérebro do arganaz-do-campo é uma máquina complexa e altamente organizada. (A) Corte transversal do cérebro com indicação de apenas algumas de suas diferentes regiões anatômicas. No pálio ventral há muitas células com receptores proteicos que se ligam ao hormônio vasopressina. (B) Corte do cérebro tratado para corar de preto as regiões com grande número de receptores de vasopressina. O pálio ventral ocupa os dois hemisférios cerebrais; a porção do pálio ventral à esquerda na figura está marcada em preto (seta). Adaptada de Lim e colaboradores.[865]

é disparada (Figura 1.2). Em contrapartida, essa atividade afeta vias neurais que fornecem ao animal um *feedback* positivo.

Os pesquisadores acreditam que a ativação do circuito de recompensa encoraja o macho camundongo a permanecer ao lado de sua parceira, formando com ela um vínculo social de longo prazo. O sistema de recompensa dos cérebros dos machos de outras espécies poligínicas desse grupo de roedores é diferente, em parte porque há menos receptores V1a no pálio ventral dessas espécies. Por consequência, quando esses machos copulam, seus cérebros não dão o mesmo tipo de *feedback* que leva a formação de vínculos duradouros com suas parceiras e, por isso, eles não permanecem com as fêmeas após a cópula.

Young e colaboradores ofereceram uma explicação alternativa para o porquê de alguns machos desse grupo viverem com uma fêmea por toda a vida, concentrando-se numa possível base genética para o sistema de acasalamento monogâmico, em vez dos refinados detalhes do funcionamento cerebral.[1149] Eles sabiam que o receptor proteico V1a, tão importante para o sistema de vínculo social baseado em vasopressina do arganaz-do-campo, era codificado por um gene particular, o *avpr1a*. O gene *avpr1a* do arganaz-do-campo engloba um elemento específico de DNA ausente na versão desse mesmo gene no camundongo poligâmico da montanha. Esse elemento extra do gene do arganaz-do-campo deve aumentar a quantidade de receptores de vasopressina no pálio ventral.

Quando Young e seu grupo suspeitaram que o gene *avpr1a* tinha alguma influência no sistema de acasalamento de roedores, imaginaram que, se eles pudessem transferir cópias adicionais da forma do gene *avpr1a* da espécie do campo para as células certas na região exata do cérebro de um macho dessa mesma espécie, eles tornariam o vínculo entre macho e fêmea ainda mais forte do que o normal. Usando um vetor viral inócuo, os pesquisadores inseriram cópias adicionais diretamente nas células do pálio ventral de arganazes-do-campo. Uma vez inseridas, as cópias adicionais do gene fizeram aquelas células particulares produzirem ainda mais receptores V1a do que o normal. Os machos geneticamente modificados, agora ricos em receptores, de fato formaram vínculos especialmente fortes com suas fêmeas parceiras, mesmo antes de copular com elas (Figura 1.3). Aparentemente, aumentando o número de células cerebrais com a forma ativa de um gene particular, esse grupo de pesquisadores foi capaz de impulsionar a tendência de machos roedores a manterem o vínculo a um parceiro social, concluindo, então, que o gene *avpr1a* contribui para o comportamento monogâmico do macho de arganaz-do-campo na natureza.[1632]

Outros pesquisadores ofereceram uma terceira explicação para a monogamia do arganaz-do-campo. Jerry Wolff e colaboradores argumentaram que a monogamia nessa espécie ocorre porque, no passado, machos dessa espécie que formaram laços fortes de apego com suas parceiras deixaram mais descendentes do que machos com tendência poli-

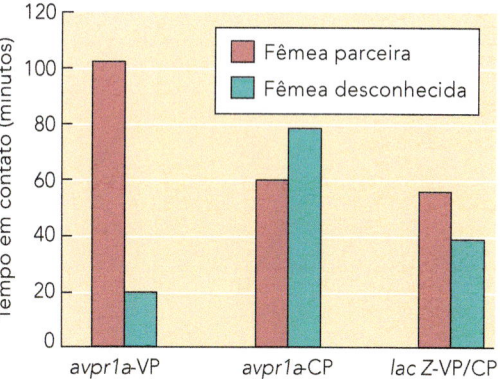

FIGURA 1.3 Gene que afeta o comportamento reprodutivo monogâmico no arganaz-do-campo. Machos que receberam cópias adicionais do gene *avpr1a* (também chamado de *V1aR*) no pálio ventral (machos *avpr1a*-VP), quando tiveram chance de escolher entre passar um tempo com uma fêmea familiar ou com uma fêmea desconhecida, passaram significativamente mais tempo em contato com a fêmea familiar por um período de teste de mais de três horas. Fêmeas parceiras não foram significativamente preferidas por machos que, ao contrário, receberam o gene *avpr1a* no putâmen caudado do cérebro (machos *avpr1a*-CP) ou que receberam um gene diferente, o *lac Z*, no pálio ventral ou no putâmen caudado. Adaptada de Pitkow e colaboradores.[1149]

gínica.[1611] Wolff e colaboradores acreditam que os machos que se ligam a uma parceira são reprodutivamente bem-sucedidos porque assim conseguem evitar que ela copule com outros machos. Em um experimento, machos de arganazes-do-campo foram impedidos de se associar com suas parceiras em condições de laboratório; em resposta a isso 55% das fêmeas copularam com mais de um macho. Nesse experimento, as fêmeas podiam escolher entre três machos que não podiam interferir um com o outro nem evitar que as fêmeas os trocassem por outro macho. Na natureza, machos que deixam suas parceiras provavelmente as perdem para outros machos, o que acarretaria redução da paternidade aos machos menos monogâmicos.

Essa, então, é uma explicação bem diferente para o quebra-cabeça da monogamia que gira em torno dos possíveis benefícios reprodutivos dos machos que impedem suas parceiras de copular com outros machos. De acordo com essa explicação, a monogamia do arganaz-do-campo existe porque, no passado, machos que viveram com suas parceiras mantendo-as sob vigilância obtiveram a paternidade da maioria ou da totalidade dos filhotes da sua parceira monogâmica. Essa tática reprodutiva aparentemente resultou num número maior de descendentes para os machos do que se eles tivessem adotado a tática alternativa de copular e deixar a fêmea. Essa consequência seria especialmente provável se, no passado, o arganaz-do-campo tivesse distribuição de forma esparsa, como de fato eles frequentemente o têm hoje.[533] Em populações de baixa densidade, o macho que abandonasse a fêmea teria dificuldade em encontrar outra parceira disponível, particularmente se os outros machos guardassem suas parceiras.

Sob certas circunstâncias, a monogamia pode realmente aumentar o sucesso reprodutivo do macho, mesmo que machos monogâmicos, por definição, renunciem a ter filhotes com mais de uma fêmea. Se no passado machos guardiões de parceiras tendiam a deixar mais descendentes vivos que machos que se comportavam de outra forma, então aqueles indivíduos monogâmicos teriam modelado a história evolutiva de sua espécie. De acordo com esse argumento, quando encontramos monogamia no arganaz-do-campo atual, estamos olhando para o resultado histórico da competição reprodutiva entre machos com diferentes táticas de acasalamento.

Mas, além de explicar a monogamia em termos das razões para que esse sistema de acasalamento se disseminasse pela espécie há algum tempo atrás, podemos fornecer também outro tipo de explicação histórica para o comportamento. Esse outro ângulo requer o rastreamento da sequência de eventos ocorridos durante a evolução que originou a monogamia e a espalhou por algumas linhagens de roedores (*ver* Quadro 1.1 sobre como isso pode ser feito). Certamente, houve uma época em que o arganaz-do-campo, ou, mais provavelmente, uma espécie já extinta que eventualmente tenha originado o arganaz-do-campo moderno, não era monogâmico. Como dito anteriormente, na grande maioria das espécies atuais de mamíferos, os machos tentam se acasalar com mais de uma fêmea, o que sugere que esse padrão provavelmente tenha prevalecido por muito mais tempo na linhagem que por fim deu origem ao primeiro roedor desse tipo. Esses roedores também não são todos monogâmicos; o de dorso vermelho, por exemplo, parece manter o padrão poligínico ancestral ainda hoje (Figura 1.4). Se a poliginia era o sistema de acasalamento original, então, em al-

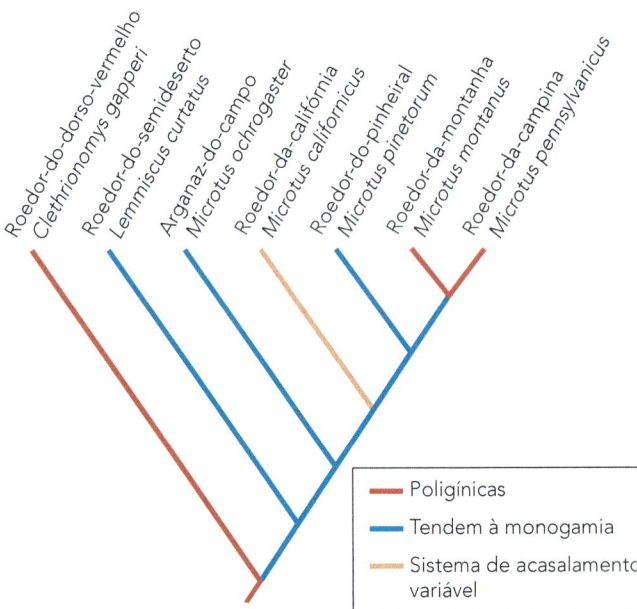

FIGURA 1.4 Relações evolutivas entre o arganaz-do-campo e outras seis espécies aparentadas. O diagrama sugere que uma tendência à monogamia deva ter se originado primeiro na linhagem do gênero *Microtus* e então se mantido nas espécies monogâmicas atuais desse grupo, que incluem os arganaz-do-campo e os roedores-do-pinheiral. A poliginia como sistema de acasalamento do macho muito provavelmente foi o estado ancestral que precedeu a evolução do cuidado paternal e de guarda de parceira em *Microtus*, mas algumas poucas espécies modernas desse gênero (p.ex., o roedor-da-montanha e o roedor-da-campina) evidentemente abandonaram a monogamia e recuperaram a poliginia. Dados de Conroy e Cook[293] e McGuire e Bemis.[968]

gum momento no passado, ela deu lugar à monogamia em uma população ancestral do arganaz-do-campo moderno. A julgar pelos dados apresentados na Figura 1.4, a substituição pela monogamia deve ter ocorrido numa espécie ancestral que deu origem a dois gêneros modernos, o *Lemmiscus* e o *Microtus*. Espécies desses gêneros combinam tendências de cuidado paterno e monogamia. O arganaz-do-campo faz parte desse grupo.

Quadro 1.1 Como são construídas as árvores filogenéticas e o que elas significam?

O diagrama da Figura 1.4 representa a história evolutiva de sete espécies modernas de roedores da família Cricetidae. Para criar uma filogenia como esta é preciso saber quais espécies estão intimamente relacionadas umas às outras e, portanto, quais descendem de um ancestral comum mais recente. Árvores filogenéticas podem ser feitas com base em comparações anatômicas, fisiológicas ou comportamentais entre as espécies, mas comparações com base em dados moleculares são cada vez mais frequentes. A molécula de DNA, por exemplo, é muito útil para esse fim, porque contém muitos "caracteres" para serem comparados, ou seja, as sequências específicas das bases de nucleotídeos que se ligam formando cadeias imensamente longas. Cada uma das duas fitas dessa cadeia tem uma sequência de bases que hoje pode ser lida automaticamente por um equipamento apropriado. Pode-se, assim, na teoria e na prática, comparar um grupo de espécies pela identificação da sequência de bases de um segmento particular de DNA extraído do núcleo ou das mitocôndrias celulares.

Para exemplificar, considere três sequências hipotéticas de bases de uma fita de DNA de parte de um gene particular de três espécies de animais também hipotéticas:

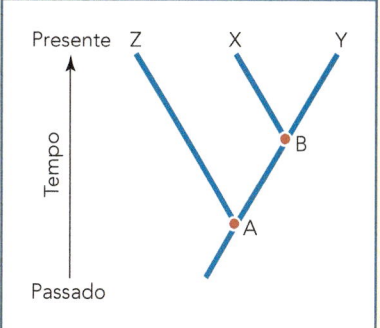

Espécie X	ATTGCATATGTTAAA
Espécie Y	ATTGCATATGGTAAA
Espécie Z	GTTGTACATGTTAAT

Com base nessas sequências de base, seria possível dizer que a espécie X e Y são mais próximas uma da outra do que qualquer uma delas é de Z. Isso porque as sequências de bases das espécies X e Y são praticamente idênticas (a única diferença está na posição 11 da cadeia), enquanto a espécie Z difere das duas em quatro e cinco posições, respectivamente.

A semelhança genética compartilhada por X e Y pode ser explicada com base na história evolutiva dessas espécies, que as deve ter moldado a partir de um ancestral comum muito recente (representado por B na árvore filogenética apresentada neste quadro). A separação de B em duas linhagens que deram origem às espécies atuais X e Y deve ser tão recente que não houve tempo suficiente para que múltiplas mutações fossem incorporadas nesse segmento de DNA. A similaridade entre as três espécies, apesar de menor do que entre X e Y, é notável e pode ser explicada pela existência de um ancestral comum mais antigo, representado pela espécie A. O intervalo de tempo desde que A se separou em duas linhagens até o momento presente foi grande o suficiente para que várias mudanças genéticas se acumulassem em diferentes linhagens. Por isso, a espécie Z é consideravelmente diferente de ambas as espécies X e Y.

Para discussão

1.1 A partir das informações da Figura 1.4 e do Quadro 1.1, esboce a história evolutiva do sistema de acasalamento poligínico do roedor-da-montanha. Porque o roedor-da-campina também é poligínico? Qual o grau de semelhança genética entre o roedor-da-montanha e o roedor-da-campina? E entre o roedor-da-montanha e o roedor-do-dorso-vermelho?

A troca da poliginia para a monogamia em um ancestral do arganaz-do-campo pode ter se originado em uma espécie ancestral àquela, na qual machos com posições hierárquicas inferiores teriam desenvolvido o infanticídio como forma de combater a habilidade que poucos machos dominantes tinham de controlar várias fêmeas. Matando filhotes de outros machos, um macho subordinado seria capaz de acasalar com a

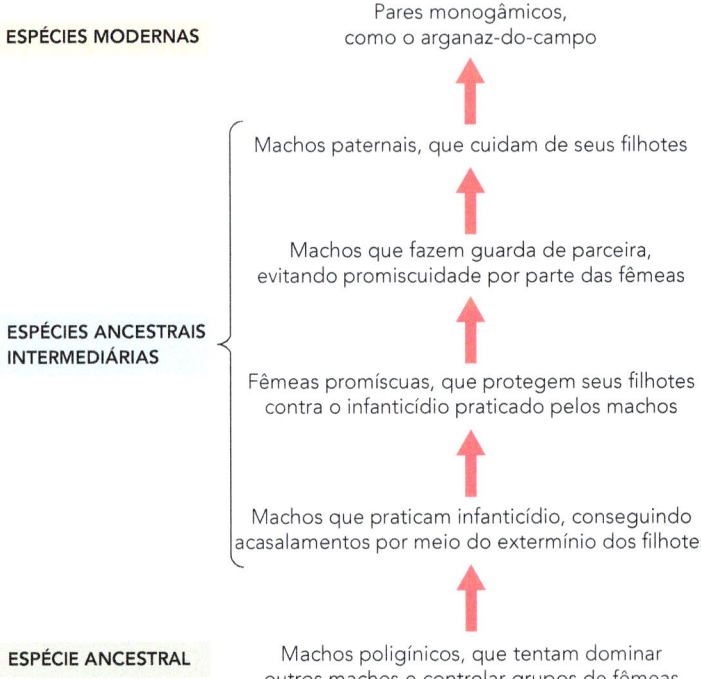

FIGURA 1.5 A possível história por trás da monogamia do arganaz-do-campo. A evolução consiste em mudanças sobrepostas a outras mudanças. A monogamia do arganaz-do-campo pode ser o produto de uma série de mudanças comportamentais, com a poliginia levando ao infanticídio, que pode ter favorecido fêmeas que tendiam a acasalar com diversos machos a fim de manter os machos incertos quanto à paternidade dos filhotes. Mas a promiscuidade das fêmeas poderia então ter favorecido qualquer macho que exibisse a guarda de uma única fêmea contra outros machos e que protegesse também seus filhotes, levando ao tipo de monogamia exibido pela espécie hoje. Adaptada de Wolff e Macdonald.[1612]

mãe daqueles filhotes e produzir descendentes seus (o infanticídio será abordado mais adiante neste capítulo). As fêmeas que até então se acasalavam com diversos machos se beneficiariam se escolhessem acasalar com aqueles que não matavam os filhotes de suas parceiras. A promiscuidade das fêmeas teria levado os machos a adotar, como contramedida, a guarda da parceira, afastando competidores. Mas a guarda da parceira restringe a mobilidade dos machos e reduz suas chances de conseguir outras cópulas em curto prazo. Nesse cenário, se a guarda de parceira também protegesse os filhotes, aumentando o número de descendentes vivos produzidos por aquele macho, o comportamento paternal teria sido o primeiro impulso para o surgimento da monogamia. Uma vez surgido o comportamento em uma espécie, ele poderia ter se mantido em algumas ou em todas as espécies que dela descenderam. Em outras palavras, o sistema de acasalamento monogâmico incomum do arganaz-do-campo de hoje pode ser o resultado de uma série de mudanças ocorridas em populações precedentes, dentre elas a mudança de poliginia para monogamia (Figura 1.5).

Níveis de análise

Então, qual é a resposta certa? A monogamia do arganaz-do-campo é o produto da fisiologia cerebral? Ou se deve a uma forma especial de gene presente em células do cérebro dessa espécie? Ou é o produto da vantagem reprodutiva adquirida por machos que guardam a parceira? Ou teria se originado, ainda, a partir de uma série de mudanças evolutivas que gradualmente converteram espécies poligínicas em monogâmicas? Chegamos a um ponto decisivo fundamental a tudo o que se seguirá neste livro: todas as quatro respostas podem estar certas, porque nenhuma dessas explicações para a monogamia do arganaz-do-campo elimina a outra. Dentro da biologia comportamental, essas quatro explicações diferentes para a monogamia representam diferentes *níveis de análise* (Tabela 1.1). Cada nível contribui potencialmente como um elemento que poderia integrar uma explicação completa e satisfatória para o comportamento.[1316]

Ilustraremos a ligação entre os diferentes níveis de análise da monogamia do arganaz-do-campo da seguinte forma. Imagine que em algum ponto da história um roedor macho, talvez membro de uma espécie que não existe mais, tenha sofrido mutação (alteração) ao acaso em um gene, e que isso tenha mudado o comportamento dele

Tabela 1.1 Níveis de análise no estudo do comportamento animal	
Causas proximais	**Causas distais**
1. Mecanismos genético-ontogenéticos Efeitos da hereditariedade no comportamento Desenvolvimento de sistemas sensório-motores via interações gene-ambiente	1. Caminhos evolutivos que levaram ao comportamento atual Eventos ocorridos durante a evolução, desde a origem do comportamento até o presente
2. Mecanismos sensório-motores Sistema nervoso para a detecção de estímulos ambientais Sistema endócrino para ajustar a resposta aos estímulos ambientais Sistema esquelético-muscular para executar as respostas	2. Processos seletivos que moldaram a história do comportamento Função anterior e atual do comportamento em promover o sucesso reprodutivo do indivíduo

Fonte: Holekamp e Sherman,[666] Sherman[1316] e Tinbergen[1449]

em relação à parceira (talvez alterando o número de receptores de vasopressina em seu cérebro). Em vez de "amá-la e em seguida deixá-la", esse macho continuou com ela e, ao fazer isso, evitou que ela se acasalasse com outros machos, tornando-se o pai de todos os seus filhos. Imagine ainda que, por causa desse comportamento, esse novo macho que guardava a parceira teve, de algum modo, mais sucesso na produção de descendentes que os outros machos da espécie que tentavam conseguir várias parceiras. Por causa das diferenças no sucesso reprodutivo desses dois tipos geneticamente distintos de machos, a configuração genética da geração seguinte mudou, e a forma especial do gene associado à monogamia com guarda de parceira tornou-se relativamente mais comum.

Se esse padrão se repetisse geração após geração, os ancestrais do arganaz-do-campo moderno trocariam a poliginia pela monogamia à medida que a frequência das diferentes formas de seus genes mudasse. Imagine que uma forma particular do gene *avpr1a* tivesse o efeito de favorecer o desenvolvimento da monogamia associada com alto sucesso reprodutivo. Machos com esse padrão genético o transmitiriam a seus descendentes relativamente numerosos. Nessa próxima geração, esse padrão seria usado no desenvolvimento e no funcionamento cerebral.

Roedores com a forma moderna do gene *avpr1a* tem células no pálio ventral que captam certa quantidade de uma proteína codificada por esse gene. Essa proteína age como receptor da vasopressina liberada quando o arganaz-do-campo macho copula com sua parceira. A interação química entre a vasopressina e os receptores V1a das células do pálio ventral causa uma cascata de atividade neural que recompensa o macho por ficar perto da fêmea. Então, para assegurar um reforço positivo adicional a esse comportamento, o macho forma um vínculo social com a parceira sexual e permanece com ela durante longo período, guardando-a contra outros machos. Se nessa geração machos monogâmicos tiverem em média mais descendentes que qualquer novo tipo de macho com tendência de acasalamento geneticamente diferente, a maioria dos machos da próxima geração exibirá o comportamento de acasalamento que leva à monogamia, o tipo de acasalamento que teve mais sucesso no passado em relação a qualquer outro. Mas se no futuro o ambiente do arganaz-do-campo sofrer alguma alteração, qualquer macho com tendência hereditária à poliginia poderá também produzir mais descendentes que seus coespecíficos monogâmicos; se isso acontecer, a população poderá perder a monogamia e readquirir a poliginia. Essa capacidade de mudar junto com as mudanças do ambiente demonstra que as espécies não têm objetivo pré-determinado; em outras palavras, não existe uma meta evolutiva.

Explicações proximais e distais em biologia

Ao traçar essa explicação composta para a monogamia do arganaz-do-campo, integramos os diferentes níveis de análise seguidos por diferentes grupos de pesquisado-

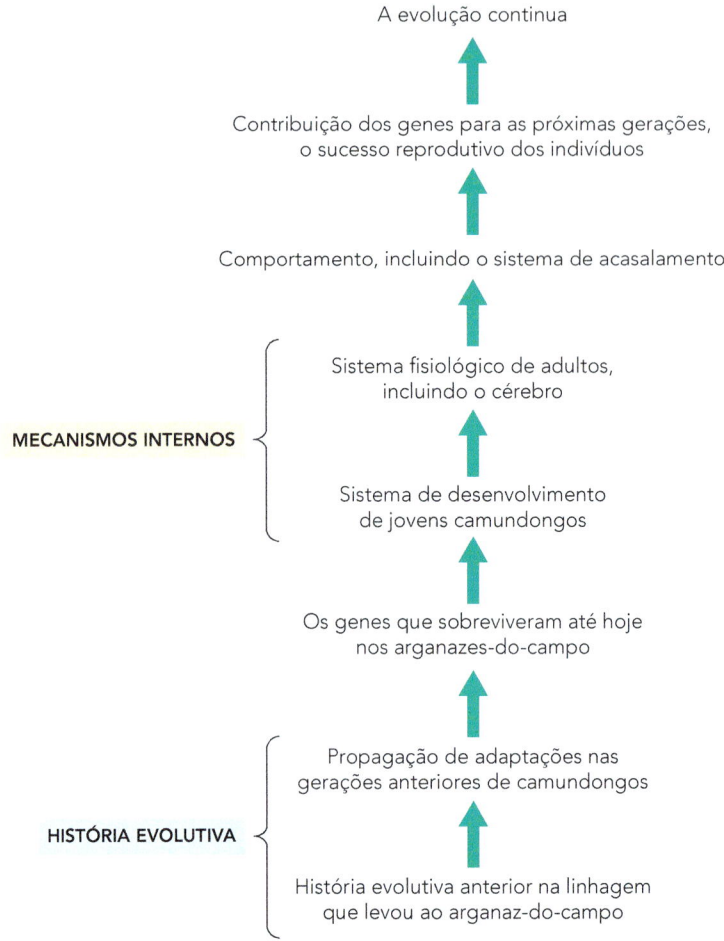

FIGURA 1.6 Relação entre história evolutiva e mecanismos do comportamento. Processos evolutivos determinam quais genes permanecem ao longo do tempo. Os genes que os animais possuem influenciam o desenvolvimento de mecanismos que tornam o comportamento possível. O comportamento afeta o sucesso genético dos indivíduos naquela geração. Mudanças evolutivas estão sempre em curso.

res comportamentais. Esses diferentes grupos descobriam coisas sobre (1) como um gene contribui para o desenvolvimento do comportamento de roedores macho dessa espécie, (2) os fundamentos fisiológicos do comportamento em termos de funcionamento do cérebro desse animal, (3) o **valor adaptativo** do comportamento em termos de suas contribuições para o sucesso reprodutivo do macho e (4) a transformação de um ancestral poligínico no atual arganaz-do-campo monogâmico (Figura 1.6). Mas podemos agrupar esses quatro níveis em duas categorias maiores, chamadas de proximais e distais.[957, 1071]

Explicações proximais sobre o comportamento tratam de aspectos responsáveis pela forma e funcionamento de um animal que o tornam capaz de se comportar de determinado modo. Podemos, por exemplo, tratar o arganaz-do-campo como uma máquina com dispositivos internos que o tornam capaz de ser monogâmico. Esses dispositivos incluem os mecanismos sensoriais que entram em cena durante a cópula, como as células cerebrais que liberam vasopressina depois do acasalamento, o sistema que transporta a vasopressina excretada para outros centros cerebrais, as células do pálio ventral que têm receptores proteicos que se ligam à vasopressina, os sistemas visual e olfativo que fornecem informações que possibilitam ao macho reconhecer fêmeas particulares com quem se acasalaram, e assim por diante.

Todas essas proteínas, células e sistemas de regiões cerebrais conectadas surgem ao longo do desenvolvimento do indivíduo, geneticamente guiado. Conforme o macho se desenvolve de ovo fertilizado a adulto, reações químicas simples determinam que genes são transcritos em RNAm e então traduzidos em proteínas funcionais. Essas proteínas hereditárias interagem com outras moléculas no roedor em crescimento para criar uma combinação variada de células especializadas. Essas células constituem a bateria complexa de dispositivos internos que podem memorizar informações sobre a cópula, liberar vasopressina sob circunstâncias determinadas e motivar o macho a manter-se junto de uma fêmea.

Portanto, é possível explicar como um animal se comporta de um modo particular se entendermos primeiro como ele se desenvolveu durante sua vida e, segundo, como funcionam seus mecanismos internos depois de construídos. Em outras palavras, olhando dentro do animal podemos descobrir o que o leva a se comportar de um jeito e não de outro. Já que o desenvolvimento interno e as causas fisiológicas dizem respeito à vida de um indivíduo, eles são chamados de causas **imediatas**, ou **proximais**, do comportamento.

Ao contrário, o outro grupo de causas do comportamento animal se baseia em eventos que ocorreram ao longo de muitas gerações. O comportamento do arganaz-do-campo é o produto de uma longa história, durante a qual algumas formas de certos genes sobreviveram e outras não. Roedores que no passado tiveram sucesso em se reproduzir transmitiram seus genes para as gerações futuras, e esses trechos de DNA ainda influenciam o desenvolvimento do sistema nervoso, muscular, endócrino e o esqueleto de todo o arganaz-do-campo vivente. Em contraste, aqueles que falharam em se reproduzir não transmitiram todas as formas diferentes de genes que possam ter tido. Se pudermos determinar porque no passado alguns roedores conseguiram se reproduzir melhor do que outros, poderemos compreender porque alguns genes sobreviveram ao longo do tempo. O que, em contrapartida, nos fornece uma explicação de longo prazo para a existência de causas proximais particulares do comportamento.

Além do mais, se pudermos obter informações sobre a sequência precisa de eventos que ocorreram durante esse longo período, teremos uma dimensão histórica extra para explicar a monogamia. Em teoria, poderíamos saber que sistemas de acasalamento foram substituídos quando a monogamia surgiu pela primeira vez no arganaz-do-campo; quando essa forma original de monogamia apareceu e como ela era; e quantas modificações subsequentes ocorreram antes que o sistema moderno de acasalamento do arganaz-do-campo atual se estabelecesse por completo.

Se quisermos saber por que arganazes-do-campo são monogâmicos, precisamos ir além das causas proximais ou imediatas do comportamento do macho. Precisamos saber algo sobre a história da espécie, sobre os longos processos que gradualmente modelaram os seus atributos através do tempo. Como essas causas históricas envolvem eventos que aconteceram em gerações anteriores, são chamadas de causas evolutivas, ou **distais**, do comportamento.

Para discussão

1.2 As quatro questões principais dos pesquisadores comportamentais de acordo com o renomado Niko Tinbergen[1445] podem ser parafraseadas da seguinte forma:

1. Como o comportamento possibilita que um animal sobreviva e se reproduza?
2. Como um animal usa suas habilidades sensoriais e motoras para ativar e modificar seus padrões comportamentais?
3. Como o comportamento de um animal muda à medida que ele cresce, em resposta, principalmente, às experiências que teve durante seu amadurecimento?

4. Como o comportamento de um animal se compara ao comportamento de espécies proximamente aparentadas, e o que isso nos diz sobre as origens de seu comportamento e as mudanças que ocorreram durante a história da espécie?

Insira essas questões nos quatro níveis de análise e então designe cada questão às categorias proximais e distais. Se você ouvisse de alguém que as questões evolutivas da categoria "distal" são mais importantes do que as questões sobre causas proximais, você gentilmente discordaria. Por quê?

1.3 Quando uma fêmea de babuíno copula, ela vocaliza alto, mas seus gritos são mais longos e ainda mais altos se seu parceiro tiver uma alta posição hierárquica, um macho alfa.[1306] Um primatólogo sugeriu que as fêmeas vocalizam com mais vigor quando copulando com machos alfa porque isso alertaria os machos de posição inferior a não se aproximarem. (Machos subordinados algumas vezes perturbam casais copulando a tal ponto que a cópula termina prematuramente; mas, se isso acontece, eles podem ser atacados pelos machos dominantes que tiveram suas cópulas rudemente interrompidas.) No entanto, esse mesmo pesquisador também diz que gritos mais vigorosos da fêmea podem simplesmente refletir o fato de que ela está extremamente estimulada pelo macho alfa, que é maior e mais vigoroso. Uma explicação exclui a outra? Explique porque ambas poderiam estar certas.

Como descobrir cientificamente as causas do comportamento

Ao descrever as descobertas de várias equipes de pesquisadores sobre o que leva o arganaz-do-campo a ser monogâmico, apresentei as conclusões dos diferentes grupos e enfatizei que essas explicações eram diferentes, mas complementares. Mas por que esses pesquisadores acham que suas descobertas são válidas? E por que devemos considerar o que eles dizem? Precisamos buscar a resposta a essas perguntas nos fundamentos lógicos da pesquisa científica.[1154]

Analisaremos a explicação proximal para a monogamia do arganaz-do-campo, aquela que se baseia na presença de grande número de células com receptores V1a no pálio ventral do cérebro desses animais (*ver* Figura 1.2). Antes de chegar à conclusão de que cérebros com essa proteína cumpriam função primordial na formação de vínculos sociais entre o macho e a fêmea, os pesquisadores compararam cérebros de arganazes-do-campo com cérebros de roedores-da-montanha poligínicos. A comparação mostrou que os receptores do pálio para vasopressina eram mais numerosos no arganaz-do-campo do que no roedor-da-montanha. Essa diferença nos receptores serviu como possível explicação para a diferença no comportamento entre as duas espécies; uma hipótese de trabalho que precisaria ser comprovada antes de ser aceita.

Os pesquisadores desenvolveram um meio de testar a ideia de que os receptores de vasopressina do pálio ventral eram realmente essenciais para a formação de laços monogâmicos no arganaz-do-campo. Para isso, eles empregaram o que se chama de "lógica do se..., então...": partiram da premissa de que se a explicação dos receptores de vasopressina estivesse certa, então resultados específicos seriam obtidos em determinado experimento. Por exemplo, se eles conseguissem aumentar o número de receptores V1a no cérebro de arganazes-do-campo vivos, esses roedores deveriam tornar-se ainda mais inclinados à monogamia do que machos inalterados. Em outras palavras, eles predisseram o que aconteceria se a hipótese dos receptores estivesse correta, ou seja, que machos experimentais ficariam especialmente inclinados a formar parcerias sociais com fêmeas.

Assim que os pesquisadores desenvolveram uma expectativa ou predição lógicas, eles realizaram o experimento para obter os dados necessários para testá-la.[865] Eles obtiveram resultados mostrando que machos ricos em receptores associaram-se de forma ainda mais intensa às fêmeas, de modo que se apegavam a elas mesmo antes de acasalarem (ver Figura 1.3). Nesse caso, os resultados finais coincidiram com as expectativas dos pesquisadores, fornecendo evidências sólidas a favor da hipótese do receptor de vasopressina. Se os animais do grupo experimental não fossem mais monogâmicos do que o grupo-controle sem alteração no número de receptores, a confiança dos pesquisadores na hipótese dos receptores de vasopressina teria se mostrado equivocada.

A hipótese dos receptores de vasopressina pode ser aplicada a muitas outras predições, como a de que a transferência do gene que codifica o receptor de vasopressina do arganaz-do-campo para o roedor-da-campina, também os tornaria monogâmicos. Esse experimento foi feito usando-se um vetor viral inócuo para transferir o gene *avpr1a* do arganaz-do-campo para a região do pálio ventral de machos de roedores-da-campina. Os machos geneticamente alterados formaram vínculos muito mais fortes com suas parceiras sexuais particulares do que os animais inalterados do grupo-controle (Figura 1.7).[866] Esse resultado corresponde à outra linha de sustentação para a explicação da monogamia do arganaz-do-campo com base nos receptores de vasopressina.

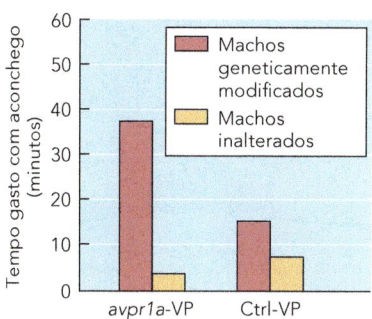

FIGURA 1.7 Testando a hipótese de que a monogamia de machos é influenciada por um só gene. Um roedor-da-campina macho criado para expressar níveis altos de *avpr1a* no pálio ventral (*avpr1a*-VP) aconchega-se mais perto da sua parceira sexual do que machos com níveis de expressão normais de *avpr1a*. Machos que expressam nível elevado de um gene não relacionado (*lacZ*; machos geneticamente modificados Ctrl-VP) não são significativamente mais prováveis de aconchegar-se com suas parceiras do que machos geneticamente inalterados de roedor-da-campina. Adaptada de Lim e colaboradores.[866]

Para discussão

1.4 Ao que parece, nem todos os arganazes-do-campo são monogâmicos.[1070] Alguns podem ser chamados de "nômades" porque viajam longas distâncias à procura de fêmeas receptivas pareadas com outros machos. Os nômades são ávidos por copular com qualquer fêmea que consigam, ainda que seja difícil alcançar essa meta porque os machos residentes monogâmicos atacam vigorosamente os machos intrusos. Uma equipe de pesquisa estudou os dois tipos de machos, os nômades promíscuos e os residentes monogâmicos, e viu que não havia diferença entre eles quanto ao número de receptores V1a no pálio ventral. Que predição (com base nos estudos descritos acima) levou aos resultados que essa pesquisa encontrou? Por que os pesquisadores ficaram surpresos com o resultado? Que predições você pode fazer acerca da quantidade de vasopressina disponível para se ligar aos receptores V1a do pálio ventral de machos monogâmicos vinculados às parceiras versus machos nômades solitários?

O teste de uma hipótese distal é feito da mesma forma que se faz com as explicações proximais. Considere a hipótese de que arganazes-do-campo normalmente são monogâmicos porque, ao longo do tempo evolutivo, machos monogâmicos forçaram suas parceiras a serem "fiéis", quase sempre produzindo filhotes com os genes do macho guardião. Se essa hipótese estivesse correta e se pudéssemos criar um experimento no qual fosse impossível impedir arganazes-do-campo de guardar suas parceiras, esperaríamos encontrar ao menos algumas fêmeas dispostas a se acasalar com mais de um macho. Jerry Wolff e seus colaboradores conduziram o experimento necessário, como descrito acima. Eles confirmaram: muitas fêmeas de arganazes-do-campo quando tiveram a oportunidade, de fato copularam com mais de um macho.[1612] O fato de que essa predição estava correta sustenta a explicação adaptativa particular para a monogamia do arganaz-do-campo.

O ideal é que muitos testes sejam feitos e, por isso, a maioria das hipóteses é submetida a vários deles. Pode-se prever, por exemplo, que arganazes-do-campo monogâmicos têm sucesso reprodutivo maior do que machos incapazes de (ou não dispostos a) permanecer com uma só fêmea. De fato, um estudo mostrou que machos residentes produziam mais que o dobro de filhotes do que machos nômades não monogâmicos.[1070] Como a hipótese de monogamia adaptativa levou a múltiplas predições que posteriormente mostraram-se corretas, podemos aceitá-la como sendo do provavelmente correta, ao passo que hipóteses que normalmente falham quando testadas são descartadas como sendo provavelmente falsas.

FIGURA 1.8 Charles Darwin, logo depois de retornar de sua viagem ao redor do mundo no Beagle, antes de escrever *A Origem das Espécies*.

> **Para discussão**
>
> **1.5** Imagine que fosse possível injetar arganazes-do-campo com uma substância que bloqueasse os receptores V1a no pálio ventral. Se isso fosse feito, que resultado levaria à rejeição da hipótese de receptores de vasopressina para a monogamia do arganaz-do-campo? O que é melhor, uma hipótese testada e rejeitada ou uma hipótese testada e aceita?
>
> **1.6** Considere o exposto no parágrafo da página 5, no qual se descreveu o trabalho da equipe de Larry Young sobre a hipótese do gene *avpr1a* para a monogamia do arganaz-do-campo. Reescreva o exposto usando uma única frase para descrever cada um dos seguintes itens: a questão que motivou a pesquisa, a hipótese por trás da questão, a predição para essa hipótese, o experimento conduzido para checar a predição e a conclusão à qual chegaram os pesquisadores com base em sua pesquisa.
>
> **1.7** Eis uma citação imaginária de um artigo científico: "Nossa hipótese era que se camundongos domésticos recebessem o gene *avpr1a* de arganazes-do-campo eles tenderiam mais à monogamia do que outros não geneticamente modificados desse jeito." O que há de errado com essa citação?

Teoria darwiniana e as hipóteses distais

Quando Jerry Wolff e colaboradores se interessaram em explicar o comportamento do arganaz-do-campo sob uma perspectiva evolutiva, eles usaram a teoria da evolução por seleção natural de Charles Darwin apresentada no livro *A Origem das Espécies* (Figura 1.8).[348] De 1859 até aqui, os biólogos vêm lançando mão da teoria de Darwin sempre que querem explicar algo em termos distais. Pela importância dessa teoria no estudo do comportamento animal e pelos erros de interpretação frequentemente cometidos, vamos a seguir revisar o que faz e o que não faz parte dela.

A teoria darwiniana baseia-se na premissa de que as mudanças evolutivas são inevitáveis, se três condições forem satisfeitas:

1. **Variação** entre membros de uma espécie que diferem em algumas de suas características (Figura 1.9)
2. **Hereditariedade**, na forma de pais que transmitem algumas de suas características distintas à sua prole
3. **Sucesso reprodutivo diferencial**, entre indivíduos de uma população, com alguns produzindo mais descendentes vivos do que outros, por causa das suas características distintas.

Se em uma espécie houver variação hereditária (como quase sempre há) e se algumas variantes hereditárias se reproduzirem consistentemente mais do que outras, a crescente abundância de descendentes vivos do tipo mais bem-sucedido mudará a composição da espécie (Figura 1.10). A espécie evolui enquanto se torna dominada

FIGURA 1.9 Uma espécie variável. A joaninha *Harmonia axyridis* apresenta variação hereditária no padrão de coloração. Fotografias de Mike Majerus.

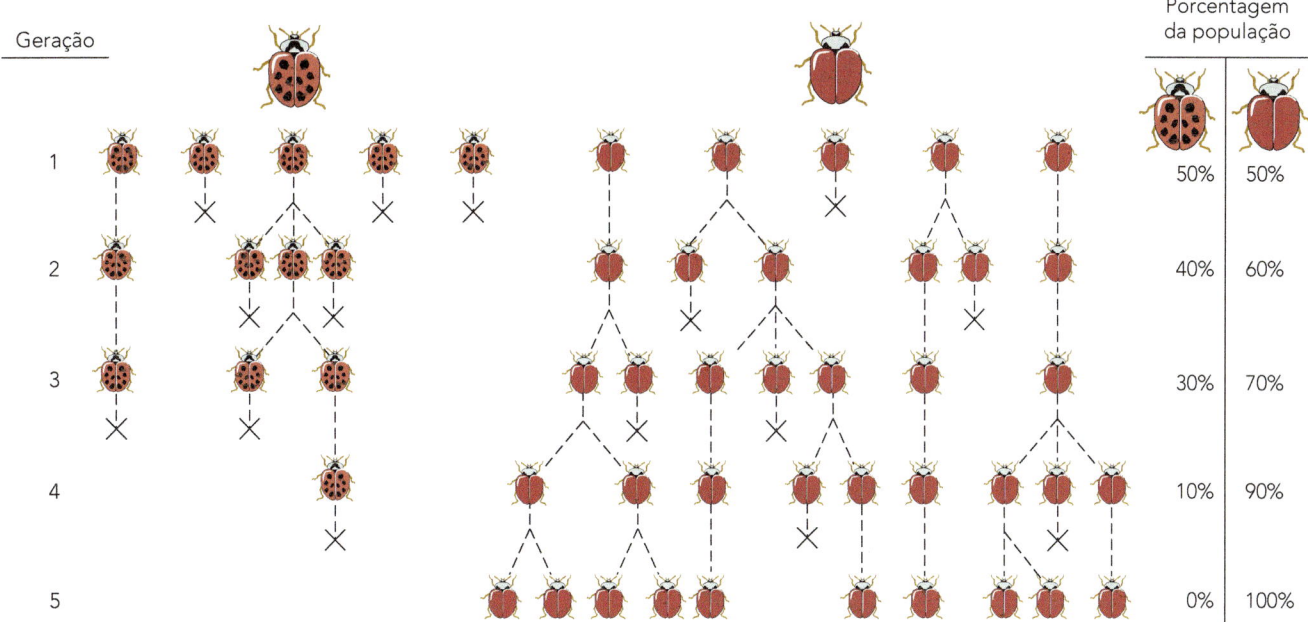

FIGURA 1.10 Seleção natural. Se as diferenças no padrão de coloração de joaninhas forem hereditárias e se um tipo de padrão deixar, em média, mais descendentes vivos do que outro, a população evoluirá tornando-se progressivamente dominada pelo tipo de maior sucesso reprodutivo.

por indivíduos possuidores de traços associados a sucesso reprodutivo no passado. (Você pode querer saber por que, então, ainda existe tanta variação genética relacionada ao padrão de coloração na joaninha *Harmonia axyridis* – e na maioria das outras espécies? Para encontrar algumas respostas possíveis para a questão, consulte Mayr.[958])

Como o processo que causa mudanças evolutivas é natural, Darwin o chamou de seleção natural. Ele não apenas delineou com clareza a lógica da teoria da seleção natural, como também ofereceu diversas evidências de que a variação hereditária dentro das espécies é comum e que altas taxas de mortalidade também são comuns. Assim, tipos alternativos dentro das espécies são levados a competir inconscientemente por um lugar entre os poucos que sobreviverão. Em outras palavras, as condições necessárias e suficientes para as mudanças evolutivas são uma característica padrão dos seres vivos.

Quando Darwin desenvolveu sua teoria da seleção natural, ele e colaboradores cientistas sabiam muito pouco sobre hereditariedade. Hoje, no entanto, os biólogos sabem que as consideráveis variações existentes entre indivíduos de uma espécie surgem por causa de diferenças em seus **genes**, os segmentos de DNA que codificam com fidelidade a informação necessária para a síntese de proteínas, como o segmento de DNA que codifica os receptores de vasopressina presentes no arganaz-do-campo. Uma vez que genes podem ser copiados e transmitidos para os filhotes, os pais podem passar para a próxima geração a informação hereditária necessária para o desenvolvimento de atributos criticamente importantes, como aquelas que afetam a propensão à monogamia entre os machos de arganaz-do-campo.

A variação genética dentro de uma espécie ocorre quando duas ou mais formas de um gene, ou **alelos**, estão presentes no pool gênico da espécie. Às vezes, os diferentes alelos afetam a natureza ou a abundância das proteínas codificadas pelo gene, de modo que indivíduos geneticamente diferentes transmitem instruções diferentes para a produção de proteínas à sua prole. Se alguns alelos contribuem mais que outros aumentando o sucesso reprodutivo do indivíduo, eles são passados de geração a geração, tornando-se cada vez mais comuns e substituindo seus "competidores" gradualmente ao longo da evolução. Podemos resumir a evolução no nível gênico na simples equação:

$$\text{Variação genética} + \text{reprodução diferencial} = \text{mudança evolutiva no nível gênico}$$

A conclusão lógica desse modo de pensar sobre a seleção no nível dos genes é que os alelos se propagarão na mesma proporção em que ajudarem a construir corpos especialmente bons em se reproduzir. Como colocado por E. O. Wilson, uma galinha nada mais é do que a habilidade de seus genes de produzirem mais cópias de si mesmos.[1588] Da forma como a seleção age, podemos assumir que galinhas (e todos os outros organismos) são provavelmente muito boas em se reproduzir e perpetuar seus genes especiais.

Para discussão

1.8 Imagine que este ano ocorra uma mutação no gene que codifica os receptores proteicos V1a no arganaz-do-campo. As proteínas alteradas aumentarão a tendência dos machos de formar vínculos sociais com a parceira, tornando-os mais monogâmicos que os machos típicos da espécie. O que é preciso para que machos altamente monogâmicos se tornem mais comuns na espécie ao longo do tempo? Se machos monogâmicos tiverem em média 3,7 filhotes ao longo da vida e machos altamente monogâmicos tiverem em média 4,1, os alelos associados ao aumento da monogamia terão proporção necessariamente maior na população? (A resposta certa é "não". Por quê? Dica: pense em como a seleção natural "mede" sucesso reprodutivo individual.) Imagine agora dois tipos de arganaz-do-campo — um tipo que normalmente viva 1,5 anos e outro que viva 0,8 anos. Existe a possibilidade do tipo que vive menos substituir o que vive mais ao longo do tempo?

1.9 Se você quisesse criar o termo "sucesso genético" para uso em estudos evolutivos baseados na teoria da seleção natural, como você o definiria?

Teoria darwiniana e o estudo do comportamento animal

Independente de como o conceito de seleção natural é apresentado, a ideia é arrasadora. A lógica da teoria não é apenas robusta como também as condições que ela requer são aplicáveis a quase todos os organismos. Isso quer dizer que é provável que praticamente todas as espécies foram modeladas por seleção natural no passado. Esse argumento pode ser, e de fato foi, testado; o próprio Darwin o colocou em teste quando demonstrou que a evolução também acontecia quando pessoas criavam condições necessárias para a seleção ocorrer, ao domesticar espécies úteis de animais e plantas. Darwin mostrou que as diversas raças de pombos domésticos derivaram, uma atrás da outra, em pouquíssimo tempo, de uma só espécie, o pombo-comum ou pombo-das-rochas. Isso aconteceu enquanto os criadores selecionavam indivíduos com particularidades hereditárias e os permitiam que se reproduzissem, ao mesmo tempo em que descartavam membros menos desejados da espécie. Claro que as pessoas não controlam a seleção na natureza, como fazem no processo de domesticação. Mas o fato de que as diferenças entre raças de pombos, cães e gatos emergiram de populações nas quais (1) havia variação (2) que era hereditária e (3) afetava o sucesso reprodutivo das variantes deixou Darwin confiante de que sua lógica estava correta.

Podemos testar a teoria darwiniana em experimentos formais tentando produzir evolução em laboratório, começando com uma população hereditariamente variada em atributos que afetem o sucesso reprodutivo dos indivíduos (por meio do controle exercido pelo pesquisador de quais indivíduos deixarão descendentes). Considere o experimento de seleção artificial conduzido por Carol Lynch com camundongos domésticos que na natureza constroem ninhos com gramas macias e outras partes de plantas, mas que em laboratório aceitam prontamente algodão como material para ninho.[902] Pode-se estimar a quantidade de algodão coletada por um camundongo medindo-se o peso em gramas do material que ele leva para o ninho em um período de 4 dias. Na primeira geração de camundongos do experimento de Lynch, cada indivíduo coletou entre 13 e 18 gramas de algodão de um dispensador de algodão.

Lynch adotou essa variação como diferença individual hereditária. Ela tentou desenvolver uma "linhagem altamente coletora", cruzando machos e fêmeas que coletavam quantidades relativamente altas de algodão, uma "linhagem pouco coletora" (cruzando machos e fêmeas que coletavam relativamente pouco algodão) e uma "linhagem controle" (cruzando machos e fêmeas escolhidos ao acaso de cada geração). Os filhotes produzidos a partir desses cruzamentos foram reproduzidos na mesma condição que seus pais, eliminando variações ambientais como possíveis causas das diferenças no comportamento dos animais. Quando os jovens tornaram-se adultos, mediu-se a quantidade de material de ninho coletado em um período de 4 dias. Permitiu-se que os coletores de algodão mais ávidos da linhagem altamente coletora se acasalassem, criando uma segunda geração selecionada, e fez-se o mesmo com os coletores menos ávidos da linhagem pouco coletora.

Lynch repetiu esse procedimento por 15 gerações, até que obteve camundongos da linhagem altamente coletora que coletavam, em média, cerca de 50 gramas de algodão para seus ninhos, enquanto que na linhagem pouco coletora a média girou em torno de 5 gramas. Os camundongos da 15ª geração do grupo-controle coletaram aproximadamente 20 gramas, praticamente a mesma quantidade que seus ancestrais (Figura 1.11).

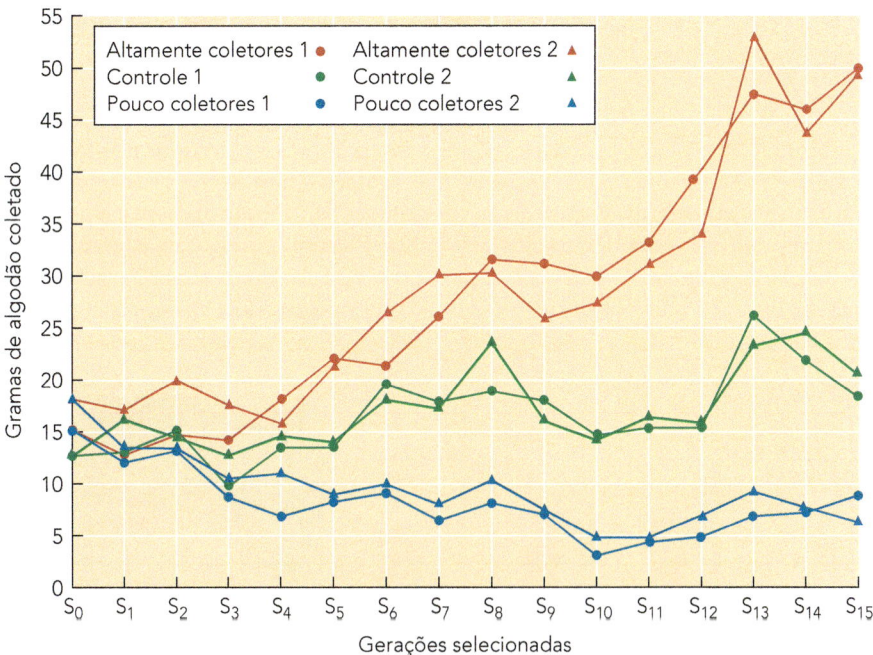

FIGURA 1.11 A seleção artificial causa mudanças evolutivas como previsto pela teoria da seleção natural. A pesquisadora permitiu que camundongos que coletavam grandes quantidades de algodão para construir seus ninhos só acasalassem entre si. Isso levou à evolução de uma população (linhagens altamente coletoras) cujos membros coletavam em média muito mais algodão do que as linhagens-controle, cujo comportamento não foi selecionado e, então, não se desenvolveu. De modo semelhante, o acasalamento seletivo de camundongos que coletavam relativamente pouco algodão resultou na evolução de linhagens pouco coletoras, cujos membros construíam ninhos muito pequenos. Os símbolos indicam a quantidade média de algodão coletado em um período de 4 dias a cada geração. Adaptada de Lynch.[902]

A evolução aconteceu em laboratório sob condições nas quais se esperaria que ocorressem mudanças evolutivas, se a teoria da seleção natural estivesse certa.

Confiança ainda maior na veracidade da seleção natural pôde ser adquirida com as várias demonstrações de que, ao contrário da seleção exercida por humanos, a seleção natural de fato causa mudanças evolutivas na natureza e isso pode acontecer extremamente rápido. Por exemplo, o sucesso com a criação de vacas de leite só se deu cerca de 5.000 anos atrás, na Europa setentrional, provavelmente porque nessa região poucas doenças fatais contagiosas ameaçavam o gado.[132] Quando se estabeleceu a fabricação de laticínios, um gene mutante se espalhou naturalmente pela população humana tornando-nos capazes de digerir a proteína do leite na idade adulta.[663] Embora crianças em todo o mundo sejam capazes de digerir a lactose, a maioria perde essa habilidade após o desmame, tornando-se intolerante a ela. Mas a seleção natural, agindo sobre a variação na habilidade de adultos de absorver o açúcar do leite, rapidamente disseminou a tolerância à lactose em adultos na cultura de criadores de gado da Europa setentrional e em alguns grupos africanos que criavam gado como fonte de leite tanto para crianças como para adultos.[1450]

Para discussão

1.10 A Figura 1.12 apresenta os resultados de um experimento em que cães domésticos e os lobos, seus parentes mais próximos, criados por humanos, foram testados quanto à habilidade de localizar comida escondida em uma de duas vasilhas. Quando se permitia aos animais observar humanos olhando fixamente ou apontando para a vasilha que continha o alimento, os cães, significativamente mais vezes do que os lobos, iam direto para a vasilha correta. Nessa tarefa nem chimpanzés superam o desempenho dos cães. Além disso, filhotes criados em um canil com o mínimo de contato com humanos, também usam as pistas fornecidas pelas pessoas para achar a comida e fazem isso tão bem quanto filhotes que vivem com seus donos.[622] O que há em comum entre esse caso e o caso de evolução da tolerância à lactose em humanos?

Mudanças evolutivas ainda mais rápidas foram documentadas nos tentilhões de Darwin das Ilhas Galápagos. Ali, Peter e Rosemary Grant descobriram, por exemplo, que em anos de estiagem, quando as sementes menores que alimentam os tentilhões terrestres de porte médio (*Geospiza fortis*) eram escassas em relação às grandes sementes da planta *Tribulus cistoides*, a seleção "favorecia" animais com bico relativamente grande. Isso nos leva a pensar que pássaros com tendência hereditária a desenvol-

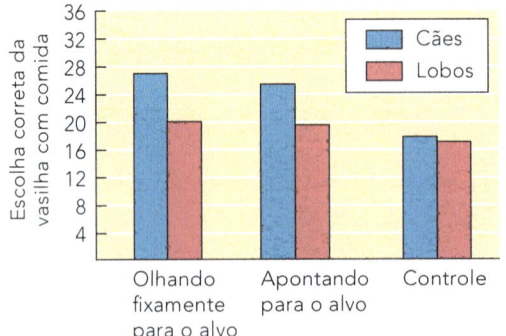

FIGURA 1.12 Um teste para ver se cães são mais sensíveis do que lobos criados por humanos aos sinais dados por seres humanos. Note como apenas os cães com fome, mas não os lobos com fome, usam a informação dada por uma pessoa que aponta ou olha fixamente para a vasilha que esconde a comida para achar a comida. Os resultados são dados pelo número médio de escolhas certas feitas em uma série de sessões com sete cães e sete lobos. O grupo-controle representa a situação em que a pessoa não olhava nem apontava para a vasilha correta. Adaptada de Hare e colaboradores.[622]

ver bicos maiores que a média (o tamanho do bico é uma característica transmitida de pais para filhos)[754] tenham sobrevivido e se reproduzido por causa da habilidade em abrir sementes grandes e duras; enquanto isso, seus primos de bicos menores, hereditariamente herdados, morriam de fome em vez de se reproduzir.[567] Em anos chuvosos, a situação se invertia, já que pássaros de bicos menores tinham mais habilidade com as sementes pequenas, agora abundantes, do que os tentilhões de bico grande. A vantagem alimentar temporária dos tentilhões de bico menor traduziu-se em vantagem reprodutiva, levando à evolução de uma população com maior número de animais de bico menor. Devido às mudanças seletivas anuais, o tamanho médio do bico dos tentilhões variou anualmente em resposta às mudanças nos recursos disponíveis para essas aves.

Existem muitos outros exemplos de efeitos evolutivos de variações não randômicas na reprodução, incluindo a evolução de bactérias resistentes à antibióticos;[286] a mudança observada nas ultimas décadas no comportamento de aves canoras no inverno (*ver* Capítulo 3), a velocidade e a perda de coloração melânica nas asas da mariposa *Biston betularia* nos últimos 150 anos (*ver* Capítulo 6) e a evolução na serpente negra australiana *Pseudechis porphyriacus* da aversão alimentar ao consumo do sapo-cururu *Bufo marinus*, introduzido recentemente no país e altamente tóxico.[1132]

Dada a riqueza de evidências de que mudanças evolutivas acontecem quando se tem as condições necessárias para a seleção natural, vamos assumir que indivíduos da maioria das espécies são dotados de alelos que se espalharam porque foram melhores do que qualquer outra forma alternativa em reproduzir seus dotes. Se isso é verdade, é provável que, praticamente todo o atributo hereditário de quase todas as milhares de espécies de plantas, animais, fungos, protozoários e bactérias, tenham algo a ver com o sucesso reprodutivo. Assim, quando biólogos querem entender as razões distais de porque um animal faz o que faz, eles quase sempre criam uma hipótese de estudo consistente com a teoria da seleção natural.

É preciso entender que alguns traços não parecem aumentar o sucesso reprodutivo de um indivíduo. Por exemplo, o langur hanuman, macaco asiático do norte da Índia, gasta muito tempo e energia tentando matar os filhotes de fêmeas com as quais vivem em bandos.[687] Esse gracioso primata de membros longos vive em grupos de um ou mais machos adultos grandes, e diversas fêmeas menores com seus filhotes (Figura1.13). Jovens langures correm grande risco de serem atacados quando um

FIGURA 1.13 Fêmeas de langur hanuman e filhote. Machos disputam o monopólio do acesso sexual às fêmeas do grupo, como as da fotografia.

FIGURA 1.14 Machos de langur hanuman cometem infanticídio. (A) Filhote langur que ficou paralisado depois de levar uma mordida na espinha (repare na ferida) de um macho. Esse filhote foi atacado repetidamente durante algumas semanas, perdendo um olho e depois a vida aos 18 meses. (B) Um macho infanticida foge de uma fêmea de um grupo no qual tentava entrar. A, fotografia de Carola Borries; B, fotografia de Volker Sommer, adaptada de Sommer.[1368]

novo macho adulto torna-se dominante, o que em geral acontece quando ele consegue expulsar o macho alfa anterior. O novo macho do território, que pode vir de outro bando, se tiver chance, tentará separar mães e filhotes, atacando as fêmeas e mordendo com violência os bebês (Figura 1.14A).

No entanto, matar bebês langures não é tarefa fácil; machos infanticidas têm que enfrentar as fêmeas que unem forças para defender os filhotes (Figura 1.14 B).[1369] Na tentativa de eliminar um filhote, o macho corre o risco de se ferir. Por que ele se arrisca e, mais ainda, por que coloca em risco a estima de todas as fêmeas que deverão se tornar suas parceiras quando quiser produzir filhotes próprios? A aparente desvantagem de tornar-se um macho infanticida leva a crer que esse comportamento não é produto de seleção natural, mas sim um comportamento anormal ou uma resposta patológica à superpopulação. Na verdade, essa hipótese não evolutiva para o infanticídio foi levantada por observadores de langures,[330] que perceberam que esses animais frequentemente são alimentados por aldeões indianos e, talvez por isso, hoje a densidade populacional seja bem maior do que no passado. Sob as novas condições, o comportamento dos machos poderia ter sido forçosamente alterado, levando a reações mal adaptativas e hiperagressivas contra os filhotes.

Mas Sarah Hrdy, outra observadora de langures, estava confiante de que a teoria darwiniana fornecia uma solução legítima para o quebra-cabeça do infanticídio.[687] Ela achava que talvez machos matadores aumentassem suas chances de se reproduzir ao deixar as mães dos filhotes mortos sem outra opção adaptativa a não ser reproduzirem-se com eles. Ao ter seu filhote eliminado, a fêmea abreviaria seu ciclo reprodutivo e ficaria pronta para engravidar do macho infanticida, antes do tempo normal, trazendo como consequência um aumento no número de descendentes do macho.

Deixaremos de lado por enquanto, a questão de se a hipótese de Hrdy está correta ou não. O que interessa aqui é que a explicação dela para a pergunta "Por que cometer infanticídio?" deriva da teoria darwiniana ao se concentrar em como os machos podem aumentar o sucesso reprodutivo praticando o infanticídio. Se eles de fato aumentam, dessa forma, seu sucesso reprodutivo, as causas proximais desse comportamento teriam se difundido nas gerações passadas de langures hanuman que vivessem em condições completamente naturais.

Temos assim duas possíveis explicações para o infanticídio dos langures machos: a hipótese da patologia social e a hipótese da antecipação da reprodução dada por Hrdy. Entretanto, há ainda outra ideia: talvez machos langures cometam infanticídio como forma de regulação populacional. Sob altas densidades populacionais, há um aumento na busca dos langures por recursos alimentares, o que favoreceria mecanismos para a prevenção de superpopulação. O infanticídio, embora brutal e odioso, poderia ajudar bandos de langures a preservar os recursos vitais para a sobrevivência em longo prazo.

O problema com a seleção de grupo

Essa hipótese de regulação da população certamente é evolutiva porque explica o infanticídio em termos históricos. Ela propõe que essa característica tenha evoluído porque, no passado, grupos (ou mesmo espécies inteiras) que não tinham meios de manter suas populações em razoável harmonia com os suprimentos alimentares disponíveis se extinguiram. Ao contrário, aquelas que tinham alguns machos infanticidas tiveram mais chance de se ajustar em número de acordo com os recursos disponíveis e assim persistiram por um tempo maior. Mas note que, embora essa hipótese prediga que o infanticídio se disseminou por causa de suas consequências benéficas, o beneficiário não são os machos infanticidas e sim todo o grupo ao qual ele pertence. Portanto, o processo evolutivo que generaliza o infanticídio não é a seleção darwiniana, que se baseia na diferença no sucesso reprodutivo entre indivíduos, mas sim uma forma de **seleção de grupo**, baseada na diferença entre grupos na habilidade de sobreviver.

A teoria da seleção de grupo na sua forma original foi elucidada em detalhes no livro escrito por V.C. Wynne-Edwards, em 1962.[1622] De acordo com Wynne-Edwards, as espécies têm um potencial tão grande para destruir tudo aquilo de que elas dependem, que só aquelas que adquirem a capacidade de controlar sua população conseguem evitar a autodestruição. Espécies que tivessem sucesso a ponto de ter alguns indivíduos suicidas conseguiriam manter baixos seus números de indivíduos e preservados seus recursos essenciais básicos. Wynne-Edwards identificou especificamente o infanticídio como um dos mecanismos de "mortalidade social" que contribuía para a estabilização populacional no reino animal (embora em 1962 ninguém soubesse de sua ocorrência em langures).

A teoria da seleção de grupo foi desafiada por George C. Williams, em 1966, em Adaptação e Seleção Natural,* provavelmente o livro mais importante já escrito sobre a teoria da seleção natural desde *A Origem das Espécies*. Williams mostrou que a sobrevivência de formas alternativas de alelos era muito mais provável de ser determinada por diferenças no sucesso reprodutivo de indivíduos geneticamente diferentes, do que por diferenças entre grupos geneticamente diferentes.[1578] Podemos ilustrar o argumento dele com o exemplo dos langures. Imagine que no passado de fato houvesse machos dispostos a correr o risco de se ferir gravemente, ou mesmo morrer, ao matar filhotes como forma de regular o tamanho do bando em benefício do grupo. Se diria, em um caso desses, que a seleção de grupo favoreceria os alelos que determinavam machos infanticidas porque o grupo como um todo se beneficiaria com a remoção do número excessivo de filhotes.

Mas, nessa espécie, a seleção natural darwiniana também atuaria, dado que em algum momento houve dois tipos geneticamente diferentes de machos – um que praticava o infanticídio para o bem do grupo e outro que deixava outros machos pagarem o preço da regulação populacional. Se os não matadores vivessem e se reproduzissem mais, qual desses dois tipos se tornaria mais comum na próxima geração? Que material hereditário se tornaria mais frequente na população ao longo do tempo? O infanticídio persistiria por muito tempo nessa população de langures?

Esse tipo de experimento imaginativo convenceu Williams e seus leitores de que a atuação da seleção darwiniana sobre as diferenças entre indivíduos de uma popu-

---

* N. de T. Nome original do livro: *Adaptation and Natural Selection*.

lação ou espécie normalmente terá efeitos evolutivos mais fortes do que a seleção de grupo agindo sobre as diferenças entre grupos inteiros. Sim, a seleção de grupo pode acontecer, já que os grupos podem reter sua integridade por longos períodos e diferir geneticamente de modo a influenciar suas chances de sobrevivência. Mas se a seleção de grupo favorecer uma característica envolvida em autossacrifício reprodutivo, ao mesmo tempo em que a seleção natural contra-atuar, é mais provável que a seleção natural vença a seleção de grupo, como acabamos de ver no exemplo hipotético dos langures. Embora outras formas da teoria de seleção de grupo tenham merecido fortes defensores,[1360, 1586, 1590] quase todos os biólogos do comportamento foram persuadidos por Williams a distinguir entre a ingenuidade da seleção de grupo *a la* Wynne-Edwards e a hipótese de seleção individual (ou seleção de genes). Muitos pesquisadores ao explorar as questões distais do comportamento usam a teoria de Darwin para produzir suas hipóteses.

Para discussão

1.11 Lêmingues são pequenos roedores que vivem na tundra da região ártica. Sua população passa por uma grande variação. Sob altas densidades populacionais, vários indivíduos deixam seus lares e viajam longas distâncias. Durante esse tempo, muitos morrem, alguns porque se afogam ao tentar atravessar rios ou lagos. Uma explicação popular para seu comportamento é que os viajantes estão de fato cometendo suicídio para aliviar a superpopulação. Ao sair e morrer, os lêmingues suicidas deixam abrigo e comida para os que ficam. Esses sobreviventes perpetuarão a espécie, salvando-a da extinção. Que teoria foi usada na elaboração dessa hipótese? Como George C. Williams usaria a charge de Gary Larson (Figura 1.15) para avaliar criticamente a hipótese?

1.12 Como mencionado acima, alguns pesquisadores acreditam que a seleção de grupo exerça um papel nas mudanças evolutivas. Por exemplo, David S. Wilson e Edward O. Wilson propuseram o que chamaram de seleção multinível, que segundo eles abrange uma forma de seleção de grupo.[1586] Leia o artigo deles e depois leia o artigo de Kern Reeve.[1205] Qual é a visão de Reeve da seleção de grupo wilsoniana? Os Wilson estão propondo uma renovação da seleção de grupo de Wynne-Edwards ou têm outra coisa em mente? Confira também Shavit e Millstein.[1310]

Testando hipóteses alternativas

Temos que concordar que a hipótese de infanticídio para o bem do grupo tem deficiências lógicas que reduzem sua plausibilidade, enquanto que a hipótese de Hrdy da antecipação da reprodução tem o mérito de se apoiar em uma teoria lógica e extremamente confiável. Mas, como já vimos, isso não basta para ser aceita, independente de quão plausível ela pareça. Hipóteses precisam ser testadas. No caso do infanticídio dos langures, podemos considerar três alternativas: a hipótese não evolutiva da patologia social e as duas hipóteses evolutivas esboçadas acima. Para testar essas alternativas, precisamos primeiro fazer predições testáveis.

Se altas densidades populacionais são de fato a causa para o comportamento anormal de machos langures (a hipótese da patologia social) ou se de fato ameaça a sobrevivência de grupos de langur e assim ativa o infanticídio por meio do autossacrifício de machos (a hipótese da regulação populacional), só esperaríamos encontrar prática de infanticídio em machos de áreas cujos grupos de langures hanuman vivem sob densidades populacionais excepcionalmente altas. No entanto, ao contrário dessa predição, o infanticídio geralmente ocorre em grupos com densidades moderadas, ou até baixas, em locais onde não são alimentados por pessoas.[148, 1043] Essas descobertas enfraquecem nossa confiança em ambas as hipóteses – patologia social e regulação populacional – de infanticídio praticado por machos langures.

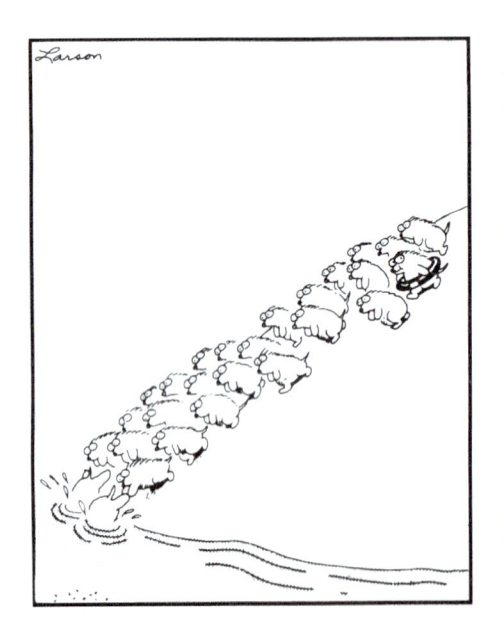

FIGURA 1.15 Variação na tendência suicida de um tipo fictício de espécie de lêmingue. Cortesia de Gary Larson.

E quanto à hipótese de antecipação da reprodução de Hrdy? Ela não é a única hipótese darwiniana para infanticídio. Outra possibilidade é a de que machos matem filhotes, depois de assumir o comando de um bando de fêmeas, para comê-los e assim repor suas reservas de energia exauridas na batalha. O canibalismo é amplamente difundido no reino animal, mesmo entre alguns primatas,[974] e não podemos deixar de considerá-lo uma possibilidade para os langures também. As duas hipóteses (1) canibalismo e (2) antecipação da reprodução geram uma predição idêntica; prevê-se que o infanticídio deva acontecer logo após a tomada de comando do bando, quando os machos (1) estão presumivelmente exauridos de energia e (2) precisam se reproduzir rapidamente se quiserem ter o maior número de descendentes possível. O fato de o infanticídio estar associado com o período que se segue imediatamente após a tomada de controle do bando não nos permite discriminar as duas hipóteses. No entanto, se a hipótese de canibalismo estiver correta, podemos prever também que machos langures comerão os filhotes mortos. Como ninguém os viu fazendo isso, não é provável que o infanticídio tenha evoluído nessa espécie por causa do benefício nutricional para os machos.

A hipótese de antecipação da reprodução leva a algumas previsões adicionais. Em primeiro lugar, não esperaríamos ver machos matando os próprios filhotes, que carregam seus genes, porque isso obviamente prejudicaria seu sucesso reprodutivo. Em um grupo de langures composto de vários machos adultos, não apenas um macho dominante, foram registrados 16 casos de infanticídio a partir dos quais foi possível comparar o DNA do matador presumível com o dos filhotes mortos. Em nenhum dos casos, como previsto, o matador era o pai das vítimas.[150]

A hipótese de antecipação da reprodução também leva à predição de que as fêmeas que tiveram seus filhotes mortos por um macho irão prontamente interromper aquele ciclo sexual e ficar receptivas para aquele mesmo macho. De fato, fêmeas de langur que têm sua receptividade sexual suprimida quando estão amamentando, ao perderem os filhotes ficam rapidamente receptivas de novo. As fêmeas sem filhotes engravidam e dão à luz filhotes cujo DNA bate com o do macho infanticida.[687, 1368] Portanto, os testes da hipótese da antecipação da reprodução foram positivos.

Mas quanto mais predições e testes são feitos, melhor; por exemplo, se o infanticídio for adaptativo para machos de langures por aumentar suas chances de engravidar fêmeas que, de outra forma, estariam ocupadas cuidando de filhotes de outros machos, ele também deveria ser adaptativo em outras espécies com sistema social semelhante ao do langur hanuman. Podemos verificar essa predição ao ver o que acontece quando leões competem pelo poder de um harém ou grupo de fêmeas que vivem juntas. Nesse momento, machos novos expulsam o chefe anterior do harém. Nessas circunstâncias, a seleção darwiniana levaria à perpetuação do comportamento infanticida por meio dos recém-chegados que, eliminando filhotes de antigos residentes, deixam as leoas com poucas opções além de entrar no cio novamente para repor a ninhada morta. Como previsto, machos recém-chegados caçam filhotes de até 9 meses de vida e tentam matá-los, frequentemente com sucesso (Figura 1.16), apesar da resistência das mães.[1180] Quando uma leoa perde seus filhotes, ela interrompe seu ciclo sexual e acasala com o companheiro infanticida. Se ela tivesse conseguido manter o filhote, ela não se tornaria sexualmente receptiva até ele atingir 2 anos. Como o título de dono de um harém de fêmeas de um leão

FIGURA 1.16 Prática de infanticídio por um leão. Este macho carrega um filhote que matou depois de expulsar o macho adulto que vivia nesse harém. Fotografia de George Schaller.

FIGURA 1.17 Resposta evolutiva ao risco de infanticídio. Essa barata d'água macho protege o ninho com ovos contra fêmeas infanticidas que poderiam destruir a ninhada atual para substituir esses ovos por seus próprios ovos. Fotografia de Bob Smith.

dura em média 2 anos, os benefícios reprodutivos do infanticídio para um macho depois da tomada de poder são óbvios. De fato, em algumas populações, os leões podem matar o equivalente a um quarto dos filhotes que morrem no primeiro ano de vida.[1180]

Embora leões e langures não sejam espécies com parentesco próximo, a existência de machos infanticidas em ambas é uma forte evidência de que esse comportamento gera vantagem reprodutiva para os matadores por adiantar seu acesso a fêmeas férteis. Até hoje, registrou-se infanticídio cometido por macho em mais de 50 espécies de mamíferos,[1612] assim como em aves[1488] e aranhas.[1288] Cada caso ajuda a testar a hipótese de que o comportamento evoluiu no langur por aumentar as oportunidades reprodutivas de matadores de filhotes bem-sucedidos.

Outros tipos de infanticídio também oferecem evidências relevantes para testar a hipótese da antecipação da reprodução. Por exemplo, em uma espécie em que as fêmeas competem pelo acesso sexual ao macho, podemos predizer que o comportamento infanticida tenha evoluído nelas, se o infanticídio levar os machos a aceitá-las mais rápido. Isso confirmou-se na barata d'água, espécie de inseto da ordem Hemiptera e da família Belostomatidae cujos machos cuidam de grandes quantidades de ovos depositados por suas parceiras (Figura 1.17).[1354] Se o número de ovos sob seu cuidado for suficientemente grande, o macho não se reproduzirá com novas fêmeas. Por isso, a fêmea que encontrar um macho chocando pode acabar atacando e destruindo todos os ovos. Nessas circunstâncias, o macho que ficou sem ovos pode acasalar com a fêmea destruidora de ovos e depois cuidar dos ovos que ela puser em um galho ou graveto.

A mesma coisa acontece com a jaçanã, ave aquática na qual machos incubam os ovos das parceiras e protegem os filhotes quando eles eclodem. Também nessa espécie as fêmeas às vezes cometem infanticídio, matando os filhotes de outras fêmeas antes de se reproduzir com os machos que perderam sua ninhada. A fêmea matadora deposita seus ovos aos cuidados do macho, conseguindo um guardião para sua prole em menos tempo do que se tivesse esperado que ele concluísse a criação da ninhada anterior.[440]

Para discussão

1.13 Aparentemente, langures hanuman machos usam uma regra prática para decidir que filhotes matar: atacam filhotes de fêmeas com as quais eles não copularam antes do nascimento dos filhotes. Com base nessa descoberta, pesquisadores elaboraram uma explicação para a observação de que, após o processo de tomada de poder de um grupo por um macho, fêmeas já grávidas eventualmente se acasalam com esse macho recém-chegado. Esses pesquisadores sugeriram que o comportamento da fêmea criaria incerteza de paternidade, ótima forma de limitar o ato infanticida. Se as fêmeas também deixassem machos incertos quanto à paternidade dos filhotes em bandos formados por vários machos adultos, que predições você faria sobre (1) a duração da receptividade das fêmeas em cada ciclo reprodutivo, (2) a relação entre o período de cio das fêmeas e o tempo de ovulação, e (3) a ocorrência de cópulas com machos subordinados e machos dominantes que tentam monopolizar o acesso sexual às fêmeas? Com base na hipótese de incerteza de paternidade, que significado você dá para a descoberta de que langures hanuman machos copulam com mais frequência com fêmeas férteis do que com fêmeas grávidas?[1083]

1.14 Todo quebra-cabeça científico, não apenas o infanticídio, pode ser solucionado testando-se hipóteses alternativas. Considere, por exemplo, o fato de que corujas-buraqueiras coletam fezes secas de mamíferos e as espalham em torno da entrada da suas tocas subterrâneas. Uma hipótese para esse comportamento estranho e que consome tempo é que o cheiro das fezes torna o ninho mais seguro para elas e para os seus filhotes, mascarando seu próprio cheiro que poderia ajudar predadores a encontrá-las. Que outras hipóteses você poderia apresentar para esse comportamento? Que predições você faria para as explicações alternativas para esse comportamento? Após resolver essa parte do problema, compare suas hipóteses e predições com as desenvolvidas por Matthew Smith e Courtney Conway.[1352]

Certeza e ciência

A partir do resumo que fiz das pesquisas sobre infanticídio, você deve ter deduzido que acredito que a hipótese da antecipação da reprodução se aplica a langures e leões, baratas d'água e jaçanãs. E acredito mesmo – mas posso estar errado, como de fato alguns outros pesquisadores acham que estou.[78, 135, 333] Essas diferenças de opinião nos lembram que conclusões científicas são de certo modo temporárias. Conclusões tiradas no passado mudaram de forma drástica sempre que novas evidências levantaram dúvidas sobre hipóteses, até então amplamente aceitas. Por exemplo, quando eu estudava no *Amherst College*, meu professor de paleontologia me convenceu de que os continentes da Terra nunca saíram do lugar. No entanto, à medida que novas descobertas mostravam o contrário, aquela antiga visão foi sendo abandonada, e hoje todos os professores de paleontologia ensinam a seus alunos a teoria da movimentação das placas tectônicas e a ideia de que os continentes estão hoje em locais muito distantes de suas posições originais.

Rejeitar um conhecimento previamente estabelecido é muito comum na ciência. Os cientistas tendem a ser céticos, talvez porque recompensas especiais são concedidas àqueles que mostram que conclusões já publicadas estão erradas. Cientistas constantemente reanalisam, de bom humor, ou nem tanto, o que seus colegas descobrem e, às vezes, reavaliam uma hipótese já publicada. Um exemplo é a proposição de que o gene *avpr1a* tinha conexão causal com a monogamia no arganaz-do-campo. Dados obtidos no experimento de transplante de gene, antes descrito neste capítulo, claramente sustentavam a premissa de que esse gene levava seus portadores à monogamia. Além disso, estudos adicionais feitos em 2004, depois do experimento de transplante, levaram a equipe de pesquisa do arganaz-do-campo à conclusão de que a chave da diferença genética entre roedores monogâmicos e não monogâmicos estava em um segmento de DNA (na região promotora) adjacente ao componente do *avpr1a* que codificava a proteína.[614] Mas, em 2006, uma equipe de pesquisa suíça chefiada por Gerald Heckel resolveu olhar novamente para o gene que expressava o receptor de vasopressina 1a.[465] Ao examinarem o DNA de 25 espécies de roedores, e não apenas quatro espécies de roedores silvestres, eles viram que quase todas as espécies, independentemente de serem monogâmicas ou não, tinham formas muito semelhantes do gene *avpr1a* logo abaixo daquela região promotora supostamente crítica do gene que se supôs ser a base das diferenças entre a monogamia do arganaz-do-campo e a poliginia do roedor-da-campina. O título do artigo em que esses resultados foram publicados diz tudo: "A monogamia em mamíferos não é controlada por um único gene". Na verdade, nem o roedor-da-campina e nem um parente próximo dele têm a sequência especial de bases encontrada na região promotora do *avpr1a* do arganaz-do-campo. No entanto, muitos outros roedores silvestres tipicamente poligínicos e outros mamíferos poligínicos têm o pedaço de DNA-chave na região promotora de gene *avpr1a*. Essa descoberta torna estranha a predição de que roedores monogâmicos e poligâmicos diferem consistentemente em relação a apenas um componente de um gene. Diante desse conflito de resultados é apropriado ter cautela em relação à hipótese da existência de um único gene para a monogamia.

A incerteza dos cientistas quanto à existência de uma verdade absoluta, pelo menos quando falam das ideias de outras pessoas, frequentemente deixa os não cientistas nervosos. Isso acontece em parte porque os resultados científicos normalmente são apresentados ao público como se tivessem sido escritos em pedra, isto é, de forma imutável. Mas qualquer um que tenha dado uma olhada na história da ciência perceberá que novas ideias chegam continuamente para substituir ou modificar as que já existem.[817] Sem dúvida, a grande força da ciência está na disposição de pelo menos alguns cientistas em considerar novas ideias e testar velhas hipóteses repetidamente, mesmo que algum colega pense que isso é perda de tempo.

Tenha isso em mente enquanto resenhamos algumas conclusões científicas recentes nos capítulos seguintes. Começaremos examinando aspectos proximais e distais do canto dos pássaros (no Capítulo 2) antes de olhar mais de perto para as diferentes análises proximais do comportamento (Capítulos 3 a 5). Em seguida, vamos mudar o foco para as questões distais, sobre história evolutiva e adaptação (Capítulos 6 a 13). O livro acaba com um capítulo sobre evolução do comportamento humano. Obrigado aos muitos pesquisadores do comportamento que exploraram esses temas. Como há muito sobre o que escrever, vamos começar logo.

Resumo

1. As causas de qualquer comportamento podem ser potencialmente entendidas dentro de quatro diferentes níveis de análise, que envolvem como: (1) o comportamento se desenvolve; (2) mecanismos fisiológicos agem para tornar o comportamento possível; (3) o comportamento promove o sucesso reprodutivo do animal; e (4) o comportamento se originou e foi modificado ao longo do tempo evolutivo.

2. Esses quatro níveis de análise podem ser agrupados em dois: (1) aqueles que lidam com causas proximais ou imediatas do comportamento, ligadas à atividade dos sistemas de desenvolvimento interno e fisiológico, e (2) aqueles que lidam com causas distais ou evolutivas de longo prazo do comportamento, ligadas a questões sobre valor adaptativo e modificações históricas.

3. As causas proximais e distais estão inter-relacionadas. Os genes presentes nos animais hoje são os que sobreviveram ao processo histórico dominado pelos efeitos das antigas diferenças entre os indivíduos por meio do seu sucesso reprodutivo. O genótipo naturalmente selecionado de um animal atual influencia o desenvolvimento de um indivíduo, afetando a natureza dos mecanismos proximais que o animal adquire e que, em troca, os tornam capazes de fazer alguma coisa particular.

4. Tanto as questões proximais quanto as distais do comportamento podem ser cientificamente investigadas de modo semelhante:
    a. Começamos com uma pergunta sobre o que leva um animal a fazer o que faz.
    b. Planejamos uma hipótese de trabalho, uma possível resposta à questão.
    c. Usamos essa possível explicação para fazer uma predição sobre o que esperamos observar em um experimento ou na natureza se a hipótese estiver correta.
    d. Então, coletamos os dados necessários para determinar se a predição está correta ou incorreta.
    e. Se os resultados reais não correspondem aos esperados, concluímos que a hipótese levantada provavelmente está errada; se as evidências conferem com os resultados previstos, concluímos que a hipótese pode ser temporariamente aceita como correta.

5. A natureza das nossas teorias afeta o tipo de hipóteses de trabalho que elaboramos. A teoria evolutiva darwiniana nos leva a questionar como dado comportamento aumenta o sucesso reprodutivo do indivíduo; se o comportamento foi moldado ao longo do tempo por seleção natural darwiniana, ele deve ter sido melhor do que todas as outras formas que tenham aparecido nas gerações anteriores em promover sucesso reprodutivo individual.

6. Uma teoria alternativa, a teoria da seleção de grupo de V.C. Wynne-Edwards, gera hipóteses de trabalho que se focam em como dado comportamento ajuda grupos a sobreviverem; se o comportamento em questão foi moldado ao longo do tempo por seleção de grupo, ele deve ser melhor do que todas as outras formas em ajudar grupos inteiros a evitar a extinção.

7. Atualmente, quase todos os biólogos do comportamento usam como alicerce para suas hipóteses a teoria darwiniana em vez da teoria da seleção de grupo de Wynne-Edwards. Isso acontece provavelmente porque a seleção no nível do indivíduo tem mais poder de causar mudanças evolutivas do que a seleção de grupo. A lógica dessa conclusão pode ser entendida se imaginarmos o que aconteceria ao longo do tempo com um comportamento benéfico ao grupo, mas que levasse indivíduos que o executam a produzir menos descendentes do que outros que não se sacrificaram (nem sacrificam seus genes particulares).
8. A beleza da ciência reside na habilidade dos cientistas de usar lógica e evidências para avaliar a validade de suas teorias concorrentes e hipóteses alternativas. O sucesso de pessoas que usam a abordagem científica está na eliminação de explicações que falham em seus testes e na aceitação das que passam em seus exames.

Leitura sugerida

Grandes livros escritos por cientistas que estudaram as questões proximais do comportamento animal incluem o *To Know a Fly*[384] de Vincent Dethier e o *Nerve Cells and Insect Behavior* de Kenneth Roeder.[1234] Os livros *Curious Naturalists*[1446] de Niko Tinbergen e o *King Solomon's Ring*[886] de Konrad Lorenz fazem a ligação entre as abordagens proximais e distais. Veja ainda *Life on a Little Known Planet*[447] de Howard Evans e *The Tungara Frog*[1260] de Michael Ryan.

Para livros de outros cientistas que captaram a delícia do trabalho de campo, consulte *Wasp Farm*[448] de Evans, *In a Patch of Fireweed*[644] e *The Geese of Beaver Bog*[647] de Bernd Heinrich, *The Year of the Gorilla*[1282] de George Schaller e *The Herring Gull's World*[1448] de Niko Tinbergen, bem como o *In the Shadow of Man*[551] de Jane Goodall, *Almost Human*[1398] de Shirley Strum, *Elephant Memories*[1014] de Cynthia Moss e *Journey to the Ants*[670] de Bert Hölldobler e E. O. Wilson. *Into Africa* de Craig Packer nos fala como é trabalhar com leões na natureza,[1093] enquanto *Langurs of Abu* de Sarah Hrdy fornece uma descrição do trabalho dela sobre o infanticídio.[687] O soberbo livro *Ravens in Winter* de Bernd Heinrich oferece um cenário especialmente claro de como os cientistas testam hipóteses alternativas.[646] A complexa história da monogamia do arganaz-do-campo com seus componentes proximais e distais foi revista recentemente por Steve Phelps e Alexander Ophir.[1131] Para um ensaio provocativo sobre a natureza da própria ciência, leia "Conduct, misconduct and the structure of science" de Woodward e Goodstein.[1617]

Charles Darwin tinha algo útil para dizer sobre a lógica da seleção natural na *Origem das espécies*,[348] assim como Daniel Dennett[382] e Richard Dawkins.[364, 368] O clássico *Adaptation and Natural Selection*[1578] de G. C. Williams derruba argumentos ingênuos tipo "para o bem da espécie". D. S. Wilson e E. O. Wilson tentam explicar porque precisamos de uma nova forma de teoria de seleção de grupo.[1586]

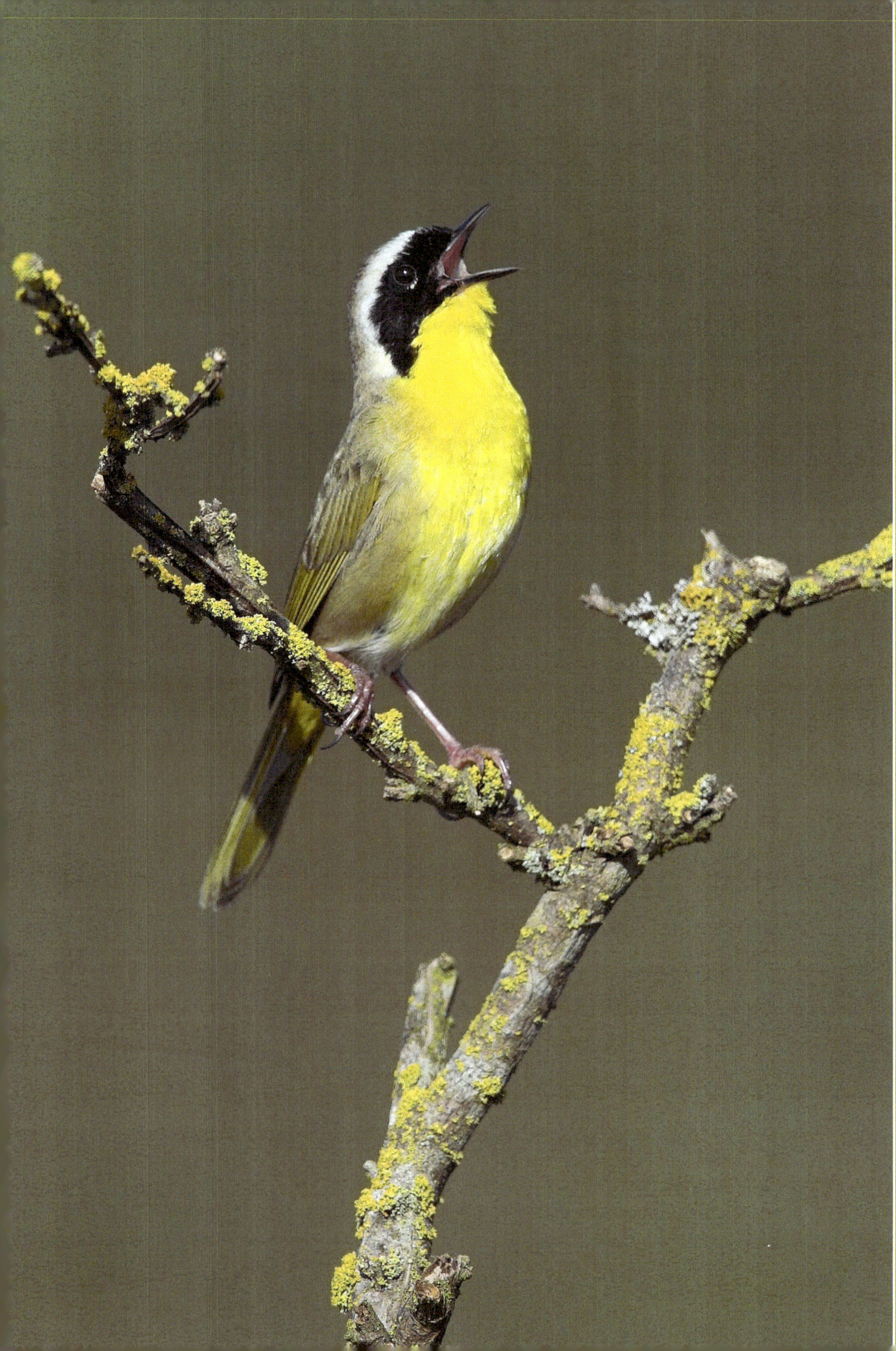

2
Entendendo as Causas Proximais e Distais do Canto das Aves

Comecei a observar avidamente os pássaros aos 6 anos. Desde então, minha "lista de campo" (*life list*) chegou a milhares de espécies, desde o pequeno beija-flor calíope até o gigante condor andino. Embora muitos ornitólogos, incluindo eu, adorem o desafio de identificar as espécies por sua aparência, também nos deliciamos aprendendo a reconhecê-las pelo canto. E foi por isso que, há muito tempo, meu pai me ensinou que o canto da mariquita-amarela soa como *sweet-sweet-sweet-sweeter-than-sweet* enquanto o da mariquita-de-mascarilha soa como *witchety-witchety-witchety* e a mariquita-de-coroa-ruiva canta alto um *teacher-teacher-teacher-teach*.

Na verdade, quase todas as espécies de aves têm vocalizações próprias, específicas, e há tempos esse fenômeno tem sido explicado como uma adaptação evolutiva que auxilia o macho a atrair a fêmea da sua espécie. Assim, quando uma mariquita-de-coroa-ruiva fêmea retorna da sua temporada de inverno no México meridional para a floresta de Ohio, aonde irá se acasalar, ela certamente ouvirá machos da sua espécie cantarem, mesmo antes de colocar os olhos em um parceiro potencial. Cantando *teacher-teacher-teacher-teach* o macho garante que as fêmeas o encontrem, o que é de seu interesse reprodutivo. As fêmeas

◄ **Por que machos** de mariquita-de-mascarilha cantam versões parecidas mas não idênticas do canto da sua espécie? Fotografia de Glenn Bartley.

também se beneficiam desse sistema, em parte porque isso as ajuda a identificar machos da sua espécie em meio a machos de outras espécies, o que diminui o risco de produzir ovos inférteis, ou a desvantagem de criar filhotes híbridos.

Mas, se machos de diferentes espécies têm cantos diferentes para atrair fêmeas das suas espécies, por que indivíduos de uma mesma espécie produzem, com frequência, versões que de algum modo se distinguem do canto da sua espécie? Sim, a mariquita-amarela canta algo parecido com *sweet-sweet-sweet-sweeter-than-sweet*, mas, na espécie, existe um mundo de variações desse tema. Então, o que está acontecendo? O que acontece durante o desenvolvimento do macho que o faz cantar um pouco diferente de outros membros da sua espécie? Em que diferem os mecanismos dos cérebros dos diferentes machos a ponto de afetar os seus cantos? Como essas diferenças individuais influenciam o número de descendentes produzidos? Essas diferenças comportamentais estão enraizadas na história evolutiva das espécies? Este capítulo tentará responder a essas questões, como forma de reafirmar a ideia principal do Capítulo 1 – se queremos entender o que causa um comportamento, por que um animal se comporta de uma determinada maneira, é preciso abordar o problema tanto do ângulo proximal quanto do distal.

Cantos distintos: causas proximais

No curta-metragem *Why do birds sing?*, Peter Marler descreve como começou a se interessar pelas causas proximais das variações nos cantos. Na década de 1950, quando ele era um limnologista novato que estudava a lama dos lagos britânicos, mantinha, casualmente, olhos e ouvidos abertos às aves que viviam nos arredores de suas áreas de estudo. Observador de aves experiente como era, conhecia de ouvido o canto do tentilhão-comum, descrito como uma série rápida de notas que terminam com um floreio descendente. Marler notou que o tentilhão-comum que vivia próximo a um dos lagos tinha um canto muito diferente de outro tentilhão-comum que ele ouvira em lagos não tão longe dali. Ele acreditava que os pássaros viviam em populações geograficamente distintas, cada uma favorecida pela própria versão especial do canto básico da espécie, ou seja, seu próprio dialeto.

Ao mudar-se para a Universidade da Califórnia, na década de 1960, Marler e seus alunos estudaram o mesmo fenômeno no canto do macho do tico-tico-da-califórnia (*Zonotrichia leucophrys*), que na estação reprodutiva produz uma complexa vocalização assobiada. A equipe de Marler viu que populações diferentes desse pássaro, com frequência, têm dialetos diferentes. A espécie que vive em Marin, ao norte da Baía de São Francisco, tem um canto que se distingue com facilidade da população que vive em Berkeley, embora a distância entre essas duas cidades seja pequena: aproximadamente 80 km (Figura 2.1).[938] Ainda que o dialeto do tico-tico-da-califórnia possa sofrer mudanças graduais ao longo do tempo,[1035] em pelo menos algumas populações os dialetos locais permanecem sem mudanças significativas por décadas,[618] mostrando uma relativa estabilidade (como os dialetos humanos).

Hoje sabemos que os dialetos são um fenômeno comum nos pássaros canoros. De fato, em algumas espécies, os indivíduos ocupam pequenas vizinhanças de alguns quilômetros de diâmetro, nos quais cada população produz sua própria versão do canto da espécie.[789] Então, quais são os fatores ontogenéticos responsáveis pelo dialeto das aves? Marler sabia que uma explicação proximal para os diferentes dialetos era uma diferença genética entre os tico-ticos de Marin e os de Berkeley que afetava a construção dos seus sistemas nervosos produzindo cantos diferentes naquelas duas populações da mesma espécie. Uma forma de testar a hipótese da diferença genética é checar a predição de que grupos que cantam dialetos distintos são geneticamente diferentes uns dos outros. Esse estudo foi realizado, mas os pesquisadores encontraram poucas diferenças genéticas entre seis grupos de tico-tico-da-califórnia com dialetos distintos.[1364]

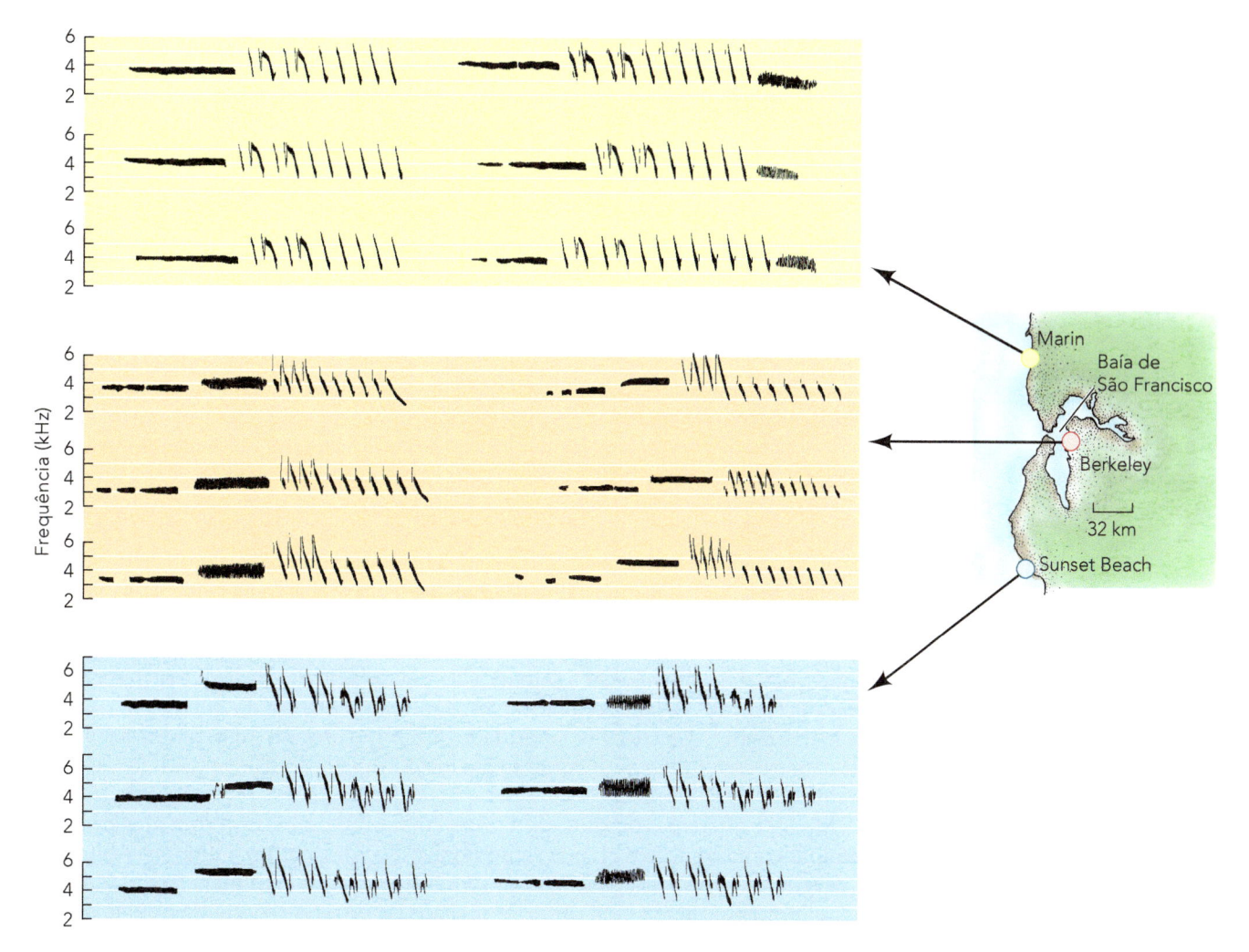

FIGURA 2.1 Dialetos do canto de tico-tico-da-califórnia de Marin, de Berkeley e de Sunset Beach, na Califórnia. Machos de cada localidade têm seus próprios dialetos, como mostram esses sonogramas de cantos de seis aves. As cores dos sonogramas mostram dialetos iguais. Os sonogramas foram cortesia de Peter Marler.

Consideraremos, então, uma hipótese alternativa para os diferentes dialetos: as diferenças não são hereditárias, mas sim causadas por diferenças no ambiente em que vivem essas aves. Talvez machos jovens de Marin aprendam a cantar o dialeto da região ouvindo o canto dos machos adultos de Marin. Mais ao sul, em Berkeley, jovens tico-ticos-da-califórnia crescem escutando o dialeto de canto de Berkeley, experiência diferente daqueles de Marin. É o que acontece com uma pessoa que cresce no condado de Mobile, no Alabama, e adquire um dialeto diferente de alguém de Bangor, em Maine, simplesmente porque as crianças do Alabama ouvem uma variante do inglês diferente do que ouvem as crianças do ponto mais oriental, em Maine.

Marler e colaboradores exploraram o desenvolvimento do comportamento de canto do tico-tico-da-califórnia recolhendo ovos de ninhos, os chocando em laboratório e criando os filhotes em cativeiro. Mesmo quando esses pássaros jovens eram criados sem contato acústico com machos que cantavam, eles começavam a cantar com aproximadamente 150 dias de vida; no entanto, o melhor que conseguiam produzir era um gorjeio que nunca alcançava a riqueza característica do canto completo dos machos selvagens de Marin, de Berkeley ou de qualquer outro lugar.[939]

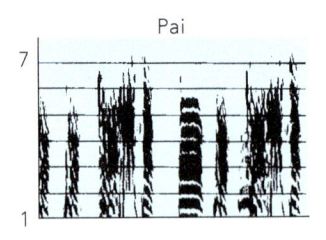

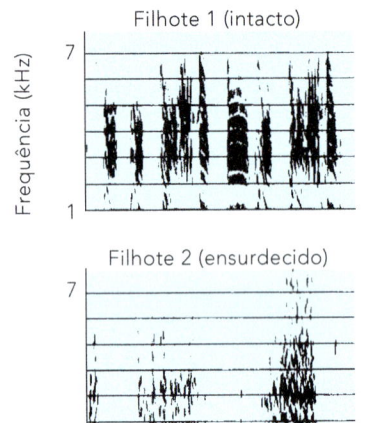

Esse resultado sugere a ausência de algum fator decisivo no ambiente dos pássaros criados em cativeiro, que talvez seja a oportunidade de ouvir o canto de machos adultos de sua espécie. Se esse for o fator-chave, um macho jovem criado em isolamento acústico em uma gaiola, exposto apenas a gravações de cantos de tico-tico-da-califórnia, deverá ser capaz, no devido tempo, de produzir o canto completo da espécie. Foi exatamente isso o que aconteceu quando filhotes de tico-tico de 10 a 50 dias de vida foram submetidos a gravações de cantos da sua espécie. Aos 150 dias, esses pássaros também começaram a cantar seguindo o programa natural da espécie. No começo seu canto era incompleto, mas aos 200 dias de vida, as aves isoladas não apenas produziam o canto típico da espécie, como também igualavam seu canto àquela versão do canto que haviam ouvido. Tocando o canto de Berkeley para um jovem tico-tico-da-califórnia acusticamente isolado, ele canta o dialeto de Berkeley. Tocando o canto de Marin para outro jovem, ele cantará, quando chegar a hora, o dialeto de Marin.

Esses resultados fortalecem a hipótese das diferenças ambientais para os dialetos de tico-ticos-da-califórnia. Filhotes que crescem na região de Marin só ouvem o dialeto de Marin cantados por machos mais velhos que vivem nos arredores. Eles evidentemente armazenam a informação acústica que adquirem de seus tutores e depois igualam suas versões de canto, em princípio incompletas, com as lembranças do canto do tutor e vão gradualmente copiando um dialeto particular. Durante esse processo, se um filhote de tico-tico-da-califórnia criado em cativeiro for impossibilitado de ouvir a si mesmo cantando (se perder a audição depois de ter ouvido outros cantos, mas antes de começar a cantar), ele nunca produzirá nada que se pareça com um canto normal, deixando de produzir uma cópia precisa do que ouviu quando era mais jovem.[798] De fato, a possibilidade de ouvir o próprio canto parece ser essencial para o desenvolvimento do canto em meio a uma multidão de pássaros canoros (Figura 2.2).

Marler e diferentes pesquisadores fizeram muitos outros experimentos para determinar como se desenvolvia o canto no tico-tico-da-califórnia. Por exemplo, eles se perguntaram se machos jovens seriam influenciados com mais facilidade pela estimulação produzida pelo canto de machos da própria espécie do que de outras espécies. De fato, jovens isolados criados em cativeiro que só ouvem cantos de outras espécies, praticamente nunca chegam a cantar aquele canto (embora possam incorporar notas do canto da outra espécie nas suas vocalizações). Se filhotes de tico-tico de 10 a 50 dias ouvirem apenas gravações de pardais-cantores *Melospiza melodia* em vez de gravações de sua espécie, seus cantos serão aberrantes e similares ao produzido por machos que nunca sequer ouviram um canto de ave. Mas se um tico-tico experimental tiver a chance de ouvir gravações da sua espécie juntamente com gravações de outra espécie de emberezído, aos 200 dias de vida ele cantará o dialeto do tico-tico-da-califórnia que tiver ouvido antes.[799] O sistema de desenvolvimento dos jovens pássaros está organizado de tal forma que ouvir o canto de outra espécie não tem efeito no canto que ele produzirá no futuro.

FIGURA 2.2 **Ouvir é decisivamente importante para o aprendizado do canto** no diamante-mandarim *Taeniopygia guttata* (e em muitos outros pássaros canoros). São mostrados sonogramas do canto de um diamante-mandarim macho e de dois de seus filhotes machos. O primeiro filhote, com a audição preservada, foi capaz de produzir uma cópia fiel do canto do pai. O segundo filhote, ensurdecido experimentalmente antes de começar a cantar, em consequência, nunca produziu o canto típico do diamante-mandarim e muito menos uma cópia precisa do canto do pai. A fotografia foi cortesia de Atsuko Takahashi; sonogramas de Wilbrecht, Crionas e Nottebohm.[1574]

Para discussão

2.1 O estudo do desenvolvimento do comportamento de canto de machos de tico-tico-da-califórnia mostrou que as aves precisam aprender a cantar um dialeto particular do canto da sua espécie. Estaríamos certos, então, se concluíssemos que a informação genética presente nas células do tico-tico-da-califórnia macho é irrelevante para o desenvolvimento desse comportamento? Nesse sentido, que importância você atribui à descoberta de que o tico-tico-da-califórnia macho aparentemente aprende o canto da sua espécie muito mais facilmente do que o de outras espécies? E o que dizer então, de tico-ticos machos filhotes que ouvem o canto da sua espécie por um período de apenas 40 dias no começo da vida e são capazes de produzir o canto completo da espécie, ainda que só comecem a cantar vários meses depois da exposição ao canto do tutor?

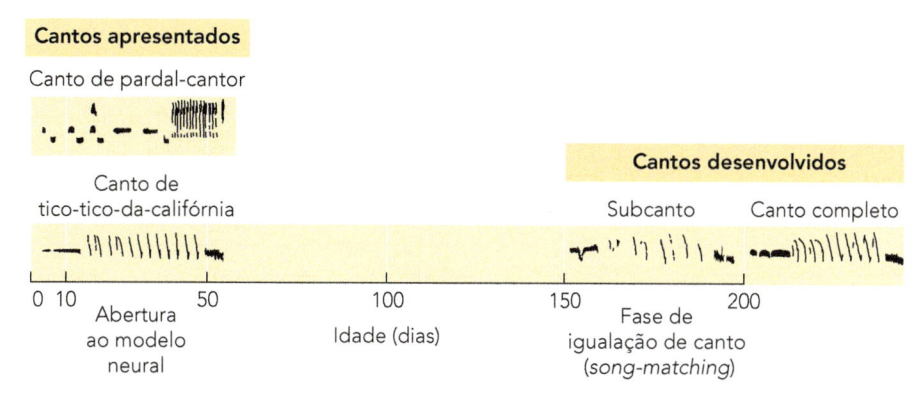

FIGURA 2.3 Hipótese de aprendizado do canto baseada em experimentos de laboratório com o tico-tico-da-califórnia. De acordo com essa hipótese, tico-ticos jovens têm um período sensível à aprendizagem, entre 10 e 50 dias depois da eclosão, no qual o seu sistema nervoso absorve informações acústicas apenas do canto da sua espécie e não do canto de qualquer outra espécie. Mais tarde, o jovem iguala o seu próprio subcanto ao canto que memorizou do tutor, imitando-o perfeitamente, a menos que tenha sido ensurdecido. Baseada no diagrama de Peter Marler.

Experiência social e desenvolvimento do canto

Os experimentos com tico-ticos isolados expostos a gravações de cantos em gaiolas de laboratório levaram Marler a concluir que o desenvolvimento do canto nessa espécie segue um curso particular (Figura 2.3). Numa idade muito precoce, o cérebro ainda imaturo do tico-tico-da-califórnia consegue armazenar seletivamente informações sobre o canto produzido por tico-ticos-da-califórnia e ignorar o canto de outras espécies. Nesse estágio da vida, é como se o cérebro possuísse um arquivo seletivo de computador capaz de gravar só um tipo de entrada de som. Apenas meses depois, quando o pássaro começa a cantar, esse arquivo é acessado. Ouvindo seus próprios subcantos (versões incompletas do canto mais complexo que ele produzirá) e os comparando às memórias dos cantos completos que ouviu antes, a ave em desenvolvimento é capaz de modelar o próprio canto de forma a igualá-lo aos que tem no arquivo de memória. Quando ele atinge uma boa versão que incorpore informações obtidas do modelo, pratica repetidamente esse canto "correto". Fazendo isso, ele cristaliza o seu próprio canto completo que poderá cantar durante toda a vida.

A habilidade de aprender o canto de outros machos da espécie do seu local de nascimento, apenas por ouvi-los, fornece uma explicação proximal plausível de como machos passam a cantar um dialeto particular do canto completo da sua espécie. No entanto, há relatos ocasionais de tico-ticos-da-califórnia produzindo na natureza cantos parecidos com os de outras espécies, incluindo o do pardal-cantor. Essas raras exceções levaram Luis Baptista a questionar se algum outro fator, além da experiência acústica, não influenciaria o desenvolvimento do canto nessa espécie. Um desses fatores pode ser a experiência social, variável excluída do famoso experimento de Marler com jovens criados em isolamento, cujo ambiente oferecia estimulação acústica, mas não a oportunidade de interagir com outras aves.

Para testar se estímulos sociais influenciavam o aprendizado do canto no tico-tico-da-califórnia, Baptista e seu colega Lewis Petrinovich colocaram tico-ticos jovens criados em gaiolas em que eles podiam ver e ouvir exemplares vivos de pardais-cantores adultos ou de bengalis-vermelhos (*Fringilla amandava*).[73] Sob essas circunstâncias, o tico-tico-da-califórnia aprende o canto do seu tutor social, ainda que tenha ouvido, mas não visto, machos adultos de sua própria espécie (Figura 2.4). Na verdade, a experiência social com outras espécies pode até superar a experiência prévia com gravações de canto de um tutor tico-tico em jovens com mais de 50 dias de vida, quando acaba o período sensível à aprendizagem com gravações de tutores.[72] A experiência social tem efeitos extremamente marcantes no comportamento de canto do tico-tico-da-califórnia.

FIGURA 2.4 A experiência social influencia o desenvolvimento do canto. Um tico-tico-da-califórnia mantido em uma caixa próxima a um Bengali-vermelho aprenderá o canto do seu tutor social. (A) O canto do tutor bengali-vermelho. (B) O canto do tico-tico colocado próximo ao tutor. As letras no sonograma indicam as sílabas correspondentes no canto do tutor e no canto do tico-tico aprendiz. Os sonogramas foram cortesia de Luis Baptista.

Sabemos que fatores sociais também influenciam a aquisição do canto em muitas outras aves.[93] Por exemplo, estorninhos mantidos em cativeiro são adeptos a imitar sons da linguagem humana, produzindo frases como *see you soon baboon* (nos vemos em breve, babuíno) ou *basic research* (pesquisa básica) além do som de risada, beijo ou tosse. Mas eles só farão isso se forem criados em cativeiro em ambiente familiar humano no qual sejam, literalmente, membros da família (Figura 2.5).[1544] Na natureza, jovens estorninhos e tico-ticos-da-califórnia, evidentemente são, em grande parte, estimulados por interações acústicas com companheiros da própria espécie, e são essas experiências que influenciam o desenvolvimento do canto. O mesmo pode-se dizer de jovens pardais-cantores que, normalmente, aprendem a cantar com adultos de sua espécie. De modo interessante, o efeito social é mais marcante aos 8 meses de vida e menos perceptível entre um ou dois meses; além disso, é mais provável que um macho de 8 meses aprenda um tipo de canto particular de um tutor ao observar o adulto

FIGURA 2.5 Efeitos sociais na aprendizado do canto. Por conviver com a família de Keigo Lizuka, o estorninho Kuro aprendeu a incluir palavras nas suas vocalizações. Fotografia de Birgitte Nielsen, cortesia de Keigo Lizuka.

FIGURA 2.6 Esquematização de um experimento feito para testar se jovens pardais-cantores aprendem seus cantos interagindo diretamente com um macho adulto cantante ou observando um macho adulto interagindo com outro jovem inexperiente. Os aprendizes foram pareados de modo que no primeiro dia o jovem macho foi confrontado com um macho que cantava. No dia seguinte, o sujeito ficou "escutando às escondidas", o adulto cantando para outro macho. Adaptada de Beecher e colaboradores.[95]

interagir com outro pássaro, do que interagir ele mesmo diretamente com o macho adulto que estiver cantando (Figura 2.6).[95]

Não se sabe se jovens tico-ticos-da-califórnia adquirem um dialeto mais prontamente a partir de um macho que canta de forma agressiva para outro, mas a experiência social ocupa claramente um papel central no processo de aprendizado do canto nessa espécie. Jovens machos respondem aos seus tutores sociais adquirindo memórias do canto que imitarão depois, quando começarem a cantar. Esses pássaros usam as memórias dos cantos armazenadas como modelos a serem imitados, no caminho para a produção do seu próprio canto completo. Machos que tenham modelos de cantos diferentes na memória irão, portanto, desenvolver cantos diferentes quando adultos.

Para discussão

2.2 As florestas australianas às vezes são palco de um experimento natural quando cacatuas galahs *Eolophus roseicapilla* (espécie de papagaio) botam ovos em ninhos nos ocos de árvores, e esses ninhos são então roubados por outra espécie, a cacatua rosa, *Cacatua leadbeateri*. Quando isso acontece, o casal de *Cacatua leadbeateri* cria, inadvertidamente, os filhotes da outra espécie. Os filhotes adotivos produzem o chamado de solicitação e o chamado de alerta* idênticos aos produzidos por filhotes da sua espécie (*Eolophus roseicapilla*) criados por pais biológicos. No entanto, esses filhotes adotivos acabam produzindo chamados de contato** muito parecidos com os dos pais adotivos, como você pode ver na Figura 2.7. (As aves emitem esses sinais como forma de manter contato umas com as outras durante jornadas em bando.[1244]) Há quem diga que essas observações mostram que os chamados de solicitação e alerta da cacatua *galah* são geneticamente determinados, enquanto o chamado de contato é determinado pelo ambiente. Explique por que esse argumento está errado (ver o Capítulo 3 pode ajudar nisso). Depois, defenda o enunciado, superficialmente parecido com esse, de que diferenças entre chamados de alerta dados pela cacatua *galah* e por seus pais adotivos são resultado de diferenças genéticas entre eles. Que outras diferenças comportamentais poderiam resultar de diferenças no ambiente social de cacatuas *galah* adotadas e de outros indivíduos dessa espécie?

---

* N. de T. Em inglês, diz-se *begging call* e *alarm call*, respectivamente.

** N. de T. Em inglês, diz-se *contact call*.

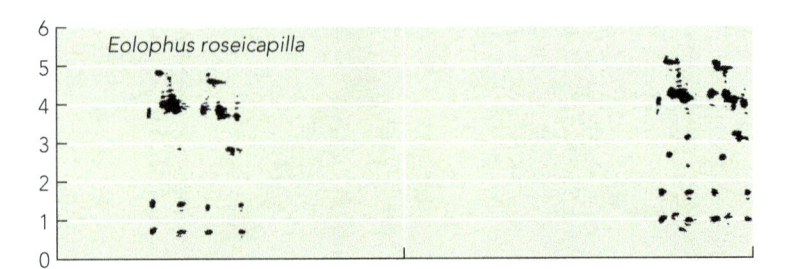

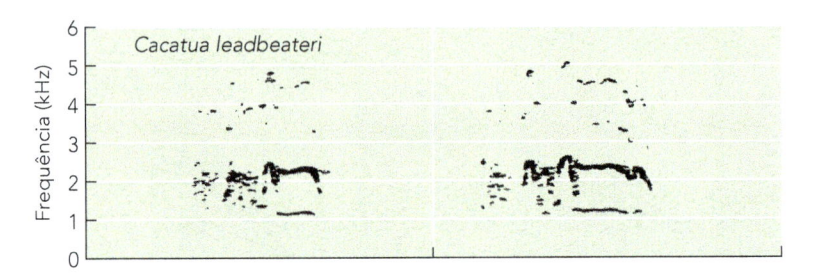

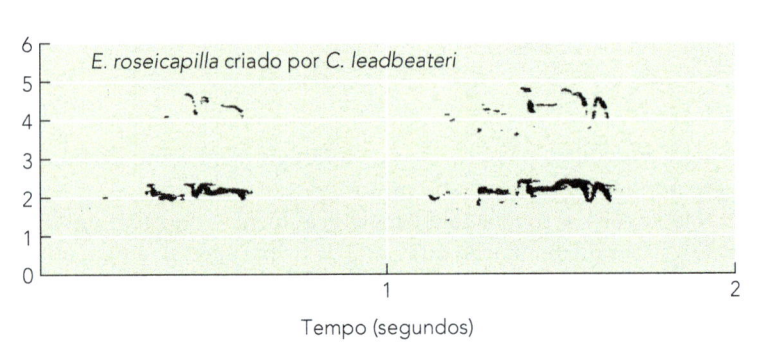

FIGURA 2.7 Sonogramas de chamados de contato das cacatuas *Eolophus roseicapilla* e *Cacatua leadbeateri* criadas sob diferentes condições. O gráfico superior apresenta o chamado de contato de *E. roseicapilla* criada por pais da sua espécie; o gráfico do meio apresenta o chamado de *C. leadbeateri* criado por pais biológicos; e o gráfico inferior apresenta o chamado de *E. roseicapilla* criada por pais adotivos de *C. leadbeateri*. Adaptada de Rowley e Chapman.[1244]

Desenvolvimento dos mecanismos básicos que controlam o comportamento de canto

Se quisermos saber mais sobre o desenvolvimento do dialeto no tico-tico-da-califórnia, precisamos ir além da identificação dos elementos do ambiente social e acústico das jovens aves que mais tarde afetarão seu comportamento. Por exemplo, onde são armazenadas as memórias de canto do tico-tico de um mês de vida? E que parte do cérebro controla os sons que ele produz aos 5 meses? E como os jovens machos sabem como igualar seu canto inicialmente simples às suas memórias de cantos? Essas perguntas nos levam a considerar os dispositivos internos que capacitam os jovens a usar as informações adquiridas do ambiente social e acústico e a controlar seu comportamento de canto seguindo uma rota particular de desenvolvimento. Os mecanismos que tornam o desenvolvimento do canto possível estão localizados no cérebro dos machos jovens. Como o cérebro dos machos adquire as ferramentas para a aquisição do canto?

Podemos começar explorando o porquê de machos de tico-tico-da-califórnia produzirem um canto completo e complexo, embora as fêmeas não o façam. Se o comportamento de canto depende da construção do cérebro, então o cérebro de machos e fêmeas dessa espécie deve ser diferente. Essas diferenças poderiam, em teoria, decorrer de diferenças genéticas ou ambientais (ou de ambas) entre os sexos que influenciassem o modo como o sistema nervoso se desenvolve nesses animais.

Ninguém duvida que machos e fêmeas de aves apresentam diferenças genéticas. Os machos têm dois cromossomos Z e as fêmeas têm um Z e um W. (Esse sistema de determinação sexual difere do sistema dos mamíferos, nos quais os machos têm dois cromossomos diferentes, um X e um Y, e as fêmeas têm dois cromossomos X.) Como os genes estão localizados nos cromossomos, e os cromossomos W das aves têm menor número de genes do que os cromossomos Z, machos e fêmeas são geneticamente diferentes.[433] Sabe-se que essas diferenças genéticas têm efeitos enormes no desenvolvimento. O embrião fêmea de tico-tico-da-califórnia, com seus cromossomos W e Z, desenvolve células gonadais que darão origem a seus ovários. O embrião macho com seus genes diferentes desenvolve-se de modo diferente e, em dado momento, adquire testículos produtores de esperma e não ovários produtores de ovos.

Assim, desde muito cedo as células gonadais de machos e de fêmeas seguem rotas de desenvolvimento diferentes enquanto seus genes diferentes interagem com os componentes disponíveis para a construção de novas células e a criação de testículos ou de ovários. Além disso, as células gonadais nos dois sexos ainda diferem quanto ao tipo de substâncias que produzem para agir em outras células. Em particular, as células dos testículos jovens, e não as do pré-ovário, produzem o hormônio testosterona. Enquanto percorre o corpo do jovem macho, esse hormônio se torna parte do ambiente químico de outras células, incluindo aquelas do cérebro em desenvolvimento. A testosterona pode ser captada por células que tenham os receptores proteicos apropriados no seu núcleo, disparando uma cadeia de eventos químicos que alteram a atividade de genes nas células sensíveis à testosterona. O resultado é o crescimento de circuitos neurais especiais que, no momento certo, serão usados pelos machos para cantar.

Note que as diferenças no cérebro de machos e fêmeas dessa espécie são o produto de diferenças genéticas e ambientais. Uma diferença cromossômica (genética) se traduz em diferenças hormonais (ambientais) que levam a diferenças na atividade genética de algumas células cerebrais de machos e fêmeas, que por sua vez produzem diferenças adicionais nas proteínas produzidas por essas células; esses efeitos se perpetuam em outras células (ambiental), e assim por diante. Quando biólogos do desenvolvimento descrevem o desenvolvimento como um processo interativo, eles preveem uma cascata de alterações na atividade genética regulada por mudanças no ambiente químico das células. (Lembre-se que a contribuição genética ao desenvolvimento é a informação codificada no DNA do organismo; qualquer coisa diferente disso constitui uma contribuição ambiental ao desenvolvimento, incluindo as moléculas produzidas por células e que antecedem as interações gene-ambiente.)

Ao que parece, as gônadas não são as únicas, nem mesmo as mais importantes, fontes de sinais químicos necessários para o desenvolvimento do cérebro do macho. Outra substância-chave é o hormônio estrogênio. Embora normalmente se pense em estrogênio como hormônio feminino (é produzido pelos ovários), as células do cérebro de pássaros machos convertem testosterona em estrogênio para usá-lo em outras células. Esse sinal ambiental autoproduzido ativa o desenvolvimento de circuitos neurais específicos do cérebro do macho, que conectam a elaborada rede de estruturas neurais, chamada de sistema de controle do canto, que precisa funcionar de forma integrada para o macho cantar corretamente.[672]

A importância do estrogênio para o desenvolvimento do sistema de controle do canto de um macho foi demonstrada quando se testou a predição de que a inserção de pequenas cápsulas desse hormônio sob a pele de um filhote fêmea acarretaria masculinização no sistema de controle de canto. Esse experimento foi feito com o diamante-mandarim (*Taeniopygia guttata*), cujo cérebro é anatomicamente semelhante ao do tico-tico-da-califórnia. É normal que, alguns grupos especiais de células cerebrais cresçam rápido nos jovens machos, mas que nas jovens fêmeas encolham ao longo do tempo (Figura 2.8).[389, 777] Contudo, em fêmeas imaturas submetidas ao tratamento com estrogênio, essas unidades de controle do canto aumentaram em tamanho, como predito, dando suporte à hipótese

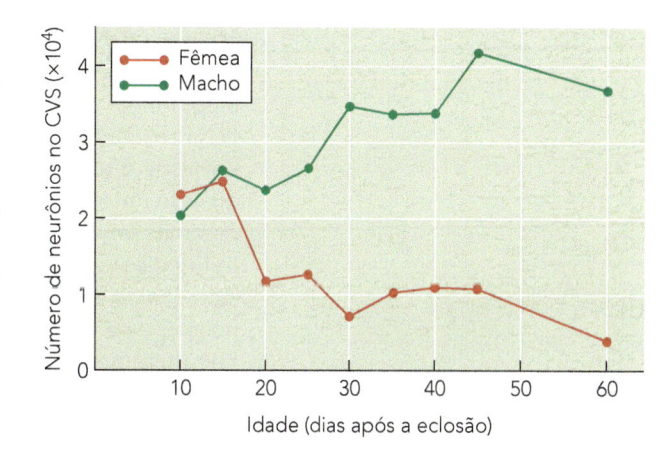

FIGURA 2.8 Mudanças no sistema de canto de jovens machos e fêmeas de diamante-mandarim. Entre 10 e 40 dias após a eclosão, o número de neurônios no CVS (centro vocal superior), um componente do sistema do canto rapidamente diminui de tamanho na fêmea, enquanto aumenta nos machos. Adaptada de Kirn e DeVoogd.[777]

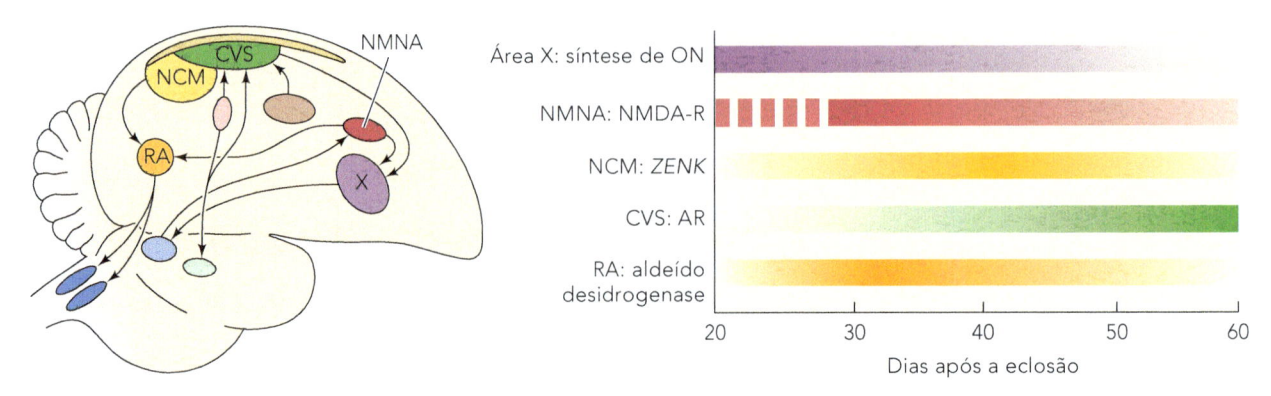

FIGURA 2.9 **A temporização da atividade gênica** em diferentes componentes do sistema de controle do canto de pássaros machos. Genes diferentes seguem esquemas diferentes de atividade ao longo do desenvolvimento do jovem diamante-mandarim. Cores mais intensas representam maior atividade gênica. Assim, logo no início da vida do filhote, o gene que codifica a síntese da enzima oxido nítrico (ON), por exemplo, tem atividade moderada na área X do cérebro. Mas, dias depois, a produção dessa proteína começa a cair na área X. Para as abreviações, consulte a Figura 2.13. Adaptada de Clayton.[270]

de que há um conjunto crucial de conexões cromossômicas-hormonais que coloca em funcionamento uma série de interações gene-ambiente subjacentes ao desenvolvimento do sistema de controle do canto no cérebro do diamante-mandarim macho.[594]

Embora, no diamante-mandarim, ambos os sexos ouçam e memorizem preferencialmente o canto das suas espécies em relação ao de outras espécies,[156] apenas o cérebro do macho adquire, em dado momento, as estruturas necessárias para a produção do canto. Isso requer toda uma série de mudanças, altamente coordenadas, da atividade gênica nas estruturas cerebrais que tornam possível o aprendizado e a produção do canto. E, de fato, quando geneticistas examinaram a ativação e desativação de genes particulares durante os estágios mais precoces do desenvolvimento cerebral no diamante-mandarim, eles descobriram um padrão especial compartilhado por praticamente todos os machos (Figura 2.9).

As mudanças na atividade gênica também não acabam quando o cérebro atinge sua forma madura. Se a tarefa do sistema de controle do canto de um diamante-mandarim macho ou de um tico-tico-da-califórnia é de servir como mecanismo de aprendizagem do canto, algumas células desse sistema devem, a rigor, antecipar certos eventos. Dessa forma, quando um jovem pássaro é bombardeado por sons produzidos pelo canto de um macho adulto de sua espécie, esses sons ativam sensores especiais de sinais transmitidos a regiões específicas do cérebro. Em resposta a essas informações específicas recebidas, algumas células dessa região sofrem alterações bioquímicas que mudam o comportamento do pássaro. Mudanças bioquímicas em geral requerem mudanças na expressão gênica (na qual a informação codificada em um gene é usada para produzir substâncias, como enzimas). Então, por exemplo, quando um jovem tico-tico-da-califórnia ouve o canto da sua espécie, alguns padrões de sinais sensoriais gerados por receptores acústicos no ouvido do pássaro são transmitidos para centros de controle do canto no cérebro, onde ocorre o aprendizado. Acredita-se que essas entradas de informação alteram a atividade de certos genes no grupo de células de resposta, levando a novos padrões de produção de proteína que alteram a constituição bioquímica dessas células. Uma vez alteradas as células, o sistema de controle de canto agora modificado pode fazer coisas que antes não podia, quando ainda não havia sido exposto ao canto de outros machos da espécie.

Essa teoria sobre o aprendizado do canto foi testada buscando-se mudanças na expressão gênica das células do centro de controle do canto que aparecessem depois que o pássaro ouvisse um canto relacionado. Você deve se recordar que o estímulo acústico que aparentemente afeta a aquisição do canto em tico-tico-da-califórnia é o próprio canto do jovem. A habilidade do tico-tico de ouvir a si mesmo enquanto canta quando tem entre 150 e 200 dias de vida é essencial para a cristalização do canto completo normal a partir do subcanto variável que ele produziu inicialmente. Dessa mesma forma, o diamante-mandarim macho passa por um período, logo no início da sua vida, durante o qual parece igualar elementos do seu subcanto inicial às memórias que armazenou de cantos completos que ouviu, anteriormente, de outros machos. Durante esse processo, certos neurônios da parte anterior do prosencéfalo do diamante-mandarim ficam cada vez mais responsivos ao próprio canto, em oposição ao canto do tutor; quando o diamante-mandarim torna-se adulto, com o canto completo cristalizado, alguns de seus neurônios auditivos tornam-se altamente seletivos, respondendo de maneira muito mais intensa a esse canto do que a qualquer outro.[409] Esse processo de desenvolvimento envolve, presumivelmente, a reestruturação bioquímica desses neurônios, que, por sua vez, exige informações genéticas ativadas ou desativadas frente a eventos ambientais específicos.

Hoje sabemos que, quando o diamante-mandarim entra na fase de igualação do canto do tutor, há um aumento da expressão do gene chamado ZENK em determinados centros neurais de controle do canto e, por consequência, aumenta nas células a quantidade correspondente de proteínas que ele codifica.[973] Em outras palavras, quando ele ouve a si mesmo cantando, uma retroalimentação (*feedback*) sensorial ativa um gene particular em determinadas células. Essa expressão gênica se traduz na produção de uma proteína específica que, segundo se acredita, tem algo a ver com as alterações subsequentes nos circuitos neurais que controlam o canto do mandarim (Figura 2.10). Essa hipótese foi amparada pela observação de que, conforme o mandarim se aproxima da produção de uma cópia fiel do canto do tutor, cai a expressão do gene ZENK em uma área particular do cérebro.[726] Quando o mandarim atinge um canto completo cristalizado, novas mudanças na arquitetura celular ou bioquímica do seu sistema de controle do canto já não aumentam mais sua habilidade de produzir aquele canto e, então, o gene ZENK é desativado nas células apropriadas.

Zenk não é o único gene conhecido do diamante-mandarim cuja informação contribui para o aprendizado e para a produção do canto.[1489] O gene *Fox P2*, por exemplo, também está envolvido. Isso foi demonstrado por pesquisadores que injetaram um inibidor químico do gene em uma área específica do cérebro de mandarins machos com 23 dias de vida (O interessante é que esse mesmo gene parece desempenhar vários papéis na aquisição e uso da linguagem em humanos.). Os pássaros injetados foram mantidos em caixas com tutores sociais da própria espécie. Quando os jovens machos começaram a cantar, seus cantos foram gravados e comparados com aqueles produzidos por mandarins da mesma idade de um grupo-controle, em cujos cérebros havia sido injetada uma substância química diferente que agia em outro segmento-alvo de DNA, e não no *FoxP2*. O grupo experimental não conseguiu igualar tão bem seu canto aos dos seus tutores sociais quanto os machos do grupo-controle (Figura 2.11) e, além disso, a vocalização produzida por esse grupo foi mais variável.[603] Como os pássaros não tinham o nível normal de proteínas codificadas pelo *FoxP2*, eles pareciam impedidos, ao tentar imitar esses sons corretamente, de usar suas memórias auditivas dos cantos do tutor.

Estudos como esse ilustram a proximidade da conexão entre os níveis de análise ontogenético e fisiológico do canto das aves. Mudanças na atividade gênica em resposta a estímulos-chave do ambiente são traduzidas em mudanças em mecanismos neurofisiológicos que controlam o processo de aprendizagem. Para se ter um panorama das causas proximais do comportamento é necessário entender tanto o sistema ontogenético quanto o neurofisiológico.

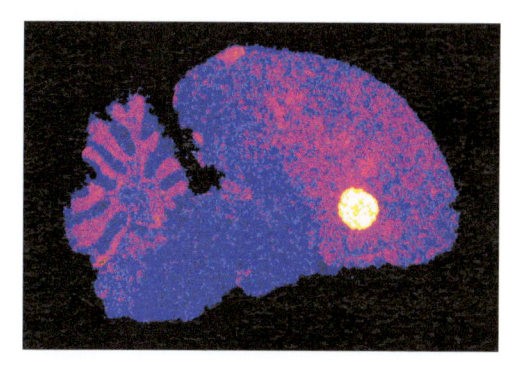

FIGURA 2.10 Expressão gênica em um componente do sistema do canto do diamante-mandarim. A área branca e amarela corresponde à área X. A intensidade de brilho nessa área está relacionada ao alto nível de expressão do gene ZENK, que resultou na produção de uma quantidade relativamente alta da proteína codificada por esse gene em um mandarim de aproximadamente 40 dias. A ausência de coloração branca e amarela em outras partes dessa imagem do cérebro indica que o gene ZENK não se expressou nessas áreas. Fotografia cortesia de David Clayton.

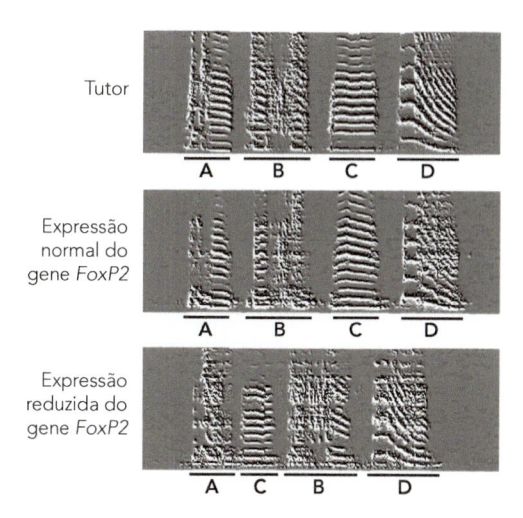

FIGURA 2.11 Um gene importante no aprendizado do canto em diamantes-mandarins machos. Os sujeitos experimentais (abaixo) receberam um tratamento que impedia o gene *FoxP2* de expressar sua informação a níveis normais em certas células do cérebro. Esses machos não foram capazes de imitar os cantos que ouviram de um tutor mandarim (acima) tão bem quanto os machos do grupo-controle (centro) cujo *FoxP2* não havia sido alterado e podia, então, produzir uma quantidade normal da proteína codificada pelo gene. A, B, C e D são sílabas diferentes do canto. Adaptada de Haesler e colaboradores.[603]

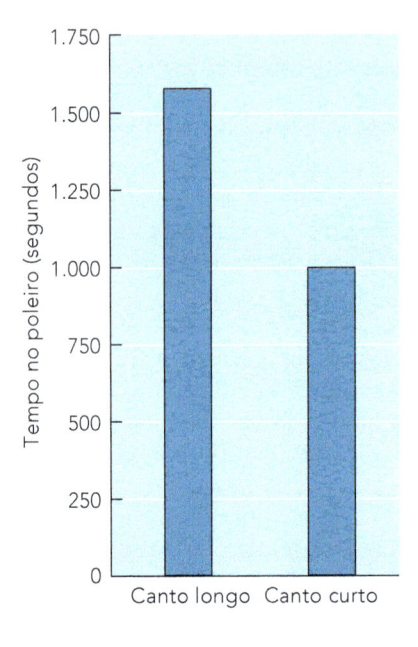

FIGURA 2.12 Preferência das fêmeas de estorninho por canto, avaliada pela permanência em poleiro próximo a uma caixa-ninho reproduzindo canto longo ou canto curto de estorninhos machos. Adaptada de Gentner e Hulse.[528]

Estorninho-malhado (*Sturnus vulgaris*)

Para discussão

2.3 Obviamente, fêmeas de estorninho possuem o mesmo gene ZENK que os machos. No cérebro das fêmeas, a região caudomedial do neoestriado ventral, ou NCMv, reage a sinais enviados pelos neurônios auditivos que disparam quando o pássaro é exposto a sons, como os produzidos pelo canto de um estorninho macho. Quando fêmeas de estorninho em cativeiro têm a chance de escolher entre empoleirar-se perto de uma caixa-ninho da qual podem ouvir um canto longo ou empoleirar-se perto de outra caixa-ninho que toca um canto curto, elas passam mais tempo perto da que reproduz o canto longo (Figura 2.12). Que hipóteses proximais poderiam explicar a preferência das fêmeas estorninho? Que predições você pode fazer sobre a expressão do gene *ZENK* no NCMv de fêmeas de estorninho expostas a cantos longos *versus* cantos curtos? Como você testaria sua hipótese? Qual seria o foco científico para a coleta dos dados necessários para avaliar sua predição?

Como funciona o sistema de controle do canto das aves?

Uma vez identificados alguns, dentre tantos, fatores genéticos e ambientais envolvidos no desenvolvimento do comportamento de canto das aves, seguiremos outro nível de análise proximal, centrado explicitamente nas regras operacionais que caracterizam o cérebro da ave. O tico-tico-da-califórnia e outros pássaros canoros têm um cérebro com muitos grupos de neurônios anatomicamente distintos, ou **núcleos**, como o NCMv mencionado há pouco, bem como conexões neurais que ligam um núcleo a outro. Os vários componentes do cérebro são feitos de células (neurônios) que se comunicam com outras por meio de mensagens bioelétricas (potenciais de ação) que viajam de um neurônio a outro por meio de extensões alongadas dos neurônios (axônios) (*ver* Figura 4.10). Alguns componentes do cérebro estão profundamente envolvidos na memorização de cantos, enquanto outros são essenciais para a imitação de padrões de canto memorizados.[548] Descobrir a função de cada unidade anatômica é a tarefa dos neuropsicólogos, mais interessados em mecanismos operacionais do sistema nervoso do que em seu desenvolvimento.

Há bastante tempo, pesquisadores estão interessados no centro vocal superior (CVS) dos cérebros dos tico-ticos-da-califórnia e de outros pássaros canoros. Essa densa coleção de neurônios se conecta ao núcleo robusto do arquipálio (abreviado para RA, pelos anatomistas), que por sua vez está ligado à porção traqueossiringeal do núcleo hipoglossal (cujo acrônimo, menos bem-sucedido, é nXIIts). Essa pequena parte da anatomia cerebral manda mensagens à siringe, a estrutura produtora de som das aves análoga à laringe humana. O fato do CVS e do RA poderem se comunicar com o nXIIts que se conecta à siringe sugere que esses elementos cerebrais exercem controle sobre o comportamento de canto (Figura 2.13).

Essa hipótese do controle neural do canto das aves foi testada. Por exemplo, se mensagens neurais de RA produzem o canto, a destruição experimental desse centro ou o impedimento cirúrgico das vias neurais que ligam RA a nXIIts teria efeitos devastadores na habilidade de cantar. Experimentos delineados para testar essa hipótese envolveram uma variedade de pássaros canoros,[250] e o resultado encontrado hoje nos permite dizer com confiança que o RA de fato desempenha uma função crucial na produção do canto. Sendo assim, em espécies de pássaros como o tico-tico-da-califórnia, na qual machos cantam e fêmeas não, o RA deveria ser maior no cérebro dos machos do que no das fêmeas, como de fato é (Figura 2.14).[61, 1031, 1057]

Outro núcleo cerebral parece ser mais essencial ao aprendizado do canto do que à produção de sinais vocais. A destruição do núcleo magnocelular lateral do nidopálio anterior (NMNA), por exemplo, não interfere de modo significativo na habilidade do mandarim macho adulto de produzir o canto que aprendeu quando jovem. Mas, se a cirurgia for realizada em um jovem, antes dele adquirir um canto completo, ele não será capaz de produzir um canto normal quando adulto. Outras evidências da importância desse componente do sistema de controle da aprendizagem do canto foram obtidas ao se testar a hipótese de que o NMNA deveria ser menor ou ausente em aves que cantam, mas que não aprendem seus cantos. Como previsto, muitas dessas espécies não têm o NMNA bem definido (nem outros núcleos da parte anterior do cérebro), como o tico-tico-da-califórnia e outras espécies de canto aprendido.[250]

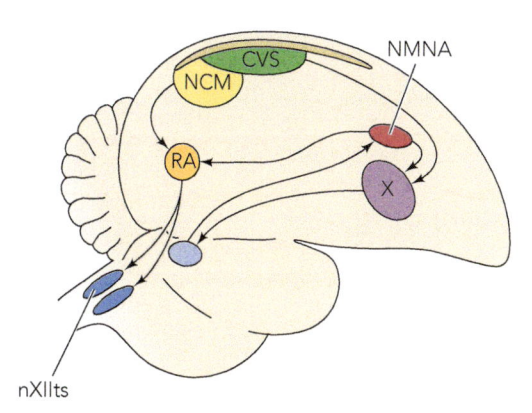

FIGURA 2.13 O sistema de canto de um pássaro canoro típico. Os componentes principais, ou núcleos, envolvidos com a produção do canto incluem o núcleo robusto do arquipálio (RA), o centro vocal superior (CVS), a porção lateral do núcleo magnocelular do nidopálio anterior (NMNA), o neoestriado caudomedial (NCM) e a área X (X). Circuitos neurais carregam sinais do CVS para a porção traqueossiringeal do núcleo hipoglossal (nXIIts) para os músculos da siringe, a produtora de sons. Outros circuitos conectam núcleos, como NMNA e área X, mais envolvidos com o aprendizado do que com a produção do canto. Adaptada de Brenowitz, Margoliash e Nordeen.[170]

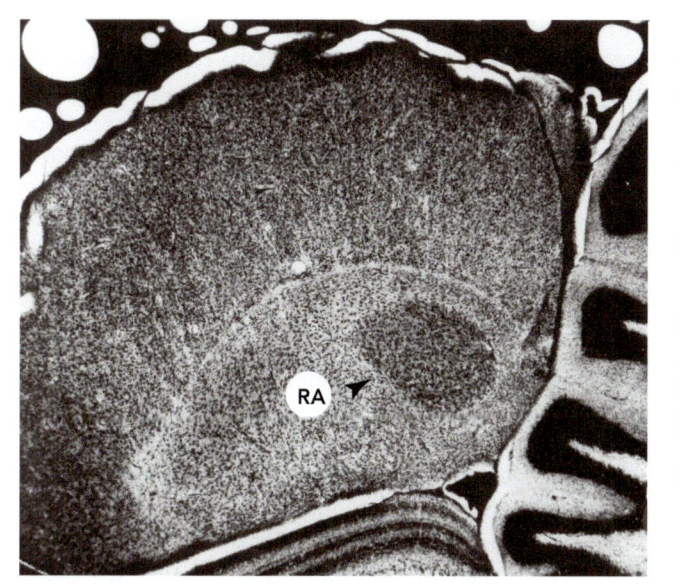

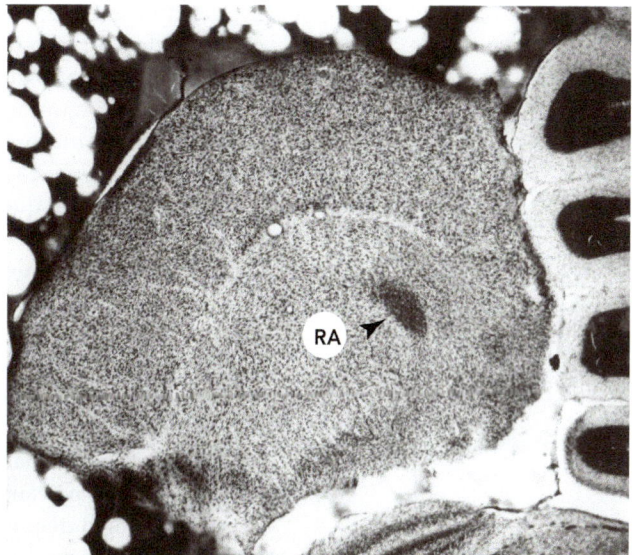

FIGURA 2.14 Diferenças no tamanho de um núcleo do sistema de canto, o núcleo robusto do arquipálio (RA), do macho (à esquerda) e da fêmea (à direita) de diamante-mandarim. Fotografias cortesia de Art Arnold; de Nottebohm e Arnold.[1057]

A evidência de que o CVS, assim como o NMNA, desempenha uma função no aprendizado do canto vem de um estudo com espécies da subfamília Parulinae,* filogeneticamente próximas, mas que diferem quanto à habilidade dos machos de aprenderem cantos diferentes. Nessas espécies, quanto maior o repertório do canto, maior o CVS. Também entre indivíduos da mesma espécie, há diferenças quanto ao tamanho do repertório de canto. Uma análise de todos os estudos disponíveis na atualidade sobre a relação entre volume de CVS e tamanho do repertório de canto do macho na mesma espécie mostra que, de maneira geral, duas variáveis são correlacionadas significativamente: é normal que os machos de determinada espécie, com repertório relativamente grande, tenham CVS maior do que os outros membros menos talentosos da sua espécie.[516]

Esses estudos, no entanto, partiram da suposição de que seriam necessárias grandes quantidades de tecido neural para o macho aprender canto(s) complexo(s). Mas há de se considerar que a experiência de produzir um canto complexo, ou adquirir um grande repertório, também cause a expansão do CVS em resposta à estimulação dessa região do cérebro. Uma forma de testar se o CVS tem que ser grande para que o pássaro aprenda a cantar ou se é a aprendizagem que leva o CVS a crescer seria criar dois grupos de machos cantores, um ao qual se permitisse modelar seu repertório de canto pela aprendizagem e outro criado em isolamento acústico. Se o que leva certas partes do cérebro a crescer for a experiência de aprendizagem, machos isolados deverão ter CVS menores do que os machos que aprenderam diversos cantos. Esse experimento foi feito com a felosa-dos-juncos (*Acrocephalus schoenobaenus*): machos isolados tinham cérebros que em nada diferiam daqueles machos que aprenderam seus cantos ouvindo outros machos cantarem.[850] Antes desse trabalho, resultados semelhantes foram obtidos de um estudo no qual foi dada a alguns machos da corruíra *Cistothorus palustris* a oportunidade de aprender poucos cantos, enquanto outro grupo de machos aprendeu até 45 cantos.[169] Isso indica que, tanto na felosa como na corruíra, o cérebro dos machos se desenvolve de forma plena independentemente das experiências de aprendizagem do seu próprio canto, sugerindo que o desenvolvimento de um grande CVS é necessário para o aprendizado e não o contrário.

Embora a neurofisiologia da aprendizagem do canto tenha sido explorada no nível dos núcleos cerebrais como um todo, os neurocientistas poderiam, em tese, descobrir qual a contribuição de um dado neurônio para a comunicação entre as aves. Na verdade, essa pesquisa foi feita por Richard Mooney e seus colaboradores em um estudo de percepção do canto do emberezídeo *Melospiza georgiana*.[1005] Esse pássaro canta de dois a cinco tipos de canto, cada tipo consiste em sílaba repetida diversas vezes em um trinado que dura alguns segundos. Para um macho jovem dessa espécie aprender um conjunto de tipos de cantos, ele precisa discriminar os diferentes tipos produzidos por machos vizinhos e, mais tarde, quando ouvir a si mesmo cantando, diferenciá-los dos seus próprios cantos.

Um mecanismo que poderia ajudar o jovem macho a controlar seu tipo de canto seria um conjunto de neurônios especializados no CVS que respondesse seletivamente a um tipo específico de canto. A atividade dessas células poderia contribuir para a habilidade de monitorar o que ele está cantando, de modo que ele pudesse ajustar o repertório de maneira estratégica (por exemplo, selecionando o tipo de canto particularmente eficaz na comunicação com machos vizinhos, como veremos a seguir). Claro que a contribuição de qualquer célula a uma decisão comportamental depende de uma rede de outras células com as quais aquele neurônio se comunica. Mas a existência de indivíduos especialistas em um tipo de canto nos ajuda a entender como os componentes de vários mecanismos neurais contribuem para a discriminação do canto.

A tecnologia disponível hoje permite que pesquisadores gravem as respostas de células individuais do CVS da *Melospiza georgiana* à reprodução de uma gravação (*playback*) de seu próprio canto. Por meio desse método, Mooney e seus colaboradores descobriram alguns interneurônios do CVS que geram fortes disparos de potenciais

---

* N. de T. O autor usa o termo *European warbler species*

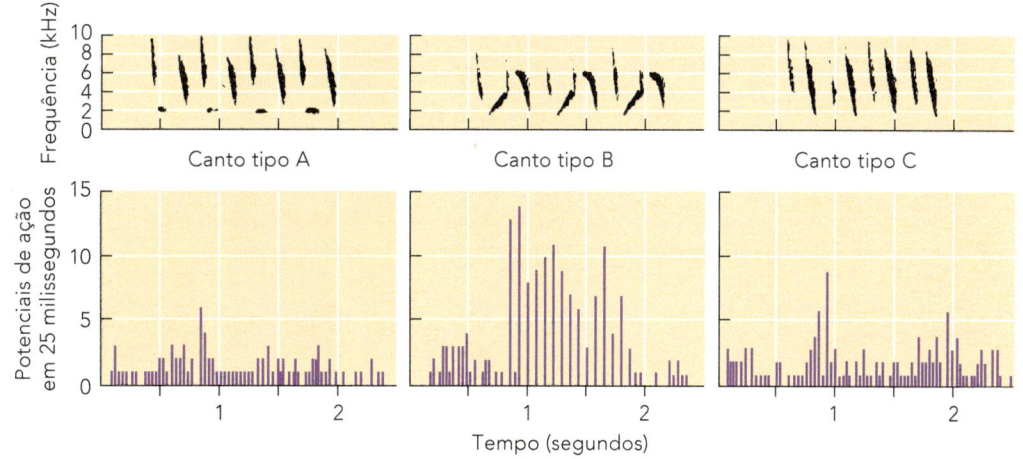

FIGURA 2.15 Células individuais e aprendizagem no emberezídeo *Melospiza georgiana*. (No alto) Sonogramas de três tipos de canto: A, B e C. (Inferior) Quando são apresentados os três tipos de canto ao pássaro, um dos interneurônios do CVS reage sensivelmente apenas ao canto B. Outras células não representadas aqui respondem intensamente apenas ao tipo de canto A, enquanto outras disparam só quando o estímulo for o tipo C. Adaptada de Mooney, Hoese e Nowicki.[1005]

de ação ao receberem sinais neurais de outras células expostas a um só tipo de canto.[1005] Dessa forma, um interneurônio, cuja resposta a três tipos diferentes de canto está ilustrada na Figura 2.15, produz grande volume de potenciais de ação em um curto período de tempo quando o estímulo é o canto do tipo B. Essa mesma célula, no entanto, é relativamente não responsiva se o estímulo for o canto A ou C. Assim, tem-se um tipo especial de célula que poderia ajudar esse pássaro a identificar qual tipo de canto ele está ouvindo, para melhor selecionar a resposta mais adequada a uma situação particular.

Cantos distintos: causas distais

Embora muito se tenha aprendido sobre como o sistema de controle de canto de pássaros canoros se desenvolve e funciona, ainda não sabemos tudo sobre os mecanismos proximais envolvidos com o comportamento de canto. E, mesmo que soubéssemos, nossa compreensão sobre o canto do tico-tico-da-califórnia ainda não seria completa até que pudéssemos entender as causas distais desse comportamento. Como os mecanismos proximais que governam o canto das aves não podem ter surgido do nada, podemos levantar questões como quando, no passado distante, uma espécie ancestral de pássaro teria desenvolvido o canto aprendido espécie-específico, colocando em andamento os eventos que levaram aos dialetos em aves como o tico-tico-da-califórnia? Uma evidência relevante para essa questão inclui a descoberta de que o aprendizado do canto ocorre em apenas 3 das 23 ordens de aves: a dos psitacídeos, a dos beija-flores e a dos pássaros canoros, que pertencem àquele grupo dos Passeriformes que incluem pardais e mariquitas, dentre outros tipos de pássaros (Figura 2.16).[168] Os membros das 20 ordens restantes produzem vocalizações complexas, mas não precisam aprender a fazer isso. O conhecimento de que o canto não era aprendido foi demonstrado para algumas dessas espécies, em experimentos nos quais jovens aves foram impedidas de ouvir o canto de um tutor ou foram ensurdecidas ainda muito jovens antes da época de treinar o canto, mas ainda assim cantavam normalmente (Figura 2.17).[809]

Há uma questão evolutiva: teria o canto aprendido, observado nessas três ordens, evoluído independentemente dos outros grupos? O fato de que as espécies filogeneticamente mais próximas de cada uma das três ordens com canto aprendido não aprendem seus cantos, sugere uma dentre duas coisas: ou o aprendizado

FIGURA 2.16 Filogenia do aprendizado do canto nas aves. Se assumirmos que a espécie ancestral que deu origem a todas as aves modernas, há muito tempo extinta, não aprendia elementos do seu canto, mas produzia vocalizações instintivamente, como fazem muitos grupos modernos de aves, o canto aprendido deve ter evoluído independentemente em três linhagens distintas atuais de pássaros modernos. Por outro lado, o canto aprendido pode ter se originado no ancestral comum de psitacídeos (Psittaciformes), beija-flores (Trochiliformes) e pássaros canoros (Passeriformes) (*ver* seta) e permanecido nessas três linhagens, mas se extinguido nos outros descendentes dessa espécie ancestral de canto aprendido. Adaptada de Brenowitz.[168]

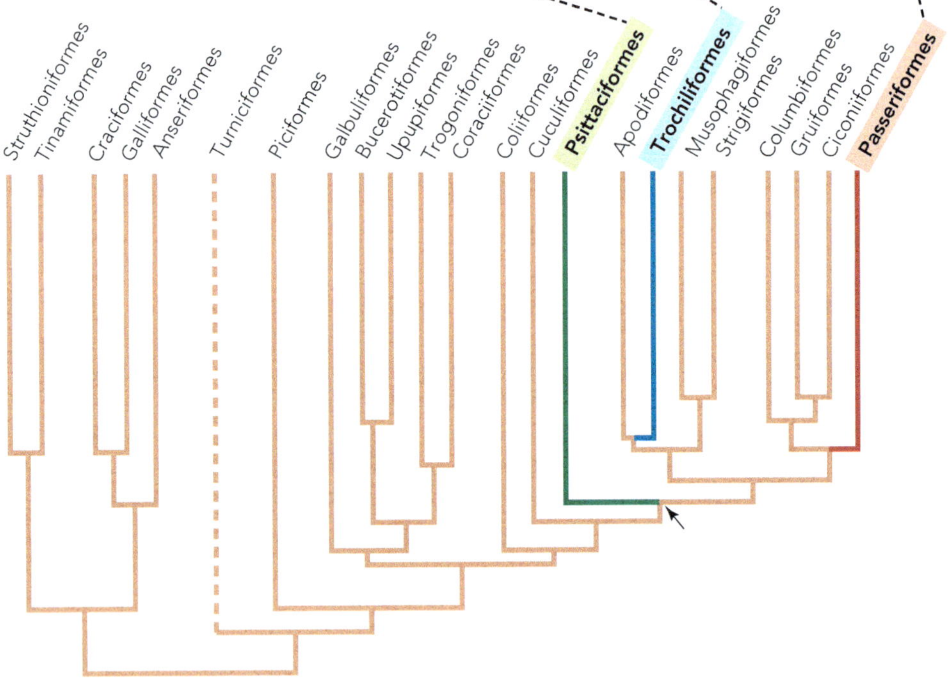

ocorreu em três momentos diferentes nas espécies que originaram cada uma das três ordens atuais de canto aprendido, há cerca de 65 milhões de anos; ou o aprendizado do canto surgiu no ancestral de todas as linhagens de aves do ramo ao qual pertencem os Psittaciformes e Passeriformes, mas depois foi perdido em três momentos: (1) na raiz da linha evolutiva que levou aos Apodiformes; (2) na raiz do ramo que une Musophagiformes e Strigiformes; e (3) na raiz do ramo dos Columbiformes, Gruiformes e Ciconiiformes. Em outras palavras, ou o aprendizado do canto tem três origens independentes ou tem uma origem e três extinções (*ver* Figura 2.16).

O primeiro cenário é mais simples uma vez que requer apenas três inovações evolutivas e não quatro, e, portanto, é considerado mais provável de ter ocorrido. Se o cenário das três origens independentes estiver certo, as diferenças entre os sistemas de canto dos três grupos de canto aprendido devem ser grandes. Para checar essa predição, precisamos identificar as estruturas cerebrais que favorecem as habilidades de canto de psitacídeos, beija-flores e pássaros canoros. Uma forma de fazer isso é através da captura de aves que acabaram de cantar (ou ouvir outras aves) e imediatamente sacrificá-las para buscar em seus cérebros regiões nas quais possam ser encontrados produtos do gene *ZENK*.[712] Como foi dito, quando o pássaro canta

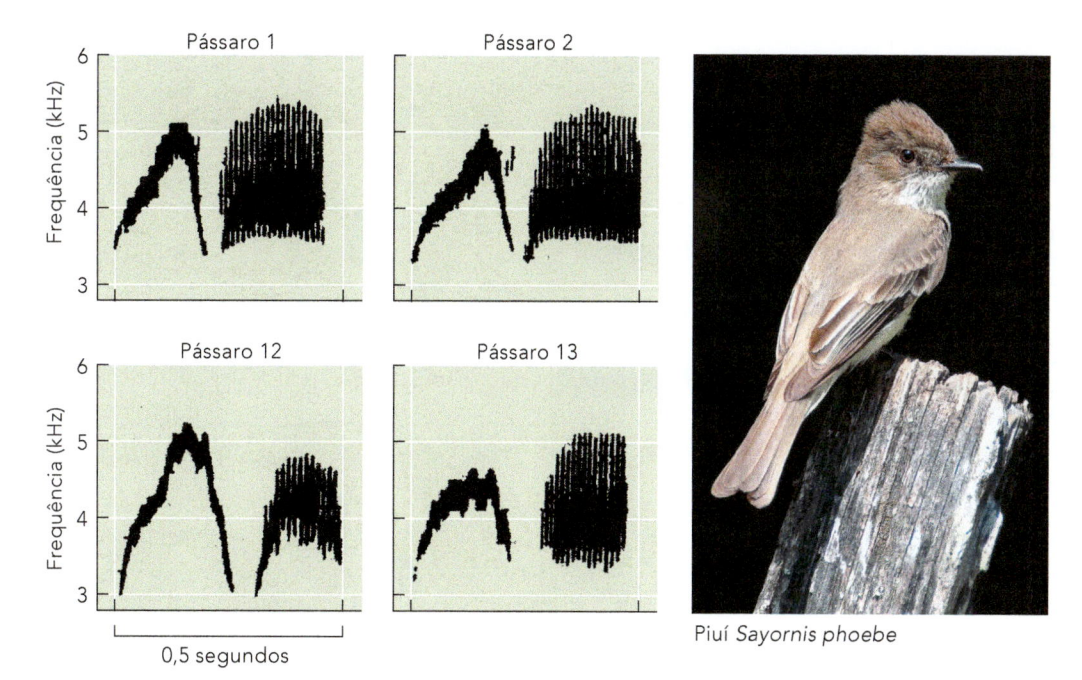

FIGURA 2.17 Canto de uma espécie vocal sem canto aprendido, o piuí *Sayornis phoebe*, que não precisa ouvir outros cantos para produzir seu canto completo. Os pássaros 1 e 2 eram machos normais; seus cantos foram gravados no campo. Os pássaros 12 e 13 eram machos ensurdecidos quando jovens e, portanto, não tinham ouvido outros de sua espécie cantar, nem a si mesmos. Aparentemente, a aprendizagem não tem lugar no desenvolvimento do canto nessa espécie. Adaptada de Kroodsma e Konishi.[809]

ou ouve cantos há maior atividade desse gene em determinadas áreas do cérebro. Não há outros estímulos e atividades que ativem esse gene; portanto, quando os pássaros não estão se comunicando, a proteína produzida pelo Zenk nessas áreas é ausente ou rara. Ao comparar a quantidade de proteína ZENK que aparece em diferentes partes dos cérebros de pássaros que cantaram ou ouviram cantos pouco antes da morte, é possível mapear com eficiência as regiões cerebrais associadas ao canto dos pássaros.

O mapa de atividade do *ZENK* no cérebro de psitacídeos, beija-flores e pássaros canoros selecionados para o estudo revela grande semelhança no número e na organização de centros separados envolvidos na produção e no processamento do canto. Por exemplo, nos três grupos, as células que formam o neoestriado caudomedial (NCM) ativam os genes *ZENK* quando os indivíduos são expostos a cantos de outros machos. Também nos três grupos, o NCM está localizado aproximadamente na mesma região do cérebro e faz parte de uma grande agregação de elementos anatomicamente distintos que contribuem para o processamento do estímulo do canto. Quando psitacídeos, beija-flores e pássaros canoros vocalizam, outros centros cerebrais, a maioria na parte anterior do prosencéfalo, respondem aumentando a atividade do gene *ZENK*, e mais uma vez, há considerável (mas não perfeita) correspondência na localização desses centros de produção do canto nessas aves (Figura 2.18). Tanta similaridade na anatomia cerebral entre esses grupos de canto aprendido parece ir contra a hipótese de que a habilidade de canto evoluiu de modo independente nos três. Temos então que considerar seriamente a possibilidade de que o canto aprendido estava presente no ancestral de todas as aves nas ordens que aparecem entre os psitacídeos e pássaros canoros na Figura 2.16, e que seu mecanismo de aprendizagem vocal se manteve em algumas linhagens enquanto se perdeu em outras – hipótese que ainda hoje gera debate.[457,712]

FIGURA 2.18 O sistema de controle de canto de psitacídeos, beija-flores e pássaros canoros (oscines) tem padrão de distribuição muito semelhante no cérebro desses animais. À esquerda está um diagrama das relações evolutivas entre os principais grupos de aves, incluindo as três ordens de canto aprendido. À direita são nomeados, nos diagramas do cérebro desses três grupos, os vários componentes equivalentes do sistema de controle do canto (p. ex., CVS, centro vocal superior; NCM, neo-estriado caudomedial). Adaptada de Jarvis e colaboradores.[712]

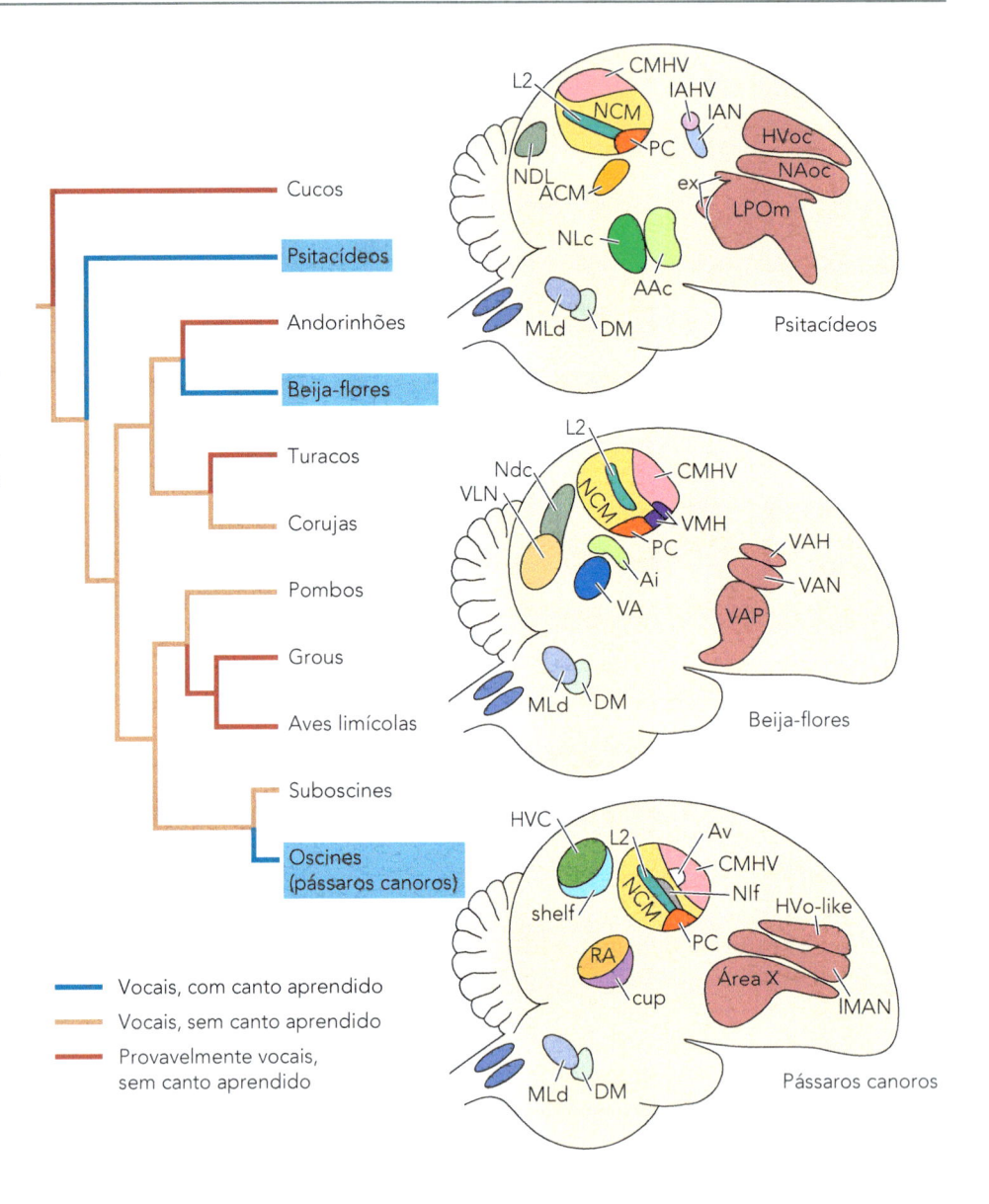

Benefícios reprodutivos do aprendizado do canto

Vamos aceitar a possibilidade de que os mecanismos neurais que promovem a aprendizagem do canto foram preservados, ao longo da história evolutiva, em três linhagens de aves devido ao valor reprodutivo que conferiam ao indivíduo. Que benefício adaptativo o canto aprendido traz a psitacídeos, beija-flores e pássaros canoros? Começaremos a desvendar a questão fazendo outra pergunta: qual a vantagem de pássaros terem uma mensagem vocal particular, independente de ser aprendida ou não? Uma hipótese é que essa vocalização carregue a informação sobre quem são os membros da espécie, como citamos na abertura deste capítulo. Afinal, se uma pessoa é capaz de diferenciar a mariquita-de-coroa-ruiva da mariquita-amarela só pelo canto, faz todo sentido assumir que membros das duas espécies de mariquitas também sejam capazes de fazer essa discriminação acústica. Para os machos, o benefício de cantar de forma diferente de membros de outras espécies seria impedir, mais efetivamente, que competidores da sua própria espécie tenham acesso a territórios e parceiras sexuais. Machos rivais da própria espécie são a maior ameaça ao sucesso reprodutivo de um macho que canta, porque eles podem querer expulsá-lo de um bom hábitat de acasalamento ou seduzir sua parceira, afastando-a dele. Ao transmitir uma mensagem clara de que um local ou uma fêmea específicos já estão

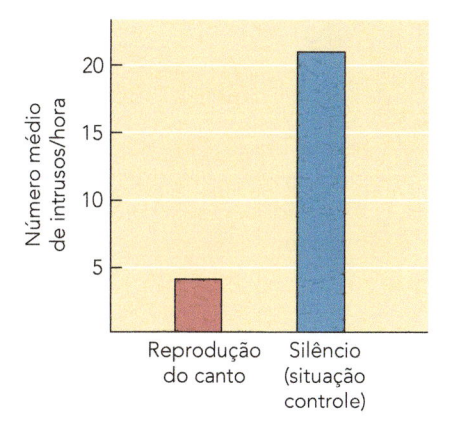

FIGURA 2.19 O canto repele invasores de territórios alheios? Na escrevedeira-de-garganta-branca, territórios onde machos residentes foram experimentalmente removidos atraíram menos intrusos quando os cantos dos machos residentes foram reproduzidos por um alto-falante. Adaptada de Falls.[453]

protegidos, um macho cantor em boa condição fisiológica encoraja machos coespecíficos (membros da mesma espécie) a irem embora, em vez de se envolverem em conflitos que consumiriam tempo.

Evidências a favor da hipótese de anúncio de identidade da espécie vêm de experimentos em que machos residentes de escrevedeira-de-garganta-branca *Zonotrichia albicolis* (parente do tico-tico-da-califórnia) foram removidos de seus territórios e em seus lugares foram colocados alto-falantes. Em metade dos territórios, nos alto-falantes eram reproduzidas gravações de cantos do habitante anterior, e na outra metade não era reproduzido nada. Territórios nos quais eram reproduzidos os cantos dos machos retirados demoravam mais para ser invadidos por novos machos (Figura 2.19).[453] Também em experimentos de pareamento, nos quais dois machos de pardais cantores eram retirados de seus territórios, simultaneamente, e apenas um era substituído por um alto-falante que reproduzia seu canto, o território silencioso era sempre o primeiro a ser invadido pelos machos intrusos.[1059] Esses resultados sustentam a hipótese de que machos cantores se beneficiam repelindo outros machos de suas espécies.

Da mesma forma que repelem machos invasores, é provável que os cantos capazes de comunicar a identidade específica do emissor às fêmeas atraiam com mais rapidez parceiras do que cantos menos característicos e, portanto, menos reconhecíveis. Fêmeas que localizassem rapidamente machos da sua espécie poderiam se reproduzir com eles mais cedo, e evitar os riscos de se acasalar com membros de outras espécies. A hipótese da especificidade do canto para atração de parceira sexual prediz, corretamente, que fêmeas respondem mais a gravações de cantos de sua espécie do que a gravações de cantos de outra espécie (Figura 2.20).[1036] Se, no passado, fêmeas de pássaros canoros foram bastante atraídas por machos facilmente identificados da sua espécie, a seleção natural, dirigida pela escolha sexual, deve ter difundido a preferência pelo canto que anuncia, com clareza, o pertencimento daquele macho à espécie.

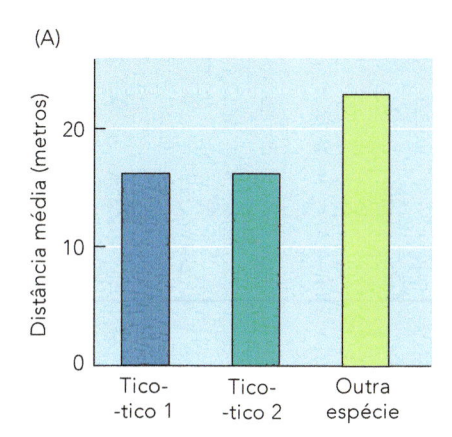

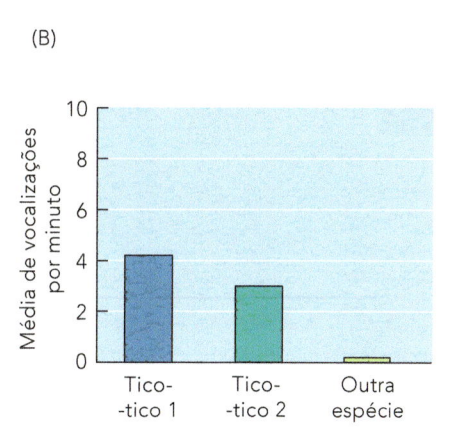

FIGURA 2.20 Fêmeas de tico-tico-da-califórnia são atraídas por cantos de machos de sua própria espécie, mas não por cantos de machos de outras espécies. Em um experimento com tico-ticos fêmeas, os pesquisadores removeram, temporariamente, os parceiros de seus territórios e tocaram duas versões digitais de canto de tico-tico (compostas de elementos retirados do canto de dois machos diferentes) mais vocalizações de pardais cantores e do fringilídeo *Junco hyemalis*. As fêmeas (A) aproximaram-se mais dos alto-falantes e (B) vocalizaram mais em resposta às reproduções de cantos de tico-tico. Adaptada de Nelson e Soha.[1036]

Benefícios do aprendizado de um dialeto

Embora haja muito mais para se dizer sobre as razões pelas quais muitas aves podem ser reconhecidas exclusivamente pelo canto, este capítulo gira em torno de por que machos da mesma espécie produzem cantos diferentes. Então, vamos investigar por que machos de tico-tico cantam dialetos que aprenderam de outros membros de sua espécie. O nosso enigma é o fato de que o canto aprendido tem desvantagens reprodutivas óbvias para os indivíduos da espécie. Aprender um canto requer mecanismos neurais especiais, e consome tempo e energia que poderiam ser direcionados a atividades que intensificassem a reprodução. O fato de muitas aves, na verdade a maioria delas, não fazer esse alto investimento e ainda assim produzir de forma instintiva cantos perfeitamente bons, nos diz que o canto aprendido não é essencial à aquisição de um sinal particular da espécie. Temos, então, que identificar algumas vantagens reprodutivas para a aprendizagem, boas o suficiente para superar os custos e disseminar esse comportamento em uma determinada espécie de pássaro canoro.

Uma possível vantagem do canto aprendido seria conferir ao macho jovem a habilidade de ajustar com precisão o canto, de forma a se assemelhar ao canto de um ou mais indivíduos de uma região específica. Esse ajuste o ajudaria de diversas maneiras. Primeiro, imagine que machos de certa localidade tenham adquirido um dialeto que pode ser transmitido de forma incrivelmente eficiente naquele hábitat. Um macho jovem que aprendesse o canto dos veteranos seria capaz de produzir chamados que viajariam distâncias maiores degradando-se menos, em vez de cantar outro dialeto melhor ajustado a um ambiente acústico diferente.[250] De fato, sabe-se que machos de caramanchão-cetim (*Ptilonorhynchus violaceus*), que vivem em florestas densas, têm o canto caracterizado por frequências relativamente baixas, enquanto os que habitam bosques mais abertos tendem a usar versões de canto específico com frequência acústica mais alta.[1044] Sons de alta frequência degradam-se menos em hábitats abertos do que em ambientes com vegetação densa,[137] o que explica por que machos do chapim-real (*Parus major*), que, como os machos de caramanchão-cetim, cantam em ambientes florestais com diferenças na densidade da vegetação, usam versões diferentes do canto de sua espécie (Figura 2.21).[699] O chapim-real também habita muitas cidades europeias. O ecologista holandês Hans Slabbekoorn e seus

Chapim-real

FIGURA 2.21 Canto ajustado ao hábitat. O chapim-real de florestas densas produz assobios puros de frequência relativamente mais grave, enquanto machos da mesma espécie que vivem em florestas mais abertas (bosques) usam preferencialmente sons de frequência mais alta em seus cantos mais complexos. Adaptada de Hunter e Krebs.[699]

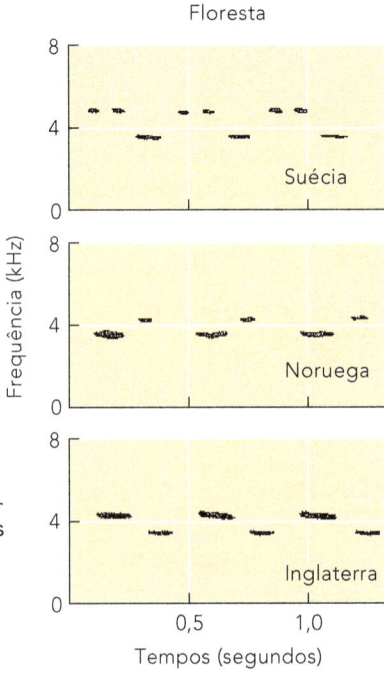

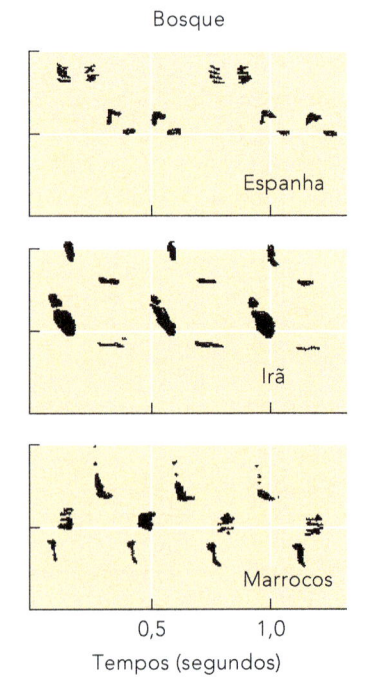

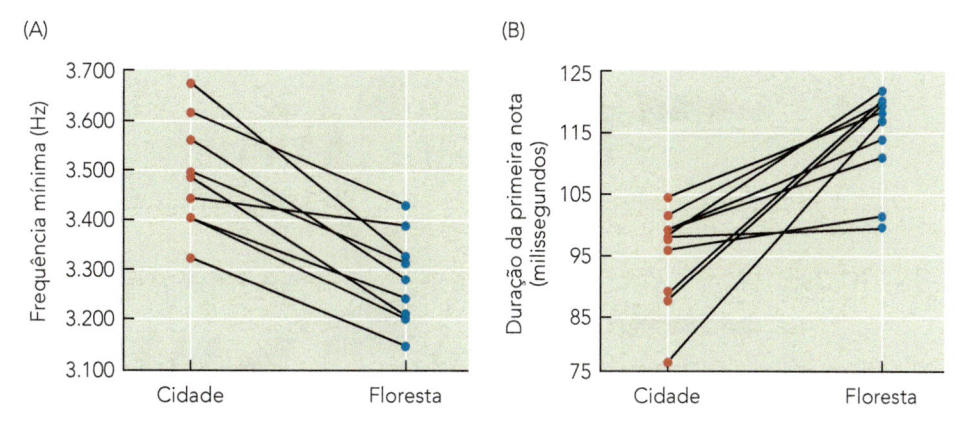

FIGURA 2.22 Cantos produzidos por chapins-reais são diferentes nas cidades e nas florestas. (A) Machos na cidade cantam mais agudo (por conta de frequências mínimas mais altas) e (B) também cantam mais rápido (com base na menor duração da primeira nota do canto). Adaptada de Slabbekoorn e den Boer-Visser.[1342]

colaboradores aproveitaram essa condição em um estudo que comparou dialetos das aves da cidade com os dialetos dos primos do campo. O estudo mostrou que as vocalizações dos dois grupos eram substancialmente diferentes: as aves da cidade tinham cantos mais curtos e de qualidade acústica mais aguda, enquanto as aves que viviam nas florestas vizinhas produziam cantos mais longos, com sonoridade mais grave (Figura 2.22). Os ecologistas holandeses associaram essas diferenças ao fato de que o barulho produzido pelo trânsito das cidades é formado, principalmente, de sons graves, praticamente ausentes nas florestas. Quando pássaros urbanos cantam em uma faixa maior de frequência, eles usam um canal livre do barulho dos carros e caminhões que trafegam por ali, e o inverso acontece com os chapins que vivem nas florestas e usam sinais de frequências inferiores, porque esse canal não está ocupado e é eficiente nesse ambiente.[1342] Pássaros jovens dos dois ambientes provavelmente adquirem o tipo de canto que ouvem com mais facilidade e, por consequência, também se comunicarão com eficiência a longas distâncias quando forem adultos.

Uma segunda hipótese sobre os benefícios do canto aprendido centra-se na vantagem da igualação de cantos para o ambiente social do emissor.[171] A ideia é que machos capazes de aprender a versão local do seu canto espécie-específico podem comunicar-se melhor com rivais que também cantarão aquela variante particular do canto aprendido. Assim, poderíamos prever que machos jovens aprendem diretamente de seus vizinhos de território, tornando-os seus tutores sociais. Ao reproduzir o canto do vizinho, um jovem novo na área sinalizaria que reconhece aquele macho individualmente e demonstraria sua capacidade de aprender um canto novo, capacidade baseada no seu estado de saúde, condição física ou em outros indicadores da sua competência como competidor. Machos igualmente preparados têm mais a ganhar aceitando a presença um do outro do que se engajarem em um combate dispendioso e infrutífero. Desse modo, um pacto de não agressão mútua, com base na aprendizagem de cantos, beneficiaria tanto o macho residente como o rival que acabou de chegar, ajudando-os a poupar tempo e energia.

Veja que essa hipótese leva à predição de que machos devam ser capazes de ajustar com precisão seus cantos ao canto do macho daquele território, mesmo que anteriormente tenham cristalizado versões iniciais. Essa predição foi verificada examinando-se o canto produzido por machos jovens de tico-tico-da-califórnia antes e depois que eles tivessem se fixado em seu primeiro território. De fato, como dito, machos de pelo menos algumas populações modificaram o que parecia ser seu canto completo cristalizado, no sentido de torná-lo mais parecido com o canto dos vizinhos[74,101] (*ver também* Nelson[1033]).

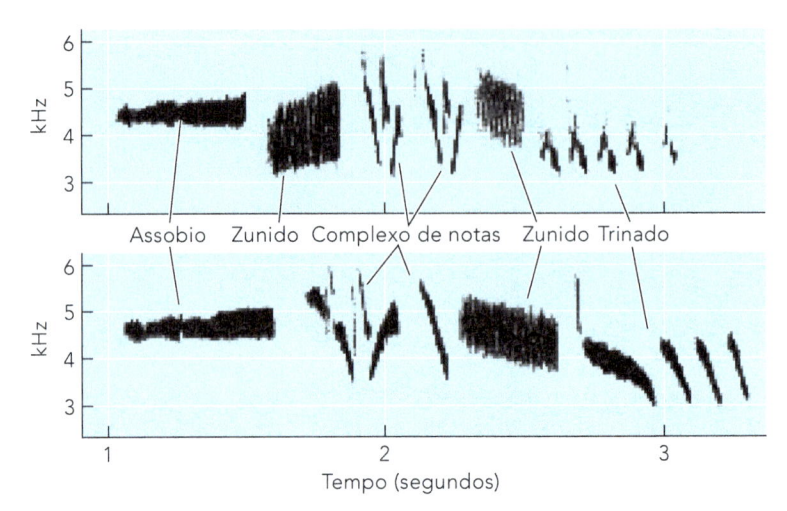

FIGURA 2.23 Dois cantos de tico-tico-da-califórnia com suas partes identificadas, incluindo o complexo de notas e o trinado ao final do canto. Adaptada de Nelson, Hallberg e Soha.[1035]

Para discussão

2.4 Repare que o canto do tico-tico-da-califórnia é composto de várias partes ou frases e que uma delas é o "complexo de notas" e outra o "trinado" final (Figura 2.23). A resposta do macho foi avaliada em um experimento no qual se tocava cantos com diferentes alterações estruturais. Os pesquisadores notaram que alterações na estrutura do trinado eram mais prováveis de reduzir a reação agressiva do macho à gravação do canto do que alterações no complexo de notas.[1035] Com base nesse dado, em que parte do canto você esperaria encontrar maior frequência de improviso, no lugar de imitação fiel, se ele fosse produzido por jovens cativos, criados em cativeiro e expostos a tutores sociais no laboratório? Qual é o fundamento da sua predição?

2.5 No nível proximal de análise, há duas hipóteses para a habilidade de alguns jovens de um ano de tico-tico-da-califórnia de incorporar por imitação o dialeto de machos vizinhos. A hipótese de aquisição tardia determina que, assim como os filhotes mais novos, os jovens de um ano têm uma janela de desenvolvimento durante a qual são capazes de ouvir e aprender diretamente de seus vizinhos mais próximos e de anular (se preciso) qualquer dialeto aprendido antes. A hipótese de atrito seletivo (*selective attrition*) defende que pássaros recém-emplumados memorizam um certo número de versões de dialeto de canto de sua espécie e, mais tarde, quando se fixam em um território próximo a machos mais velhos, podem ir gradualmente descartando algumas variantes do canto aprendido até que permaneçam com aquela que mais se iguale ao dialeto de seus vizinhos. Com base nessas duas hipóteses, que importância você atribui ao resultado apresentado na Figura 2.24? Esquematize todo o processo científico por trás desse tema, desde a questão que motivou o trabalho até a conclusão científica.

A habilidade dos machos de reproduzir os cantos dos vizinhos rivais, ou pelo menos os elementos desses cantos, também é característica do pardal-cantor. Em vez de uma só versão de um dialeto, esse pássaro tem um repertório de vários tipos diferentes e particulares de cantos. Pardais cantores jovens normalmente aprendem seus cantos de tutores vizinhos na primeira estação reprodutiva, e seu repertório final tende a ser semelhante ao do vizinho imediato.[1055] De fato, experimentos realizados por Michael Beecher e colaboradores, nos quais eram reproduzidas gravações (*playback*) de cantos a machos, mostraram que quando o canto de outra ave era reproduzido no território vizinho, a tendência dos machos era responder com um canto do seu repertório que se igualasse a algum do repertório daquela ave vizinha. Essa igualação de tipos de canto ocorreu, por exemplo, quando o macho BGMG ouviu o canto tipo A do macho MBGB (Figura 2.25) e respondeu com seu canto tipo A.

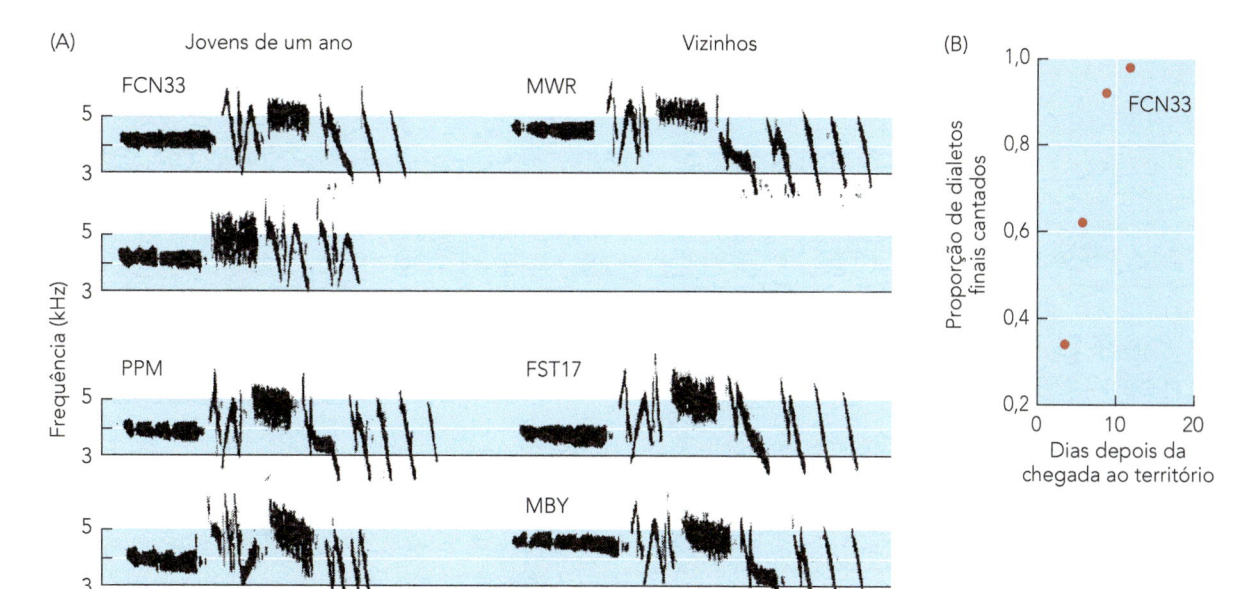

FIGURA 2.24 Seleção de dialeto por machos de tico-tico-da-califórnia. (A) Assim que chegaram em seu primeiro território, cada um dos jovens de um ano de vida, FCN33 e PPM, cantavam dois dialetos diferentes. Mas, passado algum tempo, cada um deles escolheu um só dialeto (apresentado na parte esquerda da figura, nos sonogramas superiores, logo abaixo do nome de cada macho). O tipo de canto adotado por cada um deles igualava-se ao canto do(s) vizinho(s) (MWR para FCN33; FST17 e MBY para PPM). (B) Inicialmente, o macho FCN33 cantava preferencialmente um dos seus dois dialetos de canto, mas logo que chegou ao território próximo a MWR, substituiu aquele dialeto por outro que se igualava ao canto do vizinho. Adaptada de Nelson.[1034]

Outra resposta registrada pelos pesquisadores envolvia a igualação de repertórios, na qual um pássaro exposto a um tipo de canto de um vizinho não respondia exatamente da mesma maneira, mas sim com um tipo de canto extraído do repertório compartilhado por eles. A igualação de repertórios ocorreria se o macho BGMG, ao ouvir o canto tipo A no território do macho MBGB, respondesse com o tipo B ou C (*ver* Figura 2.25).

Uma terceira opção de resposta do pardal-cantor a um vizinho é a produção de um canto não compartilhado por eles. Um exemplo para esse tipo de resposta de não igualação seria o macho BGMG cantando os tipos D, F ou H (*ver* Figura 2.25) depois de ouvir o canto tipo A do macho MGBG.

O fato de pardais cantores igualarem cantos e repertórios com tanta frequência indica que eles reconhecem os vizinhos e conhecem seus cantos, usando essa informação para modelar suas respostas.[92] Mas qual o benefício para os machos dessa seleção do tipo de canto para responder ao vizinho? Talvez sua escolha os ajude a mandar aos vizinhos sinais qualificados de ameaça, nos quais as igualações de canto sinalizariam ao receptor-alvo que o emissor está altamente agressivo, enquanto o uso de um canto não igualado sinalizaria o desejo de recuar, e a igualação de repertório sinalizaria um nível intermediário de agressão. Se isso for verdade, gravações de cantos que contenham igualação de tipos de canto, igualação de repertórios ou nenhuma igualação deveriam revelar diferenças na resposta de pássaros territoriais. Quando Michael Beecher e colaboradores testaram essa predição, viram que uma gravação contendo uma igualação de tipo de canto de fato obtinha a resposta mais agressiva por parte de um vizinho que recebia o sinal, enquanto uma igualação de repertório gerava uma reação intermediária, e a não igualação era tratada de forma menos agressiva (Figura 2.26).[94, 217]

Em outro experimento, Michael Beecher e Elizabeth Campbell monitoraram um território de pardal-cantor até a hora em que o macho começou a produzir um canto

FIGURA 2.25 Igualação de tipo de canto no pardal-cantor. Os machos BGMG e MBGB ocupam territórios vizinhos e compartilham três tipos de canto (A, B e C; sonogramas das três primeiras linhas no topo da figura); outros seis cantos que não são compartilhados por eles (D, E, F, G, H e I) são mostrados nas três linhas inferiores. Adaptada de Beecher e colaboradores.[90]

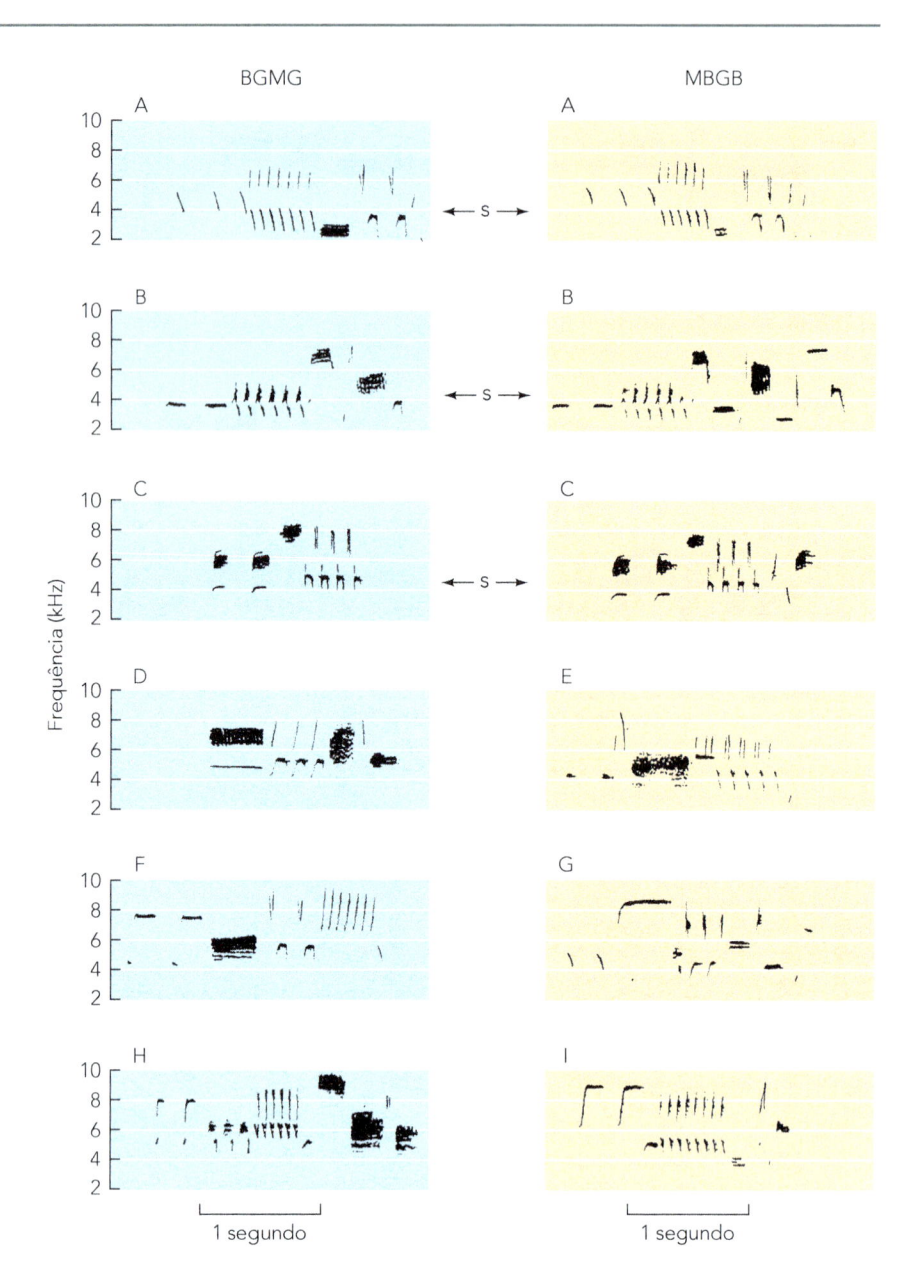

compartilhado com um vizinho. Então, eles reproduziram uma gravação desse tipo de canto, e, quando ao ouvir a gravação, o sujeito se aproximava do alto-falante, os pesquisadores substituíam por outra que podia ser de um canto presente no repertório dos dois pássaros ou de um não compartilhado com o agressivo defensor do território. O pardal-cantor, ao ouvir a gravação, ia embora mais rápido quando ouvia um canto não compartilhado do que quando era reproduzido um canto que fazia parte do seu próprio repertório.[94] Esses resultados sustentam a hipótese de que pardais cantores machos, capazes de aprender cantos de vizinhos, podem enviar informações sobre o quanto estão preparados para enfrentá-los. Machos muito agressivos igualam alguns de seus cantos aos de seus oponentes; e aqueles que preferem evitar o conflito podem sinalizar sua vontade selecionando em seu repertório tipos de canto não compartilhados para cantar quando seu vizinho estiver ouvindo.

Se essa habilidade de modular duelos de canto for verdadeiramente adaptativa, podemos dizer que o sucesso territorial do macho, medido pela duração da posse do território, deveria ser uma função do número de tipos de canto que um macho divide com seus vizinhos. Pardais cantores podem manter seus territórios por até 8 anos, tempo suficiente para que se crie uma comunidade relativamente estável. E, de fato,

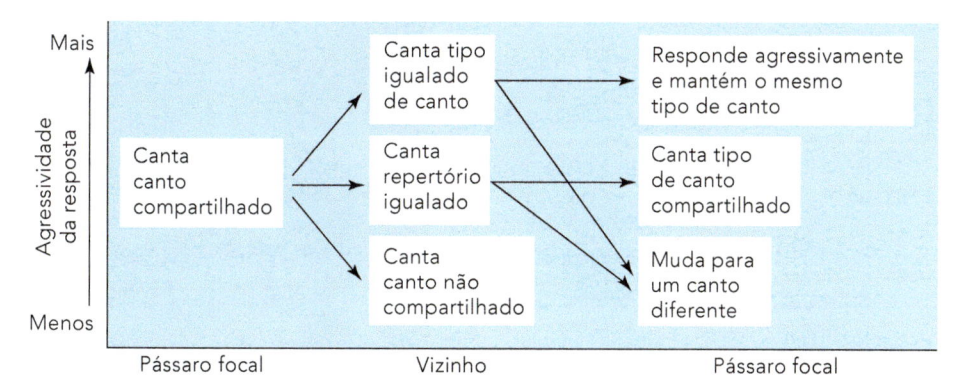

FIGURA 2.26 Igualação de canto e comunicação de intenção agressiva no pardal-cantor. Pardais cantores machos podem controlar o nível do conflito com um vizinho selecionando o que cantar. Quando um macho focal canta a um vizinho rival um canto compartilhado, o vizinho tem três opções: agravar o conflito, manter o conflito no mesmo nível ou amenizar a interação. Da mesma forma, o macho que iniciou o conflito pode usar sua habilidade para escolher entre produzir um tipo de canto igualado, um repertório igualado ou um canto não compartilhado. Os três tipos diferentes de cantos contêm informações sobre a prontidão do emissor de agravar ou neutralizar o encontro agonístico. Adaptada de Beecher e Campbell.[94]

o número de anos durante os quais um macho é capaz de manter o território quase quadriplica à medida que o número de tipos de canto compartilhado com os vizinhos sobe de menos de 5 para mais de 20.[91] Essa descoberta faz uma forte sugestão de que o potencial de formar associações de longo prazo com vizinhos, em comunidades de pardais cantores, favorece a seleção de machos capazes de advertir com exatidão suas intenções agonísticas dirigidas a um indivíduo específico. Se isso for verdade, a aprendizagem e o compartilhamento do canto exibidos pelo pardal-cantor não deveriam ser observados em espécies nas quais machos territoriais vem e vão rapidamente. Nessa circunstância ecológica particular, machos deveriam adquirir características de cantos gerais de sua espécie, facilitando a comunicação com qualquer um de seus coespecíficos e com a espécie como um todo, em vez de desenvolver um dialeto ou um conjunto de tipos de canto compartilhado, característicos de uma população pequena e estável.

Donald Kroodsman e colaboradores testaram essa proposição aproveitando-se da existência de duas populações muito diferentes da corruíra-do-campo *Cistothorus platensis*. Nas Grandes Planícies da América do Norte, machos de corruíra-do-campo são nômades, mudando de um sítio reprodutivo para outro durante todo o verão. Nessa população, não há igualação de cantos e nem de dialetos; em vez disso, os pássaros improvisam variações que ouviram quando eram mais jovens e inventam cantos próprios, inteiramente novos, mas sem deixar de empregar o mesmo padrão geral característico da espécie.[810] Diferente deles, os machos de corruíra-do-campo que vivem na Costa Rica e no Brasil permanecem em seus territórios durante o ano todo. Nessas áreas, se esperaria encontrar igualação de canto e dialetos e, de fato, esses machos proficientes de aprendizagem têm dialetos e cantam como seus vizinhos.[811] Essa diferença dentro da mesma espécie mostra que a aprendizagem e dialetos podem mesmo evoluir quando machos se beneficiam da comunicação específica com outros machos que forem seus vizinhos por um maior período de tempo.

Preferências das fêmeas e aprendizagem do canto

Existem ainda outras hipóteses distais para a aprendizagem do canto, voltadas ao ambiente social determinado pelas fêmeas. Não há dúvidas de que as fêmeas são os receptores-alvo de pelo menos uma parte dos cantos dos pássaros. Um exemplo é o passarinho-de-Cassin (*Carpodacus cassini*) que, se após ter passado um período com uma fêmea, ela desaparecer, aumentará drasticamente o número de cantos que produz e o tempo que permanece cantando, e é quase certo que faz isso como tentativa de recuperar a parceira (Figura 2.27).

FIGURA 2.27 Evidência de que passarinhos de Cassin machos dirigem seus cantos às fêmeas. Quando o macho é pareado com a fêmea no dia 1, ele canta relativamente pouco. Mas, quando a fêmea é removida no dia 2, o macho investe tempo considerável no canto, presumivelmente para atraí-la de volta. No entanto, se no dia 1 ele for colocado numa caixa sem a fêmea, ele gastará pouco tempo cantando e cantará ainda menos se a fêmea for introduzida na sua caixa, mostrando que é a perda de uma parceira potencial que estimula o macho a cantar. Adaptada de Sockman e colaboradores.[1361]

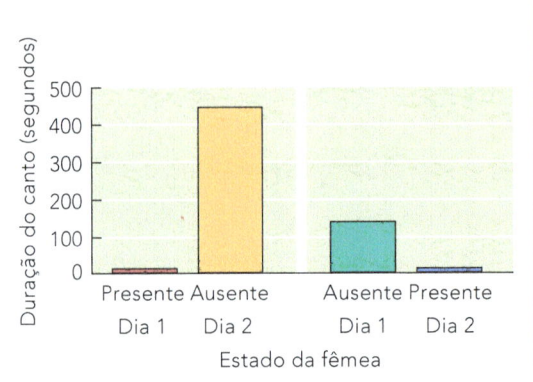

Mas seria possível que o canto aprendido do passarinho-de-Cassin contribuísse para a habilidade do macho de atrair a fêmea de volta? Imagine uma espécie dividida em subpopulações estáveis. Nessa espécie, é provável que machos de cada grupo possuam genes que tenham sido transmitidos às próximas gerações por machos ancestrais bem-sucedidos. Aprendendo a cantar o dialeto associado ao seu local de nascimento, os machos poderiam anunciar que possuíam os traços bem-adaptados para aquele local específico (e os genes que determinavam esses traços). Fêmeas nascidas naquele local se beneficiariam da preferência por machos que cantassem o dialeto local, porque transmitiriam a seus filhotes a informação genética que promove o desenvolvimento de características adaptadas ao local.[62]

Essa hipótese foi amparada pela descoberta de que machos de tico-tico-da-califórnia que cantavam o dialeto local na região do Passo de Tioga, na Califórnia, eram menos infectados por hemoparasitos do que aqueles que não cantavam dialetos. Isso significa que as fêmeas dessa população teriam potencial para usar a informação do canto para conseguir parceiros saudáveis. E, de fato, machos com cantos que não correspondiam ao dialeto local produziram menos filhotes do que os que cantavam aquele dialeto. Esse resultado é consistente com a hipótese de que fêmeas preferem acasalar com machos que cantam o dialeto local.[909]

Por outro lado, se as preferências da fêmea são programadas de forma a levá-la a acasalar com machos produzidos em suas áreas natais, então fêmeas de tico-tico-da-califórnia deveriam preferir machos com o dialeto que elas ouviam quando eram filhotes – ou seja, o dialeto de seus pais – mas, ao menos em uma população canadense não era isso que as fêmeas faziam.[260] Jovens machos de tico-tico-da-califórnia não estão presos ao dialeto da terra natal, podendo modificá-lo[390] ao mudarem de uma área para outra; portanto, as fêmeas não podem confiar totalmente no dialeto de um macho para identificar seu local de nascimento, nos levando a duvidar da proposição de que a preferência da fêmea pelo canto a possibilita favorecer seus filhotes com o complexo de genes localmente adaptado, ao se acasalar com machos nascidos no local.

Outra versão da hipótese de preferência da fêmea por machos de canto aprendido se baseia na possibilidade de que as fêmeas busquem, nos detalhes aprendidos do canto de um parceiro potencial, informações sobre sua história de desenvolvimento. Se uma fêmea pudesse saber, apenas por ouvir o canto de um macho, que ele é extraordinariamente saudável, ela poderia adquirir um parceiro cujos genes tenham feito um bom trabalho ao longo do seu desenvolvimento, e, por isso, tenha boas características para transmitir a seus filhotes. No diamante-mandarim, por exemplo, machos com cantos mais complexos têm CVS maior do que a média;[4,5] em pardais cantores, machos com maiores repertórios de cantos também têm um CVS maior do que a média, além de estarem em melhores condições, a julgar pelas reservas de gordura relativamente maiores e pelo sistema imunológico aparentemente mais saudável.[1127] Pardais cantores machos com repertórios maiores produzem mais filhos e mais netos,[1210] sugerindo que fêmeas que se acasalam com machos desse tipo devem ser capazes de dotar seus filhotes com genes que poderiam lhes conferir vantagem competitiva (supondo que haja um componente hereditário no tamanho do CVS e nas condições físicas).

Uma alternativa para essa hipótese é que um parceiro saudável seja capaz de prover cuidado parental acima da média para os filhotes. No rouxinol-grande-dos-caniços (*Acrocephalus arundinaceus*), filhotes bem alimentados, quando atingem um ano de vida, têm repertórios de canto aprendido maiores do que indivíduos que passaram por algum estresse nutricional no ninho.[1060] Portanto, melhores cantores provavelmente estão em melhor forma, podendo oferecer a seus filhotes melhor cuidado paternal. Esse padrão também foi encontrado na felosa-dos-juncos (*Acrocephalus schoenobaenus*), parente do rouxinol-dos-caniços, espécie na qual os machos aprendem seus repertórios de canto e as fêmeas preferem machos com repertórios maiores. Katherine Buchanan e Clive Catchpole mostraram que esses machos com maior número de cantos levavam mais comida a seus filhotes, que, por sua vez, cresciam mais. Resultado que, com toda certeza, aumenta o sucesso reprodutivo daquelas fêmeas que acham grandes repertórios de canto sexualmente atraentes e selecionam machos capazes de cantar de maneira favorável.[203]

Mas a pergunta continua: por que a escolha da fêmea favorece machos que *aprendem* seus cantos complexos, em vez daqueles que produzem um canto complexo de forma inata, sem componentes aprendidos? Uma hipótese é a de que a aprendizagem vocal seja uma qualidade que dá às fêmeas de pássaros canoros uma pista valiosa sobre a qualidade dos cantores como machos potenciais. Aqui o ponto essencial é que a aprendizagem do canto ocorre em machos muito jovens e que crescem rapidamente. Considerando que crescer rápido é uma tarefa dispendiosa, jovens machos limitados por defeitos genéticos ou estresse nutricional não são capazes de manter o ritmo de crescimento, o que leva a um desenvolvimento subótimo do cérebro. De acordo com essa hipótese, mesmo indivíduos com pequena deficiência cerebral poderiam não ser capazes de atender a demanda da aprendizagem de um canto espécie-específico complexo.[1058]

Essas predições foram testadas em experimentos com escrevedeira-dos-pântanos. Steve Nowicki e seus colaboradores conseguiram controlar a dieta de filhotes machos dessa espécie, criando-os desde muito cedo no laboratório. Um grupo de nove machos (grupo-controle) recebeu tanta comida quanto podia consumir, enquanto outro grupo de sete machos (grupo experimental) recebeu 70% do volume de comida consumido pelo grupo-controle. Durante as duas primeiras semanas, quando os pássaros ainda dependiam totalmente dos criadores para suas refeições, o grupo-controle chegou a pesar aproximadamente um terço a mais do que o experimental, diferença que foi sendo eliminada de modo gradual nas duas semanas seguintes, conforme os pássaros passaram a se alimentar sozinhos de sementes abundantes e larvas de besouro. Ainda que o período de estresse nutricional tenha sido breve, essa condição teve grandes efeitos tanto no desenvolvimento cerebral quanto na aprendizagem do canto (Figura 2.28). Componentes do sistema de canto do grupo experimental privado de comida ficaram significativamente menores do que as regiões equivalentes dos machos do grupo-controle.[1061] De maneira semelhante, em pardais cantores filogeneticamente relacionados a eles, filhotes submetidos a redução alimentar logo após a eclosão desenvolveram CVS menores do que aqueles sem restrição alimentar. Esse efeito apareceu no período de emplumação, mesmo antes das jovens aves começarem a aprender seus cantos.[908] No caso da escrevedeira-dos-pântanos, em comparação com o grupo-controle, aves experimentalmente privadas cantaram cópias pobres de gravações de cantos reproduzidos a ambos os grupos nas suas primeiras semanas em cativeiro.[1061] Esse e outros efeitos de estresse ambiental precoce[1375] sobre a qualidade do canto não foram encontrados por outro grupo de pesquisadores.[538] Se, contudo, aceitarmos esse resultado como indicação da relação entre redução nutricional, estresse, desenvolvimento dos núcleos do canto e aprendizagem do canto, podemos aceitar o argumento de que fêmeas adultas de espécies canoras aprendem algo sobre a história de vida e, portanto, sobre a qualidade de parceiros potenciais, apenas por ouvir seus cantos aprendidos.

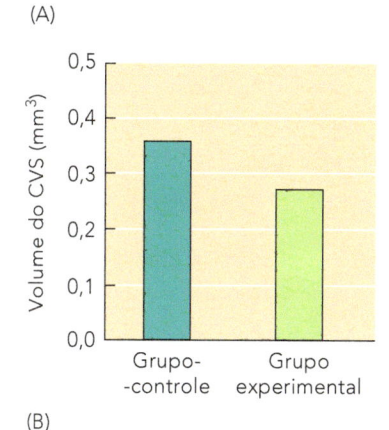

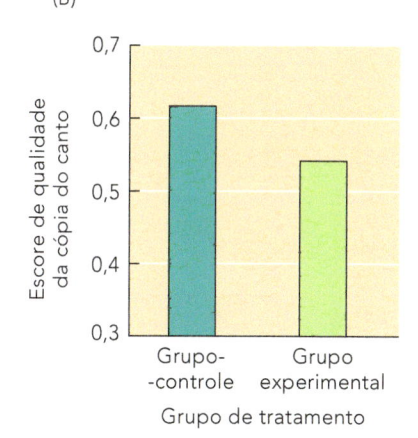

FIGURA 2.28 Estresse nutricional em idade precoce tem efeitos graves (A) no desenvolvimento cerebral, representado pelo volume do CVS, e (B) na aprendizagem do canto, medido pela igualação entre cantos aprendidos e gravações de cantos de tutores. Filhotes de escrevedeira-dos-pântanos foram criados em cativeiro e expostos a gravações de tutores. Por duas semanas, o grupo-controle foi alimentado com a quantidade de alimento que eram capazes de comer, enquanto que ao grupo experimental foi dado apenas 70% dessa quantidade. Adaptada de Nowicki, Searcy e Peters.[1061]

(A) Gravação de canto de tutor (B) Cópia boa de (A) (C) Gravação de canto de tutor (D) Cópia fraca de (C) (E)

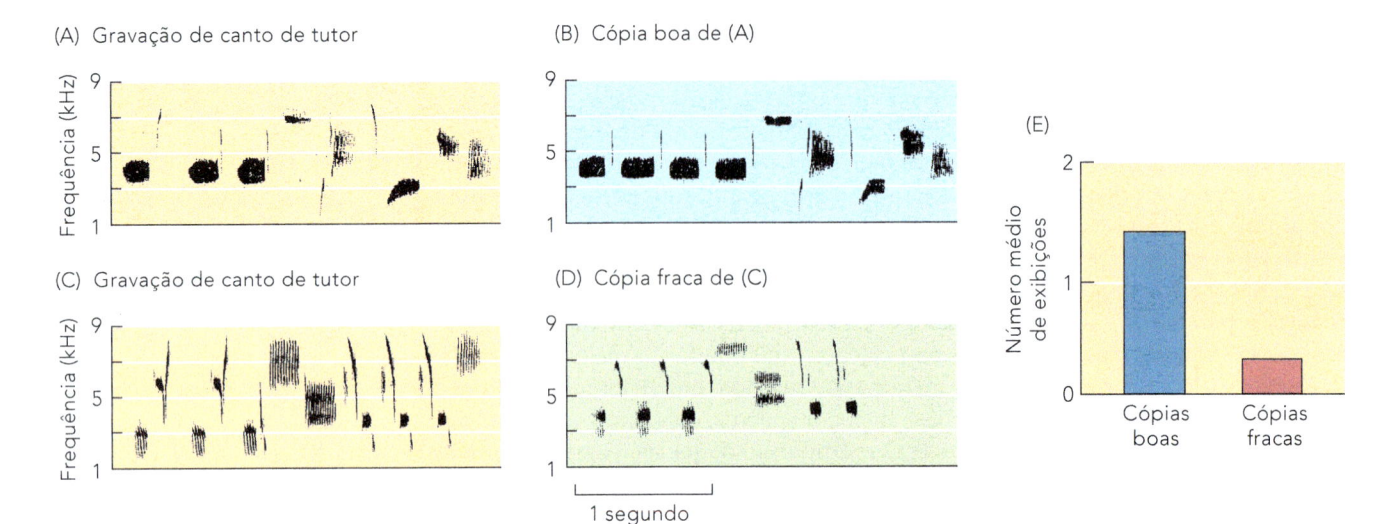

1 segundo

FIGURA 2.29 **Número médio de exibições pré-copulatórias realizadas pelas fêmeas de pardais cantores** em resposta a gravações de cantos de machos capazes de copiar seus tutores de forma extremamente fiel e de machos com cópias de qualidade inferior. As figuras superiores mostram (A) uma gravação de canto de tutor e (B) uma cópia produzida por macho capaz de copiar uma alta proporção de notas da gravação de canto que ele ouviu; as figuras inferiores mostram (C) uma gravação de canto de tutor (D) fracamente copiada por outro indivíduo. (E) Respostas das fêmeas às cópias boas e fracas. Adaptada de Nowicki, Searcy e Peters.[1062]

Mas as fêmeas de fato prestam atenção à informação sobre qualidade do parceiro potencialmente codificada nos cantos dos machos? Novamente, vem da equipe de Nowicki a evidência que apoia essa ideia, por meio da reprodução de cantos de machos de pardais cantores para as fêmeas em laboratório.[1062] Alguns dos cantos tocados eram cópias mais fiéis de gravações de tutores do que outros obtidos de machos de diferentes habilidades de aprendizagem. Fêmeas de pardais cantores podem ser hormonalmente preparadas para responder a cantos de machos que acham sexualmente estimulantes, usando uma exibição pré-copulatória de elevação da cauda. Cópias mais fiéis dos cantos provocavam significativamente mais exibições pré-copulatórias das fêmeas do que aquelas cópias menos perfeitas (Figura 2.29).

Outro estudo desse tipo com resultados semelhantes envolveu fêmeas de diamante-mandarim com oportunidade de voar a poleiros próximos a alto-falantes que tocavam cantos produzidos por machos estressados ou não estressados que haviam aprendido seus cantos de um mesmo tutor social.[1376] Machos estressados haviam sido privados de comida ou tinham níveis de corticosterona elevados para indução de um estado fisiológico de estresse. O canto dessas aves era mais curto e menos complexo do que o dos machos do grupo-controle (Figura 2.30). Como predito pela hipótese de que fêmeas usam o desempenho de aprendizagem de canto do macho para avaliar sua qualidade como parceiro, a fêmea de diamante-mandarim preferiu voar e pousar em poleiros próximos a alto-falantes que tocavam cantos dos machos do grupo-controle. Esse resultado apoia a ideia de que machos capazes de aprender seus cantos bem e de modo completo serão sexualmente recompensados por parceiras potenciais.

Na mesma linha de raciocínio, o fato de que machos de diamante-mandarim, criados normalmente modificam seu canto na companhia de fêmeas sugere que suas parceiras potenciais preferem cantos mais rápidos e levemente mais estereotipados. Essa hipótese foi testada oferecendo-se a fêmeas de diamante-mandarim a escolha de entrar em dois compartimentos de uma caixa. Um deles ficava mais próximo a um alto-falante que reproduzia um canto de macho do tipo aparentemente preferido (canto "direcionado") e o outro ficava mais próximo de um alto-falante que reproduzia o tipo mais lento e mais variável de canto ("não direcionado") que os machos cantam na ausência da fêmea (Figura 2.31).[1619] As fêmeas passaram mais tempo próximas do

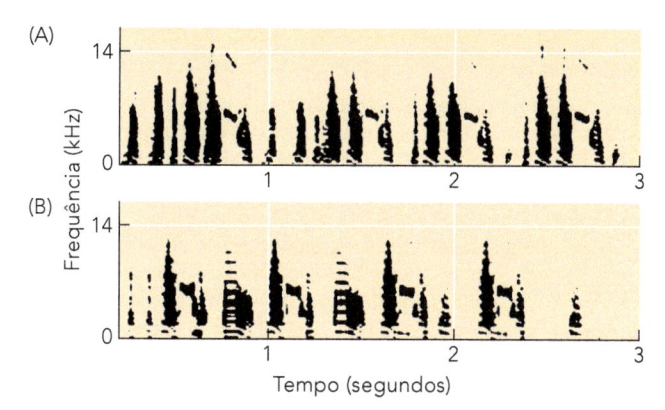

FIGURA 2.30 Influência do estresse sobre a estrutura do canto no diamante-mandarim. (A) O sonograma superior representa cantos produzidos por machos criados sob boas condições. (B) O sonograma inferior representa o canto de machos que se desenvolveram sob estresse induzido pela injeção de corticosterona ou pela criação em regime de escassez de comida. Adaptada de Spencer e colaboradores.[1376]

alto-falante que reproduzia o canto direcionado, fosse de um macho não familiar ou de seu parceiro, do que próximas do alto-falante que reproduzia o canto não direcionado do seu parceiro. Sarah Woolley e Allison Doupe associaram essa preferência às propriedades das células numa parte particular do córtex auditivo do cérebro do diamante-mandarim, o mesopálio caudomedial ou MCM. Quando a fêmea ouve cantos direcionados, muitas células do seu MCM expressam o gene *ZENK* que, como vimos, tem importante papel em vários comportamentos relacionados ao canto em muitos pássaros canoros. Assim, o diamante-mandarim é programado para responder sexualmente a cantos que, presumivelmente, constituem um desafio maior para o macho produzi-lo.

Há ainda outra fêmea de pássaro canoro que, sem dúvida, prefere cantos relativamente difíceis de produzir. Machos de escrevedeira-dos-pântanos produzem um canto trinado (*ver* Figura 2.15). Quanto mais rápido o trinado, mais difícil de produzi-lo, especialmente se os componentes do trinado ocuparem uma faixa relativamente ampla de frequência acústica. As fêmeas são atraídas por machos que cantam próximo ao limite de desempenho máximo.[67] De modo semelhante, fêmeas de canários (um fringilídeo pequeno) preferem machos que cantam em frequência relativamente mais alta (mais agudo), outro desafio fisiológico para os machos.[229] Ao basear suas preferências reprodutivas no desempenho dos machos, as fêmeas na verdade favorecem aqueles que estão provavelmente mais saudáveis e em boas condições, atributos que poderiam torná-los melhores doadores de genes ou melhores cuidadores de filhotes.

FIGURA 2.31 Medindo a preferência da fêmea por tipos diferentes de cantos de diamante-mandarim. (A) O aparato de teste no qual as fêmeas colocadas no compartimento central podiam escolher passar mais tempo com um dos dois alto-falantes. (B) As fêmeas dirigiam-se com frequência ao alto-falante que reproduzia gravações obtidas de um macho cantando para uma fêmea em vez do que reproduzia gravações de um macho cantando na ausência de uma fêmea. Adaptada de Woolley e Doupe.[1619]

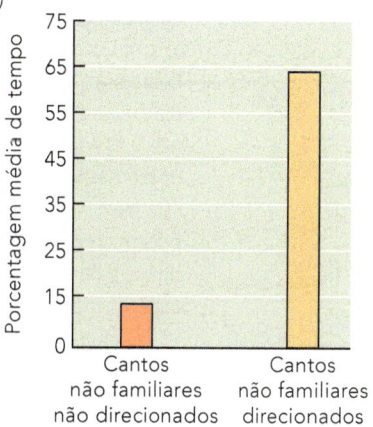

> **Para discussão**
>
> **2.6** William Searcy e uma equipe de pesquisadores reproduziram gravações de cantos para fêmeas cativas de pardais cantores que receberam implantes hormonais assim que chegaram ao laboratório.[1298] As gravações foram obtidas de machos de pardais cantores que viviam na população da qual as fêmeas foram retiradas, bem como de machos que viviam a diferentes distâncias desse local (18, 34, 68, 135 e 540 quilômetros). Cantos de machos vivendo a 34 ou mais quilômetros de distância da população das quais as fêmeas vieram não eram tão efetivos em obter a exibição pré-copulatória como cantos de machos locais; ao contrário, cantos de machos que viviam a apenas 18 quilômetros eram sexualmente tão estimulantes quanto cantos locais. Esses resultados têm relevância para mais de uma hipótese distal sobre aprendizagem de canto por machos pardais. Quais são as hipóteses, e qual a importância dessas descobertas para elas?
>
> **2.7** Parasitas frequentemente são microscópicos em tamanho, mas têm efeitos negativos enormes nos hospedeiros. Considerando que isso seja verdade para os parasitos de pássaros canoros, que predições podem ser feitas sobre seus efeitos no desempenho do canto dos machos, e como as fêmeas deveriam responder ao canto de machos infectados em oposição a indivíduos não infectados? Verifique suas predições lendo Garamszegi.[517]

Causas proximais e distais são complementares

Revisamos apenas uma pequena parte do que se sabe sobre aprendizagem e dialeto no canto dos pássaros, mas cobrimos o suficiente para ilustrar as associações entre as causas proximais e distais do comportamento. Se queremos entender porque machos de tico-tico-da-califórnia de Marin e de Berkeley produzem cantos de certo modo diferentes, precisamos entender como os mecanismos de controle do canto se desenvolvem. Machos de tico-tico diferem geneticamente de fêmeas, e isso garante que diferentes interações gene-ambiente ocorram nos embriões machos e fêmeas dessa ave. A cascata de efeitos das diferenças na atividade genética e nos produtos proteicos que resultam das interações gene-ambiente afetam o processo de montagem de todas as partes do corpo dos pássaros, incluindo o cérebro e o sistema nervoso. O modo como o cérebro de um macho de tico-tico, com seus subsistemas especiais, responde à experiência depende de como os machos se desenvolvem. Quando ele se torna adulto, possui um sistema de controle do canto, grande e altamente organizado, cujas propriedades fisiológicas o permitem produzir um tipo muito específico de canto. O dialeto aprendido que ele produz é uma manifestação tanto da sua história ontogenética como das regras operacionais do cérebro.

As diferenças proximais entre tico-ticos-da-califórnia que produzem diferenças nos seus dialetos têm uma base evolutiva. No passado, na linhagem que originou o tico-tico-da-califórnia atual, machos diferiam quanto aos sistemas de controle de canto e, portanto, quanto ao comportamento. Algumas dessas diferenças eram hereditárias, e alguns machos com certeza foram hereditariamente melhores do que outros em anunciar a qualidade que os tornava desejáveis como parceiros ou sua capacidade de lidar com machos rivais. Essas habilidades comportamentais superiores dos machos traduziram-se em maior contribuição genética à geração seguinte, na qual esses genes estiveram disponíveis para participar do processo de desenvolvimento interativo entre os membros daquela geração. Os atributos hereditários daqueles animais, por sua vez, serão hoje avaliados comparativamente em termos de suas habilidades em promover sucesso genético no ciclo atual de seleção. Esse processo seletivo une as bases proximais do comportamento com as causas distais ao longo do tempo, numa espiral interminável (Figura 2.32).

O processo se repete
↑
Diferenças entre indivíduos nas interações gene-ambiente
↑
Genes são transmitidos às próximas gerações
↑
Diferenças no sucesso reprodutivo = Seleção natural
↑

CAUSAS DISTAIS

Diferenças entre indivíduos no canto
Diferenças entre espécies no canto
(que devem afetar a escolha do parceiro reprodutivo)
Diferenças entre sexos no canto
(que devem afetar a escolha do parceiro reprodutivo)
Diferenças no dialeto e no repertório
(que devem afetar a defesa de território)
↑
Diferenças operacionais no sistema de canto
↑
Diferenças na construção do sistema de canto
↑
Diferenças hormonais
↑

CAUSAS PROXIMAIS

Diferenças nas interações gene-ambiente

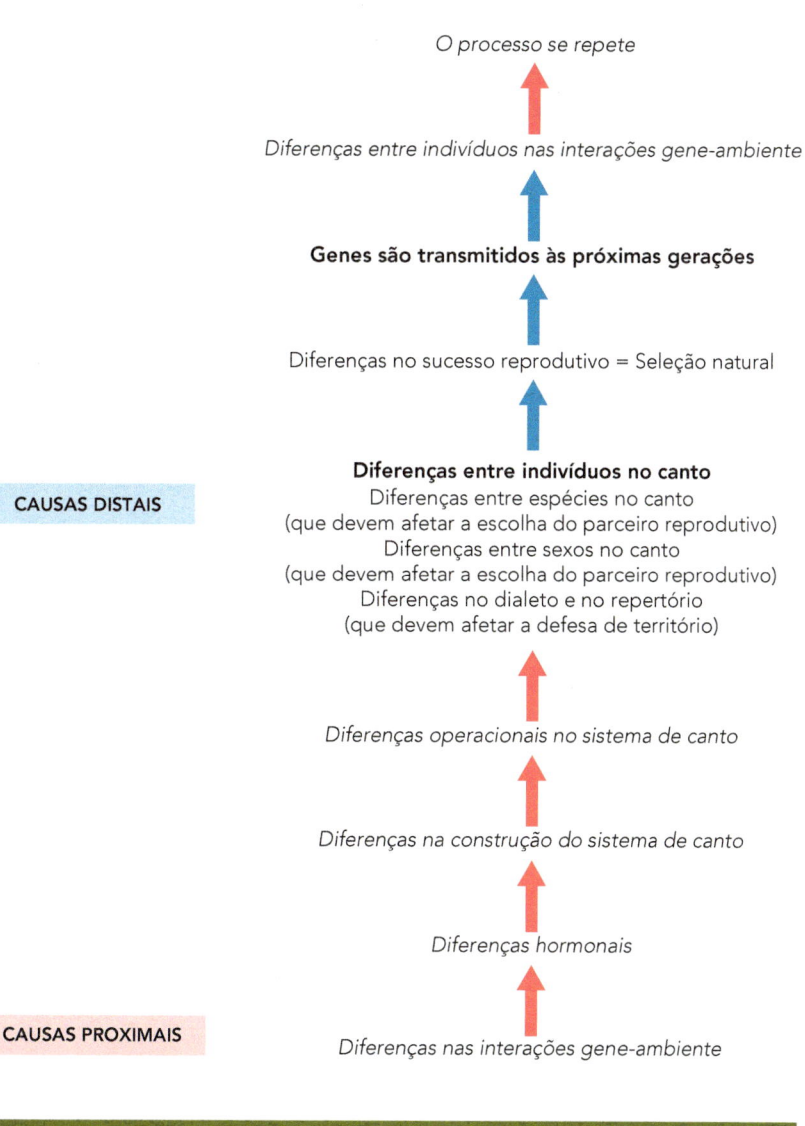

FIGURA 2.32 **O que produz as diferenças entre os indivíduos?** O desenvolvimento das características de um indivíduo depende das interações entre a informação genética herdada dos pais com nutrientes, substâncias químicas e experiências derivadas do ambiente. Portanto, as diferenças entre indivíduos podem ser causadas por diferenças tanto nos genes como nos ambientes, ou em ambos. As diferenças individuais resultantes dessas causas proximais tem o potencial de afetar a evolução das espécies.

Para discussão

2.8 Que características da aprendizagem da linguagem humana são semelhantes à aprendizagem do canto nas aves? Essas similaridades sugerem algumas hipóteses sobre as bases proximais da aprendizagem da linguagem humana, especialmente nos componentes genéticos e ontogenéticos? Comparações com aves também sugerem hipóteses interessantes sobre valor adaptativo da aprendizagem da linguagem para membros da nossa espécie? Depois de tentar responder a essas questões, visite o *ISI Web of Science*, se estiver disponível na biblioteca do seu colégio ou universidade, e tente achar referências sobre as causas proximais e distais da aprendizagem vocal compartilhadas por aves e humanos. Pode ser útil saber que dentre os autores que escreveram sobre esse assunto estão Peter Marler e Fernando Nottebohm.

Resumo

1. Diferentes espécies de pássaros produzem cantos diferentes, mas, dentro da mesma espécie, indivíduos podem variar na forma como produzem as vocalizações específicas da sua espécie. Essas características dos pássaros canoros podem ser submetidas tanto a análises proximais quanto distais.

2. Alguns pássaros aprendem o canto da sua espécie, o que pode levar a diferenças geográficas no canto produzido por membros de uma mesma espécie. Os processos de desenvolvimento por trás da aprendizagem do canto e da formação de dialeto dependem de entradas de informação genética e ambiental, que incluem as experiências acústicas e sociais dos pássaros, bem como as proteínas e outros constituintes químicos dos seus cérebros e outras partes do corpo.

3. Além de focar em como os mecanismos do comportamento são ajustados durante o desenvolvimento, análises proximais incluem tentativas de entender as regras operacionais desses mecanismos. Pássaros que aprendem seus cantos possuem um sistema de controle de canto elaborado cujos componentes contribuem para a memorização precoce de um ou mais cantos, que serão copiados depois quando os aprendizes começarem a praticar o canto.

4. As causas distais do comportamento também podem ser exploradas em dois níveis. Entender porque alguns pássaros aprendem um dialeto regional pode nos levar a explorar as mudanças históricas ocorridas durante a evolução da aprendizagem vocal em beija-flores, psitacídeos e alguns passeriformes canoros. O outro nível de análise evolutiva da aprendizagem de canto nas aves envolve o estudo de por que essa forma de aquisição do canto foi favorecida pela seleção natural. Existem hoje muitas evidências de que o canto aprendido torna os indivíduos machos de algumas espécies capazes de emitir sinais direcionados a machos rivais coespecíficos, bem como a parceiras potenciais que podem adquirir informação sobre a história de desenvolvimento do indivíduo macho apenas por ouvi-lo cantar bem.

5. No passado, qualquer mecanismo hereditário do canto aprendido que tenha ajudado indivíduos a deixar mais cópias de seus genes teria se tornado mais comum ao longo do tempo, graças à ação da seleção natural. À medida que algumas formas de genes tornam-se mais comuns, certas consequências ontogenéticas predominam sobre outras, levando à transformação, por meio de seleção, do sistema de controle de canto no cérebro daquela espécie de pássaro canoro. Mudanças no mecanismo de controle de canto teriam consequências sobre como um pássaro canoro adquire o canto, que, por sua vez, pode afetar sua habilidade de reprodução. Causas proximais e distais do comportamento estão, portanto, interligadas em um ciclo interminável.

Leitura sugerida

Bird song: Biological Themes and Variations[250] é uma revisão muito agradável de ser lida sobre causas proximais e distais do canto dos pássaros. *Neuroscience of Birdsong* centra-se nos aspectos proximais desse comportamento.[1646] Eliot Brenowitz e Mike Beecher escreveram uma revisão sucinta do que e de como os pássaros aprendem seus cantos, ressaltando o quanto ainda temos para compreender sobre essas diferenças.[171] O livro *The Singing Life of Birds* de Donald Kroodsma é muito recomendado, pois foi escrito para o público em geral, que saberá o quanto pode ser empolgante ouvir e entender o canto dos pássaros.[812]

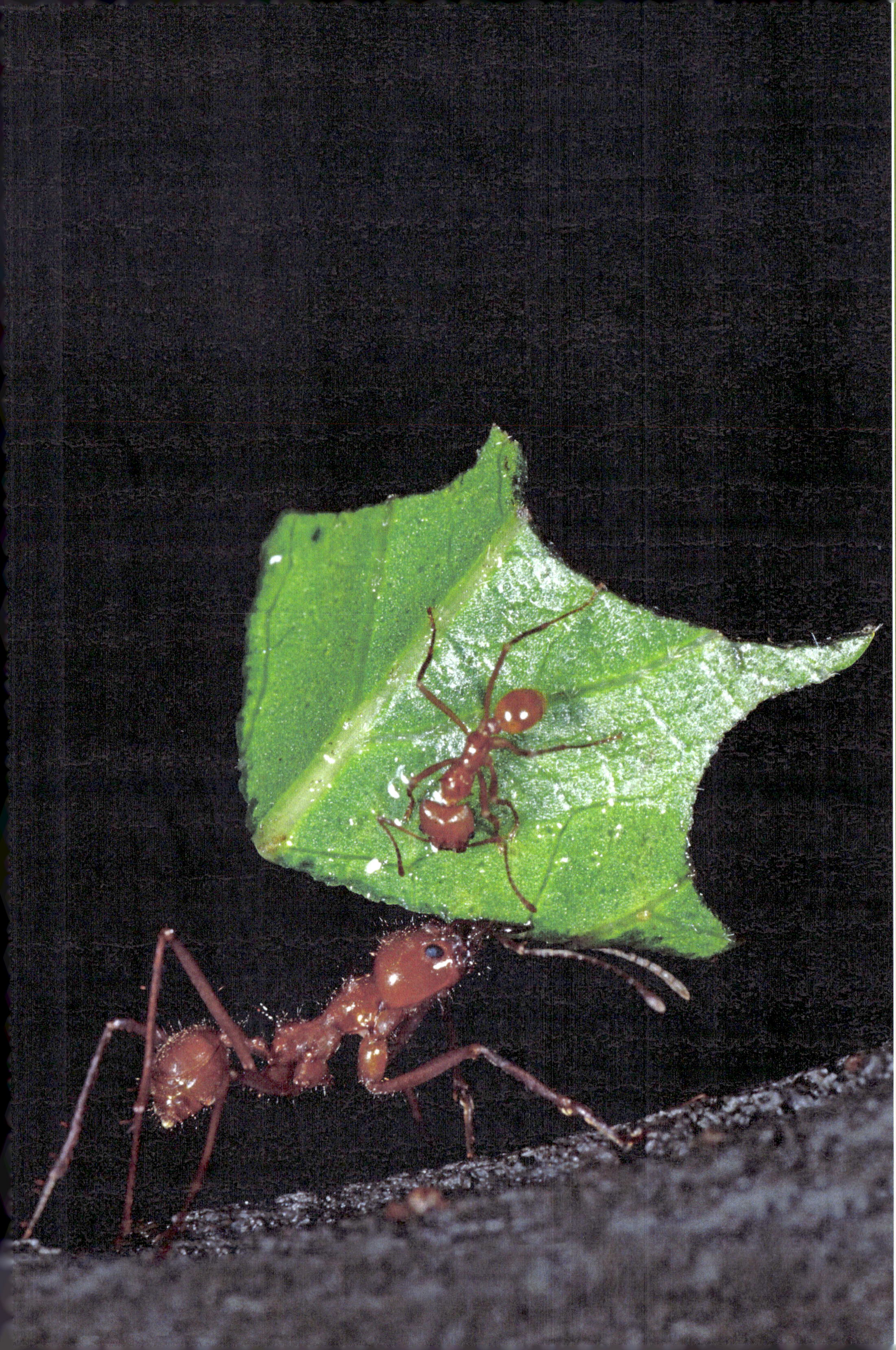

3
O Desenvolvimento do Comportamento

Quando ouvimos o canto do tico-tico-da-califórnia, estamos ouvindo o produto de um processo ontogenético extraordinariamente longo e complexo. Como vimos no capítulo anterior, o desenvolvimento comportamental é influenciado tanto pela informação genética que a ave possui em seu DNA como por um grande número de influências ambientais, que envolvem desde os materiais não genéticos no vitelo do ovo até os hormônios que certas células do animal produzem e transportam para outras células, passando pelos sinais sensoriais gerados quando o tico-tico filhote ouve o canto de sua espécie e pela atividade neural que ocorre quando machos jovens interagem com machos territoriais vizinhos.

O exemplo do tico-tico realça um conceito extremamente importante: o desenvolvimento é um processo interativo, no qual a informação genética interage com as mudanças do ambiente interno e externo, de modo a constituir um organismo com propriedades e habilidades especiais. Esse processo ocorre porque alguns genes nos núcleos das células do animal podem ser ativados ou desativados pelos sinais apropriados, basicamente derivados do ambiente externo. Como a atividade genética se altera em um organismo, as reações químicas em suas células mudam, construindo (ou modificando) os mecanismos próximos que sustentam suas características e capacidades. Como mencionado no capítulo anterior, quando um mandarim jovem ouve outros machos cantando, ou quando ele ouve seu próprio canto, a expressão (atividade produtiva) de

◄ **Uma formiga cortadeira** *carrega uma folha de volta à colônia enquanto uma operária menor é levada sobre a folha, para proteger sua irmã das moscas parasitas. Como essas formigas desenvolveram suas diferentes especificações comportamentais? Fotografia de Gavriel Jecan.*

certos genes em seu cérebro aumenta. Como as proteínas que resultam desses genes são produzidas em maior quantidade, modificam a estrutura e função de algumas células cerebrais do mandarim. Essas mudanças sustentam a habilidade da ave para lembrar e, mais tarde, imitar os sons de mandarim que ouviu.[1489]

O fato do desenvolvimento de qualquer atributo em qualquer organismo multicelular depender tanto dos genes como do ambiente significa que nenhuma característica – nenhuma mesmo – é "genética" em vez de "ambiental", e que nem qualquer atributo tem seu desenvolvimento ambientalmente determinado sem a influência genética. Essa alegação é contraintuitiva para muitos que querem separar as características dos seres vivos naquelas causadas pela "natureza", os chamados caracteres geneticamente determinados, daquelas causadas pela criação, chamadas caracteres ambientalmente determinados. A abordagem natureza *versus* criação (*nature* x *nurture*) está fortemente atrelada à visão popular do comportamento animal, segundo a qual, instintos são muitas vezes considerados genéticos, ou afetados de forma mais profunda pelos fatores hereditários do que pela aprendizagem, comumente considerada como ampla ou inteiramente devida ao ambiente do animal. Um dos objetivos principais deste capítulo é levar ao questionamento sobre essa concepção errônea. Tendo expressado a importância das interações gene-ambiente para o desenvolvimento, examinaremos, então, evidências de que, entre os indivíduos, tanto as diferenças genéticas como as ambientais podem levar a diferenças no desenvolvimento que, por sua vez, podem produzir variações no comportamento dos indivíduos. Esse aspecto tem grande significância para a compreensão da evolução comportamental, assunto que será tratado aqui com exemplos de como aspectos do processo ontogenético promovem o sucesso reprodutivo dos indivíduos.

A teoria interativa do desenvolvimento

Apesar da maioria das pessoas considerarem os insetos como autômatos pouco interessantes, com apenas um conjunto limitado de instintos básicos, eles possuem mais que isso. Na verdade, muitas espécies desse grupo possuem habilidades comportamentais extremamente sofisticadas. Por exemplo, considere as abelhas melíferas operárias, pequenas criaturas que passam suas vidas auxiliando suas irmãs da colmeia. Embora as operárias deixem a postura de ovos para a abelha-rainha (porque a maioria das operárias é estéril), elas são responsáveis pelo cuidado das larvas que eclodem dos ovos de sua mãe, pela construção dos favos, pela regulação da temperatura da colmeia, pela defesa da colônia contra parasitas e predadores e, é claro, pela coleta de pólen e néctar que elas e suas parentes da colônia necessitam para sobreviver.

Uma das coisas mais fascinantes sobre o comportamento das abelhas melíferas é que uma operária muda seu papel ocupacional ao longo de sua vida. Quando uma operária emerge de uma célula ninho, no favo de cera cuidado por outras operárias, ela primeiro trabalha em uma tarefa modesta: a limpeza das células. Então, ela se torna uma abelha babá, que alimenta com mel as larvas nos favos, antes de fazer a transição para uma distribuidora de alimento para suas companheiras operárias. A última fase de sua vida, que começa quando ela tem cerca de três semanas de idade, a operária passa forrageando por pólen e néctar fora da colmeia (Figura 3.1).[871]

O que faz uma operária passar por diferentes estágios ontogenéticos? De acordo com a abordagem interacionista tratada no capítulo anterior, a informação presente em alguns das muitas centenas de genes das abelhas melíferas (o **genótipo** das abelhas) deve responder ao ambiente de modo a influenciar o desenvolvimento de suas características mensuráveis (o **fenótipo** das abelhas). Essas características incluem os mecanismos próximos que dão suporte ao comportamento, tais como sistema nervoso e traços comportamentais. Um resultado dessas interações genótipo-ambiente é a alteração no padrão do fenótipo comportamental das operárias: com três semanas de idade, as adultas não alimentam mais as larvas com o mel e

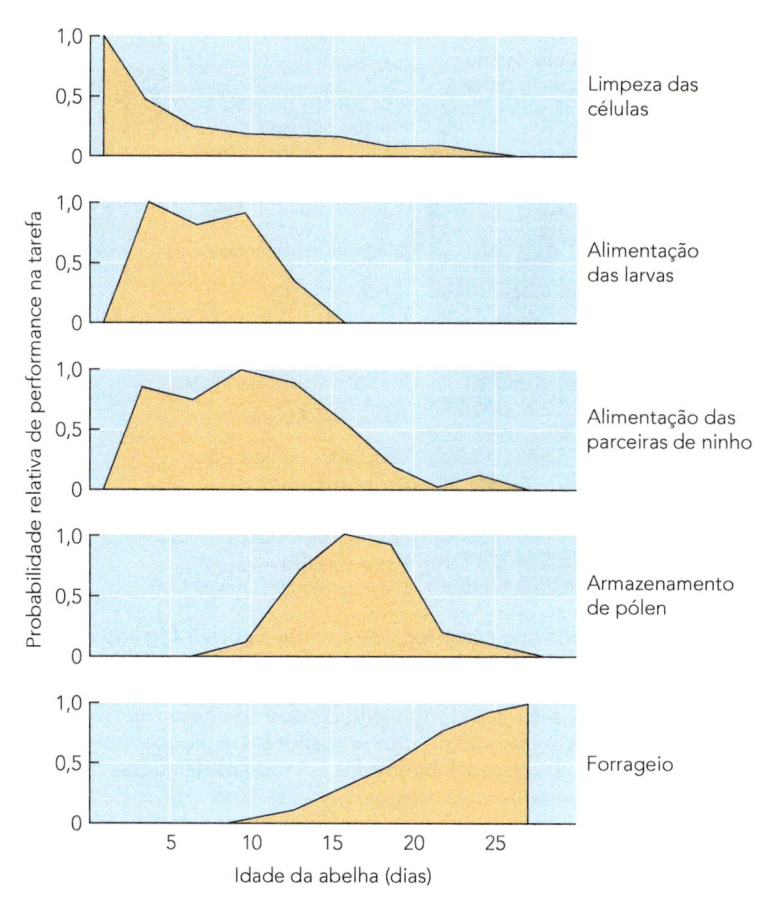

FIGURA 3.1 Desenvolvimento do comportamento operário em abelhas melíferas. As tarefas, como forragear por pólen (vista aqui), adotadas pelas abelhas operárias estão relacionadas à sua idade, como demonstrado no monitoramento de indivíduos marcados ao longo de suas vidas. Adaptada de Seeley.[1300]

pólen armazenados, mas, em vez disso, voam da colmeia para obter néctar e pólen nos campos e bosques ao seu redor. Um biólogo ontogeneticista poderia perguntar: o componente ativo do genótipo de uma abelha operária muda entre a fase de cuidar das larvas e a fase forrageadora, do mesmo modo que a atividade de um gene muda de maneira estruturada quando um filhote de mandarim se transforma em adulto (*ver* Figura 2.9)?

Podemos responder a essa questão graças à capacidade de pesquisadores usarem tecnologia de microarranjo (*microarray*), procedimento que torna possível analisar simultaneamente a atividade de uma grande série de genes, por meio da detecção de certos produtos (RNA mensageiros) gerados quando esses genes estão "ativados". Para saber quais produtos gênicos são abundantes e quais não são, os biólogos moleculares escaneiam uma folha na qual foi espalhada uma pequena quantidade de tecido, antes de ser submetida a um corante fluorescente, que reage com ácidos nucleicos. Quando Charles Whitfield e seus colaboradores processaram extratos cerebrais de abelhas melíferas babás e forrageadoras por meio de uma variedade de microarranjos, eles puderam comparar a atividade de cerca de 5.500 genes (dos cerca de 14.000 no genoma das abelhas) para esses dois tipos de indivíduos.[1552] Alguns dos genes ativados nos cérebros das abelhas babás diferiram substancial e consistentemente daqueles ativados nos cérebros das forrageadoras, e vice-versa. Cerca de 2.000 dos genes analisados demonstraram níveis diferentes de geração de produtos nos dois tipos de abelhas, essas mudanças na atividade genética estão correlacionadas com a transformação de uma ama-seca em forrageadora (Figura 3.2).

Análises de microarranjos adicionais demonstraram que aproximadamente 2.000 genes mudam suas atividades durante os primeiros quatro dias da vida de uma abelha adulta, enquanto aproximadamente outros 600 genes alteram sua expressão nos próximos quatro dias. Essas descobertas foram obtidas pela comparação entre a atividade gênica de abelhas adultas emergidas com quatro dias de

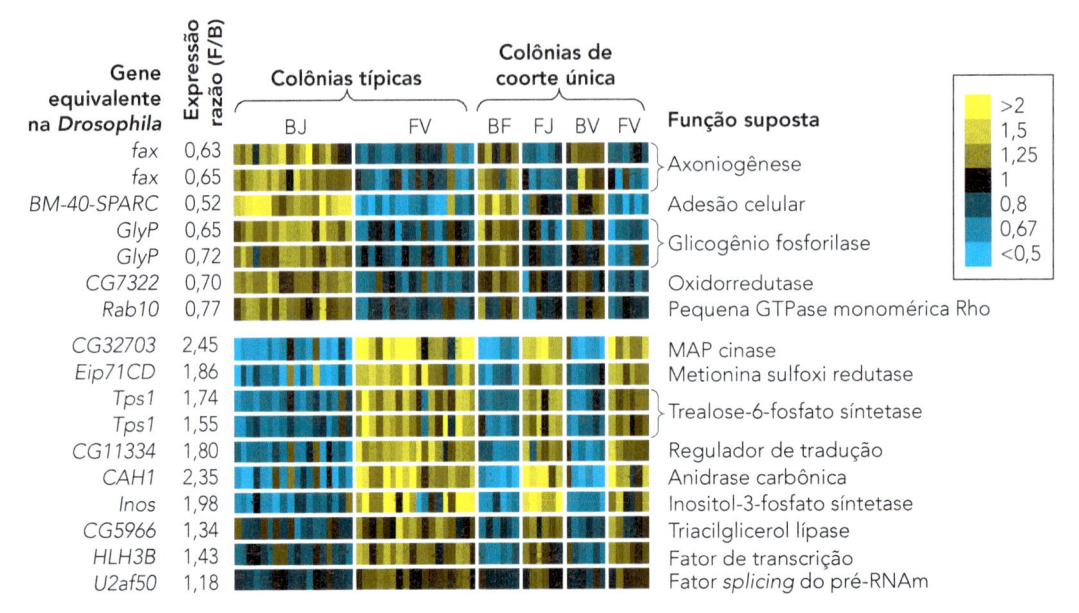

FIGURA 3.2 A atividade gênica varia nos cérebros das abelhas babás e forrageadoras. Aqui estão demonstrados registros individuais (cada barra representa o registro da expressão gênica de uma abelha para um gene em particular) de abelhas de colônias típicas e manipuladas. Os 17 genes analisados aqui foram aqueles que demonstraram a maior diferença na atividade entre os cérebros de babás e de forrageadoras. Adicionalmente, esses 17 genes são altamente similares aos genes encontrados em moscas-das-frutas (*Drosophila*); as funções dos genes correspondentes nas moscas-das-frutas foram estabelecidas e estão registradas aqui. O nível de atividade de um gene nos cérebros das abelhas forrageadoras, em relação às babás, está codificado por cores, de alto (>2) até baixo (<0,5); veja o código de referências na parte superior, à direita. A porção esquerda da figura demonstra a atividade gênica para babás jovens (BJ) e forrageadoras velhas (FV) de colônias não manipuladas; a porção direita mostra a atividade gênica para as forrageadoras jovens (FJ) pareadas com babás da mesma idade e babás velhas (BV) pareadas com forrageadoras da mesma idade, obtidas de colônias manipuladas para conterem todas as operárias jovens ou todas velhas. A razão da expressão (F/B) é calculado por dividir o escore de atividade de um dado gene em forrageadoras por aquele para babás. Adaptada de Whitfield, Cziko e Robinson.[1552]

idade e outras com oito dias de idade.[1553] Acredita-se que as mudanças genéticas ocorridas durante esse período contribuam para as mudanças ontogenéticas que ocorrem nos cérebros das abelhas jovens, bem antes das abelhas deixarem a colmeia em busca de flores, mas que são necessárias para o inseto adquirir as capacidades para forragear.

Estudos de microarranjos não demonstram que o ambiente é irrelevante para o desenvolvimento comportamental. Considere, por exemplo, que quando a abelha-rainha produz seu **feromônio** mandibular (feromônios são produtos químicos usados pelos animais para se comunicarem uns com os outros), esse composto volátil causa mudanças na expressão de muitos genes nas células cerebrais das operárias.[591] Do mesmo modo, as próprias operárias produzem certos feromônios que podem alterar a expressão gênica nos cérebros de outras operárias, quando esses indivíduos estão expostos a esses compostos químicos especiais.[7] Realmente, fatores ambientais são decisivos para cada elemento da expressão gênica nos organismos, em especial porque o ambiente supre os blocos de construção molecular, essenciais quando a informação no DNA está sendo utilizada para produzir RNA mensageiros e proteínas. O ambiente celular deve conter os precursores desses constituintes dos seres vivos, para que os mesmos sejam produzidos. Esses produtos químicos, em última análise, vêm do mel e pólen ingeridos pelas larvas e adultos que se desenvolvem a partir dos ovos. Alguns dos produtos gene-ambiente resultantes podem exercer um papel especial na alteração da atividade de um ou mais genes-chave em um indivíduo, iniciando uma série em cascata de produções gene-ambiente, que finalmente alterará o desenvolvimento do cérebro e, desse modo, o comportamento da abelha.

Um produto ontogenético importante parece ser a substância chamada hormônio juvenil, encontrada em baixas concentrações no sangue das jovens operárias babás, mas em concentrações muito maiores nas forrageadoras, que são mais velhas. Como prevíamos, se as abelhas melíferas jovens forem tratadas com hormônio juvenil, elas se tornarão forrageadoras precoces,[1229] mas se removermos as corpora allata de uma abelha (glândulas que produzem o hormônio juvenil), ela retardará a transição para a fase de forrageadora. Além disso, abelhas sem corpora allata que recebem tratamento hormonal recuperam o tempo normal de transição para a fase de forrageadora.[1402]

Parece então que mudanças na produção do hormônio juvenil têm algo a ver com desencadear as vias que levam a alterações no comportamento. Mas o que impulsiona os genes que codificam o hormônio juvenil a aumentarem sua produção, quando a operária tem cerca de três semanas de idade? Na verdade, uma ampla série de alterações gênicas ocorre aproximadamente na época em que a abelha realiza sua transição do confinamento na colmeia para iniciar a carreira como forrageadora.[1553] Parte da base para essas mudanças, seguramente, está na sequência prévia de interações gene-ambiente que ocorreram desde que a abelha operária se metamorfoseou em adulto. Mas alguns genes que mudam sua expressão são responsivos ao ambiente social corrente da operária, como demonstrado em uma pesquisa, em que foram formadas colônias experimentais, cujas forças operárias consistiam em abelhas jovens, todas com a mesma idade. Mesmo nessas condições incomuns, houve divisão de trabalho, com alguns indivíduos que permaneciam como babás por muito mais tempo que o comum, enquanto outros começaram a forragear cerca de duas semanas mais cedo que a média.

O que capacitou as abelhas a fazer esses ajustes ontogenéticos? Uma hipótese é que um déficit nos encontros sociais com forrageadoras mais velhas pode ter estimulado uma transição ontogenética precoce do comportamento de babá para o de forrageadora. Essa possibilidade foi testada com a adição de grupos de forrageadoras mais velhas às colônias experimentais compostas apenas de operárias jovens. Quanto mais elevada a proporção de abelhas mais velhas adicionadas, mais baixa foi a proporção de abelhas babás jovens que sofreram uma transformação precoce para forrageadoras (Figura 3.3).[690] Segundo esses resultados, as interações comportamentais entre as jovens residentes e as abelhas mais velhas introduzidas inibiram o desenvolvimento do comportamento de forrageadora, porque a introdução de abelhas jovens não teve o mesmo efeito sobre as jovens residentes. O rastreamento do agente inibidor indicou um ácido graxo complexo, chamado etil oleato, que apenas as forrageadoras produzem e estocam em uma câmara (o papo) no trato digestivo.[856] Quando as forrageadoras retornam à colmeia e transferem para as babás o néctar contido no papo, provavelmente, o etil oleato também é transferido. Quanto mais forrageadoras há na colmeia, mais provável é que as babás recebam quantidades desse produto químico que retarda a transição para o *status* de forrageadora.

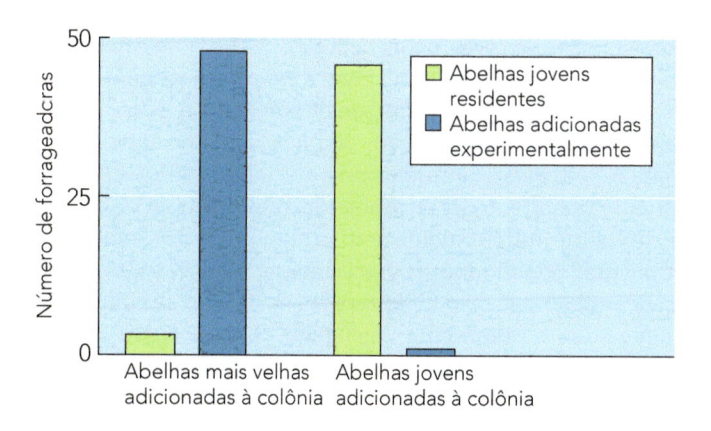

FIGURA 3.3 Ambiente social e especialização em tarefas nas abelhas melíferas operárias. Em colônias experimentais, compostas exclusivamente de jovens operárias (residentes), essas abelhas não forrageiam se forrageadoras mais velhas são adicionadas à colmeia. Mas, em vez disso, se abelhas jovens são adicionadas, as jovens residentes transformam-se em forrageadoras muito rapidamente. Adaptada de Huang e Robinson.[690]

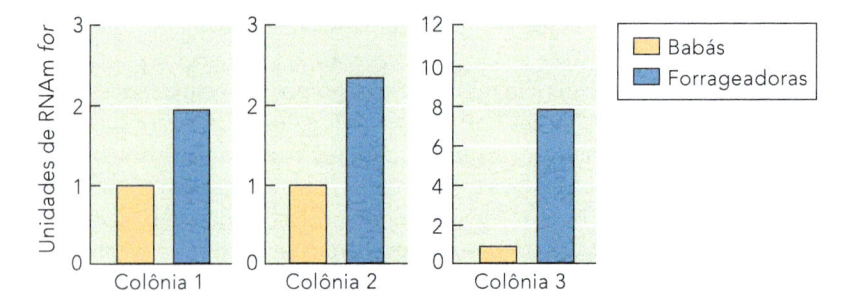

FIGURA 3.4 Níveis de RNA mensageiro produzido quando o gene *for* é expresso nos cérebros de babás e de forrageadoras em três colônias típicas de abelha melífera. Adaptada de Bem-Shahar e colaboradores.[103]

Para discussão

3.1 No contexto da discussão sobre as causas das diferenças ontogenéticas entre os indivíduos, que significância você atribui para o fato da abelha-rainha comportar-se de modo muito diferente de suas operárias, apesar de ter essencialmente o mesmo genoma que suas irmãs e filhas operárias? Após descobrir como as larvas de abelha operária e rainha são criadas, desenvolva ao menos uma hipótese para explicar por que as duas categorias de abelhas melíferas comportam-se de modo tão diferente. A internet será útil nessa tarefa.

3.2 Abelhas melíferas possuem um gene (denominado *for*) que contém informação para a produção de uma enzima em particular, chamada PKG. Se essa informação genética *for* importante para a atividade de forragear nas abelhas operárias, que previsão é possível fazer quanto aos níveis da enzima PKG presentes nas cabeças das forrageadoras *versus* nas cabeças das não forrageadoras obtidas de uma típica colônia composta de operárias com várias idades diferentes? A figura 3.4 apresenta dados sobre a quantidade de RNA mensageiro codificado pelo gene *for* presente nos cérebros de babás e forrageadoras em três colônias típicas de abelhas melíferas; esse RNAm é necessário para a produção de PKG. Esses resultados são consistentes com sua previsão? Mas já que as forrageadoras são mais velhas que as babás em colônias típicas, talvez a maior atividade do gene *for* seja simplesmente uma mudança relacionada à idade, que nada tem a ver com forragear. Que previsão e experimento adicionais são necessários para atingir uma conclusão sólida sobre o papel causal do gene *for* na regulação do forrageamento na abelha? Sugestão: tire vantagem da habilidade para criar colônias experimentais com operárias de mesma idade. Se o gene *for* contribui para desencadear o forrageamento nas abelhas operárias,[103] como essa mudança pode também ser influenciada pelo ambiente social das operárias? Você é capaz de produzir uma hipótese que integre as contribuições genéticas e ambientais para desencadear esse comportamento na abelha?

A falácia natureza versus *criação*

O exemplo das abelhas melíferas ilustra claramente porque seria um erro afirmar que alguns fenótipos comportamentais são mais genéticos que outros. O comportamento de forrageio das operárias não pode ser apenas "geneticamente determinado", porque o comportamento, literalmente, é o produto de milhares de interações gene-ambiente, todas necessárias para construir o cérebro da abelha e o restante de seu corpo. Na realidade, a informação no DNA que compõe um gene é expressa somente quando o gene está no ambiente apropriado; como afirma Gene Robinson: "o DNA é tanto herdado quanto ambientalmente responsivo".[1230] Sinais ambientais, como aqueles fornecidos pelo hormônio juvenil e o etil oleato, influenciam a atividade gênica. Quando um gene é ativado ou desativado por alterações no ambiente, mudanças na produção de proteína podem alterar direta ou indiretamente a atividade de outros genes nas células afetadas. Uma multiplicidade de mudanças precisamente sequenciadas e bem integradas nas interações gene-ambiente é responsável pela construção de cada traço e, portanto, nenhum caráter pode ser puramente "genético".

Pela mesma óptica, seria nitidamente errôneo dizer que certo fenótipo é "determinado pelo ambiente". O desenvolvimento de cada atributo de cada ser vivo requer a informação contida em numerosos genes e expressa em uma multiplicidade de interações gene-ambiente. Nem o genótipo nem o ambiente podem ser considerados um mais importante que o outro, assim como não podemos dizer que uma torta de chocolate se deve mais à receita utilizada pelo cozinheiro do que aos ingredientes realmente incluídos no produto finalizado.

> **Para discussão**
>
> **3.3** A controvérsia natureza-criação envolve aqueles que acreditam que nossa natureza (essencialmente, nossos genes) domina nosso desenvolvimento comportamental e outros que argumentam, de maneira igualmente enérgica, que nossa criação (especialmente nossa criação quando crianças) é o que forma nossa personalidade. Alguns têm eliminado a controvérsia afirmando que os dois lados poderiam ser confrontados, da mesma forma que analisaríamos se a área de um retângulo é principalmente um produto de sua altura ou uma função de sua largura. Qual é o ponto da analogia com o retângulo? Essa analogia tem alguma falha?

Desenvolvimento comportamental requer a interação dos genes com o ambiente

A contribuição do DNA para o desenvolvimento comportamental pode ser demonstrada ao examinarmos o desenvolvimento da habilidade para aprender, uma vez que a aprendizagem (mudança no comportamento de um animal ligada a uma experiência particular que ele tenha tido) é muitas vezes considerada ambientalmente determinada, ainda que não seja. É claro que o ambiente está envolvido quando um animal aprende algo, mas uma vez que a aprendizagem ocorre no interior de um cérebro, cujas propriedades foram formadas pelas interações gene-ambiente, a influência genética sobre o desenvolvimento não pode ser simplesmente ignorada. Esse ponto fica claro quando consideramos o quanto realmente são circunscritos e focados os comportamentos aprendidos. Essas restrições na aprendizagem decorrem das características especializadas do cérebro, que, por sua vez, surgem por meio da interação entre a riqueza de informações dos genes e o ambiente.

Um exemplo clássico da natureza circunscrita da aprendizagem é fornecido pela estampagem (em inglês, *imprinting*), na qual as primeiras interações sociais de um animal jovem, geralmente com seus pais, levam-no a aprender coisas tais como o que seria um parceiro sexual apropriado. Assim, um grupo de gansos selvagens jovens, tendo estampado no biólogo comportamental Konrad Lorenz (Figura 3.5) em vez de em uma mãe gansa, formaram todos um apego aprendido a Lorenz;[886] no caso dos gansos machos, quando atingiram a idade adulta, criaram preferência por humanos como parceiros sexuais. A experiência de seguir um indivíduo em particular no início da vida deve ter alterado aquelas regiões do sistema nervoso dos gansos machos responsáveis pelo reconhecimento sexual e corte. Os efeitos especiais da estampagem não poderiam ter ocorrido sem um cérebro "preparado", cujo desenvolvimento, geneticamente influenciado, o capacitou para responder aos tipos especiais de informações disponíveis no ambiente social.

O fato de diferentes espécies exibirem tendências de estampagem distintas fornece evidência

FIGURA 3.5 Estampagem em gansos selvagens. Esses gansos estamparam o biólogo comportamental Konrad Lorenz e o seguem para aonde ele vai. Fotografia de Nina Leen.

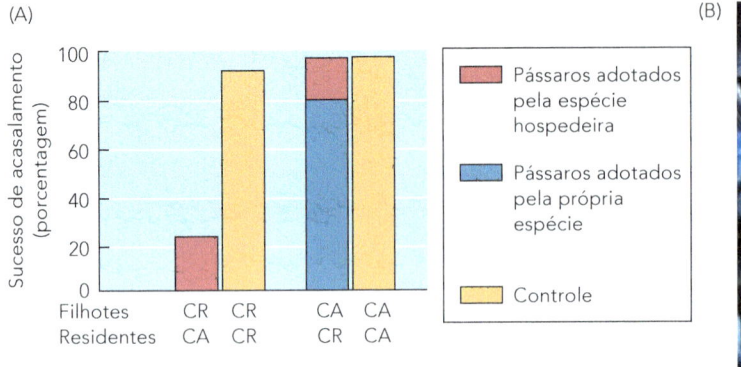

FIGURA 3.6 A adoção teve diferentes efeitos de estampagem em duas espécies de aves canoras aparentadas. (A) Machos de chapim-real (CR) criados por pais chapins-azuis (CA) adotivos tentaram acasalar com fêmeas de chapim-azul, mas somente uma fração obteve sucesso. Em contraste, chapins-azuis adotados sempre encontram parceiros, geralmente de sua própria espécie. Aves do grupo-controle, criadas por sua própria espécie, sempre encontram parceiros e acasalam com membros coespecíficos. (B) Quando as fêmeas de chapim-azul acasalam com machos de chapim-real, elas também copulam com machos de chapim-azul. Aqui, uma fêmea de chapim-azul (à esquerda) acasalada com um macho de chapim-real (à esquerda, acima) cria uma ninhada, que consiste inteiramente em filhotes de chapim-azul. Adaptada de Slagsvold;[1343] fotografia de Tore Slagsvold.

circunstancial adicional da contribuição genética para a aprendizagem. Um grupo de pesquisadores noruegueses forneceu esse tipo de evidência quando transferiu filhotes de chapim-azul para ninhos de chapim-real e vice-versa. Alguns desses jovens adotados cresceram e sobreviveram para cortejar e formar pares com membros do sexo oposto (Figura 3.6A). De onze chapins-reais adotivos que sobreviveram, só três encontraram parceiros – todos os quais eram fêmeas de chapim-azul criadas por chapins-reais. Todos os dezessete chapins-azuis adotivos que sobreviveram encontraram parceiros, contudo, três deles eram fêmeas que se acasalaram socialmente com machos de chapim-real adotivos.[1345]

Entretanto, embora indivíduos de ambas as espécies tenham estampado com indivíduos não coespecíficos como resultado de suas experiências individuais de adoção, o grau de estampagem dos indivíduos com seus pais adotivos diferiu entre as duas espécies de aves canoras. Nenhum dos chapins-reais acasalou com um membro de sua própria espécie, enquanto a maioria dos chapins-azuis adotivos se acasalou com coespecíficos. Além disso, cada fêmea de chapim-azul que teve um macho de chapim-real como parceiro social deve ter acasalado com um macho de chapim-azul das proximidades, pois todas as 33 ninhadas produzidas por essas fêmeas foram chapins-azuis, não híbridos (Figura 3.6B). Assim, embora tenham ocorrido estampagens errôneas em ambas as espécies, o efeito ontogenético de ser criado por membros não coespecíficos foi maior para os chapins-reais do que para os chapins-azuis. Isso é uma indicação de que a base hereditária do mecanismo de estampagem não foi a mesma para essas duas espécies.

Em adição à estampagem, espécies de aves possuem outras habilidades de aprendizagem especializadas, incluindo a habilidade de lembrar onde esconderam alimento. O chapim-de-gorro-preto é especialmente bom nessa tarefa, pois sua memória espacial o capacita para reencontrar grandes números de sementes ou pequenos insetos que tenha escondido em fendas de cascas de árvores ou em fragmentos de musgos completamente dispersos no ambiente. Para determinar com exatidão o quanto os pássaros são bons em reencontrar seus esconderijos de alimentos, David Sherry deu às aves em cativeiro a oportunidade de estocar alimento em buracos escavados em pequenas árvores colocadas em um aviário. Após os animais terem colocado sementes de girassol em 4 ou 5 dos 72 pontos de estocagem possíveis, eles foram transferidos para uma gaiola por 24 horas. Durante esse tempo, Sherry removeu as sementes e fechou cada um dos 72

Chapim-de-gorro-preto
(*Poecile atricapillus*)

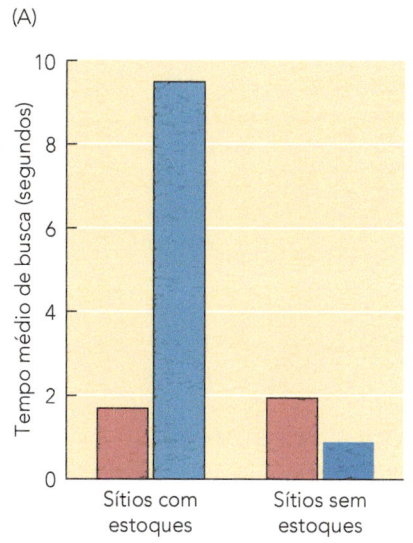

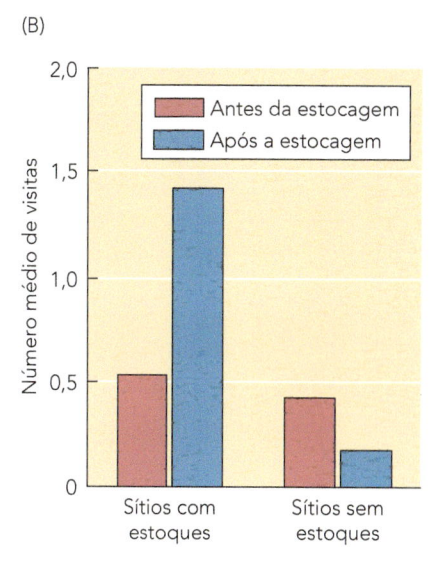

FIGURA 3.7 Aprendizagem espacial em chapins. (A) Chapins-de-gorro-preto passaram muito mais tempo em sítios de um aviário onde haviam estocado alimento 24 horas antes (sítios com estoques) do que passaram durante a exposição inicial a tais sítios, apesar dos pesquisadores terem removido o alimento estocado. (B) Os pássaros também fizeram muito mais visitas aos sítios de estocagem do que a outros sítios, evidentemente porque lembraram de terem estocado alimento lá. Adaptada de Sherry.[1319]

pontos de estocagem com cobertura de velcro. Quando as aves foram liberadas novamente no aviário, elas gastaram muito mais tempo inspecionando e puxando as coberturas em seus pontos de estoque do que nos pontos onde não tinham estocado alimento 24 horas antes (Figura 3.7). Como os pontos de estocagem foram todos esvaziados e cobertos, não houve fatores olfatórios nem visuais oriundos do alimento inicialmente estocado para guiar as aves em sua busca; elas contaram somente com suas memórias sobre onde haviam escondido as sementes.[1319] Na natureza, essas aves armazenam apenas um item alimentar por ponto de estocagem e nunca usam o mesmo local duas vezes. No entanto, elas podem reencontrar seus esconderijos mais de 28 dias depois.[655]

O quebra-nozes norte-americano (*Nucifraga columbiana*) pode ter memória ainda mais impressionante, porque distribui cerca de 33.000 sementes em 5.000 esconderijos, que podem estar cerca de 25 Km distantes do local de coleta (Figura 3.8). A ave cava um pequeno buraco na terra para cada estoque de sementes e, então, cobre completamente o esconderijo. Esse corvídeo realiza o trabalho no outono para contar com seus estoques ao longo do inverno e na primavera, recuperando dois terços de seus esconderijos, com frequência meses após tê-los construído.[65,982]

É possível que esses corvídeos não se lembrem realmente onde cada esconderijo de sementes está, mas em vez disso apliquem uma regra simples: "olhar perto de pequenas touceiras de capim". Ou eles poderiam somente lembrar a localização geral de onde os alimentos foram estocados e, uma vez lá, olhar ao redor, até verem solo revirado ou algum outro indicador de um esconderijo. Mas experimentos similares àqueles realizados com chapins demonstram que as aves lembram exatamente onde esconderam os alimentos. Em um desses testes, foi dada a oportunidade para que um quebra-nozes estocasse sementes em um grande aviário ao ar livre e, após,

FIGURA 3.8 O quebra-nozes *Nucifraga columbiana* carrega no bico uma semente que ele esconderá sob o solo. Fotografia de Russ Balda.

ele foi transferido para outro viveiro. O observador Russ Balda mapeou a localização de cada esconderijo, retirou as sementes enterradas e varreu o solo do aviário, removendo todos os sinais de construção dos abrigos. Não havia sinal visual ou olfatório disponível para a ave quando ela foi liberada, uma semana após, para retornar ao aviário e buscar o alimento. Balda mapeou os locais onde o quebra-nozes explorou com seu bico, buscando por abrigos não existentes. A memória espacial da ave funcionou muito bem, porque ela cavou em cerca de 80% de seus ex-esconderijos, enquanto cavou em outros locais muito raramente.[65] Outros experimentos de longo prazo sobre a memória espacial do quebra-nozes demonstraram que essa ave pode lembrar onde cavou esconderijos para alimentos por pelo menos 6 e talvez mais de 9 meses.[66] Entretanto, quando Balda utilizou um de seus estudantes de graduação como se ele fosse uma ave que estoca alimento, o aluno teve cerca de metade do bom desempenho de um quebra-nozes típico, ao ser testado um mês após ter feito seus esconderijos.[982] As aves podem até lembrar os tamanhos das sementes que estocaram, como foi demonstrado por sua tendência de abrirem mais seus bicos quando exploram a terra para recuperar grandes sementes, fazendo o oposto para sementes menores. Como o quebra-nozes recupera uma semente de cada vez em seus estoques subterrâneos, ele pode segurá-la e processá-la com mais eficiência abrindo o bico na distância exata para apertar e arrancar uma semente de certo tamanho para fora do abrigo.[998]

A extraordinária habilidade dos quebra-nozes e chapins para armazenarem informação espacial no cérebro certamente está relacionada à capacidade de determinados mecanismos cerebrais se alterarem bioquímica e estruturalmente em resposta aos tipos de estimulações sensoriais associadas com esconder alimento. Essas mudanças não ocorreriam sem os genes necessários para construir o sistema de aprendizagem e os genes responsivos aos estímulos-chave relevantes para a tarefa de aprendizagem. O ponto mais geral é que, mesmo comportamentos aprendidos, obviamente ambiente-dependentes, são também genético-dependentes.

Por que os indivíduos se desenvolvem de maneira diferente?

Um dos fatos inerentes ao desenvolvimento ontogenético é que os membros de uma mesma espécie com frequência diferem em seus comportamentos. Assim, por exemplo, membros de uma população de chapins-de-gorro-preto (*Poecile atricapillus*) do Alasca estocam alimento com maior frequência e recuperam reservas de maneira mais eficiente que os chapins-de-gorro-preto que vivem nas planícies do Colorado (Figura 3.9).[1164] A habilidade superior para estocar alimentos das aves do Alasca pode estar relacionada ao seu hipocampo maior[272] (*ver também* MacDougall-Shackleton e colaboradores.[910]). Se as diferenças comportamentais observadas entre esses chapins foram realmente causadas por diferenças no tamanho do hipocampo, as diferenças entre pássaros individuais tanto nas informações genéticas quanto nas influências ambientais poderiam ser as responsáveis (porque a construção do hipocampo depende de genes e ambiente).

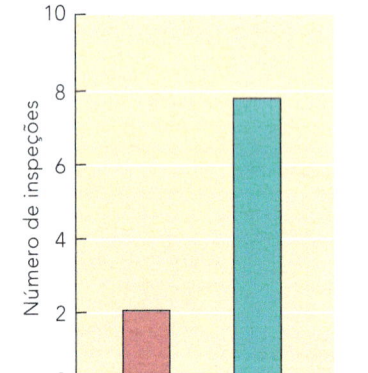

FIGURA 3.9 **Diferenças intraespecíficas no comportamento aprendido.** Chapins-de-gorro-preto que vivem no frio severo do Alasca não apenas estocam mais alimento, mas também lembram melhor onde colocaram seus estoques do que aves da mesma espécie que vivem no Colorado, onde o clima é menos rigoroso. O número médio de inspeções em sítios por item alimentar encontrado é muito menor para as aves do Alasca do que para suas primas do Colorado. Adaptada de Pravosudov e Clayton.[1164]

Para discussão

3.4 Retorne à analogia do bolo de chocolate (*ver* página 69) e use-a para ilustrar como as mudanças nos genes ou no ambiente podem levar às diferenças ontogenéticas entre os indivíduos.

Embora, na teoria, as diferenças entre um chapim do Alasca e um coespecífico do Colorado pudessem decorrer das diferenças genéticas ou ambientais, ou de ambas, não há evidência direta disponível para resolver essa questão. Entretanto, sabe-se que para algumas espécies uma diferença ambiental pode gerar diferenças no tamanho do hipocampo. Quando Nicky Clayton e John Krebs criaram alguns chapins-do-brejo – parentes próximos do chapim-de-gorro-preto – no laboratório, eles deram a algumas aves jovens oportunidades de estocarem sementes inteiras de girassol, enquanto outras foram sempre alimentadas com sementes de girassol trituradas, as quais os pássaros comiam, mas nunca estocavam.[271] Os indivíduos que puderam estocar alimento ganharam mais células no hipocampo do que aqueles sem experiência de estocagem, reflexo do fato que os genes nas células hipocampais responderam de diferentes modos para diferentes tipos de influências experimentais.

Diferenças ambientais e diferenças comportamentais

O caso do chapim-do-brejo é meramente um de milhares nos quais certas diferenças fenotípicas interindividuais foram relacionadas às diferenças em seus ambientes, em vez das diferenças genéticas. Lembre-se que as variações nos dialetos entre machos de tico-ticos-da-califórnia também são produtos de diferenças nos ambientes acústicos e sociais dos pássaros, que afetam o que os tico-ticos jovens aprendem quando ouvem machos cantando ao seu redor. Diferenças ambientais são importantes sempre que membros de uma espécie diferem em um comportamento aprendido. Considere por que um camundongo do gênero *Acomys* aconchega-se com um companheiro enquanto outros se recusam a fazê-lo. As diferenças entre esses camundongos poderiam se originar inteiramente de variações nas experiências que tiveram quando filhotes; os filhotes dos camundongos aprendem quem são seus companheiros de ninhada e, mais tarde, preferem se agrupar com indivíduos familiares em vez de outros não familiares. Tipicamente, membros dessa espécie agrupam-se preferencialmente com seus irmãos com os quais cresceram. Mas se mantivermos experimentalmente uma ninhada composta de não irmãos criados pela mesma fêmea, esses animais tratarão uns aos outros como se fossem irmãos.[1160] Os camundongos *Acomys* fornecem um exemplo entre muitos, nos quais os indivíduos diferem em suas respostas aos outros, com base no fato de terem tido ou não uma associação entre si no início da vida.[676]

Enquanto vivem com outros indivíduos no ninho materno, os filhotes de *Acomys* podem aprender os odores distintivos de seus companheiros, o que poderia ser a base de sua discriminação posterior em favor desses indivíduos. O uso de odores variáveis como fatores de reconhecimento é difundido no reino animal,[1427] incluindo insetos como as vespas sociais do gênero *Polistes*. Algumas vespas fêmeas emergem do ninho e permanecem como operárias não reprodutoras. Esses indivíduos aprendem a reconhecer uns aos outros como companheiros de ninho, em grande parte porque adquirem o odor especial do ninho (Figura 3.10) no qual foram criados por outros membros adultos da colônia.[512] Se essa hipótese estiver correta, então seria possível enganar as vespas sociais, tornando-as tolerantes às vespas que normalmente atacariam, pela transferência de fêmeas recém-emergidas para outros ninhos onde elas poderiam adquirir seu odor. Como previsto, é menos provável que as fêmeas transferidas se confrontem com outras fêmeas criadas no ninho anfitrião do que com suas irmãs, que emergiram e permaneceram no ninho original. É como se as vespas sociais herdassem um comando comportamental que dissesse: "aprenda o cheiro de seu ninho logo que você emergir como adulto e então responda sem agressividade àqueles indivíduos que compartilhem esse odor". Portanto, em função de diferenças de odor entre ninhos, as vespas que emergem podem diferir em suas respostas sociais a outras vespas.

As vespas sociais *Polistes fuscatus* não somente usam fatores olfatórios para discriminar entre companheiros potenciais, como também podem aprender a reconhecer indivíduos com base nas aparências

FIGURA 3.10 Ninhos das vespas sociais *Polistes* contêm odores que aderem aos corpos das vespas neles criadas, fornecendo um fator próximo para o reconhecimento aprendido de parceiros de ninhos nesses insetos. Observe os corpos das larvas pressionados contra as paredes das células. Fotografia do autor.

FIGURA 3.11 Vespas sociais são capazes de usar a variação nos padrões de coloração das **faces** de suas parceiras de ninho para reconhecê-las individualmente. (A) As faces de um conjunto de vespas sociais (*Polistes dominulus*). (B) Parceiras de ninho de uma vespa aparentada (*Polistes fuscatus*), que também exibem variação individual em padrões faciais, comportaram-se mais agressivamente com fêmeas que tiveram suas faces alteradas do que com fêmeas cujas faces foram pintadas, sem alteração nos padrões de coloração facial. A, fotografias cortesia de Elizabeth Tibbetts. B, Adaptada de Tibbetts.[1440]

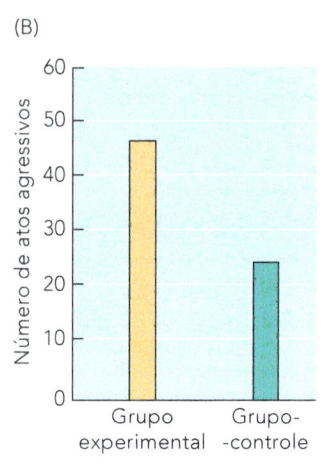

distintivas de suas faces (Figura 3.11).[1440] Quando Elizabeth Tibbetts alterou, com pinturas, as características faciais de alguns membros de uma colônia de fêmeas de vespas sociais, os indivíduos alterados sofreram mais agressão de suas companheiras do que aqueles cujas faces foram pintadas de modo a manter seus padrões de coloração originais.[1442]

Observe que a habilidade em gravar informações sobre o odor ou a aparência dos parceiros de ninho requer informações genéticas, necessárias para a construção de um sistema nervoso com a capacidade para esse tipo de aprendizagem. A mesma interpretação pode ser feita em relação ao estudo sobre esquilos terrícolas, em que as fêmeas recém-nascidas em cativeiro foram distribuídas, criando quatro classes de indivíduos: (1) irmãs criadas separadas, (2) irmãs criadas juntas, (3) não irmãs criadas separadas e (4) não irmãs criadas juntas. Após o desmame, os esquilos jovens foram colocados em pares no interior de uma arena e puderam interagir. Na maioria dos casos, animais criados juntos, sendo irmãos verdadeiros ou não, toleraram um ao outro, enquanto aqueles criados separados reagiram agressivamente uns contra os outros.[673] Aqui, os esquilos jovens aprenderam algo sobre seus companheiros de ninho graças a um sistema nervoso que permitiu gravar certa informação sobre os fatores olfatórios associados aos indivíduos.

Mas, além disso, irmãs biológicas criadas separadas, engajaram-se em menos interações agressivas do que não irmãs criadas separadas (Figura 3.12). Em outras palavras, as fêmeas de esquilos tiveram algum modo de reconhecer as irmãs não dependente da convivência com elas quando mais jovens.[673, 675] Em vez disso, um tipo diferente de aprendizagem esteve provavelmente envolvido, chamado informalmente pelo indelicado rótulo de "efeito do sovaco".[948] Isto é, se os indivíduos podem aprender o próprio cheiro, então podem usar essa informação como referência para comparar com os odores de outros indivíduos.[674]

Essa hipótese foi examinada por Jill Mateo,[949] que notou que os esquilos-de-belding possuem várias glândulas produtoras de odor,[950] incluindo uma ao redor da boca e outra no dorso. Além disso, esses esquilos farejam regularmente as glândulas

FIGURA 3.12 Reconhecimento de parentesco em esquilos-de-belding. Irmãs criadas separadas demonstram agressão significativamente menor entre si do que outras combinações de irmãos/irmãs criados separados, os quais são tão agressivos uns com os outros quando se encontram em uma arena experimental quanto não irmãos criados separadamente. Adaptada de Holmes e Sherman.[673]

orais de outros indivíduos, como se estivessem adquirindo informações odoríferas que possam ser comparadas com o seu próprio odor. Ao capturar esquilos terrícolas fêmeas prenhes e transferi-las para o cativeiro em laboratório, Mateo pôde observar juvenis das ninhadas investigarem objetos (cubos plásticos) que haviam sido esfregados em glândulas dorsais de outros esquilos com diferentes graus de parentesco com os filhotes. Como os esquilos jovens foram separados de alguns de seus parentes, eles não os conheciam e por isso não tinham experiência prévia com seus odores. Entretanto, se um animal testado aprendesse o próprio cheiro e se parentes próximos produzissem odores mais similares ao seu do que indivíduos mais distantes, esse jovem poderia teoricamente diferenciar parentes desconhecidos e indivíduos não aparentados com base apenas nos fatores odoríficos. Como resultado, a duração do tempo que um esquilo-de-belding fareja um objeto é um indicador de seu interesse nesse objeto, que depende da similaridade de odor do objeto com seu próprio odor. Assim, cubos esfregados em um parente mais próximo, geneticamente falando, recebem apenas uma rápida inspeção. Itens impregnados com odores de um parente mais distante recebem uma farejada significativamente mais longa, e o tempo de inspeção aumenta outra vez para cubos cobertos pelo odor de um esquilo não aparentado. Esquilos-de-belding são analisadores de odores, gastam menos tempo com cheiros similares aos seus próprios e gradualmente mais tempo com odores menos parecidos com os seus (Figura 3.13). Eles, portanto, têm a capacidade de tratar indivíduos de forma diferente, com base na aprendizagem desse indicador de parentesco.[949]

Esquilos-de-belding possuem uma forma altamente específica de aprendizagem, que os habilita a lembrar o próprio odor e usar essa informação para tomar decisões sobre com quais indivíduos se acasalar e quais ignorar ou rejeitar. Diferenças entre indivíduos em seu "ambiente odorífico" se traduzem em diferenças aprendidas em seu comportamento – um exemplo, entre muitos, de como diferenças ambientais podem levar ao desenvolvimento de diferenças comportamentais dentro de uma espécie.

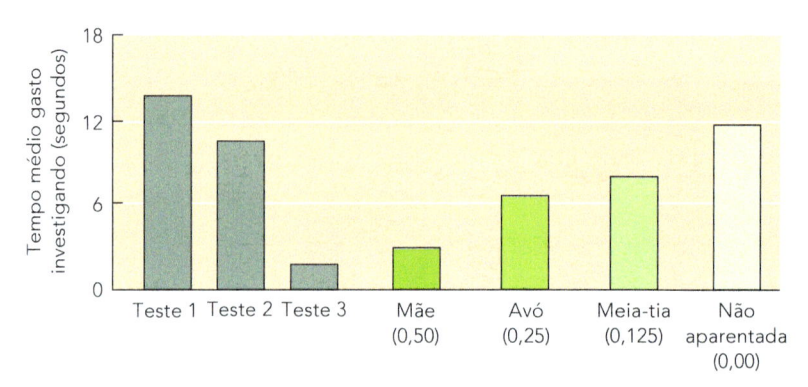

FIGURA 3.13 Evidência da habilidade dos esquilos terrícolas de Belding aprenderem os próprios odores, que podem então confrontar com aqueles de outros indivíduos. Esquilos jovens foram primeiro submetidos a três testes, durante os quais puderam investigar os próprios odores aplicados a cubos plásticos. Observe que a responsividade dos esquilos declina para os odores de suas próprias glândulas dorsais ao longo desses testes iniciais. Então, os esquilos foram colocados diante de cubos plásticos impregnados com odores das glândulas dorsais de quatro categorias de indivíduos. Cubos com odores de aparentados próximos receberam menos atenção do que aqueles com cheiros de parentes distantes ou não aparentados. Números entre parênteses mostram a semelhança genética do indivíduo com o esquilo terrícola testado. Adaptada de Mateo.[949]

Para discussão

3.5 Um bom previsor do vocabulário de uma pessoa jovem é a quantidade de tempo que os pais passaram falando com sua criança, quando ela era muito jovem. Alguns têm concluído que o ambiente familiar é, portanto, o fator essencial na determinação da habilidade de linguagem de uma pessoa. Qual é o problema lógico com essa conclusão?

Diferenças genéticas e diferenças comportamentais

Embora tantas diferenças nos fenótipos comportamentais tenham sido atribuídas a variações no ambiente, outras foram relacionadas às diferenças genéticas entre os indivíduos, o que faz sentido dada a natureza interativa dualística do desenvolvimento. Para ver se uma diferença genética fundamenta porque algumas toutinegras-de-barrete-preto, um tipo de rouxinol, passam o inverno no sul da Grã-Bretanha, enquanto a maioria dos outros membros dessa espécie migra para a África (Figura 3.14), Peter Berthold checou se a ninhada de pássaros do "inverno britânico" poderia herdar o comportamento de seus pais. Para conduzir essa pesquisa, ele e colaboradores capturaram algumas toutinegras-de-barrete-preto selvagens na Grã-Bretanha durante o inverno e levaram-nas para um laboratório na Alemanha, no qual as aves passaram o resto do inverno. Então, com o advento da primavera, pares de rouxinóis foram liberados em aviários ao ar livre, onde eles se reproduziram, fornecendo a Berthold uma safra de jovens que nunca havia migrado.[115]

Quando as aves jovens atingiram vários meses de idade, o grupo de Berthold colocou algumas gaiolas especiais eletronicamente equipadas para registrar o número de vezes que o pássaro saltava de um poleiro para outro. Os dados eletrônicos revelaram que, na chegada do outono, os jovens rouxinóis tornaram-se muito inquietos à noite, exibindo um tipo de atividade agitada característica das aves canoras que se preparam para migrar. Os pais das toutinegras imaturas também se tornaram inquietos durante à noite quando colocados nos mesmos tipos de gaiolas no outono. As observações demonstraram que a população do inverno britânico não era composta de aves cuja habilidade de migrar havia sido perdida. Em vez disso, essas aves deveriam ser migrantes que voaram para a Grã-Bretanha de algum outro lugar.

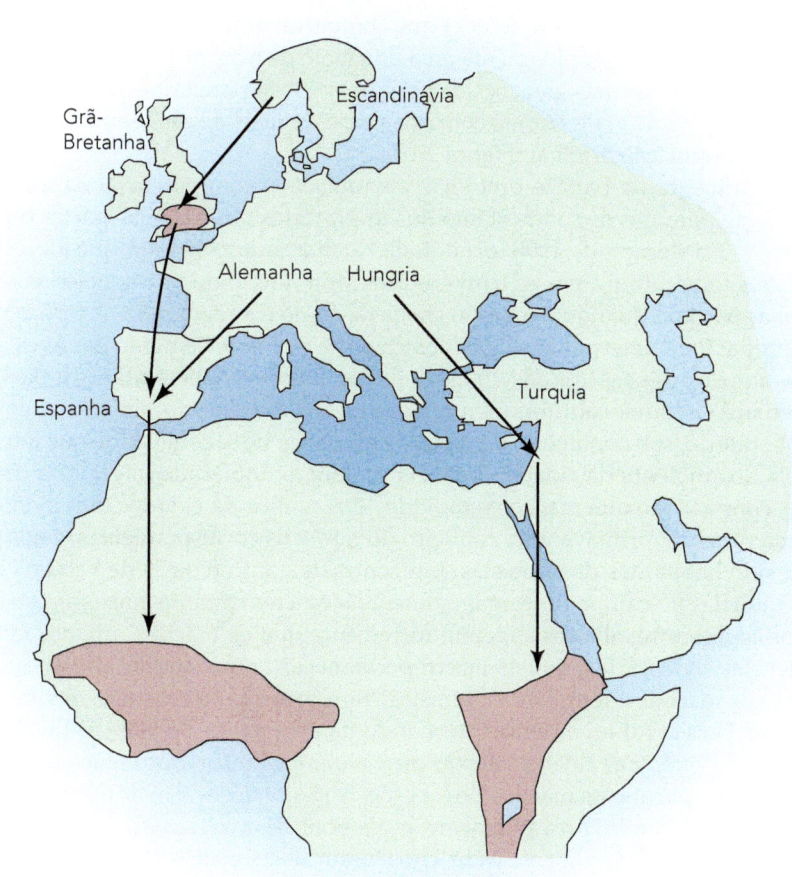

FIGURA 3.14 Diferentes locais de invernada de Toutinegras-de-barrete-preto. Toutinegras-de-barrete-preto que vivem no sul da Alemanha e Escandinávia migram primeiro para o sudoeste da Espanha, antes de seguirem para o sul, no oeste da África. Toutinegras-de-barrete-preto que vivem no leste europeu migram para o sudeste antes de seguirem para o sul, voando para o leste da África. De onde vêm as aves que passam o inverno na Grã-Bretanha?

Toutinegra-de-barrete-preto

Mas de onde vem exatamente a população de inverno britânica? Para responder a essa questão, os pesquisadores colocaram algumas toutinegras-de-barrete-preto prontas para migrar em gaiolas em forma de funis e as forraram com papel corretivo de datilografia. Quando a ave saltava para cima da base do funil na tentativa de sair, pousava sobre o papel e deixava marcas de atrito que indicavam a direção na qual o pássaro estava tentando seguir (Figura 3.15). As aves utilizadas por Berthold, adultos experientes e jovens novatos aparentados, orientaram-se a oeste, saltando nessa direção repetidas vezes, o que se evidenciou pelas várias marcas deixadas no papel. Esses dados demonstraram que os adultos capturados no inverno britânico devem ter chegado lá vindo do oeste da Bélgica ou da Alemanha Central, ponto eventualmente confirmado pela descoberta de algumas toutinegras-de-barrete-preto na Grã-Bretanha, anteriormente capturadas na Alemanha.

Se as diferenças no comportamento migratório são hereditárias e, portanto, sujeitas à seleção, seria possível fazer um experimento de seleção artificial que levasse à evolução comportamental no laboratório. Ao que parece, ninguém fez um experimento desse tipo sobre as preferências de destino das toutinegras-de-barrete-preto; porém, um grupo de pesquisa foi capaz de exercer seleção sobre o ajuste temporal do comporta-

FIGURA 3.15 Gaiola em funil para registrar a orientação migratória de aves em cativeiro. A ave pode ver o céu noturno pelos vãos entre os arames da gaiola. Quando a ave salta sobre a superfície do funil, deixa marcas que indicam a direção na qual ela está tentando voar. Fotografia de Jonathan Blair.

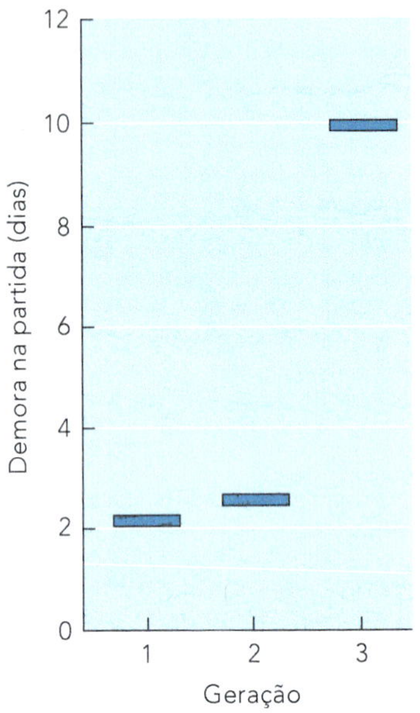

FIGURA 3.16 Resposta à seleção artificial sobre a data de partida para a migração em toutinegras-de-barrete-preto. Após duas gerações de seleção, o início da atividade migratória em aves de cativeiro foi alterado por aproximadamente 8 dias. Adaptada de Pulido e colaboradores.[1175]

mento migratório nessa espécie. Ao reproduzir machos que iniciaram tarde sua jornada de outono para o sul com fêmeas que compartilharam tendência similar, o grupo de pesquisa produziu rapidamente uma linhagem de aves de partida tardia.[1175] Foram necessárias apenas duas gerações de seleção artificial para criar uma população que começava a migração de outono com um atraso de mais de uma semana em relação à média da população original (Figura 3.16).

A toutinegra-de-barrete-preto não é a única ave com potencial para evoluir rapidamente para novos comportamentos migratórios em algumas partes de seu território.[1176] Na década de 1990, ornitólogos alemães descobriram que alguns tordos europeus começaram a passar o inverno em Munique, enquanto aqueles nas florestas vizinhas partiam quando o inverno chegava, como é a regra para os tordos do norte da Europa. Para determinar se a diferença entre o comportamento das aves urbanas, *versus* aquele dos pássaros das florestas, tinha componente hereditário, Jesko Partecke e Eberhard Gwinner capturaram ninhadas jovens das duas localizações e as criaram no laboratório, sob condições idênticas de mudança de sazonalidade que lembravam aquela do ambiente da cidade. Então, checaram a inquietude migratória das aves à noite, constatando que machos removidos dos ninhos da cidade eram menos ativos em sua primeira primavera no cativeiro do que seus correspondentes, cujos pais haviam sido habitantes das florestas. Em contraste, tanto fêmeas de hábitats urbanos como aquelas do campo ficaram igualmente inquietas durante ambas as estações migratórias. Esses resultados sugerem fortemente que os machos urbanos evoluíram tendências sedentárias, que os fazem permanecer no mesmo local o ano todo, enquanto os machos e fêmeas das florestas, bem como as fêmeas urbanas, continuam a migrar para o sul no outono, retornando na primavera. As fêmeas de tordos que passaram o verão nas cidades alemãs provavelmente morreriam se tentassem passar o inverno lá, porque os machos dessa espécie são maiores e mais agressivos do que elas e, portanto, muito provavelmente, monopolizariam o escasso alimento durante o inverno[1107], e por isso somente os machos foram selecionados para o comportamento sedentário durante o inverno, porque apenas eles podem explorar com sucesso os recursos disponíveis nas cidades alemãs durante essa estação.

Para discussão

3.6 Poucas toutinegras-de-barrete-preto vivem o ano todo no sul da França, embora 75% da população reprodutiva migre dessa área no inverno. Talvez a diferença entre os dois fenótipos comportamentais seja ambientalmente induzida e não hereditária. Faça uma previsão sobre o efeito de um experimento de seleção artificial em que o experimentador tente selecionar os dois comportamentos, migratório e não migratório, nessa espécie. Descreva o procedimento e apresente graficamente os resultados previstos. Confira suas previsões com os resultados reais (ver Berthold[113]).

3.7 O rabirruivo-preto é uma espécie de pássaro que migra por uma distância relativamente pequena, da Alemanha para a região mediterrânea da Europa, enquanto o rabirruivo-de-testa-branca viaja mais de 5.000 quilômetros da Alemanha até a África Central. A escala na Figura 3.17 demonstra a duração da inquietude migratória em três grupos de aves em cativeiro, todas criadas sob condições idênticas: rabirruivos-pretos, híbridos criados pelo cruzamento de rabirruivos-pretos com rabirruivos-de-testa-branca e os rabirruivos-de-testa-branca. Por que rabirruivos-pretos exibem inquietude migratória à noite por menos dias que os rabirruivos-de-testa-branca? O que nos diz o comportamento dos híbridos sobre a hipótese das diferenças genéticas para a diferença na duração da inquietude migratória nas duas espécies aparentadas?

3.8 Robert Plomin e colaboradores compararam as habilidades cognitivas de crianças com as de seus pais (genéticos ou adotivos) e irmãos gêmeos.[1156] Que significância você atribui para esses dados (Figura 3.18) no contexto de determinar se diferenças genéticas ou ambientais são possíveis para as diferenças entre humanos em suas habilidades espaciais e verbais? Se as diferenças ambientais forem a chave para entender diferenças

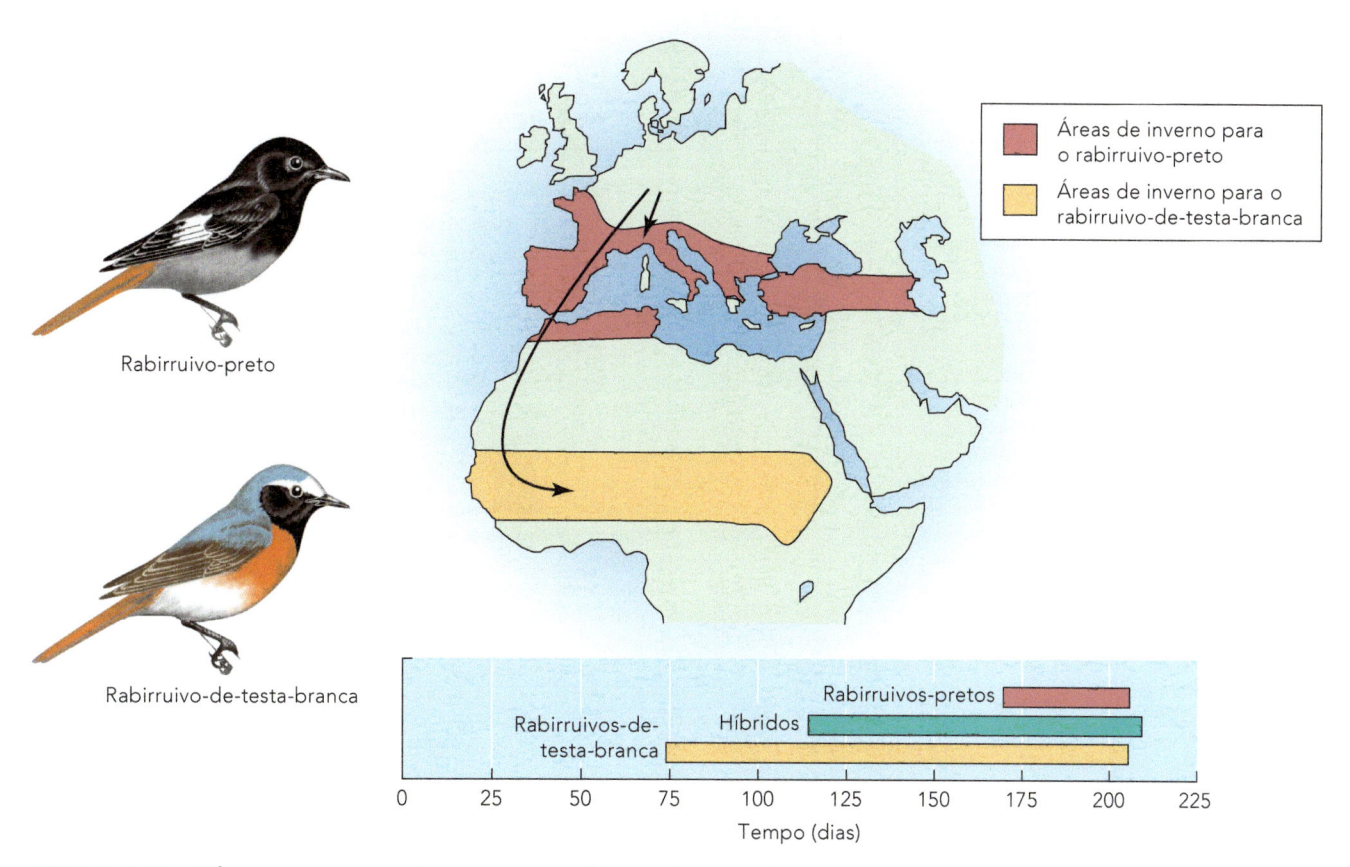

FIGURA 3.17 Diferenças no comportamento migratório de duas aves intimamente aparentadas, o rabirruivo-preto e o rabirruivo-de-testa-branca. A escala na parte baixa indica os períodos após a eclosão (dia 0), quando as aves jovens exibem inquietude migratória noturna. Adaptada de Berthold e Querner.[116]

> nesses fenótipos humanos, qual é a relação prevista entre o número de anos que uma criança passou no lar adotivo e o grau de diferença entre os atributos espacial e verbal da criança e aqueles de seus pais genéticos?

Diferenças hereditárias na preferência alimentar das cobras-de-jardim (Thamnophis elegans)

A cobra-de-jardim (*Thamnophis elegans**) ocupa grande parte do oeste seco da América do Norte, bem como o úmido litoral da Califórnia, região recentemente quase invadida por ela.[45] As dietas das serpentes nas duas áreas, denominadas a partir daqui como serpentes continentais e costeiras, diferem de forma significativa. Enquanto as serpentes continentais alimentam-se principalmente de peixes e rãs encontrados em lagos e riachos no árido Oeste, as costeiras comem regularmente lesmas-banana (*Ariolimax californicus*) que prosperam nas florestas úmidas da costa da Califórnia (Figura 3.19). Você pode assistir um breve vídeo de uma serpente deglutindo uma lesma em http://www.birdsamore.com/sound/sound-bcch.htm. É incrível a habilidade das serpentes para consumirem essas presas. Quando eu, uma vez, cometi o erro de pegar uma lesma-banana, ela prontamente cobriu minha mão com grande quantidade de um muco excessivamente pegajoso e repulsivo, que reduziu muito meu desejo de tocar esses animais novamente.

---

* N. de T. Serpente norte-americana não peçonhenta cuja denominação em inglês é *garter snake*, que significa "cobra-liga", nome dado devido a suas listras longitudinais.

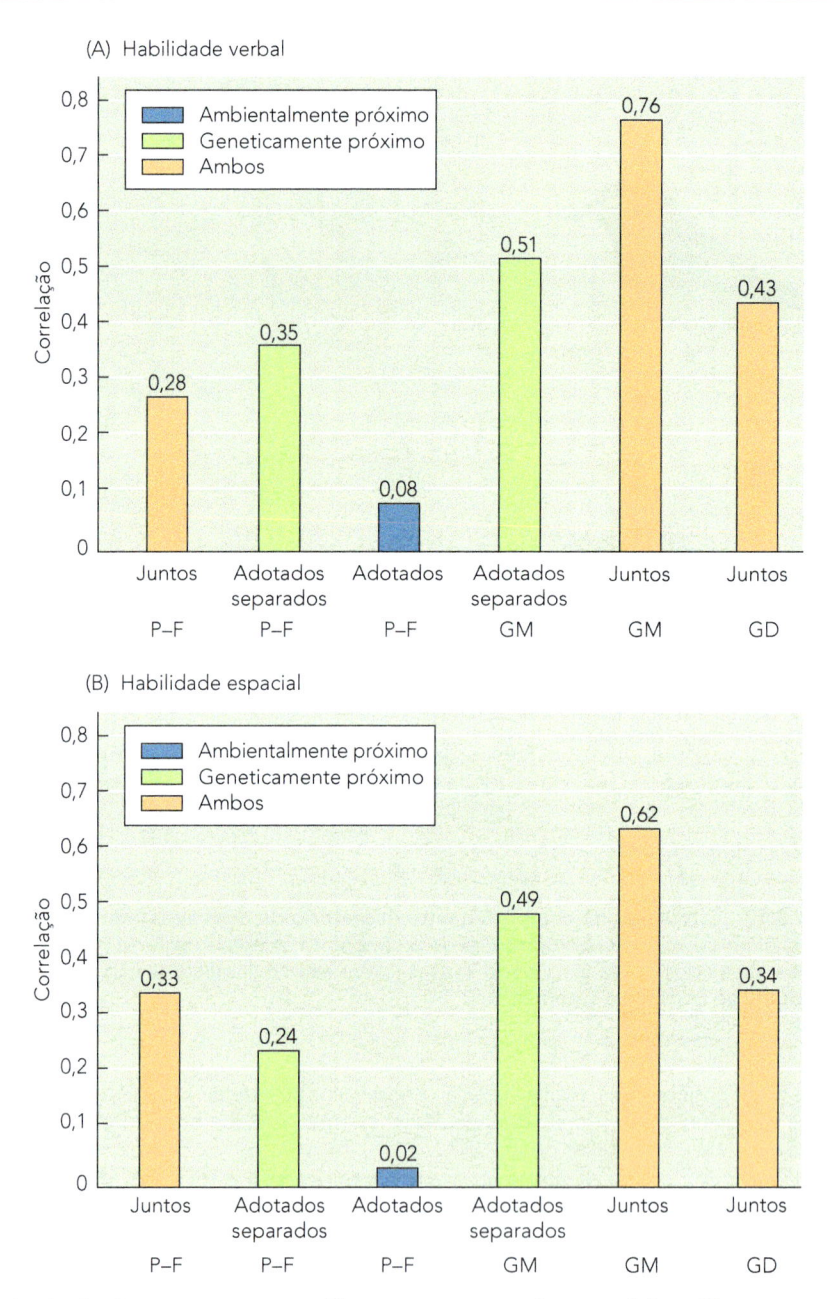

FIGURA 3.18 Por que as pessoas diferem nos escores de testes? Os gráficos mostram correlações em (A) escores de habilidade verbal e (B) habilidade espacial para pais e filhos (P–F), gêmeos monozigóticos (GM) (idênticos), e gêmeos dizigóticos (GD) (fraternais) vivendo juntos ou separados. Os dados representam medidas combinadas com base em vários estudos diferentes.

Se a preferência por lesmas-banana exibida pelas serpentes costeiras tem base hereditária, então essas serpentes poderiam diferir geneticamente daquelas continentais. Para checar essa previsão, Steve Arnold levou serpentes fêmeas prenhes das duas populações ao laboratório, onde foram mantidas sob condições idênticas. Quando as fêmeas deram à luz uma ninhada (*T. elegans* produzem jovens vivos em vez de ovipositarem), cada filhote de serpente foi colocado em gaiola separada, longe dos irmãos e da mãe, para remover as possíveis influências ambientais sobre seu comportamento. Alguns dias mais tarde, Arnold ofereceu a cada filhote a oportunidade de comer um pequeno pedaço de lesma-banana recentemente descongelado, colocando-o sobre o piso da gaiola da jovem serpente. A maioria das jovens serpentes costeiras sem experiência prévia comeu todos os aperitivos de lesmas que recebeu; a maioria das serpentes continentais não (Figura 3.20). Nas duas populações, as serpentes que recusaram lesmas ignoraram-nas completamente.

Arnold pegou outro grupo de serpentes recém-nascidas isoladas, que nunca tinham se alimentado e lhes ofereceu a oportunidade de responder aos odores de diferentes itens de presas. Ele tirou vantagem da disposição das serpentes recém-nascidas para dardejarem suas línguas em direção a (e até mesmo atacarem) cotonetes mergulhados em fluidos de algumas espécies de presas (Figura 3.21). Odores químicos são carregados pela língua até o órgão vomeronasal no céu da boca da serpente, onde as moléculas de odor são analisadas como parte do processo de detecção de presas. Ao contar o número de dardejares de língua que atingiram o cotonete durante o intervalo de um minuto, Arnold mediu a responsividade relativa dos inexperientes filhotes de serpentes para odores distintos.

FIGURA 3.19 Serpente *Thamnophis elegans* costeira californiana prestes a consumir uma lesma-banana, o alimento favorito de serpentes naquela região. Fotografia de Steve Arnold.

Populações de serpentes continentais e costeiras reagiram aproximadamente da mesma maneira para cotonetes embebidos em solução de girinos de sapos (presa de ambos os grupos), mas se comportaram de modo muito diferente para cotonetes impregnados com odor da lesma-banana. Quase todas as serpentes continentais ignoraram o odor da lesma, enquanto quase todas as serpentes costeiras dardejaram rapidamente suas línguas para ele. Como todos os filhotes de serpentes foram criados no mesmo ambiente, as diferenças na disposição para comer lesmas e dardejar a língua em reação ao seu odor parecem ter sido causadas por diferenças genéticas entre eles.

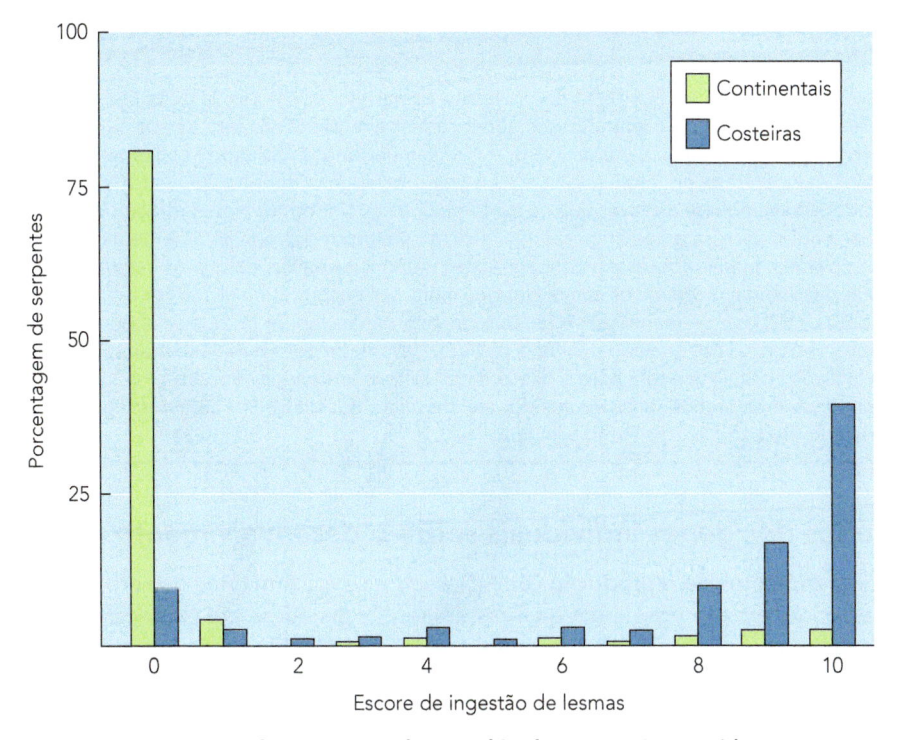

FIGURA 3.20 Resposta de serpentes *Thamnophis elegans* recém-nascidas, sem experiência prévia, aos cubos de lesma-banana. Serpentes jovens das populações costeiras tenderam a ter altos escores de ingestão de lesmas (escore 10 indica que a serpente comeu um cubo de lesma a cada 10 dias de experimento). *Thamnophis elegans* continentais tiveram probabilidade muito menor de comer, até mesmo um único cubo (que representaria escore 1), do que as serpentes costeiras. Adaptada de Arnold.[45]

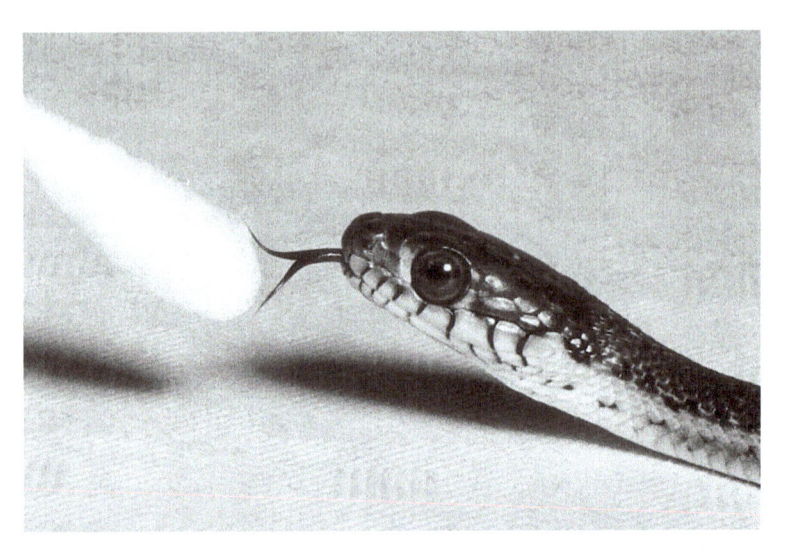

FIGURA 3.21 Um exemplar de *Thamnophis elegans* recém-nascido, dardejando a língua e sentindo odores de um cotonete embebido em extrato de lesma-banana. Fotografia de Steve Arnold.

Se as diferenças na alimentação entre as duas populações surgem porque a maioria das serpentes costeiras possui um alelo ou alelos diferentes da maioria das serpentes continentais, então o cruzamento entre adultos das duas populações poderia gerar uma grande quantidade de variação genética e fenotípica no grupo de prole híbrida resultante. Arnold conduziu o experimento apropriado e encontrou o resultado esperado, confirmando novamente que as diferenças comportamentais entre populações têm um forte componente genético.

Se algumas *T. elegans* com um ou dois alelos raros para a aceitação da lesma-banana estivessem entre os primeiros ocupantes do hábitat costeiro, essas serpentes comedoras de lesmas teriam à disposição um alimento abundante, ainda que coberto por muco, em seu novo hábitat. Atualmente, as serpentes costeiras são muito mais eficientes em digerir e assimilar os nutrientes das lesmas do que as serpentes continentais.[175] Se no passado, o sucesso reprodutivo de indivíduos comedores de lesmas, como resultado de assegurar energia útil dessas presas, fosse ao menos 1% superior àquele de seus companheiros que não consumiam lesmas, a população costeira poderia ter atingido o estado atual de divergência da população continental em menos de 10.000 anos.[45] Esse estudo ilustra, mais uma vez, que se existem diferenças genéticas entre os indivíduos capazes de afetar o seu sucesso reprodutivo, a seleção natural pode ser um poderoso agente para a mudança evolutiva.

Para discussão

3.9 Debi Fadool, na Florida State University, comandou um grupo de pesquisa que estudou uma cepa de camundongos geneticamente modificados sem a habilidade de produzir uma proteína chamada Kv1.3.[452] Nos camundongos não modificados, essa proteína é encontrada em regiões do cérebro que processam a informação olfatória, levando Fadool e sua equipe a prever que os dois tipos de camundongos poderiam diferir em suas habilidades para farejar coisas. De fato, os camundongos geneticamente modificados podiam farejar odores em concentrações muito mais baixas do que os camundongos que possuíam a proteína; os camundongos mutantes encontraram alimentos odoríficos, como bolachas com manteiga de amendoim, muito mais rápido do que seus primos do tipo selvagem. Que questão evolutiva pode ser levantada por essas descobertas? Que explicação distal você tem para o olfato daqueles camundongos com proteína Kv1.3 serem realmente menos sensíveis aos odores dos alimentos do que os camundongos sem essa proteína?

Efeitos dos genes individuais sobre o desenvolvimento

Os experimentos de reprodução com *blackcaps* e os cruzamentos de serpentes *Thamnophis elegans* não nos dizem quantas diferenças genéticas são responsáveis pelas diferenças comportamentais presentes nessas espécies. Na teoria, uma única diferença genética poderia ser o ponto de início para uma série de variações correntes nas interações gene-ambiente que ocorrem em diferentes indivíduos, os quais podem traduzi-las em grandes diferenças comportamentais entre eles.

Efeitos de genes individuais desse tipo foram documentados de vários modos distintos, talvez com maior significância via experimentos de nocaute de genes. Atualmente, pesquisadores podem inativar um determinado gene no genoma de um animal para determinar como esse gene em especial contribui para o desenvolvimento em

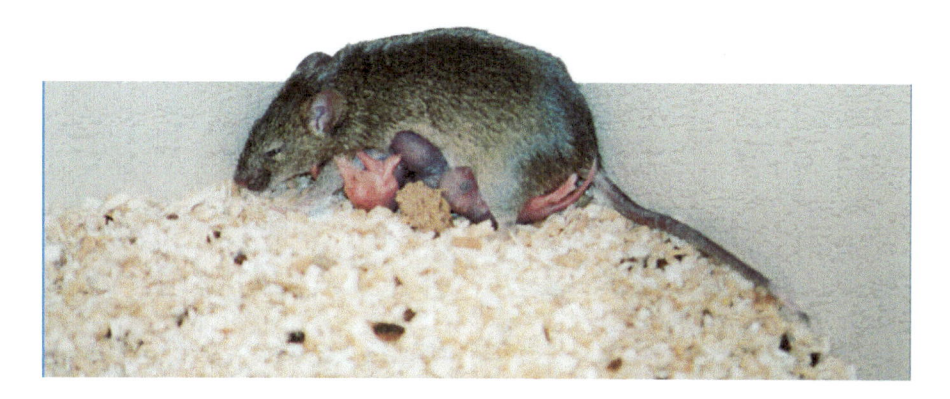

FIGURA 3.22 Uma única diferença genética entre fêmeas teve grande efeito sobre o comportamento maternal. Fêmeas de camundongo do tipo selvagem recolhem seus filhotes junto a elas e se agacham sobre eles (imagem superior), mas fêmeas com genes *fosB* inativados (imagem inferior) não exibem esses comportamentos (os filhotes podem ser vistos dispersos, em primeiro plano). Fotografias de Michael Greenberg; adaptadas de Brown e colaboradores.[196]

um ambiente específico. Algumas vezes, o efeito ontogenético de nocautear um gene é espetacular, como demonstrado pelos efeitos de alterar o código genético do gene *fosB* de camundongos de laboratório. Fêmeas com a "mutação" experimental são normais em quase todos os aspectos, mas totalmente indiferentes com seus filhotes recém-nascidos, os quais elas deixam de resgatar se eles cambaleiam para longe do ninho. Em contraste, fêmeas normais, com duas cópias do gene *fosB* ativas, invariavelmente, recolhem os filhotes deslocados e inclinam-se sobre eles, mantendo-os aquecidos e permitindo-lhes mamar (Figura 3.22).[196]

Para discussão

3.10 O experimento de nocaute do *fosB* demonstra que um único gene determina o comportamento maternal de um camundongo fêmea? A esta altura, você deveria saber que a resposta é não. Use esse exemplo para ilustrar a diferença entre alegar que o comportamento maternal é geneticamente determinado e dizer que certas diferenças interindividuais nos fenótipos do comportamento maternal são geneticamente determinadas. Como a ideia de que genes são responsivos a tipos particulares de informações ambientais é ilustrada pelo fato de que, em camundongos com o genótipo típico da espécie, quando uma fêmea inspeciona seus filhotes após o nascimento, ela recebe estimulação olfatória que afeta seu cérebro e dispara a atividade do gene *fosB*? Como essa atividade genética poderia iniciar mudanças adicionais em outros genes, levando a um padrão específico de eventos bioquímicos?

Outras mutações com nocautes gênicos também têm consequências ontogenéticas altamente danosas para os camundongos. Machos cujos genes *Oxt* foram nocauteados não podem produzir oxitocina, importante hormônio cerebral,[460] tendo como efeito correlacionado o fato desses machos não lembrarem das fêmeas com as quais

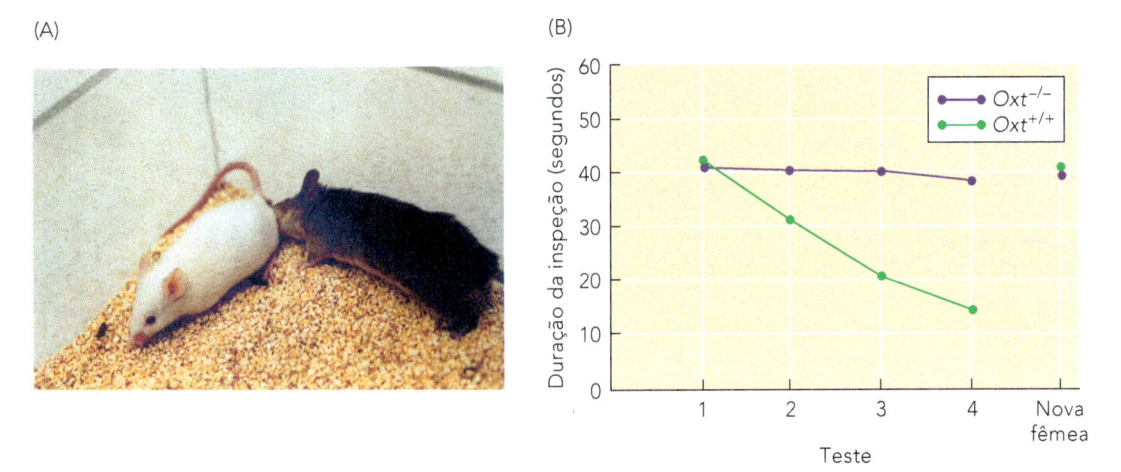

FIGURA 3.23 Amnésia social está relacionada à perda de um único gene. (A) Camundongo macho inspecionando uma fêmea. (B) Camundongo macho nocauteado que perdeu um gene *Oxt* funcional inspeciona cuidadosamente a mesma fêmea cada vez que ela é reintroduzida em sua gaiola, enquanto um macho com o genótipo típico demonstra cada vez menos interesse na fêmea que já inspecionara anteriormente. A, fotografia de Larry J. Young; B, adaptada de Ferguson e colaboradores.[460]

interagiram recentemente. Cada vez que uma determinada fêmea é removida e então devolvida à gaiola compartilhada com um macho mutante *Oxt*, o macho lhe dá uma profunda e lenta farejada, não diferente da resposta do primeiro encontro (Figura 3.23). Em contraste, se a fêmea for colocada na gaiola de um macho normal, com gene *Oxt* funcional, ele lembra como é seu cheiro, de modo que se ela for retirada e depois devolvida à gaiola, ele gasta menos tempo farejando-a na segunda ocasião do que no primeiro encontro. Portanto, para que o macho se lembre que interagiu com uma fêmea familiar, a presença do gene *Oxt* funcional parece decisiva.

Em outro experimento, o gene *Trpc2* foi nocauteado. Quando um camundongo macho sem esse gene encontra outro macho em sua gaiola de laboratório, ele tenta acasalar com o intruso, que raramente responde com entusiasmo.[1394] Em contraste, um macho com cópias funcionais do gene *Trpc2* faz guerra, não amor, quando encontra outro macho em sua gaiola. Aparentemente, um macho com o nocaute não pode identificar um macho coespecífico pelo seu odor distintivo e, assim, trata cada camundongo como potencial parceiro de cópula, talvez devido a uma alteração no aparato olfatório. O órgão vomeronasal, um dispositivo olfatório no nariz do camundongo, contém grupos de neurônios que respondem aos odores de identificação sexual da espécie. Entretanto, se essas células não possuem o gene *Trpc2*, elas são incapazes de reagir aos odores dos machos, de modo que o macho com nocaute nunca recebe sinais do órgão vomeronasal quando um macho está na vizinhança. Como o camundongo geneticamente alterado não detecta a característica chave da masculinidade, ele responde ao outro camundongo como se ele fosse uma fêmea.

O que dizer dos camundongos fêmeas com duas cópias inoperantes de *Trpc2*? Pesquisadores no laboratório de Catherine Dulac criaram essas fêmeas, as quais exibiram o comportamento sexual de macho. As fêmeas mutantes inspecionaram intimamente cada macho que encontraram e tentaram copular com eles da melhor maneira que puderam, embora seus "parceiros" fossem, não surpreendentemente, não cooperativos nesse aspecto.[773] Aparentemente, fêmeas e machos têm os mesmos circuitos no órgão vomeronasal e no aparato olfatório cerebral associado; entretanto, nas fêmas não mutantes, os sinais olfatórios recebidos de outros camundongos e processados pelo órgão vomeronasal evitam que elas se comportem como machos. Aquelas fêmeas mutantes, com ausência de apenas um gene, têm órgãos vomeronasais que não conseguem responder aos sinais de feromônios masculinos da maneira "apropriada".

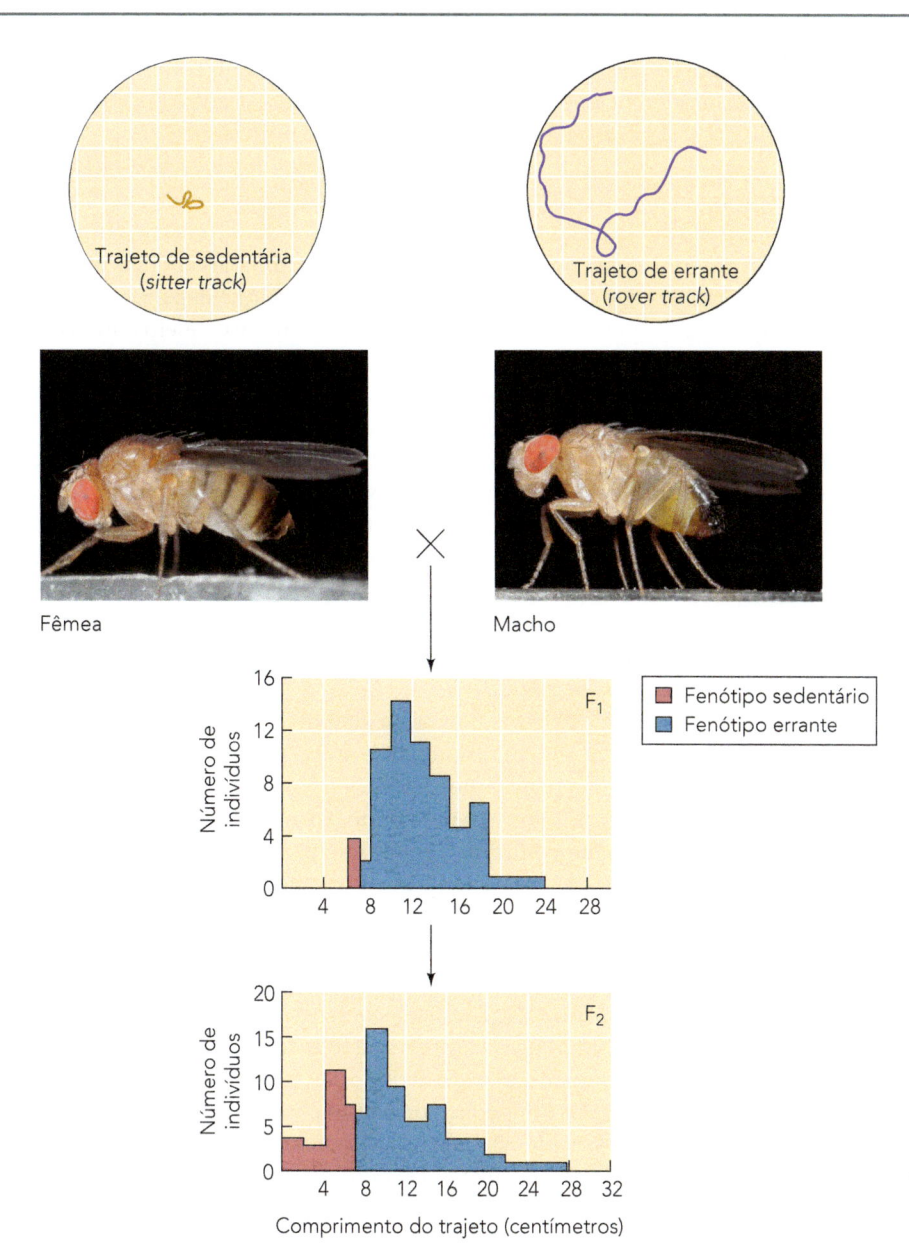

FIGURA 3.24 Diferenças genéticas causam variações comportamentais nas larvas da mosca-das-frutas. Trajetos representativos feitos pelos fenótipos sedentário e errante se alimentando em uma placa de petri aparecem no topo da figura. Quando moscas fêmeas adultas descendentes de sedentárias acasalam-se com moscas machos adultas descendentes de errantes, quase todas as proles larvais (a geração F_1) exibem fenótipos errantes (isto é, movem-se mais de 7,6 centímetros em 5 minutos). Quando moscas da geração F_1 intercruzam, suas proles (a geração F_2) são compostas de errantes (azul) e sedentárias (vermelho) na proporção de 3:1. Adaptada de Belle e Sokolowski.[372]

Experimentos com nocaute não são a única maneira para testar a hipótese de que até mesmo uma única diferença genética pode ser traduzida em diferença comportamental entre indivíduos. Por exemplo, pessoas que estudavam a larva vermiforme de *Drosophila melanogaster*, a mosca-das-frutas, encontraram dois fenótipos diferentes ocorrendo de forma natural. Algumas larvas (chamadas errantes), quando forrageiam em placa de petri coberta com levedura durante 5 minutos, deslocam-se cerca de quatro vezes mais que larvas de outro tipo (chamadas sedentárias).[372] Quando adultos de larvas errantes são cruzados com adultos de larvas sedentárias, esses pares de moscas produzem proles larvais (a geração F1) todas errantes. Quando essas larvas amadurecem e se intercruzam, produzem geração F2 com três vezes mais errantes do que sedentárias (Figura 3.24). Pessoas familiarizadas com a genética mendeliana reconhecerão que as errantes, provavelmente, possuem ao menos uma cópia do alelo dominante de um gene que afeta o comportamento de forragear, enquanto as sedentárias devem possuir duas cópias dos alelos recessivos. Se essa análise estiver correta e se pudéssemos transferir o alelo dominante associado ao comportamento errante para um indivíduo do genótipo sedentário, então a larva geneticamente alterada exibiria o comportamento errante. Esse experimento foi feito com resultados positivos.[1078] Assim, a diferença no comportamento de forragear entre errantes e sedentárias vem de uma diferença na informação contida em um único gene – apenas um de 13.061 genes[1117] localizados nos quatro cromossomos de *Drosophila melanogaster*.[373]

As técnicas atualmente disponíveis para os biólogos moleculares permitiram-lhes identificar o gene em questão. Esse gene, ao qual foi dado o nome *for*, é o mesmo mencionado anteriormente no contexto do comportamento das abelhas melíferas. Em ambas as espécies, o gene codifica uma proteína cinase cGMP-dependente, produzida em maior quantidade pela larva que carrega a forma errante do alelo (*forR*) do que pelas portadoras do alelo sedentário (*fors*).[1078] Essa enzima é produzida em certas células do cérebro da larva da mosca-das-frutas, onde presumivelmente afeta a atividade neuronal e, desse modo, modela o comportamento da larva. Um estudo demonstrou que indivíduos com *forR* exibem melhor memória a curto prazo para estímulos olfatórios, enquanto aqueles com *fors* são melhores para uma simples tarefa de memória a longo prazo envolvendo um odor.[976] Essas diferentes habilidades de aprendizagem podem estar relacionadas às táticas de forrageio distintas dos dois tipos de larvas da mosca-das-frutas. De qualquer forma, indivíduos que diferem em seus alelos *for* produzem formas variadas de uma proteína-chave, com diferentes eficácias em produzir uma reação química em partes particulares do cérebro da mosca, com vários tipos de consequências comportamentais.

Humanos também têm sistema nervoso e genoma, é claro. E assim podemos esperar que algumas diferenças comportamentais entre nós tenham componente genético. A busca por variação genética que afete o desenvolvimento do comportamento humano levou alguns pesquisadores a uma parte particular do cérebro, o córtex frontal lateral, que sabidamente contribui para a inteligência humana.[420] Células nessa parte do cérebro tornam-se especialmente ativas quando as pessoas tentam resolver problemas espaciais ou verbais. (A atividade das células no cérebro pode ser visualizada pela tomografia de emissão de pósitrons [TEP], tecnologia que mede a extensão de fluxo sanguíneo para partes particulares do cérebro). É possível, portanto, que parte das diferenças entre as inteligências das pessoas, em algumas populações, seja finalmente atribuída por diferenças entre elas na interação gene-ambiente que contribui para o desenvolvimento ou a atividade do córtex frontal lateral.

O córtex frontal lateral é um pedaço de tecido cerebral tão complexo que podemos ter certeza que, literalmente, são necessários milhares de genes para seu completo desenvolvimento e operação efetiva.[287] De fato, cerca de metade do genoma humano, talvez 10.000 genes ou algo assim, está ativo a cada momento em alguma parte do cérebro.[880] Assim, variações em qualquer um desses milhares de genes contribuiria para variações nos fenótipos cerebrais e, por consequência, para variações na habilidade cognitiva ou no comportamento dos seres humanos. Foi demonstrado que um gene variável (*COMT*), que codifica uma enzima chamada catecol-O-metiltransferase, afeta a performance em pelo menos um teste de inteligência[1604]; a diferença entre dois alelos comuns de *COMT* traduz-se em uma única diferença na longa cadeia de aminoácidos que formam a enzima em questão, uma forma variante da enzima é quatro vezes mais ativa à temperatura corporal do que o outro tipo. Isso significa que pessoas com a enzima "rápida" realizam uma reação bioquímica particular a taxas relativamente altas, essa reação mediada pelo *COMT* degrada uma substância chamada dopamina, importante comunicador químico entre certas células cerebrais, e a taxa em que a dopamina é removida, portanto, afeta a transmissão de sinais entre células no córtex pré-frontal, o que por sua vez evidentemente afeta a habilidade das pessoas realizarem certas tarefas cognitivas.

Outro exemplo de variação em um gene relacionada a um neurotransmissor e ao comportamento humano envolve um segmento do DNA encontrado em uma porção particular do cromossomo 17 (humanos tem ao todo 23 pares de cromossomos). O gene em questão produz uma proteína que regula a recaptação de serotonina – outra substância química, como a dopamina, que transmite mensagens entre os neurônios em certas partes do cérebro humano. A atividade desse gene transportador de serotonina (denominado 5-HTT) é controlada por um segmento de DNA a alguma distância do 5-HTT. Essa porção regulatória do DNA vem em duas formas, uma mais longa que a outra; devido à forma mais curta, o gene 5-HTT produz cerca de um terço menos de proteína por unidade de tempo do que a forma mais longa. Como resultado disso, o genótipo de uma pessoa afeta a quantidade de proteína disponível para remover serotonina dos espaços entre certos neurônios cerebrais, afetando assim a natureza da atividade neural nessas células, que dependem desse neurotransmissor para se comunicarem umas com as outras. As regiões do cérebro que dependem amplamente da serotonina como um neurotransmissor incluem estruturas às quais se atribuem papéis importantes no controle de nossas emoções, humor e níveis de ansiedade. De fato, uma pequena parte da diferença entre as pessoas, exatamente o quanto elas são ansiosas, tem sido relacionada à variação no genótipo regulador de 5-HTT.[857]

Para discussão

3.11 Crianças humanas aprendem linguagens ouvindo a fala de outras pessoas. Dada a importância óbvia desse fator comportamental sobre a aquisição da linguagem, o que você acha da descoberta de que certos alelos de dois genes (ASPM e microcefalina) são muito mais prováveis de serem encontrados em pessoas que falam uma das chamadas linguagens tonais (como mandarim chinês) do que em pessoas que falam uma linguagem não tonal (como inglês)?[378] (Em linguagens tonais, o significado de uma palavra não depende apenas de suas consoantes e vogais, mas também do tom ou amplitude, superior ou inferior, que o locutor usa para pronunciar uma sílaba). Explique essa descoberta genética no contexto da teoria interativa do desenvolvimento e relacione-a à evolução da aprendizagem da linguagem em nossa espécie.

Evolução e desenvolvimento comportamental

As características ontogenéticas dos seres vivos têm uma história, que pode ser explorada de dois modos muito distintos. Primeiro, há a questão da sequência de eventos evolutivos que resultou na modificação de um padrão ancestral e sua reconfiguração em um atributo moderno. Esse tipo de questão está no centro do que se chamou de o campo do desenvolvimento evolutivo ou "evodevo".[238, 1456] Um produto espetacular dessa abordagem foi a descoberta de que criaturas tão diferentes quanto as moscas-das-frutas e os humanos compartilham uma série de genes *homeobox* (ou *Hox*), cuja operação é crucial para a organização do desenvolvimento de seus organismos. Esses genes, que se originaram em um ancestral distante, foram retidos em moscas, humanos e muitos outros organismos, devido a sua importância e utilidade em regular o desenvolvimento de estruturas corpóreas funcionais. A base da sequência desses genes, é claro, foi alterada em algum aspecto de espécie para espécie, e o modo no qual seus produtos influenciam as interações gene-ambiente pode diferir de forma significativa, levando a resultados ontogenéticos drasticamente diferentes. Mas o registro da história sobre o processo ainda pode ser visto na informação contida dentro dessa série de genes em particular, ou "jogo de ferramentas".

Um exemplo do fenômeno relacionado especificamente ao comportamento animal envolve o gene *for* em moscas-das-frutas *Drosophila* (*ver* página 86), gene que também ocorre em formas muito similares nas abelhas melíferas.[1456] Como vimos, nas moscas-das-frutas, esse gene codifica uma proteína que, quando produzida, leva às mudanças químicas que afetam a operação do cérebro de suas larvas. Dependendo do alelo, as larvas de mosca realizam pouca movimentação (o fenótipo sedentário) ou se movem por distâncias muito maiores (o fenótipo errante). A abelha melífera herdou esse mesmo gene de um ancestral comum de moscas e abelhas. Mas, ao longo do tempo evolutivo, o gene agora modificado assumiu uma nova, porém, análoga função na abelha melífera, onde ele exerce um papel na regulação da transição de ser um adulto jovem sedentário que permanece na colmeia, para se tornar uma operária forrageadora de longas distâncias que coleta alimento para a colônia fora da colmeia. Essa transição está relacionada a um aumento na expressão do alelo nos cérebros das operárias mais velhas.[103]

Outro tipo de abordagem evolutiva para o desenvolvimento preocupa-se com o possível significado adaptativo de uma característica ontogenética, em vez de sua origem e modificações históricas. Essa abordagem examina o possível papel da seleção natural na evolução do atributo. Pessoas interessadas nessa possibilidade sabem que em organismos viventes atuais, uma única diferença genética pode, às vezes, levar ao desenvolvimento de diferenças interindividuais. Se há variação genética que leve à variação comportamental em populações animais atuais, então seguramente o mesmo se aplica às populações do passado. Sendo assim, a seleção natural teria operado sobre gerações anteriores, levando à dispersão de características ontogenéticas vantajosas que garantissem um lucro reprodutivo. Isso teria ocorrido em relação aos mecanismos moleculares básicos que guiam o desenvolvimento comportamental nos animais?

Características adaptativas do desenvolvimento comportamental

Considerando que a maioria dos organismos tem milhares de genes e está sujeita a inúmeros fatores ambientais variáveis, erros no desenvolvimento devem ocorrer muitas vezes. Os genomas da maioria dos indivíduos têm alguns alelos mutantes prejudiciais e poucos organismos crescem em ambientes ideais. Ainda assim, a despeito dos potenciais problemas no desenvolvimento, a maioria dos animais se parece e se comporta de modo razoavelmente normal. Embora os experimentos com nocaute genético tenham algumas vezes efeitos fenotípicos drásticos, em muitos casos o bloqueio da atividade de um gene em particular tem pouco ou nenhum efeito sobre o desenvolvimento. Esses achados levaram alguns geneticistas a concluir que os genomas exibem redundância considerável de informação, o que explicaria porque a perda de um produto gene-ambiente não é fatal para a aquisição de um ou mais caracteres de importância para o indivíduo.[766, 1134]

Também sabemos que muitos animais superam o que poderiam ser considerados obstáculos ambientais consideráveis para o desenvolvimento normal. Por exemplo, algumas aves jovens não têm a oportunidade de interagir com seus pais; portanto não podem adquirir a informação que é essencial em outras espécies para o desenvolvimento social e sexual normal (como discutido anteriormente neste capítulo). Quando filhotes de perus-do-mato da Austrália eclodem dos ovos postos no fundo de uma imensa pilha de composto de um ninho, eles cavam seu caminho para fora e se afastam, muitas vezes, sem mesmo verem um pai ou irmão; dessa forma, como eles fazem para reconhecer outros membros de sua espécie? Ann Göth e Christopher Evans estudaram perus-do-mato jovens em cativeiro, em um aviário em que foram expostos a robôs emplumados, que pareciam outros jovens. Tudo o que foi necessário para provocar a aproximação de um jovem imaturo foi uma ou duas bicadas do robô no solo. Perus-do-mato jovens não requerem experiências sociais extensivas para desenvolver comportamento social rudimentar[553], e, quando adultos, são completamente capazes de manter comportamento sexual normal, a despeito de terem vivido principalmente por conta própria.

Outros experimentadores montaram ambientes de criação genuinamente anormais, apenas para descobrir que várias formas de privação sensorial têm pouco ou nenhum efeito sobre o desenvolvimento do comportamento normal. Crie filhotes de esquilos terrícolas de Belding sem suas mães e eles ainda param o que estão fazendo para olhar ao redor quando ouvem a reprodução de uma gravação da vocalização de alarme de sua espécie.[947] Grilos machos que vivem em completo isolamento emitem um som espécie-específico normal, apesar do ambiente social e acústico severamente restrito.[106] Fêmeas de tordo americano criadas em cativeiro e que nunca ouviram um macho de sua espécie cantar adotam, apesar disso, a postura pré-copulatória apropriada quando ouvem o canto de um macho pela primeira vez, desde que tenham óvulos maduros para serem fertilizados.[774]

Homeostase ontogenética: protegendo o desenvolvimento contra perturbações

A habilidade de muitos animais de se desenvolverem mais ou menos normalmente, a despeito de genes defectivos e ambientes deficientes, tem sido atribuída a um processo chamado homeostase ontogenética. Essa propriedade dos sistemas ontogenéticos reduz a variação em torno de um valor médio para um fenótipo (*ver* Figura 3.31B) e reflete a capacidade dos processos ontogenéticos suprimirem alguns resultados para gerar um fenótipo adaptativo com maior segurança. Uma demonstração clara dessa habilidade vem do clássico experimento sobre o desenvolvimento de comportamento social em macacos rhesus jovens, privados de contato com outros de sua espécie, realizado por Margaret e Harry Harlow*.[623,624] Em um desses estudos, os Harlow separaram um rhesus de sua mãe logo após seu nascimento. O bebê foi colocado em uma gaiola com uma mãe substituta artificial (Figura 3.25), que podia ser um cilindro de arame ou uma figura de pano felpudo com uma mamadeira. O bebê rhesus ganhou peso e teve desenvolvimento físico normal, do mesmo modo que filhotes rhesus não isolados. Entretanto, ele logo começou a passar seus dias agachado em um canto, balançando-se para a frente e para trás, mordendo-se. Quando confrontado com um objeto estranho ou outro macaco, o bebê solitário afastava-se com expressão de terror.

O experimento de isolamento demonstrou que um rhesus jovem necessita de experiência social para desenvolver comportamento social normal. Mas que tipo de experiência social – e quanto dela – é necessária? Interações com a mãe são insuficientes para o desenvolvimento social completo dos macacos rhesus, uma vez que os filhotes sozinhos com suas mães não conseguem desenvolver normalmente o comportamento sexual, nem o comportamento de brincadeiras e de agressão. Talvez, o desenvolvimento social normal em macacos rhesus requeira que os animais jovens interajam entre si. Para testar essa hipótese, os Harlow isolaram alguns bebês de suas mães, mas lhes deram a chance de estar com três outros bebês semelhantes durante 15 minutos por dia.[624] No início, os jovens macacos simplesmente agarraram-se uns aos outros (*ver* Figura 3.26), mas depois começaram a brincar. No seu hábitat natural, bebês rhesus começam a brincar quando têm cerca de 1 mês de idade e aos 6 meses passam praticamente cada momento em que estão acordados em companhia de seus iguais. Mesmo assim, o grupo que brincou durante 15 minutos diários desenvolveu comportamentos sociais quase normais. Quando adolescentes e adultos, foram capazes de interagir sexual e socialmente com outros macacos rhesus, sem a exibição de agressividade intensa nem afastamento típicos dos indivíduos que foram bebês completamente isolados.

Naturalmente, nos perguntamos quanto à relevância desses estudos para outra espécie de primata, *Homo sapiens*, cujo desenvolvimento intelectual é muitas vezes con-

FIGURA 3.25 Mães substitutas utilizadas em experimentos de privação social. Esse bebê rhesus isolado foi criado com manequins de cilindro de arame e de pano felpudo como substitutos de sua mãe. Fotografia de Nina Leen.

---

* Os experimentos dos Harlow foram conduzidos cerca de 4 décadas atrás, quando os direitos dos animais não eram tratados como hoje; os leitores podem decidir por si se o duro tratamento dado pelos Harlow aos macacos infantes foi justificado.

FIGURA 3.26 Bebês rhesus socialmente isolados que têm a oportunidade de interagir entre si por curtos períodos diários, no início, agarram-se um ao outro durante o período de contato. Fotografia de Nina Leen.

siderado dependente das primeiras experiências que as crianças têm com seus pais e iguais. Mas isso é verdadeiro? Não podemos, é claro, fazer experimentos de isolamento social com bebês humanos, mas podemos examinar evidências de outros tipos em relação à resiliência do desenvolvimento intelectual em face de privação nutricional. Considere, por exemplo, os resultados de um estudo sobre jovens homens holandeses, que nasceram ou foram concebidos durante o embargo de transporte nazista no inverno de 1944-1945, que causou muitas mortes por inanição nas maiores cidades holandesas.[1384] Durante a maior parte do inverno, a captação calórica média das pessoas da cidade foi de cerca de 750 calorias por dia. Como resultado, as mulheres urbanas que viviam sob condições de fome produziram bebês que, ao nascer, tinham pesos muito baixos. Em contraste, mulheres rurais estiveram menos dependentes do alimento transportado até elas, e seus bebês concebidos na mesma época nasceram com pesos mais ou menos normais.

Poderíamos pensar que o desenvolvimento completo do cérebro depende de nutrição adequada durante a gestação, quando ocorre grande parte do crescimento cerebral. Entretanto, garotos holandeses nascidos em áreas urbanas da fome não exibiram incidência de retardamento mental na idade de 19 anos superior àquela dos rapazes rurais, cuja nutrição inicial foi muito melhor (Figura 3.27A). Tampouco esses rapazes que nasceram de mães privadas de alimento fizeram muito menos pontos do que seus semelhantes rurais bem-nutridos, quando fizeram o teste de inteligência holandês administrado para homens daquela idade (Figura 3.27B).[1407] Esses resultados são apoiados pela descoberta de que adultos finlandeses que experimentaram carências nutricionais severas no útero (durante o período da fome do século XIX) viveram exatamente tanto quanto a média daqueles que nasceram após o término do período da fome.[746]

Ninguém acredita que mulheres grávidas ou crianças jovens devam ser privadas de alimento[1009] e alguns continuam argumentando que o estado nutricional do feto é decisivo para a saúde na vida adulta da pessoa (*ver* revisão em Rasmussen[1197]). Mas

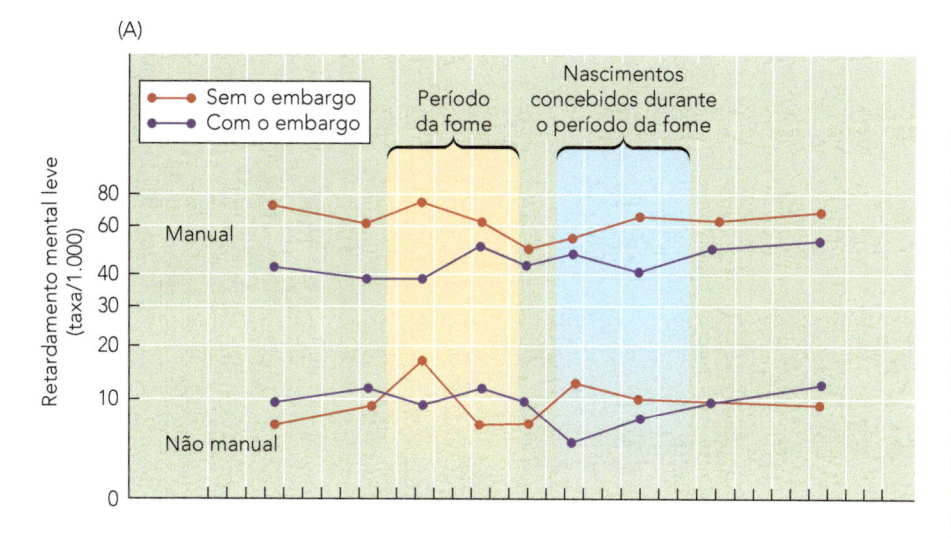

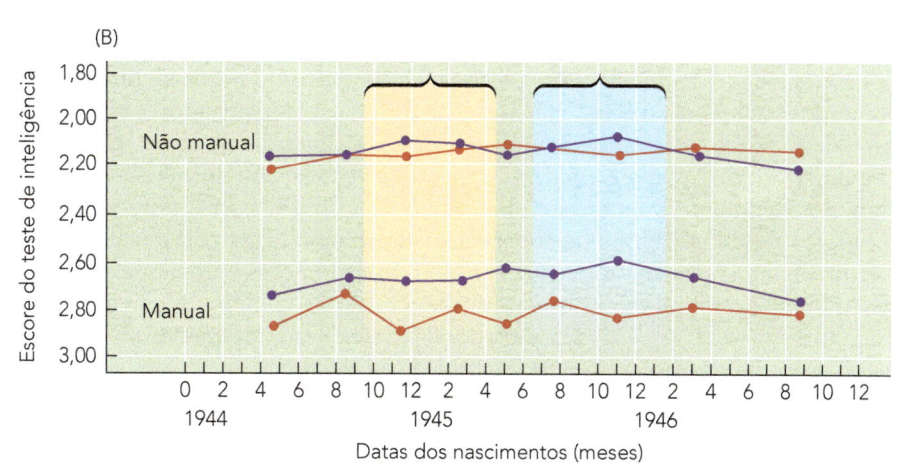

FIGURA 3.27 Homeostase ontogenética em humanos. A inanição maternal, surpreendentemente, teve poucos efeitos sobre o desenvolvimento intelectual em humanos, a julgar pelas (A) taxas de retardamento mental leve e pelos (B) escores de testes de inteligência entre homens holandeses com 19 anos de idade, cujas mães viveram sob a ocupação nazista enquanto grávidas. (Nesse caso, quanto menor o escore no teste de inteligência, maior é a inteligência do sujeito.) Os sujeitos foram agrupados de acordo com as ocupações de seus pais (manual ou não manual) e se suas mães viveram ou lhes deram à luz em uma cidade submetida ao embargo de alimentos pelos nazistas (com embargo) ou em uma área rural não afetada pelo embargo (sem embargo). Aqueles concebidos ou nascidos sob condições de fome exibiram as mesmas taxas de retardamento mental e os mesmos níveis de inteligência nos escores dos testes que os homens concebidos ou nascidos das mulheres rurais sem inanição. Adaptada de Stein e colaboradores.[1384]

a sobrevivência de um feto, o desenvolvimento intelectual de uma pessoa jovem e, mais tarde, a saúde de um indivíduo não são necessariamente prejudicados, mesmo que por condições altamente adversas no início da vida,[331] talvez porque nossos sistemas ontogenéticos tenham evoluído em ambientes passados, nos quais episódios de privação nutricional e até mesmo inanição fossem comuns. Nesse aspecto, é relevante que a desnutrição fetal tenha menos efeito sobre o desenvolvimento cerebral do que sobre o crescimento de outros sistemas orgânicos. Mecanismos ontogenéticos que protegem o crescimento cerebral contra traumas nutricionais atestam para a natureza estruturada adaptativamente guiada do desenvolvimento, natureza essa que só pode ser desviada do curso por carências ambientais extremamente incomuns ou déficits genéticos severos.

A homeostase ontogenética provavelmente contribui para o desenvolvimento de corpos simétricos, um resultado adaptativo em espécies nas quais indivíduos simétricos tem maior probabilidade de adquirir parceiros do que seus competidores com menor grau de simetria. Por exemplo, na libélula *Lestes viridis*, machos que acasalaram tendem a ter asas posteriores mais simétricas do que seus rivais, que não acasalaram (Figura 3.28).[374] Indivíduos com asas simétricas poderiam ser melhores ao manobrar durante o vôo e assim, mais aptos para se engajar em duelos aéreos, que determinam os vencedores territoriais e os reprodutores de sucesso nessa libélula.

Outro modo pelo qual machos simétricos e ontogeneticamente protegidos de certas espécies podem obter vantagens reprodutivas é a escolha de parceiros pela fêmea. Na andorinha-das-chaminés, por exemplo, foi registrado que as fêmeas pre-

FIGURA 3.28 Machos da libélula *Lestes viridis* em acasalamento (barras vermelhas) têm asas mais simétricas do que machos que não acasalaram (barras alaranjadas) em duas datas, durante a estação reprodutiva. Adaptada de De Block e Stoks.[374]

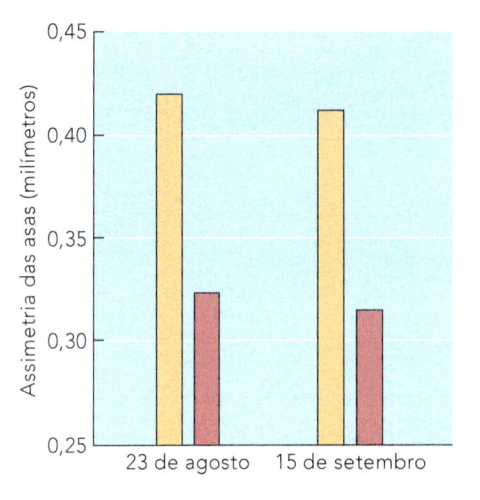

Lestes viridis

ferem machos cujas longas penas da cauda têm o mesmo comprimento de cada lado,[1000] enquanto fêmeas da lagartixa-da-montanha associam-se preferencialmente com machos dotados de uma distribuição simétrica de poros de liberação de feromônios sobre suas coxas.[942] Quanto aos humanos, pesquisadores relataram que tanto homens quanto mulheres acham atraente a simetria nas características faciais (Figura 3.29).[693, 1218] Talvez, prováveis parceiros nessas e em outras espécies respondam positivamente à simetria corporal ou facial porque esses atributos anunciam a capacidade do indivíduo de superar desafios para o desenvolvimento normal.[1001] Perturbações no desenvolvimento, causadas por mutações ou pela incapacidade de assegurar recursos materiais importantes no início da vida, poderiam gerar assimetrias na aparência. Se a assimetria corporal reflete desenvolvimento subótimo do cérebro ou de outros órgãos importantes, então a preferência por traços simétricos (ou atributos intimamente relacionados a eles) permitiria ao indivíduo seletivo adquirir um parceiro com "bons genes" para serem transferidos à sua prole. Alternativamente, o benefício para o indivíduo exigente poderia ser a aquisição de um parceiro em excelente condição fisiológica, alguém mais fértil ou melhor na oferta de cuidado parental para a prole. De acordo com essa previsão, mulheres jovens simétricas têm níveis de estradiol significativamente superiores e, assim, presumivelmente, maior probabilidade de conceber do que mulheres menos simétricas.[715] Quanto ao homem jovem, indivíduos simétricos são dançarinos mais capazes do que seus adversários menos simétricos.[198]

Contudo, existem debates sobre todos os aspectos desse cenário.[1412] Embora, como registrado, alguns pesquisadores relatem que indivíduos assimétricos tenham experimentado déficits ontogenéticos,[58, 1002] outros pesquisadores discordam.[127, 419] Além disso, embora indivíduos simétricos de algumas espécies aparentemente desfrutem de vantagens de acasalamento, esse tipo de vantagem não tem sido observado em outras.[1159, 1454] Finalmente, em algumas espécies em que se registrou a preferência pela simetria de um parceiro, as diferenças entre indivíduos simétricos preferidos e assimétricos rejeitados foram muitas vezes tão baixas que parece improvável que o grau de simetria, por si só, forneça a base para fazer a escolha. Por exemplo, estorninhos demonstraram-se simplesmente incapazes de perceber muitos tipos de pequenas diferenças que caracterizam a maioria das assimetrias corporais em sua espécie.[1410] Além disso, em nossa espécie, quando mulheres são consultadas para avaliar fotografias de faces masculinas em termos de sua atração, suas classificações correlacionam-se com a simetria facial do macho, mas surge a mesma classificação quando as mulheres são apresentadas às fotografias de hemifaces esquerda ou direita, que eliminam a informação sobre simetria facial. Esses resultados sugerem que a simetria facial correlaciona-se com alguma outra característica que as mulheres realmente utilizam para fazer seus julgamentos.[1285]

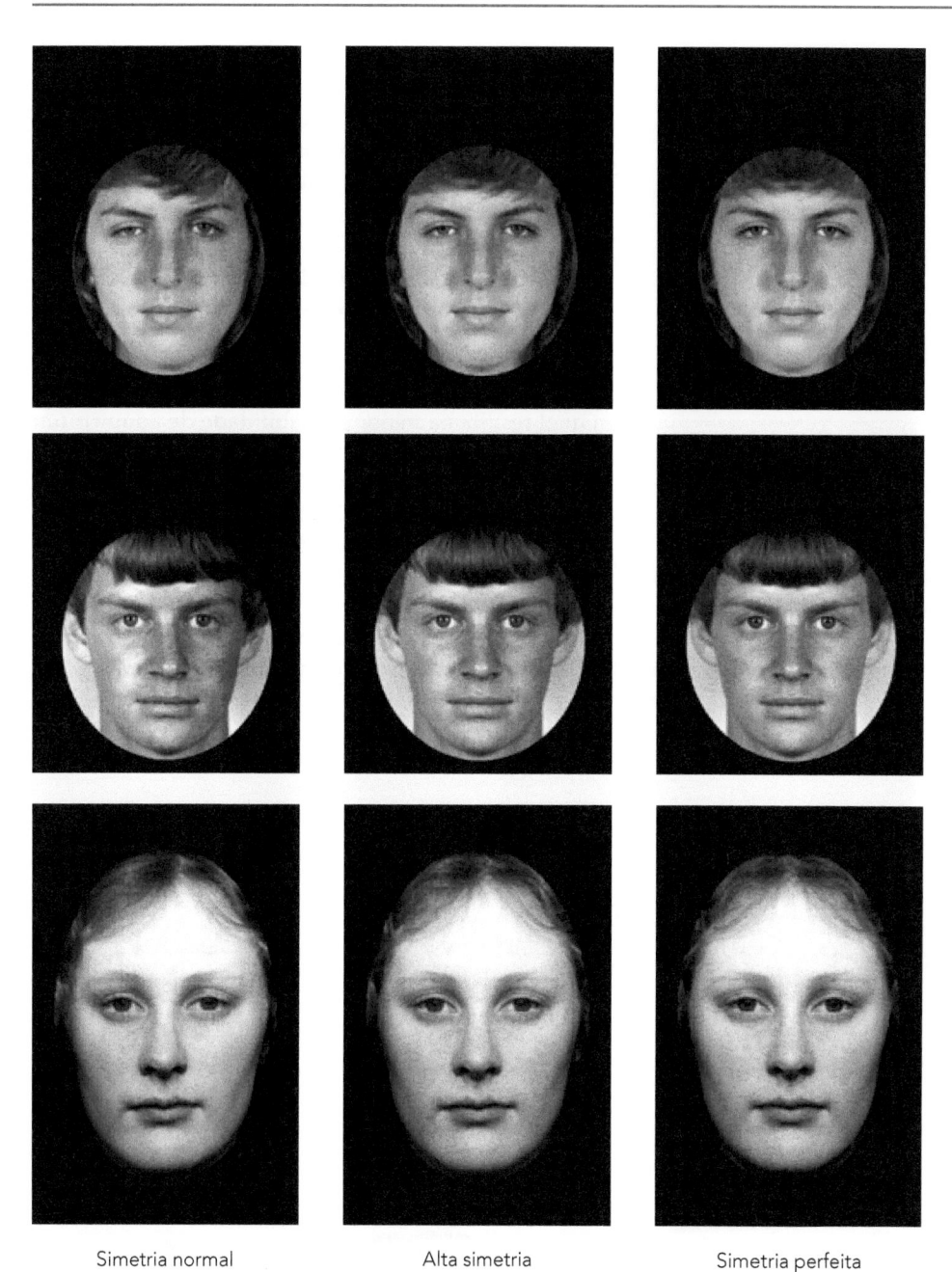

| Simetria normal | Alta simetria | Simetria perfeita |

FIGURA 3.29 Simetria facial e atratividade. Essas imagens de faces humanas foram manipuladas digitalmente para demonstrar graus de simetria variáveis. Quando solicitadas para classificar essas faces, a maioria das pessoas achou as imagens na extremidade direita mais atraentes. Adaptada de Rhodes e colaboradores.[1217]

Uma espécie que reúne todos os critérios para a escolha visual do parceiro com base na simetria corporal é a aranha-de-jardim (família *Lycosidae*), cujos machos oscilam as pernas anteriores, que têm tufos de pelos, para as fêmeas durante a corte. Os machos com tufos maiores em uma perna do que na outra (machos assimétricos) tendem a ser menores e estar em condições corporais piores do que aqueles cujos tufos são simétricos. Para determinar se a simetria do tufo seria importante, George Uetz e Elizabeth Smith tiraram vantagem da disposição das fêmeas dessa aranha para sinalizar sua receptividade sexual quando assistiam vídeos de machos em corte, reproduzidos em um diminuto microtelevisor de vigilância Sony (Figura 3.30). Uetz e Smith registraram as reações de fêmeas aos videotapes de uma aranha em corte, editados digitalmente, idênticos em cada aspecto, exceto quanto ao grau de simetria dos tufos nas pernas anteriores dos machos. As fêmeas sinalizaram sua prontidão para acasalar (por elevar o abdome) muito mais quando viam o macho simétrico, demonstrando que acham esse tipo de indivíduo sexualmente mais estimulante do que o macho as-

FIGURA 3.30 Testando a escolha de parceiros em uma fêmea de aranha-de-jardim. A fêmea (na arena, à esquerda) responde a uma imagem em movimento da exibição de um macho na tela de um diminuto televisor (à direita da fêmea). Fotografia de George Uetz.

simétrico criado digitalmente pelos pesquisadores.[1477] Pelo menos em espécies desse tipo, a homeostase ontogenética parece muito provavelmente conferir uma vantagem reprodutiva, por aumentar a superioridade daqueles indivíduos que estarão aptos a atrair parceiras e deixar descendentes.

O valor adaptativo dos mecanismos de alternância ontogenética

O efeito da homeostase ontogenética é muitas vezes uma restrição para o grau de variação entre indivíduos, a qual resulta na maior probabilidade de adquirir um fenótipo adaptativo, tal como um corpo simétrico, em vez de outra versão corporal menos eficiente. Mas há muitas espécies nas quais dois ou três fenótipos alternativos distintos coexistem confortavelmente, com as diferenças originadas como um resultado de diferenças ambientais entre os indivíduos em questão (Figura 3.31).[1050, 1543] No nível proximal, o desafio associado a esses **polifenismos** é identificar os fatores ambientais que ativam os mecanismos ontogenéticos que conduzem o desenvolvimento por uma ou outra via (o processo de "canalização"), de modo que o indivíduo adquira um ou outro fenótipo distinto, em vez de qualquer outro da variedade de formas intermediárias alternativas.

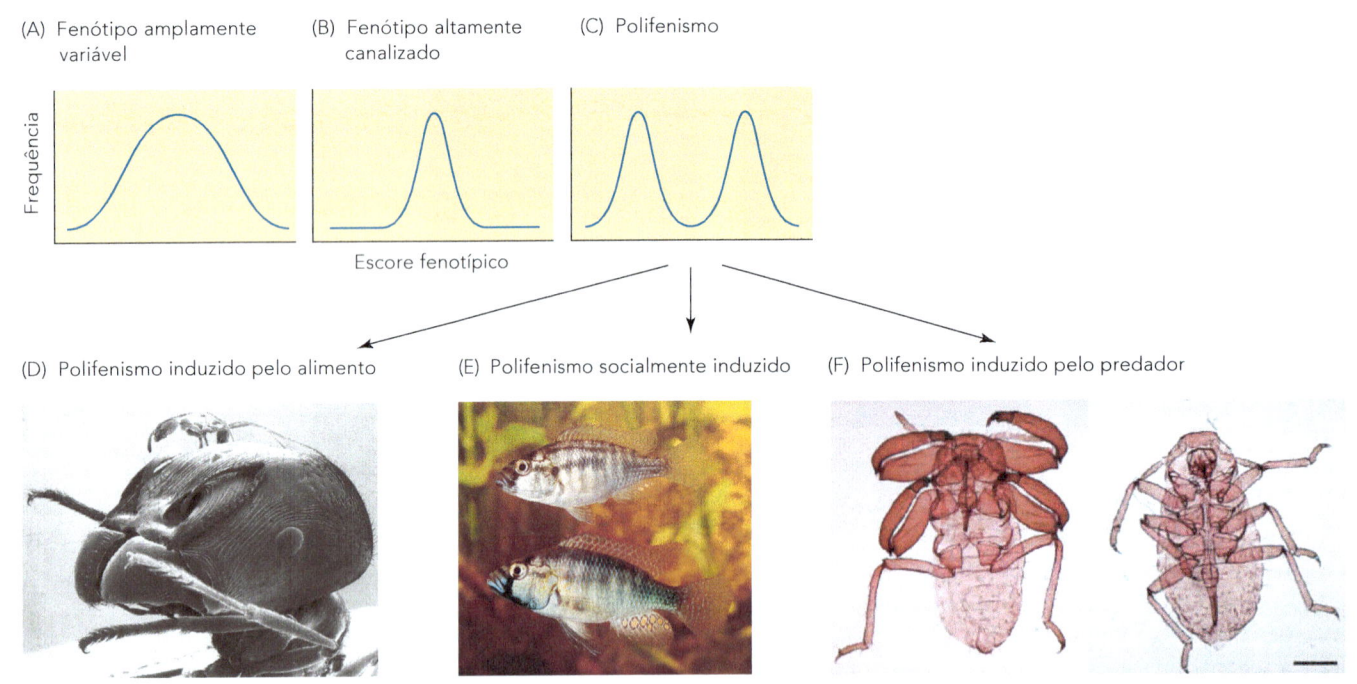

FIGURA 3.31 Mecanismos de alternância ontogenética podem produzir polifenismos em uma espécie. Diferentes fenótipos podem surgir quando mecanismos de alternância ontogenética são ativados em resposta a fatores ambientais importantes. Painel superior: Variação fenotípica em uma espécie pode ir de (A) variação ampla, contínua, em torno de um único valor médio a (B) variação estreita, mas contínua em torno de um único valor médio a (C) variação descontínua, que gera vários picos distintos, cada um representando um fenótipo diferente. Painel inferior: (D) Em alguns casos, a quantidade ou a natureza do item alimentar contribui para a produção de certos polifenismos, como nas castas de formigas e outros insetos sociais. (E) Em outros, as interações sociais exercem um papel essencial na alteração dos fenótipos, como nas formas territoriais e não territoriais do ciclídeo *Astatotilapia burtoni*. (F) Em outras situações, ainda, a presença e a atividade de predadores contribuem para o desenvolvimento de um fenótipo antipredador, como na casta de soldados (esquerda) de alguns afídeos, que possuem pernas agarradoras mais poderosas e uma probóscide em lança maior do que outras castas não soldados (direita). D, fotografia de Mark Moffett; E, fotografia de Russ Fernald; F, fotografia de Takema Fukatsu; Obtido de Ijichi e colaboradores.[705]

FIGURA 3.32 Salamandras-tigre ocorrem em duas formas. A forma típica (sendo devorada por seu coespecífico) alimenta-se de pequenos invertebrados e cresce mais lentamente do que a forma canibal (que a está comendo). Canibais têm cabeças mais amplas e dentes maiores do que seus coespecíficos comedores de insetos. Fotografia de David Pfennig, cortesia de James Collins.

Um exemplo representativo do fenômeno é fornecido por uma salamandra-tigre (*Ambystoma tigrinum*) na qual há duas formas imaturas: (1) uma larva aquática típica, que come pequenos invertebrados aquáticos, como ninfas de libélulas, e (2) uma forma canibal, que cresce muito mais, tem dentes mais poderosos e se alimenta de outras larvas coespecíficas, desafortunadas o suficiente para viverem no mesmo lago (Figura 3.32). O desenvolvimento do tipo canibal, com forma e comportamento distintos, depende de certos fatores no ambiente social das salamandras. Por exemplo, canibais desenvolvem-se apenas quando muitas larvas de salamandras vivem juntas.[289] Além disso, eles aparecem muito mais quando as larvas em um lago (ou aquário) diferem muito em tamanho, com maior probabilidade dos indivíduos maiores tornarem-se canibais do que os indivíduos menores.[931] A probabilidade da forma canibal se desenvolver é maior quando a população consiste basicamente em indivíduos não aparentados do que quando muitos irmãos vivem juntos.[1128] Se uma larva de salamandra maior do que a média ocupa um lago com muitas outras salamandras jovens, que não cheiram como seus parentes próximos,[1129] seu desenvolvimento também pode ser modificado da rota típica para outra que gere um canibal gigante, com dentes violentos. Assim, no nível proximal, um entre vários fatores ambientais pode ativar o caminho do desenvolvimento que leva à forma canibal.

Que vantagens seletivas as salamandras-tigre possuem por ter dois caminhos ontogenéticos possíveis e um mecanismo de alternância que as habilita a "escolher" como crescer e se comportar? Indivíduos com alguma flexibilidade ontogenética podem ser melhores em enfrentar um ambiente com dois ou três nichos do que indivíduos presos a um fenótipo de tamanho único para todos. Larvas de salamandras são confrontadas com duas fontes nitidamente distintas de nutrientes potenciais: insetos-presa e suas companheiras salamandras. Se numerosas larvas de salamandra ocupam um lago e se a maioria delas for menor do que o indivíduo que se tornou canibal, então mudar para o fenótipo canibal dá a esse indivíduo acesso a uma fonte de alimento abundante e inexplorada por seus iguais, de modo que consegue crescer rapidamente. Mas, um indivíduo relativamente pequeno, forçado a se tornar-se canibal com grande mandíbula, sem dúvida morreria de fome em um lago que não tivesse vítimas potenciais de tamanho apropriado. Como as salamandras não têm nenhum modo de saber com antecedência qual das duas fontes de alimento estará mais disponível no local onde ocorrerá seu desenvolvimento e como as duas fontes de alimento são muito diferentes, parece que a seleção favoreceu os indivíduos com capacidade para se desenvolver facultativamente numa das duas formas, conforme a informação recebida do ambiente.

Mais comumente, sempre que há problemas ecológicos específicos para serem resolvidos, que requeiram soluções ontogenéticas diferentes, o terreno está pronto para a evolução de mecanismos de mudanças ontogenéticas sofisticados, que habilitem os indivíduos a desenvolverem os fenótipos mais adequados para suas circunstâncias particulares. A existência de duas categorias de alimento não sobrepostas (grande *versus* pequeno) ou dois níveis de risco (predadores presentes *versus* ausentes) ou um ambiente no qual membros da mesma espécie competem por alimento limitado[1130] podem selecionar um tipo de mecanismo ontogenético capaz de produzir fenótipos especialistas muito diferentes, em vez de um mecanismo que gere toda uma série de formas intermediárias.

Por exemplo, o fato de machos do peixe ciclídeo *Astatotilapia burtoni* (*ver* Figura 3.31E) serem completamente dominantes ou socialmente submissos uns aos outros ajuda a explicar porque eles têm a capacidade de alternar entre dois fenótipos diferentes. Nesse peixe, os machos competem pelo território (um local que eles defendem) para atraírem parceiras, com os vencedores permanecendo em seus sítios até serem destituídos por um intruso mais forte. Nesse tipo de ambiente social, compensa ser agressivamente territorial (e sinalizar esse estado com cores brilhantes) ou não agressivo (e sinalizar esse estado com cores apagadas).[461,488] Peixes que se comportam de algum modo intermediário, quase certamente falharão em defender um território contra rivais motivados, mas também falharão em conservar sua energia, o que podem fazer apenas descartando (ao menos temporariamente) a competição territorial. Para esse fim, o peixe responde às mudanças no *status* social com mudanças em sua atividade gênica (Figura 3.33) em células cerebrais específicas;[1550] realmente, quando é dada, experimentalmente, a chance para que um macho submisso se torne dominante (pela remoção de um rival), neurônios liberadores de gonadotrofina (GnRH1) no núcleo pré-óptico parvocelular começam rapidamente a elevar a atividade do gene (*egr-1*) que codifica a produção da proteína que regula outro gene (*GnRH*). Em machos socialmente ascendentes, *egr-1* expressou-se duas vezes mais nas células-alvo do que em machos submissos estáveis ou indivíduos territoriais dominantes por longo tempo (Figura 3.34). Após uma semana, os machos estavam transformados não somente em termos de sua aparência e comportamento, mas também no tamanho dos neurônios GnRH1 e no tamanho de seus testículos. O rápido impulso inicial na expressão de *egr-1* nos cérebros de machos previamente submissos, em resposta à chance de se tornarem dominantes, parece disparar o gatilho de toda uma série de mudanças genéticas e ontogenéticas. Essas mudanças capacitam o submisso ascendente a tirar vantagem de sua boa fortuna e se tornar reprodutivamente ativo enquanto suprime a reprodução de outros machos de sua vizinhança.[215]

Embora polifenismos sejam comuns, eles estão longe de serem universais, talvez porque muitas características ambientais variem de modo contínuo em vez de descontínuo. Sob essas condições, os indivíduos podem não se beneficiar dos sistemas ontogenéticos que produzem um fenótipo particular segmentado em pequena parte de todo o limite da variação ambiental. Em vez disso, a seleção pode favorecer a habilidade de mudar o fenótipo em graus, de forma tal que gere ampla distribuição de fenótipos, cada um representando uma resposta adaptativa para um ou mais fatores variáveis; por exemplo, o tamanho corporal final de um macho da aranha australiana (redback spider) varia consideravelmente em resposta à variação no alimento disponível e aos fatores associados com fêmeas virgens (parceiras potenciais) e machos (rivais pelas fêmeas).[750] Quando os machos são criados na presença de fêmeas virgens, eles se desenvolvem mais rapidamente

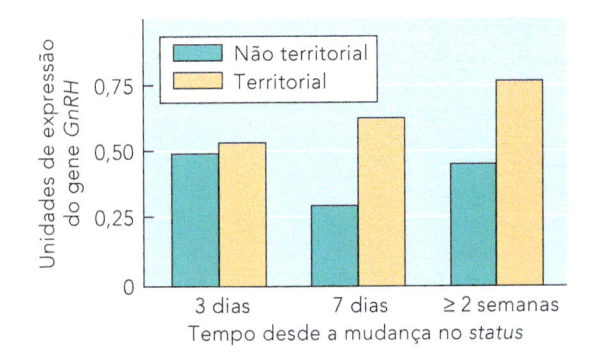

FIGURA 3.33 Atividade do gene que codifica o hormônio liberador de gonadotrofina no peixe ciclídeo *Astatotilapia burtoni*. Após os machos mudarem do *status* não territorial para territorial, o gene *GnRH* torna-se cada vez mais ativo ao longo do tempo em certas células cerebrais. Inversamente, machos que mudaram do *status* territorial para não territorial demonstram atividade reduzida no gene *GnRH*. Adaptada de White, Nguyen e Fernald.[1550]

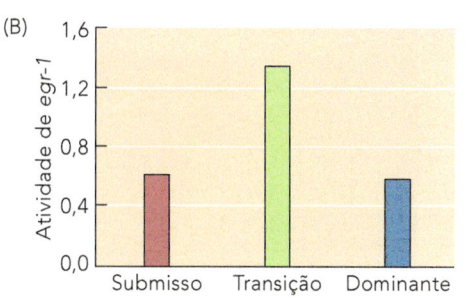

FIGURA 3.34 Machos submissos do peixe *Astatotilapia burtoni* reagem muito rapidamente à ausência de um rival dominante. (A) Minutos após a remoção do macho dominante, um submisso pode começar a se comportar com mais agressividade do que antes. (B) Essa mudança no comportamento está correlacionada com uma oscilação na atividade de um gene específico na região do núcleo pré-óptico no cérebro do peixe. Esse gene pode iniciar uma sequência de outras mudanças genéticas que dão ao macho a base fisiológica para comportamentos de dominância. Note que o gene *egr-1* eleva sua atividade durante a transição do *status* submisso para dominante, mas então a diminui assim que o macho tenha se tornado verdadeiramente dominante. Fotografia de dois machos de *A. burtoni* em um encontro agressivo, cortesia de Russel Fernald; dados de Burmeister, Jarvis e Fernald.[215]

e atingem a idade adulta com tamanho menor, se comparados com machos criados com a mesma dieta, mas na ausência do odor característico associado às fêmeas virgens (Figura 3.35). Os efeitos ontogenéticos de crescer na presença de machos são exatamente opostos, um ótimo exemplo de como as pressões evolutivas podem favorecer a plasticidade do desenvolvimento, produzindo um amplo limite de fenótipos em uma espécie.

Para discussão

3.12 Identifique a base adaptativa provável para o desenvolvimento flexível do tamanho corporal na aranha viúva-negra. Preveja que efeito o tamanho corporal grande deve ter sobre a escolha da fêmea nessa espécie, *versus* o efeito do tamanho corporal grande sobre a habilidade do macho em competir fisicamente com machos rivais. Confira sua resposta com Kasumovic e Andrade.[750]

3.13 Alguns peixes marinhos exibem espetacular polifenismo, no qual indivíduos podem, sob circunstâncias especiais, mudar o sexo de fêmea para macho (em outras espécies, a mudança ocorre de macho para fêmea). Essa mudança ontogenética envolve órgãos reprodutivos, hormônios e comportamento de acasalamento.[1514] Um fator social chave para a alternância em algumas espécies é a mudança na composição da unidade social na qual o indivíduo sexo-alternante vive; a remoção de um macho reprodutivo dominante de um grupo de fêmeas dispara a mudança sexual na maior fêmea presente. Aqui, temos um caso de polifenismo socialmente induzido. Identifique as aparentes restrições impostas a esse sistema, começando com aquela mais óbvia, nominalmente, a habilidade de ser transformado em um membro do sexo oposto em vez de algum tipo de intermediário sexual. Especule sobre os benefícios associados com cada restrição.

O valor adaptativo da aprendizagem

A aprendizagem é a modificação adaptativa do comportamento, com base na experiência. Sendo assim, ela pode ser considerada um polifenismo de vários tipos, pois confere também uma flexibilidade comportamental altamente focada, que requer modificações ontogenéticas no sistema nervoso. Aprendizagem não produz mudança comportamental exatamente com o objetivo de mudar. Em vez disso, a seleção favorece investimentos em mecanismos embasados na aprendizagem somente quando há imprevisibilidade ambiental, que tenha relevância reprodutiva para os indivíduos. Temos aqui outro argumento custo-benefício, que pressupõe que quaisquer mecanismos proximais que

FIGURA 3.35 Flexibilidade ontogenética da aranha australiana (*redback spider*). (A) um macho adulto. (B-D) Jovens machos que tornam-se adultos na presença de fêmeas (barras vermelhas) desenvolvem-se mais rapidamente e assim atingem menores tamanhos como adultos, e em piores condições físicas do que jovens que se desenvolvem na ausência de fêmeas (barras laranjas). Machos adultos que se desenvolvem em locais sem fêmeas têm maiores chances de encontrar competidores machos ao chegarem a uma teia com fêmea, em outro local. A, fotografia de Ken Jones e *copyright* por M.C.B. Andrade; B-D, segundo Kasumovic e Andeade.[750]

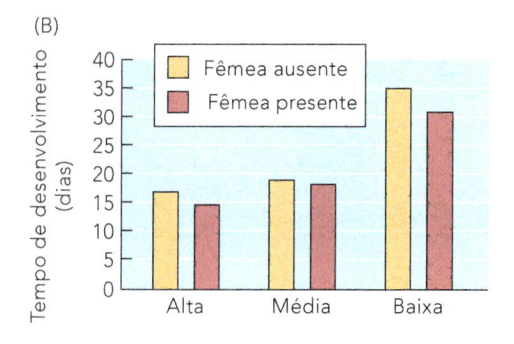

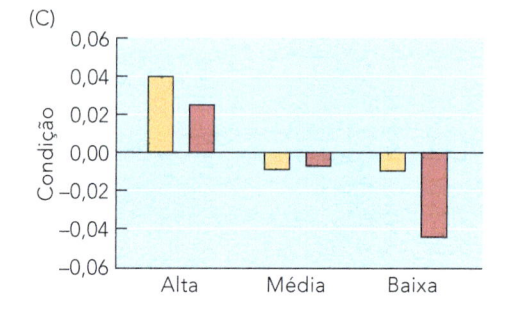

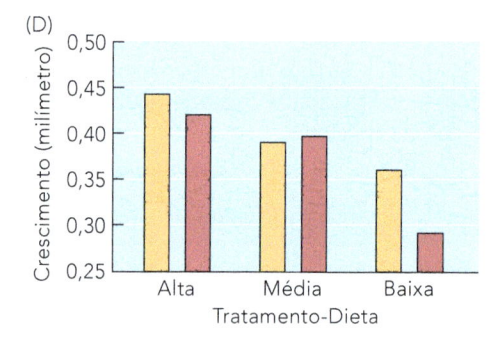

habilitem os indivíduos a aprender vêm com um preço. Podemos checar essa suposição prevendo, por exemplo, que os cérebros de machos de corruíra-do-brejo-de-bico-longo que vivem no oeste dos Estados Unidos da América poderiam ser maiores do que aqueles de seus coespecíficos da costa leste, porque corruíras jovens da costa oeste aprendem aproximadamente 100 cantos ao ouvir outras aves, enquanto corruíras da costa leste têm repertórios aprendidos muito menores, com cerca de 40 cantos.[808] Quando os cérebros das aves foram examinados, os sistemas de controle do canto de corruíras da costa oeste pesaram em média 25% mais que os núcleos equivalentes dos pássaros da costa leste.

Se os mecanismos de aprendizagem são custosos, então podemos esperar que a aprendizagem evolua apenas quando houver algum benefício maior contrabalançando. Como mencionado no início deste capítulo, as pessoas tendem a considerar os insetos como autômatos guiados pelo instinto, mas as abelhas melíferas têm, por exemplo, grande capacidade de aprender onde buscar alimento; quais odores, formas e cores estão associados às diferentes flores produtoras de pólen ou néctar; em que momento particular do dia uma espécie de planta estará com as flores abertas; como retornar à colmeia após uma expedição de forrageio, e muito mais.[1500] Essas habilidades estão todas relacionadas ao fato de que as condições que uma abelha operária vai encontrar não podem ser previstas com precisão antes de sua saída para forragear. Em vez disso, a seleção favoreceu o cérebro de abelha capaz de incorporar informações sobre variáveis essenciais em seu ambiente – informações que alteram a atividade genética nas células cerebrais, mudando a estrutura do cérebro e finalmente modificando o comportamento do indivíduo, de modo a explorar melhor o padrão particular de recursos alimentares na vizinhança.

FIGURA 3.36 Machos de vespas da subfamília Thynninae podem ser enganados em um "acasalamento" com uma flor. (A) Uma fêmea de vespa sem asas libera feromônio sexual para atrair machos. (B) Algumas orquídeas australianas possuem flores com pétalas chamarizes semelhantes às vespas fêmeas, que podem estimular os machos a tentarem copular com elas. Dessa maneira, a orquídea pode garantir um polinizador. Observe os sacos de pólen amarelo presos ao dorso do macho. Fotografia do autor.

Do mesmo modo, machos de vespas da subfamília Thynninae (família Tiphiidae) exibem especial habilidade de aprendizagem espacial, que entra em jogo quando um feromônio sexual mimético é liberado por uma flor de orquídea recentemente aberta. Várias orquídeas possuem flores com pétalas chamarizes, que cheiram e se parecem vagamente com as fêmeas das vespas. Um macho pode ser enganado pousando nessas flores e tentando acasalar com a pétala (Figura 3.36);[1392] além disso, em alguns casos, os machos ficam tão estimulados pela experiência que ejaculam ao agarrarem-se à pétala chamariz da orquídea.[522] Quando um macho iludido aproxima-se de uma segunda orquídea, se for enganado outra vez, transferirá pólen da orquídea 1 para a orquídea 2. Mas, uma vez enganadas por uma flor em particular, as vespas-macho algumas vezes aprendem a evitar o sítio onde a flor ocorre, o que explica porque, quando pesquisadores deslocaram orquídeas para um novo sítio, grandes números de machos aparecem inicialmente, mas então voam para longe e não retornam (Figura 3.37).

Os machos de vespas Thynninae, evidentemente, armazenam informação sobre as localizações de pseudofêmeas e evitam responder ao odor vindo desses sítios.[1112] Os benefícios reprodutivos da flexibilidade comportamental dessas vespas-macho são claros. Vespas machos não podem ser programadas com antecedência para saber onde as vespas fêmeas e flores enganosas das orquídeas estarão em um determinado dia. Mas, usando a experiência para aprender onde estão orquídeas em particular (para evitá-las), enquanto permanecem responsivos a novas fontes de feromônio sexual, as vespas-machos economizam tempo e energia e melhoram a chance de encontrar uma fêmea receptiva, que tenha começado a liberar feromônio sexual.

O fato de a aprendizagem espacial evoluir em resposta a pressões ecológicas particulares também pode ser constatado comparando-se as habilidades de aprendizagem de quatro espécies de aves, todas membros da família dos corvos (Corvidae), que variam na predisposição para estocar alimento – tarefa que dá um prêmio pela memória espacial. Como vimos, o quebra-nozes norte-americano é um especialista em estocar alimento e tem um grande papo para o transporte de sementes de pinho até os sítios de armazenamento. O corvídeo Pinyon jay (*Gymnorhinus cyanocephalus*) também tem uma característica anatômica especial: o esôfago expansível para carregar grandes quantidades de sementes até os esconderijos. Ao contrário, os corvídeos *Aphelocoma californica* e *Aphelocoma ultramarina* não têm dispositivos especiais para transportar sementes e parecem armazenar quantidades de alimento substancialmente menores do que seus parentes.

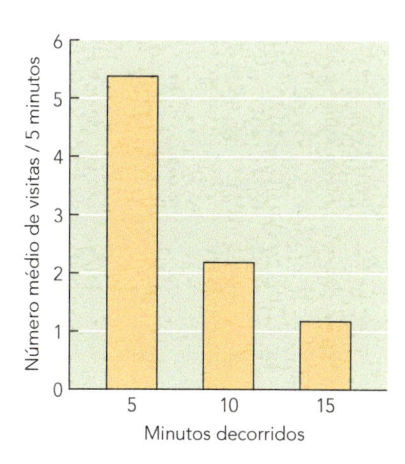

FIGURA 3.37 Machos de vespas da subfamília Thynninae podem aprender a evitar serem enganados pela orquídea. A frequência de visitas a uma orquídea enganadora cai logo após as vespas machos de uma área terem interagido com ela e aprendido que uma fonte que não as recompensa com o feromônio sexual está associada com aquela localização específica. Adaptada de Peakall.[1112]

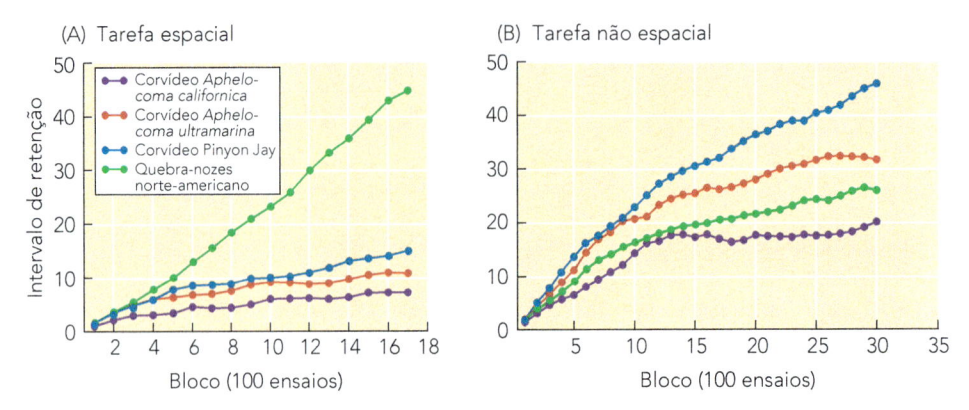

FIGURA 3.38 Habilidades espaciais diferem entre os membros da família Corvídae. (A) O quebra-nozes norte-americano teve melhor performance que três outras espécies de corvos em esperimentos que exigiam que as aves lembrassem o local de um círculo. (B) Mas quando se testou a habilidade das aves de lembrarem a cor do círculo, os quebra-nozes não se destacaram nessa tarefa de aprendizado não espacial. Conforme Olson e colaboradores.[1069]

Indivíduos das quatro espécies foram testados em duas tarefas de aprendizagem diferentes, nas quais eles tinham de bicar uma tela de computador para receber recompensas. Um teste requeria que as aves se lembrassem da cor de um círculo na tela (tarefa de aprendizagem não espacial) e no outro tinham de lembrar a localização de um círculo sobre a tela (tarefa espacial). No teste de aprendizagem não espacial, os Pinyon jays e os *Aphelocoma ultramarina* foram substancialmente melhores do que os *Aphelocoma californica* e os quebra-nozes norte-americano. Mas, no experimento de aprendizagem espacial, o quebra-nozes norte-americano foi para o topo da classificação, seguido pelo Pinyon jays, então o *Aphelocoma ultramarina* e finalmente, pelo *Aphelocoma californica* (Figura 3.38). Ver Kort e Clayton[375] e Pravosudov e Kort.[1165] Esses resultados sugerem que as aves não evoluíram a habilidade de aprendizagem para qualquer propósito; em vez disso, sua capacidade de aprender promove o sucesso na solução de problemas especiais, encontrados nos ambientes naturais.[1069]

A lógica de uma abordagem evolutiva sobre a aprendizagem nos leva a crer que, se machos e fêmeas da mesma espécie diferem nos benefícios derivados de uma tarefa particular aprendida, então evoluiria uma diferença sexual nas capacidades de aprendizagem. O Pinyon Jay fornece um exemplo para esse fato. Como já citado, o pinyon jay guarda uma grande quantidade de sementes de pinho quando elas estão disponíveis; ele as recupera até cinco meses depois, quando o alimento estiver escasso. Mas os machos têm maior probabilidade de reencontrar antigos esconderijos do que as fêmeas, por que eles proveem suas parceiras e jovens com o alimento recuperado, enquanto elas usam seu tempo dedicando-se ao ninho, chocando seus ovos, em vez de catar pinhões estocados. Como previsto, os machos evoluíram e desenvolveram melhores memórias de longo prazo do que as fêmeas. Quando aves de ambos os sexos foram testadas em cativeiro, durante a estação de nidificação, os machos cometeram menos erros do que as fêmeas quando tentavam achar seus próprios estoques e os de suas parceiras, os quais haviam escondido meses antes (Figura 3.39).[421]

A hipótese das diferenças sexuais também foi testada por Steve Gaulin e Randall FitzGerald em estudos sobre aprendizagem espacial em três espécies de roedores, todas membros do gênero *Microtus*. Machos do poligínico roedor-da-campina deslocam-se por áreas cerca de quatro vezes maiores do que aquelas ocupadas por cada uma de suas várias parceiras. Em contraste, machos e fêmeas do monogâmico arganaz-do-campo (*ver* Figura 1.1) e do monogâmico roedor-do-pinheiral compartilham o mesmo espaço de vida. Quando testados em uma variedade de labirintos, que os animais tinham de resolver para receber alimento como recompensa, os machos de território amplo do roedor-da-campina cometeram menos erros do que as fêmeas de sua espécie. Considerando esses fatos, não nos surpreende que roedores-da-campina machos invistam de modo mais intenso no hipocampo do que as fêmeas de sua espé-

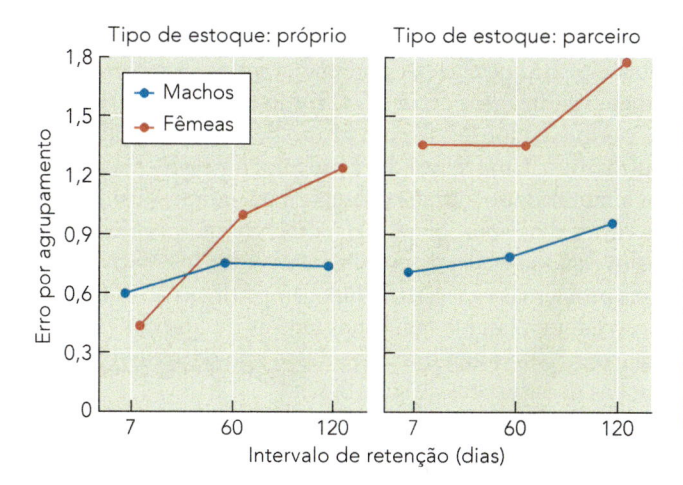

FIGURA 3.39 Corvídeos machos (*Gymnorhinus cyanocephalus*) erram menos do que fêmeas ao recuperar sementes de seus próprios estoques (ou de suas parceiras), especialmente depois de intervalos de 2 a 4 meses. Esse resultado é esperado, pois são as fêmeas que incubam ovos e filhotes enquanto os machos aprovisionam a fêmea e a prole com sementes estocadas até vários meses antes. Conforme Dunlap e colaboradores.[421]

cie.[708] No monogâmico arganaz-do-campo, entretanto, machos e fêmeas foram igualmente bem nesses testes de aprendizagem espacial (Figura 3.40).[524] Da mesma forma que o monogâmico roedor-do-pinheiral,[523] espécie na qual os sexos não diferem quanto ao tamanho do hipocampo.[708]

Para discussão

3.14 Em um estudo, foi solicitado que homens e mulheres sentassem à frente de um computador e navegassem por um labirinto virtual (Figura 3.41). Os homens foram capazes de completar a tarefa mais rapidamente e com menos erros do que as mulheres em cinco ensaios.[996] A conclusão de que os homens são melhores em aprender localizações do que as mulheres também foi sustentada por outras pesquisas (por exemplo, Jones e Healy[736]). (Observe, entretanto, que em outros testes envolvendo destrezas de linguagem, a pontuação das mulheres foi superior à média dos homens.) Que mecanismos ontogenéticos proximais poderiam ser os responsáveis por essa diferença sexual na habilidade de navegação? Tendo em mente a explicação evolutiva para as diferenças sexuais na habilidade de aprendizagem espacial em camundongos, que previsão você pode fazer sobre a natureza dos sistemas de acasalamento humanos ao longo do tempo evolutivo?

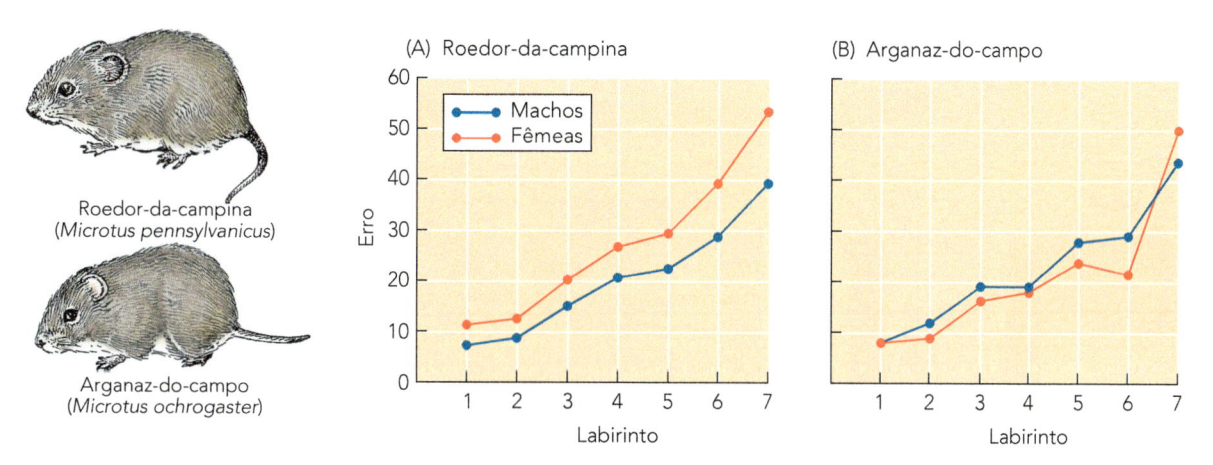

FIGURA 3.40 Diferenças sexuais na habilidade de apendizado espacial estão associadas ao tamanho da área de vida. Aprendizado espacial foi testado dando-se aos indivíduos a oportunidade de percorrerem sete diferentes labirintos de crescente complexidade, no laboratório, e, após, tinham uma nova oportunidade de percorrê-las. (A) Machos polígonos de roedor-da-campina, que na natureza ocorrem em extensas áreas, consistentemente realizaram poucos erros (entradas erradas), em média, comparados com as fêmeas mais sedentárias de sua espécie. (B) Em contraste, fêmeas igualaram a performance de machos no monogâmico arganaz-do-campo, espécie na qual macho e fêmea vivem juntos no mesmo território. Adaptada de Gaulin e Fitzgerald.[524]

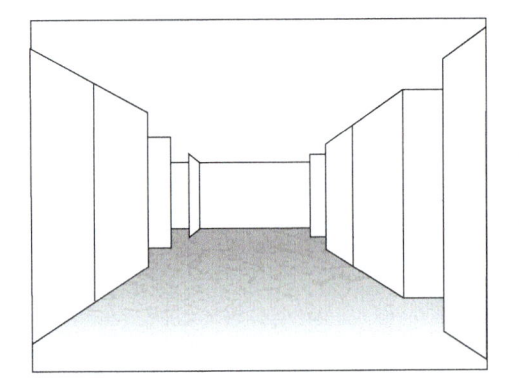

FIGURA 3.41 Um labirinto virtual usado para estudos em computador das habilidades navegacionais. Adaptada de Moffat, Hampson e Hatzipantelis.[996]

Numa espécie cujas fêmeas enfrentam maiores desafios espaciais do que os machos, poderíamos esperar que elas fizessem maior investimento nas custosas bases neurais da aprendizagem espacial. O tordo-de-cabeça-marrom é uma dessas espécies, porque os tordos são um grupo de parasitas que põem ovos em ninhos de outras aves. Uma fêmea deve procurar amplamente ninhos para parasitar e deve lembrar onde vítimas potenciais iniciaram seus ninhos, para retornar até eles vários dias após, quando o momento for oportuno, para adicionar um de seus ovos àqueles já postos. No entanto, tordos machos não enfrentam esses difíceis problemas espaciais. O hipocampo (mas não outras estruturas cerebrais) é consideravelmente maior nas fêmeas do que nos machos de tordo-de-cabeça-marrom. Nenhuma diferença desse tipo ocorre em alguns aparentados não parasitas dessa espécie (Figura 3.42).[1320]

Além disso, a aprendizagem espacial não é a única a sofrer o claro efeito da seleção natural. Considere o condicionamento operante (ou aprendizagem por tentativa-e-erro), no qual um animal aprende a associar uma ação voluntária com as suas consequências.[1341] Esse condicionamento ocorre fora dos laboratórios de psicologia, mas foi estudado extensivamente nas caixas de Skinner, que receberam esse nome em homenagem ao psicólogo B. F. Skinner. Após um rato branco ser introduzido em uma caixa de Skinner, ele pode pressionar acidentalmente uma barra em uma de suas paredes (Figura 3.43), talvez ao procurar um caminho para sair. Quando a barra é pressionada para baixo, uma pelota de ração para rato é disponibilizada no alimentador, e pode passar algum tempo até que o rato se dirija à ração. Após comê-la, o rato pode continuar a explorar seus limitados arredores, até que pressione novamente a barra, fazendo com que apareça outra pelota de ração; dessa vez, o rato pode encontrá-la rapidamente e então retornar à barra e pressioná-la repetidas vezes, por já ter aprendido a associar essa atividade com o alimento, tornando-se operantemente condicionado para pressionar a barra.

Psicólogos da escola de Skinner uma vez argumentaram que poderíamos condicionar com a mesma facilidade quase todos os tipos operantes (definidos como qualquer ação que um animal pudesse realizar). De fato, os sucessos do condicionamento operante são muitos, incluindo a habilidade de tornar quebra-nozes norte-americanos e outros corvídeos usuários de computador, como antes mencionado. Ratos brancos também podem ser condicionados a fazer uma série de coisas no laboratório, tais como evitar alimentos ou fluidos novos, distintamente aromáticos, após serem expostos à radiação de raios X que induzem náuseas. Entretanto, John Garcia e colaboradores constataram que a habilidade desses animais para aprender a evitar certos alimentos ou líquidos punitivos tinha algumas especificações.[518, 519] O grau em que um rato irradiado rejeita um alimento ou fluido é proporcional (1) à intensidade da indisposição resultante, (2) à intensidade do sabor da substância, (3) à novidade que a substância representa e (4) à brevidade do intervalo entre consumo e indisposição.[519] Mas mesmo se houver uma longa demora (acima de 7 horas) entre comer um alimento distintamente aromatizado e a exposição à radiação e, consequentemente, à indisposição, o rato ainda associa os dois eventos e usa a informação para modificar seu comportamento.

Ao contrário, ratos brancos nunca aprendem que um som distinto (um clique) é um sinal que sempre precede um evento associado com náusea. Os ratos também não podem fazer com facilidade uma associação entre um sabor particular e uma punição por choque (Figura 3.44). Se após beber um fluido adocicado o rato recebe um choque em seus pés, ele muitas vezes continua gostando do fluido tanto quanto antes, conforme mensurado pela quantia ingerida por unidade de tempo, não importando quantas vezes ele recebe choques após beber esse líquido. Essas falhas seguramente relacionam-se ao fato de que, na natureza, sons particulares nunca estão

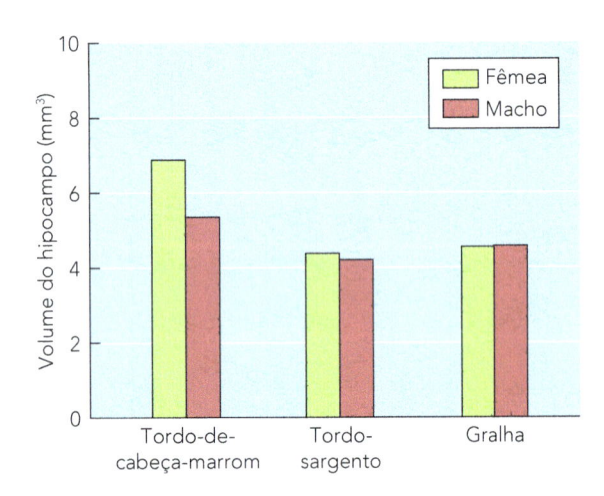

FIGURA 3.42 Diferenças sexuais no hipocampo. Fêmeas do tordo-de-cabeça-marrom têm um hipocampo maior do que machos, o que era esperado uma vez que estruturas cerebrais promovem o aprendizado espacial e que a seleção por habilidade de aprendizado espacial é maior em fêmeas do que em machos na espécie. Tordos-sargento e gralhas não exibem essa diferença sexual. Adaptada de Sherry e colaboradores.[1320]

FIGURA 3.43 Condicionamento operante apresentado por um rato em caixa de Skinner. O rato aproxima-se da barra (acima, à esquerda) e então a pressiona (acima, à direita). O animal aguarda o surgimento de uma pelota de ração para ratos (abaixo, à esquerda), que ele consome (abaixo, à direita); assim, o comportamento de pressionar a barra é reforçado. Fotografia de Larry Stein.

associados com refeições indutoras de indisposição, e que muito menos o consumo de certos fluidos causa ferimentos nos pés dos ratos.

Entender o ambiente natural do ancestral dos ratos brancos, o rato da Noruega, também ajuda a explicar porque ratos brancos aprendem tão bem a evitar alimentos novos com sabores distintos associados com indisposição, mesmo horas após sua ingestão. Sob condições naturais, um rato da Noruega torna-se completamente familiarizado com a área ao redor de sua toca, forrageando na área uma grande variedade de alimentos, plantas e animais.[885] Alguns desses alimentos são comestíveis e nutritivos, outros são tóxicos e potencialmente letais. Um rato não pode retirar de seu sistema digestivo alimentos tóxicos ao vomitar. Por isso, o animal pega somente uma pequena mordida de qualquer coisa nova, e se posteriormente fica doente, evitará esse alimento ou líquido no futuro, porque sabe que comer grandes quantidades poderia matá-lo.[519] Esse caso sugere que, mesmo parecendo uma forma generalizada de aprendizagem com múltiplas finalidades, essa resposta é realmente especializada para tipos particulares de associações biologicamente significativas que ocorrem na natureza.

Se esse argumento estiver correto, outros mamíferos generalistas em suas dietas, que também correm risco de consumir itens perigosos e tóxicos, poderiam se compor-

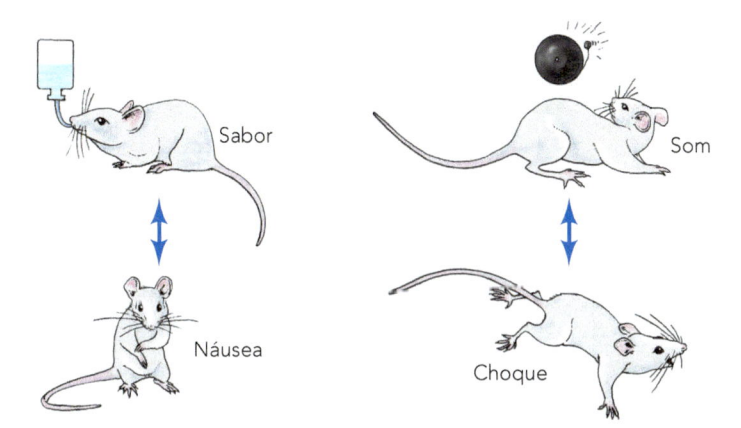

FIGURA 3.44 Aprendizagem da aversão a sabor. Embora ratos brancos possam facilmente aprender que certos sabores serão seguidos por sensações de náusea e que certos sons serão seguidos por dor tegumentar causada por choque, eles têm maior dificuldade para formar associações entre sabor e dores consequentes na pele ou entre som e náusea subsequente. Adaptada de Garcia, Hankins e Rusiniak.[519]

FIGURA 3.45 Morcegos vampiros não formam aversões a sabores. Ao invés disso, continuam a consumir um líquido com sabor mesmo quando, imediatamente após aceitar essa substância nova, são infectados com uma toxina que provoca distúrbios gastrintestinais. Em contraste, três morcegos insetívoros rejeitaram completamente o novo item alimentar quando estes eram combinados com injeções de toxinas, independente se isso foi feito logo após se alimentarem ou depois de algum tempo (adiado). Dois grupos-controle também foram usados no experimento. Em um grupo, o consumo do novo alimento foi pareado com uma inofensiva injeção de solução salina e, no outro, a toxina foi injetada, mas não conjuntamente com a ingestão do líquido. Conforme Rateliffe, Fenton e Galef.[1198]

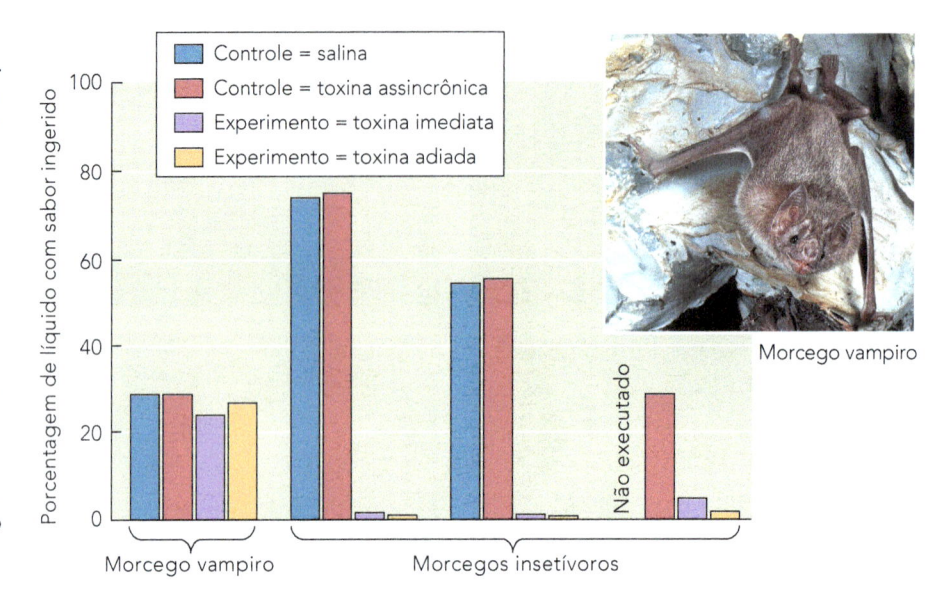

tar como o rato da Noruega, ou seja, eles também formariam rapidamente aversões aos sabores de itens de gosto ruim, indutores de mal-estar; e, assim, eles o fazem. Três espécies de morcegos, que se alimentam de uma gama de alimentos, comportaram-se da maneira prevista: rapidamente formaram aversões de paladar quando alimentados com uma refeição envolta por um odor desconhecido, canela ou ácido cítrico, sendo antes injetados com um composto químico que os fez vomitar. Depois, quando foi oferecida uma escolha entre alimentos com e sem canela ou ácido cítrico, esses três generalistas evitaram os itens condimentados com os novos aditivos.[1198]

Em contraste, forrageadores especialistas, que se concentram exclusivamente em um ou poucos tipos de alimentos, parecem incapazes de adquirir aversões por sabores desse modo. O morcego vampiro, especialista em se alimentar de sangue, é de fato completamente incapaz de aprender que o consumo de um fluido com sabor incomum causa distúrbios gastrintestinais (Figura 3.45).[1198] A diferença entre o morcego vampiro especialista e seus aparentados generalistas sustenta a hipótese de que a aprendizagem da aversão por sabores é uma resposta evoluída para os riscos de alimentos ou fluidos venenosos. Exatamente como é verdadeiro para todos os aspectos do desenvolvimento comportamental, as mudanças associadas ao comportamento aprendido valem o custo somente se conferirem uma rede de benefícios e aptidões para os indivíduos capazes de modificar o comportamento em um modo particular.

Resumo

1. O desenvolvimento de qualquer caráter é o resultado da interação entre o genótipo de um organismo em desenvolvimento e seu ambiente, que consiste não apenas no alimento que ele recebe e nos produtos metabólicos produzidos por suas células (o ambiente material), mas também em suas experiências sensoriais (o ambiente experiencial). O valor da informação genética está na habilidade dos genes responderem aos sinais do ambiente, por alterarem sua atividade, levando às mudanças nos produtos gênicos disponíveis para o organismo em desenvolvimento.

2. Como o desenvolvimento é interativo, nenhum produto mensurável do desenvolvimento (um fenótipo) pode ser geneticamente determinado. A afirmação "em *Thamnophis elegans*, há um gene para comer lesmas-banana" quer dizer o seguinte: um alelo particular no genótipo de uma serpente codifica uma determinada proteína; se a proteína realmente for produzida, o que requer interação entre gene e ambiente, pode influenciar o desenvolvimento ou a operação dos mecanismos fisiológicos que sustentam a habilidade da serpente reconhecer lesmas como alimento.

3. Pela mesma razão, a natureza interativa do desenvolvimento significa que nenhum fenótipo pode ser puramente determinado pelo ambiente. A afirmação "a recusa do veneno para ratos, aprendida pelo rato, é causada por sua experiência com esse composto químico" na verdade quer dizer o seguinte: uma experiência específica do rato com veneno para rato levou às mudanças químicas no seu corpo, que acabaram traduzidas em mudanças químicas nas suas células cerebrais, que, por sua vez, alteraram o padrão da atividade genética em algumas partes do seu sistema nervoso, modificando sua resposta ao veneno a partir de um segundo encontro com esse estímulo.

4. Como o desenvolvimento é interativo, mudanças na informação genética ou na assimilação de fatores ambientais disponíveis para um indivíduo podem alterar potencialmente o curso de seu desenvolvimento, por mudarem as interações gene-ambiente que ocorrem dentro do indivíduo. Portanto, as diferenças comportamentais entre dois indivíduos podem ser genética ou ambientalmente determinadas, ou ambas. Observe que essa afirmação é muito diferente da concepção errônea de que determinado fenótipo comportamental é causado apenas pelos genes de um animal ou apenas por seu ambiente.

5. Como algumas diferenças interindividuais são causadas por diferenças genéticas, as populações têm o potencial de evoluir pela seleção natural, que atua sobre a variação genética dentro dos grupos.

6. Como o comportamento pode evoluir, esperamos constatar que o desenvolvimento comportamental tem características adaptativas. Uma característica desse tipo é a homeostase ontogenética, a capacidade dos processos ontogenéticos ignorarem ou superarem certos déficits ambientais ou genéticos, que poderiam possivelmente impedir os animais de adquirirem caracteres valiosos, que provêm sucesso reprodutivo. De fato, fenótipos fisiológicos e comportamentais normais muitas vezes desenvolvem-se em animais que crescem enfrentando ambientes subótimos e em animais que carregam mutações potencialmente prejudiciais.

7. Outras características adaptativas incluem mecanismos de alteração ontogenética, que guiam o desenvolvimento em uma entre duas ou três rotas ontogenéticas alternativas, em resposta a fatores ambientais específicos. Cada um dos fenótipos resultantes pode dominar os diferentes obstáculos ao sucesso associado com um nicho particular dentro do ambiente maior.

8. Outro aspecto adaptativo do desenvolvimento envolve mecanismos de aprendizagem, que podem responder à assimilação de fatores ambientais particulares relacionados à experiência individual e que geram mudanças funcionais no comportamento dos animais. A aprendizagem, como outras formas de flexibilidade ontogenética, reflete a seleção no passado para a capacidade de fazer ajustes adaptativos no comportamento que correspondam ao ambiente do indivíduo.

Leitura sugerida

Gene Robinson discute como integrar biologia molecular, biologia do desenvolvimento, neurobiologia e biologia evolucionária no contexto do debate natureza-criação.[1229] Efeitos ambientais sobre o desenvolvimento são satisfatoriamente ilustrados por estudos de discriminação de parentesco e indivíduos; esse é o tema de uma coleção de artigos editados por Philip Starks.[1383] A relação entre genes e comportamento migratório foi revisada por Francisco Pulido,[1176] enquanto Ralph Greenspan examina algumas abordagens alternativas para a genética do comportamento em geral.[575] *Ver também* Fitzpatrick e colaboradores.[469] Você pode obter uma compreensão da controvérsia sobre como analisar o desenvolvimento do comportamento humano ao ler os artigos de Thomas Bouchard[151, 152] em conjunto com uma contraproposta de Marla Sokolowski e Doug Wahlsten.[1365] Jeremy Gray e Paul Thompson revisam uma gama de abordagens para a genética da inteligência humana.[571]

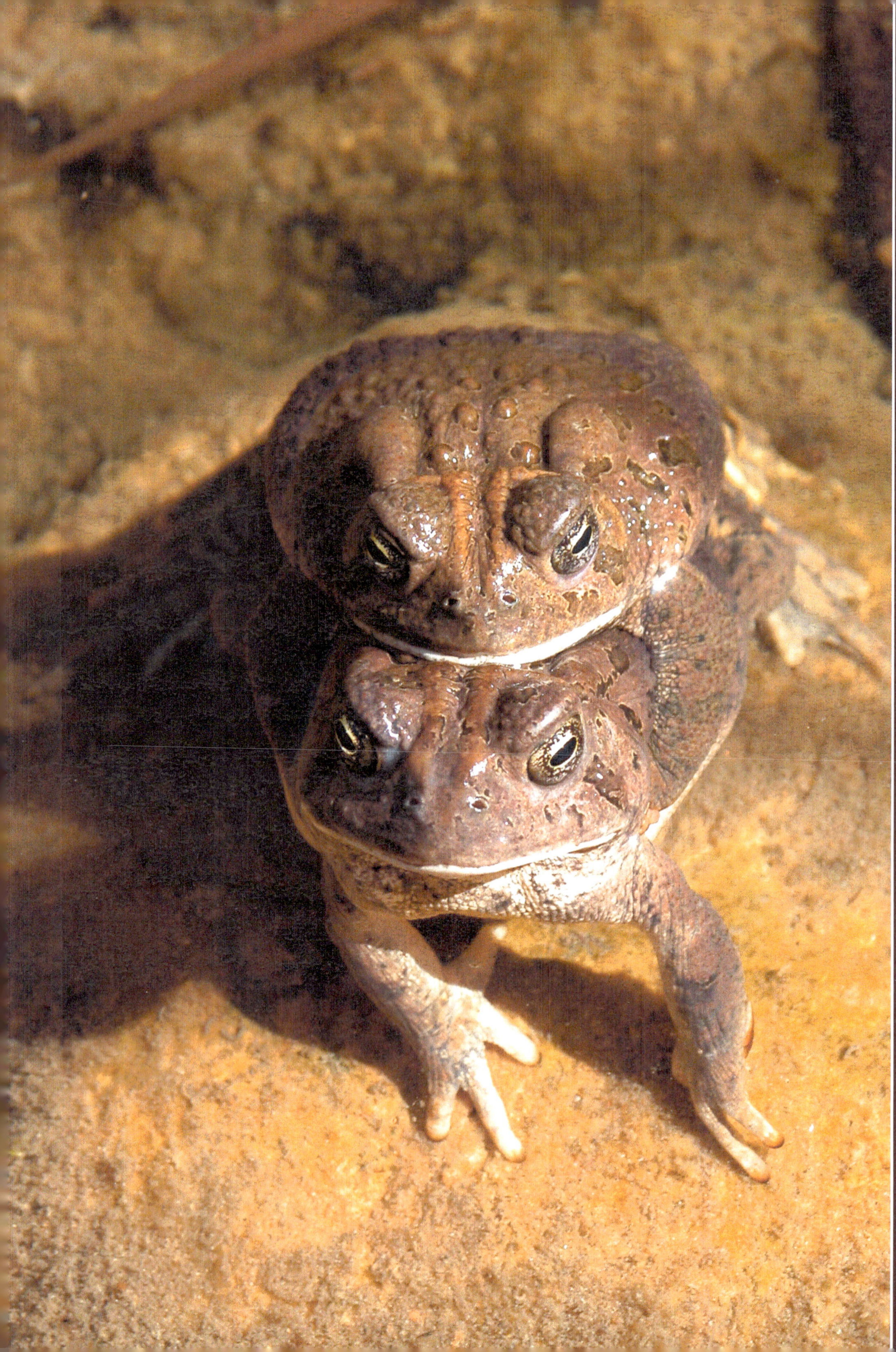

4

O Controle do Comportamento: Mecanismos Neurais

Uma vez que os sistemas nervosos são as bases para o comportamento animal, os biólogos comportamentais estão ansiosos para entender como esses sistemas funcionam, tópico já considerado no contexto do canto e cérebros dos pássaros (*ver* Capítulo 2). Embora o nosso entendimento atual sobre esses sistemas dependa da aplicação de tecnologias sofisticadas, até mesmo observações simples de animais em ação podem fornecer informações consideráveis sobre as propriedades dos mecanismos neurais. Considere os machos da abelha *Centris pallida*, que algumas vezes tentam copular com o dedo de uma pessoa, como aprendi um dia depois de separar o macho de sua parceira sexual para melhor medi-lo com um paquímetro. No meio desse processo, percebi, quase que acidentalmente, que se eu empoleirasse o macho em meu polegar virado para cima (Figura 4.1), ele o agarraria firmemente com suas patas, como se estivesse segurando uma fêmea de sua espécie. (Por acaso, abelhas machos não ferroam, então meu ato não foi nem corajoso, nem estúpido). Apesar do fato de meu dedo ter apenas uma vaga similaridade à fêmea de *C. pallida*, esta foi suficiente para o macho desta abelha.

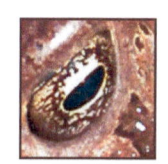

◀ **Como o cérebro induz o sapo *Bufo woodhousii* a agarrar-se à fêmea e a segurar com força?** Fotografia do autor.

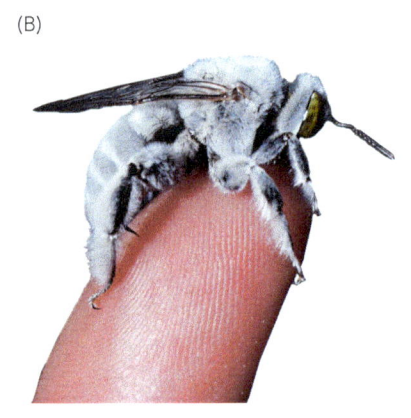

FIGURA 4.1 Resposta complexa a um estímulo simples. (A) Abelha macho copulando com fêmea de sua espécie. (B) Um macho desta espécie tenta (sem sucesso) copular com o polegar do autor. Fotografia do autor.

Mesmo não sendo neurofisiologista, pude perceber que o sistema nervoso da abelha possuía algumas regras operacionais distintas. Aparentemente, quando um macho de *C. pallida* agarra um objeto do tamanho aproximado de uma fêmea de sua espécie, os sinais sensoriais gerados por seus receptores táteis trafegam para outras partes de seu sistema nervoso, onde são produzidas mensagens posteriormente traduzidas em séries complexas de comandos musculares. O resultado comportamental é a sequência de movimentos que representam a corte em *C. pallida*. O fato de que essas atividades puderam ser estimuladas pelo meu dedo, em vez de por uma abelha fêmea, indica que o sistema nervoso do macho de *C. pallida* não é rigorosamente seletivo. Tampouco "minha abelha" é única a esse respeito, uma vez que machos da abelha *Colletes hederae* tentam copular com uma massa de larvas de besouros (Figura 4.2).

Casos desse tipo mostram que os sistemas nervosos podem gerar respostas complexas a estímulos muito simples. Esse fenômeno atrai a atenção daqueles que tentam entender como os neurônios (células nervosas) ou redes neurais adquirem informações de objetos do ambiente e então promovem comandos para o sistema nervoso, para que este responda especificamente. Graças às pesquisas desse tipo, hoje sabemos uma variedade de informações a respeito desses sistemas, por exemplo: como mariposas voando à noite podem detectar e evitar morcegos famintos que voam para caçá-las? Como a toupeira nariz-de-estrela usa seu fantástico nariz para localizar minhocas sa-

FIGURA 4.2 Um macho da **abelha solitária** *Colletes hederae* atraído por um aglomerado de larvas de besouros (alguns estão indicados pela seta). Depois de tentar copular com a massa de besouros, a abelha macho fica coberta pelas minúsculas larvas, que sobem a bordo e acabam transportadas para a abelha fêmea, se o macho for bem-sucedido em achar uma parceira da própria espécie. Fotografia de Nicolas Vereecken.

borosas em seus túneis subterrâneos? E como pássaros, borboletas e tartarugas marinhas podem navegar com precisão por grandes distâncias até alcançar destinos específicos? Os mecanismos proximais que tornam essas façanhas possíveis têm propriedades adaptativas que auxiliam os indivíduos a sobreviverem e reproduzirem nos ambientes utilizados por suas espécies. A interação entre análises proximais e distais dos sistemas de controle comportamentais é o foco deste capítulo.

Como os neurônios controlam o comportamento

O estudo de como as células nervosas ativam os comportamentos deu um grande passo quando Niko Tinbergen iniciou seu trabalho analisando a relação entre estímulo e respostas complexas em gaivotas.[1445] Quando balançavamos uma pequena vareta com a ponta pintada em faixas brancas e pretas na frente de um filhote de gaivota, o filhote com frequência bicava as faixas da mesma maneira que bicaria a ponta do bico dos pais (Figura 4.3). A gaivota adulta reage de maneira típica a essas bicadas regurgitando um peixe já meio digerido ou outra iguaria, que o filhote consome com entusiasmo. Você pode pensar que o filhote de gaivota necessitaria de uma gaivota viva para iniciar sua rotina de bicar o bico dos pais, mas uma vareta pintada e cartolinas recortadas no formato da cabeça de uma gaivota são suficientes para provocar a reação de bicar (Figura 4.4).[1444] Experimentos com esses e outros modelos revelam que os filhotes de gaivotas, pelo menos os bem jovens, aparentemente ignoram tudo, menos o formato do bico e o ponto vermelho no final dele. Tinbergen propôs que quando o filhote de gaivota vê determinados estímulos, sinais sensoriais são transmitidos por neurônios até o cérebro, onde por fim outros neurônios geram comandos motores que provocam o filhote a bicar a fonte do estímulo – seja localizada no bico da mãe, num pedaço de cartolina ou numa vareta.

Tinbergen e seu amigo Konrad Lorenz colaboraram em outro experimento famoso no qual identificaram que um simples estímulo é capaz de provocar um comportamento complexo. Eles constataram que, quando removiam o ovo de uma gansa e o colocavam a meio metro de distância do ninho, ela o recuperava esticando o

FIGURA 4.3 Comportamento de pedido de alimento por um filhote de gaivota. Um filhote de gaivota prateada é alimentado pela comida regurgitada por seus pais, depois de bicar o bico do adulto. Fotografia do autor.

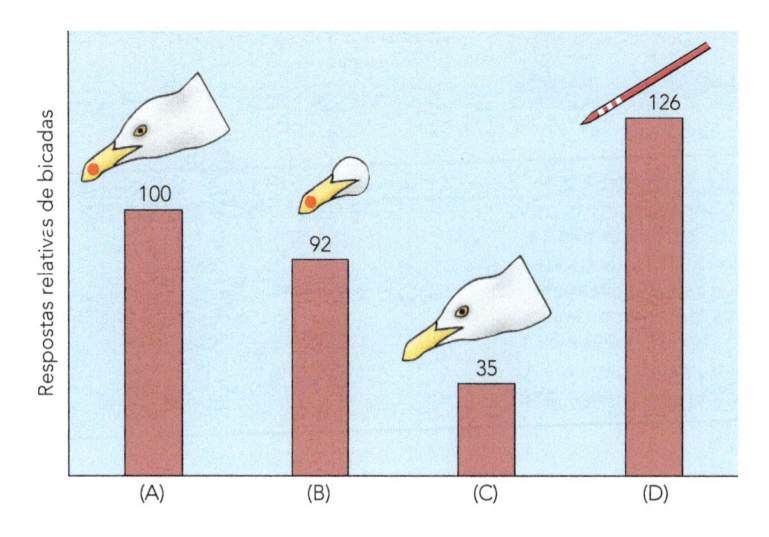

FIGURA 4.4 Eficácia de diferentes estímulos visuais em deflagrar o comportamento de pedido de alimento em filhotes de gaivotas. Um modelo bi-dimensional feito em cartolina com o formato da cabeça da gaivota e um ponto vermelho no bico (A) não é mais eficaz em provocar o comportamento de pedido de alimento em um filhote de gaivota que o modelo em que só aparece o bico (B), contanto que o ponto vermelho esteja presente. Além disso, o modelo da cabeça da gaivota sem o ponto vermelho (C) é um estímulo muito menos efetivo que o modelo totalmente irreal de um longo "bico" com barras contrastantes na ponta (D). Adaptada de Tinbergen e Perdeck.[1444]

pescoço para frente e apoiando o ovo debaixo de seu bico, a fim de trazê-lo rolando cuidadosamente de volta para o ninho. Se eles substituíssem o ovo da gansa por um objeto oval, ela iria invariavelmente rolar o objeto de volta. E se os pesquisadores removessem o objeto enquanto ele estava sendo rolado, a gansa continuava jogando a cabeça para trás como se o ovo ainda estivesse debaixo de seu bico.[1445] Diante desses resultados, Tinbergen e Lorenz concluíram que a gansa deveria ter um mecanismo perceptual altamente sensível a certos estímulos visuais providos pelos ovos e outros objetos de formato semelhante. E, além disso, que o mecanismo sensorial enviaria suas informações a neurônios do cérebro que automaticamente ativam um programa motor relativamente fixo para recuperação dos ovos.

A resposta de bicar do filhote de gaivota e o comportamento de recuperar ovos da gansa são apenas dois de muitos instintos que Tinbergen e Lorenz estudaram. Esses fundadores da **etologia**, disciplina dedicada ao estudo das causas proximais e distais do comportamento animal, tinham interesse especial nos instintos exibidos pelos animais que viviam em condições naturais. Um instinto pode ser definido como o padrão comportamental que aparece na forma funcional completa na primeira vez em que é executado, mesmo que o animal não tenha experiência prévia com os estímulos que provocam tal comportamento. Você pode lembrar um exemplo do Capítulo 3: a resposta de dardejar a língua em um filhote da serpente do gênero *Thamnophis* ao extrato de lesma-banana. Você deve se lembrar que o dardejar da língua não pode ser "geneticamente determinado", nem instintivo, porque esses comportamentos são dependentes da interação gene-ambiente que ocorre durante o desenvolvimento. No caso do filhote de gaivota, essas interações conduzem o desenvolvimento de um sistema nervoso que contém uma rede que possibilita à pequena ave identificar os componentes essenciais do bico da gaivota adulta e a bicar o ponto vermelho. A rede neural responsável em detectar um estímulo simples (o estímulo sinal) e ativar o instinto, ou padrão fixo de ação (PFA), é chamada de **mecanismo liberador inato** (Figura 4.5).[1445]

A relação simples entre mecanismo liberador inato, estímulo sinal e PFA é aumentada pela habilidade de algumas espécies em explorar os PFA de outras espécies,

FIGURA 4.5 **A teoria do instinto** foi desenvolvida por (A) Niko Tinbergen e Konrad Lorenz (*ver* Figura 3.5). Eles propuseram que um estímulo simples, como (B) um ponto vermelho no bico dos pais gaivotas, pode ativar ou liberar comportamentos complexos, tal qual o comportamento de pedido de alimento do filhote de gaivota. O efeito é executado, de acordo com esses etologistas, porque certas mensagens sensoriais, oriundas dos sinais estímulos, são processadas pelos mecanismos liberadores inatos (agrupamentos de neurônios) do sistema nervoso central, que levam a comandos motores que controlam padrões fixos de ação, séries pré-programadas de movimentos que constituem uma reação adaptativa ao estímulo liberador. Fotografia de B. Tschanz.

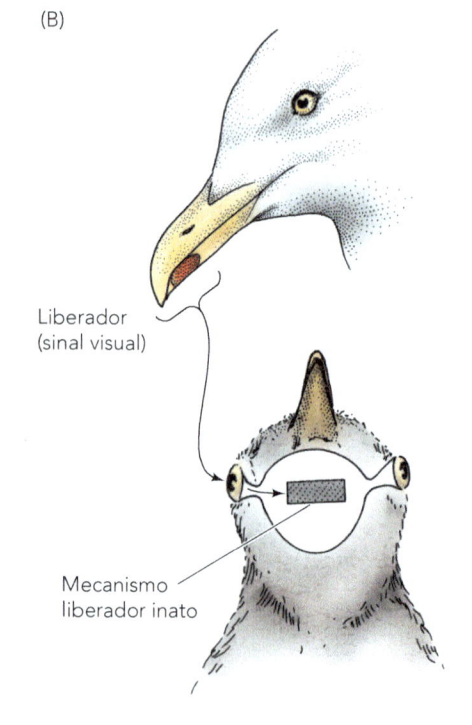

tática conhecida como quebra de código.[1562] No capítulo anterior, discutimos o exemplo das orquídeas cujas pétalas de flores podem prover estímulos visuais, táteis e olfatórios que deflagram o comportamento de cópula de vespas macho, para desvantagem do inseto (*ver* Figura 3.36). Em pelo menos uma espécie de orquídea, a planta produz uma imensa gama de substâncias químicas voláteis similares ou idênticas àquelas produzidas pelas fêmeas de espécies polinizadoras, e essas substâncias atraem os machos e o induzem a "copular" com a orquídea.[923] Da mesma forma, as larvas de besouros mencionadas anteriormente também usam cheiros que mimetizam os cheiros liberados pela abelha *C. pallida*. Quando um macho de *C. pallida* se lança sobre uma bola de larvas de besouros, ele fica coberto com pequenos parasitas que mais tarde podem ser transferidos para a abelha fêmea, se o macho tiver sorte suficiente em achar uma parceira sexual de verdade. Após mudarem para a abelha fêmea, as larvas serão eventualmente transportadas para o seu ninho subterrâneo, onde podem soltar-se e sobreviver. Elas consumirão as provisões que a abelha-mãe coletou e armazenou para a própria ninhada.[1490]

A similaridade entre as pistas olfatórias providas por um sinalizador enganoso e aquelas de outras espécies foi meticulosamente documentada no caso da borboleta azul *Maculinea alcon*, espécie europeia cujas lagartas cheiram como as larvas de duas espécies de formigas (Figura 4.6). Como resultado de seu mimetismo químico, uma pequena lagarta que acabou de eclodir de um ovo depositado na folha atrai uma formiga operária. A ingênua formiga levará a pequena lagarta para o ninho, onde outras formigas operárias a alimentarão e a protegerão assiduamente, como se ela fosse uma formiga imatura.[1029]

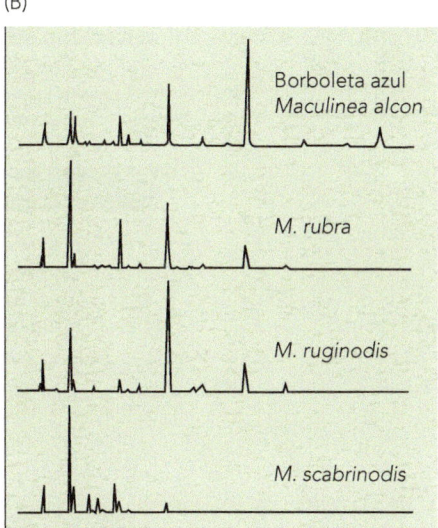

FIGURA 4.6 Quebra de código químico. (A) A larva de borboleta azul *Maculinea alcon* atrai uma formiga (*Myrmica rubra*), que recolhe a larva e a transporta para sua colônia, onde será cuidada por outras formigas. A inserção mostra uma borboleta adulta. (B) O sucesso da larva de borboleta em enganar a formiga deve-se à presença de substâncias químicas que mimetizam os cheiros presentes na formiga. O primeiro teste de cromatografia gasosa de cima para baixo mostra os compostos presentes na cutícula da borboleta (cada pico representa um determinado composto); as cromatografias do meio vêm de duas espécies de formigas enganadas para cuidar da larva de borboleta com se fosse sua própria; a cromatografia inferior mostra os compostos químicos encontrados na cutícula de uma terceira espécie de formiga *Myrmica*, que não responde às larvas da borboleta azul. A, fotografia de David Nash. B, adaptada de Nash e colaboradores.[1029]

FIGURA 4.7 Quebras-códigos visuais e acústicos. Este filhote de cuco implora por alimento para seus pais adotivos, um rouxinol-pequeno-dos-caniços (*Acrocephalus scirpaceus*), que aprovisiona ao cuco com grande custo para ele próprio e para sua ninhada. Fotografia de Ian Wyllie.

A quebra de códigos também é exercida pelas ninhadas de pássaros parasitas, como o cuco europeu e o chopim norte-americano, cujas fêmeas adultas depositam ovos em ninhos de outras espécies de pássaros. Após o ovo parasita eclodir, o filhote de cuco explora o hospedeiro imitando os sinais acústicos e visuais que os adultos da espécie geralmente usam para decidir quais filhotes alimentar.[361,1562] Tipicamente, pais que retornam ao ninho com alimento favorecem jovens que conseguem alcançar mais alto, movimentando a cabeça com bicos bem abertos. Os filhotes de cuco e de chopim crescem rapidamente e tornam-se maiores que os filhotes de seus hospedeiros e então podem deflagrar os mecanismos liberadores da alimentação parental melhor que seus companheiros de ninhada.[861] Os parasitas suplicam por alimento com tanta eficiência que conseguem mais que a parcela justa para cada filhote, e às vezes acabam crescendo mais que os "pais" ingênuos (Figura 4.7).

Para discussão

4.1 Sugira como um biólogo comportamental moderno pode investigar o efeito de um estímulo liberador, como o ponto vermelho do bico da gaivota, em termos de mudança de expressão gênica e atividade neural em partes específicas do cérebro de um filhote de gaivota. Talvez ajude revisar a relação entre canto dos pássaros, redes neurais e o gene ZENK, apresentados no Capítulo 2.

4.2 Machos de várias espécies de besouros são vistos tentando copular com vários objetos, de garrafas de cerveja a placas de sinalização (Figura 4.8). Aplique a terminologia etológica (ver Figura 4.5) para esses casos identificando o estímulo liberador, o padrão fixo de ação e o mecanismo liberador inato. Desenvolva então uma hipótese distal que descreva com clareza o comportamento mal-adaptado por parte desses besouros (que algumas vezes morrem tentando copular em vez de abandonar os parceiros inanimados que eles escolheram).

Receptores sensoriais e sobrevivência

Você não precisa usar jargões etológicos para estudar como sinais simples disparam respostas em geral adaptativas, mas, ocasionalmente, exploradas em animais de todos os tipos. Kenneth Roeder, por exemplo, estudou como mariposas noctuídeas escapam de morcegos sem se referir a mecanismos inatos e afins. Seu interesse em controle neural do comportamento de fuga nasceu depois de passar algum tempo ao ar livre em noites de verão com "uma quantidade mínima de iluminação, uma lâmpada de

FIGURA 4.8 Machos de besouro tentando copular com objetos que obviamente não são besouros fêmeas. Este grande besouro australiano tentará copular com qualquer objeto de cor parecida à da fêmea de sua espécie, tais como (A) uma garrafa de cerveja ou (B) um sinal de telecomunicação. A, fotografia de Darryl T. Gwynne; B, fotografia do autor.

100 watts com refletor, boa dose de paciência e repelente de mosquitos".[1234] Com esses itens, você também possivelmente verá uma mariposa atraída para a luz mudar abruptamente o curso, ou mergulhar verticalmente, quando um morcego aparece. Você também observará, algumas vezes, uma mariposa aproximar-se da luz e mudar de direção abruptamente, ou até mesmo despencar verticalmente em direção ao solo, se você chacoalhar um molho de chaves. As respostas das mariposas sugerem que elas podem detectar informações acústicas, que disparam certo comportamento, assim como informações visuais simples são suficientes para ativar o comportamento de pedir comida do filhote de gaivota.

A hipótese de que um estímulo acústico desencadeia o comportamento de fuga da mariposa é correta, mas os sons que a mariposa escuta quando as chaves são chacoalhadas não são os mesmos sons que nós escutamos. Ao contrário, a mariposa detecta sons de alta frequência produzidos pelo balançar das chaves, o que faz sentido quando consideramos que a maioria dos morcegos caçadores noturnos emite sons ultrassônicos, usando frequências entre 20 e 80 quilohertz (kHz), muito além da capacidade auditiva humana, mas não das mariposas.

Morcegos usam chamadas ultrassônicas para navegar à noite – o que não era conhecido antes de 1930, quando pesquisadores com detectores de ultrassom foram capazes de detectar os sons produzidos por morcegos em voo. Naquele tempo, Donald Griffin sugeriu que morcegos usavam chamados de alta frequência para escutar ecos ultrassônicos fracos refletidos de objetos na sua rota de voo.[581] Céticos da hipótese de ecolocalização convenceram-se após os experimentos de Griffin com pequenos morcegos marrons, espécie comum na América do Norte. Quando Griffin colocou morcegos numa sala escura cheia de moscas-das-frutas e arames pendentes do teto, os morcegos não tiveram problemas em pegar as moscas e ao mesmo tempo desviar dos obstáculos, até Griffin ligar uma máquina que enchia a sala com sons de alta frequência. Assim que os ultrassons produzidos pela máquina bombardeavam os morcegos, eles colidiam com os obstáculos e caíam no chão, onde permaneciam até Griffin desligar o aparelho. Em contraste, sons na faixa de 1 a 15 kHz (que os humanos podem ouvir) não tinham efeito nos morcegos porque esses estímulos não mascaravam os ecos de alta frequência vindos dos objetos da sala. Griffin concluiu corretamente que os pequenos morcegos marrons usam um sistema de sonar para evitar obstáculos e detectar presas à noite.

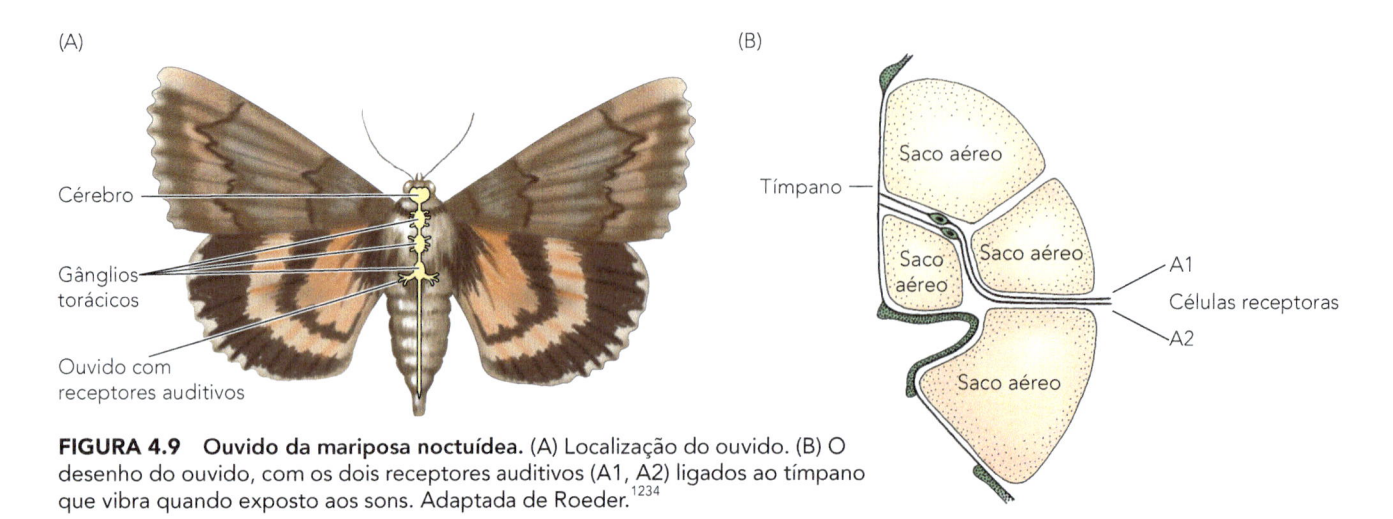

FIGURA 4.9 Ouvido da mariposa noctuídea. (A) Localização do ouvido. (B) O desenho do ouvido, com os dois receptores auditivos (A1, A2) ligados ao tímpano que vibra quando exposto aos sons. Adaptada de Roeder.[1234]

À medida que Roeder observava mariposas fugindo de morcegos que se deslocavam usando ecolocalização, teve a certeza de que os insetos eram capazes de escutar pulsos de ultrassom dos morcegos. Ele sabia que, se estivesse certo, seria capaz de encontrar órgãos de audição em algumas mariposas. Aproveitando-se de estudos anteriores sobre audição em mariposas, ele localizou as estruturas que mariposas noctuídeas usam para escutar ultrassons (Figura 4.9). Assim, revelou-se que a mariposa noctuídea tem dois ouvidos, um de cada lado do tórax. Cada ouvido consiste em uma camada fina e flexível de cutícula – a membrana timpânica ou tímpano – que reveste uma câmara ao lado do tórax. Ligados ao tímpano existem dois neurônios, os receptores auditivos A1 e A2. Essas células receptoras são deformadas quando o tímpano vibra, o que ocorre quando ondas sonoras intensas atingem o corpo da mariposa. Roeder decidiu focar sua atenção nesses receptores auditivos usando uma abordagem celular para entender as bases proximais do comportamento da mariposa.

Os receptores A1 e A2 da mariposa funcionam como a maioria dos neurônios: respondem à energia contida em determinados estímulos, alterando a permeabilidade de suas membranas a íons carregados positivamente. O estímulo efetivo para o receptor auditivo de uma mariposa parece ser provido pelo movimento do tímpano, que estimula mecanicamente a célula receptora, abrindo canais sensíveis à deformação na membrana celular. Quando íons positivamente carregados fluem para dentro, eles alteram a carga elétrica dentro da célula em relação à carga do outro lado da membrana. Se o influxo de íons for suficientemente grande, uma mudança elétrica local, substancial e abrupta pode ocorrer através da membrana e espalhar-se pelas porções vizinhas, estendendo-se pelo corpo celular e para o axônio – a "linha de transmissão" da célula (Figura 4.10). Essa breve mudança no potencial elétrico, do tipo "tudo-ou-nada", chamada **potencial de ação**, é o sinal que os neurônios usam para comunicar-se uns com os outros.

Quando um potencial de ação chega ao fim de um axônio, pode causar a liberação de um neurotransmissor neste ponto. Esse sinal químico

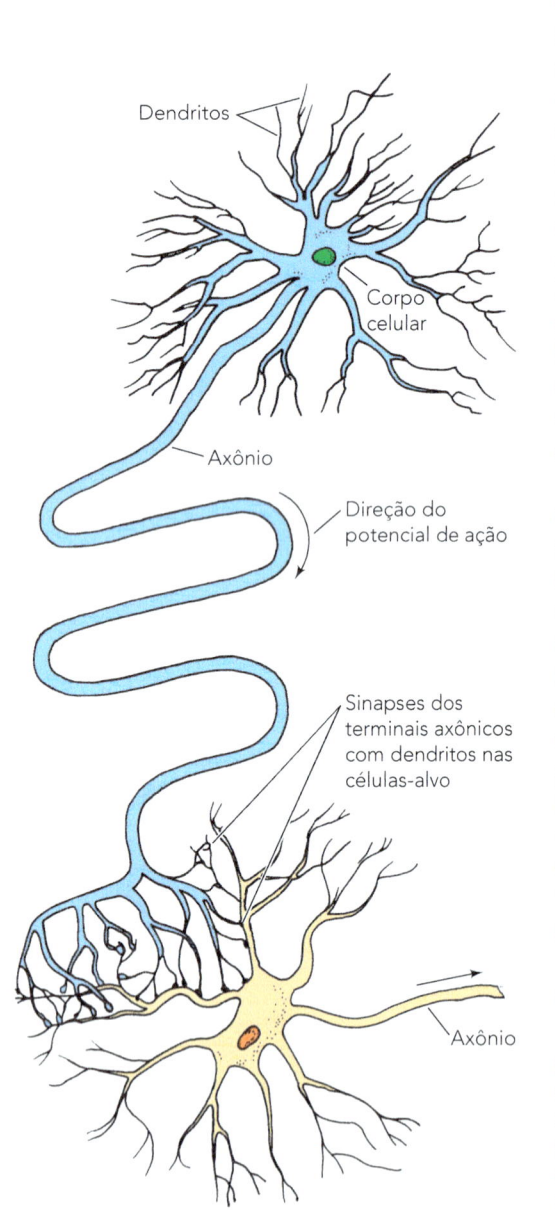

FIGURA 4.10 Neurônios em funcionamento. Este diagrama ilustra a estrutura geral de um neurônio, com dendritos, corpo celular, axônio e sinapses. A atividade elétrica em um neurônio origina-se de certos estímulos nos dendritos. Mudanças elétricas na membrana celular de um dendrito podem, se suficientemente fortes, deflagrar um potencial de ação que se inicia próximo ao corpo celular e trafega pelo axônio até a próxima célula da rede.

difunde-se através da fenda estreita, ou **sinapse**, que separa a ponta do axônio de uma célula da superfície da próxima célula da rede. Os neurotransmissores podem alterar a permeabilidade da membrana da próxima célula, numa reação em cadeia que aumenta (ou diminui) a probabilidade desse neurônio produzir seu próprio potencial de ação. Se o neurônio deflagra um potencial de ação em resposta a um estímulo provido pela célula antecessora na rede, a mensagem pode passar para a próxima célula e assim sucessivamente. Correntes de potenciais de ação iniciados por receptores distantes podem ter efeitos excitatórios (ou inibitórios) que se aprofundam no sistema nervoso, resultando finalmente em saídas de potenciais de ação que alcançam os músculos dos animais e os contraem.

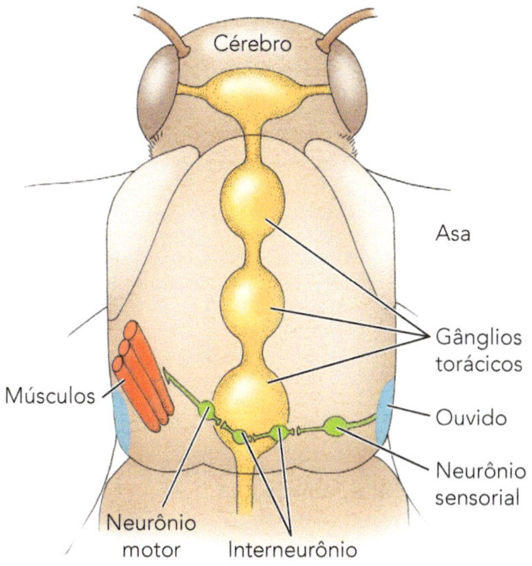

No caso da mariposa noctuídea estudada por Roeder, as células receptoras A1 e A2 estão ligadas às células transmissoras chamadas **interneurônios**, cujo potencial de ação pode alterar a atividade de outras células em um ou mais gânglios do tórax do inseto (gânglio é uma estrutura neural composta por uma massa altamente organizada de neurônios) que envia mensagens para o cérebro da mariposa (Figura 4.11). À medida que as mensagens fluem através dessas porções do sistema nervoso, certos padrões produzidos pelas células dos gânglios torácico estimulam outros interneurônios, cujos potenciais de ação alcançam neurônios motores conectados aos músculos das asas da mariposa. Quando o motoneurônio dispara, o neurotransmissor liberado na sinapse com a fibra muscular altera a permeabilidade da membrana da célula muscular. Essas mudanças iniciam a contração ou relaxamento de músculos, os quais direcionam as asas e dessa maneira afetam os movimentos da mariposa.

FIGURA 4.11 Rede neural de uma mariposa. Receptores no ouvido transmitem informações aos interneurônios do gânglio torácico, que por sua vez se comunicam com neurônios motores que controlam os músculos das asas.

O comportamento da mariposa, como o de qualquer animal, é o produto de uma série integrada de mudanças químicas e biofísicas em uma rede de células. Uma vez que essas mudanças ocorrem com rapidez marcante, uma mariposa pode reagir a certo estímulo acústico em uma fração de segundo, o que ajuda a mariposa a evitar a predação pelos morcegos.

Apesar dos neurônios de diversos animais serem muito parecidos no nível fundamental, eles diferem amplamente em suas funções. Os receptores auditivos da mariposa noctuídea são altamente especializados em detectar estímulo ultrassônico. Roeder demonstrou esse ponto introduzindo eletrodos de registro aos receptores A1 e A2 de mariposas vivas.[1234] Quando ele projetava uma variedade de sons para as mariposas, as respostas elétricas dos receptores eram registradas num osciloscópio. Esses registros revelaram os seguintes padrões (Figura 4.12):

1. O receptor A1 é sensível a ultrassons de intensidades baixa a moderada, enquanto que o receptor A2 começa a produzir potencial de ação somente quando o ultrassom for relativamente alto;
2. Conforme o som aumenta em intensidade, o receptor A1 dispara mais frequentemente e com pequeno atraso entre a chegada do estímulo no tímpano e o aparecimento do primeiro potencial de ação;
3. O receptor A1 dispara com muito mais frequência em resposta a pulsos de som que a sons estáveis, ininterruptos;
4. Nenhum dos receptores responde de modo diferente a sons de frequências acima de uma larga faixa ultrassônica. Por isso, um som de 30 kHz estimula o mesmo padrão de disparo que o som igualmente intenso de 50 kHz;
5. As células receptoras não respondem de maneira alguma aos sons de baixa frequência, o que significa que as mariposas são surdas aos estímulos que podemos ouvir com facilidade, tais como os chilros e trilados de grilos noturnos. E nós, é claro, somos surdos aos sons que as mariposas não têm problemas em escutar.

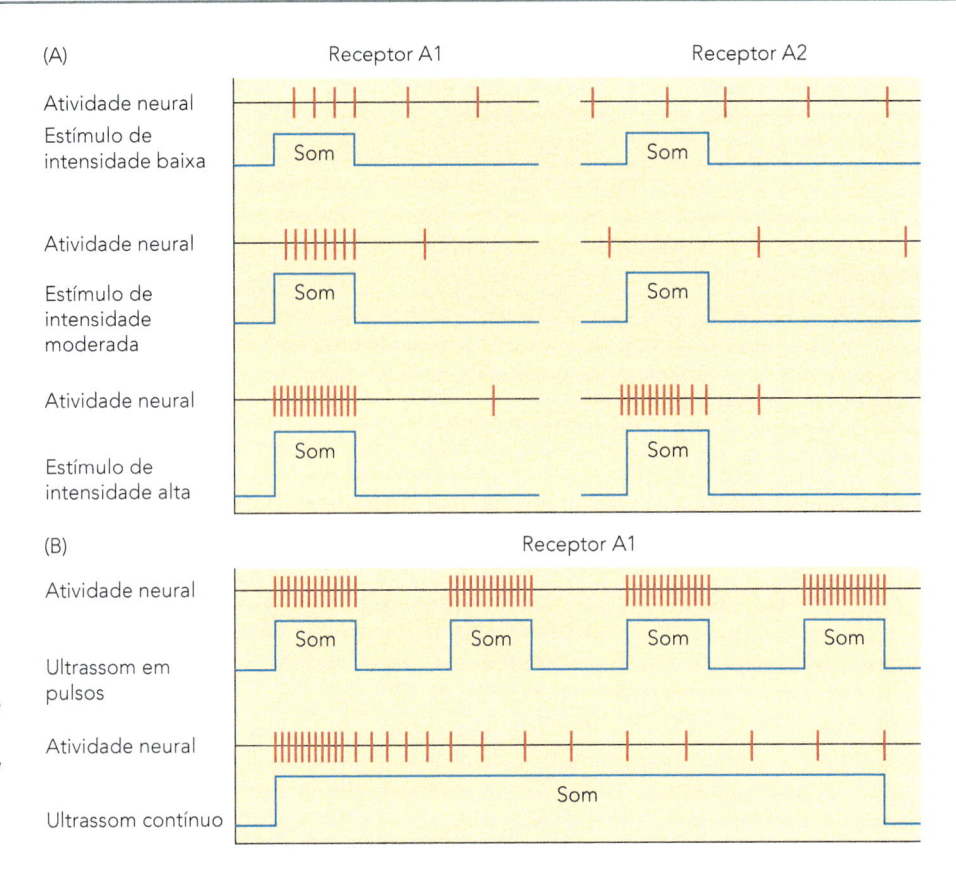

FIGURA 4.12 Propriedades dos receptores auditivos que detectam ultrassom na mariposa noctuídea. (A) Sons de baixa a moderada frequência não geram potenciais de ação no receptor A2. O receptor A1 dispara mais rápido e com mais frequência quando a intensidade do som aumenta. (B) O receptor A1 reage intensamente no início, mas depois reduz o padrão de disparo se o estímulo do som é constante.

Apesar dos ouvidos da mariposa terem apenas dois receptores cada, eles podem fornecer uma quantidade impressionante de informações ao sistema nervoso sobre a ecolocalização dos morcegos. A propriedade chave do receptor A1 é a alta sensibilidade aos pulsos de ultrassom, o que possibilita a geração de potencial em resposta a um som fraco emitido por um pequeno morcego marrom a 30 metros de distância, muito antes que o morcego possa detectar a mariposa. Somando-se a isso, o padrão de disparo da célula A1 é proporcional à altura do som, assim o inseto tem um sistema para determinar quando o morcego está se aproximando ou se distanciando.

Os ouvidos da mariposa também obtêm informação que pode ser usada para localizar o morcego no espaço. Se o morcego caçador estiver à esquerda da mariposa, por exemplo, o receptor A1 no tímpano esquerdo será estimulado uma fração de segundos antes e com um pouco mais de força que o receptor A1 do ouvido direito, abrigado do som pelo corpo da mariposa. Como resultado, o receptor esquerdo dispara antes e mais vezes que o direito (Figura 4.13A). O sistema nervoso da mariposa pode também detectar quando o morcego está acima ou abaixo dela. Se o predador estiver acima da mariposa, então com o movimento contínuo da mariposa de bater asas para cima e para baixo, haverá uma flutuação correspondente na taxa de disparos dos receptores A1 à medida que estes são expostos ou protegidos de sons produzidos pelo morcego. Se o morcego estiver diretamente abaixo da mariposa, não ocorrerá essa flutuação na atividade neural (Figura 4.13C).

Quando os sinais neurais iniciados pelos receptores percorrem o sistema nervoso da mariposa, geram mensagens motoras que provocam a meia-volta da mariposa e o voo em direção oposta à fonte do estímulo ultrassônico.[1233] Quando a mariposa estiver se movendo para longe do morcego, ela expõe menor área para a ecolocalização do que quando toda a superfície de suas asas estiver exposta à vocalização do morcego. Se o morcego não receber nenhum eco relacionado ao inseto após emitir seus chamados, ele não pode detectar o alimento. Morcegos raramente voam em linha reta por muito tempo, assim existem boas chances de que a mariposa não seja detectada se permanecer fora de alcance por alguns segundos. Até lá, o morcego terá encontrado outra mariposa dentro de seu campo de detecção e desviado para persegui-la.

Para empregar sua resposta antidetecção, a mariposa deve orientar-se de maneira a sincronizar a atividade dos dois receptores A1. Diferenças no padrão de disparo pelo receptor A1 nos dois ouvidos são provavelmente monitoradas pelo cérebro, que por sua vez envia mensagens neurais para os músculos das asas, via gânglio torácico e neurônios motores correlatos. As mudanças resultantes na ação muscular guiam a mariposa para longe do lado de seu corpo cujo ouvido estiver recebendo estímulos mais fortes. Você pode imaginar o que aconteceria se a mariposa virasse para o lado cujo ouvido estivesse mais fortemente estimulado. Quando a mariposa afasta-se do intenso ultrassom que alcança um lado de seu corpo, vai chegar um ponto em que ambas as células A1 são igualmente ativadas; neste momento, a mariposa estará virada na direção oposta ao morcego, dirigindo-se para longe do perigo (ver Figura 4.13C).

Essa reação é eficaz se a mariposa não tiver sido detectada; porém, será inútil se um morcego veloz aproximar-se a 3 metros da mariposa. Neste ponto, a mariposa tem no máximo um segundo, talvez menos, antes que o morcego a alcance.[743] Entretanto, mariposas nessa situação não tentam fugir de seus inimigos, mas sim empregam manobras drásticas de evasão, incluindo voos em círculos e mergulhos radicais, o que dificulta a interceptação por morcegos. Uma mariposa que executa um mergulho bem-sucedido e alcança um arbusto ou mato estará segura de um ataque subsequente porque os ecos das folhas onde a mariposa aterrissou mascaram os ecos vindos da mariposa.[1233] Outros insetos noturnos desenvolveram de forma independente a capacidade de sentir ultrassons e também executam ações evasivas quando morcegos os atacam (Figura 4.14).[986,1626,1627]

Roeder especulou que as bases fisiológicas para esse voo de escape errático relacionavam-se ao circuito neural ligando os receptores A2 ao cérebro e deste de volta ao gânglio torácico.[1235] Quando um morcego está prestes a colidir com uma mariposa, a intensidade das ondas sonoras que alcançam os ouvidos dos insetos está alta. É sob essas condições que as células A2 disparam. Roeder acreditava que os sinais de A2, uma vez enviados ao cérebro, deveriam desligar o mecanismo central de navegação que regula a atividade dos neurônios motores para o voo. Se o mecanismo de navegação estivesse inibido, as asas das mariposas começariam a bater fora de sincronia, irregularmente, ou de maneira nenhuma. Como resultado, o inseto pode não saber para onde está indo, assim como o morcego perseguidor, cuja incapacidade de seguir a presa permite que o inseto escape.

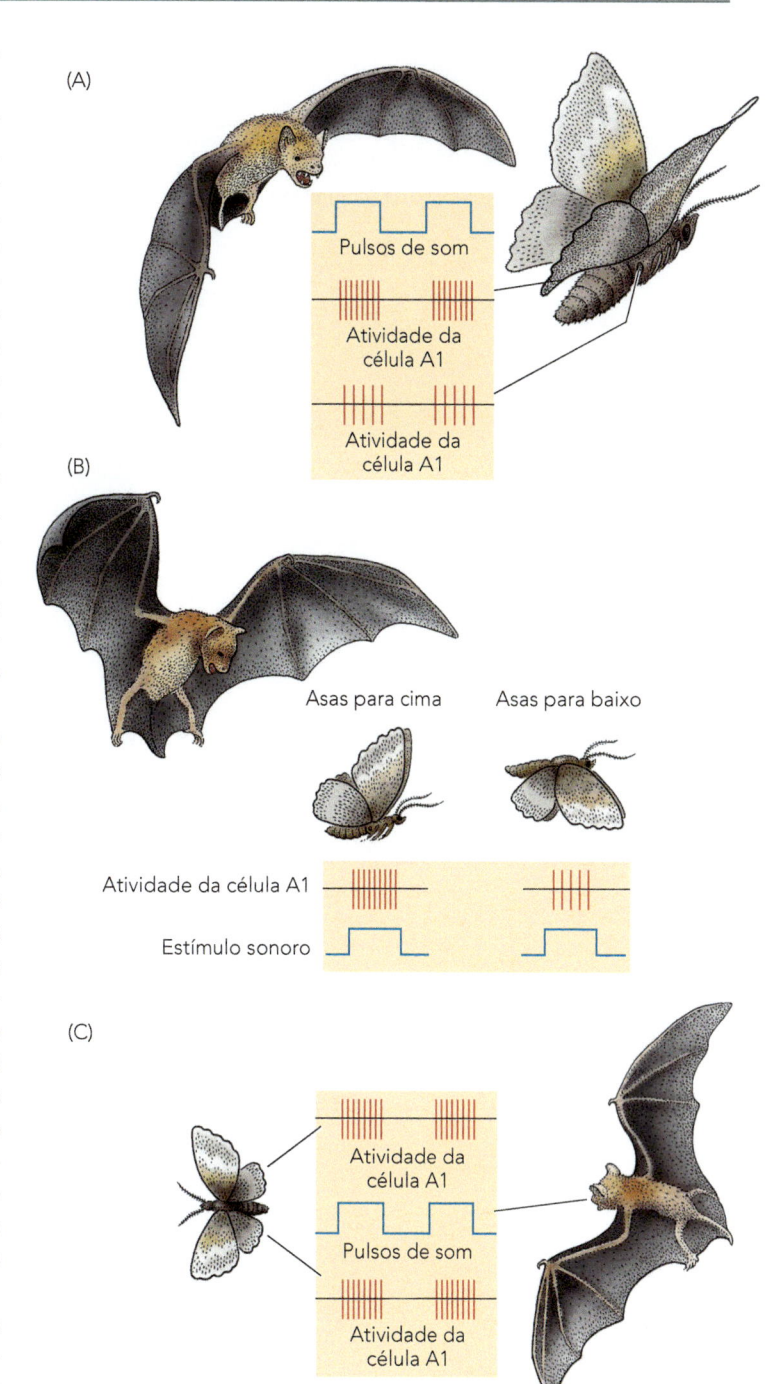

FIGURAS 4.13 Como mariposas noctuídeas podem localizar morcegos. (A) Quando o morcego está de um lado da mariposa, o receptor A1 do lado mais próximo do predador dispara mais rápido e mais frequentemente que o receptor do outro lado. (B) Quando o morcego está acima da mariposa, a atividade dos receptores A1 flutuam em sincronia com o batimento das asas da mariposa. (C) Quando o morcego está atrás da mariposa, ambos os receptores A1 disparam no mesmo padrão e na mesma velocidade. (As figuras não estão desenhadas em escala).

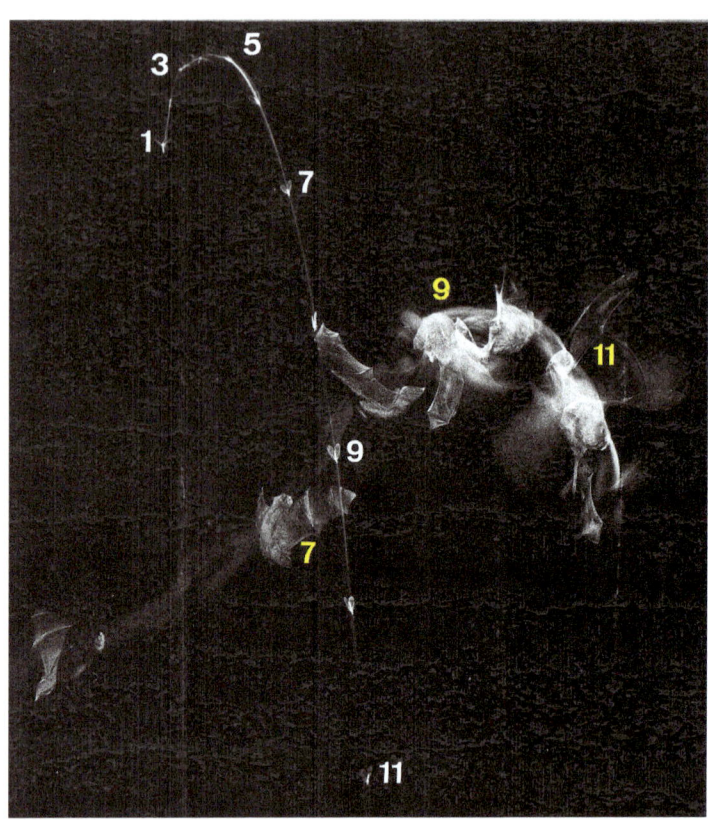

FIGURA 4.14 As vocalizações ultrassônicas do morcego deflagram o comportamento de evasão em vários insetos. Em um voo normal, um louva-a-deus mantém suas patas dianteiras próximas ao corpo (em cima, à esquerda), mas quando ele detecta ultrassom, rapidamente estende as patas (embaixo, à esquerda), o que causa um giro no inseto que mergulha de forma errática. Da mesma forma, um crisopídeo pode empregar o mergulho anti-intercepção (à direita) quando se aproxima um morcego predador. Os números sobrepostos nesta fotografia de múltiplas exposições mostram as posições do crisopídeo e do morcego (o crisopídeo sobreviveu). Fotografias à esquerda, em cima e embaixo, de Yager e May,[1627] fotografias de D.D. Yager e M.L. May; à direita, fotografia de Lee Miller.

Apesar das hipóteses de Roeder sobre as funções das células A1 e A2 serem plausíveis e corroboradas por evidências consideráveis, especialmente em relação ao receptor A1, outras pessoas continuaram a pesquisar como essas células moderam as interações entre mariposas e morcegos. Como resultado, sabemos agora que as mariposas da família Notodontidae, mesmo tendo um só receptor auditivo por ouvido, exibem a resposta bifásica à aproximação dos morcegos: o desvio de morcegos ainda distantes e o voo errático de último segundo. Assim, pode não haver a necessidade de duas células para a dupla resposta das mariposas aos seus predadores.[1405] Mesmo em mariposas com dois receptores por ouvido, a atividade da célula A1 muda acentuadamente quando um morcego aproxima-se porque a altura do chamado ultrassônico aumenta e torna-se muito mais intenso (Figura 4.15).[504] Neurônios de alta ordem na cadeia de comando poderiam analisar as mudanças correlatas da atividade somente dos receptores de A1 e realizar os necessários ajustes adaptativos, sem o envolvimento dos receptores A2.

Outras dúvidas de que a célula A2 é necessária para deflagrar o comportamento errático evasivo vem do fato de que, em algumas mariposas noctuídeas, tanto as células A1 como A2 podem diminuir ou aumentar os disparos durante a fase terminal de zunido – os últimos 150 milissegundos – do ataque do morcego. Alguém poderia

(A) Grito ultrassônico do morcego em caça

Aproximação → Zunido terminal

Início

100 milissegundos

Zunido | Fim do zunido

(B) Início do grito do morcego e resposta da mariposa

- Célula A1
- Célula A2
- Célula B

(C) Início do zunido do morcego e resposta da mariposa   20 milissegundos

(D) Fim do zunido do morcego e resposta da mariposa   10 milissegundos

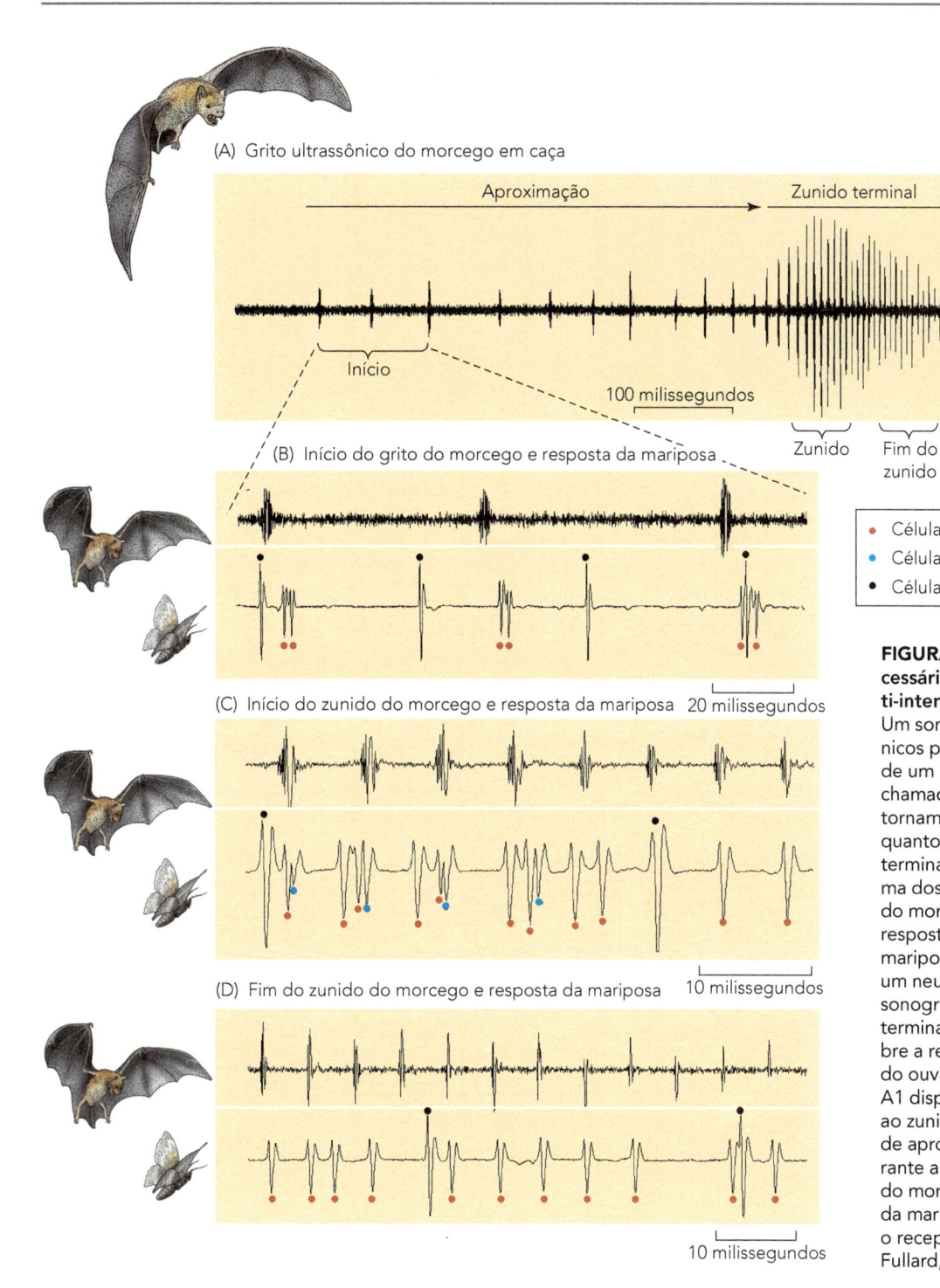

10 milissegundos

FIGURA 4.15 A célula A2 é necessária para o comportamento anti-interceptação em mariposas? (A) Um sonograma dos pulsos ultrassônicos produzidos pela aproximação de um morcego. A velocidade dos chamados ultrassônicos aumenta e tornam-se muito mais intensos enquanto aproxima-se da presa (a fase terminal de zunido). (B) Um sonograma dos chamados de aproximação do morcego é mostrado sobre a resposta dos receptores A1 e B nas mariposas noctuídeas (A célula B é um neurônio não auditivo). (C) Um sonograma da parte inicial do zunido terminal do morcego é mostrado sobre a resposta das células A1, A2 e B do ouvido da mariposa. O receptor A1 dispara mais vezes em resposta ao zunido terminal que ao chamado de aproximação do morcego. (D) Durante a parte final do zunido terminal do morcego, somente as células A1 da mariposa noctuídea são ativadas, o receptor A2 não. Adaptada de Fullard, Dawson e Jacobs.[504]

pensar que essas células continuariam a sinalizar se uma delas fosse verdadeiramente importante em controlar a manobra evasiva de mariposas ameaçadas de ataque. James Fullard e seus colaboradores sugerem que talvez essas células falhem em sinalizar nesse último estágio simplesmente porque as vocalizações de ataque do morcego nas proximidades, extremamente altas e rápidas, incapacitam as células; desse modo, temos razões para questionar se existe uma conexão entre a atividade da célula A2 e a resposta da mariposa às investidas dos morcegos.[504]

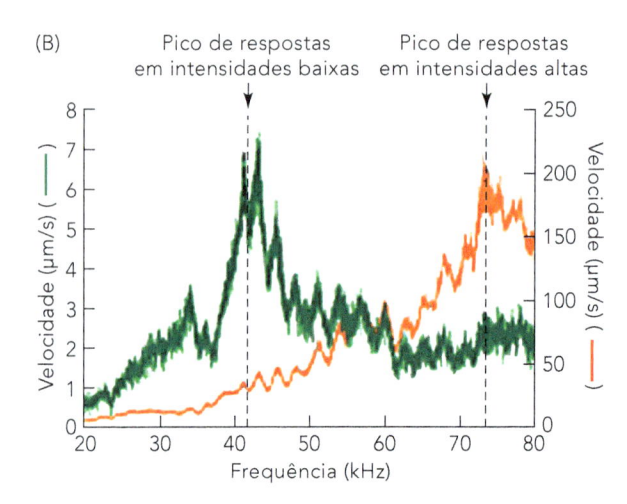

FIGURA 4.16 O tímpano da mariposa *Noctua pronuba* (mostrado em A com o neurônio mecanossensorial em destaque pela seta) vibra diferentemente em resposta a estímulos ultrassônicos de baixa intensidade (mostrados em verde) que a ultrassons de alta intensidade (mostrados em laranja). O pico de resposta do tímpano a sons menos intensos está em frequência mais baixa que o pico de resposta aos sons de alta intensidade. Adaptada de Windmill, Fullard e Robert.[1596]

Para discussão

4.3 A Figura 4.16A mostra a localização da membrana timpânica de uma mariposa noctuídea. A Figura 4.16B mostra como o tímpano vibra em resposta a sons variando de 20 a 80 kHz quando esses sons estão em baixa intensidade (a curva verde) e em alta intensidade (a curva laranja). O que é surpreendente nesses resultados? Essas propriedades poderiam promover a habilidade da mariposa em detectar e responder adaptativamente aos chamados dos morcegos? Dois pontos a se considerar: (1) mariposas saem-se melhor escutando ultrassons de baixa frequência e (2) morcegos alteram para ultrassom de alta frequência durante a última fase do ataque enquanto tentam capturar a presa voadora.[1595]

4.4 Uma barata americana pode desviar-se de um perigo iminente, tal como um sapo faminto prestes a dar um bote ou um mata-moscas manejado por um humano com repugnância às baratas, um centésimo de segundo após o ar empurrado pela frente da cabeça do sapo ou pelo mata-moscas alcançar o corpo da barata. Uma barata tem sensores que detectam até mesmo um pequeno deslocamento de ar; esses sensores estão concentrados em seus cercos, dois apêndices finos no final de seu abdome. Um cerco aponta ligeiramente para a direita, o outro para a esquerda. Use o que você sabe sobre a orientação da mariposa em relação à vocalização do morcego para sugerir como esse sistema simples pode prover as informações que a barata necessita para desviar-se do sapo, em vez de aproximar-se. Como você poderia testar a hipótese experimentalmente?

Transmissão e resposta aos impulsos sensoriais

O caso da mariposa e do morcego também demonstra como o conhecimento da história natural e os problemas reais confrontando um animal podem ajudar os biólogos a formularem hipóteses produtivas sobre os mecanismos sensoriais de uma espécie. Kenneth Roeder sabia que as mariposas noctuídeas vivem num mundo cheio de matadores de mariposas ecolocalizadores; ele procurou e encontrou um mecanismo especializado que ajuda a mariposa a lidar com esses inimigos. Muitos outros pesquisadores seguiram Roeder em explorar a relação entre a ecologia de uma espécie e seus mecanismos neurofisiológicos.

Até agora focamos principalmente em como os receptores auditivos da mariposa noctuídea coletam informação sobre ultrassom. Obviamente, para o inseto agir com base nessa informação, seus receptores devem passar adiante as mensagens para as porções centrais do sistema nervoso, que podem processar as entradas de informações acústicas e ordenar reações apropriadas. Ainda não se sabe como isso é conseguido nas mariposas noctuídeas, mas sabemos algo sobre os mecanismos proximais da transmissão da informação em outro inseto, o grilo *Teleogryllus oceanicus*, que também escapa dos ultrassons produzidos pelos morcegos.[997] Como nas mariposas noctuídeas, a habilidade dos grilos em evitar os morcegos começa com o disparo de certos receptores auditivos em ouvidos sensíveis a ultrassom, localizados nas patas dianteiras. Mensagens sensoriais desses receptores trafegam para outras células no sistema nervoso central do grilo. Entre os receptores dessas mensagens está um par de interneurônios sensoriais chamados int-1, também conhecidos com AN2, localizados bilateralmente no corpo do inseto. Ron Hoy e seus colaboradores estabeleceram que int-1 tem um papel fundamental na percepção de ultrassons através da emissão de sons de frequências diferentes para um grilo e registrando a sua atividade neural resultante. Seus registros revelaram que essas células tornam-se altamente excitáveis quando os ouvidos dos grilos são banhados por ultrassons. Quanto mais intenso um som na faixa de 40 a 50 kHz, mais potenciais de ação são produzidos por essas células e mais curtos são os intervalos entre estímulo e resposta: duas propriedades compatíveis àquelas dos receptores A1 nas mariposas noctuídeas.

Esses resultados sugerem que a célula int-1 é parte do circuito neural que ajuda o grilo a responder ao ultrassom. Se isso for verdade, conclui-se que se alguém pudesse experimentalmente inativar int-1, uma estimulação ultrassônica não deveria gerar a reação típica de um grilo ameaçado suspenso no ar, ou seja, desviar-se da fonte de som inclinando o abdome (Figura 4.17). Grilos com as células int-1 temporariamente

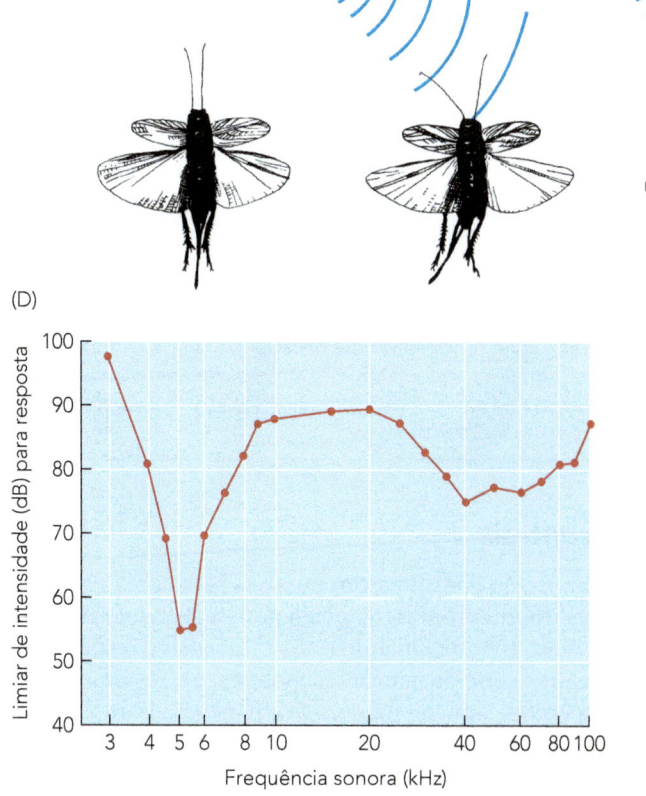

FIGURA 4.17 Sons de frequências diferentes que repelem ou atraem grilos. (A) Na ausência de som, um grilo mantém o abdome reto. (B) Se o grilo escuta um som de baixa frequência, ele volta-se para o som. (C) Se escuta um som de alta frequência, ele vira-se na direção oposta. Machos desta espécie produzem chamados de alta frequência de aproximadamente 40 kHz. (D) Curva de sintonia do interneurônio int-1. Sons entre 5 a 6 kHz necessitam de apenas 55 decibéis (dB) de altura para deflagrar resposta. A maioria dos outros sons tem que ser bem mais altos para ativar a resposta desta célula; note, entretanto, a intensidade de inclinação em torno de 40 kHz, que é a faixa ultrassônica produzida pelos morcegos. Adaptada de Moseff, Pollack e Hoy.[997]

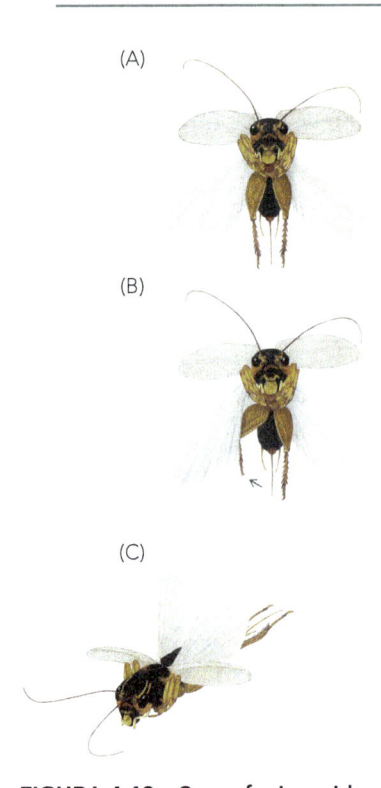

FIGURA 4.18 Como fugir rapidamente de um morcego. (A) Um grilo voador tipicamente mantém as patas traseiras esticadas para não interferir no batimento das asas. (B) Ultrassom pelo lado esquerdo do grilo faz a pata direita se erguer em direção à asa direita. (C) Como resultado, os batimentos da asa direita tornam-se lentos, e o grilo move-se para a direita, para longe da fonte de ultrassom, num mergulho em direção ao solo. Desenhos de Virge Kask, adaptados de May.[955]

inativadas não conseguem evadir-se, mesmo que seus receptores estejam disparando. Assim, int-1 é necessário na resposta de evasão.

O resultado dessa predição é que se alguém pode ativar int-1 num voo de um grilo amarrado (e isto é possível, com um eletrodo apropriado), o grilo deveria mudar sua orientação como quando exposto ao ultrassom, mesmo não estando exposto. A ativação experimental de int-1 é suficiente para que o grilo flexione o abdome.[1052] Esses experimentos estabeleceram de modo convincente que a ativação de ant-1 é ao mesmo tempo necessária e suficiente para a resposta de evasão dos grilos voadores aos morcegos; portanto, esse interneurônio pode ser considerado uma parte crucial do aparato de retransmissão entre os receptores e o sistema nervoso central que permite ao grilo reagir adaptativamente ao estímulo de ultrassom.

E como um grilo voador executa ordens do cérebro para desviar-se de um ultrassom? Esse problema atraiu a atenção de Mike May, que não começou seus estudos conduzindo cuidadosamente um experimento, mas sim "brincando com o estímulo de ultrassom e assistindo as respostas de um grilo amarrado".[955] Quando May atacava o grilo com rajadas de ultrassom, ele notou que as batidas das asas posteriores pareciam desacelerar a cada aplicação do estímulo. Os grilos têm quatro asas, mas somente as posteriores estão diretamente envolvidas com o voo. Se a asa posterior oposta ao ultrassom realmente desacelerasse, isso reduziria a força e empurraria um lado do corpo do grilo, com correspondente desvio (ou guinada) para longe do estímulo.

Com base em suas observações informais, May propôs que o trajeto de voo do grilo era controlado pela posição da pata posterior do inseto, que, quando levantada em direção à asa posterior, alterava o batimento dessa asa e desse modo mudava a posição do grilo no espaço (Figura 4.18). May prosseguiu e tirou uma série de fotografias em alta velocidade de grilos com e sem patas posteriores. Sem a pata posterior apropriada para agir como freio, ambas as asas continuavam batendo desimpedidas quando o grilo era exposto ao ultrassom. Como resultado, grilos sem as patas posteriores requeriam aproximadamente 140 milissegundos para começar a virar, enquanto grilos intactos começavam seus giros em aproximadamente 100 milissegundos. Essas descobertas levaram May a afirmar que os neurônios da rede de detecção de ultrassons requisitam o neurônio motor apropriado, e esse neurônio induz a contração muscular da pata posterior no lado oposto do grilo. Quando esses músculos contraem-se, erguem a pata em direção à asa, interferindo em seus batimentos, causando assim uma virada rápida do grilo para longe do ultrassom produzido pelo morcego.[955]

Para discussão

4.5 Esquematize a pesquisa de Mike May em relação à questão que provocou seu estudo e sua hipótese, predições, evidências e conclusões científicas. Além disso, qual a contribuição que essa pesquisa traria ao entendimento de locustídeos, grupo de insetos não muito próximo aos grilos, que também possuem um mecanismo especial para alteração muito rápida das posições das patas e batimentos das asas em reação ao ultrassom, gerando inclinação descendente para longe do estímulo?[370]

Geradores de padrões centrais

Em grilos e em mariposas, a estimulação por ultrassom excita os receptores auditivos que enviam sinais sensoriais aos interneurônios, os quais podem retransmitir para neurônios dentro do sistema nervoso central. Quando essas células-alvo respondem, podem gerar sinais que excitam uma série de neurônios motores, e o resultado final é que certos músculos contraem ou relaxam, de modo que a mariposa para de bater suas asas ou o grilo ergue a pata, freando a atividade de uma asa. O mergulho de fuga da mariposa e o desvio evasivo do grilo perseguidos por morcegos são efetivados por respostas de uma etapa deflagradas por estímulos simples presentes nos ambientes dos animais. A maioria dos comportamentos, entretanto, envolve uma série coordenada de respostas musculares, que não podem resultar do comando único de um neurônio ou uma rede neural. Considere, por exemplo, o comportamento de fuga da lesma-do-mar *Tritonia diomedea*, ativado quando a lesma entra em contato com seu predador, a estrela-do-mar (Figura 4.19). O estímulo associado com este evento faz a lesma nadar no padrão deselegante das lesmas marinhas, flexionando o corpo para cima e para baixo.[1583] Se tudo der certo, ela se moverá para longe o suficiente da estrela-do-mar e sobreviverá mais um dia.

Como a *Tritonia* controla essa resposta natatória de múltiplos passos, que requer de 2 a 20 flexões alternadas, cada uma envolvendo a contração de uma camada muscular do dorso da lesma seguida por uma contração dos músculos da barriga? Decorre que os músculos dorsais e ventrais estão sob controle de um pequeno número de motoneurônios. Os neurônios de flexão dorsal (NFD) são ativados quando o animal está curvado em U, e o neurônio de flexão ventral (NFV) produz um pulso de potenciais de ação que curva a lesma em um U invertido (Figura 4.20). Mas o que controla os padrões alternados de atividade de NFD e NFV?

FIGURA 4.19 Comportamento de fuga de uma lesma marinha. A lesma desta fotografia começou a nadar fugindo de seu inimigo mortal, uma estrela-do-mar. Os músculos dorsais da lesma são contraídos ao máximo, puxando juntas a cauda e a cabeça. Em seguida, os músculos ventrais contraem-se e a lesma começa afastar-se. Fotografia de William Frost.

A resposta de fuga começa quando as células receptoras sensoriais (S) da pele da *Tritonia* detectam determinadas substâncias químicas dos tentáculos de sua inimiga, a estrela-do-mar (Figura 4.21). Então, os receptores transmitem mensagens aos interneurônios, entre eles os interneurônios da rampa dorsal (IRD), os quais, sob estimulação suficientemente forte, disparam continuamente. Essa categoria de interneurônios envia uma corrente de sinais excitatórios para vários interneurônios (os interneurônios natatórios dorsais ou IND), que fazem parte de um conjunto de células interconectadas, entre elas os interneurônios natatórios ventrais (INV) e os neurônios cerebrais 2 (C2), assim como os neurônios flexores já mencionados.[530,531] Existe uma rede de relações excitatórias e inibitórias nesse agrupamento de interneurônios em que, por exemplo, a atividade em IND ativa C2, que por sua vez conduz a excitação

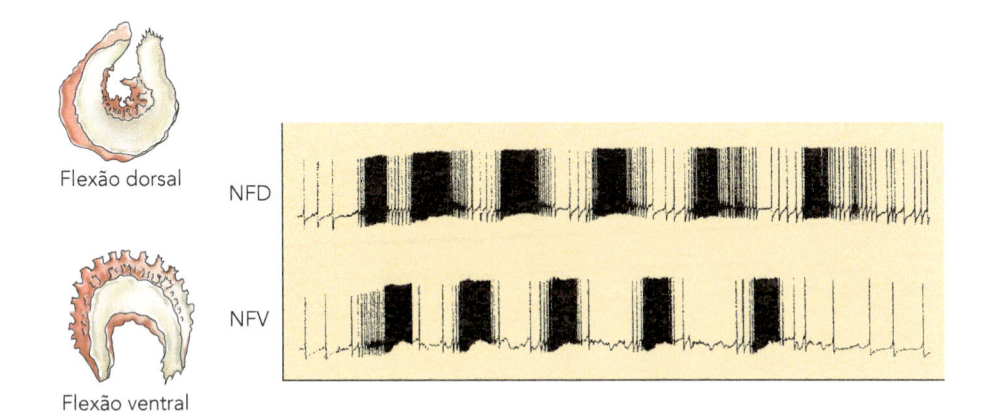

FIGURA 4.20 Controle neural do comportamento de escape em *Tritonia*. Os músculos dorsais e ventrais da lesma marinha estão sob controle de dois neurônios flexores dorsais (NFD) e um neurônio flexor ventral (NFV). O padrão alternado de atividade destas duas categorias de neurônios motores é traduzido em curvaturas dorsais e ventrais – os movimentos que causam o nado do animal. Adaptada de Willows.[1583]

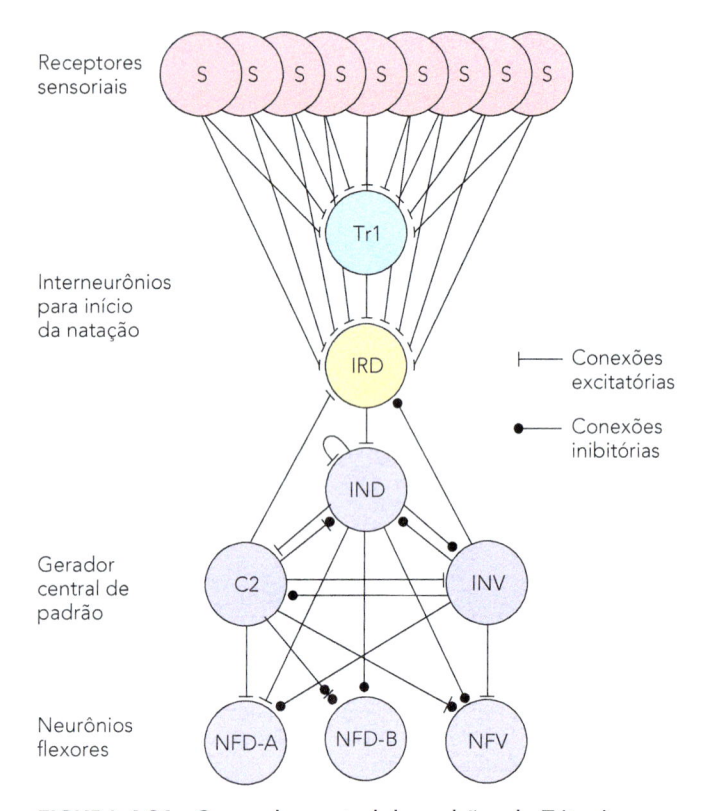

FIGURA 4.21 O gerador central de padrões de *Tritonia* em relação aos interneurônios da rampa dorsal (IRD) que mantêm a atividade nas células que geram uma sequência de sinais necessários para a lesma marinha nadar para um local seguro. Estes interneurônios recebem sinais excitatórios das células receptoras (S) e de outro interneurônio (Tr1). Células IRD por sua vez interagem com três outras categorias de neurônios (IND, C2 e INV), e essas células enviam mensagens para os neurônios flexores. Existem dois tipos de neurônios flexores (NFD-A e NFD-B) com algumas propriedades diferentes e um tipo de neurônio flexor ventral (NFV). Adaptada de Frost e colaboradores.[495]

de NFD e a contração dos músculos flexores dorsais. Entretanto, após um curto período de excitação, C2 começa a bloquear NFD enquanto envia mensagens excitatórias para INV, levando a ativação de NFV e a contração dos músculos flexores ventrais. A situação então se reverte, e acessos alternados de atividade dos interneurônios regulando NFD e NFV levam a disparos alternados de NFD e NFV e, assim, a flexões dorsais e ventrais alternadas.[495]

A capacidade da rede neural simples dirigida por IRD impor uma ordem na atividade dos neurônios motores que controlam a flexão dos músculos dorsais e ventrais significa que esse mecanismo pode ser qualificado como **gerador de padrão central**. Sistemas deste tipo têm sido bastante estudados em invertebrados, especialmente em relação à locomoção, devido ao pequeno número de neurônios envolvidos e seus tamanhos relativamente grandes.[268] Os aglomerados neurais definidos como geradores de padrões centrais executam um conjunto de mensagens pré-programadas – uma espécie de gravação motora – que ajuda a organizar as saídas motoras subjacentes aos movimentos, as quais Tinbergen teria rotulado como padrões fixos de ação.

Geradores centrais de padrões são encontrados também em vertebrados, como podemos ver observando *Porichthys notatus*, um peixe que "canta" contraindo e relaxando certos músculos num padrão altamente coordenado.[82] Somente os machos grandes desse peixe bastante grotesco produzem "zunidos", os quais duram mais de um minuto, e o fazem somente nas noites de primavera e verão enquanto guardam determinados tipos de pedras. Suas canções são tão altas que podem perturbar os donos de barcos no noroeste do Pacífico. O peixe macho canta para atrair fêmeas de sua espécie; os peixes desovam nas pedras defendidas e o macho guarda os ovos que suas parceiras depositam em seu território.

Como o peixe macho produz suas canções? Quando Andrew Bass e seus colaboradores investigaram a anatomia do abdome do peixe, eles encontraram uma grande bexiga natatória preenchida com ar, presa entre camadas musculares (Figura 4.22). A bexiga funciona como um tambor; contrações rítmicas dos músculos "batem" no tambor e geram vibrações que outros peixes podem escutar. Contrações musculares requerem sinais dos neurônios motores, os quais Bass encontrou conectados aos músculos sônicos. Ele aplicou um marcador celular chamado biotina aos terminais desses neurônios motores, que absorviam o material, ficando corados de marrom. O marcador então migrava adiante,

FIGURA 4.22 Aparato de produção de som do macho do peixe *Porichthys notatus*. Os músculos sônicos controlam o movimento da bexiga natatória, controlando assim a habilidade do peixe em cantar. Adaptada da ilustração de Margaret Nelson, em Bass.[82]

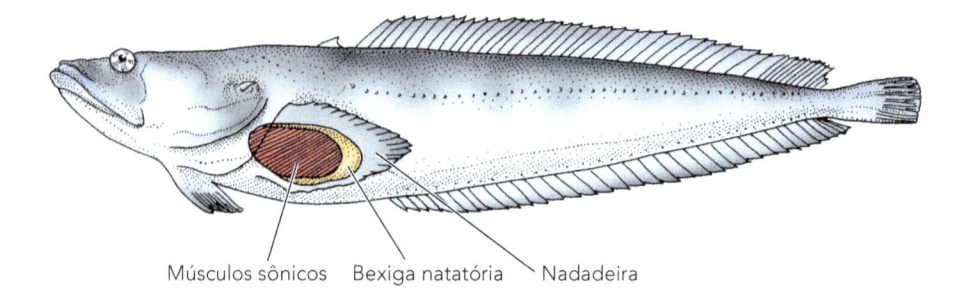

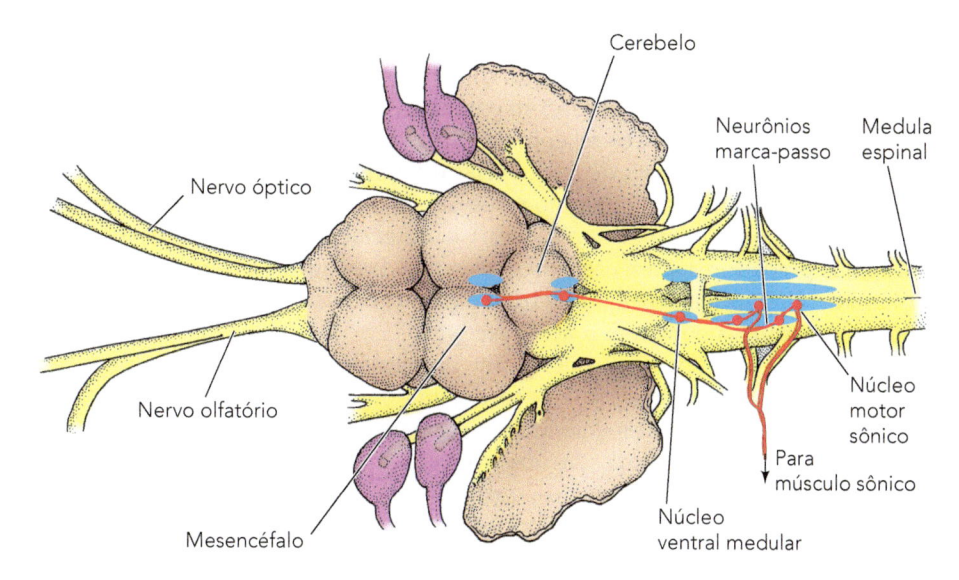

FIGURA 4.23 Controle neural dos músculos sônicos do peixe *Porichthys notatus*. Sinais da região central do cérebro (o mesencéfalo) trafegam via cerebelo e núcleo ventral medular até o núcleo motor sônico, localizado na parte superior da espinha dorsal. O disparo dos neurônios marca-passo regulam a frequência de disparos dos neurônios do núcleo motor sônico; estes sinais, por sua vez, regulam o padrão de contração dos músculos sônicos e assim, a frequência de sons produzidos pelo peixe. Adaptada da ilustração de Margaret Nelson, em Bass.[82]

cruzando as sinapses entre as primeiras células a recebê-lo e depois a próxima célula do circuito, e assim de modo sucessivo por toda a rede de células conectadas aos músculos sônicos. Cortando o cérebro em finas fatias e procurando por células marcadas de marrom pela biotina, Bass e colaboradores mapearam o sistema de controle sônico do peixe, e através dessa técnica, descobriram dois aglomerados separados de neurônios que geram sinais e controlam, de maneira coordenada, as contrações musculares requeridas para o zunido do peixe. Esses dois aglomerados, chamados núcleos motores sônicos, consistem em aproximadamente 2.000 neurônios cada e estão localizados na parte superior da espinha dorsal, próximos à base do cérebro (Figura 4.23). Os longos axônios de seus neurônios trafegam para fora do cérebro, fundindo-se para formar nervos que alcançam os músculos sônicos.

Em adição a esses componentes, dois outros elementos anatomicamente distintos do sistema nervoso aliam-se ao núcleo motor sônico. Primeiro, próximo a cada núcleo existe uma camada de neurônios marca-passo – um gerador de padrão multicelular central – que ajusta sua atividade às respostas dos neurônios motores sônicos de modo que a sequência de contrações musculares venha a produzir uma canção apropriada. Segundo, em frente ao par de núcleos motores sônicos existem alguns neurônios que aparentemente conectam os dois núcleos, provavelmente para coordenar os padrões de disparos vindos dos núcleos da esquerda e da direita, para que a contração e o relaxamento ocorram de maneira sincrônica, para melhor produzir o som de zunido.

Bases proximais da filtração de estímulos

Até agora olhamos os atributos individuais dos neurônios e os agrupamentos neurais envolvidos na detecção de certos tipos de informação sensorial, a transmissão de mensagens para outras células do sistema nervoso, bem como controle dos comandos motores enviados aos músculos. O desempenho efetivo dessas funções básicas é promovido pelo **filtro de estímulos**, a habilidade dos neurônios e redes neurais em ignorar – filtrar – vastas quantidades de informações para focar elementos biologicamente relevantes dentre os diversos estímulos que bombardeiam o animal.

O sistema auditivo da mariposa noctuídea é um objeto interessante de estudo na operação e utilidade da filtração de estímulos. Primeiro, os receptores A1 são ativados somente por estímulos acústicos, e não por outras formas de estimulação. Além disso, como mencionado, essas células ignoram completamente sons de frequências relativamente baixas, ou seja, as mariposas não são sensíveis aos estímulos produzidos por chilros de grilos ou coaxados de sapos, sons que elas podem seguramente ignorar. Ocorre também que, mesmo quando o receptor A1 dispara em resposta a ultrassons, pouco fazem para discriminar as diferentes frequências ultrassônicas (enquanto que os receptores auditivos humanos produzem mensagens distintas em resposta a sons de frequências diferentes, o que nos permite distinguir entre dó e dó sustenido). O aparato sensorial da mariposa noctuídea parece ter somente uma tarefa de importância superior: detectar sinais associados a ecolocalização dos predadores. Para esse fim, sua capacidade auditiva está sintonizada nos pulsos de ultrassom à expensas de tudo o mais. Por meio da detecção desses sinais críticos, a mariposa pode tomar ações efetivas.

Mariposas noctuídeas não são os únicos animais com sistemas auditivos especializados para filtrar o irrelevante e focar o importante. A relação entre filtração de estímulos e os obstáculos espécie-específicos para o sucesso reprodutivo é evidente em todo animal cujo sistema sensorial foi cuidadosamente examinado. Considere o peixe macho de *Porichthys notatus*, que escuta os sons subaquáticos de grunhidos, rosnados e zumbidos produzidos por outros de sua espécie. Esses sinais são sons que permanecem na faixa de 60 a 120 hertz (Hz). As células receptoras nos órgãos de audição desses peixes são mais sensíveis aos sons nessa faixa exata.[1339] No verão, entretanto, fêmeas reprodutivas escutam "canções" dos machos territoriais, que têm componentes que variam acima de 400 Hz de frequência. Quando os machos cantam vigorosamente para parceiras em desova, a audição das fêmeas é muito mais sensível a sons de alta frequência presentes nas canções dos machos que em outras épocas do ano,[1338] pois o sistema auditivo sofre mudanças que possibilitam que fêmeas detectem e respondam a estímulos acústicos no verão, ignorados por elas no inverno.

As fêmeas de *P. notatus* empregam a filtração de estímulos sazonalmente quando escutam os sons em seu mundo subaquático. A blindagem a estímulos acústicos também ocorre em certas moscas parasitoides, que usam a audição para localizar grilos machos quando cantam, o melhor lugar para depositar suas larvas. As pequenas larvas enterram-se no desafortunado grilo e o devoram de dentro para fora. A fêmea carregada de larvas da espécie *Ormia ochracea* pode encontrar alimento para a prole porque tem sistema auditivo sintonizado aos chamados dos grilos, como os pesquisadores descobriram ao encontrarem *Ormia* vindo em direção a alto-falantes que reproduziam sons dos grilos durante a noite.

Os singulares ouvidos das fêmeas das moscas consistem em duas estruturas com membranas timpânicas preenchidas de ar, na frente do tórax. Vibrações nos "tímpanos" da mosca ativam os receptores, como o tímpano da mariposa noctuídea, e captam informações dos sons de seu ambiente, mas não todos os sons. Como dito por um trio de biólogos evolucionistas, Daniel Robert, John Amoroso e Ronald Hoy, o sistema auditivo da mosca fêmea é sintonizado (em outras palavras, torna-se mais sensível) às frequências dominantes dos sons dos grilos (Figura 4.24). Isto é, a mosca fêmea pode escutar sons de 4 a 5 kHz (a faixa produzida pelos grilos) mais facilmente que 7 a 10 kHz.[1227] Em contraste, os machos de *Ormia* não são especialmente sensíveis a sons de 4 a 5 kHz. Apesar dos machos poderem escutar esses sons, eles não dependem de encontrar grilos machos emitindo sons, por isso, o sistema auditivo das moscas macho evoluiu suas próprias propriedades de filtro para estímulos.

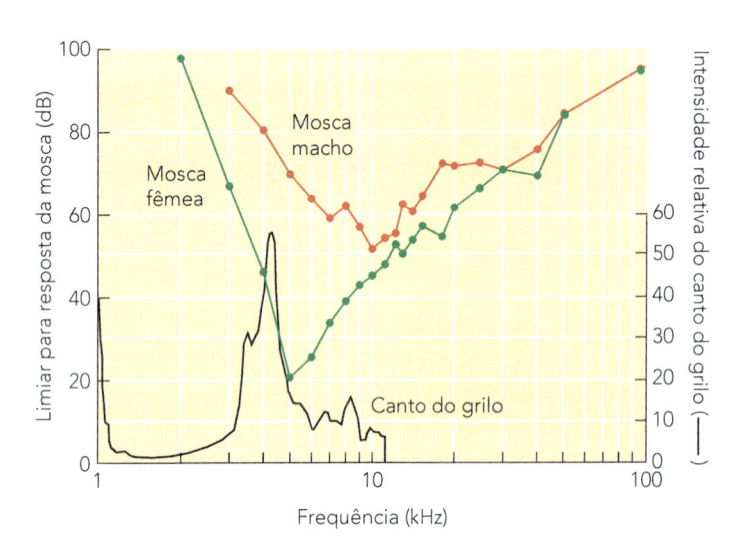

FIGURA 4.24 Curvas de sintonia de mosca parasitoide. As fêmeas, mas não os machos, da mosca *Ormia ochracea* localizam as vítimas escutando os chamados dos grilos machos, que produzem sons de frequência e intensidade com picos entre 4 e 5 kHz. A fêmea da mosca tem a sensibilidade máxima para sons em torno de 5 kHz. Adaptada de Robert, Amoroso e Hoy.[1227]

> **Para discussão**
>
> **4.6** Fêmeas de outra mosca parasitoide aparentada da *Ormia* rastream os cantos de machos de esperança (*Poecilimon veluchianus*), cujos ultrassons para atrair fêmeas variam na faixa de 20 a 30 kHz.[1400] Quais as frequências de som que deveriam estimular respostas máximas nos ouvidos desse parasitoide caçador de esperança, já que o filtro de estímulos possibilita ao animal alcançar os objetivos biologicamente relevantes? A quais conclusões você pode chegar com base nos dados da Figura 4.25?

Amplificação cortical da função tátil

Os receptores do sistema sensorial de toda espécie animal evoluíram para ignorar alguns tipos de estimulação sensorial enquanto reagem a outros tipos. Esse mesmo modo de tratamento dos diversos tipos de informações potenciais ocorre no sistema nervoso central, como ilustraremos examinando as regras de operação do cérebro da toupeira nariz-de-estrela. Esse estranho mamífero vive em solo úmido e pantanoso, onde cava procurando por minhocas e outras presas. Em seus túneis escuros, as minhocas não podem ser vistas; na verdade, os olhos das toupeiras são bem pequenos, o que a faz praticamente ignorar informações visuais mesmo na presença de luz. Em lugar da visão, a toupeira usa amplamente o tato para encontrar comida, usando seu maravilhoso e estranho nariz para varrer as paredes do túnel enquanto avança por ele. Suas duas narinas são rodeadas por 22 apêndices carnudos, 11 de cada lado (Figura 4.26). Esses apêndices

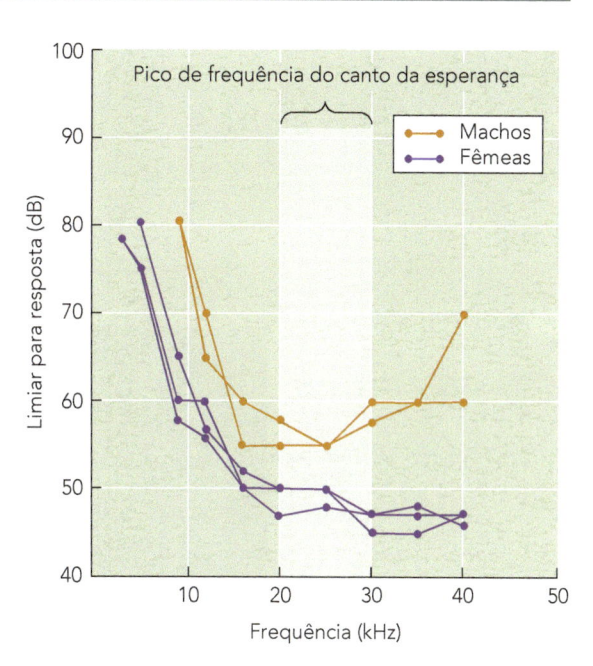

FIGURA 4.25 Curvas de sintonia de um matador de esperanças. Fêmeas da mosca *Therobia leonidei* parasitam machos de esperança, cujos chamados estridentes variam de 20 a 30 kHz. Adaptada de Stumpner e Lakes-Harlan.[1400]

FIGURA 4.26 O nariz da toupeira nariz-de-estrela (em cima, à esquerda) difere muito do exibido pela toupeira do leste (em cima, à direita) e mais ainda dos parentes distantes, que incluem o ouriço africano (embaixo, à esquerda) e o musaranho (embaixo, à direita). Todas as quatro espécies, entretanto, contam com informações táteis para localizar presas, que variam de insetos a minhocas. Fotografias de Ken Catania.

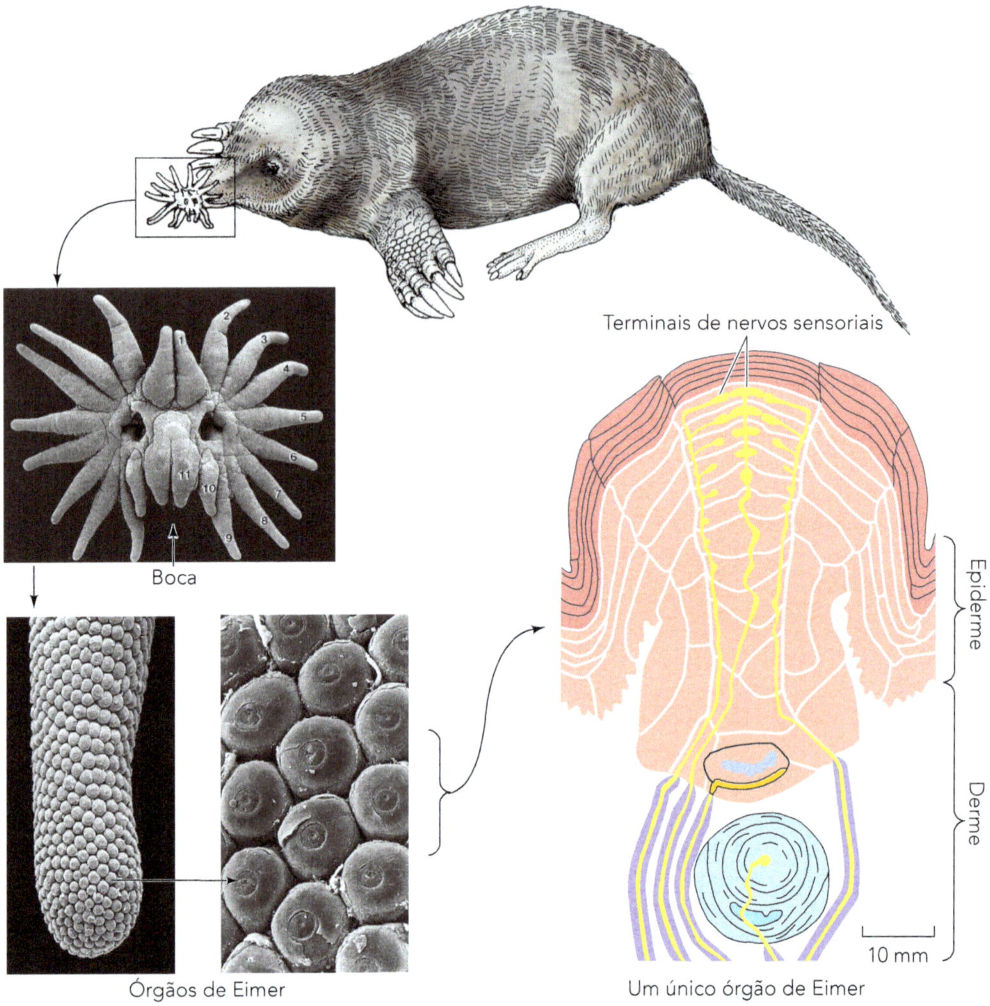

FIGURA 4.27 Um aparato tátil especial. Os 22 apêndices do nariz da toupeira nariz-de-estrela são cobertos com milhares de órgãos de Eimer. Cada órgão contém uma variedade de células sensoriais especializadas em responder a estímulos mecânicos que deformam a pele sobre elas. Adaptada de Catania e Kass;[245] fotografias de Ken Catania.

não podem agarrar ou segurar nada, mas são cobertos com milhares de minúsculos dispositivos sensoriais chamados órgãos de Eimer. Cada um desses órgãos contém vários tipos diferentes de células sensoriais que parecem dedicar-se na detecção de objetos pelo nariz tateador (Figura 4.27).[924] Com esses mecanorreceptores, o animal pode coletar padrões extremamente complexos de informações sobre o que encontra no subsolo, o que o possibilita identificar presas no escuro com extrema rapidez.[244, 248]

Sempre que a toupeira escova uma minhoca com, digamos, o apêndice 5, ela instantaneamente varre seu nariz sobre a presa, e as duas projeções mais próximas à boca, denominadas de apêndices 11 (Figura 4.28A) entram em contato com o objeto de interesse. Os receptores táteis de cada apêndice 11 geram uma salva de sinais, transmitidos por nervos até o cérebro do animal. Apesar desses dois "dedos" nasais conterem só cerca de 7% dos órgãos de Eimer do nariz da toupeira, mais de 10% de todas as fibras nervosas dos receptores táteis do nariz para o cérebro pertencem a esses dois apêndices. Em outras palavras, a toupeira usa relativamente mais neurônios para transmitir informações dos apêndices 11 que dos outros apêndices.

O sistema não só é predisposto a favorecer informações dos apêndices 11 como também o cérebro do animal dá peso extra para as informações dessa parte do nariz. A informação do nariz trafega através de nervos para o córtex somatossensorial, a

(A)

(C)

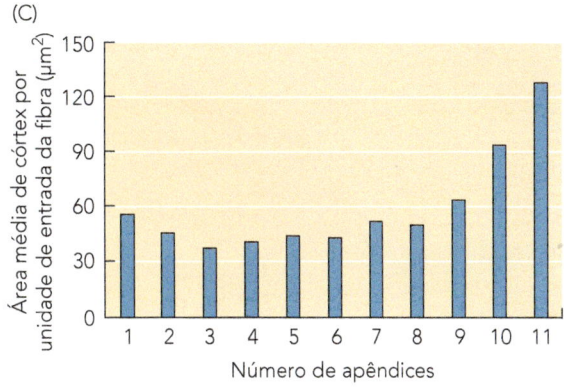

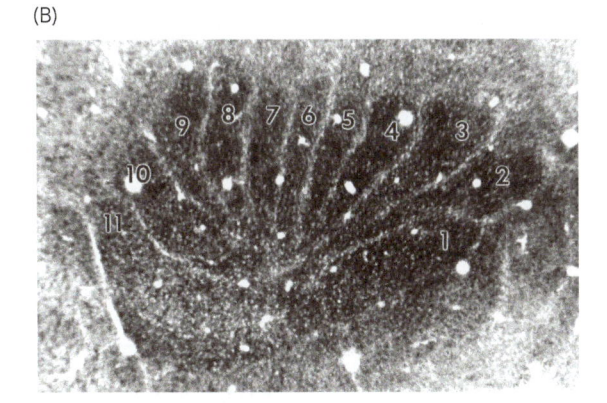

FIGURA 4.28 O mapa cortical sensorial dos apêndices táteis da toupeira nariz-de-estrela é desproporcionalmente maior na representação do apêndice 11. (A) O nariz da toupeira, com cada apêndice numerado. (B) Uma seção através da área cortical somatossensorial responsável em analisar os estímulos sensoriais vindos do nariz. As áreas corticais que recebem informação de cada apêndice estão numeradas. (C) Quantidade de córtex somatossensorial dedicado em analisar informações de cada fibra nervosa que carrega sinais sensoriais dos diferentes apêndices do nariz. Adaptada de Catania e Kaas;[245] fotografias de Ken Catania.

parte do cérebro que recebe e decodifica sinais sensoriais dos receptores táteis de todo o corpo do animal. Das porções do córtex somatossensorial dedicadas a decodificar sinais dos 22 apêndices nasais, aproximadamente 25% lidam exclusivamente com mensagens dos dois apêndices 11 (*ver* Figura 4.28).[245] Essa descoberta foi feita por Kenneth Catania e Jon Kaas quando esses pesquisadores registraram as respostas dos neurônios corticais enquanto tocavam em partes diferentes do nariz anestesiado da toupeira. Talvez o cérebro da toupeira seja "mais interessado em" informações dos apêndices 11 por conta da sua localização bem acima da boca; caso os sinais desse apêndice ativem uma ordem cortical de captura e consumo da minhoca, o animal está na posição certa para agir imediatamente.[244]

Na toupeira nariz-de-estrela, o investimento desproporcional dos tecidos cerebrais em decodificar os estímulos táteis de apenas uma parte do nariz é espelhado em larga escala pela tendência evidente do córtex somatossensorial como um todo, que focaliza os sinais das patas e do nariz à custa de outras partes do corpo. Esse padrão de amplificação cortical tem sentido adaptativo para essa espécie pela importância biológica das patas da toupeira em cavar e seu nariz para localizar presas (Figura 4.29A).

Se este argumento estiver correto, então podemos dizer que a alocação de tecido cortical dos sinais somatossensoriais difere de espécie para espécie, considerando os problemas ambientais específicos que cada espécie tem que resolver. E é verdade que outros insetívoros, mesmo aqueles aparentados à toupeira nariz-de-estrela, exibem seus próprios padrões adaptativos de amplificação cortical (Figura 4.29B-D).

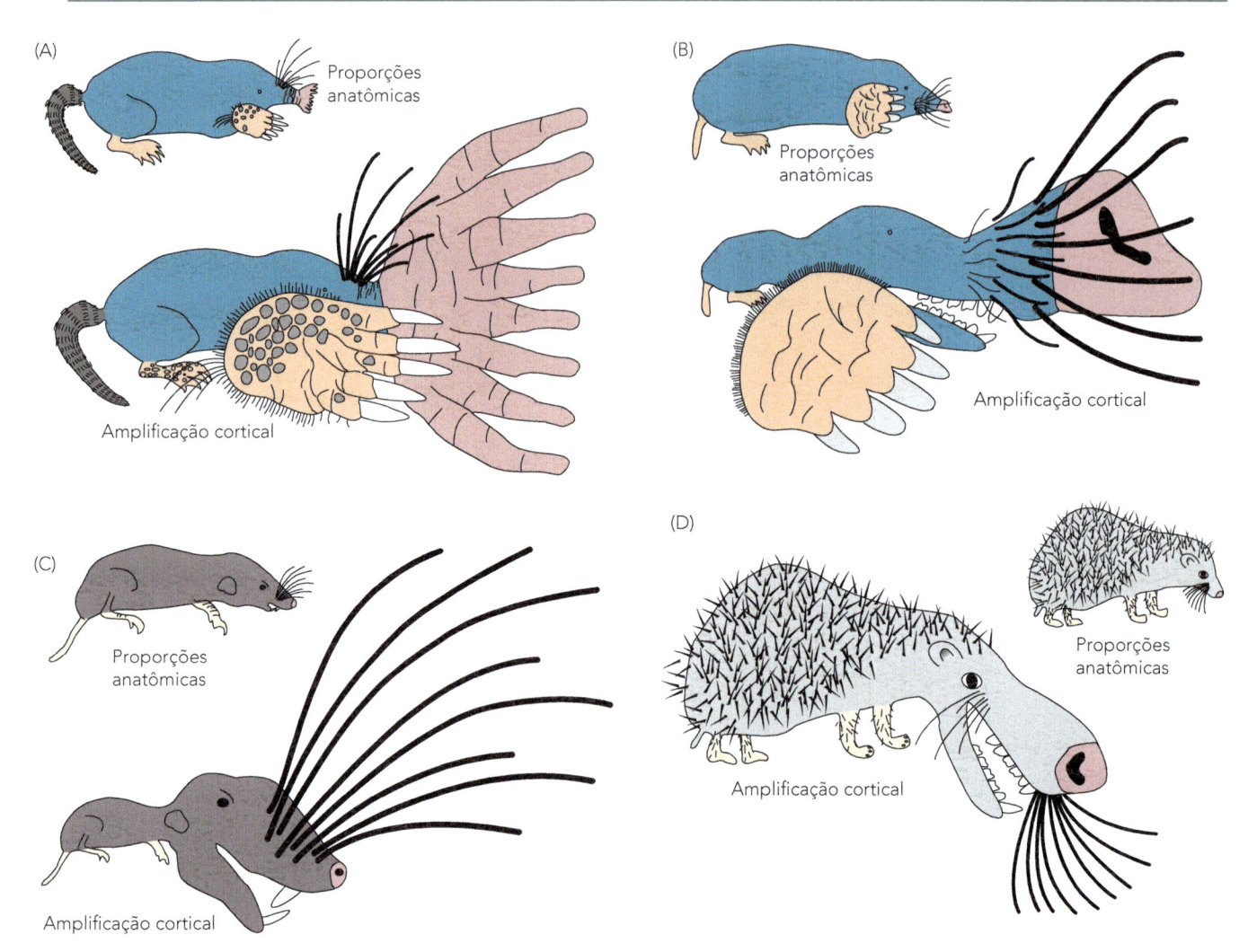

FIGURA 4.29 Análises sensoriais em quatro insetívoros. Em cada caso, o desenho menor mostra as proporções anatômicas reais do animal; o desenho maior mostra como o corpo é proporcionalmente representado no córtex somatossensorial no cérebro do animal. (A) A toupeira nariz-de-estrela possui muito mais córtex somatosensorial para processar estímulos vindos de seu nariz e pata dianteira para processar estímulos de receptores de outras partes do corpo. (B) Amplificação cortical na toupeira do leste focaliza os estímulos sensoriais provenientes dos pés, nariz e pelos sensoriais, ou vibrissas, ao redor do nariz. (C) Amplificação cortical no musaranho também revela a importância das vibrissas. (D) Sinais sensoriais das vibrissas são amplificados num nível corticalmente menor no ouriço africano. Adaptada de Catania e Kaas[244] e Catania.[246]

Para discussão

4.7 A amplificação cortical ocorre em todos os mamíferos. Os dois esquemas caricaturizados da Figura 4.30 são mapas corticais baseados na quantidade de tecido cerebral devotado à análise sensorial dos impulsos táteis de diferentes partes do corpo humano e do rato-toupeira pelado (ver Figura 13.41), um estranho mamífero, quase sem pelo, que usa seus grandes dentes frontais para cavar uma vasta rede de túneis no subsolo e, enquanto escava, processa raízes tuberosas para se alimentar. De quais maneiras estes dois mapas suportam o argumento de que os cérebros dos animais exibem uma adaptação sensorial preferencial? Para comparações adicionais dos mapas corticais de ratos de laboratório e rato-toupeira pelado, ver Catania e Henry.[249]

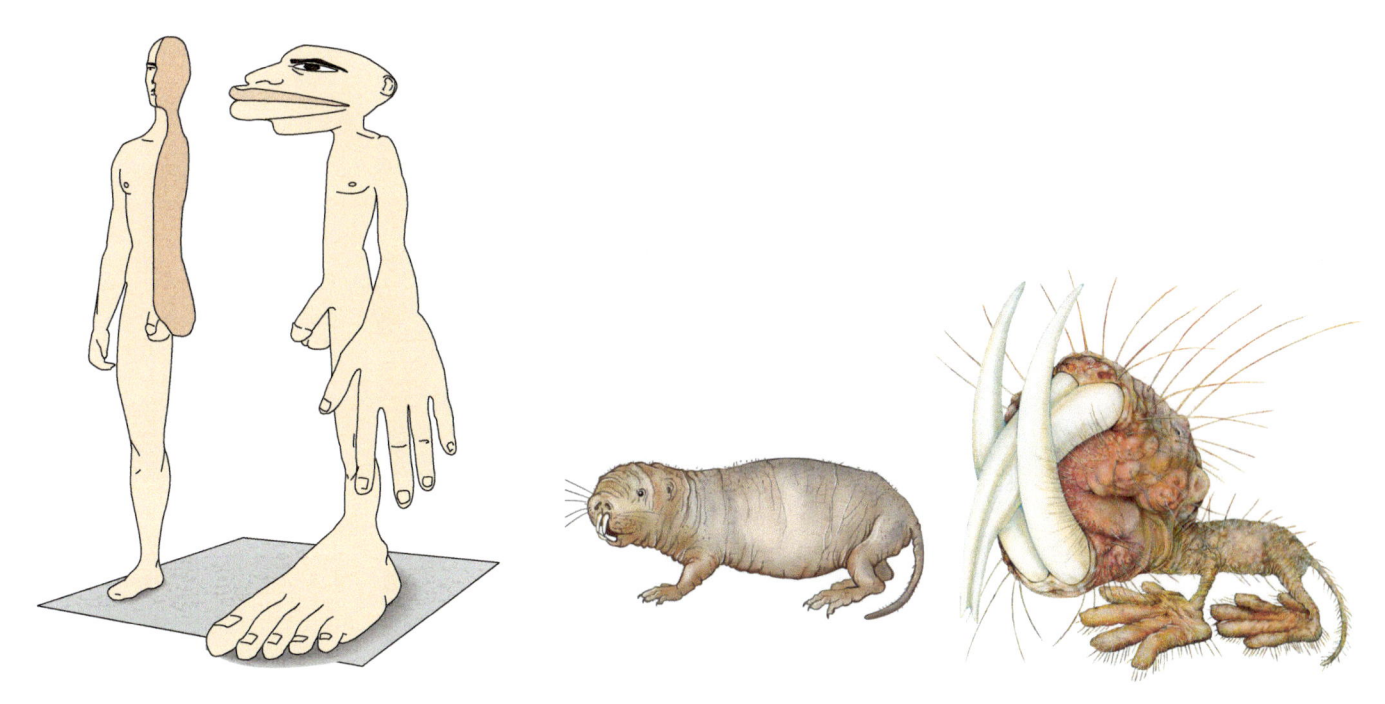

FIGURA 4.30 Análises sensoriais em humanos e ratos-toupeira pelados. Cérebros evoluem em resposta a pressões seletivas associadas a ambientes físicos e sociais. Para cada espécie, o desenho à esquerda mostra as proporções anatômicas reais; o esquema à direita mostra como o corpo é proporcionalmente representado no córtex somatossensorial. O mapa cortical humano baseia-se nos dados de Kell e colaboradores.[752] Mapa cortical do rato-toupeira pelado desenhado por Lana Finch, adaptada de Catania e Remple.[247]

Adaptação e mecanismos proximais do comportamento

Nosso breve levantamento tem revelado que tanto células individuais quanto redes neurais têm regras específicas de operação que filtram as informações que um animal recebe, transmite e processa. Essas regras moldam adaptativamente os modos com que membros de espécies diferentes percebem seus ambientes. Muitas abelhas, por exemplo, podem enxergar luz ultravioleta (UV) (que nós humanos não conseguimos ver), o que ajuda as abelhas a encontrar rapidamente fontes de néctar com base no espectro de reflexos UV da flor (Figura 4.31A). Da mesma forma, a habilidade de algumas espécies de borboletas em ver luz UV as ajuda a responder a padrões de reflexos UV das asas de outras borboletas, os quais anunciam membros da espécie, o sexo (Figura 4.31B)[1258] e muitos outros sinais de qualidade e potencial do parceiro. Fêmeas capturadas da borboleta *Eurema hecabe* têm maior probabilidade de copular com machos com pontos de luzes ultravioletas brilhantes nas asas do que com machos cujos pontos de UV eram 25% mais opacos.[758]

A percepção de luz ultravioleta não se limita a abelhas e borboletas,[105] mas também ocorre em peixes, lagartos e pássaros. Uma demonstração experimental desse ponto vem de um estudo com um peixe, o esgana-gato. A fêmea prenhe dessa espécie seleciona o macho em cujo ninho ela depositará seus ovos, e o macho então os fertiliza. Para testar se a escolha de fêmea era afetada por componentes UV da coloração do macho, pesquisadores construíram um aquário com três compartimentos (Figura 4.32). Fêmeas prenhes eram colocadas em compartimento isolado, onde podiam ver machos com ninhos em dois compartimentos adjacentes. Cada fêmea teste era separada de ambos os machos por filtros, um que filtrava as radiações UV e outro que não filtrava.

FIGURA 4.31 Padrões de reflexão ultravioleta têm grande significado biológico para algumas espécies. Nos dois conjuntos de fotografias, a imagem da esquerda mostra o organismo tal como é visto por um humano, enquanto que a imagem da direita mostra a reflexão UV da superfície do organismo. (A) O padrão ultravioleta dessa margarida sinaliza a localização central de alimento para os insetos polinizadores. (B) Somente machos (indivíduos acima) dessa espécie de borboleta têm pontos reflexivos de UV em suas asas, o que os ajuda a sinalizar seu sexo para outros indivíduos da mesma espécie. A, fotografia de Tom Eisner; B, fotografias de Randi Papke e Ron Rutowski.

As fêmeas passavam mais tempo próximas ao compartimento do macho cuja coloração UV podia ser vista, em oposição ao macho cuja coloração UV fora bloqueada.[153]

Sinais que contêm ondas UV podem ter um papel nas interações macho-macho, assim como influenciar decisões de acasalamento das fêmeas. Por exemplo, o macho adulto do lagarto de colar sinaliza agressivamente para outro macho abrindo bem a boca e mostrando manchas esbranquiçadas refletoras de UV nos cantos da boca (Figura 4.33). Largura, profundidade e o tamanho das manchas esbranquiçadas nos cantos da boca contêm informações sobre o quão forte pode ser a mordida do oponente. Parece que o componente de UV do sinal tem um papel importante em tornar mais chamativas as sinalizações de ameaça de um lagarto macho, intimidando, desse modo, um rival mais fraco.[842] Uma pesquisa com outro lagarto mostrou que machos com reflexão de UV experimentalmente reduzidas foram sujeitos a mais ataques que machos-controle, indicativo de que o tamanho da mancha de UV é um sinal da habilidade de luta do macho.[1378]

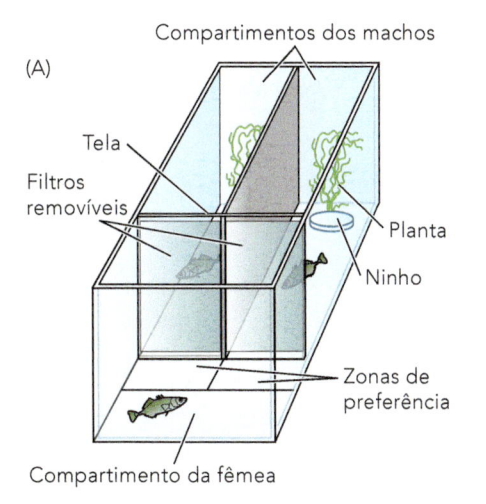

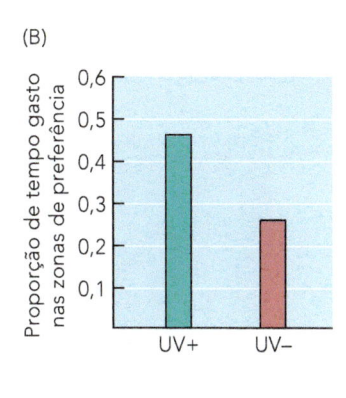

FIGURA 4.32 Reflexão de ultravioleta (UV) de machos esgana-gato influencia a preferência da fêmea. (A) Aparato experimental. A fêmea podia ver os machos dos compartimentos adjacentes, separados do compartimento dela por uma tela e filtros, que permitiam a passagem de UV (UV+) ou bloqueavam UV (UV-). (B) Quando dada a escolha de aproximação, as fêmeas preferiram os machos cujos sinais UV chegavam até elas (UV+). Adaptada de Boulcott, Walton e Braithwaite.[153]

Manipulações experimentais similares têm sido feitas com alguns pássaros, como o pisco-de-peito-azul do norte europeu e Ásia. O nome comum do pássaro refere-se às penas azuis na região da garganta do macho (Figura 4.34). Essas penas refletem luz que percebemos como azul, mas também refletem luz ultravioleta, invisível para nós. Se fêmeas de pisco-de-peito-azul avaliam um macho como parceiro em potencial com base na sua reflexão de UV, então machos cujas penas da garganta foram alteradas para absorver, em vez de refletir, radiação ultravioleta devem tornar-se menos atraentes para as fêmeas. Para testar essa predição, uma equipe de pesquisadores escandinavos capturou machos de pisco-de-peito-azul da mesma idade e os colocou em pares num aviário. Um membro de cada par foi tratado com bloqueador solar mais uma substância gordurosa retirada de uma glândula uropigial de ave, e essa mistura foi esfregada na mancha azul da garganta, enquanto o outro recebeu apenas o óleo da glândula uropigial. As substâncias químicas do bloqueador solar absorviam as ondas UV, enquanto a secreção glandular não. Em 13 dos 16 pares testados, a fêmea do pisco-de-peito-azul aproximava-se com mais frequência do macho que refletia UV em relação ao macho cujo ornamento foi alterado para absorver UV,[36] indicando que a reflexão de UV afeta a escolha da fêmea para o acasalamento nesta espécie, assim como nas fêmeas de esgana-gato.

Assim, muitas espécies têm sistemas visuais muito diferentes do nosso e usam sua extraordinária habilidade (da nossa perspectiva) em atividades de significância reprodutiva.

Para discussão

4.8 O chapim-azul é outro pássaro canoro cujas penas azuis refletem radiação ultravioleta, visível para essa espécie. Alguns ornitólogos têm descrito que a fêmea de chapim-azul prefere machos que refletem brilho UV em sua coroa,[696] enquanto outros encontraram que fêmeas acasaladas com esses machos fornecem a seus ovos fertilizados mais carotenoides, valioso pigmento que pode aumentar o desenvolvimento de sua ninhada.[1418] À luz desses resultados, você deve estar surpreso em saber que outra equipe de ecologistas especialistas em aves encontrou uma população em que machos de cha-

FIGURA 4.33 Reflexão ultravioleta pode ser usada como sinal de ameaça. Quando um macho do lagarto de colar abre a boca numa demonstração de ameaça, expõe manchas claras, nos cantos da boca que refletem luz ultravioleta. O tamanho destas manchas é proporcional à força da mordida do macho. Fotografias de A. Kristopher Lappin.

FIGURA 4.34 Um pássaro pode perceber a luz ultravioleta. As penas do pisco-de-peito-azul parecem simplesmente azuis para nós humanos, mas não para os piscos, que também podem enxergar a luz ultravioleta refletida das penas. Fotografia de Bjøn-Aksel Bjerke, cortesia de Jan Lifjeld.

pim-azul cujas coroas refletiam *menos* UV produziam *mais* prole em relação àqueles com coroas mais ornamentadas com UV. Essa equipe sugeriu que talvez os machos com baixa intensidade de UV estariam mais aptos a, furtivamente, invadir os territórios vizinhos e serem pais "extra-par" com as parceiras de seus vizinhos do que aqueles machos com coroas com alta intensidade de UV (*ver* página 338). Como você testaria essa hipótese experimentalmente? Liste suas predições e então confira os resultados apresentados em Delhey e colaboradores.[381]

4.9 O caranguejo *Bythograea thermydron* passa por três estágios de vida, em três profundidades e hábitats diferentes. A larva flutua em águas a 1.000 metros abaixo da superfície, onde penetra apenas uma luz azul fraca. A forma juvenil mais velha e maior afunda nas águas escuras mais profundas, onde a única fonte de luz são os peixes luminescentes e outras criaturas das profundezas que produzem suas próprias luzes azul-esverdeadas. Finalmente, os adultos afundam no chão oceânico, onde vivem nas vizinhanças de respiradouros hidrotermais. Que predições um biólogo evolucionista faria sobre as propriedades dos olhos nesses estágios diferentes de vida dessa espécie? Você pode conferir suas predições com as informações de Jinks e colaboradores.[727]

Mecanismos adaptativos da percepção humana

Embora os estudos que acabei de mencionar não tenham envolvido diretamente a verificação dos sistemas nervosos do pisco-de-peito-azul e das borboletas, eles nos revelam algo sobre as propriedades dos receptores sensoriais e decodificadores de informação que esses animais possuem. O pisco-de-peito-azul e as borboletas têm sistemas nervosos com capacidades perceptivas que os ajudam a lidarem com seus ambientes. Se tivéssemos que aplicar esse princípio à nossa própria espécie, poderíamos prever que a seleção natural deveria ter nos dotado com mecanismos adequados mais próximos dos problemas ecológicos que enfrentamos. De fato, existe grande evidência indicando que nossas habilidades auditivas altamente especializadas evoluíram para se ajustar ao ambiente social humano, dominado pela linguagem.[1143] Além disso, nossa percepção visual complementa nossa análise acústica de forma muito interessante. Ocorre que a compreensão do ouvinte da linguagem falada é fortemente

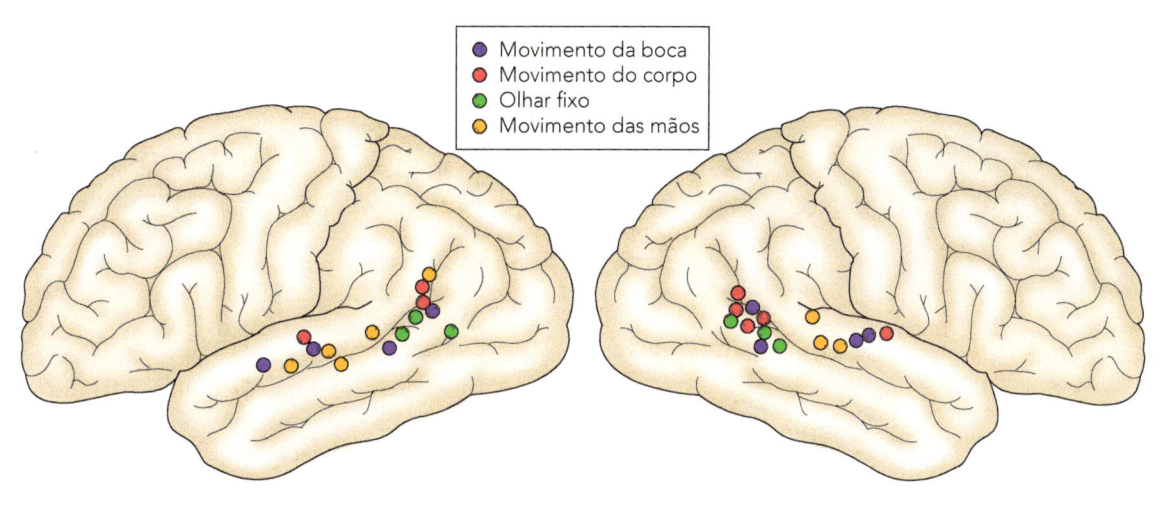

- Movimento da boca
- Movimento do corpo
- Olhar fixo
- Movimento das mãos

FIGURA 4.35 **Movimentos socialmente relevantes** dos lábios, boca, mãos e corpo ativam neurônios em diferentes partes do sulco temporal superior no cérebro humano. Os hemisférios esquerdo e direito são mostrados na esquerda e na direita respectivamente. Cada círculo representa descobertas de um determinado grupo de pesquisa. Adaptada de Allison, Puce e McCarthy. [23]

influenciada pelas pistas visuais fornecidas pelos lábios em movimento do orador. Quando alguém assiste ao vídeo de uma pessoa movendo os lábios para emitir a frase sem sentido *my gag kok me koo grive* enquanto um áudio toca de modo sincronizado a frase sem sentido *my bab pop me poo brive*, o espectador/ouvinte vai escutar claramente *my dad taught me to drive* (meu pai me ensinou a dirigir). Esse resultado demonstra que nossos cérebros têm circuitos que integram o estímulo visual e auditivo associados a linguagem, usando o componente visual para alterar nossa percepção do canal auditivo.[945] Mesmo que a maioria das pessoas não tenha consciência de suas habilidades de leitura labial, essa capacidade aumenta as chances de que elas entendam o que outros dizem a elas.

A leitura labial depende de agrupamentos neurais específicos dentro do córtex visual. Em particular, a região do cérebro denominada sulco temporal superior se torna especialmente ativa quando vemos bocas se movendo, assim como mãos e olhos (Figura 4.35).[23] As pessoas são especialmente capazes de detectar até mesmo movimentos sutis dessas partes corporais, porque essa aptidão capacita o espectador não somente a ler os lábios, como também a deduzir as intenções de outros indivíduos, habilidade útil para membros de uma espécie altamente social. As células no sulco temporal superior também são ativadas por certos estímulos visuais estáticos, especialmente aqueles associados às faces, que percebem, por exemplo, a direção para a qual os olhos de um companheiro estão voltados, o que diz algo a respeito do foco de interesse atual dessa pessoa. Como neurônios dentro do sulco temporal superior estão "sintonizados" a estímulos faciais particulares, como a posição dos olhos, podemos prever as ações daqueles ao nosso redor.[23]

Mas o sulco temporal superior não é a única área cerebral envolvida na análise de fisionomias. Na realidade, cada componente de uma rede de áreas cerebrais é importante para fornecer à pessoa o sentido de reconhecer um rosto familiar enquanto supre o observador com informações sobre a personalidade desse indivíduo, assim como provê um contexto emocional para o encontro com essa pessoa. Sem todas as partes do sistema, o reconhecimento pode ser prejudicado ou estar ausente.[547]

Uma das muitas áreas cerebrais envolvida no reconhecimento facial é chamada de giro fusiforme, que fica na parte inferior do córtex cerebral. Se um pesquisador der a alguém 5 segundos para inspecionar cada uma de 50 fotografias de fisionomias não familiares, é provável que, quando essa pessoa for testada posteriormente, seja capaz de selecionar em torno de 90% dos rostos que tenha visto de relance de uma grande coleção de fotografias.[232] Sabemos que esse tipo de reconhecimento facial dependente

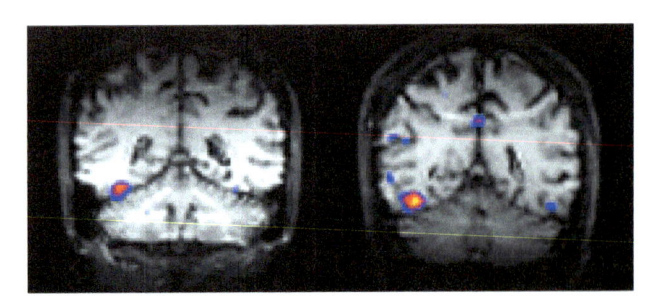

FIGURA 4.36 Um módulo específico no cérebro humano: o centro de reconhecimento facial. Ressonância magnética de imagens de cérebros de duas pessoas olhando a fotografia de um rosto humano. A parte mais ativa do cérebro, a área fusiforme facial, é mostrada em vermelho. Adaptada de Kanwisher e colaboradores.[748]

de um giro fusiforme intacto, uma vez que pessoas que sofreram lesões nessa parte do cérebro perdem essa habilidade,[434] fenômeno que deu a Oliver Sacks o título do seu livro *The Man Who Mistook his Wife for a Hat* (*O homem que confundiu sua mulher com um chapéu*).[1268] Algumas pessoas com giro fusiforme lesionado podem ver objetos perfeitamente, nomear vários objetos e identificar alguns indivíduos, em particular pelo som da voz ou uma vestimenta familiar, mas quando veem fotografias de seus amigos, cônjuges ou mesmo deles mesmos, ficam completamente confusos.[376] Curiosamente, outras pessoas com lesões cerebrais leves têm exatamente o problema oposto. Eles não podem identificar objetos comuns quando os veem mas não têm dificuldade em reconhecer alguns rostos, sugerindo que os mecanismos neurais dedicados ao reconhecimento facial estão intactos nos seus cérebros.[97]

Imagens de ressonância magnética funcional revelam que neurônios em uma pequena parte posterior do giro fusiforme deflagram somente quando uma pessoa olha um rosto (Figura 4.36). Esse módulo neural, denominado área fusiforme facial, não responde a fotografias de objetos inanimados, embora outra região próxima do cérebro o faça; isso fornece forte evidência da especialização de tarefas por módulos que fornecem percepções biologicamente relevantes a seus donos.[608,747]

Outra abordagem para identificar a função de cada parte do cérebro tem sido a de colocar eletrodos diretamente na superfície do córtex cerebral e registrar a atividade elétrica dos neurônios. Essa técnica é usada para mapear os cérebros de pacientes epilépticos antes de operações destinadas a remover o tecido responsável pelos surtos epilépticos. A ideia é destruir o menos possível do cérebro, o que significa achar o tecido disfuncional de forma a deixar o restante intacto quando a cirurgia for executada. No decorrer do registro da atividade elétrica nas diferentes partes do cérebro desses pacientes, que permanecem conscientes, pesquisadores têm sido capazes de localizar aquelas partes co cérebro que reagem a diferentes tipos de análises visuais. Essa abordagem confirmou que diferentes seções na parte inferior do cérebro estão destinadas a diferentes formas de análises visuais. Os sítios que respondem intensamente a imagens de rostos inteiros são diferentes daqueles que reagem principalmente às partes das faces, como os olhos, que por sua vez são diferentes daqueles ativados quando se mostra a um indivíduo a fotografia de um objeto (Figura 4.37).[1174] Nossos cérebros são computadores com circuitos filtradores de estímulos que nos capacitam perceber algumas coisas com mais rapidez do que outras.

Para discussão

4.10 Alguns biólogos evolucionistas têm argumentado que o córtex do cérebro humano contém um arranjo de regiões especializadas em uma variedade de estímulos biologicamente relevantes. Dessa forma, de acordo com esse ponto de vista, nosso mecanismo de reconhecimento facial evoluiu devido ao valor reprodutivo conferido a indivíduos que pudessem rapidamente reconhecer a identidade de outros, dada à natureza altamente social de nossa espécie. Qual o problema desse argumento frente à descoberta que também temos uma "área de forma visual da palavra" localizada no giro fusiforme esquerdo (Figura 4.38)?[959] Você está usando essa área particular do cérebro no exato momento em que lê estas palavras. Além do mais, que importância você adiciona à descoberta de que, quando lemos, reconhecemos cada letra independentemente por seus simples traços? Nunca reconheceríamos palavras como um todo tendo como base a complexidade de seus padrões, mesmo que pudéssemos ler de forma muito mais eficiente ao empregar as formas de palavras inteiras em vez de movermos de uma letra para a outra.[1113]

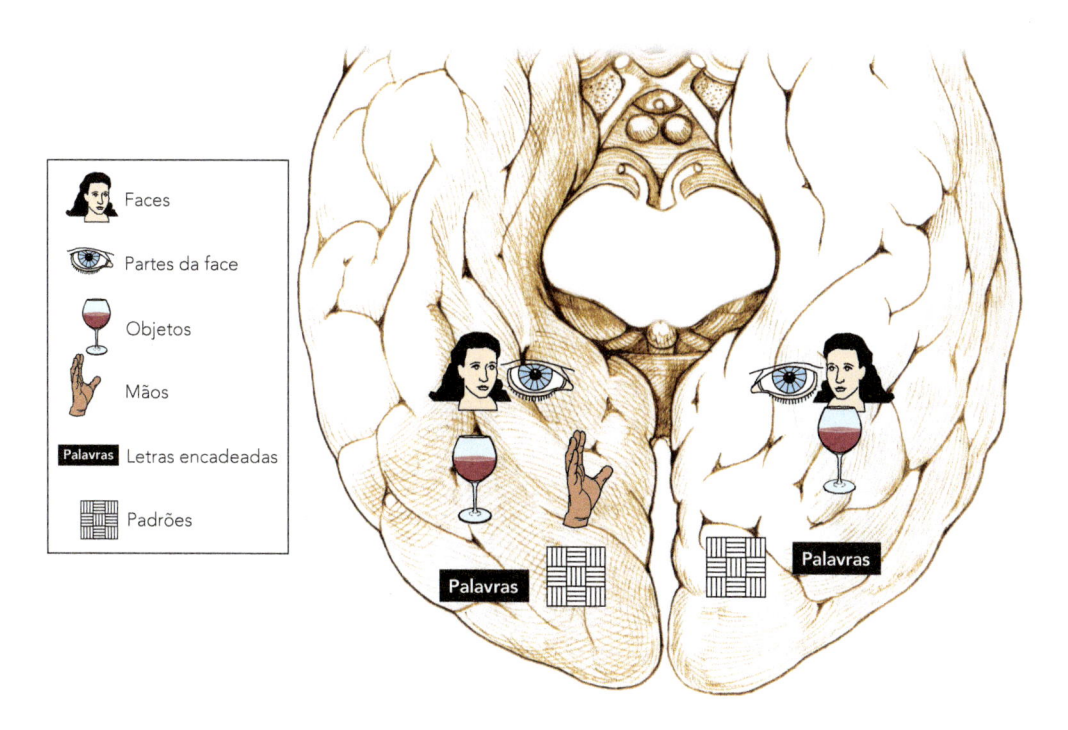

FIGURA 4.37 Especialização de funções em diferentes partes do córtex visual em humanos. Diferentes circuitos neurais desempenham diferentes análises de imagens em nosso ambiente. A habilidade de se recordar de fisionomias, por exemplo, é dependente de um sítio especializado no giro fusiforme. Adaptada de Puce, Allison e McCarthy.[1174]

Mecanismos adaptativos da navegação

O sistema visual humano é inclinado a selecionar informações biologicamente significantes do nosso ambiente social. Pessoas que no passado eram mais aptas que a média em lembrar-se de quem era amigo, quem era adversário e em deduzir as intenções de outros pelo exame facial, deixaram com efeito uma herança na forma de nossos cérebros, com todos os seus filtros adaptativos, as suas singularidades e as sutilezas. A tese de que os sistemas nervosos foram moldados pela seleção natural pode ser reforçada considerando a relação entre os cérebros de animais e sua habilidade para viajar para destinos de sua escolha. Porque nossos ancestrais caçadores-coletores percorriam longas distâncias em busca de alimento e outros recursos, podemos presumir que nossos cérebros devem ter características que promovam movimentação eficiente pelo espaço, assim como os ecologistas comportamentais anteciparam que pássaros armazenadores de alimento deveriam ter mecanismos neurais – notadamente um hipocampo desenvolvido – que os ajuda a lembrar onde esconderam seus alimentos (*ver* página 70). Será que o hipocampo humano tem algum papel em nos levar do ponto A ao ponto B?

Para responder a essa pergunta, pesquisadores usando imagem de ressonância magnética investigaram jogadores de computador, dando tempo para que eles inicialmente explorassem uma cidade virtual com um complexo labirinto de ruas e depois lhes deram a tarefa de navegar do ponto A ao ponto B da maneira mais rápida possível.[916] Indivíduos capazes de navegar com maior precisão recorreram mais acentuadamente ao hipocampo direito, comparados aos outros, menos precisos, julgando pela atividade observada nessa parte do cérebro de navegadores especialmente habilidosos (Figura 4.39)

Entre os melhores navegadores estão os taxistas de Londres. Antes de receberem sua licença operacional, eles passam por um programa de treinamento que pode demorar quatro anos, durante o qual eles têm que conhecer um mapa contendo 25.000 ruas da cidade. Para uma amostragem de taxistas londrinos, o tamanho médio do hipocampo posterior, como revelado por imagens de ressonância magnética, era maior do que em um grupo comparável de homens que não dirigiam táxis como meio de vida.[917] A experiência de navegação por si só parece ser responsável pelo desenvolvimento de um hipocampo capaz de armazenar grande quantidade de informação espacial: quanto maior o número de anos dirigindo um táxi, maior o hipocampo posterior.

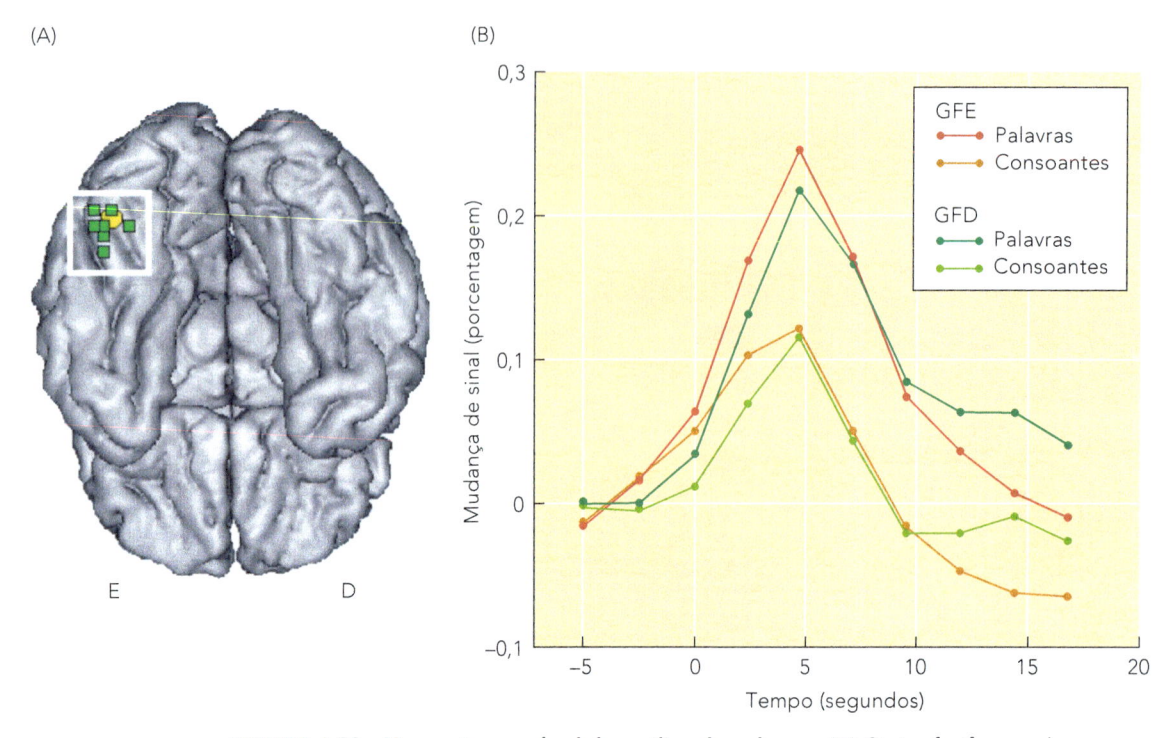

FIGURA 4.38 Um centro cerebral de análise de palavras. (A) O giro fusiforme, demonstrado pelos quadrados verdes e círculo amarelo, responde especificamente à estimulação visual fornecida por palavras. (B) São mostradas as diferenças de atividade neural em função do tempo do giro fusiforme nos lados esquerdo (GFE) e direito (GFD) de voluntários experimentais aos quais era permitido ver as palavras ou cadeias de consoantes em oposição a tabuleiros de quadrados pretos e brancos. Ver palavras produz uma mudança maior em atividade nesta parte do cérebro do que ver cadeias de consoantes; ambos os tipos de estímulo produzem uma maior resposta do que ver um estímulo de um tabuleiro quadriculado. A e B segundo Cohen e colaboradores.[285]

Entretanto, o desenvolvimento da região do hipocampo em motoristas de táxi pode ser fruto de outros fatores além do conhecimento de mapas e experiência navegacional. Taxistas estão em movimento mais horas por dia do que uma pessoa média, e suas características cerebrais especiais podem refletir simplesmente o fato de que motoristas de táxi dirigem bem mais tempo do que um adulto médio típico.[918]

Uma forma de testar essas alternativas é encontrar pessoas que dirijam a mesma quantidade de horas que um taxista de Londres, mas sem os desafios navegacionais que confrontam um motorista de táxi. Outros motoristas de longos períodos por dia são os motoristas de ônibus de Londres, em movimento pelo mesmo número de horas, mas percorrendo rotas fixas sem ter que encontrar novos destinos o tempo todo. Se muitas horas de movimento diário ou extensa experiência de direção resultassem em um hipocampo com maior volume em alguns de seus componentes, então os motoristas de ônibus deveriam ter o mesmo volume de hipocampo de taxistas, mas eles não têm.[918]

Esses e outros resultados de pesquisas sugerem que nossa habilidade para aprender informações espaciais deve depender de um hipocampo com desenvolvimento flexível, embora outras regiões do cérebro também estejam envolvidas de várias maneiras.[919] Mas não importa o quanto grande é o hipocampo de um taxista londrino experiente, se ele fosse largado em Detroit e lhe dissessem que deveria ir à rua Ash número 16, sem assistência de outros, com quase toda certeza ele estaria completamente perdido, e, mesmo que recebesse uma bússola, não rumaria decididamente. Uma bússola somente o ajudaria se ele conhecesse onde estava e para onde estivesse indo, o que exigiria um mapa. Embora humanos sem mapa e bússola

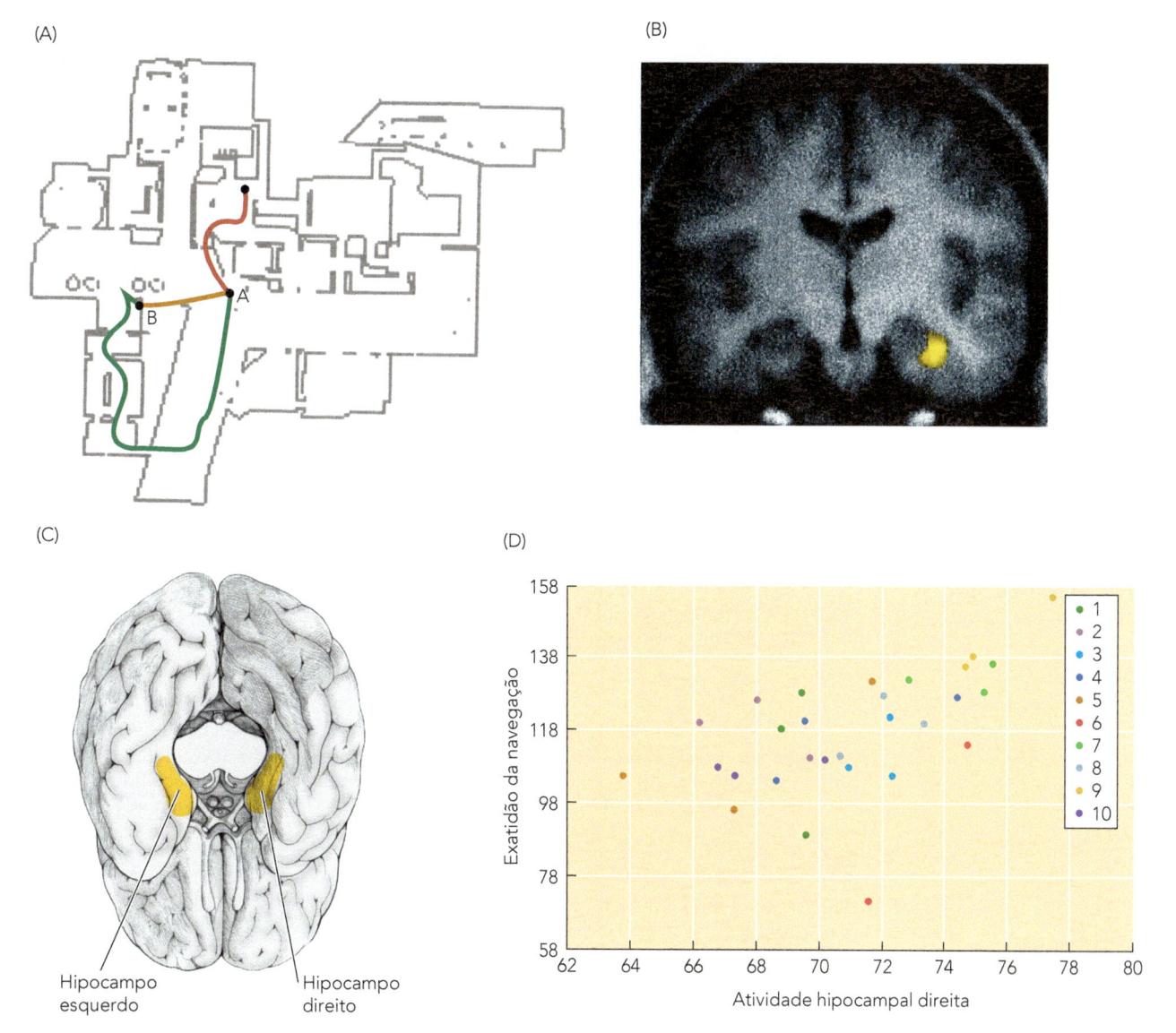

FIGURA 4.39 O hipocampo é essencial para a navegação em humanos. (A) Um mapa (vista aérea) da cidade virtual na qual voluntários experimentais navegaram. São ilustrados três exemplos de tentativas de ir de A a B. A rota mais curta (em amarelo) entre dois pontos foi considerada a mais precisa. (B) Imagem de ressonância magnética para dez voluntários enquanto desempenhavam tarefas de navegação, mostrando a locação de pico de atividade neural (amarelo brilhante), que fica no hipocampo direito. (C) A locação do hipocampo direito no cérebro visto pela parte inferior. (D) A precisão de dez navegadores (representados por pontos de diversas cores) foi em função da intensidade da atividade no hipocampo direito. Adaptadas de Maguire e colaboradores[916] e Carter.[239]

sejam prejudicados quando se trata de navegação em áreas desconhecidas, muitos outros animais não demonstram essa incapacidade, porque têm um sentido de mapa interno (conhecer o local do lar ou de outro objetivo) e um sentido de bússola interna (saber em que direção se mover) (Figura 4.40)

Tomemos a abelha melífera e o pombo-correio como exemplos. As duas espécies são navegadoras peritas em cruzar territórios desconhecidos na volta ao lar, como demonstrado na habilidade da abelha melífera de fazer uma "linha de abelha" de volta a sua colmeia depois de uma sinuosa jornada exterior na busca de alimento e pela habilidade do pombo-correio em fazer uma "linha de pombo" de volta ao pombal depois de ter sido solto em um local distante e desconhecido.[1507,1508] Como abelhas melíferas e

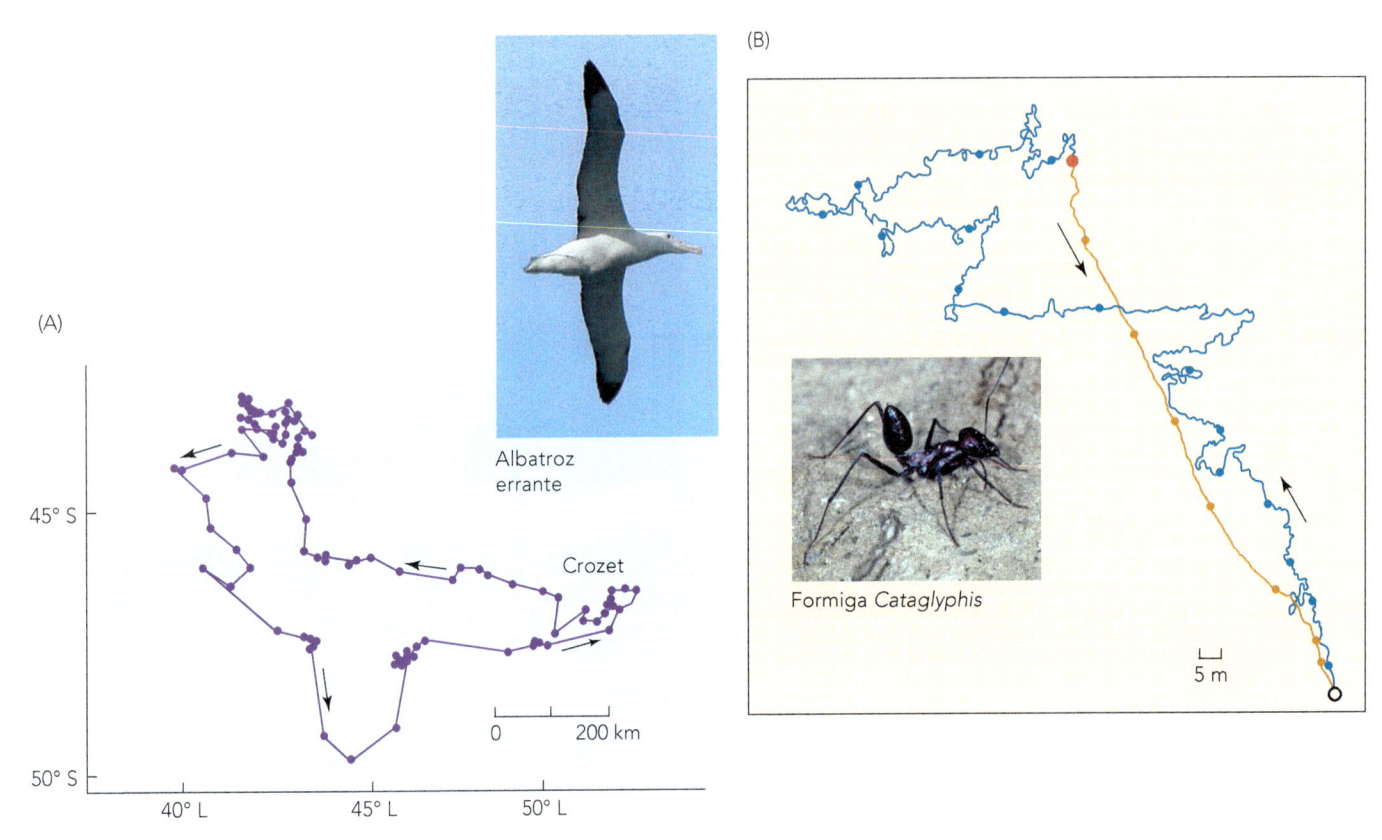

FIGURA 4.40 A habilidade de navegação em territórios desconhecidos requer tanto um sentido de bússola (saber em que direção mover-se) como um sentido de mapa (saber a localização do destino). (A) O trajeto de voo de um albatroz ao longo de uma jornada para forragear a 4.000 quilômetros de seu ninho nas Ilhas Crozet no sul do Oceano Índico, ao norte da Antártica, e ao voltar novamente. (B) A viagem de uma formiga forrageadora, 592 metros distante do ninho (representado pelo círculo grande e aberto embaixo do esquema) e depois diretamente de volta para casa após capturar uma presa (marcado pelo círculo vermelho grande, 140 metros da casa). A, adaptada de Weimerskirch e colaboradores,[1531] B, adaptada de Wehner e Wehner.[1528]

pombos-correio são ativos durante o dia, ambos, como poderíamos supor, usam a posição do sol no céu como guia direcional.[257,1594] Mesmo nós, até certo ponto, podemos fazer isso, sabendo que o sol nasce no leste e se põe no oeste, e desde que também saibamos aproximadamente qual a hora do dia. A cada hora o sol se move 15 graus no arco circular através do céu. Por essa razão, deve-se usar esse ajuste para o movimento do sol se queremos usar sua posição como bússola.

Uma abelha melífera ao deixar a colmeia nota a posição do sol no céu em relação à colmeia enquanto voa em uma jornada de alimentação. Ela pode gastar de 15 a 30 minutos em sua viagem e mover-se em terrenos desconhecidos em busca de comida. No voo de volta, se ela se orientasse como se o sol não tivesse mudado, a abelha estaria perdida. Na realidade, raramente as abelhas se perdem, em parte porque conseguem compensar pela movimentação do sol, graças a um mecanismo de relógio interno (ver página 157)[871]. Essa habilidade pode ser demonstrada treinando algumas abelhas marcadas para voar até um bebedouro com água e açúcar, a uma certa distância da colmeia (por exemplo, 300 metros exatamente ao leste da colmeia). Pode-se então prender as abelhas dentro da colmeia e movê-la para uma nova locação. Após três horas, a colmeia pode ser destapada, e as abelhas soltas para partir em busca de alimento. Elas não terão marcos visuais familiares para guiá-las, e ainda assim alguns indivíduos marcados vão lembrar que o alimento encontra-se 300 metros exatamente ao leste. Elas voarão 300 metros exatamente ao leste da nova localização, ao ponto onde a fonte de alimento "deveria estar". Elas terão compensado a mudança de posição de 45 graus do sol que aconteceu durante as 3 horas de confinamento.

Pombos também podem ser levados a demonstrar o quão importante é o sentido de relógio para o seu sistema de navegação.[1506] Você pode reprogramar o relógio biológico de um pombo colocando a ave numa sala fechada com luz artificial, ligada e desligada para alterar períodos de luminosidade em relação ao nascer e ao pôr-do-sol reais. Se a aurora acontece às 6 da manhã e o pôr-do-sol às 6 da tarde, por exemplo, pode-se ajustar para que as luzes da sala acendam ao meio-dia (6 horas mais tarde que o nascer do sol) e desligadas à meia-noite (6 horas após o pôr-do-sol). O relógio biológico de um pombo exposto a essa rotina por vários dias se tornará 6 horas defasado em relação ao dia natural. Quando retirado da sala e solto ao meio-dia num ponto distante de seu pombal, o pombo se comportará como se o sol tivesse acabado de nascer (como se fosse 6 da manhã), causando uma orientação inapropriada. Por exemplo, digamos que o pombo fosse libertado 30 quilômetros a leste do pombal. Seu senso de mapa de alguma maneira o informa desse fato, e ele tenta orientar o voo para oeste. Para voar a oeste às 6 da manhã, o pombo voará para longe do sol, mas quando o pombo com o relógio desajustado toma essa rota e voa para longe do sol como se o sol estivesse na posição de meio-dia, ele voa na direção norte, num ângulo 90 graus fora da rota correta (Figura 4.41).

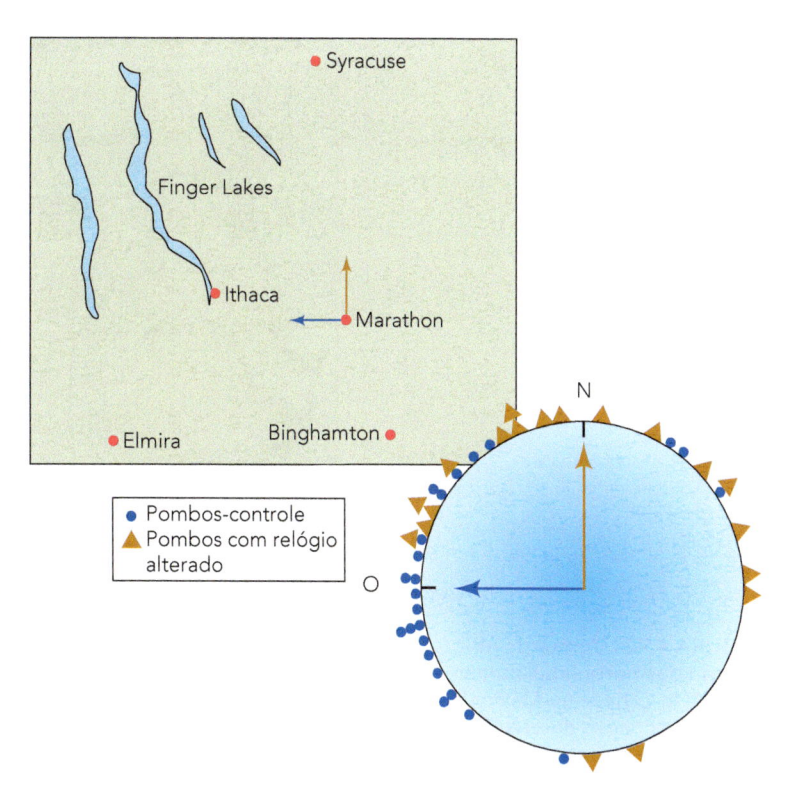

FIGURA 4.41 Mudança no relógio e navegação alterada em pombos-correio. Os resultados de um experimento em que pombos foram soltos em Marathon, Nova York (aproximadamente 30 quilômetros a leste de Ithaca, onde suas casas estavam localizadas). Em dias ensolarados, os pombos do grupo controle geralmente rumaram para oeste, de volta para casa, mas pombos cujos relógios biológicos foram alterados em 6 horas, usualmente ficam desorientados e dirigem-se para o norte. Adaptada de Keeton.[751]

Para discussão

4.11 Colocamos um pombo em um experimento de ciclo claro-escuro em que as luzes eram acesas ao meio-dia e apagadas à meia-noite, num período do ano que o sol nascia de fato às 6 da manhã e se punha às 6 da tarde. Depois de várias semanas nessa programação, soltamos o pombo ao meio-dia, num dia claro e em um território desconhecido ao norte do pombal. Em qual direção o pombo voará? Você ficaria surpreso ao saber que em um dia totalmente encoberto, o pombo voaria diretamente de volta para casa? O que essas descobertas sugerem sobre os mecanismos de regresso dessa ave? À luz desses fatos, considere os resultados de uma equipe de pesquisadores da Nova Zelândia, que libertou aproximadamente 100 pombos próximos à Junção Magnética Anômala de Auckland, um local onde o campo magnético da Terra é distorcido por padrões geológicos subterrâneos, com características incomuns. Os neozelandeses descobriram que aproximadamente 60% dos pombos inicialmente voavam em uma rota alinhada ou perpendicular ao campo geomagnético local, mas quando os pombos passavam a anomalia magnética, eles mudavam a direção e rumavam para casa.[383]

Mecanismos adaptativos da migração

O que as abelhas e os pombos fazem é impressionante; porém, outros migradores de longas distâncias são navegadores ainda mais espantosos. Os mais conhecidos são os diversos pássaros cujas jornadas migratórias perfazem milhares de quilômetros,

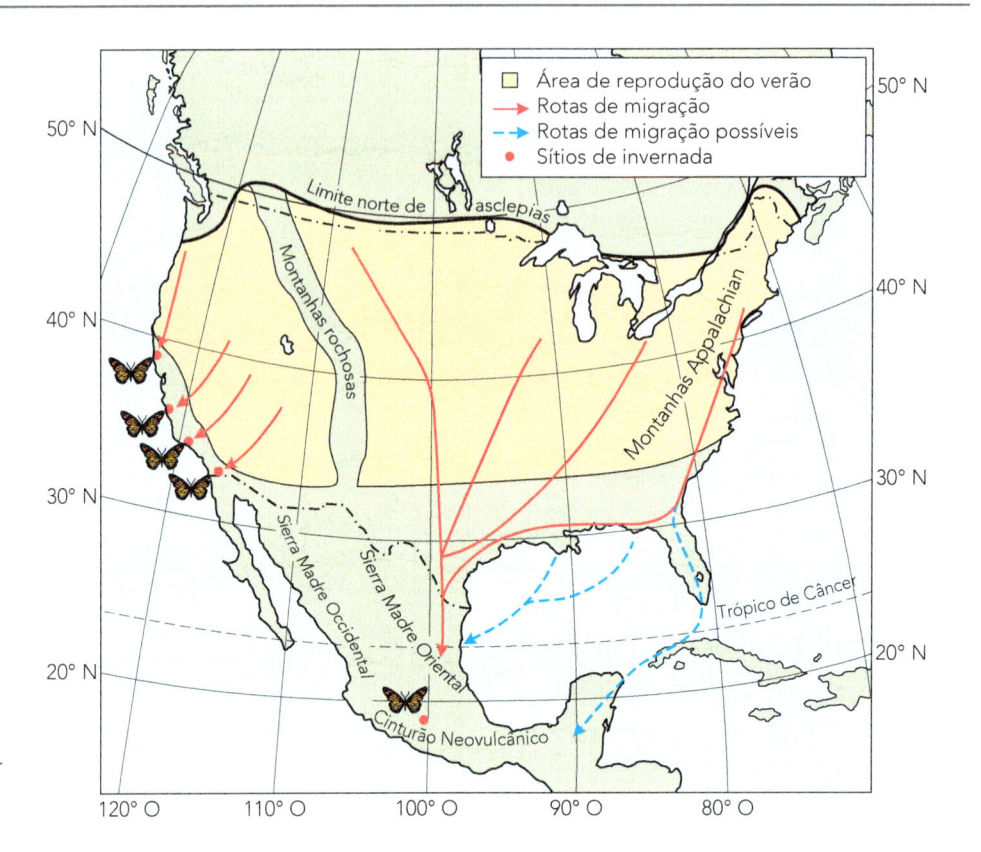

FIGURA 4.42 A rota de migração das borboletas-monarcas vai do Canadá ao México, onde as monarcas agrupam-se em pequenas manchas de floresta nas montanhas centrais mexicanas. Adaptada de Brower.[186]

como o pardal-de-coroa-branca que se desloca entre o México e o Alasca duas vezes por ano (*ver também* páginas 261-270). Apesar do muito que sabemos sobre os mecanismos proximais da migração de aves,[1594] abordaremos aqui dois outros animais: a borboleta-monarca e a tartaruga-verde marinha.

No outono, as borboletas-monarcas adultas que tinham voado para o Canadá fazem meia-volta e dirigem-se para o sul. Elas não param enquanto não alcançam um grupo seleto de bosques nas montanhas do México central, viagem que requer voos de 3.600 quilômetros (Figura 4.42). Uma vez no México, as borboletas juntam-se aos milhões nos bosques de Oyamel, onde pousam e esperam, dia após dia, até a primavera chegar. Então as monarcas despertam e começam a viagem de volta para a Costa do Golfo dos Estados Unidos, chegando a tempo de pôr seus ovos nas plantas do gênero *Asclepias* ("milkured"), cujas folhas as lagartas de sua progênie consumirão.

As monarcas migratórias voam durante o dia, o que sugere que elas podem usar o sol como bússola para guiá-las na direção sudoeste durante a migração de outono (e nordeste durante o voo de retorno na primavera) – se isso ocorre, então pode ser possível fazer com as monarcas a mesma experiência realizada com os pombos: enganar e desorientar seu relógio biológico.[496] Para testar essa predição experimentalmente, um time de pesquisadores capturou monarcas migrando no outono e as manteve em laboratório sob um regime de 12 horas de luz e 12 horas de escuro. Eles dispuseram as borboletas em dois grupos, um que recebia 12 horas de luz começando diariamente às 7 da manhã e o outro que tinha as luzes acesas 6 horas mais cedo, à 1 hora da manhã. Após dias em cativeiro, as monarcas foram colocadas em uma caixa sob condições de luz natural. Elas podiam voar e quando o faziam, indicavam a direção que desejam seguir (sem na verdade deixar a arena de teste, uma vez que seu movimento era limitado).

Os resultados mostraram que as monarcas guiam-se pela posição do sol no céu. Aquelas que tiveram seus relógios biológicos ajustados para o ciclo natural de luz do

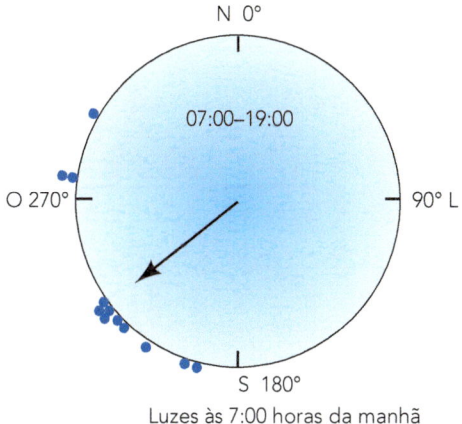

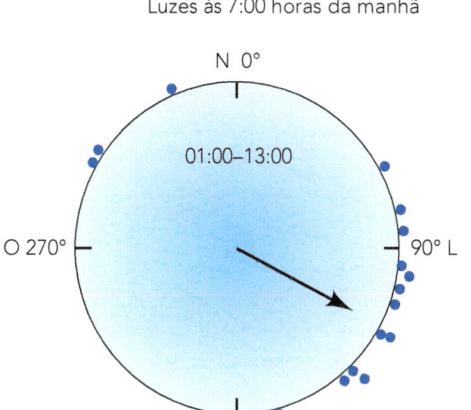

FIGURA 4.43 Manipulação experimental do relógio biológico muda a orientação das monarcas em migração. Os indivíduos foram testados numa caixa ao ar livre depois de um grupo ter sido mantido no interior de uma sala sob condições de um ciclo claro-escuro artificial, com luzes acesas às 7 horas e desligadas às 19 horas. Este grupo tentou voar rumo ao sudoeste. Um segundo grupo de borboletas, mantido sob luzes acesas à 1 hora e desligadas às 13 horas, voou no sentido sudeste, evidência da importância do sol em manter as monarcas no curso. Adaptada de Froy e colaboradores.[496]

outono (luzes acesas às 7 horas da manhã) tentavam voar no sentido sudoeste. Mas aqueles indivíduos cujos relógios biológicos tinham sido mudados para 6 horas mais cedo orientavam-se 90 graus para a esquerda, ou seja, direcionavam-se para sudeste (Figura 4.43).[496]

A luz do sol compõe-se de muitos comprimentos de ondas diferentes, o que traz a questão: quais comprimentos de ondas são cruciais para orientação da navegação das borboletas-monarcas? Talvez a luz ultravioleta seja um fator relevante. Como todos os usuários de protetor solar sabem, o sol produz radiação ultravioleta abundante, e apesar de não podermos enxergá-la, muitos animais podem, como mencionado anteriormente. Para testar a hipótese de que a navegação da monarca é dependente de radiação ultravioleta, pesquisadores capturaram monarcas que estavam migrando no outono e então testaram monarcas amarradas em uma caixa (mas com certa autonomia para alçar voo) onde as borboletas podiam orientar-se na direção escolhida. Os pesquisadores então cobriam a caixa com um filtro para UV. As monarcas rapidamente ficavam confusas e muitas paravam de voar. Entretanto, a maioria dos indivíduos (11 de 13) recomeçava a voar assim que o filtro era removido, evidência de que a radiação UV do sol é essencial para a navegação da monarca.[496]

Na verdade, sabemos que a luz ultravioleta é detectada por células especializadas dos olhos e transmitida para uma parte do cérebro da monarca, o *pars lateralis*, onde residem as células que constituem o relógio biológico da borboleta. Em contrapartida, o mecanismo do relógio aparentemente comunica-se com outra parte do cérebro, o complexo central, que controla o sentido de bússola da borboleta (Figura 4.44).[1645] Essa conexão entre o relógio e a bússola pode fornecer as bases proximais para mudanças na orientação de voo durante o dia, com base na passagem do tempo.

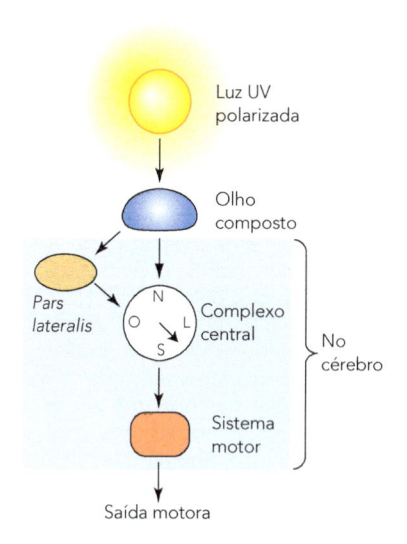

FIGURA 4.44 Luz ultravioleta polarizada afeta o relógio circadiano e a bússola solar de borboletas-monarca. A luz polarizada do sol é detectada por células especiais nos olhos compostos da borboleta, que por sua vez se comunicam diretamente com o mecanismo de relógio presente no cérebro, mais especificamente na região *pars lateralis*. Este sistema envia sinais ao centro complexo no cérebro do inseto, onde se encontra a bússola solar. Como resultado, o sistema motor da borboleta recebe mensagens que possibilitam a navegação precisa guiada pelo relógio circadiano e pela bússola solar. Adaptada de Zhu e colaboradores.[1645]

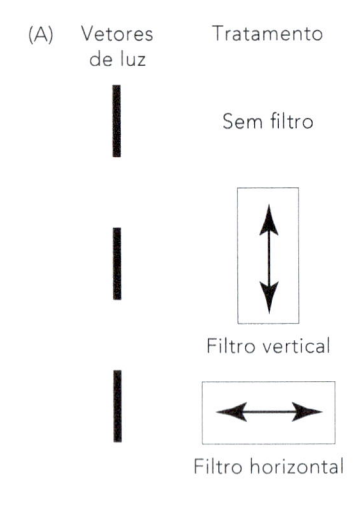

FIGURA 4.45 Luz polarizada afeta a orientação da borboleta-monarca. (A) Borboletas presas em uma caixa de voo receberam três tratamentos em relação ao ângulo em que a luz polarizada vinda do céu as alcançava: (1) nenhum filtro, o que significava que as borboletas podiam ver o padrão natural de luz polarizada do céu; (2) filtro vertical, que não interferia no padrão da luz polarizada visível na caixa; (3) filtro horizontal, que mudava o ângulo da luz polarizada em 90 graus. (B) Escolha de orientação de duas monarcas na caixa de voo, uma testada pela manhã (AM) e outra à tarde (PM). Durante o período de voo, um computador gravava automaticamente a orientação da borboleta a cada 200 milissegundos, produzindo um registro composto de muitos "eventos" durante os minutos que a borboleta estava voando. Os dados mostram que quando as borboletas podiam observar a luz polarizada no padrão natural do céu, elas tendiam a voar para oeste, mas quando o filtro mudava o ângulo da luz polarizada, alterando-o em 90 graus, as monarcas mudavam sua orientação de voo de acordo com o novo padrão. Adaptada de Reppert, Zhu e White.[1211]

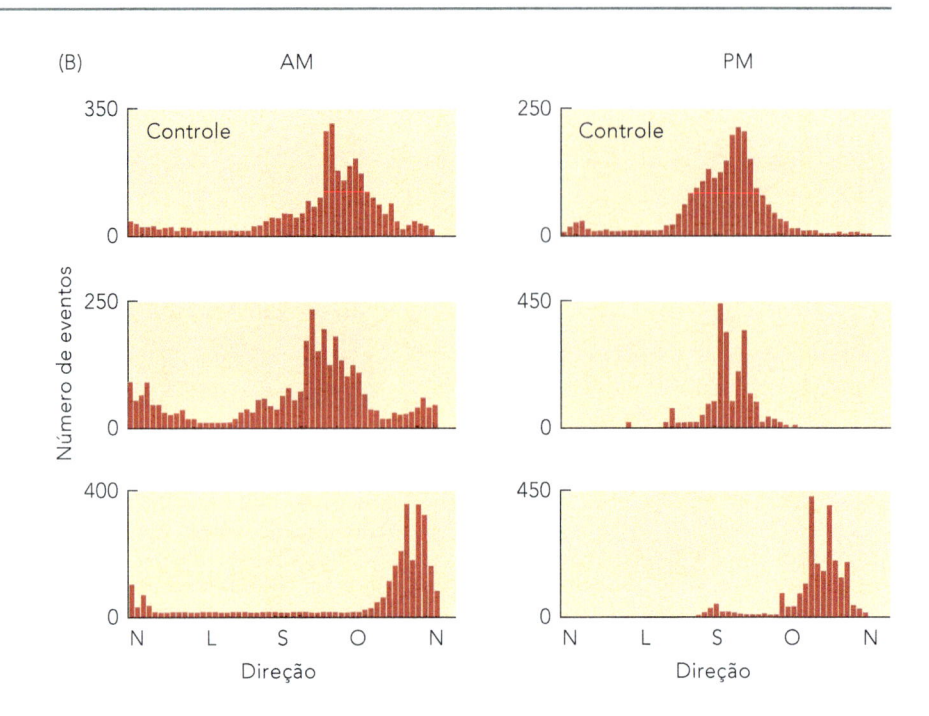

A luz ultravioleta pode ajudar as monarcas a iniciar o voo na direção correta e, uma vez no ar, as borboletas precisam manter suas bússolas de orientação, ao que tudo indica, elas alcançam esse fim com a ajuda de sinais providos pelo padrão de luz polarizada, que você e eu não enxergamos, e é produzida quando a luz do sol entra na atmosfera terrestre e dispersa de forma que as ondas vibram perpendicularmente à direção dos raios solares. O padrão tridimensional da luz polarizada no céu cria esse parâmetro dependente da posição do sol em relação à terra, e assim esse padrão muda conforme o sol cruza o céu; entretanto, se o animal no chão é capaz de perceber o padrão de luz polarizada no céu, esse estímulo pode servir como referência para a posição do sol a qualquer hora. Como resultado, animais com relógio biológico e a capacidade de enxergar luz polarizada podem usar a informação do céu como bússola, da mesma maneira que a posição do sol no céu pode ser usada como bússola. Ser capaz de usar informações direcionais contidas na luz polarizada tem vantagens reais porque é um sinal disponível mesmo quando o sol está coberto por nuvens ou escondido atrás das montanhas.

Uma equipe de pesquisadores estabeleceu que monarcas podem orientar-se pela informação da luz polarizada em um estudo com borboletas capturadas durante a migração no outono. As borboletas tiveram o voo limitado numa pequena arena onde não podiam enxergar o sol, mas podiam ver o céu. Sob essas condições, quando elas voavam, eram capazes de orientar-se consistentemente para o sudoeste. As monarcas amarradas mantinham essa habilidade quando um filtro para luz era colocado sobre o aparato e alinhado de forma a permitir a entrada de ondas de luz polarizada, num mesmo plano que ocorre no céu em zênite (o ponto mais alto do céu). Entretanto, quando o filtro era girado em 90 graus em relação à orientação original, mudando o ângulo de entrada da luz polarizada visto pelas monarcas, a orientação do voo também se alterava em 90 graus, demonstrando a dependência da bússola sobre a luz polarizada (Figura 4.45).[1211]

As tartarugas-verdes marinhas são as monarcas do mundo das tartarugas. Como as monarcas, elas viajam milhares de quilômetros em suas migrações, o que leva algumas tartarugas desde suas praias de desova em Ascension, pequena ilha no meio do Oceano Atlântico Sul, até os seus locais de alimentação na costa do Brasil, a cerca de 2.000 quilômetros de distância (Figura 4.46).[899] Outras tartarugas-ver-

FIGURA 4.46 Rotas migratórias de **cinco tartarugas-verdes marinhas** que desovam na Ilha de Ascension e então retornam 2.000 quilômetros para os locais de alimentação no Atlântico, na costa brasileira. Adaptada de Luschi e colaboradores,[899] fotografia de Ursula Keuper-Bennett e Peter Bennett.

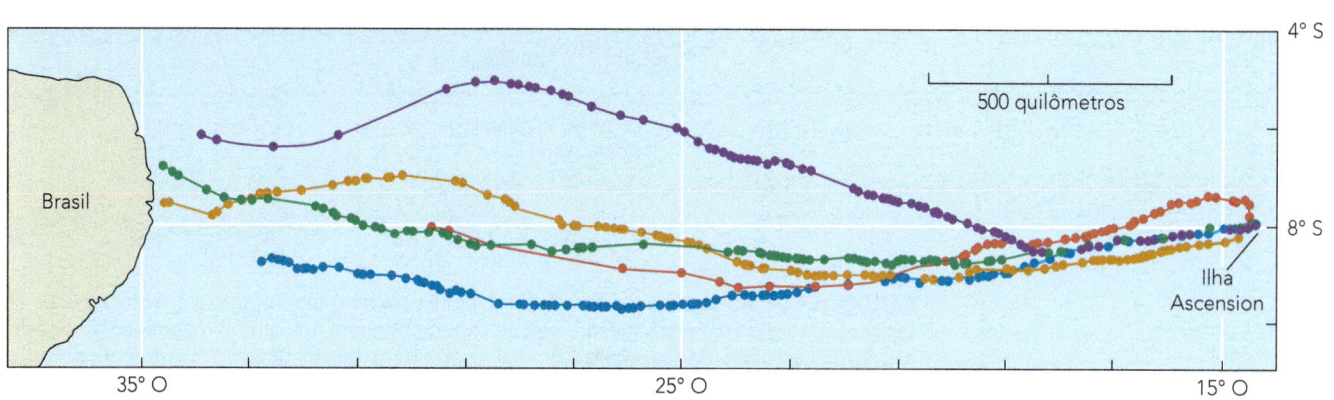

des viajam entre locais de alimentação e desova separados por distâncias enormes, passando muitos anos no mar antes de retornar à praia onde fizeram seus ninhos pela primeira vez. Transmissores por satélite fixados nas tartarugas revelaram que os animais viajam grandes distâncias à noite, sugerindo que elas não precisam da posição do sol para fazer suas notáveis jornadas. Ken Lohmann e seus colaboradores levantaram a hipótese que as tartarugas deveriam fazer uso de algum outro sinal para navegação, e vários candidatos potenciais surgiram, entre eles o campo magnético da Terra.[884]

Para testar se as linhas de força magnética são usadas pelas tartarugas como mapas, Lohmann e colaboradores capturaram algumas tartarugas jovens no mar, trouxeram-nas para o continente e as colocaram em um "simulador oceânico": uma piscina de plástico com água do mar colocada no quintal de uma casa na praia de Melbourne, no Estado da Flórida. A piscina era rodeada por uma bobina magnética controlada por um computador, que os pesquisadores usaram para alterar o campo magnético ao redor da piscina, simulando, assim, as condições que um detector de campo magnético experimentaria a centenas de quilômetros ao norte ou sul. Se as tartarugas fossem capazes de sentir o campo magnético da Terra e usá-lo como mapa, então um indivíduo que percebesse as condições associadas a uma área 340 quilômetros ao norte da praia de Melbourne deveria nadar firmemente para o sul, e no caso da piscina, estabelecer sua orientação de preferência. Se o campo magnético fosse aquele que a tartaruga encontraria 340 quilômetros ao sul, então as tartarugas deveriam orientar-se voltadas para o norte. As tartarugas fizeram o esperado (Figura 4.47),[884] demonstrando que de fato possuem navegadores orientados por mapas geomagnéticos.

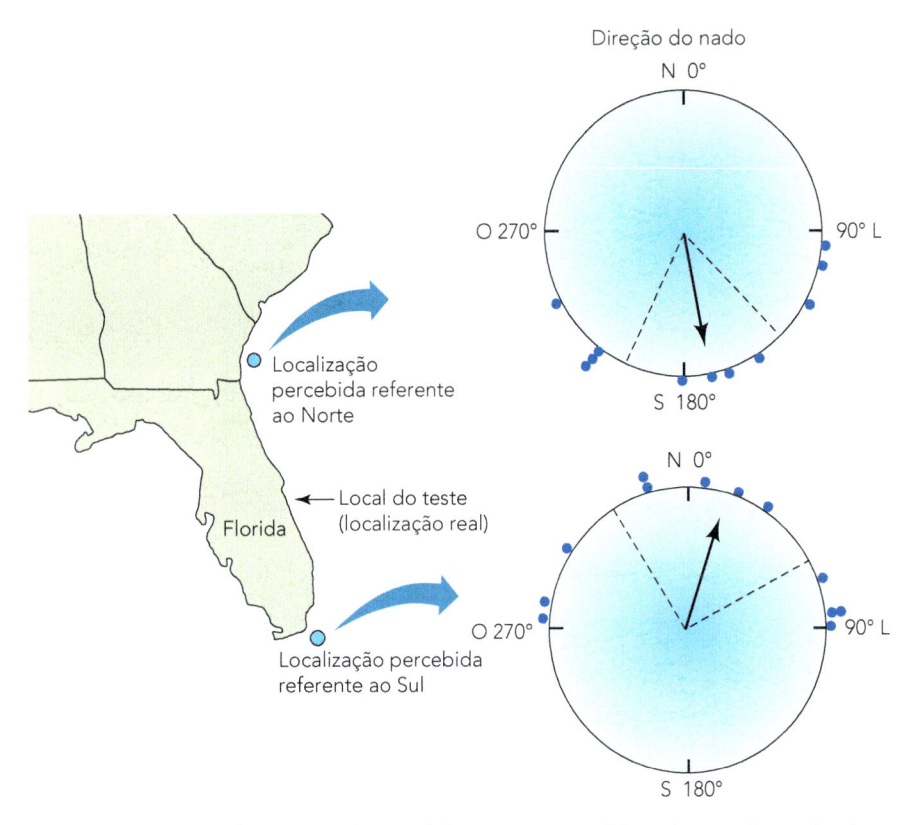

FIGURA 4.47 Manipulação experimental do campo magnético afeta a orientação das tartarugas-verdes marinhas. Indivíduos que experimentaram um campo magnético associado a uma área ao norte de sua localização real nadam rumo ao sul; tartarugas que sentiram o campo magnético de uma área ao sul de sua localização real, nadam para o norte. Adaptada de Lohmann e colaboradores.[884]

Apesar de borboletas-monarcas e tartarugas-verdes marinhas não usarem o mesmo sistema de navegação,[1015] cada uma delas possui habilidades ausentes na nossa própria espécie. Essas duas espécies fornecem evidências adicionais, como se houvesse necessidade, de que os mecanismos sensoriais e os cérebros dos animais têm sido moldados pela seleção natural a partir das necessidades especiais de cada animal para sobrevivência e reprodução.

Resumo

1. As regras operacionais dos mecanismos neurais constituem as causas proximais do comportamento. Neurônios obtêm informação sensorial do ambiente, transmitem e processam essa informação no sentido de ordenar a resposta motora apropriada para os eventos ambientais. Espécies diferentes têm mecanismos neurais diferentes e, portanto, executam essas tarefas de modo distinto, fornecendo razões proximais para explicar porque as espécies diferem em seus comportamentos.

2. A abordagem etológica clássica para estudar o sistema nervoso mostrou que alguns animais possuem elementos neurais moldados pela seleção natural para detectar estímulos-chave e ordenar respostas apropriadas para cada espécie. Estudos neurofisiológicos modernos confirmam que os animais possuem receptores sensoriais especializados cujo modelo facilita a aquisição de informações cruciais do ambiente, assim como possuem interneurônios e neurônios motores com propriedades únicas que contribuem para habilidades comportamentais específicas. Além disso, geradores centrais de padrões no sistema nervoso central podem produzir uma série programada de mensagens para músculos específicos, facilitando respostas complexas a certos estímulos.

3. A filtração de estímulos, ou filtração de informações irrelevantes, junto com outras formas de processamento sensorial são propriedades fundamentais de todos os sistemas nervosos. Receptores sensoriais ignoram alguns estímulos em favor de outros, enquanto interneurônios retransmitem algumas, mas não todas as mensagens que recebem. Dentro do sistema nervoso central, várias células e circuitos são dedicados a analisar certas categorias de informações, embora isso signifique que outras informações não são completamente analisadas.

4. Os mecanismos proximais de filtração de estímulos são a base para percepção e respostas adaptativas. Ignorando algumas informações, os animais são capazes de focar os estímulos biologicamente relevantes, aumentando as chances de uma reação rápida e eficaz a esses estímulos-chave. Os obstáculos para reprodução diferem entre as espécies; por isso, a seleção resultou na evolução de mecanismos proximais com diferentes atributos funcionais. Assim, alguns animais têm habilidades perceptivas que nós humanos não possuímos, como a capacidade de escutar ultrassom, enxergar luz ultravioleta ou formar mapas magnéticos, usados na navegação para um destino específico através de um terreno desconhecido.

Leitura sugerida

Hans Kruuk descreve a vida e a ciência de Niko Tinbergen de maneira impassível e bem escrita,[816] enquanto que em *Patterns of Behavior*, Richard Burkhardt provê uma história soberba de como Tinbergen e Konrad Lorenz fundaram a disciplina de comportamento animal.[212] *Nerve Cells and Insect Behavior* de Kenneth Roeder é um clássico em como conduzir pesquisas em fisiologia do comportamento. Tratados sobre neurofisiologia do comportamento incluem os de Peter Simmons e David Young[1332] e Thomas Carew.[230] *Mapping the Brain* de Rita Carter[239] é um belo livro sobre os processamentos cerebrais humanos. *Evolving Brains* de John Allman aborda a evolução do cérebro humano, mas contém uma riqueza fascinante de informações sobre outras espécies. Um texto avançado sobre as bases neurais das habilidades cognitivas pode ser encontrado em *Principles of Cognitive Neuroscience*.[1178]

Uma das principais descobertas dos neurobiologistas é que diferentes espécies desenvolveram habilidades notáveis em resposta à seleção natural de diferentes ambientes. Exemplos incluem a detecção de infrassom em elefantes,[520,1064] o sentido elétrico de certos peixes (*ver* Hopkins[681] e Kalmijn[744]) e percepção infravermelha de algumas serpentes.[1042] Outra ilustração para esse ponto vem da comparação dos órgãos vomeronasais de vários vertebrados (*ver* a página da Web de Michael Meredith http://www.neuro.fsu.edu/faculty/meredith/vomer/). Esse órgão, que desempenha um papel olfatório específico, desenvolveu várias funções, cada uma delas apropriada a uma tarefa biológica diferente para a espécie em questão. Da mesma forma, são fascinantes os mecanismos subjacentes à navegação dos animais (*ver* Wehner, Lehrer e Harvey[1529]). Se você tem interesse especial por navegação de tartarugas vá ao site http://www.unc.edu/depts/oceanweb/turtles/ onde você vai encontrar informações sobre os fantásticos mecanismos proximais que regem a habilidade de tartaruguinhas recém-eclodidas alcançarem o mar e cruzar o Oceano Atlântico em grandes jornadas.

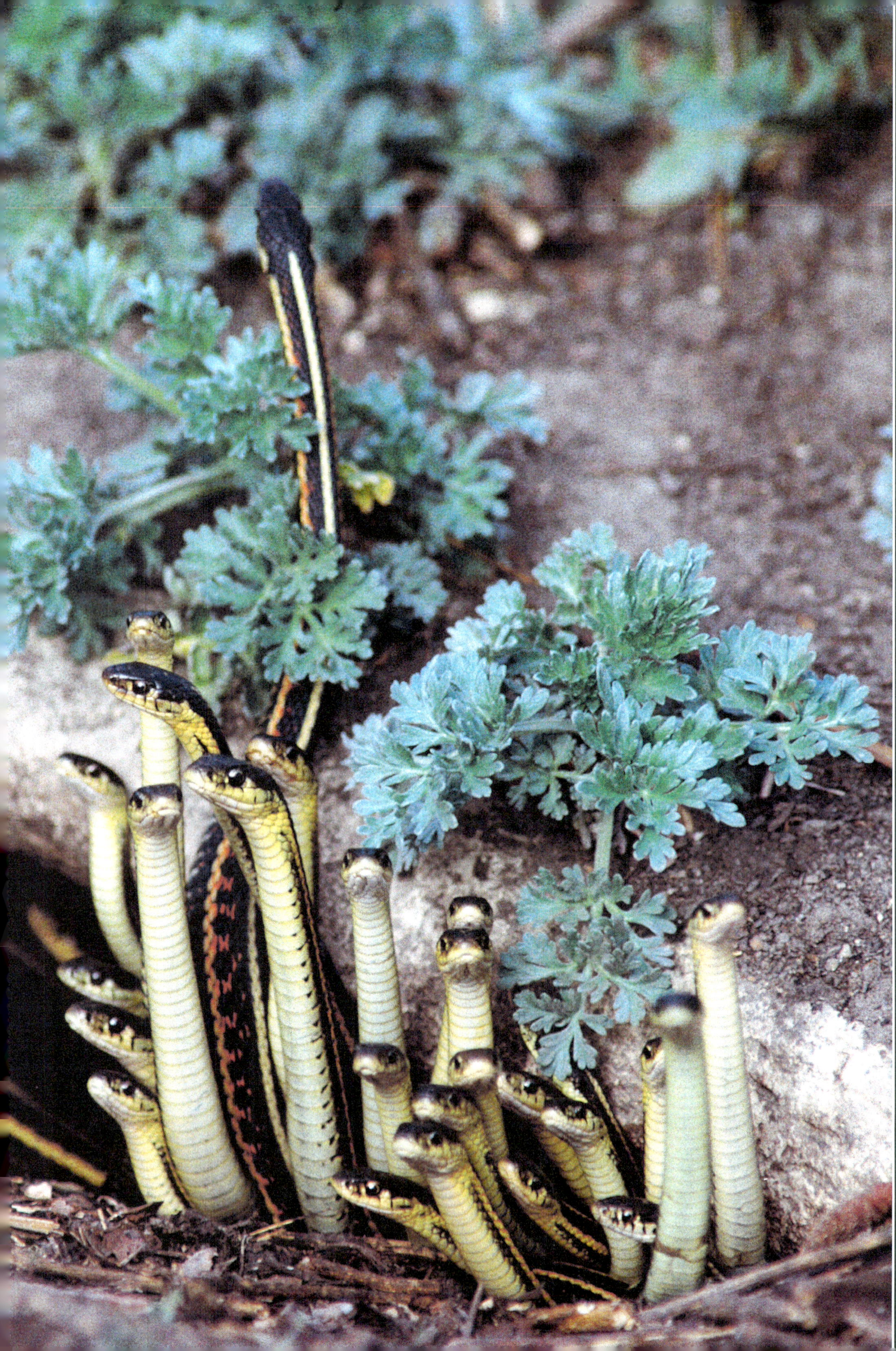

5
A Organização do Comportamento: Neurônios e Hormônios

No capítulo anterior, falamos sobre os animais como se eles fossem dotados de computadores neurais projetados para detectar estímulos básicos, distinguir padrões de aquisição de informações e ordenar reações adaptativas. Por exemplo, quando uma mariposa é exposta ao ultrassom de um morcego predador, seus receptores auditivos são excitados e disparam uma cadeia de eventos neurais, os quais ajudam o inseto a responder adaptativamente a esse estímulo acústico. A capacidade dos mecanismos neurais de filtrar informações irrelevantes para perceber fatos importantes e ordenar reações eficientes faz sentido do ponto de vista biológico.

Mas os sistemas nervosos fazem mais do que apenas responder de forma X à presença do estímulo Y. Imagine um macho de mariposa atraído pela trilha de feromônio de uma fêmea distante. Se o sistema nervoso do macho operar simplesmente mantendo o voo da mariposa em qualquer lugar no ar onde o feromônio sexual da fêmea esteja, o macho no rastro de cheiro estaria com um problema real se o morcego estivesse por perto. Mas o sistema nervoso da mariposa avalia a relação risco *versus* oportunidade reprodutiva[1340] de forma que, se a mariposa ouve um pulso ultrassônico muito alto, geralmente aborta sua atividade de seguir o rastro de cheiro e mergulha para esconder-se.[2,1409] Em função do modo como seu sistema nervoso funciona, a mariposa macho pode interromper a procura por fêmeas quando um morcego caçador aparece em seu caminho, adiando o acasalamento para outra oportunidade.

◀ **Machos da serpente-de-garter** *(espécie norte-americana do genêro Thamnophis) emergem da hibernação prontos para acasalar, a despeito do fato de não possuírem quase nenhuma testosterona em seu sangue. Fotografia de François Gohier.*

FIGURA 5.1 Diferentes exibições de corte da rola doméstica macho estão sob o controle de diferentes hormônios. (A) O comportamento agressivo de andar de forma empertigada e a exibição de curvar-se para frente estão ligados à testosterona. (O macho é a ave à esquerda.) (B) A exibição de solicitação de ninho está ligada ao estrógeno. Fotografias de Leonida Fusani.

Os hormônios com frequência ajudam os animais a manter nos eixos suas opções comportamentais. Por exemplo, quando uma rola doméstica macho corteja uma fêmea, ele inicia perseguindo agressivamente sua potencial parceira, elevando o peito e curvando-se na direção dela de maneira agressiva. Se esse fosse seu único comportamento de corte, ele não poderia ir muito longe, porque as fêmeas não acasalam a menos que essa exibição agressiva inicial seja seguida por uma exibição serena chamada solicitar ninho, na qual o macho fica sobre o ninho com a cauda levantada (Figura 5.1). Como verificado, o hormônio testosterona aumenta a probabilidade de perseguição com peito elevado, enquanto o hormônio estrógeno aumenta a probabilidade de solicitar ninho.[509] O cérebro da rola macho elabora suas várias atividades sexuais na ordem correta pela produção de uma enzima, a aromatase, no estágio apropriado da corte; a aromatase catalisa a conversão de testosterona em estrógeno, permitindo que o macho mude a exibição de peito elevado para solicitação de ninho na sequência adequada.

A habilidade do sistema nervoso e hormonal para realizar essas proezas na organização comportamental é o assunto deste capítulo. O problema fundamental que abordaremos é como mecanismos proximais estruturam o comportamento de um indivíduo – de momento a momento, ao longo do dia, ao longo de poucas semanas ou de uma estação reprodutiva, ou mesmo ao longo de todo um ano. Examinaremos três classes de mecanismos que controlam essas funções: os centros de comando neural que se comunicam entre si, os relógios que organizam a atividade desses centros de comando e os sistemas hormonais que rastreiam mudanças no ambiente físico e social e ajustam as prioridades de centros de comando concorrentes.

Centros de comando neurais organizam o comportamento

Como muitos animais têm a capacidade de fazer coisas diferentes em resposta a muitos estímulos diferentes, em algum momento eles enfrentam a questão de qual comportamento ativar. A um nível distal, é fácil entender porque animais raramente tentam fazer duas coisas ao mesmo tempo. Mas, a um nível proximal, como são organizados os sistemas nervosos dos animais para evitar que ocorram conflitos não adaptativos?

Um caminho para estabelecer prioridades comportamentais é ter um sistema nervoso dotado de centros de comando, o qual inclui mecanismos liberadores inatos, geradores de padrão central, sistemas de controle de canto e coisas semelhantes ao que já vimos em capítulos anteriores. Cada centro de comando pode ser responsável por ativar principalmente uma resposta em particular, mas os vários centros de comando se comunicam uns com os outros numa ordem hierárquica, de forma que um centro ativo pode suprimir sinais competidores de outro centro (ou vice-versa). Observe que, embora um "centro de comando" possa ser um simples feixe de neurônios em uma região específica do cérebro, ele pode também consistir em uma bateria de neurônios capazes de unificar uma tomada de decisão.

Kenneth Roeder usou a teoria dos centros de comando para examinar a tomada de decisão em louva-a-deus.[1234] Um louva-a-deus pode fazer muitas coisas: procurar por pares, tomar sol, copular, voar, fugir de morcegos, etc. Na maior parte do tempo, no entanto, um típico louva-a-deus permanece imóvel sobre uma folha, até que um besouro desavisado vague pelas proximidades. Quando os receptores visuais do louva-a-deus o alertam sobre a presença da presa, ele executa rápidos, precisos e fortes movimentos para agarrar com seu par de pernas dianteiras.

Roeder propôs que o sistema nervoso do louva-a-deus ordena suas opções graças às relações inibitórias entre uma variedade de centros de comando dentro de sua rede neural. O desenho do sistema nervoso do louva-a-deus (Figura 5.2) sugere que o controle dos músculos em cada segmento do inseto está sob responsabilidade do gânglio daquele segmento. Roeder testou essa possibilidade cortando a conexão de um gânglio segmentar com o resto do sistema nervoso. Como esperado, os músculos do segmento isolado falharam em reagir quando outro local do sistema nervoso era ativado; entretanto, se o gânglio isolado era estimulado eletricamente, os músculos e alguns membros naquele segmento produziam movimentos vigorosos e completos.

Se os gânglios segmentares são, de fato, responsáveis pelo comando de segmentos específicos para executar certos movimentos, qual é papel do cérebro do louva-a-deus? Roeder suspeitava que certas células cerebrais eram responsáveis por inibir (bloquear) a atividade neural no gânglio segmentar, mantendo algumas dessas células em repouso até que elas fossem especificamente estimuladas por um centro de comando no cérebro. Nesse caso, a interrupção da conexão entre as células cerebrais inibitórias e o gânglio segmentar teria o efeito de remover essa inibição e induzir respostas conflitantes inapropriadas. Quando Roeder separou as conexões entre o gânglio protocerebral (o cérebro do louva-a-deus) do restante de seu sistema nervoso, ele produziu um inseto que caminhava e agarrava simultaneamente, o que poderia ser desastroso na natureza. O gânglio protocerebral aparentemente assegura que um louva-a-deus intacto caminhe ou agarre, mas não faça as duas coisas ao mesmo tempo.

Entretanto, quando Roeder removeu toda a cabeça – procedimento que elimina tanto o gânglio subesofágico como o protocérebro – o louva-a-deus ficou imóvel. Cutucando o animal fortemente, Roeder pode induzir movimentos simples e irrelevantes, mas nada além disso. Esses resultados sugerem que o protocérebro de um louva-a-deus intacto envia uma corrente de mensagens inibitórias ao gânglio subesofágico, impedindo a comunicação entre os neurônios desses dois gânglios. No

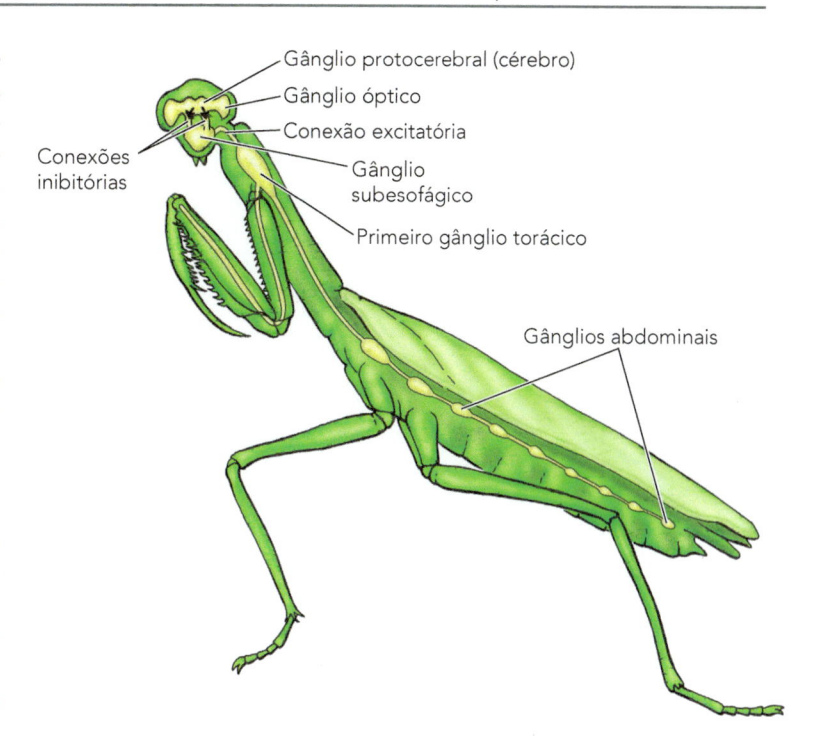

FIGURA 5.2 Sistema nervoso de um louva-a-deus. Se as conexões entre o gânglio do protocérebro e do gânglio subesofágico forem interrompidas, o gânglio subesofágico envia uma corrente de mensagens excitatórias ao gânglio segmentar no tórax e abdome; o louva-a-deus, então, começa a fazer várias atividades conflitantes simultaneamente.

FIGURA 5.3 Um macho acéfalo. A perda da cabeça e do cérebro não eliminou o comportamento de acasalamento desse louva-a-deus macho montado sobre o dorso de uma fêmea intacta. Fotografia de Mike Maxwell.

entanto, quando um determinado sinal sensorial atinge o protocérebro, seus neurônios deixam de inibir determinados módulos no gânglio subesofágico. Livres da supressão, esses neurônios subesofágicos enviam mensagens excitatórias para vários gânglios segmentares, onde novos sinais são gerados para ordenar ações específicas aos músculos. Dependendo de qual seção do gânglio subesofágico não está mais inibida, o louva-a-deus pode andar para frente, rastejar com as pernas anteriores, voar ou fazer outra coisa.

Curiosamente, machos maduros de louva-a-deus nem sempre obedecem à "regra" de que a remoção completa da cabeça elimina um comportamento. Em vez disso, um macho adulto sem cabeça realiza uma série de movimentos rotativos que balançam seu corpo de um lado para o outro em um círculo. Enquanto isso acontece, o abdome do louva-a-deus está girando para baixo, movimentos normalmente bloqueados por sinais provenientes do protocérebro. Essa estranha resposta à decapitação começa a ter sentido se você considerar que um louva-a-deus algumas vezes literalmente perde a cabeça por uma fêmea, quando ela o agarra e o consome, começando pela cabeça. Mesmo sob essas difíceis circunstâncias, o macho ainda consegue copular com a parceira canibal (Figura 5.3), graças à natureza do sistema de controle que regula seu comportamento de acasalamento. Acéfalo, suas pernas carregam o que restou dele em um caminho circular, até seu corpo tocar o da fêmea, momento no qual ele sobe no dorso dela e gira o abdome para baixo para copular competentemente.

Macho ou fêmea, adulto ou imaturo, o louva-a-deus, como muitos animais, tem um sistema nervoso que parece funcionalmente organizado como um grupo de centros de comando, cada um com responsabilidades específicas. Alguns centros produzem seu próprio sinal, inibindo as atividades de outros centros, os quais possibilitam ao louva-a-deus fazer apenas uma coisa de cada vez. A importância das relações inibitórias dentro do sistema nervoso também é evidente na alimentação da mosca varejeira, alvo dos estudos clássicos de Vincent Dethier.[385] Esses insetos ingerem vários exsudatos de plantas, sucos de corpos de animais em decomposição e outros "saborosos" fluidos ricos em açúcar e proteínas. Durante a noite, os nutrientes coletados nas refeições diurnas são metabolizados para prover energia ao inseto. De manhã, a mosca voa para encontrar alimento adicional, localizado em parte pelo odor e em parte pelo sabor detectado pelos pés, quando ela pousa em algo úmido. A entrada sensorial adequada ativa comandos de alimentação: a mosca estende sua probóscide, expande seu labelo e ingere o líquido.

Dethier mostrou experimentalmente que a velocidade na qual o fluido é sugado e a duração da alimentação são proporcionais à concentração de açúcar no fluido. Se o líquido não for muito doce, os receptores orais da mosca cessam o disparo rapidamente e a sucção para. No entanto, se as concentrações de açúcar forem elevadas, os receptores orais continuam disparando por cerca de 90 segundos antes de cessarem, finalizando aquele turno de alimentação. Num curto espaço de tempo, as células sensoriais dos pés tornam-se ativas novamente, causando nova extensão da probóscide e mais ingestão de líquido. Entretanto, mais cedo ou mais tarde, a mosca para totalmente de beber, mesmo quando permanece sobre o líquido mais rico em açúcar existente. A dissecação de uma mosca saciada revelou que seu papo, um saco que estoca alimento no trato digestivo, estava transbordante, forçando o fluido para o intestino. Dethier levantou a hipótese de que a distensão do trato digestivo anterior é detectada pelo estiramento de receptores presentes nessa parte do trato digestivo. Ele acreditava que esses receptores poderiam enviar mensagens ao cérebro, estimulando suas células a inibir a resposta de alimentação.

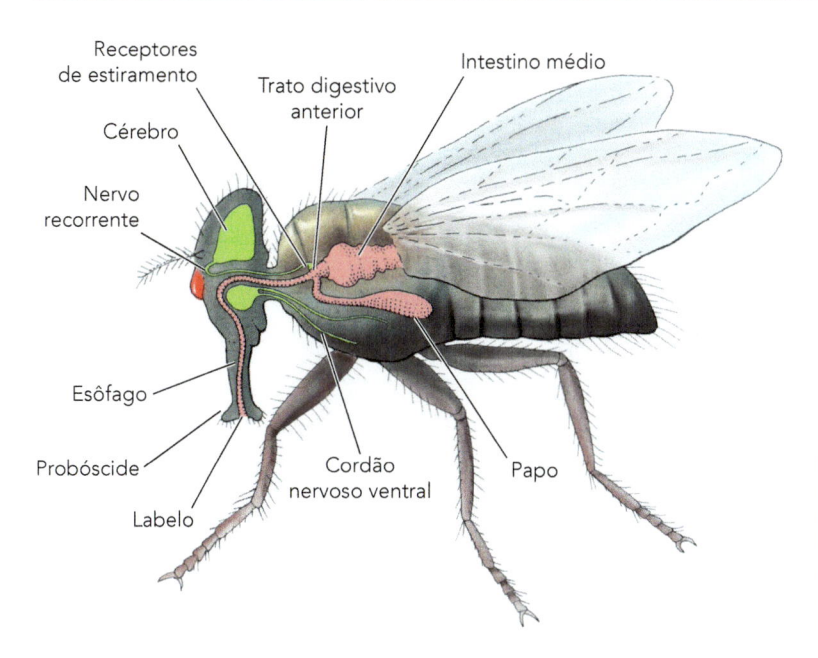

FIGURA 5.4 O sistema nervoso e o sistema digestivo da mosca varejeira. O corte do nervo recorrente elimina a retroalimentação para o cérebro relacionada à plenitude do papo e elimina os sinais que eventualmente bloqueiam a alimentação da mosca varejeira, cujo papo e estômago estão cheios.

Como predito pela sua hipótese, receptores semelhantes aos receptores de estiramento presentes em outros organismos foram encontrados na parte anterior do trato digestivo da mosca. Esses receptores alimentam a entrada sensorial em uma via chamada de nervo recorrente, o qual se estende do trato digestivo anterior até o cérebro (Figura 5.4); entretanto se o nervo recorrente for cortado experimentalmente, a mosca não para de se alimentar, continuando com turno após turno de alimentação até seu corpo literalmente explodir. Moscas com nervos recorrentes intactos não explodem a si mesmas, graças ao arranjo inibitório entre os elementos do sistema nervoso.

Para discussão

5.1 A Figura 5.5 mostra o registro da atividade de um neurônio específico no cérebro de um grilo, que parece atuar como célula de comando controlando o chamado estridulante do macho, produzido quando ele esfrega suas asas. Próximo aos 3 segundos de registro, o grilo foi submetido a um abrupto sopro de ar que atingiu seus cercos, um par de apêndices sensoriais projetados da parte posterior do abdome. Qual é a relevância dessa ilustração para o tópico que acabamos de discutir? Qual valor adaptativo você atribui ao aparente mecanismo proximal que auxilia os grilos machos a tomar as decisões comportamentais mostradas aqui?

Cronogramas comportamentais

A habilidade dos comandos neurais centrais de se comunicar e inibir uns aos outros ajuda a organizar as prioridades do comportamento de um animal. Mas e se a ordenação hierárquica dos centros de comando tiver que mudar a fim de satisfazer as demandas de um ambiente em mudança? Algumas atividades são melhor realizadas em determinados períodos do dia do que outros. A fêmea do grilo *Teleogryllus*, por exemplo, costuma se esconder em tocas ou sob folhas da serapilheira durante o dia e se expor apenas após o crepúsculo, quando está relativamente segura para procurar parceiros.[883] Como seria de se esperar, grilos machos esperam pela noite para começar a chamar por parceiros.[882] Essas observações sugerem que as relações inibitórias entre centros de chamado no cérebro de um grilo macho e outros elementos neurais respon-

FIGURA 5.5 Registro da atividade neural e comportamental de um grilo em atividade de canto. (A) Grilos machos cantam esfregando suas asas dianteiras. (B) O registro de um neurônio de comando no cérebro de um macho em atividade de canto submetido a um breve estímulo táctil, um sopro de ar na ponta do abdome. O movimento das asas do grilo e o seu canto são mostrados em linhas separadas. A, fotografia de Edward S. Ross; B, de Hedwig.[641]

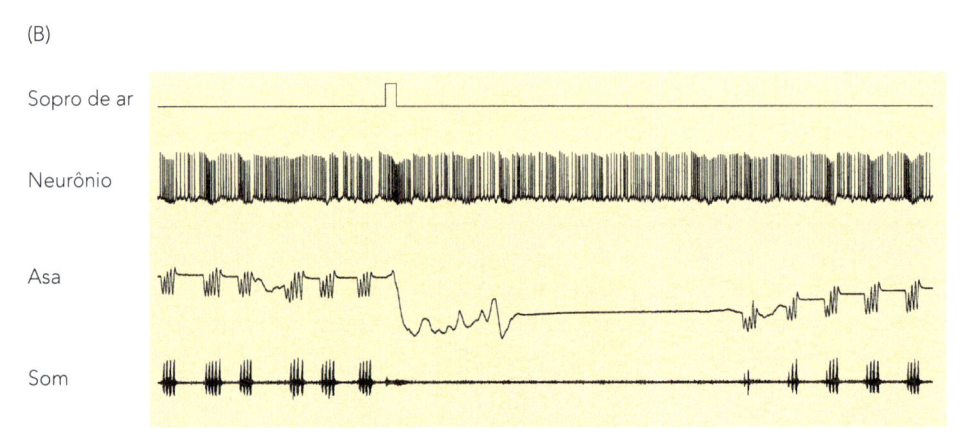

sáveis por outros comportamentos devem mudar ciclicamente durante um período de 24 horas. Um mecanismo de relógio pode ser útil para controlar o comportamento de cantar, assim como o relógio biológico da borboleta monarca permite-lhe ajustar sua bússola solar com o passar das horas, ao longo do dia (*ver* Figura 4.43).[1645]

Pesquisadores interessados no modo como os animais podem mudar suas prioridades ao longo do tempo têm desenvolvido duas das maiores teorias concorrentes. A primeira teoria sugere que animais podem mudar suas prioridades em resposta a um **relógio biológico**, mecanismo temporal com planejamento embutido que atua independentemente de qualquer sinal ao redor do animal. A existência desse mecanismo temporal independente do ambiente é plausível para qualquer pessoa que tenha voado através de várias zonas temporais e tentado ajustar-se de imediato às condições locais. A segunda teoria, entretanto, sugere que os animais alteram as relações entre centros de comando no seu sistema nervoso estritamente com base em informações de retroalimentação obtidas por mecanismos que monitoram o ambiente circundante. Esses dispositivos habilitariam os indivíduos a modular seu comportamento em resposta a determinadas mudanças no ambiente ao seu redor, como redução da intensidade luminosa quando anoitece.

Vamos considerar essas duas possibilidades no contexto do ciclo de canto do grilo macho *Teleogryllus*. Cada turno de canto diário poderia começar no mesmo horário porque os grilos possuem um temporizador interno que mede quanto tempo teria passado desde o início do último turno; eles poderiam usar esse sistema

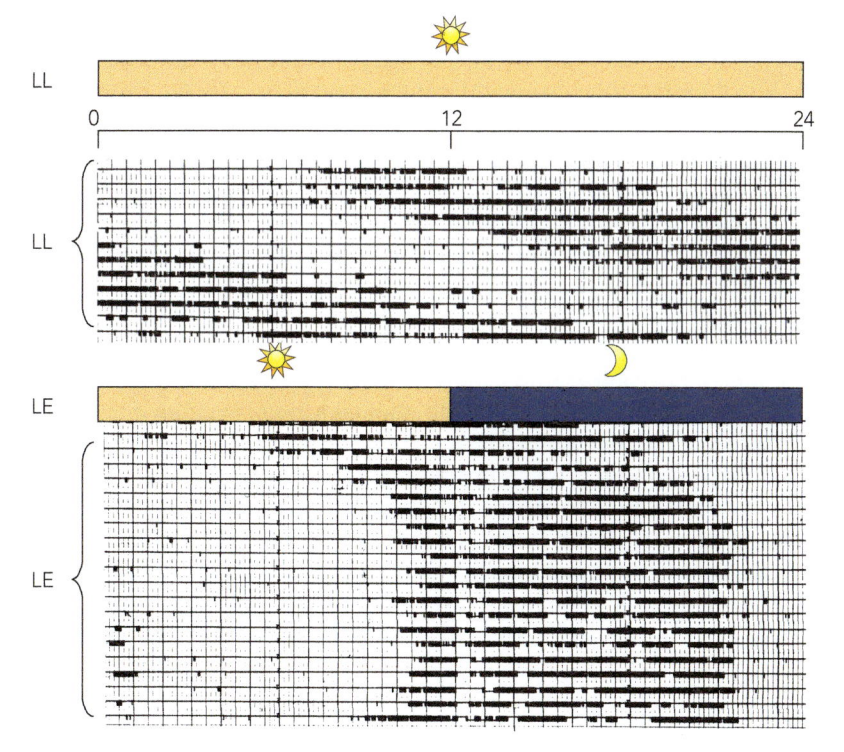

FIGURA 5.6 Ritmo circadiano do comportamento de cantar em grilos. Cada linha horizontal na grade representa um dia; cada linha vertical representa meia hora em uma escala de 24 horas. Marcas escuras representam períodos de atividade – neste caso, canto. As barras no topo e no meio da figura representam a condição de luminosidade. Nos primeiros 12 dias desse experimento, os grilos machos são mantidos em luz constante (LL), e para o restante, eles são submetidos a ciclos de 12 horas de luz e de escuro (LE). Grilos machos mantidos sob luz constante exibem um ciclo diário de canto e de ausência de canto, mas a cada dia o canto começa mais tarde. O início do "anoitecer" no dia 13 atua como um sinal que reajusta o ritmo de canto, o qual logo para de mudar e, finalmente, começa uma hora ou duas antes das luzes se apagarem todos os dias. Adaptada de Loher.[882]

independente do ambiente para ativar o início de um novo turno de cantos a cada anoitecer. Alternativamente, o mecanismo neural do inseto pode ser projetado para iniciar o canto quando a intensidade de luz cai a um nível específico. Se essa segunda hipótese for correta, então grilos mantidos sob luz constante não deveriam cantar. Mas, de fato, grilos de laboratório mantidos em salas nas quais a temperatura permanece a mesma e as luzes ficam acesas 24 horas por dia continuam cantando regularmente por várias horas a cada dia. Sob condições de luz constante, o canto inicia cerca de 24 a 26 horas após o horário de início do dia anterior (Figura 5.6), e é um ciclo de atividade que não segue os sinais ambientais chamado de **livre-curso**. Como o comprimento, ou período, do ciclo de livre-curso do canto do grilo é desviado do ciclo ambiental de 24 horas, causado pela rotação diária da Terra sobre seu eixo, podemos concluir que o padrão cíclico do canto do grilo é causado, em parte, por um **ritmo circadiano** interno que independe do ambiente (*circadiano* significa "cerca de um dia").

Agora colocaremos os grilos em um regime de 12 horas na luz e 12 horas no escuro. A mudança de claro para escuro oferece uma pista ambiental externa que os grilos podem usar para ajustar seu mecanismo temporal. De fato eles usam, da mesma forma que as borboletas monarcas e os pombos reajustam seus relógios quando transferidos a um laboratório com luz artificial (*ver* Capítulo 4). Após poucos dias, os machos começam a cantar cerca de 2 horas antes das luzes serem apagadas, antecipando precisamente o "anoitecer", e continuam até cerca de 2,5 horas antes das luzes se acenderem novamente pela "manhã" (*ver* Figura 5.6). Esse ciclo de canto corresponde ao ciclo natural, sincronizado com o crepúsculo; ao contrário do ciclo de livre-curso, ele não desvia da fase de 24 horas ao dia, mas é reajustado, dia após dia, de modo a começar no mesmo período em relação ao apagar da luz.[882] A partir desses resultados, podemos concluir que o completo sistema de controle do canto do grilo tem tanto componentes independentes quanto dependentes do ambiente: um temporizador independente de ambiente, ou relógio biológico, baseado em um ciclo que não tem exatamente 24 horas e um dispositivo ativado pelo ambiente que sincroniza o relógio com as condições locais de luz.

Pesquisadores com perspectivas evolutivas poderiam esperar que membros da mesma espécie possuíssem diferentes mecanismos circadianos, se esses indivíduos ganhassem por ter diferentes planejamentos comportamentais diários. Um desses animais é o grilo da areia *Gryllus firmus*, espécie com diferentes formas, incluindo um morfotipo com longas asas, capaz de voar, e outro morfotipo com asas curtas, que não consegue voar. Os dois morfotipos diferem no tamanho das asas, nos músculos de voo, nos hormônios, na genética, nos ritmos circadianos e nos comportamentos.[1236] O morfotipo que pode voar exercita sua habilidade principalmente à noite para dispersar com segurança de uma área inadequada ou para ampliar sua busca por machos noturnos em atividade de canto. Fêmeas voadoras usam sua habilidade para conseguir pares distantes, enquanto machos voadores podem aproximar-se de rivais para interceptar a fêmea atraída por eles. Em contrapartida, indivíduos de asas curtas são incapazes de voar e, então, não precisam planejar um período no qual seria proveitosa a busca de machos em atividade de canto em outros locais. Ao contrário, eles investem em maior produção de prole, uma vez que não precisam investir em estruturas para dispersão.[1236]

Para comparar o ritmo circadiano dos dois morfotipos de grilos da areia, Anthony Zera e colegas levaram grilos recém-coletados para o laboratório e retiraram amostras de sangue em intervalos ao longo de 24 horas. Ao analisarem o hormônio juvenil (HJ) no sangue de grilos com asas curtas, eles não encontraram mudanças significativas em relação ao período do dia. No entanto, o sangue de grilos voadores revelou algo muito diferente, com concentrações de HJ que aumentavam acentuadamente no final da tarde ou à noite em relação aos níveis basais, comparáveis aos dos grilos não voadores (Figura 5.7).[1644]

Zera e seus colaboradores ficaram surpresos ao descobrir que formas voadoras de *G. firmus* de fato têm maiores concentrações de HJ por uma quantidade de horas ao dia do que formas que não voam. Sabe-se que o hormônio causa interrupção dos músculos de voo em algumas situações, o que parece ser um obstáculo para um grilo que pretende dispersar-se no ar. Entretanto, em alguns casos, tem sido registrado que o HJ facilita o voo; por exemplo, como você pode lembrar, o aumento na concentração de HJ em operárias de abelha melífera está associado com a transformação ligada à idade que ocorre nas abelhas à medida que mudam de sedentárias operárias nutridoras da colmeia para amplas forrageadoras, que voam longe da colmeia em busca de pólen e néctar. Desse modo, é provável quem, de algum modo, a onda circadiana de HJ em grilos com asas ajude a preparar esses indivíduos para uma sessão de voo noturno, embora o modo pelo qual o HJ exerce seu efeito ainda não tenha sido completamente determinado.[1644]

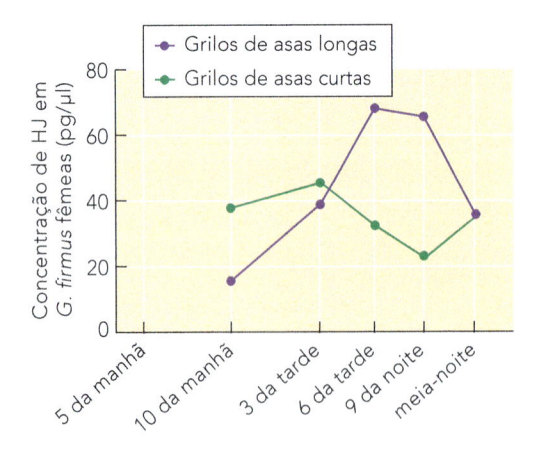

FIGURA 5.7 **No início da noite,** o morfotipo de *Gryllus firmus* de asas longas, com habilidade para voar (à direita na fotografia) tem concentrações de hormônio juvenil (HJ) mais altas do que os grilos com asas curtas (à esquerda). Fotografia dos morfotipos com asas curtas e asas longas de *G. firmus* de Derek Roff; adaptada de Zera, Zhao e Kaliseck.[1644]

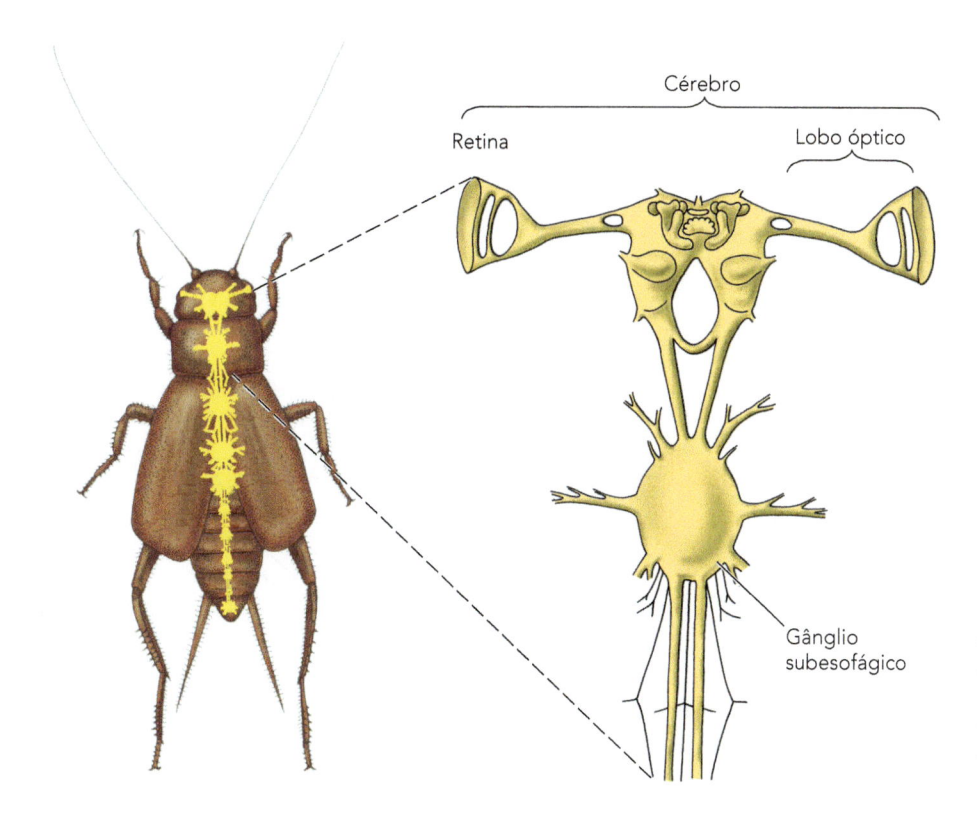

FIGURA 5.8 O sistema nervoso do grilo. A informação visual é transmitida ao lobo óptico do cérebro do grilo. Se os lobos ópticos forem cirurgicamente desconectados do restante do cérebro, o grilo perde a capacidade de manter um ritmo circadiano. Adaptada dos diagramas de F. Huber e W.F. Shurmann.

Como os mecanismos circadianos funcionam?

Em alguns grilos, a liberação cíclica de hormônio juvenil parece contribuir para a regulação da atividade comportamental em um cronograma diário. Outros elementos do mecanismo circadiano incluem os lobos ópticos, por exemplo, se forem cortados os nervos que levam a informação sensorial dos olhos de um grilo macho para os lobos ópticos em seu cérebro (Figura 5.8), o inseto entra em um ciclo de livre-curso. Alguns tipos de sinais visuais são evidentemente necessários para ajustar o ritmo diário às condições locais, mas o ritmo persiste na ausência dessas informações. Se, no entanto, os dois lobos ópticos forem separados do restante do cérebro, o ciclo de canto cessa completamente, fazendo com que toda hora seja hora para o grilo cantar. Esses resultados são consistentes com a hipótese de que um mecanismo de relógio-mestre (Figura 5.9) reside no lobo óptico, enviando mensagens para outras regiões do sistema nervoso[732,1096] e, quase certamente, recebendo e integrando sinais hormonais gerados pelo sistema endócrino do animal como um todo.

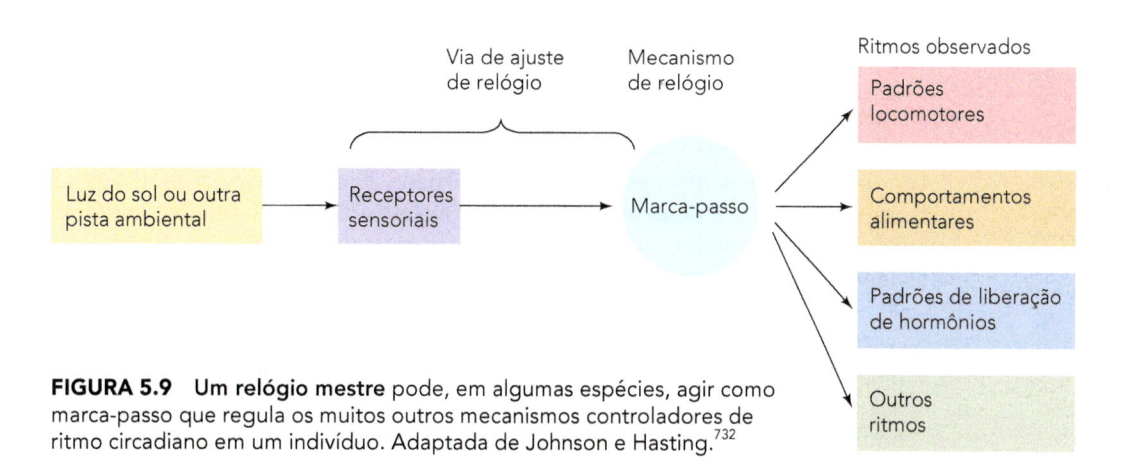

FIGURA 5.9 Um relógio mestre pode, em algumas espécies, agir como marca-passo que regula os muitos outros mecanismos controladores de ritmo circadiano em um indivíduo. Adaptada de Johnson e Hasting.[732]

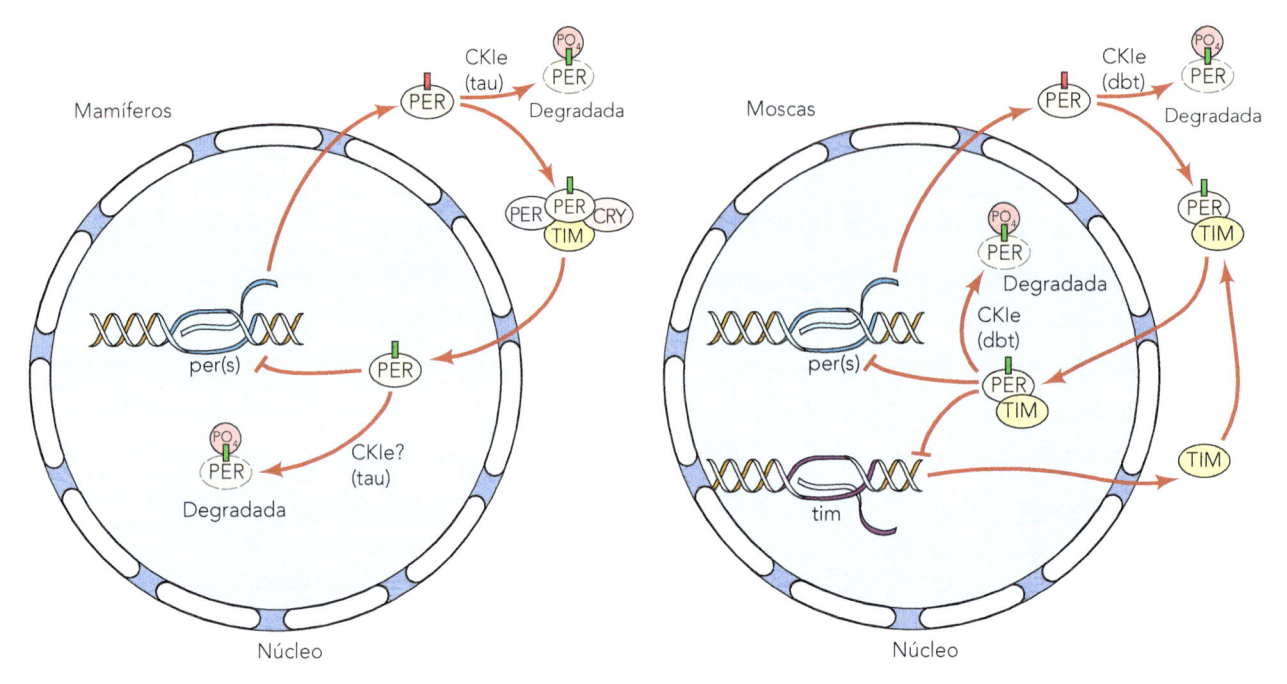

FIGURA 5.10 A genética dos relógios biológicos em mamíferos e na mosca-das-frutas. Em ambos os grupos, um conjunto de 3 genes essenciais produzem proteínas que interagem umas com as outras para regular a atividade de outros genes, em um ciclo que dura aproximadamente 24 horas. Um dos genes (*per*) codifica uma proteína (PER) gradualmente acumulada dentro e fora do núcleo celular ao longo do tempo. Um outro gene-chave, chamado *tau* em mamíferos e *dbt* em moscas, codifica uma enzima, CKIe, que ajuda a inativar PER, reduzindo sua taxa de acumulação na célula. Mas, durante os períodos de pico de produção da PER, mais PER fica disponível para ligar-se a outra proteína (TIM), decodificada por um terceiro gene (*tim*). Quando a proteína PER estiver ligada a complexos com TIM (e outra proteína, CRY, no caso de mamíferos), ela não pode ser quebrada tão rapidamente pela CKIe. Por isso, mais PER intacta é carregada para dentro do núcleo, onde ela bloqueia a atividade do próprio gene que a produz, embora apenas temporariamente. Então, tem início um novo ciclo de atividade do gene *per* e da produção da proteína PER. Adaptada de Young.[1633]

Biólogos interessados no controle do ritmo circadiano de mamíferos e outros vertebrados têm destinado atenção a uma importante estrutura do cérebro, o hipotálamo, com especial ênfase no núcleo supraquiasmático (NSQ), um par de feixes neurais que recebe estímulos de nervos originados na retina. O NSQ é, portanto, um provável elemento do mecanismo que assegura informações sobre o comprimento do dia e da noite, as quais podem ser usadas para ajustar o relógio biológico mestre.

Se o NSQ contém um relógio-mestre ou marca-passo, crucial para manter o ritmo circadiano, então a lesão do NSQ causaria a perda desse ritmo nos indivíduos. Esses experimentos têm sido feitos pela destruição seletiva de neurônios do NSQ no cérebro de hamsters e ratos brancos que, posteriormente, exibem padrões arrítmicos de secreção hormonal, locomoção e alimentação.[1647] Se o hamster arrítmico recebe transplante de tecido do NSQ de hamsters fetais, algumas vezes recupera seus ritmos circadianos, mas nunca se o tecido transplantado for proveniente de outra parte do cérebro do hamster fetal.[377] Além disso, se o hamster arrítmico recebe o transplante do NSQ de um hamster mutante, com período circadiano muito mais curto que o padrão de aproximadamente 24 h, o sujeito experimental adota o ritmo circadiano do hamster doador, evidência adicional que dá suporte à hipótese de que o NSQ controla esse aspecto do comportamento do hamster.[1195]

Talvez o relógio NSQ de hamsters, ratos e outros mamíferos, opere via mudanças rítmicas na atividade genética. Um gene-chave candidato a isso parece ser o gene *per*, que codifica uma proteína (PER) cuja produção varia em um cronograma de 24 horas combinado com o produto de um outro gene de mamífero, chamado *tau* (Figura 5.10). O produto do *tau* é uma enzima cuja produção inicia quando PER está no pico de abundância na célula. Essa enzima degrada PER, contribuindo para um ciclo de 24 horas no qual PER primeiro aumenta em abundância e depois é reduzida.[1633]

Uma característica impressionante desse sistema de complexidade assustadora é que os genes-relógio-chaves que regulam o ritmo circadiano celular em mamíferos também são encontrados em insetos. A mosca-das-frutas *Drosophila* e as abelhas melíferas também possuem o gene *per*, uma cadeia de DNA composta de pouco mais de 3.500 pares de bases, que fornecem as informações necessárias para produzir a cadeia proteica PER com cerca de 1.200 aminoácidos. Alterações na sequência de bases, envolvendo não mais que a substituição de uma simples base, podem resultar, na mosca-das-frutas, em um ritmo circadiano drasticamente diferente (Figura 5.11), bem como em humanos (portadores de mutação *per* tipicamente dormem às 7h30

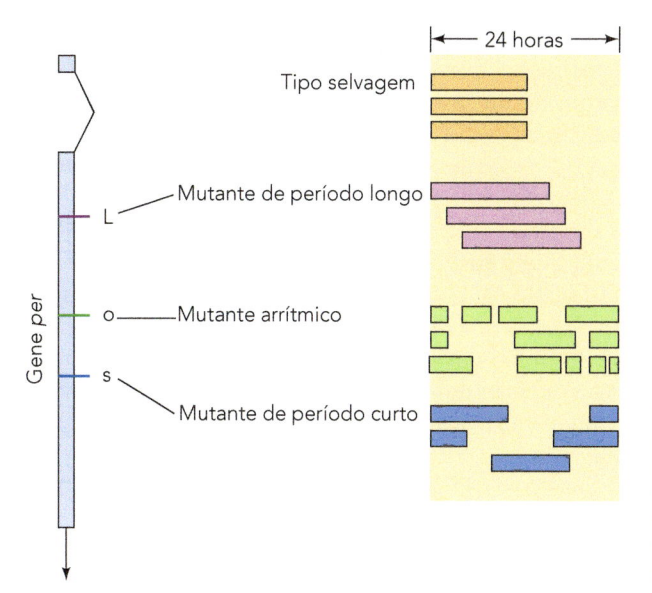

FIGURA 5.11 Mutações no gene *per* afeta o ritmo circadiano da mosca-das-frutas. À esquerda há um diagrama da sequência de DNA que constitui um gene *per*. Os locais de substituição das bases presentes em três alelos mutantes na mosca-das-frutas são indicados no diagrama. Os padrões de atividade de moscas do tipo selvagem, bem como os associados a cada mutação, são mostrados à direita. Adaptada de Baylies e colaboradores.[85]

da noite e acordam às 4h30 da manhã[1452]). Esses resultados sugerem fortemente que a informação do gene exerce um papel fundamental na habilitação de ritmos circadianos.

Se a expressão de *per* realmente tem esse efeito, então animais nos quais o gene *per* for relativamente inativo devem comportar-se de modo arrítmico. Pouca proteína PER é produzida em abelhas melíferas jovens, as quais geralmente permanecem na colmeia para cuidar de ovos de larvas, sendo, de fato, capazes de realizar essa tarefa em qualquer período do dia ou da noite, durante um período de 24 horas. Já as abelhas melíferas mais velhas, que forrageiam apenas durante o dia, exibem ritmos circadianos bem definidos, deixando a colmeia para coletar pólen e néctar apenas durante a parte do dia em que as flores ricas em recursos têm maior probabilidade de serem encontradas. Forrageadoras têm quase 3 vezes mais proteína PER nas células do cérebro do que as jovens operárias, graças à atividade aumentada do seu gene *per*.[1453]

Para discussão

5.2 Você pode lembrar que a transição para forrageamento em abelhas melíferas depende da composição da colônia, de modo que se houver escassez de operárias nutridoras dentro da colmeia, abelhas mais velhas atrasam sua mudança para a função de forrageadora. Que predição segue-se sobre a expressão do gene *per* no cérebro dessas operárias socialmente atrasadas em relação a outras da mesma idade de outras colônias com numerosas abelhas operárias jovens? Elabore hipóteses proximais e distais para o fato de que a interação social pode alterar o ritmo circadiano em abelhas melíferas – e também na mosca-das-frutas –[859] as quais não vivem em sociedades altamente organizadas.

Uma vez que a mosca-das-frutas, o hamster, a abelha melífera, você e eu temos os mesmos genes servindo quase que com a mesma função de relógio, biólogos evolucionistas acreditam que herdamos esse gene, bem como outros genes envolvidos na regulação do padrão de atividade, de um animal muito antigo que viveu talvez há 550 milhões de anos.[1633] Em mamíferos e alguns outros vertebrados, o gene *per* e alguns outros são expressos nos neurônios do NSQ, usualmente considerado o lar do relógio-mestre ou marca-passo circadiano que regula muitos outros tecidos, mantendo muitos comportamentos diferentes num cronograma diário. No entanto, outras partes do cérebro também podem ter seus próprios relógios biológicos. Por exemplo, o bulbo olfatório de camundongos exibe mudanças cíclicas na atividade genética

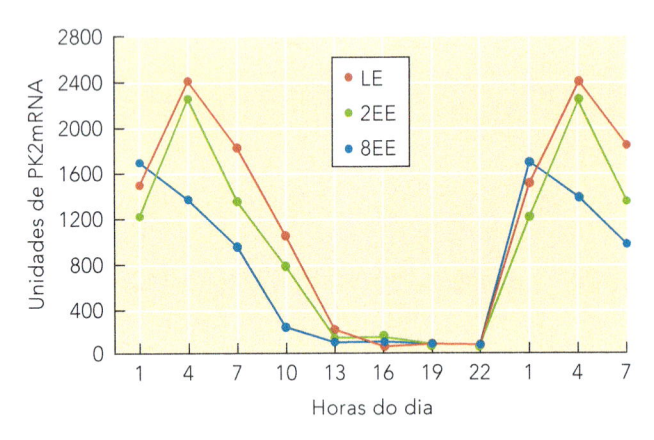

FIGURA 5.12 Expressão do gene que codifica a PK2 no NSQ. Os camundongos foram expostos a um ciclo padrão de 12 horas de luz e 12 horas de escuridão (LE) antes do início do experimento. O gráfico mostra mudanças na produção de RNA mensageiro codificado pelo gene *PK2* a cada hora. O gene foi expresso em um ritmo circadiano quando os animais foram mantidos sob o ciclo claro-escuro padrão, mantidos em completa escuridão por 2 dias (2EE) ou por 8 dias (8EE). Adaptada de Cheng e colaboradores.[258]

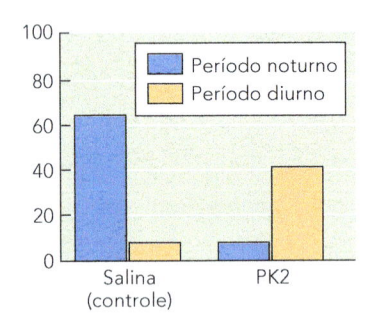

FIGURA 5.13 O controle circadiano do comportamento de correr na roda em ratos brancos muda quando o cérebro dos animais é injetado com PK2. Esses ratos são ativos principalmente durante o dia, enquanto ratos-controle injetados com salina exibem a preferência pelo padrão de atividade noturna. Adaptada de Cheng e colaboradores.[258]

independente de ambiente, de modo que o camundongo é mais sensível a odores à noite do que durante o dia, efeito adaptativo de um mecanismo temporizador para um animal noturno.

O NSQ claramente contém um relógio biológico principal, que deve enviar sinais químicos para o sistema alvo que ele controla. Se assim for, podemos predizer que (1) a molécula que transmite a informação do relógio deve ser secretada pelo NSQ de maneira regulada pelos genes do relógio, (2) deve haver proteínas receptoras para tal mensageiro químico nas células do tecido alvo e (3) a administração experimental do mensageiro químico deve perturbar a temporização normal do comportamento de um animal.

O clássico candidato químico desse tipo é a melatonina, a qual tem sido objeto de muitas pesquisas que demonstram o seu envolvimento com a regulação do ritmo circadiano dos animais.[1473] Mas a melatonina não é o único produto químico, já que, recentemente, pesquisadores demonstraram que uma proteína, a procineticina 2 (PK2), tem a propriedade chave esperada para um relógio mensageiro.[258] Em camundongos normais que vivem sob regime cíclico de 12 horas de luz e 12 horas de escuridão, a proteína PK2 é produzida pelo NSQ sob um rígido padrão circadiano (Figura 5.12). Além disso, camundongos com certas mutações nos genes-relógio essenciais não possuem ritmo circadiano para a produção de PK2, pois apenas certas estruturas dentro do cérebro do camundongo produzem uma proteína receptora que se liga com a PK2. Essas regiões são conectadas ao NSQ por vias neurais e acredita-se que contenham centros de comandos que controlam várias atividades comportamentais de modo circadiano. Finalmente, se a PK2 for injetada no cérebro de ratos brancos durante a noite, quando os animais são normalmente ativos, o seu comportamento muda de forma drástica. Em vez de correr em suas rodas, eles dormem, mudando a atividade para o dia (Figura 5.13).[258]

Todas essas linhas de evidências apontam para a PK2 como a mensageira química que o NSQ de mamíferos usa para se comunicar com alvos centrais no cérebro, além de regulá-los. O NSQ, por sua vez, recebe informação da retina sobre o ciclo claro-escuro do ambiente do animal de modo que ele pode sintonizar finamente seu padrão autorregulado da expressão gênica. Qual o valor adaptativo desse componente independente de ambiente do sistema temporal? Pode ser que um relógio desse tipo habilite os indivíduos a alterarem a temporização de seu ciclo comportamental e fisiológico sem ter que verificar o ambiente constantemente para ver que horas são. A presença de um elemento dependente de ambiente, entretanto, permite aos indivíduos ajustar seus ciclos e mantê-los de acordo com as condições locais. Como resultado, um mamífero tipicamente noturno automaticamente se torna ativo mais ou menos na hora certa a cada noite, enquanto retém a capacidade para mudar seu período de atividade gradualmente, acomodando as mudanças no comprimento do dia que ocorre quando a primavera se torna verão ou quando o verão se torna outono.

Uma forma de testar essa hipótese sobre o valor adaptativo do ritmo circadiano seria a partir da existência de um mamífero para o qual o ciclo claro-escuro fosse biologicamente irrelevante, então o padrão de atividade circadiana seria ausente nessa espécie. Como exemplo, usamos o rato-toupeira-pelado, *Heterocephalus glaber* (Figura 5.14), que vive em grupos que ocupam uma extensa rede de túneis subterrâneos. Como as toupeiras quase nunca sobem à superfície, vivem em escuridão total e se alimentam de raízes e tubérculos coletados em seus túneis, o que acontece

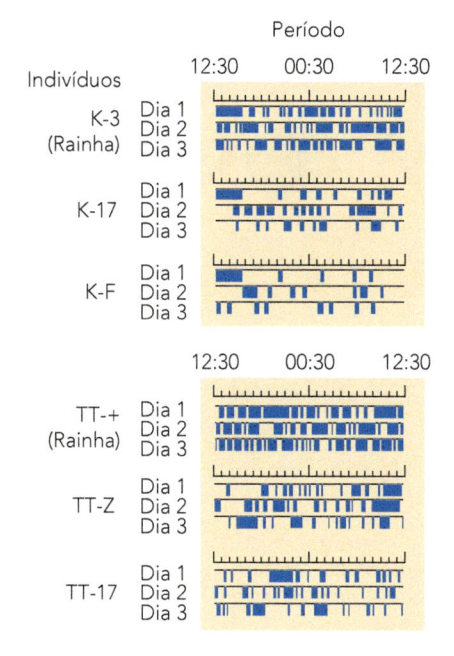

FIGURA 5.14 Ratos-toupeira-pelados não apresentam ritmo circadiano. São mostrados padrões de atividade de 6 indivíduos originários de colônias cativas mantidas sob constante luz fraca. Barras escuras indicam períodos em que o indivíduo estava acordado e ativo. Adaptada de Davis-Walton e Sherman.[362]

acima do solo não é importante para elas. O ritmo circadiano é ausente no rato-toupeira-pelado. Em vez disso, os indivíduos distribuem breves episódios de atividade entre longos períodos de inatividade, com o padrão mudando irregularmente de um dia para o outro (*ver* Figura 5.14).[362]

Ciclos de comportamento de longo prazo

Devido ao estilo de vida incomum, os ratos-toupeira pelados não têm que lidar com ambientes que mudam ciclicamente e, por consequência, parecem ter perdido seu ritmo circadiano. Mas quase todas as outras criaturas enfrentam não apenas mudanças diárias na disponibilidade de alimentos ou risco de predação, como também mudanças que ocorrem por períodos maiores que 24 horas, como mudanças sazonais que acontecem em muitas partes do mundo. Se ritmos circadianos habilitam os animais a se preparar fisiológica e comportamentalmente para certas mudanças diárias previsíveis no ambiente, não poderiam alguns animais possuir um **ritmo circanual**, com ciclos de aproximadamente 365 dias?[597] Um mecanismo de relógio circanual pode ser similar ao relógio circadiano mestre, com um temporizador independente de ambiente capaz de gerar um ritmo circanual em conjunção com um mecanismo que mantém o relógio ajustado às condições locais.

Testar a hipótese de que um animal tem um ritmo circanual é tecnicamente difícil porque os indivíduos devem ser mantidos sob condições constantes por pelo menos 2 anos após terem sido removidos de seus ambientes naturais. Um estudo desse tipo bem-sucedido envolveu o esquilo *Spermophilus lataralis*[1114] da América do Norte que, na natureza, passa o fim do outono e o inverno gelado hibernando em uma câmara subterrânea. Cinco membros dessa espécie nascidos em cativeiro foram cegados e posteriormente mantidos em constante escuridão e sob constante temperatura, enquanto eram supridos com alimento em abundância. Ano após ano, esses esquilos entraram em hibernação quase ao mesmo tempo que seus coespecíficos na natureza (Figura 5.15).

Em outro estudo, vários filhotes de cartaxos (pássaro africano do gênero *Saxicola*) foram coletados do Quênia e levados à Alemanha para serem criados em câmaras de laboratório, nas quais a temperatura e o **fotoperíodo** (número de horas de luz num período de 24 horas) foram sempre os mesmos. Esses pássaros e sua prole nunca tiveram a chance de conhecer a estação das chuvas de primavera no Quênia, a qual sinaliza um período de abundância de insetos e é o momento no

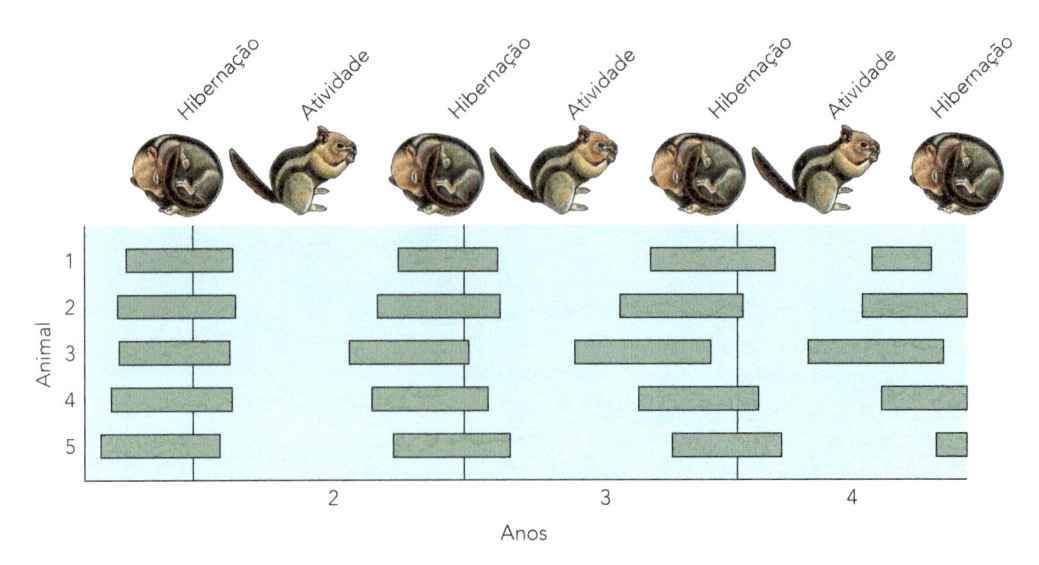

FIGURA 5.15 Ritmo circanual do esquilo *Spermophilus laterais*. Animais mantidos em constante escuridão e constante temperatura ainda assim entram em hibernação (barras verdes) em certos períodos do ano. Adaptada de Pengelley e Asmundson.[1114]

qual o cartaxo queniano deve reproduzir se quiser encontrar alimento suficiente para seus filhotes famintos. Portanto, os cartaxos selvagens exibem um ciclo anual de fisiologia e comportamento reprodutivos. Os pássaros transplantados, apesar do ambiente constante, também exibiram um ciclo reprodutivo anual, mas deslocado da fase de seus compatriotas quenianos (Figura 5.16). Um macho, por exemplo, passou por 9 ciclos de desenvolvimento e regressão testicular durante os 7,5 anos de experimento. Evidentemente, o ciclo anual do cartaxo é gerado em parte por um mecanismo interno, independente de ambiente, assim como no esquilos *Spermophilus lateralis*.[596]

O ambiente físico influencia os ciclos de longo prazo

Na natureza, sinais ambientais arrastam o relógio circadiano e circanual de modo a produzir ritmos comportamentais que combinam as características específicas do ambiente de um animal, como amanhecer e anoitecer, início da estação chuvosa em determinado ano ou aumento do fotoperíodo associado ao início da primavera. Essa sincronia de ciclos comportamentais envolve mecanismos de grande diversidade que respondem a um amplo espectro de influências ambientais, as quais podem variar de espécie para espécie, de acordo com as circunstâncias ecológicas.

Por exemplo, animais noturnos que correm o risco de sofrer ataques de predadores, visualmente alertas, podem variar sua atividade de acordo com o ciclo lunar. Essa afirmação recebe embasamento do comportamento das esperanças (insetos da família Tettigoniidae), que tem que lidar com morcegos que podem localizá-las à noite (alguns morcegos caçam usando vias visuais em vez de depender totalmente da ecolocação). Quando o luar é mínimo, é mais provável que as esperanças da Ilha de Barro Colorado no Panamá sejam mais ativas, a julgar pelo número desses insetos coletados em redes em noites escuras *versus* noites de lua cheia.[834]

Do mesmo modo, é mais provável que ratos-canguru (*Dipodomys spectabilis*) permaneçam em suas tocas subterrâneas quando há iluminação pelo luar, que ajuda os predadores noturnos, tais como o corujão orelhudo (*Bubo virginianus*).[878,879] Robert Lockard e Donald Owings chegaram a essa conclusão por meio do monitoramento da atividade de ratos-canguru de vida livre num vale no sudeste do Arizona. Para medir a atividade do rato, Lockard inventou um engenhoso alimentador que liberava

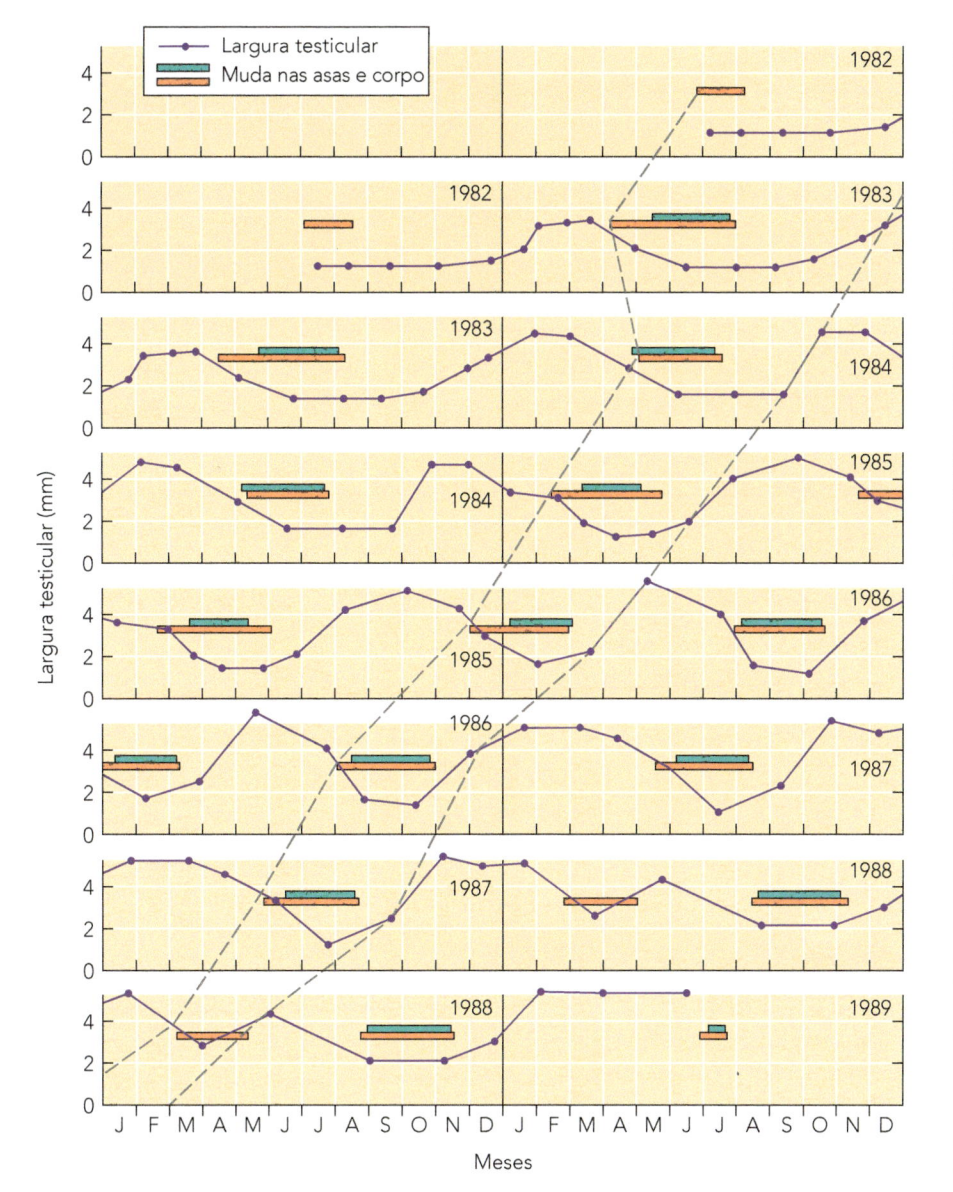

FIGURA 5.16 Ritmo circanual do cartaxo africano. Quando transferido do Quênia para a Alemanha e mantido sob condições constantes, este cartaxo macho ainda experimentou um ciclo de longo prazo regular para o desenvolvimento e regressão testicular (linhas roxas), bem como para troca de penas (as duas barras referem-se à muda corporal e das asas). O ciclo, contudo, não teve duração exata de 12 meses, de modo que o momento da muda e de desenvolvimento testicular foi alterado ao longo dos anos (ver linhas tracejadas que fazem um ângulo descendente da direita para a esquerda). Adaptada de Gwinner e Dittami.[596]

quantidades muito pequenas de sementes de sorgo de hora em hora. Para buscar as sementes, o animal tinha que caminhar pelo alimentador, apertando um pedal no processo que, em movimento, fazia uma caneta marcar um disco de papel que girava lentamente durante a noite, controlado pelo mecanismo de um relógio. Quando o disco de papel era coletado de manhã, ele continha um registro temporal de todas as visitas noturnas ao alimentador.

A coleta de dados foi algumas vezes frustrada por formigas que beberam toda a tinta ou pelo gado do Arizona que pisoteou os registradores. Mesmo assim, os registros sobreviventes de Lockard mostraram que, quando os ratos-canguru acumularam uma grande provisão de sementes no outono, eles foram seletivos no forrageamento, em geral saindo de suas tocas subterrâneas apenas nas noites em que a lua não brilhava (Figura 5.17). Como os predadores de ratos-canguru (coiotes e corujas) podem ver sua presa com mais facilidade em noites claras, os ratos-canguru ficam mais seguros quando forrageiam em completa escuridão e, por essa razão, parecem possuir um mecanismo que os habilita a mudar seu cronograma de forrageamento de acordo com as condições da lua.

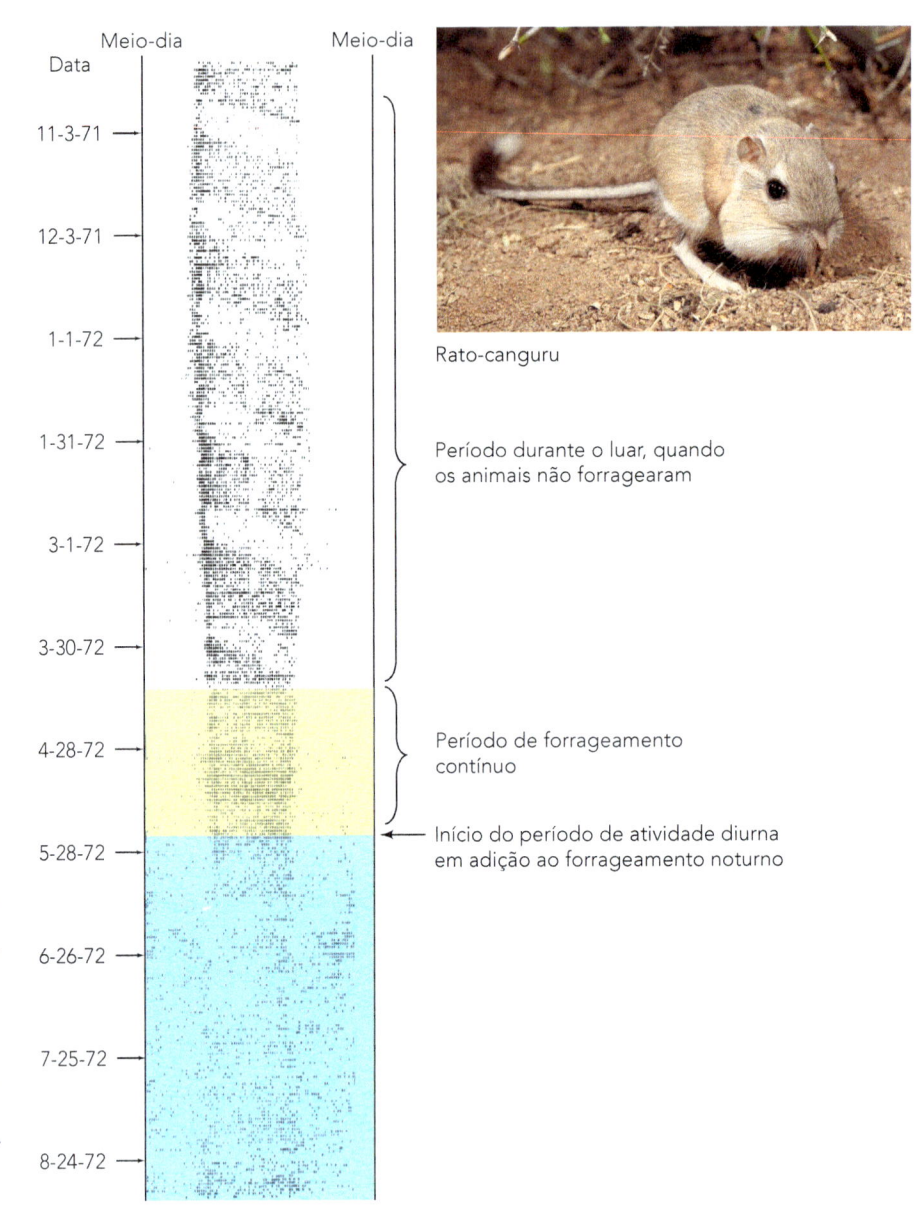

FIGURA 5.17 Ciclo lunar de ratos-canguru. Cada marca preta fina representa uma visita feita pelo rato-canguru ao dispositivo alimentador temporizado. De novembro a março, os ratos foram ativos à noite apenas quando a lua não estava brilhando. Devido à escassez de sementes no final do ano, os animais se alimentaram durante toda a noite, mesmo quando a lua estava presente e, posteriormente, forragearam durante todas as horas do dia. Adaptada de Lockard.[879]

Rato-canguru

Período durante o luar, quando os animais não forragearam

Período de forrageamento contínuo

Início do período de atividade diurna em adição ao forrageamento noturno

Enquanto o rato-canguru do deserto combina seu comportamento de forragear com o ciclo lunar, e pássaros cartaxos empregam um ritmo circanual para se reproduzir no momento adequado em seu ambiente tropical, pássaros de zonas temperadas como as pequenas escrevedeiras-de-testa-branca (*Zonotrichia leucophrys*) têm seu próprio sistema de controle comportamental adequado às drásticas alterações sazonais que ocorrem em seu ambiente. Na primavera, os machos voam de sua área de inverno, no México ou sudeste dos Estados Unidos, para suas distantes sedes de verão, no nordeste dos Estados Unidos, Canadá ou Alasca, estabelecendo seus territórios reprodutivos, lutando com rivais e cortejando fêmeas receptivas. Em combinação com essa impressionante mudança comportamental, as gônadas dos pássaros se desenvolvem com rapidez incrível, readquirindo todo o peso perdido durante o inverno, quando elas retrocedem para 1% do peso observado na estação reprodutiva. Para ter tempo adequado de recuperar o crescimento de suas gônadas e o início de sua atividade reprodutiva, os pássaros precisam muitas vezes antecipar a estação reprodutiva. Como eles administram esse fato?

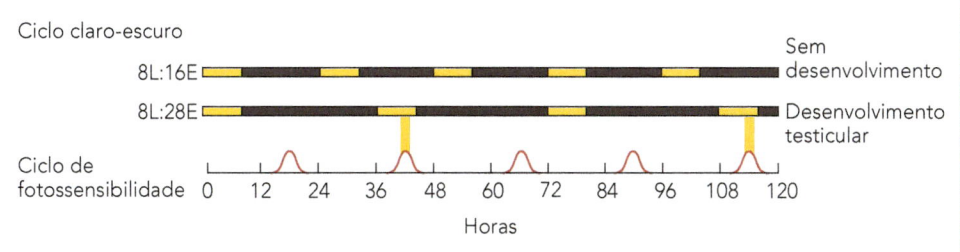

Comportamento Animal 165

Ciclo claro-escuro

8L:16E — Sem desenvolvimento

8L:28E — Desenvolvimento testicular

Ciclo de fotossensibilidade 0 12 24 36 48 60 72 84 96 108 120

Horas

Escrevedeira-de-testa-branca

FIGURA 5.18 O ciclo de fotossensibilidade. Um experimento com escrevedeiras-de-testa-branca testou a hipótese de que esses pássaros possuíam um mecanismo de relógio especialmente sensível à luz entre as 17 e 19 horas de cada dia. A linha inferior representa esse hipotético período de fotossensibilidade. As seções amarelas e pretas das duas barras horizontais superiores mostram os períodos de claro e escuro de dois diferentes regimes de claro-escuro. Apenas os pássaros sob o regime experimental de 8L:16E foram expostos à luz durante a suposta fase fotossensível do ciclo, e apenas eles responderam com crescimento testicular. Adaptada de Farner.[455]

A habilidade da escrevedeira para mudar sua fisiologia e seu comportamento depende de sua capacidade para detectar mudanças no fotoperíodo, o qual aumenta à medida que a primavera avança na temperada América do Norte.[456] Uma hipótese sobre como esse sistema funciona propõe que o mecanismo de relógio da escrevedeira exibe uma mudança diária na sensibilidade à luz, com o ciclo sendo restabelecido a cada amanhecer. Durante as cerca de 12 horas iniciais após o relógio ser restabelecido, esse mecanismo é altamente insensível à luz; entretanto, ocorre um aumento da sensibilidade, que atinge o ápice 16 a 20 horas após o ponto inicial do ciclo. A fotossensibilidade enfraquece muito rapidamente para um ponto baixo 24 horas após o ponto inicial, no começo de um novo dia e de um novo ciclo. Por consequência, se os dias tiverem menos que 12 horas de luz, o sistema nunca será ativado porque não haverá luz durante a fase fotossensível do ciclo. Porém, se o fotoperíodo for maior que 14 ou 15 horas, a luz atingirá o cérebro do pássaro durante a fase fotossensível, iniciando uma série de mudanças hormonais que levam ao desenvolvimento de seu aparato reprodutivo e estimulam a reprodução.

Se esse modelo de sistema mensurador de fotoperíodo estiver correto, deve ser possível enganar o sistema. William Hamner, trabalhando com os tentilhões mexicanos *Carpodacus mexicanus*,[615] e Donald Farner, em estudo semelhante com as escrevedeiras-de-testa-branca,[455] estimularam o crescimento testicular pela exposição de pássaros cativos à luz durante a hipotética fase fotossensível do ritmo circadiano. No experimento de Farner, os pássaros que estavam num regime regular de 8 horas de luz e 16 horas de escuro (8L:16E) foram mudados para um regime de 8L:28E. Como os períodos claros estavam agora fora da fase do ciclo de 24 horas, esses pássaros ocasionalmente experimentavam a luz durante o período no qual seus cérebros estavam altamente fotossensíveis. Os testículos dos pássaros machos cresceram nessas condições, mesmo quando havia uma razão menor de claro-escuro do que o ciclo 8L:16E, o qual não estimulou o crescimento testicular (Figura 5.18).[455]

Para discussão

5.3 Em outro experimento com escrevedeira-de-testa-branca, grupos de machos mantidos num regime de 8L:16E foram alojados em completa escuridão por períodos variáveis (de 2 a 100 horas) antes de serem expostos a um intervalo de 8 horas de luz. Poucas horas depois, os pesquisadores mediram a concentração sanguínea de hormônio luteinizante (hormônio liberado pela pituitária anterior e carregado para os testículos, onde estimula o desenvolvimento dos tecidos). Os dados mostrados na Figura 5.19 fornecem um teste para a hipótese da fotossensibilidade recém-descrita?

Mudanças no fotoperíodo são sinais úteis para a atividade reprodutiva de pássaros que vivem em ambientes onde os recursos alimentares seguem as estações de forma previsível. Mas há alguns pássaros para os quais a chegada da primavera não garante recurso alimentar suficiente para criar a prole. Para essas espécies, poderia

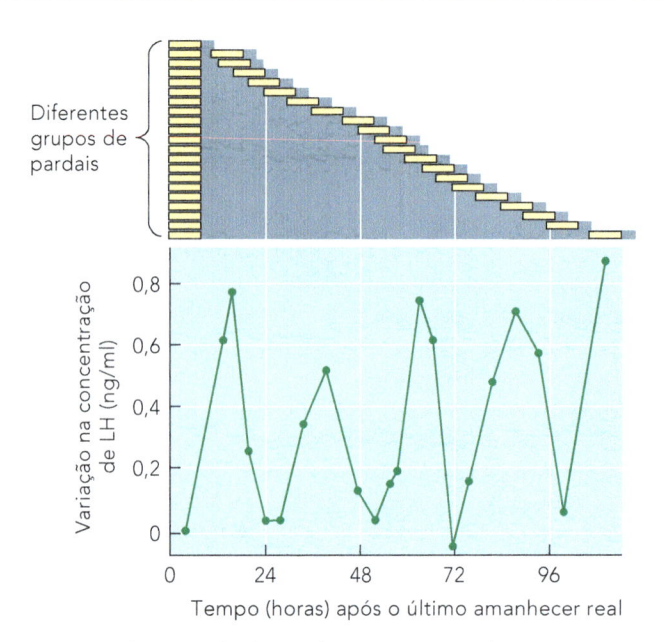

FIGURA 5.19 Resposta hormonal à luz. Diferentes grupos do pássaro escrevedeira-de-testa-branca mantidos em diferentes períodos de completa escuridão antes de serem expostos a um único período de 8 horas de luz. O diagrama superior ilustra quando a exposição às 8 horas de luz ocorreu. O gráfico inferior exibe as mudanças na concentração sanguínea de hormônio luteinizante (LH) desde o início do experimento em cada grupo de pássaros. O LH é um hormônio conhecido por estimular o desenvolvimento das gônadas. Adaptada de Follett, Mattocks e Farner.[473]

se esperar a evolução de mecanismos proximais que respondessem a pistas mais estreitamente relacionadas à própria disponibilidade de alimento. Esse fato pode ser verificado estudando-se um pardal do Deserto de Sonora, *Aimophila carpalis*. No sudeste do Arizona, plantas de deserto e insetos que as comem teriam um suprimento restrito nas primaveras que seguem invernos secos. Assim, o alimento para a prole de *A. carpalis* pode estar disponível apenas após as chuvas de verão e, de fato, os pardais frequentemente esperam para reproduzir após o início das monções, que se estendem do início de julho à metade de agosto.[1346]

Pardais que abdicam da primavera a favor da reprodução de verão podem fazê-lo esperando as próprias chuvas para disparar o desenvolvimento de suas gônadas, em vez de usar pistas menos confiáveis do fotoperíodo. Mas, quando os machos de *A. carpalis* são expostos a um aumento do fotoperíodo em março, seus testículos se desenvolvem, seguindo o padrão de pássaros canoros de zonas temperadas. Entretanto, sob condições de seca, esses machos não tentam reproduzir, a despeito de seus testículos aumentados. Ao contrário, uma tempestade chuvosa de verão é necessária para iniciar o processo, pois as chuvas parecem estimular a produção do hormônio luteinizante, o qual estimula os testículos a produzir testosterona, preparando o macho para reproduzir. Em conjunto com essas mudanças, o sistema que controla o canto (*ver* Capítulo 2) no cérebro do pardal pode se desenvolver mesmo em julho, quando o fotoperíodo está reduzido, algo que não acontece no cérebro de outros pardais que vivem em regiões com estações mais previsíveis. O volume aumentado do sistema de controle de canto está associado a um substancial aumento na produção de som quando comparado com o período pré-monção (Figura 5.20), atividade associada com a territorialidade reprodutiva.[1395]

O pardal *A. carpalis* apresenta mecanismos proximais que respondem às chuvas de verão porque no seu ambiente de deserto as chuvas são indicadores mais confiáveis de que haverá alimento para sua prole em comparação às mudanças de fotoperíodo. Para duas espécies de fringilídeos granívoros, cruza-bico franjado (*Loxia leucoptera*) e cruza-bico escocês (*Loxia curvirostra*) é a ingestão de alimento que atua como determi-

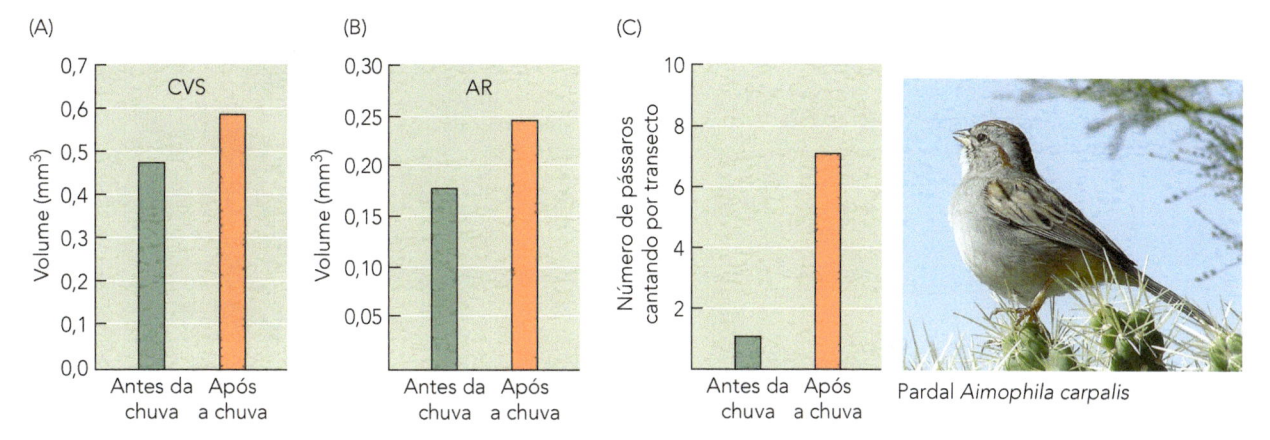

FIGURA 5.20 Alterações na região de controle do canto no cérebro do pardal *Aimophila carpalis* ocorrem após as chuvas de verão e levam ao aumento do comportamento de cantar. Os tamanhos de (A) o centro vocal superior (CVS) e (B) o núcleo robusto do arco-estriado (AR) do pardal aumenta após as tempestades das monções no sudeste do Arizona. (C) As alterações neurais são ligadas a um aumento no canto após o início das monções. Barras verdes representam dados coletados antes das primeiras tempestades. Barras laranjas representam dados coletados após o início das monções. Fotografia de *A. carpalis* de Pierre Deviche; A, B e C – adaptadas de Strand, Small e Deviche.[1395]

nante primário da reprodução.[104] Craig Benkman descobriu que existem anos nos quais a produção de sementes de coníferas é tão alta que os pássaros encontram alimento abundante para si próprio e para sua prole em quase todos os meses e, como consequência, aproveitam os bons tempos para se reproduzir. Essa característica pode estar ligada a outra distintiva da fisiologia hormonal do cruza-bico escocês: pássaros submetidos a dias de longo fotoperíodo (20L:4E) não inativam completamente seus neurônios liberadores de gonadotrofinas, como fazem outros pássaros aparentados, como os pintarroxos *Carduelis flammea* e os pintassilgos *C. pinus*.[1118] Eles parecem preservar a capacidade para estimular a liberação de hormônios reguladores da reprodução quando as condições para reproduzir se tornam especialmente favoráveis.

Essa flexibilidade não significa que o cruza-bico ignore todas as pistas ambientais exceto a abundância de sementes.[607] Em um estudo com cruza-bicos na natureza, Thomas Hahn notou uma interrupção na reprodução dessa ave em dezembro e janeiro (Figura 5.21), mesmo em ambientes com alimento abundante. Embora esses pássaros sejam mais flexíveis e oportunistas do que a média dos pássaros canoros, Hahn questionou se os cruza-bicos ainda tinham um ciclo reprodutivo subjacente dependente de fotoperíodo. Quando ele manteve o cruza-bico escocês em temperatura constante e acesso ilimitado ao alimento, enquanto deixava os pássaros experimentar mudanças naturais de fotoperíodo, ele descobriu que o comprimento dos testículos dos machos variava de modo cíclico (Figura 5.22), tornando-se menor durante outubro a dezembro de cada ano, ainda que os pássaros tivessem todas as sementes que desejassem comer.[606] Além disso, o cruza-bico escocês de vida livre sofre declínio na concentração sanguínea de hormônios sexuais nesse período do ano, mesmo em áreas onde o alimento é abundante.[606] Dessa forma, o oportunismo reprodutivo desses pássaros não é absoluto, mas sim sobreposto a um mecanismo temporal guiado pelo fotoperíodo, característica de pássaros canoros de zonas temperadas.

A persistência de um sistema temporizador padrão na flexibilidade reprodutiva do cruza-bico pode ser explicada ao nível evolutivo por ao menos dois caminhos: (1) o mecanismo guiado por fotoperíodo pode ser uma característica não adaptativa do passado ou (2) cruza-bicos podem obter benefícios reprodutivos pela retenção de um sistema fisiológico que reduz a probabilidade de tentar reproduzir em períodos quando outros fatores, além do suprimento alimentar, tornam o sucesso reprodutivo improvável (como a necessidade de trocar e repor penas no outono, processo que requer grande investimento calórico).[388]

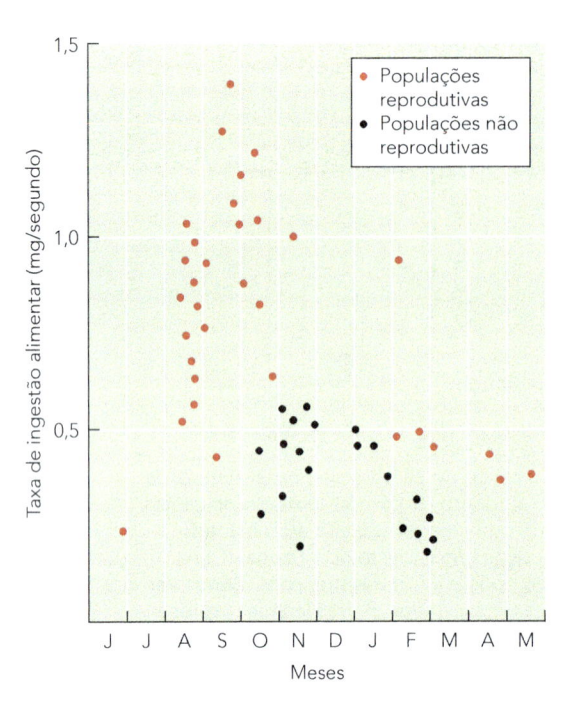

FIGURA 5.21 Ingestão alimentar e período reprodutivo em curva-bico franjado. Populações reprodutivas em geral ocorrem em áreas com disponibilidade relativamente elevada de alimento. Populações não reprodutivas geralmente ocorrem em áreas onde os pássaros ingerem pouco alimento. Observe, entretanto, a ausência de populações reprodutivas em dezembro e janeiro, em todos os casos. Adaptada de Benkman.[104]

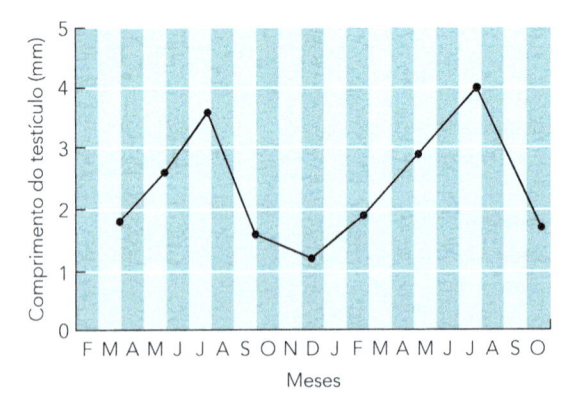

FIGURA 5.22 O fotoperíodo afeta o tamanho dos testículos em cruza-bico escocês. Seis pássaros cativos foram mantidos sob fotoperíodo natural, o qual mudou ao longo das estações, mas a temperatura e o suprimento alimentar foram mantidos constantes. Os dados representam a média do comprimento dos testículos desses pássaros em diferentes períodos ao longo do ano. Adaptada de Hahn.[604]

Mudança de prioridades em ambientes socialmente variáveis

Como acabamos de ver, diferentes características do ambiente físico, como o luar, comprimento do dia, chuvas ou suprimento alimentar são usadas por diferentes espécies para estabelecer prioridades comportamentais. Além disso, os animais podem usar mudanças no ambiente social para fazer ajustes adaptativos na fisiologia e no comportamento. Por exemplo, quando Hahn e vários colaboradores realizaram um experimento com cruza-bico no qual alguns machos cativos foram engaiolados com seus pares enquanto outros foram forçados ao celibato, mas mantidos sob visão e audição de pares de cruza-bico em um aviário vizinho, os machos solteiros experimentaram um retorno mais lento à condição reprodutiva após o final do inverno do que os machos pareados.[605] Do mesmo modo, apenas uma exposição de 60 minutos à fêmea resultou em elevada concentração de testosterona em estorninhos machos cativos,[1145] o que pode ter contribuído para as mudanças subsequentes no comportamento do macho, como aumento do canto de corte.

O ambiente social também afeta as prioridades comportamentais de camundongos domésticos (*Mus musculus*) fêmeas e machos. Quando é dada às fêmeas a chance para escolher potenciais parceiros, elas o fazem gastando um tempo cheirando o macho escolhido quando são colocadas no centro de uma gaiola que contém machos em compartimentos nas duas extremidades. Fêmeas que tiveram experiência prévia apenas com um macho submisso não apresentaram preferência quando lhes foi dada escolha entre cheirar um macho dominante e um macho subordinado. Mas aquelas que tiveram experiência com o odor de um macho dominante favoreceram muito mais esse indivíduo na gaiola de três compartimentos na qual a escolha da fêmea foi medida (Figura 5.23). A exposição ao odor do macho dominante promove o aumento de neurônios em duas regiões do cérebro do camundongo, remodelando efetivamente a maquinaria neural de forma que a fêmea consiga identificar um macho dominante, assim que o ambiente social forneça esse tipo de parceiro.[920]

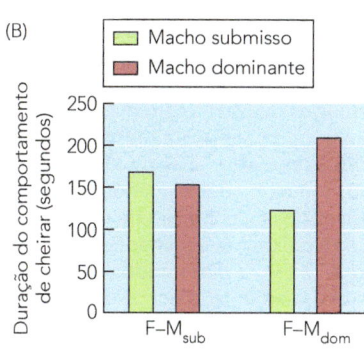

Camundongos machos dominantes também são programados para permitir que a experiência social altere suas decisões comportamentais. Por exemplo, após um camundongo doméstico macho montar uma fêmea e ejacular, ele torna-se imediatamente muito agressivo com os filhotes, matando todos que encontrar. Por cerca de 3 semanas após o acasalamento, ele fica suscetível a cometer infanticídio, mas após esse período se torna mais e mais suscetível a proteger todo e qualquer filhote que encontrar. Cerca de 7 semanas após a sua ejaculação, ele volta a cometer infanticídio.[1119]

Esse notável ciclo tem um claro valor adaptativo. Após o macho transferir esperma para sua parceira, três semanas se passam antes dela parir. Os ataques aos filhotes nessas três semanas invariavelmente serão desferidos contra a prole de um macho rival, com todos os benefícios concomitantes à sua eliminação (ver página 23). Após três semanas, um macho que muda para comportamento paternal quase sempre cuidará de sua própria prole recém-nascida. Após sete semanas, seus filhotes desmamados irão se dispersar, e uma vez mais ele pode praticar infanticídio de modo vantajoso.

Ao nível proximal, que tipo de mecanismo pode habilitar um macho a mudar de Mr. Hyde, o monstro infanticida, para o paternal médico Dr. Jekyll três semanas após o acasalamento? Uma possível explicação envolve um sistema temporizador interno que registra o número de dias desde a última cópula do macho. Se esse mecanismo temporizador sexualmente ativado existe, então uma manipulação experimental que aumente ou diminua o comprimento do "dia", como percebido pelo camundongo, teria um efeito sobre a quantidade absoluta do tempo que passou antes do macho fazer a transição de assassino para cuidador.

Glenn Perrigo e seus colaboradores manipularam o comprimento do dia ao colocar grupos de camundongos sob duas diferentes condições de laboratório, uma com "dias rápidos", no qual 11 horas de luz foram seguidas por 11 horas de escuro (11L:11E) para produzir um "dia" de 22 horas, e outra com "dias lentos" (13,5L:13,5E) de 27 horas. Como esperado, o número total de ciclos claro-escuro, não o número de períodos de 24 horas, controlou a tendência infanticida dos machos (Figura 5.24). Quando camundongos machos do grupo de dias rápidos foram expostos aos filhotes 20 dias reais após o acasalamento, apenas uma minoria cometeu infanticídio, pois esses machos tiveram experiência com 22 ciclos de claro-escuro durante esse período. Em contraste, mais de 50% dos machos do grupo de dia lento atacaram filhotes recém-nascidos 20 dias reais após o acasalamento, pois esses machos tiveram experiência com apenas 18 ciclos de claro-escuro durante esse período. Esses resultados demonstraram que um dispositivo temporizador registra o número de ciclos claro-escuro que ocorreu desde o acasalamento e que essa informação fornece bases proximais para o controle da resposta infanticida.[1119]

Talvez o dispositivo temporizador que controla o tratamento que o camundongo macho dá aos filhotes influencie o seu estado hormonal. Se assim for, então você esperaria que durante a fase infanticida, os camundongos machos teriam altas concentrações de testosterona no sangue, dada à relação bem estabelecida entre testosterona e agressividade em machos. Uma hipótese alternativa é que a agressividade extrema

FIGURA 5.23 O odor do macho dominante muda a preferência por parceiros em fêmeas de camundongo doméstico. (A) Uma gaiola de três compartimentos em que a fêmea (câmara central) pode se aproximar e cheirar os machos num dos dois compartimentos nas extremidades. (B) Fêmeas que tiveram experiência apenas com o feromônio do macho submisso não exibiram preferência entre machos dominantes e submissos; fêmeas expostas ao odor do macho dominante gastaram bem mais tempo cheirando o mais dominante dos machos na gaiola experimental. A, fotografia cortesia de Gloria Mak, adaptada de Mak e colaboradores.[920]

FIGURA 5.24 Regulação do infanticídio em camundongos domésticos machos. (A) Camundongos machos foram mantidos sob condições experimentais de "dias lentos" e "dias rápidos". (B) A maioria dos camundongos mantidos na condição de dia rápido deixou de ser infanticida 20 dias reais (22 dias rápidos) após o acasalamento; machos que tiveram experiência com dias lentos não apresentaram o mesmo declínio no comportamento infanticida mesmo que passados cerca de 25 dias reais. Adaptada de Perrigo, Bryant e vom Saal.[1119]

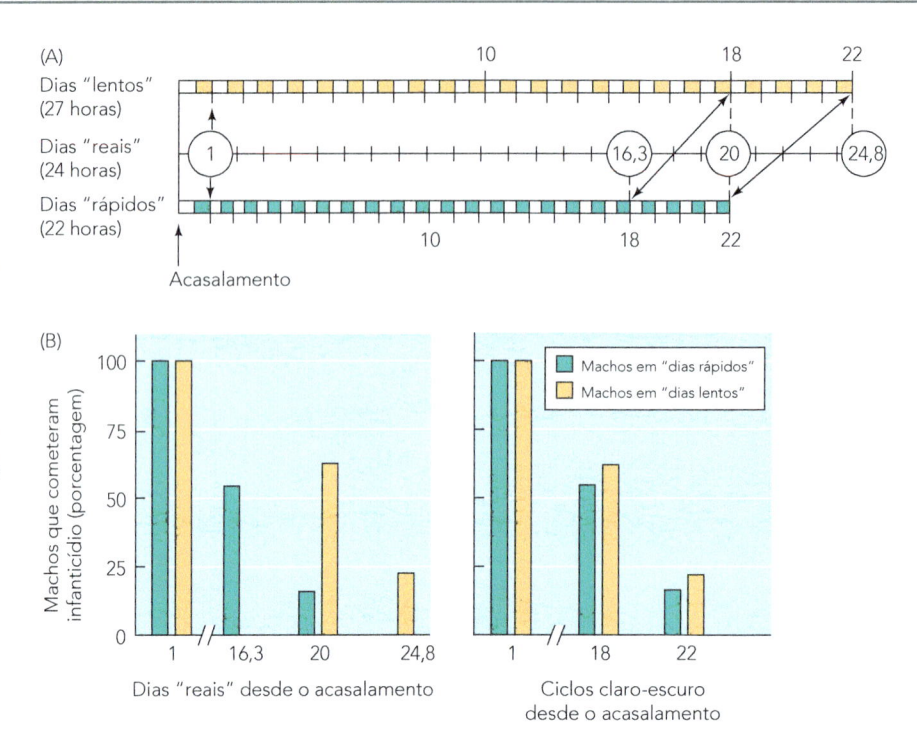

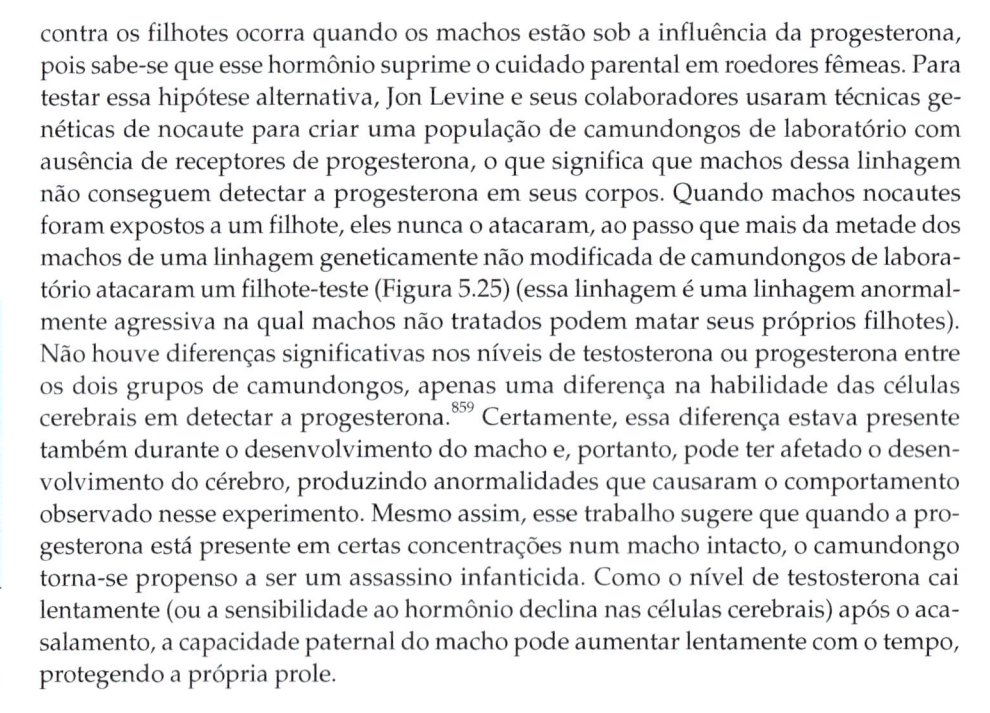

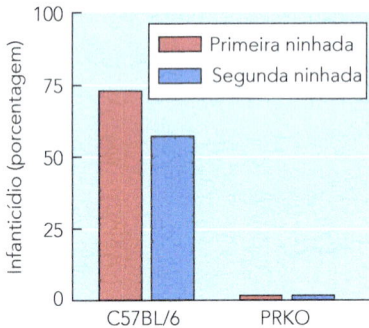

FIGURA 5.25 Efeito hormonal sobre o comportamento infanticida em camundongos de laboratório. Machos da linhagem C57BL/6 têm alta probabilidade de atacar os próprios filhotes (primeira ou segunda ninhada) ao invés de cuidar dos jovens. Se, entretanto, o gene do receptor de progesterona for removido do genoma, os camundongos progesterona-nocaute (PRKO) não podem detectar a progesterona em seus corpos e não exibem o comportamento infanticida em relação à sua prole. Adaptada de Schneider e colaboradores.[1289]

contra os filhotes ocorra quando os machos estão sob a influência da progesterona, pois sabe-se que esse hormônio suprime o cuidado parental em roedores fêmeas. Para testar essa hipótese alternativa, Jon Levine e seus colaboradores usaram técnicas genéticas de nocaute para criar uma população de camundongos de laboratório com ausência de receptores de progesterona, o que significa que machos dessa linhagem não conseguem detectar a progesterona em seus corpos. Quando machos nocautes foram expostos a um filhote, eles nunca o atacaram, ao passo que mais da metade dos machos de uma linhagem geneticamente não modificada de camundongos de laboratório atacaram um filhote-teste (Figura 5.25) (essa linhagem é uma linhagem anormalmente agressiva na qual machos não tratados podem matar seus próprios filhotes). Não houve diferenças significativas nos níveis de testosterona ou progesterona entre os dois grupos de camundongos, apenas uma diferença na habilidade das células cerebrais em detectar a progesterona.[859] Certamente, essa diferença estava presente também durante o desenvolvimento do macho e, portanto, pode ter afetado o desenvolvimento do cérebro, produzindo anormalidades que causaram o comportamento observado nesse experimento. Mesmo assim, esse trabalho sugere que quando a progesterona está presente em certas concentrações num macho intacto, o camundongo torna-se propenso a ser um assassino infanticida. Como o nível de testosterona cai lentamente (ou a sensibilidade ao hormônio declina nas células cerebrais) após o acasalamento, a capacidade paternal do macho pode aumentar lentamente com o tempo, protegendo a própria prole.

Para discussão

5.4 No roedor-da-califórnia, (*Peromyscus californicus*), os machos são altamente paternais. Uma explicação para esse comportamento inclui a hipótese da progesterona reduzida que acabamos de explorar para os camundongos de laboratório. Alternativamente, é possível que o aumento dos níveis de estrógeno seja responsável pelo comportamento parental do macho. Faça algumas predições derivadas dessas duas hipóteses, incluindo ao menos uma relacionada à testosterona (se necessário, leia a introdução deste capítulo para refrescar sua memória sobre as relações entre estrógeno e testosterona). Então examine a Figura 5.26 e avalie suas hipóteses a partir desses dados.

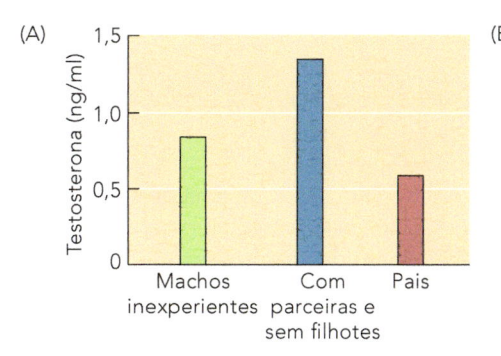

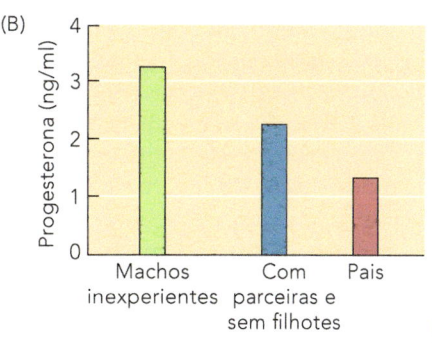

FIGURA 5.26 Concentrações de testosterona e progesterona em três categorias de roedores-da-califórnia machos: machos inexperientes, sem parceira nem filhotes; machos com parceiras e sem filhotes; e roedores pais, com parceiras e filhotes. (A) A diferença de testosterona entre machos inexperientes e pais não é estatisticamente significativa. (B) Em contraste, a progesterona ocorre em quantidades muito mais elevadas no sangue de machos inexperientes do que de machos com prole. Fotografia de roedores-da-califórnia machos parentais de Brian Trainor; A e B, adaptadas de Trainor e colaboradores.[146]

O acasalamento altera as prioridades comportamentais de muitos animais, não apenas do camundongo doméstico e do arganaz-do-campo (*Microtus ochrogaster*) (*ver* Capítulo 1). A codorna japonesa (*Coturnix japonica*) é um exemplo. Quando um macho copula com uma fêmea, mesmo que apenas uma vez, seu comportamento muda drasticamente. Antes de acasalar, um macho colocado próximo a uma fêmea em uma gaiola de dois compartimentos passará relativamente pouco tempo espiando pela janela entre os compartimentos para olhá-la. Mas, após acasalar, um macho parece positivamente fascinado pela sua parceira, e no final fixa o olhar nela durante horas (Figura 5.27A)[71]. Esse comportamento, que presumivelmente tem a função de aproximar o macho de uma fêmea receptiva para mais uma cópula, é bastante influenciado pela presença da testosterona em uma região particular do cérebro do macho. Essa conclusão baseia-se em parte nos achados que a remoção dos testículos dos machos elimina todo o comportamento sexual – a menos que o macho receba um implante contendo testosterona; nesse caso, ele recupera a motivação de procurar parceiras.

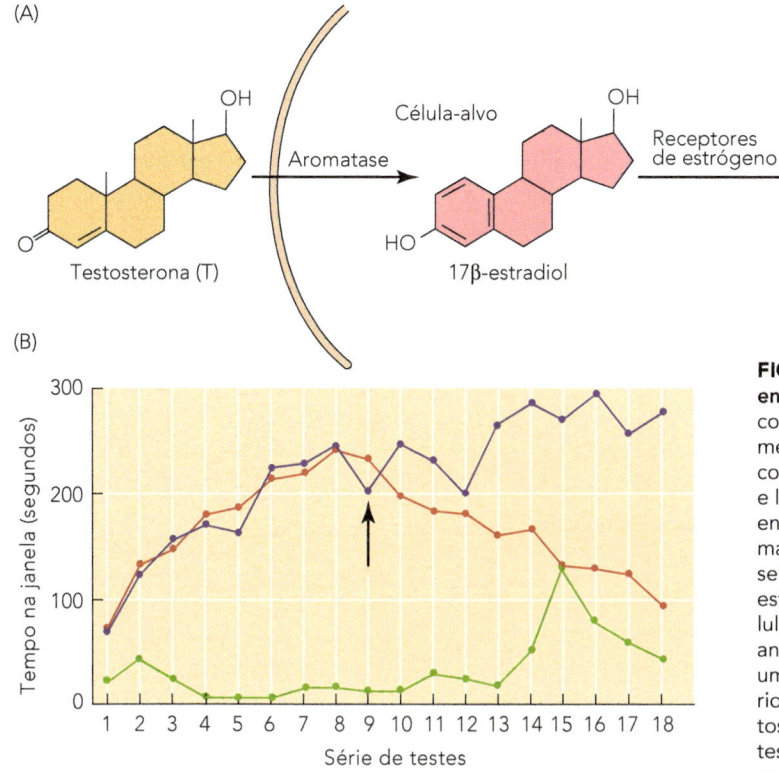

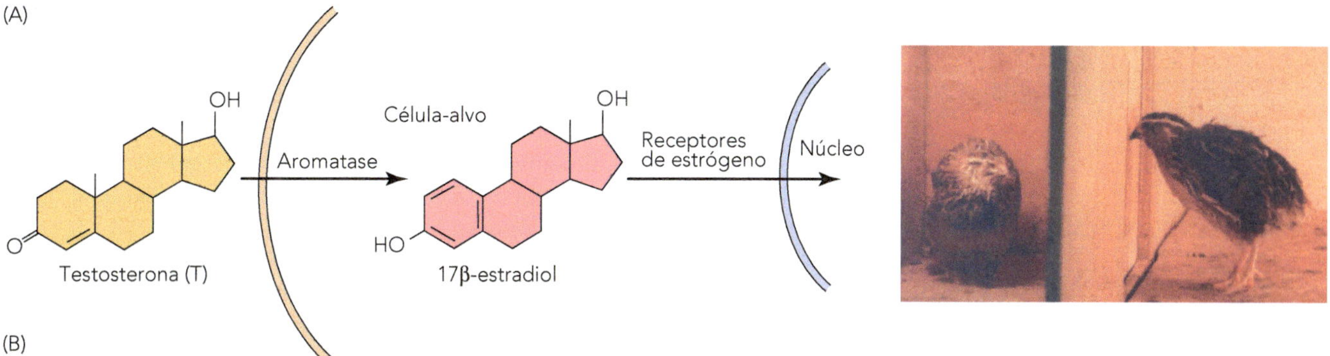

FIGURA 5.27 Testosterona e controle da motivação sexual em machos de codorna japonesa. (A) Mudanças hormonais contribuem para mudanças no modo como machos sexualmente experientes respondem à oportunidade de ver uma codorna fêmea madura. A testosterona é liberada do testículo e levada para certas partes do cérebro. Quando a testosterona entra nas células-alvo, reações químicas catalisadas pela enzima aromatase a convertem em 17β-estradiol. Essa substância se liga a um receptor de estrógeno para formar um complexo estrógeno-receptor, o qual é transferido para o núcleo das células-alvo, onde promove mudanças químicas que, em última análise, levam o macho a olhar fixamente para uma fêmea por uma janela nas gaiolas de dois compartimentos. (B) Ao contrário dos machos-controle que não receberam implantes de testosterona, os machos castrados que receberam esses implantes exibem a resposta de olhar fixamente para a fêmea. Mas, quando machos implantados são injetados com um inibidor de aromatase, eles perdem a resposta, presumivelmente porque a testosterona não pode mais ser convertida em 17β-estradiol, o hormônio essencial para a modulação da motivação sexual do macho. Adaptada de Balthazart e colaboradores.[71]

- Implantado com testosterona
- Implantado com testosterona + inibidor de aromatase (no teste 9)
- Controle (sem implante de testosterona)

O interessante é que a testosterona por si só não é o sinal que transforma uma codorna japonesa macho em um indivíduo aparentemente "perdido de amor" quando separado de sua parceira. Em vez disso, a testosterona é transformada em 17β-estradiol, um estrógeno, em células-alvo no interior da área pré-óptica do cérebro. A conversão requer uma enzima, aromatase, codificada por um gene que se torna muito mais ativo após o macho de codorna amadurecer. O estrógeno produzido na presença de aromatase se une a uma proteína receptora de estrógeno, e o complexo receptor de estrógeno resultante transmite um sinal para o núcleo da célula, desencadeando futuros eventos bioquímicos, que se traduzem, em última análise, em sinais neurais que induzem o macho a observar atentamente uma parceira sexual inacessível no momento.

A importância da enzima aromatase para esse processo tem sido estabelecida experimentalmente pela criação de três grupos castrados de codornas machos. Os controles não receberam reposição de testosterona, enquanto machos em dois outros grupos receberam implantes de testosterona. Os machos implantados passaram muito mais tempo olhando pela janela do que os controles. Após oito ensaios, um dos dois grupos de machos implantados recebeu injeções diárias de um inibidor de aromatase; o interesse desses pássaros pela fêmea no compartimento vizinho caiu constantemente como visto pela redução do tempo que eles passaram olhando pela janela durante os dez ensaios seguintes (Figura 5.27B).

Hormônios e a organização do comportamento reprodutivo

Muitos dos ajustes mediados por hormônios feitos pelos animais afetam diretamente seu comportamento reprodutivo. Na codorna japonesa, o 17β-estradiol exerce um papel importantíssimo no ajuste do grau de atração do macho pela parceira, enquanto no arganaz-do-campo a vasopressina é mais importante na regulação da união sexual (*ver* página 4).

As moscas-das-frutas não formam uniões sexuais duradouras. Ao contrário, logo após acasalar, a fêmea se torna completamente não receptiva, rejeitando não apenas o parceiro anterior, mas todos os outros machos, caso eles tentem cortejá-la. Em vez de gastar seu tempo acasalando, ela passa alguns dias colocando ovos, mudança adaptativa no comportamento, já que ela pode fertilizar todos os seus óvulos maduros com esperma estocado recebido de um único parceiro. Conforme verificou-se, a significativa mudança de fêmeas sexualmente receptivas para a recusa sexual é regulada por um hormônio, não produzido por ela mesma, mas recebido do fluido seminal que o macho transfere para ela durante a cópula.

O hormônio doado pelo macho é chamado PS (Peptídeo Sexual). Usando uma técnica chamada interferência de RNA, é possível bloquear o gene específico nas moscas macho que codificam o PS. Os machos bloqueados são normais, exceto pelo fato de não produzirem PS e, por consequência, ao copularem com as fêmeas, serem incapazes de transferir PS para suas parceiras. Se o PS é de fato o sinal proteico crucial que impede as fêmeas de responderem a machos que as cortejem, então fêmeas que copularam com machos deficientes de PS devem permanecer receptivas para cópula, apesar de terem recebido esperma e fluido seminal; essa predição demonstrou ser correta (Figura 5.28).[254]

Como mencionado anteriormente, um mensageiro químico atua por meio da ligação com moléculas receptoras na superfície de uma célula-alvo. O hormônio PS da mosca-das-frutas deve, portanto, se unir com uma proteína receptora específica; conforme esperado, a molécula apropriada, chamada Receptor de Peptídeo Sexual (RPS), foi encontrada. Nesse caso também é possível bloquear o gene responsável pela codificação do RPS, criando fêmeas "mutantes" cujas células são incapazes de se unirem ao hormônio doado pelo macho. Quando isso é feito experimentalmente, fêmeas com deficiência de RPS que tenham copulado ao menos uma vez copulam novamente se tiverem a oportunidade, como se fossem fêmeas virgens.[1628]

Pesquisas adicionais foram necessárias para identificar o(s) órgão(s) alvo do PS dos machos. Esses alvos foram encontrados primeiramente suprindo o tecido das fêmeas

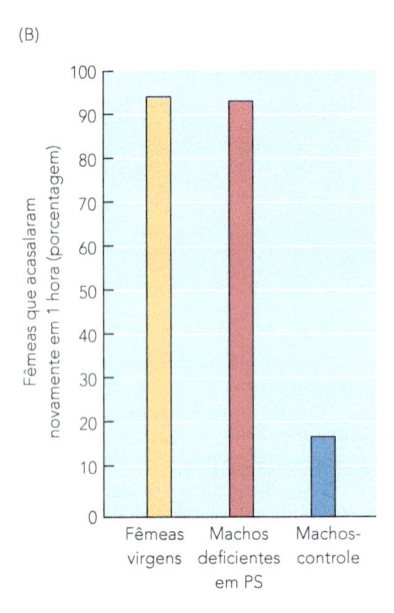

FIGURA 5.28 Moscas-das-frutas fêmeas acasaladas com machos incapazes de suprir PS têm a mesma probabilidade de copular novamente após 48 horas que fêmeas virgens no mesmo período. A, fotografia do acasalamento de *Drosophila* de Brian Valentine, www.flickr.com/photos/lordv; B, adaptada de Chapman e colaboradores.[254]

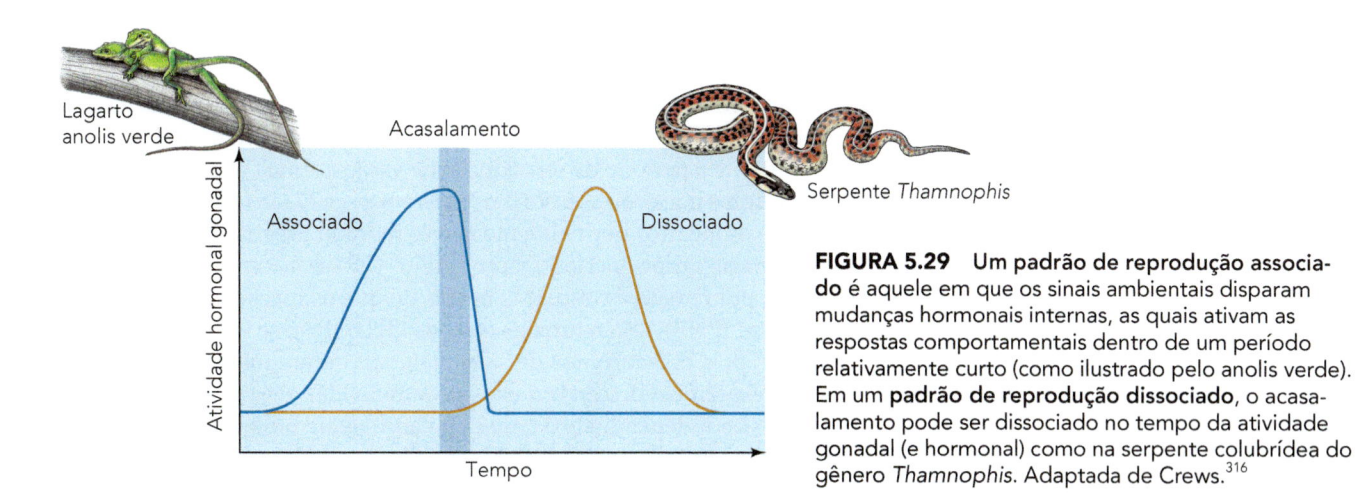

FIGURA 5.29 Um padrão de reprodução associado é aquele em que os sinais ambientais disparam mudanças hormonais internas, as quais ativam as respostas comportamentais dentro de um período relativamente curto (como ilustrado pelo anolis verde). Em um **padrão de reprodução dissociado**, o acasalamento pode ser dissociado no tempo da atividade gonadal (e hormonal) como na serpente colubrídea do gênero *Thamnophis*. Adaptada de Crews.[316]

das moscas-das-frutas com um composto que se liga especificamente ao RPS e, então, corando o tecido com uma tinta específica para o composto ligado. A cor foi concentrada nos órgão armazenadores de esperma das fêmeas e em uma porção específica do cérebro, na qual os neurônios expressam um gene chamado *fruitless*. A atividade desse gene em um determinado conjunto de células nervosas no cérebro do macho é fundamental para a sua capacidade de cortejar fêmeas com sucesso.[1267] Na mosca fêmea, os neurônios que expressam a informação contida no *fruitless* são aqueles capazes de detectar o PS. Quando esses neurônios são expostos ao PS após um acasalamento, sua atividade é aparentemente alterada após o hormônio doado pelo macho se ligar aos receptores especiais nas células nervosas. O PS afeta a expressão gênica do *fruitless* nas células-alvo, uma vez que elas possuem a forma típica do receptor necessário para se ligar a ele.[1628]

Os sinais hormonais são importantes não apenas na interação entre machos e fêmeas, mas também em encontros entre machos. Quando um peixe ciclídeo macho é destituído do território de atração de parceiras, uma mudança na produção de hormônio liberador de gonadotropina contribui para a redução de sua agressividade, do tamanho de seus testículos e do seu esforço para reproduzir (*ver* páginas 94-96).[1550] Em várias outras espécies, os hormônios também atuam na integrada alternância entre o comportamento sexual e agressivo que facilita a reprodução nos períodos em que as condições ambientais externas e fisiológicas internas são mais favoráveis.

A organização hormonal da reprodução com frequência envolve mudanças coordenadas na produção de gametas e na atividade sexual, o tão conhecido padrão reprodutivo associado (Figura 5.29). Esse padrão é evidente, por exemplo, no comportamento reprodutivo sazonal de cervos vermelhos (*Cervus elaphus*) que vivem na Grã-Bretanha. Os cervos que viveram pacificamente uns com os outros durante todo o verão se tornam agressivos à medida que setembro se aproxima, precedendo o período de acasalamento; nesse período, seus testículos produzem esperma e testosterona. Machos adultos castrados antes do período de cio mostram pouca agressividade e não tentam acasalar com fêmeas sexualmente receptivas. Se as diferenças comportamentais entre machos castrados e machos intactos forem provenientes da ausência de testosterona circulante nos veados castrados, então o implante de testosterona deve restaurar sua agressividade e o seu comportamento sexual durante o cio, e é isso que acontece.[869]

Do mesmo modo, quando lagartos anolis verdes (*Anolis carolinensis*) machos se tornam ativos pela primeira vez após um período latente de inverno, suas concentrações de testosterona na circulação são muito baixas. Entretanto, à medida que a produção desse hormônio aumenta, os testículos dos machos crescem em tamanho e esperma maduro é produzido. Nesse período, os machos começam a proteger seus territórios e a cortejar as fêmeas.[721] Esses indivíduos tendem a ser maiores e mordedores mais poderosos, com muito mais testosterona no sangue do que os machos menores, e com sacos gulares maiores, com os quais cortejam fêmeas e ameaçam rivais.[702]

Esses aparentes efeitos da testosterona são, em parte, dependentes da época do ano, conclusão obtida por Jennifer Neal e Juli Wade, que implantaram cápsulas de testosterona em dois grupos de anolis verdes cativos. Um grupo foi exposto a uma temperatura mais elevada e a dias longos, mimetizando as condições ambientais que os lagartos encontrariam durante o período de reprodução de verão normal. O outro grupo foi mantido em temperaturas mais baixas e em dias mais curtos, situação que se aplicaria à época do ano em que os lagartos normalmente não se reproduziriam. Machos implantados com testosterona no grupo "período reprodutivo" (PR) se mostraram muito mais dispostos a procurar por fêmeas e copular com elas do que os machos do grupo "período não reprodutivo" (PNR). O cérebro dos machos PR também se mostrou diferente do dos machos PNR, pois os neurônios de suas amígdalas eram maiores, sugerindo também que regiões específicas do cérebro estavam submetidas à regulação hormonal. O fato de o efeito não ser independente da época do ano sugere um mecanismo para o padrão de reprodução associada dos anolis verdes.[1030]

Para discussão

5.5 Em mulheres, o ciclo menstrual envolve mudanças mediadas por hormônios que regulam a produção de óvulos maduros. Poderia a ligação entre hormônios e fisiologia ovulatória se estender para o comportamento reprodutivo feminino, produzindo um padrão de reprodução associado? O que os biólogos evolucionistas poderiam predizer sobre a relação entre o ciclo menstrual e o desejo sexual? Por que eles iriam predizer uma diferença entre mulheres casadas e as que não tem um parceiro sexual fixo? Por que eles poderiam também predizer que, no período de ovulação, as mulheres procurariam machos com características faciais masculinizadas especialmente atrativas? (ver Figura 14.9, página 521, para um exemplo de variação de características faciais masculinas). Confira suas respostas com Gangestad e colaboradores,[514] Macrae e colaboradores[912] e Pillsworth, Haselton e Buss.[1142]

Embora muitas espécies estudadas até o momento demonstraram possuir padrões reprodutivos associados, a teoria de que o comportamento sexual está sob esse tipo de controle hormonal continua a ser testada.[318] Se a testosterona for necessária para o comportamento sexual em aves, então a castração deve eliminar esse comportamento do macho, porque a remoção dos testículos reduz drasticamente a fonte de testosterona. Esse fato foi confirmado em algumas espécies, incluindo a codorna japonesa a qual, se castrada, para de reproduzir, mas volta à atividade se for feito um implante de testosterona,[1087] assim como ocorre com o veado vermelho. Mas isso não se confirmou com os pardais escrevedeira-de-testa-branca que, mesmo sem testículos, o macho irá montar fêmeas que solicitem cópula, desde que tenha sido exposto a longos fotoperíodos.[1007] Além disso, algumas populações de escrevedeira-de-testa-branca tiveram mais de uma prole por estação reprodutiva. Os machos de escrevedeira-de-testa-branca que copularam com uma fêmea para produzir uma segunda ou terceira ninhada de ovos fertilizados no verão tinham relativamente pouca concentração de testosterona no sangue naquele período (Figura 5.30), mais uma evidência de que altos níveis de testosterona não são essenciais para o comportamento sexual dos machos nessa espécie.

Para discussão

5.6 Em estudos sobre o controle hormonal do comportamento, é comum retirar-se os ovários ou testículos de um animal e depois injetá-los com hormônios variados para ver quais são seus efeitos comportamentais. Que vantagem essa técnica tem sobre outra abordagem, a de simplesmente medir a concentração de hormônios específicos no sangue de sujeitos animais de tempos em tempos? A abordagem muito menos invasiva da medida direta mostraria, por exemplo, se a concentração de testosterona ou estrógeno estariam elevados enquanto o acasalamento estivesse ocorrendo.

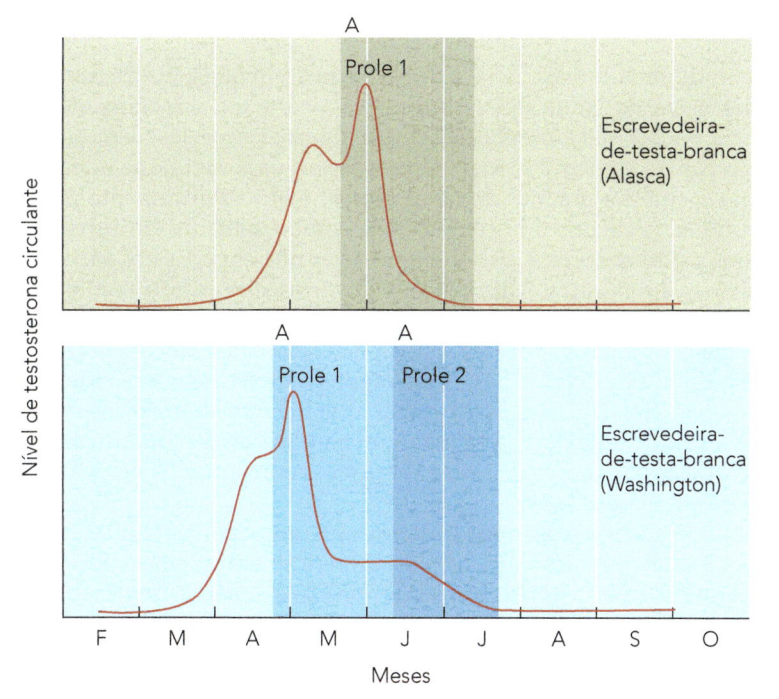

FIGURA 5.30 Ciclos hormonal e comportamental em populações com uma única ninhada e múltiplas ninhadas de escrevedeira-de-testa-branca. Concentrações de testosterona no sangue de escrevedeira-de-testa-branca machos apresentam um pico pouco antes do momento de acasalamento com as fêmeas (A) no seu primeiro ciclo de reprodução da temporada. Em populações que reproduzem duas vezes em uma estação, contudo, a cópula também ocorre durante um segundo ciclo reprodutivo, no momento em que a concentração de testosterona está diminuindo. Adaptada de Wingfield e Moore.[1598]

Para discussão

5.7 No porquinho-da-índia (*Cavia porcellus*), indivíduos machos variam em seu impulso sexual, como medido, por exemplo, pelo número de vezes que o macho ejacula quando tem acesso a fêmeas receptivas por um período de tempo padrão. Uma hipótese para essa variação é de que o impulso sexual do macho se correlaciona com a concentração de testosterona circulante. Que predição se obtém dessa hipótese? A Figura 5.31 apresenta dados de um experimento feito com três porquinhos-da-índia, os quais tiveram seus impulsos medidos. Todos os três machos foram castrados e, depois disso, seus impulsos sexuais continuaram sendo monitorados. Finalmente, após algumas semanas, foi dado aos três machos a mesma quantidade de testosterona suplementar, e seus impulsos sexuais foram novamente medidos em intervalos. Qual a relevância desses dados para a hipótese em questão? Qual conclusão científica pode ser obtida com base nesses resultados?

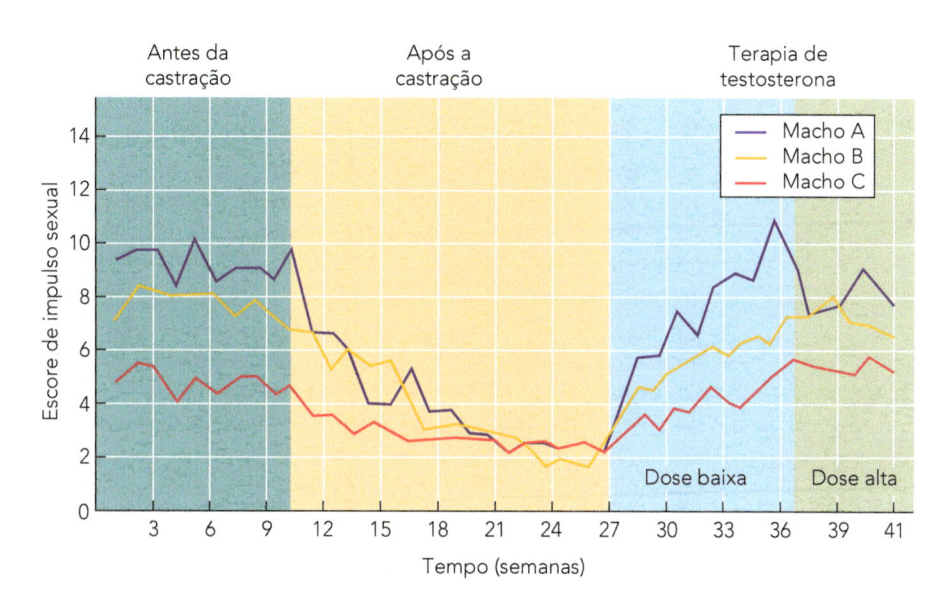

FIGURA 5.31 Os efeitos da castração seguida de terapia com testosterona em três machos de porquinhos-da-índia. O "escore de libido ou impulso sexual" é uma medida da atividade copulatória. Adaptada de Grunt e Young.[592]

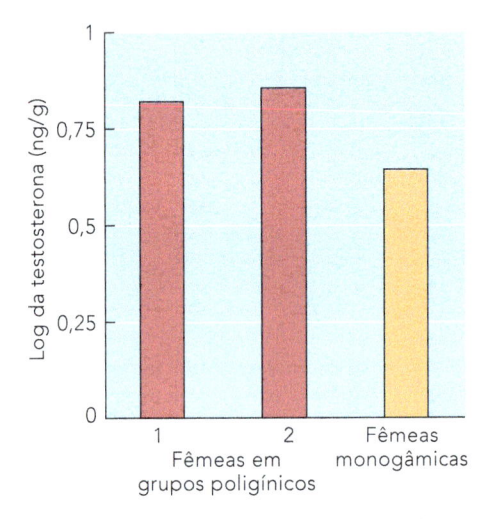

FIGURA 5.32 Testosterona e agressividade de fêmeas de ferreirinha. As concentrações de testosterona foram maiores em fêmeas competindo por machos em grupos poligínicos (barras vermelhas) do que em fêmeas em relacionamentos monogâmicos. Adaptada de Langmore, Cockrem e Candy.[836]

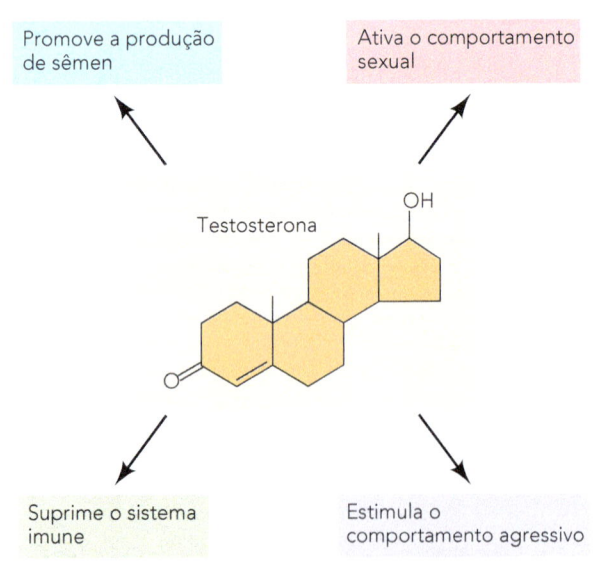

FIGURA 5.33 A estrutura química da testosterona e seus diversos efeitos na fisiologia e no comportamento. Adaptada de Wingfield, Jacobs e Hillgarth.[1599]

O papel variável da testosterona

A escrevedeira-de-testa-branca não é o único pássaro em que grandes concentrações de testosterona são desnecessárias para a corte e o acasalamento.[1571] A testosterona poderia ter outras funções em algumas espécies além da estimulação do comportamento sexual? Uma possibilidade seria que a testosterona regula o comportamento de canto, como visto anteriormente neste capítulo. Outra seria de que o hormônio atua como facilitador de agressão. Se essa hipótese estiver correta, podemos predizer que em pássaros sazonalmente territoriais, a concentração de testosterona deve estar especialmente alta logo antes do período reprodutivo, quando os machos defendem territórios agressivamente contra rivais. Esse fenômeno tem sido observado na escrevedeira-de-testa-branca (ver Figura 5.30) e em alguns outros pássaros.[1598] Mesmo os territoriais pássaros *Hylophylax naevioides*, que habitam os trópicos e não exibem altos níveis de testosterona em nenhum padrão sazonal específico, respondem a gravações de cantos de suas espécies com uma rápida elevação de testosterona na circulação.[1571]

A hipótese de que a testosterona desempenha um papel na regulação da agressão leva a outra predição: quando a competição entre fêmeas for uma característica regular da história natural de uma ave, então as fêmeas mais agressivas devem possuir níveis de testosterona relativamente elevados. Uma espécie de pássaro com fêmeas competitivas é a ferreirinha (*Prunella modularis*) (ver Figura 10.30). Ferreirinhas fêmeas reproduzem-se em pequenos grupos que partilham um ou dois machos. Nessas situações, o sucesso reprodutivo de uma fêmea depende de quanta assistência ela recebe do(s) macho(s) com o(s) qual (ou quais) ela vive. Por isso, as fêmeas tentam manter as outras fêmeas longe de "seu(s)" parceiro(s), perseguindo-as, emitindo chamados agressivos, até mesmo cantando para anunciar que estão prontas para a briga. Quando os níveis de testosterona de fêmeas de grupos com várias fêmeas foram comparados com as fêmeas sem competição, pareadas com um único parceiro, os resultados corroboraram a hipótese de que a testosterona é um facilitador hormonal de agressão (Figura 5.32), embora seja possível que as brigas causem um aumento dos níveis de testosterona, mais do que outra coisa.

Mesmo em espécies nas quais a testosterona indubitavelmente promove o adaptativo comportamento sexual ou agressivo, é regra que a concentração de testosterona cai para quase nula quando fora do período reprodutivo ou após cessar a probabilidade de desafios territoriais. Por que isso acontece? Talvez o hormônio tenha um preço, diminuindo a aptidão em certos períodos ou em certas situações. O hormônio realmente tem múltiplos efeitos (Figura 5.33), nem todos eles positivos, incluindo a interferência no sistema imunológico;[1649] isso explica por que machos de muitos vertebrados são mais propícios do que fêmeas a serem infectados por vírus, bactérias ou parasitas.[780] Altas concentrações de testosterona podem também contribuir para a alta concentração de glicocorticoides, que pode contribuir para ou ser reflexo de estresse fisiológico,[1600] e, assim, aumentar a vulnerabilidade aos organismos causadores de doenças.

Além disso, os efeitos comportamentais diretos da testosterona podem ser custosos, levando os indivíduos sob influência do hormônio a gastar muito mais energia do que em outra situação.[936] Por exemplo, quando machos de andorinhas das chaminés (*Hirundo rustica*) tiveram suas penas do peito pintadas de um vermelho mais escuro, eles se tornaram mais atraentes para as fêmeas e alvos de outros machos agressivos. Como resultado, seus níveis de testosterona aumentaram, e o peso de seus corpos diminuiu com o passar do tempo, quase certamente porque o hormônio induziu os pássaros a se tornarem mais ativos fisicamente ao custo de usarem suas reservas de energia.[1270]

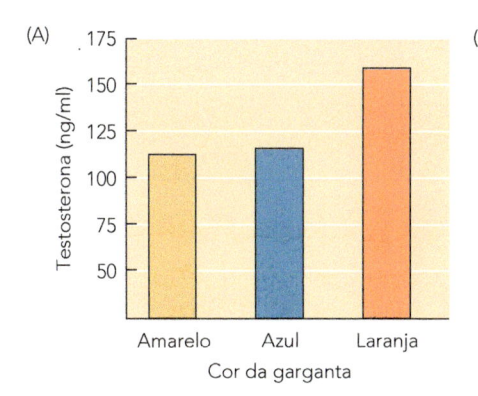

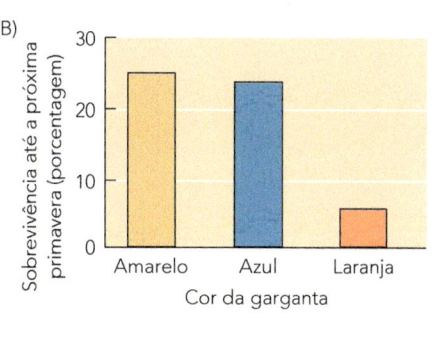

FIGURA 5.34 Custo da testosterona para a sobrevivência. (A) As três diferentes formas do lagarto *Uta stansburiana* possuem gargantas de diferentes cores e diferentes quantidades médias de testosterona circulante no sangue. (B) A forma com maior concentração também apresenta elevada taxa anual de mortalidade. Fotografia do autor; A e B, adaptada de Sinervo e colaboradores.[1334]

Machos saturados de testosterona podem tornar-se tão focados no acasalamento ou em brigas com rivais que se tornam alvos fáceis para predadores ou parasitas. Em algumas dessas espécies, machos com altas concentrações de testosterona têm menor probabilidade de sobreviver do que machos com uma quantidade mais modesta de hormônio no sangue (Figura 5.34) (*ver também* a Figura 8.26). Mesmo se um macho saturado de testosterona sobreviver, ele pode negligenciar os filhotes para lutar com outros machos. Assim, embora os emberezídeos *Junco hyemalis* que receberam implantes de testosterona não apresentem maior taxa de mortalidade do que os machos-controle, esses pássaros canoros de fato alimentam suas crias com menos frequência. Pode ser por isso que a prole de machos com níveis de testosterona aumentados produz proles menores, que não sobrevivem tão bem quanto as proles dos machos-controle.[1201]

Implantes de testosterona podem manter a concentração hormonal anormalmente elevada em um junco macho por um longo período, enquanto na natureza os machos podem elevar seus níveis de testosterona quando necessário, em resposta a certos eventos, em vez de estar constantemente sob influência do hormônio. Para determinar as consequências de ondas temporárias mais naturais de testosterona, uma equipe de ecologistas comportamentais liderada por Ellen Ketterson injetou hormônio liberador de gonadotropina (GnRH) em juncos machos cativos, o que induziu um breve e variável aumento de concentração de testosterona nos sujeitos animais, que então foram devolvidos a seus territórios de reprodução. Esses machos que tinham níveis de testosterona relativamente aumentados após a aplicação de GnRH se comportaram com mais agressividade frente a um intruso simulado (um junco macho engaiolado introduzido no centro do território do residente). Mas os machos que mais tiveram seus níveis de testosterona aumentados em resposta ao desafio do GnRH também foram os que alimentaram suas crias com menor frequência.[965] Mesmo um curto período de elevação da concentração de testosterona parece ter o custo potencial de tornar o macho um pai menos cooperativo.

Para discussão

5.8 Eis outra questão sobre o comportamento paternal do roedor-da-califórnia cujos machos são extremamente protetores de seus filhotes. Se for verdade que a testosterona interfere no comportamento paterno, então a castração de machos desses camundongos deve ter qual efeito? Confira sua predição com os dados coletados por Brian Trainor e Catherine Marler e apresentados na Figura 5.35. Qual seria sua conclusão se a hipótese da compensação (*trade-off hypothesis*) fosse aplicada a essa espécie?

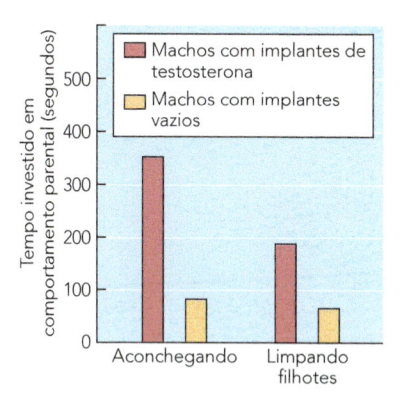

FIGURA 5.35 Tempo gasto no comportamento parental (aconchegando e limpando filhotes) por um roedor-da-califórnia macho castrado que recebeu reposição de testosterona (barras vermelhas) *versus* machos que receberam implantes vazios (barras laranjas). Adaptada de Trainor e Marler.[1460]

Considerando-se as potenciais desvantagens da testosterona, que variam de espécie para espécie, não é surpreendente que o padrão de controle hormonal da agressão e reprodução não seja o mesmo para todo animal (Figura 5.36). Em uma espécie de

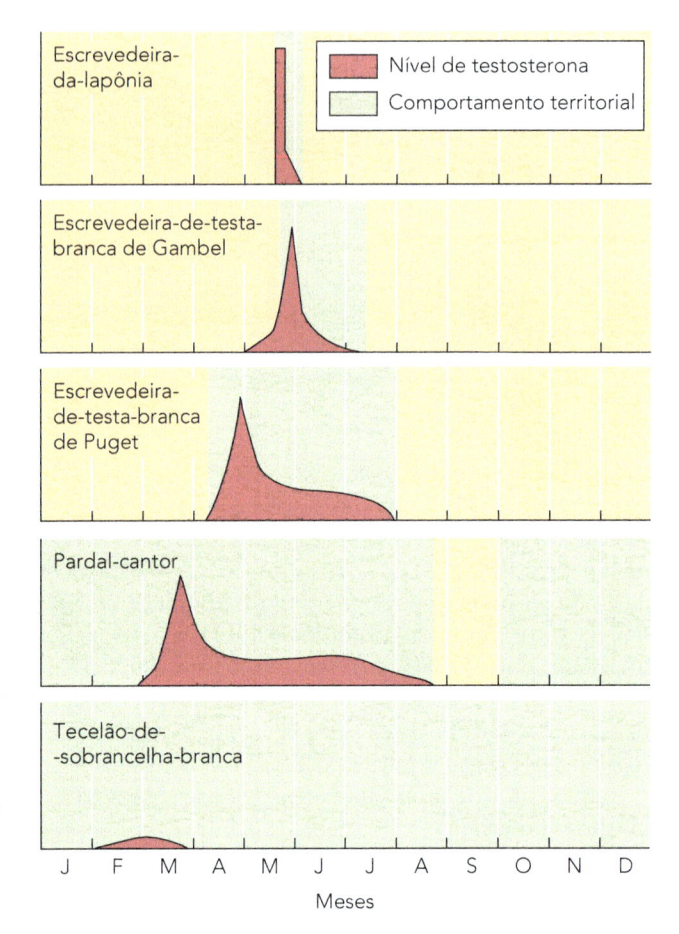

FIGURA 5.36 Testosterona e comportamento territorial. Não existe padrão para a relação entre a concentração de testosterona e a duração da territorialidade de um macho. Em algumas espécies de pássaros (três painéis superiores), uma onda de testosterona ocorre no início da territorialidade e da reprodução, mas em outros pássaros (dois painéis inferiores), os machos são territoriais em períodos nos quais têm pouca ou nenhuma concentração de testosterona circulante. Adaptada de Wingfield, Jacobs e Hillgarth.[1599]

pardal-cantor *Melospiza melodia*, por exemplo, os machos defendem o território muito após o período reprodutivo ter terminado, quando a testosterona já desapareceu do sangue. Mas esses pássaros produzem hormônios sexuais não gonadais, especialmente estrógeno, que se imagina ter um papel crucial na fase territorial pós-reprodutiva. Se o estrógeno realmente impulsiona a territorialidade do macho, então machos tratados com fadrozole (FAD), que bloqueia a produção de estrógeno, devem cantar com menos frequência e ficar mais distantes de um simulado rival intruso do que machos não tratados ou que receberam ambos, o FAD e reposição de estrógeno. Você pode avaliar os dados por si mesmo (Figura 5.37).[1367]

A serpente colubrídea *Thamnophis sirtalis parietalis* oferece outra demonstração de que as relações hormônio-comportamentais diferem entre as espécies. Esse réptil vive tanto no extremo norte quanto no sul do Canadá, em que ele passa grande parte do ano hibernando em um protegido hibernáculo subterrâneo. Em dias quentes, no final da primavera, as cobras começam a se agitar, e rapidamente emergem, às vezes aos milhares, de seus hibernáculos (Figura 5.38). Antes de seguirem caminhos separados, elas se envolvem em uma orgia de atividade sexual, com machos deslizando sobre as fêmeas e tentando copular com elas. Nesse período, eles ignoram alimento mesmo que esteja disponível, enquanto se concentram nas fêmeas ignorando praticamente qualquer outra coisa nas proximidades. Mais tarde na temporada, quando a probabilidade de encontrar fêmeas receptivas diminui, os machos se tornam mais motivados a exercer a opção de forrageamento, bom exemplo de uma espécie com sistemas proximais que a habilitam a resolver problemas de competição entre escolhas comportamentais adaptativamente.[1065]

Durante o frenesi do acasalamento, os machos competem por fêmeas tentando contatar parceiras receptivas antes de seus companheiros machos, mas eles não lutam entre si pelo privilégio da cópula. Um exame da concentração de hormônios sexuais no

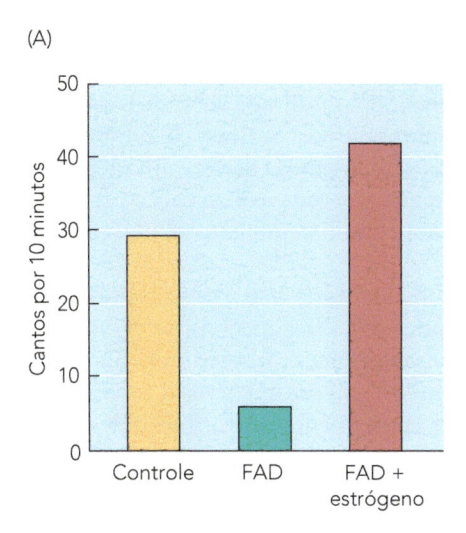

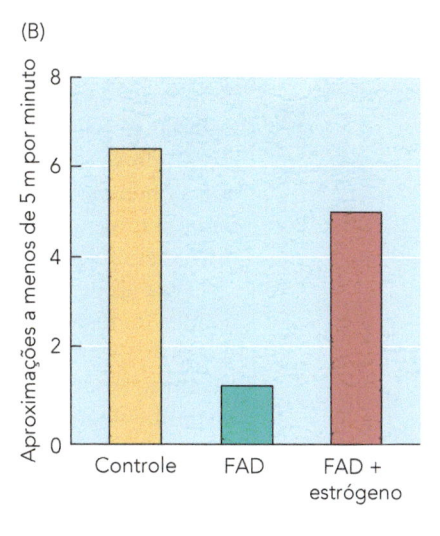

FIGURA 5.37 Estrógeno e comportamento territorial. Pardais machos tratados com fadrozole (FAD), produto químico que bloqueia a produção de estrógeno, ficaram significantemente menos suscetíveis a (A) cantar ou (B) chegar a menos de cinco metros de distância de um intruso simulado, do que ficaram os machos-controle ou os machos que receberam tanto FAD quanto estrógeno. Adaptada de Soma, Tramontin e Wingfield.[1367]

sangue revela que essas cobras não agressivas quase não possuem testosterona circulante ou alguma outra substância equivalente. Mas, como elas não têm problemas para acasalar, *T. sirtalis parietalis* são, então, cobras com padrão de reprodução dissociado (*ver* Figura 5.29).[315] De fato, muitas manipulações têm sido feitas em machos adultos de *T. sirtalis parietalis* sem nenhum efeito em seu comportamento sexual. Com a remoção da glândula pineal antes da hibernação, no entanto, os machos quase sempre falham ao cortejarem fêmeas na primavera seguinte.[318] A glândula pineal fornece um mecanismo crucial para detectar o aumento de temperatura após um período de hibernação, e o clima mais quente é suficiente para ativar o comportamento sexual nos machos de *T. sirtalis parietalis* independentemente de suas concentrações de testosterona.

Isso não significa, entretanto, que a testosterona não tenha nenhum papel no ciclo reprodutivo de *T. sirtalis parietalis*. No outono, os machos têm altos níveis de testosterona, o que contribui para a produção de esperma, que é estocado internamente durante o inverno em antecipação ao frenesi de acasalamento da primavera. Além disso, embora o aumento da temperatura possa ser o sinal para a ativação da atividade sexual, a testosterona pode ter um papel organizacional no desenvolvimento do mecanismo controlador do comportamento reprodutivo na serpente *T. sirtalis parietalis*, como em muitos outros vertebrados. Evidências sobre esse ponto vem de experimentos com cobras machos adultos castrados pouco antes do período reprodutivo.

FIGURA 5.38 Agregação de acasalamento de primavera da serpente *T. sirtalis parietalis*. Os machos procuram e cortejam avidamente as fêmeas que emergem da hibernação. Fotografia de Nic Bishop.

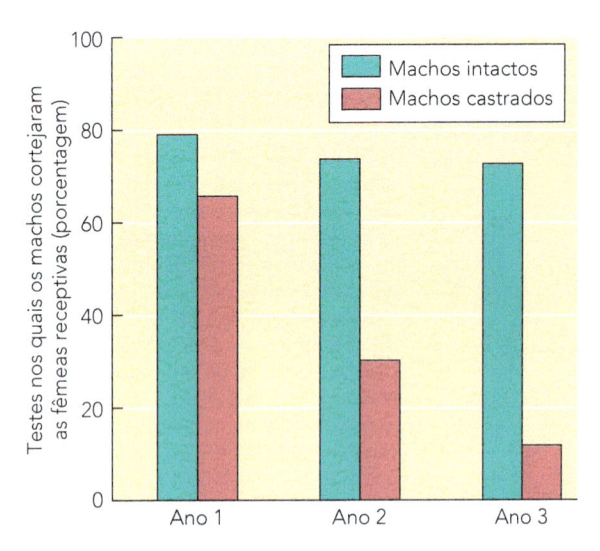

FIGURA 5.39 Testosterona e a manutenção de longo prazo do comportamento de acasalamento. Serpentes *T. sirtalis parietalis* machos, cujos testículos foram removidos pouco antes do período reprodutivo no primeiro ano, continuaram sexualmente ativas naquele período reprodutivo, apesar da ausência de testosterona. Mas, no segundo e terceiro anos, esses machos se tornaram cada vez menos aptos a cortejar fêmeas receptivas, comparados com machos que ainda possuíam seus testículos. Adaptada de Crews.[319]

Sem os testículos, esses indivíduos não puderam produzir testosterona, mas ainda exibiram comportamento de corte após o período de hibernação no laboratório. Se, contudo, as cobras castradas forem testadas novamente após um segundo período de hibernação, sua atividade sexual cai precipitadamente. Esses resultados sugerem que a onda de testosterona que antecede a hibernação prepara o sistema neural necessário para o comportamento sexual na próxima primavera (Figura 5.39).

Essa hipótese recebeu mais suporte com a descoberta de que implantes de testosterona dados às cobras machos no verão, antes de sua primeira hibernação, transforma machos de um ano de idade em animais sexualmente ativos, embora as cobras dessa idade sejam sexualmente imaturas. Em consequência, a produção de testosterona, que normalmente começa no segundo ou terceiro ano de vida da cobra, parece ser necessária para o completo desenvolvimento e manutenção do mecanismo que controla o comportamento sexual de *T. sirtalis parietalis*.[319] Porém, altos níveis de testosterona não são necessários para que ocorra a cópula na primavera, outro exemplo de que não existe um mecanismo hormonal que regula o comportamento sexual de todos os animais, ou mesmo de todos os vertebrados, exatamente da mesma maneira.[3,320]

Embora os sistemas hormonais para a organização do comportamento sejam altamente diversos, você deve ter notado que os mesmos hormônios (especialmente testosterona e estrógeno) apareceram repetidamente neste capítulo. Da mesma forma, em muitos vertebrados, a maioria dos mesmos conjuntos de estruturas neurais, incluindo regiões específicas do hipotálamo, interage com certos hormônios de maneira a tornar a organização comportamental possível. Assim, a diversidade de sistemas neurais e hormonais consiste principalmente em variações sobre um tema do que em uma coleção de mecanismos únicos e diferentes. Mesmo a serpente *T. sirtalis parietalis*, cujo comportamento reprodutivo parece ser independente de hormônios sexuais, tem neurônios com receptores que se ligam a hormônios sexuais nas vias neurais que controlam seu comportamento de acasalamento.[807] Evidentemente, como um grupo de espécies surgiu e divergiu de um ancestral comum, cada espécie descendente manteve elementos de seu passado hormonal, que foi modificado e reorganizado ao longo do tempo, mas não substituído por algo totalmente novo. A marca da evolução está aparente nos mecanismos proximais que organizam o comportamento dos animais atuais.

Para discussão

5.9 O ameaçado peixe ciprinodontídeo do Rio Amargosa (*Cyprinodon nevadensis amargosae*) vive no Vale da Morte, onde diferentes populações da espécie vivem em isolamento total umas das outras, em pequenas lagoas permanentes e segmentos de riachos.[851] Pesquisadores estimaram que algumas populações foram separadas de outras há apenas 400 a 4.000 anos, mas o comportamento reprodutivo dessas populações pode ser bem diferente. Em algumas populações, os machos defendem territórios agressivamente e cortejam as fêmeas que foram para aqueles locais. Porém, em outra população, machos não são agressivos entre si e não formam territórios; em vez disso, perseguem as fêmeas assim que elas se tornam receptivas. Em outras palavras, ocorreram mudanças preponderantes no comportamento dessa espécie em apenas algumas centenas a milhares de anos. Imagine que você queira explicar como essas mudanças puderam ocorrer tão rapidamente, utilizando o que você sabe sobre a capacidade dos hormônios para organizar o comportamento agressivo e sexual. Note que a arginina-vasotocina (AVT) é um hormônio cerebral que tem sido associado à redução do comportamento agressivo em alguns peixes. Como você poderia estabelecer experimentalmente que o hormônio teve esse efeito no ciprinodontídeo? Se o hormônio causou menor agressividade nessa espécie, que predições você poderia fazer sobre a AVT ou sobre as diferenças das proteínas receptoras de AVT entre diferentes populações, bem como entre machos territoriais e não territoriais da mesma população? Se seus resultados apoiassem uma hipótese proximal específica sobre o efeito do AVT na agressão, descreva como a seleção poderia promover rápidas mudanças no comportamento territorial dessa espécie.

Resumo

1. Como o ambiente de um animal fornece vários estímulos que podem disparar respostas contraditórias, e como o ambiente físico e social frequentemente muda ao longo do tempo, os animais ganham por ter mecanismos que organizam prioridades para suas diferentes opções comportamentais. Um desses sistemas proximais inclui centros de comando comportamental com capacidade de inibir um ao outro de modo que os animais não tentam fazer várias coisas ao mesmo tempo.

2. À medida que o ambiente muda, a natureza das relações inibitórias entre os centros de comando neurais também pode mudar. Os dispositivos para esse fim incluem os vários marca-passos ou mecanismos de relógio que regulam o funcionamento do sistema nervoso e a liberação de hormônios em ciclos que tipicamente duram de 24 horas a 365 dias. Relógios circadianos e circanuais têm componentes independentes do ambiente, mas também podem ajustar sua performance por meio da aquisição de informações do ambiente sobre as condições locais, como o amanhecer ou o entardecer.

3. Os hormônios funcionam associados aos mecanismos que estabelecem prioridades comportamentais. Em muitos animais, mudanças no ambiente físico (como mudanças sazonais de fotoperíodo) e no ambiente social (como a presença de potenciais parceiros) são detectadas por mecanismos neurais e traduzidas em mensagens hormonais. Esses sinais químicos com frequência colocam em movimento uma cascata de mudanças fisiológicas e comportamentais que tornam a atividade reprodutiva a mais alta prioridade nos períodos em que for maior a probabilidade de traduzir-se em produção de prole sobrevivente.

4. Os papéis exatos desempenhados pelos hormônios em efetivar mudanças comportamentais variam de espécie para espécie. O comportamento sexual do macho, por exemplo, pode ou não ser dependente de altas concentrações de testosterona no sangue. Todavia, o mecanismo próximo da organização comportamental de diferentes espécies apresenta similaridades, como algum tipo ou outro de dependência da testosterona e certamente outros hormônios distribuídos de forma ampla para organizar o comportamento reprodutivo do macho. Esse padrão reflete a natureza da mudança evolutiva, na qual os atributos de uma espécie atual são versões modificadas de um atributo anterior, não invenções que surgiram do nada.

Leitura sugerida

O clássico de Kenneth Roeder *Nerve Cells and Insect Behavior*[1234] e de Vincent Dethier *The Hungry Fly*[385] discutem como alguns animais evitam respostas conflitantes e estruturam seu comportamento a curto prazo. Randy Nelson escreveu um ótimo livro-texto que aborda todos os tópicos deste capítulo com muito mais detalhes.[1037] Em apenas algumas páginas, Michel Young explica a extremamente complexa base molecular do ritmo circadiano da forma mais clara quanto possível.[1633] O padrão reprodutivo dissociado da serpente *T. sirtalis parietalis* tem chamado muito a atenção e resultado em muitos artigos interessantes sobre o tópico apenas brevemente discutido neste capítulo, incluindo Krohmer,[807] Lemaster e Mason[852] e Mendonca e colaboradores.[975] Esses artigos versam sobre alguns dos fatores que controlam o comportamento de machos e fêmeas nessa espécie; mais artigos podem ser baixados via online do ISI Web of Science. Os mecanismos proximais que organizam o comportamento da cobra podem ser contrastados com aqueles do anolis verde,[1504] sobre o qual tem havido algum debate (*ver* Jenssen, Lovern e Congdon[721] bem como Crews[314] e, então, Winkler e Wade[1603]).

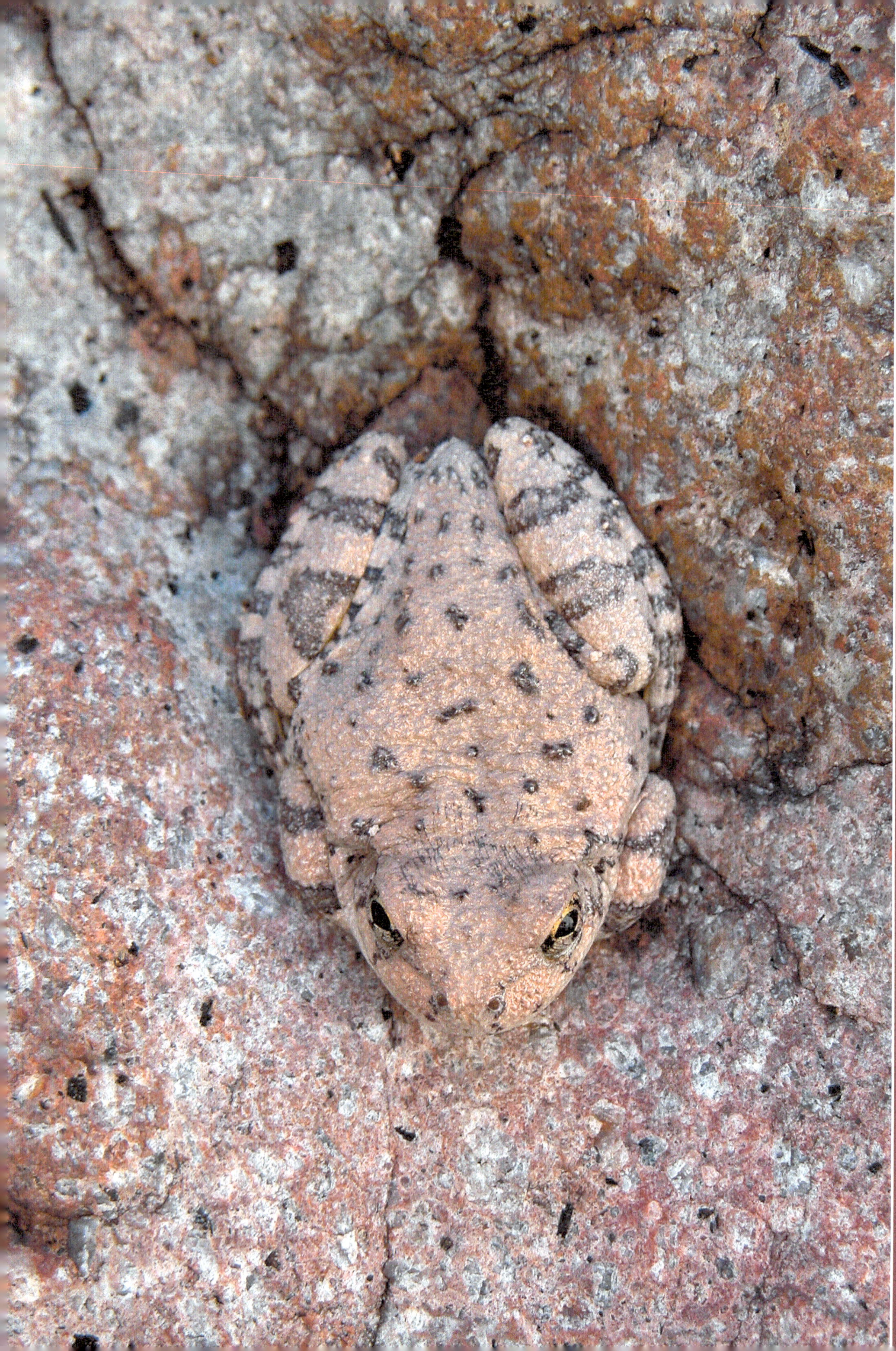

6
Adaptações Comportamentais para Sobrevivência

É difícil transmitir seus genes quando você está morto. Não é de se surpreender, dessa forma, que a maioria dos animais faça o melhor possível para viver tempo suficiente para reproduzir. No entanto, sobreviver pode ser um desafio na maior parte dos ambientes, repletos de predadores mortais. Você deve se lembrar que morcegos armados com sofisticados sistemas de sonar vagueam no céu noturno perseguindo mariposas, esperanças, cigarras, crisopídeos e louva-a-deus. Durante o dia, esses mesmos insetos correm sério risco de serem encontrados, capturados e devorados por pássaros de visão aguçada. A vida é curta para muitas mariposas, crisopídeos e semelhantes.

Em função dos predadores serem tão competentes na localização de alimento, eles submetem as presas a pressões seletivas intensas, favorecendo aqueles indivíduos com atributos que adiam a morte até terem reproduzido pelo menos uma vez. Os traços hereditários de longevidade desses sobreviventes podem então se dispersar na população por meio da seleção natural, resultado que cria pressões recíprocas sobre predadores, favorecendo aqueles indivíduos que se organizam a fim de superar as defesas aprimoradas de suas presas. Por exemplo, a habilidade auditiva de certas mariposas e outros insetos noturnos voadores podem ter conduzido à evolução de morcegos com sonares de alta frequência atípica que suas presas são incapazes de detectar com facilidade.[500, 1266] Mas agora alguns mantídeos de voo noturno ouvem sons de alta frequência atípicos, presumivelmente como reação ao sonar inovador

◄ Rãs da espécie *Hyla arenicolor* confiam na camuflagem para se proteger de predadores, o que significa que precisam escolher as pedras corretas, nas quais permanecem sem se mover. Fotografia do autor.

de alta frequência usada por seus caçadores.[325] Esse vaivém entre caçadores e caça constitui uma corrida armamentista evolutiva.

Com este capítulo, que aborda os resultados dessa disputa contínua entre caçadores e caça, o foco do livro desloca-se das causas proximais para as causas distais do comportamento. Os principais objetivos deste capítulo são estabelecer o significado das adaptações e mostrar de que forma alguém pode usar a abordagem custo-benefício na produção de hipóteses a respeito do possível valor adaptativo de um traço comportamental ao mesmo tempo em que usa o método comparativo para testar essas hipóteses.

Comportamento de enfrentamento ou de mobilização (*mobbing behavior*) e a evolução de adaptações

Há alguns anos quando eu estava na Nova Zelândia, visitei uma reserva natural litorânea rica em vida selvagem. Caminhando ao longo da costa, cheguei a um local onde centenas de pares de gaivota-prata (*Larus novaehollandiae*) haviam construído ninhos em uma área de pedras. Enquanto eu observava as gaivotas à distância, uma jovem pesquisadora veio em direção à praia, trazendo uma balança para pesar os filhotes de gaivota e uma prancheta para registrar os dados. Conforme ela caminhava em direção à colônia, as gaivotas perceberam e, rapidamente, aquelas que se encontravam mais próximas dela levantaram voo, gritando asperamente. No momento em que ela se aproximou a poucos metros do primeiro ninho, a colônia se alvoroçou, e muitas das gaivotas adultas arremeteram, algumas mergulhando em direção à intrusa, outras soltando grasnidos ruidosos (Figura 6.1).

Nas colônias de gaivotas ao redor do mundo, sempre que um humano, falcão, corvo ou algum outro consumidor potencial de ovos ou filhotes se aproxima dos ninhos dessas aves, as gaivotas em geral reagem intensamente. No meio de um aglomerado de gaivotas grasnando, algumas podem se lançar em ataques kamikazes sobre o intruso. Ninguém gosta de ser atingido na cabeça pelas patas de uma gaivota em meio a um mergulho com asas vibrantes; e nem os visitantes a uma colônia de gaivotas apreciam ser atingidos em cheio pelos excrementos líquidos liberados por gaivotas agitadas que sobrevoam suas cabeças.

FIGURA 6.1 Comportamento de enfrentamento ou mobilização (*mobbing*) de uma colônia de gaivotas em território de nidificação. Gaivota-prata reagindo a um invasor em sua colônia de reprodução na Nova Zelândia. Fotografia do autor.

FIGURA 6.2 Uma colônia de nidificação do guincho-comum.

Podemos facilmente imaginar por que as gaivotas ficam estressadas quando predadores potenciais se aproximam de seus ninhos. O ataque dos pais provavelmente mantém intrusos famintos longe dos animais jovens, auxiliando na sua sobrevivência. Se isso estiver correto, então a mobilização grupal realizada pelas gaivotas poderia aumentar o sucesso reprodutivo, passando adiante as bases hereditárias que promovem a união das gaivotas, soltando grasnidos, defecando e batendo naqueles que poderiam comer seus ovos e os animais jovens. Essa hipótese rapidamente veio à mente de Hans Kruuk, um orientando de Niko Tinbergen, quando ele decidiu investigar o **comportamento de enfrentamento ou mobilização** no guincho-comum (*Larus ridibundus*), outra espécie formadora de colônias com nidificação terrícola (Figura 6.2), que vive na Europa e não na Nova Zelândia.[814]

Kruuk estava interessado em estudar as causas evolutivas distais do comportamento de mobilização, não as causas proximais, que teriam demandado avaliação das bases genéticas, ontogênicas, hormonais e neurais desse comportamento, questões interessantes e úteis, mas fora das metas de Kruuk. A fim de esclarecer as bases evolutivas do comportamento em questão, Kruuk empregou o que hoje é chamado de abordagem **adaptativa**. De fato, ele queria saber se a resposta de mobilização grupal do guincho-comum era um produto adaptativo da seleção natural. Sua hipótese de pesquisa era que a mobilização grupal distraía certos predadores, reduzindo a chance de eles encontrarem a prole dos mobilizadores, o que poderia aumentar a aptidão de gaivotas genitoras com comportamento antipredação.

Kruuk utilizou suas hipóteses para fazer predições testáveis a respeito do comportamento de mobilização grupal de gaivotas.[814] Ele sabia que a seleção natural ocorre quando indivíduos variam em suas características hereditárias de maneira a afetar a quantidade de filhotes vivos que contribuirão para a próxima geração (*ver* Capítulo 1). Imagine uma população de gaivotas onde alguns de seus membros confrontam predadores de ninhos enquanto outros não. Essa população irá certamente evoluir se a diferença entre esses dois tipos de indivíduos for hereditária e se um tipo consistentemente deixar mais filhotes sobreviventes do que o outro. Se, por exemplo, o fenótipo de mobilização grupal se sobrepõe reprodutivamente a um tipo não mobilizador geração após geração, então o comportamento de mobilização eventualmente se tornará a norma, enquanto o tipo não mobilizador desaparecerá (sempre assumindo que as diferenças entre esses dois tipos sejam hereditárias). Depois disso, qualquer mudança hereditária na natureza da resposta de mobilização grupal que aumentar o sucesso individual na passagem de seus genes também se espalhará por toda a espécie, dado um tempo suficiente.

TABELA 6.1 Restrições à perfeição adaptativa
RESTRIÇÃO 1: Falha na ocorrência da mutação apropriada
Restrições evolutivas a uma perfeita adaptação podem surgir pela falha na ocorrência de mutação apropriada, o que impedirá que a seleção caminhe no mesmo ritmo que as mudanças ambientais. Assim, traços não adaptativos podem persistir, principalmente em ambientes recém-invadidos por uma espécie. Por exemplo, algumas mariposas árticas vivem em regiões sem morcegos, mantendo, no entanto, o cessar voo em resposta a um estímulo ultrassônico.[1265] Da mesma forma, esquilos terrícolas no ártico (*Spermophilus paryii*) reagem defensivamente quando em exposição experimental a cobras, ainda que não existam cobras vivendo no Ártico.[301]   Mudanças ambientais feitas pelo homem apresentam especial probabilidade de conduzirem a uma expressão inapropriada de traços previamente adaptativos.[1286] Algumas mariposas são tão fortemente atraídas pela luz artificial que morcegos visitam áreas iluminadas com o propósito de fazer algumas vítimas fáceis.[503] Da mesma forma, machos de buprestídeos minadores (ver Figura 4.8) podem morrer enquanto realizam esforços persistentes para acasalar com garrafas de cerveja,[599] enquanto tartarugas-marinhas algumas vezes morrem após consumirem sacos plásticos confundidos com suculentas águas vivas.[205,831] A atual epidemia de obesidade nas sociedades ocidentais pode ter sido causada em parte por um desejo "uma vez" adaptativo para humanos de consumo de alimentos ricos em calorias em um ambiente moderno "não natural" em que é totalmente possível comer uma quantidade excessiva de alimentos altamente calóricos.[1010]
RESTRIÇÃO 2: Pleiotropia
Limitações ontogênicas à perfeição adaptativa podem ocorrer como resultado de **pleiotropia** (efeitos desenvolvimentais múltiplos apresentados pela maior parte dos genes). Nem todos os efeitos de um dado gene são positivos. Se a consequência negativa de um gene se sobrepõe à consequência positiva, ocorrerá seleção contrária a esse gene. Por outro lado, uma vez que alguns genes apresentam efeitos muito valiosos, consequências menos significativas e levemente negativas daquilo que de outra forma seria um mecanismo proximal adaptativo podem ser mantidas na população por seleção. Por exemplo, cuidado parental mal orientado não é incomum na natureza, resultado da intensa motivação para cuidar da prole, em geral adaptativo, mas que em exemplos relativamente raros pode levar um adulto a prover assistência a um jovem de genética diferente da sua (ver também Figura 14.5).[638]
RESTRIÇÃO 3: Coevolução
Coevolução (tipo de evolução que ocorre quando diferentes espécies interagem de maneira a afetar a aptidão dos membros de cada uma delas) significa que a estabilidade evolutiva pode nunca ser alcançada. Em vez disso, cada espécie muda em resposta a pressões seletivas impostas por outra espécie, então, inicialmente uma espécie e em seguida a outra ganham força, como em uma corrida armada coevolutiva entre predador e presa. A inabilidade do processo seletivo em gerar uma solução efetiva imediata para um problema ambiental significa que traços menos que perfeitos podem persistir dentro de uma espécie.

Então, que tipo de mobilização grupal antipredação Kruuk esperava observar em gaivotas-de-cabeça-preta? Uma mobilização grupal absolutamente perfeita, com 100% de eficácia que sempre salvasse os ovos e os jovens de mobilizadores? Não, por várias razões (Tabela 6.1).[313,1038] A seleção não consegue criar o melhor de todos os possíveis genes para uma tarefa particular; precisa esperar que mutações ocorram ao acaso. Só então a seleção pode eliminar os alelos menos eficazes, deixando aquele que melhor promove reprodução em seu lugar. Se um alelo "melhor" não surgir, não há nada que a seleção possa fazer a respeito disso, uma vez que a seleção é consequência da confluência de certas condições (variações hereditárias que causam diferenças no sucesso reprodutivo individual) não delineadas com o objetivo de agir em benefício da espécie. Além disso, ainda que um alelo mutante ocorra

FIGURA 6.3 Uma corrida armamentista com um vencedor? Embora esta salamandra seja extremamente tóxica, a serpente-de-garter (*Thamnophis sirtalis*) é capaz de consumir, em segurança, até mesmo o membro mais venenoso desta espécie de presa. Fotografia de Edmind D. Brodie III.

ao mesmo tempo que um efeito desenvolvimental particularmente positivo sobre o comportamento de mobilização, o novo alelo pode muito bem danificar a criação de outros traços. Quase todos os genes possuem consequências ontogênicas múltiplas. Um alelo com efeito líquido negativo sobre o sucesso reprodutivo nunca se espalharia, não importando o quanto útil fosse seu efeito sobre o traço comportamental de mobilização. Por fim, as gaivotas estão presentes no ambiente há muito tempo, assim como os seus predadores, e a seleção opera de ambos os lados da equação predador/presa. Como verificamos desde o início, qualquer aperfeiçoamento na habilidade de gaivotas em driblar algum predador tenderia a selecionar o aperfeiçoamento da habilidade desse predador em quebrar as defesas da ave. Como resultado dessa corrida armamentista, podemos verificar que nem a presa nem o predador possuem controle total da situação a cada momento,[444] embora pareça que em alguns casos específicos, o predador (a serpente-de-garter *Thamnophis sirtalis*) vença a corrida contra uma espécie de presa (salamandra tóxica) uma vez que a cobra consegue consumir com segurança até a mais mortal das salamandras (Figura 6.3).[617]

Considerando os impedimentos que usualmente previnem a evolução da perfeição adaptativa, o que evolui? Como acabamos de notar, se existirem fenótipos hereditários alternativos em uma população, o melhor deles se espalhará, ou seja, aquele que conferir maior **aptidão** (definida como maior sucesso reprodutivo ou maior sucesso genético) aos organismos que porventura possuírem essa alternativa superior. Em outras palavras, **adaptação** é um traço hereditário que tanto (1) se espalhou na população no passado e tem sido mantido pela seleção natural até o presente quanto (2) está atualmente se espalhando em comparação a traços alternativos em função da seleção natural. Em todos esses casos, o traço em questão conferiu e continua a conferir (ou está apenas começando a conferir) maior sucesso genético, em média, sobre indivíduos que possuem esse traço em comparação com outros indivíduos que apresentam traços alternativos. Existem outras definições de adaptação,[627,845] mas aquela que usaremos nos permite testar hipóteses sobre possíveis adaptações colocando o foco nos benefícios atuais de um certo traço, o que apresenta algumas vantagens práticas importantes comparando-se com a tentativa de testar se determinados traços ofereceram benefícios genéticos a indivíduos no passado.[1207]

> **Para discussão**
>
> **6.1** Muitas pessoas pensam que uma adaptação é um traço que aumenta as chances de sobrevivência de um organismo. Sob que circunstâncias esse traço seria considerado uma adaptação? Sob quais outras circunstâncias este traço, que aumenta as chances de sobrevivência, poderia ser na verdade contra-selecionado?
>
> **6.2** Stephen Jay Gould e Richard Lewontin afirmam que os adaptacionistas cometem o erro elementar de acreditar que todas as características de seres vivos sejam um produto perfeito da seleção natural,[557] quando na realidade, muitos atributos não representam adaptações (ver Tabela 6.1). Além disso, na ânsia de explicar tudo em termos de adaptações, esses adaptacionistas tem, segundo Gould e Lewontin, criado fábulas tão absurdas quanto as fictícias *Just so stories*, de Rudyard Kipling, que inventou explicações divertidas para as pintas dos leopardos e a corcunda do camelo. De que forma os adaptacionistas podem se defender dessas críticas? Os adaptacionistas possuem meios de descobrir se suas tentativas de explicar a existência de traços particulares estão erradas?

Definido o conceito de adaptação, podemos identificar uma adaptação selecionada naturalmente se pudermos estabelecer que essa é melhor do que outras alternativas surgidas no passado. Mas como fazemos isso? Adaptacionistas abordam esse problema por meio de uma ferramenta muito útil emprestada dos economistas, mais especificamente, a **abordagem custo-benefício**, que lhes possibilita analisar fenótipos em função de seus benefícios e custos à aptidão (na biologia evolutiva, **benefícios à aptidão** se referem ao efeito positivo de um traço sobre o tamanho da prole sobrevivente produzida por um indivíduo ou ao número de cópias de alelos desse indivíduo que contribuem para a próxima geração, enquanto **custos à aptidão** se referem ao efeito devastador de um traço sobre essas medidas de sucesso genético individual). Por exemplo, Kruuk sabia que o comportamento de mobilização grupal trazia consigo desvantagens significativas para os indivíduos em termos de suas oportunidades reprodutivas. Esses custos incluem o tempo e a energia que esses mobilizadores gastam quando estão soltando grasnidos, mergulhando e se agitando em resposta a um visitante indesejado próximo aos ninhos. Além disso, mobilizadores podem perder não apenas calorias, mas também a própria vida. Mais de uma gaivota cometeu um erro letal de cálculo quando mergulhou sobre uma raposa capaz de girar, saltar e capturar a gaivota na passagem. E, também, todo o ruído feito por um mobilizador quando se encontra com um predador pode atrair outros predadores para o local, e um desses inimigos adicionais pode capturar a prole que o mobilizador está tentando proteger.[801]

Dado o elevado custo real à aptidão, associado ao comportamento de mobilização, Kruuk soube que o traço não poderia ser uma adaptação a menos que houvesse benefícios igualmente óbvios e substanciais para o mobilizador. Apenas quando, em média, os benefícios extraídos do comportamento de mobilização excedem seus custos, um traço pode considerado uma adaptação.

Dessa forma, Kruuk predisse que gaivotas mobilizadoras forçariam predadores saqueadores de ninho a despenderem mais esforços de busca do que despenderiam de outra forma, predição simples que pode ser testada com a observação de interações gaivota-predador.[814] Kruuk observou que gralhas que se alimentam de ovos continuamente precisam enfrentar ataques inesperados de gaivotas e, enquanto são mobilizadas, não podem procurar confortavelmente na redondeza por ninhos e ovos. Uma vez que gralhas entretidas têm menor probabilidade de encontrar sua presa, Kruuk estabeleceu a existência de um provável benefício à adaptação. Além disso, o benefício em atacar gralhas provavelmente excede os custos, levando em conta que esses predadores não atacam nem ferem gaivotas adultas.

Contudo, a hipótese de distração do predador produz predições muito mais exigentes. Em função das adaptações serem melhores do que os traços que elas substituem, podemos predizer que os benefícios experimentados por gaivotas mobilizadoras ao protegerem seus ovos seriam diretamente proporcionais à extensão em que os predadores

FIGURA 6.4 A mobilização protege os ovos? Quando ovos de galinha foram colocados fora de uma colônia de nidificação de guinchos, gralhas à procura de ovos dentro da colônia estiveram sujeitas a mais ataques por parte de guinchos mobilizadores (círculos vermelhos), resultando em menor descoberta de ovos de galinha (círculos azuis). Adaptada de Kruuk.[814]

Gaivota-de-cabeça-preta

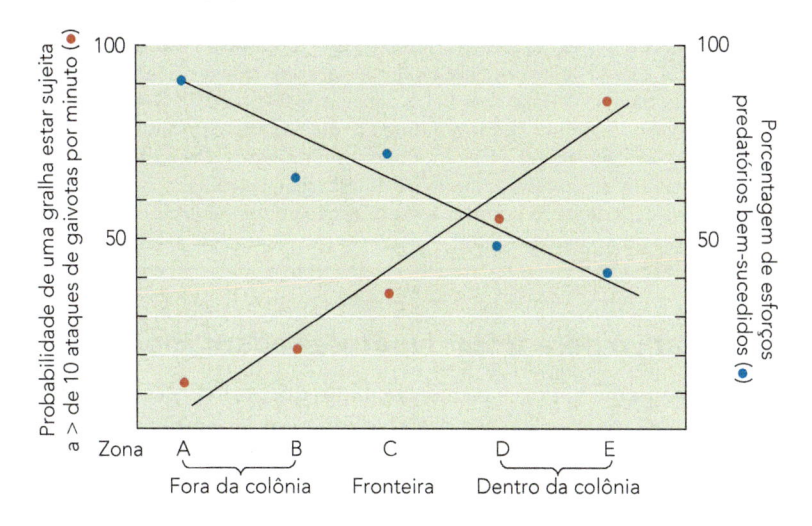

são verdadeiramente mobilizados. Kruuk utilizou um delineamento experimental para testar essa predição.[814] Ele colocou dez ovos de galinha a cada dez metros, de um contínuo que ia desde a área externa até a área interna de uma colônia de nidificação de guinchos. Os ovos colocados do lado de fora da colônia, onde as pressões de mobilização eram baixas, tinham maior probabilidade de serem encontrados e consumidos por gralhas-pretas e gaivotas-argênteas do que os ovos colocados dentro da colônia, onde os predadores eram molestados comunitariamente pelos muitos genitores cujas proles estavam sendo ameaçadas (Figura 6.4).

Com isso, Kruuk reuniu algumas evidências observacionais e experimentais que ofereceram suporte à hipótese de que a mobilização é uma adaptação que auxilia os guinchos a protegerem seus ovos e seus jovens. Observe que esses testes não envolveram a mensuração do sucesso reprodutivo das gaivotas pela contagem do número de filhotes sobreviventes produzidos por um indivíduo ao longo de sua vida. Em vez disso, Kruuk observou o número de ovos de galinha que não foram devorados, em uma suposição razoável de que, se eles fossem ovos de gaivota em ninhos de gaivota, teriam tido a chance de se tornarem prole sobrevivente para as gaivotas genitoras, situação na qual poderiam representar parte da contribuição genética realizada por essas gaivotas à próxima geração.

Ecologistas comportamentais com frequência precisam definir um indicador ou correlato de sucesso reprodutivo ou sucesso genético quando buscam medir aptidão. Nos capítulos seguintes, *aptidão* ou *sucesso reprodutivo* são frequentemente usados mais ou menos de forma alternada com coisas do tipo sobrevivência dos ovos (medida de Kruuk), jovens que sobrevivem até emplumarem, número de parceiros inseminados ou, ainda mais indiretamente, a quantidade de alimento ingerido por unidade de tempo, a habilidade em adquirir um território de reprodução e assim por diante.

> **Para discussão**
>
> **6.3** Para muitos biólogos evolucionistas, o termo "adaptação" deve ser reservado a características que ofereçam "utilidade atual ao organismo e tenham sido geradas historicamente por meio da ação da seleção natural para seu papel biológico atual."[84] O que poderia significar "utilidade atual" e o que você acha que isso deveria significar? Faça uso dos termos "benefícios à aptidão" e "custos à aptidão" em sua resposta. Se uma característica originada para a função X mais tarde assume um papel biológico diferente Y mas ainda assim adaptativo, isso significa que essa função não é uma adaptação? Situe a história evolutiva das penas de voo das asas de aves modernas (ver, Prum[1172]). De onde vieram essas penas e qual função essas penas predecessoras exibiam? Se você voltar no tempo o suficiente, a forma ancestral de qualquer traço atual terá a mesma função que esse traço tem agora?
>
> **6.4** O moleiro ártico parasita, parente próximo da gaivota, também nidifica no solo e ataca invasores de colônia, incluindo o moleiro grande, predador de grande porte que come muitos ovos e filhotes de moleiro parasita. Em um estudo, o sucesso no processo de chocar e a sobrevivência juvenil, foi maior para moleiros parasitas que nidificaram em densas colônias do que para ao grupos com baixa densidade (Figura 6.5). O número de vizinhos próximos estava, no entanto, negativamente correlacionado com a taxa de crescimento de seus filhotes.[1133] Reescreva essas descobertas em termos dos custo e benefícios à aptidão associados ao comportamento de mobilização de moleiro parasita. Se adaptação significa uma característica perfeita, a mobilização comunitária de moleiro parasita deveria ser rotulada como "adaptação"?

O método comparativo para testar hipóteses adaptacionistas

Experimentos são extremamente valiosos na ciência, tanto que muitas pessoas acreditam que a pesquisa científica só pode ser desenvolvida em laboratórios de alta tecnologia por pesquisadores de jaleco branco. Contudo, como mostra o trabalho realizado por Kruuk, uma boa ciência experimental pode ser feita em campo. O experimento via manipulação é apenas uma de muitas formas por meio das quais predições feitas a partir de hipóteses podem ser testadas. Outra técnica poderosa para testar hipóteses adaptativas é o **método comparativo**, que envolve o teste de predições a respeito da evolução de uma característica de interesse a partir da observação de espécies diferentes daquela cujas características estão sob investigação.[279] Utilizamos o método comparativo anteriormente de maneira informal quando consideramos a evolução do infanticídio (*ver* página 23) e novamente quando lidamos com a resposta de mariposas e outros insetos ao chamado ultrassônico de morcegos (*ver* página 117). A ideia era de que se um determinado traço, como o infanticídio, é adaptativo para uma espécie, como langures hanuman, então isso deveria também evoluir em outras espécies, como leões, sujeitas às mesmas pressões seletivas que os

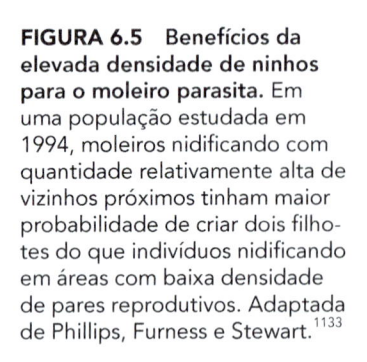

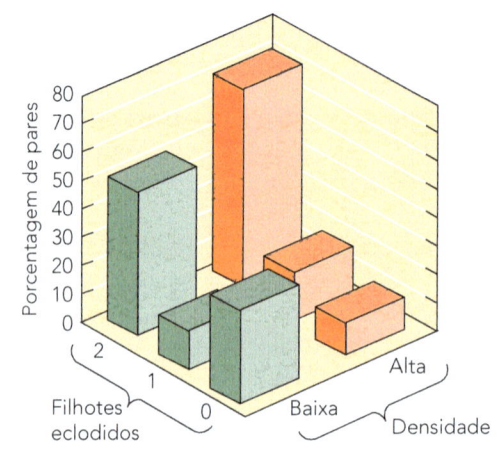

FIGURA 6.5 Benefícios da elevada densidade de ninhos para o moleiro parasita. Em uma população estudada em 1994, moleiros nidificando com quantidade relativamente alta de vizinhos próximos tinham maior probabilidade de criar dois filhotes do que indivíduos nidificando em áreas com baixa densidade de pares reprodutivos. Adaptada de Phillips, Furness e Stewart.[1133]

Moleiro ártico

langures. Aqui usaremos o método comparativo para testar as explicações adaptativas do comportamento de mobilização grupal realizado por guinchos. Essa técnica, da forma aplicada nesse caso, produz a seguinte predição: se o comportamento de mobilização grupal realizado por guinchos com nidificação terrícola for uma resposta evoluída à predação em ovos e filhotes de guincho, então outras espécies de gaivota cujos ovos e jovens têm baixos riscos de predação não deveriam exibir comportamento de mobilização.

A lógica por trás dessa predição é a seguinte: o custo na mobilização pode ser superado apenas pelo benefício derivado da distração de predadores. Se predadores não fossem o maior problema para uma espécie, então os benefícios na mobilização grupal seriam reduzidos, aumentando as chances de que a relação custo-benefício total do comportamento de mobilização fosse negativa, conduzindo a prejuízos para a espécie cujos ancestrais possuíssem o traço.

Existem boas razões para acreditarmos que a gaivota ancestral fosse uma espécie com nidificação terrícola com grande número de predadores caçadores de ninho contra os quais o comportamento de mobilização grupal de defesa deveria ter sido de grande ajuda. Se olharmos para as cerca de 50 espécies de gaivotas hoje existentes, verificaremos que a maior parte nidifica no solo e exibe comportamento de mobilização comunitário contra inimigos que caçam seus ovos e filhotes.[1447] Acredita-se que essas semelhanças entre as gaivotas, que também possuem muitas outras características em comum, existam em parte devido ao fato de que todas as gaivotas descendem de um ancestral comum relativamente recente, de quem todas herdaram o pacote genético que as predispõem a desenvolver um grupo de características semelhantes. Contudo, algumas das espécies de gaivotas encontradas atualmente nidificam em penhascos, em vez de nidificarem no solo. Talvez essas espécies de gaivotas sejam descendentes de uma gaivota mais recente, com nidificação em penhascos que evoluiu de um ancestral com nidificação terrícola. A possibilidade alternativa, de que a gaivota original nidificasse em penhascos, requer que o traço de nidificação em penhascos tenha sido perdido e depois recuperado, o que produz um cenário evolutivo que requer mais mudanças do que a alternativa concorrente (Figura 6.6). Muitos biólogos evolucionistas, embora nem todos, acreditam que cenários mais simples envolvendo menos transições são mais prováveis do que alternativas mais complexas. A maioria aceita um princípio filosófico comumente defendido, conhecido como a navalha de Occam ou o princípio da parcimônia, que afirma que, em situações equivalentes, as explicações mais simples têm maior probabilidade de estarem corretas do que as explicações complexas. A visão contrária é

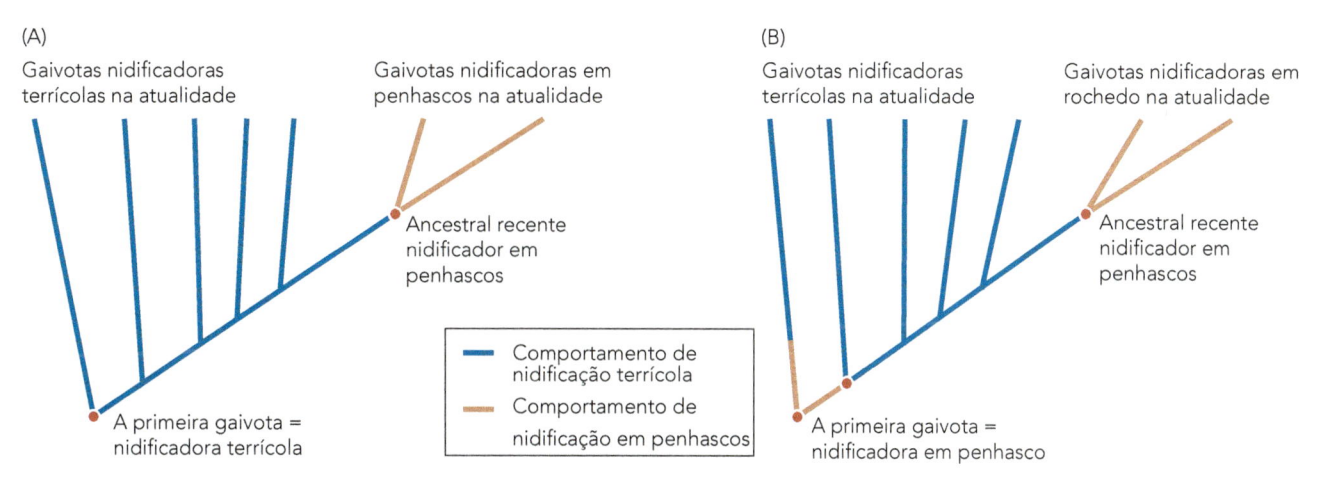

FIGURA 6.6 Filogenia de gaivotas e dois cenários para a origem do comportamento de nidificação em penhascos. (A) Hipótese A requer apenas uma mudança comportamental: de nidificação terrícola para nidificação em penhascos. (B) Hipótese B requer duas mudanças comportamentais: nidificação em penhascos ancestral para nidificação em solo e então outra mudança de volta à nidificação em penhascos.

FIGURA 6.7 Nem todas as gaivotas nidificam no solo. (A) Rochedos escarpados são utilizados para a nidificação de gaivotas tridáctilas, que aparece na metade mais baixa desta fotografia. (B) Tridáctilas são capazes de nidificar em reentrâncias extremamente estreitas, e seus filhotes se encolhem no ninho, de costas para a extremidade do precipício. A, fotografia do autor; B, fotografia de Bruce Lyon.

que, em função dos muitos eventos ao acaso que influenciam o curso da evolução, trilhas históricas podem com frequência ser totalmente convolutas, com características perdidas, então recuperadas e perdidas novamente, violando as expectativas baseadas na Navalha de Occam.[1207]

Em todo caso, gaivotas que nidificam em penhascos atualmente possuem relativamente poucos predadores de ninho por ser difícil para pequenos mamíferos predadores escalar penhascos em busca de presas, enquanto aves predatórias passam por momentos difíceis realizando manobras próximas a penhascos fustigados por turbulentos ventos costeiros. A mudança no ambiente de nidificação significou mudança na pressão predatória, o que deve ter alterado a seleção sobre essas gaivotas. O resultado evolutivo deveria ter sido um movimento de mudança no padrão ancestral do comportamento de mobilização. Por meio da descoberta desses casos de **evolução divergente** e da identificação das razões seletivas para a mudança, alguém pode, a princípio, determinar por que uma característica ancestral tem sido mantida em algumas espécies mas modificada ou perdido em outras espécies.

A tridáctila nidifica em penhascos costeiros quase verticais (Figura 6.7), onde seus ovos ficam relativamente a salvo de predadores. Essas gaivotas pequenas e delicadas possuem pés com garras, conseguindo pousar e nidificar em penhascos. Como resultado, pressões predatórias em ovos e jovens têm sido imensamente reduzidas[946] comparando-se com aquelas que afetam seus parentes nidificadores terrícolas. O tamanho relativamente pequeno dessas gaivotas também pode tornar os adultos mais vulneráveis ao ataque pessoal por predadores de ninho, tornando a relação custo-benefício da mobilização grupal ainda menos favorável. Grupos de tridáctilas nidificadoras adultos não atacam seus predadores, apesar de compartilharem muitas outras características estruturais e comportamentais com guincho-comum e outras

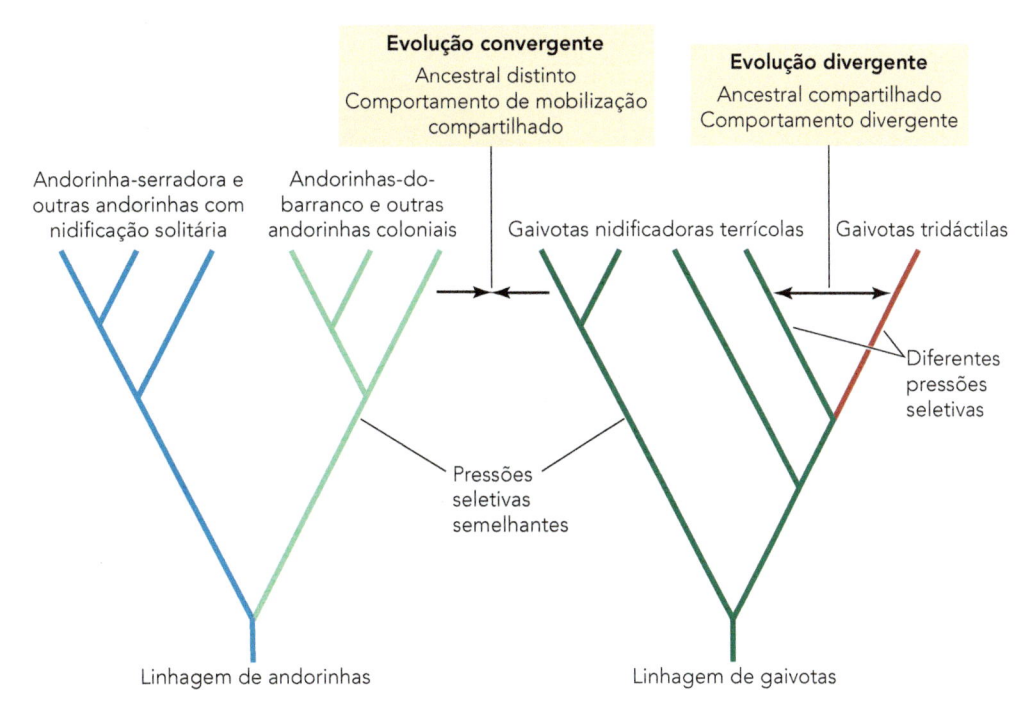

FIGURA 6.8 A lógica do método comparativo. Membros de uma mesma linhagem evolutiva (p. ex., espécies de gaivota da família Laridae) compartilham de um ancestral comum, e, dessa forma, compartilham muitos genes, tendendo a ter características semelhantes, como o comportamento de mobilização. No entanto, o efeito ancestral compartilhado pode ser cancelado por uma nova pressão seletiva. Uma redução na pressão predatória conduziu a evolução divergente de tridáctilas com nidificação em penhascos que não mais atacam inimigos potenciais. As várias gaivotas nidificadoras terrícolas, incluindo os guinchos, atacam predadores de ninho, da mesma forma que algumas andorinhas coloniais, incluindo a andorinha-do-barranco, ainda que andorinhas e gaivotas não sejam aparentadas, vindo de ancestrais diferentes muito tempo atrás. Essas andorinhas coloniais e gaivotas convergiram em um comportamento antipredação similar em resposta a pressões seletivas compartilhadas em função de predadores que possuem acesso bastante fácil às suas colônias de nidificação. Que tipo de evolução é responsável pela diferença entre andorinhas-do-barranco, que atacam seus inimigos, e andorinhas-serradoras, que não o fazem? Essa diferença constitui evidência em apoio a qual hipótese evolutiva a respeito da mobilização?

espécies nidificadoras terrícolas. O comportamento de tridáctilas tem se tornado menos comum do que de seus parentes próximos, oferecendo um caso de evolução divergente em apoio à hipótese de que a mobilização em massa realizada por guinchos evoluiu em resposta a pressões predatórias sobre os ovos e os filhotes de adultos de nidificadores.[324]

O outro lado dessa comparação é que espécies vindas de diferentes linhagens evolutivas que vivem em ambientes parecidos e, portanto, experimentam pressões seletivas semelhantes, provavelmente evoluirão características semelhantes, resultando em um caso de **evolução convergente.** Se assim for, essas espécies adotarão a mesma solução adaptativa para um obstáculo ambiental particular ao sucesso reprodutivo, a despeito do fato de que suas diferentes espécies ancestrais tiveram genes e atributos muito diferentes (Figura 6.8). Por exemplo, se a mobilização feita por gaivotas com nidificação terrícola colonial é uma adaptação para distrair predadores de uma ninhada vulnerável, um comportamento similar deveria ter evoluído em outros animais totalmente não aparentados que nidificam ou reproduzem em grupos frequentemente visitados por predadores que querem devorar suas proles.

De acordo com isso, o comportamento de mobilização evoluiu convergentemente em muitas outras espécies de aves apenas distantemente aparentadas às gaivotas (p. ex., Sordahl[1370]), incluindo a andorinha-do-barranco. Essas espécies também nidificam em colônias visitadas por predadores, que incluem cobras e gralhas

FIGURA 6.9 Esquilos terrícolas californianos coloniais mobilizam cobras inimigas. Um esquilo atira areia em uma cascavel, enquanto outros emitem uma variedade de sinais de alarme. Cortesia de R.G. Coss e D.F. Hennessy.

azuis que gostam de comer ovos de andorinha e ninhegos.[677] O ancestral comum de andorinhas-do-barranco e gaivotas ocorreu há muito tempo, com o resultado de que as linhagens dos dois grupos evoluíram separadamente durante eras, fato reconhecido pela localização taxonômica das gaivotas e andorinhas em duas famílias distintas: a Laridae e a Hirundinidae. Apesar de suas diferenças evolutivas e genéticas em relação às gaivotas, as andorinhas-do-barranco se comportam como gaivotas quando estão nidificando. À medida que rodopiam ao redor e mergulham sobre os predadores, elas às vezes distraem gralhas ou cobras caçadoras que podem destruir sua prole.

Mesmo alguns mamíferos que nidificam em colônias evoluíram comportamento de ataque.[1088] Esquilos californianos terrícolas adultos, que vivem em grupos e esconderijos subterrâneos, reagem a uma cascavel caçadora, reunindo-se ao redor dela agitando as caudas com vigor, sinal visual para encorajá-la a ir embora antes de ser atacada fisicamente pelos esquilos terrícolas. Para aperfeiçoar a comunicação com as cascavéis, que podem sentir a radiação infravermelha vinda dos corpos quentes das presas potenciais, os esquilos adultos também aumentam a temperatura de suas caudas, para melhor sinalizar a uma cascavel que, agitando as caudas, estão prestes a jogar areia em sua face.[1255] Cascavéis atacadas dessa forma não podem procurar tranquilamente por ninhos subterrâneos para localizar jovens esquilos terrícolas vulneráveis (Figura 6.9).

Embora esquilos adultos possuam um antídoto parcial que reduz os efeitos do envenenamento quando atingidos, não saem ilesos. Considerando o custo de uma picada de cascavel, um grupo de pesquisadores conduzidos por Ronald Swaisgood predisse que esquilos seriam capazes de ajustar seu comportamento em relação ao nível de risco oferecido pela picada da cobra, o que poderia ser estimado por meio da escuta do barulho dos guizos de defesa de cascavéis molestadas por suas presas. Esses sons variam de acordo com o tamanho e a temperatura do corpo da cobra; as cobras volumosas oferecem maior risco para os esquilos, assim como as cobras mais aquecidas, que podem mover-se mais rapidamente. Como previsto, os esquilos foram menos ávidos em abordar alto-falantes que emitiam sons de guizo de cobras volumosas e quentes. Na natureza, essa habilidade em estimar o risco de uma picada de cobra capacitaria os esquilos a reduzirem os custos de seu comportamento de ataque.[1413] Nesse mesmo contexto, durante o dia corvos siberianos atacam maquetes de falcão com mais cautela do que maquetes de coruja, resultado que reflete o maior perigo imposto por falcões diurnos do que por predadores à noite.[580] Esses resultados sugerem que quando os benefícios líquidos de um comportamento intenso de ataque declinam, os animais apresentam menor probabilidade de se engajarem nessa atividade.

Uma vez que o comportamento de ataque evoluiu de modo independente em muitas espécies não aparentadas nas quais adultos podem, às vezes, proteger suas proles vulneráveis por meio do comportamento de distrair predadores, podemos concluir temporariamente que o ataque (*mobbing*) é uma adaptação antipredação. Mas e se eu tiver apresentado apenas exemplos de apoio, ignorando outras espécies coloniais nas quais os genitores não atacam os predadores de seus filhotes, e não possuem meios alternativos para proteção de sua prole? Se para cada espécie que vive em grupo na qual o comportamento de mobilização ocorre sob uma condição esperada existissem duas nas quais o comportamento estivesse ausente, você se tornaria cético em relação à hipótese de distração do predador, o que seria muito justo. Por essas e outras razões, pesquisadores solicitam cada vez mais que o método comparativo seja usado dentro de um modelo estatisticamente rigoroso.[627] Para os nossos propósitos, contudo, o que importa é a possibilidade, a princípio, de testar hipóteses adaptativas pela predição de que casos particulares de evolução convergente ou divergente terão ocorrido; predição sobre o passado que pode ser checada a partir da realização de comparações criteriosas entre espécies que vivem atualmente.

Para discussão

6.5 A habilidade de escutar ultrassom em uma espécie de mariposa noctuídea é considerada uma adaptação antipredação, uma vez que isso aparentemente permite que indivíduos escutem e evitem morcegos noturnos que utilizam ultrassom. Imagine que você desejasse testar essa hipótese por meio do método comparativo. Identifique a utilidade de cada uma das seguintes linhas de evidência quanto à habilidade de escuta em outras espécies de insetos. Especifique se esses casos envolvem evolução convergente, evolução divergente ou nenhuma delas.

1. Quase todas as outras espécies de mariposa noctuídea possuem também ouvidos que reagem ao ultrassom.
2. Quase todas as espécies na linhagem evolutiva que incluem as mariposas noctuídeas e muitas outras mariposas pertencentes a uma série de outras superfamílias também possuem ouvidos que reagem a ultrassom.[1625]
3. Algumas mariposas noctuídeas diurnas possuem ouvidos mas são bastante ou totalmente incapazes de ouvir ultrassons.[501]
4. Quase todas as borboletas, que pertencem ao mesmo grande grupo evolutivo das mariposas noctuídeas, mas são usualmente ativas durante o dia, são desprovidas de ouvidos não podendo ouvir ultrassons.[502]
5. Seis espécies de mariposas noctuídeas encontradas apenas nas ilhas Taiti e Mooréa, no Oceano Pacífico, possuem ouvidos e podem escutar ultrassons sem, no entanto, reagir a esses estímulos com uma resposta antimorcegos.[505]
6. Membros de um pequeno grupo de borboletas noturnas possuem ouvidos em suas asas e podem ouvir ultrassons; eles respondem à estimulação ultrassônica engajando-se em mergulhos, giros e espirais imprevisíveis.[1625]
7. Crisopídeos e louva-a-deus voam durante a noite e possuem ouvidos que detectam ultrassom e conduzem a um comportamento defensivo antimorcegos (*ver* página 118).

6.6 Algumas pessoas diriam que o fato de muitas mariposas noctuídeas terem ouvidos sensíveis ao ultrassom é "simplesmente" reflexo de seu ancestral comum, remanescente do passado e, assim, que a sensibilidade ao ultrassom não representa uma adaptação nestas espécies.[182] Outros discordam, argumentando que não faz sentido definir adaptações de forma a limitá-las apenas aqueles traços que tenham divergido do padrão ancestral.[1203] Quem está certo?

A abordagem custo-benefício para o comportamento antipredação

Utilizamos o comportamento de mobilização grupal para ilustrar de que forma os adaptacionistas podem empregar a teoria de seleção natural na análise do possível **valor adaptativo** de traços comportamentais. Todo comportamento apresenta custos e benefícios para a aptidão, mas apenas aqueles cujos benefícios excedem os custos podem ser diretamente selecionados. Uma demonstração de que um traço possui benefícios reprodutivos substanciais, como a mobilização por conta do auxílio prestado aos pais na proteção de sua prole, constitui evidencia de que o traço em questão poderia ser um produto evolutivo da seleção natural.

Muitos investigadores têm tentado testar se uma suposta adaptação antipredação, realmente confere benefícios significativos aos indivíduos que empregam o comportamento de interesse. Algumas pessoas, por exemplo, têm interesse nos motivos pelos quais as borboletas se agregam em grupos enormes, densamente aglomerados, ao redor de poças de lama sobre a margem de rios tropicais, em que sugam um fluido que contém nutrientes minerais valiosos vindos do solo (Figura 6.10 A). Enquanto estão "chapinhando na lama", as borboletas poderiam ser atacadas por várias aves; quanto maior o grupo mais provável de atrair um predador. Mas esse provável custo do chapinhar na lama comunitário poderia ser compensado pela diluição na chance de que qualquer indivíduo fosse o alvo do predador.

Imagine que cinco aves comedoras de insetos inspecionem áreas de chapinhar na lama e que cada ave mate duas presas por dia nesses locais. Nessas condições, o risco de morte para um membro de um grupo de 1.000 borboletas é 1% ao dia, enquanto é dez vezes maior para membros de um grupo de 100 borboletas. Essa vantagem associada ao comportamento de fazer parte de um grande grupo de borboletas que chapinha na lama foi confirmada por Joanna Burger e Michael Gochfeld (Figura 6.10 B). As observações desses pesquisadores em campo mostram que qualquer borboleta chapinhando sozinha na lama ou com apenas poucas companheiras estaria mais segura se migrasse para um grupo, ainda que levemente maior. Na realidade, uma borboleta em um grupo de 20 reduziria significativamente o risco de ser capturada e devorada se migrasse para um grupo de 30 ou mais,[209] sugerindo que a tendência de se unir a muitas outras chapinhadoras na lama ofereceu benefícios mais do que custos sobre esse traço.

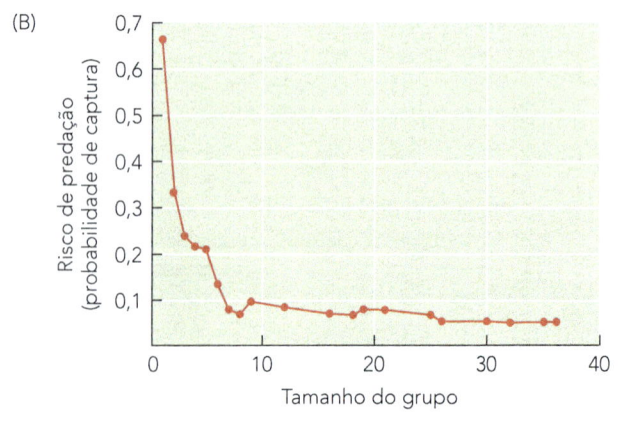

FIGURA 6.10 O efeito de diluição em grupos de borboleta. (A) Grupos de borboleta nas margens de um rio brasileiro. (B) Borboletas individuais que "chapinham na lama" em grandes grupos correm menor risco de predação do que aquelas que sugam fluidos do solo sozinhas ou em pequenos grupos. A, fotografia de Joanna Burger; B, adaptada de Burger e Gochfeld.[209]

FIGURA 6.11 Um maçaricão recém-eclodido. Sua mãe voou com parte do ovo de onde o filhote saiu. Este é um comportamento adaptativo? Fotografia de Tex Sordahl.

Para discussão

6.7 A Figura 6.11 mostra um ninho com um filhote de maçaricão (*Himantopus mexicanus*) recém-saído do ovo e mais três ovos. Um dos pais removeu a maior parte, mas não toda a casca do ovo de onde emergiu o filhote. O adulto estará de volta em breve para levar os fragmentos restantes para longe do ninho. Desenvolva pelo menos uma hipótese antipredação que responda por este comportamento. Liste os possíveis benefícios e os prováveis custos da ação dos pais. Sob que circunstâncias os benefícios provavelmente se sobreporão aos custos?

6.8 Em estudos realizados sobre o efeito de um predador introduzido, o crustáceo da espécie *Bythotrephes cederstroemi* em Daphnia, um pequeno crustáceo aquático uma vez abundante nos Grandes Lagos (na América do Norte), pesquisadores documentaram um grande número de respostas evolutivas. Por exemplo, Daphnia,expostas a *Bythotrephes cederstroemi*, agora apresentam espinhos de defesa maiores, e também tendem a ficar em águas mais profundas distantes de seus inimigos. Mas uma Daphnia com espinhos se move mais devagar, e assim garante menos comida por unidade de tempo gasto com forrageamento, enquanto Daphnia de águas mais profundas se reproduzem mais lentamente em função da água ser mais fria. Como resultado, as taxas reprodutivas de Daphnia declinaram severamente nos Grandes Lagos,[1100] levando alguns a concluírem que as respostas evolutivas, associadas à necessidade de evitar o predador introduzido, fizeram dez vezes mais estragos à população do que teria sido feito se a espécie presa tivesse permanecido imutável e tivesse simplesmente aceitado uma maior taxa de mortalidade em função da predação. Essa conclusão é baseada em uma análise custo benefício do tipo daquela que acabamos de discutir? Defenda sua resposta.

O efeito de diluição também poderia contribuir para a tendência de alguns insetos da ordem Ephemeroptera sincronizarem sua metamorfose de ninfa aquática para adulto voador de forma que a maior parte dos indivíduos venha a emergir das águas durante apenas poucas horas em poucos dias de cada ano?[1415] Se fosse assim,

FIGURA 6.12 **O efeito de diluição em efemerópteros.** Quanto maior a quantidade de fêmeas de efemerópteros emergindo juntas em uma tarde de junho, menor a probabilidade de qualquer indivíduo efemeróptero ser devorado por um predador. Adaptada de Sweeney e Vannote.[1415]

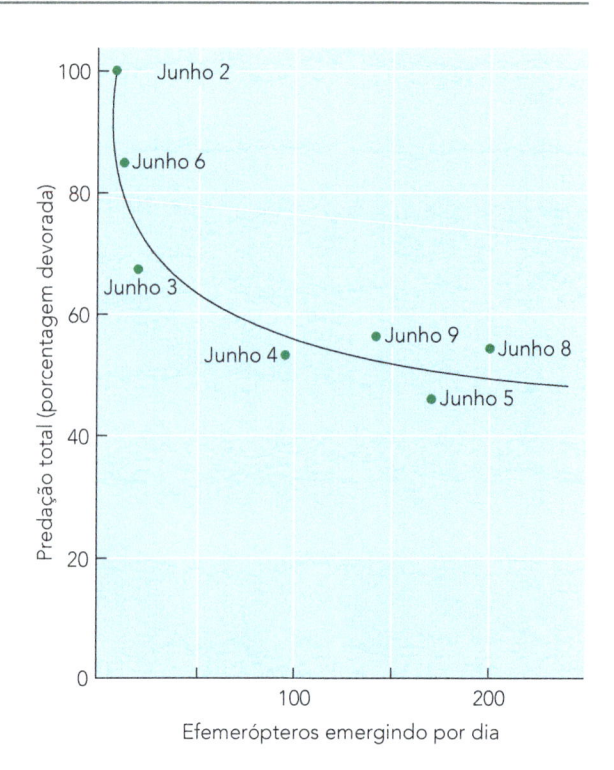

então quanto maior a densidade de indivíduos emergindo, menor o risco de qualquer efemeróptero ser sugado por uma truta enquanto faz a transição de risco para a vida adulta. Para checar essa predição, Bernard Sweeney e Robin Vannote colocaram redes em riachos para apreenderem os exoesqueletos das ecdises de efemerópteros, que se perdem na superfície da água à medida que elas se transformam em adultas, deixando que a cutícula descartada seja levada pela correnteza. A contagem das cutículas perdidas revelou o número de adultos que emergiram em uma tarde específica, de um segmento particular do riacho. As redes também capturaram os corpos de fêmeas que haviam colocado seus ovos e então morreram de morte natural; a vida de uma fêmea acaba imediatamente após ela fazer a postura dentro da água, desde que um bacurau ou um besouro d'água não a consumam primeiro. Sweeney e Vannote mediram a diferença entre o número de cutículas perdidas por fêmeas que emergiram e o número de cadáveres intactos de fêmeas adultas exaustas que foram capturadas por suas redes em dias diferentes. Quanto maior o número de fêmeas emergindo juntas em um dado dia, maior o efeito de diluição e maior a chance que cada efemeróptero tinha de viver o suficiente para colocar seus ovos antes de morrer (Figura 6.12).[1415]

É lógico que existem outros benefícios possíveis em ficar junto com os outros, incluindo o potencial de ataque em grupo sobre um inimigo comum (Figura 6.13 A). Os insetos sociais (incluindo cupins, formigas, vespas e abelhas) são famosos pela habilidade de irem juntos atrás de um predador, usando ferrões ou dentes para ferir ou mesmo matar invasores (Figura 6.13B e C). A raça de abelha melífera que vive na África, onde suas colônias têm sido severamente exploradas ao longo dos milênios por um grande número de mamíferos predadores, incluindo seres humanos, em busca de mel e larvas, é famosa pela ferocidade de sua resposta a criaturas que ameaçam roubar seus ninhos. De fato, 80 vezes mais abelhas melíferas africanas perseguirão persistentemente apicultores que perturbam suas colmeias comparadas com abelhas melíferas europeizadas, artificialmente selecionadas pela docilidade.[595] A disposição da raça africana de abelha melífera em ferroar maciçamente predadores potenciais reflete-se no fato de mais de mil pessoas terem morrido em função de seus ataques à medida que as abelhas se espalharam nas Américas após sua liberação por apicultores brasileiros.[166]

FIGURA 6.13 Contra-ataque por andorinhas-do-mar e vespas. (A) Um grupo de andorinha-do-mar-real confronta uma gaivota interessada em roubar um ovo. (B,C) Uma colônia de vespa *Polybia* (B) exatamente antes e (C) exatamente após um ninho ter sido tocado por um observador. Estas vespas deixarão seus ninhos para agredir qualquer predador tolo o suficiente para persistir em incomodá-las. A, fotografia de Bruce Lyon; B e C fotografias de Bob Jeanne.

Entre os insetos, ataques defensivos organizados não se encontram limitados a picadas de abelhas e mordidas de cupins. No sudoeste australiano, frequentemente encontram-se larvas de *sínfitas* agrupadas em bolas de dez indivíduos aproximadamente. Esses insetos, parecidos com lagartas, alimentam-se de folhas de eucalipto, que contêm óleos muito resinosos e tóxicos capazes de afastar a maior parte dos herbívoros, mas não as *sínfitas*. Larvas de *sínfitas* não apenas ingerem os óleos de eucalipto em segurança, mas também os armazenam em bolsas especiais, das quais eles podem ser regurgitados para o ataque a formigas e pássaros.[1013] Perturbe um grupo de larvas de *sínfitas* que descansa em um círculo defensivo durante o dia e todas vomitarão gotas grandes, pálidas e pegajosas de fluido resinoso (Figura 6.14), que estão preparadas para liberar de forma comunitária sobre qualquer inimigo que as aborde, com o objetivo de se livrar do intruso. Nesse caso, e em outros mencionados anteriormente, uma vez que pesquisadores foram capazes de identificar os benefícios antipredação obtidos por meio do comportamento, agora temos as mínimas evidências necessárias para classificar esses comportamentos como respostas evoluídas à predação.

FIGURA 6.14 Defesa comunitária de larva de um inseto da espécie *Perreyia flavipes*. Estas larvas formam grupos que descansam com as cabeças voltadas para o lado de fora durante o dia. Quando ameaçadas, elas elevam e agitam o abdome sobre as cabeças em sinal de advertência, enquanto regurgitam gotas pegajosas de óleo de eucalipto, que eles retêm nas bocas para lançarem no inimigo. Fotografia do autor.

Para discussão

6.9 Em meu jardim da frente, algumas vezes encontro muitas centenas de machos de abelhas nativas agrupados no final da tarde em alguns ramos nus (Figura 6.15). Um besouro assassino às vezes se aproxima do grupo e mata algumas abelhas enquanto elas estão se acomodando para a noite. Desenvolva pelo menos três hipóteses alternativas quanto ao possível valor de defesa contra besouros predatórios desse comportamento de dormir em grupo e liste as predições que surgem de cada hipótese.

Os custos e benefícios da camuflagem

Alguém também pode testar hipóteses sobre os possíveis benefícios antipredação de comportamentos usados por animais solitários. Por exemplo, muitas pessoas consideram provável que certos animais aparentemente camuflados tenham evoluído a habilidade de selecionar o tipo de ambiente de descanso onde dificilmente serão vistos (Figura 6.16). Um esforço clássico para testar se preferências por locais de descanso realmente aprimoram a camuflagem em uma espécie de presa envolveu a mariposa camuflada, *Biston betularia* (Figura 6.17). Em algumas partes da Grã-Bretanha e dos Estados Unidos, a forma melânica (negra) dessa mariposa, em outras épocas extremamente rara, substituiu quase completamente a forma esbranquiçada e manchada, antigamente abundante, no período de 1850 a 1950.[564] A maior parte dos biólogos durante a graduação ouviu a explicação padrão para o crescimento inicial da forma melânica (e o alelo especial associado ao modelo de cor mutante): à medida que a fuligem industrial escureceu os troncos das árvores da floresta na região urbana, as mariposas esbranquiçadas vivendo nessa região se tornaram cada vez mais atrativas a aves insetívoras, que comiam a forma esbranquiçada e dessa maneira removiam as bases genéticas para esse padrão de cor. Apesar de recentes alegações contrárias,[308] essa história permanece amplamente válida,[565,1250] especialmente com respeito ao significado dos famosos experimentos de H. B. D. Kettlewell.[769] Kettlewell colocou as duas formas de mariposa sobre troncos de árvore escuros e claros, verificando que a forma mais visível para humanos era também pega muito mais rapidamente por aves do que a outra forma. Indivíduos claros corriam risco especial de serem atacados quando se encontravam pousados contra fundos escuros.

FIGURA 6.15 Um grupo de abelhas adormecidas. Nesta espécie, machos passam a noite agrupados. Fotografia do autor.

Na natureza, *B. betularia* parece raramente pousar em troncos de árvore; na verdade, ela tende a pousar em manchas sombreadas logo abaixo das junções dos galhos com o tronco. Se a seleção de um local para empoleirar é uma adaptação, então podemos predizer que indivíduos descansando debaixo dos galhos principais da árvore deveriam estar mais protegidos de predadores do que se tivessem escolhido um local alternativo. R. J. Howlett e M. E. N. Majerus fixaram amostras de mariposas congeladas a uma área exposta e a uma área do lado inferior das juntas dos galhos. Seus dados mostraram que as aves apresentavam grande probabilidade de não perceber as mariposas nas junções sombrias dos galhos (Figura 6.18). Essa é outra demonstração de que uma suposta adaptação quase certamente oferece benefícios à sobrevivência.

FIGURA 6.16 Coloração críptica depende da seleção do substrato. O réptil da espécie *Moloch horridus* possui uma camuflagem notável, que funciona apenas quando o lagarto está imóvel em áreas cobertas por pedaços de cascas de árvore e outros detritos de cores variadas, não em estradas. Fotografia do autor.

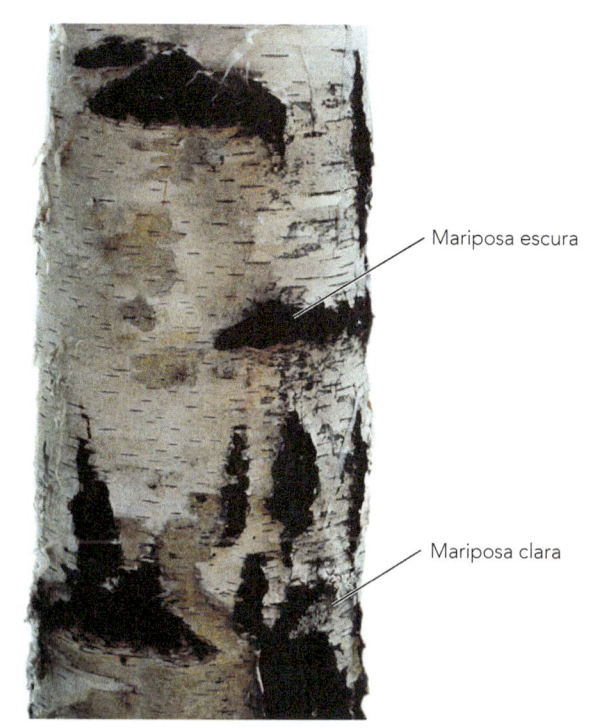

FIGURA 6.17 A mariposa camuflada, *Biston betularia*. Um indivíduo típico (esbranquiçado) e um indivíduo melânico (negro) são mostrados em cada fotografia. À esquerda, fotografias de Michael Tweedie; à direita, fotografia de Bruce Grant.

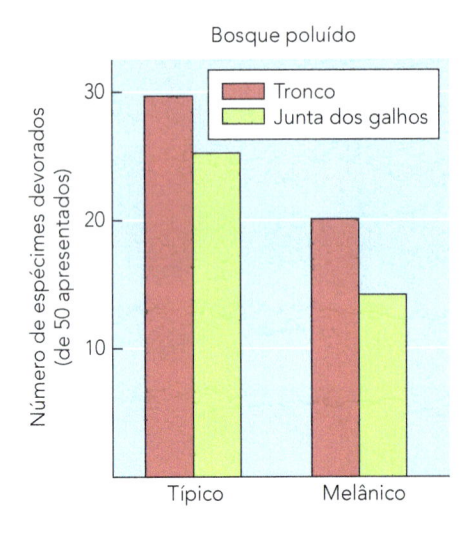

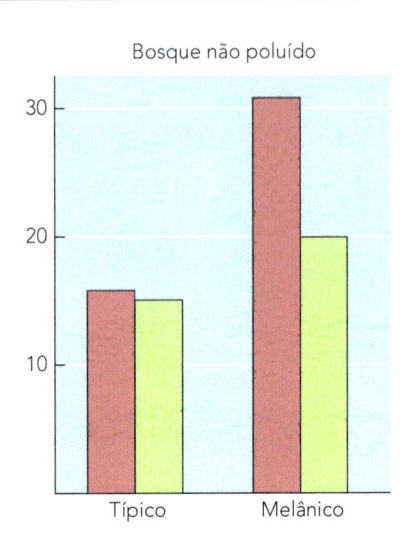

FIGURA 6.18 Risco de predação e seleção de substrato por mariposas. Espécimes da forma típica e melânica da mariposa *B. betularia* foram colocadas em troncos de árvore ou na parte de baixo das junções dos galhos com o tronco. Mariposas dos dois tipos foram menos frequentemente encontradas e removidas por aves quando nas junções de galhos com o tronco do que quando nos troncos, mas sobretudo, formas melânicas foram frequentemente menos encontradas por aves em florestas poluídas (escurecidas), enquanto formas típicas "sobreviveram" melhor em florestas não poluídas. Adaptada de Howlett e Majerus.[686]

Para discussão

6.10 Considere a seguinte descoberta: nos anos a partir de 1950, os controles de poluição reduziram a quantidade de fuligem depositada nos troncos de árvore, e a forma melânica de *B. betularia* consequentemente se tornou cada vez mais escassa na Europa,[163, 294] e na América do Norte,[566] onde a espécie também ocorre. Coloque essa declaração em um contexto de investigação científica em que a típica coloração pintada de alguns membros dessa espécie constitui uma adaptação. Comece com uma pergunta de pesquisa e dê andamento por meio de hipóteses, predições, teste e conclusão.

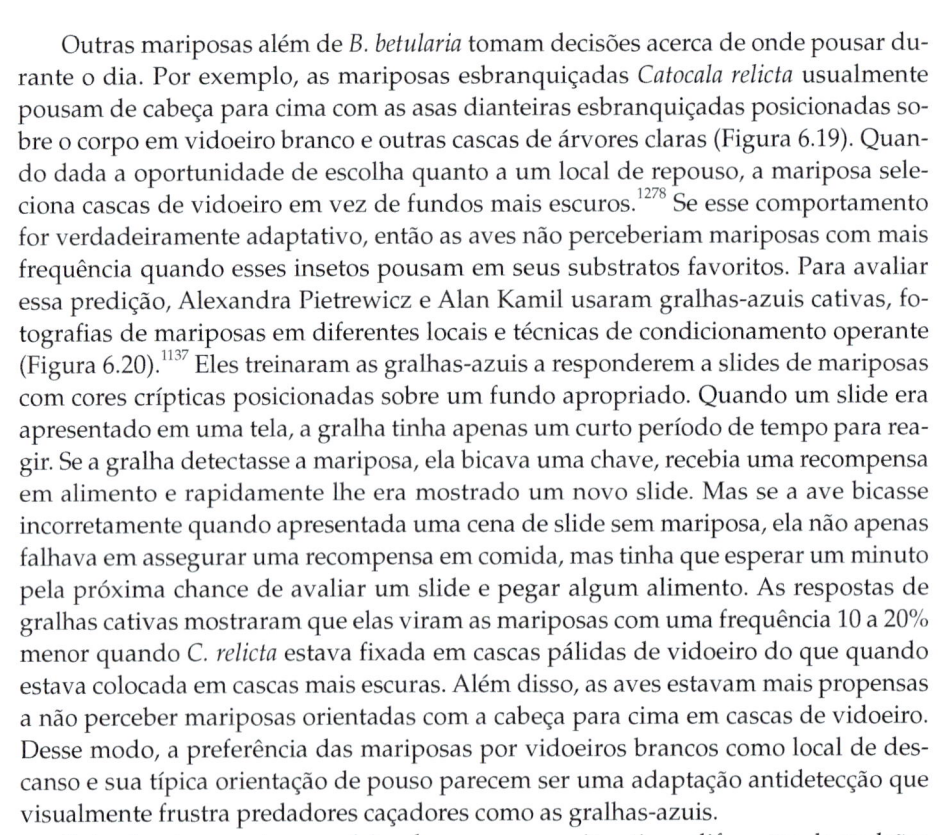

FIGURA 6.19 Coloração críptica e orientação do corpo. A orientação de uma mariposa *Catocala* em descanso determina se as linhas escuras em seu padrão de asas correspondem com as linhas escuras em cascas de vidoeiro. Fotografia de H.J. Vermes, cortesia de Ted Sargent, de Sargent.[1278]

Outras mariposas além de *B. betularia* tomam decisões acerca de onde pousar durante o dia. Por exemplo, as mariposas esbranquiçadas *Catocala relicta* usualmente pousam de cabeça para cima com as asas dianteiras esbranquiçadas posicionadas sobre o corpo em vidoeiro branco e outras cascas de árvores claras (Figura 6.19). Quando dada a oportunidade de escolha quanto a um local de repouso, a mariposa seleciona cascas de vidoeiro em vez de fundos mais escuros.[1278] Se esse comportamento for verdadeiramente adaptativo, então as aves não perceberiam mariposas com mais frequência quando esses insetos pousam em seus substratos favoritos. Para avaliar essa predição, Alexandra Pietrewicz e Alan Kamil usaram gralhas-azuis cativas, fotografias de mariposas em diferentes locais e técnicas de condicionamento operante (Figura 6.20).[1137] Eles treinaram as gralhas-azuis a responderem a slides de mariposas com cores crípticas posicionadas sobre um fundo apropriado. Quando um slide era apresentado em uma tela, a gralha tinha apenas um curto período de tempo para reagir. Se a gralha detectasse a mariposa, ela bicava uma chave, recebia uma recompensa em alimento e rapidamente lhe era mostrado um novo slide. Mas se a ave bicasse incorretamente quando apresentada uma cena de slide sem mariposa, ela não apenas falhava em assegurar uma recompensa em comida, mas tinha que esperar um minuto pela próxima chance de avaliar um slide e pegar algum alimento. As respostas de gralhas cativas mostraram que elas viram as mariposas com uma frequência 10 a 20% menor quando *C. relicta* estava fixada em cascas pálidas de vidoeiro do que quando estava colocada em cascas mais escuras. Além disso, as aves estavam mais propensas a não perceber mariposas orientadas com a cabeça para cima em cascas de vidoeiro. Desse modo, a preferência das mariposas por vidoeiros brancos como local de descanso e sua típica orientação de pouso parecem ser uma adaptação antidetecção que visualmente frustra predadores caçadores como as gralhas-azuis.

Entre insetos e outras espécies de presa, os muitos tipos diferentes de padrões de cor potencialmente protetores parecem funcionar aproveitando-se de certos aspectos do sistema de processamento visual de seus predadores.[1389, 1390] Por exemplo, em muitos predadores vertebrados, interneurônios que transmitem mensagens a partir da retina produzirão uma explosão de sinais quando a pequena área monitorada por essas células transmissoras for estimulada por uma imagem que contenha uma faixa escura delimitada por outra muito mais clara. Esse detector de contornos provavelmente auxilia um pássaro caçador a localizar um inseto empoleirado em um tronco ou folhas, respondendo ao contraste entre o corpo da presa e o substrato em que ele está pousado. Contudo, um inseto cujo corpo contém padrões de cor contrárias, que produzem contornos "falsos" (Figura 6.21) pode viver para reproduzir outro dia por retirar a atenção do predador do contorno de seu corpo, colocando-a nas características distrativas dentro do contorno e o impedindo de reconhecer aquilo que está sendo visto.

Talvez pelo fato de que presas utilizem com frequência estratagemas na forma de distração visual, alguns predadores caçadores, ao contrário, confiam nos odores da presa para ajudá-los na captura. Pode ser por isso que esquilos californianos terrícolas mastigam pele de cascavel e então lambem a própria pele, aplicando o cheiro de cobra sobre o odor do próprio corpo. Barbara Clucas e colaboradores testaram essas hipóteses, dando a cobras em cativeiro a chance de investigarem pedaços de filtro de papel, alguns dos quais haviam sido esfregados sobre os corpos de esquilos terrícolas e posteriormente expostos a segmentos de pele de cascavel, enquanto outros haviam adquirido apenas cheiro de esquilos terrícolas. As cobras nesse experimento gastaram aproximadamente o dobro do tempo examinando o alvo com cheiro puro de esquilo, em oposição àqueles que tinham combinação de cheiro de esquilo e cheiro de cascavel.[275]

A larva da borboleta de uma espécie de hesperídeo evoluiu uma técnica diferente para reduzir sua vulnerabilidade a predadores guiados por odor. Essas lagartas

FIGURA 6.20 Comportamento críptico funciona? Imagens de mariposas em diferentes substratos e em diferentes posições de descanso são mostradas a gralhas azuis cativas, que são recompensadas por detectar as mariposas. Fotografia de Alan Kamil.

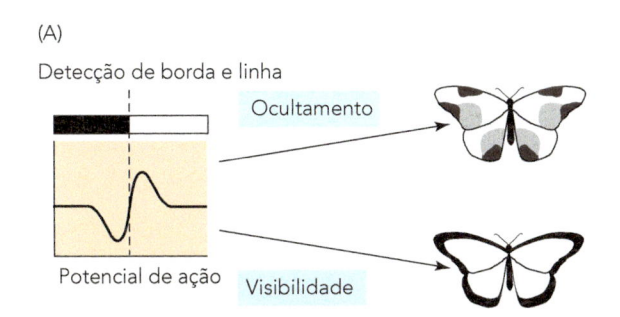

FIGURA 6.21 A segurança está nos contornos falsos para presas que se aproveitam dos detectores de contorno de seus predadores (A). Presas com coloração disruptiva, como o gafanhoto (B) com seus remendos marrons e brancos, criam margens falsas que obscurecem o esboço real do animal (ver também mariposa *Catocala* na Figura 6.19). Presas como os gafanhotos *Taeniopoda eques*, coloridos de forma preventiva (C), enfatizam seus contornos (note a linha amarela sobre o tórax e a coloração especial das asas) tornando-os mais chamativos. Predadores aprendem rapidamente a reconhecer as presas como não comestíveis e evitá-las (ver também borboleta-monarca na Figura 6.23A). Fotografia do autor; A, conforme Stevens.[1390]

FIGURA 6.22 Higiene pessoal de larvas de borboleta hesperídea pode ser uma adaptação antipredação. (A) Uma larva de borboleta *da família Hesperiidae* dentro de um abrigo de folha parcialmente aberto. Larvas de borboleta expelem pelotas de dejetos de seus abrigos. (B) Quando pelotas de dejetos são adicionadas experimentalmente a abrigos dos quais as larvas foram removidas, as vespas mantiveram mais foco nesses lugares em relação a abrigos contendo uma quantidade equivalente de bolitas de vidro sem cheiro. São apresentadas as porcentagens de visitas iniciais feitas por dez vespas aos dois tipos de locais e a porcentagem de tempo gasto pelas vespas na investigação dos dois abrigos. A, fotografia do autor; B, adaptada de Weiss.[1533]

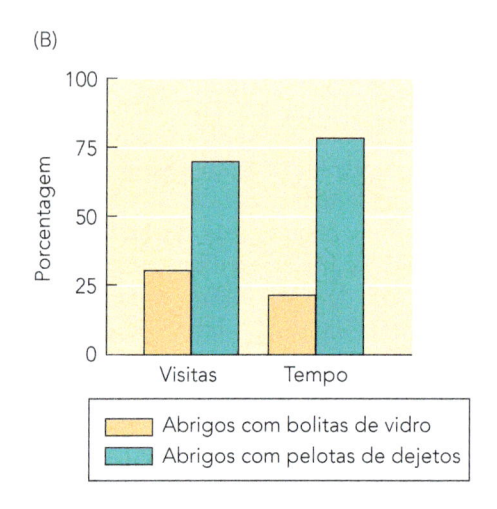

se escondem dentro de folhas enroladas (Figura 6.22A) e atiram suas pelotas fecais para longe de seus esconderijos.[1533] Elas fazem isso utilizando um dispositivo especial que segura uma pelota de dejetos sólidos no ânus até que uma rápida mudança na pressão sanguínea expanda o segmento final do abdome, liberando a pequena bola fecal explosivamente, como uma pedra miniatura de um estilingue. Algumas lagartas hesperídeas regularmente atiram bolas de dejetos a 20 comprimentos de corpo ou mais de onde estão escondidas.

Se essa forma de administrar dejetos é verdadeiramente uma adaptação antipredação, então essas larvas deveriam ser caçadas por inimigos que pudessem usar pistas de odor associadas com bolas fecais para localizar suas presas caso essas pistas estivessem disponíveis. Martha Weiss testou essa predição removendo larvas de hesperídeas de um conjunto de abrigos de folha e então adicionando bolas de dejetos frescos a alguns dos abrigos, enquanto os abrigos restantes receberam o mesmo número de bolitas de vidro sem cheiro com o mesmo tamanho e cor das pelotas. Os abrigos experimentais e de controle foram então colocados em um viveiro com uma colônia de vespas *Polistes*, predadoras conhecidas de larvas de borboletas. As vespas inspecionaram com frequência muito maior abrigos de folhas com dejetos de lagartas do que aqueles com bolitas de vidro (Figura 6.22B). Além disso, quando Weiss ofereceu a uma espécie de *Polistes* forrageadora a possibilidade de escolha entre dois abrigos, ambos contendo uma lagarta escondida, mas um cercado por 25 pelotas de dejetos e a outra acompanhada por 25 bolitas de vidro, as vespas encontraram e mataram primeiro as lagartas associadas com a matéria fecal em 14 de 17 tentativas.[1533] Essa larva de borboleta faz bem em livrar-se de seus dejetos.

Para discussão

6.11 Weiss também coletou informações sobre a taxa de crescimento de lagartas forçadas a habitar abrigos contaminados com fezes ou que se desenvolveram em abrigos limpos. Ela não verificou diferenças de peso entre as crisálidas que experimentaram essas duas condições diferentes como larvas; além disso, o tempo necessário para as larvas se tornarem crisálidas não diferiu entre indivíduos que cresceram com ou sem as pelotas de dejetos em seus abrigos. Por que Weiss reuniu esses dados?

Alguns quebra-cabeças darwinistas

Embora muitos insetos possuam características benéficas que reduzem seus riscos de serem identificados ou farejados, outras espécies parecem preferir o caminho oposto: tornam-se óbvios a seus predadores (Figura 6.23). Esse é o tipo de coisa que atrai a atenção dos adaptacionistas em função do custo óbvio à aptidão incorrida pela presa

FIGURA 6.23 Coloração de advertência e toxinas. Animais que apresentam defesas químicas se comportam tipicamente de maneira chamativa. (A) O corpo e as asas da borboleta-monarca podem conter glicosídeos cardíacos letais, que ela isola a partir de sua dieta de serralha. (B) Besouros da família Meloidae cujo sangue tem cantaridina, uma substância química altamente nociva, podem acasalar por horas ao ar livre em plantas florescentes. (C) Esta mariposa chamativa exsuda espuma tóxica das glândulas torácicas quando incomodada. A e B, fotografias do autor; C, fotografia de Tom Eisner.

visível a seu predador. Traços cujos custos parecem provavelmente exceder seus benefícios caracterizam-se como quebra-cabeças darwinistas, uma vez que pareceriam improváveis de evoluir por meio de seleção natural. Tome a borboleta-monarca como exemplo, uma espécie cujo padrão de asa laranja e preto torna fácil sua localização. Colorações brilhantes desse tipo estão correlacionadas com maior risco de ataque em alguns casos.[1399] Como pode ser adaptativo para monarcas se exibirem em frente a aves que devoram borboletas? De forma a superar os custos da coloração atrativa, a característica deveria ter alguns benefícios substanciais, como no caso da monarca, que parecem estar associados à habilidade das larvas de monarca de se alimentarem de asclépias venenosas, de onde elas retiram um veneno de planta extremamente potente para incorporar ao seus tecidos.[185] Ao lidar com essas espécies altamente tóxicas você seria sábio em ignorar a recomendação do especialista em lepidópteros E. B. Ford, que escreveu: "Pessoalmente tenho o hábito, que recomendo a outros naturalistas, de comer espécimes de todas as espécies que eu estudo".[476] Qualquer pássaro que cometesse o erro de aceitar o desafio de Ford em relação a monarcas acharia a experiência bastante desagradável, embora extremamente educativa (Figura 6.24). Depois de vomitar uma monarca nociva uma única vez, uma gralha-azul sobrevivente religiosamente evitará essa espécie dali em diante.[184,185]

Se você absorveu a essência da abordagem custo-benefício, você estará agora se perguntando como uma monarca devorada ganharia aptidão ao induzir vômito, sendo que uma monarca regurgitada raramente sai voando ao pôr do sol. Será que esse caso é uma exceção para a regra segundo a qual animais mortos não conseguem passar para frente seus genes? Provavelmente não, embora exista a possibilidade de que a toxidade tenha evoluído via seleção indireta (*ver* páginas 470-472), provando que indivíduos mortos educam os predadores potenciais de seus parentes próximos, auxiliando, dessa forma, monarcas geneticamente semelhantes a passarem genes comuns à próxima geração. Outra hipótese, contudo, é que monarcas reciclem o veneno de suas plantas de alimentação para, com isso, passarem a ter um gosto tão ruim que

FIGURA 6.24 Efeito das toxinas de borboleta-monarca. Uma gralha-azul que come uma monarca tóxica vomita logo em seguida. Fotografias de Lincoln P. Brower.

a maior parte das aves soltará qualquer monarca imediatamente depois de agarrá-la pela asa.[185] Na realidade, quando é oferecido a pássaros cativos uma monarca resfriada, mas descongelada, muitos a apanham pela asa e então a soltam imediatamente, evidência de que na natureza as monarcas poderiam se beneficiar pessoalmente por terem sabor desagradável, fato anunciado por seu padrão de cores.

Colorações vibrantes não são o único meio pelo qual uma espécie de presa pode se tornar chamativa. Tome a mosca da família Tephritidae, que agita suas asas listradas como se estivesse tentando chamar a atenção de seus predadores. Esse comportamento incompreensível atraiu dois grupos de pesquisadores, que notaram que as marcações nas asas da mosca se assemelhavam às patas de aranhas saltadoras, importante predador de moscas. Os biólogos propuseram que, quando a mosca agita suas asas, cria um efeito visual semelhante às exibições agressivas do movimento de patas que as próprias aranhas realizam (Figura 6.25)[573,951]. A mosca seria um decifrador de código (ver Capítulo 4), cuja aparência e comportamento produzem comportamento de fuga no predador.

A fim de testar a hipótese de engodo, alguns pesquisadores se tornaram exímios cirurgiões de moscas. Armados com tesouras, cola e mãos firmes, trocaram as asas claras de moscas domésticas pelas asas padronizadas de moscas da família Tephritidae e vice-versa. Após a operação, as moscas da família Tephritidae se comportaram normalmente, agitando as asas agora comuns e voando dentro de uma área delimitada. Mas essas moscas modificadas com asas de mosca doméstica foram rapidamente devoradas por aranhas saltadoras em seus cativeiros. Em contraste, moscas Tephritidae cujas próprias asas haviam sido removidas e então coladas de volta repeliram inimigos em 16 de 20 casos. Moscas domésticas com asas de Tephritidae não ganharam proteção em relação às aranhas, mostrando ser a combinação do padrão de coloração na forma de patas e o movimento das asas que permite que moscas da família Tephritidae enganem seus predadores relacionando-se com eles como se fossem oponentes perigosos em vez de uma refeição.[573] Pela comparação da proporção de sobreviventes entre aqueles favorecidos com adaptação presumida e aqueles com adaptação alternativa, os pesquisadores mostraram que as asas e o comportamento de moscas da família Tephritidae funcionam melhor que outras opções.

Alguns vertebrados também se comportam de maneira que paradoxalmente os tornam presas fáceis de localizar. Por exemplo, a gazela-de-thomson, antílopes, que quando perseguidos por um guepardo ou leão podem saltar a uma boa altura enquanto exibem sua mancha branca nas ancas (Figura 6.26).

FIGURA 6.25 Por que se comportar chamativamente? Esta mosca da família Tephritidae (superior) habitualmente agita as asas listradas, o que lhe dá a aparência das patas agitadas de uma aranha saltadora (inferior). Quando as aranhas agitam as patas, elas o fazem para intimidarem umas às outras. A mosca imita este sinal para desencorajar o ataque de aranhas. Fotografia de Bernie Roitberg; conforme Mather e Roitberg.[951]

FIGURA 6.26 Um anúncio de ausência de benefício para inibir perseguição? Comportamento de saltitar (*stotting*) de *Antidorcas marsupialis*, pequeno antílope que salta no ar quando ameaçado por um predador, assim como fazem as gazelas de Thomson.

Existe um grande número de explicações possíveis para esse comportamento de saltitar (*stotting*). Talvez uma gazela saltitando sacrifique a velocidade em escapar de um predador detectado de forma a descobrir outros inimigos ainda não vistos posicionados em emboscada (como os leões sempre fazem).[1148] A hipótese antiemboscada prevê que o comportamento de saltitar não ocorrerá em savanas com grama curta, mas em vez disso será reservado a locais com gramas altas ou a ambientes com mistura de grama e arbusto, onde a descoberta de predadores poderia ser aperfeiçoada por meio de saltos no ar. Mas gazelas se alimentando em ambientes com grama curta saltitam regularmente, o que nos permite rejeitar a hipótese antiemboscada, e nos voltarmos para outras:[233,234]

- Hipótese do sinal de alerta: o comportamento de saltitar poderia advertir co-específicos, particularmente a prole, que um predador está perigosamente próximo. Essa sinalização poderia aumentar a sobrevivência da prole e dos familiares do sinalizador, aumentando, dessa forma, a aptidão do saltitadores (*ver* página 473).

- Hipótese da coesão social: o comportamento de saltitar poderia capacitar gazelas a formarem grupos e escaparem de forma coordenada, tornando difícil para o predador isolar qualquer um deles do rebanho.

- Hipótese do efeito de confusão: por meio do comportamento de saltitar (*stotting*), indivíduos de um rebanho em fuga poderiam confundir e distrair um predador que os perseguisse, impedindo que esse predador focalizasse seus esforços de caça em um único animal.

- Hipótese inibidora de perseguição: o comportamento de saltitar poderia anunciar a um predador em perseguição que a presa encontra-se em excelentes condições físicas sendo improvável a sua captura, o que, se verdadeiro, favoreceria predadores que deixassem de seguir aquela gazela.

A Tabela 6.2 apresenta uma lista de predições consistentes com essas hipóteses. Às vezes, a mesma predição surge de duas hipóteses diferentes; por isso, temos que considerar predições múltiplas de cada uma a fim de fazer distinção entre elas. Esse estudo ilustra o valor de iniciar com hipóteses múltiplas e então pensar acerca das predições derivadas de cada uma.

Tim Caro aprendeu que uma gazela solitária às vezes saltita quando um guepardo se aproxima, observação que ajuda a eliminar a hipótese do sinal de alerta (se a intenção é comunicar-se com outras gazelas, então gazelas solitárias não deveriam saltitar) e a hipótese de efeito de confusão (uma vez que o efeito de confusão só pode ocorrer quando um grupo de animais pode correr junto). Não podemos rejeitar a hipótese de coesão social com base no fato de que gazelas solitárias saltitam, pois existe

Tabela 6.2 *Predições derivadas de quatro hipóteses alternativas sobre o valor adaptativo do comportamento de saltitar (stotting) de gazelas-de-thomson*

	Hipóteses alternativas			
Predição	Sinal de alerta	Coesão social	Efeito de confusão	Sinal de ausência de benefício
Gazela solitária saltita	não	sim	não	sim
Gazelas agrupadas saltitam	sim	não	sim	não
Saltitadores apresentam as ancas ao predador	não	não	sim	sim
Saltitadores apresentam as ancas a gazelas	sim	sim	não	não

a possibilidade de que indivíduos solitários saltitem de forma a atrair gazelas distantes para perto delas. Mas se o objetivo de saltitar é se comunicar com gazelas companheiras, então indivíduos que saltitam, solitários ou em grupo, deveriam dirigir suas chamativas ancas brancas na direção de outras gazelas. Gazelas que saltitam, contudo, orientam suas garupas na direção do predador. Apenas uma hipótese permanece de pé: gazelas saltitam com o objetivo de anunciar ao predador que elas serão difíceis de capturar. Chitas entendem a mensagem, uma vez que tendem a abandonar com mais frequência sua caçada quando uma gazela saltita do que quando uma vítima potencial não executa a exibição (Figura 6.27).[233]

Gazelas não são as únicas da ordem Artiodactyla a exibir o comportamento de saltitar ou algo similar. Dessa forma, é possível fazer uso do método comparativo para testar a hipótese de que o comportamento de saltitar funciona como sinal desencorajador de perseguição para os predadores. Uma análise comparativa de 200 espécies pertencentes à ordem Artiodactyla mostrou a existência da associação prevista entre saltos durante perseguição para as espécies da família dos bovídeos com predadores que ficavam à espreita, mas que veados (família dos cervídeos) não se comportaram como previsto.[236] Esses resultados confusos oferecem, na melhor das hipóteses, suporte duvidoso para a função de sinalização ao predador do comportamento de saltitar em gazelas.

Apesar disso, se aceitarmos a possibilidade de que gazelas evoluíram um sinal visual com o qual se comunicam com guepardos, temos que assumir que o comportamento honestamente anuncia para seus inimigos sua impossibilidade de ser capturada. Caso contrário, os guepardos levariam vantagem ignorando os sinais oferecidos por gazelas saltitando. A predição de honestidade na sinalização não foi testada em gazelas, mas sim em lagartos *Anolis* que executam flexões (*pushup display*) quando identificam uma cobra devoradora de lagartos se aproximando. Cobras tendem a interromper sua caçada em resposta a visão de um lagarto fazendo flexões. Uma vez que o número de exibições executado por um lagarto é variável, Manuel Leal percebeu que tinha uma oportunidade de testar a predição de que essas exibições carregavam informações realmente precisas quanto à capacidade de fuga de lagartos.

Para conduzir o teste, Leal e seu assistente inicialmente contaram o número de exibições que cada indivíduo executou em laboratório quando exposto a uma maquete de cobra. Eles então levaram o lagarto para uma pista circular onde ele foi induzido a continuar correndo por meio de ligeiros toques em sua cauda. O tempo total de corrida mantido por tapinhas, foi proporcional ao número de flexões executados por lagartos em resposta a maquete de seu predador natural (Figura 6.28).[846] Desse modo, conforme requer a hipótese de ataque inibido, predadores poderiam extrair informações precisas sobre o estado fisiológico de

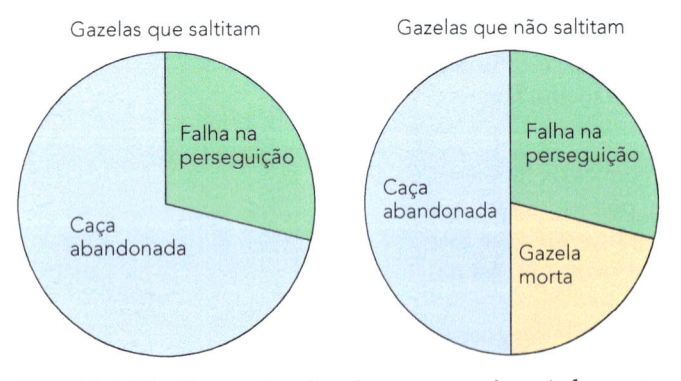

FIGURA 6.27 Guepardos abandonam a caçada mais frequentemente quando gazelas saltitam do que quando não exibem este comportamento, oferecendo suporte à hipótese de que estes predadores tratam o comportamento de saltitar como um sinal de que será difícil capturar a gazela. Adaptada de Caro.[233]

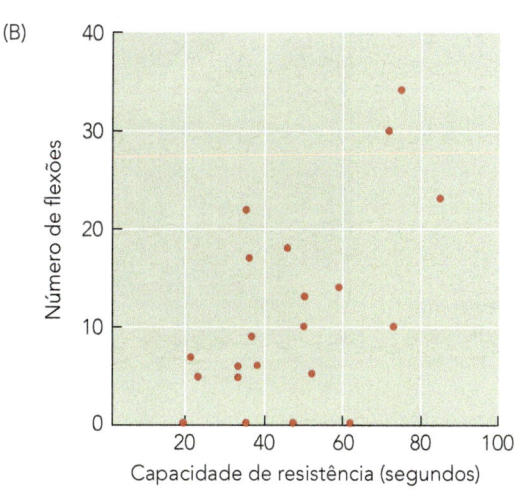

FIGURA 6.28 As exposições de abdome são um sinal honesto das condições fisiológicas de um lagarto? (A) O lagarto *Anolis cristatellus* executa uma exibição de flexões quando reconhece uma cobra se aproximando. (B) O tempo que um lagarto gasta correndo até a exaustão teve correlação positiva com o número de flexões executadas pelo indivíduo diante da ameaça percebida a partir de uma maquete de cobra. A, fotografia de Manuel Leal; B, adaptada de Leal.[846]

uma presa potencial por meio da observação de seu desempenho em flexões. Uma vez que os anólis algumas vezes escapam quando atacados, poderia valer a pena para cobras predadoras tomarem decisões de forrageamento baseadas no comportamento de sinalização de suas possíveis vítimas.

Para discussão

6.12 O lagarto *Cnemidophorus murinus* (Figura 6.29) fica a uma pequena distância de seus predadores potenciais e então ergue a perna dianteira e a agita ostensivamente.[296] Esse comportamento de braço ondulante poderia ser outro exemplo de sinal de inibição de perseguição. Quais predições surgem dessa hipótese com respeito a quando o comportamento de braços ondulantes deveria ser executado em resposta a aproximação de seres humanos (predador substituto)? Quer dizer, braços ondulantes deveriam ocorrer com maior frequência quando uma pessoa se aproxima lenta ou rapidamente? Em resposta à aproximação direta ou tangencial? E que braço deveria ser agitado quando o lagarto não está encarando diretamente um humano?

Um último quebra-cabeça darwiniano vem da observação de que algumas espécies de presa produzem sons distintos. Por exemplo, a mariposa noturna da espécie *Euchaetes egle*, um inseto perfeitamente comestível, possui dispositivos (timbales) nas laterais do tórax que podem produzir um estrondoso clique ultrassônico sempre que músculos ativam esse dispositivo e então novamente quando a estrutura é liberada para retornar a sua forma original.[75] Por que fazer barulhos que tornam a localização das mariposas mais óbvia aos morcegos assassinos, que conseguem ouvir ultrassons maravilhosamente bem?

Conforme mostrado, essa mariposa comestível voa em áreas onde outras mariposas aparentadas, mas completamente impalatáveis, como *Cycnia tenera*, cruzam o céu noturno. Essas outras mariposas alimentam-se como larvas em plantas altamente venenosas, incluindo asclépias que contêm glicosídeos cardíacos, também ingeridas por larvas de borboleta-monarca. Assim como ocorre com as monarcas, as lagartas de *C. terena* armazenam as combinações venenosas ingeridas por elas para sua própria proteção ao longo da vida. Quando elas se tornam adultas, pressionam seus timbales (*tymbal organs*) todas as vezes que ouvem um morcego se aproximar. Usando um ca-

FIGURA 6.29 O lagarto *Cnemidophorus murinus* frequentemente agita uma perna dianteira em reação a humanos que incomodam. Por quê? Fotografia de Laurie Vitt.

nal auditivo que os morcegos podem escutar, as mariposas ruidosas advertem predadores experientes que aprenderam a associar os cliques ultrassônicos gerados pelas mariposas com o gosto ruim de uma *C. terena* tóxica e outras mariposas ruidosas e venenosas da família Arctiidae.[689] Uma mariposa *E. eagle* tem o melhor dos dois mundos uma vez que não precisa investir no equipamento metabólico necessário para obter e armazenar o composto tóxico de serralhas e enganam morcegos educados por meio da armadilha acústica.[75]

O que parece ser um sinal de "venha me pegar" especialmente mal adaptado em uma mariposa se revela como um traço adaptativo de engodo que confere vantagem de sobrevivência para o bem-sucedido imitador. E o que dizer de chamados extraordinariamente ruidosos e agudos que coelhos e alguns pássaros emitem quando são pegos por predadores? Talvez não exista qualquer benefício na gritaria, simplesmente um produto não adaptativo da habilidade das presas de sentirem dor, mas, por outro lado, talvez um grito ruidoso pudesse assustar o predador que libertaria a presa capturada.[661] Goran Högstedt estudou esse fenômeno notando a resposta de pássaros capturados na Suécia durante a remoção deles de uma rede de neblina. Em seu artigo *Adaptação para a Morte,* Högstedt relatou que os chamados de medo de pássaros que gritaram nessa situação foram ruidosos e altos, como requerido pela hipótese do susto. Contudo, os pássaros capturados permaneceram chamando e chamando, o que deveria reduzir sua habilidade em surpreender um predador (*ver* Conover[292]).

Högstedt considerou que o grito poderia advertir coespecíficos sobre o perigo do predador ou atrair outros que poderiam distrair o predador. Se assim for, então o pássaro que grita deveria ser fácil de localizar, de forma que os ouvintes saberiam também a localização do predador. As características acústicas dos gritos de medo tornam fácil para outros animais localizarem a fonte do barulho, mas, como apontado por Högstedt, outros membros da espécie da presa ferida geralmente ignoram esses chamados. Essa reação faz bastante sentido, uma vez que um predador com um prisioneiro estará ocupado com a vítima por algum tempo, o que significa que espécimes não capturados nas proximidades têm pouco a temer no momento.

Em um estudo mais recente sobre os chamados emitidos por pássaros capturados em redes na Costa Rica, Diane Neudorf e Spencer Sealy questionaram se espécies em bandos estariam mais propensas a emitir chamados ruidosos e aflitos do que espécies que vivem sozinhas. Eles não encontraram diferenças entre os dois grupos, sugerindo que pássaros costa-riquenhos não gritam para pedir ajuda, ou para advertir parentes do perigo mortal.[1040]

As evidências de Högstedt apontaram para uma quarta hipótese: os gritos do animal capturado atraem outros predadores para o local. Predadores que podem virar o jogo e atacar aquele predador que capturou a presa, ou pelo menos interferir nisso, algumas vezes possibilitando que a presa escape como resultado da confusão. Essa hipótese demanda que predadores sejam atraídos pelos gritos de medo, o que realmente ocorre, conforme Högstedt demonstrou a partir da transmissão de gritos gravados de um estorninho capturado, que trouxe falcões, raposas e gatos até o gravador. Por outro lado, em outro estudo, quando coiotes atraídos pelo chamado aflito de um estorninho vieram na direção de um companheiro coiote com um estorninho capturado, o atacante intensificou seus esforços para matar o pássaro, o que não foi de forma nenhuma um auxílio para o estorninho.[1607]

A hipótese da atração de predadores competitivos também produz a predição de que pássaros vivendo em vegetações densas deveriam estar mais propensos a emitir gritos de medo do que pássaros de hábitat aberto. Em áreas em que a visão está bloqueada um pássaro capturado não pode contar com outros predadores próximos para vê-lo lutando com seu atacante. Assim, como um esforço final para evitar a morte, ele pode se esforçar para chamar predadores concorrentes até o local. Högstedt verificou que pássaros de espécies que vivem em vegetações densas capturados por redes de fato emitem gritos de medo com mais frequência quando são pegos do que as espécies que ocupam hábitats abertos.[661] Sob condições naturais, esses gritos (que atraem outros predadores e sobrevivem como resultado) produzem um benefício a partir de seu comportamento, o que tornaria o comportamento de gritar adaptativo mesmo à beira da morte.

Mais recentemente, uma equipe de ornitólogos espanhóis consideraram uma hipótese fora da lista de explicações alternativas de Högstedt para os intensos chamados aflitos, como a possibilidade de que esses sons informem o predador sobre a saúde e a condição do animal que emite o chamado. Essas informações poderiam presumivelmente influenciar se um predador deveria perseguir um pássaro que conseguiu se soltar depois de ter sido capturado (ou que estava prestes a ser capturado). Se essa hipótese tivesse validade, deveria haver uma conexão entre a "qualidade" do chamado aflito e o estado fisiológico do sinalizador angustiado.

Para ver se essa predição se confirmava, os pesquisadores pegaram pequenas calhandrinhas e as mantiveram em bolsas de algodão durante a noite antes de libertá-las no dia seguinte. Mais cedo, a equipe havia mensurado a massa corpórea e a extensão das asas de cada pássaro, uma vez que essas medidas permitem que se identifique quais animais estão relativamente pesados para o seu tamanho e assim em uma condição relativamente boa. Quando foi comparada a avaliação quantitativa das condições corporais de cada pássaro com a "aspereza" de seu chamado aflito, relacionada ao quão extensivamente uma gama de frequências aparecem no chamado, os pesquisadores verificaram que as aves em melhores condições de fato produziram chamados mais ásperos;[830] dessa forma, um predador poderia adequadamente avaliar a probabilidade de recapturar uma calhandrinha fugitiva e usar essa informação para tomar decisões sobre perseguir ou não a presa, tornando o chamado de medo de um pássaro que foge outro exemplo de sinal de inibição da perseguição (*ver páginas* 207-209). Permanece indeterminado se predadores usam ou não a possível informação contida nos gritos de medo dos pássaros.

Teoria da otimização e comportamento antipredação

Pensar em benefícios à aptidão (B) e custos à aptidão (C) tem atraído a atenção de pesquisadores comportamentais a uma variedade de quebra-cabeças evolutivos e motivado a busca pela vantagem reprodutiva que deve ter dirigido a evolução de traços comportamentais que inicialmente pareciam tornar os indivíduos mais vulneráveis a predadores. Aqui introduzirei duas abordagens custo-benefício, ambas derivadas da teoria de seleção natural, que têm o potencial de produzir predições quantitativas precisas, em vez de predições qualitativas mais gerais discutidas até aqui. Ambas as teorias se esforçam para construir hipóteses que levem em consideração o benefício líquido (B-C) de um traço, em vez de meramente focar na oferta ou não de benefícios em um traço. As duas teorias refletem a realidade de que adaptações precisam fazer mais do que meramente conferir um benefício se forem se tornar mais frequentes na população. Uma adaptação, por definição, é melhor que as alternativas, e "melhor" significa que o benefício líquido associado com uma verdadeira adaptação é maior do que aquele associado a alternativas não adaptativas que foram substituídas, ou que estão sendo substituídas, pela seleção natural.

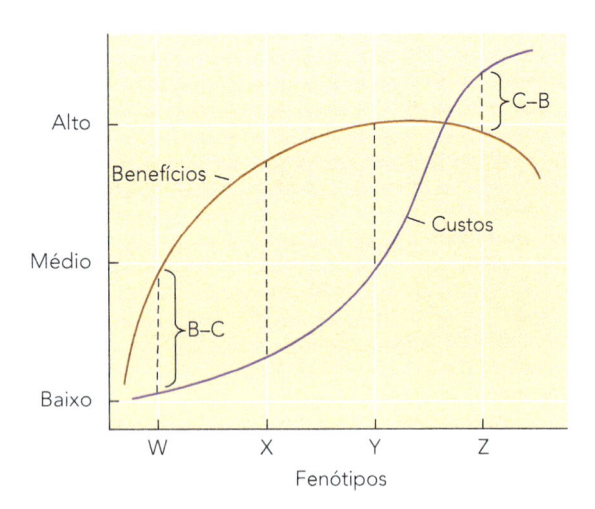

FIGURA 6.30 Modelo de otimização. Se alguém puder medir os custos e benefícios à aptidão associados com quatro fenótipos comportamentais alternativos na população, então é possível determinar que traço confere maior benefício líquido a indivíduos nesta população. Tal traço é uma adaptação – o traço mais adequado que substituiria os alternativos, considerando um tempo evolutivo suficiente.

Podemos ilustrar nossa primeira abordagem, baseada na **teoria de otimização**, olhando para os custos e benefícios de quatro fenótipos comportamentais hereditários alternativos em uma espécie hipotética (Figura 6.30). Desses quatro fenótipos (W, X, Y e Z), apenas um (fenótipo Z) gera uma perda líquida na aptidão (C > B) e, dessa forma, é obviamente inferior aos outros. Os outros três fenótipos estão todos associados a ganho líquido à aptidão, mas apenas um, o fenótipo X, é uma adaptação, uma vez que produz o maior benefício líquido dos quatro fenótipos. Os alelos para o fenótipo X se espalharão às expensas dos alelos alternativos responsáveis pelo desenvolvimento de outras formas desse traço comportamental na população. O fenótipo X pode ser considerado aqui o traço mais adequado por ser uma adaptação, por que a diferença entre B e C é notável para esse traço, e por que esse traço se espalhará enquanto todos os outros declinarão em frequência (enquanto as relações entre seus custos e benefícios permanecerem constantes).

Se fosse possível medir B e C para um grupo de alternativas que poderiam ter existido dentro de uma população, alguém poderia predizer que o fenótipo com o maior benefício líquido seria aquele observado na natureza. Infelizmente, é sempre difícil assegurar medidas precisas de B e C em uma mesma unidade de aptidão, mas se isso pudesse ser feito, então a teoria da otimização tornaria possível produzir uma hipótese fundamentada na premissa de que traços observados atualmente na população seriam os mais adequados, e essa hipótese pode gerar predições quantitativas. A teoria de otimização está mais fortemente associada com a análise do comportamento de busca de alimento (como veremos no próximo capítulo), pois nesse contexto algumas vezes é possível medir tanto benefícios quanto custos em uma mesma ocasião: calorias obtidas a partir dos alimentos coletados (benefícios) e calorias gastas durante a coleta dos alimentos (custos). Porém, a teoria de otimização tem sido aplicada também a alguns comportamentos antipredação.

Por exemplo, codornas da espécie *Colinus virginianus* passam os meses de inverno em pequenos grupos (*coveys*) que variam em tamanho de 2 a 22 indivíduos mas com um pico frequente em torno de 11 indivíduos, no centro-oeste dos Estados Unidos. Esses bandos quase certamente se formam pelos benefícios de antipredação. Em primeiro lugar, membros de bandos maiores estão mais protegidos do ataque, a julgar pelo fato de que a vigilância em grupo (porcentagem de tempo em que pelo menos um membro do bando mantém a cabeça erguida rastreando o perigo) cresce com o aumento de tamanho do grupo e então nivela ao redor de um grupo de 10. Além disso, em experimentos em aviários, membros de grupos maiores reagem mais rapidamente que membros de grupos menores quando expostos à silhueta de um falcão predador.

O benefício antipredação de estar em um grande grupo, contudo, é quase certamente contrabalançado em algum grau pelo aumento da competição por comida que ocorre em grupos maiores.[1577] Essa suposição é sustentada pela evidência de que grupos relativamente grandes movem-se mais a cada dia do que bandos de onze componentes; grupos pequenos também se movem mais do que grupos de tamanho médio, provavelmente porque esses pássaros estão procurando por outros grupos a quem se unir. A mistura de benefícios e custos associados com bandos que contêm números diferentes de indivíduos sugere que pássaros em bandos de tamanho intermediário tenham as melhores perspectivas de todas, e, de fato, as taxas de sobrevivência diária são elevadas durante o inverno em bandos desse tamanho. (Figura 6.31) Esse trabalho não apenas demonstra que as codornas formam grupos para detectar seus predadores efetivamente, produzindo benefícios a partir de seu comportamento social, mas que se esforçam para formar grupos de tamanho adequado. Se elas forem bem-sucedidas em juntarem-se a tal grupo, terão um benefício líquido maior em termos de sobrevivência do que unindo-se a grupos de tamanhos diferentes.

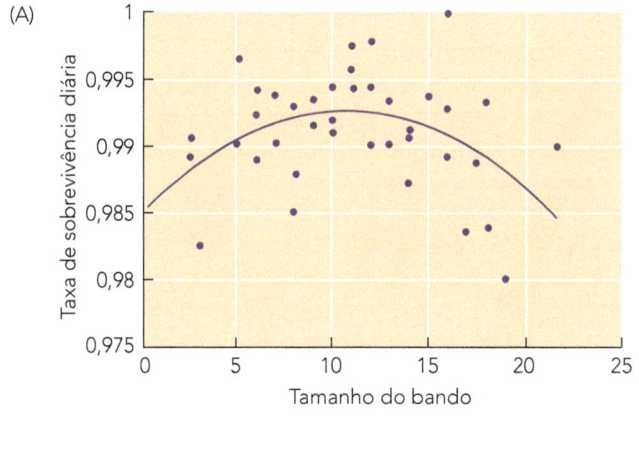

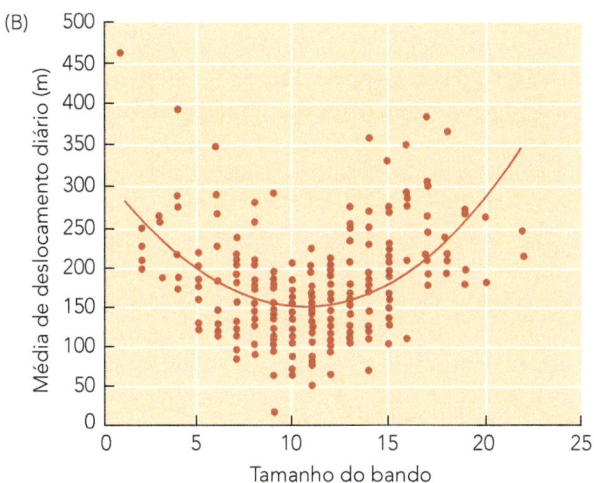

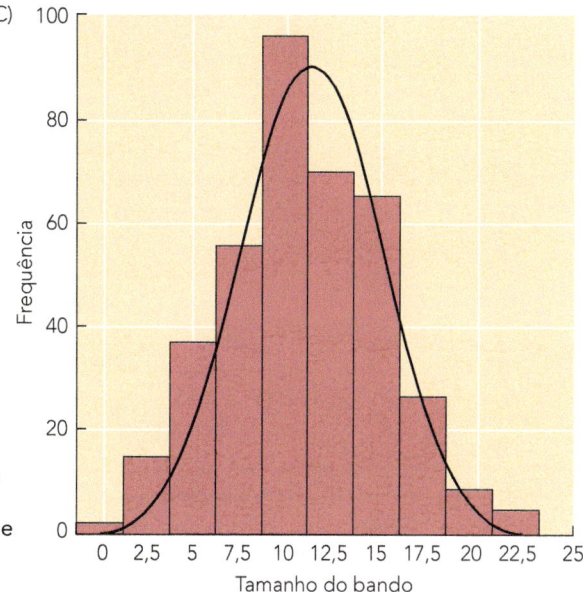

FIGURA 6.31 O tamanho mais adequado do bando para codornas da espécie *Colinus virginianus* depende dos custos e benefícios de pertencer a grupos de diferentes tamanhos. (A) A probabilidade de que um indivíduo sobreviva em qualquer determinado dia, isto é, sua taxa de sobrevivência (um benefício) é maior para aves em bandos de onze indivíduos. (B) A distância percorrida (um custo) é mais baixa para indivíduos em bandos de aproximadamente onze aves. (C) A maior parte das codornas da espécie *Colinus virginianus* são encontradas em bandos de onze aves. Adaptada de Williams, Lutz e Applegate.[1577]

Teoria dos jogos aplicada a defesas sociais

Em adição à abordagem da teoria da otimização, podemos olhar a evolução comportamental por meio das lentes da teoria dos jogos. Tanto o custo quanto o benefício das decisões comportamentais são considerados sob a suposição de que indivíduos estejam tentando inconscientemente maximizar seu sucesso reprodutivo. Mas analistas da teoria dos jogos concentram-se em casos nos quais indivíduos estão competindo uns com os outros de maneira que as consequências para a aptidão de uma dada opção comportamental dependam da ação do outro competidor. Sob essa abordagem, a tomada de decisão é tratada como um jogo, exatamente da maneira como isso é feito pelos economistas que inventaram a teoria dos jogos de forma a compreender as escolhas feitas por pessoas à medida que competem umas com as outras pelo consumo de bens e riquezas. Economistas que trabalham com teoria dos jogos têm mostrado que a estratégia que funciona melhor em uma situação pode falhar quando comparada com outro modo de tomar decisões. Compreender qual estratégia vencerá com frequência depende do que o outro jogador está fazendo.

O fato de que todos os organismos, não apenas os humanos interessados em como gastar seu dinheiro ou ir adiante nos negócios, estão engajados em competições de vários tipos, significa que a abordagem da teoria dos jogos é uma repetição natural daquilo que ocorre no mundo natural. A competição fundamental da vida gira ao redor da ideia de se ter mais genes seus presentes na próxima geração do que genes de seus companheiros. Ganhar esse jogo quase sempre depende daquilo que os outros indivíduos estão dispostos a fazer, motivo pelo qual levar esse fato em consideração faz muito sentido para biólogos evolucionistas.

Um dos mais importantes biólogos evolucionistas de todos os tempos, W. D. Hamilton, foi um pioneiro a pensar na evolução como um jogo de competição entre fenótipos. Hamilton argumentou que, sob certas condições, uma estratégia comportamental que levou os indivíduos a serem sociais poderia, com o passar do tempo, se espalhar na população na qual outros indivíduos viviam sozinhos. O resultado final, de acordo com Hamilton, poderia ser um bando egoísta[610] no qual todos os indivíduos estariam tentando se esconder atrás de outros para reduzir a probabilidade de serem escolhidos por um predador. Imagine, por exemplo, uma população de antílopes pastando em uma planície africana na qual os indivíduos ficam bem separados, reduzindo dessa forma sua visibilidade aos predadores. Agora imagine que um indivíduo mutante surja nessa espécie, aproxima-se de outro animal e posiciona-se de forma a usar seu acompanhante como escudo vivo para proteger-se contra o ataque de predadores. O mutante social que emprega essa tática incorreria em alguns custos; por exemplo, dois animais podem ser mais visíveis a predadores do que um e então atrair mais ataques do que indivíduos dispersos, como têm sido demonstrado em alguns casos.[1516] Mas se esses custos fossem consistentemente menores do que o benefício à sobrevivência adquirido por indivíduos sociais, a mutação social poderia se espalhar pela população. Se isso acontecesse, então por fim todos os membros da espécie se agregariam, com indivíduos competindo pela posição mais segura dentro de seus grupos, se esforçando ativamente para aumentar suas chances às custas de outros. O resultado seria um bando egoísta, cujos membros estariam mais seguros se todos pudessem concordar em se dispersar e não tentar levar vantagem uns sobre os outros. Entretanto, uma vez que populações de indivíduos que empregam uma estratégia solitária estejam vulneráveis às invasões de um mutante social explorador que usa a estratégia de se esconder atrás dos outros para tirar a aptidão de seus companheiros, a tática de exploração poderia se dispersar na espécie, uma clara ilustração do motivo pelo qual definimos adaptações em termos de sua contribuição à aptidão de indivíduos em relação a de outros indivíduos com características alternativas.

A teoria dos jogos, como a teoria da otimização – sua prima –, pode ser usada para gerar modelos matemáticos (hipóteses) dos quais podem ser extraídas predições quantitativas precisas. Mas agora apliquemos a abordagem geral da teoria a um caso envolvendo pinguins da espécie *Pygoscelis adeliae*. Essas aves com frequência esperam algum tempo sobre o gelo próximo a uma abertura de água até um grupo se reunir, para só então todos pularem dentro da água mais ou menos simultaneamente nadando em direção a sua área de forrageio. O valor potencial desse comportamento social se torna mais claro ao percebermos que uma foca-leopardo pode estar espreitando na água perto do ponto de salto (Figura 6.32).[303] A foca pode capturar e matar em pouco tempo somente um número pequeno de pinguins. Nadando em grupo na zona de perigo, muitos pinguins escaparão enquanto a foca estiver envolvida matando um ou dois de seus companheiros azarados. Se você tivesse que desafiar uma foca-leopardo provavelmente faria o seu melhor não sendo nem o primeiro nem o último na água. Se pinguins se comportam como nós nos comportaríamos, então os grupos formados na margem da água podem ser qualificados como bandos egoístas, cujos membros estão engajados em um jogo em que vencedores são melhores que os outros em avaliar quando mergulhar na água.

A hipótese do bando egoísta cria predições testáveis que podem ser aplicadas a qualquer espécie de presa que forme grupos. Por exemplo, o perna-vermelha, um maçarico europeu, alimenta-se em grupos. Se esses grupos são bandos egoístas e os

FIGURA 6.32 Bandos egoístas podem evoluir em espécies de presa. Pinguins da espécie *Pygoscelis adeliae* possuem predadores terríveis, como esta foca-leopardo. Enquanto a foca está matando um pinguim, outros podem entrar na água com maior segurança e escapar para o oceano aberto. Fotografia de Gerald Kooyman/Hedgehog House.

indivíduos estão ganhando uma vantagem de sobrevivência se escondendo atrás dos outros, esperaríamos que indivíduos alvejados por falcões devessem estar relativamente distantes da proteção oferecida por seus companheiros. John Quinn e Will Cresswell coletaram dados para avaliar essa predição registrando 17 ataques em pássaros cujas distâncias de seus vizinhos mais próximos eram conhecidas. Tipicamente, um perna-vermelha selecionado por um falcão estava a uma distância aproximada de cinco corpos a mais de seu companheiro mais próximo do que esse companheiro estava de seu vizinho mais próximo (Figura 6.33).[1189] Pássaros que se afastaram um pouco de seus companheiros pernas-vermelhas (aparentemente para forragear com menos competição por comida) se colocam em risco por renunciarem a participação total em um bando egoísta.

A teoria dos jogos tem muito mais aplicações. Nós lidaremos com algumas delas nos capítulos seguintes. Por enquanto, é suficiente entender que, embora a teoria da otimização e a teoria dos jogos sejam derivadas da teoria de seleção natural, elas oferecem, de alguma forma, ferramentas diferentes para nos ajudar a explicar o comportamento dos animais.

Grupo de pernas-vermelhas

Perna-vermelha

FIGURA 6.33 Pernas-vermelhas formam bandos egoístas. Pernas-vermelhas que são alvos de falcões geralmente permanecem mais distantes de seus vizinhos mais próximos no grupo do que esses pássaros estão de seus vizinhos mais próximos. Adaptada de Quinn e Cresswell.[1189]

	Oponente Solitário	Oponente Social
Animal focal — Solitário	P	$P-B$
Animal focal — Social	$P+B-C$	$P+\frac{B}{2}-\frac{B}{2}-C=P-C$

FIGURA 6.34 Modelo teórico de jogo em que a aptidão obtida por um animal focal solitário ou social depende do comportamento de seu oponente, que pode tanto ser um indivíduo solitário quanto um indivíduo social. Dadas as condições apresentadas no diagrama, que traço é adaptativo: comportamento solitário ou social?

Para discussão

6.13 Considere a Figura 6.34, um diagrama da teoria de jogos com base no conceito de bando egoísta (com agradecimentos a Jack Bradbury). Em uma população de presas, a maior parte dos indivíduos é solitária e permanece distante dos outros. Mas alguns tipos mutantes surgem procurando por outros e usando-os como escudos vivos contra predadores. Os mutantes tiram a aptidão do suposto tipo solitário ao torná-los mais visíveis a seus predadores. Fixaremos o ônus de uma vida solitária em uma população composta apenas por indivíduos solitários em P. Mas quando um indivíduo solitário é encontrado e usado por um tipo social, o animal solitário perde um pouco da aptidão (B) para o tipo social. Existe um custo (C) para indivíduos sociais em função do tempo requerido para encontrar outro indivíduo atrás de quem se esconder, e existe um custo que surge do aumento da visibilidade para predadores de grupos compostos de dois indivíduos em lugar de um. Quando dois tipos sociais interagem, diremos que cada um deles tem uma chance em duas de ser aquele que se esconde trás do outro quando um predador ataca. Se B for maior que C, que tipo de comportamento irá predominar na população com o passar do tempo? Agora compare o ônus médio para indivíduos em populações inteiramente compostas por tipo solitário *versus* tipo social. Se a aptidão média de indivíduos na população do tipo social for menor do que aquela de indivíduos em uma população composta por tipos solitários, o comportamento de se esconder atrás dos outros pode ser uma adaptação?

Resumo

1. Uma adaptação é um traço que se espalhou e foi preservado pela seleção natural, o que significa que esse é um traço hereditário que hoje faz um trabalho melhor na promoção de sucesso reprodutivo ou genético individual do que qualquer forma alternativa disponível desse traço. Outra forma de dizer a mesma coisa é que a adaptação tem melhor relação custo-benefício em termos de aptidão do que qualquer característica alternativa que tenha aparecido na história da espécie.

2. A abordagem adaptativa é um procedimento de pesquisa seguido por pessoas que desejam testar hipóteses sobre o possível valor adaptativo de traços de seu interesse. Traços que particularmente intrigam adaptacionistas são aqueles que apresentam custos substanciais à aptidão, custos que precisam então criar benefícios maiores à aptidão para que se espalhem e persistam nas populações. Traços cujos custos parecem exceder seus benefícios constituem quebra-cabeças darwinistas; as soluções para esses quebra-cabeças são valorizadas por adaptacionistas.

3. Para testar hipóteses adaptativas, um cientista deve checar a validade das predições derivadas dessas explicações potenciais. Evidências relevantes a respeito dos custos e dos benefícios à aptidão oferecidas por um traço podem ser reunidas por meio de observações de campo, experimentos de manipulação controlados ou experimentos naturais envolvendo comparações entre espécies vivas. O método comparativo para testar hipóteses adaptativas baseia-se em duas suposições essenciais: (1) espécies aparentadas exibirão diferenças em seus atributos se enfrentarem diferentes pressões seletivas, a despeito de terem um ancestral comum e assim uma herança genética semelhante, e (2) espécies não aparentadas que compartilham de pressões seletivas semelhantes convergirão na mesma resposta adaptativa, a despeito de terem uma herança genética diferente.

4. Duas ferramentas adicionais para o desenvolvimento e teste de hipóteses adaptativas são a teoria da otimização e a teoria dos jogos. A teoria da otimização é mais útil nos casos em que é possível mensurar tanto os benefícios quanto os custos de traços alternativos na mesma "moeda" de aptidão. Se isso puder ser feito, pode-se checar se um indivíduo de fato comporta-se da maneira mais adequada; ou seja, de modo a maximizar seu benefício líquido. A teoria dos jogos entra em ação quando o benefício de uma opção comportamental para um indivíduo depende do que os outros membros dessa população estão fazendo. Essa teoria vê a evolução como um jogo em que os participantes estão armados com estratégias diferentes que competem umas com as outras, com o vencedor criando, com o passar do tempo, uma população que não pode ser invadida por um jogador com uma estratégia alternativa.

Leitura sugerida

Dois livros, um de Wolfgang Wickler[1562] e o outro de Rod e Ken Preston-Mafham,[1166] contêm muitos exemplos maravilhosos de coloração animal e defesas comportamentais. John Endler forneceu uma revisão moderna das inter-relações entre adaptações predatórias e contra-adaptações de presa.[444] A abordagem custo-benefício do comportamento antipredatório é descrito por Steven Lima e Lawrence Dill.[867] Os artigos de Tim Caro sobre o comportamento de saltitar (*stotting*) em gazelas[233,234] ilustram muito bem a abordagem adaptativa, assim como sua revisão sobre como a hipótese de inibição da perseguição tem sido testada.[235] O ataque feito ao adaptacionismo, por S. J. Gould e R. C. Lewoontin,[557] vale à pena ser lido de forma crítica. Bernie Crespi revisou sucintamente as várias definições de adaptação e as várias razões para a ocorrência de má-adaptação na natureza,[313] enquanto Rodolph Nesse revisitou esse assunto amplamente no contexto da compreensão da enfermidade humana.[1038] *O Gene Egoísta* (segunda edição) de Richard Dawkins faz um ótimo trabalho na explicação da teoria dos jogos no contexto comportamental.[369]

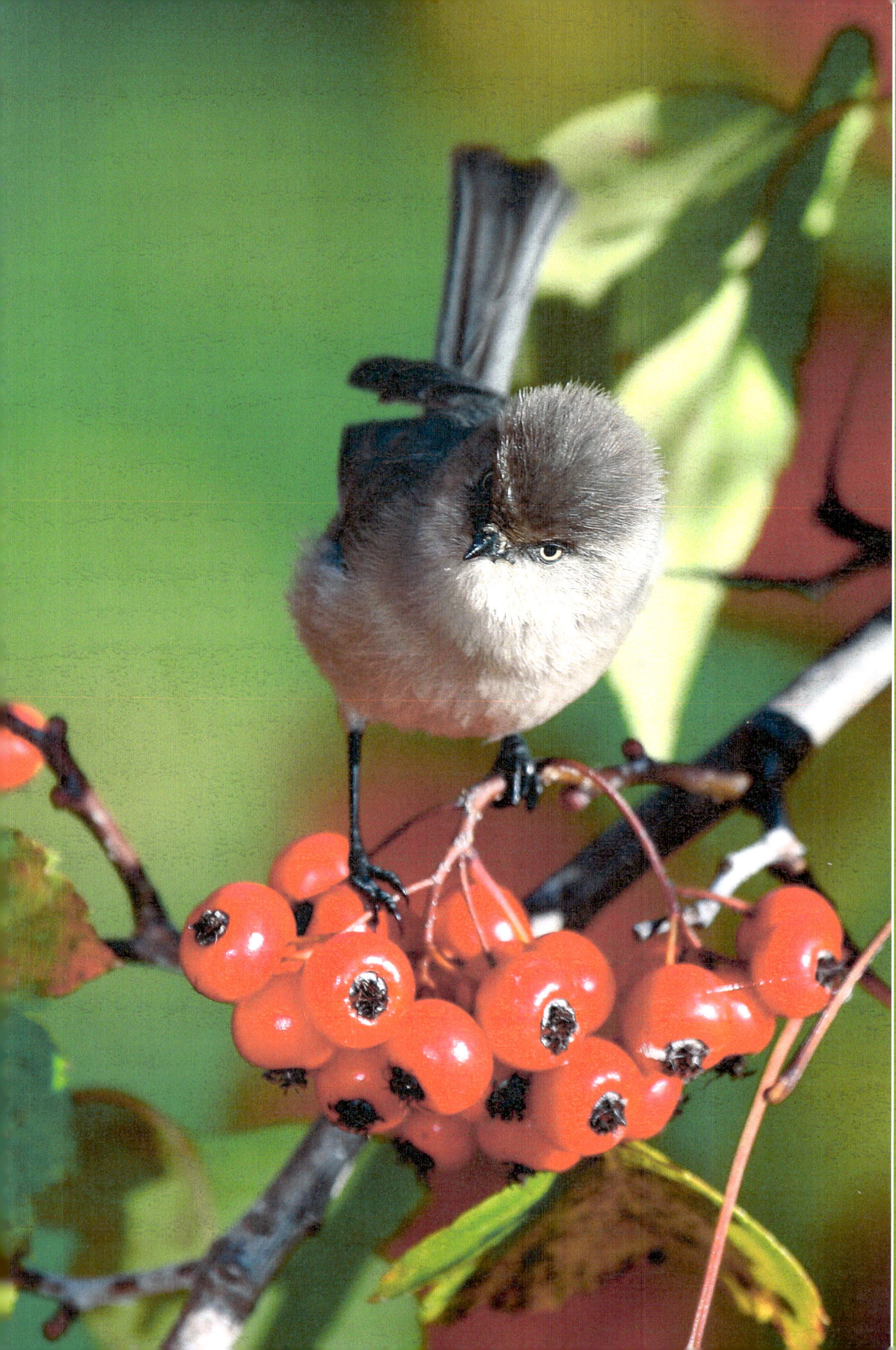

7
A Evolução do Comportamento Alimentar

Em nossa análise sobre o comportamento antipredatório, mostramos como a abordagem custo-benefício pode ser usada para estabelecer se certa característica comportamental tem função adaptativa de promover a sobrevivência. Espécies alvos de predadores desenvolveram grande número de adaptações desse tipo. Considerando que a maioria dos animais é tão boa em adiar sua morte, você agora pode ter certa simpatia pelos forrageadores predadores, que têm de superar uma série de obstáculos quando procuram algo para comer. Por outro lado, a predatória toupeira-nariz-de-estrela (ver Figura 4.26) requer apenas 120 milissegundos para processar a informação recebida por seus longos e sensíveis apêndices nasais. Como resultado, esse predador, que se alimenta em túneis completamente escuros, consegue identificar e consumir de modo quase instantâneo os vermes e outros invertebrados que vivem abundantemente nas áreas alagadiças onde a toupeira forrageia.[248] À noite, no céu sobre as áreas alagadiças onde a toupeira caça eficientemente com seu nariz, morcegos capturam mariposas na completa escuridão, graças ao seu sistema de detecção de presas, bastante diferente, mas igualmente espetacular (ver Figura 4.13). Talvez, apesar de tudo, não precisamos ter tanta pena dos predadores. De certo modo, as fantásticas habilidades de caça que exibem são produto das defesas de suas presas, que favoreceram a

◄ **Esse pássaro (*Psaltriparus minimus*) escolheu esse cacho de frutos** *para maximizar o consumo calórico, para adquirir um nutriente essencial ou para evitar forragear em áreas onde os predadores estão em maior número? Fotografia de Bruce Lyon.*

evolução de mecanismos defensivos em uma corrida armamentista entre dois antagonistas (*ver* Figura 6.9). Como resultado, predadores geralmente conseguem o suficiente para se alimentar.

Este capítulo examina hipóteses sobre o valor adaptativo de vários elementos do comportamento alimentar dos animais, com o objetivo de ilustrar como ecólogos comportamentais usam as ferramentas teóricas de que dispõem, incluindo a teoria da otimização e a teoria dos jogos.

Comportamento de forrageio ótimo

Um corvo forrageando deve tomar diversas decisões. Onde deve procurar comida? A que hora do dia? Qual presa? Quanto tempo deve gastar para processar a presa encontrada? Adeptos da teoria da otimização poderiam analisar cada uma das decisões de forrageio em termos da contribuição para a aptidão do corvo a partir do teste de quanto o comportamento da ave é ótimo (maximização da aptidão). Usaremos essa ideia para examinar as escolhas que corvos fazem sobre quais conchas abrir.

Quando um corvo (*Corvus caurinus*) localiza bivalves ou gastrópodes, às vezes, mas nem sempre, os captura, voa e então deixa cair a vítima contra uma superfície dura. Se a concha do molusco se partir na rocha, a ave voa atrás da presa e arranca a carne exposta (vídeo disponível em http://illuminations.nctm.org/java/Whelk/student/crows.html).

A importância adaptativa do comportamento da ave parece simples: ela não consegue usar o bico para abrir a concha extremamente dura de certos moluscos. Portanto, ela quebra a concha deixando-a cair sobre rochas. Isso parece adaptativo. Caso encerrado. Porém, podemos ser mais ambiciosos em nossa análise sobre a decisão de forrageio do corvo. Um corvo faminto procurando comida tem que decidir qual molusco capturar, quão alto voar antes de jogar a presa e quantas vezes repetir esse comportamento se a concha não quebrar na primeira tentativa.

Reto Zach fez várias observações ao assistir corvos forrageando:

1. Os corvos capturaram apenas os gastrópodes grandes de 3,5 a 4,4 centímetros de comprimento;
2. Os corvos voavam cerca de 5 metros antes de largar os gastrópodes escolhidos;
3. Os corvos continuaram tentando com o mesmo gastrópode escolhido até ele se abrir, mesmo que fossem necessários vários vôos.

Zach tentou explicar o comportamento do corvo determinando se o comportamento das aves era ótimo no sentido de maximizar a carne do gastrópode disponível para consumo por unidade de tempo gasta forrageando[1634]. A hipótese da otimização gerou as seguintes previsões:

1. Gastrópodes grandes deveriam quebrar com maior probabilidade do que os pequenos após uma queda de 5 metros;
2. Quedas de menos de 5 metros deveriam resultar em uma taxa reduzida de quebra, enquanto quedas muito maiores que 5 metros não deveriam aumentar muito as chances de abrir o gastrópode;
3. A probabilidade de um gastrópode quebrar deveria ser independente do número de vezes que ele já foi jogado.

Zach testou as previsões da seguinte maneira: ergueu um mastro de 15 metros de altura em uma praia rochosa e colocou uma plataforma cuja altura poderia ser ajustada, da qual gastrópodes de diversos tamanhos poderiam ser largados

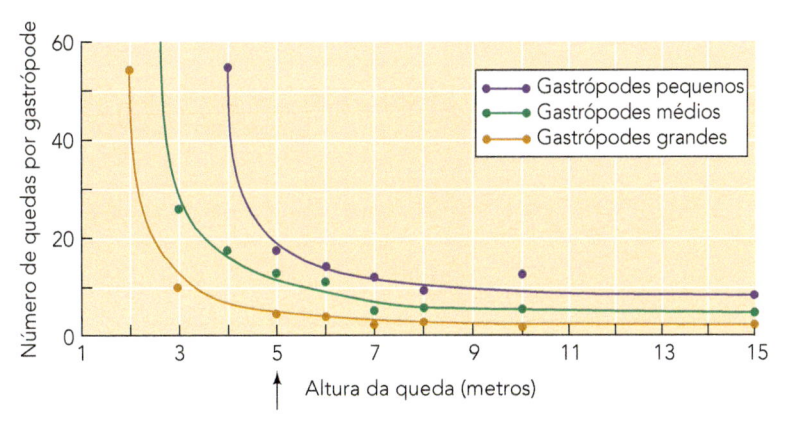

FIGURA 7.1 Decisões de forrageio ótimo pelo corvo *Corvus caurinus* alimentando-se de determinados gastrópodes. As curvas mostram o número de quedas necessárias para quebrar os gastrópodes de diferentes tamanhos a diferentes alturas. Os corvos pegam apenas gastrópodes grandes, com mais calorias disponíveis, e os deixam cair de uma altura de aproximadamente 5 metros, minimizando assim a energia gasta para abrir suas presas. Adaptada de Zach.[1634]

contra as rochas no chão. Ele coletou amostras de gastrópodes pequenos, médios e grandes e jogou-os de diferentes alturas (Figura 7.1). Em primeiro lugar, descobriu que gastrópodes grandes precisavam de significativamente menos quedas do que gastrópodes pequenos e médios para quebrar em alturas abaixo de 5 metros. Em segundo lugar, a probabilidade de um gastrópode grande quebrar aumentava drasticamente à medida que a altura de queda aumentava até aproximadamente 5 metros, mas acima dessa altura a taxa de quebra aumentava muito pouco. Em terceiro lugar, a chance de um gastrópode grande quebrar não era afetada pelo número de quedas e era sempre de uma chance em quatro a cada nova queda. Portanto, um corvo que abandona um gastrópode intacto depois de uma série de tentativas malsucedidas não teria maior probabilidade de quebrar um outro gastrópode de mesmo tamanho na próxima tentativa. Além disso, encontrar uma nova presa levaria mais tempo e energia.

Zach foi além e calculou o número de calorias médias necessárias para abrir um gastrópode grande (0,5 quilocalorias), o que ele subtraiu da energia presente em um gastrópode grande (2,0 quilocalorias), resultando no ganho líquido de 1,5 quilocalorias. Em contrapartida, gastrópodes de tamanho médio, que requerem maior número de quedas para quebrarem, podem resultar em perda líquida de 0,3 quilocalorias; tentar abrir gastrópodes pequenos poderia ser ainda mais desastroso. Assim, o comportamento do corvo de rejeitar todo e qualquer gastrópode exceto os grandes é adaptativa, levando em conta que aptidão é uma função de energia adquirida por unidade de tempo.[1634]

Para discussão

7.1 Em alguns locais, corvos norte-americanos abrem nozes jogando-as contra superfícies duras. Diferentemente dos corvos ao abrir gastrópodes, esses corvos americanos reduzem a altura de arremesso de 3 para 1,5 metros entre a primeira e a quinta tentativa. Se essa for uma tendência adaptativa, quais previsões decorrem de diferenças entre gastrópodes e nozes na probabilidade de quebra após quedas sucessivas? Além disso, esses corvos tendem a jogar as nozes de alturas menores quando outros corvos estão presentes nos arredores. Se essa característica for uma adaptação, qual previsão deve ser verdadeira? Compare suas respostas com os dados de Cristol e Switzer.[321]

> **Para discussão**
>
> **7.2** *Taxidea taxus*, mustelídeo que ocorre na região de Oklahoma nos Estados Unidos, pode caçar tanto escorpiões quanto esquilos. Cada escorpião fornece apenas 10 calorias, mas são necessários apenas 2 minutos, em média, para achá-los, com um adicional de 3 minutos para remover o aguilhão. Já um esquilo oferece 1.000 calorias, mas são necessárias, em média, 3 horas para achar e 90 minutos adicionais para capturar, matar e finalmente consumir um exemplar. Se a intenção do mustelídeo é maximizar a taxa de ganho calórico, ele deveria forragear esquilos, escorpiões ou ambos? Mostre seus cálculos (Agradecimentos a Doug Mock por essa questão).

Tal como observado anteriormente, uma premissa central para o estudo da otimização no sistema corvo-gastrópode foi de que os corvos atingem máximo sucesso reprodutivo ao maximizarem o número de calorias ingeridas por unidade de tempo. Mas isso precisa ser testado. A relação entre a eficiência em abrir um gastrópode e sua aptidão não foi estabelecida para corvos, mas em um experimento com mandarins de cativeiro: as aves foram alimentadas com o mesmo tipo de alimento sob regimes diferentes, de forma que algumas aves tiveram custos maiores de forrageio que outras, e o resultado foi que os indivíduos com maior ganho calórico diário sobreviveram melhor e reproduziram mais que os outros.[853] Em estudo ainda mais recente, mandarins que consumiram menores taxas de ração durante 6 semanas (porque tinham que procurar sementes misturadas em grandes quantidades de palha e impurezas) demoraram mais para botar seus primeiros ovos em comparação com outros mandarins com a mesma quantidade de comida sem impureza em meio às sementes.[1569]

Em um experimento não controlado de natureza similar, o consumo de comida se mostrou relacionado à sobrevivência do maçarico-de-papo-vermelho. Durante a primavera, essas aves migratórias aterrissam nas praias da Baía de Delaware, no leste dos Estados Unidos, para se alimentarem dos ovos de xifosuros (quelicerados aquáticos) antes de completarem sua jornada até o norte do Canadá, onde finalmente se reproduzem. Populações de xifosuros caíram drasticamente nos últimos anos devido à coleta excessiva pelos pescadores que usam esses animais como iscas.[60] O resultado disso é que os xifosuros não colocam mais ovos numerosamente como faziam no passado, e os maçaricos-de-papo-vermelho têm muito mais dificuldade de adquirir as 60 a 100 gramas de peso extra necessárias para conseguir completar a jornada com reservas o suficiente para enfrentar o tempo ruim que pode ocorrer durante a reprodução em solos canadenses.[204]

Se existe uma ligação direta entre alimentação e sobrevivência como os modelos de forrageio ótimo assumem, então esperaríamos uma queda brusca na população de maçaricos-de-papo-vermelho que param na Baía de Delaware durante a migração para o norte, e, de fato, essa população reduziu de 51.000 no ano de 2000 para 27.000 dois anos depois. Além disso, pesquisadores capturaram, pesaram e marcaram as aves na Baía de Delaware e recapturaram algumas das aves nos anos subsequentes. O peso inicial (da primeira coleta) das aves que sobreviveram e retornaram no segundo ano foi muito maior do que o peso inicial daqueles não recapturados ou vistos novamente, mais um indício de que adquirir energia com eficiência está diretamente associado com a aptidão.[60] Resultados semelhantes foram obtidos para uma população diferente de maçaricos-de-papo-vermelho que viajam da Islândia para o ártico canadense e voltam; nos anos em que as condições de reprodução no Canadá foram particularmente ruins, maçaricos anilhados que sobreviveram durante o verão estavam incomumente pesados quando partiram da Islândia em sua jornada migratória.[1011] Esses estudos revelam que só vale a pena aos maçaricos-de-papo-vermelho forragearem de maneira ótima na época pré-migratória em alguns e não todos os anos, mas as aves presumivelmente não conseguem prever quando as condições no local de reprodução tornam essencial o máximo ganho de peso extra nos dias que antecedem a viagem ao Canadá. Portanto, eles tentam assegurar as suas reservas de gordura necessária para a pior possibilidade.

> **Para discussão**
>
> **7.3** O atobá-do-cabo, ave marinha, normalmente se alimenta de peixes oceânicos como as sardinhas; porém, durante a estação não reprodutiva, essas aves consomem grandes quantidades de restos de pescaria descartados por barcos pesqueiros que processam o fruto de sua pesca ainda no mar. Apesar dessas aves viverem bem com uma dieta misturada de restos e sardinhas, quando a estação reprodutiva começa e os jovens precisam ser alimentados, os atobás-do-cabo tentam alimentar os filhotes com peixes inteiros capturados no mar, em vez de lhes dar os restos jogados pelos barcos pesqueiros. Ainda assim, nos últimos anos, a grande maioria de filhotes morreu. Desenvolva algumas hipóteses e previsões para explicar a aparente falha dos atobás-do-cabo parentais em alimentar seus filhotes com uma dieta que promova o crescimento pleno e exija menos energia para ser adquirida. Leia Grémillet e colaboradores.[577]

Como escolher um mexilhão ótimo

O *Haematopus ostralegus* é uma ave de praia que pode ter suas decisões de forrageio confrontadas com as previsões extraídas dos modelos de otimização. Dois pesquisadores belgas, P.M. Meire e A. Ervynck, desenvolveram uma hipótese de maximização calórica para aplicar a algumas aves que se alimentam de mexilhões.[972] Assim como Reto Zach, eles calcularam o ganho líquido proporcionado por presas de diferentes tamanhos com base nas calorias que um mexilhão contém (benefício em termos de aptidão) e o tempo necessário para abri-lo (custo em termos de aptidão). Mesmo sendo necessário mais tempo para abrir os mexilhões com mais de 50 milímetros de comprimento, seja quebrando ou perfurando a concha, eles fornecem mais calorias por minuto que os mexilhões menores. Portanto, o modelo prevê que *H. ostralegus* deveria se concentrar principalmente nos maiores mexilhões. Mas, na vida real, as aves não preferem os mexilhões realmente maiores (Figura 7.2). Por quê?

Hipótese 1: O ganho líquido proporcionado por mexilhões muito maiores é reduzido, pois alguns deles não podem ser abertos de forma alguma, o que reduz a média de retorno por causa do manuseio da presa.

Em seus cálculos iniciais sobre qual o ganho líquido de cada presa, os pesquisadores consideraram apenas as presas que os indivíduos de *H. ostralegus* realmente

Haematopus ostralegus

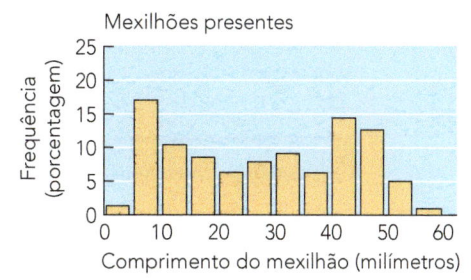

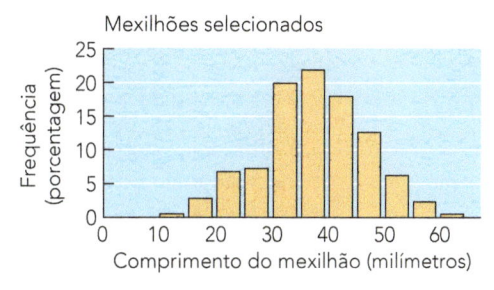

FIGURA 7.2 Presas disponíveis *versus* presas selecionadas. *Haematopus ostralegus* em forrageio escolhe mexilhões maiores do que o mexilhão médio disponível, mas não se concentram nos mexilhões maiores de todos. Adaptada de Meire e Ervynck.[972]

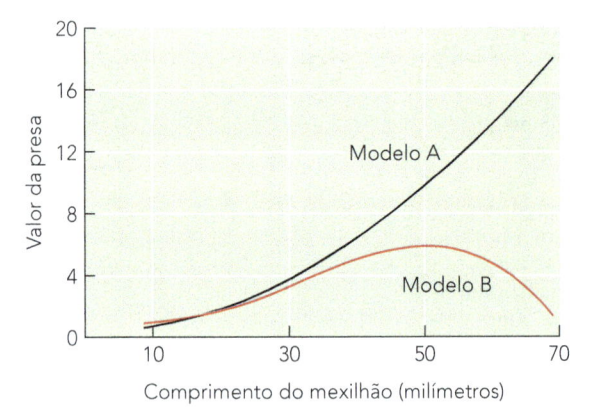

FIGURA 7.3 **Dois modelos de forrageio ótimo geram previsões diferentes** porque calculam o valor da presa de maneiras diferentes. O modelo A calcula o valor de um mexilhão com base apenas na energia disponível em mexilhões abertos de diferentes tamanhos, dividido pelo tempo necessário para abrir essas presas. O modelo B calcula o valor com mais uma consideração: a de que alguns mexilhões muito grandes têm que ser abandonados depois de atacados por serem impossíveis de abrir. Adaptada de Meire e Ervynck.[972]

Peixe ciclídeo

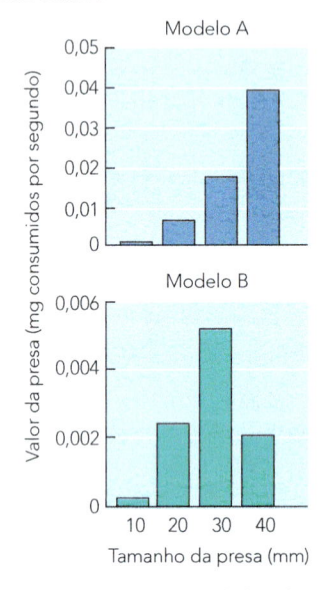

FIGURA 7.4 **Dois modelos de forrageio ótimo** sobre o valor de caçar lebistes de diferentes tamanhos para um peixe ciclídeo predador. Adaptada de Johansson, Turesson e Persson.[728]

abriram (Figura 7.3, modelo A). Verificou-se que as aves ocasionalmente selecionam alguns mexilhões grandes incapazes de abrir, mesmo que façam muito esforço. O tempo gasto no manuseio desses mexilhões grandes e impenetráveis reduz a média da compensação de lidar com esse tamanho de presa. Quando levamos esse fator em consideração, um novo modelo de otimização aparece, gerando a previsão de que o *H. ostralegus* deveria se concentrar em mexilhões de 50 milímetros de comprimento ao invés das classes muito maiores (Figura 7.3, modelo B). Entretanto, as aves preferem os mexilhões de 30 a 45 milímetros de comprimento. Portanto, o tempo gasto lidando com os mexilhões grandes e invulneráveis falha na tentativa de explicar o comportamento de seleção de alimento de *Haematopus ostralegus*.

> *Hipótese 2*: Não vale a pena atacar a maioria das mexilhões grandes, pois eles são cobertos de cracas, o que os torna impossíveis de abrir.

Essa explicação adicional para a aparente relutância dos indivíduos de *Haematopus ostralegus* em buscar os mexilhões grandes e cheios de calorias se sustenta pela observação de que as aves nunca encostam em mexilhões incrustados de cracas. Quanto maior for o mexilhão, maior a chance de que ele tenha adquirido um casaco impenetrável de cracas, descartando-o como opção. De acordo com o modelo matemático cujos fatores são (1) tempo para abrir a presa, (2) tempo gasto nas tentativas frustradas de abrir um mexilhão e (3) faixa de tamanho real de presas de fato disponíveis, as aves deveriam centrar suas atenções nos mexilhões de 30 a 45 milímetros, e elas o fazem. Observe que esses pesquisadores usaram a teoria da otimização para produzir uma hipótese inicial rejeitada com base nas evidências coletadas. Então, eles modificaram o modelo e o colocaram sob novo teste, resultando na melhor compreensão do comportamento alimentar de *H. ostralegus*.

Outros pesquisadores também observaram o comportamento de forrageio do ponto de vista da otimização. Como consequência, sabemos atualmente que os *H. ostralegus* preferem mexilhões de concha marrom aos mexilhões de concha preta, provavelmente pela menor quantidade de água dos primeiros. Menor quantidade de água significa maior quantidade de presa acomodada no esôfago do predador, o que possibilita à ave forragear mais antes de terminar de processar os itens ingeridos,[1028] outra maneira com que *H. ostralegus* pode aumentar o ganho calórico por unidade de tempo.

Para discussão

7.4 Ciclídeos do gênero *Crenicichla* são peixes predadores que se alimentam de lebistes, um peixe menor. Pelo menos em laboratório e provavelmente também nos rios de Trinidad, esse predador tende a atacar e consumir lebistes grandes. Uma equipe de pesquisadores suecos mediu o tempo que uma espécie de ciclídeo leva para detectar, se aproximar, emboscar e atacar lebistes de 4 classes de tamanho (10, 20, 30 e 40 milímetros de comprimento). Os pesquisadores também anotaram a taxa de sucesso na captura para cada classe de tamanho e o tempo que demoravam para manipular e consumir as presas que de fato capturavam. Com esse dados, construíram dois modelos de valor da presa calculados por peso da presa consumido por unidade de tempo.[728] O modelo A considerava apenas o tempo de ataque e captura, enquanto que o modelo B incorporou a esses dois fatores o tempo pós-captura de manipulação da presa para calcular o peso de alimento consumido por unidade de tempo (Figura 7.4). Qual dos dois modelos você acredita ser um modelo de forrageio ótimo mais realístico e por quê? Tendo em vista os dois modelos, quais questões evolutivas são levantadas pela preferência dos ciclídeos pelos lebistes de 40 milímetros?

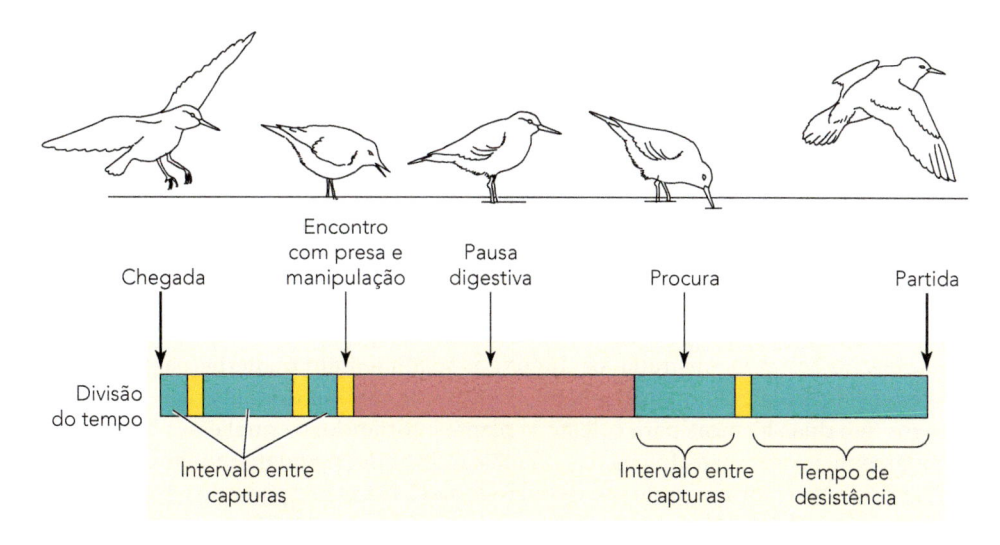

FIGURA 7.5 Rodada de forrageio do maçarico-de-papo-vermelho. Depois de um período bem-sucedido de procura, a ave descansa para digerir a presa que encontrou e comeu. Quando reinicia o forrageio, ela então tem que decidir o quanto persistir em determinado local antes de se deslocar para outro. Adaptada de van Gils e colaboradores.[1484]

Para discussão

7.5 Maçaricos-de-papo-vermelho geralmente se alimentam de pequenos moluscos dotados de concha em grupos dispersos na região costeira. As aves pousam em determinado local e procuram presas que, quando encontradas, normalmente são engolidas inteiras, com concha e tudo. Se elas adquirem uma determinada quantidade de presas com concha espessa, geralmente fazem uma pausa digestiva para processar a concha. Com o intuito de se alimentar de maneira ótima, será que essas aves deveriam considerar o ganho calórico a curto prazo, calculado pelas calorias adquiridas de moluscos de diferentes tamanhos em relação ao tempo necessário para encontrar e consumir esses itens? Ou essas aves deveriam tomar decisões baseadas no ganho calórico a longo prazo, que exige considerar as calorias adquiridas em relação ao tempo de digestão? Sob quais considerações essas aves deveriam ignorar presas ricas em calorias, mas de conchas grossas, em favor de presas menores com menor valor calórico e conchas mais finas e mais fáceis de processar? Em algum momento, as aves partem para outro local, onde iniciam nova etapa de caça aos moluscos (Figura 7.5).[1484] Para determinar se as aves forrageam de maneira ótima, você deveria calcular apenas a taxa de consumo e não o tempo de pausa para digestão? Em que momento uma ave deveria deixar um local?

Críticas à teoria do forrageio ótimo

Ao desenvolver e testar modelos de otimização, os pesquisadores concluíram que os corvos *Corvus caurinus* e ostraceiro *Haematopus ostralegus*, entre outras espécies, escolhem a presa que lhes fornece o maior benefício calórico em relação ao tempo gasto forrageando. Entretanto, algumas pessoas criticaram o uso da teoria da otimização com base no fato de que nem sempre os animais buscam por comida da maneira mais eficiente possível. Como vimos, entretanto, modelos de otimização não são construídos para fazer afirmações sobre a perfeição da evolução, mas sim para possibilitar testes que permitam verificar se as variáveis que moldaram a evolução do comportamento de um animal foram corretamente identificadas. Além disso, os fatores incluídos em um modelo de otimização têm grande influência nas previsões que se seguem. Se admitimos que um indivíduo de *H. ostralegus* trata cada mexilhão no litoral como presa potencial, então prevemos que ele faça escolhas de forrageio diferentes do que se o modelador admitir que a ave simplesmente ignora todos os mexilhões cobertos por cracas. Se as previsões de um modelo de otimização falharem em explicar a realidade, os pesquisadores podem progredir rejeitando o modelo, desenvolvendo e testando um modelo novo e uma hipótese alternativa que leve outros fatores em consideração.

Se, por exemplo, outros fatores ecológicos além do ganho calórico afetam o comportamento de forrageio de *H. ostralegus*, o modelo de maximização calórica falhará no teste, como esperado. E, para a maioria dos forrageadores, o comportamento de forragear de fato tem consequências além da aquisição de calorias. Se você suspeita, por exemplo, que os predadores moldaram a evolução do comportamento de forrageio de um animal, então provavelmente o tipo de modelo de otimização escolhido não focará apenas a relação entre calorias adquiridas e calorias gastas. Se forragear expõe um animal a um risco de morte, então, quando esse risco for alto, deveríamos esperar que os forrageadores sacrificassem o ganho calórico de curto prazo pela sobrevivência a longo prazo[410, 733, 1510] (ver Urban).[1478]

Tal sacrifício foi demonstrado para dugongos, mamíferos marinhos grandes e relativamente lentos, aparentados do peixe-boi. Na adequadamente chamada Baía dos Tubarões no oeste da Austrália, os dugongos se alimentam de herbáceas marinhas da ordem *Alismatales* enquanto tentam evitar virar comida dos tubarões-tigre. Dugongos têm duas técnicas para coletar as plantas: cortando, na qual esses herbívoros rapidamente arrancam as folhas das plantas, e cavando, na qual afundam o focinho no fundo para arrancar a parte sob o solo (rizomas). Na maior parte do tempo, os dugongos comem tanto o rizoma como o resto da planta, o que lhes fornece mais energia por maior tempo. Mas as duas técnicas de forrageio expõem os dugongos a diferentes níveis de risco; quando os animais estão com a cabeça parcialmente enterrada na areia não conseguem ver direito, enquanto que, ao cortar as plantas, eles podem olhar e detectar possíveis inimigos ao redor. Os dugongos na Baía dos Tubarões não escavam rizomas das herbáceas marinhas quando o tubarão-tigre é relativamente comum na área, o que é estimado pela safra de tubarões dos pescadores locais (Figura 7.6).[1606] Um modelo de otimização que falhasse ao considerar custos e benefícios do sucesso ao forragear e do risco de predação não seria capaz de prever com exatidão o comportamento dos dugongos.

Os dugongos não são os únicos animais a mudar o comportamento de acordo com o risco de predação de forma que haja custos e benefícios para os indivíduos. Por exemplo, uma espécie de alce (*Cervus elaphus*) que vive no Parque Nacional de Yellowstone, nos Estados Unidos, mudou seu comportamento de forrageio consideravelmente após a reintrodução de lobos na área. Em vez de se alimentarem conforta-

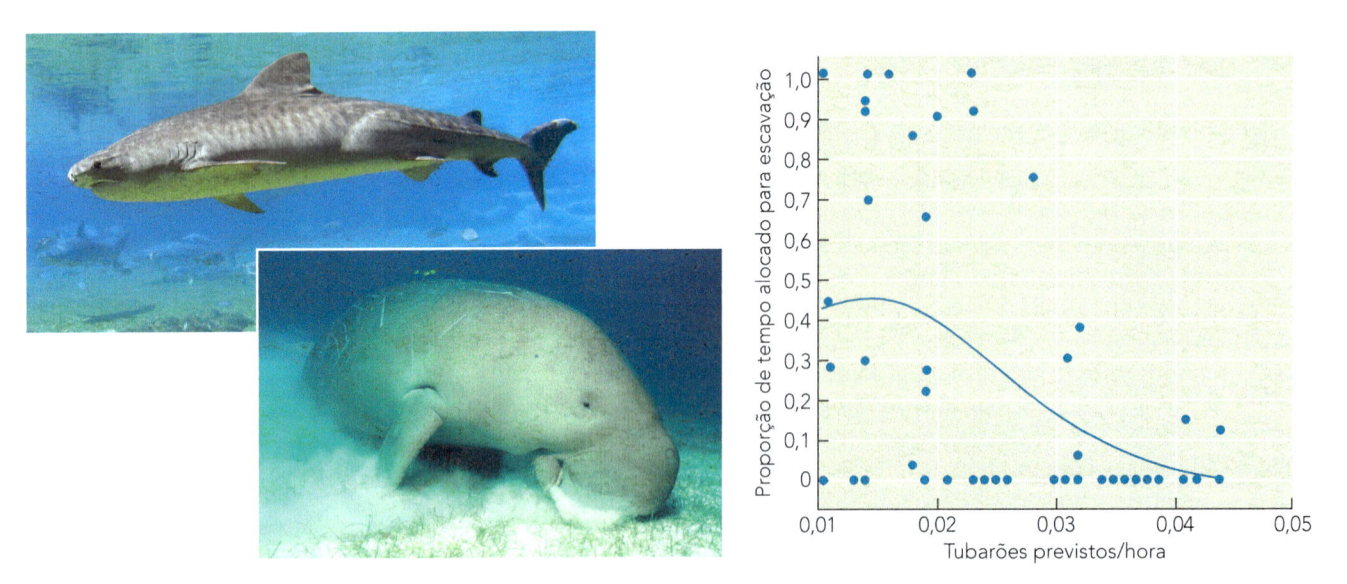

FIGURA 7.6 Dugongos alteram estratégias de forrageio quando tubarões podem estar presentes. O tempo que estes grandes e lentos mamíferos marinhos gastam escavando herbáceas marinhas do solo do oceano decresce conforme aumenta a probabilidade de que tubarões-tigre estejam na área. Adaptada de Wirsing, Heithaus e Dill.[1606]

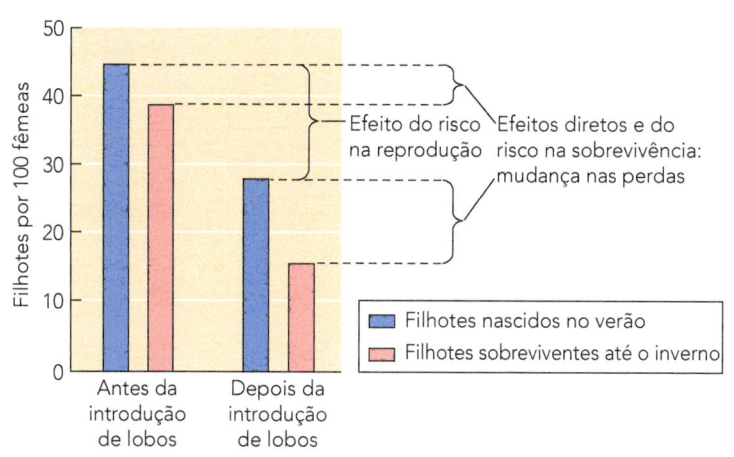

FIGURA 7.7 Mesmo quando predadores não matam diretamente as presas, eles podem forçá-las a mudarem o comportamento para evitar o risco de serem mortas de maneira que reduz seu rendimento reprodutivo. Depois que lobos foram reintroduzidos no ecossistema de Yellowstone, alces modificaram o comportamento de forrageio, ficando mais tempo escondidos em bosques do que se alimentando em pastos abertos. Essa mudança reduziu a produção de filhotes por fêmeas (barras azuis) e diminuiu a sobrevivência dos filhotes que tiveram (barras rosas). Adaptada de Creel e Christianson.[312]

Cervus elaphus fêmea e filhote

velmente em campos abertos, onde a comida preferida desses animais está presente em abundância, atualmente os alces deixam os prados quando os lobos chegam e se movem para as áreas de bosque onde é mais difícil para seus inimigos visualizá-los e caçá-los.[311] Apesar dessa resposta promover a sobrevivência do alce maduro em um ambiente ocupado por lobos, a presa paga um preço por alterar o comportamento de forrageio. Atualmente, em função dos lobos caçarem alces, a probabilidade de uma fêmea ter filhote no verão caiu drasticamente, e a probabilidade de que o seu filhote permaneça com ela na época do inverno também diminuiu. Algumas dessas mudanças na reprodução e também na sobrevivência dos filhotes podem ser atribuídas ao que Scott Creel e colaboradores que estudam o comportamento do alce chamam de "efeito de risco" (Figura 7.7). Na tentativa de reduzir o risco de serem mortos, os animais diminuem o ganho energético, o que reduz a chance de produzirem e cuidarem de um filhote. Se falhássemos em considerar as consequências fatais de permanecer em pastos visitados pelos lobos caçadores, poderíamos concluir que os alces estavam forrageando de maneira subótima.

Para discussão

7.6 Diversas pessoas propuseram que quando um cavalo muda de trote leve para galope, ele muda o passo para minimizar o gasto energético na locomoção, assumindo que animais capazes de minimizar os custos energéticos para chegar do ponto A para o ponto B desfrutarão de maior sucesso reprodutivo do que os indivíduos que gastam reservas energéticas em locomoção ineficiente. A hipótese da minimização de energia foi testada por Claire Farley e Richard Taylor com a ajuda de três cavalos cooperativos e prontos para correr em uma esteira programada para obter dados de seu consumo de oxigênio, fator diretamente relacionado ao uso de energia.[454] Qual foi a conclusão científica com base na justificativa da Figura 7.8? Essa conclusão apoia aqueles que afirmam que a teoria da otimização não é útil pois se baseia em hipóteses particulares geralmente muito simplistas e incorretas?

7.7 O pássaro *Nectarinia reichenowi* se alimenta exclusivamente do néctar de certas flores durante o inverno na África do Sul. Algumas das aves são territoriais em relação a ambientes com flores, mas abandonam a área defendida em alguns momentos. Frank Gill e Larry Wolf inventaram uma maneira de medir a taxa de produção de néctar por floração de um determinado local. Eles também estudaram informações anteriormente publicadas sobre os custos calóricos de perseguições aéreas que as aves fazem para defenderem seu território (2.000 calorias por hora), bem como os custos de forragear néctar (1.000 calorias por hora) e descansar (400 calorias por hora). A Tabela 7.1 mostra as calorias economizadas por aves que mantêm territórios em comparação com as que for-

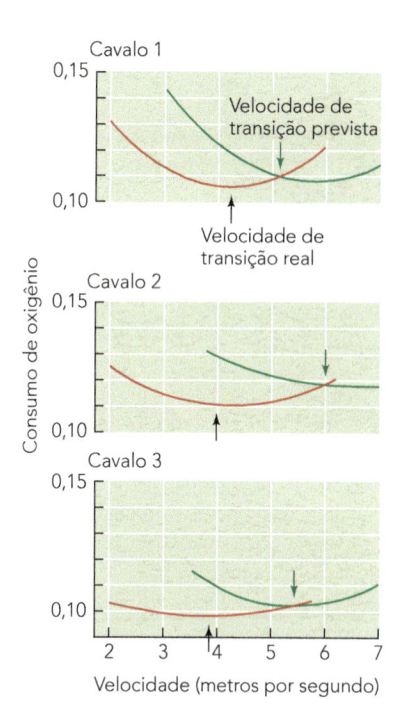

FIGURA 7.8 Registros e consumo de energia por três cavalos em relação a dois modos de locomoção: trote (linha vermelha) *versus* galope (linha verde). O consumo de energia foi medido em termos de mililitros de oxigênio consumido por quilograma de peso para cada metro percorrido. Adaptada de Farley e Taylor.[454]

Tabela 7.1	Benefícios da territorialidade para o pássaro Nectarinia reichenowi em diferentes condições				
Produção de néctar (microlitros/flor/dia)		1	2	3	4
Tempo de forrageio (horas) necessário para atingir as necessidades calóricas por dia		8	4	2,7	2

Produção de néctar em		Horas de descanso ganhas	Calorias economizadas[a]
Território	Local não defendido		
2	1	8 − 4 = 4	2400
3	2	4 − 2,7 = 1,3	780
4	4	2 − 2 = 0	0

Fonte: Gill e Wolf[540]
[a] Para cada hora gasta descansando e não forrageando, o pássaro gasta 400 calorias em vez de 1.000, economizando 600 calorias. Total de calorias economizadas = 600 por hora de descanso ganha por não ter que forragear por néctar.

rageiam em outros locais floridos não defendidos, a partir de diversas taxas de produção de néctar. Gill e Wolf assumiram que a meta das aves que não estavam se reproduzindo era coletar néctar o suficiente para satisfazer as necessidades diárias para sobrevivência. (Por que é razoável assumir isso?) Eles descobriram que alguns pássaros eram territoriais apenas quando as taxas de produção de néctar eram maiores no território defendido que nas áreas não protegidas. Também verificaram que o tamanho do território diminuía à medida que a taxa de intrusos (aves não territoriais) aumentava; quando o número de intrusos era muito grande, as aves simplesmente paravam de proteger as suas áreas de forrageio.[540,541] Com base nos dados da Tabela 7.1, quantos minutos defendendo o território valeriam a pena se uma ave tivesse acesso a 2 microlitros por flor por dia enquanto outras áreas floridas tivessem metade dessa taxa de produção de néctar? Quantos minutos defendendo o território valeriam a pena se uma ave pudesse escolher entre defender um lugar com 3 microlitros por flor por dia e forragear, de maneira não agressiva, em outro local em que cada flor produzisse 2 microlitros de néctar por dia?

Teoria dos jogos e comportamento alimentar

Os exemplos anteriormente relatados mostram como a teoria da otimização pode ser usada para desenvolver modelos matemáticos do comportamento de forrageio que especificam exatamente quais variáveis moldam o comportamento sob observação. Algumas vezes, modelos desse tipo permitem a elaboração de previsões quantitativas que podem ser confrontadas com a realidade de forma realmente precisa, possibilitando aos pesquisadores a obtenção de ótimas conclusões sobre a validade de uma hipótese.

Outra ferramenta semelhante para explorar o valor adaptativo do comportamento alimentar é a teoria dos jogos, delineada no capítulo anterior, modelo especialmente útil nos casos em que os indivíduos competem entre si por um recurso valioso. Essa aproximação pode ser aplicada, por exemplo, para os casos nos quais existam duas ou mais técnicas de forrageio em uma mesma espécie,[1357] incluindo as serpentes-de-garter, gênero *Thamnophis*, que comem lesmas em um local e girinos em outro, como descrito no Capítulo 3. Toda vez que dois ou mais fenótipos diferentes de forrageio são detectados em uma espécie, a questão óbvia é: por que o tipo associado à maior aptidão não substituiu seu rival ao longo do tempo evolutivo? Por exemplo, parecem extremamente pequenas as chances que uma larva de *Drosophila* errante ou sedentária (*ver* página 85) tem de assegurar exatamente a mesma quantidade de comida por unidade de tempo forrageando. Se um tipo de larva fosse minimamente melhor em média que o outro, os genes associados especificamente com esse fator deveriam se espalhar e substituir qualquer alelo alternativo ligado ao comportamento de aquisição de comida. Então, por que ambos os tipos são razoavelmente comuns em alguns lugares?

No caso das moscas-das-frutas, os dois tipos de fenótipos comportamentais sem dúvida diferem geneticamente,[372] então podemos dizer no jargão da teoria dos jogos que há duas estratégias diferentes.[589] Nesse contexto, estratégias não são planos de jogo adotados de forma consciente como humanos costumam empregar, mas sim um fator comportamental hereditário que difere em cada indivíduo. Como observado, se uma estratégia confere maior aptidão do que outra em uma população, normalmente apenas a estratégia superior persistirá. Mas sob algumas circunstâncias especiais, duas estratégias podem coexistir indefinidamente, graças aos efeitos da chamada seleção dependente de frequência. Esse tipo de seleção ocorre quando a aptidão de um fenótipo depende de sua frequência relativa a outro fenótipo. Quando a aptidão de um tipo aumenta à medida que ele se torna mais raro, então esse fenótipo se tornará mais frequente na população, mas apenas até o momento que tiver a mesma aptidão dos indivíduos que adotam a outra estratégia. A seleção dependente de frequência agirá contra qualquer tipo que se tornar um pouco mais comum, trazendo a proporção de alguma das formas de volta ao ponto de equilíbrio em que ambas as formas tenham a mesma aptidão. Quando isso acontecer, ambos os fenótipos podem coexistir indefinidamente.

No caso das moscas-das-frutas errantes ou sedentárias, experimentos mostraram que, mediante recursos alimentares escassos, as chances de um indivíduo de fenótipo raro sobreviver à fase de pupa (provavelmente correlacionada à aptidão) são maiores que as chances do tipo mais comum na população (Figura 7.9)[470]. O efeito dessa forma de seleção é o aumento na frequência do fenótipo raro, mantendo sua presença na população.

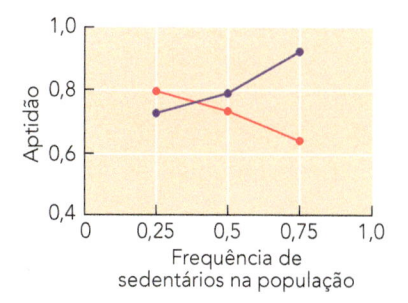

FIGURA 7.9 Seleção dependente de frequência. Quando recursos são escassos para larvas de *Drosophila*, a aptidão de um indivíduo sedentário (linha vermelha) *versus* a de um indivíduo errante ou andarilho (linha roxa) depende de qual dos dois tipos é mais raro. Adaptada de Fitzpatrick e colaboradores.[470]

Para discussão

7.8 Imagine uma população de 1.000 larvas de *Drosophila* na qual existam dois tipos de fenótipos de forrageio, errantes e sedentários. Imagine que existam 195 errantes e 805 sedentárias. Digamos que os dois tipos cheguem à fase adulta igualmente bem e tenham em média 1,2 indivíduos sobreviventes na prole. Quais eram as frequências dos dois fenótipos na geração parental? Qual será a frequência na geração composta por sua prole? O que deveria acontecer com as errantes se tivessem uma média de 1,1 sobreviventes da prole enquanto as sedentárias tivessem 0,9? Qual o objetivo dessa questão?

7.9 Quando a frequência das sedentárias for de 0,75 (ver Figura 7.9), a aptidão das errantes será muito maior que a das sedentárias. Então por que as errantes não eliminam rápida e completamente o fenótipo sedentário nessa população?

Outro exemplo da ação da seleção dependente da frequência envolve o peixe ciclídeo africano *Peridossus microlepis*, que aparece em duas formas, uma com a mandíbula voltada para a direita e outra com a mandíbula voltada para a esquerda. Esse peixe sobrevive, acredite se quiser, arrancando escamas dos corpos de outros peixes no lago Tanganyika. Indivíduos com a mandíbula voltada para a direita atacam o flanco esquerdo da presa, enquanto o outro fenótipo atinge o outro lado (Figura 7.10). Pais de peixes com mandíbula para a direita normalmente produzem filhotes com igual forma e comportamento, o mesmo acontece para os de mandíbula para a esquerda, indicando que a diferença entre as duas formas é hereditária.

Então por que ambos os fenótipos acontecem nessa espécie? Michio Hori propôs que os peixes que esses predadores atacam poderiam aprender a esperar um ataque em suas escamas pela esquerda se a maioria dos ataques fossem direcionados ao flanco esquerdo do corpo da presa.[628] Desse modo, na população de predadores em que a mandíbula para a direita fosse predominante, indivíduos com mandíbula para a esquerda levariam vantagem, porque suas vítimas estariam menos vigilantes se o ataque viesse no

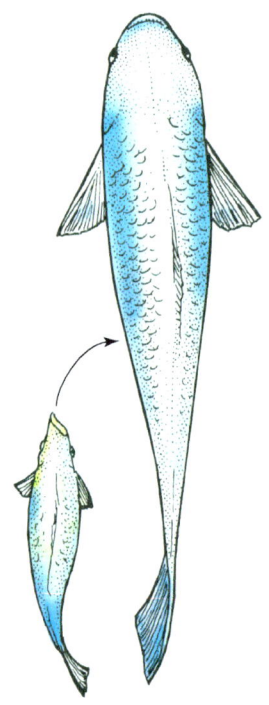

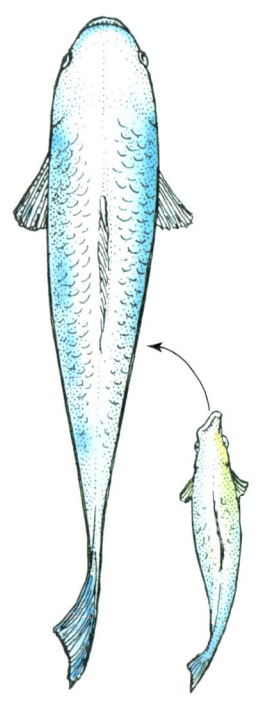

FIGURA 7.10 Duas formas hereditárias de um peixe ciclídeo africano. Indivíduos assimétricos com a boca voltada para direita ou esquerda pegam escamas do peixe-presa, do lado esquerdo e direito respectivamente.

Perissodus com a mandíbula voltada para a direita ataca a presa pelo lado esquerdo posterior

Perissodus com a mandíbula voltada para a esquerda ataca a presa pelo lado direito posterior

flanco direito do corpo. Essa vantagem se traduziria em maior sucesso reprodutivo para o fenótipo raro e em aumento de sua frequência até que os indivíduos com a mandíbula para a esquerda totalizassem metade da população. Com uma divisão de 50:50 o ponto de equilíbrio seria atingido.

Se a hipótese de Hori fosse correta, ele encontraria a frequência de qualquer um dos fenótipos oscilando em torno do ponto de equilíbrio. Ele confirmou a veracidade dessa previsão a partir da medição das frequências relativas dos dois tipos durante uma década (Figura 7.11).

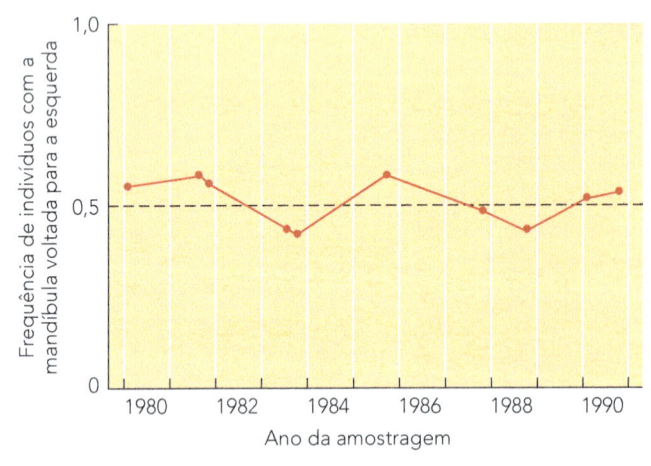

Mas nem todos os casos de diversos fenótipos de forrageio seguem o padrão do *Perissodus*. Por exemplo, o caso de *Arenaria interpres*. Essa pequena ave tem diversas maneiras de encontrar presas nas praias, desde desalojar algas, virar pedras, até remexer lodo e areia em busca de pequenos moluscos. Alguns indivíduos se especializam em um método de forrageio, enquanto outros preferem uma técnica diferente, mas um determinado indivíduo raramente adota apenas uma maneira de encontrar comida. Essa observação sugere que as diferenças entre eles não têm causas genéticas, mas refletem diferenças no ambiente.[1554] Philip Whitfield se perguntou se o tal fator ambiental não seria o *status* de dominância dos forrageadores. *Arenaria interpres* em geral caçam em pequenos grupos, e os indivíduos desses grupos estabelecem uma hierarquia de alimentação. As aves dominantes podem tirar o lugar das subordinadas apenas se aproximando delas, impedindo-as, assim, de explorar as porções mais ricas das áreas de forrageio. As dominantes usam o seu *status* para monopolizar as áreas das praias com algas, as quais elas remexem em busca de alimento; as subordinadas mantêm-se à distância e geralmente são forçadas a procurar comida na

FIGURA 7.11 Os resultados da seleção dependente de frequência em *Perissodus microlepis*. A proporção da forma com mandíbula voltada para esquerda na população oscila de pouco acima para pouco abaixo de 0,5, pois sempre que for mais comum do que o fenótipo alternativo, ela é selecionada negativamente (e torna-se menos numerosa); quando é mais rara do que o fenótipo alternativo, ela é selecionada positivamente (e torna-se mais numerosa). Adaptada de Hori.[682]

areia e na lama em vez de fazerem um banquete com os invertebrados contidos em meio ao folhiço de algas.

Arenaria interpres exibe flexibilidade em seu comportamento de forrageio, já que os indivíduos são aparentemente capazes de adotarem métodos de alimentação que os permite controlar diversas fontes de alimento na praia. A capacidade de serem flexíveis ocorre pelo que os especialistas em teoria dos jogos chamam de **estratégia condicional**, mecanismo inerente que dá ao indivíduo a capacidade de alterar seu comportamento adaptativo de acordo com as condições com que se confronta (como ter de lidar com um competidor socialmente dominante em uma praia). Diferente dos ciclídeos assimétricos que possuem a mandíbula ora do lado esquerdo ora do direito, e, portanto, estão "presos" devido ao fenótipo particular, as aves *A. interpres* podem trocar de uma tática (ou opção) alimentar por outra. Porém, os indivíduos subordinados tendem a manter sua técnica de procurar comida na lama e não revirar algas pois, caso fossem desafiar os rivais mais fortes pelas áreas com algas, provavelmente perderiam, o que significaria que, além de gastar tempo e energia para nada, também correriam alto risco de ser gravemente feridos por um dominante furioso. Em vez disso, por reconhecerem seu lugar, esses subordinados tiram proveito da situação e presumivelmente asseguram mais alimento do que se tentassem, sem sucesso, explorar as áreas com algas que são exploradas por seus superiores. Pode ser adaptativo conceder os melhores locais de forrageio para outros se você é um subordinado com rivais mais poderosos que você.

Teremos muito mais a falar sobre estratégias condicionais no capítulo a seguir, mas note que tanto diferenças genéticas quanto ambientais podem nos dar uma explicação proximal para porque determinado fenótipo comportamental ocorre em uma população (*ver* Capítulo 3). Variáveis comportamentais podem coexistir tanto por causa da seleção dependente da frequência quanto por resultado de seleção de indivíduos capazes de flexibilidade em suas respostas às variáveis ambientais.

Mais quebra-cabeças darwinistas no comportamento alimentar

Tanto a teoria da otimização quanto a teoria dos jogos empregam uma perspectiva de custo e benefício, a qual vamos usar a partir de agora para resolver outros quebra-cabeças sobre o comportamento alimentar animal. Por exemplo, muitos animais formam densas colônias de nidificação ou agregam-se em abrigos noturnos que fazem muitos indivíduos entrarem em contato íntimo entre si. Agrupar-se pode ser mais custoso que benéfico, especialmente se os animais agregados esgotam rapidamente as reservas alimentares locais. Um possível benefício que pode superar os custos de ser parte de um grupo seria a habilidade que alguns indivíduos possuem de tirar vantagem de fontes alimentares conhecidas por outros membros do grupo. Por exemplo, os membros de uma colônia de aves marinhas com ninho podem monitorar o retorno dos forrageadores e seguir aqueles bem-sucedidos ao seu local de caça. Dessa forma, um animal que tenha sido mal-sucedido por si próprio para achar alimento pode achar áreas de forrageio produtivas.

Para discussão

7.10 Imagine que alguém propusesse que as colônias de nidificação de aves marinhas se formaram para permitir a transferência rápida de informação sobre as fontes efêmeras de alimento entre seus membros, o que por sua vez resulta em coleta eficiente de alimentos e maximização do rendimento reprodutivo da colônia. Quais objeções teóricas alguns críticos poderiam fazer sobre as hipóteses dessa pessoa? Qual é a diferença entre essa hipótese e outra, baseada na teoria dos jogos,[77] que enfatiza o uso de duas táticas pelos membros da colônia: uma tática "produtora", na qual os indivíduos procuram alimento (como cardumes de peixes), e uma tática "aproveitadora", na qual os indivíduos exploram o sucesso de busca dos outros observando produtores em ação?

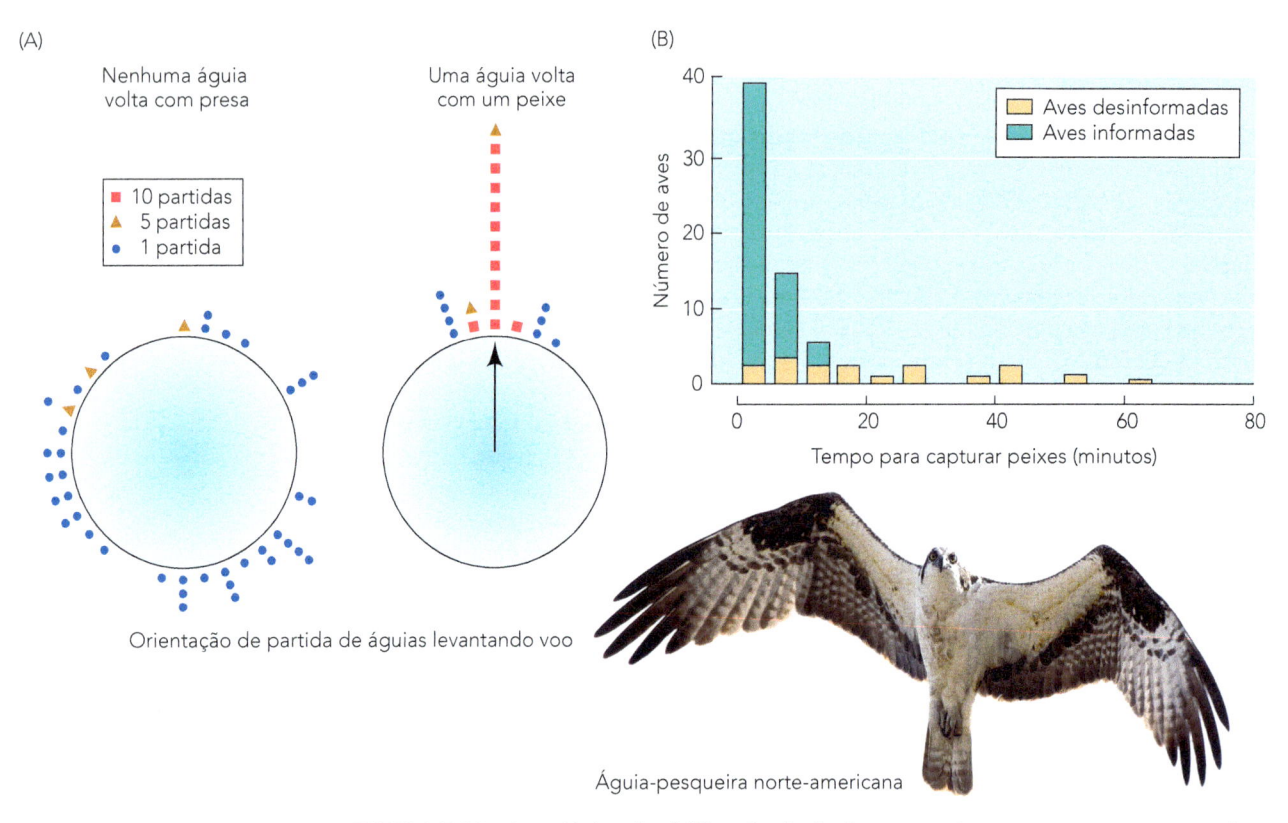

FIGURA 7.12 As colônias de nidificação de águias-pesqueiras servem como centros de informação? (A) Quando as águias deixam os ninhos no momento em que nenhum membro da colônia voltou com uma presa nos 10 minutos precedentes, elas voam para qualquer direção. Mas se outra águia volta com um peixe, as aves prestes a voar seguem a mesma direção (representada por uma flecha) da caçadora bem-sucedida. (B) Águias desinformadas (que não viram um membro da colônia voltando com um peixe antes de saírem) demoram muito mais tempo para encontrar um cardume de peixes do que águias informadas (que viram outra águia voltando com um peixe nas garras). Adaptada de Greene.[572]

A ideia de que as colônias de nidificação servem como centrais de informações[1512] leva a várias previsões. Uma é que as aves que esperam na colônia tenderiam a seguir o caminho usado pelos caçadores bem-sucedidos. Mas em um estudo experimental sobre as colônias de gaivotas *Larus ridibundus*, no qual plataformas de alimentação foram instaladas no mar, as aves que achavam os locais de alimento não eram seguidas pelas outras nas viagens subsequentes. Mesmo quando as gaivotas aterrissavam no ninho carregando ostensivamente um peixe em seu bico, as aves em ninhos próximos não voavam atrás da ave bem-sucedida quando esta realizava nova viagem de forrageio. Além disso, quando esses vizinhos iam ao mar, não costumavam voar na mesma direção que os seus companheiros de colônia.[32]

Apesar do teste da hipótese da central de informações ter tido um resultado negativo, Erick Greene descobriu que as águias pescadoras, que formam colônias de nidificação pouco densas em algumas áreas costeiras, de fato aprendem com os outros a achar as espécies de peixes que aparecem aqui e ali em grandes cardumes.[572] As águias-pescadoras não apenas ficam mais dispostas a forragear após o retorno de um dos companheiros à colônia com um peixe, mas também tendem a voar na mesma direção que o forrageador bem-sucedido. Além disso, aves que veem o caçador bem-sucedido voltar com uma presa são capazes de capturar o mesmo tipo de presa de forma muito mais rápida que as águias que caçam sem os benefícios dessa experiência de aprendizagem (Figura 7.12).

FIGURA 7.13 Ornamentos na teia orbicular de uma aranha. A aranha fêmea adicionou em sua teia quatro linhas em ziguezague grossas e visíveis, formadas por seda que reflete ultravioleta, que se irradiam do ponto central em que ela repousa. Fotografia de William Eberhard.

Por que algumas aranhas tornam visíveis suas teias?

Outro quebra-cabeça darwiniano é fornecido pelas aranhas de teia orbicular que incorporam, em suas teias, chamativas linhas em ziguezague de seda branca que refletem ultravioleta (Figura 7.13) Essas faixas brancas aparentemente tornam a armadilha mais óbvia para as presas, ajudando-as a evitar a teia, ao mesmo tempo em que facilitaria a captura da aranha por seus predadores. De qualquer forma, muitos aracnólogos sugeriram diversas hipóteses adaptativas de como os benefícios da decoração na teia podem superar os possíveis efeitos negativos.

Uma das explicações é que, de fato, as ornamentações são vistas pelos insetos voadores, mas, em vez de afastá-los, as decorações agem como iscas que atraem as vítimas para as teias. Outra explicação possível, mas não mutuamente excludente, é que as aranhas paradas em suas teias decoradas têm vantagens ao lidar com seus predadores, talvez porque o ziguezague de seda esconda o seu corpo ou ainda a faça parecer maior e mais perigosa do que realmente é.

Existem divergências sobre a validade das duas hipóteses. Por um lado, a hipótese de atração das presas é sustentada pela descoberta de que, nas teias das aranhas com um único fio decorativo, os insetos se enroscavam mais na metade da teia que tinha a seda decorativa (Figura 7.14).[309] Entretanto, um estudo experimental com outra aranha revelou que teias decoradas pegaram menos presas que as não decoradas. Chegou-se a essa conclusão deixando-se aranhas orbiculares construirem teias em molduras de madeira antes de mover tais molduras para um determinado local. Elas foram então deixadas lado a lado com outra moldura contendo uma teia que teve sua decoração removida através do corte das linhas que sustentavam o ornamento de seda (dois fios da outra teia também foram cortados, mas não aqueles que sustentavam a decoração). Sob essas condições, o ganho reduzido de alimento nas teias com decoração indica que esse aparato carrega um custo de forrageio e não um benefício, pelo menos em algumas espécies sob algumas condições.[129]

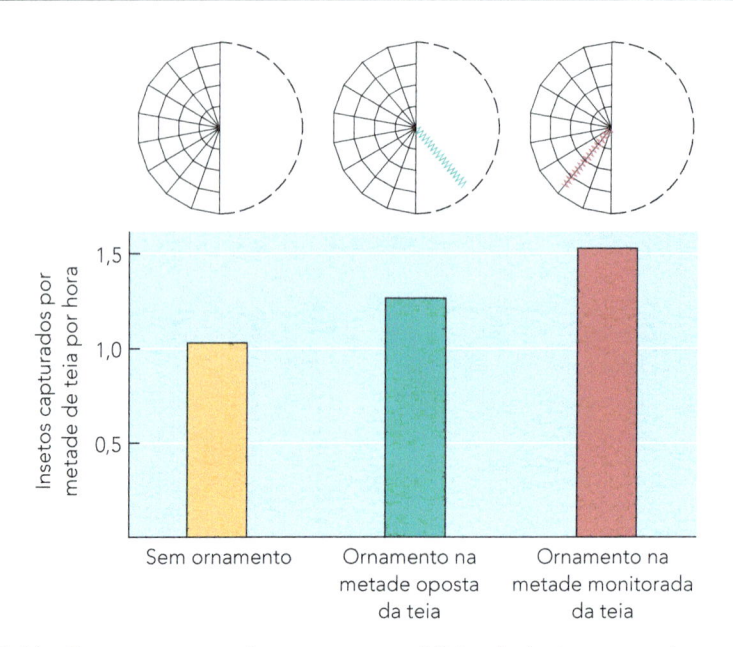

FIGURA 7.14 Ornamentos na teia atraem presas? Teias de *Argiope aurantia* sem ornamentos que refletem luz UV capturam menos presas por hora do que aquelas que contêm ornamentos. Além disso, em teias com apenas um ornamento, mais insetos voadores são capturados na metade da teia contendo o ornamento do que na metade sem essas estruturas. Adaptada de Craig e Bernard.[309]

O mesmo se aplica aos resultados para a hipótese alternativa para a decoração nas teias, de que ajudaria a proteger a aranha contra predadores, especialmente de vespas caçadoras de aranhas. Por um lado, a sustentação para essa ideia vem de um estudo de campo no qual as aranhas orbiculares que construíram suas teias com ou sem decoração foram expostas à predação das vespas que caçam essas aranhas para a sua própria prole. Em um experimento, apenas 32% das aranhas com teias decoradas foram pegas, contrastando com 68% das sem decoração.[130] Por outro lado, em um outro estudo, aranhas com decoração nas teias desapareciam mais facilmente do que as de teia não decoradas, o que sugere que ao menos alguns predadores na verdade capturam os ocupantes das teias mais visíveis.[651] Entretanto, o desaparecimento dessas aranhas pode ter sido causado por um crescimento mais rápido (uma vez que as aranhas que comem mais têm mais alta probabilidade de decorarem suas teias), o que as permitiu amadurecer e reproduzir mais rapidamente, seguido de sua morte ou dispersão. O fato de as aranhas que capturaram mais presas terem mais chance de decorarem suas teias é por si só uma evidência contra a hipótese de atração de presas.[128] Se as decorações nas teias fossem para atrair presas, preveríamos que as aranhas famintas adicionassem decorações às suas teias, em especial porque o processo requer quantidade relativamente pequena de seda que pode ser depositada com muita rapidez.

Os artigos mais recentes sobre decorações de teias incluem um sobre *Argiope aemula*. As aranhas foram filmadas por centenas de horas enquanto adicionavam e retiravam a decoração de suas teias. A taxa média com que cada presa foi interceptada por unidade de área da teia de aranha foi substancialmente maior nas teias decoradas que nas sem decoração, o que sustenta a hipótese de atração das presas. Durante o mesmo tempo de filmagem, vários ataques de vespas predadoras sobre aranhas de tamanho médio foram registrados. Contrariando a hipótese de defesa de predadores, as teias decoradas foram duas vezes mais atacadas que as teias sem decoração.[259]

Por outro lado, William Eberhard encontrou duas espécies que posicionam a decoração de seda de suas teias em um ou dois fios, onde a aranha repousa fora da parte da teia relacionada à captura de presas. Uma vez que essas "teias de descanso" não são grudentas, elas não podem funcionar como aparatos de captura, e os ornamentos não podem atuar como iscas de atração de presas. Ao contrário disso, essas construções de seda presumivelmente ajudam a esconder a aranha dos inimigos que caçam utilizando a visão.[428] O mesmo parece ocorrer em uma terceira espécie de aranha estudada por Eberhard, na qual as aranhas geralmente se escondem em um cilindro achatado formado por um ovissaco envolto em seda e pedaços secos de presas que o predador incorpora à sua teia. Quando os ovissacos são experimentalmente removidos, a aranha às vezes repõe o item que falta com fios de seda e com isso aumenta a possibilidade de se esconder de maneira eficiente em meio à ornamentação da teia (Figura 7.15).[426]

Devido aos dados conflitantes coletados até o momento, não existe consenso sobre o valor adaptativo da decoração de teias,[201, 1381] apesar de a minha impressão ser a de que a hipótese antivespas esteja ganhando espaço.

Para discussão

7.11 Muitas aranhas colocam pedaços de presas consumidas nas teias, o que certamente as torna mais visíveis aos seres humanos (Figura 7.16). Quais hipóteses você pode criar sobre a função adaptativa dessas teias cemitérios?

7.12 Podemos dividir as aranhas orbiculares em um grupo que permanece no meio da teia e espera por sua presa e outro grupo que espera em um pequeno esconderijo perto da teia e só vai ao meio da teia quando um inseto fica preso nela. Use as hipóteses de atração de presa e defesa de predadores para fazer uma previsão sobre as proporções de espécies dos dois tipos que adicionam decorações à sua teia. Confira sua previsão com os dados de Herberstein e colaboradores.[651]

FIGURA 7.15 Algumas aranhas parecem se esconder entre ovissacos em suas teias. Estas aranhas substituem ovissacos removidos experimentalmente por ornamentos de seda sobre os quais repousam; por isso, talvez alguns ornamentos ajudem a esconder a aranha. Fotografia de William Eberhard.

Por que os humanos consomem álcool, temperos e terra?

Mais um mistério da seleção natural envolve as escolhas aparentemente nocivas ou irracionais de comidas feitas por algumas pessoas. Por exemplo, grande número de pessoas na sociedade moderna são viciadas em álcool, o que traz um grande custo de aptidão para elas próprias, pois o consumo exagerado de álcool é claramente mal adaptativo. Mas seria isso um aspecto inexplicável da cultura humana? Não de acordo com Robert Dudley. Ele salientou que, já que nossos parentes mais próximos, os chimpanzés, retiram a maior parte de suas calorias e nutrientes de frutos maduros, é provável que a espécie ancestral que acabou originando os chimpanzés e humanos fosse frugívora.[416] Chimpanzés que comem frutos e primatas em geral preferem frutos maduros com maiores concentrações de açúcares. Frutos maduros também contêm certa quantidade de etanol, substância volátil que fornece uma pista olfativa para os locais com alimentos altamente lucrativos, além de ser por si só rico em calorias. Talvez, portanto, seja essa a causa de uma atração ancestral adaptativa, mesmo que hoje esse mecanismo proximal possa ser empregado de maneira altamente mal adaptativa em ambientes em que as bebidas com muito mais álcool que os frutos maduros sejam de fácil obtenção.

A hipótese histórica de Dudley para a propensão humana em consumir etanol em grande quantidade gera a previsão de que essas frutas com altas concentrações de etanol serão mais populares entre os mamíferos frugívoros em geral. No entanto, essa previsão não é verdadeira, visto que frutos muito maduros são geralmente evitados pelos primatas, apesar de terem as maiores

FIGURA 7.16 Por que esta imensa aranha australiana dispõe restos das presas embrulhadas em um fio acima de seu local de repouso no centro da teia? Fotografia do autor.

concentrações de álcool.[988] Da mesma forma, morcegos frugívoros aparentemente são afastados e não atraídos pelos frutos maduros com altas concentrações de etanol.[1274] Além disso, camundongos e ratos não frugívoros podem facilmente se viciar em etanol, o que não seria esperado se a atração por etanol fosse um efeito colateral evolutivo da dieta dominante em frutas.[988]

Apesar de continuarmos intrigados pelo excesso de tolerância do homem pelo álcool, o que dizer do uso de temperos na comida, uma outra tolerância humana?[120] Muitos temperos são extremamente caros. A Condessa de Leicester, que viveu na Inglaterra durante o século XIII, era capaz de pagar o valor de uma vaca por meio quilograma de cravo.[1177] A maioria das grandes viagens dos exploradores europeus, incluindo Cristóvão Colombo, era motivada pelo desejo de encontrar temperos, como todas as crianças norte-americanas aprendem na escola. E observe que o valor calórico e nutritivo de muitos temperos é pequeno, em especial por serem usados geralmente em pitadas. Então, talvez, o uso de temperos seja simplesmente produto de uma invenção cultural arbitrária; argumento plausível, já que as tradições culinárias variam muito de uma cultura para outra.

Contudo, Jennifer Billing e Paul Sherman propuseram e testaram a hipótese adaptativa de que os temperos exercem (e devem continuar exercendo) função de aumentar a aptidão devido a suas propriedades antimicrobiais. Essa hipótese requer que os temperos matem bactérias perigosas que possam contaminar nossos alimentos, especialmente carnes sob precárias condições de refrigeração, previsão já testada (Figura 7.17). A hipótese antimicrobial também prevê que o grau de uso dos temperos depende não de seu cultivo local, mas do risco de contaminação perigosa por micróbios, fator relacionado com o clima local e à natureza da comida preparada para o consumo. Como esperado, receitas tradicionais de países mais quentes, tropicais, pedem mais temperos bactericidas do que receitas na Noruega ou Suécia, por exemplo.[120] Além disso, em uma amostra de livros de receitas de 36 países, pratos contendo

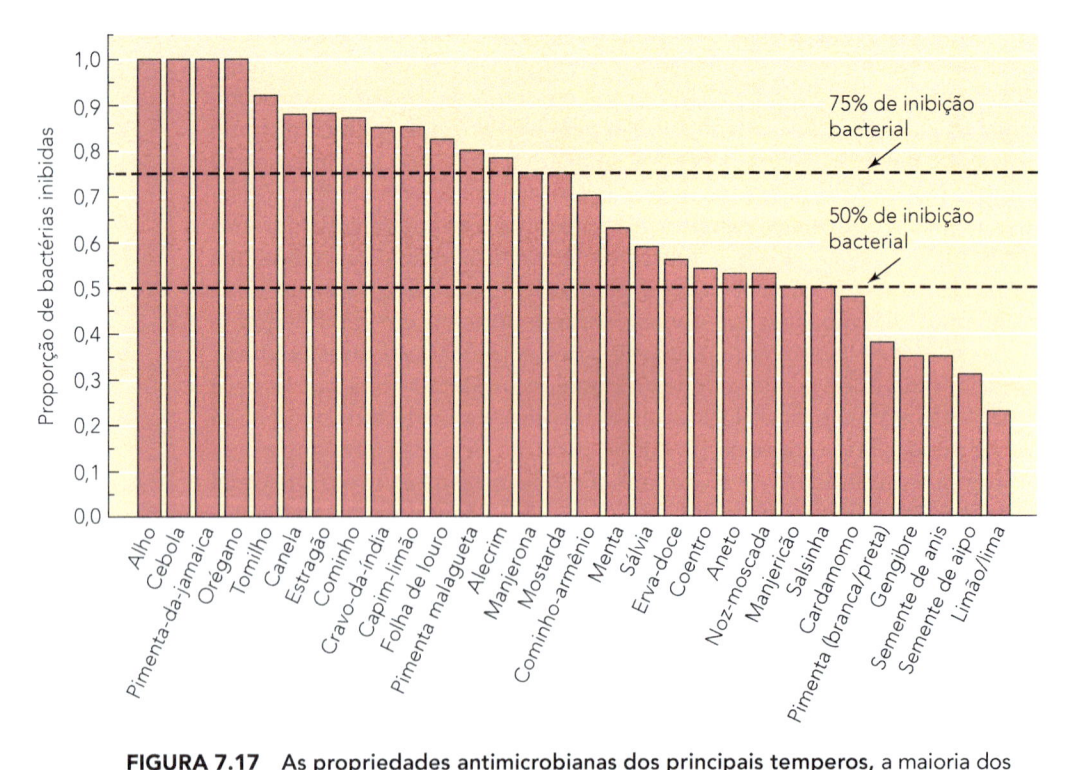

FIGURA 7.17 As propriedades antimicrobianas dos principais temperos, a maioria dos quais inibe o crescimento de metade ou mais dos tipos de bactérias contra os quais eles foram testados. Adaptada de Billing e Sherman.[120]

carnes, especialmente vulneráveis à contaminação micróbica, pedem mais temperos bactericidas que os que contêm vegetais, menos propensos a terem bactérias ou outros patógenos.[1318] Dessa forma, concluímos que temperos têm sido usados de maneira adaptativa pelos humanos mesmo durante o curto espaço de tempo de nossa evolução em que essas substâncias se tornaram amplamente disponíveis.

Por fim, considere outro comportamento estranho: o ato de comer lama, característica distribuída entre os primatas, incluindo os humanos.[394] Ninguém nunca afirmou que o barro consumido por chimpanzés ou humanos tenha qualquer valor calórico. Entre as hipóteses levantadas para explicar esse hábito em nossa espécie estão a possibilidade de que comer barro é uma patologia, um comportamento aberrante sem significância funcional. Ao contrário, uma hipótese adaptacionista alternativa propõe que o barro consumido serve para desintoxicar alguns tipos de alimento, aumentando assim o seu valor nutricional.[729]

A hipótese patológica prevê que relativamente poucos indivíduos, possivelmente perturbados, consumirão barro. Essa previsão não resiste a um exame minucioso, uma vez que comer barro é ou foi uma prática comum em diversas culturas, incluindo os aymara da Bolívia andina, os hopi do sudoeste dos Estados Unidos e os nativos da Sardenha, ilha do mar Mediterrâneo. O que as pessoas dessas culturas têm em comum é uma dieta baseada em variedades de batatas carregadas de alcaloides amargos ou frutos de carvalhos amargos e ricos em taninos. Quando as batatas são mergulhadas em barro e depois assadas, quando frutos de carvalho são assados em um pão contendo barro, os taninos e alcaloides desses alimentos ligam-se ao barro ou de alguma forma alteram-se quimicamente, resultando em alimentos mais palatáveis e menos tóxicos.[729]

Como teste comparativo para a hipótese da desintoxicação, podemos prever que animais diferentes dos nossos parentes mais próximos que apresentam em suas dietas alimentos com muitos taninos ou alcaloides procurarão se alimentar de barro. Os macacos Rhesus e alguns outros primatas não especificamente próximos dos humanos consomem barro quando se alimentam de vegetação rica em tanino.[806] Adicionado a isso, duas espécies de lêmures que vivem juntas na mesma floresta de Madagascar, mas diferem na sua dependência por sementes que contêm alcaloides diferem no consumo de lama na maneira prevista acima.[1163] Por fim, mesmo animais não primatas, como os elefantes africanos, consomem lama quando se alimentam de vegetação potencialmente tóxica.[685]

E não são só os mamíferos que ingerem lama de tempo em tempo. A maravilhosa arara-vermelha (*Ara chloroptera*) e outros psitacídeos regularmente visitam margens de rios da América do Sul para para se alimentarem de barro. A dieta dessas aves inclui algumas sementes ricas em alcaloides, frutas verdes e folhas (Figura 7.18).[539] Mas talvez os psitacídeos se alimentem de solo para assegurar cascalho para suas moelas, ou como alternativa, eles podem se alimentar de lama para adquirir minerais essenciais que lhes faltam nas dietas vegetarianas. Nenhuma das duas hipóteses passa por uma inspeção cuidadosa, uma vez que o barro consumido pelos psitacídeos em uma famosa fonte na selva peruana é composto de partículas extremamente finas, o que elimina a hipótese do cascalho na moela; além disso, o barro contém pouquíssimos minerais úteis como suplementos da dieta.[394] Em vez disso, o barro selecionado pelos psitacídeos possui sítios de troca de cátions negativamente carregados que se ligam aos alcaloides positivamente carregados e outros químicos tóxicos encontrados nos frutos verdes e algumas sementes. O barro forra o trato digestivo das aves durante horas, inativando os alcaloides das plantas e protegendo as células de revestimento gastrintestinal. Quando papagaios de cativeiro foram alimentados com uma porção de um alcaloide com ou sem uma dose do barro do tipo que eles preferem, os indivíduos com proteção de barro tiveram níveis de 60 a 70 % mais baixos de toxina em seu teste sanguíneo 3 horas após a alimentação.[539] O fato dos humanos, lêmures e

FIGURA 7.18 A ingestão de barro evoluiu em várias espécies de psitacídeos que se alimentam de comida rica em taninos ou toxinas, incluindo estas araras, que se agregam regularmente nas margens do rio Amazonas para coletar e consumir um tipo particular de barro.

araras convergirem em uma solução de dieta semelhantes para problemas ecológicos semelhantes mostra novamente como as correlações corretas entre espécies não relacionadas podem servir de evidências úteis na avaliação de hipóteses adaptativas.

> **Para discussão**
>
> **7.13** Suspeito que a maioria dos leitores desse livro não considera atrativa a proposta de consumir lama, mas ficaria ainda menos empolgado com a ideia de canibalizar outro ser humano. Entretanto, tente se desprender emocionalmente da questão e desenvolva uma análise de custo-benefício sobre o canibalismo humano sob o prisma adaptacionista. Você deve ser capaz de fazer previsões sobre as circunstâncias nas quais um biólogo evolucionista esperaria encontrar esse comportamento. Então, leia o artigo de Jared Diamond sobre o assunto[395] e reconstrua o argumento do autor: identifique a questão que ele busca responder e produza uma hipótese alternativa, as previsões, os testes e a conclusão.

O valor adaptativo e a história de um comportamento complexo

O foco deste capítulo até esse ponto tem sido principalmente o desafio de desenvolver e testar explicações adaptativas para atributos comportamentais sem função óbvia. Usaremos aqui as danças das abelhas para ilustrar como podemos explorar questões tanto sobre o valor adaptativo da característica comportamental complexa, quanto como a característica se originou e se modificou ao longo do tempo evolutivo.

As famosas danças das abelhas são realizadas pelas operárias quando retornam à colônia depois de acharem uma boa fonte de pólen ou néctar.[1500] Conforme se movem em circuitos na superfície vertical do favo na escuridão completa da colmeia, as dançarinas atraem outras abelhas, que seguem seus movimentos. Pesquisadores assistiram às abelhas dançarinas em colmeias de observação especial e aprenderam que as danças contêm uma quantidade surpreendente de informações sobre a localização da fonte de alimento (como um conjunto de flores). Se a abelha executa uma dança circular (Figura 7.19), significa que encontrou alimento razoavelmente perto da colmeia, digamos, a uns

50 metros dali. Porém, se a operária realiza uma *waggle dance* (dança do requebrado) (Figura 7.20) significa que encontrou uma fonte de néctar ou pólen a mais de 50 metros da colmeia. Ao medir a duração da porção *waggle-run* (porção da dança do requebrado em que a abelha requebra ao caminhar pelo meio do "oito" formado na dança) do circuito, um observador humano consegue dizer aproximadamente quão distante está a fonte de alimento. Quanto mais tempo durar a porção do requebrado, mais distante está o alimento.

Além disso, a partir de medidas do ângulo do trecho do requebrado em relação à vertical, um observador também pode dizer a direção da fonte de alimento. Aparentemente, uma abelha forrageadora a caminho de casa vinda de um local florido distante, mas recompensador, percebe o ângulo entre as flores, a colmeia e o sol. A abelha transpõe o ângulo em uma superfície vertical do favo quando realiza o trecho do requebrado da dança. Se a abelha andar para cima no favo enquanto realiza a dança, as flores poderão ser encontradas ao voar diretamente para o sol. Se a abelha requebrar reto para baixo no favo, as flores estão localizadas na direção oposta ao sol. Um conjunto de flores posicionado a 20 graus para a direita de uma linha entre a colmeia e o sol é assinalada com um trecho

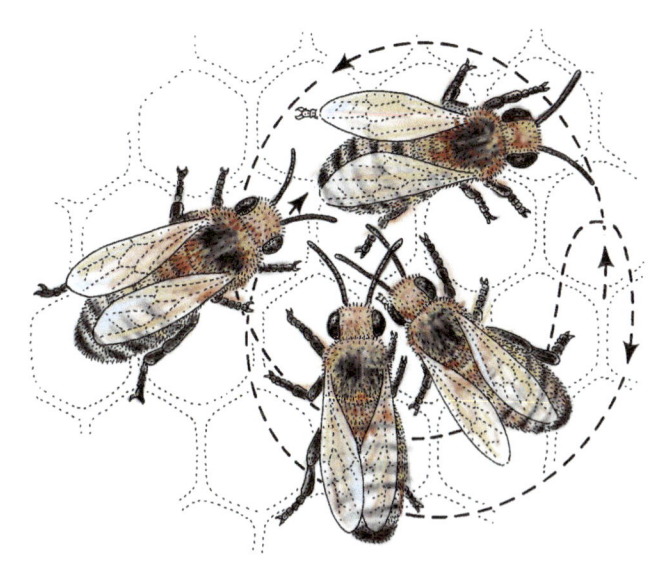

FIGURA 7.19 Dança circular de abelhas melíferas. A dançarina (abelha no alto da figura) é seguida por outras três operárias, que podem adquirir a informação de que uma fonte de alimento está localizada a menos de 50 metros da colônia. Adaptada de von Frisch.[1500]

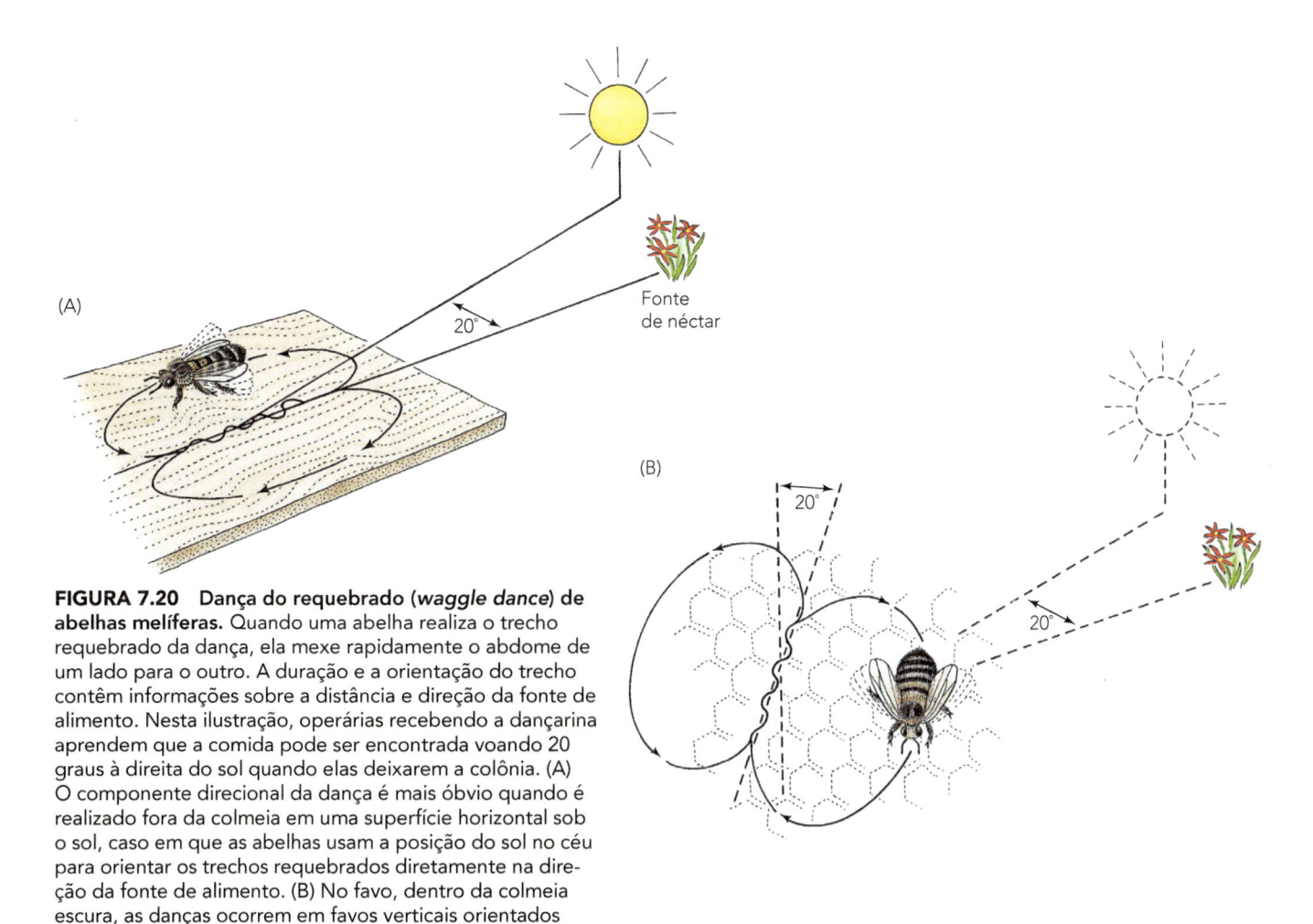

FIGURA 7.20 Dança do requebrado (*waggle dance*) de abelhas melíferas. Quando uma abelha realiza o trecho requebrado da dança, ela mexe rapidamente o abdome de um lado para o outro. A duração e a orientação do trecho contêm informações sobre a distância e direção da fonte de alimento. Nesta ilustração, operárias recebendo a dançarina aprendem que a comida pode ser encontrada voando 20 graus à direita do sol quando elas deixarem a colônia. (A) O componente direcional da dança é mais óbvio quando é realizado fora da colmeia em uma superfície horizontal sob o sol, caso em que as abelhas usam a posição do sol no céu para orientar os trechos requebrados diretamente na direção da fonte de alimento. (B) No favo, dentro da colmeia escura, as danças ocorrem em favos verticais orientados em relação à gravidade; o desvio do trecho requebrado do eixo vertical corresponde ao desvio da direção à fonte de alimento de uma linha entre a colmeia e o sol.

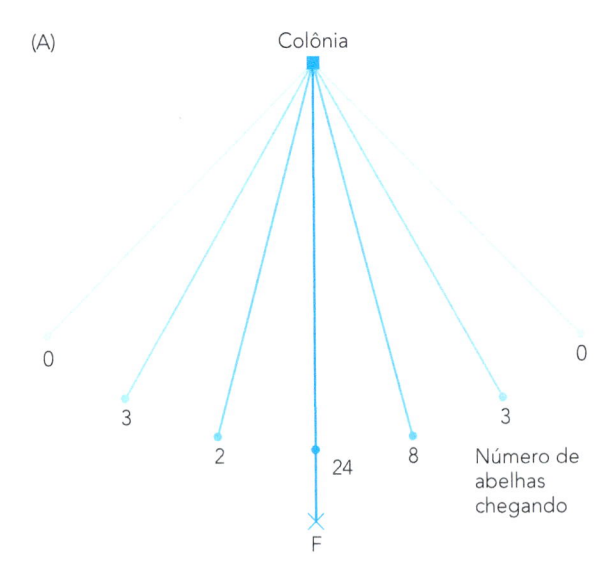

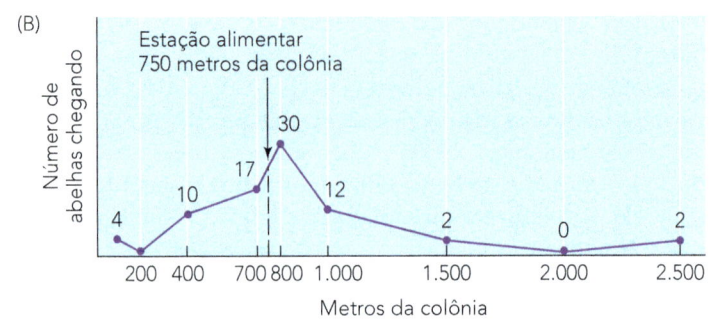

FIGURA 7.21 Testando a comunicação da direção e distância em abelhas melíferas. (A) O "teste do leque" para determinar se as forrageadoras conseguem transmitir informações sobre a direção de uma fonte de alimento que encontraram. Depois de treinar abelhas exploradoras a procurar a estação alimentar em "F", von Frisch coletou todas as recém-chegadas das sete estações alimentares com água açucarada igualmente atraente. A maioria das abelhas chegou à estação alinhada com "F". (B) Um teste para a comunicação a distância. Depois de treinar exploradoras a irem para uma estação alimentar a 750 metros da colmeia, von Frisch coletou todas as recém-chegadas a estações a várias distâncias da colmeia. Nesse experimento, 47 recém-chegadas foram capturadas nas duas estações mais próximas a 750 metros, muito mais do que as capturadas em qualquer outras duas estações. Adaptada de von Frisch.[1499]

requebrado que aponta 20 graus à direita na vertical do favo. Em outras palavras, quando estão fora da colmeia, as abelhas se direcionam diretamente pelo sol, enquanto dentro da colmeia a sua referência é a gravidade.

A conclusão de que a dança das abelhas contém informações sobre a distância e a direção de bons locais de forrageio foi feita por Karl Von Frisch depois de anos de cuidadoso trabalho experimental.[1500] Seu protocolo básico de pesquisa envolveu treinar abelhas (marcadas com pontos de tinta para identificação) para visitar estações de alimentação, nas quais ele estocou soluções de açúcar concentrado. A partir da observação das danças dessas abelhas treinadas, ele notou que seu comportamento mudava de maneira altamente previsível dependendo da distância e direção de uma estação. O mais importante é que as abelhas dançarinas eram capazes de direcionar outras abelhas a uma estação que tivessem encontrado (Figura 7.21), levando o pesquisador a acreditar que as abelhas usam a informação passada através das danças de suas companheiras de colmeia para achar bons locais de forrageio. Muitos anos depois, Jacobus Biesmeijer e Thomas Seeley foram capazes de mostrar que mais da metade das abelhas em começo de carreira como coletoras de pólen ou néctar passavam algum tempo seguindo as abelhas dançarinas antes de começarem seus voos de coleta.[119] Além disso, esses especialistas em abelhas mostraram que abelhas experientes também seguiam as dançarinas, particularmente quando voltavam a forragear após uma interrupção de algum tipo (como uma parada devido a uma tempestade). Esses resultados sugerem que as abelhas que seguem as operárias recebem informações úteis das colegas dançarinas de sua colônia.

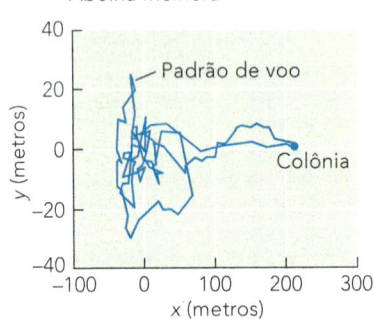

FIGURA 7.22 A resposta de uma abelha melífera forrageando à remoção de uma fonte de alimento familiar é de voltar ao local e então começar a andar em círculos em volta do local onde estava o alimento. A figura mostra o caminho trilhado por uma operária em busca de alimento ao redor de um local onde havia alimento no passado. Adaptada de Reynolds e colaboradores.[1213]

Para discussão

7.14 Abelhas que aprenderam a localização de uma boa fonte de néctar retornarão a ela. Mas a fonte pode se esgotar rapidamente, ou a abelha pode perder o alvo por algum erro. A Figura 7.22 mostra um padrão de voo típico feito por uma abelha treinada para chegar a uma estação de alimento especial que havia sido removida.[1213] (O padrão de voo foi gravado com o uso de radar, graças a um pequeno transmissor carregado pelo sujeito experimental.) Como você aplicaria a teoria de forrageio ótimo para determinar se esse tipo de resposta à falta da fonte de néctar é de fato adaptativa?

Apesar do apelo da ideia de que os movimentos das abelhas dançantes contêm informações que guiam as forrageadoras para as fontes de alimento, alguns cientistas argumentaram que as operárias ignoram os movimentos da dança em si e, em vez disso, baseiam-se no odor das flores presentes no corpo das abelhas dançantes para guiar suas buscas.[1536] Ao contrário dessa hipótese alternativa, entretanto, quando as forrageadoras de uma colmeia treinadas a duas estações de alimento providas com cheiros iguais, mas localizadas em direções opostas da colônia anunciaram apenas uma estação por meio de danças do requebrado (porque apenas essa estação continha uma solução concentrada de açúcar), as abelhas recrutadas chegaram principalmente à estação demonstrada pelas dançarinas. Esses resultados indicam que as operárias aprendem algo assistindo aos movimentos das dançarinas em sua colmeia.[1300]

Evidências adicionais sobre esse ponto vêm de um experimento em que as abelhas recrutadoras foram treinadas para coletar alimento no final de um túnel de 8 metros de comprimento localizado a 3 metros da colmeia. Quando as recrutadoras demonstravam o que encontraram, realizaram uma dança do requebrado, não uma dança circular – fato surpreendente, uma vez que a fonte de alimento estava a apenas 11 metros de distância, bem dentro de uma faixa que normalmente desencadearia uma dança circular. A razão para o erro das recrutadoras tem relação com o mecanismo proximal pelo qual as abelhas determinam a distância que voaram, baseado não no cálculo direto da distância absoluta percorrida, mas no total de imagem em movimento que o sistema visual gravou durante o vôo a um local de forrageio. Uma vez que os pesquisadores forçaram as forrageadoras a viajar por um túnel estreito, a quantidade de imagem em movimento gravada pela retina das abelhas foi muito maior que se as exploradoras tivessem viajado em área aberta com os objetos distantes delas. Desse modo, quando voltavam para anunciar sua descoberta, dançavam como se tivessem achado comida a 70 metros de distância, a julgar pela duração média de componentes "requebrado" nas danças, que durou cerca de 350 milissegundos. Quando os cientistas disponibilizaram três estações vazias, a 35, 70 e 140 metros da colmeia, as operárias recrutadas apareceram principalmente na de 70 metros, embora a estação não contivesse nem alimento nem essência floral (Figura 7.23).[446] O fato de as recrutadas se dirigirem a esse local mostra que puderam "ler" a dança de suas companheiras de colmeia que haviam sido induzidas a passar a informação incorreta sobre a localização da fonte de néctar.

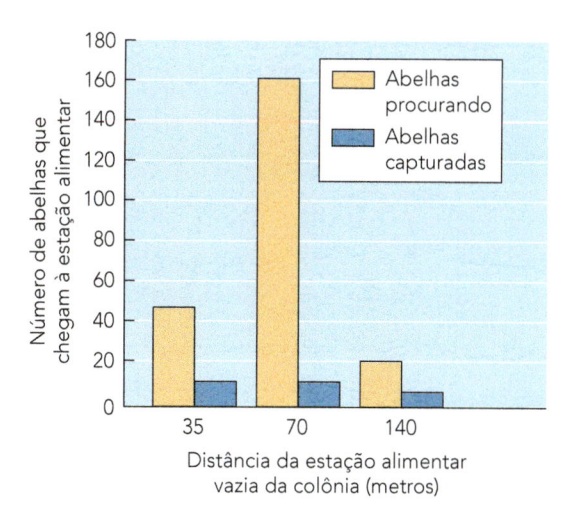

FIGURA 7.23 Abelhas melíferas recrutadas realmente "lêem" a informação simbólica nas danças, como demonstrado por sua prontidão em voar para estações alimentares vazias se mal orientadas por exploradoras enganadas a dançar como se a fonte de alimento estivesse mais longe do que realmente estava. Quando operárias responderam a exploradoras cujas danças anunciaram (falsamente) que comida poderia ser encontrada a 70 metros da colmeia, mais abelhas recrutadas apareceram (barras laranjas) perto de uma estação vazia do que de duas outras em outros lugares. Qualquer recrutada que pousava na estação era coletada (barras azuis) para evitar que esses indivíduos recrutassem outras abelhas para aquele local. Adaptada de Esch e colaboradores.[446]

Para discussão

7.15 Wolfgang Kirchner e Andreas Grasser avaliaram a performance das abelhas melíferas recrutadoras de uma colmeia especial que podia ser virada de lado ou manter sua posição padrão.[775] Eles verificaram que, quando a colmeia estava de lado, as abelhas continuaram a dançar no escuro, mas em uma superfície horizontal ao invés da vertical. Sob essas condições, estações de alimento localizadas a mais de 100 metros da colmeia receberam raras visitas das abelhas dançantes. Porém, quando a colmeia era colocada na posição padrão e a superfície na qual as dançarinas realizavam sua dança estava na vertical (como seria em colmeias naturais), a maioria das recrutadoras apareceu nas estações que as exploradoras visitaram. Como você interpretaria esses resultados? Que suporte eles oferecem para definir o modo pelo qual as recrutadoras deduzem as informações dadas pelos outros membros da colônia? Que previsão você consegue fazer sobre as faixas relativas de recrutamentos a locais menos distantes do que 50 metros da colmeia quando a colmeia está virada de lado, em comparação a quando está na posição padrão?

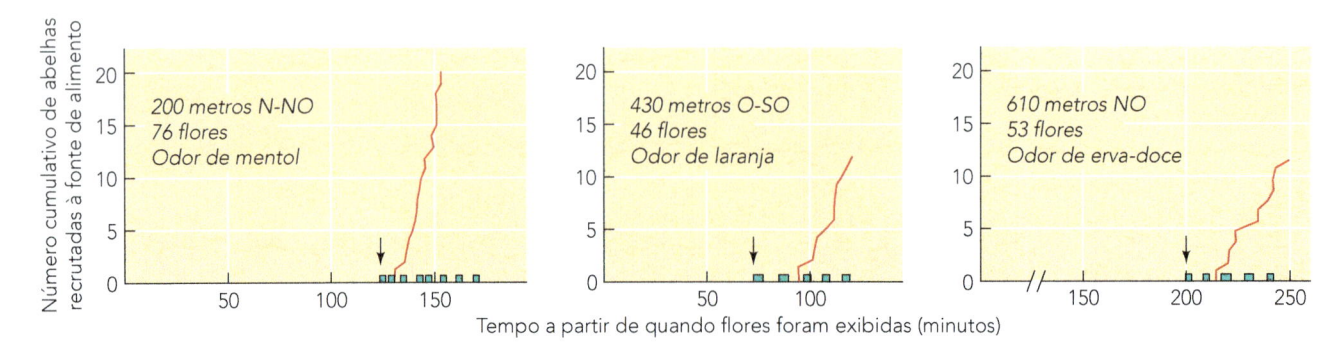

FIGURA 7.24 Rápido aumento no número de forrageadoras recrutadas em conjuntos de flores experimentais após sua descoberta por abelhas exploradoras. Pesquisadores colocaram potes de flores, tratados com odores diferentes, em três locais diferentes em uma ilha. Em cada um dos três locais, um tempo considerável passou antes de uma exploradora encontrar as flores, mas pouco tempo depois várias outras abelhas chegaram às flores. As barras verde-azuladas indicam a presença da abelha exploradora no local contendo alimento. Adaptada de Seeley e Visscher.[1302]

O valor adaptativo da dança das abelhas melíferas

Tom Seeley e Kirk Visscher examinaram como o tempo e os custos energéticos da dança podem ter sua origem pelo benefício de aptidão para a rainha cujas filhas realizem esse comportamento.[1302] Uma vez que as operárias são fêmeas estéreis, suas atividades não podem promover o próprio sucesso reprodutivo, mas esse comportamento poderia ajudar parentes capazes de se reproduzir, especialmente sua mãe (*ver* páginas 488-494). Por exemplo, se as dançarinas da colmeia podem contribuir para o rápido recrutamento de uma grande força-trabalho a uma fonte de alimento, então a colônia poderia coletar mais recursos nesse local antes que outra colônia de abelhas ou competidores chegasse e esgotasse o alimento. Se a dança tem esse efeito, então o aumento do número de abelhas em determinada área com flores após a sua descoberta e a divulgação do achado deveria ser mais rápida do que se cada abelha tivesse que descobrir as flores sem a indicação de suas parceiras de colônia.

Para testar essa previsão, Seeley e Visscher moveram uma colônia de abelhas para uma ilha na costa de Maine, nos Estados Unidos, juntamente com muitos vasos de plantas com flores. Eles então mudaram esses conjuntos portáteis de flores de um local a outro na ilha e mediram quanto tempo demorou para as abelhas exploradoras os localizarem. Exploradoras vieram na taxa de aproximadamente uma abelha a cada três horas. Mas assim que uma exploradora retornava à colmeia e dançava, as abelhas recrutadas rapidamente encontravam a fonte de alimento. Mesmo que uma ou outra recrutada demorasse em média 2 horas para achar uma nova fonte de alimento previamente encontrada por outro indivíduo, algumas das muitas abelhas, seguindo as instruções da dança da exploradora, chegavam com rapidez ao local divulgado, resultando no aumento razoavelmente rápido de abelhas recrutadas em determinado local (Figura 7.24).

Apesar disso, esse trabalho não estabelece definitivamente que foram as danças simbólicas em si e não os cheiros das flores que levaram ao recrutamento de operárias a fontes valiosas de alimento. Uma maneira mais direta de examinar as consequências da dança à aptidão seria pesar colônias durante períodos em que tivessem acesso à dança de recrutamento e quando não o tivessem. Se dançar fosse adaptativo, as colônias deveriam ganhar mais peso (pela coleta de pólen e néctar) quando informações exatas fossem passadas na dança. Para testar essa previsão, Gavin Sherman e Kirk Visscher desenvolveram um experimento no qual usaram quatro colmeias equipadas com plataformas de dança horizontais. Metade das colmeias tinha sua plataforma de dança iluminada por uma luz difusa enquanto a outra metade era equipada com fonte de luz unidirecional. Sob as condições de luz difusa, as exploradoras continuaram a dançar, mas seus movimentos eram desorientados, uma vez que não tinham um ponto de referência para orientar suas danças. Sob as condições de luz unidirecional,

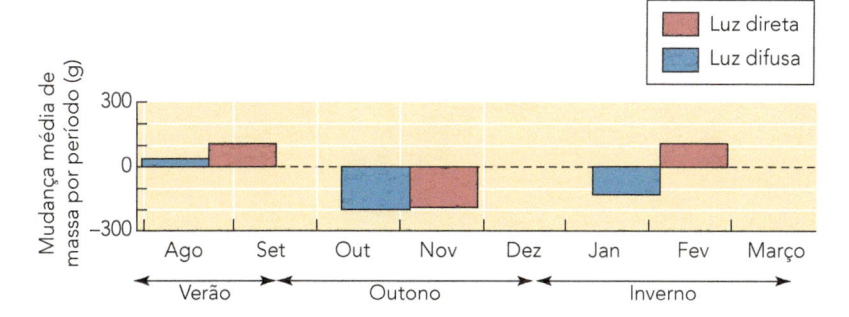

FIGURA 7.25 O valor adaptativo do sistema de comunicação por dança. Comparação da mudança média das massas de quatro colônias em determinados períodos durante o verão, outono e inverno, quando as abelhas tiveram acesso à informação precisa transmitida por dança (condição de luz direta) e quando não tiveram (condição de luz difusa). As colônias ganharam um peso significativo durante o inverno apenas quando puderam usar seu sistema de comunicação por dança. Adaptada de Sherman e Visscher.[1313]

as recrutadoras dançarinas usaram o bulbo da lâmpada como substituto do sol, de maneira que suas danças eram orientadas em relação a ele, possibilitando às recrutadoras passarem informações úteis aos demais membros da colônia.

Ao alternar períodos em que a colônia estava sob condições de luz difusa ou luz unidirecional, Sherman e Visscher puderam adicionar os ganhos ou perdas em massa durante os dois tratamentos experimentais. Os resultados (Figura 7.25) indicam que, durante o verão e o outono, a ocorrência das danças orientadas não teve efeito estatisticamente significativo no peso da colônia. Entretanto, durante o inverno, as colônias ganharam massa nos períodos que houve dança orientada e perderam massa nos períodos de dança desorientada.[1313] A habilidade das recrutadoras de fornecer informação direcional sobre a localização de alimento das outras abelhas na colmeia aparentemente não tem efeito em alguns períodos do ano, mas tem efeito positivo, um aumento de aptidão, em outros períodos. Como Sherman e Visscher mostraram, se as colônias de abelhas melíferas estão presas a uma economia de prosperidade ou miséria, então a habilidade de tirar total vantagem da abundância de recursos (via forrageio orientado pela dança) em curtos períodos pode ser altamente vantajosa.

Origem e modificação das danças das abelhas melíferas

Tendo descrito as danças das abelhas melíferas e mostrado que elas são quase certamente adaptativas, podemos agora tentar entender como um comportamento tão complexo pode ter se originado e se modificado ao longo do tempo. Martin Lindauer foi o primeiro a estudar sobre a história das danças.[871] Esse pesquisador começou observando três outros membros do gênero *Apis* nos quais encontrou demonstrações de dança idênticos aos da conhecida abelha melífera (*Apis mellifera*), exceto que em uma das espécies, *A. florea*, as abelhas dançam na superfície horizontal de um favo construído sobre o galho de uma árvore (Figura 7.26). Para indicar a direção da fonte de alimento, uma operária dessa espécie simplesmente orienta o trecho requebrado na direção da localização do alimento. Devido a essa manobra ser menos sofisticada que a transposição feita na escura superfície vertical pela *A. mellifera*, parece que a dança da *A. florea* é uma forma de comunicação que precede a dança da *A. mellifera*.

Lindauer estudou abelhas tropicais sem ferrão que não pertencem ao gênero *Apis*, atrás de comportamentos de recrutamento que pudessem dar pistas sobre os passos que precederam a primeira dança do requebrado. Apesar do debate sobre o fato de abelhas sem ferrão não serem parentes próximas de abelhas melíferas,[1047] as diferentes abelhas sem ferrão apresentam diferentes sistemas de comunicação, organizados por Lindauer na seguinte hipótese evolutiva.

FIGURA 7.26 O ninho de uma abelha melífera asiática, *Apis florea*, é construído em local aberto em volta de uma galho de árvore. Operárias dançarinas na superfície plana de um ninho (dois ninhos são mostrados aqui) podem orientar o trecho requebrado diretamente para a fonte de alimento quando realizam a dança do requebrado. Fotografia de Steve Buchmann.

FIGURA 7.27 Comunicação por marcação olfativa em abelhas sem ferrão. Nessa espécie, operárias que encontraram comida no lado oposto do lago à sua colmeia não conseguiam recrutar novas forrageadoras ao local até que Martin Lindauer colocou uma corda cruzando o lago. As exploradoras então marcaram a vegetação pendurada na corda com pistas olfativas e rapidamente levaram as outras ao alimento. Fotografia de Martin Lindauer.

Possível primeiro estágio: operárias de algumas espécies de abelhas sem ferrão do gênero *Trigona*, ao retornarem ao ninho vindas das flores ricas em néctar ou pólen, movimentam-se com entusiasmo, produzindo um zunido agudo com suas asas. Esse comportamento estimula os demais membros da colônia, que detectam o odor das flores nos corpos das dançarinas, e, com essa informação, as recrutadas deixam o ninho e buscam odores semelhantes. O ato de dançar não provoca nenhum sinal específico indicativo da direção ou distância do alimento desejado. O mesmo tipo de comportamento também ocorre na mamangaba, que forma colônias pequenas com exploradoras "dançarinas" que não fornecem sinais contendo informações de direção ou distância.[406]

Possível estágio intermediário: operárias de outras espécies de *Trigona* fornecem informação sobre a localização da fonte de alimento. Nessas espécies, uma operária que encontra algo substancial marca a área com um feromônio produzido por suas glândulas mandibulares. Ao retornar à colmeia, a abelha deposita feromônio em tufos de grama e pedras aproximadamente a cada metro. Na entrada da colmeia, outras abelhas esperam para serem recrutadas, e então a forrageadora de sucesso entra e produz zunidos que estimulam suas companheiras a sair da colmeia e seguir a trilha de odor deixada por ela (Figura 7.27).

Padrão ainda mais complexo: diversas abelhas sem ferrão do gênero *Melipona* fornecem informações de distância e direção separadamente. Uma forrageadora dançarina comunica as informações sobre distância até uma fonte de alimento por pulsos de som; quanto mais longos os pulsos, mais distante o alimento. Para transmitir informações de direção, a abelha sai do ninho com algumas seguidoras e realiza um voo em ziguezague que as orienta até a fonte de alimento. A exploradora volta e repete esse voo algumas vezes antes de voar na direção (até a fonte) do alimento, com as recrutadas que a seguem.

Perceba que quando, por exemplo, dizemos que uma abelha *Trigona* exibe um "estágio intermediário" na evolução da comunicação sobre a localização do alimento, não queremos dizer que essa espécie falhou em elaborar um "estágio final", mais complexo e mais adaptativo. Para essa *Trigona* em seu ambiente natural, a marcação da trilha pode perfeitamente ser superior a qualquer outra opção. A existência de uma marcação de trilha nessa espécie moderna simplesmente nos dá uma pista sobre

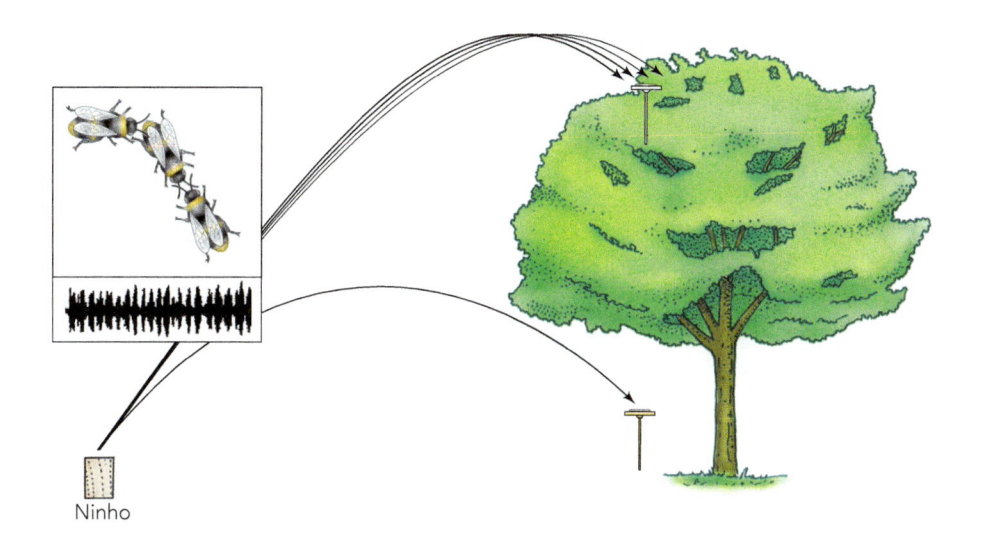

FIGURA 7.28 Comunicação acústica sobre a altura da fonte alimentar pela abelha *Melipona panamica*. Quando uma exploradora treinada para coletar alimento de uma estação alimentar no alto de uma árvore interage com outros membros de sua colônia (quadro a esquerda), ela produz um tipo específico de sinal acústico (mostrado como sonograma preto na faixa sob as abelhas) enquanto descarrega o alimento. Depois de ouvir esses sons, as abelhas recrutadas têm probabilidade bem mais alta de localizar a estação alimentar no alto da árvore do que uma outra controle colocada na base da árvore. Adaptada de Nieh.[1046]

o comportamento possível de uma abelha atualmente extinta cujo comportamento de marcar a trilha foi modificado nas espécies mais recentes derivadas dessa abelha ancestral.

A ideia de que todas as espécies modernas de abelhas exibem sistemas de comunicação bem adequados para os seus ambientes particulares é sustentada pelos estudos sobre as abelhas tropicais desenvolvidos desde o trabalho pioneiro de Lindauer. Para algumas dessas abelhas a habilidade de comunicar que a fonte de alimento está no no alto da copa das árvores da floresta ou mais para baixo tem alta relevância ecológica, e algumas espécies desenvolveram os sinais para isso. A abelha *Melipona panamica* produz um tipo de zunido acústico quando descarrega alimento em uma entrada com forma afunilada até o ninho e gera outro tipo de sinal por uma dança na entrada do funil. Os sons produzidos enquanto descarrega o alimento informam às recrutadas onde estão os recursos no plano vertical (Figura 7.28),[1046] e a dança fornece informações sobre a distância até a fonte de alimento divulgada pela dançarina; finalmente, para fornecer informações sobre a direção da fonte de alimento, a exploradora deixa o ninho para guiar as recrutadas na direção correta. Apenas as recrutadas com acesso aos três tipos de informação sobre a localização das flores chegarão perto o suficiente para detectar as marcas odoríferas depositadas no local pela abelha exploradora antes dela retornar à colmeia.[1045]

A julgar por *M. panamica*, algumas abelhas sem ferrão têm sistemas de comunicação tão complicados quanto os da abelha melífera. Os vários comportamentos das abelhas sem ferrão sugerem que a comunicação de um ancestral da abelha melífera sobre a distância de uma fonte de alimento envolvia provavelmente apenas movimentos agitados de uma operária carregando muito alimento.[1048] As outras operárias estimuladas pelo retorno da forrageadora poderiam então deixar a colmeia em busca de alimento, talvez ajudadas pela memória olfativa associada ao alimento. Em algumas espécies, a seleção deve ter posteriormente favorecido a padronização dos sons e movimentos feitos pelas forrageadoras de sucesso, assim como em *Melipona*. Essas ações podem ter sido o primeiro passo para mudanças posteriores incorporadas nas danças circulares e do requebrado das abelhas *Apis*, que contêm informações simbólicas informando o quanto o alimento está longe da colmeia.[871, 1587]

Em contraste, a comunicação sobre a direção da fonte de alimento aparentemente se originou com liderança individual, com uma operária guiando um grupo de recrutadas diretamente para a área rica em néctar. A sequência evolutiva envolveu movimentos para guiar cada vez mais incompletos, conforme as gerações de rainhas produziram operárias com cada vez mais tendência para liderar de maneira incom-

FIGURA 7.29 História evolutiva do sistema de comunicação por dança de abelhas melíferas. Como abelhas de três de quatro grupos com parentesco próximo são sociais, é bem possível que o ancestral dos quatro grupos tenha sido social. Se esse ancestral evoluiu uma forma simples de dançar, a característica pode ter sido perdida em Euglossini juntamente com a capacidade de socialidade, já que abelhas euglossíneas não formam colônias com rainhas e operárias. A retenção das danças em Meliponini e Apini foi o primeiro passo para elaborações evolutivamente mais recentes deste comportamento, permitindo a dançarinas em algumas espécies fornecer informações sobre a distância à fonte de alimento e em seguida informações tanto sobre a distância quanto sobre a direção. A abelha melífera (*Apis mellifera*) possui ainda outra modificação em suas danças, que codificam informações simbólicas com base na gravidade sobre a direção de uma fonte de alimento.

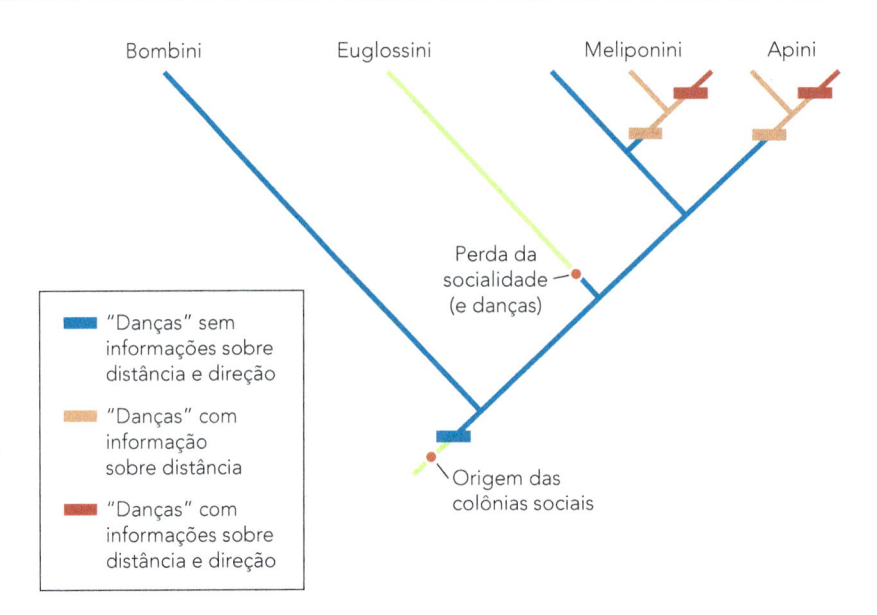

pleta. No início, isso pode ter tomado a forma de uma liderança parcial (assim como em algumas *Melipona*) e depois envolveu apenas o apontamento da direção certa com a dança requebrada em uma superfície horizontal (assim como em *A. florea*). De antecedentes como esse, veio o apontar transposto de *A. mellifera*, no qual a direção de voo relativa ao sol é convertida em um sinal (o trecho requebrado) orientado em relação à gravidade. Essa sequência evolutiva dos eventos pode ser plotada em uma filogenia de quatro grupos relacionados de abelhas, o que inclui as abelhas melíferas (Figura 7.29). Graças ao trabalho de Lindauer e outros pesquisadores, agora sabemos tanto sobre o valor adaptativo da dança das abelhas como da sequência histórica dos eventos que resultaram na manifestação moderna da abelha melífera.

Para discussão

7.16 Várias pessoas tentaram pensar nas razões de por que as abelhas sociais fizeram a transição de uma forma de comunicação para outra. Baseado nesse tipo de hipótese, qual significado você associa ao fato de que uma abelha social muito agressiva, *Trigona spinipes*, pode sentir marcas de odor colocadas perto da fonte de alimento por outra abelha, *Melipona rufiventris*?[1049]

Resumo

1. A teoria de otimização e a teoria dos jogos têm as suas regras baseadas no estudo do possível valor adaptativo do comportamento alimentar. A abordagem de otimização geralmente foca no ganho calórico líquido associado a uma decisão alimentar, já a teoria dos jogos considera as vantagens para indivíduos que competem com outros por recursos valiosos.

2. A teoria do forrageio ótimo causou algumas controvérsias, principalmente porque a maximização da taxa de consumo calórico nem sempre maximiza a aptidão, premissa de muitas hipóteses de forrageio ótimo. A afirmação de que uma maior taxa de consumo calórico aumenta a aptidão é falsa para aquelas espécies nas quais existe um custo-benefício entre a maximização de energia durante o forrageio e a redução do risco de ataque por predadores. Entretanto, os testes de hipóteses ótimas são desenvolvidos para ajudar os pesquisadores a identificar os fatores envolvidos na evolução do comportamento animal. As hipóteses com premissas incorretas serão rejeitadas se forem propriamente testadas.

3. Quebra-cabeças darwinianos sobre o comportamento alimentar incluem curiosidades como a concentração de competidores por recursos alimentares limitados em áreas pequenas, a adição de ornamentos de seda muito visíveis às teias de aranhas e o consumo de lama e outros materiais não nutritivos. Todas essas ações parecem ter consequências negativas na aptidão, o que leva os adaptacionistas a procurar benefícios especiais capazes de superar os custos das características em questão.

4. Estudos recentes sobre o comportamento alimentar não se limitam a pesquisar as propriedades adaptativas associadas a conseguir alimento suficiente. Além disso, biólogos evolucionistas tentaram delinear possíveis cenários para a origem e posterior mudança de comportamentos que resultaram em atributos complexos das organismos vivos, como as espantosas danças das abelhas melíferas. Comparações entre as espécies viventes podem fornecer pistas importantes no desenvolvimento desses tipos de hipóteses históricas.

Leitura sugerida

Para uma revisão geral sobre decisões de predadores, veja o capítulo do livro de John Krebs e Alejandro Kacelnik.[805] Essa revisão também aborda alguns modelos matemáticos baseados na teoria de otimização, aproximação comumente aplicada para comportamento de forrageio. Os modelos matemáticos de otimização são apresentados em detalhes por Dennis Lendrem[854] e por Marc Mangel e Colin Clark.[922] Reto Zach escreveu sobre forrageio ótimo em corvos em um artigo que é um modelo em clareza.[1634] Para uma crítica sobre os modelos de otimização, veja o artigo de C.J. Pierce e J.C. Ollason,[1135] que pode ser confrontado com a visão de Krebs e Kacelnik.[805] A obra *Bumblebee Economics*[643] de Bernd Heinrich é um bom complemento a esse capítulo, por abordar com clareza e simplicidade a teoria de otimização aplicada às mamangabas. Para ler mais sobre as impressionantes abelhas melíferas, veja a obra *The Wisdom of the Hive*[1300] de Tom Seeley. Para revisões sobre os quebra-cabeças que são as decorações de teias, veja Starks[1381] e Bruce.[201]

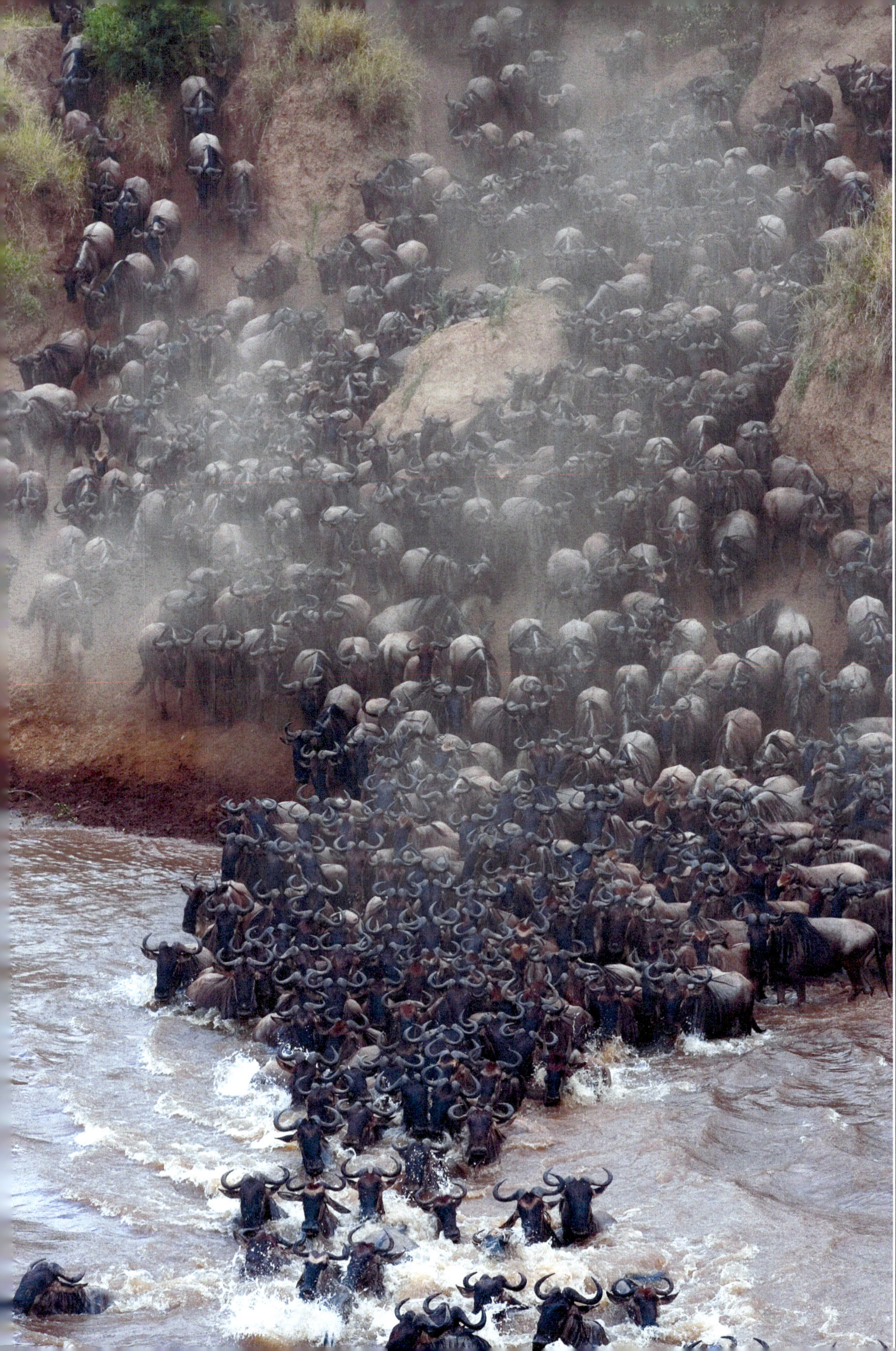

8
Escolhendo onde Viver

Na minha adolescência, meu pai e eu costumávamos tirar um dia de um fim de semana em maio para uma maratona ornitológica com alguns colegas observadores de aves. À medida que perscrutávamos campos e florestas perto de nossa casa, no sudeste da Pensilvânia, em geral encontrávamos umas 100 espécies. Havia a mariquita-amarela (*Dendroica petechia*) que cantava no topo dos plátanos do Parque Estadual *White Clay Creek*, o parulídeo *Vermivora pinus* que se movia rapidamente entre as jovens árvores que cresciam nos campos de cultivo abandonados, e a mariquita-de-mascarilha (*Geothlypis trichas*), outra espécie de mariquita, que se escondia entre os brejos. Machos de mariquita cantando alto em seus poleiros não apenas se esforçaram para encontrar aquele hábitat específico, como também estavam preparados para defender seu território de outros indivíduos da sua espécie, como anunciavam isso repetidamente (*ver* Capítulo 2). Além do investimento custoso que cada pássaro faz ao selecionar um hábitat particular e defender um território, as mariquitas que meu pai e eu vimos viajaram centenas ou até mesmo milhares de quilômetros, desde terras tão distantes quanto a América do Sul até nossa vizinhança, com o objetivo de estabelecer sua área de reprodução. Em poucos meses, se elas sobrevivessem, voltariam para o sul em mais uma longa jornada, que mais tarde também seria feita pelos seus filhotes.

Cada decisão que esses pequenos pássaros canoros tomam ao escolher um lugar para viver tem custos óbvios e substanciais e, por

◀ Travessias de rios perigosos não impedem gnus *de prosseguirem em suas longas jornadas migratórias. Fotografia de Suzi Eszterhaus.*

isso, interessam aos biólogos evolutivos. O que leva uma mariquita-amarela a se recusar a construir seu ninho na taboa do brejo? Por que a mariquita-de-mascarilha gasta horas por dia cantando para avisar rivais que está disposta a brigar por um local naquele mesmo brejo que a mariquita-amarela despreza? E por que a mariquita-de-asa-azul, nascida em Landenberg, na Pensilvânia, tem que percorrer todo o caminho até Honduras, para retornar em poucos meses e depois refazer todo esse trajeto de novo? Este capítulo aborda enigmas darwinianos desse tipo.

Seleção do hábitat

A regra que impõe a certas espécies locais particulares para viver se aplica a todos os grupos de animais, não apenas às mariquitas. Provavelmente, porque na maior parte dos casos a oportunidade de reprodução bem-sucedida para membros de uma dada espécie é muito maior no hábitat A do que em um hábitat B. A importância do acesso ao hábitat apropriado foi drasticamente ilustrada pela relação observada entre destruição de hábitat e declínio populacional de algumas espécies animais. A batuíra-de-colar-interrompido (*Charadrius alexandrinus*) e o trinta-réis-miúdo (*Sternula antillarum*), por exemplo, são espécies de aves que nidificam em praias abertas e em pequenas ilhas de areia, mas estão ameaçadas pela falta de praias livres de pessoas e de cães que, inadvertidamente, pisam e destroem seus ovos. Para avaliar com que frequência isso ocorria, pesquisadores espalharam ovos de codorna em áreas desprotegidas de uma praia pública da Califórnia. Cada dia aproximadamente 8% dos ovos desaparecia ou era esmagado.[829]

Se o que reduz em número as populações de batuíras e trinta-réis é a interferência humana, a criação de praias artificiais inacessíveis a pessoas e cães deveria atrair animais dessas espécies em idade reprodutiva. Esse experimento foi conduzido na Lagoa Batiquitos, no sul da Califórnia, e em outros lugares, em que escavou-se material do fundo do mar para criar praias artificiais e bancos de areia. O novo hábitat atraiu tanto batuíras como trinta-réis (Figura 8.1), que ali se reproduziram com sucesso.[921, 1161]

A recuperação de hábitats deve ajudar populações de batuíras-de-colar-interrompido e trinta-réis-miúdo a se restabelecerem. O manejo de hábitats é uma ferramenta

FIGURA 8.1 Seleção do hábitat e conservação. O conhecimento do hábitat preferido para nidificação do trinta-réis possibilitou que biólogos conservacionistas criassem um ambiente favorável para essa espécie ameaçada. (A) Trinta-réis-miúdo no ninho aberto na areia em uma praia, hábitat requerido por essa ave para reprodução bem-sucedida. (B) Esta grande ilha de areia, construída com material escavado do fundo do mar, atraiu muitos casais de aves marinhas em fase de nidificação, incluindo o trinta-réis-miúdo. (A), fotografia de D. Donohue; (B), fotografia de Troy Mallach.

para a conservação baseada na premissa de que algumas espécies precisam de ambientes particulares para viver. O corvídeo *Aphelocoma coerulescens* da Flórida, outra espécie vulnerável, só consegue viver em áreas arenosas e de vegetação arbustiva (em inglês *scrub*). Certa vez relâmpagos queimaram seu hábitat de modo irregular, mas natural, criando ali um mosaico de fruticeto aberto de carvalho (*scrub oak woodland*) e manchas de areia rodeadas por outras associações de plantas. Essa espécie de gaio prefere nidificar em grandes áreas abertas de carvalho e nessas áreas alcança o maior sucesso de nidificação.[167] No entanto, com a rápida interrupção das queimadas naturais, o fruticeto de carvalho torna-se alto e denso e acaba invadido pelo corvídeo *Cyanocitta cristata*, que expulsa o *A. coerulescens*.[1618] Dessa forma, qualquer prática de manejo que tencione aumentar em número a população de *A. coerulescens*, certamente terá que empregar o fogo como ferramenta para adequar o hábitat às preferências e necessidades do gaio da Flórida.

Como alguns animais só conseguem se reproduzir em hábitats específicos, é de se esperar que algumas espécies tenham desenvolvido fortes preferências por alguns locais em detrimento de outros, mesmo aquelas capazes de se reproduzir em uma série de ambientes. O chapim-real europeu, por exemplo, é capaz de nidificar tanto em florestas como em bordas de mata. No entanto, devido à abertura de vagas na floresta pela remoção experimental de casais, outros casais que nidificavam em uma área de borda próxima dali mudaram-se para a floresta, o hábitat preferido.[803]

Se a preferência de hábitat é adaptativa, indivíduos capazes de viver em áreas preferidas devem, então, deixar mais descendentes do que aqueles que não conseguem ocupar essas áreas. Para o chapim-real essa proposição é verdadeira,[803] e também é consistente com a descoberta de que, em muitas espécies, alguns indivíduos ocupam fragmentos do hábitat chamados de *fonte* (em inglês, *source habitat*; áreas onde a população está em crescimento), enquanto outros são desviados para fragmentos *sumidouros* (em inglês, *sink hábitat*; áreas onde a população está em declínio). Os fragmentos sumidouros de baixa qualidade geralmente são utilizados por competidores incapazes de ocupar os fragmentos fonte de qualidade superior, muitas vezes porque são expulsos por animais mais velhos ou oponentes melhor preparados,[396] tendo que viver em um lugar pior e tirar o melhor proveito dessa situação ruim.

No entanto, a relação entre preferência de hábitat e sucesso reprodutivo nem sempre é como se espera. Na República Tcheca, por exemplo, a toutinegra-de-barrete-preto (*Sylvia atricapilla*; *ver* Figura 3.14) pode escolher entre dois hábitats: florestas decíduas à margem de rios ou florestas mistas de coníferas longe de cursos de água. O hábitat preferido para esse pássaro é o da margem de rio, que atrai os primeiros colonizadores na primavera. Mesmo assim, o sucesso reprodutivo de casais nos dois ambientes é essencialmente o mesmo.[1530] Por quê? Uma resposta à essa questão foi dada por Steve Fretwell e colaboradores, que usaram a teoria dos jogos para predizer o que os animais fariam se tivessem que escolher entre hábitats alternativos com qualidade e níveis de competição diferentes. Eles demonstraram matematicamente que conforme subia a densidade de consumidores de recursos no hábitat superior, chegava-se a um ponto no qual a aptidão de um indivíduo seria maior se ele colonizasse o hábitat inferior, que tinha menos colonizadores da sua espécie e, portanto, menos competidores por recursos críticos.[491] O ornitólogo tcheco Karel Weidinger descobriu que a densidade de toutinegras em nidificação era de fato quatro vezes maior nas florestas preferidas à margem de rios do que no hábitat de qualidade inferior. Aparentemente, ao selecionar hábitats esses pássaros tomam decisões baseadas não apenas na natureza da vegetação e em outros marcadores de produtividade de inseto, como também na intensidade de competição com outros membros de sua espécie.

O peixe lúcio (*Esox lucius*) também tem habilidade para selecionar hábitats em relação à competição por recursos de um jeito que, aparentemente, maximiza sua aptidão. Esse predador vive no Lago Windermere ao norte da Inglaterra, onde se alimenta principalmente de perca. O Lago Windermere contém duas bacias, cada uma com sua própria população de lúcio, mas os indivíduos transitam entre os dois corpos de água. Por mais de 40 anos, biólogos pesqueiros marcaram e recapturaram lúcios

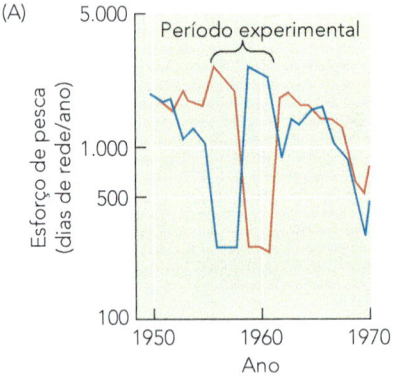

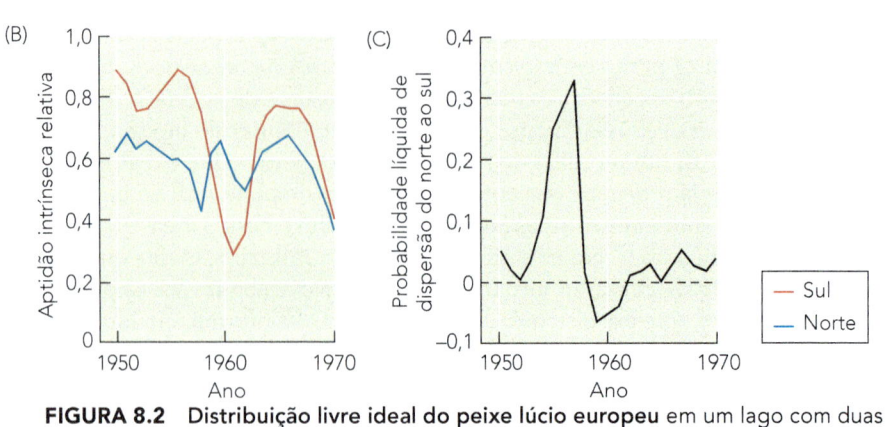

FIGURA 8.2 **Distribuição livre ideal do peixe lúcio europeu** em um lago com duas populações capazes de transitar entre suas duas bacias. (A) Durante o período experimental, muitos lúcios foram removidos, primeiro da parte sul do lago e, depois, da parte norte. (B) Inicialmente, a aptidão dos indivíduos sobreviventes era alta na bacia sul do lago, onde havia menor competição, mas depois isso mudou quando a competição ficou menor na parte norte. (C) A tendência dos peixes foi mover-se para o hábitat melhor na parte sul do lago durante os três primeiros anos do experimento, até que então, no período de 1959 a 1962, a tendência passou a ser mover-se para a bacia norte, onde a competição era menor. Adaptada de Haugen e colaboradores.[633]

Lúcio europeu

nas duas bacias, juntando dados que os permitiram medir a sobrevivência e sucesso reprodutivo do peixe das duas populações. Por meio da recaptura de peixes marcados, os biólogos puderam determinar ainda se havia migração de indivíduos de uma bacia à outra, nas ocasiões em que esse trânsito teria sido adaptativo. Em geral, depois da desova, os peixes da bacia sul tinham aptidão maior do que os da bacia norte e, como previsto, a migração era maior da bacia norte (de pior qualidade) para a sul, até o momento em que o aumento da densidade da população do sul elevava as taxas de mortalidade, anulando o benefício da migração.

No período de 1956 a 1962, conduziu-se um experimento no qual um grande número de lúcios foi removido de uma das bacias. Nos três primeiros anos, removeram-se peixes da bacia sul; nos três anos seguintes, removeram-se peixes da bacia norte. A redução na competição por recursos, primeiro na população sul e depois na população norte, deve ter tornado vantajosa a ida, primeiro a um depois a outro braço do lago. O padrão de recaptura dos animais nas redes colocadas em diferentes pontos do lago obedeceu à teoria da **distribuição livre ideal** (segundo a qual, havendo chance, a distribuição espacial dos animais se dá de modo a maximizar o sucesso reprodutivo): nos primeiros três anos, os peixes moveram-se do norte para o sul, enquanto nos 3 anos seguintes aconteceu o inverso (Figura 8.2).[633]

A capacidade de avaliar a qualidade do hábitat também é altamente desenvolvida na abelha melífera e isso fica evidente no período da enxameação, quando a colônia se divide em duas. Metade da colônia, a que contém a rainha velha e metade da sua força operária, parte deixando a colmeia velha e metade das operárias para uma jovem rainha. O enxame que partiu faz uma parada temporária em uma árvore, e as operárias penduram-se umas nas outras formando um cacho em torno da rainha (Figura 8.3). Nos dias seguintes, as operárias exploradoras procuram câmaras no substrato, em rochas ou ocos de árvores. Ao encontrarem cavidades com volume de 30 a 60 litros no entorno da área de repouso, as exploradoras voltam para o enxame e dançam.[1299] Por meio dessa dança, elas comunicam ao enxame a localização da nova casa em potencial (consulte as páginas 238-243). Se suficientemente estimuladas pela dança das primeiras exploradoras, outras operárias voam para o local informado e, sentindo-se atraídas por ele, voltam para o enxame e dançam também, mandando nova leva de operárias ao local.

FIGURA 8.3 **Procurando um novo lar.** Um enxame de abelha melífera (*Apis mellifera*) aguarda enquanto operárias exploradoras procuram um local ideal para estabelecerem uma nova colmeia. Fotografia de Kirk Visscher.

Uma característica especialmente marcante da dança que as abelhas exploradoras executam para comunicar um possível local de ninho é que, depois de poucas viagens a um local potencialmente bom, elas em geral retornam à área de repouso e dançam por períodos cada vez mais curtos, até que chega um momento em que deixam de dançar (Figura 8.4).[1495] Por conta disso, um local só consegue juntar um grupo grande de anunciantes se for suficientemente atraente para que a taxa de recrutamento de novas exploradoras exceda a taxa de desistência das exploradoras anteriores. Locais capazes de inspirar novas recrutas cheias de energia irão gerar uma população exponencialmente crescente de exploradoras, enquanto outros menos atraentes produzirão uma população cada vez menor e, por fim, nula, de anunciantes.[1027] Como consequência, em dado momento várias ou todas as recrutas ativas estarão anunciando o mesmo local, levando à presença de muitas exploradoras investigando o possível local para a nova colmeia (Figura 8.5).[1301] Quando uma nova exploradora encontra várias dezenas de outras operárias no local, ela retorna ao enxame e começa a "chiar", ou seja, produz um sinal vibratório que as outras abelhas são capazes de captar. Se vários recrutas chiarem daquele jeito, todas as irmãs do enxame devem receber a mensagem e serem estimuladas a começar a movimentar os músculos das asas. As contrações musculares aumentam a temperatura interna do corpo das abelhas ao nível necessário para o voo, e quando as abelhas estão prontas, levantam voo, e o enxame aerotransportado dirige-se ao local de ninho selecionado, usando a informação que recebeu das operárias exploradoras.[1302]

Especialmente interessante nesse processo das abelhas, de uma perspectiva de otimização, é que quando se ofereceu experimentalmente a oportunidade de escolha entre dois locais de ninhos de qualidade igualmente alta, localizados a diferentes distâncias da colmeia de origem – 50 e 200 metros de distância – as abelhas escolheram o mais distante dos dois.[871] Alguém poderia pensar que elas escolheriam o local mais próximo, uma vez que cobrir uma área de pouco mais de cem metros pode ser exaustivo para a rainha, que, embora produtora prodigiosa de ovos, é péssima voadora. No entanto, como o valor de um local também é afetado pela proximidade com outras colônias, um enxame que se disperse a uma distância considerável provavelmente reduz a chance de que as colônias da mãe e da filha venham a competir pelo acesso às mesmas flores.

Podemos testar essa hipótese predizendo que a disposição de um enxame de voar por uma distância maior esteja correlacionada a intensidade de competidores potenciais entre colmeias de mãe e filha. Ao que parece, as colônias de abelhas ao norte da Europa são muito maiores e, portanto, é mais provável competirem por comida do que as colônias ao sul da Europa. Essa diferença parece ser causada pela necessidade, imposta pelo inverno rigoroso, de se ter um grande número de abelhas servindo como manta térmica viva para a rainha e suas operárias centrais.[716,717] As colônias maiores da fria Alemanha movem-se por distâncias maiores quando procuram um novo local para a colmeia do que os enxames menores que vivem no clima mais quente da Itália.[556]

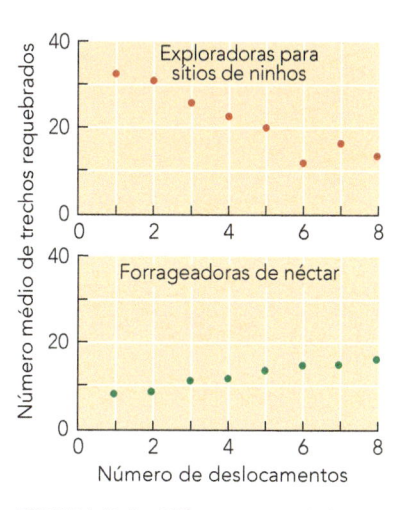

FIGURA 8.4 Diferentes padrões de dança exibidos por operárias exploradoras de locais de ninho e operárias forrageadoras. A dança das exploradas para recrutar novas operárias para um local com potencial para ninho tem, durante as primeiras viagens de volta ao enxame, muitos trechos com requebrados (ver Figura 7.20). No entanto, passado um tempo, a atividade de dança cai abruptamente. Em contrapartida, quanto mais viagens de ida e volta uma operária forrageadora faz a uma boa fonte de néctar ou a um jardim de flores produtoras de pólen, maior a probabilidade de incorporar corridas com requebrados em sua dança de recrutamento. Adaptada de Beering[96] e Visscher.[1495]

Para discussão

8.1 O padrão da dança das abelhas exploradoras para recrutar novas operárias para um local com potencial para ninho difere visivelmente do padrão exibido pelas forrageadora (ver Figura 8.4). O fato de que as forrageadoras continuam a recrutar novas operárias durante várias viagens e gradualmente aumentam, em vez de diminuírem, o número de trechos de requebrado incorporados nessa dança, sugere que, em vez de ter toda a população voltada para um único local de forrageamento, provavelmente existam vários locais sendo explorados ao mesmo tempo. Esse fato diz algo sobre a diferença observada no comportamento de exploradas e forrageadoras? Alguém poderia nos dizer que não é preciso dar explicações evolutivas para as decisões coletivas tomadas pelas forrageadoras de uma colmeia, ou por abelhas de um enxame, porque as decisões que dizem respeito à colônia como um todo são consequência inevitável de regras comportamentais não intencionais usadas por membros individuais do grupo. Em outras palavras, o grupo possui propriedades auto-organizacionais que derivam dos comportamentos simples de seus membros, e o conhecimento das "propriedades emergentes" dos grupos dispensa outras explicações de suas atividades sociais. Como você responderia a esse argumento?

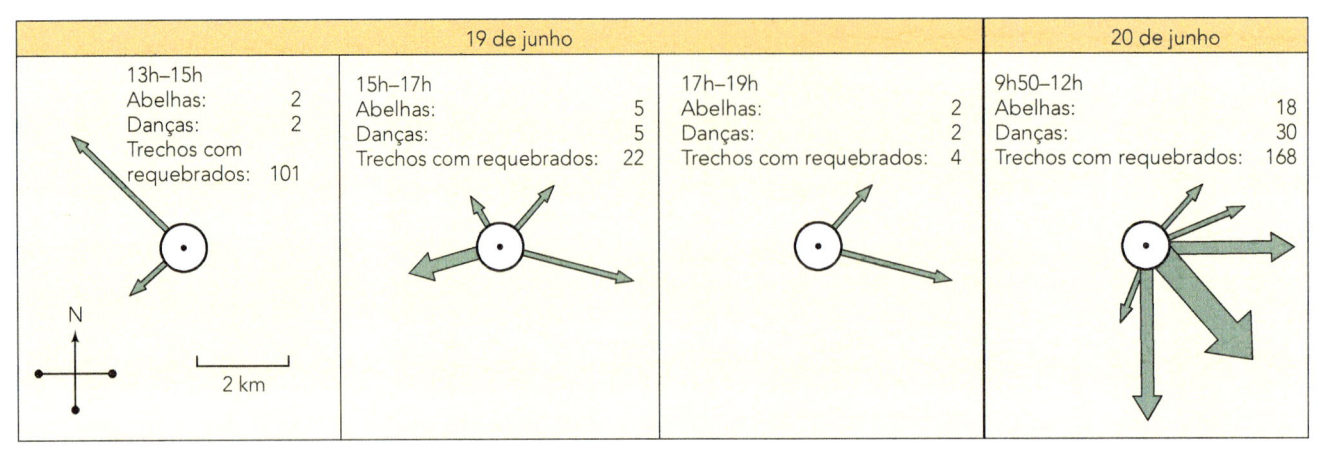

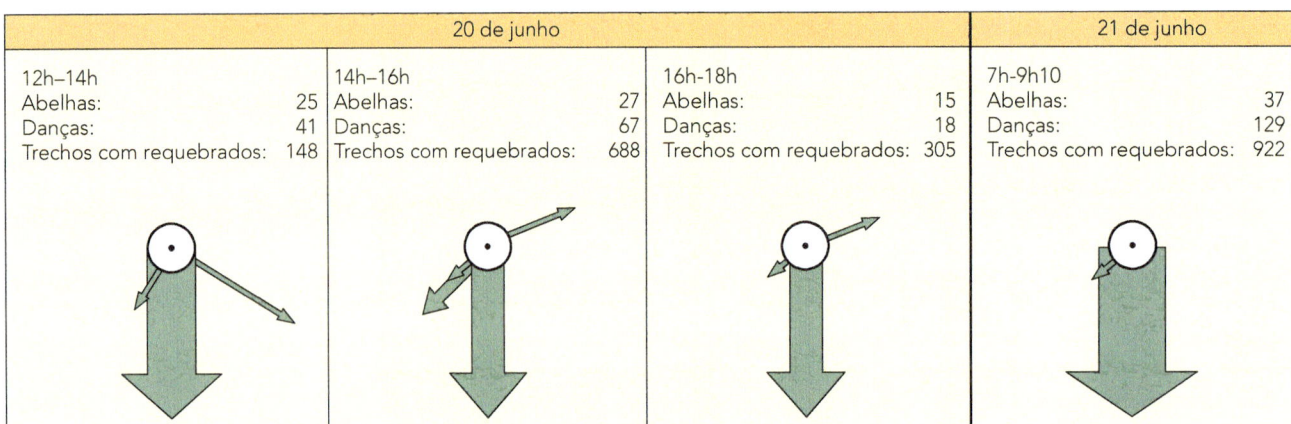

FIGURA 8.5 Chegando a um consenso quanto ao novo local do ninho. Mudanças no número de recrutas que anunciam ao enxame a localização de áreas com potencial para ninho (cuja localização está representada por um círculo), em um período de 3 dias. Os números em cada quadro representam o número de abelhas que dançam anunciando locais diferentes ao longo do tempo, o número total de dançarinas registrado nesse tempo e o número total de trechos com requebrados executados durante essas danças. A largura das setas que saem dos círculos é proporcional ao número de abelhas que dançam para anunciar aquele local com potencial para ninho durante o período indicado acima dos quadros. O enxame partiu para o novo local de ninho na manhã do dia 21 de junho. Adaptada de Seeley e Buhrman.[1301]

Preferências de hábitat de um afídeo territorial

Como as abelhas melíferas não têm que defender uma área de forrageamento na qual se encontra seu único recurso alimentar, os enxames viajantes podem parar onde quiserem, sem interferência direta de outras colônias. Em outras espécies, como na toutinegra-de-barrete-preto territorial, essa liberdade de escolha de hábitats não é possível, já que alguns indivíduos podem expulsar outros dos melhores lugares. Tom Whitham examinou os efeitos desse tipo agressivo de competição na seleção do hábitat em um inseto pequeno, o afídeo do gênero *Pemphigus*, que ataca álamos (árvores do gênero *Populus*).[1555,1557]

Todo inverno em Utah, um grande número de ovos de afídeos é incubado em fendas nas cascas dos álamos. Assim que eclodem, os afídeos movem-se até os botões de folhas nos galhos dessas árvores. Cada fêmea – e deve haver dezenas de milhares delas em cada árvore – seleciona ativamente uma folha, coloca-se na sua veia central, quase sempre próximo da base, e, de algum jeito, induz a formação de uma bola oca de tecido (uma galha) na qual irá viver com os filhotes que gerar por partenogênese

(A)

(B)

FIGURA 8.6 Galha ocupada por afídeo do Gênero *Pemphigus*. (A) Uma galha produzida por afídeo na base de uma folha de álamo. (B) Imagem de micrografia eletrônica de uma fêmea de afídeo dentro da sua galha. Cortesia de Tom Whitham.

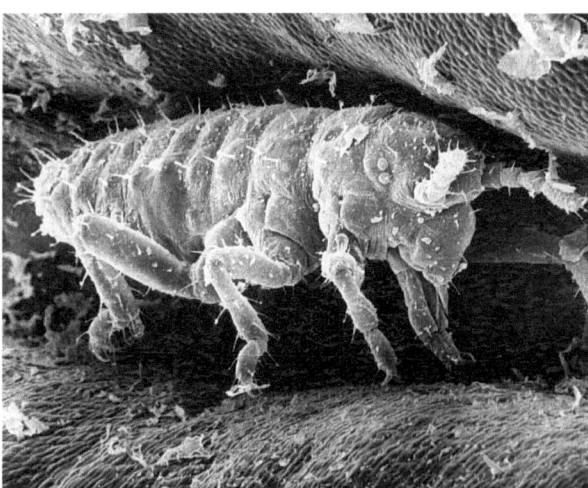

(Figura 8.6). Quando os filhotes amadurecem, a bola se abre e os afídeos dispersam-se para novas plantas.

O estudo de Whitham mostrou que, logo que saíam das galhas, as fêmeas rapidamente tomavam conta de todas as folhas maiores dos álamos e, em dado momento, havia cerca de 20 afídeos para cada folha grande daquelas árvores. Quando as competidoras se encontravam na folha, brigavam por até dois dias inteiros (Figura 8.7) e algumas vezes morriam tentando assegurar um território.[1558] A natureza custosa dessas lutas nos leva a crer que haja um grande benefício para quem consegue as maiores folhas, como, de fato, há (Figura 8.8).

As fêmeas derrotadas ou as pequenas, incapazes de lutar efetivamente, são forçadas a aceitar locais de qualidade inferior. Mas os indivíduos derrotados ainda podem tirar o melhor proveito do lugar de menor valor. Suas opções são encontrar uma folha menor e desocupada ou ficar em uma folha grande com uma fundadora territorial já estabelecida. Se uma folha já tem uma fêmea residente, quem chegou depois terá que construir sua galha mais longe da veia central da folha, de onde retirará menos nutrientes do que se estivesse no melhor local, próximo ao pecíolo da folha. Se a fêmea de afídeo residente já estiver dentro da sua galha, a recém-chegada não terá que lutar, mas terá que contentar-se com uma aptidão menor. No entanto, a segunda colonizadora em uma folha de tamanho médio pode se dar tão bem quanto um único afídeo em uma folha pequena (Tabela 8.1). Quando fêmeas de afídeos compartilham uma folha, elas escolhem folhas de tamanho médio ou grande, embora sejam mais escassas.[1557]

FIGURA 8.7 Disputa por território entre dois afídeos do gênero *Pemphigus*. Duas fêmeas podem passar horas uma chutando a outra para decidir quem ficará com a folha preferida ou com o melhor local da folha. Cortesia de Tom Whitham.

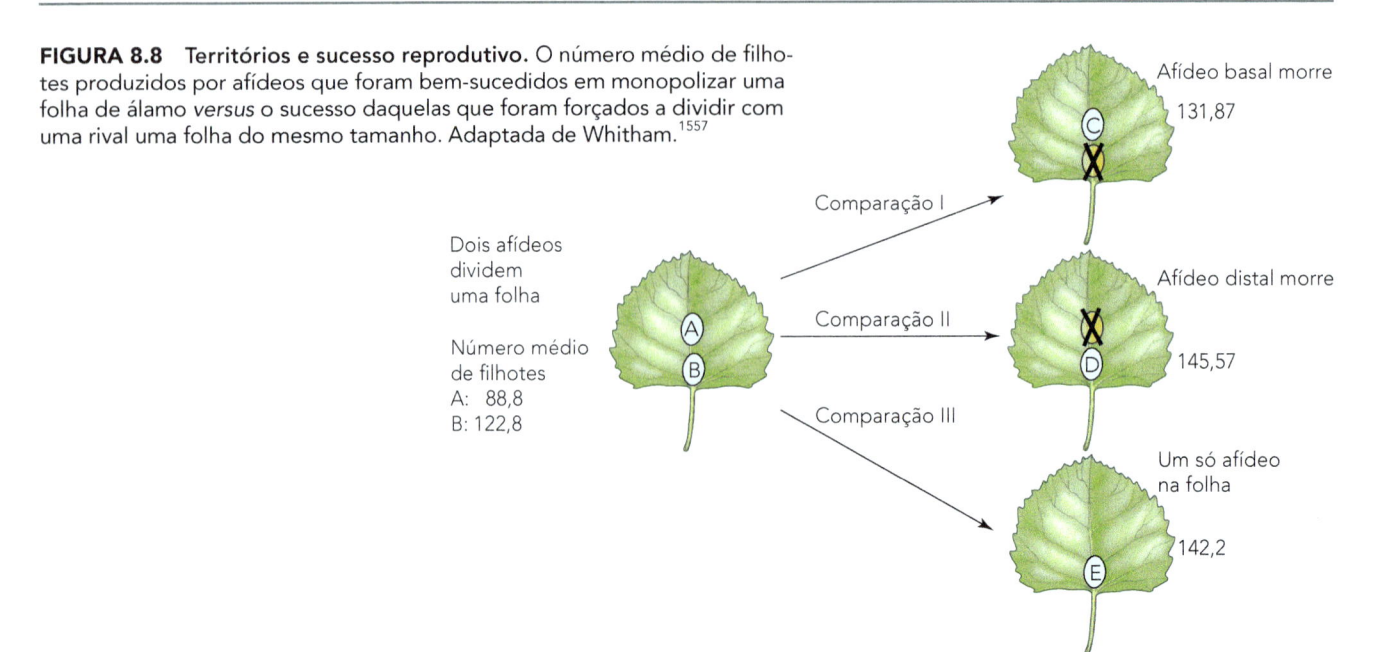

FIGURA 8.8 Territórios e sucesso reprodutivo. O número médio de filhotes produzidos por afídeos que foram bem-sucedidos em monopolizar uma folha de álamo *versus* o sucesso daquelas que foram forçados a dividir com uma rival uma folha do mesmo tamanho. Adaptada de Whitham.[1557]

Dois afídeos dividem uma folha

Número médio de filhotes
A: 88,8
B: 122,8

Comparação I → Afídeo basal morre — 131,87

Comparação II → Afídeo distal morre — 145,57

Comparação III → Um só afídeo na folha — 142,2

Para discussão

8.2 No tordo americano (*Turdus migratorius*), a seleção do hábitat pode ser afetada pela experiência. Pássaros que falharam ao tentar nidificar, dificilmente voltam àquele local no ano seguinte para tentar novamente. Diferentes hipóteses tentam explicar esse comportamento. Deduza quais podem ser essas hipóteses, baseado nessa informação: em um experimento, pesquisadores destruíram os ninhos de uma subamostra aleatória desse tordo e depois compararam a taxa de retorno no ano seguinte dessa subamostra com aquela que não teve seus ninhos destruídos e que produziu filhotes. Apenas 18% do grupo experimental retornou ao local no ano seguinte, contra 44% do grupo-controle.

8.3 No tordo-da-cabeça-amarela (*Xanthocephalus xanthocephalus*) estudado em Illinois, machos que deixaram seus territórios em um ano tiveram menor sucesso reprodutivo no ano seguinte, quando estabeleceram um novo território de reprodução, do que haviam tido no ano anterior, no território velho.[1511] Por que esse resultado surpreenderia um biólogo adaptacionista? A Figura 8.9 oferece uma solução possível para esse quebra-cabeça?

Tabela 8.1 *Efeito do tamanho da folha e posição da galha no sucesso reprodutivo de fêmeas de afídeo do gênero Pemphigus*

Número de galhas por folha	Tamanho médio da folha (cm)	Número médio de filhotes produzidos		
		Fêmea basal	Segunda fêmea	Terceira fêmea
1	10,2	80		
2	12,3	95	74	
3	14,6	138	75	29

Fonte: Whitham[1557]

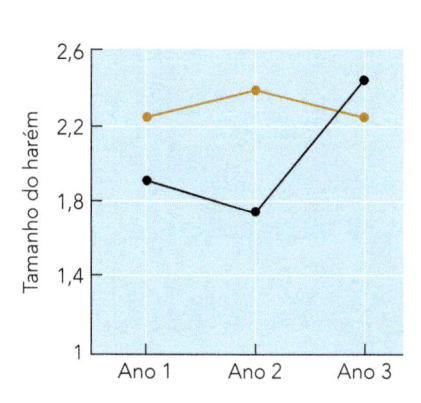

FIGURA 8.9 Número de parceiras atraídas pelo tordo-da-cabeça-amarela macho que deixou seu antigo território em um ano (linha preta) *versus* aqueles que lá permaneceram (linha marrom). Na prática, o tamanho do harém diminui no segundo ano depois da mudança de território. Adaptada de Ward e Weatherhead.[1511]

Custos e benefícios da dispersão

Quando uma fêmea de afídeo encontra uma folha para morar, ela passa o resto da vida ali. Mas, para outras espécies, como a abelha melífera, a dispersão de um local-moradia para outro ocorre regularmente. Para mudar-se do ponto A para o ponto B, os animais queimam calorias não só na movimentação, mas até antes da dispersão, quando precisam investir também no desenvolvimento dos músculos locomotores. Para exemplificar, considere que um grilo tenha que deixar um ambiente em deterioração e mudar-se para um lugar novo e melhor, mas, para isso, ele precisará de forte musculatura de voo para sair dali. As calorias e matérias gastas no desenvolvimento desses músculos de voo e, presumivelmente, em sua manutenção, são retiradas do orçamento geral de energia do animal, significando que outros órgãos do corpo, como os ovários das fêmeas, são obrigados a diminuir seu ritmo de desenvolvimento, o que confere um custo adaptativo à capacidade de voo do indivíduo.

Essa hipótese do conflito de escolha (*trade-off*) foi testada de modo criativo da seguinte forma. Há espécies de grilos nas quais ocorrem dois fenótipos, um com maquinaria muscular necessária para voar e outro que mal consegue sair do chão porque tem músculos da asa reduzidos e pouca reserva de gordura (combustível) (*ver* página 156). As fêmeas capazes de voar não produzem ovos tão rapidamente quanto as incapazes de voar, como seria esperado pela hipótese do conflito de escolha.[1643] É possível induzir a produção de fêmeas não voadoras, mesmo em espécies que normalmente só tem o fenótipo voador, injetando nos adultos uma substância química semelhante ao hormônio juvenil (consulte o Capítulo 5). Se é verdade que a habilidade de voar impõe um custo reprodutivo, então as fêmeas não voadoras experimentalmente produzidas devem ser capazes de investir mais no desenvolvimento dos ovários do que as fêmeas do grupo-controle, não expostas ao hormônio. De fato, o desenvolvimento dos ovários acontece muito mais depressa nas fêmeas experimentais, que não se alimentam nem mais nem menos do que as fêmeas controle, e seus músculos de voo se deterioram à medida que os recursos energéticos são direcionados para os ovários (Figura 8.10).[1643]

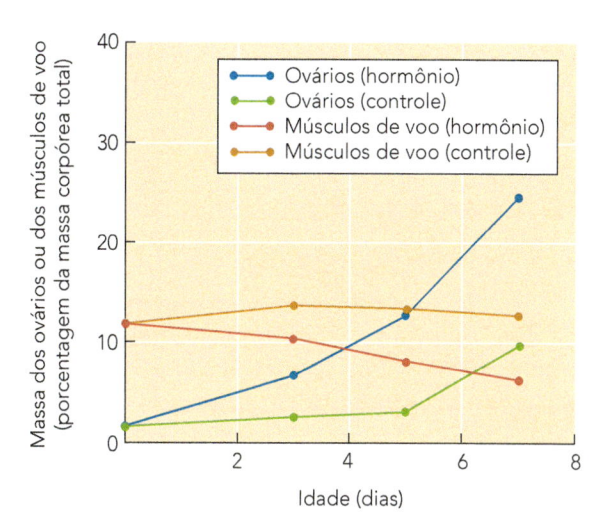

Ao dispersarem, os indivíduos não apenas têm que pagar os custos energéticos da viagem e do desenvolvimento, como também tornam-se presas fáceis para os predadores por estarem em locais desconhecidos. Esse argumento foi examinado por James Yoder e seus colaboradores em um estudo com o galiforme *Bonasa umbellus*,

FIGURA 8.10 O conflito de escolha entre o desenvolvimento dos músculos locomotores ou do equipamento reprodutivo. Fêmeas de grilo tratadas com hormônio juvenil, que leva ao desenvolvimento de indivíduos incapazes de voar, com massa muscular da asa reduzida, têm curvas de desenvolvimento diferentes das fêmeas do grupo-controle (capazes de voar). Repare principalmente na diferença da taxa de crescimento dos ovários entre as duas categorias de fêmeas. Adaptada de Zera, Potts e Kobus.[1643]

Bonasa umbellus

FIGURA 8.11 Dois padrões diferentes de movimento de galiformes silvestres *Bonasa umbellus* que receberam colares com radiotransmissores. (A) Esta ave permaneceu por muitos meses na mesma e extremamente pequena área de vida. (B) Outro indivíduo da espécie alternou episódios de permanência e movimentos de dispersão substancialmente longos por terrenos não familiares, atitude arriscada para um *Bonasa umbellus*. Adaptada de Yoder, Marschall e Swanson.[1629]

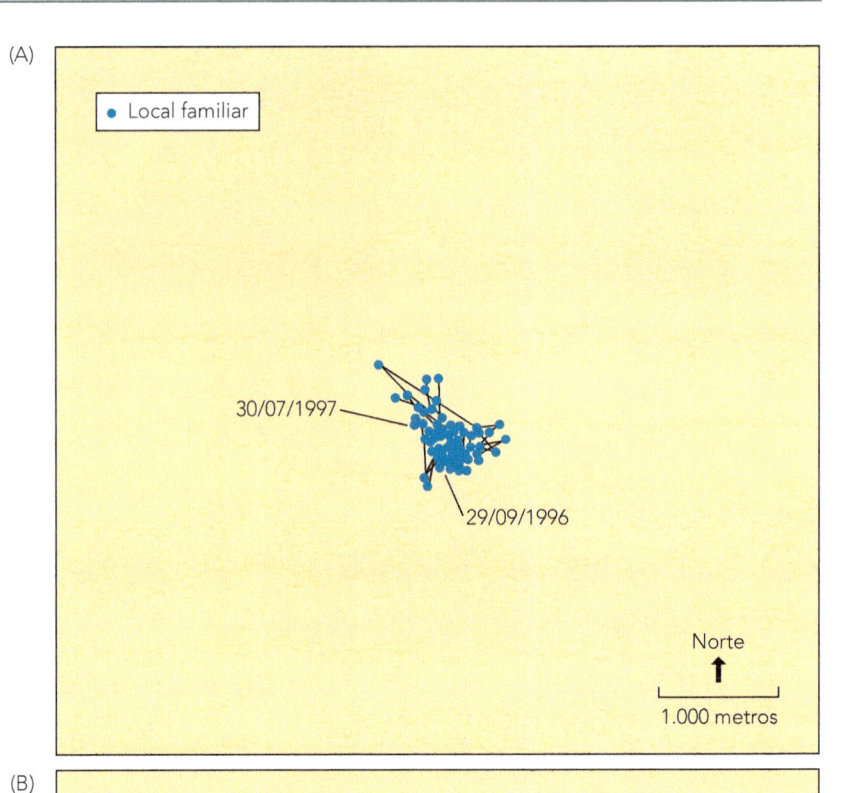

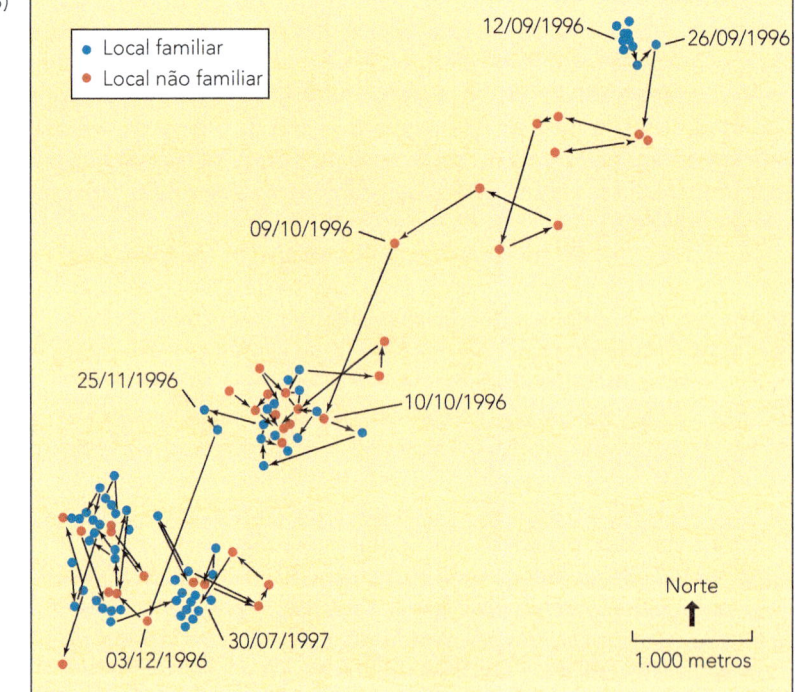

da família dos faisões. Eles capturaram e colocaram radiotransmissor em alguns indivíduos e os seguiram, o que os permitiu mapear com precisão os movimentos individuais e reencontrar animais cujos sinais emitidos pelo transmissor indicavam imobilidade por mais de 8 horas, confiável indicador de que a ave está morta. Alguns indivíduos permaneceram por meses perto do local onde haviam sido capturados, enquanto outros moveram-se de um local a outro a intervalos consideráveis (Figura 8.11). Estar em uma nova área aumentava em pelo menos três vezes o risco de ser morto por uma ave de rapina ou mamífero carnívoro, em comparação com estar em locais familiares.

Uma descoberta dessas nos propõe uma questão: por que os animais se dispõe a deixar seus lares e o fazem mesmo quando isso significa deixar um local familiar e rico em recursos? Essa pergunta é especialmente pertinente a espécies nas quais alguns indivíduos se dispersam e outros não, ou não vão tão longe. Em alguns casos, essas diferenças têm base genética. Por exemplo, na formiga-de-fogo do gênero *Solenopsis*, quando uma nova geração de rainhas é produzida, algumas vão embora de suas colônias, acasalam-se com machos em locais distantes e seguem em busca de novos locais, em que irão se entocar no solo e tentar iniciar ninhos sozinhas. Poucas fêmeas terão sucesso, mas muitas tentam, especialmente aquelas com o genótipo *BB*. Em contrapartida, rainhas com o genótipo *Bb* deixam a colônia para se acasalar mas, ao que parece, frequentemente retornam para casa e tentam ser aceitas na colônia natal para ali tornarem-se rainhas geradoras de ovos.[379]

A diferença genética entre os dois tipos de rainha fornece uma explicação proximal para a diferença no comportamento. Uma razão distal para a diferença no comportamento das rainhas com genótipos diferentes está associada ao que acontece com rainhas *BB* que tentam se juntar a colônias que já tenham outras rainhas. Muitas das operárias na colônia terão o genótipo *BB* e, sistematicamente, desmembrarão qualquer rainha nova que não tenha o alelo *b*,[753] isso talvez porque reconheçam o genótipo *BB* pelo odor.[555] Sob essas circunstâncias, não é de se surpreender que rainhas *BB* geralmente evitem colônias estabelecidas e façam o possível para fundarem suas próprias colônias.

Outra espécie na qual alguns indivíduos dispersam mais do que outros é a do esquilo-de-belding (*Spermophilus beldingi*). Jovens machos saem da toca protegida pela mãe e viajam cerca de 150 metros, enquanto as fêmeas normalmente se estabelecem a cerca de 50 metros da toca onde nasceram (Figura 8.12).[665] Porque os machos jovens dessa espécie de esquilo vão mais longe do que suas irmãs?

Um argumento para a dispersão praticada por jovens de muitas espécies é que ela seja uma adaptação contra a **depressão por endogamia** (*inbreeding depression*).[1181] Quando dois indivíduos intimamente relacionados se acasalam, os filhotes que eles produzem têm mais chance de portar alelos recessivos deletérios em dose dupla do que filhotes produzidos por pais não aparentados. O risco de problemas genéticos associados deve, em teoria, reduzir a aptidão média de filhotes produzidos por endocruzamento. Em muitos animais, populações nas quais há endogamia apresentam alta taxa de mortalidade de jovens.[1194] Quando camundongos *Peromyscus leucopus* endógamos e não endógamos foram experimentalmente libertados na natureza, no

Esquilo *Spermophilus beldingi*

FIGURA 8.12 Distâncias de dispersão de machos e fêmeas do esquilo-de-belding (*Spermophilus beldingi*). Machos viajam por distâncias médias maiores do que as fêmeas, quando deixam suas tocas natais. Adaptada de Holekamp.[665]

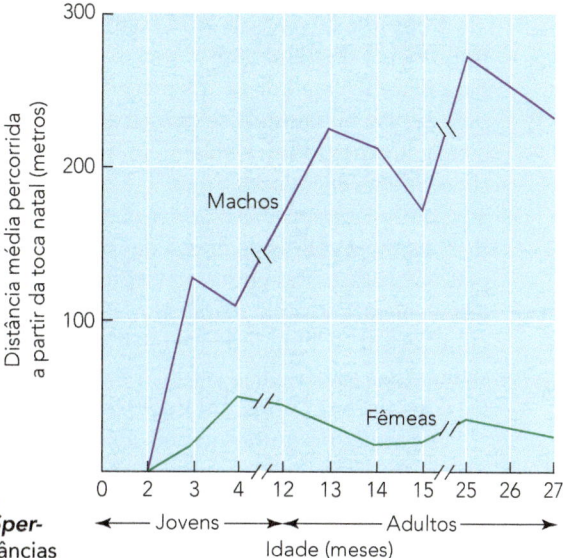

Camundongo *Peromyscus polionotus*

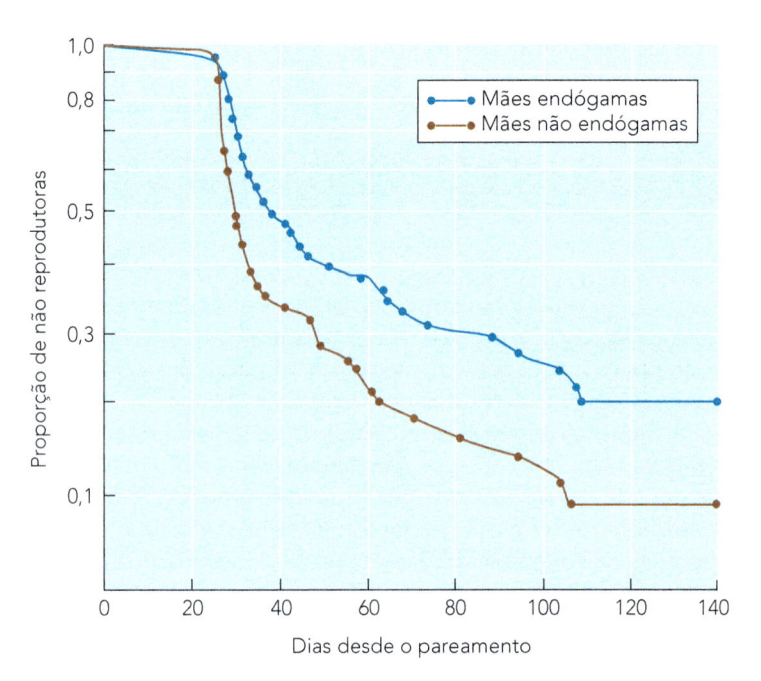

FIGURA 8.13 A depressão por endogamia no camundongo *Peromyscus polionotus* pode atrasar o início da reprodução em fêmeas endógamas, em relação às não endógamas. Fotografia de Mike Groutt do *U.S. Fish and Wildlife Service*, cortesia de Rob Tawes. Adaptada de Margulis e Altmann.[933]

local onde seus ancestrais haviam sido capturados, a taxa de sobrevivência dos não endógamos foi duas vezes maior do que a dos endógamos.[725] Mesmo que indivíduos endógamos cheguem à fase adulta, mesmo assim eles têm menos chance de se reproduzir do que os indivíduos não endógamos (Figura 8.13).[933]

Contudo, se o princípio da dispersão é evitar a endogamia, deveríamos encontrar um número igual de fêmeas e machos de esquilo viajando 150 metros de sua toca natal. Mas não é o que se observa, talvez porque os custos e benefícios da dispersão sejam diferentes entre os sexos. Como sugerido por Paul Greenwood para os mamíferos em geral,[576] é possível que as fêmeas de esquilos-de-belding permaneçam nos territórios natais, ou perto deles, porque o seu sucesso reprodutivo dependa de se ter um território para criar os filhotes. As fêmeas que permanecem perto do local de nascimento recebem ajuda das mães na defesa das tocas contra fêmeas rivais. Assim, o benefício de permanecer em território familiar é maior para fêmeas do que para machos, e essa diferença provavelmente contribuiu para a evolução de diferenças sexuais na dispersão dessa espécie.

Contudo, talvez haja ainda outra explicação para o porquê de machos mamíferos tipicamente dispersarem-se por distâncias maiores do que as fêmeas. A regra geral para mamíferos é que são os machos, e não as fêmeas, que brigam uns com os outros pelo acesso a cônjuges sexuais (*ver* página 342). Portanto, deve ser vantajoso para os machos perdedores afastarem-se de rivais do mesmo sexo contra quem eles não conseguem vencer uma briga.[1006] Embora essa hipótese provavelmente não se aplique ao esquilo *Spermophilus beldingi*, já que machos jovens não foram vistos brigando com machos mais velhos na época da dispersão, a ideia merece ser testada em outras espécies. Leões, como vimos no Capítulo 1, vivem em bandos grandes, ou haréns, e são os jovens machos que dispersam, pois as jovens leoas, filhas das leoas residentes, em geral passam a vida toda no território em que nasceram (Figura 8.14).[1179] As fêmeas sedentárias se beneficiam com a familiaridade com bons terrenos de caça e com um local de reprodução garantido no território natal, dentre outras coisas.

A partida de muitos jovens leões coincide com a chegada de novos machos maduros que destronam, com violência, o antigo dono do harém e expulsam também os machos subadultos. Essas observações sustentam a hipótese de competição por parceiros sexuais para a dispersão dos machos. No entanto, quando os machos jovens não são obrigados a partir depois de uma tomada de controle do harém, ainda assim eles partem, sem nenhuma coerção por parte dos machos adultos e sem nunca ten-

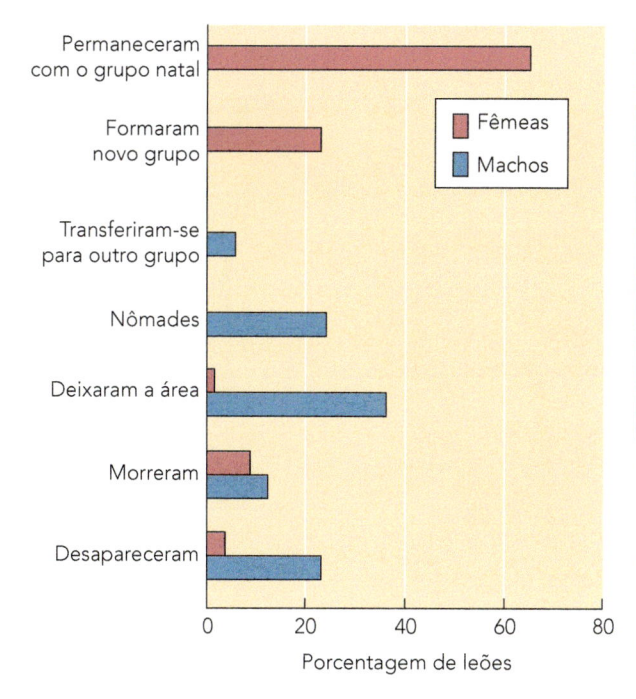

FIGURA 8.14 Leões e leoas tem padrões diferentes de dispersão. Nas planícies do Serengueti, na África, as leoas tendem a permanecer no bando natal, enquanto os machos mudam-se para outros bandos ou tornam-se nômades. Adaptada de Pusey e Packer.[1179]

tarem copular com as fêmeas, suas parentes. E mais, mesmo machos que chegam a conquistar um harém, algumas vezes dispersam de novo, expandindo seu território e anexando um segundo grupo de fêmeas a seu controle, no momento em que suas filhas do primeiro harém atingem a maturidade sexual. Aparentemente, leões têm mecanismos proximais de inibição de endocruzamento que levam os animais a deixar seu lar. No nível distal, deve haver vantagem para os machos dispersores em acasalar com fêmeas não aparentadas, ainda que o momento de deixar o bando natal nem sempre dependa deles.[616]

Para discussão

8.4 Em uma pesquisa com ursos pardos (*Ursus arctos*) da Suécia, 15 de 16 machos deixaram suas mães e seu território natal para trás enquanto apenas 13 de 32 fêmeas dispersaram. As fêmeas mais velhas e mais pesadas são as menos prováveis de fazerem parte da tropa de dispersão.[1636] Dessa forma, como no esquilo-de-belding e em muitos outros mamíferos, em ursos pardos também são os machos que dispersam e as fêmeas permanecem no grupo natal ou perto dele. Com base nessa informação, é lícito aplicar as explicações para o padrão de dispersão do esquilo também ao urso marrom? Que outra informação seria útil para avaliar essas hipóteses?

Na maioria das aves, o que se observa é justamente o inverso desse padrão comum descrito acima para mamíferos. Por quê? Ao produzir suas hipóteses, considere o valor adaptativo de um território para um macho mamífero padrão e para um macho ave padrão.[576]

Migração

Uma forma conhecida, mas nem por isso menos fascinante, de dispersão é a **migração**, que é o partir e o retornar para o mesmo local, anualmente, embora algumas pessoas também considerem como uma forma de migração a dispersão direta de um local para outro à longa distância. Muitas aves, mamíferos, peixes, tartarugas-marinhas (*ver* Figura 4.46) e alguns insetos engajam-se nesse comportamento, assim como fizeram algumas espécies extintas.[237, 295] Na verdade, quase metade das espécies de aves da América do Norte na época reprodutiva migra no outono para o México, para

FIGURA 8.15 A rota migratória do trinta-réis ártico. Todo o ano, essas aves voam do topo do Hemisfério Norte para a Antártica e depois voltam. Alguns jovens podem passar 2 anos circulando a Antártica antes de voltar para as áreas de reprodução ao norte (indicadas em azul escuro).

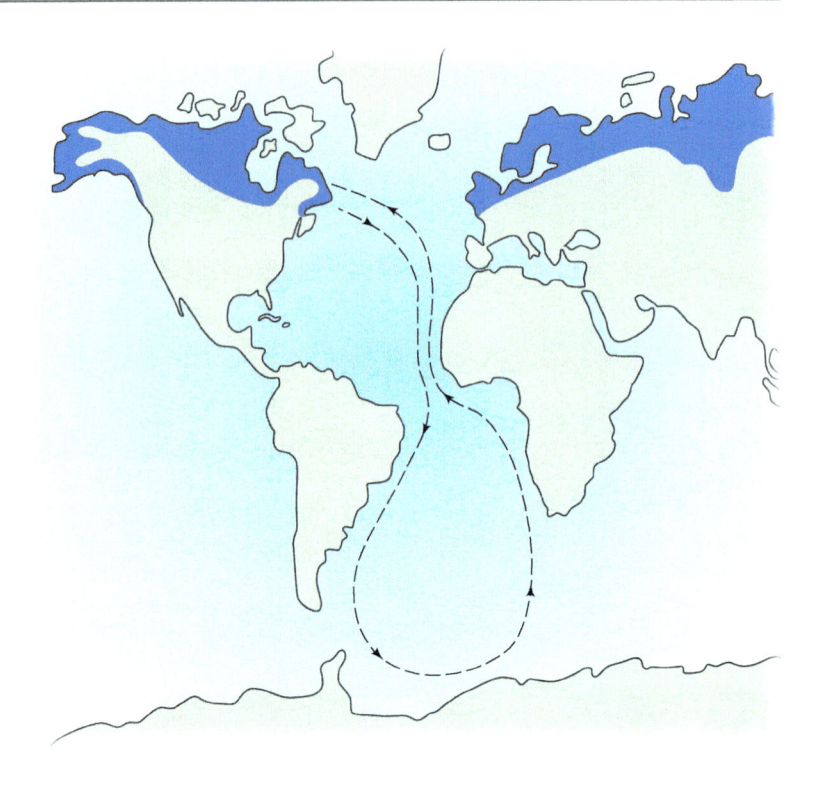

a América Central ou para a América do Sul, retornando apenas na primavera.[307] O pequeno beija-flor *Archilochus colubris*, com peso de uma moeda, atravessa o Golfo do México, duas vezes por ano, voando 850 quilômetros sem parar. O trinta-réis ártico (*Sterna paradisaea*), que se reproduz no Canadá, chega a percorrer 40 mil quilômetros todo o ano (o equivalente a cruzar sete vezes a parte continental dos Estados Unidos) (Figura 8.15). A maior parte do percurso é feita sobrevoando o oceano,[1535] e as aves precisam se manter no ar por muitos dias e noites a fio. Essa é uma viagem que muitas pessoas acham exaustiva mesmo realizada em um grande avião a jato.

A migração apresenta um grande problema histórico: se espécies sedentárias antecederam as espécies migratórias, como provavelmente deve ter ocorrido, como teria surgido a habilidade de voar milhares de quilômetros por ano para destinos específicos? Pessoas interessadas nessa questão notaram que muitas espécies de aves nos trópicos se engajam em "migrações" por curtas distâncias de dezenas a centenas de quilômetros, nas quais os indivíduos apenas sobem e descem montanhas ou vão de uma região para outra imediatamente adjacente. A araponga *Procnias tricarunculatas*, por exemplo, tem um ciclo anual de migração que a leva de sua área reprodutiva nas florestas montanhosas de média altitude no centro-norte da Costa Rica para florestas de altitudes menores no litoral atlântico da Nicarágua, e depois para as florestas costais do Pacífico, ao sudoeste da Costa Rica, de onde a ave retorna para sua área reprodutiva nas montanhas (Figura 8.16).[1162] As distâncias percorridas pela araponga durante a migração são consideráveis (até 200 quilômetros), mas não impressionantes.

Douglas Levey e Gary Stiles apontam que migrantes de curtas distâncias ocorrem em nove famílias de pássaros canoros ao que tudo indica originadas nos trópicos. Dessas nove famílias, sete incluem também migrantes de longas distâncias que se deslocam milhares de quilômetros das regiões tropicais para as temperadas. A coocorrência de migrantes de curtas e longas distâncias nessas sete famílias sugere que a migração de curta distância precedeu a de longa distância, criando-se o estágio necessário ao aprimoramento posterior para as impressionantes viagens migratórias de algumas espécies.[858] Dessa forma, migrantes de longas distâncias provavelmente são descendentes de espécies que todo ano deslocavam-se por distâncias muito menores.

FIGURA 8.16 Migração de curta distância do araponga *Procnias tricarunculata*. (A) Um araponga macho vocalizando de um poleiro na floresta da Costa Rica. (B) Após reproduzir nas montanhas do centro-norte da Costa Rica, esses arapongas primeiro direcionam-se para o norte e leste, depois para o sul e oeste para alcançar florestas na costa do Pacífico antes de retornarem para as montanhas ao norte. (A) fotografia de Michael e Patricia Fogden; (B), adaptada de Powell e Bjork.[1162]

Um gênero de sabiás, o *Catharus*, pode nos ajudar a entender essa teoria de migração das aves. Esse gênero contém 12 espécies, 7 das quais residem em áreas entre o México e a América do Sul; as outras 5 são espécies migrantes que viajam de áreas de reprodução ao norte da América do Norte e zonas invernais para o sul, especialmente para a América do Sul (Figura 8.17). Essas observações sugerem que o ancestral das espécies migrantes atuais viveu no México ou na América Central. Além disso, a interpretação mais simples de uma filogenia desse gênero diz que o comportamento migratório evoluiu três vezes e, a cada vez, uma espécie residente subtropical ou tropical deu origem a linhagens migrantes (Figura 8.18). Assim, a história desse gênero sustenta a hipótese de que espécies migrantes evoluíram de ancestrais tropicais não migrantes.

Os ornitologistas Volker Salewski e Bruno Bruderer também tentaram identificar a sequência de passos envolvida na evolução da migração nas aves.[1273] Com base nas ideias de Christopher Bell,[100] eles propuseram que a tendência migratória começou com a dispersão de aves da área de reprodução para regiões em que indivíduos fora do período reprodutivo tinham maior chance de sobreviver; é assim que jovens de muitas espécies dispersam quando procuram um espaço livre para viver. Em certos casos, um processo semelhante poderia levar a uma expansão gradual do hábitat ao longo do tempo, à medida que novos indivíduos dispersadores de cada geração deixassem sua área natal e se movessem para locais previamente não ocupados. Dispersadores que fundaram áreas com recursos disponíveis teriam sobrevivido e, mais tarde, ali se reproduzido, mantendo a base hereditária para a dispersão. Se, por acaso, alguns dispersadores se mudassem para áreas que só favorecem a sobrevivência e a reprodução em algumas épocas do ano, então esses indivíduos e sua população mor-

FIGURA 8.17 Distribuição geográfica dos sabiás do gênero *Catharus* que contém tanto espécies residentes como migratórias. Observe que as espécies residentes concentram-se na América Central e em volta dela. Adaptada de Outlaw e colaboradores.[1084]

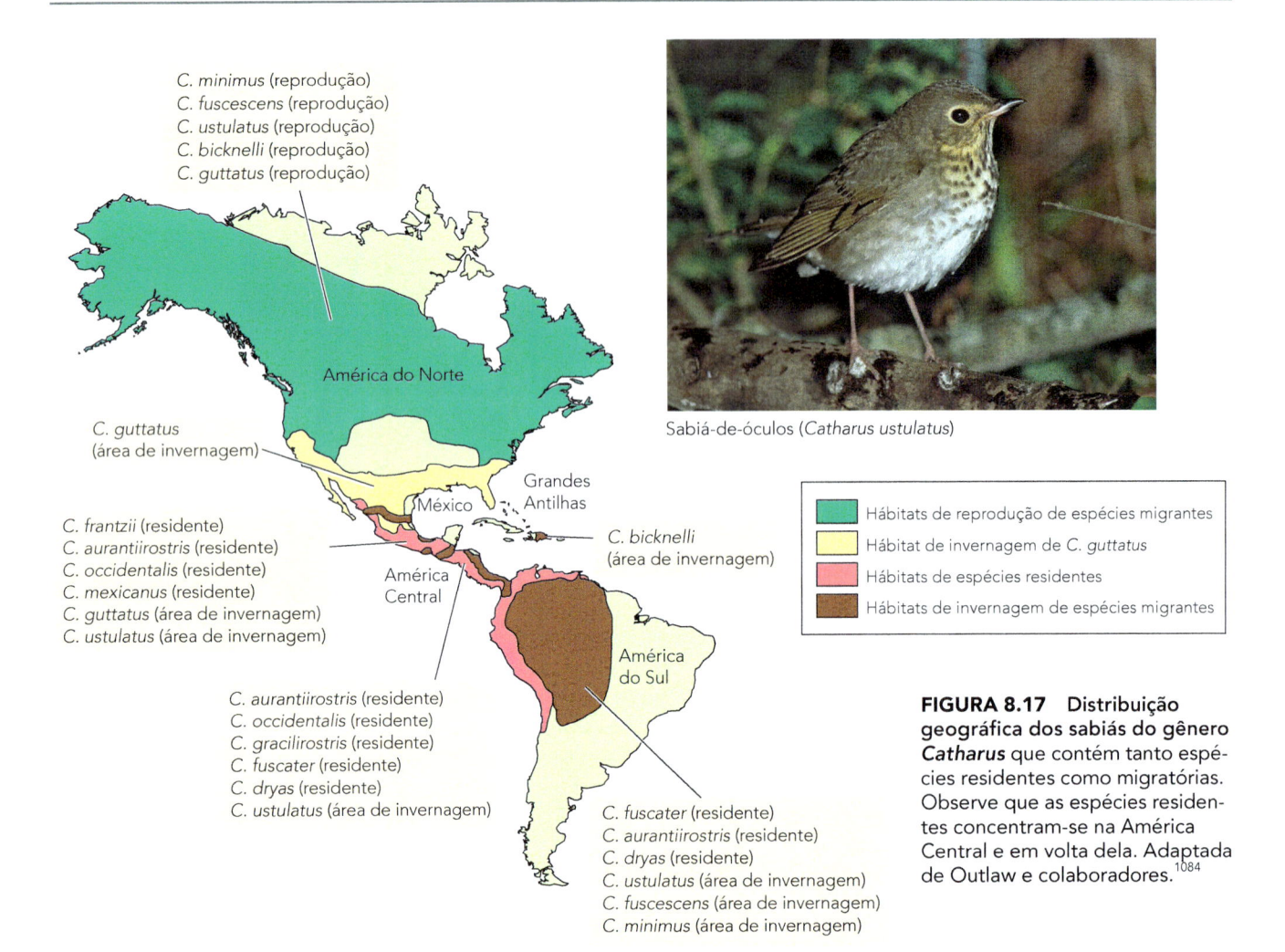

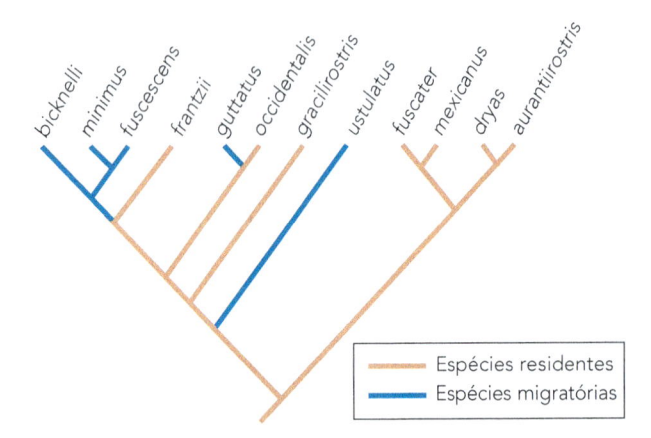

FIGURA 8.18 Distribuição do caractere migração à longa distância na filogenia de sabiás do gênero *Catharus*. Árvore filogenética construída com base nas semelhanças entre as espécies em relação ao DNA mitocondrial. Uma filogenia mais recente, parcialmente baseada no DNA nuclear, não é idêntica a essa, mas chega à mesma conclusão sobre as três origens independentes do comportamento migratório nesse grupo de espécies.[1601] Adaptada de Outlaw e colaboradores.[1084]

reriam, a menos que tivessem a motivação e os mecanismos de navegação que os levassem a abandonar o local cedo o bastante e voltar para uma porção de seu território agora expandido, onde poderiam sobreviver durante aquele período em que a área de reprodução estivesse inabitável. Há tempos conhece-se a relação entre migração e mudanças sazonais associadas com altas latitudes.[1085]

Alguém poderia se perguntar, com razão, como teria sido possível o surgimento em alguns indivíduos, ou em seus filhotes, do sofisticado equipamento de navegação necessário para abandonar seu território, que sazonalmente tornava-se mortal, e chegar a regiões seguras, dentro da área de extensão do hábitat da espécie. Contudo, se esses mecanismos tiverem se difundido primeiro em uma espécie porque ajudavam os indivíduos a viajar com eficiência por distâncias consideráveis até locais onde a competição por comida era menor, ou onde os recursos eram mais abundantes, modificações relativamente modestas poderiam ter produzido a base proximal para a migração propriamente dita. Entretanto, são necessários mais estudos sobre esse ponto. O comportamento migratório pode mudar rapidamente, como mostramos antes, quando falamos da mudança muito recente das rotas de migração adotadas pela toutinegra, (*ver* página 76).[1273] Da mesma forma, as semelhanças genéticas entre populações do sul e do norte da felosa-azul-de-garganta-preta (*Dendroica caerulescens*, espécie da América do Norte) indica que essas populações com destinos migratórios diferentes (*ver* página 272) só desenvolveram suas rotas particulares nos últimos 13 mil anos, período muito curto na escala geológica.[363]

Os custos da migração

Se, como alguns acreditam, a habilidade de muitas aves atuais de migrar longas distâncias evoluiu gradativamente, à medida que a seleção agia nos descendentes de uma espécie ancestral sedentária e residente, então cada modificação na capacidade migratória que persistiu deve ter tido benefícios maiores do que os custos associados à nova habilidade. No entanto os custos da migração não são insignificantes, pois, para as aves, eles incluem o peso extra que os migrantes têm que ganhar para construir reservas de gordura para a viagem; alguns pássaros praticamente dobram de peso antes das longas jornadas. Mesmo uma pequena quantidade de combustível armazenada altera drasticamente o ângulo de fuga de um indivíduo surpreendido por um predador, o que aumenta, sem dúvida, a chance de que o pássaro em fuga seja pego.[870] Há, contudo, casos como o da seixoeira (*Calidris canutus*) que, quando totalmente abastecida, voa de modo mais eficiente do que quando está no peso não migrante, em termos de transformar combustível em poder de movimentação da asa.[823] Mas voar, independentemente de com que eficiência, ainda consome calorias e sempre há a chance de que o migrante fique sem combustível antes de chegar ao destino – o que não aumenta a aptidão. Lawrence Swan certa vez viu um *hoopoe* (em português: poupa), com o nome científico de *Upupa epops*, ser forçado, por exaustão, a saltitar trôpego sobre uma passagem que ligava duas montanhas do Himalaia a 20 mil pés de altura.[1414]

Uma abordagem de otimização para a migração prediz que os migrantes desenvolveram atributos que reduzem os custos da viagem, obviamente incluindo a energia gasta com o voo. Muitos se perguntam, por exemplo, se a formação em V adotada por muitas aves grandes durante as migrações seria uma adaptação para economia de energia. Uma equipe chefiada por Henri Weimerskirch conseguiu testar essa proposição com o auxílio de um grupo de pelicanos (*Pelecanus onocrotalus*), cuja estampagem (*imprinting*) foi feita sobre uma aeronave do tipo ultraleve (*ver* Capítulo 3).[1532] A taxa cardíaca dos pelicanos foi monitorada com um aparelho eletrônico apropriado preso às suas costas, e a taxa de batimento das asas foi estimada a partir de uma filmagem feita com câmera digital. Os resultados mostraram que aves que voavam sozinhas trabalhavam mais do que voando em formação de V (Figura 8.19). O benefício adquirido pelos pelicanos que voavam acompanhados era uma economia total de energia de 11 a 14%, quantia considerável para aves que viajam longas distâncias.

Para discussão

8.5 Se um biólogo adaptacionista tivesse que considerar a frequência de batida de asas de pelicanos em formação de voo (*ver* Figura 8.19), ele teria algumas perguntas a fazer. Quais seriam elas?

No entanto, se economizar energia fosse o principal objetivo das aves migratórias, não encontraríamos na natureza tantos pássaros cruzando toda a Europa, de leste a oeste, para depois cruzar o Mediterrâneo no ponto estreito entre o sul da Espanha e o norte da África (*ver* Figura 3.14).[114] Essa rota aumenta muito o percurso total da viagem que tem como destino a África Central, mas reduz o percurso por cima da

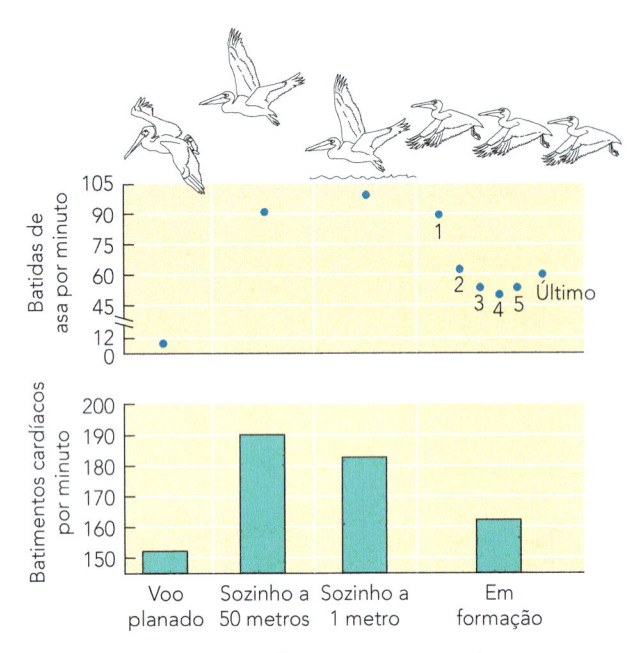

FIGURA 8.19 Voar em formação V economiza energia. São apresentados dados de frequência de batida de asa e taxa cardíaca de várias opções de voos praticadas pelo grande pelicano branco. Adaptada de Weimerskirch e colaboradores.[1532]

água, o que talvez diminua o risco de cair no mar e constitua uma vantagem adaptativa que compense as calorias extras gastas com isso.

Se essa hipótese estiver certa, deveríamos encontrar outras aves que tomem decisões migratórias sensíveis, em termos distais, ao risco de mortalidade durante a viagem. A juruviara (*Vireo olivaceus*) que migra no outono do leste dos Estados Unidos para a bacia amazônica, na América do Sul, tem dois caminhos: cruza o enorme corpo de água do Golfo do México ou sobrevoa o continente, movendo-se na direção sudoeste pela costa do Texas até o México para depois descer para o sul. A viagem pelo golfo é mais curta, mas as aves que não conseguirem chegar até a Venezuela serão aves mortas.

À luz desse problema, Ronald Sandberg e Frank Moore previram que juruviaras com (por alguma razão) baixa reserva de gordura se arriscariam menos na longa viagem diretamente ao sul, através do golfo, do que as que tivessem corpos consideravelmente gordos. Eles capturaram aves durante sua migração no outono na costa do Alabama, classificaram cada indivíduo como magro ou gordo, e os colocaram em caixas de orientação como as da Figura 3.15. Aves com menos do que 5 gramas de gordura corporal mostraram orientação média rumo oeste-noroeste, ao entardecer, enquanto os classificados como mais gordos tenderam a dirigir-se diretamente para o sul, como previsto por Sandberg e Moore (Figura 8.20).[1275]

Pássaros até menores do que a juruviara arriscam-se numa jornada ainda mais impressionante por cima da água, que requer um voo sem escala do Canadá para a América do Sul ao longo de mais de 3 mil quilômetros de oceano (Figura 8.21), no outono.[1582] À primeira vista, a mariquita-de-perna-clara (*Dendroica striata*) que escolhe essa rota migratória parece suicida. Certamente, essas aves deveriam tomar o caminho mais seguro pela costa dos Estados Unidos e descer pelo México e América Central, mas elas normalmente aparecem em ilhas do Atlântico e do Caribe, e muitas chegam lá em boas condições físicas, mostrando sua capacidade de fazer essa viagem sem escala.[844,970]

Juruviara (*Vireo olivaceus*)

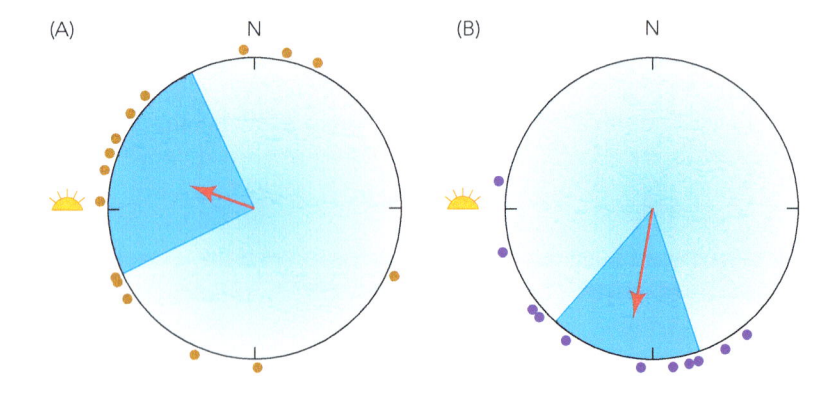

FIGURA 8.20 A condição física afeta a rota de migração escolhida pela juruviara. (A) Aves com pouca reserva de gordura não rumam na direção sul através do Golfo do México; em vez disso, viram-se para oeste (símbolo de poente), como se fossem começar uma viagem sobrevoando a terra através do México. (B) Aves com grande reserva de gordura orientam-se diretamente para o sul. As setas centrais mostram a orientação média das aves testadas em cada grupo. Adaptada de Sandberg e Moore.[1275]

FIGURA 8.21 Rota transatlântica de migração da **mariquita-de-perna-clara** (setas) do sudoeste do Canadá e Nova Inglaterra para sua área de invernagem. Cortesia de Janet Williams.

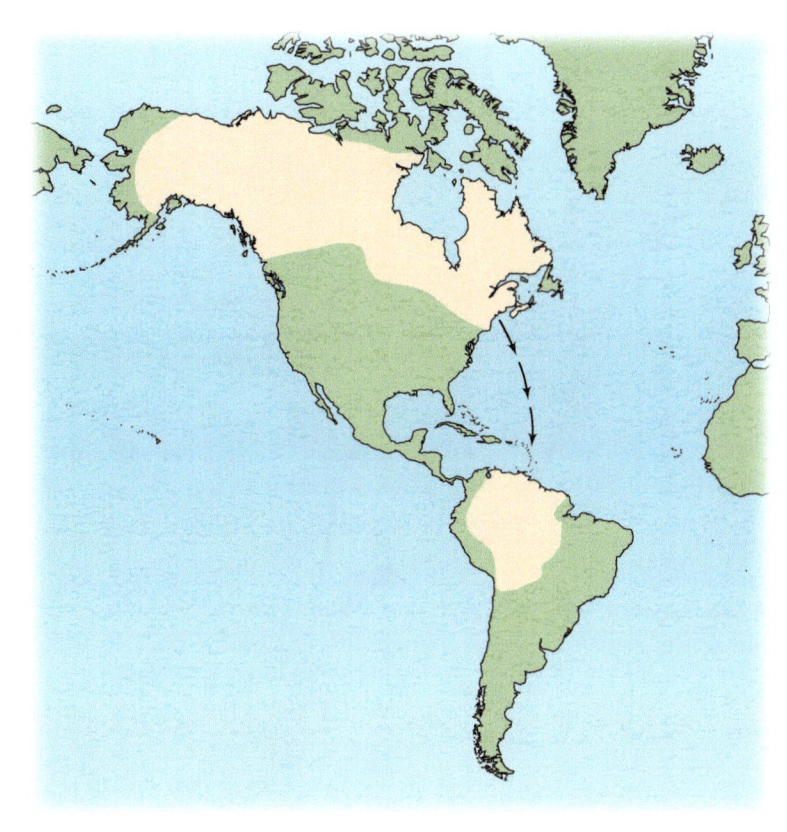

Mariquita-de-perna-clara (*Dendroica striata*)

A coragem das mariquitas-de-perna-clara que se arriscam nessa viagem sobre a água leva à redução substancial de alguns dos custos de se chegar à América do Sul. Primeiro, a rota pelo mar da Nova Escócia até a Venezuela tem cerca da metade do caminho do que seria por cima da terra, embora tenha que se considerar que ela requer entre 50 e 90 horas de voo contínuo. Segundo, há pouquíssimos predadores à espreita no meio do oceano ou em ilhas das Grandes Antilhas com os quais esses pássaros poderiam se deparar. Terceiro, os pássaros só deixam a costa do Canadá pegando carona em uma frente fria que segue do oeste para leste empurrando-os pelo Oceano Atlântico na primeira etapa da viagem. Depois, os pássaros usam a típica brisa do vento oeste do Atlântico meridional para ajudá-los a alcançar uma ilha para pousar.

Para discussão

8.6 Na primavera, quando as mariquitas-de-perna-clara retornam ao Canadá, oriundas da América do Sul, elas não seguem a mesma rota migratória do outono. Em vez disso, viajam a maior parte do tempo sobre a terra. Por que elas fazem isso?

8.7 *Catharus ustulatus*, espécie do gênero de sabiás antes mencionado, tem uma ampla área de reprodução que atravessa a América do Norte. Os indivíduos que vivem na parte noroeste dessa faixa não seguem todos a mesma rota migratória. Alguns descem direto pela costa do Pacífico e passam o inverno na America Central. Outros viajam longo percurso até o leste da América do Norte e só depois voam para o sul, para passar o inverno na América do Sul (Figura 8.22).[1251] Uma hipótese para explicar o comportamento migratório dos indivíduos que pegam o caminho maior é que eles são descendentes daqueles que expandiram o hábitat da espécie da costa oriental até a ocidental e setentrional depois da regressão das geleiras, há aproximadamente 10 mil anos.[1252] Que tipo de hipótese evolutiva é essa? Seria esse comportamento mal adaptativo? Como você explica a persistência dessa característica?

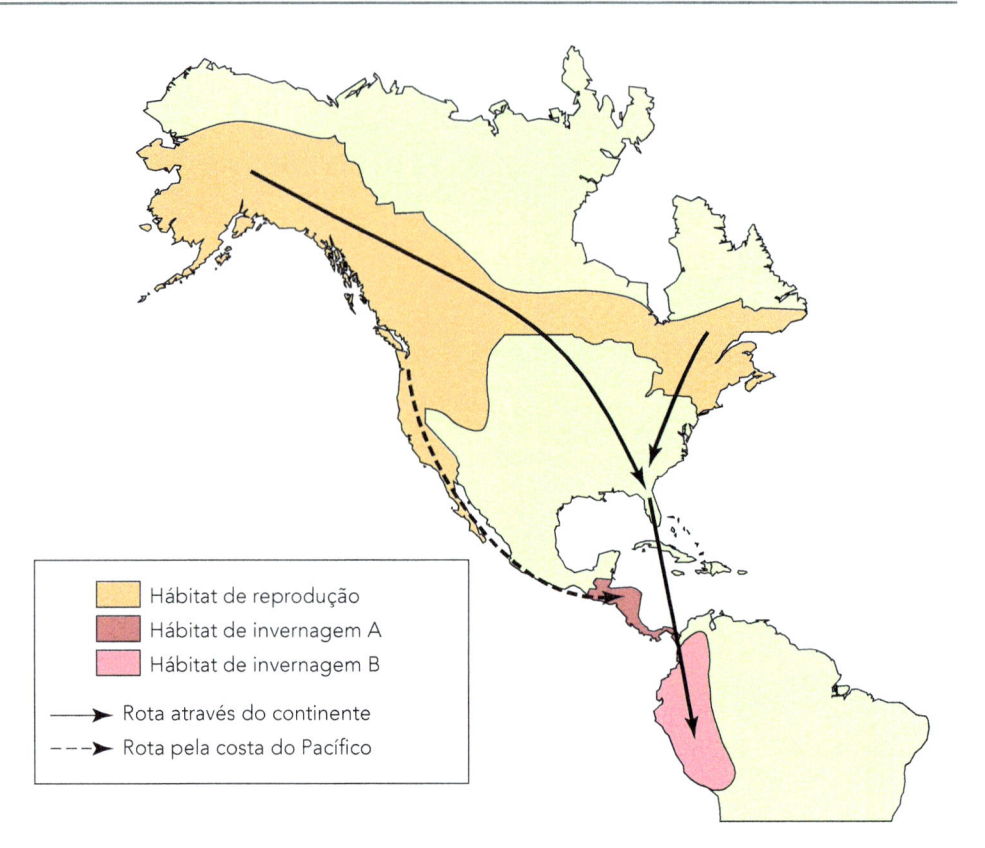

FIGURA 8.22 As duas rotas migratórias do sabiá-de-óculos. Embora algumas aves viajem quase diretamente do noroeste do Pacífico para a América Central, outros atravessam a América do Norte antes de tomar o rumo para a América do Sul, onde passam o inverno. Adaptada de Ruegg e Smith.[1251]

- Hábitat de reprodução
- Hábitat de invernagem A
- Hábitat de invernagem B
- → Rota através do continente
- --→ Rota pela costa do Pacífico

Os benefícios da migração

Todas as habilidades de navegação e meteorológicas envolvidas no comportamento migratório das mariquitas-de-perna-clara e de outras aves não eliminam totalmente os custos de deslocamento. Que condições ecológicas poderiam elevar os benefícios da migração a ponto de ultrapassarem esses custos e perpetuarem, por seleção natural, essas habilidades migratórias? Para muitos pássaros canoros migratórios da América, a resposta pode estar na imensa população de insetos ricos em proteína que, no verão, aparece no norte dos Estados Unidos e Canadá. Nessa época, os dias são longos e servem para acelerar o crescimento de plantas das quais se alimentam os insetos herbívoros.[191] Além disso, os dias mais longos fornecem para os pássaros na fase de reprodução mais tempo para procurar comida e capturar presas para os filhotes, em comparação com as espécies de aves tropicais, cujos dias duram apenas 12 horas. Mas a prosperidade dos dias de verão não é o único fator que favorece a migração, já que muitos migrantes abandonam áreas ainda ricas em alimento para passar o inverno em outro local.[100]

Para discussão

8.8 Para algumas espécies de baleias que migram dos oceanos Ártico ou Atlântico para dar a luz em águas mais quentes perto do Equador, a alimentação não pode fornecer um benefício final, uma vez que os adultos não se alimentam nas áreas que servem de berçário. Propôs-se, então, outra hipótese para a migração das baleias: que os filhotes conseguem ganhar peso mais rapidamente em mares subtropicais, onde têm que investir menos energia para manterem-se quentes. Alternativamente, algumas pessoas sugeriram que nessas águas os filhotes correm menos risco de serem atacados por predadores, em especial, as orcas.[267, 298] Como você testaria essas hipóteses, considerando as dificuldades práticas de se medir diretamente os custos metabólicos da termorregulação para os filhotes de baleia ou de se observar, na prática, ataques de orcas a outras baleias em qualquer ambiente?

A disponibilidade de outros recursos, além da comida, também pode variar sazonalmente, tornando a migração adaptativa. Todo o ano, no Parque Nacional do Serengueti, na Tanzânia, cerca de um milhão de gnus, zebras e gazelas viajam do sul para o norte e depois retornam. A viagem rumo ao norte parece ser iniciada pela estação seca, ao passo que a chegada das chuvas mandaria os rebanhos novamente para o sul; talvez eles estejam seguindo a produção das pastagens, que depende das chuvas. No entanto, Eric Wolanski e colaboradores estabeleceram que, na verdade, o fator mais importante para mandar os animais ao norte é a diminuição do suprimento de água e aumento na salinidade das águas em rios que secam e nas poças de água que encolhem. Se fosse possível saber a salinidade da água disponível aos grandes rebanhos, poder-se-ia prever quando eles iniciariam a sua marcha para o norte,[1609] embora a rota precisa seguida por eles seja influenciada pela vegetação que, por sua vez, é influenciada pelo padrão de chuva no Serengueti.[1026]

A borboleta-monarca é outra espécie que não migra para encontrar comida. No outono, as borboletas partem da metade oriental da América do Norte e rumam para o México Central, onde passam o inverno pousadas, sem se alimentar, nas florestas de coníferas *Abies religiosa* no alto das montanhas (*ver* Figura 4.42).[186, 1247, 1479] Na verdade, durante a viagem para o sul elas precisam encontrar flores para se abastecer de néctar para voar. Mas, ao contrário da seixoeira (*Calidris canutus*) (*ver* página 265) que produz e expande sua grande reserva de gordura durante a migração, as borboletas-monarca carregam relativamente pouca quantidade de gordura na maior parte da viagem. A seixoeira consome muita energia para bater asas para chegar ao seu destino, enquanto as monarcas parecem usar ventos favoráveis para decolar e planar até o destino final. Só quando chegam bem perto do destino é que elas coletam grandes quantidades de néctar convertidas em reservas de gordura necessária para passar os longos meses de frio e fome nos seus abrigos de inverno.[187]

Mas por que se preocupar em voar até 3.600 quilômetros para chegar até uma conífera nas altas e frias montanhas do México? Ainda que as borboletas tenham custos relativamente baixos com a viagem, migrando principalmente nos dias em que o vento favorece seu voo planado, elas poderiam passar o inverno pousadas em locais mais próximos daqueles locais onde ocorrem as asclepias (*milkweed*) para onde as fêmeas vão, na primavera e verão, para produzir seus filhotes.

Mas talvez não, pois à noite, nos invernos no leste da América do Norte, normalmente ocorrem temperaturas congelantes e fatais. Nas montanhas do México onde as borboletas se refugiam, são raras noites assim tão frias. Mesmo nos meses mais frios, nas florestas mexicanas, a cerca de 3 mil metros de altitude, raramente as temperaturas caem abaixo de 4°C. No entanto, ocasionalmente, ocorrem tempestades de neve; quando isso acontece, cerca de 2 milhões de monarcas podem morrer em uma única noite. O risco de morrer por congelamento poderia ser totalmente evitado em muitos locais em altitudes inferiores do México. Mas William Calvert e Lincoln Browser notaram que em áreas mais quentes e secas as monarcas consumiriam rapidamente toda a sua reserva de água e gordura. Mantendo-se úmidas e frias – mas sem morrerem congeladas – as borboletas conseguem conservar recursos vitais, a serem usados na viagem de volta ao norte, três meses depois.[226]

A hipótese de que a floresta de conífera mexicana seja o único microclima favorável para a sobrevivência no inverno das monarcas está sendo testada de maneira triste. Mesmo em reservas naturais supostamente protegidas, um número alarmante de árvores vem sendo derrubado.[1196] Brower e seus associados acreditam que a retirada de madeira causa a mortalidade das borboletas mesmo quando algumas árvores de pouso são deixadas no local. A abertura de clareiras na mata faz com que cresça a chance de que as borboletas fiquem molhadas e expostas, aumentando o risco de congelamento (Figura 8.23). Assim, mesmo o desmatamento parcial de florestas pode destruir as condições necessárias para a sobrevivência desse agrupamento de monarcas. Se a perda de uma quantidade relativamente pequena de

FIGURA 8.23 Seleção do hábitat pela borboleta-monarca. (A) Um grande número de borboletas-monarca passa o inverno descansando em grupo nas coníferas existentes em alguns locais das montanhas do México. (B) Qualidade do hábitat e sobrevivência durante o inverno estão correlacionadas nessa espécie. A proteção contra congelamento nas altas montanhas do México depende da densidade da cobertura vegetal que protege as borboletas contra o excesso de água da chuva ou da neve e sua exposição ao céu aberto. A, fotografia de Lincoln P. Brower; B, adaptada de Anderson e Brower.[29]

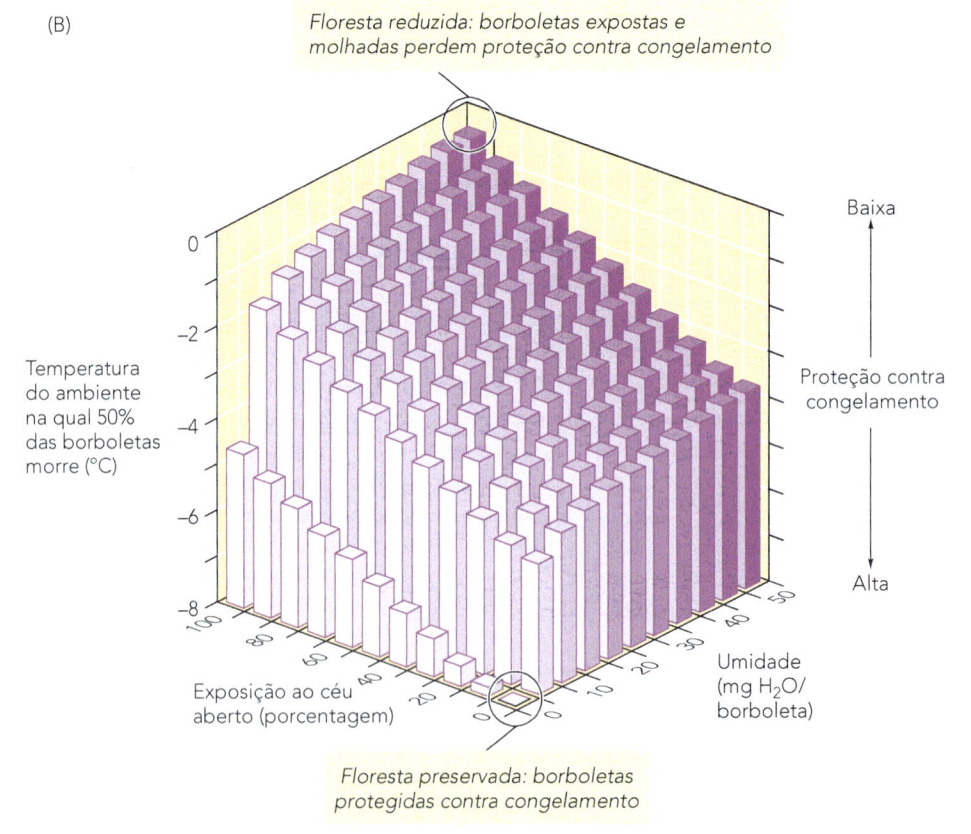

coníferas causar a extinção local de populações dessas borboletas no inverno, ficará demonstrado eficazmente, mas de um modo triste, o valor desse hábitat específico para essa espécie migratória.[29]

Migração como tática condicional

Algumas espécies constituem-se tanto de indivíduos migrantes como de não migrantes, do mesmo modo que as formas alada e não alada ocorrem em algumas espécies de grilos. Um exemplo disso é dado pelo melro-preto (*Turdus merula*). Em alguns pontos da sua área de reprodução, há indivíduos que migram no outono e outros que permanecem por lá durante o inverno.[1291] Como discutido anteriormente, se essas duas formas comportamentais representam estratégias hereditárias diferentes, elas devem fornecer a mesma aptidão aos indivíduos, para que ambas possam persistir na população (*ver* página 231). Portanto, uma hipótese de duas-estratégias comportamentais do melro-preto gera duas predições: (1) que durante a vida de um indivíduo a aptidão gerada pelos dois tipos de comportamento seja, em média, a mesma e (2) que a diferença entre indivíduos migrantes e não migrantes seja causada por diferenças em sua constituição genética.

Não há informações sobre as consequências de ser migrante ou residente para a aptidão. Mas os indivíduos dessa espécie mudam regularmente de comportamento de um ano para outro (Figura 8.24), indicando que as diferenças entre os dois tipos não são genéticas. Uma vez que a hipótese das duas estratégias parece improvável, temos que considerar uma hipótese alternativa condicional (*ver* página 231). Todos os melros-pretos em uma população compartilham uma estratégia alternativa que os torna capazes de escolher entre migrar ou ficar, de acordo com as condições sociais que encontram. Se assim for, esperaríamos que os indivíduos adotassem a tática que lhes desse maior aptidão, de acordo com seu *status* social. Sob o controle de uma estratégia condicional, indivíduos dominantes deveriam estar em posição de escolher a melhor entre as duas opções, forçando os subordinados a tirar o melhor proveito da pior situação, adotando a opção com menor benefício reprodutivo (mas melhor do que conseguiriam em tentativas inúteis de se comportar como dominantes).[366] Por exemplo, talvez uma área comporte apenas alguns residentes no inverno. Sob essas circunstâncias, subordinados diante de um exército poderoso de residentes se dariam melhor migrando, evitando competidores e retornando na primavera para ocupar territórios que tenham ficado livres depois da morte de alguns rivais na temporada de inverno.

Considerando-se a lógica dessa hipótese, podemos fazer algumas predições: (1) melros-pretos devem ter habilidade de alternar entre as táticas, em vez de prenderem-se a uma única resposta comportamental; (2) pássaros socialmente dominantes

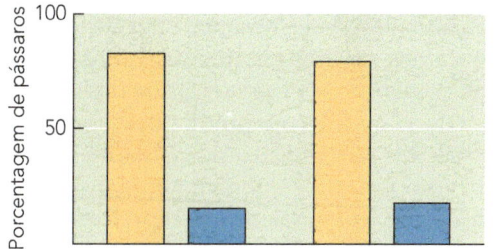

FIGURA 8.24 O comportamento migratório é a tática menos preferida do melro-preto? (A) Pássaros residentes do inverno anterior tendem a manter-se como residentes no inverno seguinte também. (B) Ao contrário, pássaros que migraram no inverno anterior, frequentemente trocam de estratégia no inverno seguinte. Adaptada de Schwabl.[1291]

devem adotar a melhor tática; e (3) podendo escolher livremente, os indivíduos devem escolher a opção com maior benefício reprodutivo (como fazem os afídeos ao escolher qual folha colonizar). À luz dessas predições, fica claro que os melros migrantes deixam a área de reprodução no outono quando há maior disputa de dominância[896] e que eles trocam com bastante frequência de tática, em geral, quando estão mais velhos e, presumivelmente, socialmente mais dominantes.[897]

Para discussão

8.9 Aqui vai outra forma de pensar sobre o caso dos melros-pretos, cortesia de Steve Shuster.[1328] Em vez da maioria dos pássaros ter um tipo particular de constituição genética que os permita alternar estratégias de migração e permanência, talvez certa população tenha muitos genótipos diferentes, cada um com seu próprio efeito ontogenético sobre as decisões tomadas quanto a onde viver. A existência de múltiplos genótipos desse tipo dentro da mesma espécie poderia ocorrer se, por exemplo, um genótipo favorável em um local não se desse tão bem em outro ambiente. Por causa do fluxo gênico de uma subpopulação à outra, a variação genética se manteria na população como um todo. Os indivíduos geneticamente diferentes em uma área fariam coisas diferentes em resposta a circunstâncias ambientais variadas. De acordo com essa visão, a teoria da estratégia condicional falha devido ao argumento de que há uniformidade genética em uma população com relação a seus genes que influenciam o tipo de flexibilidade comportamental de que estamos falando. O que essa abordagem prediz sobre o grau de variação genética que produz os fenótipos "ficar" ou "migrar" no melro-preto? O capítulo 3 contém informações úteis sobre quanta variação genética relevante à aptidão existe em uma população animal? (Talvez você queira reexaminar a seção sobre seleção artificial.) Como a abordagem da diversidade genética contribui para a existência de indivíduos cujo comportamento leva à menor aptidão do que outros indivíduos com fenótipos comportamentais diferentes? Como um defensor da estratégia condicional deveria responder a esse outro ponto de vista?

O componente migratório de uma espécie também pode ser composto de subgrupos que variam quanto o local onde se reproduzem e onde passam o inverno, como no caso da toutinegra (*ver* capítulo 3)[117] e no sabiá-de-óculos.[1251] Conforme mais estudos são feitos usando a tecnologia do isótopo estável,[1247] cada vez mais surgem casos de subpopulações que utilizam diferentes porções da distribuição geográfica da sua espécie. A tecnologia do isótopo estável se baseia no fato de que quando animais se alimentam de diferentes itens em diferentes partes do mundo, a proporção de formas diferentes de elementos-chave (ou seja, isótopos) que eles ingerem pode variar. Isso, por sua vez, afeta a composição química de partes dos corpos em que esses elementos são incorporados. Por exemplo, as penas da felosa-azul-de-garganta-preta (*Dendroica caerulescens*), que passa o inverno nas ilhas ocidentais do Caribe, são isotopicamente distintas das penas dos pássaros da mesma espécie que passam o inverno no Caribe oriental. Essas diferenças podem ser rastreadas até o local onde foram produzidas, nos Estados Unidos. Descobriu-se assim que as felosas que se reproduzem nas montanhas do sul dos Estados Unidos vão passar o inverno no Caribe oriental, carregando suas penas quimicamente distintas consigo, enquanto as felosas que se reproduzem no nordeste dos Estados Unidos migram para o Caribe ocidental.[1246]

A ocorrência de variação migratória com essa característica propõe o mesmo tipo de questão evolutiva discutida no contexto da coexistência de estratégias de "ficar" e "migrar" dos melros. Por que membros da mesma espécie variam quanto a escolha

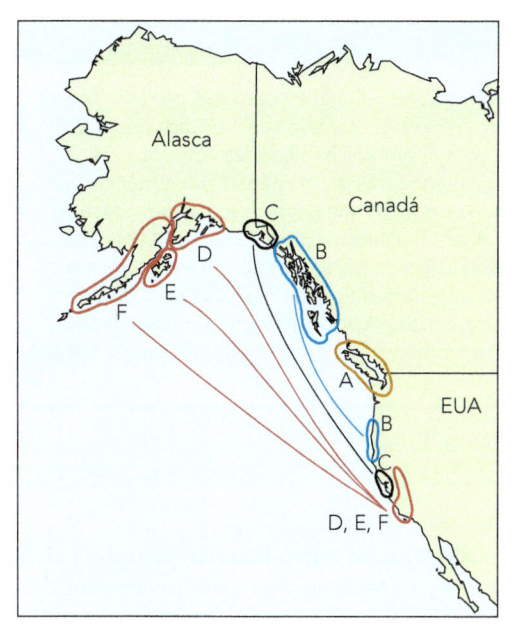

Pardal *Passerella iliaca*

FIGURA 8.25 Padrão migratório de populações de pardais *Passerella iliaca* do ocidente norte-americano. As populações que se reproduzem mais longe ao norte, migram por distâncias maiores, a partir do sul, no outono. (A população A é formada por pássaros que passam o ano todo no mesmo local). Adaptada de Bell.[99]

de locais para se reproduzir e para passar o inverno? Esse problema pode ser ilustrado examinando-se onde seis populações diferentes do pardal *Passerella iliaca* reproduzem-se e passam o inverno na região ocidental da América do Norte (Figura 8.25).[99] Membros de cada população são suficientemente diferentes na aparência a ponto de serem colocados em seis subespécies (e, na verdade, algumas pessoas acreditam que sejam espécies diferentes). Uma subespécie atual (A), do noroeste dos Estados Unidos e sudoeste do Canadá, é essencialmente sedentária, mas os membros das outras cinco populações migram. Os migrantes, contudo, não seguem para o mesmo destino. Ao contrário, pássaros que se reproduzem no sul do Alasca (subespécies D, E e F) viajam distâncias maiores (provavelmente sobrevoando o oceano) para passar o inverno no sul da Califórnia. Outras populações (B e C), que se reproduzem mais próximo aos Estados Unidos, viajam muitos quilômetros a menos, até áreas de inverno do centro ao norte da Califórnia. Como podemos explicar esse padrão?

Uma hipótese diz que pássaros de diferentes populações alcançam a mesma aptidão adotando padrões ótimos de migração para suas áreas de reprodução particulares. Assim, os pássaros das populações do sul do Alasca (D, E e F) se beneficiam movendo-se para o sul da Califórnia para aproveitar a explosão de comida no local da metade até o fim da primavera, o que os ajuda a acumular grandes reservas de gordura necessárias para o seu longo voo de retorno ao norte. Se pardais de uma população do sul do Canadá (B ou C) também fossem ao sul da Califórnia para o inverno, teriam que competir por comida com o grupo do Alasca que já estaria lá, e se atrasariam para voltar para o Canadá, onde a estação reprodutiva começa antes do que no Alasca. A chegada tardia ao sul do Canadá prejudicaria suas chances na competição territorial com outros pardais que tivessem migrado antes por percursos menores. Dessa forma, membros da população que se acasala no sul canadense passam o inverno mais perto do Canadá do que pardais do Alasca e começam a migrar de volta mais cedo também. De acordo com essa ideia, membros de cada subespécie equilibram os custos de viagem e tempo de chegada selecionando ótimos locais para passar o inverno e para se reproduzir.[99]

> **Para discussão**
>
> **8.10** Para praticar, aplique a teoria da estratégia condicional ao caso dos pardais *Passerella iliaca* do mesmo modo que fizemos com o melro-preto. Use sua hipótese para fazer predições sobre as decisões que indivíduos com diferentes habilidades competitivas tomariam em relação a ficar em uma área durante todo o ano ou migrar por distâncias variadas. Por exemplo, se sua hipótese estivesse correta, o que aconteceria se um pássaro melhorasse sua condição de um ano para outro? Que informação apresentada antes permite fazer predições? Ajuda saber que em outro tipo de pardal, o tico-tico-da-califórnia (*Zonotrichia leucophrys*), pássaros residentes e migrantes têm estimativas praticamente idênticas de taxa de sobrevivência anual, ou que essas espécies que migram por distâncias relativamente mais longas não têm taxa de sobrevivência menor do que outras espécies que viajam distâncias menores?[1276]

Territorialidade

Pardais *Passerella iliaca* defendem áreas nas quais se reproduzem, e as quais chamamos de territórios. Machos migrantes chegam às áreas de reprodução antes das fêmeas e vigiam essas áreas produzindo seus cantos especiais com vigor e atacando qualquer outro macho que ousar se aproximar do seu terreno. Quando as fêmeas chegam ao norte, escolhem machos territoriais, e cada uma se estabelece em um ninho no território do macho escolhido, em geral perto de um riacho. Uma vez formado o vínculo entre macho e fêmea, ela está pronta para ajudá-lo a afastar outros pássaros, especialmente se forem outras fêmeas. Embora esse comportamento agressivo em defesa do espaço seja tão disseminado, ocorrendo em criaturas tão diferentes quanto afídeos e esquilos terrestres, muitos outros animais, incluindo as abelhas melíferas a as borboletas-monarcas, ignoram ou toleram os companheiros. Temos, então, outro enigma evolutivo para desvendar: por que gastar tempo e energia sendo territorial?

Uma abordagem sobre os custos e benefícios da territorialidade exige considerarmos as desvantagens da defesa de um território. Uma das desvantagens mais óbvias é o tempo gasto com esse comportamento. Um peixe-cirurgião territorial (do gênero *Acanthurus*), por exemplo, afasta rivais do seu campo rico em algas em um recife de coral nas Ilhas Samoas, em média, 1.900 vezes por dia.[310] O desgaste desses confrontos territoriais, sem falar da briga eterna em algumas espécies territoriais, pode levar a uma vida mais curta, como foi documentado em uma espécie de libélula (*Mnais pruinosa*) que apresenta indivíduos territoriais e não territoriais.[1472]

Além do risco de se ferir ou ficar exausto, outros efeitos deletérios indiretos podem surgir dos mecanismos por trás da defesa territorial agressiva. Por exemplo, em espécies nas quais a testosterona promove a proteção territorial, os efeitos desse hormônio podem impor uma penalidade através da redução de cuidado parental ou da perda de função imune (*ver* página 176).[1599] Além do mais, o hormônio pode aumentar tanto o nível de atividade dos machos que eles acabam sofrendo fisicamente por isso. Catherine Marler e Michael Moore realizaram uma demonstração experimental no lagarto *Sceloporus jarrovii*.[934,935] Eles inseriram pequenas cápsulas com testosterona sob a pele de alguns machos capturados em junho e julho, época em que eles são apenas levemente territoriais. Esses animais experimentais foram então libertados em uma área rochosa no alto de Mount Graham, no sul do Arizona. Os machos com implante de testosterona patrulharam mais, exibiram mais posturas de ameaça (flexões: *pushup threat display*) e gastaram praticamente um terço a mais de energia do que o grupo-controle (lagartos capturados na mesma época e implantados com um placebo). Como resultado, machos hiperterritoriais gastaram sua reserva de energia e morreram antes do que machos com concentrações normais de testosterona (Figura 8.26).

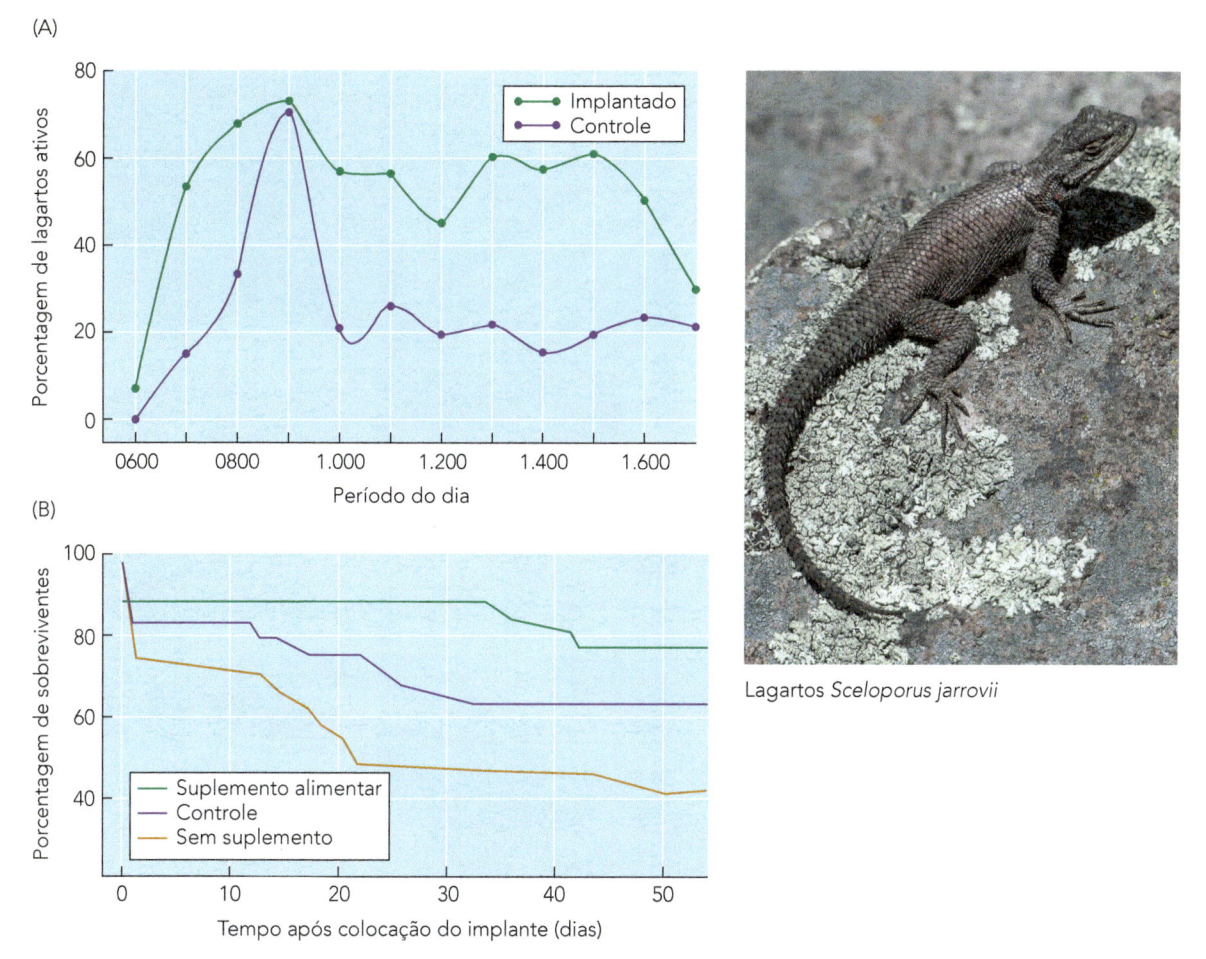

FIGURA 8.26 Custo energético da territorialidade. (A) Lagartos *Sceloporus jarrovii* machos que receberam um implante de testosterona passaram muito mais tempo movimentando-se do que machos-controle. (B) Machos com implante de testosterona que não receberam suplemento alimentar desaparecem em um ritmo mais rápido do que machos-controle. Machos com implante de testosterona que receberam suplemento alimentar (larvas de besouro) sobreviveram tanto quanto ou mais do que o grupo-controle; portanto, a alta mortalidade vivenciada pelo grupo não alimentado provavelmente decorreu do alto custo energético do seu comportamento territorial induzido. Fotografia do autor; adaptada de Marler e Moore.[934,935]

Como a territorialidade é extremamente cara, podemos prever que a coexistência pacífica em um espaço não defendido ou **área de vida** deve surgir quando os benefícios de se ter um recurso valioso não compensam os custos associados a sua monopolização. No lagarto *Sceloporus jarrovii*, por exemplo, os machos vivem juntos em relativa harmonia entre junho e julho, quando as fêmeas não estão receptivas. Mas quando chega o outono e as fêmeas estão prontas para acasalar, os machos tornam-se altamente agressivos, padrão que se aplica a muitos outros animais. Essa capacidade de ajustar o nível de agressão para mais e para menos também é observado no pseudoescorpião *Cordylochernes scorpioides*. O ciclo de vida desse artrópode envolve períodos de colonização de árvores moribundas ou que acabaram de morrer, seguidos, em algumas poucas gerações, da dispersão para árvores moribundas mais frescas. Pseudoescorpiões em dispersão viajam sob as asas do enorme arlequim-da-mata (Figura 8.27) e desembarcam quando esse besouro encosta-se a uma árvore apropriada. Os pseudoescorpiões acasalam-se tanto nas árvores como nas costas dos besouros, mas os machos só tentam controlar o terreno quando ocupam as áreas pequenas e, portanto, economicamente defensíveis, das costas do besouro.[1640] Sob essas circunstâncias,

FIGURA 8.27 O besouro e seus pseudoescorpiões. (A) Dois grandes arlequins-da-mata brigam por um local em um tronco de árvore. (B) Grupos de pseudoescorpiões *Cordylochernes scorpioides* pegam carona sob a asa de um besouro enquanto ele voa de uma árvore para outra. Fotografias de David e Jeanne Zeh.

os benefícios da territorialidade, avaliado pelo número de parceiras monopolizadas, pode exceder os custos da defesa.

Se os indivíduos diferem quanto à habilidade de manter um território, aqueles com habilidades superiores deveriam garantir para si vantagens reprodutivas maiores do que os excluídos dos melhores hábitats. Um exemplo, é a mariquita-de-rabo-vermelho (*Setophaga ruticilla*). Essas mariquitas competem por território durante a estação não reprodutiva, quando estão nas terras tropicais onde passam o inverno, na América Central e no Caribe. Na Jamaica, os machos tendem a ocupar matas de mangue ao longo da costa, enquanto as fêmeas são encontradas com mais frequência no interior, em áreas de frutíceto de crescimento secundário. Observações de campo mostraram que os machos mais pesados e mais velhos do mangue atacam fêmeas intrusas e machos mais jovens, aparentemente os forçando a um hábitat de segunda linha.[940] Se esses machos mais velhos e dominantes se beneficiam do investimento que fazem em defesa territorial agressiva, deve haver alguma vantagem reprodutiva para indivíduos que conseguem ocupar os hábitats favoritos. Na verdade, os animais

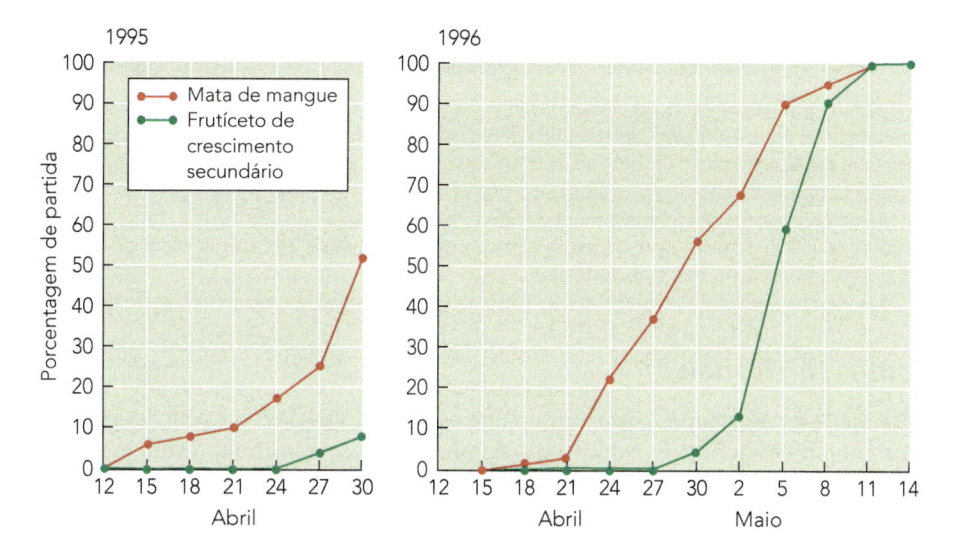

FIGURA 8.28 Qualidade do hábitat e data da partida da mariquita-de-rabo-vermelho (*Setophaga ruticilla*) das áreas de inverno na Jamaica. Pássaros que ocupam hábitats preferidos de mata de mangue conseguem partir para as áreas de reprodução ao norte mais cedo do que os forçados a ficar em um hábitat de segunda linha, de crescimento secundário. Adaptada de Marra e Holmes.[940]

que habitam os mangues mantêm seu peso no inverno, ao passo que as mariquitas do frutíceto, aparentemente de qualidade inferior, em geral perdem peso.[940]

Provavelmente por ter maior reserva de gordura, os donos de territórios do mangue deixam seu território na área de inverno antes do que os pássaros que habitam um frutíceto de qualidade inferior (Figura 8.28). Em algumas espécies de pássaros migrantes, machos que chegam antes ganham vantagem reprodutiva, porque conseguem territórios melhores e acesso mais rápido às fêmeas (p.ex., Hasselquist[630]). As mariquitas fêmeas também têm algo a ganhar chegando antes (e em boas condições) nas áreas de reprodução canadenses, porque o verão canadense curto lhes dá poucos meses para criar seus filhotes; assim, chegar antes significa conseguir criar seus filhotes. Como o tempo de chegada no Canadá depende do local na Jamaica onde a ave passou o inverno, a área de inverno pode predizer o sucesso reprodutivo na espécie (Figura 8.29).[1056]

Os benefícios da territorialidade também foram cuidadosamente avaliados em outros animais. No esquilo terrestre do ártico (*Spermophilus parryii plesius*), por exemplo, machos competem um com outro pelo controle de campinas no ártico canadense. As fêmeas também vivem nesses locais, e no início da estação reprodutiva, elas se acasalam com um ou (frequentemente) mais machos. Dado que um macho territorial não necessariamente monopoliza o acesso sexual às fêmeas que vivem na campina, parece estranho que ele invista tempo e energia consideráveis mantendo outros machos afastados de seu terreno. Mas Eileen Lacey e John Wieczorek sabiam que, mesmo que as fêmeas dessa espécie regularmente se acasalem com vários machos, o macho que copula primeiro é quase sempre o único a fertilizar seus óvulos. A partir disso, eles predisseram que machos territoriais teriam maior probabilidade de acasalar primeiro com fêmeas em seus territórios, e os resultados obtidos apoiaram a predição (em 20 de 28 casos, uma fêmea receptiva se acasalou primeiro com o dono da campina na qual residia). Esses machos receberam, na forma de fertilização, pelo investimento no comportamento territorial.[826]

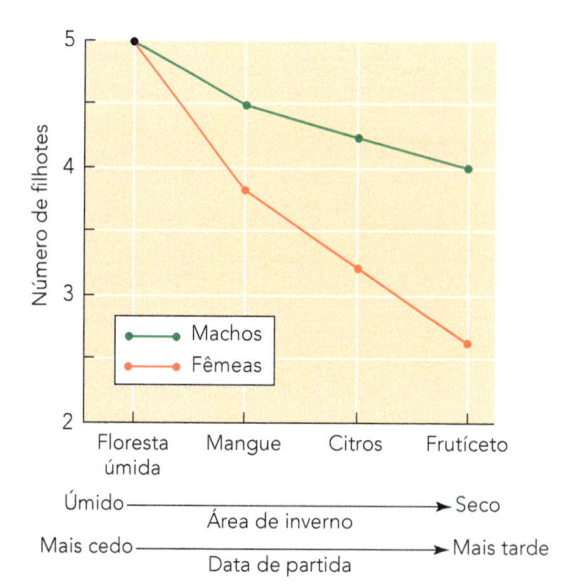

FIGURA 8.29 A seleção do hábitat praticada pela mariquita-de-rabo-vermelho nas áreas de inverno afeta o seu sucesso reprodutivo. Número estimado de filhotes produzido pela mariquita-de-rabo-vermelho em relação à área onde passaram o inverno. Pássaros que passaram o inverno no hábitat mais produtivo (floresta úmida) parecem ter maior sucesso reprodutivo. Adaptada de Norris e colaboradores.[1056]

> **Para discussão**
>
> **8.11** Em algumas espécies de pássaros canoros, um casal não territorial pode se fixar discretamente dentro do território defendido por outro casal da sua espécie. Se isso acontecer, esses casais não territoriais ou nem chegam a se acasalar[1356] ou produzem, em média, menos filhotes do que os donos dos territórios onde vivem.[392] Elabore uma hipótese com a teoria dos jogos para analisar porque há casais não territoriais desse tipo. Desenvolva uma hipótese de duas estratégias e uma hipótese de estratégia condicional. Que predições derivam das suas hipóteses?

Disputas territoriais

Estudos sobre territorialidade mostraram que os vencedores das competições por territórios ganham benefício reprodutivo substancial, direto e indireto. Dada essa evidência, parece paradoxal que quando o dono de um território é ameaçado por um rival, o dono quase sempre vença a disputa, em geral, em questão de segundos.

Por que os intrusos desistem tão rápido? Uma possível resposta para essa questão vem da teoria dos jogos, por meio da demonstração algébrica de que uma regra arbitrária para a resolução de conflitos entre residentes e intrusos poderia ser uma estratégia evolutivamente estável, ou seja, uma estratégia que não pode ser substituída por uma estratégia alternativa. Uma regra arbitrária simples poderia ser "o residente sempre vence". Se todos os competidores por territórios adotassem essa regra, os intrusos sempre desistiriam e os residentes sempre triunfariam, e mutantes com estratégia comportamental diferente não conseguiriam perpetuar seus alelos especiais. Portanto, essa estratégia persistiria indefinidamente. (Manobras algébricas similares demonstram que a convenção contrária, a regra "os intrusos sempre vencem", também é uma estratégia evolutivamente estável possível. De acordo com essa hipótese, determinada espécie territorial teria a mesma probabilidade de desenvolver qualquer uma das regras: "intruso vence" ou "residente vence".)

As tentativas de localizar espécies que empregam a regra arbitrária "o residente sempre vence" falharam, embora em dado momento tenha-se acreditado que a borboleta *Pararge aegeria* usasse essa estratégia. Machos dessa espécie defendem pequenas manchas de raio de sol no chão da floresta, onde ocasionalmente encontram fêmeas receptivas. Machos que conseguem ocupar esses territórios acasalam-se com mais frequência do que os outros, a julgar por um experimento no qual machos e fêmeas eram soltos em um grande recinto. Sob essas circunstâncias, machos das manchas de sol garantiram para si quase duas vezes mais acasalamentos do que seus rivais não territoriais.[110]

Com base nesses resultados, talvez fosse de esperar muita competição por lugares ao sol, mas Nick Davies descobriu que machos territoriais sempre derrotavam rapidamente os intrusos, que invariavelmente partiam em vez de se engajar em uma longa disputa territorial.[351] As borboletas eram capazes de lutar, como Davies mostrou ao capturar e manter machos territoriais em redes de insetos até que novos machos tivessem chegado e ocupado aquele território vazio ao sol. Quando o residente original era libertado, ele retornava ao "seu" território e o encontrava tomado por um novo macho. Esse macho, tendo ocupado esse lugar, reagia como se fosse o residente, iniciando com o outro macho o que corresponde a uma luta no mundo das borboletas. Os combatentes circulavam-se e voavam para cima, desenhando uma espiral no ar, ocasionalmente chocando asas contra o rival, antes de mergulhar de volta ao território. Depois repetiam essa manobra mais algumas vezes, até que o residente original desistia e partia, deixando o território sob controle do residente substituto (Figura 8.30).

Embora os resultados de Davies fossem consistentes com a hipótese de que os machos dessa borboleta usam uma regra arbitrária para decidir quem é o vencedor em uma disputa territorial, Darell Kemp e Christer Wiklund decidiram repetir o experimento, mas sem submeter o residente original aos efeitos potencialmente trau-

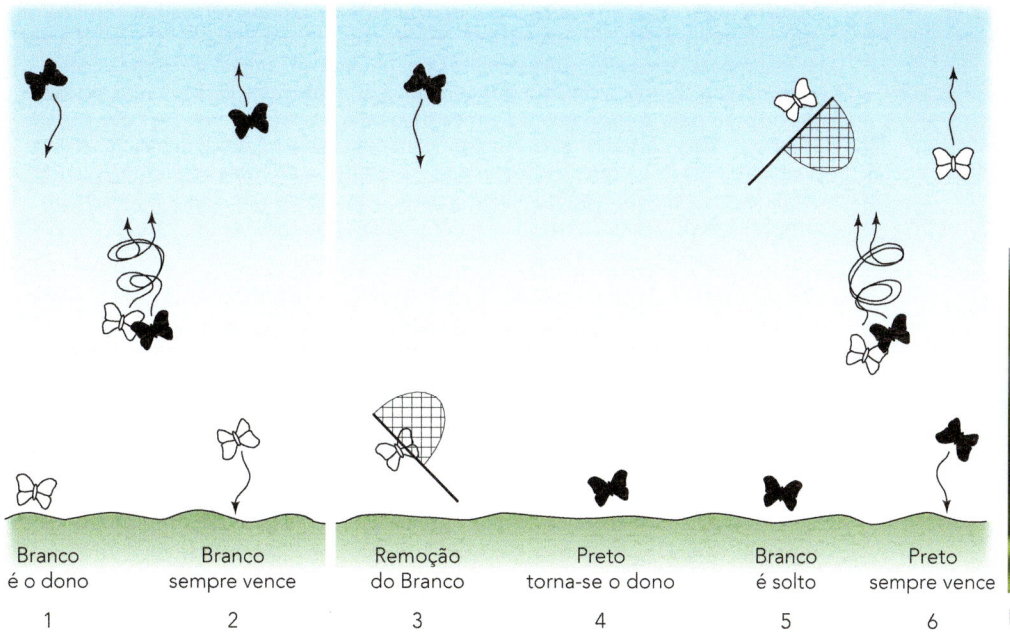

Branco	Branco	Remoção	Preto	Branco	Preto
é o dono	sempre vence	do Branco	torna-se o dono	é solto	sempre vence
1	2	3	4	5	6

Borboleta *Pararge aegeria*

FIGURA 8.30 **O residente sempre vence?** Um teste experimental da hipótese de que os machos residentes de territórios sempre vencem as disputas contra intrusos foi realizado com machos da borboleta *Pararge aegeria*. Se um macho ("Branco") for o residente, ele sempre derrota os intrusos (1, 2). Mas, se ele for temporariamente removido (3), permitindo a um novo macho ("Preto") ocupar seu território ao sol (4), então o "Preto" sempre derrota o "Branco" quando ele retorna depois de ser libertado do cativeiro (5, 6). Adaptada de Davies.[351]

máticos de ser capturado e mantido em uma rede de insetos antes da libertação. Em vez disso, eles colocavam o macho capturado em uma caixa térmica e o soltavam 15 minutos depois que um novo macho tivesse tomado aquele território. Ao colocar o residente original no chão próximo ao antigo território, eles lançaram uma pequena lasca de madeira sobre ele. Borboletas perseguem estímulos visuais desse tipo, e, dessa forma, o macho novo podia ser guiado na direção do rival. Quando o novo residente posicionado em seu lugar ao sol percebia o residente inicial se aproximar, ele reagia como machos territoriais dessa espécie, engajando-se em uma luta em espiral com seu oponente. Mas esses voos duravam muito mais do que os observados por Davies e acabavam de modo extremamente diferente, com o dono original daquele território ao sol vencendo 50 das 52 disputas contra novos residentes.[756] Portanto, o residente atual nem sempre vencia, resultado que elimina a hipótese da regra arbitrária. Kemp e Wiklund acreditam que no experimento de Davies, os machos residentes originais mantidos em rede até a libertação só queriam escapar e não brigar pelo território antigo, por isso as interações eram relativamente breves e as "vitórias" eram dos novos residentes.

Se a regra arbitrária "o residente sempre vence" não explica por que em geral são os residentes que expulsam os intrusos, que hipótese alcançará esse intento? Talvez machos bem-sucedidos em adquirir um território tenham algum tipo de vantagem não arbitrária sobre os outros, traduzida em maior **capacidade de defesa de recursos.** Uma dessas vantagens deve ser o porte grande, que forneceria condição física para defender o território. Em espécies que vão desde o rinoceronte[1193] até caranguejos chama-maré (do gênero *Uca*)[719] e vespas,[1066] indivíduos territoriais são relativamente grandes, o que lhes dá força para expulsar os rivais menores.

No entanto, ser maior e, presumivelmente, mais forte não é a chave para o sucesso territorial em todas as espécies. Na viúva-de-espáduas-vermelhas, espécie africana de pássaro que em muito se parece com o tordo-sargento norte-americano (*Agelaius phoeniceus*), também preto e de asas vermelhas, machos com manchas maiores e mais vermelhas nas espáduas têm maior probabilidade de defender territórios do que os rivais de manchas menores e mais apagadas. Os machos menos chamativos tornam-se não territoriais e errantes (*floaters*), vagando pelo território de outros machos, aceitando a derrota quando vencidos, mas prontos para assumir o controle de territórios vagos se um residente desaparecer. Machos territoriais e errantes não diferem em tamanho, mas, mesmo assim, quando machos das duas

FIGURA 8.31 Machos territoriais da viúva-de-espáduas-vermelhas têm maior capacidade de defender recursos do que machos errantes não territoriais. Quando residentes competem com errantes por comida em cativeiro, os residentes normalmente vencem, mesmo que tenham sido removidos de seus territórios de reprodução para o experimento e mesmo que as manchas vermelhas das espáduas tenham sido pintadas de preto para eliminar esse sinal de dominância. A linha pontilhada mostra o que aconteceria se residentes e nômades tivessem igual probabilidade de vencer disputas de dominância. Adaptada de Pryke e Anderson;[1173] fotografia de P. Craig-Cooper.

categorias são capturados e pareados em gaiolas não familiares a ambos, os ex-residentes quase sempre dominam os errantes, mesmo quando a mancha vermelha do residente é pintada de preto (Figura 8.31).[1173] Esses resultados sugerem que alguma característica intrínseca (além do tamanho corporal) é anunciada pelo tamanho e pela cor da espádua do macho e expressa mesmo na ausência desse sinal, que possibilita a esses machos vencerem lutas contra outros machos.

Assim como acontece com a viúva-de-espáduas-vermelhas, machos de algumas libélulas podem ser divididos em dominadores de territórios e errantes. Embora machos territoriais não sejam necessariamente maiores e mais musculosos, aqueles que vencem as longas disputas aéreas que acontecem em áreas de reprodução próximas a corpos de água, quase sempre têm mais gordura do que os machos perdedores (Figura 8.32).[925, 1153] Nesses insetos, as disputas não envolvem contato físico; em vez disso, consistem no que foi chamado de guerra de desgaste (*war of attrition*). Vence quem resistir mais, e a habilidade de continuar com a exibição comportamental está relacionada com a reserva de energia do indivíduo.

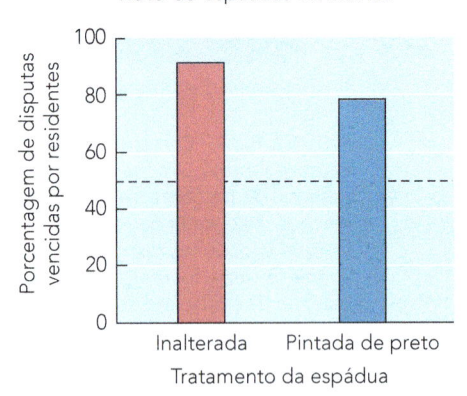

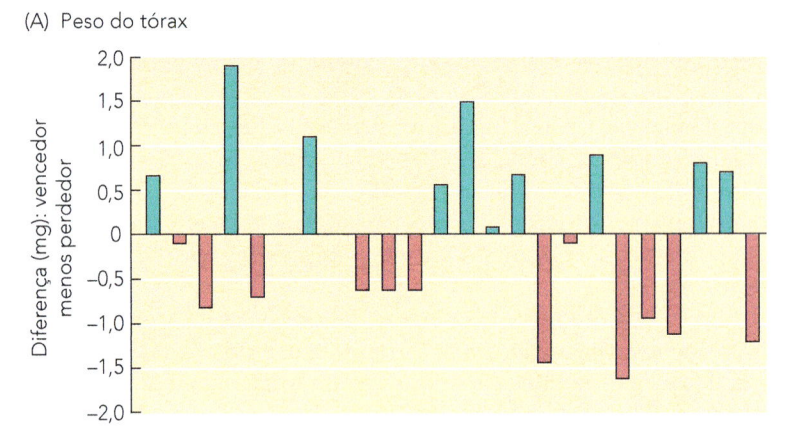

FIGURA 8.32 A reserva de gordura determina o vencedor de disputas territoriais na libélula-de-asa-negra *Calopteryx maculata*. Nessa espécie, machos podem se envolver em longas perseguições aéreas que determinam quem é o dono daquela área de reprodução perto da água. (A) Machos maiores, avaliados pela medida do peso do tórax seco, não desfrutam de vantagens consistentes nas disputas territoriais. (B) Machos com conteúdo de gordura maior, no entanto, quase sempre vencem. Adaptada de Marden e Waage.[925]

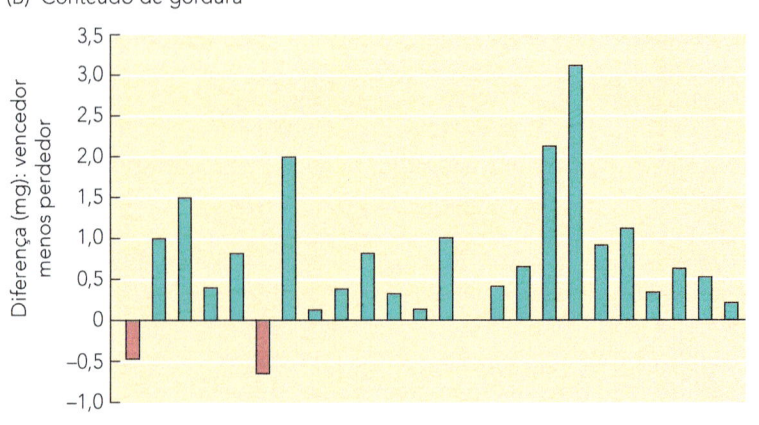

(A)

(B)

Idade (dias em tempo fisiológico) — eixo x
Log do tempo de persistência na disputa (segundos) — eixo y

FIGURA 8.33 Machos mais velhos lutam mais na borboleta *Hypolimnas bolina*. (A) Um macho velho perdeu um grande pedaço da asa traseira, mas ainda assim continuou a defender sua área de pouso em Queensland, Austrália. (B) Resultados de uma série de encontros entre um macho criado em laboratório de idade conhecida e um jovem rival capturado na natureza colocado em sua caixa no laboratório. O tempo de persistência nos confrontos aéreos por parte do residente aumentava com a idade. Cada cor representa um indivíduo residente diferente. A, fotografia de Darrell Kemp; B, adaptada de Kemp.[755]

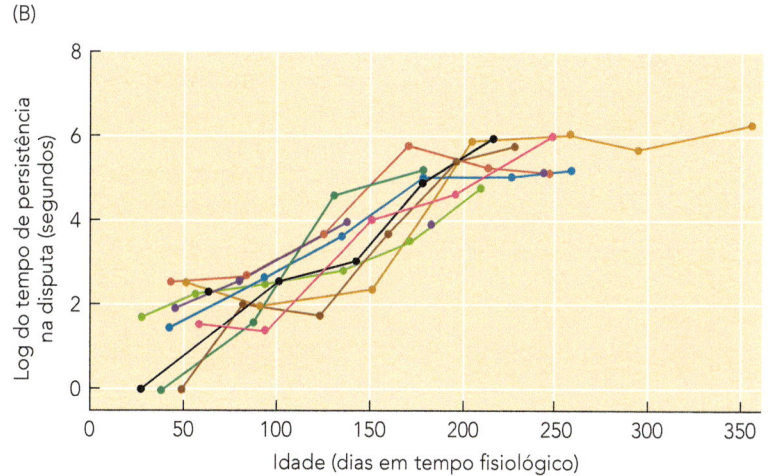

Contudo, as diferenças na capacidade de defender recursos, sejam elas baseadas em tamanho ou em reserva de energia, não podem explicar todos os casos em que os donos de territórios parecem vencer de acordo com sua vontade. Por exemplo, fêmeas mais velhas da mosca-das-frutas do Mediterrâneo, que já não devem mais ter o mesmo preparo físico das mais jovens, conseguem afastar as mais jovens das frutas nas quais colocam seus ovos.[1102] Do mesmo jeito, machos mais velhos do pardal *Melopiza melodia* respondem com mais intensidade à simulação de introdução de machos intrusos nos seus territórios por meio da reprodução do canto do intruso do que os mais jovens;[704] na borboleta acarás (*Hypolimnas bolina*), os machos tornam-se mais persistentes nas guerras de desgaste aéreas ao longo do tempo de vida (Figura 8.33). Descobertas desse tipo não dão sustentação à hipótese de que os vencedores de disputas territoriais estão em melhores condições ou são fisicamente mais imponentes do que os perdedores.

Portanto, vamos considerar uma terceira hipótese para o sucesso dos residentes na defesa territorial: quando o custo em aptidão da defesa de território aumenta com o tempo, os donos tem mais por que lutar do que intrusos. Essa hipótese foi usada para explicar por que casais "experientes" de peixes ciclídeos acarás (*Amatitlania nigrofasciata*) têm vantagem maior em disputas territoriais contra casais "novatos". Casais que já estavam juntos há 96 horas normalmente venciam os casais que estavam juntos há apenas 48 horas, nas disputas por locais de ninho. Isso talvez porque eles estivessem mais próximos da hora da eclosão e, portanto, tinham mais a ganhar ao assegurar um local adequado para seus ovos do que os casais novatos, que ainda tinham tempo para encontrar um território de reprodução.[412]

De maneira geral, conforme o defensor do território fica mais velho, suas oportunidades de sucesso reprodutivo futuro tendem a cair, e, como consequência, os custos de se envolver em confrontos arriscados ou energeticamente caros também caem. Esse fato da história de vida poderia, em alguns casos, impulsionar o ganho líquido da defesa de território para residentes mais velhos. O ganho líquido também poderia aumentar se os benefícios decorrentes da posse de território crescessem ao longo do tempo, por causa da natureza das interações entre vizinhos de território. Um macho recém-chegado agressivo inicialmente tem que gastar muito tempo com disputas territoriais com vizinhos, mas uma vez estabelecido os limites do território, todos se acalmam, produzindo o que já foi chamado de efeito do "querido inimigo".[467] Por exemplo, machos territoriais de um lagarto africano agridem machos desconhecidos a partir de uma distância média cinco vezes maior do que a distância a partir da qual agridem um vizinho familiar. Para completar: quando ataca um vizinho, o residente o persegue apenas por poucos centímetros; quando persegue um intruso não familiar, o faz, em média, por um metro e meio.[1559]

Assim, uma vez que o dono do território e seu vizinho aprendem quem é quem, eles não precisam mais gastar tempo e energia em longas perseguições. No entanto, se um residente for expulso, o novo residente terá que lutar intensivamente por um tempo com seus vizinhos até se definirem os limites de seus territórios. O residente original, no entanto, tem mais a ganhar defendendo o território atual do que o novo intruso, já que qualquer novato na área terá que lidar com seus vizinhos não familiares, mesmo depois de ter expulsado o residente.

Para discussão

8.12 O efeito do querido inimigo foi explicado em termos de familiaridade (os indivíduos aprendem quem são seus vizinhos e, à medida que se tornam familiares uns aos outros, tornam-se também menos agressivos). Uma explicação alternativa poderia ser chamada de hipótese do nível de ameaça, segundo a qual o efeito do querido inimigo resulta da redução de ameaça à aptidão de um defensor de território por parte de vizinhos que já não desafiam mais o dono do território ao lado. O manguço-listrado *Mungos mungo* é um mamífero territorial que vive em grupo. Grupos vizinhos algumas vezes estendem os limites de seus territórios atingindo limites de bandos adjacentes, mas estranhos transitórios não permanecem em territórios já estabelecidos. Nessa espécie, os indivíduos reagem mais agressivamente a membros de bandos vizinhos do que a estranhos.[1017] Se eu alegasse que esse resultado sustenta a hipótese do nível de ameaça para o efeito do querido inimigo e não a hipótese de familiaridade, o que você ceticamente poderia responder?

Uma extensão lógica da hipótese do querido inimigo é que vizinhos devem achar vantajoso combinar forças para repelir intrusos que de outra forma expulsariam um deles, o que levaria os residentes que sobrassem a lidar com um recém-chegado desordeiro. Acredita-se que essa seja a razão da formação de coalisões ocasionais entre dois machos vizinhos em um caranguejo chama-maré territorial.[57] Com muita frequência, um macho de *Uca mjoebergi* sairá da sua toca na lama e se juntará a um vizinho para combater um macho que perambula por ali e que desafie seu vizinho. Normalmente esse ajudante intervém quando o intrometido é maior do que o seu "querido inimigo" vizinho, mas menor do que ele mesmo. A estratégia dois-contra-um normalmente funciona assim: o caranguejo tem um ajudante e os dois conseguem expulsar intrusos em 88% das vezes, enquanto os defensores que tem que lidar com o intruso sozinho só vencem 71% das vezes. O benefício para o ajudante parece estar no tempo e na energia economizados que vem de ter vizinhos familiares em vez de ter novos vizinhos querendo se estabelecer na vizinhança. Machos que se conhecem raramente brigam, mas recém-chegados são muito mais combatentes, pelo menos no início.[57]

O efeito do querido inimigo poderia contribuir muito para a assimetria entre o que um dono de território estabelecido tem a perder em disputas territoriais e o que um desafiador tem a ganhar. Levando em conta essa assimetria de benefícios, podemos predizer que quando um recém-chegado tem chance de reclamar um território do qual o residente original foi temporariamente removido, a probabilidade de que o residente substituto vença a luta contra o residente original será uma função de por quanto tempo o substituto está ocupando o local. Esse experimento foi realizado com pássaros, como o tordo-sargento norte-americano (*Agelaius phoe-*

niceus), bem como em alguns insetos e peixes. No tordo-sargento em cativeiro, quando ex-donos de territórios são libertados de um aviário e podem voltar para sua casa no pântano para competir novamente pelos seus antigos territórios, eles têm mais chance de falhar se novos machos estiverem no seu lugar por mais tempo.[98]

A hipótese de assimetria de benefícios também prevê que confrontos entre ex-residentes e substitutos serão mais intensos à medida que o tempo de posse do substituto aumenta, porque posses mais longas aumentam o valor do local para o defensor atual e, assim, sua motivação para defendê-lo. Essa predição foi confirmada para animais tão diferentes quanto a vespa *Hemipepsis ustulata*[13] e pássaros canoros.[804] Se, por exemplo, um macho dessa vespa (Figura 8.34) for removido do topo de um frutíceto ou de uma árvore baixa que ele está defendendo e for colocado em uma caixa térmica, com frequência seu território vago é ocupado em poucos minutos. Se o ex-dono daquele território for libertado com rapidez, ele em geral retorna prontamente para seu antigo local e expulsa o recém-chegado em menos de 3 minutos, em média. Mas, se o ex-dono for mantido por uma hora na caixa, ao ser libertado e voltar apressadamente para seu território, uma enorme batalha acontece. O recém-chegado resiste à expulsão, e os dois machos se envolvem em uma longa série de voos ascendentes, nos quais sobem rapidamente para o céu lado a lado por vários metros antes de mergulhar outra vez para o território, apenas para repetir aquela atividade mais uma e depois novamente até que enfim um dos machos – em geral o substituto – desiste e vai embora. A duração média desses confrontos é de cerca de 25 minutos, e alguns chegam a durar quase uma hora.[13]

FIGURA 8.34 Um macho da vespa *Hemipepsis ustulata* em um grande frutíceto de *Larrea tridentata* em vigília contra machos intrusos e à espera de fêmeas. Fotografia do autor.

Embora casos desse tipo sustentem a hipótese de assimetria de benefícios para explicar por que os residentes normalmente vencem, é possível que confrontos mais longos ocorram após certo tempo de permanência dos substitutos nos territórios porque os residentes removidos perderam parte da capacidade de defender recursos durante a permanência em cativeiro. Essa possibilidade foi verificada em um estudo com o pisco-de-peito-ruivo tirando-se o primeiro substituto e permitindo-se que um segundo se estabelecesse por um curto período antes da libertação do residente. Desse modo, Joe Tobias foi capaz de parear substitutos de um dia com residentes mantidos em cativeiro por 10 dias. Nessas circunstâncias, o ex-dono do território sempre venceu, apesar do tempo prolongado em cativeiro.[1451] Ao contrário, quando ex-donos presos por 10 dias retornavam e se encontravam com os substitutos permanecidos no território também por 10 dias, o dono original do território sempre perdia. Portanto, confrontos entre substitutos e ex-residentes eram decididos pelo tempo da permanência do substituto no território, e não pelo tempo que o ex-residente era mantido em cativeiro. A hipótese de assimetria de benefícios parece explicar por que o residente quase sempre vence no pisco-de-peiro-ruivo. Talvez ela também se aplique a muitas outras espécies.

Resumo

1. Ao escolher onde viver, muitos animais selecionam ativamente certos locais em detrimento de outros. Se viver em um determinado local aumenta a aptidão, então indivíduos capazes de ocupar hábitats preferidos devem ter maior aptidão do que os outros que vivem fora dali, a menos que sejam forçados a dividir locais mais desejosos com outros rivais da sua espécie.

2. A seleção de um espaço para viver com frequência ocorre quando se sai de uma área para ir para outra, como quando jovens animais deixam o local onde nasceram e seguem à procura de novos lares. Análises de custo-benefício ajudam a explicar por que, em mamíferos, jovens machos normalmente dispersam para mais longe do que fêmeas das suas espécies, provavelmente porque os custos da dispersão são maiores para as fêmeas do que para os machos.

3. A migração é uma forma de dispersão na qual os migrantes movem-se por distâncias relativamente longas entre duas áreas; algumas vezes, os migrantes retornam em algum momento para o local de onde saíram. Esse fenômeno levanta questões interessantes sobre a origem evolutiva desse comportamento e as modificações subsequentes, bem como sobre seu valor adaptativo. A habilidade de migrar a distâncias muito longas provavelmente evoluiu em populações que haviam adquirido a capacidade de migrar a curtas distâncias. Estudos sobre o valor adaptativo desse comportamento focaram-se em entender como migrantes reduzem os custos da viagem enquanto maximizam os benefícios que ganham com isso.

4. A coexistência de indivíduos residentes *versus* migrantes (ou territoriais *versus* membros não territoriais de uma espécie) foi frequentemente explicada por meio da teoria da estratégia condicional. Possuir uma estratégia condicional confere flexibilidade comportamental aos indivíduos, capazes assim de escolher adaptativamente entre diversas opções ou táticas.

5. O comportamento territorial é custoso e, por isso, está longe de ser universal. A defesa de territórios para viver só evolui quando os indivíduos territoriais podem ganhar benefícios substanciais, como acesso especial a parceiros reprodutivos ou comida. Disputas territoriais em geral são rapidamente decididas a favor dos donos dos territórios. A arma que os residentes territoriais têm para a competição pode vir de força física superior ou de reserva de energia (que lhes dá maior capacidade de defender recursos). A vantagem competitiva também pode resultar do fato de que os residentes tem mais a perder do que os intrusos tem a ganhar (assimetria de benefícios) graças ao efeito do querido inimigo (pelo qual vizinhos familiares não brigam tão intensamente entre si pelos limites dos seus territórios depois de estabelecidos).

Leitura sugerida

O conceito de uma estratégia evolutiva foi clarificado por Richard Dawkins[364,368] e Mart Gross.[590] A habilidade relativa de organismos para desenvolver ou se comportar de modo diferente de acordo com seu ambiente foi explorada profundamente por Mary Jane West-Eberhard.[1543] Esse conceito está intimamente ligado à teoria de estratégia condicional, abordagem que Steve Shuster e Michael Wade criticam no seu livro.[1328] Para uma crítica matemática à posição de Shuster e Wade, veja um curto artigo de Joseph Tomkins e Wade Hazel.[1455] Tom Whitham[1557] mostra como usar a teoria evolutiva ao estudar a seleção do hábitat. A dispersão no esquilo-de-belding é analisada nos níveis proximais e distais por Kay Holekamp e Paul Sherman.[666] A abordagem custo-benefício para a territorialidade foi inicialmente usada por Jerry Brown e Gordon Orians[190] e depois muito bem aplicada por Nick Davies e Alistair Houston.[354] O uso da tecnologia do isótopo estável, nova e importante ferramenta no estudo da migração, é explicado de forma clara por D. Rubenstein e K. Hobson.[1247]

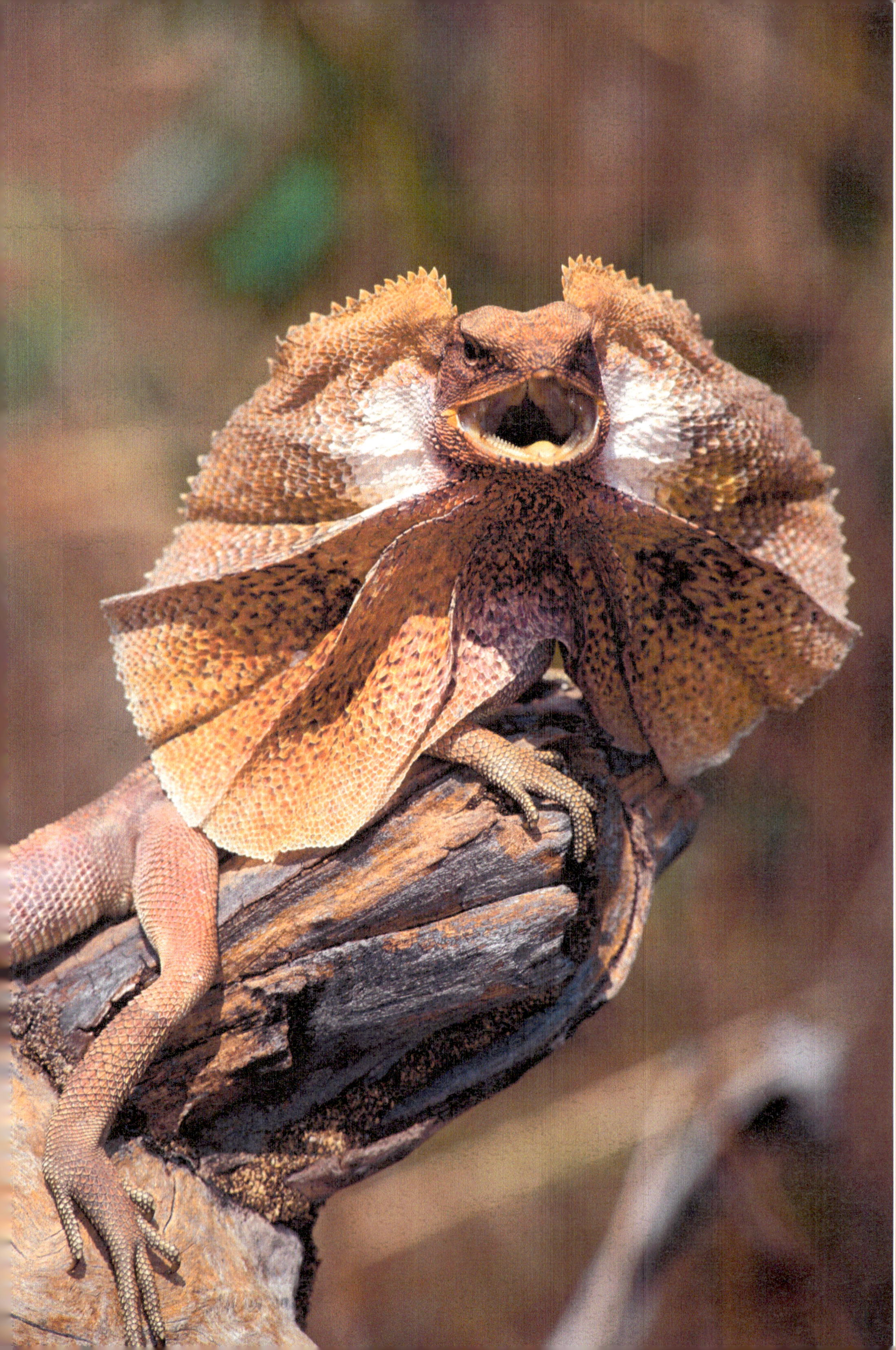

9
A Evolução da Comunicação

Pessoas em um safári na África às vezes têm a sorte de ver uma hiena malhada apresentar o seu grande e inchado pênis para outro indivíduo, que então inspeciona o órgão de perto enquanto talvez ofereça ao primeiro a chance de tocar com o focinho, cheirar ou lamber seu próprio pênis ereto (Figura 9.1). Essa operação bastante embaraçosa chama a atenção da maioria das pessoas que a veem, mas o que realmente impressiona é saber que as hienas que fazem isso são fêmeas e não machos. Na hiena malhada, ambos os sexos são providos de um "pênis" que pode ficar ereto, e ambos usam o apêndice de modos que parecem comunicar algo às demais hienas.

Começamos este capítulo com o caso do pseudopênis das fêmeas de hienas para ilustrar dois pontos fundamentais: primeiro, a diferença entre questões sobre a origem evolutiva de uma característica comportamental *versus* questões sobre o valor adaptativo do comportamento e, segundo, a habilidade dos cientistas de progredirem avaliando e reavaliando continuamente as hipóteses uns dos outros.

◀ **O lagarto de gola, *Chlamydosaurus kingii* pode expandir a pele ao redor do pescoço.** *O que está sendo comunicado com essa demonstração? Fotografia de Dave Watts.*

FIGURA 9.1 O pseudopênis de uma hiena malhada fêmea pode ficar ereto (A), condição em que é frequentemente apresentado a outra hiena (B) na cerimônia de encontro nesta espécie. A, fotografia de Steve Glickman; B, fotografia de Heribert Hofer.

A origem e a modificação de um sinal

Em algum momento, uma fêmea ancestral das hienas malhadas de hoje deve ter sido a primeira a oferecer a outra hiena a chance de inspecionar seu "pênis". Como essa fêmea veio a se comportar dessa maneira tão incomum? Para responder a essa questão, primeiro realizaremos comparações entre as famílias de Hyenidae, que inclui apenas quatro espécies, uma das quais é a hiena malhada. As quatro espécies comunicam-se quimicamente, o que inclui o uso de suas glândulas odoríferas anais para marcar seu hábitat. Machos e fêmeas também inspecionam a região anogenital de outras hienas e, portanto, o ancestral da hiena malhada provavelmente realizou comportamento similar[815]. Em algum momento, fêmeas de um predecessor imediato de hienas malhadas adicionaram à inspeção anogenital inspeção dos pênis eretos de outras hienas, tanto de machos quanto fêmeas. Mas para isso ocorrer, o pênis da fêmea teve que evoluir. De onde veio esse órgão?

Em 1939, L. Harrison Matthews propôs que o pseudopênis poderia ser o resultado do desenvolvimento de altos níveis de hormônios sexuais masculinos em fêmeas de hiena.[953] Em 1981, Stephen Jay Gould introduziu a hipótese para um grande público em seus populares ensaios na revista *Natural History*.[558] Gould contou a seus leitores que o pênis do macho e o clitóris da fêmea de mamíferos desenvolvem-se exatamente a partir de os mesmos tecidos embrionários. A regra geral em mamíferos parece ser que se esses tecidos são expostos cedo (como quase sempre são em embriões de macho) a hormônios masculinos como testosterona e outros androgênios, e o pênis é o resultado final. Se as mesmas células-alvo não interagem com androgênios, como é o caso do típico embrião de fêmeas de mamíferos, então o clitóris se desenvolve. De fato, quando o embrião de uma fêmea da maioria dos mamíferos entra em contato com testosterona, seja em um experimento ou por algum tipo de acidente, o clitóris torna-se maior e se parece com um pênis.[450] Esse efeito tem sido observado em nossa própria espécie nas filhas de mulheres grávidas que receberam tratamento médico que inadvertidamente expôs sua prole a altas quantidades de testosterona,[1003] assim como em fêmeas cujas glândulas adrenais produzem mais testosterona do que o normal.

Considerando o padrão geral de desenvolvimento da genitália externa de mamíferos, Gould julgou ser provável que embriões de fêmeas nas hienas malhadas fossem expostos a concentrações não usuais de androgênios masculinos. Sustentando essa hipótese, ele apontou para um trabalho escrito em 1979 por P.A. Racey e J.D. Skinner,[1192] que relatou que fêmeas de hienas malhadas tinham níveis de testosterona circulante igual aos de machos, ao contrário de outras hienas e mamíferos em geral. Essa descoberta pareceu confirmar a hipótese de que um ambiente hormonal atípico levou à origem do falso pênis, estabelecendo a base para a origem da cerimônia de saudação cheirando o pênis do parceiro.

Para discussão

9.1 Quando Gould escreveu seu artigo sobre a hiena malhada,[558] concluiu que a pergunta "Para que serve o pseudopênis?" era desnecessária e pouco inteligente porque tirava a atenção do que ele considerava ser a questão mais importante: "Como ele surgiu?" O que você acha?

Trabalhos sobre a hipótese do androgênio extra continuaram com alguns pesquisadores verificando os níveis de androgênio em fêmeas de hienas malhadas na natureza (tarefa difícil). Esses cientistas encontraram, para sua surpresa, que os níveis de testosterona nessas fêmeas são na realidade menores do que em machos adultos.[561] Entretanto, fêmeas hienas grávidas têm um nível maior de testosterona do que fêmeas lactantes (Figura 9.2).[403] Esse resultado abre espaço até certo ponto para a hipótese do androgênio extra, assim como a descoberta de que machos e fêmeas têm níveis similares de um precursor da testosterona[561] chamado androstenediona (substância que

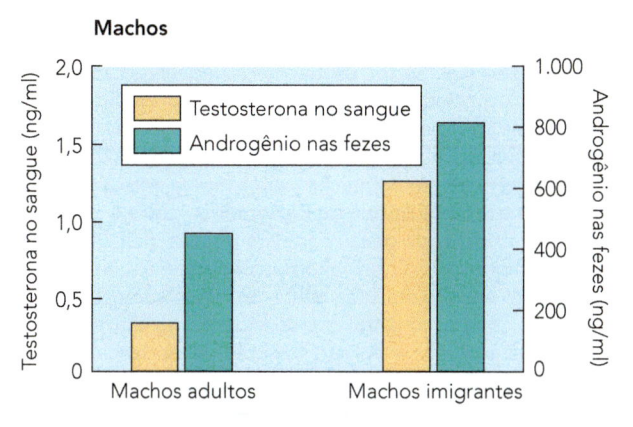

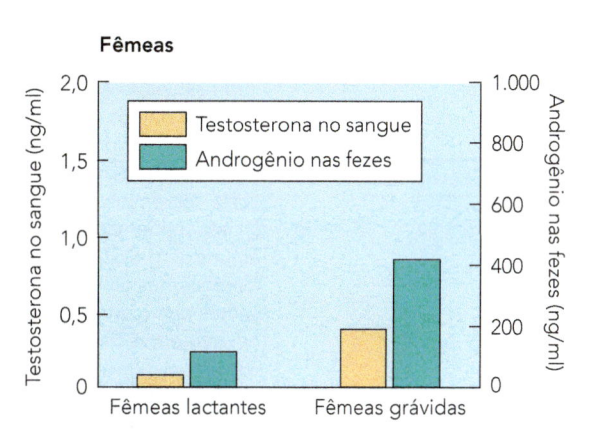

FIGURA 9.2 Concentrações de testosterona em machos e fêmeas de hienas malhadas. A testosterona foi medida no sangue e nas fezes de quatro categorias de hienas na natureza: machos adultos nascidos em grupo onde vivem, machos adultos que imigraram para um grupo, fêmeas lactantes e fêmeas grávidas. Adaptada de Dloniak e colaboradores.[403]

ficou famosa quando o jogador de beisebol Mark McGwire usou hormônio regularmente em 1998, obtendo ótimo desempenho nos jogos). Como a placenta de fêmeas grávidas convertem androstenediona em testosterona, embriões fêmea poderiam ser expostos a níveis masculinizadores de testosterona.[545] No entanto, também é verdade que, durante o período de desenvolvimento embrionário do clitóris (em que há maior sensibilidade a androgênios), as células placentárias da hiena mãe estão produzindo quantidades substanciais de uma enzima que inativa androgênios. Em humanos e outros mamíferos, a mesma enzima previne a masculinização da genitália de fêmeas embrionárias.

Se a hipótese do androgênio extra estiver correta, então a administração de químicos antiandrogênicos em fêmeas adultas grávidas deveria impedir a formação do pseudopênis nas fêmeas nascidas posteriormente. Também se esperaria que houvesse feminização da genitália externa dos machos nascidos. Na realidade, entretanto, quando administra-se antiandrógenos a fêmeas de hienas grávidas, as filhas das fêmeas tratadas retêm seu elaborado pseudopênis, embora com a forma alterada.[546] Esse resultado também não apoia a visão de que a exposição precoce a hormônios sexuais de machos é suficiente por si só para que embriões de fêmeas de hienas malhadas desenvolvam sua genitália pouco usual.[413] Nossa compreensão das bases proximais para o pseudopênis está menos certa do que um dia pareceu.

Se o pseudopênis da hiena realmente se originou como resultado de uma mutação que expôs o feto do sexo feminino a altas concentrações de androgênio, e se o desenvolvimento do pseudopênis agora independe da exposição do feto a androgênio, então grandes modificações genéticas devem ter ocorrido durante a evolução das hienas malhadas. Essas mudanças evidentemente resultaram no desacoplamento parcial ou completo do desenvolvimento do pseudopênis de seu contexto hormonal original, assim como a ativação do comportamento sexual na serpente *Thamnophis strialis* e no passarinho *Zonotrichia leucophrys*, não mais sujeita a controle de hormônio sexual (*ver* Capítulo 5). Nas hienas malhadas, algumas mutações talvez tenham se espalhado, uma depois da outra, em parte porque reduziram a concentração de hormônios similares ao androgênio dos machos presente em fêmeas ancestrais ou porque modificaram seus efeitos, reduzindo assim os danos no desenvolvimento por efeito colateral da exposição a androgênios (ver a seguir). Agora, talvez, muitos genes contribuam para o desenvolvimento das características sexuais secundárias das fêmeas de hienas malhadas da atualidade. Como resultado, esses animais possuem um mecanismo de desenvolvimento menos custoso para a produção de um elaborado pseudopênis, aparentemente usado para se comunicar com outras hienas.

Para discussão

9.2 Estudando o comportamento de corte de moscas empidídeas, E.L. Kessel ficou impressionado ao descobrir que na espécie *Hilara sartor*, os machos agregam-se carregando balões de seda vazios.[767] Nessas espécies, as fêmeas voam até a agregação, aproximam-se do macho e recebem o balão, que elas seguram até o acasalamento ocorrer. Na grande maioria das espécies de moscas, incluindo alguns outros empidídeos, a corte não envolve a transferência de nenhum objeto do macho para a fêmea. Mas além (1) dos balões de seda vazios de *H. sartor* e (2) da ausência de presentes de cortejo em alguns empidídeos, machos de algumas espécies do grupo cortejam fêmeas oferecendo: (3) presentes na forma de item alimentar comestível (inseto morto recentemente), (4) presentes como um fragmento de inseto seco envolto em seda ou (5) um inseto comestível envolto em seda. Construa uma filogenia comportamental que considere uma hipótese consistente com a noção de que a história evolutiva envolve o acúmulo de mudança após mudança, na sequência histórica levando ao comportamento de oferecer um balão de seda vazio. Como você poderia testar sua hipótese? Para trabalhos sobre moscas empidídeas, *ver* Cumming[326] e Sadowski, Moore e Brodie.[1269]

Tentando entender como o comportamento de oferecer balões vazios para as fêmeas começou, o que você pode extrair da informação de que em uma espécie o macho oferece uma grande presa comestível, enquanto que em outras o macho oferece presas pequenas e ainda em outras ele provê à fêmea um buquê de sementes não comestíveis de uma planta parecida com o dente-de-leão. Quando pesquisadores pegaram presas reais de machos dessa espécie e substituíram por pequenas bolas de algodão não comestíveis, as fêmeas aceitaram o presente e copularam com os machos por aproximadamente o mesmo tempo do que as fêmeas que receberam uma pequena presa comestível.[824]

O valor adaptativo de um sinal

Entender a história de uma característica considerando sua origem e mudanças subsequentes é um objetivo de biólogos evolucionistas, mas outro objetivo é descobrir por que algumas mudanças espalharam-se e persistiram enquanto outras desapareceram com o tempo. Esses objetivos se unem em perguntas como: por que a primeira hiena fêmea mutante com filhas com genitália externa masculinizada teve mais descendentes do que outras fêmeas de seu tempo? Certamente suas filhas masculinizadas teriam sofrido algum dano pelo rompimento de padrões de desenvolvimento sexual já testados há muito tempo. Em nossa espécie, fêmeas expostas a quantidades de andrógeno maiores do que o normal na fase embrionária não apenas desenvolvem clitóris maior como também podem ser estéreis quando adultas, ilustrando o quanto o efeito de hormônios sexuais masculinos às fêmeas pode ser danoso à reprodução. E mesmo em populações modernas de hienas malhadas, aproximadamente 10% de todas as fêmeas morrem na primeira vez que tentam dar à luz, porque os recém-nascidos têm de passar pelo clitóris (Figura 9.3), que oferece um estreito canal de parto, diferentemente do canal de parto vaginal da maioria dos demais mamíferos; além disso, mais ou menos 60% de todos os primeiros filhotes que nascem dessas hienas morrem também.[414] Mas esses dados de mortalidade vêm de uma população de cativeiro; em seus estudos com populações naturais de hienas,[1519] Heather Watts e Kay Holekamp não constataram excesso de mortes entre fêmeas de hienas no primeiro ano em que se reproduziram. Se há um alto custo reprodutivo de possuir uma genitália masculinizada para as fêmeas de hienas malhadas, possibilidade a ser confirmada, o pseudopênis em si tem que prover substancial benefício em termos de aptidão, ou seu mecanismo de desenvolvimento deve provê-lo.[490, 1018]

O foco nas causas proximais do pseudopênis levou a muitas **hipóteses de subproduto** para essa característica, pelas quais imagina-se que a seleção gerou algum outro atributo realmente adaptativo e teve como subproduto o desenvolvimento do clitóris aumentado. Por exemplo, talvez o gene mutante que aumentou os níveis de andrógenio em fêmeas espalhou-se porque ajudou a deixar fêmeas adultas maiores e mais agressivas, não porque ele tenha ajudado as fêmeas a adquirir o pseudopênis.[546] Fêmeas de hienas malhadas são de fato atipicamente agressivas, pelo menos em comparação com machos, sempre subordinados e complacentes ao sexo oposto. Fêmeas não apenas se impõem sobre os machos, mas também têm um sistema hierárquico para seu próprio sexo, com fêmeas que ocupam postos altos no ranqueamento (e herdaram suas posições no ranqueamento de suas mães) ganhando prioridade de acesso aos gnus e zebras que o clã mata ou rouba de leões. (Figura 9.4).[489, 1518] Desse alto ranqueamento no clã decorrem ganhos significativos no sucesso reprodutivo. Fêmeas no topo sempre conseguem caçar no território do clã, enquanto que fêmeas subordinadas em algumas circuns-

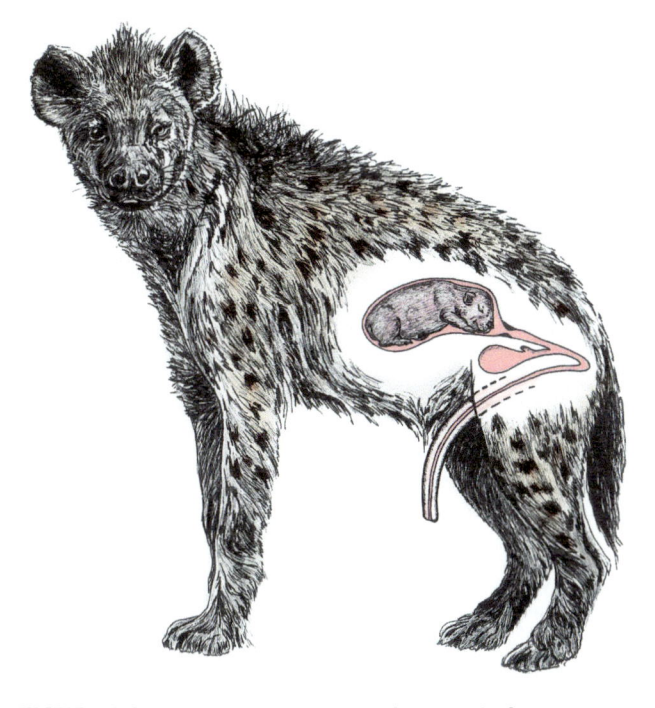

FIGURA 9.3 Um custo para o pseudopênis de fêmeas de hienas malhadas. O canal de parto desta espécie se estende por dentro do pseudopênis, o que estreita muito o canal e pode levar a complicações fatais para a mãe e seu primeiro filhote durante o nascimento. Desenho de Christine Drea, retirado de Frank, Weldele e Glickman.[490]

FIGURA 9.4 A competição por alimento é intensa entre hienas malhadas, o que pode favorecer indivíduos muito agressivos. Um clã de hienas pode consumir uma girafa inteira em poucos minutos. Fotografia de Andrew Parkinson.

tâncias têm de procurar alimento fora da área ocupada pelo clã, uma missão arriscada. Os jovens de fêmeas no topo do ranqueamento crescem mais rápido, têm maior chance de sobreviver e têm mais chance de alcançarem o topo do ranqueamento do que fêmeas filhas de hienas subordinadas (Figura 9.5).[656] Esses fatos parecem estar relacionados ao fato das fêmeas dominantes produzirem mais androgênio durante a segunda metade da gravidez do que as subordinadas; quanto mais androgênio atingir o feto em desenvolvimento, maior a probabilidade dele ser agressivo quando for filhote, sendo este o primeiro passo para ele se tornar mais agressivo quando adulto.[404] Todos esses benefícios da exposição a androgênio poderiam possivelmente ter alguns efeitos colaterais custosos, como, por exemplo, ter um pseudopênis se você for uma fêmea de hiena malhada.

Mas existem problemas aqui: por um lado, se ter um pseudopênis fosse estritamente uma desvantagem, a seleção certamente teria favorecido alelos mutantes que reduzissem o efeito danoso que androgênios (ou outros potentes químicos que influenciassem o desenvolvimento) têm em embriões fêmeas. Então talvez o pseudopênis tenha valor por si só, apesar de seu óbvio custo. A primeira hipótese adaptacionista desse tipo foi oferecida por Hans Kruuk (o mesmo biólogo que estudou o comportamento agressivo em gaivotas; *ver* página 185). Em 1972, ele sugeriu que a genitália ereta da fêmea era usada para reduzir a tensão entre as fêmeas muito agressivas do clã, promovendo ligações sociais que manteriam o grupo coeso e trabalhando pelo bem comum.[815] Mas Kruuk não especificou por que um pseudopênis ereto seria necessário para ligar socialmente as fêmeas nessa espécie, quando outras hienas exibem uma cerimônia de encontro perfeitamente eficaz baseada apenas na inspeção da glândula anal do coespecífico. Nessas outras espécies, as fêmeas dão a luz pela vagina, com nenhuma das complicações que as hienas malhadas enfrentam por dar a luz pelo clitóris alongado.

FIGURA 9.5 A dominância aumenta muito o sucesso reprodutivo da fêmea nas hienas malhadas. O *status* social da mãe é diretamente ligado à sobrevivência do filhote até os dois anos de idade e o ranqueamento de dominância determinado pela observação de interações entre pares de hienas. Adaptada de Hofer e East.[656]

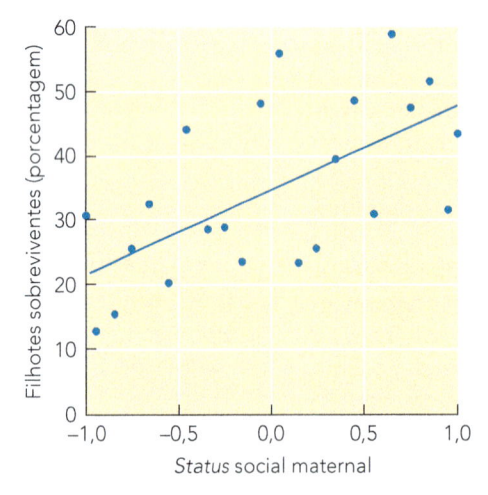

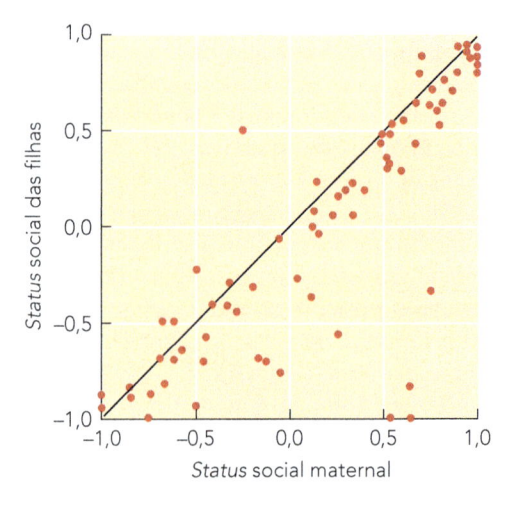

Por conta das deficiências da hipótese de laços sociais, Martin Muller e Richard Wrangham ofereceram outra razão para explicar porque o pseudopênis é adaptativo. Eles argumentaram que o mimetismo estrutural de machos por fêmeas proveria uma camuflagem "masculinizadora" que reduziria a chance de serem agredidas, presumivelmente porque fêmeas são enganadas a tratar indivíduos com pseudopênis como se fossem machos.[1018] Os próprios Muller e Wrangham reconheceram, entretanto, que a evidência a favor dessa ideia é fraca; por exemplo, a hipótese leva à improvável previsão de que fêmeas agressivas usam principalmente pistas visuais associadas à genitália externa para identificar o sexo de outra hiena e, portanto, teriam dificuldade em distinguir machos e fêmeas. Mas, como hienas em particular e mamíferos em geral são muito dependentes de pistas olfativas e acústicas para distinguir entre machos e fêmeas,[1018] fêmeas adultas quase certamente podem diferenciar com rapidez se outra hiena adulta é um macho ou uma fêmea, particularmente quando estão inspecionando outro indivíduo de muito perto durante a cerimônia de encontro.

Tudo isso nos traz de volta a essa cerimônia na qual o pseudopênis atualmente exerce um papel. Será que essa função poderia ser tão importante a ponto de compensar as desvantagens reprodutivas impostas pelo clitóris alongado da fêmea?

Uma hipótese adaptacionista

Para explicar por que uma fêmea de hiena malhada pode se beneficiar por ter uma estrutura mimética a um pênis para usar na cerimônia de encontro, talvez pudéssemos unir os elementos da "harmonia social" de Kruuk com aspectos da hipótese do "mimetismo sexual" de Muller e Wrangham. Essa hipótese combinada requer que consideremos o contexto evolutivo em que o pseudopênis talvez tenha se originado (note a complementariedade dos diferentes níveis de análise oferecidos pelas hipóteses sobre a origem de uma característica e sobre seu valor adaptativo). Imagine que a relação fêmea-dominante e macho-subordinado tenha evoluído antes do pseudopênis aparecer. Indo um pouco além, imagine que um pênis ereto fosse uma das pistas que os machos subordinados motivados sexualmente apresentassem às fêmeas dominantes que estivessem cortejando. A apresentação desse órgão à fêmea claramente sinalizaria o sexo do cortejador e, como consequência, seu *status* subordinado e não ameaçador. Esse sinal poderia encorajar fêmeas nessa ocasião a aceitar a presença do macho em vez de rejeitá-lo ou matá-lo.

Subsequente à evolução desse tipo de sistema de comunicação entre machos e fêmeas, fêmeas mutantes com um pseudopênis teriam a possibilidade de penetrar em um sistema já estabelecido para sinalizar subordinação, algo útil de se fazer em uma sociedade muito competitiva com **hierarquia de dominância** entre fêmeas.[1518] O benefício para um subordinado capaz de sinalizar a aceitação de seu baixo *status* nessa hierarquia viria dele ter a permissão de permanecer no clã em vez de ser expulso e ficar em um ambiente no qual hienas solitárias sequer vivem muito tempo, quanto mais conseguirem se reproduzir. Hienas que vivem em um clã têm a chance de reproduzirem em algum momento; hienas que morrem jovens não.

Evidência a favor dessa hipótese vem da observação de que fêmeas subordinadas e jovens são muito mais propícias a iniciar a interação envolvendo a exibição do pseudopênis do que animais dominantes, indicando que elas ganham ao transferir informação de algum tipo para indivíduos dominantes.[424] A cooperação entre hienas subordinadas e dominantes pode avançar se a fêmea dominante puder acessar com precisão o estado fisiológico (p. ex., hormonal) de um subordinado ao inspecionar seu pênis ou seu clítoris ereto e cheio de sangue. Talvez subordinados realmente submissos estejam sinalizando a falta de um hormônio (ou algum outro químico detectável) necessário para iniciar um enfrentamento sério ao indivíduo dominante, que então pode tolerar esses indivíduos, já que eles não apresentam ameaça imediata a seu *status*. Observe que essa hipótese assemelha-se à de Kruuk quanto ao ponto de que a "harmonia social" vem do fato do subordinado aceitar seu *status* relativo ao indivíduo mais dominante. Além do mais, o mimetismo do macho pela fêmea também está envolvido já que a fêmea subordinada comporta-se como macho para demonstrar seu ranqueamento relativo a outras fêmeas (e não para enganar os membros de seu clã sobre seu sexo real).

> **Para discussão**
>
> **9.3** Como você poderia usar dados comparativos para testar a hipótese de que o uso do pseudopênis na cerimônia de encontro das hienas malhadas possui valor adaptativo para um emissor subordinado como meio de demonstrar sua intenção de se submeter a uma fêmea dominante? Tire proveito do fato de que existe informação sobre o comportamento de outra espécie de hiena não social[987, 1086, 1518]. Além do mais, outro mamífero muito social, o roedor *Heterocephalus glaber* (rato-toupeira-pelado; *ver* Figura 5.14); um membro da ordem Rodentia, é de certa forma similar às hienas malhadas, pois a reprodução das fêmeas em determinado grupo é altamente enviesada. No caso de *H. glaber*, uma única "rainha" é dominante às várias outras fêmeas em seu grupo com o qual ela interage, e a rainha é a única reprodutora de seu grupo.[932] Embora os indivíduos de *H. glaber* não tenham genitálias masculinizadas, um clitóris mais desenvolvido do que o normal é característico em fêmeas de lêmures em Madagascar,[1082,1498] e a característica também aparece em vários outros mamíferos.[1152]

A história de um mecanismo receptor de sinais

A história da hiena malhada ilustra, entre outras coisas, que biólogos comportamentais ainda têm quebra-cabeças interessantes para resolver. Tendo ido o mais longe que podíamos até o momento com a possível origem e valor adaptativo do sinal emitido pelo pseudopênis, nos concentraremos agora na evolução do outro lado da equação, a recepção do sinal. Nosso foco será a espécie de mariposa *Hecatesia exultans*, em que os machos produzem fortes pulsos ultrassônicos de som ao bater suas asas (Figura 9.6A). Apesar de não ouvirmos esses sons, outras dessas mariposas conseguem, como

FIGURA 9.6 Comunicação ultrassônica. (A) Machos da mariposa *Hecatesia exultans* produzem ultrassons ao bater as "castanholas" de suas asas anteriores. (B) Um macho desta espécie foi atraído pelas gravações da vocalizações de outro macho tocado em seu território por meio de um pequeno alto-falante, confirmando que esta espécie usa esses sons para comunicar. Fotografias do autor.

demonstram ao voar em direção a um alto-falante tocando a gravação de sinal emitido por um indivíduo de *H. exultans* no hábitat apropriado (Figura 9.6B), na tentativa de encontrar e interagir com o macho emissor.[12] Portanto, os sons feitos por machos podem ter um papel tanto na defesa do território de vocalização quanto na atração de fêmeas receptivas ao emissor.

Tanto macho quanto fêmea de *H. exultans* possuem mecanismos para escutar as vocalizações agudas de outros membros de sua espécie.[1406] O sistema de recepção de som consiste em parte em um ouvido de cada lado do tórax, perto do ponto onde a asa traseira prende-se ao tórax. Essa mariposa é uma Noctuidae, membro da mesma família que as mariposas que detectam morcegos que vimos no Capítulo 4, assim como naquelas mariposas, a parte externa do ouvido dessa espécie é composta de uma fina cutícula que forma uma pequena elipse chamada de membrana timpânica, que cobre o saco aéreo. Quando a membrana vibra em resposta ao ultrassom, o saco aéreo também se mexe, provendo energia mecânica para receptores sensoriais associados. Esses mecanorreceptores então enviam sinais para outras partes do sistema nervoso. Como esse sofisticado dispositivo evoluiu para detectar sinais ultrassônicos de outras mariposas dessa espécie?

Pesquisadores interessados nessa questão têm operado seguindo as mesmas regras básicas daqueles interessados na origem do pseudopênis nas hienas malhadas. Eles conjecturaram que ao mudar de um presumível estado ancestral, que seria não ter nenhum ouvido (mesmo hoje, a maioria das mariposas não os têm), essa estrutura não apareceu por meio de apenas uma ou duas mutações. O sistema é muito complexo e composto de muitas partes inter-relacionadas para ter se desenvolvido a partir de uma mudança em um ou dois genes. Em vez disso, é muito mais provável que o ouvido tenha se constituído gradualmente, com uma pequena mudança adaptativa sobre a outra, até produzir o complexo mecanismo acústico na presente forma. Mas como testar essa hipótese?

James Fullard e Jane Yack decidiram procurar pistas sobre o passado no corpo das mariposas de hoje.[499] Examinaram algumas mariposas saturnídeas, membros de um grupo que não possui ouvido e, portanto, não podem escutar nada. Eles prestaram especial atenção às partes do tórax das saturnídeas onde podemos encontrar ouvidos nas noctuídeas (Figura 9.7) Fullard e Yack encontraram, ligados na cutícula da região do tórax de saturnídeas, células mecanorreceptoras estruturalmente muito semelhantes às células mecanorreceptoras dos ouvidos de mariposas noctuídeas, sugerindo que os ouvidos de noctídeos não vieram do nada, mas sim que houve modificações de células sensoriais preexistentes que desempenhavam outra função em mariposas sem ouvido.

O que essas "células mecanorreceptoras não acústicas" fazem para saturnídeos? Elas estão ligadas a uma parte do tórax que movimenta-se ritmicamente enquanto as asas se movem, em especial quando a mariposa está vibrando as asas com rapidez para gerar calor metabólico antes de voar. Esses mecanorreceptores traduzem energia mecânica do movimento da cutícula em mensagens liberadas em outro lugar do sistema nervoso, onde a informação sobre o alinhamento de várias partes do corpo é usada para ajustar a posição da

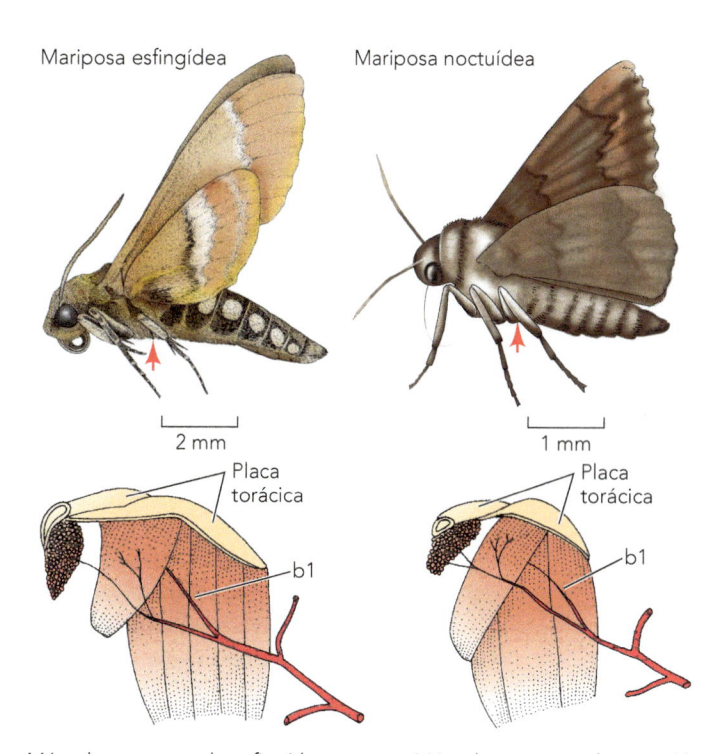

FIGURA 9.7 Evolução de um sistema sensorial. Mariposas esfingídeas, assim como mariposas saturnídeas, não conseguem ouvir, mas mariposas noctuídeas podem. As setas vermelhas na porção superior da figura apontam para a mesma região torácica nas duas mariposas. Neste lugar, esfingídeos não possuem ouvido com cavidade timpânica, mas noctuídeos têm. A porção inferior da figura mostra a relação entre as placas torácicas (as duas camadas claras no topo de cada desenho), alguns músculos torácicos (bandas pontilhadas) e um nervo sensorial ramificado. Observe as semelhanças anatômicas entre as duas mariposas, especialmente no que diz respeito ao nervo sensorial. O ramo do nervo chamado de b1 transmite informações sobre a posição da asa posterior no esfingídeo; no noctuídeo, esse mesmo ramo passa a informação acústica da membrana timpânica para o sistema nervoso central da mariposa. Adaptada de Yack[1624] e Yack e Fullard;[1623] desenho da mariposa esfingídea adulta de Diane Scott.

mariposa no espaço. Um tipo similar de mecanorreceptor em uma mariposa ancestral na linhagem de noctuídeos pode ter conferido uma fraca habilidade de ouvir certos sons fortes, porque sons fortes podem fazer o exoesqueleto de um inseto vibrar.[499] É interessante notar que um receptor de estiramento ancestral para monitorar a posição do corpo também evoluiu em um receptor auditivo para detectar sons vindos do meio aéreo em outros insetos não relacionados às mariposas,[1486] demonstrando que a função dos receptores pode sim mudar ao longo do tempo.

Quase certamente, a primeira mariposa noctuídea a escutar não possuía nada parecido com as sofisticadas habilidades sensoriais dos descendentes atuais daquela mariposa. Mas com a adição de outras pequenas modificações, como a leve redução na espessura da cutícula sobre o mecanorreceptor "acústico", o aumento da cavidade respiratória atrás dessa parte do tórax e um modelo de mecanorreceptor de alguma maneira mais sensível a sons de frequências particulares, essas mariposas mutantes poderiam ter escutado as vocalizações de morcegos de maneira mais confiável. Hoje, o tímpano de pelo menos algumas mariposas noctuídeas claramente se modificou de outras maneiras, porque essa região é estruturalmente diferenciada com uma "zona opaca" central envolta por um círculo de cutícula mais fina e clara. Os receptores estão ligados à zona opaca, que vibra com muito mais vigor em resposta a uma estimulação ultrassônica do que a cutícula ao redor.[1596] Em outras palavras, a região timpânica de mariposas noctuídeas modernas é mais complexa (e presumivelmente mais efetiva em detectar ultrassom) do que parece à primeira vista.

Se receptores com audição ultrassônica superior sobreviveram melhor e por isso se reproduziram mais, então seu sucesso genético teria sido o primeiro passo para a próxima pequena melhora espalhar-se pela espécie por seleção natural.

A história das asas dos insetos

Darwin reconheceu há muito tempo que mudanças na função adaptativa ocorreram comumente ao longo do tempo evolutivo. Em um maravilhoso livro sobre a evolução de orquídeas, ele escreveu: "No curso regular dos eventos, aparentemente, a parte que originalmente serve para uma função torna-se adaptada por pequenas mudanças para funções bem diferentes."[350] Essa regra parece se aplicar para os mecanismos auditivos da mariposa *H. exultans*, derivados de sistemas que um dia monitoraram vibrações de asas em vez de vibrações sonoras vindas pelo ar. Além do mais, os ouvidos de *H. exultans* agora fornecem aos indivíduos informações sobre o sinal acústico produzido por outro indivíduo de *H. exultans*, enquanto que os ancestrais dessas mariposas quase certamente usaram sua habilidade auditiva para um propósito diferente: a detecção de ultrassom produzido por morcegos.

O argumento de que estruturas adquirem diferentes funções ao longo do tempo evolutivo pode ser reforçado examinando de onde as asas de insetos vieram e identificando o que as estruturas dos antecedentes faziam para os animais que as possuíam. Em indivíduos de *H. exultans* modernos, asas são utilizadas para voo e para produção de som. Os modelos dessas asas e seu sistema de controle são extremamente complexos, não podendo ter evoluído a partir de um único passo evolutivo. Algumas pessoas acreditam que os precursores das asas de insetos resultaram do crescimento, para fora do corpo, do aparato respiratório – as brânquias – de um artrópode ancestral aquático no qual as brânquias estavam ligadas às pernas.[52] Esse ancestral forneceu aos descendentes modernos um conjunto de genes que agora têm papel essencial no desenvolvimento do plano corpóreo de crustáceos, insetos, milípedes, xifosuros e aranhas. Dois desses genes, *pdm/nubbin* e *áptero*, são ativos no desenvolvimento de brânquias de crustáceos modernos, que também são apêndices ligados às pernas desses animais. Em xifosuros, os mesmos genes são ativados durante o desenvolvimento de aparato respiratório aquático, as brânquias foliáceas. Em dois grupos de animais aparentados que deixaram a água há muito tempo, as aranhas e os insetos, esses genes foram mantidos, mas agora contribuem para o desenvolvimento de pulmões foliáceos em aranhas e de asas em insetos (Figura 9.8).[346]

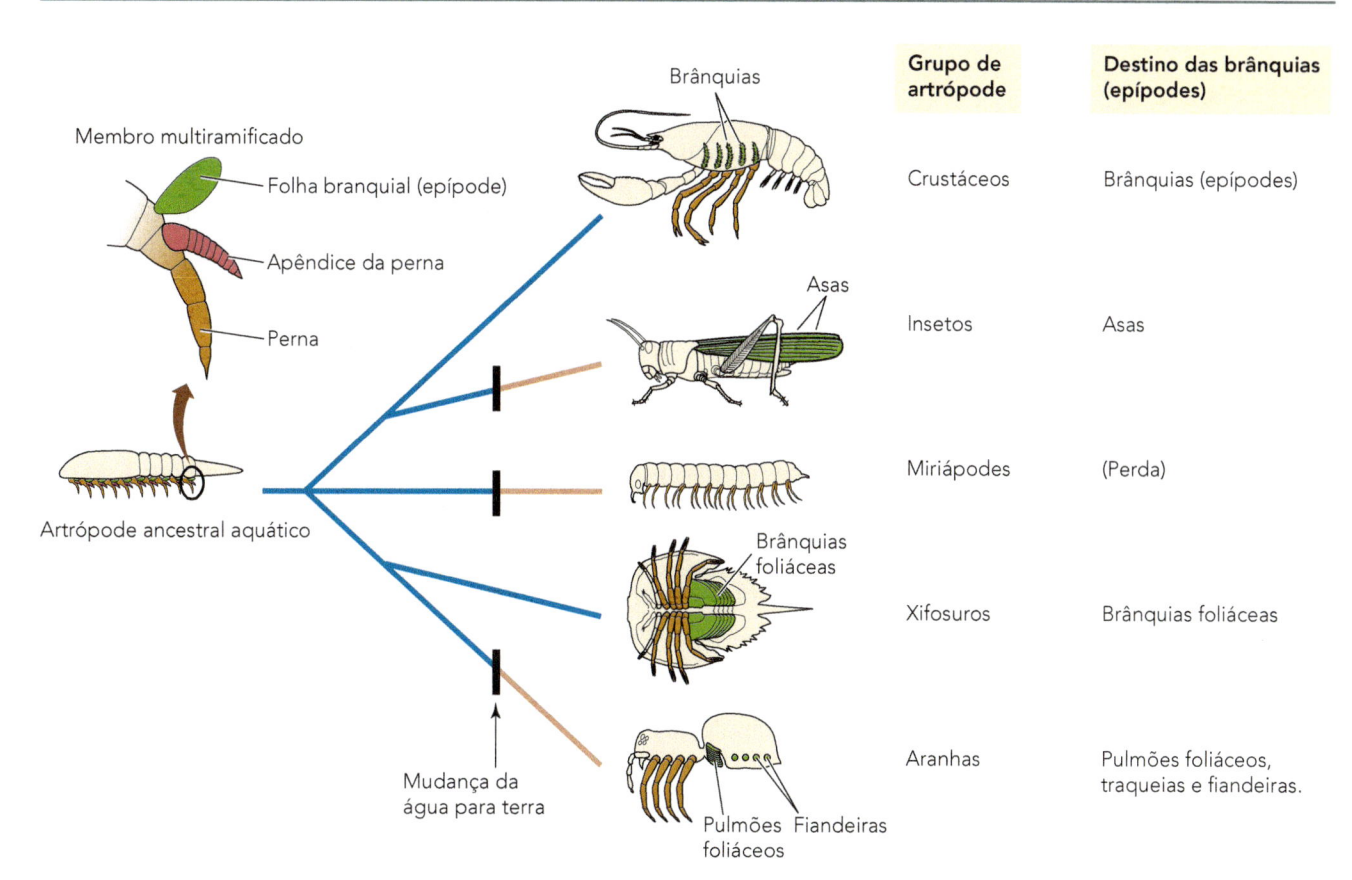

Grupo de artrópode	Destino das brânquias (epípodes)
Crustáceos	Brânquias (epípodes)
Insetos	Asas
Miriápodes	(Perda)
Xifosuros	Brânquias foliáceas
Aranhas	Pulmões foliáceos, traqueias e fiandeiras.

FIGURA 9.8 As brânquias de artrópodes evoluíram e tornaram-se várias estruturas diferentes e com diferentes funções. Em um artrópode ancestral aquático, as placas branquiais serviram para respirar; elas estavam ligadas às pernas desses animais. Nos descendentes modernos desses antigos animais, as brânquias retiveram seu papel respiratório sobre a água em crustáceos e modificaram-se em brânquias foliáceas em xifosuros. Nas três linhagens terrestres derivadas do artrópode ancestral, as placas branquiais foram perdidas nos miriápodes; retidas, mas modificadas como pulmões foliáceos e fiandeiras em aranhas; e retidas de forma altamente modificada como asas em insetos. Adaptada de Damen, Saridaki e Averof.[346]

Portanto, um cenário para a evolução das asas dos insetos vê sua origem em insetos que, em seus estágios imaturos aquáticos, possuíam placas branquiais respiratórias no tórax que também podiam ser movidas, auxiliando, assim, a locomoção sobre a água (Figura 9.9).[818] Se alguns desses animais reteve suas placas móveis quando se metamorfosearam em adultos terrestres, então essas estruturas poderiam ter sido usadas como velas em um veleiro para possibilitar ao adulto recém-formado deslizar pela superfície da água para a terra. Um deslocamento mais rápido pode ter sido vantajoso se houvesse predadores prontos para capturar os recém-adultos enquanto boiassem na água. Mesmo hoje, algumas espécies de plecópteros – antigo grupo de insetos aquáticos – que não voam, ficam sobre a superfície da água quando tornam-se adultos e usam suas modestas asas como velas para aproveitar o vento a seu favor (Figura 9.10).[927] Ao menos uma espécie de efémera, outro grupo antigo de insetos aquáticos, faz o mesmo.[1253] As efémeras quase certamente descenderam de ancestrais que voaram, mas perderam essa habilidade porque vivem em águas onde peixes são extremamente escassos; como o risco de predação foi reduzido nesse inseto, as vantagens de um voo eficaz diminuiu de maneira correspondente. Quando Jim Marden e Melissa Kramer (aluna de graduação na época) cortaram as asas de espécies de plecópteros voadores de maneira que os insetos não podiam levantar voo, os indivíduos com as asas cortadas ainda podiam deslizar sobre a água mais rápido do que imaturos podiam nadar. Então aqui temos outra demonstração de que as pequenas asas de insetos ancestrais que não voavam podem ter tido valor adaptativo e poderiam então

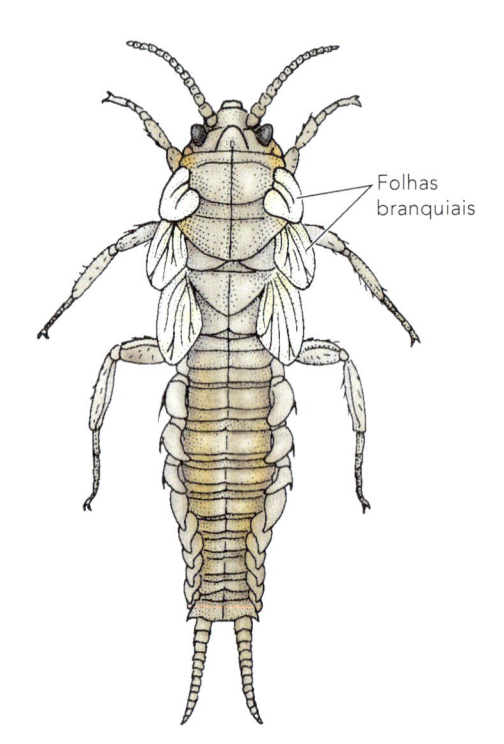

FIGURA 9.9 Precursores evolutivos de asas de insetos? As placas branquiais móveis deste plecóptero extinto podem ter sido usadas para deslocar este inseto sobre a água. Estruturas desse tipo podem ter sido usadas como velas de um veleiro por insetos aquáticos quando eles aquaplanavam sobre a superfície da água. Adaptada de Kukalová-Peck.[818]

ter se espalhado nas populações no passado, mesmo que não conferissem habilidade para voar.[926,928]

Como asas para "velejar" tornaram-se comuns para algumas espécies ancestrais antigas, indivíduos mutantes que conseguissem mover esses apêndices como remos podem ter sido capazes de deslocar-se como um barco movido a remo, como faz um plecóptero vivente do Chile.[930] Posteriormente, outros movimentos alados mais potentes guiados por músculos mais poderosos podem ter deslocado um remador ou um aquaplanador mais rápido pela água. Essas simples projeções achatadas teriam sido o primeiro passo para outra modificação, o aumento na capacidade do músculo de voo que poderia fazer um bom aquaplanador sair da água. Alguns plecópteros modernos demonstram como essa transição entre aquaplanar e voar pode ter ocorrido. Plecópteros adultos do gênero *Leuctra* batem as asas para conseguir impulso suficiente de modo que apenas as duas pernas traseiras fiquem em contato com a água. Essa posição estabiliza o inseto, permitindo que ele mova suas asas de maneira muito mais ampla do que seria possível para aqueles plecópteros que mantêm as seis pernas na superfície da água. Os que se apoiam nas pernas traseiras deslocam-se aproximadamente 40% mais rápido do que os que se apoiam nas seis pernas (Figura 9.11), mostrando como indivíduos mutantes de algumas espécies de insetos ancestrais que usaram essa estratégia de deslocamento podem ter alcançado vantagens adaptativas.[800] É um pequeno passo de aquaplanar sobre as pernas traseiras para o voo completo, que teria levado os primeiros verdadeiros voadores para longe de peixes que se alimentam de insetos para o relativamente seguro meio aéreo. De fato, os plecópteros voadores modernos empregam quase exatamente o mesmo conjunto de movimentos quando estão parados sobre a água e pulam para fora dela em comparação aos plecópteros que aquaplanam sobre as pernas traseiras hoje em dia, o que demonstra o quanto é plausível o cenário em que uma espécie ancestral que aquaplanou sobre as pernas traseiras tenha dado origem a um descendente capaz de voar.[929]

Para discussão

9.4 A diversidade de comportamentos entre plecópteros viventes sugere um cenário histórico que vai de boiar na superfície da água até pular da superfície da água e voar (ver Figura 9.11). Essa hipótese histórica pode ser testada plotando o comportamento de espécies de plecópteros em uma filogenia do grupo (ver Thomas e colaboradores.[1428] ou http://www.bio.psu.edu/People/Faculty/Marden/skim.html). Dada a evidência disponível, qual sua avaliação sobre a validade dessa hipótese?

FIGURA 9.10 Um plecóptero aquaplanador (A) parado sobre a água. (B) O plecóptero levantou as asas curtas, que usa estritamente para pegar vento ao aquaplanar sobre a água mantendo suas 6 pernas na superfície da água. Fotografias de Jim Marden.

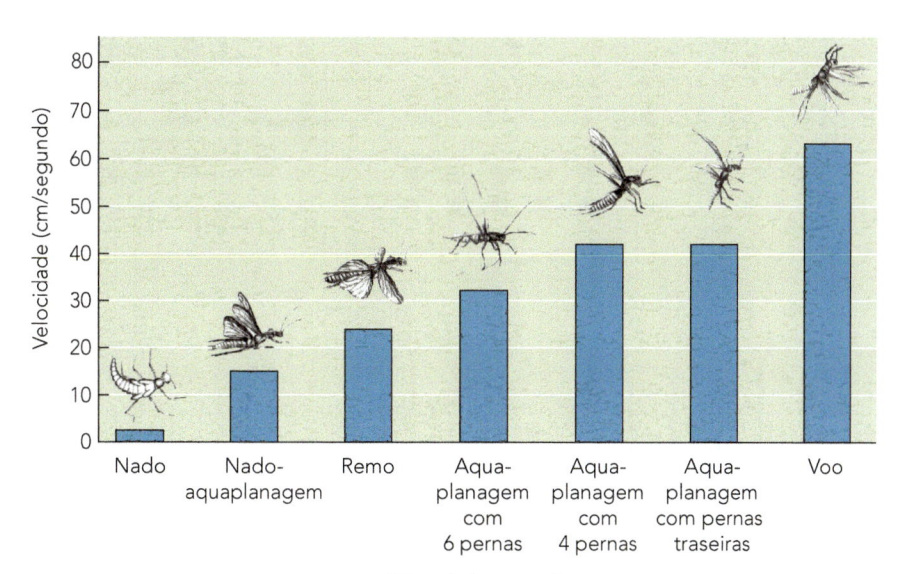

FIGURA 9.11 Caminho evolutivo possível do nado até o voo completo em plecópteros. Estão mostrados aqui dados sobre a velocidade média de deslocamento dentro ou fora da água por representantes vivos de 7 diferentes tipos de plecópteros. Os grupos estão organizados por velocidade de deslocamento do mais lento para o mais rápido. Se a evolução tiver atuado na sequência mostrada aqui, cada plecóptero modificado teria sido capaz de se deslocar com mais rapidez dentro ou fora da água. Adaptada de Marden e Thomas.[930]

9.5 Qual o problema para a hipótese de que todos os insetos voadores modernos evoluíram de um ancestral que aquaplanava na água, considerando que se acredita que os parentes próximos de insetos alados modernos sejam um grupo chamado de Thysanura, exclusivamente terrestres (as familiares traças que andam pelas prateleiras de livros pertencem a esse grupo). Do mesmo modo, o grupo de insetos do qual tanto os Thysanura quanto os insetos alados modernos evoluíram é outro grupo essencialmente terrestre. Finalmente, o ancestral crustáceo de todos os insetos também parecia ser terrestre.[417]

Em algum ponto na evolução do voo dos insetos, as protoasas de formas ancestrais tornaram-se completamente modificadas, possibilitando o voo completo. Nesse momento, mecanorreceptores no tórax que forneciam informação sensorial sobre a posição das asas (então com função de vela) relativas ao tórax podem ter ajudado esses insetos a controlar seus movimentos ao monitorar o batimento das asas. Quando o ancestral das mariposas surgiu, essa espécie provavelmente já tinha sensores de posição de asa. Ao longo do tempo, esses mecanorreceptores gradualmente evoluíram em detectores de ultrassom com nova função antipredadora (*ver* página 114). Entretanto, ouvidos que evoluíram por suas vantagens contra morcegos também podem detectar ultrassom vindo de outras fontes, incluindo membros da própria espécie. Os ouvidos da mariposa *Hecatesia exultans* estavam disponíveis para adquirir ainda outra função: a detecção de sinais ultrassônicos produzidos por batimentos das asas de machos coespecíficos.[1406]

Exploração sensorial de receptores de sinais

De acordo com o cenário delineado acima, machos da mariposa *H. exultans* usam ultrassom para se comunicar com coespecíficos, porque um ancestral dessa mariposa tinha morcegos como predadores, tornando a percepção de ultrassom reprodutivamente vantajosa no passado. Assim que os detectores de ultrassom surgiram, sua existência diminuiu a relação custo/benefício reprodutivo para indivíduos mutantes que gerassem sinais ultrassônicos. Os indivíduos receptores, devido à sua herança evolutiva, podiam ouvir esses sinais ultrassônicos mais facilmente do que sons em baixas frequência.

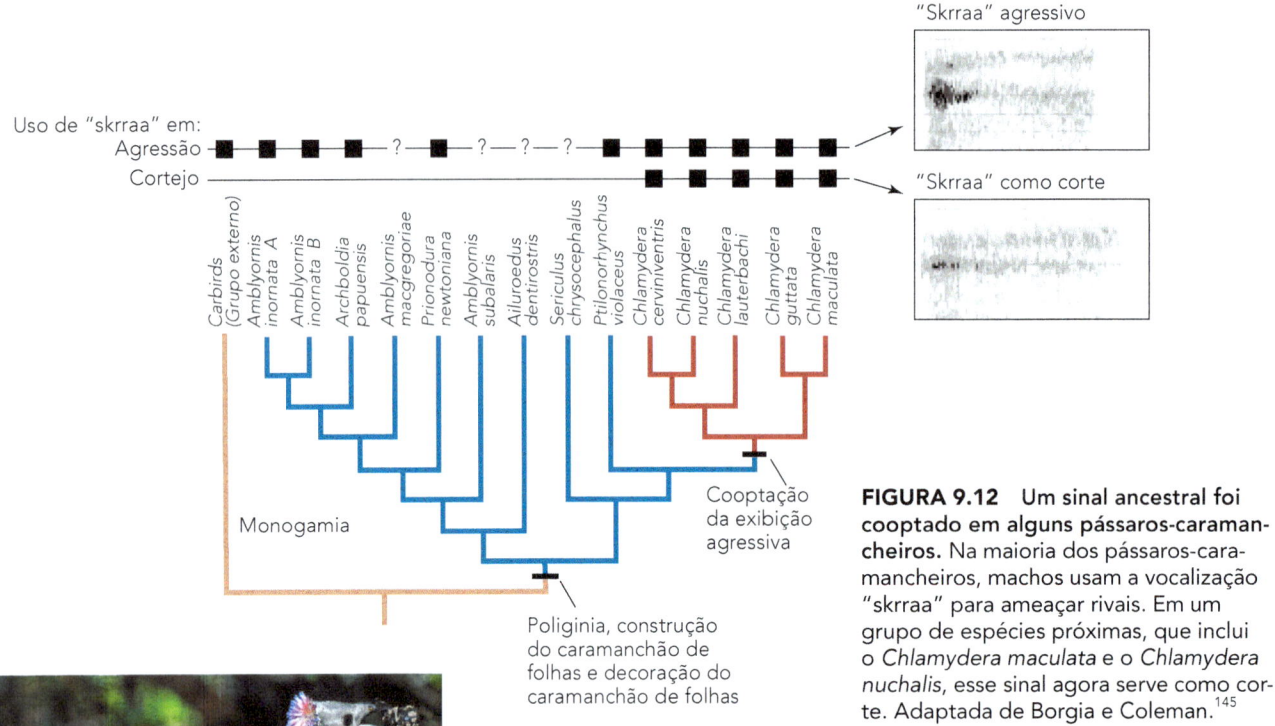

FIGURA 9.12 Um sinal ancestral foi cooptado em alguns pássaros-caramancheiros. Na maioria dos pássaros-caramancheiros, machos usam a vocalização "skrraa" para ameaçar rivais. Em um grupo de espécies próximas, que inclui o *Chlamydera maculata* e o *Chlamydera nuchalis*, esse sinal agora serve como corte. Adaptada de Borgia e Coleman.[145]

Chlamydera nuchalis

Da mesma maneira, sugeri antes que poderíamos entender melhor o uso do pseudopênis das fêmeas de hienas malhadas em exibições durante a cerimônia de encontro se essa espécie já tivesse evoluído um sistema de comunicação macho-fêmea que permitisse ao macho o uso de seu pênis para sinalizar seu *status* subordinado para uma fêmea. De modo similar, em um grupo de pássaros-caramancheiros, machos usam uma desagradável vocalização "skrraa" quando estão cortejando fêmeas (assunto explorado em maiores detalhes no próximo capítulo), quase certamente porque essa vocalização adquiriu um novo papel após originalmente ter evoluído como um sinal agressivo entre machos (Figura 9.12).[145] Então aqui temos um sinal preexistente cooptado para outra função porque fêmeas podem utilizá-lo para escolher adaptativamente um macho.

O contrário ocorre quando animais produzem um novo sinal tirando proveito de um mecanismo de percepção existente em um receptor do sinal, fenômeno frequentemente chamado de exploração sensorial.[79,1262] Em um dos exemplos melhor estudado, Heather Proctor hipotetizou que a corte moderna realizada por machos de uma espécie de ácaros aquáticos começou quando machos acidentalmente exploraram o comportamento predatório de fêmeas esperando capturar pequenos invertebrados aquáticos chamados de copépodes.[1169] Enquanto a fêmea predadora está em posição de ataque, chamada de "posição de rede", o macho vibra uma perna dianteira em frente a ela, que pode então pegá-lo, usando a mesma resposta que utiliza para capturar copépodes. Entretanto, ela solta o macho ileso, que se vira e deposita espermatóforos (pacotes de esperma) próximos à fêmea, que recebe em sua abertura genital se estiver receptiva (Figura 9.13).

O aparente uso de captura predatória pela fêmea em resposta à demonstração vibratória do macho sugeriu a Proctor que machos estavam mimetizando o estímulo produzido pelas presas desses ácaros, os copépodes. Talvez a reação da fêmea a tenha identificado como potencial parceira sexual e tenha mostrado ao macho onde posicionar seus espermatóforos (esse ácaros não enxergam). Se machos desencadeiam a resposta que fêmeas exibem ao detectar presas, então fêmeas em cativeiro mantidas

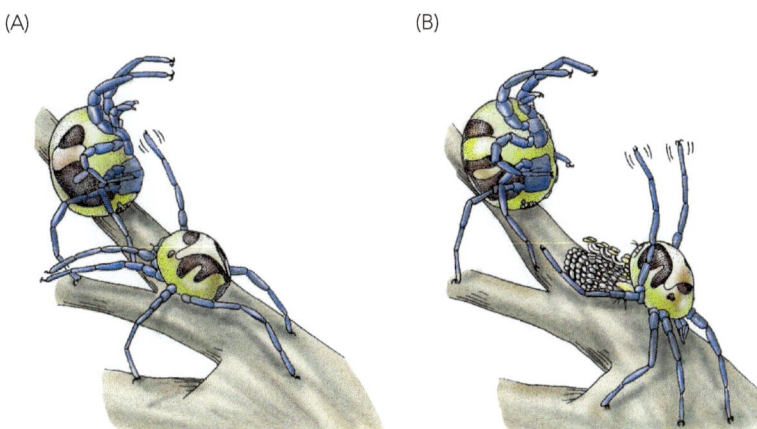

FIGURA 9.13 Exploração sensorial e a evolução de um sinal de corte no ácaro aquático *Neumania papillator*. (A) A fêmea (à esquerda) está em sua posição de capturar presas (posição de rede). O macho se aproxima e vibra a perna dianteira na frente dela, produzindo vibrações semelhantes às que um copépode pode fazer. A fêmea pode responder pegando-o, mas ela o solta sem feri-lo. (B) O macho então deposita os espermatóforos na vegetação aquática na frente da fêmea antes de movimentar suas pernas sobre eles. Adaptada de Proctor.[1169]

em jejum e, portanto, com fome, deveriam responder mais a sinais de machos do que fêmeas bem alimentadas. Elas realmente o fazem, dando suporte à ideia de que uma vez que o primeiro macho ancestral usou o sinal vibratório, seu comportamento e sua base hereditária espalharam-se por terem desencadeado de maneira eficaz um mecanismo de detecção de presa preexistente em fêmeas.[1169] A explicação, entretanto, não é isenta de críticas por vários motivos, incluindo a possibilidade de fêmeas com mais fome estarem mais dispostas a solicitar acasalamentos para adquirir um espermatóforo rico em nutrientes para digerir.[147]

Entre os ácaros aquáticos, a corte vibratória ocorre apenas em poucas espécies, aquelas em que fêmeas adotam a "posição de rede". Medindo um grande número de características em várias espécies de ácaros aquáticos, Proctor construiu uma filogenia desses animais. A filogenia indica que a postura de rede de fêmeas originou-se em um ácaro aquático ancestral que originou oito espécies descendentes. Nessa linhagem, o comportamento de corte vibratória apareceu posteriormente duas vezes, uma vez no ancestral do gênero *Unionicola* e uma vez no ancestral que

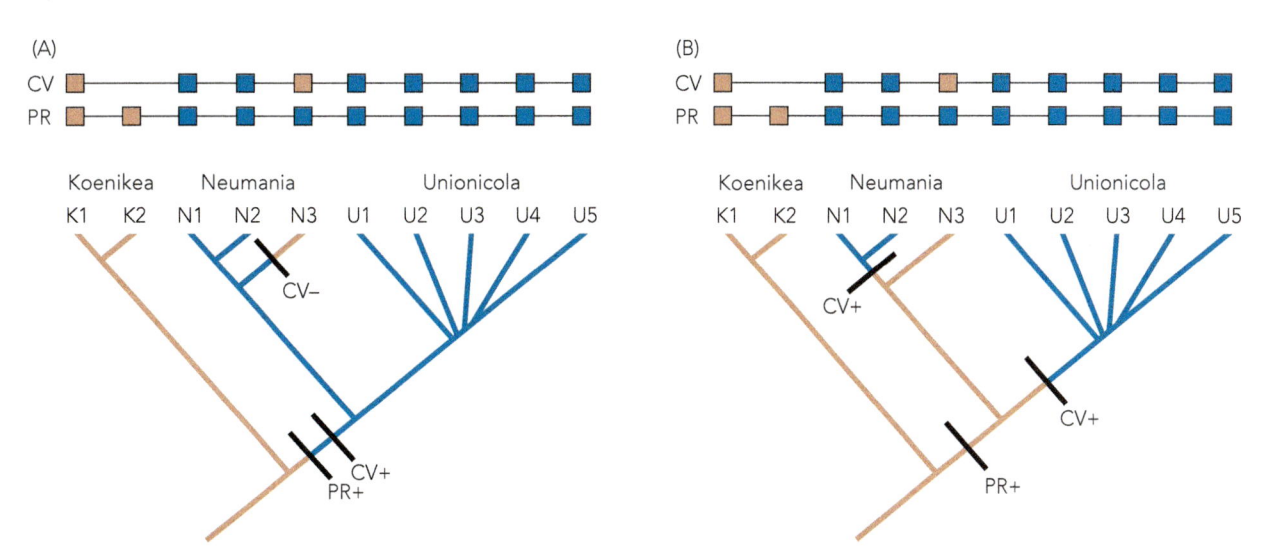

FIGURA 9.14 Dois cenários evolutivos para a evolução da corte vibratória em ácaros aquáticos do gênero *Koenikea* (duas espécies), *Neumania* (três espécies) e *Unionicola* (cinco espécies). (A) A corte vibratória do macho (CV) pode ter evoluído aproximadamente no mesmo momento em que fêmeas predadoras adotaram a posição de rede (PR) no ancestral de *Neumania* e *Unionicola* (PR+, CV+), com a corte vibratória tendo sido perdida na linhagem levando a uma espécie de *Neumania* (CV-). (B) Outro cenário igualmente simples para a evolução da posição de rede no ancestral de dois gêneros, *Neumania* e *Unionicola*, mas em vez de uma única origem para a corte vibratória, teria havido duas origens, uma no ancestral de *Unionicola* e outra no ancestral de *Neumania papillator* (N1) e seu parente próximo (N2). Adaptada de Proctor.[1170]

FIGURA 9.15 Um peixe ciclídeo fêmea (esquerda) é atraída pelas manchas alaranjadas na nadadeira anal de um macho.

dividiu-se em duas espécies de *Neumania* (Figura 9.14). Se essa filogenia estiver correta, a corte vibratória pode ter se originado bem depois das fêmeas terem adotado um estilo de vida caçador de copépodes e terem evoluído sensibilidade a vibrações debaixo d´água associada com essas presas. Machos que por acaso tenham sido os primeiros a mimetizar essas vibrações tiveram suas chances de acasalamento aumentadas, por aproveitarem-se de mecanismos sensoriais que as fêmeas tinham adquirido por outra razão.

Para discussão

9.6 Fêmeas de um peixe ciclídeo africano oviposita no fundo de lagos em depressões feitas por machos.[1562] A fêmea pega seus ovos cor de laranja com sua boca quase tão rápido quanto ovipõe (ela protege os ovos fertilizados e os recém-nascidos, deixando-os dentro de sua boca). Quando as fêmeas ovipositam, o macho que fez o "ninho" pode ir para frente dela e exibir sua nadadeira anal (Figura 9.15), decorada com uma linha de grandes manchas alaranjadas. A fêmea se move em direção a ele e tenta pegar as manchas na nadadeira, e, enquanto isso, o macho libera seu esperma, que a fêmea pega pela boca, onde ocorre então a fertilização dos seus ovos. Use a teoria da exploração sensorial para explicar a origem evolutiva do comportamento do macho. O primeiro macho estaria usando esse sinal para levar vantagem sobre sua parceira no sentido de reduzir a aptidão dela para se beneficiar?

9.7 O corpo da aranha *Nephila pilipes* é extremamente colorido (Figura 9.16). Quando os padrões coloridos são pintados de preto, a frequência em que mariposas e outras presas noturnas voam contra a teia da aranha cai drasticamente, especialmente à noite.[262,263] Que relevância tem essa pesquisa para pessoas interessadas na hipótese da exploração sensorial para a evolução de sinais de cortejo em animais?

O argumento desenvolvido para o cortejo dos ácaros aquáticos *Neumania papillator* também foi aplicado a sinais e respostas de lebistes machos e fêmeas. Fêmeas em algumas populações desse pequeno peixe preferem se acasalar com machos com manchas alaranjadas brilhantes na pele (Figura 9.17).[578] Lebistes machos não conseguem sintetizar o pigmento laranja que dá as cores ao seu corpo e têm que adquirir esses carotenoides das plantas que comem. Os que conseguem carotenoides suficientes de suas refeições tornam-se mais atrativos para as fêmeas. Mas por quê?

Uma hipótese sobre a origem da preferência da fêmea por machos com manchas cor-de-laranja sugere que, quando essa preferência sexual apareceu pela primeira vez, era um subproduto de uma preferência sensorial evoluída em outro contexto. Essa hipótese recebeu suporte de observações de lebistes fêmeas alimentando-se com avidez de frutos raros e valiosos nutricionalmente que às vezes caíam nos córregos de Trinidad, onde os lebistes vivem.[1232] Então, é possível que fêmeas tenham evoluído sensibilidade visual a estímulos cor de laranja por causa dos benefícios associados a

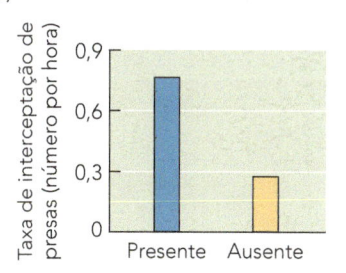

FIGURA 9.16 Os círculos e linhas brilhantes no padrão de coloração da aranha *Nephila pilipes* parecem atrair presas ao predador à noite. (A) Região dorsal da aranha. (B) Região ventral da aranha. (C) Número de presas capturadas na teia de outra aranha noturna com cores brilhantes quando a aranha estava presente (barra azul) e quando a aranha estava ausente (barra laranja). A, fotografia de Chih-Yuan Chang; B, fotografia de Jin-Nan Huang; ambas as fotografias são cortesia de I. Min-Tso; C, adaptada de Chuang, Yang e Tso.[262]

essa habilidade, não por conta de qualquer benefício de aptidão resultante de uma escolha seletiva de parceiro sexual. Se isso for verdade, então podemos prever que lebistes fêmeas responderão com mais intensidade a estímulos laranja do que outras cores quando estão se alimentando. A equipe de pesquisa que estudou esse fenômeno aproveitou-se do fato de que lebistes fêmeas vivendo em diferentes córregos diferem em sua preferência por machos com manchas alaranjadas. A intensidade da preferência sexual foi correlacionada com a frequência relativa com que fêmeas mordiscaram discos alaranjados apresentados a elas sob a água (Figura 9.18).

Se a exploração sensorial é um fator importante na origem de sinais efetivos, então deve ser possível criar novos sinais experimentais que gerem respostas de animais que nunca encontraram esses estímulos antes. Para testar essa previsão, pesquisadores tocaram sons para sapos com elementos acústicos ausentes nas vocalizações naturais da espécie,[1262,1263] colocaram faixas de plástico amarelo nas caudas de machos de uma espécie do peixe *Xiphophorus*,[79] adicionaram tufos de pena sobre a cabeça de aves marinhas *Aethia pusilla*[737] e deram ornamentos vermelhos artificiais

FIGURA 9.17 Alimento, carotenoides e preferências sexuais das fêmeas nos lebistes. (A) Machos têm de adquirir pigmentos alaranjados do alimento que comem, como essa fruta de *Clusia* que caiu em um córrego onde lebistes vivem. Machos que garantem uma quantidade suficiente de carotenoides incorporam os químicos em padrões de coloração ornamental em seu corpo. (B) Fêmeas (como o peixe maior à direita) acham machos com grandes manchas alaranjadas mais sexualmente atrativos do que machos sem elas. Fotografias de Greg Grether.

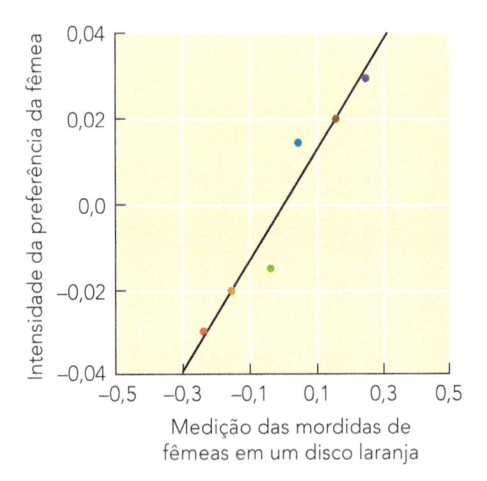

FIGURA 9.18 Preferências sexuais por pontos alaranjados correspondem à preferência de forrageio de fêmeas de lebistes por alimentos com cor-de-laranja. A intensidade da reação da fêmea a pontos alaranjados nos machos varia de população para população e é proporcional à intensidade de resposta de forrageio a um disco laranja. Cada ponto representa uma população diferente de lebiste vivendo em um córrego diferente. Adaptada de Rodd e colaboradores.[1232]

a machos de peixes esgana-gata para que adicionassem a seus ninhos.[1080] Em todos esses casos, os pesquisadores verificaram que atributos artificiais desencadearam respostas mais fortes de fêmeas do que os alternativos naturais (Figura 9.19).

Embora esses dados sustentem a hipótese de exploração sensorial, existe uma hipótese alternativa para esses sinais artificiais de cortejo, talvez a espécie testada tenha evoluído de populações que utilizaram sinais semelhantes no passado. Se isso for verdade, então os descendentes dessas populações ancestrais ainda podem reter as antigas preferências sensoriais mesmo que não exibam mais esses sinais complexos.[1261] Essa conjectura é plausível, considerando os numerosos casos em que características elaboradas de machos usadas em cortejo e agressão foram perdidas após terem evoluído uma vez, como indicado pelo fato de que, nesses casos, todos os parentes próximos das espécies sem ornamento possuem os ornamentos em questão (o que sugere que o ancestral comum também o possuía).[1568] Um exemplo é o lagarto *Sceloporus virgatus*, que não exibe as grandes manchas azuis no abdome presentes em vários outros membros de seu gênero. Essas outras espécies usam as manchas azuis quando adotam uma postura de ameaça, na qual o lagarto eleva e comprime o corpo lateralmente, deixando o abdome visível. Mas embora o sinal aparentemente tenha sido perdido em *S. virgatus*, o mesmo não aconteceu com a resposta comportamental, como mostrado quando alguns sujeitos experimentais foram artificialmente pintados com manchas azuis. A probabilidade de lagartos recuarem frente a um rival exibindo-se agressivamente foi muito maior se este último possuía mancha azul artificial do que ao ver um rival sem a mancha artificial (Figura 9.20).[1191]

FIGURA 9.19 A resposta de *Aethia pusilla* a três novos sinais artificiais. (A) Macho de *Aethia pusilla* empalhado com crista artificial como a usada em experimentos de preferência sexual nesta espécie. (B) Diagrama de algumas das cabeças de modelos usados no experimento (da direita para a esquerda): o controle (sem a crista, assim como machos da espécie), modelo com crista no peito, modelo com crista pequena e outro com crista grande. (C) Os modelos com cristas grandes geraram a maior frequência de exibições sexuais pelas fêmeas durante o período de apresentação. A, fotografia de Ian Jones; B-C, adaptada de Jones e Hunter.[737]

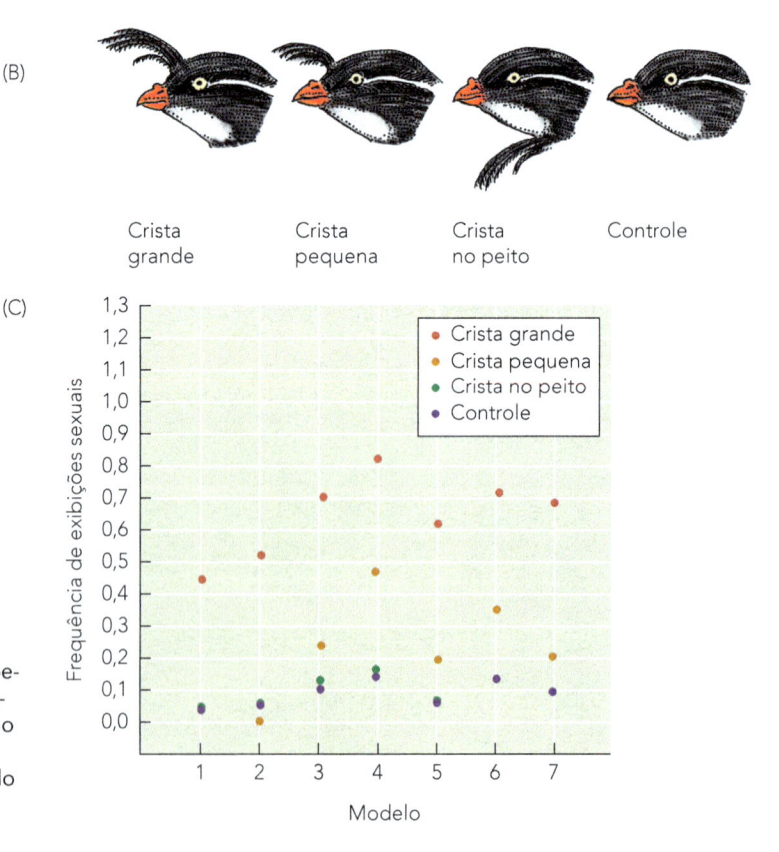

FIGURA 9.20 Indivíduos receptores podem responder a um sinal ancestral ausente em sua espécie. Lagartos de uma espécie cujos parentes possuem manchas azuis no abdome têm mais chance de abandonar um combate quando confrontados com um rival coespecífico com manchas azuis pintadas no abdome do que ao verem a exibição agressiva de um indivíduo controle não manipulado ou com manchas artificiais brancas ou pontos pretos pintados no abdome. Adaptada de Quinn e Hews;[1191] fotografia de Paul Hamilton.

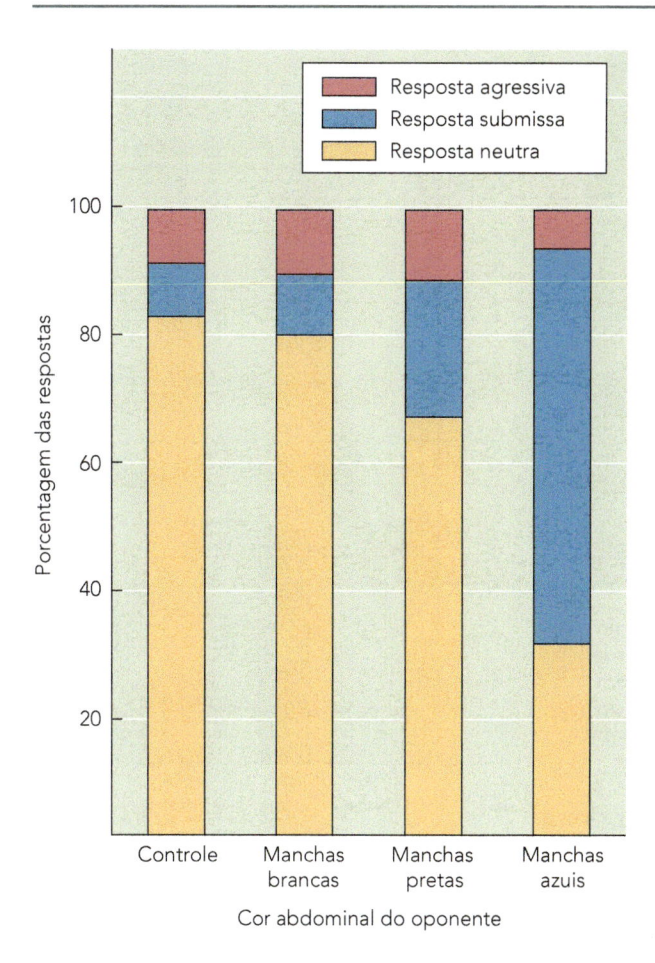

Sceloporus virgatus

Mas será que alguns receptores de sinais possuem uma preferência por sinais que eles e seus ancestrais nunca tiveram ou para o qual nunca responderam? Uma maneira de testar essa hipótese é utilizar indivíduos com uma nova característica provavelmente ausente em suas espécies ancestrais. É por essa razão que Nancy Burley e Richard Symanski vestiram passarinhos mandarins (*Taeniopygia guttata*) e bavetes (*Poephila acuticauda*) com penas brancas coladas nas cabeças, deixando-os com aparência ridícula. Nem esses passarinhos australianos, nem seus parentes próximos possuem cristas, então, presumivelmente, seus ancestrais também não as possuíam. Entretanto, fêmeas das duas espécies associaram-se mais com os machos de cristas branca na cabeça do que com machos de aparência normal (Figura 9.21).[214]

A atual preferência por nadadeira caudal alongada e colorida (cauda em forma de espada) em algumas espécies de peixes *Xiphophorus* pode ter se originado simplesmente porque fêmeas eram, por acaso, atraídas ao estímulo oferecido pela cauda mais longa e mais colorida do macho mutante. Apoiando essa hipótese, a espécie moderna de peixe *Priapella olmecae*, parente próximo de *Xiphophorus*, não possui cauda em forma de espada, o que também é o caso de peixes mais distantes de *Xiphophorus*, sugerindo que o ancestral do gênero quase certamente não tinha essa cauda (Figura 9.22). E, entretanto, quando Alexandra Basolo forneceu a machos de *Priapella* e de uma espécie de *Xiphophorus* sem cauda em forma de espada uma cauda amarela artificial, fêmeas acharam machos com essa nova característica muito atraentes; além disso, quanto maior a cauda, maior o desejo da fêmea de permanecer perto do macho. Basolo concluiu que a preferência da fêmea por caudas alongadas precedeu a evolução de caudas em forma de espada em alguns *Xiphophorus*.[80]

Nem todos concordam com a hipótese do viés sensorial para preferências da fêmea nesses peixes com cauda em forma de espada. Por exemplo, Alex Meyer e colaboradores argumentam, com base em uma detalhada filogenia de *Xiphophorus*, que essas

FIGURA 9.21 Preferências sexuais por um novo ornamento. (A) Um macho de *Poephila acuticauda* (esquerda) e um macho de *Taeniopygia guttata* foram vestidos com penas brancas extravagantes na cabeça. (B) A adição de penas brancas tornou machos de *T. guttatta* mais atraentes a fêmeas do que machos-controle sem estas penas ou machos com penas vermelhas ou verdes na cabeça. A, fotografia de Kerry Clayman, cortesia de Nancy Burley; B, adaptada de Burley e Symanski.[214]

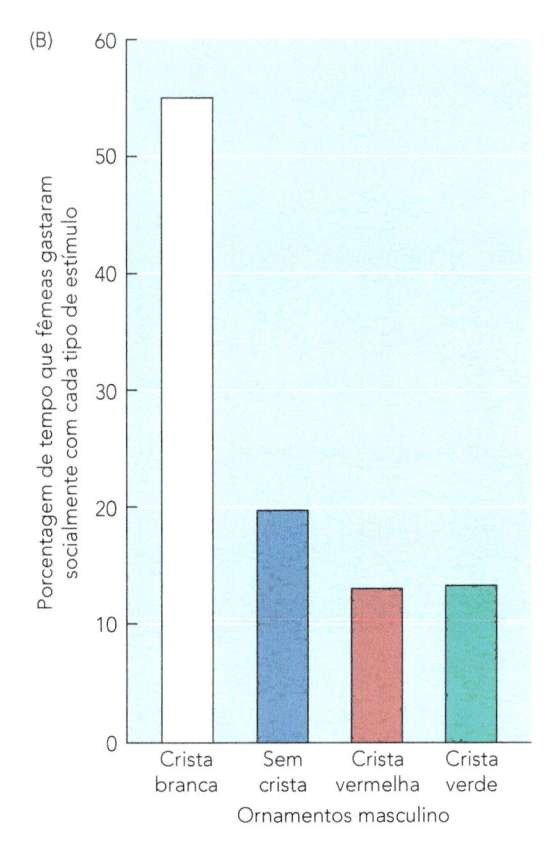

caudas evoluíram e foram perdidas várias vezes nesse gênero de peixe.[978] Características de exibição sexual parecem ser particularmente propícias a mudarem com rapidez durante o tempo evolutivo, o que poderia tornar difícil reconstruir a história evolutiva pelos métodos comparativos tradicionais (se todas as espécies sobreviventes em um grupo perderam a característica ancestral).[147] Alguns pesquisadores também se perguntaram se o que parece ser a preferência arbitrária por uma característica específica, como uma elaborada extensão caudal, poderia ser na verdade a preferência adaptativa por uma característica mais geral, como maior tamanho corpóreo. A preferência da fêmea por machos relativamente maiores poderia estar presente no ancestral de *Priapella* e *Xiphophorus* e, se isso for verdade, a preferência adaptativa e preexistente por machos grandes, ativos e saudáveis poderia estar na base da preferência não adaptativa por uma cauda puramente ornamental[506,1207] (*ver* Basolo[81]).

Mesmo que machos mutantes apareceram em algumas espécies com características que ativaram preferências estéticas, preexistentes nas fêmeas, eles estavam provavelmente explorando as fêmeas no sentido proximal de estimular um equipamento sensorial evoluído para alguma outra função. No nível evolutivo, fêmeas que responderam positivamente a machos com o novo atributo ganharam aptidão por uma entre várias razões. Talvez seus filhos pudessem herdar a característica sexual atrativa e por sua vez produzir mais filhotes, ou talvez machos capazes de produzir sinais exagerados de cortejo eram fisiologicamente capazes de ajudar a cuidar da cria da fêmea que os escolheu. (Teremos mais a falar sobre o valor adaptativo da escolha da fêmea nos próximos dois capítulos.) Se tivesse sido reprodutivamente prejudicial para fêmeas responder de modo positivo a machos com novos sinais de cortejo, fêmeas das espécies que por acaso tivessem equipamento sensorial resistente à exploração teriam presumivelmente tido maior sucesso, levando, com o tempo, à substituição de fêmeas predispostas a ser enganadas por seus parceiros sexuais.

Göran Arnqvist, entretanto, sugeriu que evoluir resistência a sinais exploratórios poderia ser custoso para fêmeas sob algumas circunstâncias.[49] Por exemplo, machos de serpentes de gênero *Thamnophis* "cortejam" fêmeas rastejando sobre elas e movendo

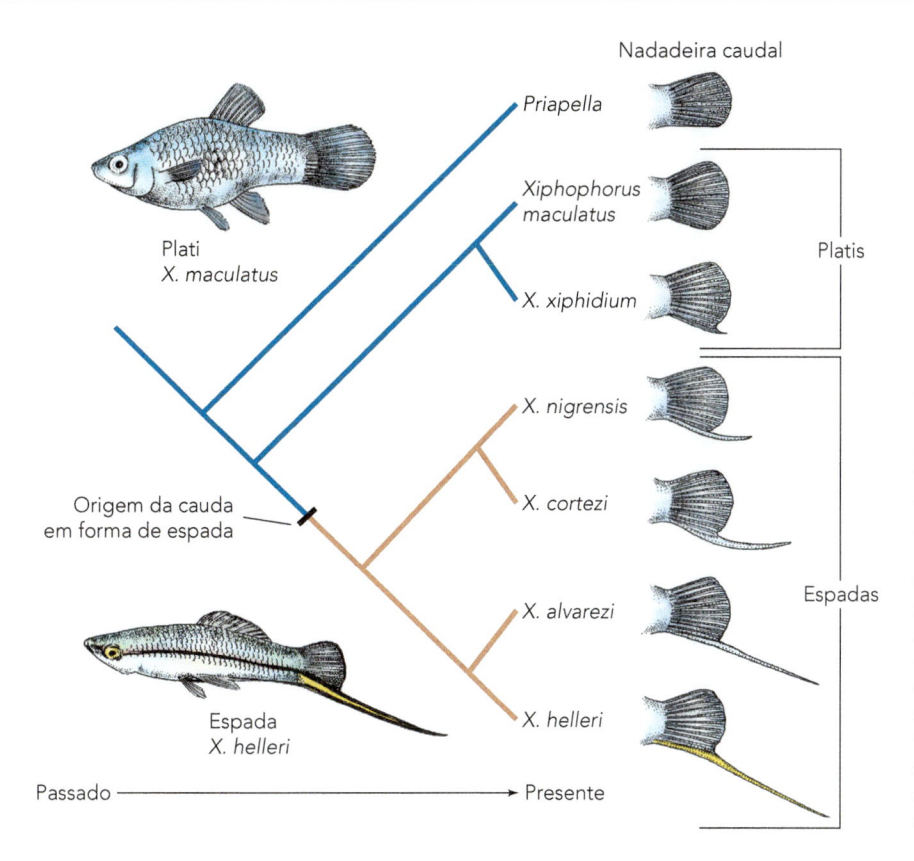

FIGURA 9.22 Exploração sensorial e filogenia do peixe *Xiphophorus*. O gênero *Xiphophorus* inclui os espadas, grupo de peixes que possuem a nadadeira caudal alongada, e os platis, grupo sem ornamentação na cauda. Como os parentes mais próximos destes dois grupos pertencem ao gênero *Priapella*, cujos machos não possuem cauda alongada, o ancestral de *Xiphophorus* provavelmente também não tinha essa característica. A cauda alongada aparentemente se originou na linhagem evolutiva que divergiu dos platis, o grupo de peixes sem a ornamentação caudal. Apesar disso, fêmeas dos platis, como a espécie *X. maculatus*, consideram machos de sua espécie com cauda experimentalmente mais alongada mais atrativos, sugerindo que possuem um viés sensorial em favor desse tipo de cauda. Adaptada de Basolo.[79]

ritmicamente seus corpos de tal maneira que a fêmea tem dificuldade em respirar. Nesse estado, as fêmeas ativam a resposta chamada de descarga cloacal, quase certamente adaptativa quando são capturadas por predadores que podem ter o ataque inibido pelas fezes e químicos repelentes malcheirosos liberados pela cloaca aberta. Machos dessas serpentes parecem tirar proveito da descarga cloacal já que as fêmeas abrem a cloaca ao exibir esse comportamento, facilitando a intromissão do órgão copulatório do macho.[1321] E fêmeas de serpentes *Thamnophis* que não respondam à pressão pré-copulatória do macho talvez também não reajam adequadamente quando capturadas por predadores, reduzindo assim suas chances de sobrevivência e de reproduções futuras. Sendo assim, a seleção pode favorecer a retenção de uma resposta adaptativa apesar dos machos terem evoluído a habilidade de usar o comportamento da fêmea estritamente para seus próprios fins reprodutivos.

A hipótese da exploração sensorial representa um caso especial do argumento histórico de que características já evoluídas influenciam quais tipos de mudanças adicionais são ou não possíveis. Se fosse dado à seleção natural o papel de montar um avião, o início seria a partir do que já estivesse disponível, como um teco-teco, mudando esse ancestral peça por peça, com cada modificação proporcionando um voo melhor do que a versão precedente, até que um avião moderno fosse construído.[367] Na natureza, transições evolutivas ocorrem dessa maneira porque a seleção não pode começar do nada. Como resultado, os produtos da evolução frequentemente se parecem com peças improvisadas que poderiam ter sido desenhadas por Rube Goldberg, cartunista famoso por suas invenções ridiculamente complicadas feitas para o dia-a-dia.* Por exemplo, o polegar do panda não é um dedo real, mas sim um osso do pulso altamente modificado (a mão do panda tem os mesmos 5 dedos que tem a maioria dos vertebrados e mais uma pequena projeção em formato de dedão saindo do osso sesamoide radial, presente, embora como um osso menor, nos pés de ursos, cachorros, mãos-peladas e outros animais similares).[559] Por que pandas têm seu polegar especial próprio? De acordo com

---

* Goldberg morreu em 1970, mas seus excêntricos quadrinhos ainda podem ser vistos em http://rubegoldberg.com/

FIGURA 9.23 O "princípio do panda" é evidente no comportamento sexual de um lagarto teídeo partenogenético. Na coluna da esquerda, o macho de uma espécie sexuada se envolve em cortejo e comportamento de cópula com uma fêmea. Na coluna da direita, duas fêmeas de uma espécie partenogenética filogeneticamente próxima à primeira se envolve em um comportamento muito similar. Adaptada de Crews e Moore.[317]

Stephen Jay Gould, pandas evoluíram de ancestrais carnívoros cujo primeiro dígito tornou-se uma parte integral do pé utilizado para corrida. Como resultado, quando pandas evoluíram para herbívoros comedores de bambu, o primeiro dígito não estava disponível para ser empregado como um polegar ao arrancar folhas de brotos de bambus. A seleção atuou na variação no osso radial sesamoide do panda, que agora pode ser usado como polegar pelo comedor de bambu.

O "princípio do panda", nome dado por Darwin ao princípio da imperfeição, pode ser visto em dezenas de outros casos. Considere a persistência do comportamento sexual em espécies partenogenéticas de teídeos (algo que também ocorre em algumas espécies de peixes e salamandras). Em alguns desses lagartos, a espécie é composta inteiramente de fêmeas e, entretanto, se a fêmea for cortejada e montada por outra fêmea (e fêmeas se envolvem em comportamentos sexuais pseudomachos como esse, por razões ainda desconhecidas), ela tem muito mais chances de produzir uma desova do que se ela não recebesse essa estimulação sexual pela parceira (Figura 9.23).[317] A relação entre cortejo e fecundidade da fêmea em lagartos unissexuais obviamente existe porque esses répteis tinham ancestrais sexuados. As fêmeas partenogenéticas mantêm características, como a necessidade de cortejo que seus ancestrais não partenogenéticos possuíam, que um engenheiro biológico certamente eliminaria se ele ou ela pudesse brincar de Deus e projetasse no papel uma espécie composta apenas de fêmeas e depois a criasse de uma só vez. A seleção natural, entretanto, não pode brincar de Deus, porque é um processo cego sem objetivo em mente e sem meios de chegar a um ponto pré-determinado.

Para discussão

9.8 Embora a seleção natural seja cega, os produtos desse processo são com frequência incrivelmente complexos. Para explicar como um processo cego dependente de eventos ao acaso (mutações) pode gerar essa complexidade, Richard Dawkins criou uma analogia.[368] Ele nos convida a imaginar que uma característica complexa é uma frase em inglês – por exemplo, uma fala da peça de Hamlet de Shakespeare: METHINKS IT IS LIKE A WEASEL. As chances de um macaco produzir essa frase ao bater nas teclas de uma máquina de escrever são extremamente pequenas, uma em 10^{30} trilhões. Essas não são boas chances. Mas em vez de tentar fazer um macaco ou um computador produzir a frase correta de uma única vez, mudemos a regra de maneira que agora começamos com uma ordem de letras gerada aleatoriamente, como SWAJS MEIURNZMMVASJDNAYPQZK. Agora deixamos um computador copiar essa sentença várias vezes seguidas, mas com uma pequena taxa de erro. De tempos em tempos, pedimos ao computador que escaneie a lista e escolha a sequência mais próxima de METHINKS IT IS LIKE A WEASEL. Qualquer sentença mais próxima é usada para a próxima geração de cópias, novamente com alguns erros de reprodução. A sentença desse grupo que for mais próxima a METHINKS... é selecionada para ser copiada e assim por diante. Dawkins realizou o experimento e verificou que levou de 40 a 70 gerações para alcançar a frase alvo, alguns segundos do tempo de um computador, não anos. Qual era o ponto principal de Dawkins ao ilustrar o que ele chamou de "seleção acumulativa"? Em qual sentido você diria que a analogia da sentença mais se aproxima de seleção artificial do que de seleção natural?

Questões adaptacionistas sobre comunicação

A teoria da exploração sensorial direcionou nossa atenção para a importância de mudanças passadas em moldar a evolução de um novo sinal comunicativo. Informações sobre a origem de uma característica, entretanto, não torna desnecessário considerar por que um sinal, depois de ter aparecido, foi mantido em uma espécie ao longo do tempo. Por exemplo, saber que fêmeas de lebistes provavelmente eram sensíveis à cor laranja por causa de sua associação com uma comida favorita não elimina a possibilidade de que usar essa preferência em um contexto sexual tenha aumentado o sucesso reprodutivo de fêmeas com viés sensorial. Se a escolha da fêmea baseada no mimetismo de alimento com manchas alaranjadas aumenta a sua aptidão, então esse efeito adaptativo teria contribuído para a manutenção, por seleção natural, do viés de coloração, e seu uso tanto em encontros sexuais como na alimentação. O fato de que machos de lebistes parecem melhorar seu sistema imunológico quando consomem carotenoides sugere que, ao divulgarem a quantidade de carotenoides consumida exibindo suas manchas alaranjadas, eles podem estar sinalizando sua saúde, tornando vantajoso às fêmeas usarem essa pista para escolherem parceiros sexuais.[579]

De maneira mais geral, um interesse no possível valor adaptativo de vários elementos de sistemas de comunicação resultou na solução de uma classe de quebra-cabeças que difere das relacionadas à origem e subsequente modificação de sinais. Quebra-cabeças darwinianos em comunicação vêm à tona quando observadores veem emissores ou receptores de sinais aparentemente sofrendo desvantagem por

FIGURA 9.24 **Grupo de corvos alimentando-se de uma carcaça** para a qual foram atraídos pelas vocalizações de um coespecífico. Fotografia de Bernd Heinrich.

suas ações. Se emitir ou prestar atenção a um sinal reduz a aptidão dos emissores ou dos receptores em relação aos outros, então esses comportamentos deveriam desaparecer com o tempo.

Com essa lógica selecionista em mente, Bernd Heinrich sabia que havia algo que valia a pena estudar quando ele ouviu um grupo de corvos gritando alto e se alimentando de um alce morto que um caçador havia deixado em uma floresta em Maine, nos Estados Unidos (Figura 9.24).[645] Corvos são aves incomuns em Maine e mesmo assim 15 delas haviam se juntado sobre uma carcaça escondida, quase certamente porque algumas das primeiras aves a encontrar o alce haviam vocalizado para as outras. Esse comportamento não fazia sentido para Heinrich. Por que atrair competidores para um alimento em fartura? Por que não ficar em silêncio e comer carne de alce sozinho o inverno inteiro em vez de dividir com um bando de corvos famintos? Em outras palavras, por que a seleção não teria eliminado qualquer tendência hereditária de corvos gritarem ao encontrarem carcaças?

O quebra-cabeça poderia estar resolvido caso as aves reunidas pertencessem a uma grande família, com parentes gritando para atrair filhotes distantes para o banquete. Heinrich pensou que isso era pouco provável, já que um par de corvos produz no máximo 6 filhotes por temporada reprodutiva. Posteriormente, testes de DNA mostraram inequivocamente que esse grupo de aves era de fato composto por indivíduos não aparentados.

Mas pode ser que corvos gritem porque os sinais chamem a atenção de um urso ou um coiote, que podem abrir a carcaça dura de um alce, talvez possibilitando que as aves tivessem acesso à carne que não poderiam obter de outra maneira. Para testar essa hipótese, Heinrich arrastou uma cabra morta de 70 kg através dos bosques de Maine, deixando-a em vários pontos diferentes durante o dia e recolhendo a carcaça mal cheirosa para seu alojamento à noite, para não perdê-la para algum urso. Corvos às vezes se aproximavam da cabra em decomposição, mas apenas depois de Heinrich esperar por horas em esconderijos apertados e gelados. Mas, ao contrário de sua previsão, as aves não gritaram nenhuma vez ao encontrar a isca. Além disso, em alguns casos Heinrich observou corvos gritando em carcaças que já tinham sido abertas. Esses resultados obrigaram-no a abandonar a hipótese de "atrair alguém para abrir a carcaça".

Ele então voltou sua atenção para uma explicação alternativa, ideia estimulada pela observação do quanto são cautelosos os corvos quando se aproximam das carcaças ao encontrá-las pela primeira vez. Ele argumentou que talvez quem descobriu a carcaça grite para atrair outros corvos de maneira que se um predador estiver por perto, as outras aves serão possíveis alvos, reduzindo a chance do descobridor de ser pego por um coiote ou uma raposa escondida. As aves recém-chegadas seriam atraídas porque ganhariam muita comida em troca do pequeno risco de serem as vítimas de um predador. Entretanto, essa hipótese gera a previsão de que uma vez que as aves se agruparam, deveriam se calar para não atrair mais corvos, o que seria indesejado e não seria necessário para dar segurança. A observação de que os gritos continuavam em iscas que já tinham adquirido várias aves alimentado-se ativamente convenceu Heinrich a descartar a hipótese do "risco de predação diluído".

Enquanto Heinrich continuava carregando cabras mortas pelos bosques de Maine, ele se deu conta de que, sempre que via corvos sozinhos ou em pares em um local onde havia comida, esses corvos estavam quietos. Os gritos aconteciam apenas quando três ou mais corvos estavam presentes e era então, e somente então, que um grande número de corvos vinha para o local. Heinrich sabia que corvos adultos mais velhos formam pares que defendem um território o ano inteiro. Aves jovens que não se acasalaram normalmente viajam sozinhas por grandes distâncias em busca de alimento. Se um animal sozinho tenta se alimentar no território de um par de aves residente, o casal ataca. Heinrich especulou se o grito poderia ser um sinal dado por intrusos não territoriais, sinal que atrairia outras aves que não se acasalaram para o banquete que eles poderiam explorar se conseguissem superar as defesas do casal residente.

Essa hipótese do "ataque em bando aos residentes territoriais" leva a várias previsões: (1) residentes territoriais nunca devem gritar; (2) corvos não residentes deveriam gritar; (3) o grito deve facilitar o ataque em massa à carcaça por corvos não residentes; (4) casais residentes não deveriam ser capazes de repelir um ataque em bando a seus recursos; (5) uma rica fonte de alimento deveria ser comida tanto pelo casal residente quanto por um grupo de corvos. Heinrich coletou dados que deram suporte a todas as suas previsões (Figura 9.25),[645] e concluiu que, quando um corvo jovem grita, as consequências de fornecer informações ("banquete aqui") para outras aves pode trazer benefícios (acesso pessoal à comida para o corvo que a encontrou) que compensem os custos energéticos do grito, assim como o risco de ataque pelos corvos residentes que guardam a carcaça.[646] Gritar tem, portanto, as propriedades de uma adaptação, porque pode fornecer benefícios líquidos de aptidão a indivíduos que dão o sinal em circunstâncias apropriadas.

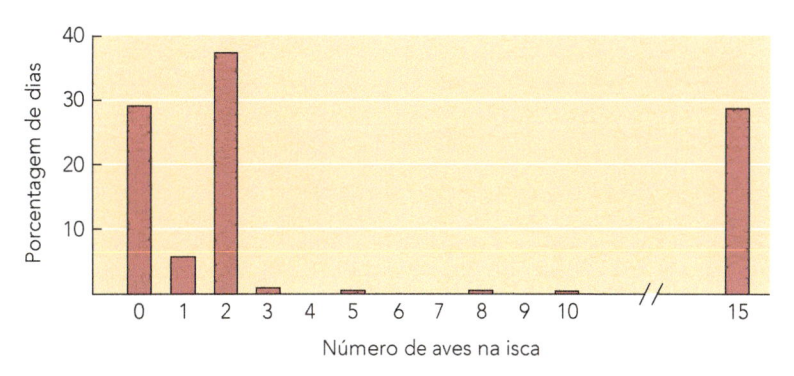

FIGURA 9.25 O grito como sinal de recrutamento. O gráfico mostra a porcentagem de dias em que iscas de carcaça foram visitadas por vários corvos. Carcaças foram exploradas por aves territoriais e silenciosas, sozinhas ou em pares, ou por grandes grupos de corvos, vários deles gritando, em sua maioria jovens não territoriais. Adaptada de Heinrich.[645]

Por que ninhegos vocalizam tão alto para pedir comida?

Heinrich sabia como usar a abordagem adaptacionista para resolver um mistério, e outros biólogos tentaram fazer o mesmo com outros sinais que à primeira vista pareciam impôr alto custo aos emissores. Por exemplo, você poderia pensar que seria suicídio para ninhegos no ninho vocalizarem fazendo muito barulho para pedir comida toda vez que os pais voltam ao ninho. Os fortes gritos poderiam dar a um gavião ou a um mão-pelada todas as informações necessárias para que eles localizassem o ninho e roubassem os filhotes. De fato, quando fitas com vocalizações de ninhegos de andorinhas-das-árvores foram reproduzidas em um ninho artificial contendo um ovo de codorna, o ovo no ninho "barulhento" foi pego ou destruído por predadores antes do ovo no ninho-controle "silencioso" por perto, em 29 de 37 casos.[849]

Mais evidências do custo para aptidão da vocalização de filhotes para pedir comida vêm de um estudo das diferenças das vocalizações de espécies de felosas e mariquitas que fazem ninhos no chão *versus* os que fazem em árvores, locais relativamente mais seguros.[629] Os ninhegos desses pássaros que nidificam no chão produzem vocalizações com frequência mais alta do que seus parentes que estão nas árvores

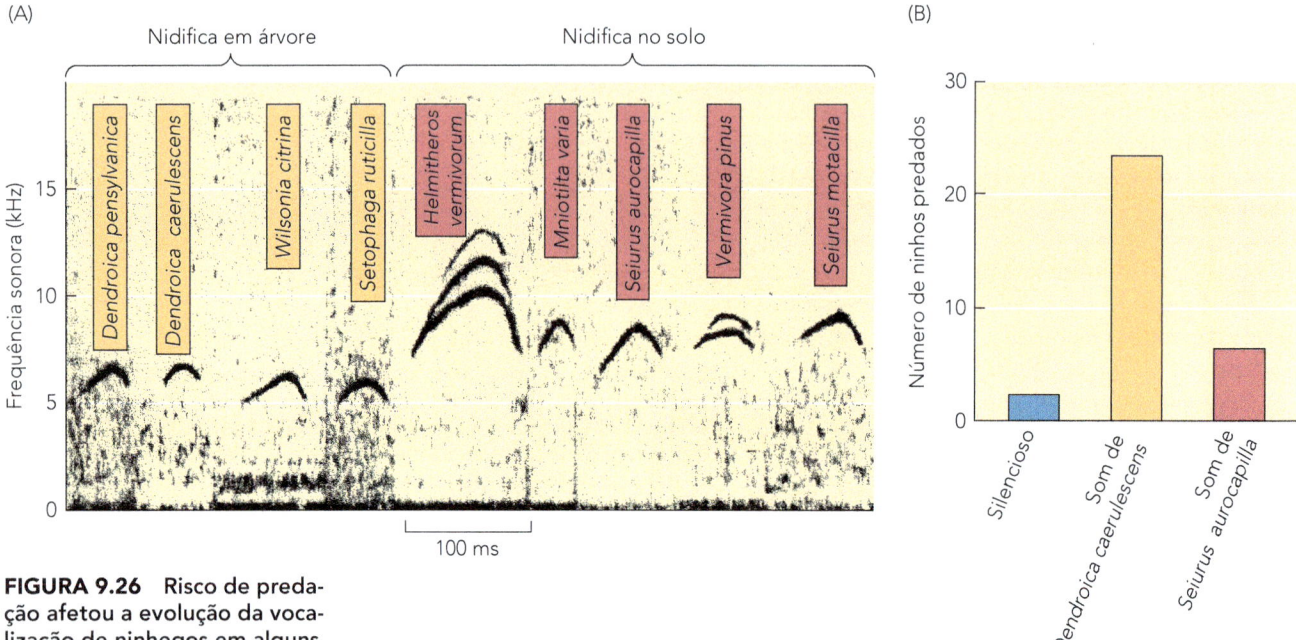

FIGURA 9.26 Risco de predação afetou a evolução da vocalização de ninhegos em alguns pássaros. (A) A vocalização de ninhegos de espécies de pássaros que nidificam no chão é mais aguda (frequência sonora mais alta) do que a vocalização de ninhegos em espécies que nidificam em árvores. (B) Sons gravados da vocalização de ninhegos de uma espécie que nidifica em árvore (*Dendroica caerulescens*) em ninhos artificiais colocados no solo resultaram em maior taxa de encontro por predadores do que as gravações de vocalizações de uma espécie que nidifica no chão (como *Seiurus aurocapilla*). Adaptada de Haskell.[629]

(Figura 9.26A). Esses sons de alta frequência não se propagam tão longe, escondendo melhor os indivíduos que os produzem, visto que são especialmente vulneráveis a predadores em seus ninhos no chão. David Haskell criou ninhos artificiais com ovos de argila e os colocou no solo ao lado de uma gravação que tocava as vocalizações de pássaros que nidificam no solo ou em árvores. Os ovos associados a gravações de aves que nidificam em árvores foram encontrados e mordidos com mais frequência do que aqueles associados a aves que vocalizam no solo (Figura 9.26B).

Esse estudo sugere que vocalizações para pedir comida evoluíram propriedades que reduzem seu potencial para atrair predadores. Se isso for verdade, então talvez filhotes de espécies que sofrem alta taxa de predação no ninho também deveriam produzir sinais para pedir comida em uma frequência mais alta do que filhotes de espécies que sofrem menor pressão de predação. Essa previsão foi sustentada por dados coletados em um estudo com 24 espécies de uma floresta do Arizona, nos Estados Unidos,[174] mais evidência de que a pressão de predação favorece a evolução de vocalizações para pedir comida que dificultem a localização do ninho.

Finalmente, alguns pais de filhotes dão vocalizações de alarme quando há perigo perto do ninho. Em ao menos uma espécie, essas vocalizações podem induzir os filhotes a ficarem quietos, possibilitando outra maneira de reduzir os custos das vocalizações dos jovens.[1155] Mas todos os ajustes que vimos aqui apenas reduzem e não eliminam o risco de um predador destruir um grupo de filhotes cujas vocalizações parecem dizer: "Venham me comer". Então por que fazer qualquer tipo de barulho se a consequência pode ser letal?

Uma hipótese proeminente focaliza a competição entre filhotes irmãos. Talvez cada jovem esteja usando sua vocalização e outros comportamentos como bater as asas para pedir comida e, assim, receber de seus pais alimento suficiente para maximizar sua aptidão. Outra explicação, a hipótese do sinal honesto, vê os filhotes como emissores de **sinais honestos** (mensagens que fornecem informações com precisão, neste caso, sobre a necessidade de comida) que permitem a seus pais dar comida da maneira mais eficaz possível (isto é, de maneira a maximizar a aptidão dos pais). De acordo com essa ideia, qualquer tentativa dos filhotes de trapacearem deveria resultar na seleção de adultos que ignorassem a "informação" manipulativa de sua cria.[1245] Então, por exemplo, a observação de que os filhotes maiores de chapim-azul conseguem se aproximar dos pais usando a força quando eles trazem comida para o

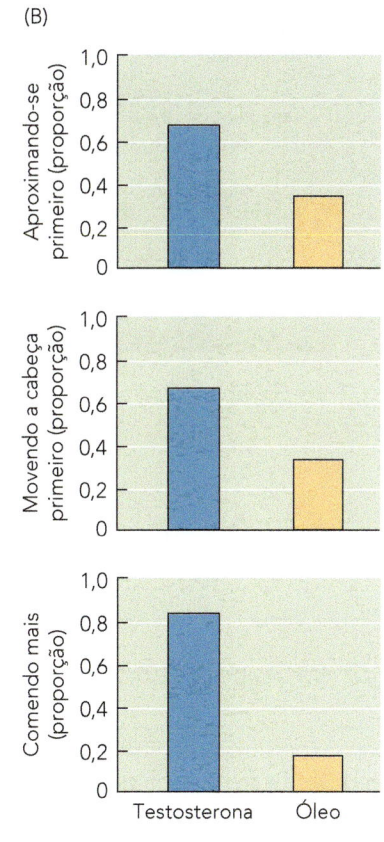

FIGURA 9.27 A testosterona afeta a taxa de vocalização para pedir comida e taxa de alimentação em filhotes do guincho-comum o nome atual do gênero *Chroicocephalus*. (A) Adultos da gaivota com um filhote. (B) Pesquisadores pegaram pares do primeiro ovo produzidos no mesmo dia, e deram a um dos ovos uma injeção suplementar de testosterona, enquanto o outro (controle) recebeu uma injeção de óleo. Os dois ovos foram então dados a um casal de adultos com ninho cuja postura foi removida. Quando os ovos eclodiram, aqueles que receberam testosterona extra se aproximaram dos adultos primeiro e com mais frequência, realizaram um movimento típico da cabeça para cima e para baixo (parte da exibição para pedir comida) e acabaram comendo mais do que seus irmãos que receberam óleo. A, fotografia de Corine Eising; B, adaptada de Eising e Groothuis.[432]

ninho[398] é compatível tanto com a hipótese da competição (com os filhotes maiores dificultando o acesso dos menores à comida trazida pelos pais) quanto com a hipótese do sinal honesto se filhotes maiores famintos estiverem sinalizando a seus pais que eles têm uma real necessidade de comida que, se satisfeita, provavelmente resultará em um filhote saudável, bem alimentado e com alto potencial de aptidão.

Para discussão

9.9 Em uma espécie de guincho (*Chroicocephalus ridibundus*), a fêmea põe três ovos, mas começa a incubar antes que todos os ovos estejam postos. Como consequência, o primeiro ovo leva vantagem e produz um filhote tipicamente maior do que seus irmãos. Ele, portanto, vocaliza para pedir comida de modo mais eficaz e em geral ganha mais comida do que seus irmãos e irmãs. Mas as mães colocam mais androgênio em ovos que vão eclodir mais tarde, e esse androgênio extra permite que esses filhotes mais jovens vocalizem para pedir comida com mais vigor do que seriam capazes caso não recebessem essa dose extra (Figura 9.27).[432] Como esse exemplo ilustra as dificuldades de se estabelecer quem tem o controle das interações de sinalização entre aves jovens e seus pais?

Há pouca dúvida de que, em algumas espécies de aves, os filhotes são capazes de competirem intensamente por recursos. Inclusive muitos desses irmãos são capazes de se matarem na briga por comida (*ver* Capítulo 12).[550] Se o comportamento de vocalização para pedir comida estiver relacionado à competição por alimento pelos filhotes, então jovens deveriam ajustar seus sinais em relação àqueles produzidos por seus irmãos. Concordando com essa previsão, quando filhotes de passarinhos experimentalmente desprovidos de comida e barulhentos foram colocados em um ninho com irmãos alimentados, normalmente seus irmãos e irmãs intensificaram a vocalização para pedir comida.[1350] Da mesma maneira, quando filhotes do emberezídeo *Melospiza melodia* acabam competindo com o filhote do parasita chopim (*Molothrus*) introduzi-

FIGURA 9.28 Um sinal honesto de fome? (A) Um ninhego de painho-de-Wilson (*Oceanites oceanicus*). Apesar desses ninhegos não terem companheiros de ninho com quem competir, eles emitem chamados especiais para pedir alimento, produzidos quando um dos pais retorna ao túnel do ninho com comida. (B) Os diagramas mostram dois registros com seis e cinco chamados "longos", respectivamente. Um maior número de chamados longos indica uma maior necessidade do ninhego. A, fotografia de Petra Quillfeldt; B, adaptada de Quillfeldt.[1188]

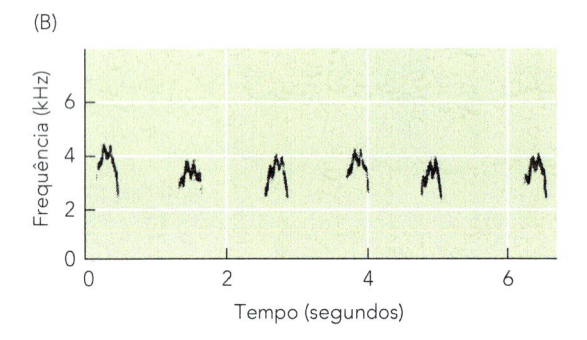

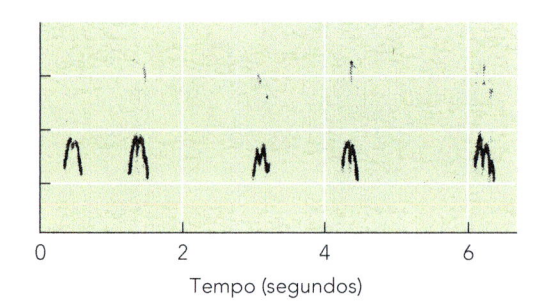

dos experimentalmente no ninho, eles aumentam a intensidade da vocalização, mas reduzem a frequência com a qual vocalizam quando um dos pais aparece com comida. Essa mudança induzida por competição nesses pássaros parece funcionar; eles recebem tanta comida quanto coespecíficos da mesma idade que têm a sorte de serem criados em um ninho sem um chopim faminto como companheiro de ninho.[1097]

Em alguns casos, podemos eliminar a competição como um fator que influencia as táticas de vocalização para pedir comida ao estudar aves que, como é o caso do painho-de-Wilson (*Oceanites oceanicus*), em que os pais deixam seu único filhote em um ninho e o alimentam com comida regurgitada de dois em dois dias. Quando Petra Quillfeldt examinou a vocalização desses jovens, constatou que eles produzem uma vocalização específica, usada apenas quando um dos pais vêm para o ninho trazer comida (Figura 9.28). Para avaliar a relação entre a necessidade do filhote e o comportamento de vocalizar para pedir comida, Quillfeldt monitorou a sua idade e o seu peso. Esses dados permitiram que ela estimasse a condição corpórea deles. Alguns estavam em condições ruins (bem abaixo do peso médio para jovens da mesma idade), alguns estavam em condições medianas (aproximadamente o peso normal para a idade) e outros estavam em boas condições (mais pesados do que a média). Assumiu-se que filhotes em condições ruins estavam com mais fome do que a média, e esses indivíduos produziram vocalizações para pedir comida em uma taxa mais rápida e no geral vocalizaram mais do que aqueles em boas condições.[1188]

Portanto, pelo menos em alguns casos, vocalizar para pedir comida parece fornecer um sinal honesto de necessidade (ou talvez da viabilidade do jovem) que os pais poderiam usar para decidir o quanto investir naquele filhote. O fato de que os pais podem controlar quem ganha o quê independentemente do que os filhotes façam é ilustrado pelo comportamento do adulto do pássaro pisco-de-peito-azul (*Luscinia svecica*) (ver Figura 4.34). Essas aves preferencialmente alimentam o maior (primeiro a nascer) filhote, apesar do menor, o último a nascer, vocalizar quando está com fome com a mesma intensidade e frequência do que seu irmão maior. Nessa espécie pelo menos, o tamanho corpóreo é mais importante do que o comportamento de vocalização para pedir comida quando se trata de decisões parentais sobre quem receberá comida.

Mas a questão vem à tona: nas espécies em que os pais prestam atenção nos sinais transmitidos pelas vocalizações dos filhotes, por que um filhote não vocaliza com especial vigor mesmo quando não está com tanta fome? Fazendo isso, ele poderia assegurar

FIGURA 9.29 A vocalização para pedir comida do filhote de cuco europeu equivale à de quatro filhotes do passarinho *Acrocephalus scirpaceus*. (A) Um filhote de cuco pedindo comida para o adulto de *A. scirpaceus* que o adotou. As vocalizações mostradas abaixo da fotografia são as de (B) um único filhote de *A. scirpaceus*, (C) uma ninhada de quatro *A. scirpaceus* e (D) um único filhote de cuco. A, fotografia de Roger Wilmshurst; B-D, adaptada de Davies, Kilner e Noble.[360]

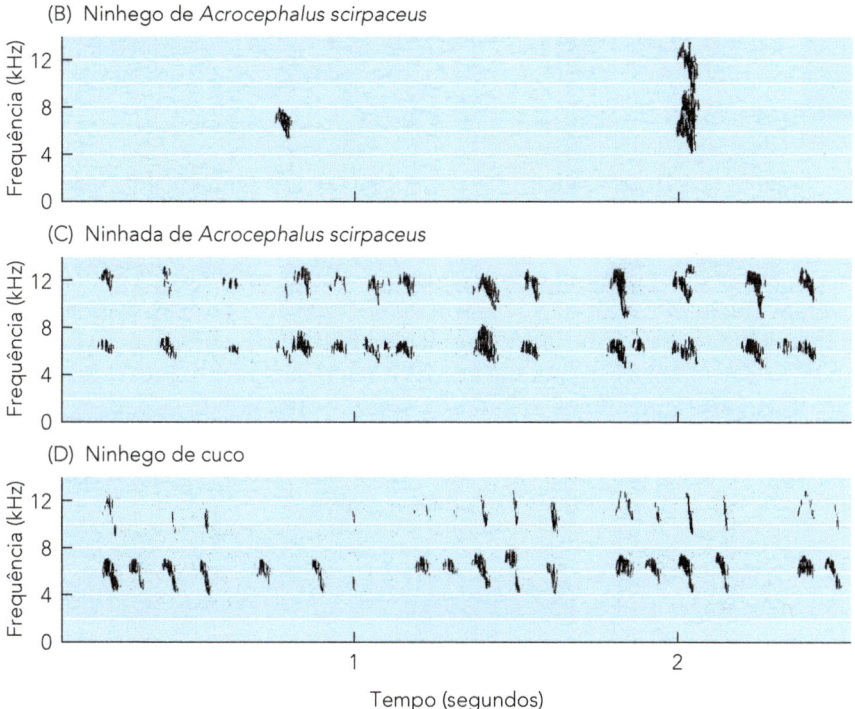

comida em altas taxas, resultando em rápido crescimento ou grande tamanho, ambos potencialmente vantajosos. O jovem de parasitas de ninhada faz isso e se beneficia bastante; um filhote de cuco europeu, por exemplo, consegue igualar o som de uma ninhada inteira de jovens de *A. scirpaceus* (Figura 9.29); em consequência disso, seus pais adotivos trabalham tão duro para ele quanto fariam para quatro filhotes de sua espécie.[770] Se você colocar outro filhote no ninho de um *A. scirpaceus*, escolhendo uma espécie de tamanho comparável ao cuco – como um icterídeo –, os jovens dessa última espécie vocalizam com menos intensidade que o cuco e, por isso, são alimentados com menos rapidez. Mas tocando a gravação de uma vocalização para pedir comida de um cuco quando os pais vêm ao ninho o *icterídeo* sortudo recebe um aumento aproximado de 50% mais comida por hora trazida por seus pais adotivos superestimulados (Figura 9.30).[361]

FIGURA 9.30 A vocalização para pedir comida dos cucos estimula os pais adotivos a alimentá-los com mais frequência. (A) Um filhote de *icterídeo* foi colocado no ninho de outro pássaro, *Acrocephalus scirpaceus*. Um alto-falante está visível ao fundo. (B) Se a vocalização para pedir comida do filhote de cuco for tocada para os pais adotivos quando eles visitam o ninho, os pais dão mais comida aos filhotes de *icterídeo*. A quantidade de comida trazida é equivalente a trazida quando se toca a gravação de uma ninhada inteira de *A. scirpaceus*. A, fotografia de Nick Davies; B, adaptada de Davies, Kilner e Noble.[360]

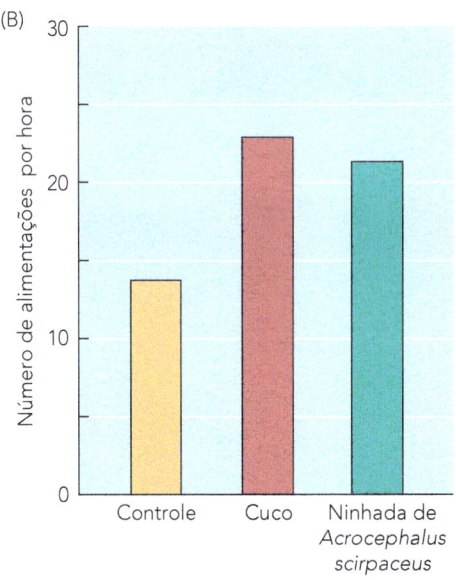

Embora vocalizações vigorosas para pedir comida tenham alto custo energético, medidas de gasto metabólico decorrentes da vocalização dos jovens demonstram que o custo é provavelmente baixo em comparação ao potencial ganho calórico.[56,855] A desvantagem de uma vocalização excessiva pode não ser a energia gasta, mas o dano que um glutão pode causar a seus irmãos em espécies nas quais vários filhotes são cuidados pelo pai e a mãe. O sucesso de um indivíduo na propagação de seus genes pode ser afetado por mais do que apenas o seu sucesso reprodutivo pessoal (*ver* página 471). Esses animais que prejudicam seus parentes próximos podem, na verdade, estar destruindo os próprios genes. Portanto, um filhote muito bom em pedir comida a seus pais, mas prejudicando seus irmãos, pode na verdade deixar menos cópias de seus genes do que outros mais contidos ao vocalizar.

Para discussão

9.10 O filhote de cuco europeu, uma ave parasita, se livra dos competidores ejetando os ovos e filhotes do hospedeiro do ninho. O chopim, outra ave parasita, comporta-se de outra maneira, frequentemente coexistindo com um ou mais filhotes do hospedeiro. Por que o comportamento do chopim é enigmático? Como você explicaria a tolerância desse parasita aos filhotes à luz da análise do comportamento de vocalização para pedir comida apresentada acima? Veja Kilner, Madden e Hauber[771] depois de completar sua resposta.

9.11 As aves não são os únicos animais em que a cria tem sinais especiais que parecem comunicar necessidade aos pais. Desenvolva uma análise evolutiva do choro de bebês humanos considerando as duas teorias descritas acima para filhotes de aves pedindo comida. Empregue então os seguintes dados para avaliar suas hipóteses: (1) bebês gastam uma energia considerável quando choram; (2) a taxa de crescimento para bebês típicos é maior nos 3 primeiros meses da vida, com cada vez menos energia sendo investida em crescimento em oposição à manutenção; (3) o pico do consumo de leite materno é em 3 a 4 meses de idade e então declina; (4) o pico de choro é em 6 semanas de idade e ocorre progressivamente menos depois de 3 meses de idade, exceto quando a criança está sendo desmamada; (5) crianças carregadas por todo lugar e amamentadas sob demanda (como em sociedades tradicionais) choram bem menos do que crianças em sociedades ocidentais; e (6) o choro agudo de crianças não saudáveis é considerado especialmente desagradável por adultos.[508,894,1534]

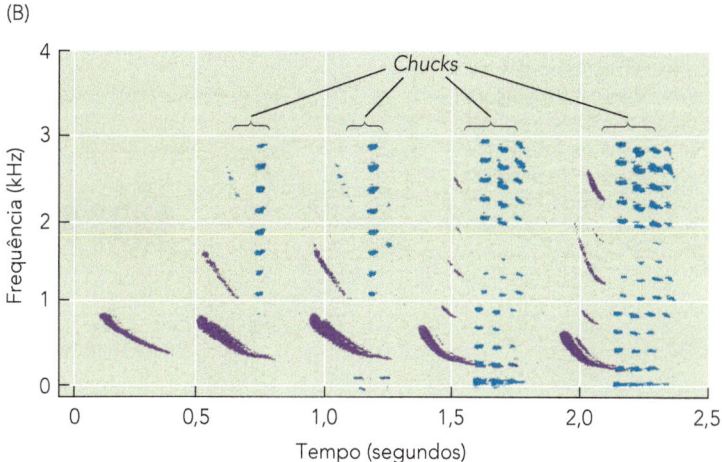

FIGURA 9.31 Receptores ilegítimos podem detectar os sinais de suas presas. (A) Um macho do sapo *Physalaemus pustulosus* pode desavisadamente atrair um receptor ilegítimo: o morcego *Trachops cirrhosus*, um predador mortal. (B) O risco de ataque é maior se o canto do macho incluir um ou mais *chucks* (azul nos sonogramas), assim como o *whine* introdutório (lilás nos sonogramas). A, fotografia de Merlin D. Tuttle, Bat Conservation International; B, sonogramas de Mike Ryan.

Como lidar com receptores ilegítimos

Um mão-pelada (guaxinim, mamífero da família dos quatis) que ouve a comunicação entre filhotes de aves no ninho e seus pais é um receptor ilegítimo, pois ele usa informação do sinal em detrimento da aptidão de legítimos emissores e receptores. Receptores ilegítimos podem ter efeitos rápidos e poderosos na evolução de sistemas de comunicação. Por exemplo, Marlene Zuk e colaboradores documentaram que quase nenhum macho do grilo *Teleogryllus oceanicus* canta para atrair parceiros sexuais nas ilhas havaianas de Kauai. Ao ficarem em silêncio, graças à estrutura de asas, esses machos evitam a mosca parasitoide *Ormia ochracea*, recentemente introduzida em Kauai.[1648] Fêmeas dessa mosca localizam machos de grilos por seu canto e depositam larvas letais nos infelizes emissores (*ver* página 126). O fenótipo silencioso é, portanto, bem menos propício a ser encontrado por fêmeas de mosca. Em menos de 20 gerações, machos silenciosos vieram a dominar a população de grilos, testemunhando o poder de receptores ilegítimos para moldar a evolução de um sistema de comunicação.[1651]

O conhecimento da possível consequência evolutiva de receptores ilegítimos ajudou Mike Ryan a explicar porque machos do sapo *Physalaemus pustulosus* frequentemente dão vocalizações do tipo *whine* sem *chucks* (sons curtos e graves), apesar de fêmeas em busca de parceiros preferirem machos que adicionam *chucks* a seus cantos. Como se revelou, parte da audiência dos machos desses sapos inclui certas moscas sugadoras de sangue e o morcego *Trachops cirrhosus*, que pode achar e matar os sapos (Figura 9.31).[111] Tanto o morcego quanto a mosca são atraídos pelos sinais produzidos por suas presas, em especial os machos de sapos que produzem vocalizações *whines* (sons longos e agudos) e *chucks*,[1259] que juntos tornam a localização dos emissores mais fácil.[1094] O morcego *T. cirrhosus* teve uma probabilidade duas vezes maior de inspecionar, e mesmo pousar sobre um alto-falante tocando um *whine-chuck* do que apenas um *whine*.[1260] Portanto, esperaríamos que os sapos teriam maior probabilidade de vocalizar com os dois componentes (*whine-chuck*) quando o risco de predação fosse menor. A chance de tornar-se uma refeição para um morcego declina para sapos em grupo por causa do efeito de diluição (*ver* página 196) e machos em grandes grupos são especialmente propícios a emitirem uma vocalização *whine-chuck*.[111,1259]

FIGURA 9.32 Gritos de alerta do chapim-real. Sonogramas de (A) uma vocalização de enfrentamento (*mobbing*) e (B) uma vocalização de alerta do tipo *seet*. Observe os sons de frequência mais baixa no sinal de enfrentamento. A, cortesia de William Latimer; B, cortesia de Peter Marler.

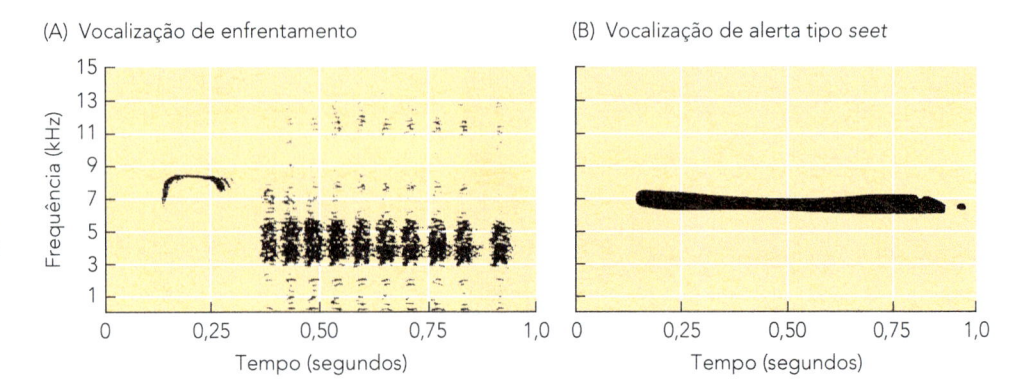

(A) Vocalização de enfrentamento

(B) Vocalização de alerta tipo *seet*

O risco de exploração por um receptor ilegítimo também pode ser responsável pelas diferenças entre a vocalização de enfrentamento (*mobbing*) e de alerta do chapim-real.(Figura 9.32).[937] Esses pequenos pássaros europeus às vezes se aproximam de um gavião empoleirado ou coruja e produzem uma forte vocalização de enfrentamento cuja frequência dominante é cerca de 4,5 kHz. Esse sinal acústico de fácil localização ajuda outras aves a achá-las e juntarem-se a elas para ameaçar o inimigo comum (*ver* página 184). Se, entretanto, o chapim-real localiza um gavião voando, ele produz uma vocalização de alerta muito mais fraca, a qual parece alertar parceiros sexuais e filhotes sobre um possível perigo. A frequência dominante desse sinal fica entre 7 e 8 kHz, então o som se atenua (enfraquece) após atravessar uma distância muito menor do que o sinal de enfrentamento. A atenuação rápida da vocalização de alerta a torna eficiente em alcançar receptores legítimos, mas também diminui a chance de que um predador caçando seja capaz de encontrar o animal vocalizando. Além do mais, as frequências da vocalização de alerta ficam fora das que um gavião pode ouvir melhor, mas no pico de sensibilidade do chapim-real (Figura 9.33) Como resultado, o chapim-real pode vocalizar para um membro da família a 40 metros, mas não será ouvido por um pequeno gavião, a menos que o gavião esteja a menos de 10 m de distância.[781]

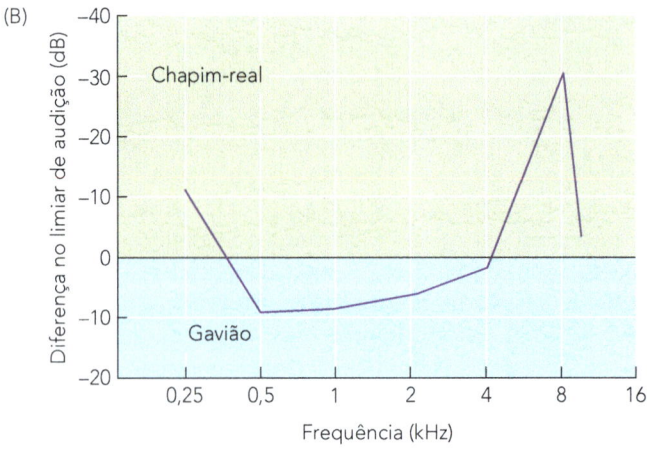

FIGURA 9.33 Habilidades auditivas de um predador e sua presa. (A) Um gavião do gênero *Accipiter* em fotografia manipulada para parecer que está atacando um chapim-real. (B) O traço lilás mostra a diferença entre o som mais leve de determinada frequência que o chapim-real e o gavião podem ouvir. O gavião pode ouvir sons de 0,5 a 4 kHz que são mais fracos (5 a 10 dB mais fracos em intensidade) do que aqueles que um chapim-real pode ouvir. Mas um chapim-real pode detectar um som de 8 kHz (dentro da frequência de vocalização de alerta), 30 dB mais fraco do que qualquer som de 8 kHz que esse gavião consegue detectar. Adaptada de Klump, Kretzschmar e Curio.[781]

FIGURA 9.34 Evolução convergente em um sinal. A vocalização de alerta *seet*, em alta frequência (aguda) do chapim-real (*ver* Figura 9.32B) é muito similar à vocalização de alerta dada por outros pássaros não aparentados quando localizam um gavião se aproximando. Adaptada de Marler.[937]

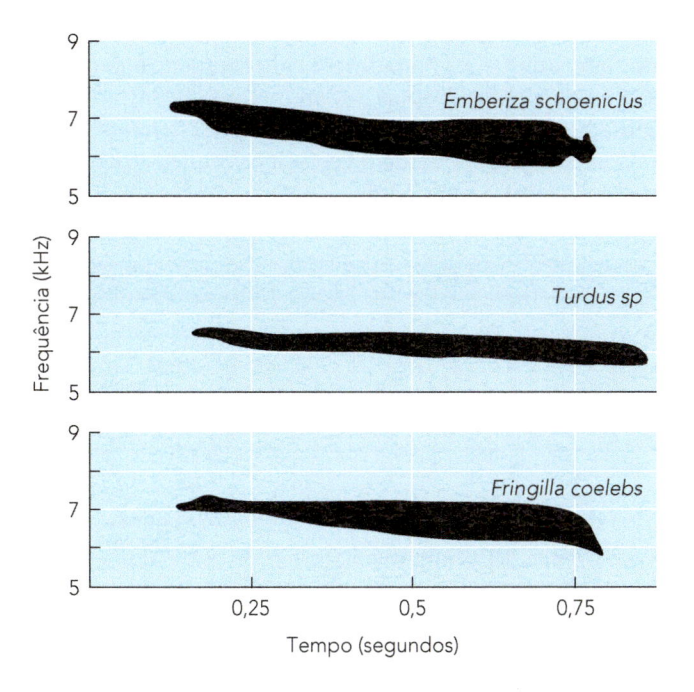

Emberiza schoeniclus

Turdus sp

Fringilla coelebs

Se a vocalização de alerta do chapim-real tiver evoluído propriedades que reduzem o risco de detecção por seus inimigos, sinais de alerta com propriedades similares também deveriam ter evoluído em espécies não relacionadas. A extraordinária convergência na vocalização de alerta de vários pássaros europeus não aparentados sugere que a pressão de predação por gaviões predadores de pássaros favoreceu a evolução de vocalizações de alerta difíceis para um gavião ouvir (Figura 9.34).[937]

Para discussão

9.12 Machos do peixe *Xiphophorus birchmanni* atraem parceiros sexuais com exibições rápidas que mostram sua cauda elaborada. Mas essa espécie tem que dividir seu hábitat com um peixe predatório letal, o tetra-cego *Astyanax mexicanus*. O corpo dessa espécie de *Xiphophorus*, em especial sua cauda, reflete uma considerável quantidade de radiação ultravioleta.[327] Quando pesquisadores colocam machos e fêmeas em tanques com e sem filtro para radiação ultravioleta, percebemos que as fêmeas são mais atraídas por machos quando a radiação ultravioleta está disponível. Considerando que esses pesquisadores estavam interessados em como essa espécie de *Xiphophorus* pode reduzir o risco de seus sinais serem interceptados por *A. mexicanus*, qual outro experimento eles devem ter feito também? Esquematize a ciência que embasa essa pesquisa, começando pela questão causal e terminando com as possíveis conclusões a que os pesquisadores podem ter chegado.

Por que resolver disputas com ameaças inofensivas?

Temos usado uma abordagem adaptacionista para examinar casos em que emissores parecem, à primeira vista, reduzir seu sucesso genético. Vamos agora examinar alguns casos em que receptores de sinais parecem perder aptidão ao reagirem a certas mensagens de outros. Primeiro, por que tantos animais resolvem suas disputas com exibições de ameaça altamente ritualizadas? Em vez de bater em um rival, machos de muitas espécies de aves resolvem seus conflitos por territórios ou parceiros com cantos e mexendo suas penas, mas sem nunca se tocar (*ver* capítulo 2). Mesmo quando lutas genuínas ocorrem no reino animal, os "lutadores" com frequência parecem estar se apresentando em uma ópera cômica. Depois de um ou dois encontrões, um elefante-marinho subordinado em geral foge tão rápido quanto pode, arrastando o corpo desengonçado pela praia até a água, enquanto o vencedor vocaliza e persegue o perdedor, mas normalmente sem causar danos físicos.

Para discussão

9.13 Às vezes se ouve que a razão pela qual muitas espécies resolvem seus conflitos principalmente via sinais de ameaça inofensivos seria reduzir o número de danos físicos e, portanto, proteger os adultos necessários para produzir a geração seguinte de filhotes. Qual o problema com essa hipótese?

Adaptacionistas modernos hipotetizaram que mesmo perdedores ganham aptidão quando disputas são resolvidas rapidamente sem uma briga séria.[352] Considere o sapo europeu *Bufo bufo*, cujos machos competem por fêmeas receptivas. Quando um macho encontra outro macho montado em uma fêmea, ele tenta puxá-lo das costas dela. O macho montado vocaliza assim que é tocado e em geral o outro macho de imediato assume a derrota e vai embora, deixando o macho barulhento fertilizar os ovos da fêmea. Como pode ser adaptativo para o receptor do sinal nesse caso desistir da chance de deixar descendentes após ouvir uma simples vocalização?

Machos desses sapos possuem diferentes tamanhos, e o tamanho influencia no quão grave é a vocalização produzida pelo macho. Por isso, Nick Davies e Tim Halliday propuseram que machos podem julgar o tamanho do rival pelos sinais acústicos. Se um macho pequeno puder distinguir, somente ouvindo, que está diante de um rival maior, o macho menor pode desistir sem se envolver em uma luta que não pode vencer. Se essa hipótese estiver correta, as vocalizações graves, emitidas por machos maiores, deveriam inibir atacantes com mais eficácia do que vocalizações mais agudas (emitida por machos menores).[352] Para testar essa previsão, os dois pesquisadores colocaram casais de sapos em tanques com um macho sozinho por 30 minutos. O macho montado, que pode ser grande ou pequeno, foi silenciado com um elástico na boca. Toda vez que o macho sozinho tocou o casal, uma gravação produzia o som de uma vocalização grave ou aguda por 5 segundos. Machos pequenos eram atacados com bem menos frequência se o outro macho ouvia uma vocalização grave (Figura 9.35). Portanto, coachs graves até certo ponto inibem rivais, embora pistas tácteis também tenham seu papel em determinar a frequência e a persistência de um ataque.

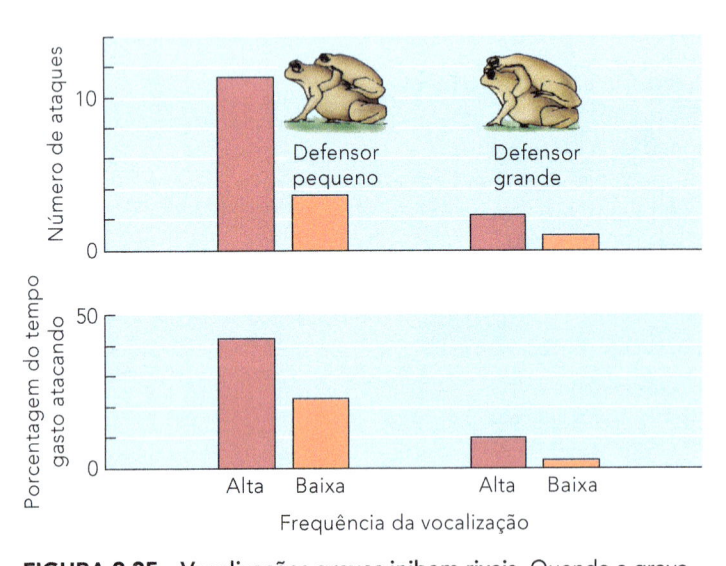

FIGURA 9.35 Vocalizações graves inibem rivais. Quando a gravação de uma vocalização grave foi tocada para eles, machos de sapos *Bufo bufo* fizeram menos contato e interagiram menos com machos rivais silenciados do que quando uma vocalização mais aguda foi tocada. Porém, pistas tácteis também tiveram um papel como podemos ver pelo maior número de ataques a sapos menores. Adaptada de Davies e Halliday.[352]

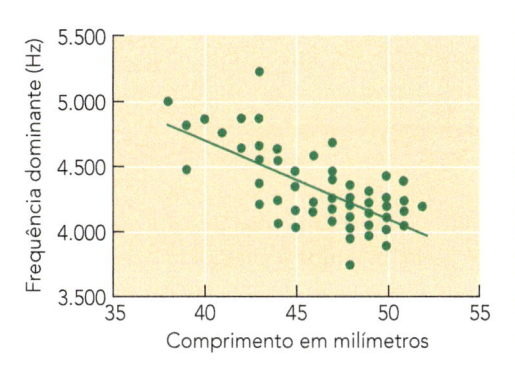

FIGURA 9.36 Sinais vocais do lagarto *Ptenopus garrulus* transmitem informações sobre o tamanho do lagarto emissor para rivais distantes. Quanto maior o macho, menor a frequência de sua vocalização. Fotografia de Tony Hibbits; adaptada de Hibbitts, Whiting e Stuart-Fox.[652]

Então por que machos menores não fingem ser grandes vocalizando em baixas frequências? Talvez o fizessem se pudessem, mas não podem. Um macho pequeno aparentemente não consegue produzir um som grave, visto que o peso corporal e as rígidas leis da física determinam a frequência do som que um macho de sapo pode gerar. Portanto, sapos evoluíram um sinal de aviso que anuncia de maneira precisa seu tamanho. Ao prestar atenção a esse sinal honesto, um macho de sapo pode determinar algo sobre o tamanho do rival, e, portanto, sua probabilidade de vencer uma briga contra ele. Lagartos *Ptenopus garrulus* empregam o mesmo tipo de sistema de sinal honesto que esses sapos europeus para transmitir informação para potenciais usurpadores de território; quanto mais baixa a frequência de suas vocalizações, maior o lagarto (Figura 9.36).[652] O mesmo é verdade para certas corujas em que machos mais pesados vocalizam em frequências mais baixas do que rivais peso-pena.[620]

Você talvez se lembre que machos do lagarto *Crotaphytus collaris* conseguem perceber o quanto pode ser forte a mordida de um rival olhando para o tamanho das manchas que refletem ultravioleta nas laterais da sua boca,[842] um sinal visual honesto. Alguns insetos também usam o canal visual para se comunicar honestamente com oponentes. Por exemplo, machos de algumas moscas com "chifres" extravagantes e olhos sobre pedúnculos (Figura 9.37A) competem por parceiros sexuais ficando dire-

Mosca australiana *Phytalmia*

FIGURA 9.37 Sinais honestos sobre o tamanho corpóreo? (A) Machos desta mosca australiana do gênero *Phytalmia* (Tephritidae) se confrontam face a face, permitindo que cada mosca compare seu próprio tamanho com o tamanho da outra. (B) A envergadura do "chifre" em duas moscas da Nova Guiné fornece informação precisa sobre o tamanho corpóreo, permitindo aos machos fazerem julgamento sobre a habilidade de luta de um oponente. A, fotografia de Gary Dodson; B, adaptada de Wilkinson e Dodson.[1576]

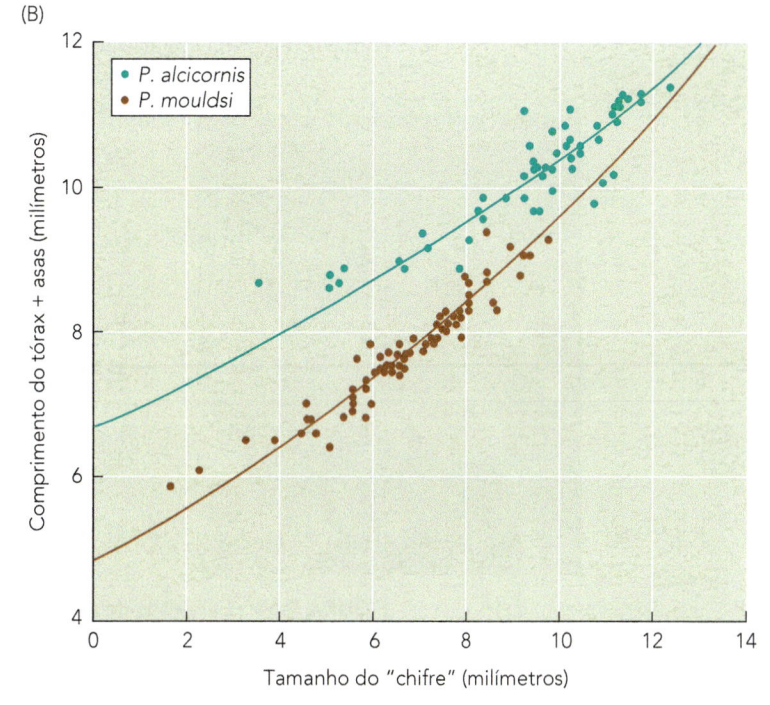

tamente em frente um do outro. Nessa posição, rivais podem comparar os tamanhos de seus "chifres" ou olhos pedunculados, correlacionados com o tamanho corpóreo (Figura 9.37B).[1576] Machos menores geralmente abandonam o campo de batalha para oponentes maiores. Quanto maior a diferença no tamanho de suas estruturas, mais rapidamente machos menores se vão, e mais energia eles economizam.[1101]

Quando sapos, lagartos menores ou moscas citados anteriormente recuam ao detectarem um sinal honesto de um indivíduo maior, tanto o menor quanto o maior ganham: machos pequenos não gastam tempo nem energia em uma batalha que provavelmente não ganhariam, e machos grandes ganham tempo e energia que teriam que gastar afastando oponentes menores. Para entender o valor de uma concessão rápida, imagine dois tipos de indivíduos agressivos em uma população, um que lutou com cada oponente até ser vitorioso ou derrotado, enquanto o outro checou o potencial de agressividade do rival e então recuou o mais rápido possível de lutadores superiores. Os tipos "brigue em qualquer situação" poderiam encontrar um oponente superior que poderia lhes causar sérios ferimentos. O tipo "brigue apenas quando suas chances forem boas" teria uma chance muito menor de sofrer derrota com consequências físicas ao enfrentar um oponente muito superior.[956,1542]

Avançando um pouco mais, imagine dois tipos de bons lutadores em uma população, um que gere sinais que outros machos não possam produzir e outro cujas exibições de ameaça podem ser mimetizadas por machos menores. À medida que mímicos se tornassem mais comuns na população, a seleção natural favoreceria receptores que ignorassem os sinais facilmente falsificados, reduzindo o valor de produzi-los. Isso, por sua vez, levaria ao espalhamento da base genética para um sinal honesto que não pudesse ter seu valor anulado por emissores desonestos.

Se a teoria do sinal honesto estiver correta, podemos prever que exibições de ameaça de machos deveriam ser relativamente fáceis de serem feitas por machos grandes e mais difíceis para machos pequenos, fracos ou em precário estado de saúde. Por exemplo, em lagartos do gênero *Uta*, a duração da exibição do macho e o número de flexões que ele faz caem significativamente depois dele ter sido forçado a correr por certo tempo em uma esteira (Figura 9.38). O inverso também é verdadeiro: machos que primeiro realizam a exibição e depois são postos para correr sobre a esteira o fazem por menos tempo do que quando eles não fizeram a exibição. Em outras palavras, as condições de um macho em determinado momento é refletida de maneira exata por sua performance ao realizar flexões,[164] que lhes permite anunciar com precisão sua capacidade de lutar para seus rivais machos.

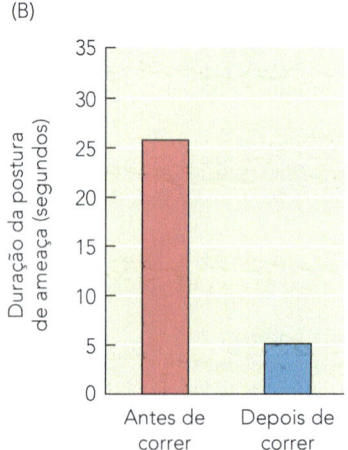

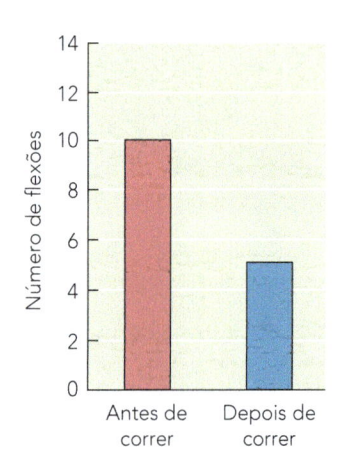

FIGURA 9.38 Exibições de ameaça são energeticamente custosas em (A) uma espécie de lagarto do gênero *Uta*. (B) Machos colocados para correr em uma esteira para diminuir sua resistência são incapazes de manter sua postura de ameaça pelo mesmo tempo que machos descansados; eles também realizam menos exibições de flexões. A, fotografia de Paul Hamilton; B, adaptada de Brandt.[164]

FIGURA 9.39 Um sinal desonesto de força? Machos de lagostim exibem suas fortes quelas para os oponentes; machos com quelas maiores dominam os que possuem quelas menores. Entretanto, o tamanho da quela não está relacionado com a força da quela. Fotografia de Robbie Wilson. Retirada de Wilson e colaboradores.[1593]

Esteiras também foram empregadas com caranguejos chama-maré do gênero *Uca* para testar uma previsão: quelas muito grandes dos machos, utilizadas em combates entre eles, vêm com um preço. Como esperado, machos com quelas grandes intactas possuíam maior taxa metabólica e menor resistência do que machos com quela grande removida.[19] Um macho sem a quela maior, entretanto, não consegue desencorajar rivais por meio de exibições apenas visuais.

Para discussão

9.14 Quando machos de lagostim competem agressivamente um contra o outro (Figura 9.39), eles começam exibindo suas quelas avantajadas. Quanto maior a quela, maior a probabilidade do macho dominar seu rival, que pode ir embora sem lutar com o lagostim de quelas maiores. Entretanto, os músculos nas quelas dos machos geram apenas metade da força dos músculos das quelas das fêmeas. Além do mais, a força real da quela não tem relação com a dominância do macho.[1593] Por que esses resultados nos deixam céticos sobre a hipótese do sinal honesto para exibições de machos nessa espécie?

Quando machos adultos de cervos competem por haréns de fêmeas, os dois machos permanecem a uma distância considerável e vocalizam forte um para o outro (Figura 9.40).[278] Essas vocalizações são custosas em termos energéticos, de maneira que apenas machos em ótima forma podem vocalizar com frequência e por vários minutos[277] (*ver também* Hack[601] e Hunt e colaboradores.[695]). Além do mais, machos de diferentes tamanhos produzem vocalizações que diferem consistentemente em certas propriedades acústicas;[255] fêmeas podem e de fato distinguem vocalizações com base nessas propriedades diferentes. Portanto, assim como nas moscas "de chifres" e os sapos europeus mencionados acima, machos desses cervos poderiam adquirir informações honestas e precisas sobre a capacidade de luta de um rival ao ouvi-lo, e eles poderiam usar essa informação para encerrar conflitos que provavelmente não venceriam. Da mesma maneira, pássaros em competição talvez possam determinar a condição de um oponente avaliando a qualidade do canto aprendido de um outro macho. Isso seria verdade se a habilidade de um macho para aprender seu canto fosse menor em indivíduos cuja idade juvenil fosse marcada por falta de alimento ou outras dificuldades (*ver* página 55 no Capítulo 2), resultando em adultos com reduzida habilidade para lutar.

FIGURA 9.40 Um sinal honesto. Apenas os machos de cervos em ótimas condições podem vocalizar por muito tempo. Fotografia de Tim Clutton-Brock.

Como a trapaça pode evoluir?

Embora receptores de sinais se beneficiem quando respondem a sinais emitidos por emissores honestos, emissores trapaceiros não são incomuns na natureza. Lembre-se do caso da orquídea cujas iscas enganam vespas que tentam copular com a flor (*ver* Figura 3.36). Assim como emissores de sinais podem perder aptidão ao transmitirem informação para receptores ilegítimos, receptores podem perder aptidão ao responderem a sinais gerados por emissores ilegítimos, que usam a trapaça para reduzir a aptidão do receptor. Um exemplo famoso desse fenômeno envolve o vaga-lume *femme fatale*, estudado por Jim Lloyd.[875] Essas fêmeas predadoras pertencem ao gênero *Photuris*, mas respondem aos sinais emitidos por machos do gênero *Photinus*. Como resultado, quando armadilhas foram colocadas à noite com diodos emitindo luz de maneira a mimetizar os lampejos luminosos que machos de *Photinus greeni* emitem para atrair fêmeas, essas armadilhas atraíram e capturaram muito mais fêmeas de *Photuris* do que armadilhas idênticas sem os diodos piscantes. Além do mais, quanto menor o intervalo entre os lampejos, mais predadores vieram para as armadilhas.[1616]

Mas fêmeas de *Photuris* não são apenas receptoras ilegítimas: elas são também emissoras ilegítimas. Uma vez que se aproximaram de uma presa em potencial, as *femmes fatales* respondem aos sinais de acasalamento de machos de *Photinus*, designados para desencadear sinais de resposta de fêmeas de sua própria espécie. Algumas fêmeas de *Photuris* podem mimetizar os sinais de resposta de até três espécies diferentes de *Photinus*.[876] Se uma fêmea de *Photuris* consegue enganar um macho de uma determinada espécie de *Photinus* e esse macho se aproximar o suficiente, ela irá capturá-lo, matá-lo e comê-lo, de modo que o potencial reprodutivo do macho cai para zero (Figura 9.41).

Trapaças desse tipo são um real quebra-cabeça para o adaptacionista, porque o macho do vaga-lume presta atenção em um sinal que pode causar a sua morte. Quando uma ação é claramente desvantajosa para indivíduos, biólogos comportamentais recorrem a duas possibilidades principais (*ver também* a Tabela 6.1):

1. *Teoria do novo ambiente*: a resposta mal adaptativa do receptor é causada por um mecanismo proximal uma vez adaptativo, mas não mais. A mal adaptação atual ocorre porque condições modernas são diferentes das que molda-

ram o mecanismo no passado e porque não houve tempo suficiente para que mutações vantajosas ocorressem e "consertassem o problema".

2. *Teoria da exploração:* a resposta mal adaptativa do receptor é causada por um mecanismo proximal que resulta em perda de aptidão que na média reduz mas não elimina o ganho líquido de aptidão associado com o fato dele reagir a um determinado tipo de emissor.

Novos ambientes provavelmente não explicam a natureza das interações entre machos de *Photinus* e seus parentes predadores. Essa teoria se aplica com mais frequência a casos em que modificações humanas muito recentes parecem desencadear respostas mal adaptativas (*ver* Figura 4.8). Em vez disso, a teoria da exploração parece explicar melhor o comportamento de machos de *Photinus*. O argumento aqui é de que, na média, a resposta de um macho de *Photinus* a certos lampejos de luz aumenta sua aptidão, embora um dos custos de responder seja a chance de ser devorado por um emissor de *Photuris* explorador. Machos que evitaram esses sinais enganosos talvez tenham vivido mais, mas provavelmente ignoraram fêmeas da própria espécie deixando assim poucos ou zero descendentes por adotar comportamento tão cauteloso.

Essa hipótese chama a atenção para a definição de adaptação utilizada pela maioria dos biólogos comportamentais. Como mencionado antes, uma adaptação não precisa ser perfeita, mas precisa contribuir para a aptidão média mais do que características alternativas. O macho do vaga-lume discutido acima que responde aos sinais de uma fêmea predadora de outra espécie possui um mecanismo de localização de parceiros sexuais claramente imperfeito, mas melhor que as alternativas que aumentam a sobrevivência do macho ao custo de tornar improvável que ele se reproduza.

Se essa hipótese adaptacionista estiver correta, então a trapaça por um emissor ilegítimo deveria explorar a resposta de claro valor adaptativo sob a maioria das circunstâncias.[261] Discutimos essa ideia antes quando estávamos explicando porque a trapaça funciona para orquídeas que tiram proveito da maneira como os machos de vespas guiam-se sexualmente. Da mesma forma, alguns peixes da ordem *Lophiiformes* exploram peixes menores que possuem o hábito geralmente adaptativo de atacar estímulos visuais associados a suas presas. O predador fornece o estímulo visual em questão movimentando uma vareta que se projeta para fora de sua testa. O final esbranquiçado dessa vareta se parece com algo comestível para peixes pequenos (Figura 9.42), enganando-os até que cheguem perto o suficiente para que o peixe predador o capture com sua boca enorme.[1138] Embora o peixe enganado pague um preço alto pelo seu interesse na isca, a ausência de resposta a esse estímulo provavelmente o levaria à inanição.

FIGURA 9.41 Vaga-lume *femme fatale*. Esta fêmea de vaga-lume *Photuris* está se alimentando de um macho de *Photinus*, outro vaga-lume que ela enganou imitando os lampejos dados por fêmeas da espécie de *Photinus*. Fotografia de Jim Lloyd.

Para discussão

9.15 Desenvolva uma hipótese de sinal honesto e de trapaça para explicar o fato de que, quando copulando, machos de algumas borboletas transferem uma substância que torna as fêmeas não atraentes para outros machos.[31] O que você teria que saber para determinar qual explicação está correta?

9.16 O pássaro *Dicrurus adsimilis*, que empoleira em árvores, às vezes produz uma vocalização de alerta que avisa sobre a presença de predadores terrestres quando está acompanhando grupos de pássaros, do gênero *Turdoides*, que forrageiam no chão. Quando *D. adsimilis* faz esse tipo de vocalização, indivíduos de *Turdoides* frequentemente voam e às vezes deixam insetos para trás, e *D. adsimilis* então os captura.[1221] Se nós hipotetizarmos que essas vocalizações de alerta são muito enganosas, que previsão podemos fazer sobre o tipo de vocalização de alerta produzido por *D. adsimilis* na ausência de indivíduos de *Turdoides*? Por que pode ser adaptativo para *Turdoides* reagir aos chamados de *Dicrurus* se alguns ou mesmo a maioria dos alarmes são falsos?

FIGURA 9.42 Um emissor enganador. Esse peixe da ordem *Lophiiformes* possui uma vareta na parte frontal de sua cabeça, cuja porção final é esbranquiçada; movendo essa isca, o peixe predador atrai presas a uma distância em que ele pode capturá-las. Fotografia de Ann Storrie.

Resumo

1. O entendimento completo da evolução de sistemas de comunicação requer informações sobre as origens dos sinais e os padrões de mudança ocorridas em emissores e receptores ao mesmo tempo, assim como informações sobre os processos causais, em especial aqueles resultantes de seleção natural, que possibilitaram essas mudanças. Esses dois níveis de análise evolutiva se complementam.

2. As origens de sinais e de respostas a sinais geralmente se dão por pequenas mudanças em comportamentos ou mecanismos sensoriais proximais que tinham funções diferentes no passado. O acúmulo gradual de várias pequenas mudanças ao longo do tempo pode resultar na formação de características bem diferentes das características dos ancestrais das quais derivaram.

3. Cada mudança evolutiva tem que ocorrer a partir do que já tiver evoluído. Nesse sentido, as características existentes limitam ou direcionam o padrão de evolução. Uma manifestação desse fenômeno é a exploração sensorial, que ocorre quando um emissor mutante por acaso se beneficia de um viés sensorial preexistente que evoluiu devido à sua utilidade em outra área que não a comunicação.

4. A seleção natural pode disseminar mudanças de sinais em uma espécie apenas se emissores e receptores ganharem em aptidão por sua participação no sistema. Aplicar a abordagem adaptacionista a sistemas de comunicações resultou em soluções para alguns casos de difícil interpretação envolvendo emissores e receptores, cujos comportamentos parecem à primeira vista reduzir e não aumentar sua aptidão. Em alguns exemplos, mostrou-se que casos de comunicação aparentemente desvantajosos na realidade aumentam as chances de um animal se reproduzir. Em outros casos, mostrou-se que características comportamentais custosas ocorrem porque alguns indivíduos (emissores ou receptores ilegítimos) são capazes de explorar um sistema de comunicação adaptativo para seu próprio benefício.

Leitura sugerida

O vasto campo da comunicação animal foi revisado por Jack Bradbury e Sandra Vehrencamp.[161] A maneira como a ciência trabalha pode ser vista no desenvolvimento da história da hiena malhada; comece com o texto de Stephen Jay Gould[558] e depois leia as revisões escritas por Stephen Glickman e colegas.[546,1152] Tanto Gerald Borgia[147] quanto Göran Arnqvist[49] analisam criticamente casos em que a exploração sensorial tem sido utilizada para explicar ornamentos sexuais de machos ou o comportamento de corte. No livro "Ravens in winter" (Corvos no inverno), Bernd Heinrich ilustra como um adaptacionista pode usar múltiplas hipóteses para resolver um quebra-cabeça evolutivo em comunicação.[646] O mesmo pode ser dito sobre a revisão de Jonathan Wells sobre porque bebês humanos choram.[1534] Marlene Zuk e Gita Kolluru revisam a literatura sobre como predadores e parasitas exploram os sinais de atração sexual de animais.[1650] Para uma análise adaptacionista da manipulação e trapaça por animais se comunicando, leia Dawkins e Krebs;[365] para o trabalho clássico sobre sinais honestos, veja Zahavi.[1635]

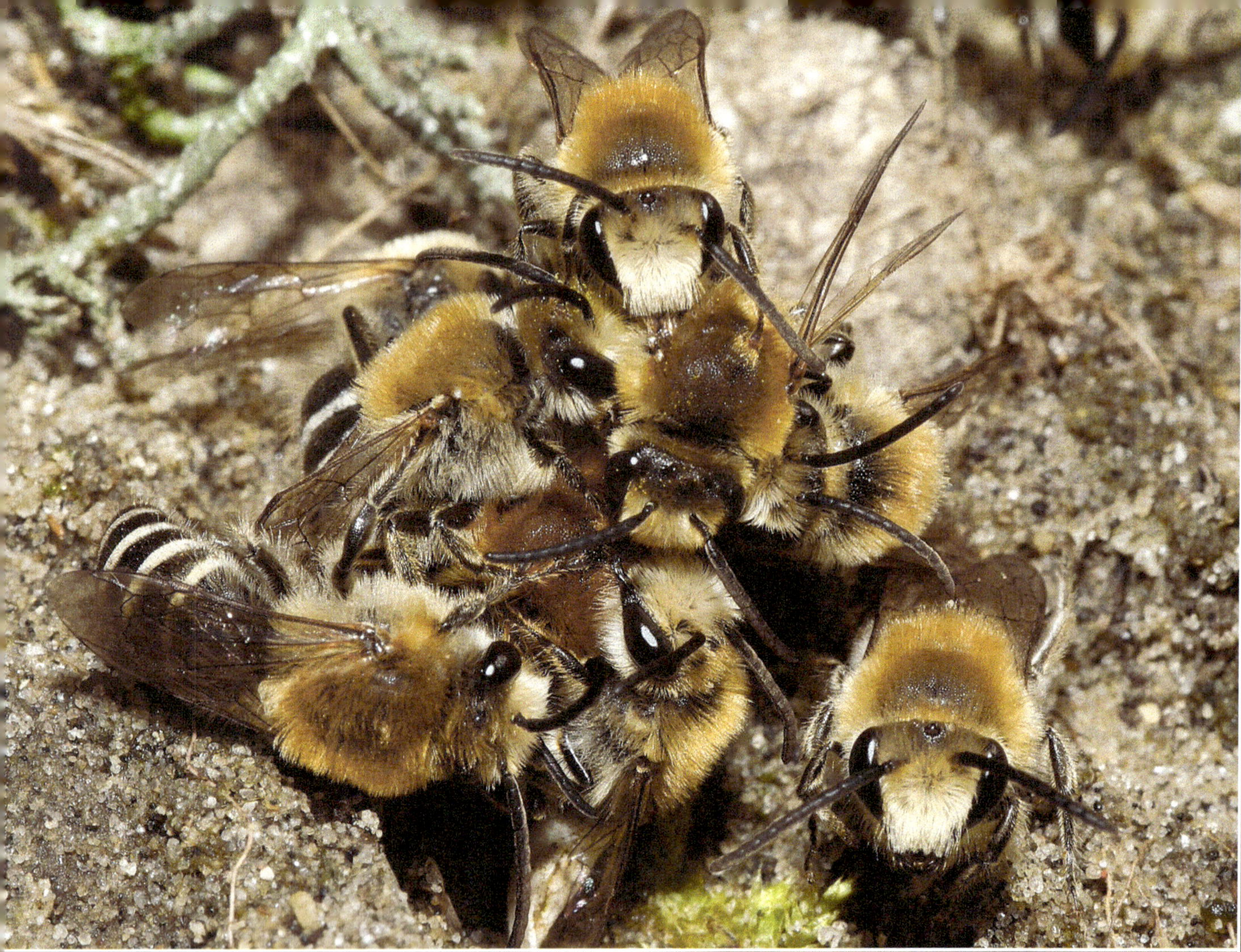

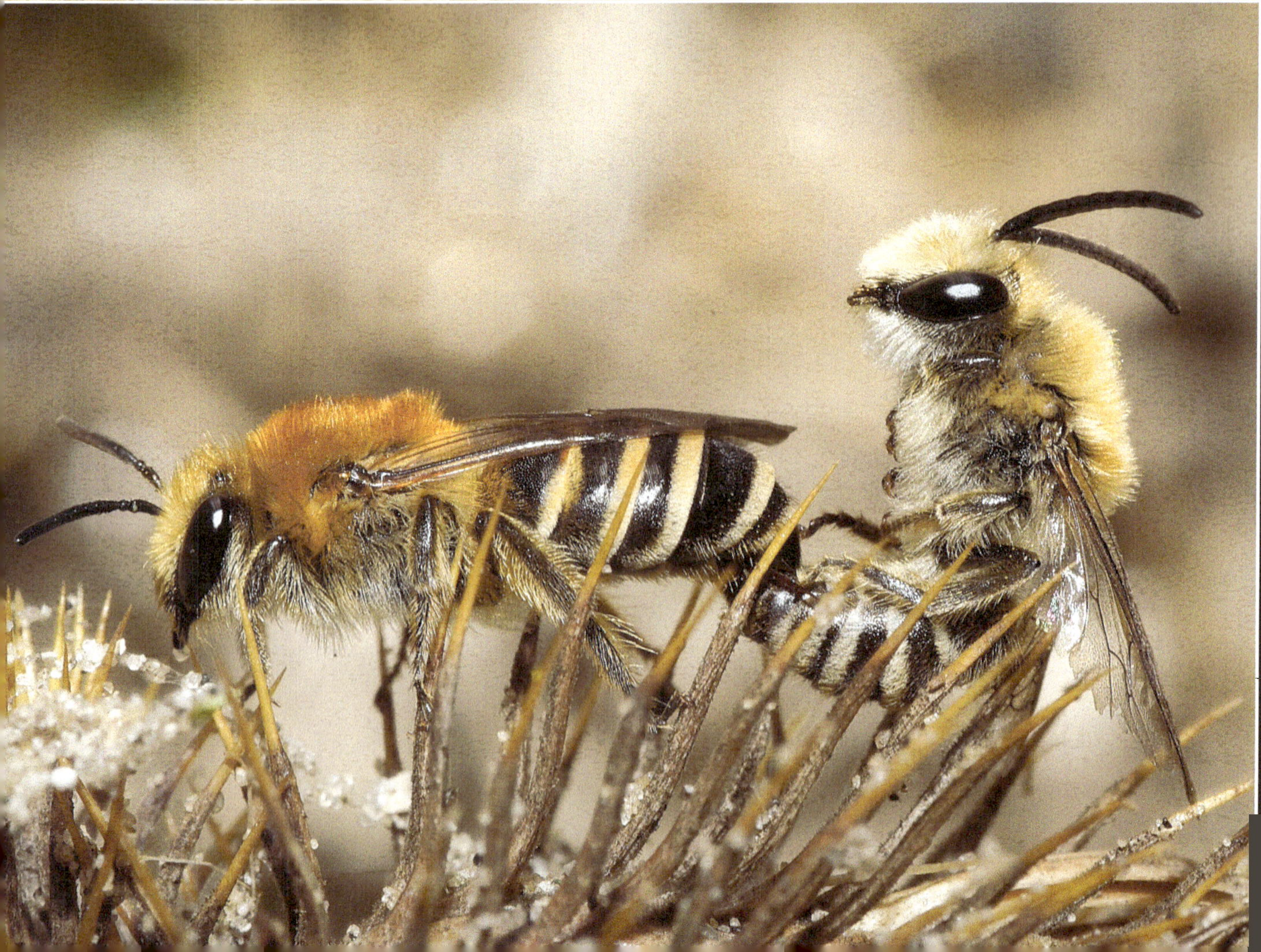

10
A Evolução do Comportamento Reprodutivo

Fiquei intrigado a primeira vez que vi um macho de pássaro-caramanchão-acetinado (*Ptilonorhynchus violaceus*), descer para seu caramanchão, que se parecia mais com algo feito por uma criança precoce do que o trabalho habilidoso de um pássaro não muito maior do que um sabiá (Figura 10.1). O macho recém-chegado levava um elástico azul no bico, que ele deixou cair entre as chamativas penas azuis que havia espalhado pelo caramanchão. Apesar de eu não ter ficado para ver a fêmea de pássaro-caramanchão-acetinado visitar o local e inspecionar as penas e o elástico azul, Gerald Borgia conta que quando uma fêmea chega, o macho começa com um preâmbulo de gemidos e chiados, seguido de uma elaborada corte na qual dança diante da entrada do caramanchão enquanto abre e fecha as asas em sincronia, zunindo de excitação. Essa fase pode ser seguida de outra na qual o macho se abaixa e levanta enquanto imita os cantos de diversas outras espécies de aves. (Veja você mesmo em http://www.life.umd.edu/biology/borgialab.) Apesar da aparente elaboração da exibição do macho, a maioria das cortes termina com a abrupta saída de uma fêmea evidentemente não receptiva.[143]

◀ **Machos desta abelha nativa** lutam ferozmente pelas fêmeas (uma delas está no meio da bola de machos no painel superior); o vencedor destas lutas poderá acasalar-se (painel inferior). Fotografias de Nico Vereecken.

FIGURA 10.1 Corte do pássaro-caramanchão ao redor do caramanchão. Um macho de pássaro-caramanchão-acetinado, com flores amarelas no bico, corteja uma fêmea que entrou no caramanchão que ele trabalhosamente construiu e enfeitou com penas azuis. Fotografia de Bert e Babs Wells.

De fato, a fêmea do pássaro-caramanchão-acetinado inicialmente visita diversos caramanchões espalhados pela floresta australiana, mas não para acasalar com os construtores desses caramanchões nessas inspeções.[1481] Após o primeiro turno de visitas, as fêmeas fazem um intervalo de cerca de uma semana para construir um ninho antes de retornar a alguns caramanchões; durante esse intervalo, ela geralmente observa a rotina de corte completa de vários machos. Essas inspeções levam muitas semanas antes que a fêmea finalmente se decida por um dos machos. Neste momento, ela entra no caramanchão do macho escolhido, onde será novamente cortejada antes de abaixar-se para convidar o macho a copular. Depois que ela for embora, não terá mais contato com seu parceiro: irá incubar seus ovos e cuidar dos filhotes sozinha. Seu parceiro permanece dentro ou próximo ao caramanchão pela maior parte dos dois meses de duração da estação reprodutiva, cortejando outras fêmeas que venham inspecionar sua obra e copulando com todas as que se dispuserem.

Assim, não apenas os dois sexos de pássaro-caramanchão-acetinado são morfologicamente diferentes (*ver* Figura 10.1), mas suas táticas reprodutivas são muito diferentes. Apesar de outros animais obviamente poderem ter suas próprias rotinas de corte específicas e padrões de acasalamento, geralmente os machos fazem a corte e as fêmeas fazem a escolha, e isso vale tanto para pássaros-caramanchão quanto para belugas, porcos-formigueiros ou zebras. Esse padrão é tão geral que biólogos desde Darwin tentaram oferecer uma explicação evolutiva para ele. Este capítulo revisa o que sabemos sobre a história e o valor adaptativo do comportamento reprodutivo.

A evolução das diferenças nos papéis sexuais

Os machos de pássaros-caramanchão-acetinados constroem caramanchões; as fêmeas não. Como sempre, podemos empregar dois níveis de análise evolutiva na investigação desta diferença. Primeiro, quais foram as origens evolutivas do caramanchão construído pelo macho de pássaros-caramanchão-acetinados? Segundo, por que a construção de caramanchões pelos machos dessa espécie tem sido mantida pela seleção após sua origem?

A respeito da primeira questão, o pássaro-caramanchão-acetinado é uma das 20 espécies na família dos pássaros-caramanchão, 17 das quais constroem caramanchões.[494] Nenhuma outra espécie de ave constrói nada parecido com essas elaboradas estruturas de exibição, então parece que a característica evoluiu apenas uma vez,[819, 820] mas é possível que as construções de caramanchões em alameda e com mastros enfeitados

Comportamento Animal 331

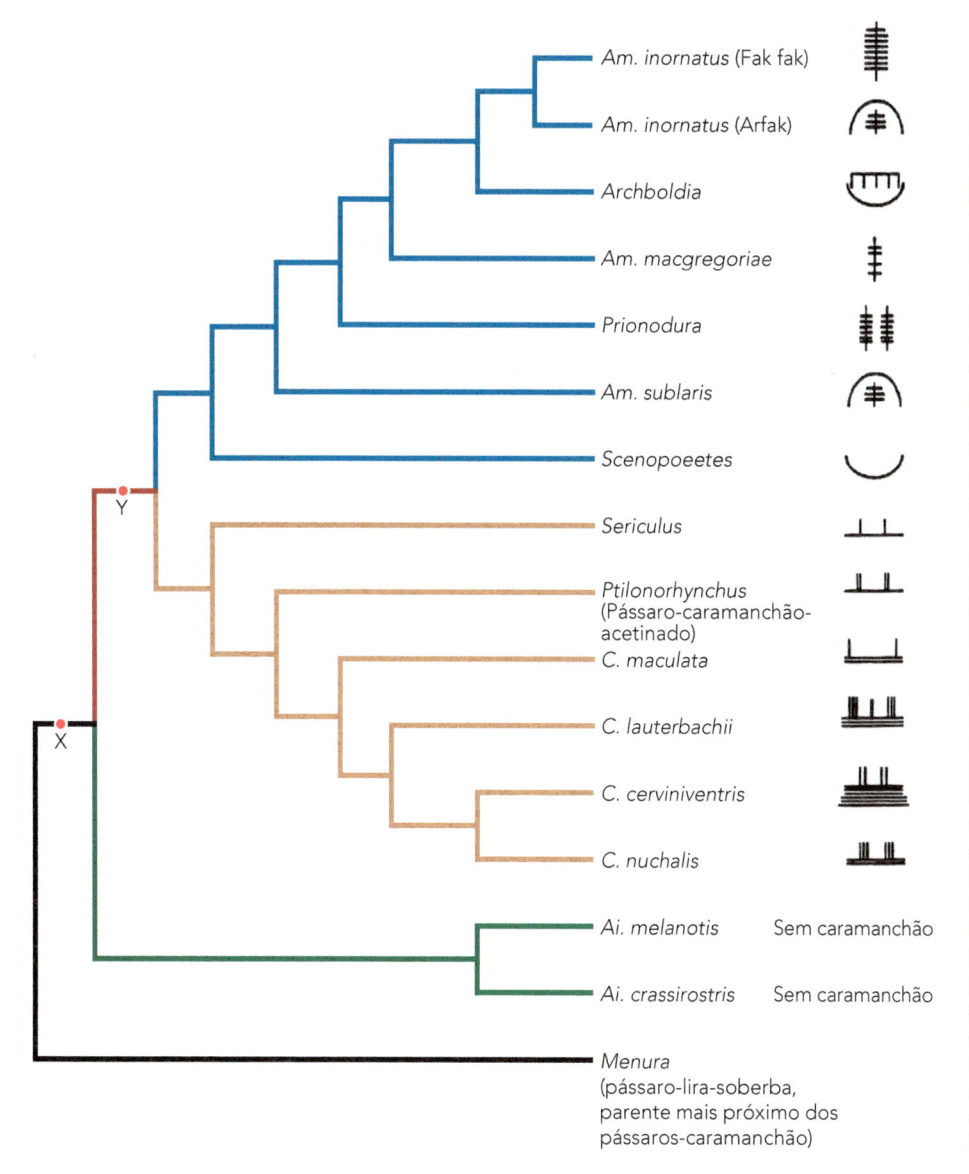

FIGURA 10.2 Relações evolutivas entre 15 populações de pássaros-caramanchão, com base nas similaridades de seus genes mitocondriais para o citocromo b. Os ícones à direita representam o formato do caramanchão de cada espécie. Portanto, *Scenopoeetes* constrói um caramanchão raso com gravetos no chão, enquanto o caramanchão em alameda do pássaro-caramanchão-acetinado consiste em uma simples plataforma com duas fileiras paralelas de gravetos, e *Chlamydera lauterbachii* constrói uma plataforma suspensa mais elaborada, com duas fileiras de gravetos externas e uma interna. Os caramanchões realmente elaborados são da variedade com mastro, altas pilhas de gravetos construídas ao redor de uma muda de árvore. Note que duas espécies de pássaros-caramanchão (*Ailuroedus melanotis* e *A. crassirostris*) não constroem caramanchão nenhum, tendo retido as características da espécie ancestral X extinta. A espécie extinta Y presumivelmente construía um simples caramanchão em alameda ou fazia uma exibição de corte mais aberta; esta espécie deu origem a todos os atuais pássaros-caramanchão construtores de caramanchões. Adaptada de Kusmierski e colaboradores.[819]

tenham evoluído de forma independente. Vamos assumir que a característica evoluiu uma vez. Se for assim, um único ancestral comum dos pássaros-caramanchão modernos deu origem a um grupo de espécies construtoras de caramanchões, dotando esses descendentes da capacidade de fazer caramanchões (Figura 10.2). Duas espécies que logo derivaram desse ancestral posteriormente deram origem a dois grupos de espécies modernas de construtores de caramanchões: os construtores de caramanchões em alameda (incluindo o pássaro-caramanchão-acetinado) e os construtores de caramanchões com mastros (como *Amblyornis inornatus*, cujos caramanchões são mostrados na Figura 10.3). Entre os dois grupos estão espécies descendentes cujos comportamentos de construção variam muito, com grandes diferenças mesmo entre espécies proximamente aparentadas, especialmente os pássaros-caramanchão construtores de caramanchões com mastros. De fato, duas populações da mesma espécie, *A. inornatus*, porém separadas geograficamente, constroem caramanchões com mastros bem diferentes (Figura 10.3), mesmo que as aves nessas duas áreas sejam geneticamente muito similares.[1480] As mudanças ocorridas foram aparentemente tão rápidas e extensas que os caramanchões de muitos parentes próximos não têm características comuns que poderiam nos ajudar a estabelecer qual seria a aparência do primeiro caramanchão e que sequência de mudanças ocorreu durante a evolução da construção de caramanchões.

FIGURA 10.3 Diferentes caramanchões em diferentes populações da mesma espécie de pássaro-caramanchão. (Acima) O enorme caramanchão pendente de uma população do pássaro-caramanchão *Amblyornis inornatus*. (Esquerda) A mesma espécie constrói um caramanchão com mastro bastante diferente em outra localidade. Fotografias de Will Betz e Adrian Forsyth.

Tendo providenciado um esboço simplificado da história dos caramanchões, o que podemos falar sobre o significado adaptativo da construção de caramanchões? Em particular, o que ganha um macho de pássaro-caramanchão-acetinado ao investir tanto tempo na construção de seu caramanchão, coletando enfeites (frequentemente roubados dos caramanchões de outros machos) e defendendo seu local de exibição contra machos rivais? Uma possibilidade é que o construtor de caramanchões original oferecia informações úteis sobre suas qualidades como parceiro para as fêmeas e era recompensado quando fêmeas seletivas copulavam com ele.

Se essa hipótese for verdadeira, então esperamos que o sucesso reprodutivo dos machos de pássaro-caramanchão modernos esteja correlacionado com alguns aspectos do caramanchão que variam de macho para macho, como a habilidade com a qual o caramanchão foi construído e decorado, ou quem sabe o número de penas azuis roubadas incluídas na decoração do caramanchão.[1608] De fato, até humanos podem detectar diferenças entre os caramanchões construídos por machos diferentes. Alguns contêm fileiras organizadas de gravetos, alinhadas de forma a criar um caramanchão amplo, organizado e simétrico, enquanto outros são claramente mais bagunçados, montados de forma menos profissional. Os caramanchões também diferem significativamente no número de elementos decorativos, como penas e elásticos de borracha. Pássaros-caramanchão fêmeas evidentemente percebem essas diferenças também, porque são menos propensas a exibir respostas de repulsa quando visitam caramanchões bem decorados de alta qualidade. Quanto menos um macho causar desagrado numa fêmea, mais propensa estará a fêmea a eventualmente acasalar com o construtor do caramanchão.[1109, 1110] Essa pode ser a causa da qualidade da caramanchão e número de decorações dos caramanchões estarem correlacionados com o sucesso de acasalamento do macho nessa[142] e em outras espécies de pássaro-caramanchão.[914, 915] No pássaro-caramanchão acetinado, o sucesso reprodutivo do macho se traduz diretamente em sucesso genético, porque raramente uma fêmea copula com diversos machos. Ao contrário, a fêmea tipicamente usa o esperma de apenas um parceiro para fertilizar seus ovos.[1215]

Se a hipótese do anúncio de qualidade do macho estiver correta, então caramanchões atrativos e bem decorados deveriam ser construídos por machos de alguma forma melhores do que aqueles pássaros que não conseguem erguer um caramanchão excelente. Stéphanie Doucet e Bob Montgomerie propuseram que bons produtores de caramanchões poderiam ser pássaros mais saudáveis, menos propensos a infectar suas parceiras com parasitas e micróbios patogênicos e portadores mais prováveis de espermatozoides com genes para a resistência a doenças que poderiam ser repassados para sua prole. De acordo com essa proposta, machos que constroem caramanchões melhores têm menos carrapatos ectoparasitas das penas do que machos que constroem estruturas de exibição menos atraentes.[408] Da mesma forma, machos adultos capazes de construir e proteger caramanchões seriam menos infectados quando jovens por piolhos ectoparasitas do que outros machos que não tivessem caramanchões.[146]

Outra ideia nessa linha seria que a qualidade do caramanchão seria de alguma forma um indicador da história ontogenética do macho. Por exemplo, pássaros que têm alimento suficiente enquanto crescem têm cérebros bem constituídos e, portanto, deveriam ser capazes de despontar em diversas provas de habilidade exigentes necessárias para construir um caramanchão. Perceba o paralelo entre essa explicação sobre a construção do caramanchão e a hipótese apresentada no Capítulo 2 na qual machos de outras aves aprendem um complexo repertório vocal porque dessa forma conseguem demonstrar seu passado ontogenético a fêmeas seletoras. Joah Madden reconheceu que, se essa hipótese estivesse correta, o cérebro dos pássaros-caramanchão construtores de caramanchões deveriam ser proporcionalmente maiores do que o daquelas espécies que não constroem caramanchões – um grupo que inclui algumas espécies de pássaros-caramanchão, como o pássaro jardineiro verde, *Ailuroedus crassirostris*, que limpa uma área para exibição, mas não constrói nada nela. Madden foi ao Museu Britânico para tirar radiografias dos crânios de uma série de pássaros-caramanchão empalhados e alguns de seus parentes. Constatou-se que construtores de caramanchões têm cérebros notavelmente maiores (Figura 10.4).[913] *Ver* Healy e Rowe.[639]

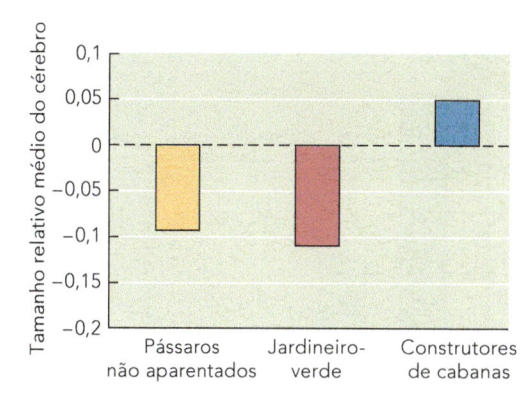

FIGURA 10.4 Construção de caramanchões pode ser um indício do tamanho do cérebro. Pássaros-caramanchão que constróem caramanchões têm cérebros relativamente maiores comparados com outros pássaros-caramanchão, o jardineiro-verde, *Ailuroedus crassirostris*, que apenas limpa arenas de exibição. O tamanho médio de cérebro (determinado pela comparação do volume da cavidade craniana com a medida do tamanho do corpo) dos pássaros-caramanchão construtores de caramanchões também excede a de outra espécie de pássaro não aparentada. Adaptada de Madden.[913]

Para discussão

10.1 Fêmeas de pássaro-caramanchão acetinado parecem favorecer machos que realizem exibições de corte muito intensas, contendo elementos de agressão. Talvez por isso as fêmeas estejam sempre "agitadas" na presença de um macho em intensa exibição. Machos diferem em como ajustam suas exibições em resposta às reações da fêmea. Fêmeas que sempre recuam enquanto os machos se exibem tendem a sair sem acasalar, enquanto fêmeas que se abaixam na cabana do macho são mais prováveis de ficar e acasalar com o macho. Por que será que essas observações levaram Gerald Borgia e seus colaboradores a hipotetizar que os caramanchões surgiram porque permitiam às fêmeas se proteger de machos em exibição tentando uma cópula forçada? Que vantagens machos poderiam obter aumentando a dificuldade para eles próprios forçarem fêmeas a acasalar? O que você preveria sobre a resposta de um macho a um modelo de pássaro-caramanchão fêmea (robô mecânico coberto com a pele e plumagem de uma fêmea) que pudesse ser controlado à distância de forma a manter-se de pé durante a corte de um macho, ou raramente se abaixasse, ou se abaixasse constantemente? *Ver* Patricelli e colaboradores.[1108]

Como muitos pássaros-caramanchão fêmeas acasalam com apenas um macho – frequentemente o mesmo indivíduo popular entre outras fêmeas – o sucesso reprodutivo de machos em qualquer estação reprodutiva é muito desigual (Figura 10.5).[142,1481] Esse fato da vida reprodutiva tem grande significado para uma questão essencial ainda não abordada aqui: por que os machos de pássaros-caramanchão, e não as fêmeas, constroem estruturas de exibição de corte, e por que as fêmeas avaliam a performance do macho em vez do contrário? De fato, é comum no mundo animal que os machos tentem acasalar com muitas fêmeas, enquanto o objeto de seus desejos se contenta

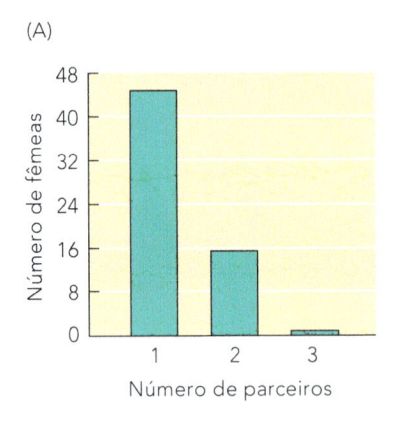

FIGURA 10.5 Variância no sucesso reprodutivo é maior para machos do que para fêmeas em pássaros-caramanchão-acetinados. (A) Pouquíssimas fêmeas de pássaro-caramanchão têm mais do que dois parceiros por estação reprodutiva, e raras ou nenhuma delas usam o esperma de mais de um macho para fecundar os óvulos. (B) Alguns pássaros-caramanchão machos, porém, acasalam com mais de 20 fêmeas em uma única estação, enquanto outros não chegam a se acasalar. Adaptada de Uy, Patricelli e Borgia.[1481]

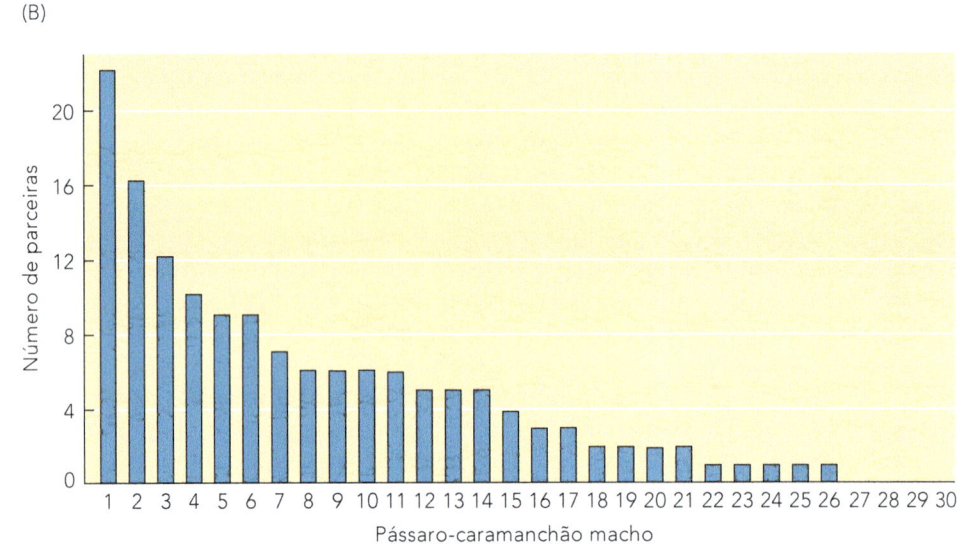

com uma ou algumas cópulas, desde que com um macho ou machos que ela tenha escolhido cuidadosamente. Esse padrão amplamente espalhado é quase certamente relacionado à verdadeira diferença fundamental entre os sexos: machos produzem espermatozoides e fêmeas produzem óvulos.

Em espécies sexuadas, óvulos são, por definição, maiores que espermatozoides, que são grandes o suficiente para conter o DNA do macho e energia para dar combustível à jornada até o óvulo. Mesmo em espécies cujos machos produzem espermatozoides extragrandes – como a mosca-das-frutas cujos machos produzem espermatozoides que (quando desenrolados) têm quase 6 cm, ou 20 vezes o comprimento de seus corpos[126] – o peso de um óvulo é ainda assim muito maior do que a de um espermatozoide, e essa é a história típica (Figura 10.6). Um único óvulo de ave pode perfazer 15 a 20% do peso do corpo da fêmea, e alguns alcançam até 30%.[827] Em contraste, um macho de *Malurus splendens*, ave australiana muito pequena, pode ter na ordem de oito bilhões de espermatozoides em seus testículos a qualquer momento.[1474] O mesmo padrão se aplica ao salmão, *Onchorhynchus kisutch*, cujos machos ejaculam cerca de 100 bilhões de espermatozoides sobre uma desova típica de 3.500 óvulos, de acordo com Bob Montgomerie. Semelhantemente, uma mulher tem apenas poucas centenas de milhares de células que podem desenvolver-se em óvulos maduros,[338] enquanto que um único homem poderia teoricamente fecundar todos os óvulos de todas as mulheres do mundo, já que apenas uma ejaculação contém cerca de 350 milhões de minúsculos espermatozoides.

O ponto crucial é que espermatozoides pequenos em geral superam em muito o pequeno número de óvulos grandes disponíveis para fecundação em qualquer população. Isso estabelece as regras para a competição entre os machos para fecundar esses óvulos.[790] A contribuição genética de um macho para a geração seguinte geralmente depende diretamente de quantas parceiras sexuais ele teve: quanto mais parceiras, mais óvulos fecundados, mais descendentes produzidos, e maior a sua aptidão em comparação com indivíduos sexualmente menos bem-sucedidos. Os benefícios de maximizar o número de parceiras inseminadas têm, por exemplo, favorecido machos que conseguem distinguir parceiras

FIGURA 10.6 Os gametas de machos e fêmeas diferem muito em tamanho. Um espermatozoide de hamster fecundando um óvulo de hamster (aumentado 4.000 vezes) ilustra a trivial contribuição de material para o zigoto oferecida pelos machos. Fotografia de David M. Phillips.

FIGURA 10.7 O investimento parental toma diversas formas. (Em sentido horário a partir do alto à esquerda) Um sapo macho carrega sua prole de girinos nas costas. Uma esperança (Tettigoniidae) macho dá a sua parceira um espermatóforo comestível contendo pigmentos cor-de-laranja de carotenoide que serão incorporados a seus ovos. Uma fêmea de mergulhão-de-pescoço-preto, *Podiceps nigricollis*, protege seus filhotes deixando-os pegar carona nas suas costas. Uma vespa fêmea predadora de cigarras, *Sphecius speciosus*, arrasta uma presa paralisada com uma ferroada para a cova que cavou, onde sua prole irá se alimentar da infeliz cigarra. Fotografias de Roy McDiarmid; Klaus Gerhard-Keller; Bruce Lyon; e do autor.

familiares de fêmeas desconhecidas, o que pode promover novas possibilidades de um macho passar adiante seus genes. Em uma espécie de lagarto *Anolis*, machos territoriais dirigem mais de dez vezes mais exibições de corte a novas fêmeas que tenham surgido pela primeira vez em seus territórios, comparado com sua resposta bastante indiferente às companheiras de longa duração.[1077]

Enquanto os machos em geral tentam ter muitas parceiras sexuais, fêmeas geralmente não o fazem, porque seu sucesso reprodutivo é tipicamente limitado pelo número de óvulos que elas podem produzir, não pela falta de parceiros disponíveis. Óvulos são caros de produzir porque são grandes, o que significa que as fêmeas têm que possuir os recursos para fazê-los. Além do mais, depois que um lote de ovos foi fecundado, uma fêmea pode gastar ainda mais tempo e energia cuidando da prole resultante. Portanto, durante a estação reprodutiva do pássaro-caramanchão acetinado, as fêmeas tendem a gastar mais tempo forrageando, construindo o ninho ou cuidando dos filhotes do que procurando parceiros, enquanto os machos adultos de pássaros-caramanchão cuidam de seus caramanchões todos os dias. O gasto de tempo e energia e os riscos assumidos por um indivíduo parental para ajudar um filhote é considerado investimento parental naquele filhote se reduz a chance do parental reproduzir com sucesso no futuro.[1465]

Bob Trivers desenvolveu o conceito de investimento parental para dar ênfase aos custos e benefícios para pais que fazem contribuições a sua progênie (Figura 10.7). No lado positivo, o investimento parental pode aumentar a probabilidade de que uma prole existente vá sobreviver para reproduzir; mas esse benefício em aptidão vem com o custo da habilidade do pai em gerar proles adicionais mais adiante; por diversas razões, fêmeas são mais propensas do que machos a obter um benefício líquido de cuidar de uma prole existente. Primeiro, a prole que elas cuidam tem grande chance de carregar seus genes. Em contraste, a paternidade do macho é frequentemente menos certa, pois as fêmeas da maioria das espécies aceitam esperma de mais de um indivíduo. Além disso, machos têm menos vantagens em realizar cuidado parental em espécies em que os machos paternais perdem oportunidades de fecundação. Se um macho pode acasalar com mais de uma fêmea, é mais vantajoso fazê-lo, particularmente se ele possui atributos que lhe dão vantagem na corrida para fecundar óvulos.[1184] Machos mal-sucedidos estão sem saída em consequência de terem herdado os atributos não parentais que funcionam bem apenas para rivais mais competitivos do mesmo sexo. Fêmeas que já tenham acasalado com frequência não têm nada a ganhar com uma nova cópula; por isso, há tipicamente menos fêmeas sexualmente ativas a qualquer momento do que machos, criando uma razão sexual operacional (a razão de machos sexualmente receptivos para fêmeas receptivas) tendenciosa para os machos.[438]

Portanto, diferenças comportamentais essenciais entre os sexos evoluíram aparentemente em resposta à diferença no tamanho e no número de gametas produzidos, diferença comumente amplificada pelas diferenças no grau no qual fêmeas e machos fornecem investimento parental para sua prole atual. Mas por que os sexos diferem no tipo de recurso que destinam ao óvulo fecundado? Geoffrey Parker e colaboradores argumentaram que a evolução de dois tipos de gametas, e, portanto, de dois sexos, derivou da seleção divergente que favoreceu (1) indivíduos cujos gametas fossem bons em fecundar outros devido a seu tamanho relativamente pequeno e grande mobilidade (estratégia que favorecia o número de descendentes) ou (2) indivíduos cujos gametas relativamente grandes eram bons em se desenvolver depois de fecundados (estratégia de investimento parental).[1104] Espermatozoides são perfeitamente projetados para correr em direção a óvulos quando liberados por um macho. O esperma do sargo de orelha azul, *Lepomis macrochirus*, peixe da família Centrarchidae, por exemplo, dispara a até cinco comprimentos de esperma por segundo.[216] Em compensação, óvulos permanecem estáticos, porque são grandes e carregados de nutrientes úteis ao desenvolvimento do zigoto após a fecundação. Nenhum tipo de gameta sozinho poderia ser bom nas duas tarefas, o que pode ter levado à evolução separada de aparatos eficientes em fecundação (o esperma dos machos) e aparatos eficientes em desenvolvimento (o óvulo das fêmeas).

Testando a teoria evolutiva das diferenças sexuais

Revisamos a teoria das diferenças sexuais que se concentra no papel das diferenças gaméticas e na desigualdade entre os sexos no investimento parental (Figura 10.8). Essas diferenças favorecem machos que competem vigorosamente com rivais por parceiras e convencem avidamente as fêmeas (Figura 10.9). No entanto, a aptidão da fêmea raramente aumentará por receber espermatozoides de tantos machos quanto possível, de modo que a seleção deve favorecer aquelas fêmeas que rejeitam o custo de cópulas adicionais depois de escolherem parceiros que têm mais a oferecer na forma de recursos ou bons genes (aqueles genes que ajudarão sua prole a desenvolver as características associadas ao sucesso reprodutivo). Pássaros-caramanchão acetinados exemplificam esse padrão comum.

Podemos testar essa teoria encontrando casos raros em que os machos realizam a maior parte do investimento parental ou se engajam em outras atividades que revertem a razão sexual operacional típica. Em algumas espécies, machos fazem contribuições além dos espermatozoides pelo bem-estar de sua prole (ou de suas parceiras) porque, se não o fizerem, podem não ter a chance de fecundar óvulo algum. Para espécies desse tipo, podemos prever a competição das fêmeas por parceiros e a escolha cuidadosa da parceira pelos machos – em outras palavras, uma reversão do papel sexual com respeito a qual sexo compete por parceiros e qual faz as escolhas.

Essa reversão ocorre nos enxames de acasalamento de certas moscas Empididae, na qual a razão sexual operacional é fortemente inclinada para as fêmeas, porque a maioria dos machos está longe caçando insetos para trazê-los de volta para os enxames como estimulante para o acasalamento (*ver também* o quadro Para discussão 9.2).[1408] Quando um macho entra no enxame portando seu **presente nupcial**, ele pode encontrar fêmeas se exibindo com (dependendo da espécie) asas incomumente grandes e hachuradas, pernas decoradas[600] ou estranhos sacos infláveis em seu abdome (Figura 10.10).[507] O macho pode escolher dentre todas as fêmeas ornamentadas uma parceira disponível para ele.

Da mesma forma, machos de algumas espécies de peixes oferecem a suas parceiras algo realmente valioso: uma bolsa para abrigar a prole na qual a fêmea pode colocar seus óvulos. Por exemplo, no peixe-cachimbo *Syngnathus typhle*, machos "grávidos" oferecem nutrientes e oxigênio por diversas semanas, para uma massa de ovos fecundados enquanto uma fêmea comum produz óvulos suficientes para encher as bolsas de outros dois machos. As fêmeas evidentemente competem pela oportunidade de doar seus óvulos aos machos, que pagam um preço enquanto estão grávidos, porque se alimentam e crescem menos enquanto incubam os ovos. Como resultado, no começo da estação reprodutiva, machos que têm a escolha (em um experimento em aquário) de investir tempo em alimentar-se ou reagir a parceiras potenciais, de fato mostram mais interesse em alimentar-se do que em acasalar.[109] Em laboratório ou no oceano, machos grandes com espaço nas bolsas ativamente escolhem entre as parceiras, descartando fêmeas pequenas e lisas em favor das grandes e ornamentadas, que podem prover machos seletivos com maior quantidade de ovos para fecundar.[108, 1241] Em outro peixe-cachimbo, *Corithoichthys haematopterus*, uma razão sexual dos adultos favorecendo fêmeas gera uma razão sexual operacional inclinada para fêmeas. Nessa espécie, fêmeas sem parceiros competem agressivamente e realizam corte enquanto os machos não o fazem.[1363]

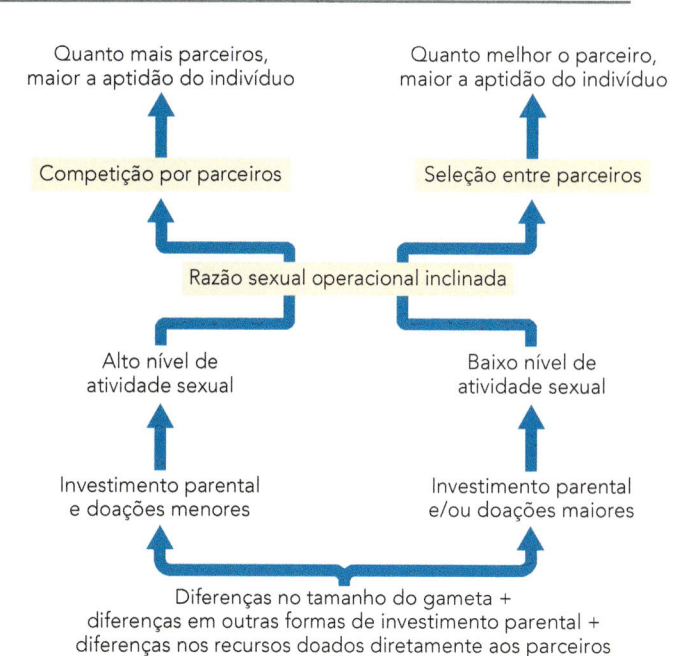

FIGURA 10.8 Diferenças entre os sexos no comportamento sexual podem surgir de diferenças fundamentais no investimento parental que afetam a taxa na qual os indivíduos produzem filhotes. O sexo que pode potencialmente deixar mais descendentes ganha com altos níveis de atividade sexual, enquanto que o outro sexo não ganha. Uma desigualdade no número de indivíduos receptivos dos dois sexos leva à competição por parceiros em um sexo, enquanto que o outro sexo tem a vantagem de escolher.

FIGURA 10.9 O ímpeto sexual do macho é tão intenso que os cientistas conseguiram atrair este macho de elefante marinho para esta área apenas tocando uma gravação dos sons de uma fêmea de sua espécie copulando.[386] Uma vez lá, o macho viu um modelo móvel da fêmea feito em espuma de uretano coberto com fibra de vidro. Enquanto o macho perseguia o modelo móvel, ele subiu em uma balança, possibilitando aos pesquisadores registrar seu peso sem precisar sedar e imobilizar o animal. Fotografia de Chip Deutsch.

FIGURA 10.10 Reversão do papel sexual na qual as fêmeas, e não os machos, se exibem para os parceiros. No empiídio *Rhamphomyia longicauda*, as fêmeas vão para enxames onde esperam a chegada de um macho carregando um presente. Enquanto aguardam, as fêmeas inflam o abdome e mantêm suas pernas escuras e peludas ao redor do corpo, fazendo-as parecer tão grandes quanto possível para parceiros potenciais. Fotografia de David Funk, para Funk e Tallamy.[507]

Outro exemplo de espécies em que as fêmeas às vezes competem por machos são as esperanças *Anabrus simplex*, que apesar do nome popular (Mormon cricket) não têm filiação religiosa. Quando machos dessas esperanças se acasalam, transferem para suas parceiras outro tipo de presente nupcial: um enorme espermatóforo comestível (Figura 10.11).[598] Sabendo-se que o espermatóforo compõe 25% do peso do macho, a maioria das esperanças machos provavelmente não consegue se reproduzir mais de uma vez. Em contrapartida, algumas fêmeas são capazes de produzir diversos pacotes de óvulos, mas têm de persuadir vários machos a acasalar com elas se quiserem ter os óvulos fecundados.

A competição das fêmeas por machos nessa espécie é evidente quando populações locais cresceram a tal ponto que os indivíduos não conseguem mais obter proteína e sal suficientes. Nessa situação, grandes números saem de seu hábitat e migram pelo campo, devorando plantações (e uns aos outros).[1333] Durante essas migrações em massa de esperanças canibais, alguns indivíduos param de se alimentar para copular. Quando um macho anuncia estar pronto para acasalar, ele começa a estrilar de um galho, e imediatamente as fêmeas vêm. Elas com frequência se empurram pela oportunidade de montá-lo, o prelúdio da inserção da genitália do macho e da transferência do espermatóforo. Os machos, contudo, podem recusar a chance de transferir

FIGURA 10.11 Machos de esperanças (*Anabrus simplex*) doam para suas parceiras um presente nupcial comestível. Aqui uma fêmea fecundada carrega um espermatóforo grande e branco que acabou de receber de seu parceiro. Fotografia do autor.

um espermatóforo para uma fêmea leve. Um macho seletivo que rejeite uma fêmea de 3,2 g em troca de uma pesando 3,5 g, fecunda, em decorrência disso, cerca de 50% mais ovos.[598] Portanto, aqui também, quando há mais fêmeas receptivas do que machos, a competição por parceiros ocorre entre as fêmeas.

A teoria das diferenças nos papéis sexuais também prediz que se a razão sexual operacional mudasse ao longo do curso da estação reprodutiva, as táticas sexuais de machos e fêmeas deveriam mudar também. Um teste dessa previsão foi oferecido pelo estudo de uma esperança australiana (Figura 10.12), cujo estoque de alimento varia muito ao longo da estação reprodutiva. Quando essas esperanças estão limitadas às flores do gênero *Anidozanthos* de pouco pólen, os espermatóforos grandes dos machos são mais difíceis de produzir e mais valiosos para as fêmeas como presente nupcial. Sob essas condições, machos sexualmente receptivos são escassos e seletivos quanto a suas parceiras, à medida que as fêmeas lutam umas com as outras pelo acesso aos machos receptivos que ofereçam espermatóforos. Mas quando plantas da família Xanthorrhoeaceae, ricas em pólen, começam a florescer e machos produzem espermatóforos muito mais rápido, a razão sexual operacional pode ficar inclinada para os machos, já que a produção de óvulos pelas fêmeas é limitada pela velocidade na qual elas podem transformar pólen em gametas. Nesse momento, os papéis sexuais retornam ao padrão mais típico, com machos que competem por acesso às fêmeas e fêmeas que rejeitam alguns machos.

FIGURA 10.12 **Uma esperança que muda de papel sexual de acordo com a disponibilidade de espermatóforos.** Fêmeas da esperança *Kawanaphila* sp. competem para acasalar com machos que lhe forneçam espermatóforos nutritivos e gelatinosos, mas apenas quando a comida é escassa. Nesta fotografia, a fêmea está comendo um espermatóforo que recebeu do parceiro enquanto estava pousada sobre uma flor pobre em pólen. As duas antenas finas e ovipositor mais curto e grosso da fêmea estão voltados para baixo. Fotografia de Darryl Gwynne.

Para discussão

10.2 No caboz, *Gobiusculus flavescens*, um peixe que vive em costões rochosos no norte da Europa, os machos fornecem o cuidado parental para uma ou mais desovas. Os machos inicialmente competem ferozmente por territórios (sítios de desova sobre algas ou conchas de mexilhões) durante a curta estação reprodutiva (maio a julho). Mas, ao longo da estação reprodutiva, os machos tornam-se escassos, e as fêmeas começam a comportar-se agressivamente entre si e a cortejar os machos. Os dados na Tabela 10.1 lhe permitem testar a teoria delineada acima sobre por que os sexos diferem em suas táticas reprodutivas?

Tabela 10.1 *Mudanças sazonais na biologia reprodutiva do caboz Gobiusculus flavescens*

	Maio	Junho	Fim de Junho	Fim de Julho
Machos territoriais por metro quadrado	0,56	0,32	0,13	0,07
Fêmeas prontas para desovar	0,15	0,39	0,29	0,33
Espaço no ninho (número de desovas adicionais que cada ninho poderia acomodar)	2,98	2,53	1,49	0,99

Fonte: Forsgren e colaboradores.[477]

Seleção sexual e competição por parceiros

Na maioria das espécies, machos, com seus diminutos espermatozoides, podem potencialmente ter muitos descendentes. Porém, se eles pretendem alcançar pelo menos uma fração desse potencial, terão que lidar tanto com outros machos, que tentam acasalar com o mesmo conjunto limitado de fêmeas receptivas, quanto com as próprias fêmeas, que em geral têm muitos parâmetros para definir quais machos fecundarão seus óvulos. A percepção de que os membros de uma espécie podem definir quem se reproduzirá e quem falhará em fazê-lo levou Charles Darwin a propor que a mudança evolutiva poderia ser guiada pela **seleção sexual**, que ele definiu como "a vantagem que certos indivíduos têm sobre outros do mesmo sexo e espécie, exclusivamente em relação à reprodução."[349] Darwin delineou a seleção sexual especificamente para explicar a evolução de características custosas e redutoras de sobrevivência, como as exibições de corte extravagantes dos machos de pássaros-caramanchão e a plumagem ornamental de pavões. O custo dessas características incluem não só o tempo e a energia requeridos para realizar exibições exaustivas ou apresentar penas chamativas, mas também maior vulnerabilidade a predadores e custos no desenvolvimento (Figura 10.13).[436] Darwin argumentou que, apesar de alguns atributos favoráveis à aquisição de parceiros certamente encurtarem a vida dos machos direta ou indiretamente, esses atributos poderiam aumentar o sucesso reprodutivo em seu tempo de vida ao permitir que machos bem ornamentados garantam parceiros na competição com outros (Figura 10.14). Darwin contrastou essas características que favoreciam a reprodução com aquelas que favoreciam a sobrevivência, que ele explicou em termos de seleção natural convencional.

Hoje, a maioria dos biólogos enfatiza as semelhanças entre esses dois tipos de seleção. Ambos os processos requerem diferenças no sucesso reprodutivo do indivíduo;

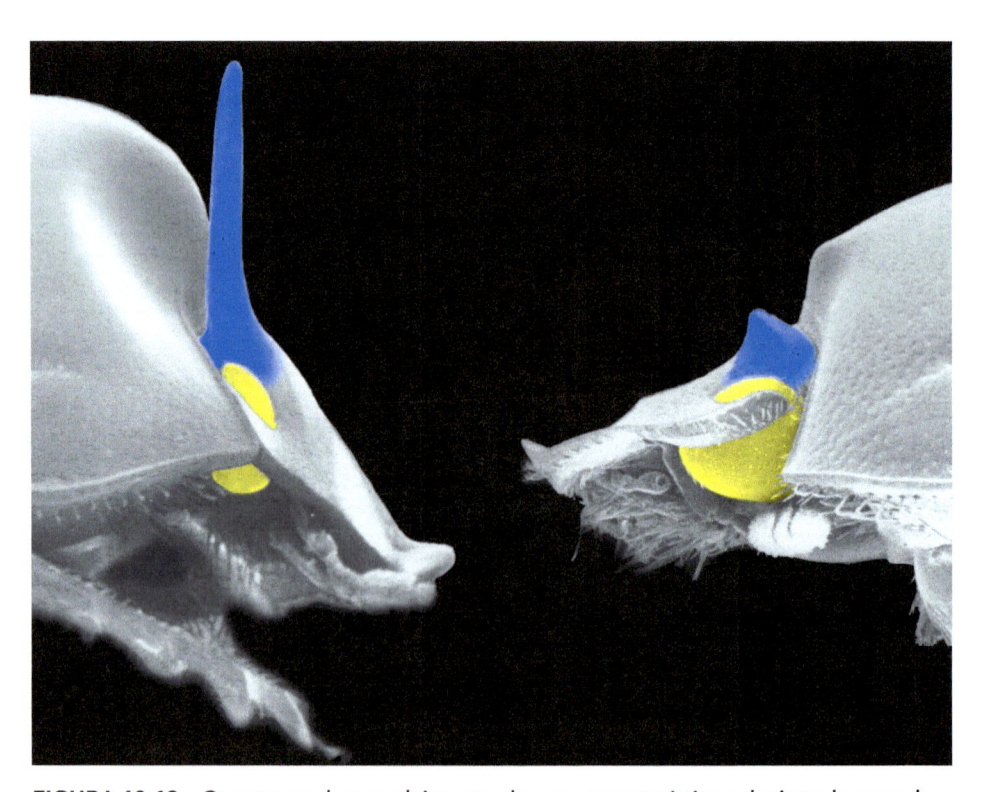

FIGURA 10.13 O custo no desenvolvimento de uma característica selecionada sexualmente. Machos do besouro rola-bosta, *Onthophagus acuminatus*, lutam por parceiras. Besouros com longos chifres (mostrados em azul) têm vantagem nestas disputas, mas os tecidos que constituem os chifres estão indisponíveis para a formação dos olhos (mostrados em amarelo). Como resultado, machos com chifres longos (esquerda) têm olhos menores que seus rivais com chifres curtos (direita). Segundo Emlen.[435]

e levarão à mudança evolutiva apenas se essas diferenças tiverem base hereditária. Porém, apesar da seleção sexual ser "apenas" uma subcategoria da seleção natural, a distinção que Darwin fez entre os dois processos é útil porque dá atenção especificamente às consequências seletivas das interações sexuais dentro de uma espécie.

Para discussão

10.3 Escolha um elemento comportamental que possivelmente aumente a sobrevivência do pássaro-caramanchão, *Ptilonorhynchus violaceus*, que pode ter sido produto da seleção natural e outra característica que diminua a sobrevivência que pode ter sido o resultado evolutivo da seleção sexual. Para cada um, liste as condições essenciais que deveriam ocorrer no passado para que a seleção natural e a seleção sexual ocorressem. O fator "diferenças entre as idades de morte de cada indivíduo" está na sua lista? Por que ou por que não?

10.4 Ratos, carneiros, bois, macacos Rhesus e humanos machos que tenham copulado à vontade com uma fêmea rapidamente recuperam-se ao ganharem acesso a outra fê-

FIGURA 10.14 "Ornamentos" sexualmente selecionados impõem custos à sobrevivência dos machos, mas aumentam seu sucesso na competição por parceiras. Darwin corretamente acreditava que a seleção sexual via escolha da fêmea era responsável pela evolução de plumagem elaborada e exibições impressionantes em aves macho como o quetzal, *Pharomachrus mocinno* (A), e o tetraz-rabo-de-faisão, *Centrocercus urophasianus* (B). Darwin argumentou erroneamente que os focinhos e chifres estranhos de alguns besouros (C) também surgiram pela escolha da fêmea; os machos, na verdade, usam estas estruturas principalmente como armas na luta com outros machos por parceiras. A, fotografia de Bruce Lyon; B, fotografia de Marc Dantzker; C, fotografia de David McIntyre e Joan Gemme.

> mea. Esse fenômeno é conhecido como "Efeito Coolidge",* supostamente porque quando a Sra. Calvin Coolidge soube que galos copulavam dúzias de vezes todos os dias, ela teria dito, "Por favor, contem isso ao Presidente." Quando contaram ao Presidente, ele perguntou: "Com a mesma galinha todas as vezes?" Ao descobrir que os galos escolhem uma nova galinha a cada vez, ele disse: "Por favor, contem isso à Sra. Coolidge." Crie uma hipótese em termos de seleção sexual para a evolução do efeito Coolidge. Use sua hipótese para prever que tipos de animais não deveriam ter o efeito Coolidge.

Um componente da seleção sexual (algumas vezes chamado de seleção intrassexual) ocorre quando os membros de um sexo competem entre si pelo acesso ao outro sexo. Apesar de ocorrer competição por parceiros entre fêmeas,[276, 822] como já vimos em peixes-cachimbo, hienas malhadas e grilos *Anabrus simplex*, é bem mais provável que machos comportem-se agressivamente em relação a outro membro do mesmo sexo. Então, por exemplo, machos de pássaro-caramanchão desmancham os caramanchões uns dos outros quando têm a chance.[1171] Como machos com caramanchões destruídos perdem oportunidades de copular, eles têm sido sexualmente selecionados para ficarem de olho em seus territórios de exibição e estarem dispostos a brigar com seus rivais. Lutas irrestritas entre os machos são uma das características mais comuns da vida na Terra (Figura 10.15), porque os vencedores dessas competições geralmente acasalam com mais frequência. Em capítulos prévios, fizemos referência a alces agressivos, besouros guerreiros e moscas belicosas – e em todos esses casos os combatentes eram machos.

Um dos efeitos mais presentes da seleção sexual desse tipo é a evolução de corpos grandes, graças ao fato de que machos maiores são capazes de vencer os menores. Aceitando essa hipótese, quando machos lutam regularmente por acesso às parceiras, eles tendem a ser maiores do que as fêmeas de suas espécies.[131] Também podemos esperar que a seleção sexual vá produzir machos capazes de manter altas performances durante os conflitos que ocorrem dentro de suas espécies. À luz dessa ideia, não é surpreendente que machos do lagarto-de-coleira, *Crotaphytus collaris*, que perseguem intrusos de seu território, sejam excelentes velocistas. Os machos mais rápidos são os que têm maiores territórios, e correspondentemente, esses lagartos geram maior número de filhotes (Figura 10.16).[701] Além disso, machos de animais que vão desde aranhas a dinossauros, e de besouros a rinocerontes, desenvolveram armas na forma de cornos, presas, chifres, caudas claviformes e pernas grandes e espinhosas, que eles usam em lutas com outros machos pelas fêmeas (Figura 10.17).[437]

Apesar dos machos de diversas espécies lutarem pelas fêmeas, em outras espécies, conflitos entre os machos não acontecem pela oportunidade imediata de se acasalar, mas têm relação com a posição em uma hierarquia de dominância. Uma vez que indivíduos tenham se hierarquizado desde o líder da matilha até o mais subordinado, o macho alfa só precisa ir em direção a um macho inferior para que esse indivíduo saia apressadamente do caminho ou sinalize submissão. Caso o esforço custoso de alcançar um *status* alto numa hierarquia de dominância seja adaptativo, então indivíduos de *status* mais alto deveriam ser reprodutivamente recompensados. Aceitando-se essa previsão, entre espécies de mamíferos, machos dominantes geralmente acasalam-se com mais frequência do que subordinados.

FIGURA 10.15 Machos de muitas espécies lutam, usando qualquer arma que esteja ao seu dispor. Aqui, duas girafas se digladiam com seus pesados pescoços e cabeças claviformes. Fotografia de Gregory Dimijian.

*N. de T. Calvin Coolidge, o trigésimo presidente dos Estados Unidos, permaneceu no poder de 1923 a 1929.

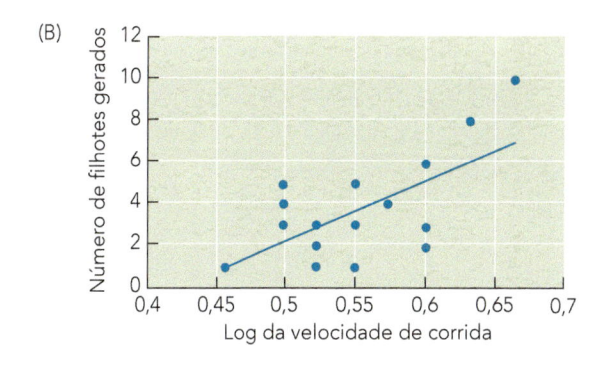

FIGURA 10.16 A velocidade da corrida em lagartos-de-coleira, *Crotaphytus collaris*, é o produto da seleção sexual, já que afeta tanto o tamanho do território do macho quanto o número de filhotes que ele gera. (A) Um lagarto-de-coleira exposto ao sol dentro de seu domínio. (B) A relação entre a velocidade de corrida do macho e a prole produzida. A, fotografia do autor; B, adaptada de Husak e colaboradores.[701]

A relação entre dominância e acesso sexual a parceiros foi especialmente bem estudada em grupos de babuínos da savana, onde machos competem intensamente por *status* social. Os oponentes estão dispostos a lutar para ascender na escala de dominância, e, como resultado, cada macho é mordido cerca de uma vez a cada seis semanas, taxa de ferimento quase quatro vezes maior do que a das fêmeas.[415] Então, vale a pena para os machos arriscar-se a tomar mordidas danosas e pegar infecções sérias para garantir um *status* superior? Quando Glen Hausfater tentou pela primeira vez testar essa proposição, ele contou acasalamentos em um grupo de babuínos e descobriu que, ao contrário da previsão, machos de *status* baixos e altos tinham a mesma probabilidade de copular.[637] Hausfater posteriormente percebeu, porém, que havia feito a suposição dúbia de que a qualquer momento que um macho copulasse ele teria a mesma chance de tornar-se pai de uma prole. Essa suposição estaria errada se realmente as cópulas só "contassem" quando as fêmeas tivessem ovulado recentemente. Quando Hausfater reexaminou o momento das cópulas, ele percebeu que machos dominantes tinham de fato monopolizado fêmeas durante os poucos dias em que elas estavam férteis. Os machos subordinados tinham suas chances de acasalar, mas tipicamente apenas quando as fêmeas estavam na fase infértil de seu ciclo de estro.

FIGURA 10.17 Evolução convergente dos armamentos em machos. Chifres semelhantes aos do rinoceronte evoluíram repetidamente em machos pertencentes a espécies não aparentadas graças à competição entre os machos destas espécies por acesso às fêmeas. As espécies ilustradas aqui são 1, narval (*Monodon monoceros*); 2, camaleões (*Chamaleo* [*Trioceros*] *montium*); 3, trilobita (*Morocconites malladoides**); 4, peixe unicórnio (*Naso annulatus*); 5, dinossauro ceratópsido (*Styracosaurus albertensis**); 6, porco com chifre (*Kubanochoerus gigas**); 7, ungulado protoceratídeo (*Synthetoceras* sp.*); 8, besouro rola-bosta (*Onthophagus raffrayi*); 9, brontotério (*Brontops robustus**); 10, besouro rinoceronte (*Allomyrina* [*Trypoxylus*] *dichotomus*); 11, isópode (*Ceratocephalus grayanus**); 12, roedor com chifres (*Epigaulus* sp.*); e 13, rinoceronte gigante (*Elasmotherium sibiricum**); (*, espécies extintas). Cortesia de Doug Emlen.

(A)

(B)

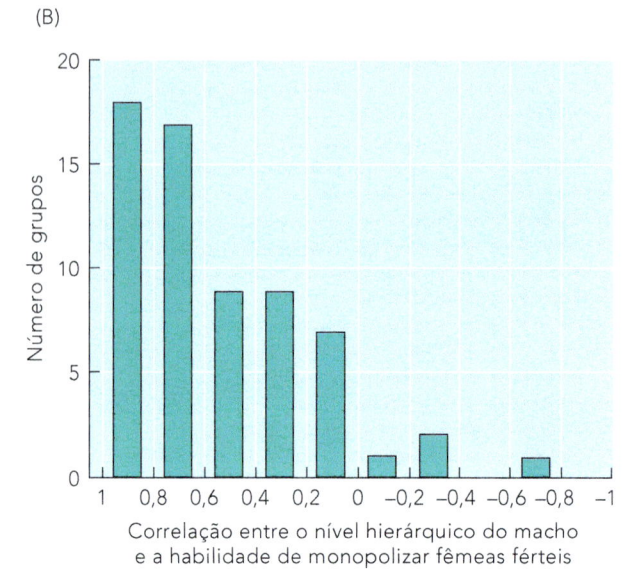

FIGURA 10.18 Dominância e sucesso no acasalamento em babuínos da savana. (A) Machos de babuínos lutam por *status* social. (B) Em uma reserva queniana na qual muitos bandos foram acompanhados por diversas estações reprodutivas diferentes, a relação entre o *status* de dominância do macho e a habilidade para formar consórcios com fêmeas férteis geralmente demonstrou forte coeficiente de correlação positiva. Um índice de correlação de +1 indicaria combinação perfeita entre as duas variáveis. A, fotografia de Joan Silk; B, adaptada de Alberts, Watts e Altmann.[8]

Eixo X: Correlação entre o nível hierárquico do macho e a habilidade de monopolizar fêmeas férteis
Eixo Y: Número de grupos

A partir das pesquisas pioneiras de Hausfater, outros deram continuidade com mais estudos dessa natureza. Uma revisão de dados acumulados sobre bandos de babuínos da savana observados em uma reserva queniana durante muitos anos revela que a dominância dos machos é quase sempre positivamente correlacionada com o sucesso copulatório com fêmeas férteis (Figura 10.18).[8] É quase certo que um macho que copule com uma fêmea ovulando, enquanto mantém todos os outros machos afastados dela, seria o pai de qualquer filhote que essa parceira gerasse posteriormente. Mas não precisamos mais adivinhar a paternidade nesses casos, graças ao desenvolvimento da tecnologia molecular, incluindo a análise de microssatélites, que torna possível determinar com quase total certeza se um determinado macho de fato é pai de um dado filhote (*ver* Quadro 11.1). A análise genética de 208 filhotes de babuínos no Quênia revela que a dominância de um macho prediz não apenas o sucesso copulatório mas também seu sucesso genético (Figura 10.19).[9] Machos dominantes geraram mais filhotes do que subordinados devido à habilidade para identificar fêmeas receptivas que eram muito prováveis de conceber,[529] bem como mantiveram outros machos afastados dessas fêmeas férteis,[9] como acontece em outras espécies de primatas.[1564]

Para discussão

10.5 Em algumas espécies, como hienas-malhadas, *Crocuta crocuta*, e suricatas, *Suricata suricatta*, as fêmeas formam hierarquias de dominância na competição com outras de seu sexo. Em espécies desse tipo, a variação no sucesso reprodutivo pode ser maior para fêmeas do que para machos, porque fêmeas dominantes são capazes de suprimir a reprodução por fêmeas subordinadas em seus grupos.[276, 283] A teoria da seleção sexual é geralmente mais aplicada a machos do que a fêmeas, mas por que é legítimo dizer que certas características das fêmeas em hienas e suricatas, como esforço e agressividade pelo *status*, são produtos da seleção sexual? Por que a seleção sexual poderia ser mais forte sobre as fêmeas de hienas malhadas e suricatas do que sobre os machos dessas espécies?

10.6 As cores das jubas de leões africanos variam de muito escuras a bastante pálidas. Quando dois modelos de leões, um com juba escura e outro com juba clara, foram colocados em territórios de leões, os machos que encontravam os modelos primeiro se aproximavam daquele de juba clara mais frequentemente do que o de juba escura. Em contraste, leoas quase sempre passavam primeiro perto dos modelos de juba escura. Peyton West e Craig Packer descobriram que, em geral, a juba era mais escura em machos mais velhos com níveis mais altos de testosterona.[1545] Sabendo o que você sabe sobre o comportamento social dos leões (ver capítulos 1 e 8) e a teoria da seleção sexual, como você explicaria as diferenças nas reações de machos e fêmeas para os modelos com juba escura?

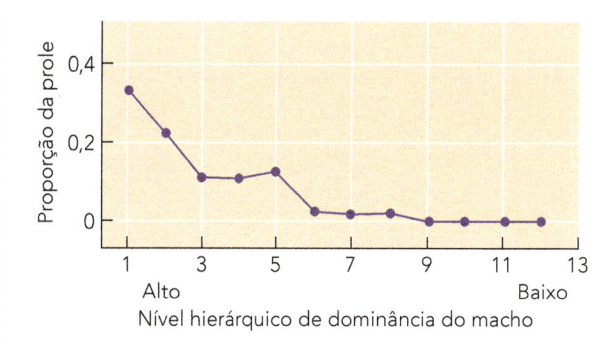

FIGURA 10.19 A dominância afeta a paternidade dos machos em babuínos da savana. Machos de *status* alto não apenas acasalam-se com mais frequência com fêmeas receptivas, como também tendem a serem pais de mais filhotes do que seus rivais subordinados. Adaptada de Alberts, Buchan e Altmann.[9]

Táticas alternativas de acasalamento

Apesar da pesquisa sobre babuínos e muitos outros animais ter confirmado que *status* de dominância alto garante benefícios à paternidade para machos aptos a manter a posição alfa, os benefícios são com frequência menores do que se esperaria (Figura 10.20).[8] Descobriu-se que babuínos socialmente subordinados podem compensar até certo ponto sua incapacidade de dominar fisicamente outros em seu grupo. Por um lado, machos inferiores podem desenvolver e de fato desenvolvem alianças com certas fêmeas, relações que não dependam inteiramente da dominância física, mas da disposição do macho para defender a prole de uma dada fêmea (ver Figura 12.12).[1099] Assim que um macho, mesmo moderadamente subordinado, demonstra estar disposto e apto a proporcionar proteção para uma fêmea e suas crias, essa fêmea pode procurá-lo quando chegar ao estro novamente.[1398]

Machos de babuínos também formam alianças com outros machos. Através dessas alianças, eles às vezes podem confrontar coletivamente um rival mais forte que tenha adquirido uma parceira, forçando-o a entregá-la, a despeito do fato de que o macho de *status* alto pode derrotar qualquer de seus oponentes mano-a-mano. Portanto, por exemplo, em um bando de babuínos da savana que continha oito machos adultos, três machos de baixo *status* (do quinto ao sétimo na hierarquia) regularmente formaram co-

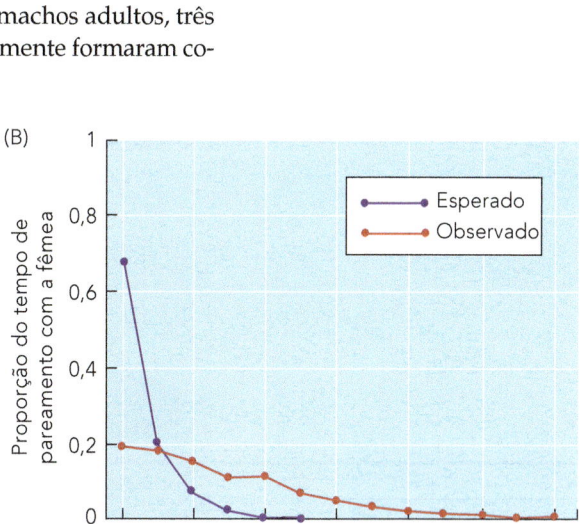

FIGURA 10.20 Machos de babuínos dominantes não controlam as fêmeas férteis tão completamente quanto se imaginaria se o macho alfa do bando sempre tivesse prioridade de acesso às fêmeas em estro num momento em que apenas uma fêmea estivesse disponível no bando. (A) Um macho guardando uma fêmea em estro. (B) Machos de *status* elevado não permaneceram próximos a uma fêmea fértil por tanto tempo quanto esperado com base unicamente no *status* dominante do macho. A, Fotografia de Joan Silk; B, adaptada de Alberts, Watts e Altmann.[8]

alizões para opor-se a um único macho de *status* mais alto quando ele estava acompanhando uma fêmea fértil. Em 18 de 28 casos, a ameaçadora gangue de subordinados forçou o oponente solitário a abrir mão da fêmea.[1051]

Babuínos não são a única espécie em que alguns machos utilizam táticas de acasalamento especiais de forma a evitar ser espancado por um oponente mais forte ou experiente.[35, 590] Enquanto alguns machos de foca cinzenta, *Halichoerus grypus*, por exemplo, lutam uns com os outros para monopolizar oportunidades de acasalamento com fêmeas se arrastando na praia com seus filhotes, outros machos evidentemente procuram e encontram parceiras nadando nas águas próximas à colônia. Esses não combatentes são pais de muitos dos filhotes produzidos todos os anos, a julgar pelos testes de paternidade dos filhotes encontrados em colônias reprodutivas.[1584]

Em outra espécie de foca, *Callorhinus ursinus*, quase todos os filhotes podem ser atribuídos, por testes genéticos, a machos que defendem pedaços da praia usados por suas mães como locais de descanso e parto. Mas, aqui também, uma tática alternativa é empregada por donos da praia cujos territórios tenham atraído significantemente menos fêmeas do que as propriedades de seus vizinhos. Um indivíduo menos bem-sucedido desse tipo algumas vezes tenta raptar uma fêmea ou duas de seus rivais, e ocasionalmente tem êxito em forçar uma fêmea a ficar do seu lado da divisa, onde ela pode eventualmente acasalar com o raptor.[779]

Outra tática que pode ajudar machos menos bem-sucedidos a se saírem um pouco melhor do que normalmente fariam evoluiu nas famosas iguanas-marinhas da espécie *Amblyrhynchus cristatus*, que vivem em densas colônias nas Ilhas Galápagos. Iguanas macho variam imensamente em tamanho, e quando um macho pequeno se apressa a cobrir uma fêmea, um macho maior pode chegar quase que imediatamente para removê-lo sem cerimônia de cima dela (Figura 10.21). Como leva três minutos para uma iguana macho ejacular, alguns pensariam que machos pequenos cujos acasalamentos foram interrompidos tão rapidamente não seriam capazes de inseminar suas parceiras. Porém, as pequenas iguanas têm uma solução para esse problema: ejacular antes de qualquer tentativa de cópula mas reter o esperma em seus corpos. Quando, no decorrer da cópula com uma fêmea o macho pequeno everte seu pênis de uma abertura na base da cauda e o insere na cloaca da fêmea, esse esperma "velho" imediatamente começa a fluir de uma fresta peniana; portanto, mesmo que não tenha tempo de atingir outra ejaculação, a iguana pequena pode pelo menos passar alguns espermatozoides viáveis para sua parceira durante seu breve tempo juntos.[1571]

FIGURA 10.21 Machos pequenos da iguana-marinha, *Amblyrhynchus cristatus*, têm que lidar com a interferência sexual de rivais maiores. Dois machos menores estão montados sobre a mesma fêmea; um macho muito maior está tentando tirá-los de cima dela. Fotografia de Martin Wikelski; para Wikelski e Baurle.[1571]

Estratégias de acasalamento condicionais

Apesar da habilidade das iguanas pequenas de inseminar sem ejacular ajudá-las a reproduzir, as chances dos grandalhões (que conseguem copular e inseminar à vontade) de reproduzir com sucesso são maiores. Então aqui temos outro exemplo de variação comportamental dentro de uma espécie, na qual alguns indivíduos empregam um comportamento com alto valor adaptativo, enquanto outros se comportam diferentemente e parecem tirar o melhor proveito de uma situação ruim. Esse padrão é do tipo associado a estratégias condicionais (*ver* página 231), que evolui quando a seleção favorece indivíduos de comportamento flexível que podem optar pela tática que lhes proporcione o maior retorno possível em termos de aptidão, face às restrições de seu nível social.

Aplicando essa abordagem às iguanas pequenas em desvantagem competitiva, podemos argumentar que esses machos se dariam melhor tentando inseminar fêmeas desavisadas do que brigando futilmente por acasalamentos com indivíduos maiores e mais poderosos. Da mesma forma, machos do besouro escarabídeo chifrudo *Ontophagus nigriventris* tomam decisões tanto ontogenéticas quanto comportamentais que refletem a realidade que indivíduos menores invariavelmente perderão lutas para machos providos de chifres maiores. Portanto, em algum momento de seu desenvolvimento larval, quando os mecanismos ontogenéticos percebem que seu corpo tende a ser relativamente pequeno, presumivelmente porque a larva do besouro é malnutrida, o macho troca o investimento de seus recursos do crescimento do chifre para o que se tornará seus testículos produtores de espermatozoides. Esse macho menor terá chifres menores ou não existentes quando adulto, mas testículos maiores do que o de seus oponentes grandes. De acordo com seu plano corporal, o macho menor entra furtivamente nas tocas onde uma fêmea esteja sendo guardada por um macho maior com grandes chifres e tenta inseminá-la sorrateiramente, passando grandes quantidades de esperma para ela se tiver sucesso em evitar a detecção do seu consorte.[694] Os machos grandes não conseguem produzir chifres grandes e testículos grandes (Figura 10.22),[1331] assim como grilos e outros insetos que investem em asas e músculos

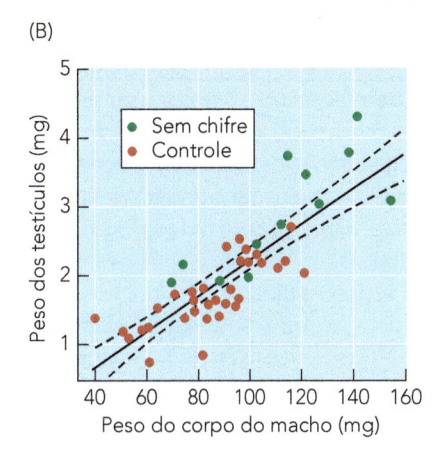

FIGURA 10.22 Chifres maiores significam testículos menores. Quando os machos do (A) besouro escarabídeo chifrudo, *Ontophagus nigriventris*, foram experimentalmente induzidos a crescer como machos sem chifres, (B) eles tenderam a crescer mais do que os controles com chifres e a investir em testículos relativamente grandes para seu tamanho corporal. A, fotografia de Doug Emlen; B, adaptada de Simmons e Emlen.[1331]

FIGURA 10.23 Táticas de acasalamento dos machos satélite. (A) Um macho satélite do sapo *Bufo cognatus* se abaixa perto de um macho cantando (perceba o saco vocal inflado) cujos sinais ele pode ser capaz de explorar interceptando fêmeas atraídas pelo canto. (B) Seis machos subordinados de carneiro selvagem, *Ovis canadensis*, seguem um macho dominante, que se coloca entre eles e a fêmea com quem acasalará algumas vezes. (C) Dois machos satélites de xifosuros, *Limulus polyphemus*, esperam perto da fêmea dos dois lados de um macho que se acoplou à sua parceira. A, fotografia de Brian Sullivan; B, fotografia de Jack Hogg; C, fotografia de Kim Abplanalp, cortesia de Jane Brockmann.

associados ao voo têm menos a depositar nos ovários e em outros componentes do equipamento reprodutivo (*ver* Figura 5.7).[1236, 1642] Um *O. nigriventris* macho com grandes chifres e testículos relativamente pequenos pode perder a fecundação dos óvulos para um rival menor, caso o macho menor copule com a parceira do macho maior e seu esperma leve vantagem sobre o esperma que ela recebeu de seu consorte musculoso (*ver* Competição de Esperma nas páginas seguintes).

Em espécies com estratégias condicionais, a habilidade dos indivíduos desfavorecidos em trocar para uma tática alternativa acarreta melhor benefício do que se esse indivíduo tentasse usar a tática de seus oponentes dominantes (Figura 10.23). No xifosuro, *Limulus polyphemus*, por exemplo, alguns machos patrulham as águas próximas às praias, encontrando e agarrando fêmeas que vão em direção à areia para lá depositar seus ovos. Outros machos novatos sobem às praias sozinhos e ali se aglomeram ao redor dos casais pareados. Como seria de se supor, um macho acoplado à fêmea fecunda pelo menos 10% mais óvulos do que qualquer macho satélite concorrente.[179, 180] Apesar dos machos satélites não serem tão bem-sucedidos quanto os xifosuros acoplados, eles se saem melhor do que se tentassem se acoplar a uma fêmea no mar por conta própria, apenas para serem empurrados de lado ou substituídos por machos em melhores condições físicas.

Para testar essa proposição, Jane Brockmann retirou amostras de machos acoplados e desacoplados de uma praia e devolveu-os ao mar com sacos plásticos sobre as pinças que eles usam para se agarrar às fêmeas. Antes de soltá-los, ela marcou cada um e classificou sua condição corporal com base em aspectos como carapaça lisa ou gasta e olhos recobertos de organismos marinhos ou livres de obstruções. Ela descobriu que machos de carapaças gastas e olhos obstruídos tinham mais chance de aparecer novamente na praia como indivíduos desacoplados. Em outras palavras, machos em piores condições estavam preparados para aceitar a tática com recompensa mais baixa de subir à praia desacoplado em busca de uma oportunidade como satélite, enquanto machos em boas condições evidentemente permaneceram no mar, tentando encontrar uma fêmea para agarrar e defender, apesar de estarem condenados a falhar por causa dos sacos sobre suas pinças.[181] A decisão de tornar-se um satélite é uma tática adaptativa para tirar o melhor proveito de uma situação ruim se os indivíduos que escolhem essa opção ganham mais do que ganhariam persistindo em tentativas desesperadas de tornar-se machos acoplados (Figura 10.24).

Para discussão

10.7 Machos de xifosuros satélites e acoplados não têm o mesmo sucesso reprodutivo. Por que a seleção sexual não eliminou a opção satélite com baixo retorno, se os machos que exercem essa opção não deixam tantos descendentes quanto os machos acoplados?

10.8 Galos competem uns com os outros pela dominância social, e, previsivelmente, machos dominantes têm maior sucesso copulatório do que machos subordinados. Use a teoria da seleção sexual para avaliar essas diferenças entre duas categorias de machos: machos dominantes produzem mais esperma do que subordinados, e dominantes transferem espermatozoides em maior quantidade e melhores (mais velozes) para fêmeas com cristas grandes e vermelhas, enquanto subordinados fornecem a todas as suas parceiras esperma da mesma qualidade (com a mesma velocidade).[299] Além disso, use a teoria da estratégia condicional para predizer o que deveria acontecer se dois machos dominantes fossem colocados juntos até que um se tornasse subordinado.

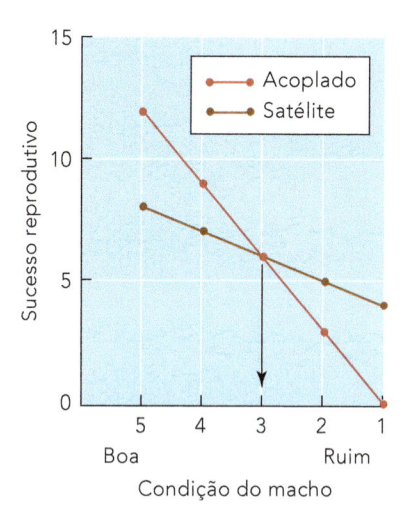

FIGURA 10.24 Um modelo de **estratégia condicional** da relação entre a condição do macho e o sucesso reprodutivo do xifosuro, *Limulus polyphemus*. Este modelo prediz que quando a condição do macho cai para três em uma escala de cinco pontos, os machos mudam de tática porque então ganham mais sucesso reprodutivo na opção satélite do que tentando acoplar-se a fêmeas. "Sucesso reprodutivo" e "condição do macho" são dados em unidades arbitrárias. Adaptada de Brockmann.[181]

Portanto, xifosuros machos parecem avaliar sua condição corporal, e usam essa informação para adotar uma ou outra tática de acasalamento, evidenciando que possuem uma estratégia condicional. Aplicaremos a mesma teoria para táticas de acasalamento alternativas no panorpídeo chamado mosca-escorpião (*Panorpa* sp), inseto da ordem Mecoptera (Figura 10.25). Nessa espécie, (1) alguns machos defendem agressivamente insetos mortos, recurso alimentar altamente atrativo para fêmeas receptivas, (2) outros machos secretam saliva sobre uma folha e esperam fêmeas ocasionais virem

FIGURA 10.25 Um mecóptero *Panorpa* sp. macho com sua estranha ponta do abdome semelhante à cauda de um escorpião, a qual ele pode usar para agarrar a fêmea em um prelúdio à cópula forçada, uma das três táticas de acasalamento disponíveis aos machos desta espécie. Fotografia de Jim Lloyd.

consumir esse presente nutricional e (3) outros ainda não oferecem nada à fêmea mas agarram-nas e forçam-nas a copular.[1434] Em experimentos em gaiolas com grupos de dez machos e dez fêmeas de *Panorpa*, Randy Thornhill mostrou que os machos maiores monopolizaram os dois grilos mortos colocados na gaiola, o que deu a esses machos fácil acesso às fêmeas e uma média de seis cópulas por teste. Machos de tamanho médio não podiam derrotar os panorpídeos maiores na disputa pelos grilos, então em geral produziam presentes de saliva para atrair as fêmeas, mas ganhavam apenas duas cópulas cada. Machos pequenos eram incapazes de reivindicar grilos e também não conseguiam gerar presentes de saliva, então esses insetos forçavam as fêmeas a copular, mas obtinham apenas cerca de uma cópula por teste.

Thornhill propôs que, nesse caso, tanto os machos grandes quanto os pequenos igualmente possuíam uma estratégia que permitia a cada indivíduo escolher uma dentre três opções com base em sua situação social. Essa hipótese prediz que as diferenças entre os fenótipos comportamentais são causadas pelo ambiente e não por diferenças hereditárias entre os indivíduos, e que os machos deveriam trocar para uma tática de maior sucesso reprodutivo se a condição social que eles experimentam tornar a mudança possível.

Para testar essa previsão, Thornhill removeu os machos grandes que estavam defendendo os grilos mortos. Quando essa mudança ocorreu, alguns machos prontamente abandonaram seus montinhos de saliva e tomaram os grilos mais valiosos. Outros machos que vinham apostando nas cópulas forçadas se apressaram para dominar as secreções abandonadas dos machos que as deixaram para defender o grilo morto. Portanto, um *Panorpa* macho pode adotar qualquer das três táticas que lhe dê a maior chance possível de acasalar-se, dado seu *status* competitivo corrente. Esses resultados decidem o caso em favor da estratégia condicional como explicação para a coexistência de três táticas de acasalamento nos *Panorpa*.[1434]

Estratégias de acasalamento distintas

É de aceitação geral que quase todos os casos de táticas de acasalamento alternativas podem ser explicados pela teoria da estratégia condicional (Gross,[500] *ver* Shuster e Wade[1328]). Porém, existem exceções a essa regra geral. O combatente, *Philomachus pugnax*, por exemplo, é um maçarico cujos machos são territorialistas "independentes" ou satélites subordinados ou imitadores de fêmeas, características que passam adiante para seus filhotes machos.[840] Os machos territorialistas defendem sítios de exibição, para onde tentam atrair uma fêmea receptiva. Satélites diferem levemente dos machos territorialistas na plumagem e são tolerados nos locais de corte, onde às vezes conseguem acasalar quando a atenção do macho dono do território está em outro lugar. Os raros imitadores de fêmeas se parecem com fêmeas de sua espécie; com isso, machos territorialistas os atacam com menos frequência.[741] Durante uma visita a um território, um imitador de fêmea, que tem testículos muito grandes, pode às vezes ser capaz de cobrir uma fêmea e lhe entregar grandes quantidades de esperma, talvez superando numericamente o esperma que ela recebeu do dono do território.

O isópode marinho *Paracerceis sculpta* é outra espécie com três estratégias reprodutivas coexistindo. Essa criatura lembra vagamente os tatuzinhos-de-jardim terrestres mais familiares, mas não vive em objetos úmidos em jardins de casas e sim em esponjas encontradas na zona entremarés do Golfo da Califórnia. Se você abrisse um número suficiente de esponjas, encontraria fêmeas, que se parecem todas mais ou menos iguais, e machos, que vêm em três tamanhos drasticamente diferentes: grande (alfa), médio (beta) e pequeno (gama) (Figura 10.26), cada qual com seu próprio fenótipo comportamental.

Os grandes machos alfa tentam excluir outros machos da cavidade interna de esponjas que tenham uma ou mais fêmeas morando. Se um macho alfa encontra outro macho alfa em uma esponja, uma batalha que pode levar horas se sucede até que um dos machos ceda. Caso um macho alfa encontre um pequeno macho gama, o isópode maior simplesmente agarra o pequeno e o atira para fora da esponja. Previsivelmente, machos gama evitam machos alfa tanto quanto possível enquanto tentam conseguir acasalamentos das fêmeas que vivem na esponja.[1324] Quando um alfa e um macho beta de tamanho médio se encontram na cavidade de uma esponja, o beta se comporta como fêmea, e o macho corteja inutilmente seu rival. Pela imitação da fêmea, os machos beta do tamanho de fêmeas coexistem com rivais muito maiores e mais fortes e, portanto, ganham acesso às verdadeiras fêmeas que de outra maneira o macho alfa monopolizaria.

Nesta espécie, portanto, temos três tipos diferentes de macho, e um tipo tem o potencial de dominar outros na competição macho-macho. Se os três tipos representam estratégias distintas, então (1) as diferenças entre eles têm que ser rastreáveis até diferenças genéticas, e (2) o sucesso reprodutivo médio dos três tipos deve ser igual. Caso, contudo, machos alfa, beta e gama usem três táticas diferentes resultando da mesma estratégia condicional, então (1) as diferenças comportamentais entre elas deveriam ser induzidas por condições ambientais distintas, e não genes diferentes, e (2) o sucesso reprodutivo médio dos machos que usam as táticas alternativas não precisa ser igual.

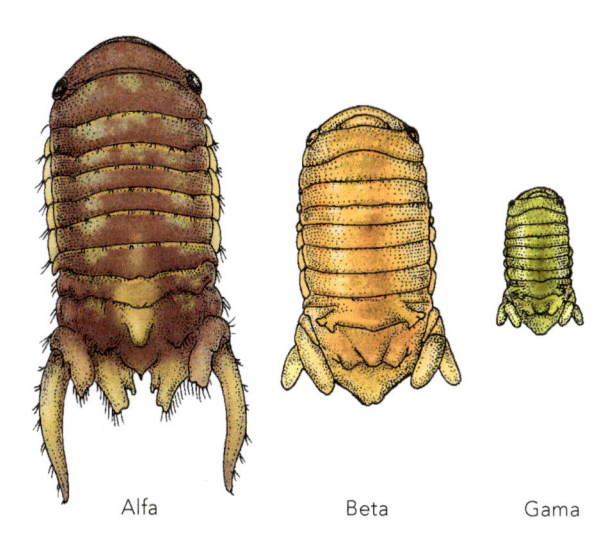

FIGURA 10.26 Três diferentes formas do isópode de esponja: o grande macho alfa, o macho beta do tamanho de uma fêmea e o minúsculo macho gama. Cada tipo não apenas tem tamanho e forma diferentes, mas também usa uma estratégia hereditária diferente para adquirir parceiras. Adaptada de Shuster.[1326]

Steve Shuster e colaboradores coletaram as informações necessárias para checar as previsões derivadas dessas duas hipóteses.[1325, 1327] Primeiro, eles demonstraram que o tamanho e a diferença do comportamento entre os três tipos de isópodes machos são o resultado hereditário de diferenças em um único gene representado por três alelos. Segundo, eles mediram o sucesso reprodutivo dos três tipos no laboratório colocando várias combinações de machos e fêmeas em esponjas artificiais. Os machos usados nesse experimento tinham marcadores genéticos especiais – características distintivas que podiam ser passadas adiante para seus filhotes – permitindo aos pesquisadores identificar qual macho havia sido pai de quais filhotes isópodes que cada fêmea porventura produziu. Shuster descobriu que o sucesso reprodutivo de um macho depende de quantas fêmeas e machos rivais viviam junto a ele em uma esponja. Por exemplo, quando um macho alfa e uma macho beta viviam junto com uma fêmea, o macho alfa era pai da maioria da prole. Mas quando essa combinação de machos ocupava uma esponja com muitas fêmeas, o macho alfa não podia controlar todas, e o macho beta superava seu rival, gerando 60% da prole resultante. Em outras combinações, machos gama superavam os outros. Para cada combinação, era impossível calcular um valor médio do sucesso reprodutivo do macho para machos alfa, beta e gama.

Shuster e Michael Wade então voltaram ao Golfo da Califórnia para coletar uma grande amostra aleatória de esponjas, cada uma das quais eles abriram para contar os isópodes de dentro.[1325] Saber com que frequência alfas, betas e gamas viviam em várias combinações com competidores e fêmeas permitiu a Shuster e Wade estimar o sucesso reprodutivo médio dos três tipos de machos, levando em conta os dados de laboratório reunidos previamente. Quando a poeira matemática assentou, eles estimaram que machos alfa acasalaram com 1,51 fêmeas na média, enquanto betas copularam com 1,35 e gamas tiveram 1,37 parceiras. Já que essas médias não difeririam significativamente em termos estatísticos, Shuster e Wade concluíram que os três tipos de machos geneticamente diferentes tinham aptidões essencialmente iguais na natureza. Os pressupostos de uma explicação de três estratégias coexistentes foram preenchidos (se os autores fizeram sua estatística direito).

Perceba nesse exemplo que a razão pela qual três fenótipos geneticamente distintos podem coexistir é que em certas frequências todos os três têm a mesma aptidão. Portanto, qualquer alteração na proporção de um tipo na população causa mudanças na aptidão de todos os três tipos. Imagine, por exemplo, que por uma razão ou outra, machos beta tornem-se duas vezes mais frequentes numa população do que eram quando Shuster e Wade fizeram sua coleta. Dessa forma, esses betas extras teriam que ir para algum lugar, incluindo esponjas em que já houvesse um macho beta coresidindo com um alfa e algumas fêmeas. Então, em vez de um beta, haveria agora dois machos beta competindo pela porção padrão do harém que o macho alfa não consegue controlar, o que cortaria a aptidão média do beta pela metade, paralelamente reduzindo também a aptidão média do fenótipo beta como um todo. Em relação ao fenótipo beta, alfas e gamas se sairiam melhor, e seu sucesso reprodutivo relativamente maior levaria a um aumento nas proporções de alfas e gamas na próxima geração. Por fim, a seleção dependente de frequência (ver página 231) poderia resultar em uma população na qual os três tipos tivessem em média a mesma aptidão.

Para discussão

10.9 Relembre o caso da população havaiana de um grilo em que machos estridulantes produzem um sinal acústico atrativo às fêmeas – e para moscas parasitas – tanto quanto para machos satélites silenciosos que esperam próximos aos sinalizadores para interceptar fêmeas receptivas.[1651] Produza uma hipótese que incorpore a seleção dependente de frequência para explicar como pode ser possível que ambos os fenótipos persistam em uma população mesmo se as diferenças entre os dois tipos de machos forem hereditárias.

10.10 A Figura 10.27 mostra três táticas diferentes usadas por machos de sargo de orelha azul, *Lepomis macrochirus*, para fecundar óvulos: a defesa territorial do ninho realizada por machos grandes, a opção sorrateira usada por machos pequenos, e a opção de imitador de fêmea.[587] Como você testaria as hipóteses competidoras relativas às três estratégias diferentes e uma estratégia condicional para explicar a existência de táticas reprodutivas alternativas nessa espécie? Para dados experimentais ver DeWoody e colaboradores.[391]

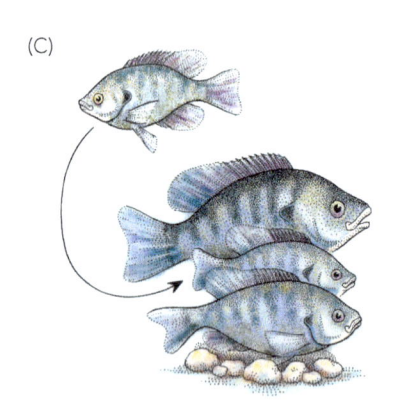

FIGURA 10.27 Três comportamentos de fertilização de ovos coexistem no sargo-de-orelha azul (*Lepomis macrochirus*). (A) Um macho territorialista guarda um ninho que pode atrair fêmeas grávidas. (B) Pequenos machos sorrateiros (*sneaker males*) aguardam uma oportunidade para se introduzir entre um par que está acasalando, liberando seu esperma ao mesmo tempo que o dono do território. (C) Um macho satélite ligeiramente maior com uma coloração de fêmea paira sobre um ninho antes de se introduzir entre um macho territorialista e seu par no momento em que a fêmea desova.

Competição de esperma

O macho alfa e o macho beta do isópode da esponja diferem em como eles asseguram parceiras copulatórias. Mas a competição reprodutiva entre eles não precisa parar por aí. Quando as fêmeas acasalam com mais de um macho em pouco tempo, os dois machos podem não dividir os óvulos da fêmea igualmente. No caso do sargo de orelha azul, *Lepomis macrochirus*, por exemplo, machos mais velhos que nidificam no interior das colônias (ver página 462) produzem ejaculações com mais espermatozoides, e seus espermatozoides nadam mais rápido, sugerindo que eles geralmente teriam vantagem na fecundação sobre um sargo mediano.[243] Por outro lado, quando um macho sorrateiro de sargo e um macho territorialista liberam seus espermatozoides mais ou menos ao mesmo tempo sobre uma massa de ovos (ver Figura 10.27), o macho sorrateiro fecunda uma maior proporção dos óvulos que os machos territorialistas.[497] O que temos aqui é uma evidência da competição entre machos com respeito ao sucesso de fecundação de seu esperma. Essa competição de esperma é um fenômeno muito comum no reino animal, não importa se a fecundação é externa (como no sargo de orelha azul e em muitos outros peixes) ou interna (como em insetos, aves e mamíferos). Se os espermatozoides de alguns machos têm vantagem consistente na corrida para fecundar óvulos, então contar os acasalamentos ou parceiras reprodutivas de um macho não medirá sua aptidão com precisão.[122]

Para discussão

10.11 Mais evidências de que acasalamentos não se revertem necessariamente em aptidão para os machos vêm do estudo de uma rã europeia comum, *Rana temporaria*. Nessa espécie, alguns machos encontram e agarram fêmeas carregadas de óvulos e então liberam seu esperma enquanto a fêmea deposita um pacote de ovos em uma lagoa. Alguns outros machos localizam massas de ovos flutuando logo depois de terem sido depositadas. Enquanto agarram a desova como se ela fosse uma fêmea, esses machos pós-coito liberam esperma sobre os ovos, resultando em uma lagoa com mais de 80% das desovas com paternidade repartida.[1491] Alguns interpretaram esse sistema de acasalamento como uma forma de garantir que a maior quantidade de diversidade genética seja passada adiante para a próxima geração, considerando que a razão sexual é fortemente inclinada para os machos. Proponha outra explicação evolutiva e avalie as duas alternativas.

Guerras de esperma ocorrem entre insetos,[1103, 1330] assim como em isópodes e peixes (e na maioria dos outros grupos de animais), levando à evolução de alguns atributos notáveis. Machos de *Panorpa* sp., por exemplo, evoluíram a capacidade de estimar o número de espermatozoides que uma fêmea já tem estocado em seu corpo, para melhor ajustar o número de espermatozoides que o estimador irá passar para sua companheira previamente acasalada. Quanto mais longo tiver sido o acasalamento com um parceiro prévio (e, portanto, quanto mais esperma ela tiver recebido), mais curta será a duração da cópula do próximo parceiro (ausente durante a cópula inicial).[415]

Machos de *Panorpa* sp. só podem adicionar a quantidade certa do próprio esperma àquele já recebido por uma parceira. Machos de *Calopteryx maculata*, a libélula de asas negras do leste da América do Norte, levam a competição de esperma a um nível diferente: fisicamente removem gametas rivais do corpo de suas parceiras antes de transferir os seus próprios.[1502] Machos dessa espécie defendem territórios com vegetação aquática flutuante, na qual as fêmeas põem seus ovos. Quando uma fêmea vai a um riacho para pôr seus ovos, ela pode visitar os territórios de diversos machos e copular com o dono do território, colocando alguns ovos em cada ponto. O comportamento da fêmea cria a competição entre seus parceiros para fecundar seus óvulos,[1103] e a pressão da seleção sexual resultante sobre os machos os dotou de um pênis extraordinário.

Para entender como o pênis da libélula funciona, precisamos descrever a maneira estranha como as libélulas copulam. Primeiro, o macho pega a fêmea e agarra-se à frente de seu tórax com clásperes especializados na ponta do abdome. Uma fêmea receptiva então gira o abdome sob o corpo do macho e posiciona a genitália sobre o aparelho transferidor de esperma do macho, que ocupa um lugar na superfície ventral do abdome, próximo ao tórax (Figura 10.28). A libélula macho então bombeia o abdome para cima e para baixo ritmadamente, e durante esse tempo seu pênis espinhoso funciona como uma escova (Figura 10.29), capturando e retirando qualquer espermatozoide armazenado no órgão de estocagem de esperma da fêmea. Jon Waage descobriu que um macho de *C. maculata* em cópula remove entre 90 e 100% de quaisquer espermatozoides con-

FIGURA 10.28 A cópula na libélula de asas negras, *Calopteryx maculata*, permite ao macho remover o esperma de um rival antes de transferir o seu próprio. O macho (à direita) agarrou a fêmea com a ponta do abome; a fêmea dobra seu abdome para a frente para fazer contato com o pênis removedor do esperma alheio e transferidor do próprio esperma de seu parceiro. Fotografia do autor.

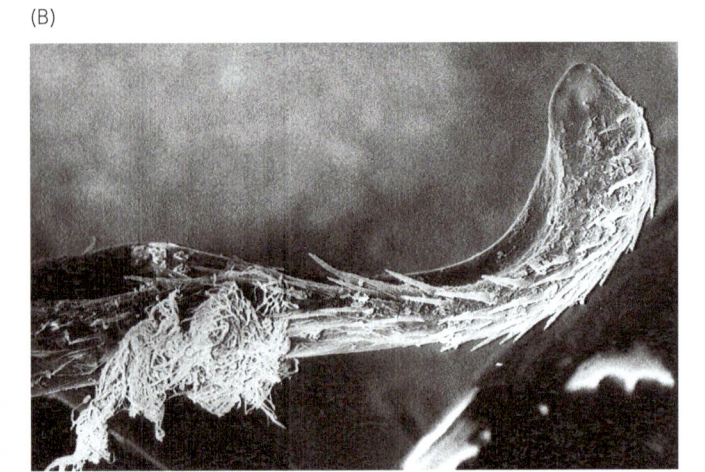

FIGURA 10.29 A competição de esperma moldou a forma do pênis da libélula de asas negras. (A) O pênis tem pontas nas laterais e espinhos que permitem limpar o órgão armazenador de esperma da fêmea antes de passar seu próprio esperma para ela. (B) Um *close* de uma ponta lateral revela espermatozoides rivais capturados em suas cerdas espinhosas. Fotomicrografias de Jon Waage, para Waage.[1502]

correntes antes de liberar os próprios gametas, os quais ele antes transferiu dos testículos na ponta do abdome para uma câmara de estocagem próxima ao pênis. Após esvaziar o órgão de estocagem de esperma da fêmea, ele deixa o próprio esperma sair da estocagem para dentro do trato reprodutivo da fêmea, onde permanece diponível para quando ela fecundar seus óvulos – a menos que ela acasale com outro macho antes de ovipositar; nesse caso, o esperma será extraído outra vez.[1502]

Se a libélula de asas negras fosse nossa guia, poderíamos concluir que a competição de esperma é basicamente algo que os machos fazem uns entre os outros. Na realidade, as fêmeas frequentemente têm um importante papel ao decidir de qual dos seus parceiros será o esperma que vencerá o concurso pela fecundação de seus óvulos.[1151, 1330] Mesmo a fêmea da libélula de asas negras poderia optar pela remoção de algum esperma simplesmente acasalando-se com um segundo macho após copular com um indivíduo que ela não aprovasse. Em outros casos, as fêmeas não dependem dos machos para remover os espermatozoides, pois podem elas mesmas expelir o esperma (Figura 10.30).[353]

FIGURA 10.30 A competição de esperma no ferreirinha-comum, *Prunella modularis*, **pássaro europeu, requer a cooperação da fêmea.** Um macho bica a cloaca de sua parceira após encontrar outro macho próximo a ela; em resposta, ela expele uma gota de ejaculado contendo espermatozoides recém recebidos do outro macho. Adaptada de Davies.[353]

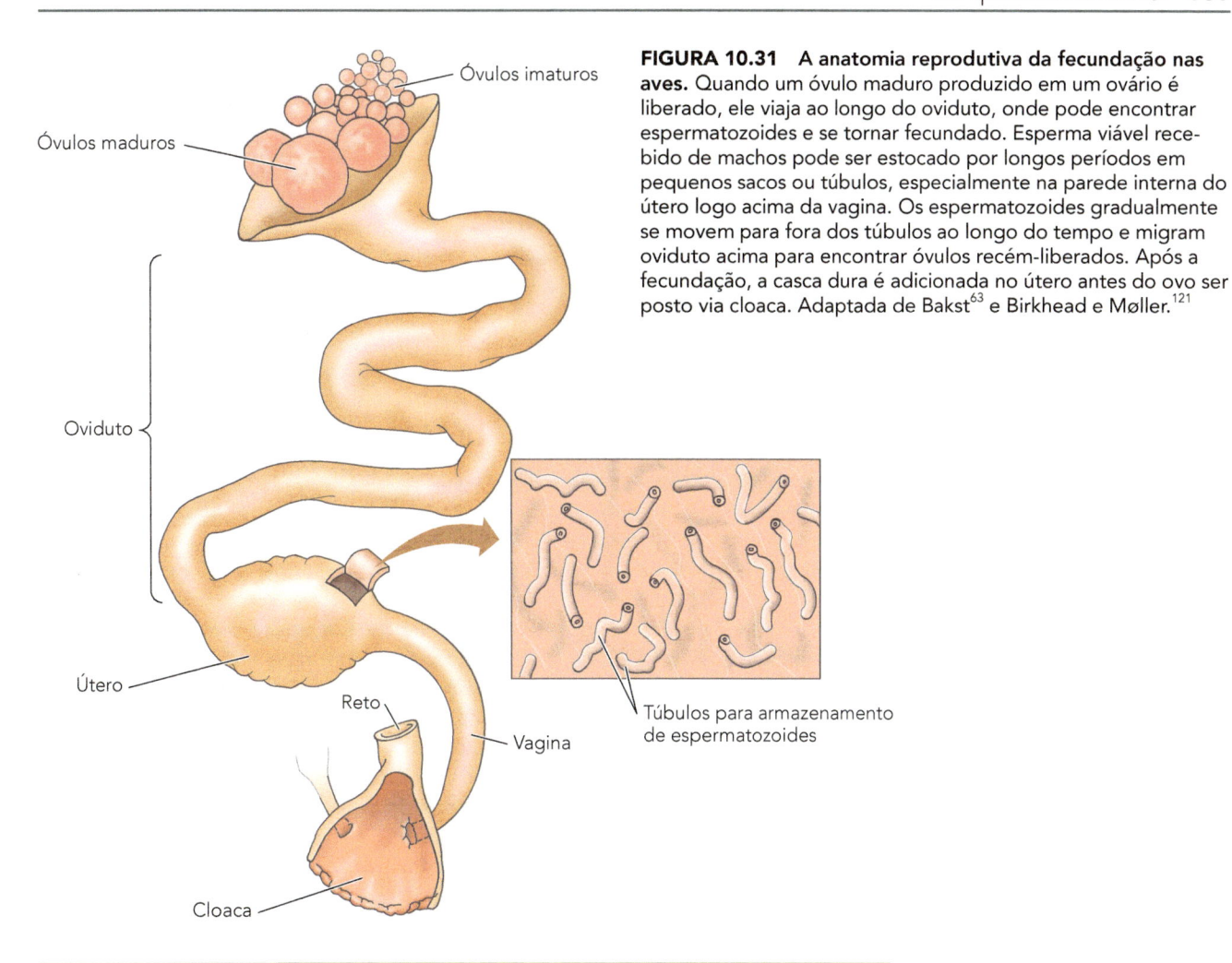

FIGURA 10.31 A anatomia reprodutiva da fecundação nas aves. Quando um óvulo maduro produzido em um ovário é liberado, ele viaja ao longo do oviduto, onde pode encontrar espermatozoides e se tornar fecundado. Esperma viável recebido de machos pode ser estocado por longos períodos em pequenos sacos ou túbulos, especialmente na parede interna do útero logo acima da vagina. Os espermatozoides gradualmente se movem para fora dos túbulos ao longo do tempo e migram oviduto acima para encontrar óvulos recém-liberados. Após a fecundação, a casca dura é adicionada no útero antes do ovo ser posto via cloaca. Adaptada de Bakst[63] e Birkhead e Møller.[121]

Para discussão

10.12 A fêmea da gaivota tridáctila, *Rissa tridactyla*, pode expelir o esperma recebido de um parceiro.[1505] Se você ficasse sabendo que essa ave é monogâmica, você rejeitaria a hipótese de que a expulsão de esperma nessa espécie evoluiu por seleção sexual? Por quê? Nessa espécie, pares monogâmicos começam a acasalar bem antes de desovar. Se a expulsão do esperma estiver relacionada à inabilidade de manter os espermatozoides vivos por longos períodos dentro do trato reprodutivo da fêmea, quando as fêmeas deveriam expelir o esperma de seus parceiros?

Apesar de ser tendência pensar nas aves como monogâmicas, esse não é necessariamente o caso, como veremos no próximo capítulo. Muitas aves formam pares e acasalam com um parceiro social, mas também podem se envolver em cópulas extraconjugais ou extrapar com outros indivíduos. O esperma fica estocado em fêmeas de aves após a cópula, tornando-se menos viável com o tempo (Figura 10.31). O esperma recebido mais recentemente de um macho extra é, portanto, mais provável de fecundar um óvulo do que o esperma estocado e mais velho que o parceiro social lhe deu previamente. Por essa razão, fêmeas do papa-mosca-de-colar, *Ficedula albicollis*, outro pássaro europeu, apesar de não poderem fisicamente remover os gametas indesejados de um macho a exemplo de outras aves, podem favorecer as chances de fecundação ao copular, de forma a dar aos espermatozoides de um macho a vantagem numérica sobre o de outros. Para evitar que as fêmeas de papa-mosca recebessem esperma de seus parceiros sociais, pesquisadores grudaram anéis anti-inseminação ao redor da cloaca dos machos, o que não os impedia de acasalar com as fêmeas, mas impedia o

FIGURA 10.32 A papa-mosca-de-colar, *Ficedula albicollis*, fêmea pode privilegiar a fecundação dos óvulos por um parceiro extrapar. Quando fêmeas são experimentalmente impedidas de receber esperma de seus parceiros sociais, algumas não copulam com outros, e o número de espermatozoides disponíveis para fecundar óvulos decresce com o tempo. Mas algumas outras fêmeas têm uma cópula extrapar no meio ou fim do período de acasalamento, e esses indivíduos continuam a pôr ovos que têm acesso a espermatozoides extras oriundos de um macho extrapar. Adaptada de Michl e colaboradores.[980]

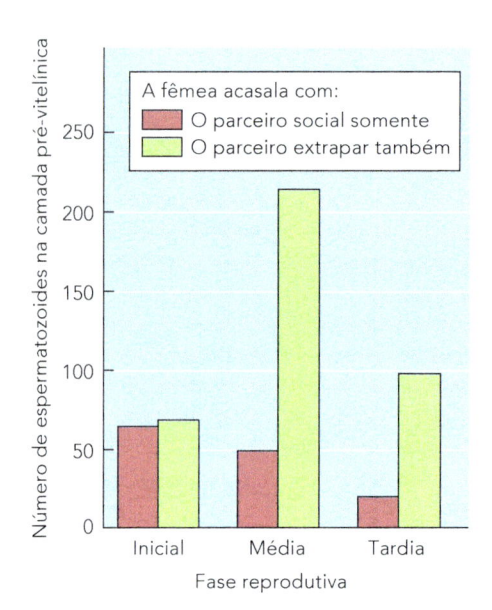

esperma de entrar no trato reprodutivo delas. Algumas dessas fêmeas não acasalaram com outros machos depois disso, e a quantidade de esperma que elas mantinham em estoque gradualmente caiu, reduzindo os espermatozoides disponíveis para fecundar seus óvulos (Figura 10.32).[980] Mas algumas fêmeas pareadas com machos incapazes de inseminá-las posteriormente copularam uma ou duas vezes com outros machos, reabastecendo seu estoque de esperma, que na ocasião propícia era utilizado para fecundar seus óvulos, como foi revelado por análises genéticas.

Sob condições naturais, um papa-mosca fêmea poderia usar seu controle sobre as cópulas para manipular o número de espermatozoides de diferentes machos presentes em seu trato reprodutivo. Uma fêmea que parasse de copular com seu parceiro social por alguns dias e então acasalasse com um vizinho atraente teria cinco vezes mais esperma de sua cópula extrapar para a fecundação dos óvulos do que reteve de acasalamentos prévios com seu parceiro social. Esse desequilíbrio daria ao parceiro extrapar uma grande vantagem na fecundação. De fato, fêmeas do papa-mosca-de-colar pareadas com machos com uma pequena mancha branca na testa frequentemente garantem espermatozoides perto do momento de oviposição ao dar uma escapada para um encontro com um macho próximo que apresente uma mancha branca maior. Portanto, fêmeas dessa espécie parecem desempenhar um importante papel em determinar quais espermatozoides fecundarão seus óvulos,[980] conclusão que pode se aplicar à maioria das espécies,[425] embora nem todos concordem.[48]

Guarda de parceiro

Os machos têm que competir por chances de fecundar óvulos em um cenário desenhado para dar às fêmeas controle parcial ou completo sobre o resultado. Contudo, os machos podem dar aos seus espermatozoides uma vantagem sobre os dos rivais. Uma forma de fazê-lo seria aumentar o número de espermatozoides ejaculados dentro de uma fêmea que já tenha acasalado com outro macho, à maneira de certos besouros escarabídeos sem chifre e dos sargos-de-orelha-azul sorrateiros. Machos de roedores-da-campina também podem incrementar o número de espermatozoides em uma ejaculação em mais de 50% quando copulando com uma fêmea em um lugar onde os odores de outro macho estejam presentes.[380]

Apesar dos ajustes nos espermatozoides doados a uma parceira poderem às vezes ajudar machos a aumentar as chances de que a fêmea vá usar seus gametas para fecundar seus óvulos, ao montar guarda junto a uma parceira, o macho às vezes pode evitar que a parceira acasale novamente, protegendo o esperma da competição com aqueles de outros machos num páreo pela fecundação. A guarda de parceiros após

(A)

(B)

FIGURA 10.33 A guarda de parceiros ocorre em muitos animais. (A) Um macho vermelho de libélula agarra sua parceira na posição de tandem de forma que ela não possa acasalar com outro parceiro. (B) O macho do caboz-de-faixa-azul, *Valenciennea strigata*, peixe recifal da Indonésia, acompanha de perto sua parceira para onde quer que ela vá. A, fotografia do autor.

a inseminação, fenômeno comum, é ativada de diversas formas. Em alguns casos, os machos mantêm suas parceiras ocupadas após terminado o acasalamento,[20] ou machos que tenham acasalado induzem novos pretendentes a se afastar da fêmea,[463] enquanto que ainda em outros, os machos podem vedar a genitália da parceira com várias secreções.[309, 1158] Uma última forma espetacular de guarda de parceiro é praticada por machos de uma aranha de teia orbicular, que morre minutos após inserir ambos os pedipalpos (o apêndice transferidor de esperma) dentro da abertura genital pareada da fêmea. A ponta dos pedipalpos inflam após a inserção, promovendo a inseminação enquanto também bloqueia a entrada para o aparato receptor de esperma da fêmea. Após sua morte, o macho e seu pedipalpo inserido constituem um "plugue de acasalamento de corpo inteiro" que outros machos não conseguem remover facilmente.[472]

Embora existam muitas formas de guarda de parceiro, a maioria é menos extrema do que sacrificar a vida para servir de cinto de castidade. De fato, a tática, de longe mais comum, é simplesmente ficar com a parceira de forma a espantar qualquer outro macho, caso eles se atrevam a chegar perto (Figura 10.33).[35] Portanto, por exemplo, machos do pássaro petinha-dos-prados, *Anthus pratensis*, que escutam uma gravação de um macho invasor dentro de seu território no começo da estação reprodutiva, são especialmente propensos a atacar um modelo artificial de um petinha macho se sua parceira estiver presente (Figura 10.34) e, portanto, potencialmente em risco de interagir sexualmente com o "novo" macho.[1126]

A técnica de *playback* também foi usada para examinar o valor adaptativo da guarda de parceiros por babuínos da savana. Como mencionado anteriormente, machos dominantes frequentemente permanecem muito próximos a uma fêmea em estro com quem eles copulam de vez em quando. A tática parece ter valor porque fêmeas receptivas deixadas desacompanhadas rapidamente atraem a atenção de outros machos. Catherine Crockford e seus co-

Petinha-dos-prados

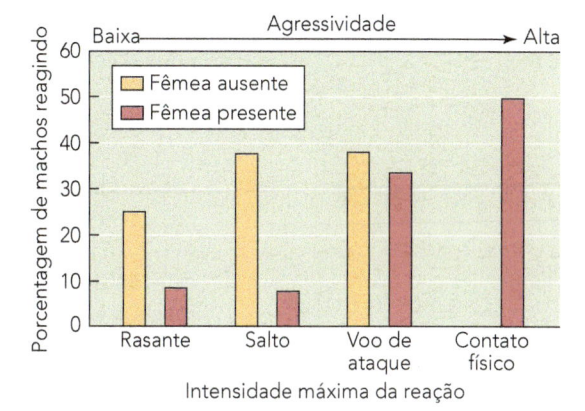

FIGURA 10.34 Evidência da guarda de parceiro. As reações ao invasor por um macho territorialista de petinha-dos-prados, *Anthus pratensis*, tornam-se muito mais agressivas se a parceira do macho estiver presente. Adaptada de Petrusková e colaboradores.[1126]

legas demonstraram esse ponto com um experimento de *playback*. Quando machos "solteiros" escutaram a gravação do chamado de cópula de uma fêmea cerca de 25 m para um dos lados e o grunhido de seu consorte cerca de 25 m para o outro lado, eles perceberam e com frequência aproximaram-se do alto-falante escondido que havia tocado o chamado da fêmea. Eles evidentemente reconheceram ambos os indivíduos pelo seu chamado e deduziram que o macho não estava mais guardando sua parceira recente, permitindo assim que outro macho cobrisse essa fêmea. Sendo assim, eles também teriam uma chance de fazer o mesmo na ausência de um macho dominante em guarda.[322] A habilidade dos babuínos machos de monitorar a vida sexual de suas companheiras significa que machos dominantes precisam guardar suas parceiras férteis de perto e constantemente.

Mas permanecer com uma parceira de forma a perseguir outros candidatos seria realmente adaptativo para machos que guardam parceiras? Qualquer benefício desse comportamento, como a fecundação de mais óvulos de uma fêmea, acarreta custos como a perda de oportunidades de buscar outras parceiras. Se isso for verdade, podemos prever que machos de espécies nas quais a razão sexual operacional varia adaptarão sua guarda de parceiro de forma adequada. Quando a razão sexual de populações do besouro carniceiro, *Necrophila americana*, foi experimentalmente manipulada em laboratório, o tempo gasto pelos machos junto à parceira cresceu em razões sexuais deslocadas para os machos e decresceu quando a razão sexual era deslocada para as fêmeas.[782]

Os estudos sobre besouros carniceiros demonstram que a guarda de parceiros pode reduzir as oportunidades de acasalar-se com outras fêmeas. Janis Dickinson mediu esse custo em oportunidades em outro besouro, o crisomelídeo azul, *Chrysochus cobaltinus*, no qual os machos normalmente permanecem montados nas costas das fêmeas por algum tempo após a cópula. Quando Dickinson separou os pares, cerca de 25% dos machos separados encontraram novas parceiras em até 30 minutos; portanto, permanecer montado na fêmea após inseminá-la acarreta um custo considerável para o macho em guarda, já que ele tem boas chances de encontrar uma nova parceira em outro lugar se abandonar a antiga. Por outro lado, quase 50% das fêmeas cujos parceiros em guarda foram apartados de suas costas adquiriram um novo parceiro dentro de 30 minutos. Já que machos montados não são facilmente separados de suas fêmeas por machos rivais, machos montados reduzem a possibilidade de que suas parceiras acasalem novamente, dando a seus espermatozoides uma chance maior de fecundar seus óvulos. Dickinson calculou que se o último macho a copular com uma fêmea fecundasse 40% dos óvulos dessa fêmea, ele ganharia aptidão desistindo de buscar novas parceiras de forma a guardar sua atual.[400]

Em geral, o benefício de guardar um parceiro cresce com a probabilidade da fêmea não guardada acasalar novamente e usar o esperma de parceiros posteriores para fecundar seus óvulos. Mas o que você imaginaria que fêmeas não guardadas fariam em espécies nas quais todas as fêmeas fossem guardadas? A técnica de Dickinson envolveu a simples remoção de um macho de cima de uma fêmea. Jan Komdeur e colaboradores atingiram o mesmo efeito em seu estudo sobre felosas-das-seychelles, *Acrocephalus sechellensis*, ao enganar machos a terminar sua guarda prematuramente colocando um ovo de felosa falso no ninho alguns dias antes que a parceira deveria colocar seu único ovo. Como resultado, felosas machos usaram a pista da presença do ovo para interromper a guarda de parceiro no momento em que suas parceiras ainda estavam férteis. Rapidamente, muitas dessas fêmeas não guardadas copularam com machos vizinhos (Figura 10.35)[794] e usaram esses espermatozoides para fecundar seus óvulos. De fato, a probabilidade de um filhote ser produzido por um pai que não é o parceiro social da fêmea cresceu de acordo com o número de dias que seu "parceiro" negligenciou guardá-la durante o período fértil.[796] A guarda de parceiro oferece aptidão clara às felosas-das-seychelles machos.

Como o custo da guarda de parceiros é alto, também podemos prever que machos ajustarão seu investimento na guarda de parceiros em relação ao risco de criar filhotes alheios, que deve ser afetado por quantos machos vivem nas proximidades

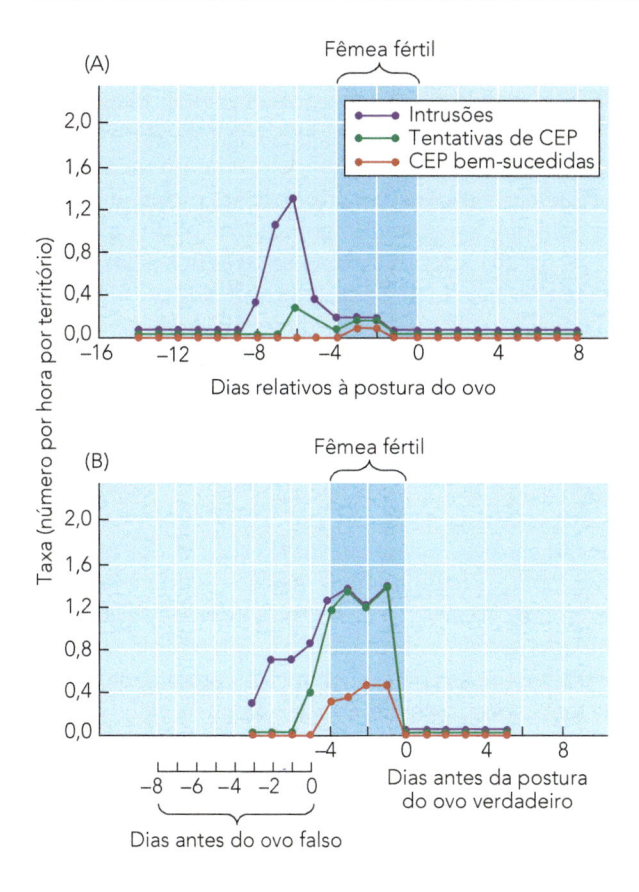

FIGURA 10.35 Guarda de parceiro adaptativa em felosas-das-seychelles. Os gráficos mostram a taxa de intrusões e cópulas extrapar (CEP) por machos diferentes dos parceiros sociais da fêmea em relação ao período fértil da fêmea (área escura). (A) Pares controle, nos quais o parceiro da fêmea esteve presente durante todo o período fértil. (B) Pares nos quais o parceiro da fêmea foi experimentalmente induzido a deixar sua parceira desprotegida pela introdução de um ovo falso no ninho. Fotografia de Cas Eikenaar; A e B, adaptada de Komdeur e colaboradores.[794]

de uma fêmea e seu parceiro. Nas felosas-das-seychelles, pares reprodutivos podem ser cercados por até seis vizinhos. Como previsto, quanto mais vizinhos, mais tempo o macho passa guardando sua parceira fértil e menos tempo ele investe em forragear (Figura 10.36).[795] De forma similar, machos de tordos sargentos, *Agelaius phoeniceus*, (Icteridae), são mais vigilantes e agressivos em relação aos vizinhos sexualmente mais atraentes e, portanto, constituem ameaça maior à paternidade do macho em guarda, do que em relação a vizinhos menos atraentes para suas parceiras.[1068]

Para discussão

10.13 A guarda de parceiros deveria ser comum em espécies nas quais as fêmeas mantêm-se receptivas após acasalar e tendem a usar o esperma de seu último parceiro reprodutivo, ao fecundar seus óvulos. Mas há espécies, incluindo alguns aracnídeos da família Thomisidae, nas quais os machos permanecem com fêmeas imaturas e não receptivas por longos períodos e lutam com outros machos que se aproximem dessas fêmeas.[405] Como o comportamento de guarda pode ser adaptativo nesses casos? Produza uma hipótese baseada em seleção sexual e suas previsões associadas.

10.14 Quando machos do pisco-de-peito-azul, *Luscinia svecica*, (ver Figura 4.34) têm as gargantas azuis experimentalmente pintadas de preto, eles tornam-se menos atraentes para as fêmeas. Esboce os custos e benefícios desses machos em guardar suas parceiras, uma vez que tenham garantido uma, e custos e benefícios de tentar conseguir cópulas extrapar com outras fêmeas ao visitar os territórios de outros pares. Use a teoria da estratégia condicional (ver página 231) para prever as táticas dos machos do grupo experimental e controle. Discuta o significado da descoberta de que machos com gargantas pintadas de preto foram pais de menos filhotes de suas parceiras sociais na média do que machos-controle inalterados.

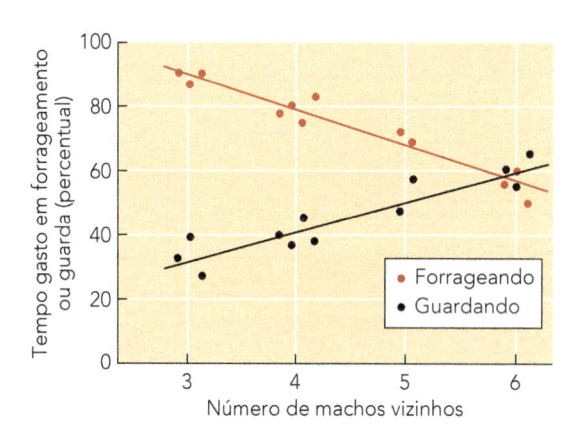

FIGURA 10.36 Machos de felosas-das-seychelles, *Acrocephalus sechellensis*, ajustam sua guarda de parceiro em relação ao risco de perder a paternidade para rivais. Quanto mais vizinhos machos próximos de um par reprodutivo, mais tempo as felosas macho passam com suas parceiras. Adaptada de Komdeur.[795]

Seleção sexual e escolha de parceiro

A guarda de parceiros é uma das diversas consequências evolutivas drásticas da seleção sexual surgidas a partir da competição por parceiros, mas, como percebemos, a seleção de parceiros também pode criar pressão de seleção sexual. Na maioria das espécies, a escolha do parceiro é exercida principalmente pelas fêmeas, fato que tem grande significado evolutivo para os machos (Tabela 10.2).[1503, 1641] Os atributos dos machos preferidos pelas fêmeas variam enormemente de espécie para espécie, com as fêmeas de algumas borboletas descartando machos cujos padrões iridescentes e ultravioletas são até mesmo ligeiramente mais pálidos do que aqueles de outros machos (Figura 10.37),[757, 758] enquanto mandarins (*Taeniopygia guttata*) fêmeas detectam e agem em resposta à mais sutil diferença nos cantos emitidos por parceiros potenciais.[1619]

Pode ser difícil imaginar por que as fêmeas escolhem machos apenas ligeiramente diferentes dos outros de suas espécies. Em alguns casos, porém, as preferências das fêmeas baseiam-se em características dos machos de utilidade prática óbvia, como a habilidade do macho de provê-las com uma boa refeição. Um exemplo clássico vem do estudo de Randy Thornhill sobre o bitacídeo, *Hylobittacus apicalis*, inseto no qual a aceitação do macho pela fêmea depende da natureza de seu presente nupcial (Figura 10.38). Nessa espécie, o macho que tentar persuadir uma fêmea de que uma joaninha impalatável é um bom presente não terá sorte. Até machos que transferem uma presa comestível para suas parceiras poderão copular apenas enquanto durar a refeição. Se o presente nupcial for devorado em menos de 5 minutos, a fêmea irá se separar de seu parceiro sem ter aceitado um único espermatozoide dele. Quando, porém, o presente nupcial for grande o suficiente para manter a fêmea em cópula alimentando-se por 20 minutos, ela partirá com a totalidade do esperma do macho que a presenteou (Figura 10.39).[1433] Machos de muitos outros animais oferecem alimentos de presente antes ou durante a cópula,[1482] incluindo esperanças e grilos machos, que dão a suas parceiras espermatóforos comestíveis (*ver* Figura 10.11).

Alguns pesquisadores sugeriram que uma classe especial de doadores de presentes nupciais deveria ser reconhecida: os machos de louva-a-deus e de aranhas que terminam sendo comidos por suas parceiras (*ver* Figura

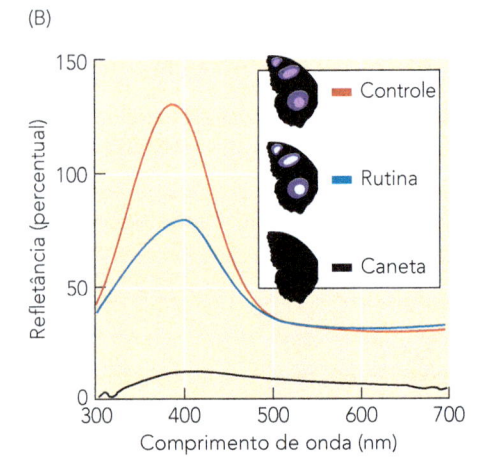

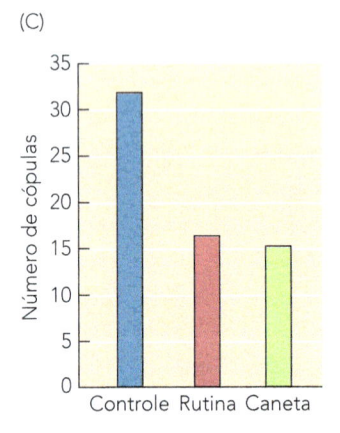

FIGURA 10.37 Escolha do parceiro baseada em padrões de coloração iridescente. (A) Machos da borboleta *Hypolimnas bolina* têm grandes manchas azuis iridescentes na superfície superior das asas. (B) Se a iridescência for completamente eliminada com tinta de caneta preta ou mesmo parcialmente pela aplicação do composto rutina, (C) as fêmeas ficam muito menos propensas a aceitar os machos alterados (barras vermelhas e verdes) em relação aos controles que retiveram seu ornamento colorido (barras azuis). A, fotografia de Darrell Kemp; B e C, adaptada de Kemp.[757]

Tabela 10.2 Formas pelas quais machos e fêmeas tentam controlar decisões reprodutivas

A. Decisões reprodutivas essenciais controladas principalmente pelas fêmeas
  Investimento no óvulo: que materiais, e quanto deles, colocar em cada óvulo
  Escolha do parceiro: que macho ou machos terão o direito de doar espermatozoides
  Fecundação do óvulo: que espermatozoide usar para fecundar cada óvulo
  Investimento na prole: quanta manutenção e cuidado vai para cada embrião e filhote

B. Formas pelas quais os machos influenciam as decisões reprodutivas das fêmeas
  Recursos transferidos para as fêmeas: podem influenciar o investimento nos ovos, a escolha do parceiro ou as escolhas na fecundação dos óvulos pela fêmea
  Cortes elaboradas: podem influenciar a escolha do parceiro ou decisão sobre a fecundação dos óvulos
  Coerção sexual: pode superar as preferências das fêmeas por outros machos
  Infanticídio: pode superar as decisões das fêmeas sobre o investimento na prole

Fonte: Modificado de Waage.[1503]

5.3). De fato, poderia ser adaptativo para um macho, sob certas circunstâncias especiais, completar a cópula dramaticamente tornando-se refeição para a recente parceira sexual.[218, 1167] Portanto, depois de uma longa e delicada corte,[1391] os machos da aranha australiana aparentada da viúva negra, *Latrodectus hasselti*, comumente tornam fácil para suas parceiras comê-los. Enquanto transfere espermatozoides para a fêmea, a aranha macho dá uma cambalhota, atirando o corpo dentro das quelíceras da parceira (Figura 10.40). Cerca de dois terços das vezes, a fêmea aceita o convite e devora o companheiro.[37]

Já que um macho dessa aranha não pesa mais do que 2% do peso da fêmea, ele não chega a ser exatamente uma refeição para sua parceira. No entanto, a fome pode ser parte da base proximal para o canibalismo, já que aranhas privadas de alimento tem maior chance de se alimentar dos machos.[38] Uma vez comidos, qualquer que seja a razão, o macho morto de fato obtém benefícios substanciais dessa que poderia parecer uma experiência genuinamente redutora de aptidão. Maydianne Andrade mostrou que machos comidos fecundam mais óvulos de suas parceiras do que machos não comidos, em parte porque uma aranha fêmea canibal tem menos chance de acasalar novamente de imediato.[37] Além do mais, o custo de ser canibalizado é muito baixo para os machos. Machos adultos jovens em busca de parceira são frequentemente capturados por formigas predadoras ou outros caçadores de aranhas muito antes de encontrarem teias com fêmeas adultas. A intensidade da predação sobre machos errantes é tamanha que menos de 20% consegue localizar uma primeira parceira, sugerindo que as chances de um macho encontrar uma segunda parceira caso sobrevivesse ao acasalamento inicial são extremamente baixas.[39] Além do mais, quando um macho de *Latrodectus hasselti* termina de transferir seus espermatozoides, ele pode quebrar a ponta de seu apêndice transferidor de esperma na abertura receptora de esperma da fêmea. Esse caso de automutilação provavelmente ajuda a reduzir a chance de que outro macho possa acasalar-se com a fêmea tampada. O macho mutilado, por outro lado, perdeu um ou os dois pedipalpos copulatórios e, portanto, tem pouca ou nenhuma fecundidade residual. Sob essas condições, machos precisam de pouquíssimo benefício do suicídio sexual de forma a tornar essa característica uma opção adaptativa.

Essa alegação pode ser testada ao prever que machos farão o derradeiro sacrifício em outras aranhas não aparentadas nas quais o pedipalpo do macho se quebra ou se altera durante a primeira (e geralmente única) cópula do macho. Jeremy Miller descobriu que machos são cúmplices de seu canibalismo ou morrem de "causas naturais" logo após acasalar-se em cinco ou seis linhagens de aranhas. Em todas menos em uma dessas, o pedipalpo genital do macho se quebra ou deixa de ser funcional no decorrer da cópula inicial;[985] o apoio à hipótese do suicídio sexual ocorre quando os custos para o macho em termos de perdas de oportunidades de acasalamentos futuros são essencialmente nulos.

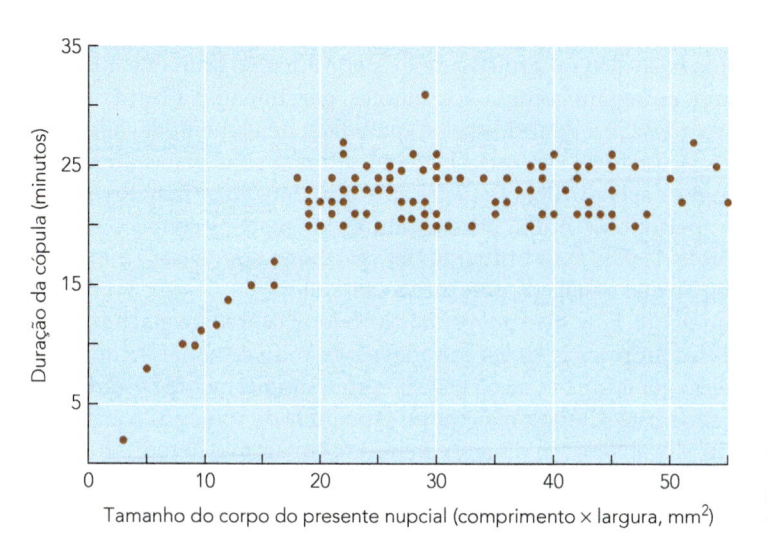

FIGURA 10.38 Um presente nupcial potencial. Um macho bitacídeo, da espécie *Hylobittacus apicalis*, capturou uma mariposa, um benefício material para oferecer a sua parceira de cópula. Ele demonstra a disponibilidade de seu presente liberando um feromônio das glândulas abdominais. Fotografia do autor.

FIGURA 10.39 Transferência do esperma e tamanho do presente nupcial. No inseto mecóptero *Hylobittacus apicalis*, quanto maior o presente nupcial, mais longo o acasalamento, e mais esperma o macho é capaz de passar para a fêmea. Adaptada de Thornhill.[1433]

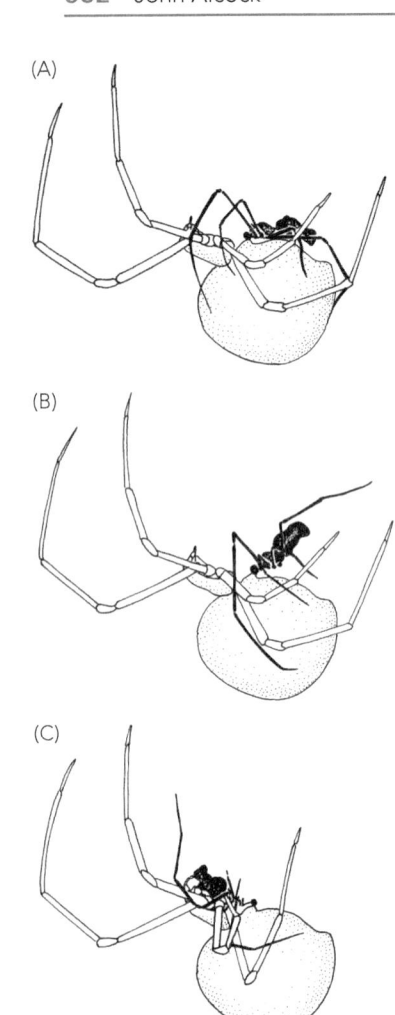

FIGURA 10.40 Suicídio sexual na aranha australiana *Latrodectus hasselti*. (A) O macho primeiro se alinha virado para a frente na superfície ventral do abdome da fêmea enquanto insere seu órgão transferidor de espermatozoides no trato reprodutivo dela. (B) Então ele ergue seu corpo e (C) rola para dentro das mandíbulas da parceira. Ela pode aceitar consumi-lo enquanto a transferência de esperma acontece. Adaptada de Forster.[478]

Embora *Latrodectus hasselti* e algumas outras aranhas se ofereçam como presente nupcial, machos de outras espécies podem cuidar da prole da fêmea, e, nessas espécies, esperaríamos que as fêmeas exercessem seleção sexual em favor dos machos que oferecessem mais cuidado parental que a média. Aceitando-se essa expectativa, fêmeas do esgana-gato marinho, *Spinachia spinachia*, pequeno peixe com machos guardadores de ninhos, associam-se mais com machos cortejantes que movimentam o corpo com relativa frequência. Machos que podem se comportar dessa maneira também realizam mais ventilação do ninho depois que a corte terminou e os ovos foram depositados (*ver* Figura 12.3). A ventilação do ninho faz fluir água com mais oxigênio pelos ovos, o que aumenta as trocas gasosas e, finalmente, a taxa de eclosão.[1081]

A fêmea do esgana-gato marinho que avalia a exibição de corte de um macho o vê se comportar de maneiras ligadas à sua capacidade parental. Machos de uma espécie aparentada, o esgana-gato *Gasterosteus aculeatus*, também parecem exibir a suas fêmeas pistas de sua dedicação parental na forma de uma barriga colorida. Via de regra, machos com a barriga mais vermelha são mais atraentes para potenciais parceiras.[1243] O pigmento avermelhado que colore o ornamento na pele do macho vem do carotenoide que ele consome. Machos com dietas ricas em carotenoides são capazes de ventilar seus ovos por períodos mais longos sob condições de pouco oxigênio do que machos que receberam dieta pobre em carotenoides.[1141] Em outras palavras, a aparência do esgana-gato macho pode anunciar sua habilidade em suprir oxigênio para os ovos que ele criará.

Será que o carotenoide presente na plumagem de uma ave macho também poderia servir de indicador da sua capacidade para o comportamento paternal? Talvez, já que a fêmea de muitas espécies de animais são especialmente atentas às tonalidades de vermelho e amarelo da coloração dos machos,[578, 966] que podem revelar algo sobre a saúde de um macho se, conforme discutido, a qualidade do sistema imunológico de um indivíduo for incrementada por uma dieta rica em carotenoides.

Se for assim, então experimentos nos quais mandarins (*Taeniopygia guttata*) foram supridos com carotenoides extras deveriam ter produzido duas classes de machos: machos com sistemas imunológicos melhorados e bicos mais brilhantes (que normalmente variam do laranja avermelhado brilhante ao laranja pálido) e machos com sistemas imunológicos inferiores e bicos mais pálidos. Quando o experimento foi feito, os machos suplementados com carotenoides tinham mais carotenoides no sangue, bicos mais brilhantes e respostas imunológicas mais fortes.[967] Além do mais, mandarins fêmeas achavam machos com carotenoides acrescidos experimentalmente mais atraentes do que aqueles que mantiveram dieta normal.[133] Na natureza, fêmeas de mandarim que conquistam um parceiro mais brilhante podem se beneficiar por ter um parceiro saudável capaz de oferecer cuidados superiores para seus descendentes.

Algo similar pode acontecer no chapim-azul *Cyanistes caeruleus*, outro pequeno pássaro com ornamento baseado em carotenoides: o peito amarelo brilhante. Machos desse chapim coletam e entregam comida aos filhotes, geralmente na forma de lagartas ricas em carotenoides. Se a quantidade ou qualidade de alimento levado pelo macho estiverem correlacionadas com quão brilhantes forem suas penas amarelas, então os descendentes de machos brilhantemente amarelos devem ser maiores e mais saudáveis no final do período de ninho que os filhotes de machos com cor menos brilhante. De fato, a prole de pais mais brilhantes tem melhores condições e melhores sistemas imunológicos do que aquela de pais menos amarelos.[653]

Mas espere um momento. Esse mesmo resultado poderia ocorrer se machos amarelo brilhante fossem eles próprios grandes e saudáveis quando se tornaram adultos, graças a sua constituição genética, em cujo caso sua prole simplesmente herdaria essas características de seus pais. Como uma equipe espanhola de ecólogos comportamentais reconheceu esse problema, inteligentemente controlaram a hereditariedade utilizando um experimento de adoção cruzada. Eles pegaram posturas completas e as trocaram de ninhos, numerando a prole de um par de pais para o ninho de outro par. Os pais adotivos tiveram disposição para criar esses desconhecidos genéticos, e, quando os filhotes adotivos atingiram a idade de tornarem-se independentes, o tamanho ao final do período foi uma função do brilho da plumagem amarela de seus pais adotivos, não da cor de seus pais genéticos. Machos adotivos de amarelo mais brilhante produziram filhotes maiores. Se o esforço parental dos machos amarelo brilhante realmente é maior do que o de indivíduos mais pálidos, as fêmeas podem se beneficiar ao escolher parceiros com base na plumagem. Porém, ainda não está esclarecido se a fêmea de chapim azul usa a qualidade da plumagem amarela de parceiros potenciais para fazer sua escolha.[1307]

Nem todo estudo dos efeitos da plumagem brilhante no cuidado parental do macho produziu resultados idênticos. Outro experimento maior de adoção cruzada não encontrou nenhuma relação entre a coloração do macho e o grau de cuidado parental no chapim-azul.[602] De fato, na mariquita-de-mascarilha, *Geothlypis trichas*, um pequeno pássaro, machos com plumagem mais colorida investem menos em cuidado parental do que machos mais pálidos, levando à rejeição da "hipótese do bom pai" para a evolução da coloração brilhante nos machos dessa espécie.[990]

Uma explicação alternativa para a habilidade de alguns machos de mariquita produzirem plumagens intensamente amarelas é que esses indivíduos ganhem em atrair e acasalar com fêmeas diferentes de suas parceiras originais. Se isso for verdade, poderíamos avaliar por que machos brilhantes são pais ruins – porque investem seu tempo e energia em garantir acasalamentos extrapar. Poderia ser também que os machos mais amarelos estejam sinalizando sua excelente condição fisiológica para machos rivais,[990] o que os permite manter melhores territórios. De acordo com esse argumento, mesmo que os machos gastem muito tempo perseguindo invasores, a qualidade superior de seus territórios pode oferecer a suas parceiras sociais alimento extra para seus filhotes. No caso da "hipótese do bom território", poderíamos resgatar o argumento de que as fêmeas prefeririam acasalar com machos brilhantemente coloridos porque eles proveem suas proles, mesmo que indiretamente por meio do controle de um território excelente, com recursos alimentares melhores. A lição a ser tirada dos estudos revisados aqui é que a teoria do bom pai deve ser testada e retestada contra hipóteses alternativas em todos os casos.

> **Para discussão**
>
> **10.15** Machos da andorinha-das-chaminés, *Hirundo rustica*, têm finas penas nas laterais da cauda um pouco maiores do que aquelas das fêmeas. Quando Anders Møller analisou o efeito do comprimento da cauda no sucesso reprodutivo do macho dessas andorinhas na Europa, ele fez um experimento no qual encurtou a cauda de alguns machos cortando-as e alongou as penas da cauda de outros machos colando pedaços de penas.[999] Mas também criou um grupo no qual cortou partes das penas da cauda do macho e simplesmente colou os fragmentos novamente para produzir uma cauda de comprimento igual. Qual era o objetivo desse grupo? E por que ele aleatoriamente escolheu seus sujeitos para os grupos de cauda encurtada, alongada e inalterada? E por que uma equipe de biólogos canadenses repetiu o experimento de Møller em outro continente?[1351] E por que ainda outro grupo de ornitólogos britânicos estudou o efeito das "serpentinas" caudais na manobrabilidade das andorinhas-das-chaminés machos, considerando seu interesse na escolha de parceiros pela fêmea?[178]

Escolha do parceiro sem benefício material

Alguns dos exemplos que acabamos de apresentar são consistentes com a teoria do bom pai, a qual explica aspectos da cor do macho, ornamentação e comportamento de corte como indicadores sexualmente selecionados da capacidade de um macho oferecer cuidado parental. A escolha da fêmea baseada nesses sinais faz sentido intuitivamente: a prole da fêmea de esgana-gato ou de chapins que se acasalam com um macho mais paternal do que a média será melhor alimentada. Da mesma forma,

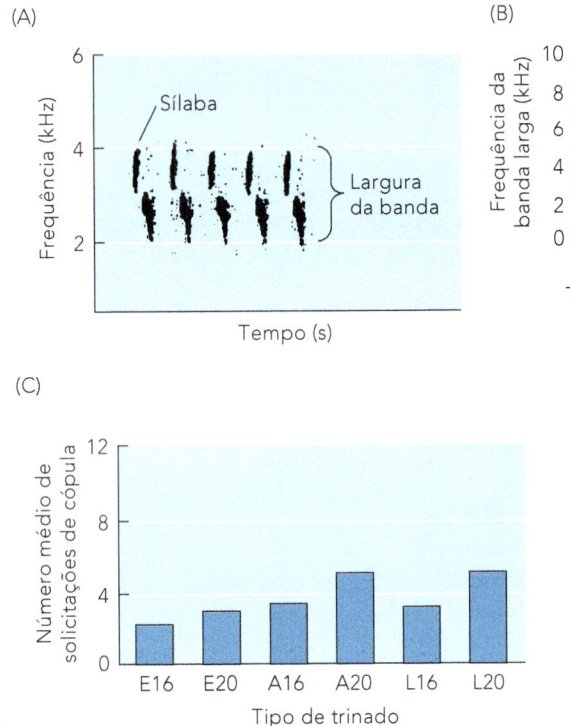

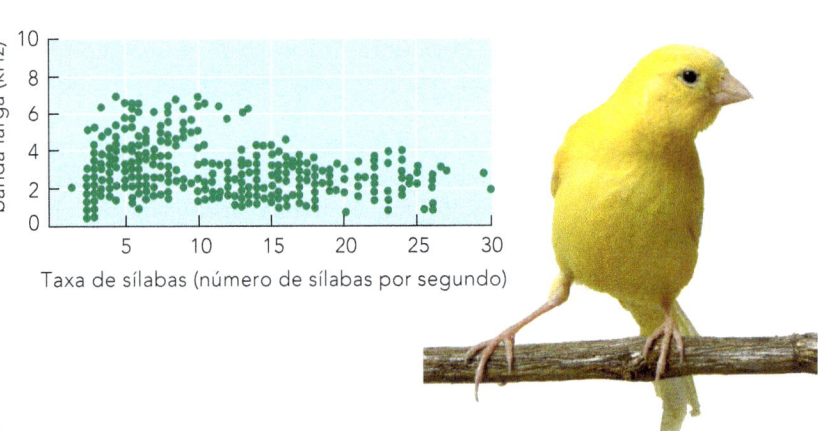

FIGURA 10.41 Escolha do parceiro baseada no desempenho do macho em uma tarefa fisiologicamente desafiadora. (A) Canários macho emitem canções que contêm um trinado especial composto de uma série de sílabas, cada uma composta de duas notas que requerem ação coordenada da siringe e do sistema respiratório para serem produzidas. Uma propriedade das sílabas do trinado é a frequência de largura da banda, que pode ser pequena (variando de 2 a 4 kHz, por exemplo), ou grande (variando de 2 a 6 kHz, por exemplo). Outra é a taxa de produção das sílabas. (B) Há um limite máximo de quão rápido os machos podem cantar as sílabas de determinadas frequências de largura das bandas. (C) Fêmeas preferem trinados compostos de sílabas com bandas largas cantadas em taxas muito altas. Gravações de três tipos de trinados foram tocadas para fêmeas: E tinha a banda mais estreita e L a mais larga. Cada trinado foi tocado a duas taxas, 16 sílabas por segundo e 20 sílabas por segundo. A medida da preferência das fêmeas por esses trinados foi o número médio de pedidos de cópula exibidos pelo canário fêmea que as escutava. As fêmeas responderam com significativamente mais exibições aos trinados A20 e L20. Adaptada Drăgăniou, Nagle e Kreutzer.[411]

é fácil ver por que as fêmeas de algumas espécies podem preferir machos hábeis em supri-las pessoalmente com comida ou algum outro presente antes da cópula. Por exemplo, a fêmea do bitacídeo *Hylobittacus apicalis* que recebe um grande presente nupcial não precisa procurar presa (alimento de que ela precisa para viver e produzir óvulos), tarefa que envolve a possibilidade real de cair em uma teia de aranha.[1432] Contudo, machos de muitas espécies, como os pássaros-caramanchão-acetinados, não proveem comida ou nenhum outro benefício material para suas parceiras ou sua prole, e, ainda assim, fêmeas de pássaros-caramanchão preferem machos com mais ornamentos (nos caramanchões) e a habilidade de cortejar mais intensamente.[142, 1109] O mesmo é verdade para muitos outros animais.[785]

Por exemplo, a despeito do fato de canários machos não ajudarem a criar seus filhotes, a escolha de uma fêmea de canário por seu parceiro parece ser fortemente influenciada por sua habilidade em cantar uma certa parte do canto do macho, a "frase A," composta de muitas sílabas de duas notas (Figura 10.41). Fêmeas que ouvem um trinado de frase A que agrupa muitas sílabas por segundo de canção prontamente adotam a posição pré-copulatória (se tiverem sido preparadas com estradiol previamente aos experimentos).[1483]

Passar em um teste de canto de um canário fêmea requer que os machos não só produzam um trinado rápido, mas também façam as sílabas individuais do trinado cobrirem um espectro relativamente amplo de frequências sonoras (a largura da banda do trinado). Sabemos disso por causa da resposta das fêmeas a gravações de trinados artificiais, incluindo alguns que eram versões impossivelmente exageradas da frase A. A mais extrema versão desses trinados induziu a maior quantidade de pedidos de cópula das fêmeas de canário que as ouvia. Como há um limite máximo para canários

FIGURA 10.42 Ornamento sexualmente selecionado. As extraordinárias penas da cauda da viúva-rabilonga são exibidas para fêmeas seletivas enquanto os machos voam sobre seu território nas savanas.

macho a respeito de com que rapidez eles conseguem cantar sílabas de uma determinada largura de banda, a preferência da fêmea, com efeito, favorece machos capazes de cantar no limiar de sua capacidade sonora. As fêmeas podem premiar esses indivíduos não apenas acasalando-se com eles, mas também adicionando testosterona aos óvulos fecundados com seus espermatozoides, investimento maternal que outras aves também fazem quando acasalam com machos atraentes,[892] o qual pode aumentar as chances do desenvolvimento otimizado para essa prole suplementada com testosterona.[537] E você pode se perguntar por que as fêmeas não adicionam testosterona a todos os seus óvulos em vez de apenas àqueles fecundados por machos atraentes.

Fêmeas de outras espécies com machos não parentais também discriminam em suas escolhas por parceiros. Tanto que pavoas aparentemente preferem pavões com número relativamente alto de ocelos em suas imensas caudas, que os machos usam em suas famosas exibições, abrindo e agitando as plumas diante de possíveis parceiras.[1122] A importância dessa decoração para as fêmeas foi demonstrada quando Marion Petrie e Tim Halliday capturaram alguns pavões e removeram 20 dos ocelos mais externos da cauda de certos machos. Aves tratadas assim experimentaram um declínio significativo no sucesso de acasalamento comparado com o desempenho no ano anterior. Em contrapartida, machos-controle capturados e manipulados, mas cujas caudas foram deixadas intactas, não foram menos atraentes para as fêmeas posteriormente.[1125] (*ver* Takahashi e colaboradores).[1421]

Se um maior estímulo sensorial dos machos em corte for atraente para as fêmeas, então aumentar experimentalmente os ornamentos de corte de um macho deve aumentar seu sucesso copulatório. O experimento relevante foi feito primeiro com a viúva-rabilonga, *Euplectes progne*, espécie africana com corpo do tamanho de um tordo-sargento que possui uma cauda absurdamente longa (Figura 10.42). Machos voam sobre seus territórios nas savanas do Quênia, exibindo suas magníficas caudas para fêmeas de passagem. Malte Andersson se aproveitou das maravilhas da superbonder para realizar uma engenhosa experiência. Ele capturou viúvas macho, então encurtou a cauda de um grupo removendo de cada membro um pedaço das penas da cauda, apenas para colá-las nas caudas de outras aves, alongando esse ornamento.[33] Os machos de cauda alongada eram muito mais atraentes para as fêmeas do que aqueles que tinham ornamentos muito reduzidos. Além do mais, os machos de cauda alongada também se saíram muito melhor do que os machos-controle, cujas caudas haviam sido cortadas e coladas novamente.

FIGURA 10.43 Machos de pássaros-caramanchão-acetinados, *Ptilonorhynchus violaceus*, oferecem às fêmeas múltiplos sinais indicadores de sua saúde e condição psicológica. Adaptada de Doucet e Montgomerie.[408]

Os elementos da corte que as fêmeas podem usar para acessar a qualidade de parceiros potenciais variam dentro do reino animal. Cantos sensuais e exibições de ornamentos extremos funcionam para algumas espécies (Figura 10.43), mas em outras o desempenho do macho durante a cópula em si pode constituir um tipo de teste da qualidade do macho, ideia originalmente proposta por Bill Eberhard[425] (*ver também* Hosken e Stockley*[683]*). Se as fêmeas avaliam parceiros com base na performance copulatória, então em espécies nas quais as fêmeas acasalam com diversos machos em um ciclo reprodutivo, pode-se prever que os machos possuam pênis mais elaborados, capazes de oferecer maior estimulação sensorial durante o acasalamento. Aceitando essa previsão, os órgãos intromitentes de muitos insetos são notavelmente complexos, e a variação genital entre os machos pode de fato afetar seu sucesso reprodutivo, por exemplo, besouros asiáticos machos, *Anomala orientalis*, têm um gancho espinhoso sobre o edeago (pênis), e, quanto maior o gancho, maior a proporção de óvulos fecundados pelo macho que suceder uma cópula inicial com uma fêmea que acasale duas vezes.[1537] O maior sucesso reprodutivo dos machos providos de grandes "espículas" pode se dever a algum aspecto da competição de esperma entre os machos, mas isso também poderia ocorrer devido à escolha críptica da fêmea, isto é, a escolha geralmente escondida da vista de pesquisadores e com base no funcionamento interno da maquinaria reprodutiva da fêmea.[425,1513]

Para discussão

10.16 Pavões e viúvas-rabiolongas têm ornamentações realmente extravagantes que podem ter evoluído bastante recentemente (isto é, derivadas) de um padrão ancestral no qual a plumagem do macho não era nem de perto tão extrema. Nos faisões do gênero *Polyplectron* spp., seis espécies num gênero aparentado àquele dos pavões, há considerável variação no grau de ornamentação da plumagem do macho. Em quatro espécies, os machos têm plumagens altamente elaboradas apresentando grandes ocelos, porém duas espécies não os exibem. Desenhe duas filogenias, uma na qual a plumagem elaborada seja uma característica derivada e outra na qual uma redução na ornamentação seja a condição derivada. Então teste sua hipótese com dados disponíveis em Kimball e colaboradores.[772]

A corte do macho sinaliza sua qualidade como parceiro?

Não importa qual a base da preferência da fêmea pela corte de um macho ou pela habilidade copulatória de outro, uma questão fundamental é: a seletividade da fêmea se traduz em ganhos de aptidão? Essa questão tem um grande peso, já que as fêmeas podem pagar um preço substancial em termos de tempo e energia dedicadas ao processo de seleção dos machos. Por exemplo, estima-se que fêmeas de iguanas-marinhas, *Amblyrhynchus cristatus*, gastem em média cerca de 2% de sua receita diária de energia

Tabela 10.3	Quatro teorias sobre por que a ornamentação extrema nos machos e as exibições de corte marcantes evoluíram em espécies nas quais os machos não oferecem nenhum ganho material para suas parceiras	
Teoria	Fêmeas preferem características que são:	Valor adaptativo principal para as fêmeas seletivas
Parceiros saudáveis	Indicativas da saúde do macho	Fêmeas (e prole) evitam doenças contagiosas e parasitas
Bons genes	Indicativas da viabilidade do macho	Os descendentes podem herdar a viabilidade acentuada de seus pais
Seleção runaway	Sexualmente atraentes	Filhos herdam características que os tornam sexualmente atraentes; filhas herdam a preferência de parceiro da maioria
Seleção chase-away	Exploradoras de bases sensoriais preexistentes	Nenhum benefício é recebido pela fêmea

avaliando parceiros potenciais durante a estação reprodutiva; fêmeas que inspecionam mais machos ativos se exibindo gastam ainda mais.[1496] Poucos pontos percentuais podem não parecer grande coisa, mas fêmeas seletivas de fato perdem peso durante o período de escolha de parceiros, e isso poderia até reduzir suas chances de sobrevivência se um ano de El Niño suceder à estação reprodutiva, tornando difícil para as fêmeas encontrar as algas que elas precisam comer. Da mesma forma, estima-se que durante o estro as fêmeas da antilocapra, *Antilocapra americana*, que visitam muitos machos antes de se acasalarem, gastem o equivalente energético a meio dia na atividade, um montante nada trivial.[225]

Então, poderia ser que as fêmeas em geral não se beneficiassem sendo seletivas, mas em vez disso estivessem sendo manipuladas por machos exibicionistas que ganham se forem persuasivos, enquanto as fêmeas que os selecionam chegam a perder aptidão como resultado. Por outro lado, se a corte e o comportamento do macho estiverem ligados a algum aspecto da qualidade genuína dele, então fêmeas seletivas podem deixar mais descendentes sobreviventes como resultado dessa preferência. Devemos considerar quatro explicações maiores para as preferências da fêmea (Tabela 10.3).

Um elemento da qualidade do macho que pode afetar a aptidão das fêmeas é a saúde do parceiro sexual. Machos doentes podem passar para suas fêmeas alguma de várias doenças sexualmente transmissíveis desagradáveis, tornando vantajoso para as fêmeas evitá-los. De acordo com a teoria do parceiro saudável, a preferência das fêmeas é focada na saúde do parceiro sexual potencial ou na carga de parasitas conforme indicado por sua exibição de corte e aparência.[1214] As fêmeas poderiam usar essas características para acasalar-se com machos que transmitem piolhos, carrapatos, pulgas ou patógenos bacterianos com menos frequência, pois quaisquer desses parasitas poderiam prejudicá-las ou a sua prole futura. Como percebemos anteriormente, machos de pássaros-caramanchão com caramanchões de alta qualidade têm menos chance de carregar ectoparasitas transmissíveis nas penas.[408]

É claro que fêmeas acasalando com parceiros saudáveis podem não apenas permanecer livres de parasitas e doenças contagiosas, mas também adquirir espermatozoides que ofertem a base genética da boa saúde à prole. A teoria dos bons genes propõe que a preferência por certos ornamentos do macho e exibições de corte capacita as fêmeas a escolher parceiros cujos genes ajudarão sua prole a desenvolver mecanismos fisiológicos para combater infecções e doenças. Em algumas espécies, por exemplo, as fêmeas são capazes de avaliar (inconscientemente) a robustez do sistema imunológico do macho por meio de sua exibição de corte. Um exemplo possível envolve o grilo *Teleogryllus oceanicus*, cujas fêmeas preferem aproximar-se de cantos de macho artificialmente manipulados para soar como aqueles de machos com sistemas imunológicos fortes em oposição a cantos que soavam como os de machos com sistemas imunológicos fracos.[1463]

Em outras espécies, a aparência do macho pode ser correlacionada com a resistência hereditária a parasitas, valioso atributo para passar adiante à prole. De fato, W. D. Hamilton e Marlene Zuk previram que a seleção por sinais honestos de ausência de infecções levaria espécies de aves com numerosos parasitas potenciais a evoluir plumagens arrebatadoramente coloridas. Eles argumentaram que penas brilhantemente coloridas são difíceis de produzir e manter quando uma ave está parasitada, porque infecções parasíticas causam estresse fisiológico. Hamilton e Zuk encontraram a correlação prevista entre brilho da plumagem e incidência de parasitas sanguíneos em uma grande amostra de espécies de aves, sustentando a visão que machos em risco especial de infecção parasitária se envolvem em uma competição que sinaliza sua condição para fêmeas seletivas.[611]

Além disso, "bons genes" derivados de machos podem estar envolvidos no desenvolvimento de outras características que aumentem sua aptidão além da resistência a parasitas e doenças. Por exemplo, se as fêmeas tivessem uma maneira de evitar machos geneticamente similares ou de identificar machos com altos níveis de heterozigose, essas fêmeas seletivas poderiam ajudar sua prole a evitar os problemas de desenvolvimento que podem ocorrer quando um indivíduo tem duas cópias de certos alelos recessivos, como pode acontecer devido à procriação consanguínea. Talvez seja por isso que as fêmeas do pássaro felosa-dos-juncos, *Acrocephalus schoenobaenus*, preferem machos com repertório vocal mais amplo. Dado que o tamanho do repertório está correlacionado com a heterozigose do macho nessa espécie, a preferência das fêmeas por machos com grandes repertórios incrementa a heterozigose da prole, em especial porque as fêmeas de alguma forma garantem que seus óvulos sejam fecundados por aqueles espermatozoides geneticamente menos parecidos com o genoma dos óvulos.[941]

Uma visão diferente daquela dos "bons genes" está incorporada na **teoria da seleção *runaway*.**[46, 368] Essa abordagem argumenta que fêmeas seletivas adquirem espermatozoides cujo efeito principal é influenciar suas filhas a preferir as características dos machos que suas mães achavam atraentes e dotar seus filhos com atributos que serão preferidos pela maioria das fêmeas – mesmo se essas características reduzirem a chance de sobrevivência dos indivíduos que as possuem. Por exemplo, a preferência pela canção elaborada dos canários machos poderia ser adaptativa para as fêmeas se seus filhos herdassem a capacidade de emitir cantos atraentes, mesmo que sua produção seja cara, porque esses cantores podem ser especialmente atraentes às fêmeas na geração seguinte.

Como a alternativa da seleção *runaway* é a explicação menos intuitivamente óbvia para exibições de corte extremas, esboçaremos o argumento subjacente aos modelos matemáticos de Russell Lande[833] e Mark Kirkpatrick.[776] Imagine que uma pequena parte das fêmeas em uma população ancestral tivesse uma preferência por certa característica do macho, talvez porque a característica inicialmente preferida fosse indicativa de alguma vantagem de sobrevivência da qual o macho gozava. Fêmeas que se acasalassem com machos preferidos teriam produzido uma prole que herdasse os genes para a preferência de parceiros de suas mães e os genes para a característica masculina atraente do seu pai. Filhos que expressassem a característica preferida teriam gozado de maior aptidão, em parte simplesmente porque possuíam os detalhes essenciais que as fêmeas achavam atraentes. Em adição, filhas que respondessem positivamente àqueles detalhes do macho teriam ganhos por produzir filhos *sexy* com a característica que muitas fêmeas gostavam.

Portanto, os genes para seleção de parceiros nas fêmeas assim como genes para o atributo preferido nos machos poderiam ser herdados juntos. Esse padrão poderia gerar um processo autoalimentado no qual preferências das fêmeas cada vez mais extremas e atributos dos machos se espalhavam juntos à medida que ocorressem novas mutações afetando essas características. O processo autoalimentado terminaria apenas quando a seleção natural contra características custosas ou arriscadas dos machos equilibrasse a seleção sexual a favor de características que chamassem a atenção das fêmeas. Assim, se as pavoas originalmente preferissem pavões com a cauda maior que a média porque esses machos podiam forragear com eficiência, elas poderiam agora favorecer machos com caudas extraordinárias, porque essa preferência de acasalamento ganhou vida própria, resultando na produção de filhos excepcionalmente atraentes para as fêmeas e a produção de filhas que escolherão esse tipo de macho como parceiros.

De fato, o modelo de Lande-Kirkpatrick demonstrou que, desde o começo do processo, as preferências das fêmeas não precisavam ser dirigidas a características dos machos úteis no sentido de favorecer sobrevivência, habilidade para a alimentação e similares. Qualquer preferência preexistente das fêmeas por certos tipos de estimulação sensorial (*ver* página 300) poderia compreensivelmente colocar o processo em movimento. Como resultado, características opostas pela seleção natural por reduzirem a viabilidade poderiam ainda assim espalhar-se na população por seleção *runaway*.[776, 833] Em vez da escolha de parceiros com base em genes que promovessem o desenvolvimento de características úteis na prole, a seleção *runaway* poderia favorecer a escolha do parceiro por características arbitrárias que são um fardo para os indivíduos em termos de sobrevivência e uma desvantagem em todos os sentidos, exceto pelo fato de que as fêmeas acasalam preferencialmente com machos que as têm!

Testando as teorias do parceiro saudável, dos bons genes e da seleção runaway

Diferenciar essas três explicações alternativas pela exibição de corte elaborada dos machos e escolha da fêmea tem se mostrado muito difícil, em parte porque essas três hipóteses não são mutuamente exclusivas. Como acabamos de mencionar, a preferência da fêmea e as características do macho que se originaram por meio de um processo de bons genes poderia então ser capturada pela seleção *runaway*. Perceba também que machos com resistência hereditária a certos parasitas (benefícios dos bons genes) também poderiam infectar suas parceiras menos provavelmente que aqueles com parasitas (benefícios dos parceiros saudáveis). Além do mais, se no final do período de seleção *runaway* os machos tivessem evoluído ornamentos extremos e exibições elaboradas, então apenas indivíduos em condições fisiológicas excelentes poderiam ser capazes de desenvolver, manter e posicionar seus ornamentos em exibições eficientes. Machos em tal sublime condição fisiológica seriam provavelmente forrageadores altamente eficientes (benefícios dos bons genes) assim como livres de parasitas (benefícios do parceiro saudável), em cujo caso fêmeas acasalando com esses machos seriam pouco propensas a adquirir parasitas, e suas filhas poderiam também receber alguns genes que beneficiassem a sobrevivência, enquanto seus filhos receberiam os genes de pura atratividade de seus pais.

Considerando a sobreposição entre essas três teorias, escolheremos apenas uma e tentaremos testá-la. Como exemplo, Marion Petrie aplicou a teoria dos bons genes aos pavões e chegou às seguintes previsões: (1) os machos devem diferir geneticamente de formas relacionadas com suas chances de sobrevivência; (2) o comportamento do macho e sua ornamentação devem oferecer informações precisas sobre o valor de sobrevivência dos genes do macho; (3) as fêmeas devem usar essa informação para selecionar seus parceiros; e (4) a prole dos machos escolhidos deve se beneficiar da escolha de parceiro de sua mãe. Em outras palavras, os machos deveriam sinalizar sua qualidade genética de forma precisa, e as fêmeas deveriam prestar atenção a esses sinais porque sua prole se beneficiaria hereditariamente como resultado.[784, 1635]

Petrie estudou uma população semicativa de pavões em um grande parque florestal inglês, onde observou que machos mortos por raposas tinham caudas significativamente mais curtas do que seus companheiros sobreviventes. Além do mais, ela observou que a maioria dos machos capturados por predadores não havia acasalado em estações reprodutivas prévias, sugerindo que as fêmeas puderam distinguir machos com alto ou baixo potencial de sobrevivência, possivelmente com base nas caudas ornamentadas.[1123] As preferências das pavoas se traduziram em proles com chances de sobrevivência aumentadas, como Petrie demonstrou em um experimento

Pavão

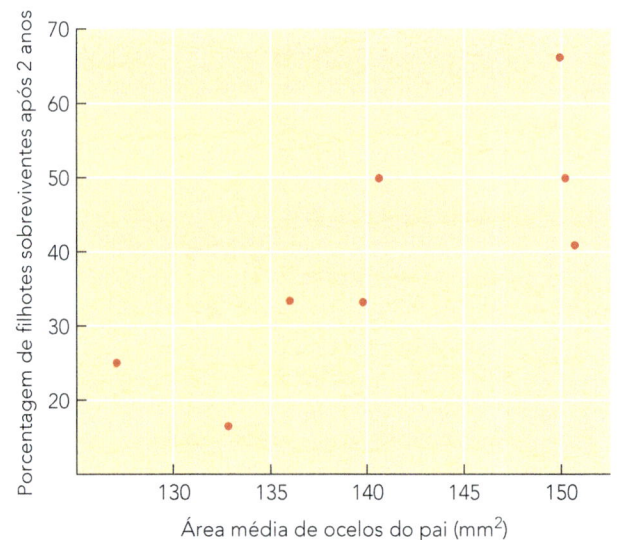

FIGURA 10.44 Os ornamentos do macho sinalizam bons genes? Pavões com ocelos maiores em suas caudas produziram proles que sobreviveram melhor quando liberadas do cativeiro em um parque florestal inglês. Adaptada de Petrie.[1124]

controlado de reprodução; ela capturou no parque uma série de machos com diferentes graus de ornamentação e os pareou em uma grande gaiola com quatro fêmeas escolhidas aleatoriamente na população. A prole de todos os machos foi criada sob condições idênticas, pesada a intervalos, e então eventualmente solta de volta no parque. Os filhos e filhas de machos com grandes ocelos nas caudas ornamentadas pesavam mais no 84º dia de vida e tinham mais chances de estar vivos após dois anos no parque do que a progênie de machos com menos ocelos (Figura 10.44).[1124]

Essa combinação de resultados é consistente com a visão de que as preferências por parceiros das pavoas geram uma seleção sexual que mantém ou espalha a base genética para essas preferências, pois a prole dos machos preferidos recebe bons genes de seus pais. Nesse sentido, uma equipe de pesquisadores franceses estudando pavões demonstrou que o número de ocelos na cauda e a taxa de exibição estão bastante ligados à saúde do macho. Machos com mais ocelos tinham concentrações mais baixas de um tipo particular de leucócitos induzidos por infecções, e esses machos, presumivelmente indivíduos saudáveis, se envolveram em mais exibições de corte por hora do que aqueles com níveis maiores (Figura 10.45).[891] Como as fêmeas preferem machos ativamente cortejantes de caudas atraentes, elas têm maior probabilidade de acasalar-se com machos com genes para boa saúde, assumindo que a habilidade de um macho de resistir a infecções é pelo menos parcialmente hereditária.

Porém, como percebido acima, talvez os benefícios dos machos saudáveis estejam envolvidos também se, por exemplo, pavoas evitassem machos parasitados e assim reduzissem o risco de adquirir parasitas desagradáveis que elas passariam adiante para sua prole. Além do mais, uma demonstração da vantagem adaptativa atual associada à preferência das fêmeas e características dos machos não descarta a possibilidade de que esses atributos tenham se originado como efeitos colaterais da seleção *runaway* da maneira descrita acima.

Uma outra complicação vem da descoberta de que as fêmeas de certas espécies investem mais recursos na prole gerada por machos preferidos do que naquela gerada por pais menos atraentes. Como percebido

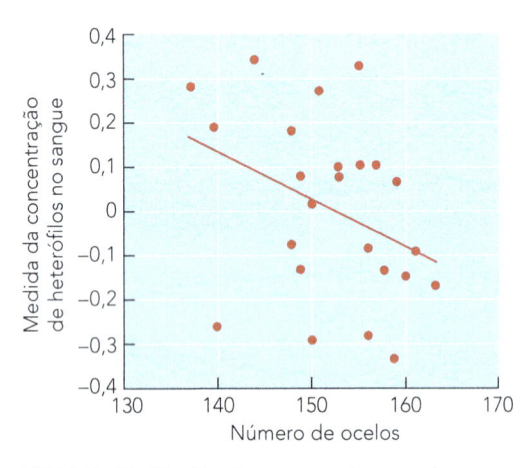

FIGURA 10.45 Pavões com muitos ocelos tendem a ser mais saudáveis do que aqueles com menos ocelos, a julgar pela menor concentração de heterófilos em seu sangue. Heterófilos são células sanguíneas brancas cuja contagem aumenta quando uma ave está combatendo infecções. Adaptada de Loyau e colaboradores.[891]

antes, em algumas espécies a fêmea ajusta a quantidade de testosterona que investe em um óvulo em relação à atratividade de seu parceiro.[537, 892, 1292] Da mesma forma, patos reais fêmeas, da espécie *Anas platyrhynchos*, produzem ovos maiores após a cópula com machos mais atrativos,[328] enquanto que a fêmea do galo lira, *Tetrao tetrix*, produz e põe mais ovos após copular com machos de alto *status*.[1225] Todos esses efeitos podem facilmente ser atribuídos aos "bons genes" dos machos, quando na realidade emergem da manipulação das fêmeas de seu próprio investimento parental e não da contribuição genética de seu parceiro. Desvincular as contribuições dos dois pais ao bem-estar de sua prole é um trabalho desafiador.

Conflito sexual

Apesar da cooperação entre os sexos estar constantemente envolvida em espécies com reprodução sexuada, particularmente naquelas em que macho e fêmea criam os filhos juntos, o conflito sexual também parece ser comum.[1105] Considere que as fêmeas com frequência rejeitam machos sexualmente motivados, como visto na resposta típica das fêmeas de pássaro-caramanchão aos machos em exibição. Muito menos frequentemente, machos também podem rejeitar parceiras sexuais, como acontece, por exemplo, no antílope africano, *Damaliscus korrigum*. A resistência ao acasalamento demonstrada pelos machos desses antílopes, que ocupam posições centrais em suas arenas (*ver* página 411), vem do fato desses machos poderem ficar sem espermatozoides enquanto copulam com toda uma série de fêmeas receptivas. Eles, portanto, podem recusar-se a acasalar novamente com fêmeas que já tenham inseminado, de forma a poupar espermatozoides para doar a novas parceiras. Uma fêmea rejeitada desse antílope algumas vezes responde atacando o macho e interrompendo os esforços dele em cobrir uma novata (Figura 10.46).[177]

O conflito sexual pode se tornar ainda mais desagradável quando, por exemplo, machos matam os filhotes das fêmeas com o objetivo de fazê-las ficar sexualmente receptivas mais cedo (*ver* página 23) ou para forçar fêmeas aparentemente resistentes a acasalar com eles. Nesses casos, é difícil (mas não impossível – ver a seguir) acreditar que o comportamento do macho seja vantajoso para a fêmea. Quando um macho de bitacídeo agarra a fêmea por uma asa e acasala com ela sem oferecer presente

FIGURA 10.46 Conflito sexual em uma espécie formadora de arenas. Um antílope fêmea, *Damaliscus lunatus*, ataca um macho em seu território de exibição após ele recusar copular com ela novamente. Machos que podem ficar sem esperma talvez se beneficiem ao recusar acasalar-se com todas as parceiras sexuais possíveis. A recusa do macho em acasalar pode gerar agressão por parte da fêmea rejeitada. Fotografia de Jakob Bro-Jørgensen.[177]

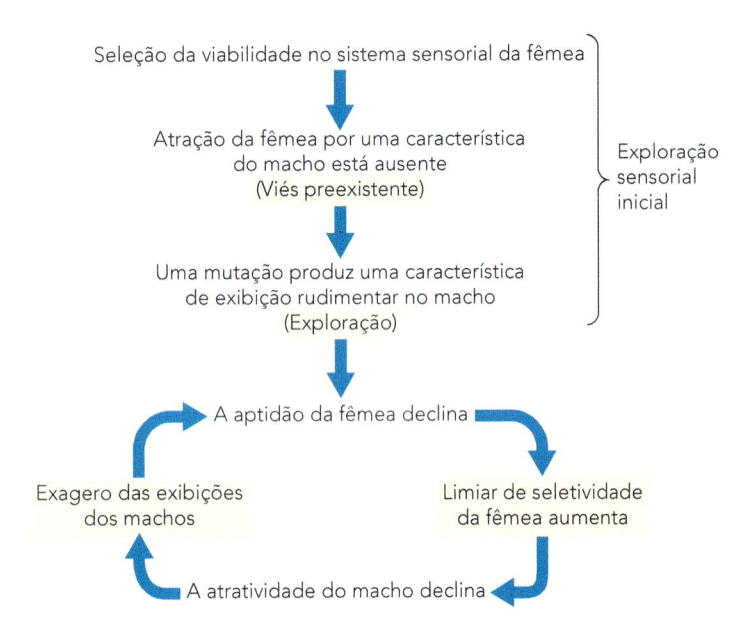

FIGURA 10.47 A teoria da seleção *chase-away*. A evolução de ornamentos extremos nos machos e exibições de corte pode se originar da exploração de preferências sensoriais preexistentes das fêmeas. Se a exploração sensorial pelos machos reduzir a aptidão das fêmeas, o palco está montado para um ciclo em que a resistência aumentada da fêmea às exibições dos machos leva a exageros ainda maiores dessas exibições. Adaptada de Holland e Rice.[668]

alimentício, ela perde uma refeição. Quando fêmeas de orangotango finalmente desistem e acasalam com um jovem sedento por sexo que as esteve assediando por dias, parece que estão acasalando a contra gosto. Tendo direito à escolha, orangotangos fêmeas procuram machos adultos enormes e mais velhos com os quais elas acasalam e permanecem juntas por longos períodos, enquanto seus parceiros lidam com os avanços aparentemente indesejáveis dos pequenos machos.[485] De forma semelhante, as chimpanzés fêmeas em um bando não sincronizam seus ciclos de estro, talvez de forma a haver pelo menos um macho dominante disponível para protegê-las contra machos de menor *status* inclinados ao assédio.[952] Por outro lado, tanto machos dominantes como subordinados de chimpanzé com frequência atacam sexualmente fêmeas férteis.[1020] Algumas dessas interações violentas levam à morte da fêmea,[1238] e o mesmo é verdade para nossa própria espécie.[199] Conflitos extremos dessa natureza obviamente não beneficiam nem a fêmea morta nem o macho assassino.

O conflito sexual desempenha um papel central na quarta teoria geral sobre por que os machos evoluíram ornamentos extremos e exibições de corte elaboradas (*ver* Tabela 10.3).[667] De acordo com Brett Holland e Bill Rice, essas características poderiam ser o resultado da **seleção *chase-away***, processo que começa quando o macho passa a apresentar mutação em uma nova característica que consegue interceptar uma preferência sensorial preexistente que afeta a preferência da fêmea pelo parceiro em sua espécie. Esse macho pode induzir as fêmeas a acasalar com ele, mesmo sem oferecer os benefícios materiais ou genéticos dados por outros machos de sua espécie.[1264] A propagação desses machos exploradores ao longo do tempo criaria uma seleção sobre fêmeas favorecendo aquelas psicologicamente resistentes às características de exibição pouco atrativas. Enquanto as fêmeas com limiar mais alto de resposta sexual à característica exploradora se propagam, a seleção então favoreceria machos capazes de superar a resistência das fêmeas, o que poderia ser alcançado por mutações que exagerassem ainda mais o sinal original dos machos. Um ciclo crescente de resistência da fêmea e exagero do macho em relação a características essenciais pode se suceder, levando gradualmente à evolução de ornamentos custosos de nenhum valor real para a fêmea e úteis aos machos apenas porque sem eles não teriam nenhuma chance de convencer as fêmeas a acasalarem-se com eles (Figura 10.47).

A teoria da seleção *chase-away* ilustra quão longe alguns biólogos evolutivos chegaram a partir da visão outrora popular da reprodução sexual como empreitada gloriosamente cooperativa planejada para perpetuar a espécie. Em vez disso, muitos etólogos atualmente veem a reprodução como uma atividade na qual os dois sexos lutam por vantagem genética máxima, mesmo que um membro do par perca aptidão como resultado.

Por exemplo, como machos da mosca-das-frutas *Drosophila melanogaster* se beneficiam ao induzir as fêmeas a usar seus espermatozoides em vez dos de um rival, seu fluido seminal contém substâncias com efeitos colaterais prejudiciais para suas parceiras. A proteína principalmente responsável por isso parece ser Acp62F,[898] que estimula o sucesso de fecundação do macho (talvez por danificar espermatozoides rivais) às custas das fêmeas, cujas vidas são encurtadas e cuja fecundidade é redu-

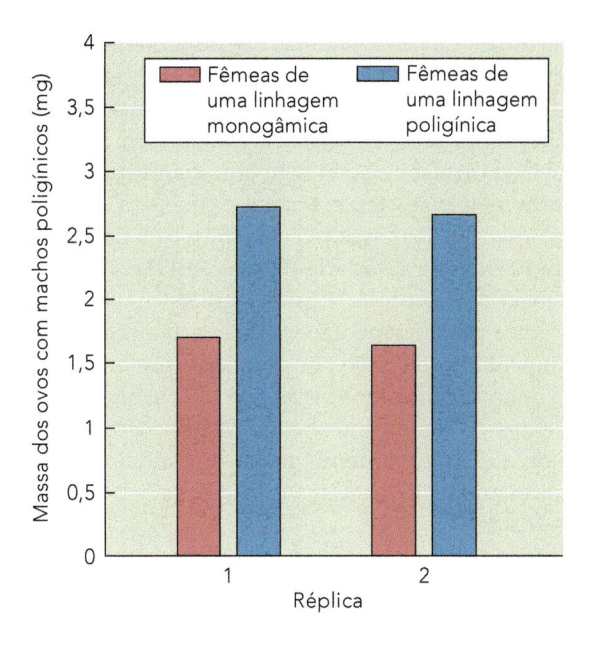

FIGURA 10.48 A seleção sexual e a evolução de características masculinas prejudiciais às fêmeas. Fêmeas de uma linhagem experimental monogâmica de moscas-das-frutas, *Drosophila melanogaster*, perderam muito da sua resistência química devido às substâncias danosas presentes no fluido seminal de machos poligínicos. Portanto, fêmeas monogâmicas depositam menos ovos quando cruzadas com machos de uma linhagem controle poligínica do que fêmeas controle que evoluíram com esses machos. Os resultados de um experimento repetido duas vezes são mostrados aqui como ensaios um e dois. Adaptada de Holland e Rice.[668]

zida.[1150] Apesar dos efeitos de longo prazo negativos que os doadores de proteínas tóxicas têm sobre as parceiras, os machos ainda têm ganhos, pois são poucas as chances de acasalar com a mesma fêmea duas vezes. Sob essas circunstâncias, um macho que fecunde a maior parte da desova atual de uma fêmea pode se beneficiar mesmo que as substâncias químicas doadas reduzam a longo prazo o sucesso reprodutivo da parceira.

Se machos de moscas-das-frutas realmente prejudicam suas parceiras como consequência do sucesso na competição de esperma, então criar gerações de machos em ambientes laboratoriais nos quais nenhum macho se acasale com mais de uma fêmea deveria resultar em seleção contra doadores de fluidos seminais prejudiciais. Sob essas condições, qualquer macho que porventura não envenenasse sua parceira poderia tirar benefício em aptidão ao maximizar o produto reprodutivo de sua única parceira. Por sua vez, uma redução na toxicidade da ejaculação do macho deveria resultar na seleção por fêmeas que não tivessem a contra-adaptação química para combater os efeitos negativos da proteína espermicida. De fato, após mais de 30 gerações de seleção em ambiente de um macho – uma fêmea, as fêmeas das populações monogâmicas acasaladas uma vez com machos "controle" doadores de espermicida de uma população típica de acasalamentos múltiplos colocou menos ovos e morreu mais cedo do que fêmeas que evoluíram com machos poligínicos e doadores de espermicida (Figura 10.48).[668]

Para discussão

10.17 Stuart Wigby e Tracey Chapman formaram três populações de moscas-das-frutas com diferentes razões sexuais (enviesada para fêmeas, razão sexual igual e enviesada para machos). De modo esperado, a frequência na qual as fêmeas se acasalaram cresceu da população enviesada para fêmeas para a enviesada para machos. Após 18 e 22 gerações de seleção, fêmeas recém-eclodidas das três linhagens selecionadas foram capturadas de seu ambiente e colocadas em gaiolas com o mesmo número de machos. A taxa de mortalidade das fêmeas da linhagem enviesada para os machos era menor do que aquela apresentada por fêmeas da população com razão sexual igual, e muito menor do que a das fêmeas da linhagem enviesada para fêmeas.[1570] O que esses resultados nos dizem sobre as consequências evolutivas do conflito sexual entre os sexos nessa espécie?

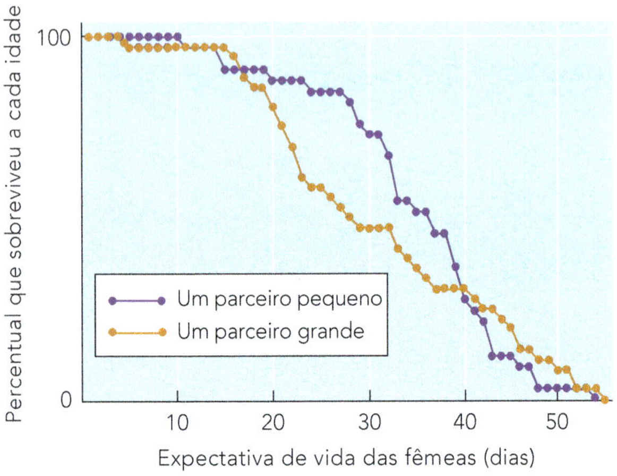

FIGURA 10.49 Acasalar-se com machos grandes reduz a aptidão da fêmea em moscas-das-frutas. Apesar de as fêmeas preferirem acasalar-se com machos grandes, as taxas de mortalidade são mais altas para fêmeas que se acasalam com machos maiores. Adaptada de Friberg e Arnqvist.[492]

À luz da teoria da seleção *chase-away*, é revelador que as fêmeas de moscas-das-frutas realmente percam aptidão ao preferirem acasalar-se com machos maiores, os quais elas escolhem seja porque acham corpos maiores uma característica atraente ou porque corpos grandes estão correlacionados com alguma outra feição atraente, como corte mais persistente. Qualquer que seja a razão para a preferência, a escolha do parceiro pela fêmea com base nessa característica reduz sua longevidade (Figura 10.49) e também reduz a sobrevivência de sua prole.[492] Esses efeitos negativos sobre a aptidão da fêmea podem emergir dos custos fisiológicos de lidar com taxas aumentadas de corte por parceiros "preferidos" e possivelmente as quantidades aumentadas de toxinas recebidas dos machos "atraentes".[1150] Essas descobertas podem ser tomadas como evidências de que, por enquanto, machos grandes estão à frente na corrida armamentista de seleção *chase-away* entre os sexos da mosca-das-frutas.

Outro tipo de corrida armamentista pode estar ocorrendo em percevejos. Nesse inseto desagradável, o macho usa um órgão intromitente semelhante a uma faca para apunhalar a fêmea em seu abdome antes de injetar o esperma diretamente no sistema circulatório dela (Figura 10.50).[1401] Presume-se que esse raríssimo método de inseminação evoluiu originalmente como resultado dos machos injetarem o esperma dessa forma dentro de fêmeas sexualmente resistentes que já haviam recebido esperma de parceiros anteriores por vias tradicionais e menos danosas. Sendo assim, então a inseminação traumática deve ser custosa às fêmeas, e assim é, já que fêmeas que se acasalam com alta frequência vivem menos dias e colocam menos ovos.[1012, 1401]

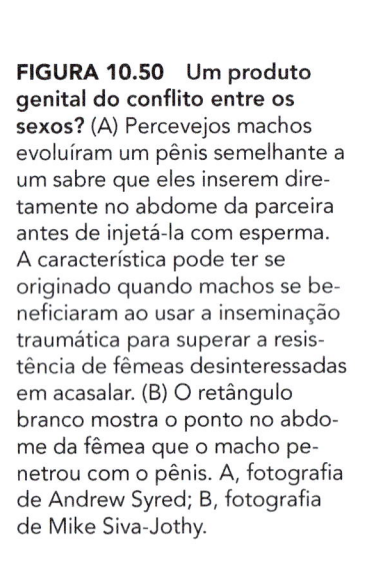

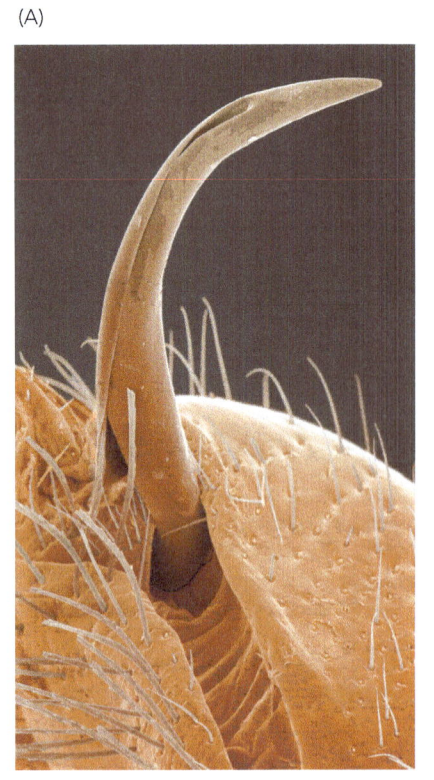

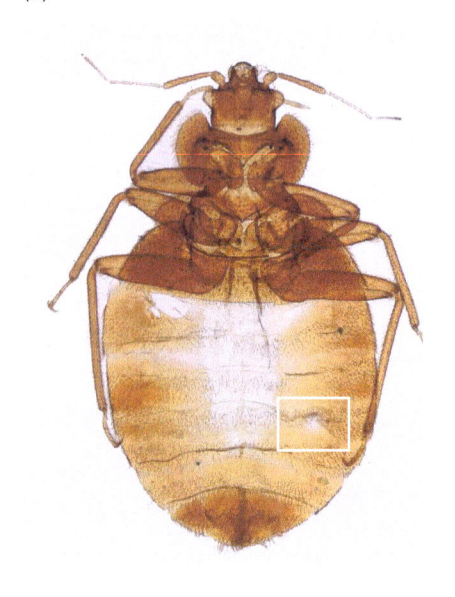

FIGURA 10.50 Um produto genital do conflito entre os sexos? (A) Percevejos machos evoluíram um pênis semelhante a um sabre que eles inserem diretamente no abdome da parceira antes de injetá-la com esperma. A característica pode ter se originado quando machos se beneficiaram ao usar a inseminação traumática para superar a resistência de fêmeas desinteressadas em acasalar. (B) O retângulo branco mostra o ponto no abdome da fêmea que o macho penetrou com o pênis. A, fotografia de Andrew Syred; B, fotografia de Mike Siva-Jothy.

Mas nem todos pensam que todo caso de aparente conflito sexual significa que as fêmeas sejam de fato feridas pela intenção dos machos em se reproduzir às custas de suas parceiras. Vamos aceitar que em alguns exemplos machos façam coisas que reduzem a longevidade da fêmea. Vamos também levar em conta que os genes de moscas-das-frutas machos bem-sucedidos possam ser prejudiciais quando expressos nas filhas desses machos, mais do que em seus filhos.[1147] Porém, esses e outros custos poderiam ser superados pelo sucesso reprodutivo excepcional dos filhos machos adultos de uma fêmea.[1105] Se for assim, as fêmeas que permitissem aos pais desses filhos acasalarem-se com elas poderiam ser mais do que recompensadas pela reprodução aumentada de seus descendentes machos. As fêmeas podem inclusive aceitar redução no sucesso reprodutivo ao longo da vida se produzirem filhos que herdem táticas manipulativas efetivas, até coercivas, de seus pais – táticas que podem fazer seus filhos reprodutores descomunalmente bem-sucedidos, dotando assim suas mães com netos extras.[297] O conflito sexual aparente entre machos e fêmeas poderia até ser a forma como fêmeas julgam a capacidade dos machos de fornecê-las filhos capazes de superar a resistência ao acasalamento das fêmeas na geração seguinte.[427] Alternativamente, cortes agressivas pelos machos podem ser a forma com a qual fêmeas escolhem machos cujos filhos se sairão bem em competições agressivas com outros machos.[147] Mais ou menos na mesma linha, apesar de machos sorrateiros (*ver* página 352) serem parceiros de baixa qualidade para as fêmeas, elas podem se beneficiar em acasalar com eles em certas ocasiões, se seus espermatozoides aumentarem a diversidade genética da prole da fêmea.[1208] Esses tipos de hipóteses sugerem que as fêmeas podem estar "ganhando ao perder" quando acasalam com parceiros que parecem estar forçando-as a copular ou bloqueando suas preferências aparentes por outros machos.

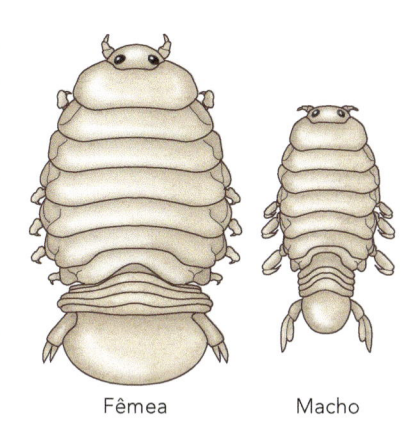

FIGURA 10.51 Uma espécie mutuamente canibalística: o máximo em conflito sexual. Tanto a fêmea grande quanto o macho pequeno do isópode de água doce *Ichthyoxenus fushanensis* podem matar e consumir seu parceiro. Desenho cortesia de C.-F. Dai.

> ### Para discussão
>
> **10.18** No isópode parasita *Ichthyoxenus fushanensis* (Figura 10.51), o macho vive com uma fêmea em uma cavidade que eles constroem em suas vítimas, um peixe de água doce. O canibalismo sexual não é incomum nesse isópode.[1469] As fêmeas algumas vezes comem os machos no começo de sua longa estação reprodutiva; os machos às vezes comem as fêmeas mais tarde. Parceiros para reposição de ambos os sexos estão prontamente disponíveis nesses momentos. Além disso, esse animal é um daqueles cujos machos podem se transformar em fêmeas, fenômeno que ocorre apenas quando os machos atingiram um tamanho razoavelmente grande. Quanto maior a fêmea, mais fértil ela é. Quanto menor a diferença em tamanho entre macho e fêmea, menos numerosa é a prole produzida por um par. Por que o conflito entre os sexos alcançou um estado tão extremo nessa espécie? Que tipos de machos espera-se que as fêmeas comam? Que tipos de machos espera-se que comam suas parceiras? Como você pode contabilizar a diferença na época do canibalismo pelos machos e pelas fêmeas?

Resumo

1. A reprodução sexuada cria um ambiente de competição entre os indivíduos enquanto cada um luta para maximizar sua contribuição genética às gerações subsequentes. Os machos geralmente produzem números enormes de gametas muito pequenos e tentam fecundar o máximo possível de óvulos, enquanto oferecem pouco ou nenhum cuidado para suas proles. Em contraste, fêmeas produzem menos gametas maiores e frequentemente também oferecem cuidado parental. Como resultado, fêmeas receptivas são escassas, e os machos tipicamente competem por acesso a elas, enquanto as fêmeas podem escolher entre muitos parceiros potenciais.

2. A evolução através da seleção sexual ocorre se indivíduos geneticamente distintos diferem em seus sucessos reprodutivos devido a diferenças na habilidade (1) de competir com outros de seu próprio sexo por parceiros(as) ou (2) de atrair membros do sexo oposto.

3. O componente da competição por parceiros da seleção sexual é a base da evolução de muitos elementos do comportamento reprodutivo do macho, incluindo a competição pela dominância social, táticas de acasalamento alternativas, e guarda de parceiros após a cópula. Embora em uma espécie típica os machos exerçam pressão seletiva uns sobre os outros na competição por parceiras, as fêmeas geralmente têm a última palavra na reprodução, porque elas controlam a produção e a fecundação dos óvulos.

4. Em uma espécie típica, as fêmeas escolhem entre parceiros potenciais, criando o componente da escolha de parceiros da seleção sexual. Machos de algumas espécies procuram agradar as fêmeas oferecendo a elas benefícios materiais, incluindo presentes nupciais ou cuidado parental.

5. A escolha do parceiro pelas fêmeas ocorre mesmo em algumas espécies em que os machos não oferecem nenhum benefício material. As preferências das fêmeas por ornamentos elaborados podem surgir porque machos com esses atributos são saudáveis e livres de parasitas, e então menos prováveis de transmitir doenças ou parasitas (teoria do parceiro saudável). Ou fêmeas seletivas podem ganhar ao assegurar genes que aumentem a viabilidade da prole (teoria dos bons genes). Por outro lado, características extravagantes dos machos poderiam se espalhar em uma população na qual mesmo elementos arbitrários da aparência ou comportamento do macho se tornassem a base da preferência feminina. Variantes exageradas desses elementos poderiam ser selecionadas estritamente porque as fêmeas preferiram acasalar-se com indivíduos que as tivessem (teoria da seleção *runaway*). Uma quarta possibilidade é que os ornamentos extremos do macho evoluíram como resultado de um ciclo espiral vertiginoso de conflito entre os sexos, com machos selecionados pela habilidade sempre melhorada de explorar os sistemas perceptuais das fêmeas e fêmeas selecionadas por resistirem a esses machos de forma cada vez mais resoluta (teoria da seleção *chase-away*). A importância relativa desses diferentes mecanismos de seleção sexual permanece indeterminada.

6. As interações entre os sexos podem ser vistas como um misto de cooperação e conflito à medida que os machos procuram ganhar fecundações em um jogo cujas regras são ditadas pelos mecanismos reprodutivos das fêmeas. O conflito entre os sexos é amplamente representado e inclui o assédio sexual e a transferência de ejaculações danosas; em outras palavras, o que é adaptativo para um sexo pode ser prejudicial ao outro.

Leitura sugerida

Para saber mais sobre o comportamento dos pássaros-caramanchão-acetinados veja os artigos escritos por Gerry Borgia[143, 144] e um elegante livro sobre pássaros-caramanchão de Clifford e Dawn Frith. O livro de Malte Andersson sobre seleção sexual é notavelmente abrangente,[35] enquanto táticas de acasalamento alternativas foram examinadas por Mart Gross[590] e de forma diferente por Steve Shuster e Michael Wade.[1328] Você pode estudar a competição de esperma no artigo clássico de Geoff Parker,[1103] que enfoca insetos, assim como no livro de Leigh Simmons.[1330] A competição de esperma em outros grupos animais é coberta por Tim Birkhead e Anders Møller,[122] enquanto Bill Eberhard examina como as fêmeas podem controlar qual dos diversos espermatozoides dos machos estocados dentro delas fecundará seu óvulo.[425] No livro sobre o pássaro *Carpodacus mexicanus*, Geoff Hill explora teorias sobre a evolução de ornamentos coloridos, assim como descreve como ecólogos comportamentais atualmente usam a teoria da seleção sexual em sua pesquisa.[654] Finalmente, embora este capítulo não tenha explorado o assunto de como a reprodução sexual evoluiu pela primeira vez, você pode aprender sobre isso com G.C. Williams[1579] e Bob Trivers,[1468] assim como em Laurence Hurst e Joel Peck.[700]

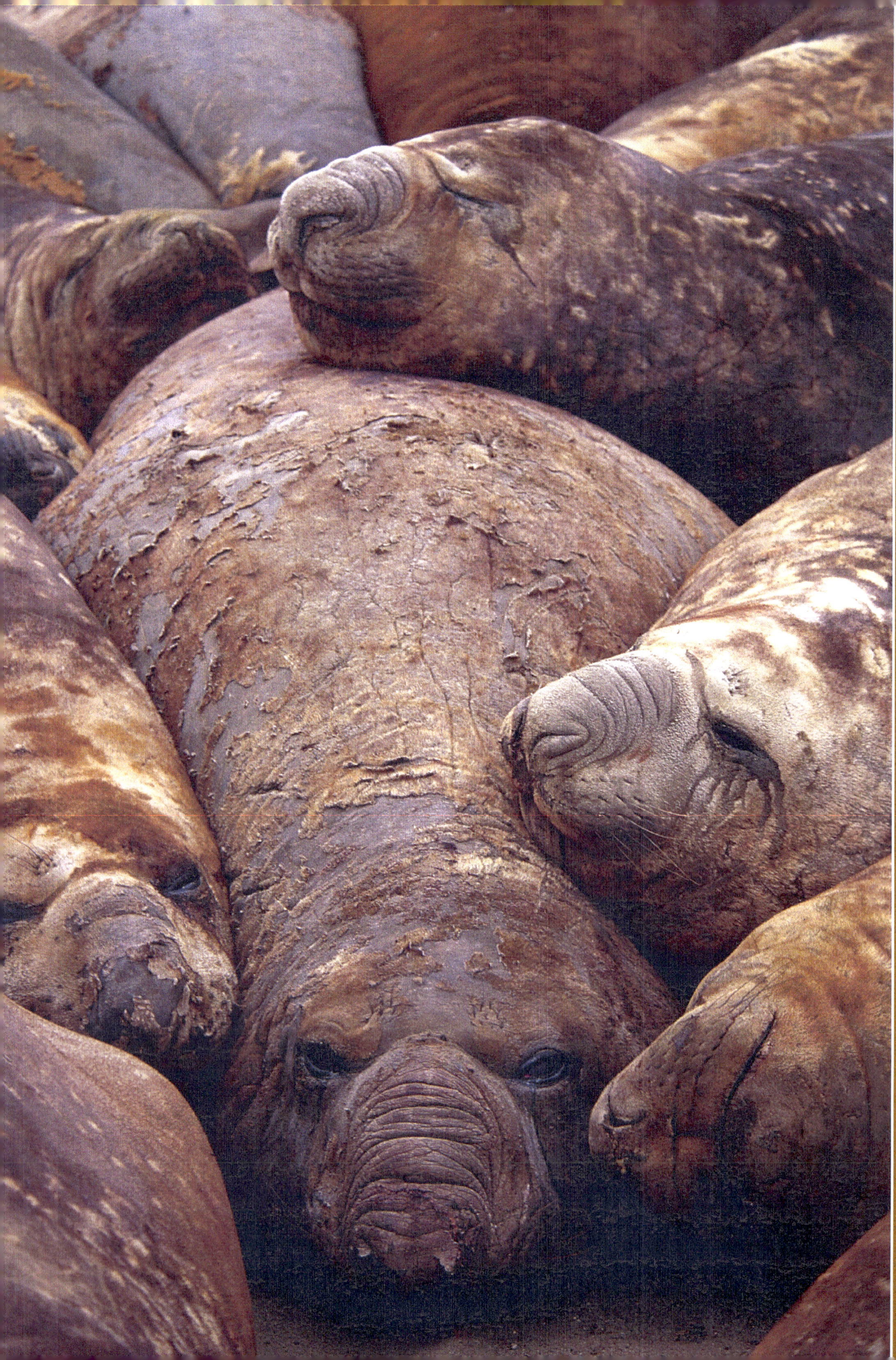

11

A Evolução dos Sistemas de Acasalamento

Machos de *Ptilonorhynchus violaceus*, um pássaro-caramanchão australiano, como vimos no capítulo anterior, são capazes de copular com dúzias de fêmeas em uma única estação de acasalamento, apesar de raramente terem a sorte de fazê-lo.[142] Em outras palavras, machos dessa espécie têm a capacidade de ser poligínicos. Em contraste, *Ptilonorhynchus violaceus* fêmeas são quase sempre monogâmicas, tipicamente acasalam com apenas um macho por nidificação. Mas o sistema de acasalamento do *Ptilonorhynchus violaceus* (machos potencialmente poligínicos e fêmeas monogâmicas) é apenas um de uma variedade de combinações encontradas no reino animal. Sistemas de acasalamento diferentes podem ser encontrados mesmo entre os pássaros-caramanchão. Por exemplo, tanto machos quanto fêmeas do monogâmico *Ailuroedus crassirostris*, parente próximo do pássaro-caramanchão-acetinado poligínico, se pareiam um a um antes de criarem juntos suas proles.[493] Em algumas outras aves, como o maçarico *Actitis macularius*, a poliandria é a regra: fêmeas copulam com dois ou três machos em uma estação reprodutiva.[1073] Uma versão ainda mais extrema desse padrão é exibida pela abelha melífera, cujas jovens rainhas voam de suas colmeias para o centro de enxames de zangões que as perseguem, as capturam e acasalam com elas em pleno ar. Rainhas são altamente poliândricas, copulando com muitos machos e usando o

◄ **Um elefante-marinho macho** (centro) cercado por várias fêmeas de seu harém, que ele defenderá agressivamente contra qualquer macho invasor. Fotografia de Ted Mead.

esperma de uma dúzia mais ou menos enquanto durar sua vida reprodutiva.[1423] Em contraste, zangões nunca se acasalam com mais de uma rainha, porque um zangão ejeta violentamente sua genitália para dentro de sua primeira e única parceira, ato suicida que garante que ele seja monogâmico e, pouco tempo depois, morra.[1620]

A diversidade dos sistemas de acasalamento oferece um rico banquete de quebra-cabeças darwinianos para os evolucionistas, incluindo (1) por que existem machos monogâmicos voluntários, (2) por que fêmeas de certas espécies são poliândricas e (3) por que machos de diversas espécies exibem tantas táticas diferentes para alcançar a poliginia? Esses quebra-cabeças são o foco central deste capítulo.

A monogamia nos machos é adaptativa?

Apesar dos exemplos de monogamia pelos machos não serem comuns, eles ocorrem, como acabamos de indicar. Mas por que uma abelha melífera macho (Figura 11.1), o roedor *Microtus ochrogaster* (Figura 1.1) ou o macho de qualquer outra espécie se restringiria a apenas uma parceira? A regra geral, primeiramente descoberta num estudo clássico com as moscas-das-frutas *Drosophila*,[83] é que quanto mais fêmeas inseminadas, mais óvulos fecundados e maior o sucesso reprodutivo de um macho (*ver* página 340). Como resultado, machos tipicamente competem por parceiras, e os vencedores são poligínicos que provavelmente terão mais aptidão do que seus rivais monogâmicos. Por exemplo, machos da espécie de corruíra *Troglodytes aedon*, que atraem duas fêmeas, são pais de cerca de nove filhotes por ano em média, enquanto que machos monogâmicos têm menos de seis.[1374] Sob esse prisma, machos que voluntariamente se restringem a uma parceira sexual são um mistério.

Porém, já apresentamos uma razão para a monogamia dos machos nos *Microtus ochrogaster* (*ver* página 5). Se as fêmeas permanecem receptivas após a cópula, machos que evitam que suas parceiras aceitem esperma de outros machos conseguem deixar mais descendentes atendendo monogamicamente a uma fêmea em vez de tentar acasalar-se com diversas parceiras.[1611] Essa mesma hipótese de guarda de parceiro também foi usada para explicar a monogamia em certas aranhas cujos machos têm pouca chance de encontrar uma segunda fêmea e portanto dão tudo de si, literalmente, a suas primeiras parceiras. Esses machos que cometem suicídio sexual dando-se de comer às fêmeas (*ver* Figura 10.40) ou ejetando seu apêndice genital dentro do trato reprodutivo da parceira parecem aumentar seu sucesso de fecundação com a fêmea. Esse ganho, que pode ser chamado de guarda póstuma de parceira pelo macho, pode

FIGURA 11.1 O zangão monogâmico da abelha melífera (*Apis meliphera*) morre depois do acasalamento. (A) Macho intacto. (B) Rainha com a genitália amarela de um parceiro morto anexada à ponta do abdome. Fotografias de Christal Rau, cortesia de Nikolaus Koeniger.

FIGURA 11.2 Um camarão monogâmico guardando a parceira. Quando o camarão *Hymenocera picta* macho encontra uma parceira potencial, ele permanece com ela porque fêmeas receptivas são escassas e dispersas amplamente. Aqui um casal se alimenta do braço amputado de uma estrela-do-mar. Fotografia de Stephen Childs.

justificar o custo de sua ação se (1) sua parceira tiver o potencial de permanecer receptiva após a cópula e (2) a probabilidade do macho encontrar uma segunda fêmea for extremamente baixa. Essas condições parecem ser encontradas nas aranhas discutidas anteriormente[985] e em algumas outras espécies também.[438]

Por exemplo, machos do belo camarão-palhaço recifal *Hymenocera picta* (Figura 11.2) passam semanas na companhia de uma fêmea.[1563] Conforme esperado, a razão sexual operacional (*ver* página 336) é fortemente inclinada para os machos porque as fêmeas dispersas estão receptivas apenas por um curto período a cada três semanas mais ou menos. Como encontrar a fêmea certa no momento certo consome muito tempo, o macho que encontra uma parceira potencial a guarda até que ela esteja disposta a copular. Aqui temos um exemplo de um tema recorrente neste capítulo: a distribuição das fêmeas em resposta a vários fatores ecológicos tem um efeito grande nas táticas de acasalamento dos machos.

Uma explicação diferente para a monogamia do macho foi denominada hipótese da **assistência ao parceiro**, a qual propõe que machos permanecem com uma única fêmea porque o cuidado paternal e a proteção da prole são especialmente vantajosos.[438] Em alguns ambientes, a prole extra que sobrevive devido ao esforço paternal pode mais que compensar o macho monogâmico por desistir da chance de reproduzir-se com outras fêmeas. Os leitores provavelmente estão mais familiarizados com o cuidado parental do macho em aves, mas o fenômeno ocorre em outros grupos também. Machos do cavalo-marinho *Hippocampus whitei*, por exemplo, até mesmo tomam para si a responsabilidade da "gravidez", carregando a desova em uma bolsa selada por cerca de três semanas (Figura 11.3). Cada macho tem relação duradoura com a fêmea, que lhe fornece uma série de desovas. Os parceiros até mesmo se cumprimentam a cada manhã antes de afastarem-se para forragear separadamente; eles ignoram qualquer outro animal do sexo oposto que por acaso encontrem durante o dia.[1492] Já que a bolsa do macho pode acomodar apenas uma desova, ele não ganha nada em cortejar mais de uma fêmea por vez. E, de fato, em outra espécie de *Hippocampus*, dados genéticos indicam que machos não aceitam ovos de mais de uma fêmea (mesmo que nessa espécie, grupos de fêmeas tenham sido vistas cortejando machos solteiros sob certas condições[1585]).

Um cavalo-marinho macho pode não se beneficiar ao trocar de parceira se sua parceira de longo prazo puder lhe fornecer novo pacote de ovos assim que a gra-

FIGURA 11.3 Monogamia de assistência ao parceiro em um cavalo-marinho, *Hippocampus whitei*. Um macho grávido está dando à luz sua prole de uma única parceira. Diversos filhotes podem ser vistos emergindo, alguns com a cauda primeiro, da bolsa de seu pai.

videz termine. Muitas fêmeas aparentemente podem manter os parceiros grávidos durante a longa estação reprodutiva, mas não conseguem produzir desovas rápido o suficiente para dar a outros machos.[1493] Acasalando-se com uma só fêmea, um macho pode ser capaz de sincronizar seu ciclo reprodutivo com o de sua parceira. Quando os dois indivíduos estão em sincronia, o macho completará uma rodada de cuidado à prole ao mesmo tempo que sua parceira prepara a nova desova. Portanto, ele não precisa gastar tempo esperando ou procurando parceiras alternativas, mas pode imediatamente assegurar uma nova desova com a parceira antiga. Aceitando essa previsão, a remoção experimental de uma parceira forçou os machos de um peixe-cachimbo com cuidado paternal a trocar de parceiras, o que somou mais de oito dias aos intervalos entre desovas, em relação aos que puderam manter suas parceiras de uma desova até a próxima. O aumento no tempo entre as desovas resultou principalmente da espera pelo macho para sua nova parceira produzir uma leva de ovos maduros.[1362]

Em outras espécies, embora os machos possam ganhar ao adquirir muitas parceiras, as fêmeas podem bloquear as interações poligínicas de seus parceiros de forma a monopolizar sua assistência paternal, levando à **monogamia forçada pela fêmea**. Essa hipótese é semelhante à hipótese da guarda de parceiro, mas nesse exemplo as fêmeas são as guardiãs da monogamia. Por exemplo, fêmeas pareadas do besouro-coveiro, *Nicrophorus defodiens*, são agressivas contra invasoras do mesmo sexo. Nessa espécie, um macho e fêmea pareados trabalham juntos para enterrar um camundongo ou musaranho, o qual servirá de alimento para sua prole tão logo ela eclodi dos ovos depositados pela fêmea na carcaça. Mas, uma vez que a carcaça esteja enterrada, o macho pode subir em um galho alto e liberar feromônio sexual para atrair uma segunda fêmea ao local. Se outra fêmea adicionar sua desova à carcaça, suas larvas competirão por alimento com a prole da primeira fêmea, reduzindo sua sobrevivência ou taxa de crescimento. Portanto, quando a fêmea pareada sente o cheiro do feromônio de seu parceiro, ela apressadamente sobe e o derruba do galho. Esses ataques reduzem sua capacidade de sinalizar, como Anne-Katrin Eggert e Scott Sakaluk demonstraram ao impedir fêmeas pareadas de suprimirem a sinalização sexual de seu parceiro.[430] Livre de uma esposa controladora, os machos experimentais liberaram seu odor por períodos muito mais longos do que os machos-controle que tinham que lidar com fêmeas não bloqueadas (Figura 11.4). Portanto, machos de besouro-coveiro frequentemente são monogâmicos não por ser de seu interesse genético, mas porque as fêmeas fazem isso acontecer – outro exemplo dos tipos de conflitos que ocorrem entre os sexos (*ver* Capítulo 10).

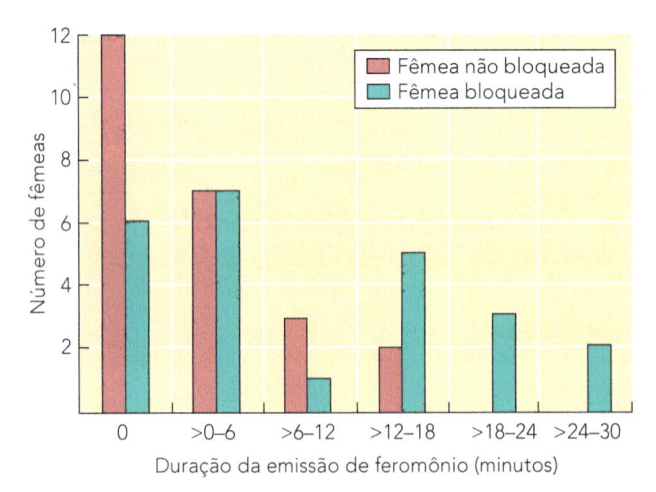

FIGURA 11.4 Besouros coveiros fêmeas combatem a poliginia. Quando uma fêmea pareada deste besouro é experimentalmente impedida de interagir com seu parceiro, o tempo que ele passa liberando feromônio sexual aumenta drasticamente. Adaptada de Eggert e Sakaluk.[430] Fotografia de C.F. Rick Williams.

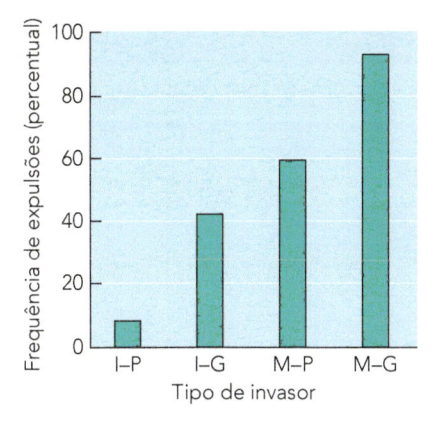

FIGURA 11.5 A monogamia forçada pela fêmea pode envolver agressão das fêmeas reprodutivas em relação a outras fêmeas. Fêmeas reprodutivas do caboz-esmeralda, *Paragobiodon xanthosomus*, evitam invasoras fêmeas experimentalmente introduzidas em seu território no coral, especialmente se as invasoras forem maduras e grandes (M-G) capazes de se reproduzirem. Fêmeas imaturas e pequenas (I-P) podem permanecer. Fotografia de João Paulo Krajewski; adaptada de Wong e colaboradores.[1614]

Da mesma forma, a hostilidade contra outras fêmeas por uma fêmea dominante do caboz-esmeralda recifal, *Paragobiodon xanthosomus*, pode forçar o parceiro a ser monogâmico mesmo que nessa espécie numerosas fêmeas vivam com cada macho em seu refúgio no coral. A fêmea grande dominante do grupo suprime a reprodução das fêmeas subordinadas, as quais aceitam seu *status* não reprodutivo porque podem morrer se forem expulsas de seus refúgios no recife. Se elas viverem o suficiente poderão com o tempo assumir um *status* dominante, e impedir que outros membros do grupo se reproduzam e também atacar fêmeas invasoras, especialmente as fêmeas maduras, que elas costumam forçar a sair da área (Figura 11.5).[1614] Ao manter fêmeas maduras rivais longe de suas tocas, uma fêmea de caboz-esmeralda mantém seu parceiro para si.

Uma variação desse tema ocorre quando macho e fêmea ganham ao guardar um parceiro de alta qualidade, por exemplo, quando um macho guarda uma fêmea grande e altamente fértil e uma fêmea monopoliza um macho grande e altamente paternal. Sob essas circunstâncias, a **monogamia de guarda de parceiro** oferece benefícios para ambos os membros do par, o que torna sua evolução mais fácil de compreender. Elizabeth Whiteman e Isabelle Côté argumentam que essa forma de monogamia é relativamente comum entre peixes marinhos nos quais os pares defendem territórios contra outras duplas (Figura 11.6).[1551]

FIGURA 11.6 Um par monogâmico de labrídios limpadores. Neste peixe marinho, macho e fêmea cooperam na defesa de um território. Seu território atrai outras espécies de peixes dos quais os limpadores removem parasitas e semelhantes. Ambos os indivíduos tentam manter membros do mesmo sexo daquela espécie afastados de seus parceiros. Fotografia de Liz Whiteman.

> **Para discussão**
>
> **11.1** Começamos este capítulo com uma menção à monogamia do macho na abelha melífera. Tente explicar o comportamento suicida do macho à luz das hipóteses alternativas delineadas acima. Também inclua em sua lista uma hipótese baseada na teoria de seleção de grupo. Que previsões se seguem das diferentes explicações que você considerou? Que dados são necessários para resolver a questão?
>
> **11.2** No estorninho, alguns machos adquirem diversas parceiras, mas não lhes dão assistência, enquanto outros machos monogâmicos trabalham juntos com suas únicas parceiras para criar sua prole. Algumas vezes quando há duas fêmeas nidificando no território de um macho, a primeira fêmea a chegar ataca a desova da outra fêmea, bicando os ovos desta.[1209] Por que ela o faz, e que tipo de monogamia poderia resultar de suas ações? Sob que circunstâncias o comportamento da fêmea se qualificaria como uma forma de investimento parental?

Monogamia dos machos em mamíferos

Apesar da monogamia não ser comum em nenhum grupo, esse sistema de acasalamento é excepcionalmente raro em mamíferos, linhagem notável pelo tamanho do investimento parental das fêmeas na prole. A teoria da seleção sexual sugere que mamíferos machos, que não ficam grávidos nem podem oferecer leite aos filhotes (com a exceção de uma espécie de morcego[486]), deveriam geralmente tentar ser poligínicos – e é isso que acontece. Porém, exceções à regra são úteis para testar hipóteses alternativas sobre a monogamia dos machos nesse grupo.

Por exemplo, se a hipótese da teoria da assistência do parceiro se aplicar aos mamíferos, então machos das raras espécies de mamíferos que exibirem cuidado paternal[1615] tenderiam a ser monogâmicas. Um mamífero monogâmico com machos paternais é o hamster siberiano (*Phodopus sungorus*), cujos machos ajudam suas parceiras durante o parto (Figura 11.7).[738] O cuidado parental do macho contribui para a sobrevivência da prole nessa espécie e também no roedor-da-califórnia, roedor da família Cricetidae, cujos pares foram consistentemente capazes de criar uma ninhada de filhotes em condições de laboratório, enquanto fêmeas solitárias não tiveram tanto sucesso.[227] A relação também se manteve sob condições naturais, com a queda no número de filhotes criados por roedores-da-califórnia

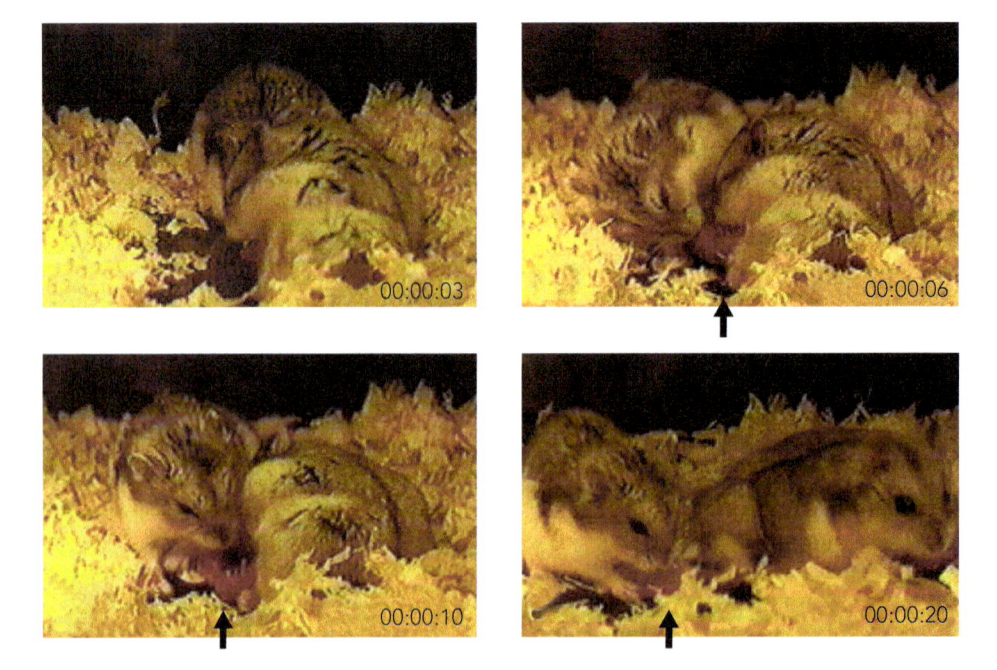

FIGURA 11.7 Um roedor excepcionalmente paternal. Um macho de hamster siberiano, *Phodopus sungorus*, pode puxar os recém-nascidos do útero de suas parceiras e então abrir as vias aéreas dos filhotes limpando suas narinas, como mostram estas fotografias (o macho é o hamster à esquerda; as setas apontam para o recém-nascido rosado). De Jones e Wynne-Edwards.[738]

de vida livre quando o macho não esteve presente para ajudar a parceira a manter a prole aquecida (Figura 11.8).⁵⁹³

Em alguns mamíferos, uma das coisas que os machos paternais podem fazer por sua prole é protegê-la contra o infanticídio cometido por machos invasores, que podem destruir os filhotes (ver Figura 1.16) de forma a acasalar com sua mãe. Anteriormente, sugerimos que a guarda da parceira por machos nos arganazes-do-campo pode defender sua prole contra rivais infanticidas – desse modo, tanto a guarda de parceiros quanto a assistência do parceiro podem contribuir para a tendência à monogamia nessa espécie. Se machos e fêmeas formam um laço social para reduzir o risco do infanticídio, então a união monogâmica também deveria evoluir em espécies de primatas nas quais novas mães tendem a deslocar-se com os filhotes (em vez de deixá-los em um ninho). Mães que carregam filhotes vulneráveis precisam de um macho que as protejam acompanhando-as para que ele defenda o filhote. Nos prossímios, um grupo de primatas, existe uma correlação quase perfeita entre carregar os filhotes e pareamentos de machos e fêmeas em períodos de um ano (Figura 11.9).¹⁴⁸⁵

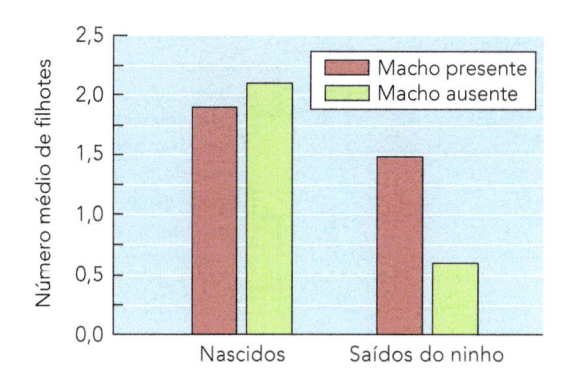

FIGURA 11.8 **O cuidado do macho com a prole afeta a aptidão no roedor-da-califórnia.** O número médio de filhotes criados por roedores fêmeas cai visivelmente na ausência de um parceiro ajudante. Adaptada de Gubernick e Teferi.⁵⁹³

Por outro lado, em uma revisão de todos os primatas, não apenas prossímios, Agustín Fuentes encontrou poucas evidências em favor da hipótese anti-infanticídio para a monogamia. Por exemplo, em diversos primatas nos quais machos formam pares estáveis com fêmeas, as fêmeas são maiores ou dominantes sobre os machos e, portanto, pouco dependentes de ajuda para lidar com machos agressivos que tentam causar problemas.⁴⁹⁸ Além do mais, um teste comparativo sistemático da proposição de que a monogamia mamífera ocorre em paralelo ao cuidado parental pelo macho produziu resultados completamente negativos em primatas, roedores e todos os outros grupos.⁷⁹⁷ Por exemplo, apesar do cuidado parental ocorrer em metade dos 16 táxons (espécies ou grupos de espécies relacionadas) de primatas sabidamente monogâmicos, ele também é característico de 35% dos 20 táxons poligínicos. A diferença entre as duas categorias não é estatisticamente significante, ao contrário da expectativa de que espécies de primatas paternais deveriam ser monogâmicas, enquanto espécies não paternais deveriam ser poligínicas.

De fato, o único padrão para mamífero que sobrevive à análise comparativa é que machos tendem a viver com fêmeas em unidades de dois adultos mais frequentemente quando as fêmeas vivem muito distantes entre si em pequenos territórios. *Petropseudes dahli*, marsupial monogâmico que habita o norte da Austrália é um caso. Fêmea, macho e filhotes vivem ao longo das margens de promontórios rochosos em territórios de cerca de 100m X 100m (Figura 11.10), área cerca de um sexto daquela ocupada por outros mamíferos herbívoros de peso semelhante.¹²⁵⁴ Nesses pequenos territórios, o macho desse marsupial pode monitorar de forma efetiva a atividade da fêmea a um custo energético relativamente modesto. Qualquer macho que tentasse se deslocar entre as áreas de vida de diversas fêmeas correria o risco de machos invasores visitarem aquelas parceiras que ele temporariamente deixou para trás. Assim, fatores ecológicos que permitam à fêmea viver em territórios pequenos e defensáveis invertem a equação de custo-benefício em direção à guarda de parceiros, o que então leva à monogamia dos machos.

Para discussão

11.3 Em um pequeno antílope africano chamado *dik-dik*, *Madoqua kirkii*, a maioria dos machos e fêmeas vive em pares monogâmicos.¹⁸³ Avalie hipóteses alternativas para a monogamia nessa espécie baseado nas seguintes evidências: a presença de machos não afeta a sobrevivência de sua prole; os machos ocultam o estro da fêmea fazendo marca-

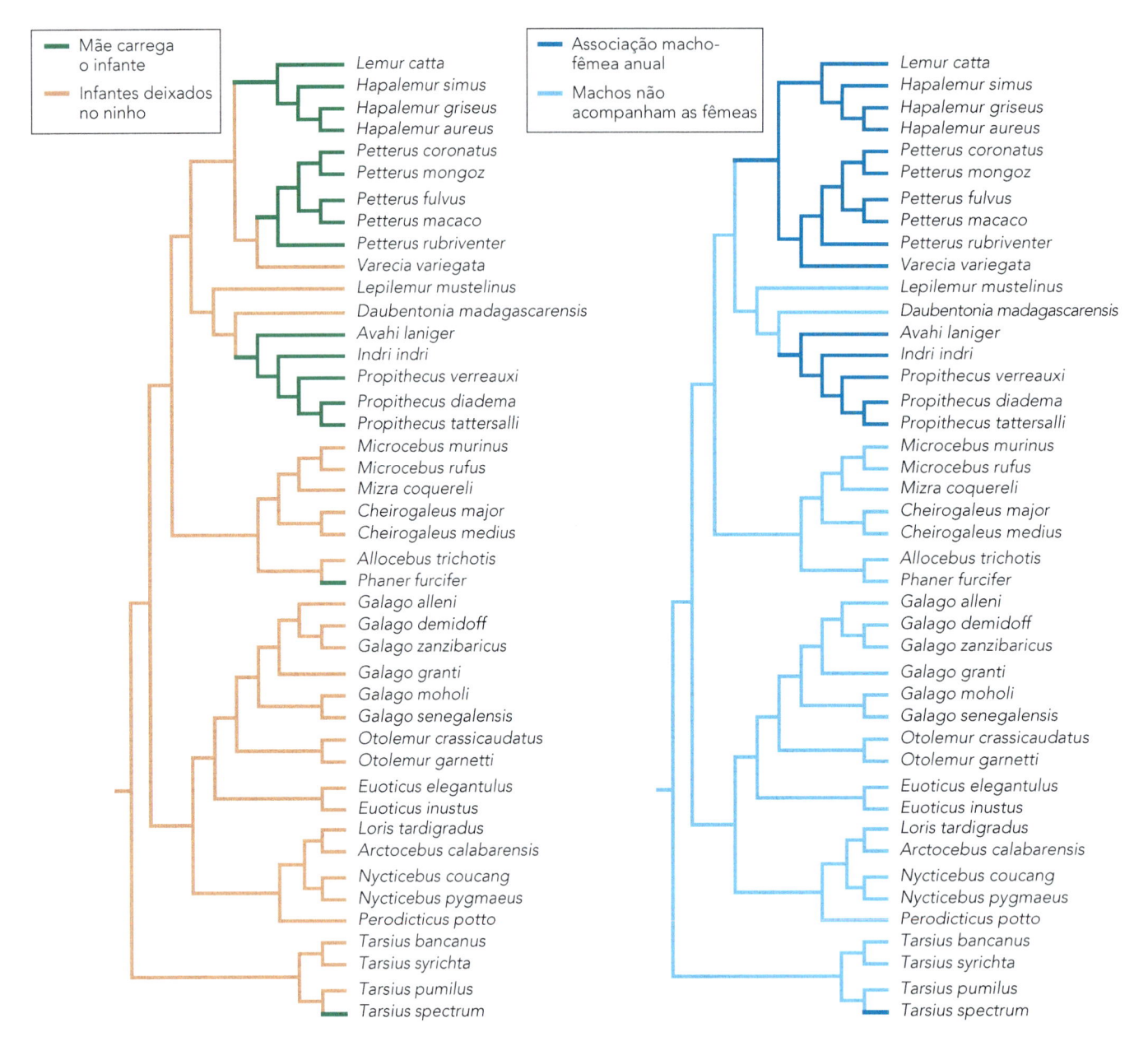

FIGURA 11.9 Laços duradouros de união entre machos e fêmeas evoluíram independentemente quatro ou cinco vezes em primatas prossímios nos quais as mães carregam seus infantes dependentes com elas. Adaptada de Van Schaik e Kappeler.[1485]

ções de cheiro sobre todos os odores depositados por suas parceiras no território do par; os machos são os genitores das proles de suas parceiras sociais; as fêmeas deixadas sós vagam para fora do território do par; alguns territórios possuem cinco vezes a quantidade de alimento de outros; as poucas associações polígínicas observadas não ocupam territórios maiores ou mais ricos do que pares monogâmicos de *dik-diks*.

11.4 Em seu clássico artigo sobre sistemas de acasalamento, Steve Emlen e Lew Oring sugeriram que dois fatores ecológicos poderiam promover a evolução da monogamia: alto grau de sincronia nos ciclos reprodutivos dentro de uma população e uma distribuição de fêmeas receptivas altamente dispersa.[438] Tente reconstruir a lógica dessas previsões e então contra-argumente no sentido de que a reprodução sincronizada pode facilitar a aquisição de múltiplas parceiras enquanto uma população relativamente densa de fêmeas receptivas pode de fato promover a monogamia.

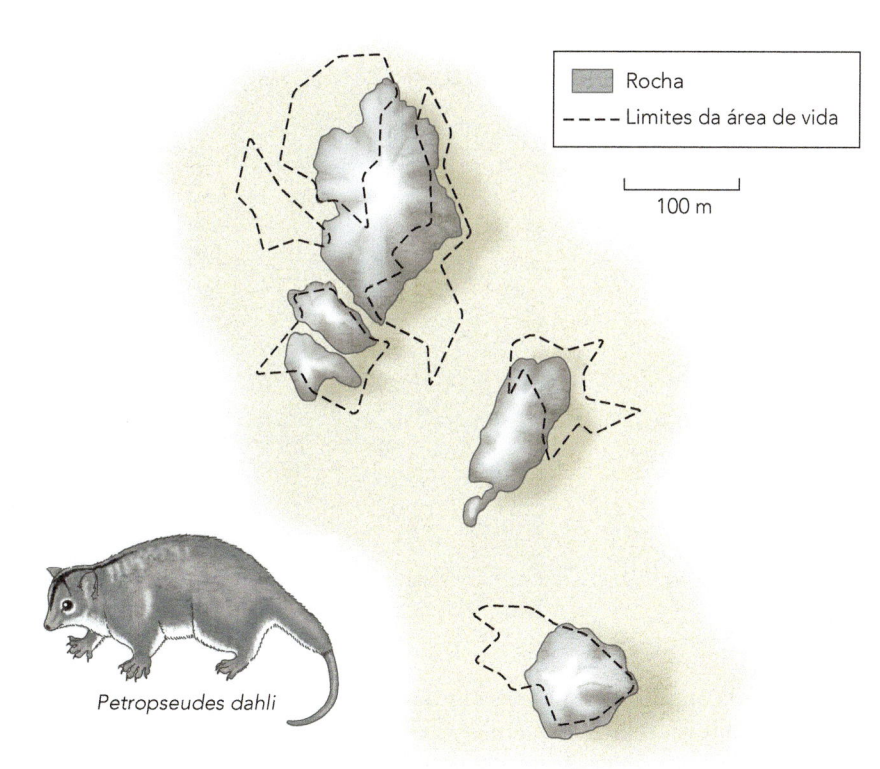

FIGURA 11.10 A monogamia de guarda de parceiro em *Petropseudes dahli*, é facilitada pelas áreas de vida pequenas e separadas, ocupadas pelas fêmeas desta espécie, que vivem ao longo das margens de promontórios rochosos no norte da Austrália. Adaptada de Runcie.[1254]

Monogamia em machos de aves

Na vasta maioria das aves, machos e fêmeas formam parcerias de longo prazo por uma ou mais estações reprodutivas.[827] Aceitando-se a hipótese da assistência do parceiro, os machos nessas parcerias frequentemente contribuem de forma importante ao bem-estar da prole produzida por suas parceiras.[1072] No pássaro *Junco phaenotus*, por exemplo, os machos cuidam da primeira ninhada produzida pelas parceiras, enquanto a fêmea incuba a segunda desova. A ajuda paternal é essencial para a sobrevivência desses filhotes "desengonçados," inicialmente forrageadores muito inaptos.[1521] O valor da assistência dos machos também foi documentado para estorninhos. Em uma população em que alguns machos ajudaram suas parceiras a incubar seus ovos e outros não ajudaram, as desovas com atenção de ambos os pais se manteve mais aquecida (Figura 11.11) e, portanto, puderam desenvolver-se mais rapidamente. De fato, 97% dos ovos incubados por ambos os pais eclodiram, comparados com 75% daqueles cuidados apenas por suas mães.[1209]

Demonstrações da importância do cuidado paterno incluem alguns estudos experimentais nos quais as fêmeas foram "enviuvadas" e tiveram que criar suas ninhadas sozinhas. Fêmeas enviuvadas da escrevedeira-da-neve, *Plectrophenax nivalis*, por exemplo, em geral produziam três ou menos filhotes, enquanto que pares-controle frequentemente têm quatro ou mais.[903] Quando o cuidado parental oferecido pelo macho é reduzido, em vez de totalmente eliminado, também pode haver efeito negativo no sucesso reprodutivo. Dê ao macho do pássaro *Sturnus unicolor* testosterona extra e ele se tornará menos propenso a alimentar seus filhotes, enquanto machos que recebem uma substância antiandrogênica, que bloqueia os efeitos da testosterona naturalmente circulante, alimentam sua prole a taxas aumentadas. O número médio de filhotes sobreviventes por postura foi mais baixo para pássaros com testosterona extra e mais alta para aqueles com bloqueador de testosterona (Figura 11.12).[1008]

Portanto, podemos seguramente concluir que machos paternais e monogâmicos, pelo menos em algumas espécies de aves, realmente aumentam o número de filhotes que suas parceiras conseguem produzir por tentativa reprodutiva. Mas será que esses machos são mesmo os pais dos filhotes de suas parceiras? A aptidão ganha por esses

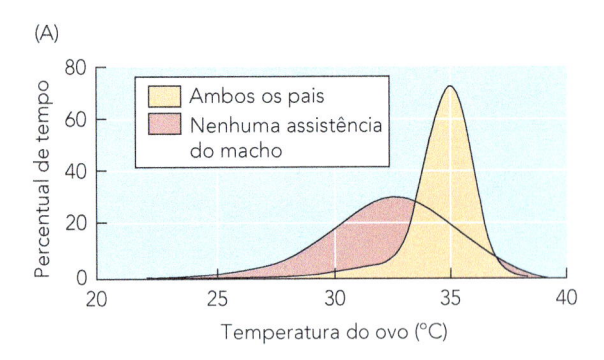

FIGURA 11.11 Machos de estorninhos mantêm as posturas mais aquecidas ao ajudar suas parceiras a incubar seus ovos. (A) Como mostra o gráfico, ovos incubados por ambos os pais foram mantidos a cerca de 35°C na maior parte do tempo, enquanto ovos incubados somente pela fêmea estavam frequentemente vários graus mais frios. (B) Um estorninho com filhotes – os ovos no ninho foram incubados com sucesso. Adaptada de Reid, Monaghan e Ruxton.[1209]

machos aumentará apenas se eles cuidarem de sua própria prole genética; por isso, esperamos que machos monogâmicos gerem todos os filhotes de suas parceiras. Essa previsão tem sido confirmada para algumas espécies, como a mobêlha-grande *Gavia immer*: a identificação por DNA dos 58 filhotes de 47 famílias de mobêlhas revelou que todos eram filhos genéticos dos casais que os criaram.[1146] Um estudo similar com a gralha azul, *Aphelocoma coerulescens* (ver Figura 13.19), também demonstrou que os filhotes eram sempre a prole dos adultos que se acreditava serem seus pais.[1190]

Mas hoje, graças aos avanços em genética molecular (Quadro 11.1), sabemos que *Gavia immer* e *Aphelocoma coerulescens* são casos excepcionais. Na maior parte das outras aves, a monogamia social (o pareamento entre macho e fêmea) não se adapta à monogamia genética (que acontece quando os pares produzem e criam apenas sua prole genética). Em quase 90% de todas as espécies de aves, algumas fêmeas se envolvem em cópulas extrapar com machos que não seus parceiros sociais e usam o esperma que adquirem para fecundar alguns ou todos os seus ovos.[582, 1547] Em outras palavras, machos socialmente monogâmicos na maioria das espécies de aves correm o risco de ajudarem filhotes alheios, o que claramente reduz o benefício de criar os filhotes de uma parceira social.

A monogamia social pelos machos com frequência coexistente com a poliandria por suas parceiras surpreendeu os ornitólogos que sempre consideraram que os machos ajudavam suas parceiras a cuidar de sua prole em comum, não da prole de outros machos. O termo poliandria frequentemente é usado no lugar de termos como "promiscuidade", "cópula extrapar" e "acasalamentos múltiplos." Porém, a promiscuidade implica na falta de escolha por parte da fêmea, o que raramente se aplica ao mundo real. Cópula extrapar é o meio pelo qual fêmeas de algumas espécies atingem a poliandria, acasalando com mais de um macho, como em "acasalamentos múltiplos." Poliandria é o termo que usaremos, já que a palavra cobre tanto acasalamentos múltiplos quanto a formação de pares com diversos machos por uma fêmea.

Estorninho preto

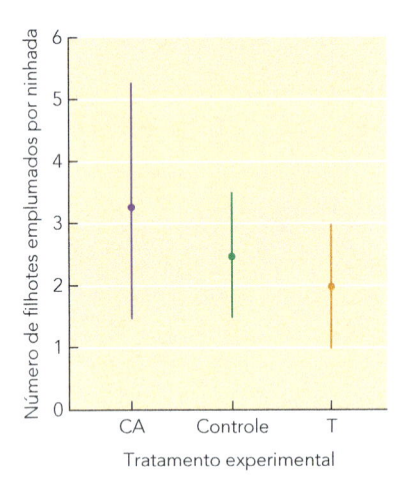

FIGURA 11.12 O cuidado paternal aumenta o sucesso reprodutivo no estorninho preto monogâmico *Sturnus unicolor*. Machos cujos níveis de testosterona foram reduzidos pelo antiandrogênico acetato de ciproterona (CA) forneceram mais alimento para seus filhotes e tiveram as maiores taxas de filhotes sobreviventes por nascimento. Machos que receberam testosterona extra (T) forneceram menos alimento e tiveram as menores taxas de filhotes sobreviventes. Controles não tratados foram intermediários com respeito tanto à alimentação quanto à sobrevivência. Adaptada de Moreno e colaboradores.[1008]

Quadro 11.1 *Análise de microssatélites e ecologia comportamental*

A descoberta que a monogamia social não é sinônimo de monogamia genética nas aves ocorreu principalmente por meio da aplicação da tecnologia de identificação pelo DNA,[210, 211, 718] mencionada em capítulos anteriores. Entretanto, atualmente a tecnologia de identificação pelo DNA (*DNA fingerprinting*) tem sido amplamente substituída pela análise de microssatélites[1182, 1524] porque mutações nas partes não codificadoras do DNA de microssatélites (ver a seguir) tendem a permanecer nas populações por serem neutras à seleção, isto é, não sujeitas à seleção natural ou sexual.[53] Como resultado, indivíduos diferem grandemente nos microssatélites que carregam, o que permite aos pesquisadores identificar mais imediatamente se uma fêmea usou os espermatozoides de machos diferentes de seu parceiro social para fecundar alguns de seus óvulos. Hoje há muitos estudos de paternidade em aves, e em cerca de 70% dos casos sabe-se que ocorrem cópulas extrapar, conferindo a paternidade extrapar a alguns machos galanteadores.[582]

A análise de microssatélites se aproveita do fato de que espalhados pelos cromossomos existem séries de sequências repetidas de DNA, como

AAT AAT AAT AAT AAT

Aqui, AAT é uma sequência repetida cinco vezes e, portanto, esse microssatélite seria denominado $(AAT)_5$. O número de vezes que uma sequência é repetida em dado local de um cromossomo com frequência varia muito; portanto, um indivíduo pode carregar cinco cópias de AAT em um cromossomo, enquanto que o outro cromossomo do par pode ter oito cópias – $(AAT)_8$. Ainda outros indivíduos podem ter outros alelos de microssatélites, como $(AAT)_{10}$ ou $(AAT)_{21}$. Para realizar uma análise de microssatélites, cientistas aplicam procedimentos que lhes permitem identificar determinada sequência de nucleotídeos, removê-la de seu cromossomo e copiar essa sequência diversas vezes para fazer quantidades suficientes para serem detectadas pela técnica apropriada. No início do desenvolvimento da tecnologia do microssatélite, uma solução contendo o DNA amplificado era colocada na extremidade de um gel (película fina de acrilamida). Quando um campo elétrico percorre o gel, os alelos de microssatélites de tamanhos diferentes se distribuem em relação à sua massa à medida que se deslocam pelo gel. Os mais leves com menos repetições vão mais longe do que os mais pesados com mais repetições. Hoje o procedimento é realizado em um sequenciador de DNA automático usando gel em pequenos tubos capilares com os alelos marcados por fluorescência sendo detectados por laser, em vez da leitura manual de grandes películas de gel de acrilamida.

Imagine que uma fêmea com o genótipo de microssatélite $(AAT)_5(AAT)_8$ se acasale com dois machos, um dos quais tem genótipo $(AAT)_{10}(AAT)_{21}$ enquanto o outro tem $(AAT)_9(AAT)_{33}$. Cada filhote carregará um alelo de microssatélite da mãe, $(AAT)_5$ ou $(AAT)_8$, e um alelo de microssatélite presente no DNA do espermatozoide do pai. Só é necessário estabelecer o genótipo do microssatélite do filho, em geral para diversos loci, de forma a determinar quem é o pai realmente.

A tabela abaixo mostra os resultados da análise de microssatélites de oito indivíduos de *Malurus leucopterus*, pássaro australiano (Família Maluridae), a respeito de quatro loci diferentes de microssatélites (Mcy3 a Mcy7). Para cada lócus do microssatélite, há duas colunas. Os números em cada coluna são os alelos (rotulados por tamanho) dessa sequência repetitiva de DNA ou lócus possuído pelo indivíduo estudado. O macho e a fêmea no alto da tabela eram parceiros sociais que cuidavam dos três filhotes em seu ninho. O ninho também era visitado por dois machos ajudantes, que auxiliavam o par social na criação dos filhotes. O território desse grupo era adjacente a outro território, do qual um dos ocupantes era o "macho vizinho". Os genótipos de microssatélites do filhote 1 e do filhote 2 mostram que eles eram quase certamente filhos do par social. A mãe era homozigota para o alelo 274 de Mcy3, então todos seus filhotes tinham que possuir uma cópia derivada da mãe desse alelo. O pai real doou uma cópia de cada gene de microssatélite para cada um de seus filhotes genéticos, então o parceiro social da fêmea era o pai dos filhotes 1 e 2. (Confira os alelos presentes no macho, fêmea, filhote 1 e filhote 2 nos outros microssatélites analisados.) Mas o filhote 3 tinha um alelo (266) no lócus Mcy3 que não poderia ter sido doado por nenhum dos membros do par neste ninho. Esse alelo

Ave	Lócus do microssatélite							
	Mcy3		Mcy4b		Mcy5		Mcy7	
Macho	274	258	168	168	130	98	106	104
Fêmea	274	274	195	195	98	96	146	104
Filhote 1	274	274	195	168	96	96	104	104
Filhote 2	274	274	195	168	98	96	104	104
Filhote 3	274	266	195	140	102	98	112	104
Ajudante 1	274	258	168	195	98	96	146	106
Ajudante 2	274	266	184	184	98	96	106	104
Macho vizinho	256	266	140	140	102	98	112	106

(continua)

Quadro 11.1 *Continuação*

estava presente no ajudante 1 e no macho vizinho, então um desses machos poderia ser o doador do espermatozoide haploide que fecundou o óvulo que produziu o filhote 3. Por que então a análise completa desses dados descartou o ajudante 2 como pai do filhote 3, enquanto levou à conclusão de que o macho vizinho era o pai genético desse filhote?

A fotografia mostra um macho de *Malurus leucopterus*. Os indivíduos podem ser capturados e deles ser retirada uma minúscula gota de sangue para a análise de microssatélite. A cromatografia gasosa idealizada (na verdade os dados não são tão organizados) oferece um registro visual feito por um cromatógrafo de coluna gasosa usado em análises de microssatélites. Os dados mostrados aqui representam um indivíduo mostrado na tabela. Qual o genótipo deste indivíduo? Qual deles tem esse genótipo? Quem é o pai deste indivíduo? Tabela e dados são cortesia de Bob Montgomerie.

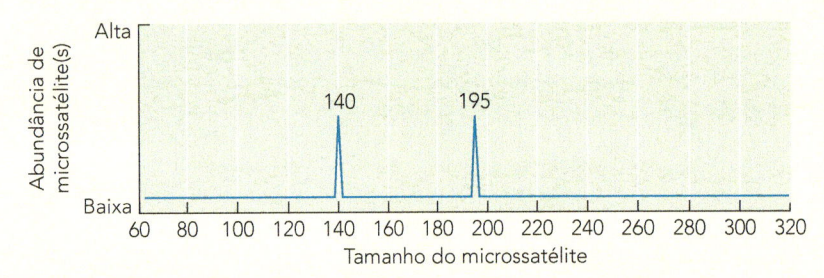

Malurus leucopterus

Devemos lidar com quebra-cabeças associados com a poliandria na próxima seção, mas por enquanto vamos focar o quebra-cabeça darwiniano para os machos associados à poliandria: por que um macho se liga a uma única fêmea mesmo correndo o risco dela aceitar e utilizar os espermatozoides de um ou mais parceiros extrapar? Uma resposta é que o macho pode se aproveitar da oportunidade para ter ele mesmo cópulas extrapar com fêmeas diferentes de suas parceiras sociais. Um macho poligínico desse tipo tem o melhor dos dois mundos ao evitar que sua parceira principal se acasale com outros machos, enquanto insemina outras fêmeas cuja prole receberá cuidados, mas não dele. Esses machos preferidos, que frequentemente possuem ornamentos e exibições que se acredita serem indicativas de sua condição física superior,[582] evitam alguns ou a maioria dos custos da monogamia. Portanto, cabe aos machos verdadeiramente monogâmicos, que mais provavelmente serão enganados por suas parceiras, aceitar as desvantagens da monogamia. A questão permanece: por que esses machos falham em se envolver em cópulas extrapar elevadoras da aptidão? Uma resposta é que as fêmeas têm algo a dizer sobre quem acasala com elas. Se a escolha do parceiro pela fêmea converge sobre a contribuição parental de um parceiro social e indicadores honestos de qualidade dos parceiros extrapar, então parceiros relutantes em serem paternais e também incapazes de oferecer sinais de estarem em boas condições certamente ficarão entre a cruz e a espada. Eles poderiam desistir de vez da competição reprodutiva, mas obviamente falhariam em deixar descendentes enquanto permanecessem de fora. Sua única opção é ajudar parceiras que fecundarão ao menos alguns óvulos com seus espermatozoides. Quando a expectativa de vida for curta, indivíduos em desvantagem podem deixar mais descendentes formando parcerias sociais monogâmicas do que adotando outra tática reprodutiva.

As circunstâncias impostas por competidores e fêmeas seletivas também podem explicar a evolução de sistemas de acasalamento em que a maioria das fêmeas reprodutoras forma uniões sociais com vários machos monogâmicos, em vez de ter um parceiro social e um número variável de parceiros extrapar. O sistema de acasalamento do falcão-das-galápagos, *Buteo galapagoensis*, por exemplo, varia desde a monogamia à poliandria extrema.[136] A poliandria parece estar associada à escassez de

FIGURA 11.13 Machos de falaropo-de-bico-grosso, *Phalaropus fulicarius*, podem ter que compartilhar sua parceira com outros machos. Nesta espécie poliândrica, as fêmeas seguram primeiro um macho, e em seguida outro, doando-lhes uma postura para cada macho por vez. A ave mais colorida (à esquerda) é a fêmea. Fotografia de Bruce Lyon.

territórios adequados, que leva a uma razão sexual operacional fortemente inclinada para os machos, já que eles superam o pequeno número de fêmeas reprodutivas com territórios. A intensa competição por essas fêmeas e pelo território no qual elas vivem favoreceu aqueles machos capazes de formar equipes de defesa cooperativas para defender um local apropriado. Uma fêmea reprodutiva pode adquirir até oito parceiros preparados para formar pares com ela por anos, constituindo um harém de machos que a ajudará a criar seu único filhote por episódio reprodutivo.[451] Nessa e em outra surpreendente espécie de ave, o caimão-comum (*Porphyrio porphyrio*), todos os machos que se associam a uma fêmea parecem ter a mesma probabilidade de fecundar seus óvulos.[711] Se as fêmeas realmente derem oportunidades iguais de fecundação a todos os seus parceiros, a aptidão média de cada parceiro será quase certamente mais alta do que a de um macho que não seja parte de uma equipe.

Em algumas outras espécies poliândricas, cada um dos diversos machos de uma fêmea recebe dela um conjunto de ovos, o que os força a compartilhar o rendimento reprodutivo da fêmea com seus companheiros de harém. Na jaçanã, *Jacana jacana*, por exemplo, fêmeas agressivas lutam por territórios que podem acomodar muitos machos. Esses machos acasalam com a dona do território, que então provê cada um deles com uma postura, a qual será cuidada exclusivamente por aquele macho. Machos que se acasalam monogamicamente com uma fêmea poliândrica têm mais chance de cuidar da prole gerada por outro macho, já que 75% das posturas depositadas por uma fêmea poliândrica de jaçanã tem a paternidade misturada.[443] O mesmo tipo de coisa ocorre no falaropo-de-bico-grosso, *Phalaropus fulicarius*, ave litorânea na qual as fêmeas são maiores e mais coloridas do que os machos (Figura 11.13). Falaropos fêmeas lutam por machos, que oferecem todo o cuidado parental para a postura depositada nos ninhos, tendo ou não os ovos sido fecundados por outros machos.[334] Casos desse tipo ilustram a desvantagem de ser monogamicamente ligado a uma fêmea poliândrica, sob a perspectiva da aptidão do macho, mas jaçanãs e falaropos machos podem ter que aceitar os ovos que suas parceiras depositam se quiserem deixar pelo menos algum descendente.

Contudo, um macho monogâmico sob o controle de uma fêmea potencialmente poliândrica pode ser capaz de fazer algumas coisas que pelo menos reduzam a probabilidade de cuidar de ovos fecundados por outros machos. Por exemplo, machos do falaropo-de-bico-fino, *Phalaropus lobatus*, como os de seu parente, o

FIGURA 11.14 A fêmea do maçarico-pintado, *Actitis macularius*, **luta pelo macho.** Dois maçaricos-pintados fêmeas (A) prestes a voar e (B) lutando por um território que pode atrair diversos machos monogâmicos e paternais para a vencedora. Fotografias de Stephen Maxson.

falaropo-de-bico-grosso, cuidam sozinhos das posturas. Fêmeas dessa espécie produzem duas posturas em sequência. Fêmeas poliândricas quase sempre escolhem parceiros dentre aqueles machos que perderam sua primeira ninhada para predadores. Porém, esses machos favorecem suas parceiras sexuais originais, em detrimento de uma fêmea nova, mais de nove vezes em dez.[1283] Copulando com essa fêmea novamente e então aceitando seus ovos, o macho reduz o risco de que os ovos que ele recebe tenham sido fecundados pelo espermatozoide de outro macho.

O mesmo se aplica ao maçarico-pintado, *Actitis macularius*, cujas fêmeas também se comportam como machos de muitas formas.[1073] Além de tomar a dianteira na corte, as fêmeas são maiores, mais combativas e chegam aos sítios de acasalamento primeiro, enquanto na maioria das aves migratórias, os machos precedem as fêmeas. Uma vez no sítio de acasalamento, as fêmeas lutam umas com as outras por território (Figura 11.14). As posses de uma fêmea podem atrair primeiro um e mais tarde outro macho. O primeiro macho acasala com a fêmea e ganha uma postura para incubar e criar sozinho no território dela, o qual ela continua a defender enquanto produz uma nova postura para o segundo parceiro, que pode ou não fecundar todos os ovos que incuba. Como consequência, algumas fêmeas atingem maior sucesso reprodutivo do que o macho mais bem-sucedido,[1075] resultado atípico para os animais em geral (*ver* página 337).

Lew Oring acredita que a compreensão do sistema de acasalamento dos maçaricos-pintados avança quando se reconhece que, em todas as espécies de maçaricos, as fêmeas nunca põem mais de quatro ovos de cada vez, presumivelmente porque posturas de cinco ovos não podem ser incubadas de modo apropriado.[1074] De fato, experimentos de adição de ovos mostraram que maçaricos que ganharam ovos extras para incubar algumas vezes danificaram sua postura inadvertidamente e também perderam ovos com mais frequência para predadores.[47] Se o maçarico-pintado fêmea estiver "restrito" a uma postura máxima de quatro ovos, então elas podem lucrar com fontes de alimento ricas apenas colocando mais de uma postura, nunca aumentando o número de ovos por postura. Para tanto, porém, elas devem adquirir mais de um parceiro para cuidar de suas posturas em série, tornando esse um caso raro, em que a fêmea tem sua aptidão limitada mais pelo acesso a parceiros do que pela produção de gametas.

Maçaricos-pintados machos podem ser forçados a serem monogâmicos pela confluência de vários fatores ecológicos.[839] Primeiro, a razão sexual dos adultos é ligeiramente inclinada para os machos. Segundo, maçaricos-pintados nidificam em áreas com imensas eclosões de efemerópteros, que fornecem alimento superabundante para as fêmeas e para os filhotes quando eclodem. Terceiro, um único pai pode cuidar da postura tão bem quanto os dois, em parte porque os filhotes são precoces, ou seja, podem se deslocar, alimentar e termorregular logo após a eclosão. A combinação de machos excedentes, comida abundante e filhotes precoces significa que maçaricos-pintados fêmeas que abandonam seus parceiros iniciais podem encontrar novos parceiros sem ameaçar a chance de sobrevivência da primeira ninhada. Uma vez que o macho tenha sido abandonado, ele está preso. Se ele também fosse abandonar a ninhada, os ovos não se desenvolveriam, e ele teria de começar tudo outra vez. Se todas as fêmeas forem desertoras, então um pai solteiro presumivelmente experimenta maior sucesso reprodutivo do que teria de outra forma, mesmo que sua parceira consiga um novo macho para assessorá-la com uma segunda postura. Além do mais, o primeiro macho a acasalar com uma fêmea de maçarico-pintado pode abastecê-la de esperma que ela estoca e usa muito mais tarde para fecundar alguns ou todos os ovos de sua segunda ninhada (*ver* página 394). Portanto, machos que chegam nos sítios reprodutivos relativamente cedo e logo arranjam uma parceira podem não perder muito quando suas parceiras adquirirem um segundo parceiro de cópula.[1076] Mais uma vez, os machos que levam desvantagem são os menos competitivos, os mais lentos a chegar ao sítio reprodutivo. Esses devem tolerar fêmeas poliândricas se quiserem alguma chance de se reproduzir, mas a habilidade da fêmea de controlar o processo reprodutivo os coloca em maior desvantagem.

O que as fêmeas ganham com a poliandria?

Tendo visto uma série de fatores que permite às fêmeas de algumas espécies ditarem os termos do acasalamento que praticamente forçam alguns machos a aceitar a monogamia, voltaremos agora nossa atenção para os aspectos intrigantes da poliandria da perspectiva da fêmea. Claro, não é surpreendente que as fêmeas sejam poliândricas quando cada uma tem dois ou mais machos trabalhando a seu favor. Uma fêmea poliândrica de *Buteo galapagoensis*, o falcão-dos-galápagos, deixa a defesa de seu território raro e vitalmente importante por conta de um bando de machos protetores, que certamente podem fazer um trabalho melhor do que um macho sozinho. O borrelho-de-coleira-interrompida *Charadrius alexandrinus* é poliândrico e, como o maçarico-pintado, se aproveita da razão sexual inclinada para os machos quando ocorre, abandonando seu parceiro original e deixando-o tomar conta dos filhotes, enquanto ela conquista um segundo parceiro com o qual criará a segunda ninhada.[1417]

Apesar desse tipo de poliandria fazer sentido óbvio da perspectiva da fêmea, o que dizer daquelas espécies nas quais as fêmeas têm um par social e um número variável de parceiros extrapar que a suprem com esperma e nada mais? Acasalar-se com esses machos "extras" expõe a fêmea a uma vasta gama de custos, incluindo o tempo e energia gastos procurando e acasalando com machos extrapar, o risco de perder o cuidado parental do parceiro social que detecte suas atividades extrapar e a chance de adquirir doenças sexualmente transmissíveis.

Se este último custo potencial da poliandria for real, então seria de se esperar que o sistema imunológico de espécies altamente poliândricas fosse mais forte do que o daquelas espécies com maior tendência à monogamia. Uma equipe de pesquisa liderada por Charles Nunn testou essa hipótese usando dados comparativos de primatas ao invés de aves. A equipe usou um primata altamente poliândrico, o macaco-de-gibraltar, *Macaca sylvanus*, cujas fêmeas acasalam com até dez machos por dia. No outro extremo do gradiente, há espécies monogâmicas como o gibão. Nunn e colaboradores mediram o vigor do sistema imunológico ao longo do gradiente de sistemas de acasalamento olhando dados de contagem de células brancas do sangue de um grande número de fêmeas adultas de 41 espécies de primatas, a maioria mantida em zoológicos, onde sua saúde é regularmente monitorada (naturalmente, apenas espécimes saudáveis foram incluídos na amostra). A contagem de células brancas do sangue foi de fato maior (mas dentro da variação normal) em fêmeas de espécies mais poliândricas (Figura 11.15).[1063]

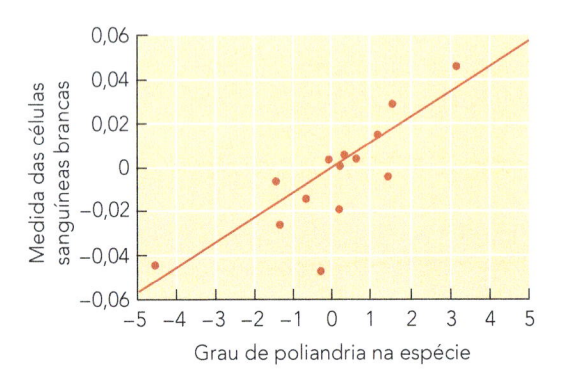

FIGURA 11.15 A poliandria tem custos em aptidão. Em primatas, o número de machos aceitos pelas fêmeas está correlacionado com o investimento feito em células brancas do sangue, componente do sistema imunológico dos animais (quanto maior a medida de células brancas do sangue, mais forte o sistema imunológico). Esta descoberta sugere que quanto mais poliândrica for a espécie, maior o desafio para o sistema imunológico da fêmea. Cada ponto representa uma espécie de primata. Adaptada de Nunn, Gittleman e Antonovics.[1063]

Para discussão

11.5 Por que Nunn e sua equipe também olharam a relação entre os tamanhos médios dos grupos nas diferentes espécies de primatas em seu estudo, assim como até que ponto as espécies eram terrestres ou arborícolas?

Considerando os custos potenciais das cópulas extrapar para as fêmeas, não é muito surpreendente que em pelo menos algumas espécies a fêmea tente evitar a inseminação por machos diferentes de seus parceiros sociais. Por exemplo, fêmeas do pato-real, *Anas platyrhynchos*, resistem a todas as tentativas de cópula de outros machos que não seus parceiros de longo prazo.[329] Os parceiros escolhidos parecem ser indivíduos com condições muito acima da média, tendo feito a muda para a plumagem nupcial mais cedo do que os outros. Superar as severas demandas energéticas da muda de plumagem relativamente cedo no ano indica que esses machos são mais saudáveis e, portanto, menos sujeitos a transmitir doenças venéreas às parceiras (sim, aves aquáticas correm risco de contrair doenças sexualmente transmissíveis[1311]).

Apesar da fêmea desse pato sempre pretender dizer não a tentativas copulatórias não solicitadas, fêmeas de outras espécies aceitam, e até mesmo convidam, acasalamentos de machos diferentes de seus parceiros primários.[122] Por exemplo, 85% das fêmeas do pisco-de-peito-azul (*ver* Figura 4.34), *Luscinia svecica*, cujos parceiros sociais foram experimentalmente providos com um tipo de preservativo aviário, colocaram ovos viáveis, demonstrando inequivocadamente que estavam copulando com outros machos.[479] O que exatamente esses pássaros e outras espécies monogâmicas podem ganhar com a cópula extrapar inicialmente intrigou biólogos comportamentais, mas hoje muitas hipóteses estão disponíveis (Tabela 11.1). Os possíveis benefícios para as fêmeas poliândricas foram categorizados como genético (ou indireto) *versus* material (ou direto). Um benefício genético, por exemplo, seria que as fecundações extrapar poderiam reduzir o risco de uma fêmea ter

Tabela 11.1 *Por que as fêmeas acasalam voluntariamente com mais de um macho?*

Benefícios genéticos ou indiretos da poliandria	
1. Hipótese do seguro fertilidade	Acasalar com diversos machos reduz o risco de que alguns óvulos da fêmea permaneçam não fecundados porque qualquer macho individualmente pode não ter esperma suficiente para fazer o serviço.
2. Hipótese dos bons genes	Uma fêmea acasala com mais de um macho porque seu parceiro social tem qualidade genética mais baixa do que outros doadores de esperma potenciais, cujos genes melhorarão a viabilidade da prole ou sua atratividade sexual.
3. Hipótese da compatibilidade genética	Acasalar com diversos machos aumenta a variedade genética dos espermatozoides disponíveis para uma fêmea, aumentando a chance de que algum esperma tenha DNA que combine melhor com o DNA de seus ovos.
Benefícios materiais ou diretos da poliandria	
1. Hipótese de mais recursos	Mais machos significa mais recursos recebidos de parceiros sexuais para uma fêmea.
2. Hipótese de mais cuidado	Mais parceiros significa mais cuidadores recrutados para a prole da fêmea.
3. Hipótese da melhor proteção	Mais parceiros significa mais tempo com protetores que evitarão que outros machos ataquem sexualmente a fêmea.
4. Hipótese da redução do infanticídio	Mais machos significa maior confusão sobre a paternidade da prole de uma fêmea e, portanto, menor probabilidade de perder filhotes para machos infanticidas.

um parceiro estéril como macho social.[583] A **hipótese do seguro fertilidade** é sustentada pela observação de que ovos de fêmeas poliândricas de tordo-sargento, *Agelaius phoeniceus*, são de alguma forma mais prováveis de eclodir do que os ovos de fêmeas monogâmicas.[569] Da mesma forma, a rápida perda de esperma armazenado nas fêmeas de *Panurus biarmicus*, pode favorecer aquelas que copulem frequentemente com seu próprio parceiro – ou o parceiro de alguém – de forma a manter sua fecundidade.[1280] Além do mais, no cão-da-pradaria, *Cynomys gunnisoni*, fêmeas poliândricas ficam grávidas 100% do tempo enquanto que apenas 92% das fêmeas monogâmicas atingem esse estado.[678]

Poliandria e bons genes

Apesar do seguro fertilidade poder ter contribuído para a evolução da poliandria, um benefício genético mencionado mais frequentemente tem a ver com a melhor qualidade da prole para a fêmea que se acasala com mais de um parceiro. Em um experimento, fêmeas do lebiste vivíparo *Poecilia reticulata* que tiveram a chance de acasalar com quatro machos produziram prole que permanecia segura dentro dos cardumes, diferente da prole de fêmeas monogâmicas, que tendia a vagar sozinha.[449] Igualmente, fêmeas do preá *Cavia porcellus* ativamente procuram cópulas com mais de um macho quando têm oportunidade, preferindo machos relativamente pesados. A recompensa da poliandria nessa espécie parece ser a redução de natimortos e perdas de filhotes antes do surgimento dos pelos (Figura 11.16).[662]

Lebistes e porquinhos-da-índia que têm diversos parceiros sexuais no lugar de apenas um aparentemente aumentam as chances de receber alguns espermatozoides de qualidade genética excepcional. Essa versão da hipótese dos bons genes para as copulas extrapar sugere que a fêmea busca diversos parceiros para garantir genes superiores de pelo menos um desses machos – genes que tornem sua prole mais fértil ou provável de sobreviver, por exemplo. Aceitando essa hipótese, quando um lebiste fêmea acasala com dois machos, o macho que se exibe (executa *displays*) com frequência mais alta fecunda mais óvulos da fêmea do que seria de se esperar ao acaso. Portanto, fêmeas poliândricas aparentemente permitem ou encorajam a competição espermática entre os machos como forma de prover sua prole com genes mais vigorosos e ativos.[449]

Malurus cyaneus é outro animal para o qual a poliandria e aquisição de bons genes parecem estar associados. Nessa bela ave australiana, um par socialmente ligado vive em um território com diversos ajudantes subordinados, em geral machos. Quando a fêmea reprodutiva está fértil, ela deixa regularmente seu parceiro e ajudantes antes do amanhecer e viaja para outro território, onde frequentemente acasala com o macho

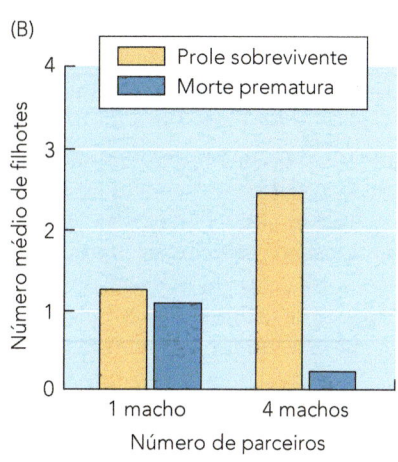

FIGURA 11.16 A poliandria traz benefícios adaptativos. (A) Um macho do preá *Galea flavidens*, mostrando os enormes testículos característicos desta e de outras espécies nas quais intensa competição espermática ocorre devido à alta frequência de cópulas múltiplas pelas fêmeas. (B) Nesta espécie, fêmeas que foram experimentalmente restritas a um único macho tiveram menos filhotes sobreviventes e mais filhotes com morte precoce do que fêmeas que puderam acasalar livremente com quatro machos. A, fotografia de Matthias Asher, cortesia de Norbert Sachser; B, adaptada de Hohoff, Franzen e Sachser.[662]

FIGURA 11.17 A **paternidade extrapar** contribui para a grande variação anual no sucesso reprodutivo do *Malurus cyaneus*. Estão representados abaixo o número de filhotes produzidos por ano por um macho dominante com suas parceiras sociais (barras azuis) e machos auxiliares (barras laranjas) que vivem em grupos com um par "reprodutivo". Adaptada de Webster e colaboradores.[1525]

Maluro-magnífico macho

dominante antes de retornar para casa.[407] Minúsculos transmissores de rádio presos à fêmea revelaram o que ela estava fazendo, e análises genéticas da prole demonstraram que frequentemente os parceiros sociais da fêmea perdiam paternidade para rivais distantes. Alguns "machos reprodutivos," ou seja, machos dominantes acompanhados de uma parceira, não foram pais de nenhum dos filhotes em certo ano, enquanto que outros se saíram bem. Um macho produziu 14 filhotes em um único ano, dos quais dez eram resultado de cópulas extrapar; esses jovens foram cuidados por outros pássaros em grupos diferentes daqueles associados a seu pai. Como um todo, diferenças entre os machos no número de filhotes extrapar que geraram contribuiu para quase 50% da variância (medida estatística de variação) entre os machos no seu sucesso reprodutivo anual (Figura 11.17).[1525]

Como as fêmeas de *Malurus cyaneus* são claramente cuidadosas em sua escolha de parceiros extrapar, podemos perguntar que tipo de macho uma fêmea prefere e que benefício ela ganha com sua preferência. Nessa espécie, como nos patos reais, as fêmeas favorecem machos que tenham conseguido fazer a muda de penas pelo menos um mês antes da estação reprodutiva. Presumivelmente, as fêmeas estão selecionando machos em condições físicas tão boas que enfrentam mais cedo a demanda energética da muda de plumagem, capacidade que esses machos podem ser capazes de passar adiante para sua prole.[422]

A ideia de que as cópulas extrapar permitem às fêmeas adquirir bons genes para sua prole é compatível com a descoberta de que machos mais velhos parecem ter mais sucesso em acasalamentos extrapar em alguns pássaros.[402,730] Machos mais velhos demonstraram habilidade em manterem-se vivos, o que pode se dever em parte a seus genótipos. Se assim for, a prole desses machos pode ter vida mais longa também, algo que foi documentado no poliândrico chapim-azul, *Cyanistes caeruleus*.[759,760] A conclusão de que as fêmeas saem de suas rotinas para acasalar com machos com boas chances de possuírem bons genes tem recebido o aval de estudos com aves, peixes e mamíferos, assim como invertebrados. A fêmea da aranha *Linyphia litigiosa*, rotineiramente aceita esperma de mais de um macho, especialmente de parceiros grandes e ativos capazes de estimulação copulatória prolongada. Quando Paul Watson experimentalmente pareou fêmeas com machos de tamanho e vigor variados, descobriu que as taxas de crescimento da prole resultante e seu tamanho final estavam correlacionados com as características de seus pais.[1515]

As fêmeas nos casos que discutimos até agora poderiam estar acasalando com diversos machos de forma a garantir alelos valiosos que tornarão a prole de qualquer fêmea mais saudável, forte, inteligente – ou mais *sexy*. De fato, pode ser que os genes adquiridos de machos particularmente atraentes tenham apenas um efeito benéfico: permitir que as fêmeas poliândricas fertilizem seus óvulos com esse esperma, produzindo assim "filhos *sexy*". Ao herdar as mesmas características que faziam seus pais sexualmente interessantes, os filhos *sexy* aumentam as chances de que suas mães tenham muitos netos. Como requerido por essa hipótese, a "atratividade" do macho é hereditária em algumas espécies.[1425] De fato, os filhos de machos bem-sucedidos do grilo *Gryllus veletis* eram mais atraentes para as fêmeas do que os filhos de machos que falharam em adquirir uma parceira quando foram postos em uma gaiola com uma fêmea e mais um macho competidor (Figura 11.18).[1527] Esse resultado sugere que as fêmeas podem conseguir atributos superiores para seus filhos ao escolher alguns pais potenciais contra outros.

Em um estudo com papa-moscas-preto, *Ficedula hypoleuca*, ave na qual alguns machos são monogâmicos e outros poligâmicos, uma fêmea que se acasala com o macho monogâmico recebe atenção integral e cuidado parental, enquanto que aquelas fêmeas que se acasalam com bígamos recebem um pouco de assistência a menos na média. O sucesso dos filhotes é correspondentemente mais alto para as fêmeas com parceiros monogâmicos. Mas em um estudo não houve vantagens para essas fêmeas, em termos de prole de netos, quando comparado com parceiros principalmente bígamos (i.e., aquelas fêmeas que adquiriram machos que então continuaram a atrair segundas parceiras) (Figura 11.19).[692] Esses dados sugerem que a primeira parceira de um bígamo atraente foi compensada pela redução na assistência pelo aumento na produção de netos, talvez porque seus filhos *sexy* (*ver* página 368) tenham herdado as características que aumentam as chances de serem capazes de adquirir duas parceiras, em vez de apenas uma. Lembre-se, porém, que em alguns casos a performance melhorada da prole pode se basear na propensão das fêmeas de investir mais recursos na prole dos machos preferidos, não necessariamente nos benefícios genéticos que essa prole tenha recebido de seus pais (*ver* páginas 360-363).

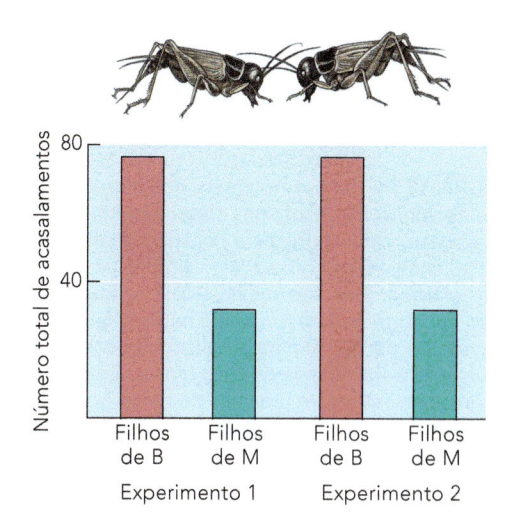

FIGURA 11.18 O sucesso reprodutivo de um pai pode ser transmitido para seus filhos. No experimento 1, dois grilos machos tiveram a oportunidade de competir por uma fêmea; um macho (B) foi bem-sucedido enquanto o outro macho (M) foi mal-sucedido. Quando os filhos do macho B foram colocados para competir por uma fêmea com os filhos do macho M (que receberam outra fêmea para acasalar depois de falhar na competição inicial), os filhos de B foram por volta de duas vezes mais capazes de acasalar com a fêmea do que os filhos de M. No experimento 2, o macho que ganhou a competição por cópula mais tarde foi colocado para acasalar com uma fêmea aleatoriamente, assim como o macho que perdeu a competição. Os filhos desses dois machos foram então colocados em uma arena com uma fêmea, e como antes, os filhos de B foram muito mais capazes de acasalar com a fêmea que os filhos de M. Adaptada de Wedell e Tregenza.[1527]

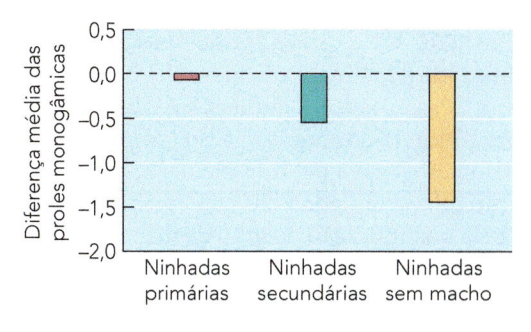

FIGURA 11.19 Diferenças no número de netos produzidos por três classes de fêmeas de papa-moscas-preto, *Ficedula hypoleuca*, com parceiros poligínicos em comparação com o número médio de netos gerados por fêmeas acasaladas com machos monogâmicos e paternais. Fêmeas com ninhadas primárias foram aquelas cujos parceiros poligínicos as escolheram primeiro e apenas mais tarde adquiriram outras fêmeas. As ninhadas secundárias destas fêmeas escolhidas posteriormente foram algumas vezes assistidas até certo grau por seus pais, mas às vezes não receberam cuidado paternal (como foi o caso para todas as ninhadas sem macho). Adaptada de Huk e Winkel.[692]

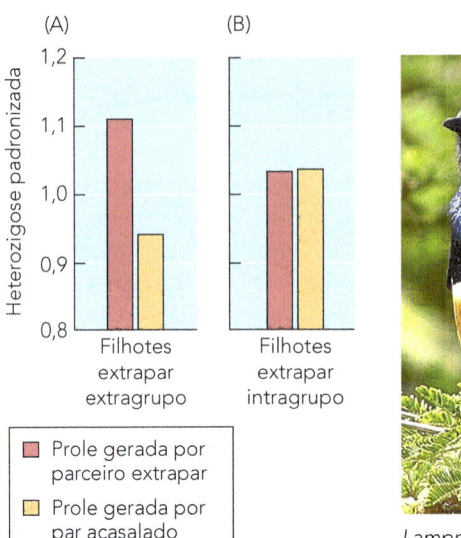

FIGURA 11.20 A heterozigose dos filhotes do estorninho *Lamprotornis superbus*, *Malurus cyaneus*, produzidos pelo par social (barra laranja) comparada com aquela vinda de cópulas extrapar (barra vermelha). (A) A comparação presente demonstra que a heterozigose da prole do par social é mais baixa do que a da prole extrapar criada quando uma ave de um grupo acasala com uma ave de outro grupo. (B) Em contraste, a prole de um par social não era menos heterozigótica do que aquela produzida por cópulas extrapar com outros membros do mesmo grupo de estorninhos. Fotografia de Dustin Rubenstein; adaptada de Rubenstein.[1248]

Lamprotornis superbus

Pisco-de-peito-azul

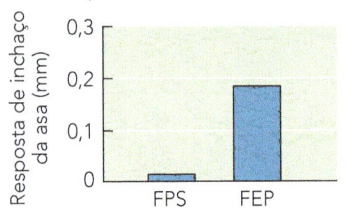

FIGURA 11.21 Cópulas extrapar podem incrementar a resposta imune da prole no pisco-de-peito-azul, *Luscinia svecica*. A média da resposta de inchaço da asa (um indicador da força do sistema imunológico) dos filhotes gerados pelo parceiro social da mãe (filhote do par social, ou FPS) foi menor do que de jovens gerados pelos parceiros extrapar (filhote extrapar, ou FEP) em ninhadas de paternidade mista. Fotografia de Bjørn-Aksel Bjerke; adaptada de Johnsen e colaboradores.[731]

Também é possível que fêmeas se envolvam em poliandria não para atingir o prêmio de conquistar um macho sexy e longevo, mas sim para aumentar as chances de receber espermatozoides geneticamente compatíveis. Quando óvulos e espermatozoides com genótipos especialmente complementares se unem, eles podem resultar em uma progênie especialmente viável ao, por exemplo, apresentar altos níveis de heterozigose,[1637, 1639] algo frequentemente promovido pela heterogamia e reduzido pela endogamia. Indivíduos com duas formas diferentes de um dado gene frequentemente têm vantagem sobre homozigotos (*ver* Fossøy, Johnsen e Lifjeld[480]). Se pares geneticamente similares correm o risco de produzir uma prole endogâmica com defeitos genéticos, então podemos prever que fêmeas unidas socialmente com indivíduos geneticamente similares serão candidatas primárias a acasalar-se com outros machos que sejam (1) geneticamente diferentes ou (2) altamente heterozigóticos por si só.

Dustin Rubenstein testou essa possibilidade comparando o grau de heterozigose em machos do estorninho *Lamprotornis superbus* cujas parceiras buscaram cópulas extrapar de fora do seu grupo social com aqueles machos cujas fêmeas não se envolveram nesse tipo de acasalamento extrapar. Rubenstein descobriu que, como previsto, uma fêmea cujo parceiro tivesse um genótipo com menos heterozigose do que ela tinha de fato maior probabilidade de se acasalar com machos de outro grupo.[1248] A prole gerada pelo forasteiro era mais heterozigótica em média do que aquela produzida pelo parceiro social da fêmea (Figura 11.20).

Suporte para a hipótese da **compatibilidade genética** também resulta de estudos sobre o pisco-de-peito-azul (*Luscinia svecica*). Pesquisadores noruegueses demonstraram que a prole extrapar era mais heterozigótica do que aquela gerada pelo parceiro social da fêmea.[480] A progênie extrapar também gozava de um sistema imunológico mais forte, algo estabelecido com a injeção de um antígeno nas asas dos filhotes. A força da resposta imunológica é medida pela quantificação do grau de inchaço observado no ponto da injeção, o que reflete o número de células T protetoras disponíveis para desarmar a substância estranha. O inchaço no ponto da injeção foi maior em filhotes extrapar do que em seus colegas de ninho produzidos pela fêmea e seu parceiro social (Figura 11.21). Mas fêmeas que se envolveram em cópula extrapar não estavam adquirindo genes universalmente bons, porque os machos extrapar e suas próprias parceiras sociais produziram filhotes com níveis de imunocompetência apenas na média.[731] Portanto, deve ter sido a combinação especialmente boa entre os genes da fêmea poliândrica e seu parceiro extrapar que resultaram em um sistema imune mais robusto para sua prole.

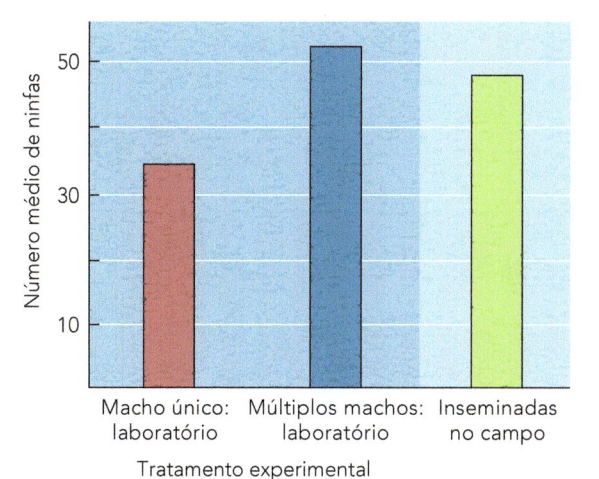

FIGURA 11.22 A poliandria incrementa o sucesso reprodutivo das fêmeas de um pseudoescorpião. Em experimentos de laboratório, pseudoescorpiões fêmeas restritas a um parceiro produziram menos ninfas do que fêmeas que acasalaram com diversos machos. Testes de paternidade da prole de fêmeas capturadas na natureza confirmaram que as fêmeas geralmente acasalam com diversos machos sob condições naturais. Fotografia de Jeanne Zeh; adaptada de Zeh.[1638]

Ainda mais evidências para a combinação genética vêm do estudo sobre o sucesso da fecundação de pares de galos cujo esperma foi misturado em quantidades iguais e suprido via inseminação artificial para uma série de galinhas. O macho cujo esperma fecundou mais óvulos na fêmea número 1 de forma alguma teve garantida a mesma performance quando seu esperma e aquele de um rival foi oferecido para a fêmea número 2 ou para a fêmea número 10. Esse resultado sugere tanto que as galinhas têm um mecanismo interno para favorecer alguns genótipos de espermatozoides em relação a outros quanto que algumas combinações de genes nos embriões resultaram em morte prematura.[123]

A redução na mortalidade dos embriões foi identificada como uma das razões pela qual fêmeas de pseudoescorpiões se acasalam com diversos machos. Pseudoescorpiões poliândricos tiveram menos embriões inviáveis e mais filhotes sobreviventes até a fase de ninfa do que fêmeas experimentalmente pareadas com um único macho (Figura 11.22).[1041,1638] Ainda assim, quando Jeanne Zeh comparou os números de filhotes produzidos por diferentes fêmeas com o mesmo macho, ela não encontrou nenhuma correlação. Em outras palavras, como é o caso para piscos e galos, pseudoescorpiões machos não puderam ser divididos em viris e fracassados. Ao contrário, o efeito dos espermatozoides sobre o sucesso reprodutivo de uma fêmea depende da combinação dos genótipos dos dois gametas, conforme previsto na hipótese da compatibilidade genética. Como as chances de uma fêmea garantir espermatozoides geneticamente compatíveis aumentam com o número de machos que ela acasala, podemos prever que as fêmeas desse pseudoescorpião deveriam preferir acasalar com novos machos em vez de parceiros prévios. De fato, quando uma fêmea teve a oportunidade de acasalar com o mesmo macho 90 minutos após uma cópula inicial ela recusou seu espermatóforo em 85% dos casos. Mas se o parceiro fosse novo, ela geralmente aceitava seus gametas.[1640]

Para discussão

11.6 A incompatibilidade genética poderia explicar por que a endogamia é deletéria em muitas espécies de animais, incluindo o grilo *Gryllus veletis* (ver Thünken e colaboradores.[1439]). Sendo assim, que resultados você esperaria de um experimento no qual grilos fêmeas fossem reunidas com dois machos, um deles seu irmão e o outro não aparentado? (Imagine que você consiga determinar a paternidade da prole produzida por uma fêmea depois que acasalasse com ambos.) Realizando esse experimento, por que você criaria dois grupos: um no qual o primeiro macho a acasalar fosse o irmão e outro no qual o primeiro macho fosse o não aparentado? Os dados da Figura 11.23[172] confirmam ou negam suas expectativas? O que esses achados revelam sobre a escolha de parceiros da fêmea mesmo depois que a cópula ocorreu?

FIGURA 11.23 Fecundação dos óvulos em grilos (*Gryllus veletis*) fêmeas que acasalaram com um irmão e um não parente. (A) O número de filhotes gerados pelo não parente e o irmão quando o primeiro macho a acasalar foi o não parente. (B) O número de filhotes gerados por ambos os machos quando o primeiro macho a acasalar foi o irmão. As amostras foram 19 e 18 fêmeas, respectivamente. Adaptada de Bretman, Wedell e Tregenza.[172]

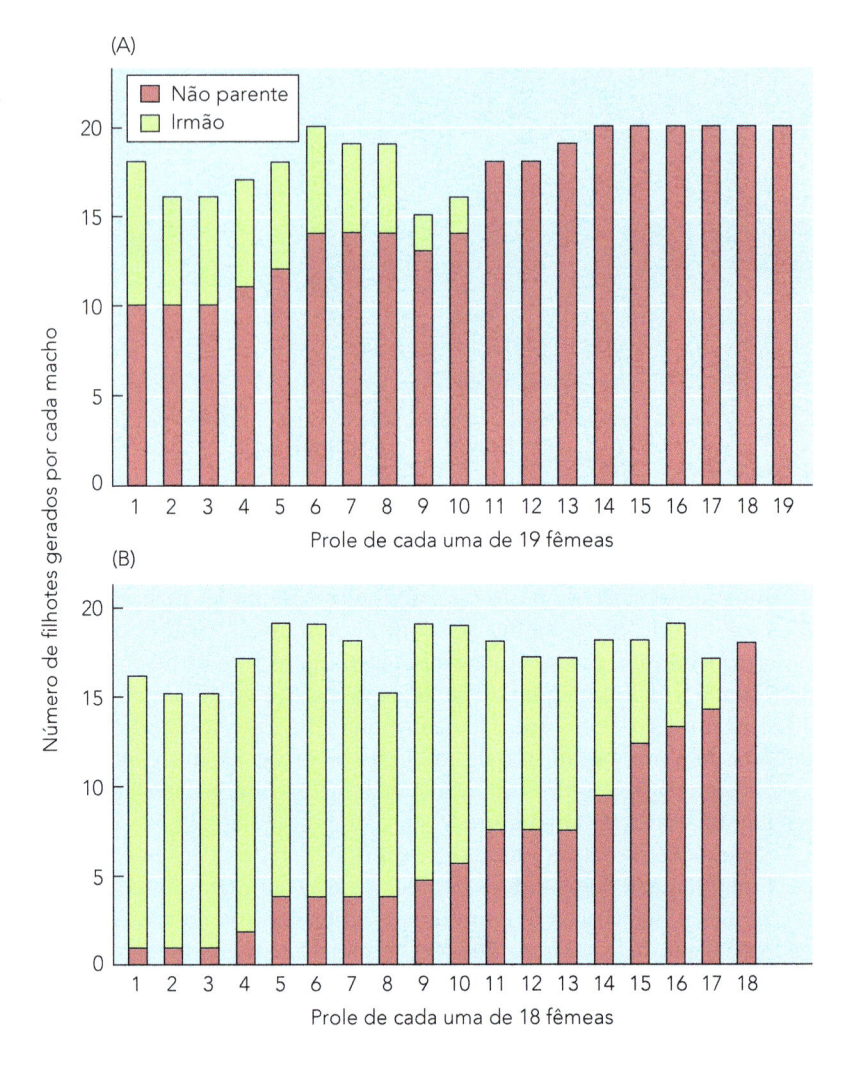

11.7 Os lêmures do gênero *Microcebus* são espécies nas quais as fêmeas entram em estro e acasalam com diversos machos durante uma noite a cada ano. As fêmeas aceitam todo e qualquer parceiro, mas uma análise genética da prole produzida pelas fêmeas dessas espécies indica que os pais verdadeiros eram mais diferentes das mães do que machos selecionados ao acaso na população em relação aos genes MHC, que codificam proteínas envolvidas no sistema imunológico.[1296] Como esses dados contribuem para uma avaliação das várias hipóteses sobre os benefícios genéticos indiretos da poliandria? O que eles sugerem sobre o mecanismo que permite uma fêmea sexualmente promíscua de mamífero a exercer a escolha de parceiros?

Alguns membros do gênero *Apis*, grupo ao qual pertence a abelha melífera, são altamente poliândricos, com as fêmeas aceitando e usando espermatozoides de 10 a 63 machos, dependendo da espécie.[1303] Como mencionado anteriormente, rainhas virgens saem das colmeias em um ou mais voos nupciais; durante esse tempo, elas são "capturadas" e inseminadas por numerosos machos em rápida sucessão. O que torna esse processo particularmente intrigante é a descoberta de que, na maioria das abelhas, incluindo algumas de grande colônias sociais, a rainha acasala apenas uma vez.[1397] Na abelha típica, um único acasalamento é suficiente para prover a fêmea de todo o esperma que ela precisa para sua vida de fecundação de óvulos, graças à habilidade de estocar e manter o esperma abundante que ela recebe de seu único parceiro.

A difundida natureza monogâmica da abelha indica que essa característica foi o padrão reprodutivo ancestral, com a poliandria sendo uma característica derivada mais recentemente. Que pressões seletivas podem ter levado à substituição da monogamia pela poliandria extrema em relativamente poucas espécies de abelha?

Benjamin Oldroyd e Jennifer Fewell conseguiram rastrear uma dúzia de respostas potenciais para essa questão, variando desde ideias bastante mundanas (a poliandria garantiria que rainhas longevas não ficassem sem espermatozoides) até ideias mais inventivas (a poliandria aumentaria a resistência a doenças e parasitas em uma colônia). Alternativamente, a poliandria pode aumentar a diversidade genética das operárias, o que poderia promover a produtividade da colônia ao incrementar a diversidade de habilidades exibidas pelas operárias.[1067]

Suporte para a hipótese antidoenças inclui os resultados de um experimento no qual algumas colônias de abelha melíferas foram providas de rainhas artificialmente inseminadas apenas uma vez e outras colônias foram providas de rainhas supridas com espermatozoides de 10 zangões. Ambos os tipos de colônias foram infectadas com uma bactéria que causa uma doença que mata as larvas de abelhas melíferas. As colônias com rainhas poliândricas foram não só menos afetadas pela bactéria, mas também produtoras de mais larvas, e tiveram maiores populações adultas na média do que colônias governadas por rainhas que se acasalaram apenas uma vez.[1303]

Os resultados experimentais aqui descritos sustentam uma função antidoenças associada com a poliandria da rainha na abelha melífera. No entanto, as vantagens demonstradas pelas colônias com rainhas poliândricas podem ter surgido em parte ou totalmente da habilidade de um operariado geneticamente mais diverso com habilidade para realizar maior diversidade de tarefas com mais eficiência do que um operariado menos diverso. Para testar essa hipótese, Heather Mattila e Thomas Seeley novamente utilizaram inseminação artificial para criar duas categorias: rainhas com uma inseminação e rainhas com muitos doadores de esperma. As colônias foram mantidas livres de doenças por meio de tratamentos antibacterianos e antiparasíticos para eliminar essa variável do experimento. As colônias geneticamente uniformes e geneticamente diversas também foram monitoradas para medir fatores como peso total, taxa de forrageamento das operárias e área média de favos na colmeia (onde a prole é criada e a comida, estocada) (Figura 11.24).[954] Nenhuma das colônias geneticamente uniformes sobreviveu ao inverno, enquanto que cerca de um quarto das colônias lideradas por rainhas poliândricas sobreviveu. Essas e outras descobertas similares demonstram que a diversidade genética da colônia, incrementada quando as rainhas acasalam com diversos machos, eleva a aptidão da rainha. O quebra-cabeça da poliandria para as abelhas melíferas e suas parentes está pelo menos parcialmente solucionado pela demonstração de que um operariado geneticamente diverso é melhor do que um de variedade genética limitada.

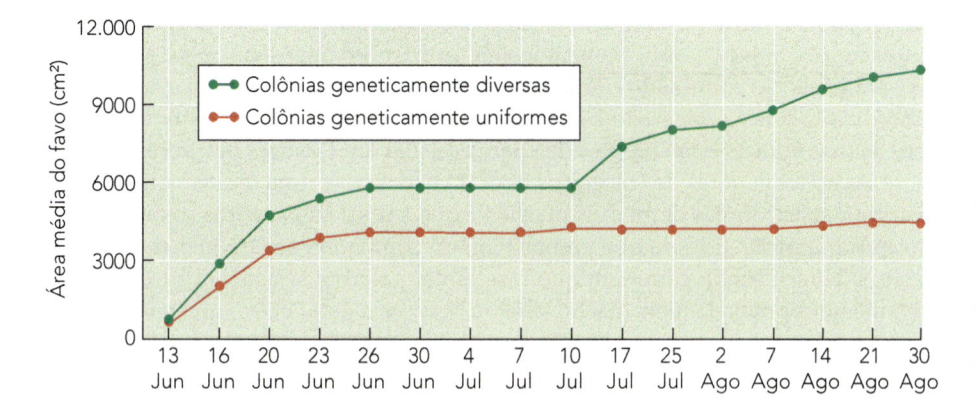

FIGURA 11.24 A poliandria é adaptativa em abelhas melíferas. Colônias geneticamente diversas (as rainhas acasalaram com diversos machos – em verde) em média produziram mais favos do que operárias em colônias geneticamente uniformes (cujas rainhas acasalaram com apenas um zangão – em vermelho). Adaptada de Mattila e Seeley.[954]

Poliandria e benefícios materiais

Nosso foco em ganhos genéticos indiretos para fêmeas poliândricas não deve obscurecer a possibilidade de que as fêmeas às vezes acasalem com diversos machos de forma a garantir certos benefícios diretos, frequentemente na forma de recursos úteis, em vez de genes vindos desses indivíduos. Portanto, fêmeas do tordo-sargento, *Agelaius phoeniceus*, podem forragear por alimento nos territórios de machos com os quais elas tenham se envolvido em cópulas extrapar, enquanto fêmeas verdadeiramente monogâmicas são postas para fora.[570] De modo semelhante, fêmeas de algumas abelhas têm que copular com machos territoriais cada vez que entram em um território se quiserem coletar pólen e néctar ali (Figura 11.25).[11] Ainda é possível que machos de alguns insetos passem fluidos suficientes em suas ejaculações a ponto de tornar vantajoso para fêmeas privadas de água copularem para combater a desidratação.[429]

Bitacídeos fêmeas e outros insetos também têm um incentivo para acasalar diversas vezes de forma a receber **benefícios materiais** na forma de presentes alimentícios ou espermatóforos nutritivos de seus parceiros. Os espermatóforos de espécies de borboletas altamente poliândricas contêm mais proteína do que os espermatóforos de espécies geralmente monogâmicas.[124] Machos de espécies de borboletas poliândricas podem subornar fêmeas a acasalarem com eles oferecendo-lhes nutrientes que podem ser usados para fazer óvulos (nessas espécies, o espermatóforo do macho pode representar 15% do peso corporal, o que o torna um parceiro sexual generoso). Se essa hipótese for verdade, então quanto mais poliândrica a fêmea, mais resultado reprodutivo ela terá. Christer Wiklund e seus colaboradores usaram o método comparativo para checar essa previsão. Eles se aproveitaram do fato de que numerosas espécies aparentadas de borboletas na mesma família (Pieridae) diferem substancialmente no número de vezes que tentam copular durante a vida. Eles usaram o número médio de cópulas durante a vida para as fêmeas de cada espécie como uma medida do grau de poliandria. Para quantificar o resultado reprodutivo, eles pesaram a massa de ovos produzida por uma fêmea em laboratório e a dividiram pelo peso da fêmea para controlar diferenças entre as espécies em massa do corpo. Como previsto, ao longo das oito espécies, quanto maior o número de machos com que uma fêmea acasalasse em média, mais espermatóforos ela receberia e maior seria sua produção de óvulos (Figura 11.26).[1572]

Em algumas borboletas, a poliandria significa mais ovos produzidos. Em outros animais, a poliandria permite às fêmeas conseguir assistência parental de seus diversos parceiros. Sendo assim, no ferreirinha, pequeno pássaro europeu, a fêmea que vive em território controlado por um macho pode ativamente encorajar outro macho subordinado a ficar por perto e copular com ele quando o macho alfa estiver fora. Ferreirinhas fêmeas estão preparadas para acasalar até 12 vezes por hora, e centenas de vezes no total, antes de colocar os ovos. O benefício a uma fêmea poliândrica em distribuir suas cópulas entre dois machos é que ambos os parceiros sexuais a ajudarão a criar a prole – desde que ambos tenham copulado com frequência suficiente. Fêmeas de ferreirinha garantem que esse limite paternal seja alcançado solicitando ativamente cópulas daquele macho, alfa ou beta – em geral beta – que tenha passado menos tempo em sua companhia (Figura 11.27).[356] Da mesma forma, a fêmea do estorninho *Lamprotornis superbus* que tenha se pareado com um macho algumas vezes acasala com outro macho não pareado de seu bando. Esse indivíduo frequentemente se junta à fêmea e seu parceiro primário para cuidar da prole quando ela aparece.[1248]

FIGURA 11.25 A poliandria pode gerar benefícios materiais. Através do acasalamento com vários machos, fêmeas dessa abelha Megachilidae conseguem acessar pólen e néctar nos territórios dos machos com os quais acasalaram. Fotografia do autor.

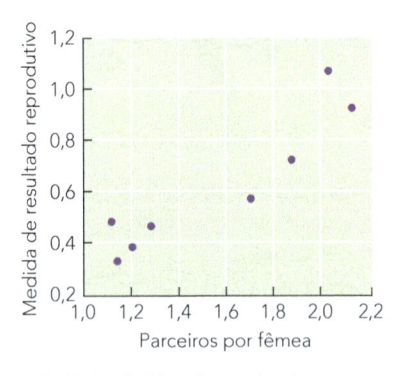

FIGURA 11.26 O resultado reprodutivo é maior em espécies poliândricas de borboletas Pieridae. O número médio de parceiros durante a vida de uma fêmea e o resultado reprodutivo médio das fêmea (medido como o peso acumulado de ovos produzidos dividido pelo peso da fêmea) são apresentados para oito espécies de Pieridae. Adaptada de Wiklund, Karlsson e Leimar.[1572]

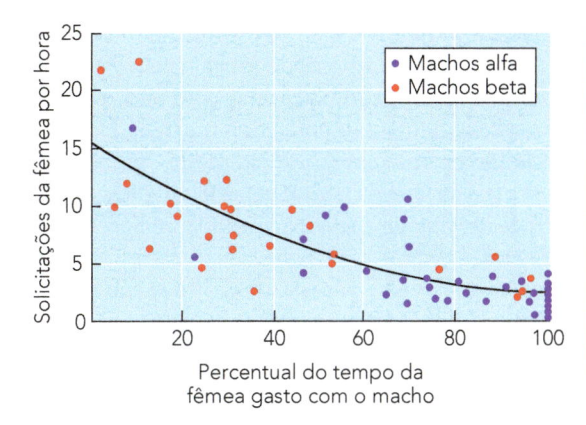

FIGURA 11.27 Ajuste da frequência de cópulas pela fêmea poliândrica do ferreirinha. Fêmeas vivendo em um território com dois machos solicitam cópulas com mais frequência do macho que passou menos tempo com elas, seja ele o alfa ou o beta. Adaptada de Davies.[356]

Ao copular com machos extrapar e usar seus espermatozoides para fecundar um ou dois óvulos, a fêmea poliândrica de fato tornou vantajoso para o "outro macho" investir cuidado na prole dela.

Alternativamente, ao acasalar com vários machos, uma fêmea pode suprir a estimulação proximal que encoraja todos os seus parceiros sexuais a deixar os próximos filhotes dela sozinhos. Machos do langur cinza, *Semnopithecus* spp., geralmente ignoram o filhote de uma fêmea se tiverem acasalado com a mãe antes do nascimento do infante.[149] Por outro lado, se eles não tiverem copulado com a mãe, eles podem matar a prole dela (*ver* Capítulo 1). O fato de a fêmea copular com mais de um macho mesmo não ovulando – de fato, até mesmo grávidas – sugere que a poliandria garante o interesse da langur fêmea ao reduzir o risco de infanticídio.[649]

Para discussão

11.8 A proporção média de filhotes extrapar por ninhada varia entre espécies de aves de 0,0 a quase 0,8.[720] Considere como a avaliação dos benefícios e custos da paternidade extrapar pode ser responsável pela variação no interesse da fêmea de se envolver em cópulas extrapar. Por exemplo, como a baixa variação na qualidade genética do macho em uma espécie pode afetar a paternidade extrapar? E quanto às diferenças entre espécies no risco de doenças venéreas? E quanto à probabilidade dos parceiros detectarem e punirem a infidelidade sexual de uma parceira? Além do mais, se a cópula extrapar provê a fêmea de certa espécie com a oportunidade de interagir com parceiros genética ou materialmente superiores,[251] qual a relação prevista entre a cópula extrapar e "divórcios" em pássaros?

11.9 Em muitos animais, as fêmeas acasalam repetidas vezes com o mesmo macho, tipicamente seus parceiros sociais. Realize uma análise de custo-benefício desse tipo de cópulas múltiplas pelas fêmeas e compare-a com aquela aplicada a acasalamentos poliândricos.

Já tendo compreendido os cálculos que parecem indicar que as fêmeas podem ganhar uma grande variedade de benefícios indiretos (genéticos) e diretos (materiais) acasalando-se com mais de um macho, você pode achar desconcertante que alguns biólogos concluíram que nenhum desses benefícios potenciais de fato conta muito, pelo menos quando se trata de aves fêmeas infiéis. Göran Arnqvist e Mark Kirkpatrick usaram os relativamente poucos estudos que oferecem o tipo de dado que pode ser utilizado para medir a força de seleção sobre a infidelidade da fêmea. Eles descobriram que os benefícios indiretos (bons genes) foram próximos de zero, enquanto a seleção por benefícios diretos foi na verdade negativa.[48] Em outras palavras, sua análise mostra que uma ave fêmea não ganha em acasalar-se com machos diferentes de seu parceiro social. O fato de que as fêmeas de tantas espécies de aves copulem fora de seus parem sociais pode ser explicado, de acordo com Arnqvist e Kirkpatrick, como resultado da seleção positiva sobre machos (e não fêmeas) para inseminar fêmeas diferentes de suas parceiras primárias. Seleção desse tipo pode levar machos a fazer coisas que não sejam do interesse de suas parceiras, como acasalar com elas, porque essas ações são do interesse dos genes sexualmente exigentes dos machos. De fato, alguns etólogos concluíram que deveria haver uma categoria chamada "poliandria de conveniência" para definir casos nos quais as fêmeas não se beneficiam de acasalar com diversos machos – exceto pelo fato de ser menos custoso copular com agressores sexuais indesejados do que lutar contra eles.[397, 1435]

Simon Griffith atacou as conclusões de Arnqvist e Kirkpatrick,[583] mas sua crítica foi desafiada por esses dois pesquisadores,[50] gerando uma troca que vale a pena ler como exemplo de como cientistas argumentam por meio de artigos. Suspeito que a maioria dos etólogos que trabalham nessa área acha difícil acreditar que as fêmeas de aves tipicamente não ganham nada em participar de cópulas extrapar, mas a posição de Arnqvist e Kirkpatrick deve ser considerada por aqueles que tentam solucionar o eterno quebra-cabeças da poliandria feminina.

A diversidade dos sistemas de acasalamento poligínicos

Acabamos de ilustrar o que interessa para os biólogos evolucionistas na monogamia do macho e poliandria da fêmea. Alguns aspectos evolutivamente intrigantes também surgem quando olhamos para a poliginia, a despeito do fato de que as tentativas do macho em ser poligínico são facilmente compreensíveis em termos da teoria da seleção sexual. O que vale a pena explorar da perspectiva evolucionista é a grande variação de espécie para espécie na tática empregada pelos machos para alcançar a poliginia. Considere o comportamento dos carneiros selvagens (*Ovis canadensis*), libélulas-de-asas-negras (*Calopteryx maculata*) e pássaros-caramanchão acetinados (*Ptilonorhynchus violaceus*). Apesar do macho de todas as três espécies adquirirem muitas parceiras ao defender territórios de um tipo ou de outro, eles não defendem as mesmas coisas. Carneiros selvagens vão até onde parceiras potenciais estão (*ver* Figura 10.23) e então lutam com outros machos para monopolizar as fêmeas do local (**poliginia de defesa da fêmea**). Libélulas-de-asas-negras machos esperam a fêmea chegar até eles (*ver* Figura 10.28), defendendo territórios que contém o tipo de vegetação aquática que a fêmea prefere para depositar seus ovos (**poliginia de defesa de recursos**). Pássaros-caramanchão machos, por outro lado, defendem territórios contendo apenas um caramanchão para exibição (*ver* Figura 10.1); não há alimento nem outros recursos que a fêmea possa usar para promover seu sucesso reprodutivo (**poliginia de arena**). Além do mais, machos de muitas outras espécies poligínicas não realizam territorialidade combativa como um todo; em vez disso, tentam ser mais rápidos que seus rivais em conquistar fêmeas receptivas (**poliginia de competição embaralhada**).

Como podemos explicar a variedade de táticas de acasalamento entre espécies poligínicas? Steve Emlen e Lew Oring sugeriram que a extensão na qual um macho pode monopolizar oportunidades reprodutivas depende da distribuição das fêmeas.[438] O grau de distribuição espacial das fêmeas receptivas no ambiente varia em função de fatores como pressão de predação e distribuição do alimento. Fêmeas que vivem juntas ou agregadas sobre manchas de recursos podem ser monopolizadas economicamente pelos machos, enquanto fêmeas amplamente distribuídas não podem, porque, à medida que o tamanho do território aumenta, também crescem os custos para defendê-lo.

Poliginia de defesa de fêmeas

A teoria de que diferenças no padrão de distribuição das fêmeas alicerçam a diversidade de sistemas de acasalamentos gera muitas previsões, entre elas a expectativa de que quando fêmeas receptivas ocorrem em agrupamentos defensáveis, os machos competirão diretamente por aqueles agrupamentos, resultando na poliginia de defesa da fêmea. Conforme previsto, a monogamia social em mamíferos nunca ocorre quando as fêmeas vivem em grupos;[797] ao contrário, em animais tão diferentes como carneiros selvagens e gorilas, grupos de fêmeas, formados em parte para proteção contra predadores, atraem machos que competem pelo controle do acesso sexual ao grupo.[619, 658] De modo semelhante, os leões competem para controlar grupos de leoas, formados em parte para defesa de territórios permanentes de caça e proteção contra machos infanticidas.[1091] Considerando a existência desses grupos, a poliginia de defesa da fêmea é a tática padrão (Figura 11.28).[960] Portanto, machos do pássaro tropical japu, *Psarocolius montezuma*, tentam controlar conjuntos de fêmeas nidificantes, que reúnem seus ninhos pendentes e longos em certas árvores. O macho dominante em um ninhal pode garantir até 80% de todas as cópulas expulsando subordinados.[1522] Esses machos dominantes trocam de ninhal para ninhal, seguindo fêmeas em vez de defender um ninhal em si, demonstrando que aplicam uma tática de defesa da fêmea. Esse padrão se aplica especialmente a pequenas colônias; em grandes colônias com muitos machos competidores presentes, machos que tentam defender grupos de parceiras potenciais estão sob ataque constante de machos rivais (Figura 11.29). Em grandes colônias de ninhos, portanto, os machos podem deixar de defender e acasalar com apenas uma fêmea por vez em outro local.[1523] Machos que adquirem mais de uma parceira dessa forma podem ser classificados como praticantes de poliginia sequencial de defesa da fêmea.

FIGURA 11.28 Poliginia de defesa da fêmea no falso vampiro *Phyllostomus hastatus*. O macho grande (abaixo) guarda um grupo de pequenas fêmeas. Um macho bem-sucedido pode gerar até 50 filhotes com seu harém de fêmeas. Muitos morcegos foram marcados para identificação individual. Fotografia de Gary McCracken.

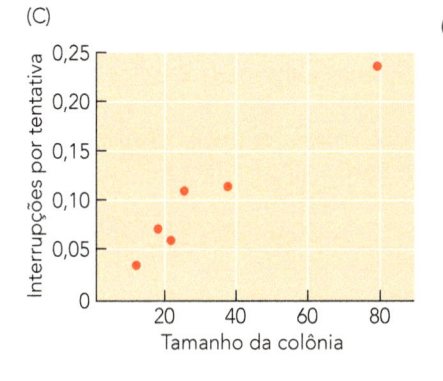

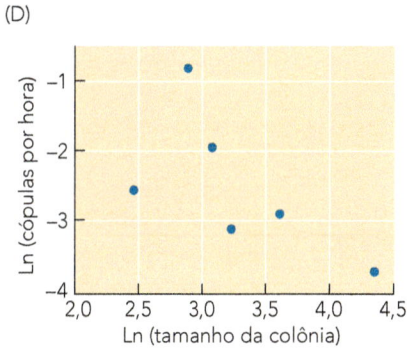

FIGURA 11.29 Uma ave que realiza poliginia por defesa da fêmea. (A) Machos do japu (*Psarocolius montezuma*) tentam monopolizar fêmeas em (B) pequenas colônias de fêmeas nidificantes. Porém, à medida que o tamanho da colônia aumenta, (C) tentativas de acasalamento são frequentemente interrompidas por rivais. Como resultado, a (D) frequência de cópulas por hora na colônia diminui. Adaptada de Webster e Robinson.[1523]

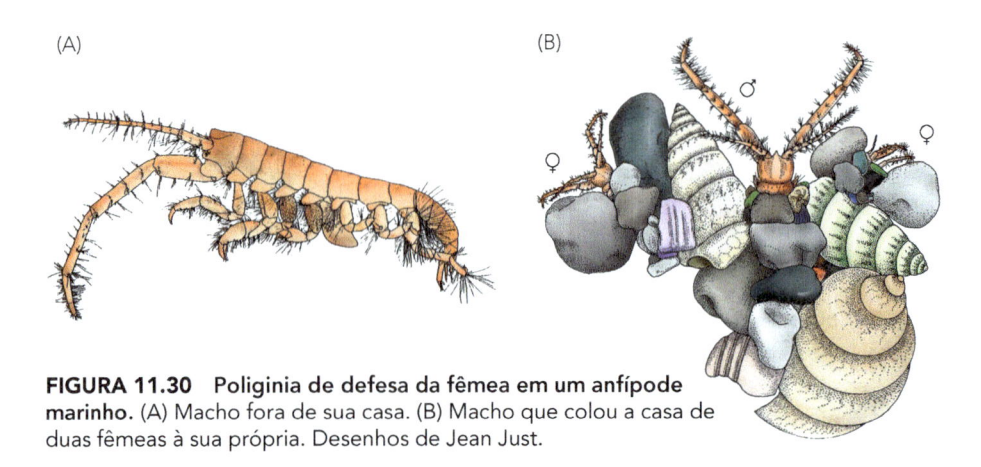

FIGURA 11.30 Poliginia de defesa da fêmea em um anfípode marinho. (A) Macho fora de sua casa. (B) Macho que colou a casa de duas fêmeas à sua própria. Desenhos de Jean Just.

Grupos de fêmeas receptivas também ocorrem em insetos e outros invertebrados, e nesses casos a poliginia de defesa da fêmea também evoluiu.[1435] Por exemplo, ninhos de formigas *Cardiocondyla* produzem grandes números de rainhas virgens, levando à competição letal entre machos na colônia; os poucos indivíduos que sobrevivem à disputa podem copular com dúzias de fêmeas recém-emersas.[648] Mas não é necessário ser tão agressivo para praticar a poliginia de defesa da fêmea. Machos do minúsculo anfípode sifonoecetino constroem elaborados tubos compostos de seixos e fragmentos de conchas de moluscos encontrados no fundo do oceano onde vivem. Eles se deslocam nestas casas e capturam fêmeas colando os tubos delas nos seus próprios, eventualmente criando grandes condomínios contendo até três parceiras sexuais (Figura 11.30).[742]

Poliginia de defesa de recursos

Em muitas espécies, as fêmeas não vivem permanentemente juntas, mas o macho pode se tornar poligínico se puder controlar uma mancha rica em um recurso que as fêmeas ocasionalmente visitam. Alguns machos de libélula-de-asa-negra, *Calopteryx maculata*, por exemplo, defendem a vegetação flutuante que atrai uma série de fêmeas sexualmente receptivas; cada uma delas se acasalará com o macho e colocará seus ovos sobre a vegetação que ele controla.[1501] De forma semelhante, machos de uma espécie de díptero da Austrália lutam por pequenos pontos de troncos ou galhos de certas árvores tropicais caídas e em decomposição, porque esses locais atraem fêmeas férteis e receptivas que se acasalam com defensores de território bem-sucedidos antes de botar seus ovos (Figura 11.31).[405a]

Um local seguro para os ovos constitui um recurso defensável para diversas espécies animais; quanto mais desse recurso um macho territorial controlar, mais provável que ele consiga diversas parceiras. Em um peixe ciclídeo africano, *Lamprologus callipterus*, a fêmea deposita a desova em uma concha de caramujo vazia, e então entra nela para permanecer com seus ovos e filhotes até que eles estejam prontos para deixar o ninho. Machos territoriais dessa espécie, muito maiores do que suas pequenas parceiras, não só defendem sítios de nidificação adequados, como também recolhem conchas do fundo do lago e as roubam dos ninhos de machos rivais, criando um tipo de sambaqui de até 86 conchas (Figura 11.32). Como até 14 fêmeas podem desovar simultaneamente em diferentes conchas no sambaqui de um macho, o dono de um território cheio de conchas pode gozar de sucesso reprodutivo extraordinário.[1247]

Se a distribuição das fêmeas for controlada pela distribuição de recursos essenciais e se a tática reprodutiva do macho for em parte

FIGURA 11.31 Poliginia de defesa de recursos em um díptero australiano. Machos desta espécie de mosca australiana competem pela posse de sítios de desova encontrados apenas em certas espécies de árvores recém-caídas. Fotografia de Gary Dodson.

ditada por este fato, então deve ser possível modificar o sistema de acasalamento de uma espécie modificando a posição desses recursos, alterando assim a localização das fêmeas. Essa previsão foi testada por Nick Davies e Arne Lundberg, que primeiro mediram o tamanho dos territórios dos machos e a área de forrageamento das fêmeas no ferreirinha (*Prunella modularis*). Nesse pequeno pássaro pardo, as fêmeas caçam itens alimentares muito dispersos por áreas tão vastas que os territórios de dois machos podem se sobrepor àqueles de diversas fêmeas, criando um sistema de acasalamento poligínico-poliândrico. Contudo, quando Davies e Lundberg deram, durante meses, a algumas fêmeas suplementos alimentares de aveia e larvas de tenébrio a área de vida das fêmeas encolheu substancialmente.[355] Aquelas fêmeas com as áreas de vida mais reduzidas tiveram, como previsto, menos parceiros sociais do que outras fêmeas cujas áreas de vida não diminuíram de tamanho (Figura 11.33). Em outras palavras, à medida que a área de vida da fêmea foi reduzida, a capacidade do macho de monitorar suas atividades aumentou, com o resultado de que a poliandria da fêmea tendeu a ser substituída pela monogamia feminina. Esses resultados apoiam a teoria geral de que os machos tentam monopolizar fêmeas dentro dos limites impostos sobre eles pela distribuição espacial de suas parceiras potenciais, distribuição que por sua vez pode ser afetada pela presença de recursos alimentares.

FIGURA 11.32 Poliginia de defesa de recursos em um peixe ciclídeo africano, *Lamprologus callipterus*. (A) Um macho territorial carregando uma concha para seu sambaqui. Quanto mais conchas, mais sítios de nidificação disponíveis para o uso das fêmeas. (B) A cauda de uma das pequenas parceiras do macho territorial pode ser vista em um *close* da concha que serve como seu ninho. Fotografias de Tetsu Sato.

Para discussão

11.10 A ferreirinha-alpina (*Prunella collaris*) é um pássaro com sistema de acasalamento bastante semelhante ao de seu parente próximo, a ferreirinha, no qual dois machos, alfa e beta, podem viver na mesma área e copular com a mesma fêmea (ou fêmeas). No entanto, em contraste com a ferreirinha, machos alfa de ferreirinha-alpina reduzem a quantidade de cuidado parental concedido às fêmeas à medida que sua participação nas cópulas decresce, enquanto que os betas não tornam sua contribuição parental dependente de sua frequência copulatória prévia.[359] Se a estratégia das ferreirinhas-alpinas fêmeas tiver evoluído de forma a aumentar a assistência parental recebida dos machos, como sua poliandria deveria diferir daquela apresentada pelas ferreirinhas fêmeas?

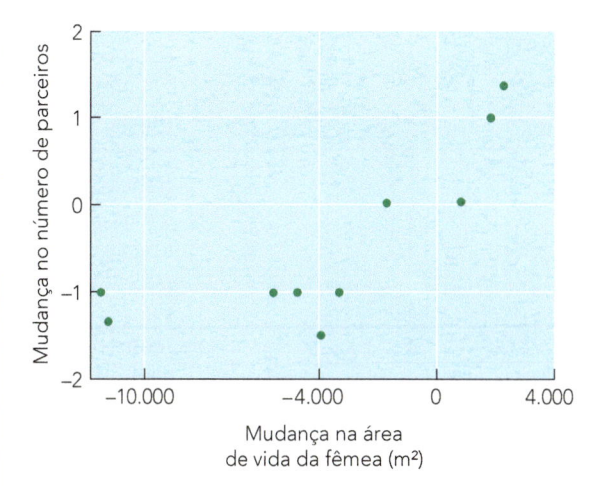

FIGURA 11.33 Um teste da teoria da distribuição das fêmeas nos sistemas de acasalamento. Quando suplementos alimentares reduzem o tamanho da área de vida da ferreirinha fêmea, um macho pode monopolizar o acesso a esta fêmea e reduzir o número de machos com os quais ela interage. Adaptada de Davies e Lundberg.[355]

O que uma fêmea deve fazer quando a escolha de um macho previamente pareado significa compartilhar os recursos sob o controle dele com outras fêmeas? De acordo com o **modelo de limite da poliginia**, há um nível de recursos no qual ela poderá ganhar mais acasalando com um macho poligínico em um bom território do que pareando com um macho solitário em um território pobre em recursos e vulnerável a predadores.[1072] Se as fêmeas realmente forem sensíveis a esse limite de escolha, então podemos prever que fêmeas pareadas com machos poligínicos e monogâmicos tenham mais ou menos a mesma aptidão. Michael Carey e Val Nolan checaram essa previsão contando o número de filhotes sobreviventes em uma população de *Passerina cyanea*, pequeno pássaro da família dos cardinais cujos machos parentais podem atrair uma ou duas parceiras para seus territórios em campos cobertos de vegetação.[231] Uma fêmea monogâmica cuja relação com o macho durou toda a estação reprodutiva teve sucesso reprodutivo apenas um pouco maior (1,6 filhotes) do que uma fêmea que participou em um arranjo poligínico (1,3 filhotes). Portanto, fêmeas que escolheram um território previamente ocupado não foram profundamente penalizadas, se é que foram.

Stanislav Pribil e William Searcy testaram esperimentalmente a hipótese do limite da poliginia. Eles se aproveitaram do conhecimento de que as fêmeas de tordo-sargento, *Agelaius phoeniceus*, em uma população de Ontário quase sempre escolhem machos não pareados contra machos pareados. Sua recusa comum em se acasalar com machos pareados é adaptativa, a julgar pelo fato de que, nessas raras ocasiões em que as fêmeas selecionam machos pareados, elas produzem menos filhotes do que as fêmeas que têm o território de seus parceiros monogâmicos todo para si. Pribil e Searcy previram que se pudessem incrementar experimentalmente a qualidade dos territórios mantidos por machos já pareados, à medida que reduziam o valor de territórios controlados por machos não pareados, então fêmeas em busca de parceiros deveriam reverter sua preferência usual. Eles testaram essa previsão manipulando pares de territórios de tordos de forma que um dos locais contivesse uma fêmea nidificando e área para nidificação extra (adicionando ramos de taboa emergindo de plataformas submersas) enquanto o outro território não tinha fêmeas nidificando, mas tinha as plataformas de taboa colocadas sobre a terra firme. Fêmeas de tordos na natureza preferem nidificar sobre a água, que oferece maior proteção contra predadores. Para 14 pares de territórios, o primeiro território a ser ocupado por uma fêmea foi aquele no qual ela podia nidificar sobre a água, mesmo que isso significasse ter que integrar um harém poligínico de um macho. Fêmeas que fizeram essa escolha criaram quase o dobro dos filhotes das fêmeas que chegaram tarde e tiveram que acasalar em uma plataforma de nidificação em terra firme, no território de um macho monogâmico.[1168]

Portanto, quando há escolha livre entre território superior e inferior, pode compensar à fêmea escolher um local melhor mesmo que ela tenha que compartilhá-lo com outra fêmea. Mas por que então algumas fêmeas de tordo-sargento, assim como fêmeas de outras aves, aceitam um território secundário? No papa-moscas-preto, *Ficedula hypoleuca*, uma segunda fêmea geralmente não se sai tão bem quanto a primeira a se acasalar com um macho,[6] especialmente se seu parceiro devota todo seu cuidado parental à prole da primeira fêmea, deixando a segunda fêmea se virar sozinha (ver Figura 11.19).[692] O macho poligínico dessa espécie consegue sua segunda fêmea mantendo um segundo território bem afastado do utilizado pela primeira fêmea. Talvez a segunda fêmea só saiba tarde demais que o parceiro já tem outra fêmea.

Svein Dale e Tore Slagsvold demonstraram, contudo, que papa-moscas pareados passam menos tempo cantando do que indivíduos não pareados, oferecendo então uma evidência potencialmente importante para fêmeas perceptivas.[336] Como as fêmeas não pareadas visitam muitos machos e não se precipitam em uma relação pareada,[335] o *status* sexual do macho deveria em geral ficar evidente antes de a fêmea tomar sua decisão final. Portanto, segundas fêmeas podem não estar sendo enganadas quando aceitam machos já pareados.[1426] Talvez elas os escolham de qualquer forma devido ao alto custo de encontrar e avaliar outros parceiros potenciais[1382] ou porque os machos não pareados remanescentes tenham territórios pobres demais.[1426] Nesse caso, as opções para algumas fêmeas seriam aceitar o *status* de secundária ou não acasalar de jeito nenhum, já que fêmeas retardatárias de tordos podem ter que aproveitar o que estiver disponível em sua vizinhança, mesmo que isso signifique tirar o melhor proveito de uma situação ruim.

Poliginia de competição indireta (scramble competition)

Embora as táticas de defesa de fêmeas e de recursos por machos competitivos faça sentido intuitivamente quando as fêmeas estiverem agrupadas em áreas pequenas e defensáveis, em muitas outras espécies, fêmeas receptivas e os recursos de que elas precisam estão amplamente dispersos. Sob essas condições, a relação custo-benefício da territorialidade reprodutiva em geral diminui, e os machos podem simplesmente tentar encontrar as escassas fêmeas receptivas antes dos outros machos. Fêmeas do vagalume sem asas *Photinus*, por exemplo, podem aparecer praticamente em qualquer lugar em amplas faixas de floresta na Flórida. Machos dessa espécie não fazem o menor esforço em ser territoriais; em vez disso, procuram, procuram e procuram um pouco mais. Quando Jim Lloyd rastreou machos lampejantes, caminhou um total de 17,5 km, seguindo 199 machos sinalizadores e presenciou exatamente duas cópulas. Sempre que Lloyd avistava uma fêmea sinalizando, um vagalume macho também a encontrava em alguns minutos.[877] O sucesso reprodutivo nessa espécie quase certamente vai para aqueles rastreadores mais persistentes, resistentes e perceptivos, não para os mais agressivos.

Machos do esquilo-de-treze-linhas (*Ictidomys tridecemlineatus*) se comportam como esses vagalumes, procurando amplamente pelas fêmeas, que ficam receptivas por apenas 4 a 5 horas durante a estação reprodutiva. O primeiro macho a encontrar uma fêmea no cio e copular com ela fecundará cerca de 75% de seus óvulos, mesmo que ela acasale novamente.[475] Diante da distribuição espaçada das fêmeas e da vantagem de fecundação do primeiro macho, a habilidade de continuar procurando deveria afetar muito o sucesso reprodutivo de um macho. Além do mais, a aptidão do macho pode depender de um tipo especial de inteligência:[475] a habilidade de lembrar onde parceiras potenciais podem ser encontradas. Após visitar numerosas fêmeas perto de suas tocas amplamente espaçadas, machos à procura de parceiras frequentemente retornam àqueles locais no dia seguinte. Quando os pesquisadores removeram experimentalmente diversas fêmeas de suas tocas, os machos que já haviam visitado o local passaram mais tempo procurando pelas fêmeas desaparecidas que estavam à beira do estro. Além disso, os machos não apenas inspecionaram locais que as fêmeas tivessem usado muito, como suas tocas, mas em vez disso direcionaram suas buscas em favor de pontos onde realmente haviam interagido com fêmeas quase receptivas.[1293, 1294] Indivíduos com melhor memória espacial podem provavelmente localizar parceiras potenciais com eficiência (Figura 11.34).

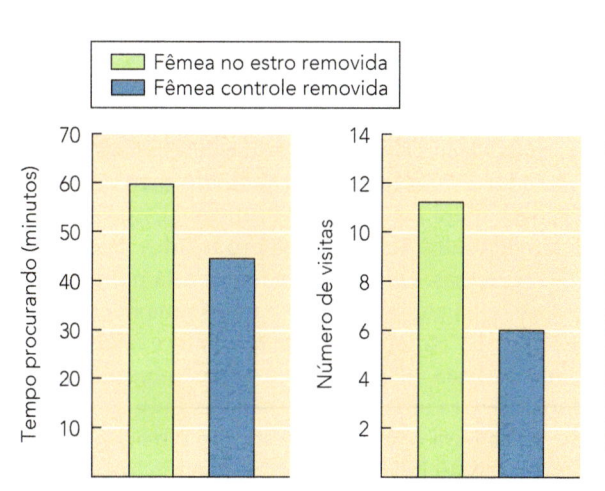

FIGURA 11.34 A poliginia de competição embaralhada seleciona habilidade de aprendizado espacial. Machos do esquilo-de-treze-linhas, *Ictidomys tridecemlineatus*, lembram a localização de fêmeas prestes a se tornar sexualmente receptivas. Quando machos retornaram a áreas onde essas fêmeas estiveram no dia anterior mas haviam sido experimentalmente removidas, eles passaram mais tempo procurando por elas do que por fêmeas distantes do estro, e eles retornaram à área de vida da fêmea quase em estro mais frequentemente. Adaptada de Schwagmeyer.[1294]

Esquilo-de-treze-linhas

FIGURA 11.35 Uma assembleia reprodutiva explosiva. Um macho da rã *Rana sylvatica* agarra a fêmea (acima à esquerda) que ele encontrou antes dos machos rivais, dois dos quais estão próximos do par acasalando. Numerosas desovas fecundadas flutuam na água ao redor das rãs. Fotografia de Rick Howard.

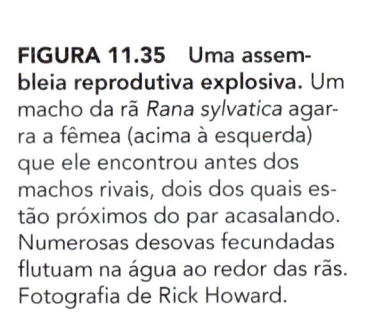

Outra forma de poliginia de competição embaralhada, a **assembleia reprodutiva explosiva**, ocorre em espécies com estação reprodutiva muito curta. Um exemplo é o xifosuro da espécie *Limulus polyphemus*, cujas fêmeas colocam seus ovos em apenas algumas noites a cada primavera ou verão. Os machos estão sob pressão para posicionarem-se próximos às praias na hora certa e para acompanhar uma fêmea até a costa onde a fecundação e a desova ocorrem[179] (*ver* Figura 10.23). Uma corrida para encontrar e parear-se com uma fêmea também ocorre na rã *Rana sylvatica*, outra espécie na qual a oportunidade de adquirir um parceiro restringe-se a uma ou algumas poucas noites a cada ano. Nessa noite, a maioria dos machos adultos da população está presente nas lagoas que as fêmeas visitam para acasalar e colocar seus ovos. Assim como nos xifosuros, a alta densidade dos machos rivais aumenta o custo da expulsão de outros machos da área. E como as fêmeas estão disponíveis apenas nessa única noite, alguns poucos machos altamente agressivos e territoriais não conseguem monopolizar um número desproporcional de fêmeas. Portanto, rãs machos dessa espécie evitam o comportamento territorial e se apressam em encontrar uma ou mais fêmeas ovadas antes que a noite de orgia termine (Figura 11.35).[173]

Poliginia de lek

Em algumas espécies, os machos não procuram parceiras e tampouco defendem grupos de fêmeas ou recursos que diversas fêmeas utilizam. Em vez disso, eles lutam para controlar uma área muito pequena, usada apenas como arena de exibição; esses mini-territórios podem estar agrupados ao redor em um local de exibição comunitário, ou **arena** (*lek*), ou relativamente distribuídos, formando uma arena dispersa, como ocorre com os pássaros-caramanchão.[158] Apesar do fato de que os territórios dos machos não contêm alimento, nem sítios de nidificação nem qualquer outra coisa de utilidade prática, as fêmeas vêm às arenas de qualquer maneira. Quando fêmeas da rendeira (*Manacus manacus*) chegam a uma arena na floresta de Trinidad, elas podem encontrar até 70 machos do tamanho de um pardal numa área de apenas 150 m². Cada macho terá limpado o chão ao redor de um broto emergindo do chão da floresta. O broto e a arena limpa são o cenário para sua exibição tradicional, que consiste em rápidos saltos entre ramos acompanhados de altos sons produzidos pelo estalo das penas primárias claviformes de suas asas. Quando uma fêmea está por perto, o macho salta ao chão com um estalo e imediatamente volta para os ramos com um zumbido, então pula para frente e para trás "tão rapidamente que parece estar quicando e explodindo como uma bombinha de festa."[1359] Se a fêmea estiver receptiva e escolher um parceiro, ela vai até o galho dele para uma série de exibições mútuas seguidas da cópula. Posteriormente, ela se retira para começar a nidificar e o macho permanece na arena para cortejar novas fêmeas. Alan Lill descobriu que, em um *lek* com dez des-

FIGURA 11.36 Sucesso de acasalamento nos leks. Machos de topi, *Damaliscus lunatus*, em posições centrais nos seus *leks* acasalam com mais fêmeas *per capita* do que machos expulsos para locais periféricos. As barras azuis representam as médias dos três *leks* apresentados. Adaptada de Bro-Jørgensen e Durant.[176]

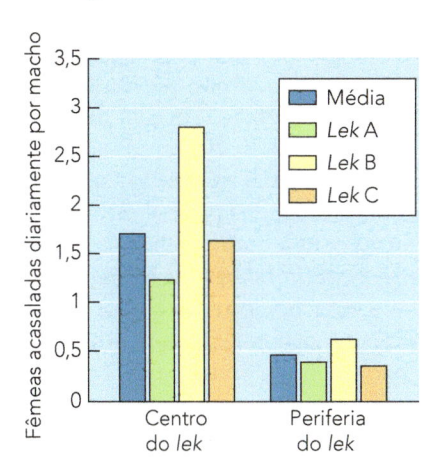

ses pássaros em que ele registrou 438 cópulas, um macho contribuiu com quase 75% do total; um segundo macho acasalou 56 vezes (13%), enquanto outros seis machos somaram apenas dez acasalamentos.[864] Machos preferidos tendem a ocupar pontos próximos ao centro do *lek* e a se envolver em mais exibições agressivas do que machos menos bem-sucedidos.[1322]

Diferenças gigantescas no sucesso reprodutivo dos machos são um padrão comum em espécies formadoras de *leks*. Assim, no topi *Damaliscus lunatus*, em geral o macho mais velho que ocupa o centro do *lek* nas savanas africanas copula com muito mais frequência do que os rivais mais jovens forçados a ficar na periferia (Figura 11.36).[176] Predominância ainda mais forte no sucesso de acasalamento ocorre em alguns outros mamíferos formadores de *leks*. Por exemplo, apenas 6% dos machos em um *lek* do bizarro morcego *Hypsignathus monstrosus*, do oeste da África (Figura 11.37), foram responsáveis por 80% dos acasalamentos registrados por Jack Bradbury. Nessa espécie, os machos se reúnem em grupos ao longo das margens dos rios, cada morcego defendendo territórios de exibição no alto das árvores, de onde emitem gritos altos que soam como "um copo batido com força em uma pia de porcelana."[157] Fêmeas receptivas voam até a arena e visitam diversos machos, cada um dos quais responde com um acesso de batidas de asas e estranhas vocalizações (observe a convergência comportamental com as rendeiras e os pássaros-caramanchão).

Por que os machos de rendeiras, morcegos *Hypsignathus* e topis se comportam dessa forma? Bradbury sugeriu que arenas apenas evoluem quando outras estratégias reprodutivas não compensam para os machos, graças à distribuição ampla e uniforme das fêmeas.[158] Fêmeas de rendeiras e morcegos *Hypsignathus* não vivem em grupos permanentes, mas viajam grandes distâncias em busca de fontes de alimentos amplamente dispersas e de disponibilidade imprevisível, especialmente figos e outras frutas tropicais. Um macho que tentasse defender uma árvore poderia esperar longamente até que ela começasse a dar frutos atrativos, e, quando isso ocorresse, a grande quantidade de alimento atrairia hordas de consumidores, capazes de superar a capacidade territorial de um único defensor. Portanto, a ecologia alimentar das fêmeas dessas espécies torna difícil para os machos monopolizá-las, direta ou indiretamente. Ao contrário, os machos demonstram seus méritos para fêmeas seletivas que vêm aos *leks* para inspecioná-los.

FIGURA 11.37 Mamífero com poliginia de arena: o morcego *Hypsignathus monstrosus*.

Mas você deve lembrar que a ausência de grupos defensáveis era invocada como explicação também para a poliginia de competição embaralhada não territorial. O motivo pelo qual algumas espécies sujeitas a essas condições simplesmente procuram parceiros enquanto outras formam elaboradas arenas de exibição não está totalmente claro. Nem se tem certeza de por que machos de algumas espécies formadoras de *lek* se congregam em pequenas áreas em vez de se exibirem sozinhos em arenas dispersas (à maneira do pássaro-caramanchão), apesar de uma possibilidade ser que a predação favorece a adoção de uma tática de segurança numérica.[536] Qualquer redução no custo da exibição ajuda a explicar por que machos se congregam em *leks*, mas ainda necessitamos saber que benefícios surgem de defender um pequeno território de exibição em uma arena grupal. Revisaremos aqui três ideias: (1) a hipótese do local atraente, de acordo com a qual os machos se agrupam em locais (***hotspots***) onde as rotas frequentemente seguidas pelas fêmeas se cruzam;[160] (2) a hipótese do macho atraente, de acordo com a qual machos subordinados se reúnem ao redor de machos altamente atraentes (***hotshots***) de forma a ter a chance de interagir com as fêmeas atraídas por esse macho atraente;[159] e (3) a hipótese da preferência da fêmea, de acordo com a qual os machos se reúnem porque as fêmeas preferem locais com grande número de machos, onde podem mais rapidamente ou mais seguramente comparar a qualidade de muitos parceiros potenciais.[158]

Para testar essas hipóteses, Frédéric Jiguet e Vincent Bretagnolle deram um jeito de criar *leks* artificiais povoados por engodos de plástico pintados de forma a parecerem-se com machos e fêmeas do sisão (*Tetrax tetrax*), ave que exibe um sistema de acasalamento em *lek* disperso. Os dois pesquisadores colocaram diferentes números de engodos dos dois sexos em diferentes campos. Então, durante algum tempo, contaram o número de sisões vivos que eram atraídos para seus *leks* experimentais. Eles descobriram que engodos de fêmeas falharam em atrair machos, levando à rejeição da hipótese do local atraente. Por outro lado, engodos machos atraíram regularmente tanto fêmeas quanto machos, particularmente se eles tivessem sido pintados para se parecer com indivíduos de plumagem altamente simétrica. Portanto, a hipótese do macho atraente pode se aplicar aos sisões. O fato de que mais fêmeas foram atraídas para grupos de quatro engodos do que para grupos menores (Figura 11.38) também é consistente com a hipótese da preferência da fêmea, embora mais de quatro engodos não tenham atraído mais fêmeas.[724]

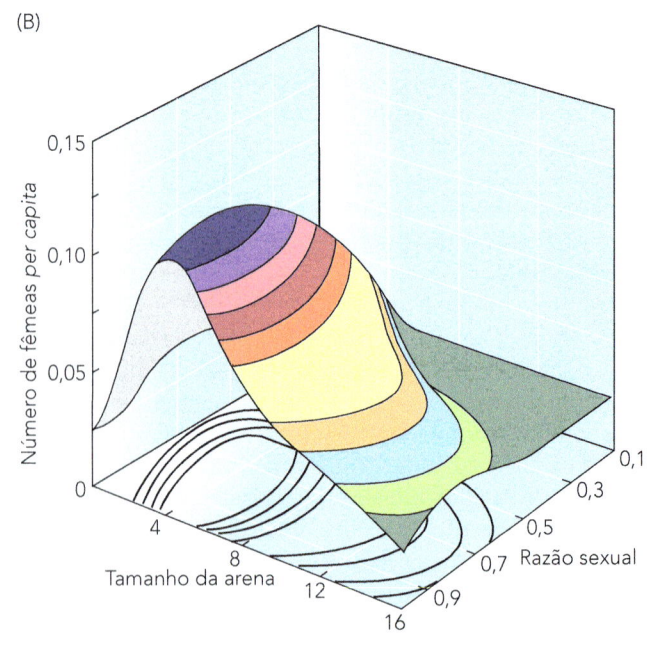

FIGURA 11.38 Teste experimental das hipóteses alternativas para a formação de arenas de exibição. (A) Uma fêmea de sisão, *Tetrax tetrax*, visitando um macho falso de sua espécie. (B) Mais fêmeas visitam grupos de quatro engodos do que grupos menores (ou maiores), conforme demonstrado pelo pico no gráfico no número *per capita* de fêmeas quando o tamanho do *lek* era quatro. A razão sexual representa o número de engodos machos dividido pelo número de engodos total. Fotografia de Frédéric Jiguet; adaptada de Jiguet e Bretagnolle.[724]

Outra forma de comparar a hipótese do macho atraente com a hipótese do local atraente é removendo temporariamente machos que tenham sido bem-sucedidos em atrair fêmeas. Se a hipótese do local atraente estiver correta, então a remoção desses machos bem-sucedidos de seus territórios permitirá que outros ocupem os locais preferidos. Mas se a hipótese do macho atraente estiver correta, a remoção de machos atraentes causará a migração do grupo de subordinados para perto de outros machos populares ou o abandono do *lek* de uma vez.

Em um estudo com a narceja-real, *Gallinago media*, maçarico europeu que se exibe à noite, a remoção do macho dominante central levou seus vizinhos a abandonar seus territórios. Em contraste, a remoção de um subordinado enquanto o alfa permanecia no lugar resultou na rápida substituição por outro subordinado. Pelo menos nessa espécie, a presença de machos atraentes, e não o local em si, determina onde os agrupamentos de machos se formam.[659] Da mesma forma, no galo-lira, *Tetrao tetrix*, embora sítios de exibição relativamente grandes e posicionados no centro estejam relacionados a maior sucesso reprodutivo,[1226] a localização exata dos territórios mais bem-sucedidos pode mudar um pouco de ano para ano em um *lek* duradouro, sugerindo que um macho popular, e não um ponto em particular, influencia mais

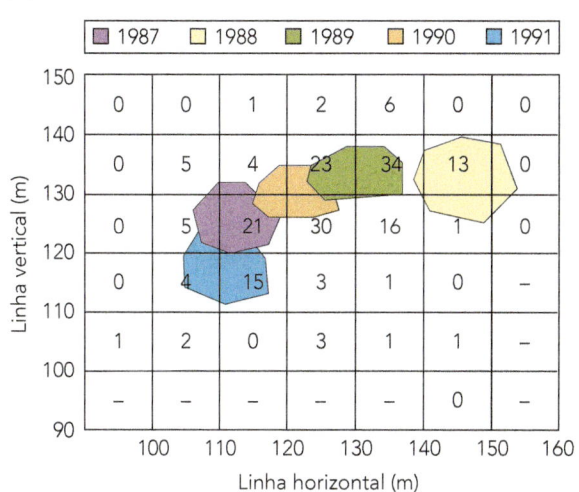

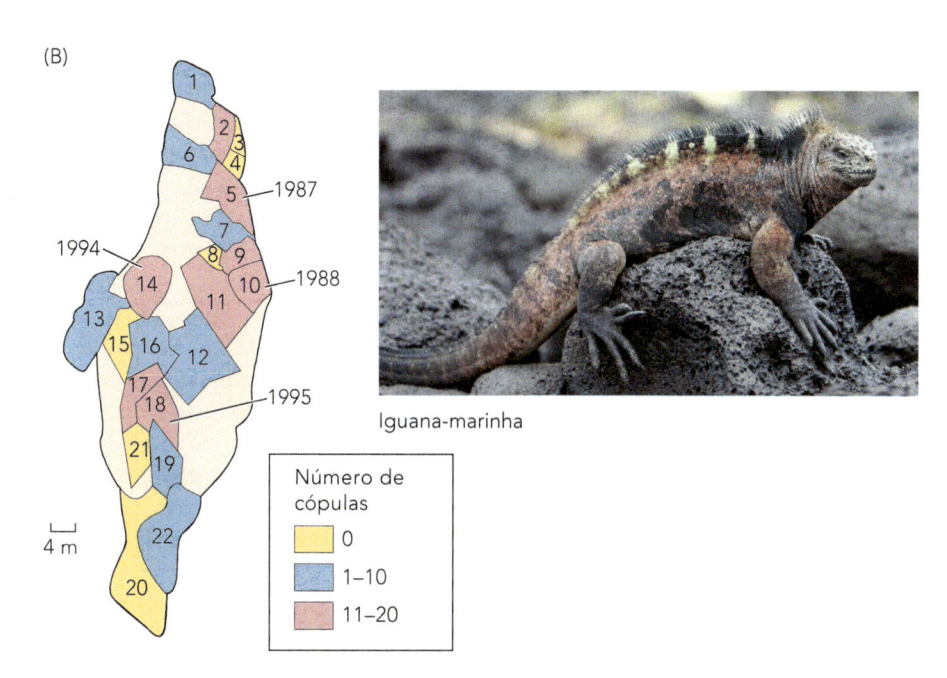

FIGURA 11.39 Locais atraentes ou machos atraentes? (A) Pesquisadores dividiram uma arena de galo-lira em setores de 100 m² e registraram o número total de cópulas em cada setor num período de cinco anos desde 1987 até 1991. Os polígonos irregulares mostram a localização dos melhores territórios para cada um dos cinco anos. A mudança nos territórios prediletos sugere que a atratividade do macho, mais do que o território em si mesmo, desempenha o papel mais importante no sucesso reprodutivo desta espécie, conforme requerido pela hipótese do macho atraente. (B) De modo semelhante, nas iguanas-marinhas-das-galápagos, *Amblyrhynchus cristatus*, o território com o maior número de cópulas mudou durante os anos (em 1987, 1988, 1994 e 1995, quatro diferentes territórios entre os 22 locais ocupados foram eleitos os melhores pelas fêmeas). Os locais estão numerados; a cor indica o número de cópulas. A, adaptada de Rintamäki e colaboradores;[1224] B, adaptada de Pertecke, von Haeseler e Wikelski.[1106]

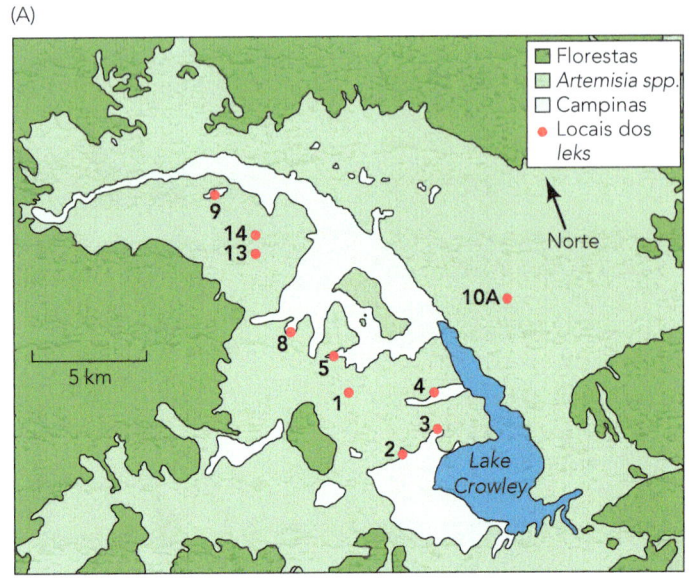

FIGURA 11.40 Um teste da hipótese do local atraente. (A) A posição das arenas de galos *Centrocercus urophasianus* (círculos vermelhos numerados) em relação a *Artemisias spp.*, campinas, florestas e lago. (B) A distribuição das fêmeas nidificantes em relação aos *leks* onde os machos se reúnem para se exibir. Quanto mais escuro o tom de verde, mais fêmeas estavam presentes. Adaptada de Gibson.[535]

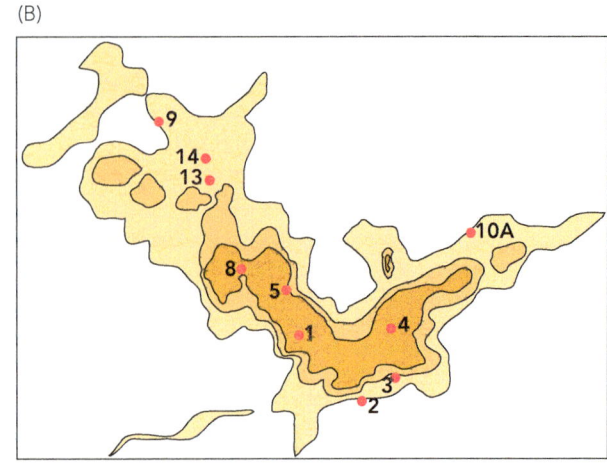

Centrocercus urophasianus

o comportamento dos outros machos (Figura 11.39A).[1224] Mais ou menos o mesmo ocorre na iguana-marinha das Ilhas Galápagos, da espécie formadora de *leks Amblyrhynchus cristatus*.[1106] Nessa espécie, também, o território no qual a maioria das cópulas ocorreu não foi o mesmo de um ano para outro (Figura 11.39B). Nos *leks* de ambas as espécies, os machos mais bem-sucedidos reprodutivamente são forçados a lutar constantemente pelos seus vizinhos. Na confusão que se sucede a um ataque quando uma fêmea está presente, o vizinho de um macho atraente pode conseguir a oportunidade de se acasalar (embora dados moleculares para o galo-lira sugiram que a grande maioria das fêmeas prefere fecundar seus óvulos com os espermatozoides de apenas um macho[847]).

Apesar da hipótese do macho atraente parecer provável em alguns casos, a hipótese do local atraente recebeu apoio em outros (Figura 11.40);[535] por exemplo, o local em que gamos da espécie *Dama dama* se reuniam para fazer exibições mudou quando a atividade madeireira alterou as rotas regularmente seguidas pelas fêmeas.[43] De modo semelhante, pavões tendem a se reunir próximos a áreas onde parceiras potenciais se alimentam (*hotspots*); a remoção de alguns machos não surte efeito nenhum no número de fêmeas visitando os *leks* dessa espécie, como seria de se prever caso as fêmeas estivessem inspecionando essas áreas devido ao alimento que elas fornecem, e não devido aos machos ali presentes.[893]

A hipótese do local atraente não pode, porém, se aplicar àqueles ungulados nos quais as fêmeas deixam suas áreas de forrageamento habituais para visitar

Antílope Kafue lechwe

FIGURA 11.41 A densidade das fêmeas não está correlacionada com a formação de *leks* em um antílope africano. As quatro arenas nesta região (círculos abertos) não se localizam nas áreas de maior densidade de fêmeas, gerando evidências contrárias à hipótese do local atraente nesta hipótese. Adaptada de Balmford e colaboradores.[69]

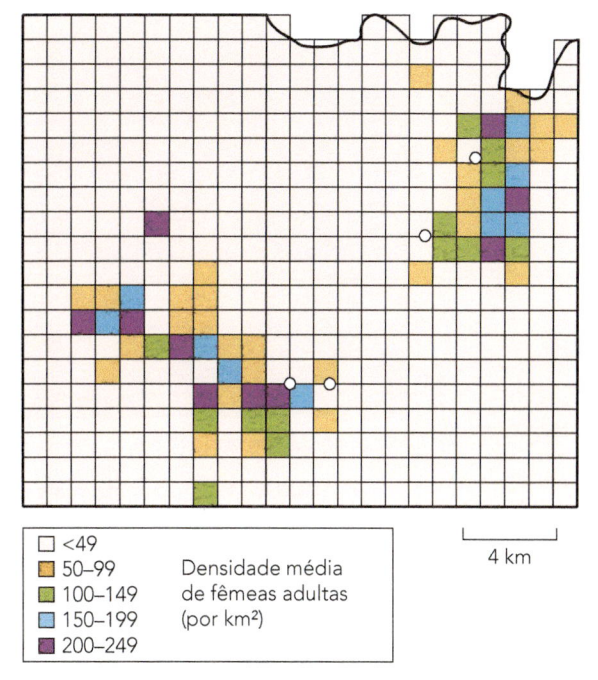

☐ <49
■ 50–99
■ 100–149
■ 150–199
■ 200–249

Densidade média de fêmeas adultas (por km^2)

4 km

grupos de machos a alguma distância, talvez para comparar a performance de diferentes machos simultaneamente (Figura 11.41).[69] A preferência de uma fêmea por comparações rápidas e fáceis deve tornar vantajoso para um macho de Cob-comum (*Kobus kob*), antílope africano, formar grandes grupos. Se assim for, esses *leks* com número relativamente alto de machos deveria atrair proporcionalmente mais fêmeas do que *leks* com menos machos. Ao contrário dessa previsão, porém, a razão sexual operacional é a mesma para arenas de vários tamanhos (Figura 11.42); portanto, machos não se saem melhor em grupos grandes do que em pequenos.[387] Para essa espécie, pelo menos, a hipótese da preferência da fêmea pode ser rejeitada. O mesmo é verdade para *Hyla gratiosa*, perereca norte-americana (Figura 11.43). Aqui também, quanto mais machos cantando em coro em uma lagoa, mais fêmeas receptivas aparecerão em um determinada noite. Mas evitar que machos venham para a lagoa para cantar não reduz o número de fêmeas que chegam, o que não se esperaria se um grande número de machos cantando fosse necessário para atrair um grande número de fêmeas seletivas.[1025] Por outro lado, em uma mosca aus-

Kob de Uganda

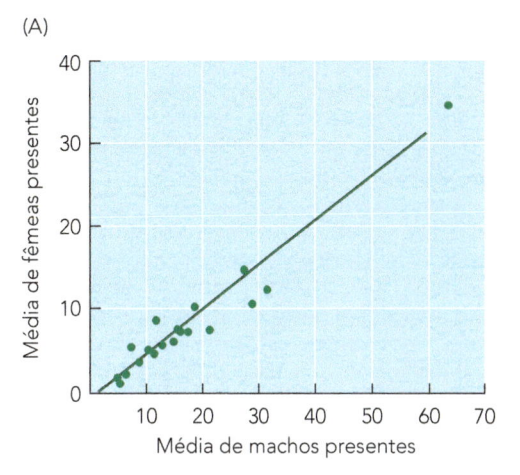

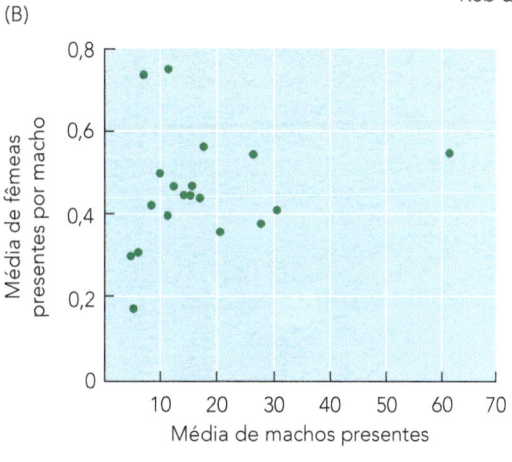

(A) Média de fêmeas presentes vs Média de machos presentes

(B) Média de fêmeas presentes por macho vs Média de machos presentes

FIGURA 11.42 Fêmeas do Kob-comum não se agrupam desproporcionalmente em arenas com grande número de machos. (A) A presença das fêmeas em uma arena é simplesmente proporcional ao número de machos se exibindo ali. (B) Como resultado, a razão de machos para fêmeas não aumenta à medida que a arena aumenta. Adaptada de Deutsch.[387]

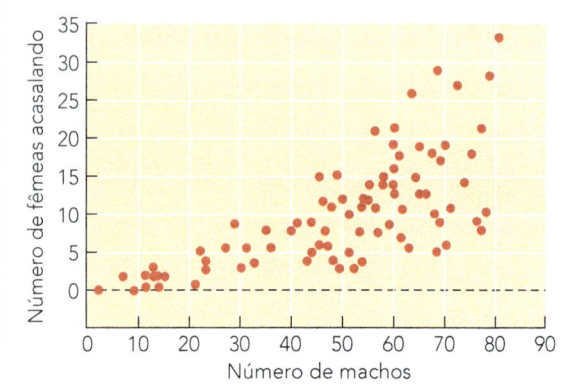

FIGURA 11.43 Quanto mais fêmeas da perereca arborícola (*Hyla gratiosa*) acasalando em uma lagoa em dada noite, mais machos cantando haverá ali. Mas a correlação não se baseia na capacidade de grandes números de machos em atrair fêmeas e sim no fato de que ambos os sexos respondem de forma semelhante a um conjunto de variáveis ambientais, incluindo a temperatura e a pluviosidade. Adaptada de Murphy.[1025]

traliana frugívora, a taxa de encontro de fêmeas por machos de fato aumenta à medida que o número de machos no *lek* cresce até 20, embora depois diminua,[51] semelhante ao que ocorre com o combatente, *Philomachus pugnax*, maçarico formador de *lek* (Figura 11.44).[1565]

Portanto, nenhuma hipótese sobre por que os machos formam arenas se sustenta para todas as espécies. No entanto, as interações entre os machos em um *lek* geralmente parecem permitir a indivíduos de alta competência fisiológica demonstrar sua condição superior a seus colegas machos e a fêmeas visitantes.[468] Qualquer que seja a base para a formação de *leks*, esses machos são forçados a competir de maneira a separar os aptos dos inaptos, tornando potencialmente vantajoso às fêmeas virem até um *lek* para comparar e escolher um parceiro de excelente qualidade. De fato, um dos principais temas da teoria dos sistemas de acasalamento é que, na grande maioria das espécies, as táticas reprodutivas das fêmeas criam as circunstâncias que determinam quais manobras competitivas e de exibição melhor recompensarão os machos. Como resultado, os sistemas de acasalamento dos machos são uma resposta evolutiva aos sistemas de acasalamento das fêmeas – e aos fatores ecológicos que determinam a distribuição espacial das fêmeas.

Para discussão

11.11 Todd Shelly realizou um experimento com a mosca-das-frutas do Mediterrâneo, *Ceratitis captata*, espécie formadora de *leks*, no qual ele colocou dois potes fechados com uma tela de arame contendo diferentes números de machos em um pé de café.[1312] Após os potes terem sido colocados, ele liberou 400 fêmeas em outro pé de café cerca de 10 m distante. Então ele contou, em intervalos de 10 minutos, o número de machos em cada pote que estava cortejando, ou seja, liberando feromônios (machos sinalizantes evertem uma glândula de feromônio abdominal), e o número de fêmeas pousadas sobre ou perto de cada pote. Cada repetição durou 80 minutos, e ele fez 30 repetições no total. Os dados que ele coletou são apresentados na Figura 11.45. Reconstrua a ciência que embasa essa pesquisa, trabalhando com os gráficos em qualquer direção que faça sentido, até que você obtenha a pergunta causal, hipótese, previsão, teste e conclusão científica. Você deve ser capaz de relacionar o trabalho com uma das hipóteses descritas nesta seção sobre por que os machos se agregam em *leks*.

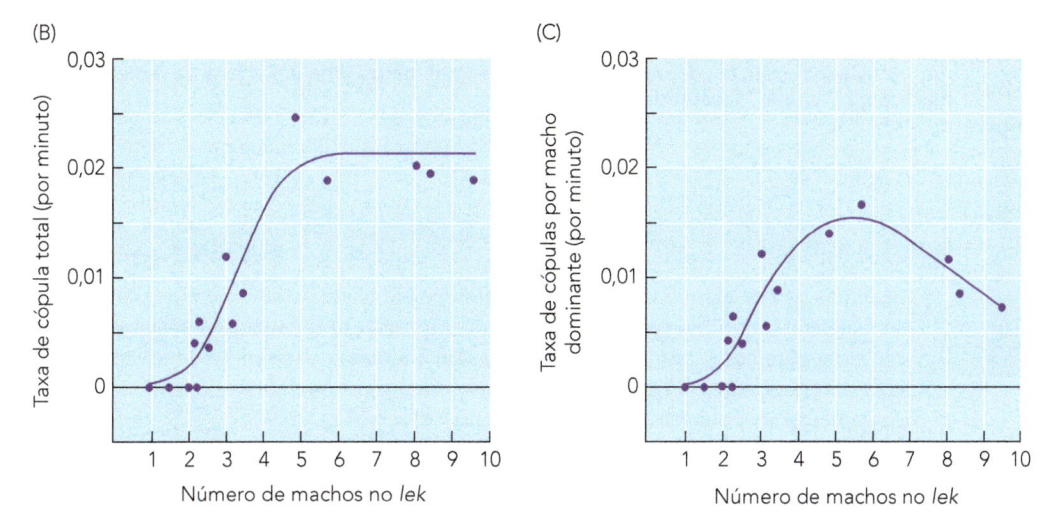

FIGURA 11.44 Tamanho do *lek* e frequência copulatória no combatente, *Philomachus pugnax*. (A) Combatentes machos lutando pelo domínio de um território na arena. (B) Até certo ponto, arenas maiores atraem mais fêmeas que arenas menores. (C) Em arenas de seis ou mais machos, porém, o sucesso reprodutivo médio cai, pois o número de fêmeas ingressantes diminui e alguns machos de mais baixa hierarquia acasalam-se com as fêmeas visitantes. Adaptada de Widemo e Owens.[1565]

11.12 Um dos possíveis benefícios para as fêmeas em participar de sistemas de acasalamento em *lek* é a seleção de parceiros de qualidade genética excepcional. Essa forma de seleção sexual deveria reduzir a variação genética entre machos de espécies formadoras de *leks* com o tempo. (Por quê?). Se a escolha das fêmeas realmente eliminasse a variação genética entre os machos ao longo do tempo, esse resultado apoiaria ou eliminaria o argumento de que as fêmeas procuram os *leks* para escolher parceiros superiores? Será que o fenômeno da compatibilidade genética poderia nos ajudar a sair dessa armadilha? Seria, no entanto, a descoberta de que um pequeno número de machos monopoliza as cópulas na maioria dos *leks* consistente com a sugestão de que as fêmeas visitam os *leks* para garantir esperma de parceiros geneticamente compatíveis? O que aconteceria se a escolha de parceiros da fêmea focasse diferentes características de ano para ano?[252]

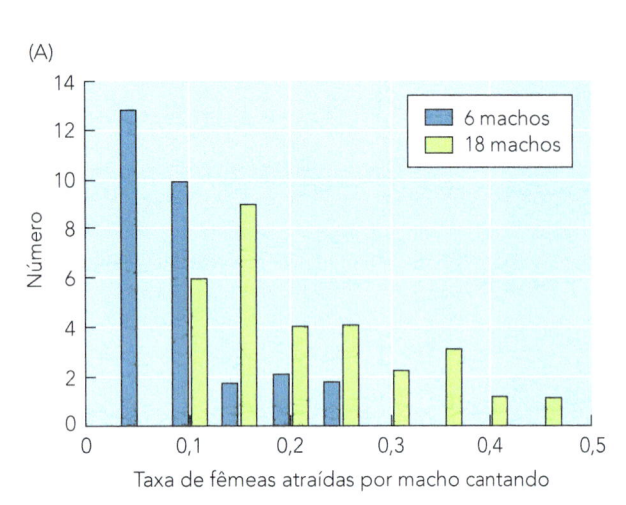

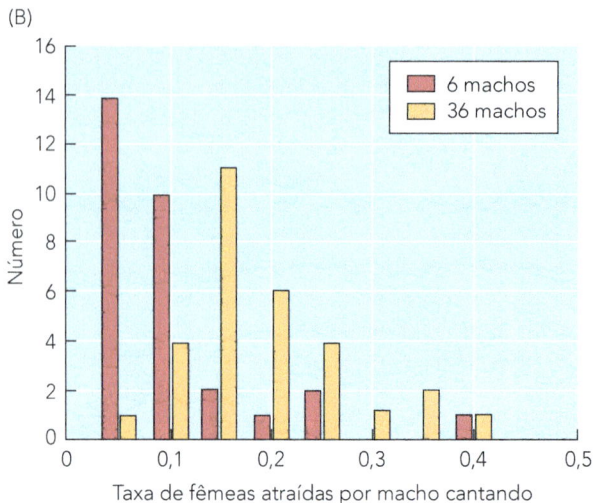

FIGURA 11.45 As taxas de fêmeas atraídas por machos sinalizantes da mosca-das-frutas mediterrânea em duas "arenas" de (A) 6 e 18 machos, e (B) 6 e 36 machos. A cor da barra indica o pote (arena); por exemplo, em A as barras azuis indicam resultados para o pote com 6 machos. Cada repetição, das quais houve 30 no total, gerou uma única taxa de fêmeas para machos por "arena." Adaptada de Shelly.[1312]

Mosca-das-frutas do mediterrâneo

Resumo

1. Sistemas de acasalamento podem ser definidos em termos do número de parceiros sexuais que um indivíduo adquire durante uma estação reprodutiva. Machos podem ser monogâmicos (acasalando com apenas uma fêmea) ou poligínicos (acasalando com diversas fêmeas). Igualmente, fêmeas podem ser monogâmicas (tendo um único parceiro) ou poliândricas (acasalando com diversos machos).

2. A monogamia é um quebra-cabeça darwiniano, porque os machos que se restringem a uma única fêmea provavelmente terão menos descendentes do que machos que se acasalam com sucesso com muitas fêmeas. Machos monogâmicos podem ganhar aptidão, porém, se existirem grandes vantagens para machos paternais ou àqueles que previnem suas parceiras de aceitar espermatozoides de outros machos. Alternativamente, conflitos entre fêmeas e machos podem frustrar as tentativas dos machos de serem geneticamente poligínicos, mesmo que isso seja vantajoso da perspectiva do macho.

3. De forma similar, apesar das fêmeas da maioria das aves e outros animais poderem garantir todo o esperma de que necessitam para fecundar seus óvulos de um único parceiro, a poliandria é comum, mesmo em aves socialmente monogâmicas. Fêmeas poliândricas podem conseguir diversos benefícios materiais ou genéticos, desde genes melhores para sua prole até maiores quantidades de assistência paternal de seus parceiros. Também é possível que fêmeas de algumas espécies acasalem com diversos machos porque seus parceiros as forçam a isso. Tanto a escolha da fêmea quanto o conflito entre os sexos podem desempenhar um papel importante na evolução dos sistemas de acasalamento.

4. Fatores ecológicos que afetam a habilidade dos machos de monopolizar fêmeas receptivas também são importantes influências na diversidade dos sistemas de acasalamento. Em particular, a distribuição das fêmeas pode afetar a lucratividade de diferentes tipos de táticas reprodutivas territoriais para os machos. Quando as fêmeas ou os recursos de que elas precisam estão agrupados no espaço, torna-se mais provável a ocorrência da poliginia de defesa da fêmea ou da poliginia de defesa de recurso. Se, no entanto, as fêmeas estiverem amplamente dispersas ou a densidade de machos for alta, os machos podem se envolver em competição embaralhada não territorial por parceiras, ou podem conseguir suas parceiras se exibindo em *leks*. Muitos aspectos da poliginia de arena ainda não são completamente compreendidos, como por que os machos da maioria das espécies formadoras de *lek* se reúnem em grupos para se exibirem para as fêmeas.

Leitura sugerida

O clássico trabalho de Steve Emlem e Lew Oring mudou a forma como olhamos para a ecologia dos sistemas de acasalamento.[438] Para um exame completo de uma única espécie com muitos sistemas de acasalamento, leia *Dunnock Behaviour and social evolution*.[358] Jacob Höglund e Rauno Alatalo escreveram um livro útil sobre *leks*.[660] O livro de Malte Andersson sobre seleção sexual explora minuciosamente a evolução dos sistemas de acasalamento,[35] enquanto Dave Ligon enfoca exclusivamente os sistemas de acasalamento nas aves.[863] Cópulas extrapar em aves são o foco de duas excelentes revisões.[582, 1547]

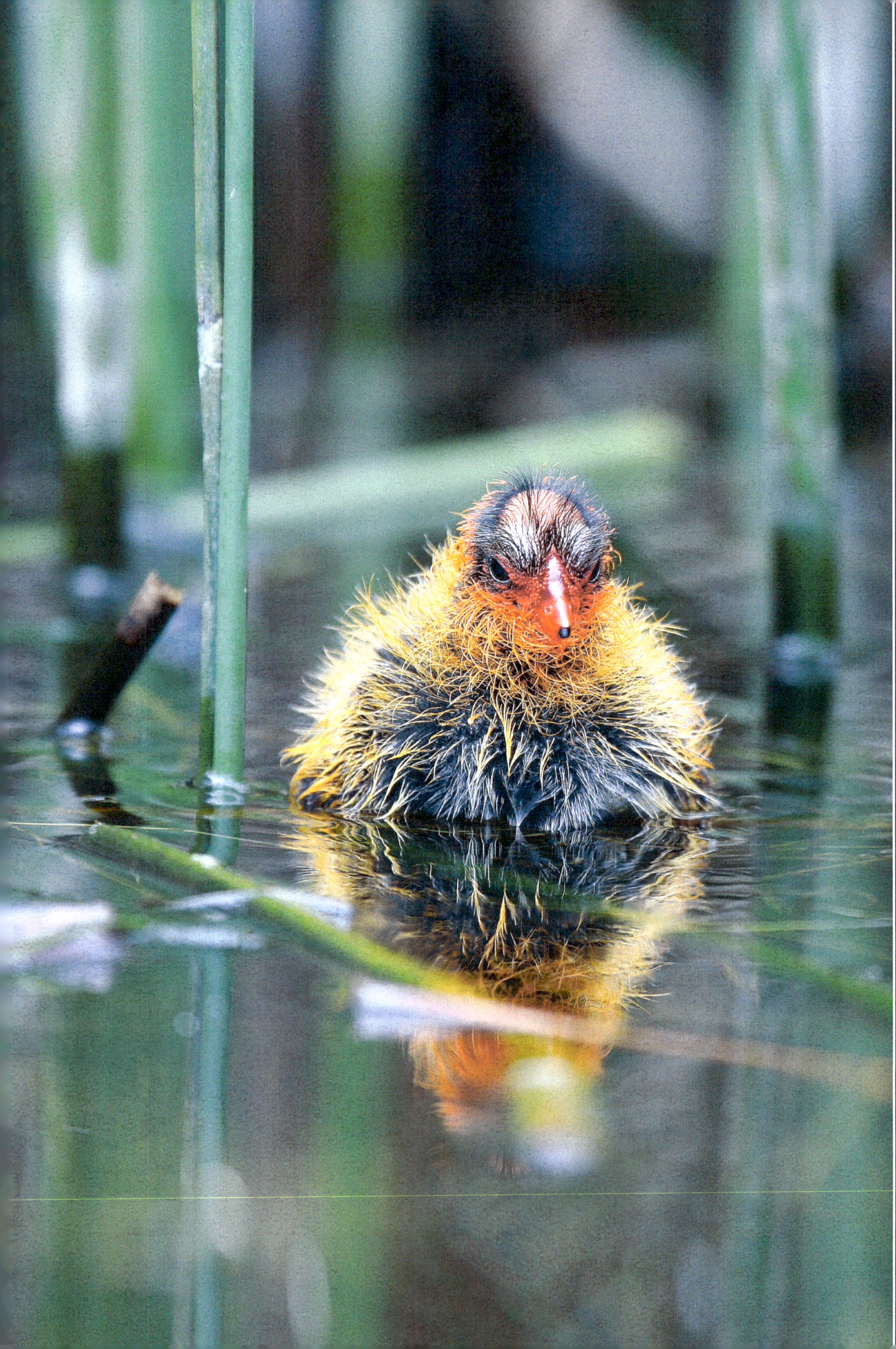

12
A Evolução do Cuidado Parental

Embora a maioria de nós possa pensar que ambos os pais devem contribuir para o cuidado dos filhotes, na grande maioria das espécies animais nem a mãe nem o pai fazem algo por sua prole, enquanto em outras apenas um dos pais – seja a fêmea ou, mais raramente, o macho – toma total responsabilidade por sua progênie. Essa diversidade no comportamento parental tem sido mencionada nos capítulos anteriores, nos quais mencionamos o cuidado biparental oferecido pelo araganaz-do-campo, o cuidado estritamente maternal provido pela maioria dos outros mamíferos e a abordagem apenas paternal do maçarico-pintado e do falaropo-de-bico-grosso. Variedade desse tipo, como os leitores já devem saber, sempre interessa a biólogos evolucionistas.

A chave para explicar a diversidade no cuidado parental reside na abordagem de custo-benefício usada pelos ecólogos comportamentais. Os benefícios do cuidado parental são óbvios, tendo relação com o aumento da sobrevivência da prole assistida. Mas os custos de ser um pai dedicado também devem ser considerados se alguém quiser lidar com as importantes questões evolutivas que cercam o comportamento parental. Já vimos o quanto é importante pensar sobre os custos em aptidão se quisermos explicar porque apenas algumas gaivotas intimidam predadores que estejam caçando seus filhotes (ver Capítulo 6). Então começaremos este capítulo com outro olhar tanto nos custos quanto nos benefícios de ajudar a prole a sobreviver.

◀ **As plumas laranja neste filhote** *de carqueja podem fazer toda a diferença na maneira com a qual seus pais o tratam. Fotografia de Bruce Lyon.*

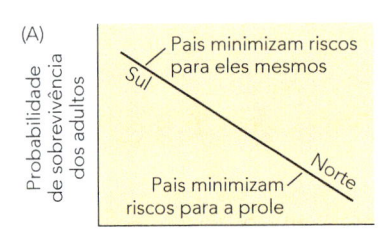

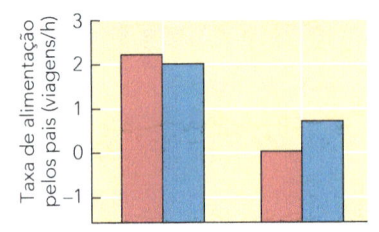

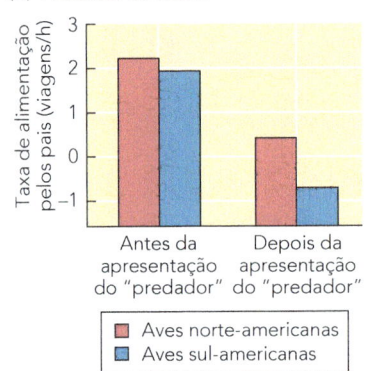

FIGURA 12.1 Cuidado parental é o produto evolutivo dos custos e benefícios sobre a aptidão. (A) As reações das aves pais à ameaça de predadores deles mesmos e de sua prole devem variar em relação à taxa de mortalidade anual dos adultos, que difere entre aves da América do Sul e do Norte. Aves norte-americanas com vida mais curta devem se esforçar mais para reduzir os riscos à sua prole; aves sul-americanas com vida mais longa devem se esforçar mais para promover sua própria sobrevivência. (B) A taxa na qual os pais alimentam seus filhotes cai mais drasticamente em aves norte-americanas do que em aves sul-americanas em resposta ao risco aparente de predação dos ninhos por gralhas, que podem achar os ninhos olhando aonde vão os pais. (C) A taxa na qual os pais alimentam seus filhotes cai mais rapidamente em aves da América do Sul do que em aves da América do Norte depois que os adultos veem um gavião capaz de matá-los. Adaptada de Ghalambor e Martin.[534]

A análise de custo e benefício do cuidado parental

Em muitas espécies de aves, pais dos dois sexos trabalham de modo incansável para trazer alimento para uma ninhada completamente indefesa na segurança relativa de um ninho escondido. Sem o alimento oferecido pelos pais, as aves filhotes rapidamente morreriam; mas há riscos incidindo sobre as viagens em busca de alimento dos pais, pois predadores podem usar essas idas e vindas para encontrar o ninho e se alimentar de seus ocupantes; alternativamente, predadores podem ficar de tocaia próximo aos ninhos para interceptar os pais quando estiverem retornando com alimento para sua prole. De que modo aves com cuidado parental equilibram os custos e benefícios de suas atividades?

Cameron Ghalambor e Tom Martin previram que pais de aves deveriam ajustar seu comportamento provedor adaptativamente de acordo com dois fatores essenciais: a natureza do predador (se ele consome filhotes ou adultos) e a taxa de mortalidade anual para os adultos reprodutivos.[534] Em aves com baixa taxa de mortalidade dos adultos, os pais devem minimizar os riscos de serem mortos por um predador, porque provavelmente terão muitas outras chances de se reproduzir no futuro se um predador não os capturar agora. Em aves reprodutivas com alta taxa de mortalidade anual, porém, os pais devem estar menos preocupados com a própria segurança e ser mais sensíveis aos riscos que seus filhotes podem enfrentar predadores de ninhos; esses pais terão relativamente menos chances de se reproduzir no futuro, então ganham se dedicando mais à ninhada atual.

Ghalambor e Martin sabiam que aves que se acasalam na América do Norte tendem a ter vidas mais curtas e produzir ninhadas mais numerosas do que seus parentes próximos que se reproduzem na América do Sul. Então eles reuniram cinco pares desses parentes, incluindo, por exemplo, dois membros do mesmo gênero, o tordo norte-americano, *Turdus migratorius*, de vida curta, e o sabiá-laranjeira, *Turdus rufiventris*, de vida longa, comum na Argentina. Quando esses ornitólogos tocaram gravações da gralha-de-steller (*Cyanocitta stelleri*) para os tordos americanos e gravações da gralha-picada (*Cyanocorax chrysops*) para seus parentes argentinos, os tordos e sabiás reduziram suas visitas ao ninho por algum tempo de forma a não revelar aos predadores onde os ninhos estavam escondidos. Porém, os tordos reduziram sua atividade próxima ao ninho muito mais do que os sabiás, presumivelmente porque tinham mais a ganhar protegendo sua ninhada atual das gralhas, considerando a probabilidade relativamente baixa de se reproduzir em anos subsequentes. Quando os ornitólogos colocaram um gavião empalhado da espécie *Accipiter striatus*, predadora de adultos, próximo a ninhos ativos e tocaram a gravação dos seus chamados, os pais das espécies amostradas novamente reduziram por algum tempo suas visitas aos ninhos. Nessa rodada de testes, porém, os sabiás argentinos de vida potencialmente longa retardaram o retorno ao ninho por mais tempo do que as espécies correspondentes do Arizona (Figura 12.1).[534] Esse caso é apenas um entre tantos nos quais as estratégias parentais de aves norte-americanas parecem diferir das espécies sul-americanas, provavelmente devido às diferenças na pressão de predação sobre adultos nidificantes nas duas regiões.[943] Os custos de cuidar da prole, não apenas os benefícios, têm ajustado a evolução do comportamento parental.

Por que há mais cuidado das mães do que dos pais?

Embora em muitas espécies de aves, incluindo tordos e sabiás, tanto pais quanto mães ajudem sua progênie a sobreviver, no reino animal como um todo as fêmeas têm maior probabilidade de serem maternais do que os machos de serem paternais. Portanto, por exemplo, em algumas espécies de soldadinhos (Homoptera, Membracidae), as fêmeas desses insetos (mas nunca os machos) montam guarda sobre seus ovos dia e noite para protegê-los contra predadores ou insetos parasitas que destruiriam seus ovos. Em alguns casos, as fêmeas até permanecem para proteger suas ninfas até que se tornem adultos. Chung-Ping Lin e seus colaboradores exploraram a

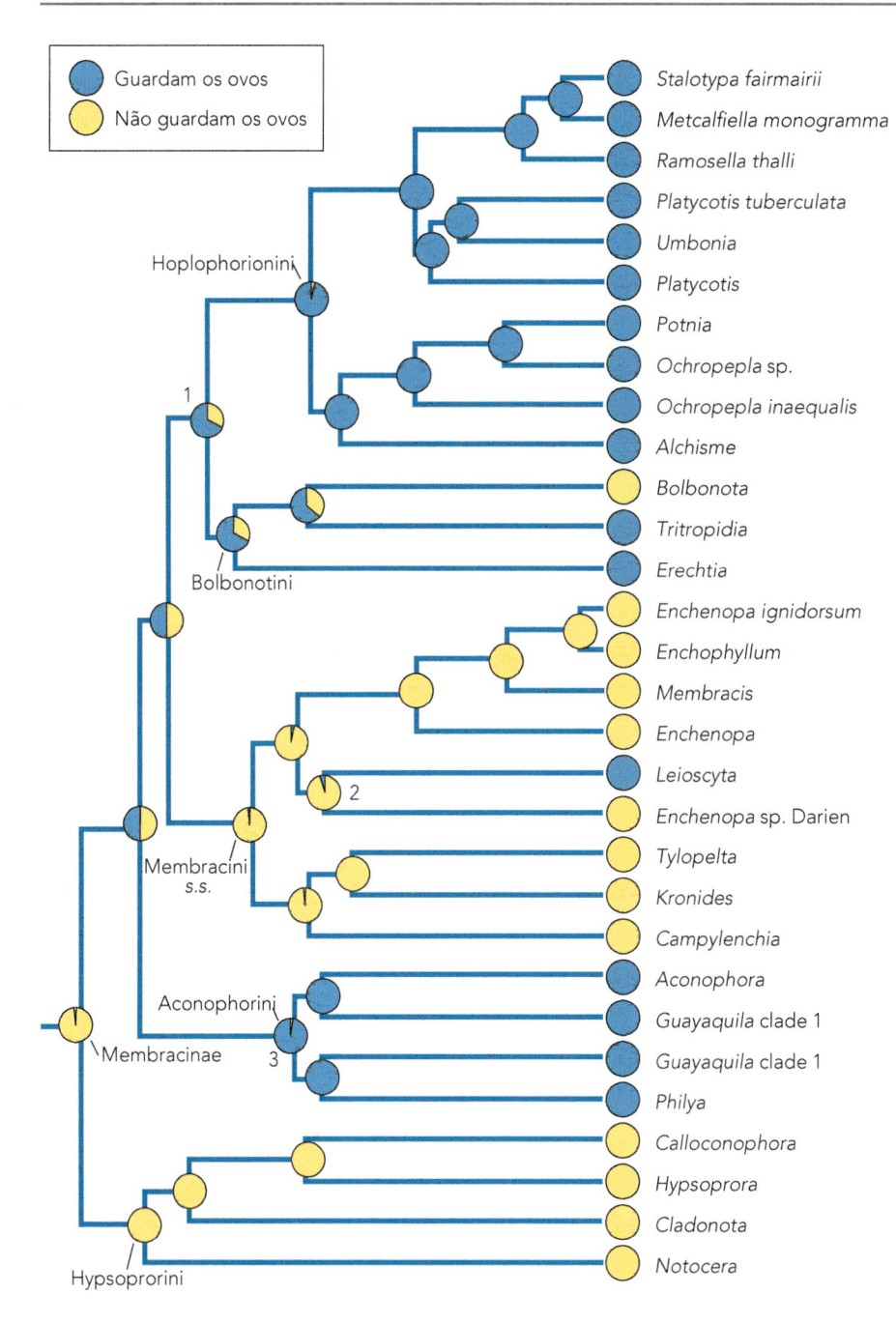

FIGURA 12.2 O cuidado parental é oferecido pelas fêmeas de Membracinae. Os gêneros que exibem cuidado maternal foram colocados em uma filogenia molecular desta subfamília. Os círculos na base das linhagens representam espécies ancestrais; a proporção do azul em cada círculo reflete a probabilidade de que as fêmeas destas espécies ancestrais cuidassem de ovos. Os números marcam as três prováveis origens do cuidado maternal. A fotografia mostra uma fêmea do gênero *Guayaquila* montando guarda sobre um conjunto de ovos cobertos pela secreção aplicada pela fêmea. Adaptada de Lin, Danforth e Wood;[868] fotografia de Chung-Ping Lin.

história evolutiva do cuidado parental de guarda de ovos mapeando a característica em uma filogenia da subfamília Membracinae que derivou de comparações moleculares entre os gêneros desse grupo.[868] Seu trabalho indicou que enquanto o cuidado maternal provavelmente surgiu em três ocasiões diferentes nesse grupo (Figura 12.2), o cuidado paternal nunca evoluiu nesses insetos.

Para discussão

12.1 Com base na Figura 12.2, quantas vezes o cuidado maternal foi perdido depois de ter evoluído em Membracinae? Se você quisesse empregar o método comparativo para examinar a função evoluída do cuidado maternal nesse grupo, que gênero seria de especial interesse para você e por quê?

FIGURA 12.3 Cuidado paternal em peixes e oportunidades para poliginia. (A) Um macho de *Opistognathus* retém em sua boca os ovos de sua parceira. A guarda oral limita o macho a uma desova por vez. (B) Em contraste, um esgana-gato macho cuidando de um ninho com desova pode atrair fêmeas adicionais, que colocam seus ovos no ninho. Este macho está ventilando os ovos neste ninho, na base da planta aquática, impulsionando água através do ninho.

Certos soldadinhos, portanto, oferecem um exemplo claro da regra geral que o cuidado maternal evolui com mais rapidez do que o cuidado paternal. Uma explicação intuitivamente atraente para a dominação das fêmeas no cuidado parental toma a seguinte forma: como as fêmeas (ao contrário dos machos) já investiram tanta energia na produção de óvulos, elas têm um incentivo especial para assegurar-se que o grande investimento inicial sobre o gameta não seja desperdiçado. Portanto, as fêmeas continuam a prover cuidado parental após os ovos terem sido produzidos e fecundados. Essa hipótese sucumbe, porém, quando observamos que as fêmeas de um número substancial de espécies, incluindo maçaricos-pintados e muitos peixes, abruptamente terminam o investimento parental após depositar seus grandes e caros ovos, deixando totalmente ao encargo de seus parceiros (Figura 12.3). Essas espécies mostram que um investimento inicial considerável sobre a prole não torna automaticamente vantajoso para as fêmeas investir ainda mais em suas ninhadas. Em vez disso, tanto os benefícios quanto os custos de cada incremento no cuidado maternal irá determinar se um investimento é adaptativo.

Esse cuidado maternal custa à provedora algo que pode ser ilustrado examinando os efeitos do cuidado com a prole sobre a fêmea da lacrainha, *Forficula auricularia*, que frequentemente permanece com os ovos depositados em uma cavidade, aguardando a eclosão, de forma a alimentar suas larvas por algum tempo (Figura 12.4) (para ver um vídeo sobre esse comportamento, com narração exageradamente amável, mas excelente fotografia, ir em http://www.nationalinsectweek.co.uk/smalltalk.php#sttitle). Fêmeas que fornecem esse cuidado ajudam as pequenas lacrainhas a sobreviver, benefício óbvio de seu comportamento mas que também tem um preço, pois, para as fêmeas maternais, o intervalo entre posturas é uma semana mais longo do que para fêmeas que não permanecem por perto para ajudar o grupo de filhotes a começar melhor a vida.[791] Se os custos de prover uma unidade adicional de cuidado exceder os benefícios em aptidão ganhos com esse ato, as fêmeas que não realizarem o investimento adicional deixariam mais descendentes, em média, do que fêmeas que oferecessem o cuidado extra.

Como não há garantias de que as fêmeas sempre obtenham benefício líquido de uma dose extra de cuidado parental, devemos encontrar uma explicação para o padrão geral do cuidado parental oferecido pela fêmea que não enfoque simplesmente o tamanho dos gametas. David Queller sugeriu uma solução (*ver também* página 336)

FIGURA 12.4 **Uma fêmea maternal de tesourinha guarda seus ovos, que protege contra predadores.** Na natureza, diferente do laboratório, a maioria das fêmeas oviposita no folhiço ou em algum outro abrigo. Fotografia de Mathias Kölliker.

salientando que se os custos do cuidado parental fossem em geral mais baixos para as fêmeas do que para os machos, como bem poderiam ser, então isto poderia ser um fator de peso para que fêmeas provessem cuidado com mais frequência do que machos.[1184] Assumiremos em favor da simplicidade, que uma unidade padrão de cuidado parental investida em uma prole atual reduza o ganho reprodutivo futuro de um macho e de uma fêmea na mesma quantidade. Também assumiremos que estamos olhando para uma espécie na qual as fêmeas algumas vezes acasalam com mais de um macho por estação reprodutiva. Nesse caso, o benefício médio para o macho cuidar de uma prole será reduzido no sentido de que alguns de "seus" filhotes sejam de fato prole de outro macho. Por exemplo, se sua paternidade for em média de 80%, então para cada cinco filhotes cuidados, o investimento do macho pode render na melhor das hipóteses apenas quatro filhotes, enquanto todos os cinco filhotes melhorarão o sucesso reprodutivo da fêmea. Em outras palavras, quando machos paternais enganados desperdiçam um pouco do seu custoso cuidado parental com filhotes não aparentados, eles se tornam menos capazes do que suas parceiras de experimentar uma taxa de custo-benefício favorável em cuidar da prole.

Não apenas os benefícios do cuidado paternal são provavelmente menores do que os benefícios de um montante comparável de cuidado maternal, mas também os custos do cuidado parental são provavelmente maiores para os machos que para as fêmeas. Como observamos enquanto discutíamos a teoria da seleção sexual no Capítulo 10, machos que adquirem muitas parceiras em geral deixam muitos descendentes. Esses machos bem-sucedidos pagariam um preço alto se tivessem que dividir seus esforços de conquistar novas parceiras para cuidar de alguns de seus filhotes. Imagine um *lek* de acasalamento de galo-lira (*Lyrurus tetrix*) no qual os melhores machos fecundassem a maioria dos ovos das aproximadamente 20 fêmeas que vêm ao *lek* acasalar. Como a presença regular no *lek* é um dos principais fatores relacionados ao sucesso reprodutivo do macho, um galo com chance razoável de tornar-se macho alfa perderia muitos filhotes potenciais se tirasse tempo das exibições para incubar uma ninhada.[1184] A mesma regra provavelmente se aplica a machos sexualmente atraentes de muitas outras espécies.

> **Para discussão**
>
> **12.2** Aqui está outra forma de encarar o efeito das diferenças entre machos e fêmeas no que tange à probabilidade de que sua suposta prole seja verdadeiramente sua prole genética. Se uma fêmea deposita um ovo fecundado ou dá à luz um bebê, esse filhote definitivamente terá 50% de seus genes. Em contrapartida, um macho que acasale com essa fêmea pode ou não ser o pai daquela prole. Então, o argumento segue, machos têm menos a ganhar com o cuidado parental, e isso desequilibra a equação em favor de machos não paternais que procurem parceiras múltiplas em vez de se limitar a cuidar da prole de uma de suas poucas parceiras. Mas vamos conferir a lógica desse argumento imaginando uma espécie hipotética na qual os machos tenham uma probabilidade bastante baixa de serem pais da prole de qualquer parceira – digamos, uma chance de 40%. Além disso, imagine que há dois fenótipos herdáveis de machos diferentes na população, um tipo paternal e um tipo não paternal. O tipo paternal acasala em média com duas fêmeas (cada uma com média de dez ovos), enquanto o macho não paternal em média acasala com cinco fêmeas (o que lhe permite fecundar em torno de 50 óvulos). Além disso, digamos que machos paternais aumentem a chance de sobrevivência dos filhotes sob seus cuidados em 50% contra 10% da prole desprotegida dos machos não parentais. Que comportamento é adaptativo aqui? Demonstre seus cálculos. A que conclusão esse exemplo leva sobre a evolução do cuidado parental do macho?
>
> **12.3** Entre certos macacos com cuidado parental prolongado, as fêmeas vivem mais tempo do que os machos em espécies nas quais as fêmeas fornecem a maior parte ou todo o cuidado, mas machos vivem mais do que fêmeas em espécies nas quais os machos dão a principal contribuição ao cuidado da prole.[24] Em outras palavras, adultos do sexo parental tendem a viver mais do que o sexo não parental. Essa descoberta indica que o cuidado parental traz um benefício em aptidão para os cuidadores sob a forma de maior sobrevivência? Imagine que alguém alegue que a maior expectativa de vida do sexo parental tem sido selecionada porque filhotes de primatas demoram muito a se desenvolver, e, portanto, os pais devem viver por tempo suficiente para levar a prole até a idade da independência de forma a manter uma população estável. Você concorda? Você tem uma explicação alternativa para o padrão observado?

Exceções à regra

A regra geral de que machos não são parentais tem muitas exceções. O cuidado parental oferecido apenas pelo macho é na verdade comum entre os peixes (*ver* Figura 12.3), embora peixes machos produzam grandes quantidades de espermatozoides, como a maioria dos outros animais machos. Como alguns peixes machos potencialmente teriam muito mais filhotes do que a fêmea mais fecunda de suas espécies, eles à primeira vista têm muito a perder subtraindo tempo e energia do esforço reprodutivo para serem bons pais. Após inúmeras reflexões, porém, podemos perceber que não precisa haver uma compensação entre o cuidado parental e a atratividade do macho em sistemas de acasalamento nos quais a escolha da fêmea envolve o cuidado dos machos aos ovos. Esgana-gatos fêmeas são atraídas por machos cuidando de ovos, que demonstram seu compromisso com a paternidade. Além disso, quanto mais ovos no ninho de um macho, mais seguros eles vão estar, graças ao efeito de diluição (*ver* capítulo 6).[1277]

De fato, esgana-gatos machos podem cuidar de até dez desovas durante as aproximadamente duas semanas que elas levam para eclodir. Em contraste, uma fêmea de esgana-gato pode produzir em média apenas sete desovas durante esse período, mesmo que não gaste tempo guardando os ovos.[281] Realizar cuidado parental seria bem menos vantajoso para as fêmeas de esgana-gato do que para os machos, já que uma fêmea cuidaria de apenas uma desova por vez. Além disso, enquanto a fêmea estivesse envolvida nessa tarefa, não seria capaz de forragear livremente e, portanto, não cresceria com tanta rapidez quanto se não o fizesse. Essa perda em crescimento seria especialmente danosa naquelas espécies cuja fecundidade das fêmeas aumenta em proporção exponencial ao aumento do tamanho do corpo. Nesse caso, para cada unidade de crescimento perdida com o cuidado parental, a fêmea pode pagar um preço particularmente alto em perda de produção futura de óvulos. Machos parentais também crescem mais lentamente do que cresceriam se não cuidassem dos filhotes, mas já que eles precisam permanecer em um território de qualquer jeito se quiserem atrair parceiras, a redução no crescimento resultante exclusivamente do cuidado parental é mínima.

Para discussão

12.4 Machos do besouro da espécie *Phyllomorpha laciniata* algumas vezes são escolhidos pelas fêmeas para receber seus ovos, que ficam grudados nas costas dos machos. Duas hipóteses possíveis foram propostas para a propensão do macho em aceitar esse fardo: (1) machos carregam ovos para atrair fêmeas férteis, que então podem copular com eles, ou (2) machos carregam ovos (de suas parceiras) para reduzir o risco da prole ser afetada por parasitas. Considerando essas alternativas, que significado você daria às seguintes descobertas: (a) machos de uma área com numerosos parasitas de ovos são muito mais propensos a carregar ovos do que machos de regiões com parasitas essencialmente ausentes; (b) ovos colocados sobre plantas, uma alternativa para fêmeas ovadas, têm dez vezes mais probabilidade de serem destruídos por parasitas do que ovos depositados sobre machos; e (c) quando as fêmeas puderam escolher entre acasalar-se com um macho portando ovos e um macho sem ovos, elas não preferiram aqueles que carregavam ovos significativamente mais do que aqueles que não carregavam.[549]

Os custos do comportamento parental tanto para machos quanto para fêmeas têm sido diretamente mensurados para um peixe ciclídeo que carrega os ovos na boca, a tilápia *Sarotherodon galilaeus*, espécie na qual tanto o macho quanto a fêmea podem cuidar dos filhotes incubando os ovos fecundados oralmente. Os dois sexos perdem peso enquanto incubam os ovos na boca, já que se torna difícil alimentar-se com a boca cheia de ovos ou larvas de peixe. Além do mais, o intervalo entre desovas aumenta para peixes parentais de ambos os sexos comparados com indivíduos cujas desovas foram experimentalmente removidas (Figura 12.5). Porém, fêmeas parentais esperam 11 dias extras entre as desovas quando comparadas a fêmeas não parentais, enquanto machos incubando pagam um preço menor – apenas sete dias extras entre as desovas comparados com machos não parentais. Além disso, fêmeas parentais produzem menos filhotes do que fêmeas não parentais em sua próxima desova, enquanto machos parentais são tão capazes de fecundar desovas completas quanto machos

Tilápia *Sarotherodon galilaeus*

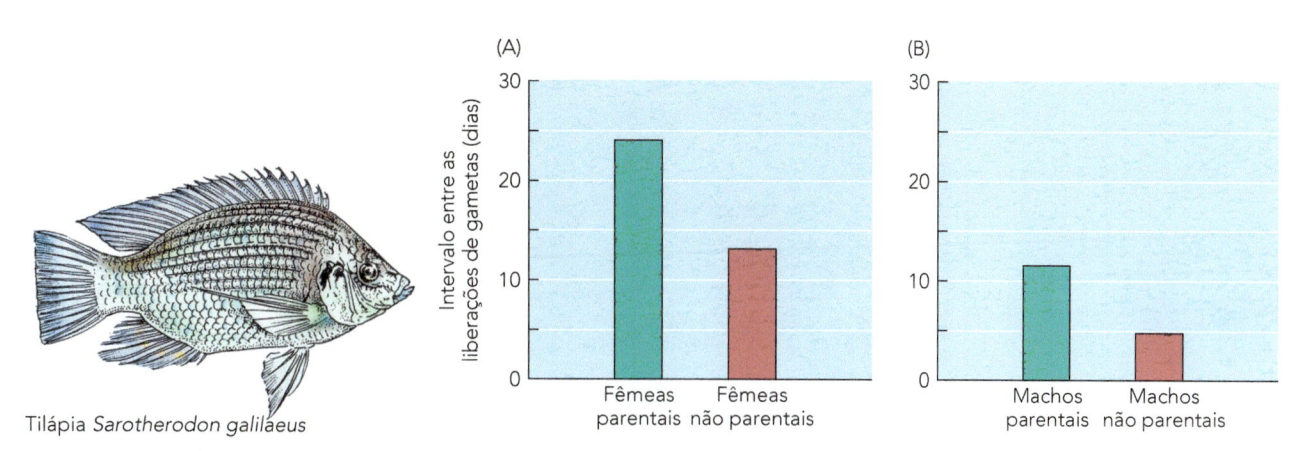

FIGURA 12.5 O cuidado parental custa às fêmeas da tilápia *Sarotherodon galilaeus*, mais do que aos machos. (A) Fêmeas que cuidaram da desova são muito mais lentas para produzir uma nova bateria de ovos maduros do que fêmeas que não proveram cuidado à desova anterior. (B) Machos parentais também produzem gametas com menos frequência do que machos não parentais, mas a diferença entre os dois grupos é menor que para as fêmeas. Adaptada de Balshine-Earn.[70]

não parentais. Apesar de ambos os sexos pagarem um preço pelo comportamento parental, os custos de cuidar da prole para as fêmeas são maiores em termos de fecundidade reduzida.[70] Portanto, em peixes, o comportamento paternal pode evoluir porque os machos perdem menos em realizar cuidado do que as fêmeas, o que gera uma taxa de custo-benefício mais favorável para o cuidado paternal do que para o cuidado maternal à prole.[588]

Por que os machos de baratas d'água realizam todo o trabalho?

Embora o cuidado exclusivamente paternal dos filhotes seja comum entre os peixes, essa característica é muito rara entre outros animais, vertebrados e invertebrados da mesma forma.[280,1422] Entre insetos excepcionalmente paternais estão as baratas d'água do gênero *Lethocerus*, que guardam e umedecem as posturas que as fêmeas grudam sobre os caules de vegetação aquáticas acima da linha d'água (ver Figura 1.17).[1354] Machos em alguns outros gêneros de baratas d'água (p.ex., *Abedus* e *Belostoma*) permitem que suas parceiras desovem diretamente sobre suas costas (Figura 12.6), após o que os machos assumem responsabilidade sobre seu bem-estar. Um macho de *Abedus* incubando gasta horas pousado próximo à superfície da água, balançando o corpo para cima e para baixo para manter a água bem oxigenada fluindo sobre os ovos. Ovos experimentalmente separados do macho cuidador não se desenvolvem, demonstrando que o cuidado parental do macho é essencial para a sobrevivência da prole nesse caso.

Bob Smith explorou a história e o valor adaptativo desses raros comportamentos paternais.[1355] Já que o parente mais próximo dos Belostomatidae, a família que contém essas baratas d'água paternais, são os Nepidae, família de insetos sem cuidado parental do macho, podemos ter certeza que as espécies cuidadoras evoluíram de ancestrais não parentais (Figura 12.7). Se a choca de ovos fora da água e a choca de ovos sobre as costas evoluíram independentemente a partir desse ancestral, ou se um precedeu o outro, não se sabe, embora evidências sugiram que a choca fora da água tenha surgido primeiro. Notavelmente, quando *Lathocerus* fêmeas não encontram vegetação exposta adequada para seus ovos, elas, algumas vezes, depositam seus ovos nas costas de outros indivíduos, machos ou fêmeas. Esse comportamento raro indica como a transição de chocas fora da água para chocas sobre as costas pode ter evoluído. Fêmeas com a tendência de fazer a postura sobre as costas de seus parceiros

FIGURA 12.6 Baratas d'água machos oferecem cuidado uniparental. Um macho de belostomatídeo carrega ovos colados sobre suas costas por sua parceira. Fotografia de Bob Smith.

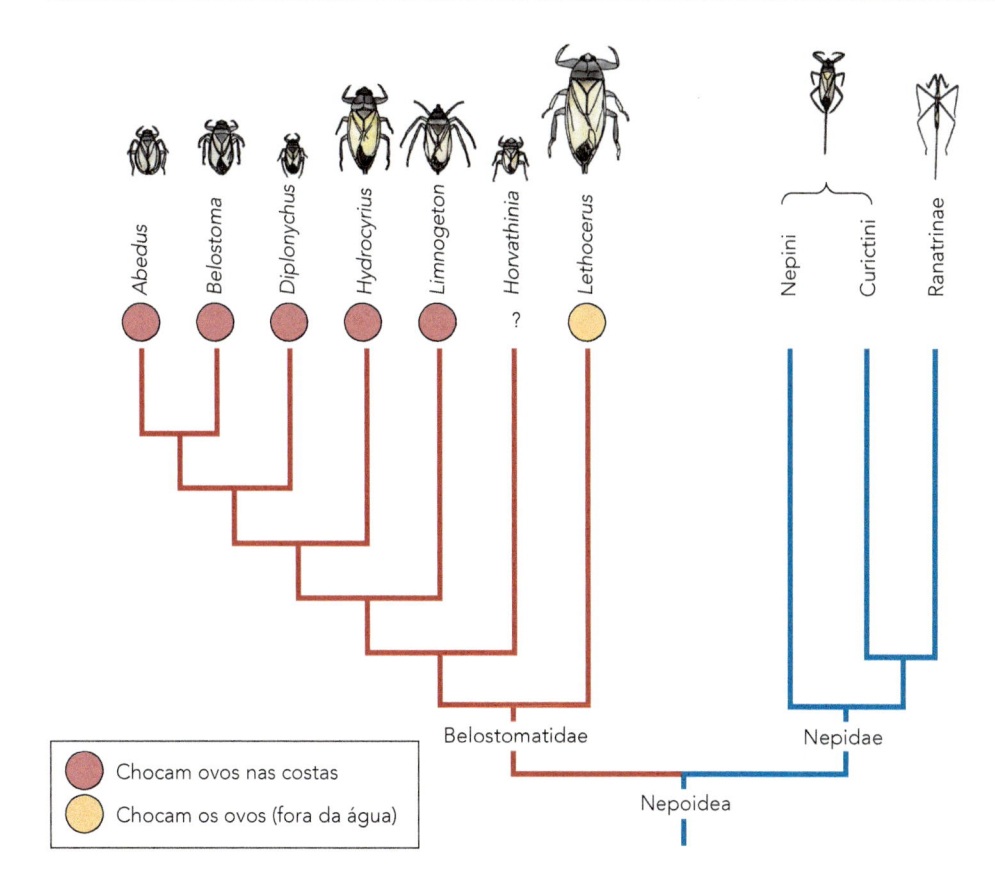

FIGURA 12.7 Evolução do cuidado à prole pelos machos em Nepoidea, o grupo que inclui as baratas d'água belostomatídeas. A ilustração, desenhada em escala, apresenta as espécies mais representativas de cada grupo. O cuidado parental está amplamente distribuído na família Belostomatidae, mas nenhuma espécie da família Nepidae exibe esta característica. Adaptada de Smith.[1355]

poderiam ter se reproduzido em lagoas temporárias assim como em poças onde a vegetação aquática emergente era escassa ou ausente.

Mas por que os ovos de baratas d'água requerem cuidado parental? Um grande número de insetos aquáticos depositam ovos que se saem perfeitamente bem sem cuidadores de nenhum dos sexos. Contudo, Smith comenta que os ovos dos belostomatídeos são muito maiores do que ovos de insetos aquáticos padrão, com exigência proporcionalmente maior de oxigênio necessário para sustentar as altas taxas metabólicas subjacentes ao desenvolvimento embrionário. Mas a relação superfície-volume relativamente baixa de um ovo aquático leva à deficiência de oxigênio dentro do ovo. Como o oxigênio se difunde pelo ar muito mais facilmente do que pela água, fazer a postura dos ovos fora da água pode resolver esse problema. Mas essa solução cria outro problema: o risco de dessecação que os ovos enfrentam quando estão no alto e secos. A solução, o cuidado por machos que repetidamente umedecem os ovos, preparou o cenário para a transição evolutiva para o transporte dos ovos nas costas na interface ar-água.

As coisas não seriam mais simples se os belostomatídeos simplesmente depositassem ovos pequenos com alta relação superfície-volume? Para explicar por que algumas baratas d'água produzem ovos tão grandes que precisam ser cuidados, Smith indica que baratas d'água estão entre os maiores insetos do mundo, vantagem quando se trata de capturar e subjugar presas grandes, como peixes, sapos e girinos. Baratas d'água, assim como todos os outros insetos, só aumentam de tamanho durante sua fase imatura, e, após a muda final para a vida adulta, nenhum crescimento adicional ocorre. À medida que um inseto imaturo muda de um estágio para outro, ele adquire uma cutícula nova e flexível que permite uma expansão de tamanho, mas nenhum inseto imaturo cresce mais do que 50 ou 60% por muda. Uma forma de um inseto atingir grandes tamanhos, portanto, seria aumentar o número de mudas antes de fazer a transição final para adulto. Porém, nenhum membro da família Belostomatidae sofre mais de seis mudas; essa observação sugere que esses insetos estão restritos a uma sequência de cinco ou seis mudas, assim como os maçaricos-pintados evidentemente não conseguem colocar mais de quatro ovos por postura. Se uma barata d'água tem apenas cinco ou seis mudas para crescer o suficiente para matar um sapo, então o primeiro instar (as ninfas que eclodem do ovo) já deve ser grande, porque ela só terá cerca de cinco expansões de 50% para crescer. Portanto, o desenvolvimento da barata d'água é um exemplo do "princípio do panda" (*ver* página 308), no qual modificações evolutivas do tamanho do corpo têm que ser sobrepostas às características já evoluídas nessa linhagem. Para que as ninfas de primeiro instar sejam grandes, o ovo precisa ser grande, e, para que ovos grandes se desenvolvam rapidamente, eles têm que ter acesso a oxigênio, e é aí que o cuidado do macho entra em cena. O cuidado do macho é um desenvolvimento evolutivo auxiliar cujo fundamento reside na seleção de um tamanho de corpo que permita ao inseto capturar presas relativamente grandes.[1355]

Seria de se imaginar, porém, que baratas d'água fêmeas pudessem oferecer cuidado para os próprios ovos após depositá-los sobre vegetação aquática exposta. Por que então são os machos que realizam o cuidado e nunca as fêmeas? Aqui a situação se assemelha bastante à história do peixe; primeiro, baratas d'água machos com uma postura algumas vezes atraem uma segunda fêmea, talvez porque esse macho com uma carga parcial de ovos esteja alardeando com eficiência sua capacidade para o cuidado parental, exatamente como nos esgana-gatos;[1422] segundo, da mesma forma como acontece para alguns peixes, os custos do cuidado parental podem ser desproporcionalmente maiores para as fêmeas em termos de perda da fecundidade. Para produzir grandes posturas de ovos grandes, belostomatídeos fêmeas requerem muito mais presas do que seus machos. Como o cuidado parental limita a mobilidade e, portanto, o acesso à presa, o cuidado parental provavelmente tem maiores custos em aptidão para as fêmeas do que para os machos, inclinando a seleção em favor do cuidado parental do macho.

Cuidado parental diferencial

Não importa qual dos pais ofereça o cuidado, um adaptacionista não esperaria que um pai ou os pais fornecessem assistência livremente a filhotes que não fossem seus próprios. Mas animais parentais conseguem identificar sempre sua progênie genética? Considere o morcego molossídeo mexicano (*Tadarida brasiliensis*) que pode migrar para certas cavernas no sudoeste da América do Norte, onde fêmeas grávidas formam colônias de milhões de indivíduos. Após dar à luz um único filhote, uma mãe morcego deixa sua prole pendurada no teto da caverna em uma creche que pode conter quatro mil filhotes por metro quadrado (Figura 12.8). Quando a fêmea retorna para cuidar de seu filhote, ela voa para o ponto no qual viu seu filhote pela última vez e é prontamente assediada por uma horda de filhotes de morcegos famintos.[961] Devido aos aglomerados de filhotes, os primeiros observadores acreditavam que as mães eram incapazes de identificar sua prole e em vez disso tinha que oferecer leite para quem chegasse primeiro.

Mas as mães desses morcegos molossídeos realmente cuidam indiscriminadamente? Para descobrir isso, Gary McCracken capturou morcegos fêmeas e seus filhotes que mamavam nelas e tirou amostras de sangue de ambos.[961] Ele então analisou as amostras usando eletroforese de gel de amido, técnica que pode ser usada para determinar se dois indivíduos têm a mesma forma variante de uma enzima, e, portanto, o mesmo alelo do gene que codifica essa enzima. Se as fêmeas de morcego são provedoras de cuidado indiscriminado, então as formas variantes das enzimas das fêmeas e dos filhotes que elas alimentam deveriam ser frequentemente diferentes. Mas se as fêmeas tendem a cuidar apenas de sua prole, então as fêmeas e os filhotes deveriam compartilhar os mesmos alelos. McCracken concentrou-se no gene para superóxido dismutase, enzima representada por seis diferentes formas na população que ele amostrou. A despeito das condições caóticas dentro da colônia de morcegos, os dados enzimáticos indicaram que as fêmeas encontravam os próprios filhotes pelo menos 80% das vezes. Estudos observacionais diretos mais recentes indicaram que as fêmeas provavelmente se saem melhor do que isso, quase sempre reconhecendo os próprios filhotes por

FIGURA 12.8 Morcegos molossídeos mexicanos, reconhecem seus filhotes, apesar das mães os deixarem em densas massas de filhotes de morcego quando saem da caverna para forragear. Quando a fêmea retorna para amamentar seu filhote, ela consegue localizá-lo entre milhares de outros indivíduos. Fotografia de Gary McCracken.

meio de sinais vocais e olfativos.[64, 962] Portanto, está claro que morcegos molossídeos mães dedicam seu cuidado parental principalmente a seus próprios filhotes.

Para discussão

12.5 McCracken descobriu que apesar das fêmeas de morcego geralmente alimentarem seus próprios filhotes, elas ocasionalmente cometem "erros," que elas poderiam ter evitado deixando o filhote em um ponto sozinho em vez de numa creche com centenas de outros filhotes.[961] Isso significa que o comportamento parental dessa espécie não é adaptativo? Use a abordagem de custo-benefício para desenvolver hipóteses alternativas que respondam por esses "erros."

12.6 Em alguns casos, machos ou fêmeas cuidam de filhotes que não os seus próprios, como quando peixes machos tomam e protegem massas de ovos que estavam sendo protegidas por outros machos ou quando patos fêmeas adquirem filhotes recém-eclodidos do ninho de outro indivíduo (Figura 12.9). Delineie hipóteses alternativas para explicar esses fenômenos. Sob que circunstâncias adoções poderiam aumentar o sucesso reprodutivo do provedor de cuidado? Sob que outras circunstâncias poderiam os pais adotivos serem forçados a ajudar filhotes não genéticos em troca de alcançar algum outro objetivo?

Se a habilidade de reconhecer a prole genética for vantajosa de modo a evitar o risco de direcionar cuidado parental de forma errada, então podemos esperar uma convergência evolutiva do reconhecimento entre pais e filhotes em mamíferos coloniais além do morcego molossídeo. Testes dessa previsão têm sido positivos em espécies tão diferentes quanto *Octodon degus*, roedor chileno roliço cujas fêmeas criam os filhotes juntas em tocas coletivas,[723] e o lobo-marinho subantártico, *Arctocephalus tropicalis*, cujas fêmeas dão à luz em praias insulares lotadas. Lobos-marinhos fêmeas permanecem com os filhotes por cerca de uma semana antes de saírem para o oceano em viagens para pescar por até três semanas. Experimentos com gravações demonstraram que um lobo-marinho filhote leva não mais de cinco dias para reconhecer a voz da mãe, enquanto as mães também aprendem rapidamente. Quando a lobo-marinho mãe retorna à praia, ela emite um chamado, e seu filhote emite outro de volta, levando à reunião deles em menos de 15 minutos, via de regra.[256]

FIGURA 12.9 Adoção por pata (gênero *Bucephala*) Esta mãe guia um grupo de patinhos marcados, alguns dos quais foram identificados pelas suas marcas como oriundos de ninhadas produzidas por outras fêmeas. Fotografia de Bruce Lyon.

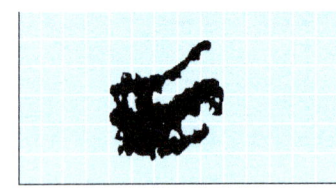

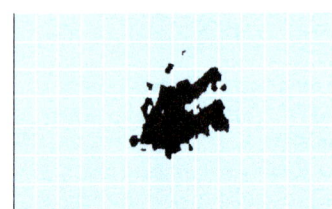

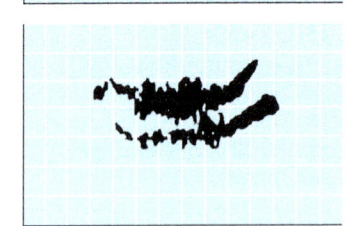

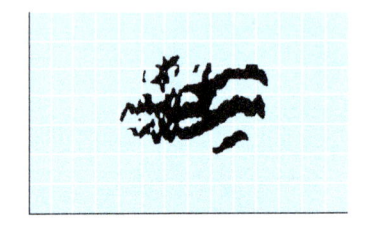

FIGURA 12.10 Discernibilidade do canto facilita o reconhecimento da prole pelos pais. Os filhotes de andorinha-do-dorso-acanelado, *Petrochelidon pyrrhonota*, espécie colonial comum em penhascos, produzem cantos altamente estruturados e distintivos, auxiliando seus pais a reconhecê-los individualmente. Os cantos dos filhotes da andorinha-das-chaminés *Hirundo rustica*, espécie menos colonial, são muito menos estruturados e mais similares. A frequência de canto de ambas as espécies situa-se entre 1 e 6 kHz; a duração dos cantos varia de 0,7 a 1,3 s para a andorinha-do-dorso-acanelado e de 0,4 a 0,8 s para a andorinha-das-chaminés. Adaptada de Medvin, Stoddard e Beecher.[971]

Ainda outro teste comparativo sobre a hipótese de que o reconhecimento da prole serve para prevenir cuidado parental maldirecionado se aproveita da variação entre andorinhas no risco de realizar erros na oferta de cuidados. Apesar de tanto a andorinha-do-barranco, *Riparia riparia*, e a andorinha *Stelgidopteryx ruficollis*, nidificarem em bancos de argila, a andorinha-do-barranco é colonial, enquanto a andorinha *Stelgidopteryx* nidifica sozinha. Filhotes em idade de voar da andorinha-do-barranco colonial produzem vocalizações altamente distintivas, dando aos pais a pista potencial para fazer escolhas sobre que indivíduos alimentar, permitindo-lhes distinguir entre suas próprias ninhadas e outros filhotes que às vezes vão parar em ninhos errados pedindo por alimento. Andorinhas-do-barranco raramente cometem erros apesar da alta densidade de ninhos na colônia.[87,89] A solitária andorinha *Stelgidopteryx*, por outro lado, nunca tem a chance na natureza de alimentar outros filhotes e, portanto, não se esperaria que tenha desenvolvido mecanismos sofisticados de reconhecimento da prole, pois, de fato, os seus filhotes produzem cantos muito mais similares do que aqueles de andorinhas-do-barranco, reflexo do fato de que andorinhas *Stelgidopteryx* jovens não precisam comunicar sua identidade aos pais.[88]

Duas outras espécies de andorinhas, a altamente social andorinha-de-dorso-acanelado, *Petrochelidon pyrrhonota*, e a menos social andorinha-das-chaminés, *Hirundo rustica*, também deveriam diferir nos atributos de reconhecimento de seus filhotes. Como esperado, os filhotes de andorinha-de-dorso-acanelado produzem chamados contendo cerca de 16 vezes mais variação que os chamados correspondentes dos filhotes da andorinha-das-chaminés (Figura 12.10).[971] Portanto, deveria

Comportamento Animal 433

ser mais fácil para as andorinhas-de-dorso-acanelado reconhecerem seus filhotes do que para as andorinhas-das-chaminés. Em experimento de condicionamento operante que requeria que adultos de ambas as espécies diferenciassem entre pares de chamados dos filhotes, as andorinhas-de-dorso-acanelado atingiram 85% de acertos significantemente mais rápido do que as andorinhas-das-chaminés. Esses resultados sugerem que o sistema perceptivo acústico das andorinhas-de-dorso-acanelado, assim como seus cantos, evoluiu para promover precisão no reconhecimento da prole,[881] assim como ocorreu para os lobos-marinhos.

Sargo-de-orelha-azul

Para discussão

12.7 O macho territorial do sargo-de-orelha-azul, *Lepomis macrochirus*, defende os ovos e larvas em seu ninho contra peixes predadores como o *achigã*, *Micropterus salmoides* (ver Figura 13.7). A Figura 12.11 mostra o quanto é intensa a defesa dos machos pelos seus ninhos em um experimento em que alguns peixes territoriais foram expostos a potenciais parasitas de ninho durante a estação reprodutiva. Bryan Neff colocou machos sorrateiros (ver Figura 10.27) em recipientes plásticos próximos aos ninhos de seus sujeitos experimentais para oferecer as pistas associadas a um alto risco de parasitismo de ninho; ele mediu a defesa da desova pelo macho quantificando com que intensidade esses pais ameaçavam um predador de seus ovos e larvas, a perca-sol *Lepomis gibbosus*, que Neff colocou próximo ao ninho num saco plástico transparente.[1032] Como você interpretaria os resultados apresentados na Figura 12.11? O que há de surpreendente neles? Ajudaria saber que machos de sargo-de-orelha-azul podem aparentemente avaliar a paternidade das larvas, mas não dos ovos, por pistas olfativas que elas oferecem?

12.8 Quando um babuíno macho intervém em disputas entre dois juvenis, ele tende a tomar partido de sua prole genética (Figura 12.12). Como os pesquisadores podem ter segurança sobre essa informação?

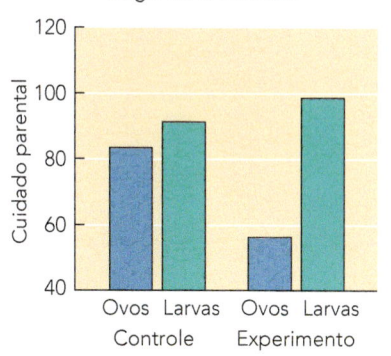

FIGURA 12.11 Reações dos sargos-de-orelha-azul, *Lepomis macrochirus*, a potenciais predadores de ovos e larvas sob duas condições. Machos experimentais foram expostos a recipientes contendo machos menores desta espécie, imitando a presença de rivais que poderiam ter fecundado alguns de seus ovos no ninho do defensor; machos-controle não foram sujeitos a este tratamento. O "cuidado parental" foi quantificado usando uma fórmula baseada no número de exibições e mordidas dirigidas a sacos plásticos contendo uma perca predadora. Adaptada de Neff.[1032]

Por que adotar desconhecidos genéticos?

Os casos descritos até agora sustentam a previsão de que os pais deveriam reconhecer seus próprios filhotes e descartar outros quando a probabilidade de ser explorado pelos filhotes de alguém for alta. Mesmo assim, algumas gaivotas coloniais que fazem ninhos no chão adotam filhotes não aparentados. Apesar dos pesquisadores inicialmente terem relatado que os adultos consistentemente rejeitaram filhotes mais velhos

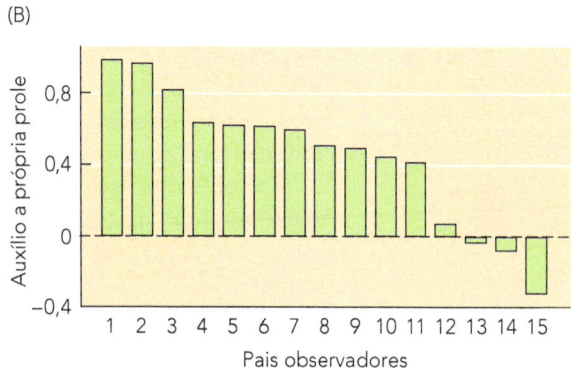

FIGURA 12.12 Machos de babuínos intervêm em favor de sua prole quando babuínos jovens começam a lutar uns com os outros. (A) O macho adulto abriga seu filhote protegendo-o contra outro jovem agressivo. (B) Dos 15 pais cujo comportamento foi monitorado, 12 tenderam mais a ajudar seus próprios filhotes do que jovens não aparentados. A, fotografia de Joan Silk; B, segundo Buchan e colaboradores.[202]

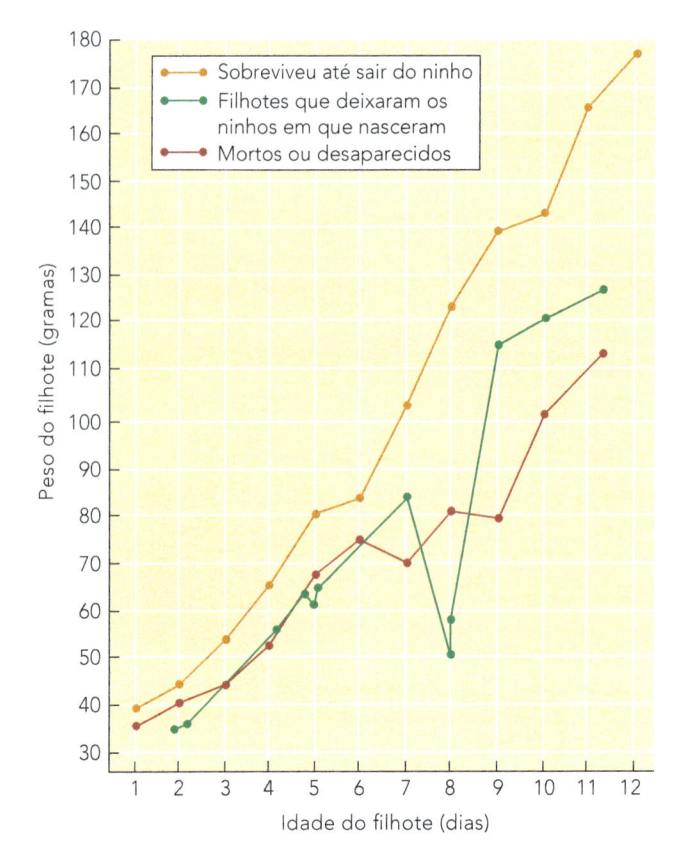

Gaivota-de-bico-riscado (*Larus delawarensis*) e seu filhote

FIGURA 12.13 Por que procurar pais adotivos? Filhotes de gaivota que abandonaram seus ninhos natais em busca de pais adotivos pesavam muito menos que a média dos filhotes da sua idade que sobreviveram após o 12º dia. Porém, estes filhotes adotivos potenciais algumas vezes foram adotados por não parentes, e, como resultado, pesaram em média mais no 11º dia do que os ninhegos indefesos que eventualmente morriam ou desapareciam. Adaptada de Brown.[197]

e que já se locomoviam experimentalmente transferidos entre ninhos,[983] os ataques dos adultos sobre esses jovens transferidos aparentemente ocorreram devido ao comportamento apavorado dos filhotes deslocados.[568] Quando jovens voluntariamente deixam seus ninhos – o que às vezes fazem caso sejam pouco alimentados por seus pais (Figura 12.13) – eles não tentam fugir de pais adotivos potenciais, mas ao contrário imploram por alimento e se abaixam em submissão quando ameaçados. Esses jovens têm boa chance de serem adotados, mesmo na idade tardia de 35 dias,[671] e, se forem aceitos, eles têm mais chances de sobreviver do que se tivessem permanecido com seus pais genéticos que falhavam em lhes fornecer alimento suficiente.[197]

A adoção de estranhos se qualifica como um quebra-cabeça Darwiniano, porque aqui temos pais aparentemente incapazes de agir no melhor interesse de seus genes. Como sempre, a resolução do paradoxo requer raciocínio sobre os custos e não apenas os benefícios da característica em questão. E o reconhecimento da prole aprendido acarreta tanto custos como benefícios, como o risco de incorrer em erro ao não alimentar ou até atacar e matar um de seus filhotes. Em vez de errar por ferir sua prole genética, as gaivotas desenvolveram a tendência a alimentar qualquer filhote no ninho que peça alimento confiantemente quando um adulto se aproxima.[1136] Algumas vezes essa regra permite que um estranho genético roube comida de um conjunto de pais adotivos ao dormir dentro de um ninho com outros filhotes de sua idade e tamanho.[783] Quando as adoções ocorrem, os pais adotivos perdem cerca de 0,5 de seus próprios filhotes em média; porém, a adoção é rara, com menos de 10% dos pais recebendo estranhos por ano.[197] O custo modesto em aptidão anual dessa regra que resulta em adoções ocasionais tem que ser considerado em comparação com a possível rejeição de um de seus próprios filhotes genéticos se as gaivotas pais fossem mais relutantes em alimentar filhotes em seus ninhos.

O argumento aqui é que mesmo uma regra comportamental prática imperfeita pode ser seletivamente vantajosa se o mecanismo proximal responsável pela regra tiver uma relação de custo-benefício mais favorável do que mecanismos psicológicos alternativos que resultariam em regras de decisão diferentes. Essa hipótese foi usada para explicar porque os machos do pássaro *Sialia mexicana* adotam filhotes sob certas circunstâncias. Quando Janis Dickinson e Wes Weathers removeram alguns machos nidificantes, a maioria das fêmeas experimentalmente enviuvadas rapidamente atraiu parceiros substitutos, a maioria dos quais alimentou os filhotes das fêmeas às quais se uniram, mesmo que pelo menos alguns dos filhotes tivessem sido gerados pelo macho original.[401] A observação de que os pais substitutos eram aqueles que encontravam as fêmeas enquanto ela ainda depositava ovos (e, portanto, sexualmente receptiva e potencialmente fértil) sugere que machos desse pássaro têm um mecanismo proximal de tomada de decisão "tudo ou nada" para regular sua oferta de cuidado parental. Se o macho se juntar a uma fêmea durante sua fase fértil, ele exibe cuidado parental completo; se ele se une a ela após seu período fértil ter terminado, então a regra é "nenhum cuidado". Da mesma forma, no pássaro *Sericornis frontalis*, espécie poliândrica com machos alfa e beta, a regra para o subordinado é ser parental apenas quando ele tiver copulado com a fêmea.[1561] Se pássaros machos pudessem fazer testes de DNA em seus supostos filhos, então poderiam distinguir perfeitamente entre sua progênie genética e aquela de outros machos. Como essa tecnologia obviamente está fora do alcance deles, a seleção natural pode favorecer regras comportamentais de tomadas de decisão melhores do que as alternativas possíveis, mesmo que essas regras nem sempre produzam a resposta "perfeita".[861]

Para discussão

12.9 Parasitismo de ninhada interespecífico é muito raro em aves, com apenas cerca de 1% do total das espécies praticando o comportamento.[827] Faça uma previsão sobre que grupos de aves, aqueles com filhotes precociais ou com filhotes altriciais, teriam maior probabilidade de evoluir e se tornar parasitas de ninhadas especializados. (Em espécies altriciais, os ovos são pequenos em relação ao peso do corpo da mãe, mas os recém-eclodidos são, no início, completamente dependentes do alimento fornecido para eles pelos pais. Em espécies precociais, os ovos são relativamente grandes, mas os jovens podem se locomover e alimentar por conta própria logo depois de eclodir.) Compare suas previsões com as de Lyon.[906]

A história do parasitismo de ninhada interespecífico

Mas como chopins, cucos e similares se especializaram em parasitar outras espécies de aves? No caso dos cucos, uma reconstrução filogenética com base em dados moleculares indica que o parasitismo especializado surgiu três vezes durante a história evolutiva desse grupo (Figura 12.14).[44] Levando em conta essa filogenia e a raridade geral das espécies especialistas em parasitar ninhos, Oliver Krüger e Nick Davies criaram a hipótese de que o ancestral dos cucos parasitas atuais era uma ave "padrão" cujos adultos cuidavam dos próprios filhotes. Aproveitando-se das informações detalhadas sobre a história natural de muitas das 136 espécies de cucos em todo o mundo, dos quais 83 não são parasitas e 53 dão um jeito de conseguir que outras aves criem seus filhotes, Krüger e Davies conseguiram demonstrar que o estado ancestral era representado não apenas pelo cuidado parental, mas também pela ocupação de pequenas áreas de vida e a ausência de migração. O próximo estágio da evolução envolveu espécies que fornecem cuidado parental para sua prole, mas possuíam áreas de vida relativamente grandes e a tendência a migrar. Linhagens desse tipo deram origem aos

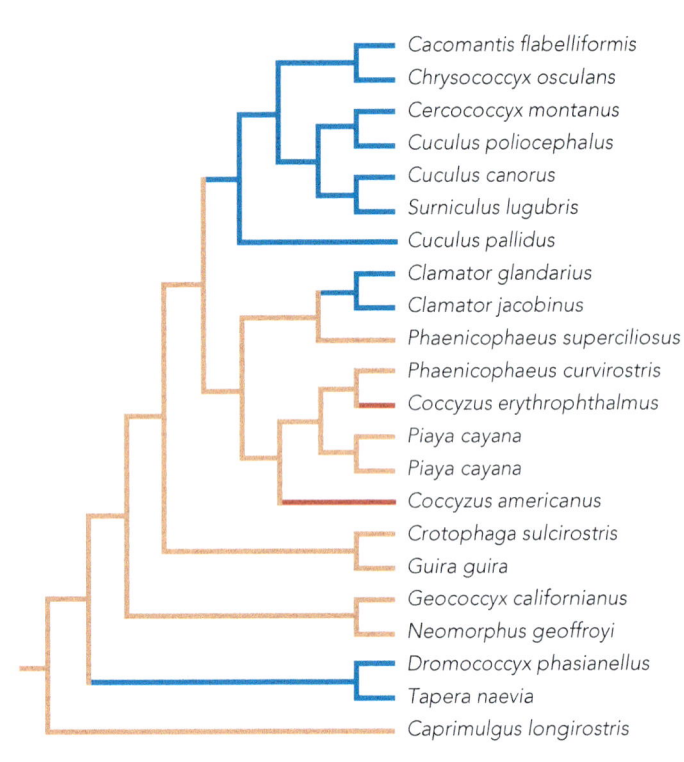

FIGURA 12.14 Parasitismo de ninhada especializado em cucos evoluiu três vezes, baseado numa filogenia desta família de aves, que contém tanto parasitas de ninhada quanto espécies parentais e nidificadoras padrão. Os ramos azuis indicam as linhagens cujos descendentes modernos são parasitas especializados. Os ramos vermelhos simbolizam duas espécies parasitas ocasionais. Adaptada de Aragón e colaboradores.[44]

modernos parasitas de ninhada, que também têm grandes áreas de vida e são em geral migratórias.[813] Parasitas de ninhada presumivelmente ganham ao deslocar-se por grandes distâncias em busca de hospedeiros apropriados ao longo de uma extensa área de vida; essa prontidão em se deslocar enquanto busca fontes efêmeras de hospedeiros pode ter levado à evolução de tendências migratórias nesse grupo. Mas o que dizer sobre a transição entre comportamento parental e parasitismo de ninhada especializado? Essa mudança poderia ter ocorrido por fases, com uma fase intermediária quando os parasitas almejavam adultos da própria espécie, com a mudança para membros de uma ou mais espécies ocorrendo mais tarde. Alternativamente, o parasitismo interespecífico especializado pode ter surgido de forma abrupta com a exploração dos adultos de outra espécie desde o início. O primeiro cenário gradualista leva à previsão de que as fêmeas de algumas das aves de hoje deveriam pôr seus ovos nos ninhos da própria espécie, e, de fato, parasitismo desse tipo tem sido documentado em cerca de 200 espécies e pode ocorrer em muitas outras também.[361]

Uma possível pista de um estágio primitivo na evolução do parasitismo de ninhada intraespecífico vem do estudo dos patos-carolinos, *Aix sponsa*. Nessa espécie, ninhos apropriados em ocos de árvores são escassos, e como resultado, duas fêmeas às vezes colocam seus ovos antes que uma das patas expulse a outra. A "vencedora" então cuida dos ovos da outra junto com seus próprios, fazendo da "perdedora" uma parasita involuntária nesse processo.[1305] Se as perdedoras produzirem mais prole do que fariam se tivessem permanecido no ninho, então a seleção poderia favorecer variantes que voluntariamente depositassem e abandonassem seus ovos no ninho de outras – comportamento bastante comum em outra espécie de pato que nidifica em ocos, o pato-da-islândia, *Bucephala islandica*.[423]

Outro parasita de prole ocasional é o galeirão-americano *Fulica americana*, ave aquática comum, cujas fêmeas "flutuantes" sem ninhos ou territórios próprios colocam ovos nos ninhos de outras fêmeas de galeirão, aparentemente no esforço de tirar o melhor proveito de uma situação ruim, já que elas não podem cuidar de seus próprios ovos sozinhas. Porém, algumas fêmeas totalmente territoriais com ninhos próprios também colocam regularmente ovos adicionais nos ninhos de vizinhas desprevenidas. Já que existe um limite para quantos ovos e jovens uma fêmea pode criar com seu parceiro, mesmo uma fêmea territorial pode aumentar um pouco sua aptidão se aproveitando sub-repticiamente do cuidado parental de outro casal.[904] A natureza exploradora desse comportamento é revelada pela descoberta de que fêmeas mais velhas e maiores selecionam outras mais novas e menores para receber seus ovos, presumivelmente porque esse tipo de hospedeira não pode evitar que uma fêmea grande tenha acesso ao seu ninho.[906] Esse tipo de pressão aparentemente delineou a evolução do comportamento de galeirões, a julgar pelo fato de que fêmeas parasitadas tendem a enterrar os ovos das outras ou a manter seus próprios ovos na melhor posição no centro do ninho.[907]

A hipótese da mudança gradual para evolução do parasitismo entre espécies carrega consigo a previsão de que, quando parasitas intraespecíficos começaram a explorar outras espécies de hospedeiros, eles deveriam ter selecionado outras espécies aparentadas com necessidades similares de ninho e alimento. Atualmente, a maioria das espécies de parasitas de ninhada aproveita-se de espécies não aparentadas a elas, mas talvez a maioria dos parasitas de ninhada esteja evoluindo há milhões de anos

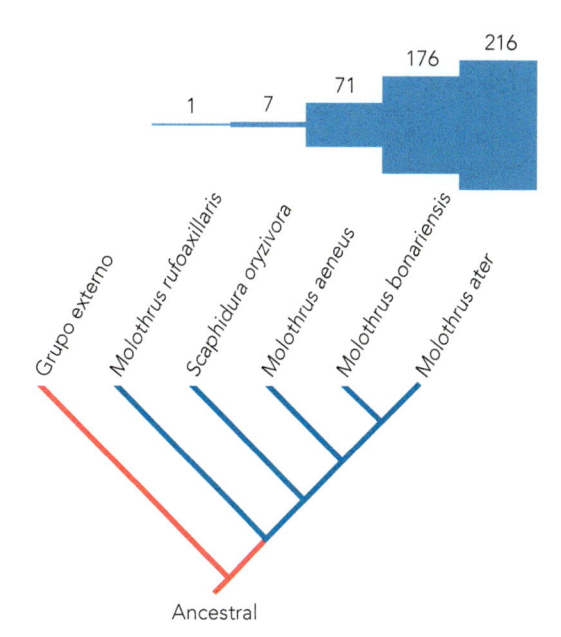

FIGURA 12.15 Evolução do parasitismo de ninhada entre os chopins. A filogenia representa as relações evolutivas entre os chopins segundo uma análise molecular. Acima da filogenia, os números representam as espécies hospedeiras parasitadas por cada espécie vivente de chopim. (O "grupo externo" é uma espécie de chopim que não realiza parasitismo de ninhada.) O padrão sugere que originalmente chopins parasitas de ninhada vitimizavam apenas uma única espécie muito aparentada de hospedeiro, com parasitismo de ninhada generalizando cada vez mais na evolução subsequente. Adaptada de Lanyon.[841]

desde o surgimento de seu comportamento parasítico interespecífico. Portanto, para checar essa previsão, precisamos encontrar parasitas de ninhada que tenham origem relativamente recente. Os chopins, aves comuns nas Américas pertencentes ao gênero *Molothrus*, estão entre essas espécies parasíticas que se originaram há "apenas" três a quatro milhões de anos, enquanto os cucos parasitas evoluíram cerca de 60 milhões de anos antes.[361] A espécie atual de chopim que se acredita ser mais aparentada ao parasita de ninhada ancestral de fato parasita uma única espécie hospedeira que pertence ao mesmo gênero que ela; a próxima espécie mais aparentada parasita outras aves da própria família (Figura 12.15).[841] Esses dados, se forem apropriadamente interpretados, oferecem suporte à hipótese de mudança gradual.

Da mesma forma, as viúvas da família Viduidae parasitam pássaros pertencentes à família Estrildidae. As duas famílias são proximamente aparentadas (Figura 12.16), e talvez por isso ambos, parasitas e hospedeiros, compartilhem um número grande de fatores importantes, especialmente ovos brancos e brilhantes e um comportamento de pedido incomum dos ninhegos, no qual os filhotes ficam quase de cabeça para baixo e se balançam de um lado para o outro, em vez de esticar a cabeça para cima como a maioria das outras espécies de pássaros. Assumindo que a viúva parasita ancestral também possuía esses atributos, a exploração sensorial (*ver* Capítulo 9) poderia responder pelo sucesso obtido pela prole do parasita original após a eclosão no ninho de um estrildídeo hospedeiro.[1372] Mas outra hipótese contrária é que o jovem da espécie hospedeira rapidamente evoluiu para se enquadrar ao comportamento do parasita, cuja tática de pedido de alimento nova e altamente eficiente colocou os filhotes dos hospedeiros em desvantagem até que tivessem adotado sinais similares.[632]

Por outro lado, a grande maioria dos parasitas de ninhadas viventes se aproveita de espécies não aparentadas muito menores do que elas mesmas,[1343] descoberta que poderia ser explicada se os parasitas ancestrais tivessem sofrido uma mudança abrupta do cuidado parental normal para a exploração de uma ou mais espécies menores não aparentadas. Essa mudança poderia ter dado certo com maior probabilidade, posto que, como já percebido, fi-

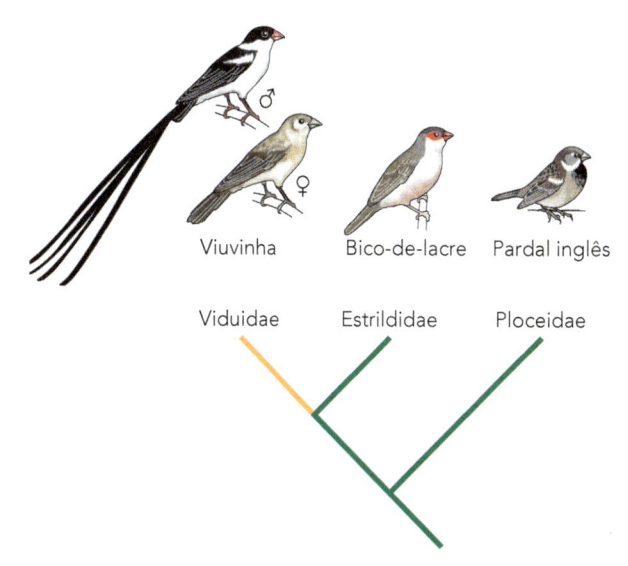

FIGURA 12.16 Viúvas parasitam espécies aparentadas. Viúvas (da família Viduidae) parasitam ninhos de pássaros da família Estrildidae (grupo irmão de Viduidae). Machos adultos de viúvas, como o macho de *Vidua macroura* mostrado aqui, não se parecem com seus hospedeiros, mas fêmeas adultas desta espécie e seus filhotes se parecem com fêmeas e filhotes de bico-de-lacre (*Estrilda astrild*), estrildídeo parasitado por viúvas.

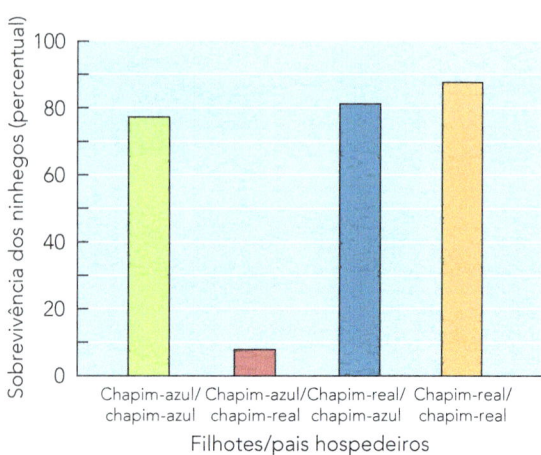

FIGURA 12.17 O tamanho de um filhote de "parasita de ninhada" experimental em relação a sua espécie hospedeira determina a chance de sua sobrevivência. Ninhegos grandes de chapim-real (*Parus major*) sobreviveram bem quando transferidos para ninhos dos chapins-azuis, *Cyanistes caeruleus*, menores, enquanto chapins-azuis se saíram mal nos ninhos de chapins-reais. Adaptada de Slagsvold.[1343]

lhotes de parasitas de ninhada que se tornam maiores do que a prole de seus hospedeiros tem maior probabilidade de se alimentar, outra forma de exploração sensorial que funciona em favor do parasita.

A importância da disparidade de tamanho entre hospedeiro e parasita tem sido demonstrada criando parasitas de ninhada experimentais. Quando Tore Slagsvold colocou ovos de chapim-azul, *Cyanistes caeruleus*, em ninhos de chapim-real, *Parus major*, os filhotes de chapim-azul experimentalmente parasíticos, menores do que os de chapim-real, se saíram muito mal. No experimento recíproco, porém, a maioria dos filhotes de chapim-real cuidados pelos pais de chapins-azuis sobreviveram até saírem do ninho (Figura 12.17).[1343] Essa descoberta sugere que a menos que mutantes originais de parasitas de ninhada interespecíficos casualmente depositassem seus ovos em ninhos de espécies menores, a probabilidade de sucesso (do ponto de vista do parasita) não era grande.

Yoram Yom-Tov e Eli Geffen têm aplicado o método comparativo para determinar qual cenário histórico para a evolução do parasitismo obrigatório em aves é mais provável – o caminho indireto e gradual, com um estágio parasítico intraespecífico intermediário, ou o caminho direto em que o cuidado parental padrão foi rapidamente substituído pelo parasitismo obrigatório (Figura 12.18). Sua análise indica que, para um grande grupo de espécies de aves altriciais (aquelas cujos filhotes são indefesos ao eclodirem), era muito mais provável que a espécie ancestral dos parasitas atuais fosse uma ave que não realizava parasitismo intraespecífico, mas em vez disso se aproveitava de membros de uma espécie completamente diferente (*ver* Figura 4.7).[1630] Então, os proponentes de ambos os cenários evolutivos para o parasitismo de prole interespecífico têm pelo menos alguma evidência que os sustente para indicar, o que deixa o resto de nós no limbo.

Para discussão

12.10 Quando chapins-reais (*Parus major*) são criados experimentalmente nos ninhos de chapins-azuis (*Cyanistes caeruleus*) eles sobrevivem bem, como mencionado. Mas muitos desses parasitas de prole experimentais não se associavam a membros de sua própria espécie quando se tornavam adultos, e frequentemente não conseguiam se acasalar com chapins-reais (*ver* Figura 3.6). O sucesso reprodutivo desses indivíduos era consequentemente baixo.[1344] Explique esses resultados em termos de mecanismos proximais de estampagem (*ver* Capítulo 3) e discuta os efeitos positivos e negativos que esse processo ontogenético poderia ter sobre a evolução do parasitismo de ninhada interespecífico.

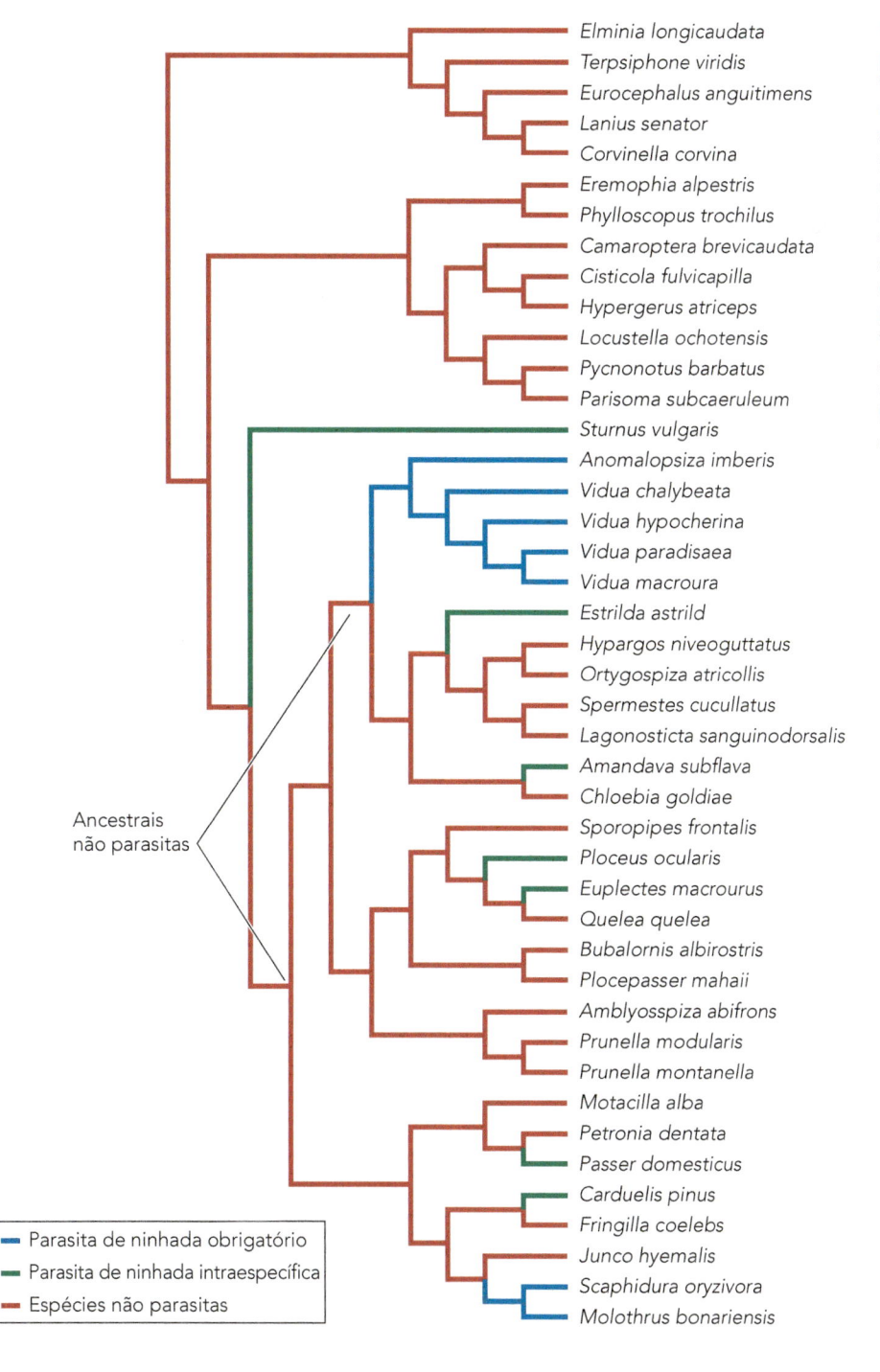

FIGURA 12.18 A transição para o parasitismo obrigatório foi provavelmente abrupta na maioria dos grupos de aves. Aqui uma filogenia de um grande grupo de aves mostra que os dois grandes grupos de parasitas obrigatórios (aqueles que exclusivamente colocam seus ovos nos ninhos de outras espécies) tinham ancestrais que provavelmente eram completamente não parasitas (isto é, alguns indivíduos não colocavam ovos em ninhos de outros membros de sua espécie). Adaptada de Yom-Tov e Geffen.[1630]

Por que aceitar o ovo de um parasita?

Qualquer que seja a origem e a história subsequente do parasitismo de prole interespecífico, é inegável que, para um filhote parasita se beneficiar das regras de decisão parental de uma espécie hospedeira, o ovo contendo o parasita precisa eclodir. Por que então as espécies hospedeiras não reagem imediatamente contra os ovos de parasitas? Algumas aves o fazem, como mencionado anteriormente reconhecendo o ovo estranho e o enterrando, ou o removendo do ninho, ou abandonando o ninho como um todo, inclusive o ovo do parasita. Contudo, cada uma dessas opções traz desvantagens.[1597] Pais de aves que incubam os ovos dependendo do reconhecimento aprendido dos ovos que eles mesmos puseram algumas vezes podem abandonar ou destruir alguns de seus próprios ovos por engano, tratando-os como se fossem

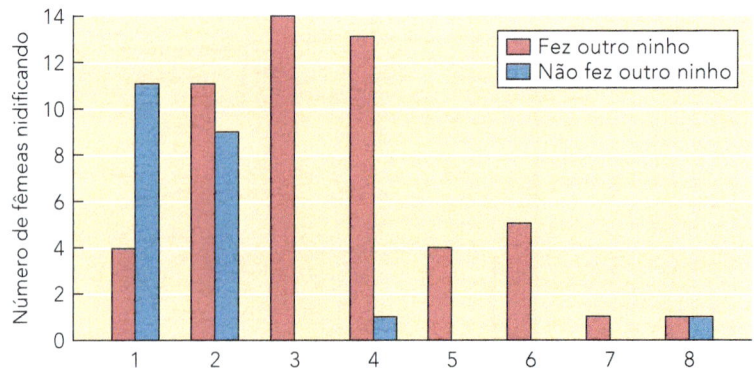

FIGURA 12.19 A probabilidade de uma fêmea de mariquita-protonotária, *Protonotaria citrea*, nidificar novamente em seu território depende do número de locais de nidificação potenciais em seu território. Quando apenas poucas cavidades estiverem presentes, a fêmea raramente faz uma segunda tentativa de nidificar no território; se relativamente muitos locais estiverem disponíveis, a fêmea geralmente produz outro ninho. Adaptada de Petit.[1121]

ovos de parasitas. De fato, pássaros do gênero, *Acrocephalus*, algumas vezes acabam jogando fora alguns de seus próprios ovos enquanto tentam se livrar de ovos de cuco.[357] Se o parasitismo de ninhada vitimizar apenas uma pequena minoria da população hospedeira, então até mesmo um pequeno risco de custosos erros de reconhecimento pelo hospedeiro pode tornar a aceitação dos ovos do parasita a melhor opção.[888]

A aceitação do ovo do parasita é mais provavelmente adaptativa quando o hospedeiro for uma espécie pequena, incapaz de pegar e remover ovos grandes de chopins ou cucos.[1237] Essas aves de bico pequeno têm duas opções: abandonar a ninhada, seja deixando o ninho ou construindo um novo ninho sobre o antigo, ou permanecer e continuar a criar a ninhada junto com o ovo do parasita. A opção do abandono impõe duras penas ao hospedeiro, que deve encontrar um novo ponto de nidificação, construir um novo ninho e fazer uma nova postura. Os custos dessa opção são especialmente altos para espécies que nidificam em ocos porque buracos adequados nas árvores são em geral raros. Talvez a disposição da fêmea após reconhecer um ovo de chopim no ninho seja afetada pela quantidade de outros buracos adequados existentes em seu território. Embora mariquitas-protonotárias da espécie *Protonotaria citrea* sejam severamente prejudicadas ao abrigar em seus ninhos um filhote de chopim,[679] fêmeas que não tenham muitas alternativas de cavidades em seu território frequentemente toleram um chopim no ninho por falta de locais alternativos (Figura 12.19).[1121] Da mesma forma que a mariquita-amarela, *Dendroica petechia*, tende a aceitar ovos alheios quando seus ninhos são parasitados perto do fim da estação reprodutiva, quando resta pouco tempo para criar uma nova ninhada desde o início.[1297]

Mesmo que as aves hospedeiras pudessem jogar fora ou cobrir um ovo de parasita sem o risco do erro, um parasita poderia tornar essa decisão não lucrativa retornando ao ninho para destruir ou comer os ovos ou filhotes do hospedeiro caso descobrisse que seus próprios haviam sido prejudicados (Figura 12.20). Essa "hipótese da máfia" foi testada examinando as interações entre o corvídeo pega-rabuda, *Pica pica*, e o parasita cuco-rabilongo, *Clamator glandarius*.[1366] De fato, ninhos do corvídeo pega-rabuda dos quais ovos de cuco tinham sido jogados para fora sofreram significativamente maior taxa de predação do que aqueles que aceitaram ovos de cucos (87% contra 12% em uma amostra). Além do mais, quando os pesquisadores removeram o ovo de cuco aparentemente monitorado por um cuco e trocaram também os ovos dos hospedeiros por réplicas de massa de modelar, o cuco se aproximou

FIGURA 12.20 Remoção de ovo por um cuco. Aqui uma fêmea de cuco canoro, *Cuculus canorus*, destrói um ovo de rouxinol-pequeno-dos-caniços, *Acrocephalus scirpaceus*, antes de colocar seu próprio ovo no ninho. Cucos podem punir aves que danifiquem seus ovos destruindo todos os ovos do ninho de uma vítima não cooperativa. Fotografia de Ian Wyllie.

do ninho após o pesquisador ter terminado e deixou marcas de bicadas nos falsos ovos do hospedeiro. Na natureza, pega-rabudas que perderam suas ninhadas tiveram que fazer outro ninho, o que as expôs a todos os efeitos negativos que atrasos na reprodução têm em um ambiente sazonal. Em função disso, não é de se surpreender que hospedeiros que aceitem os ovos do parasita de fato tenham sucesso reprodutivo ligeiramente maior, medido em termos de filhotes que sobrevivem, em relação a hospedeiros que jogam fora ovos de cuco.[1366]

Chopins *Molothrus ater* também são aves mafiosas, segundo Jeffrey Hoover e Scott Robinson em um estudo com uma de suas vítimas favoritas, a mariquita-protonotária, *Protonotaria citrea*. Os ornitólogos trabalharam com uma grande amostra de mariquitas que haviam construído ninhos em caixas no alto de paus de sebo – imunes, portanto, a serpentes e pequenos mamíferos que frequentemente predam ovos e filhotes dessa ave. Mas esses ninhos ainda estavam vulneráveis, pelo menos inicialmente, a chopins que podiam entrar e depositar um ovo. Ninhos parasitados dessa forma foram divididos em três grupos: (1) os pesquisadores removeram o ovo do chopim e deixaram a entrada do ninho como estava – larga o suficiente para permitir a entrada do chopim; (2) o ovo do chopim foi deixado no lugar e a entrada do ninho não foi modificada; (3) o ovo do chopim foi removido e a entrada do ninho foi reduzida para que apenas as mariquitas e não os chopins pudessem entrar no ninho. Os resultados nesses grupos foram os seguintes: (1) quando o ovo de chopim era removido, o ninho com frequência recebia visitas subsequentes de uma ave predadora, quase certamente o chopim cujo ovo havia sido retirado, e os ovos da mariquita eram destruídos. (2) Quando o ovo do parasita não era retirado pelos experimentadores, os ovos das mariquitas desapareciam com menos frequência, mesmo que os chopins adultos ainda tivessem acesso livre ao ninho nessa categoria. (3) Quando os chopins eram impedidos de revisitar os ninhos que eles haviam parasitado, a perda de ovos para chopins e outros predadores não ocorria (Figura 12.21). Esses resultados sugerem fortemente que fêmeas de chopim com frequência retornam ao ninho que parasitaram, de forma a punir qualquer hospedeiro ousado o suficiente para se livrar de ovos parasíticos indesejados.[680]

A abordagem que usamos até agora foi examinar a proposta de que os custos de se recusar a incubar um ovo de parasita, ou de alimentar um filhote parasita

FIGURA 12.21 A hipótese da máfia conforme testada com chopins, *Molothrus ater*, parasitas e mariquitas-protonotárias, *Protonotaria citrea*. (A) No tratamento 1, um chopim colocou um ovo no ninho, que então foi removido pelos pesquisarores. Posteriormente, os ovos das mariquitas na maioria dos ninhos deste tratamento foram destruídos, presumivelmente pelo chopim desafiado. No tratamento 2, todos os ninhos foram parasitados, mas o ovo de chopim foi deixado no ninho, que depois disso, na maioria dos casos não foi tocado por predadores. No tratamento 3, o ovo de chopim foi removido dos ninhos parasitados, que então foram deixados inacessíveis a chopins; nenhum destes ninhos foi atacado após a remoção do ovo do parasita. (B) As mariquitas produziram mais filhotes sob os tratamentos 2 e 3 do que sob o tratamento 1. Adaptada de Hoover e Robinson.[680]

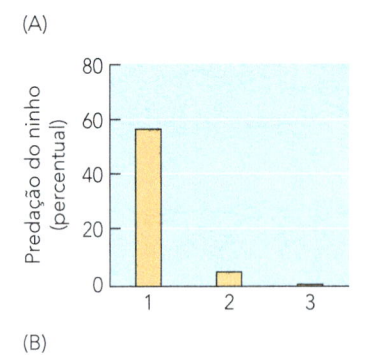

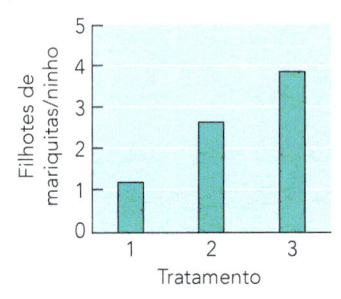

Chopim *Molothrus ater*

após a eclosão, poderiam na verdade superar os benefícios da recusa. Outra forma complementar de encarar a interação entre hospedeiro e parasita é aplicar a perspectiva da teoria da corrida armamentista. Sempre que houver duas partes em conflito uma com outra, elas exercem pressões seletivas recíprocas com uma mudança adaptativa feita por um levando a seguir a uma mudança adaptativa correspondente no outro. Vimos esse fenômeno na interação entre morcegos produtores de ultrassom e mariposas capazes de ouvir ultrassom (*ver* Capítulo 4), no conflito sexual que ocorre entre machos e fêmeas de muitas espécies (*ver* capítulo 10) e nas tentativas dos filhotes de cuco manipularem seus pais adotivos produzindo vocalizações que imitam as vocalizações de uma ninhada inteira de rouxinóis-pequenos-dos-caniços (*ver* Figura 9.29).[360]

A abordagem da corrida armamentista nos ajuda a dar sentido à interação entre o cuco *Chrysococcyx basalis*, e seu único hospedeiro, o pássaro *Malurus cyaneus* (F. Maluridae).[838] Se maluros reprodutivos encontram um ovo em seus ninhos antes que tenham começado a colocar seus próprios ovos, eles quase sempre constroem outro sobre o ovo invasor e abandonam o ninho definitivamente se o cuco puser seus ovos após os maluros começarem a incubar sua própria ninhada. Portanto, os maluros têm defesas contra os cucos. Fêmeas adultas de cuco porém evoluíram uma contrarresposta; elas são muito boas em entrar sorrateiramente e colocar o ovo quando o ninho do hospedeiro contém apenas uma postura parcial de ovos de maluros, nesses casos, o ovo do cuco é quase sempre aceito e incubado com os ovos do hospedeiro. Mas quando o filhote de cuco eclode e empurra seus companheiros de ninho para fora e para a morte, o maluro abandona o ninho cerca de 40% das vezes, deixando o filhote de cuco morrer também. No resto dos casos, porém, as fêmeas de maluro continuam cuidando do único ocupante de seus ninhos desperdiçando seu tempo e energia cuidando do algoz de sua prole.

Se a aceitação parcial dos filhotes de cuco se baseia na habilidade do parasita em combater as defesas evoluídas de seu hospedeiro, então deveríamos prever que esses filhotes devem possuir alguma forma especial de estimular o cuidado parental – e possuem. Assim como os filhotes de cuco canoro, eles produzem sons de pedido que soam muito parecidos com aqueles produzidos pelos filhotes do hospedeiro (Figura 12.22).[837] Naomi Langmore e colaboradores acreditam que o mimetismo vocal do filhote do cuco *Chrysococcyx basalis* é uma resposta evoluída frente a capacidade discriminatória dos hospedeiros. Em apoio a essa conclusão, eles

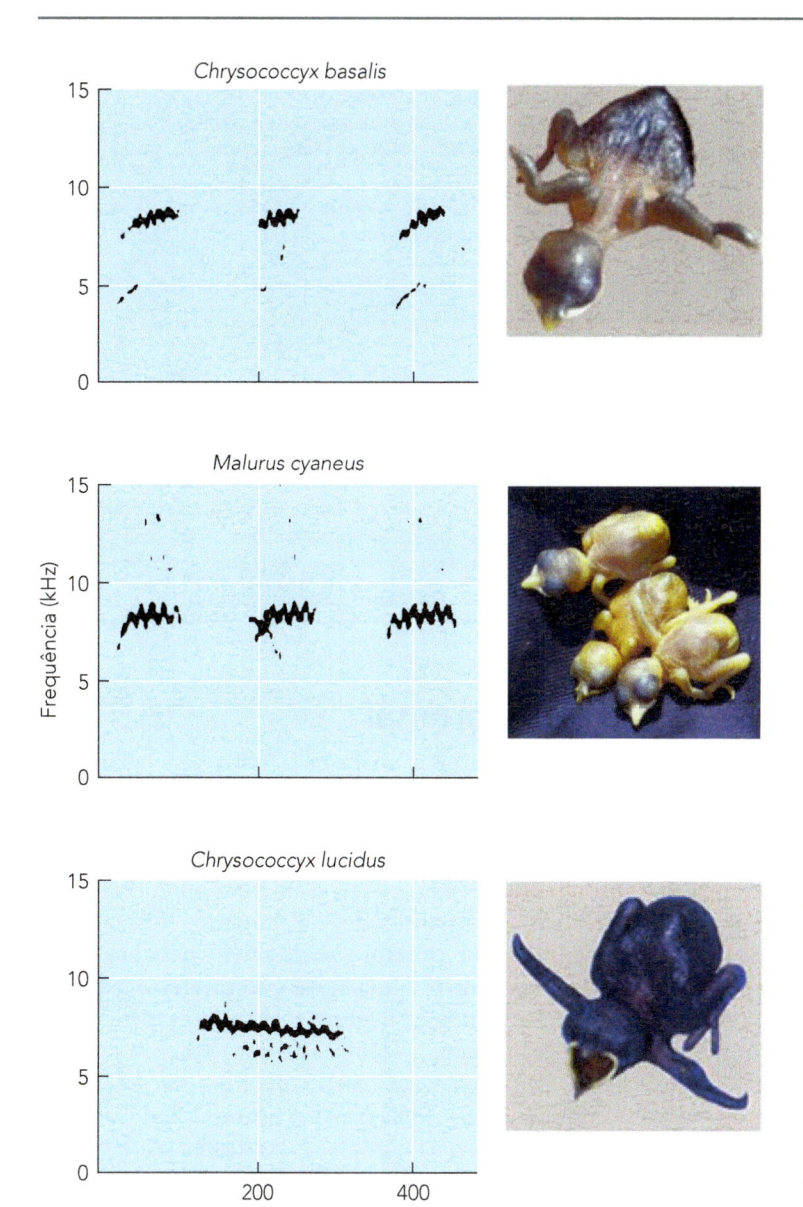

FIGURA 12.22 O produto de uma corrida armamentista evolutiva? Filhotes do cuco, *Chrysococcyx basalis*, parasita de ninhada especializado em maluros, *Malurus cyaneus*, mimetizam os cantos dos filhotes dos hospedeiros de forma muito semelhante, o que pode ajudá-los a vencer as defesas dos pais hospedeiros. Em contraste, os filhotes de outra espécie, o cuco, *Chrysococcyx lucidus*, que raramente parasitam maluros, não apenas não se parecem com filhotes de seus hospedeiros, como também não possuem uma boa imitação dos pedidos dos ninhegos de maluro. Adaptada de Langmore, Hunt e Kilner.[837]

apontam o fato de maluros sempre abandonarem os ninhos parasitados por uma espécie, o cuco, *Chrysococcyx lucidus*, cujos filhotes produzem vocalizações muito diferentes dos filhotes do hospedeiro. Suspeito que você pode imaginar com qual frequência cucos dessa espécie cometem o erro de depositar um ovo no ninho do maluro *Malurus cyareus*.

Para discussão

12.11 *Maluros cyareus* são uma das poucas espécies que abandonam os filhotes de parasitas de ninhada. Por que outras espécies vitimizadas não fazem o mesmo? Afinal, muitas outras aves exploradas por cucos podem identificar e agir contra ovos parasitas, aprendendo as características visuais distintivas de seus próprios ovos e rejeitando aquelas que não se encaixam. Mas as mesmas espécies extremamente boas em reconhecer os ovos em geral falham por completo em reconhecer o filhote de cuco.[887] À primeira vista, essa falha parece ser mal-adaptativa, mas considere as consequências do reconhecimento dos filhotes aprendido em aves parasitadas com sucesso em seu primeiro ano reprodutivo por um único filhote de cuco que tenha dominado totalmente o ninho e eliminado todos os jovens do hospedeiro, como é o hábito entre os cucos. Como um adulto hospedeiro deveria responder a seus próprios filhotes nas próximas tentativas reprodutivas? (O que você prevê sobre a resposta dos maluros a seus filhotes após ter criado um cuco parasita uma vez?) Como esse caso ilustra a importância da análise de custo-benefício em ecologia comportamental, assim como o valor de considerar os mecanismos proximais pelos quais os indivíduos atingem objetivos comportamentais?

12.12 Cerca de 15 a 20% de todos os ninhegos de cucos parasitas são abandonados ou deixados para morrer por seus hospedeiros rouxinóis-pequenos-dos-caniços após cerca de duas semanas de cuidado parental adotivo. Tomas Grim suspeitou que rouxinóis-do-caniço tinham evoluído um mecanismo proximal para evitar o cuidado dedicado a um parasita: um tempo limite de cuidado parental para uma ninhada.[584] Para testar essa ideia, ele realizou experimentos no qual manipulou ninhadas de rouxinol de forma a estender o período de cuidado parental necessário para os filhotes desenvolverem penas. Ele transferiu filhotes mais jovens (e mais velhos) entre ninhos criando várias proles experimentais de um ou quatro indivíduos. Como ele esperava que o rouxinol parental responderia a cada tipo de prole experimental se a hipótese de tempo limite estivesse correta? Que vantagens estão associadas com um mecanismo que não requer que os rouxinóis aprendam que tipo de ninhego eles devem cuidar e que tipo eles devem rejeitar?

A evolução do favoritismo parental

Mesmo quando os pais investem apenas nos seus próprios filhotes, eles raramente distribuem seu cuidado de forma completamente igualitária. Considere que as táticas dos pais da abelha solitária, *Osmia rufa*, cujas fêmeas nidificam em caules ocos e fornecem pólen e néctar para diversos favos de cria, provendo-lhes um após o outro. Inicialmente, quando fêmeas adultas estão jovens e em boas condições, elas tendem a dar aos primeiros filhotes grandes quantidades de alimento.[1304] Essas proles iniciais são produtos de ovos fecundados e, portanto, se desenvolverão em filhas da abelha solitária (*ver* página 483). Mas à medida que a estação progride e que as fêmeas ficam mais velhas, sua condição fisiológica declina, tornando-se mais difícil para elas forragearem. À medida que isso ocorre, as fêmeas passam a oferecer muito menos comida por favo de cria e ali depositam ovos não fecundados, que se desenvolvem em filhos que pesam muito menos que suas irmãs (Figura 12.23). Como as fêmeas dessa e de outras espécies de abelha são capazes de controlar tanto o sexo do ovo quanto a quantidade de alimento provido para o filhote, elas podem investir mais em filhas do que em filhos. Dessa forma, mães dão às suas filhas os recursos necessários para produzir seus óvulos energeticamente caros e para realizar o trabalho pesado de buscar alimento para a prole delas. Os filhos podem ser menores, porque produzem espermatozoides minúsculos e passam o tempo buscando fêmeas receptivas, tarefa presumivelmente menos desgastante do que as realizadas pelas fêmeas.

Outros animais podem não ter os mecanismos necessários para controlar o sexo da prole com tanta precisão quanto as abelhas, formigas e vespas, mas ainda podem investir mais em alguns filhotes do que em outros. Adultos do besouro-coveiro, *Nicrophorus vespilloides*, cooperam no comportamento parental enterrando um camundongo, removendo a pelagem do animal morto e expondo um calombo de carne. A fêmea então deposita ovos próximo a esse calombo. Quando as larvas eclodem, elas podem se alimentar da carcaça preparada ou receber a carniça regurgitada processada por um dos pais. As larvas de besouro podem diferir visivelmente em tamanho, porque algumas eclodem mais cedo do que outras, e, sob essas circunstâncias, seus pais dão mais alimento às que eclodiram mais cedo (sênior) do que às que eclodiram mais tarde (júnior) (Figura 12.24). Considerando que apenas certo número de filhotes pode se sustentar da carcaça de um camundongo, os pais podem ganhar ajudando aqueles filhotes que mais provavelmente atingirão a idade adulta, em es-

FIGURA 12.23 Ajustes de investimento em filhos e filhas pela (A) abelha solitária *Osmia rufia*. (B) Quando as fêmeas são jovens no início da estação reprodutiva, sua eficiência de suprimento é alta, e (C) nessas condições, a razão sexual de sua prole favorece a produção de filhas. Filhos pequenos são produzidos quando as fêmeas são mais velhas e sua eficiência em preenchimento dos favos é baixa. Eficiência de suprimento é medida em termos do aumento médio na massa da larva por hora de suprimento de alimento ao ninho. A, fotografia de Nicolas Vereecken; B e C, adaptada de Seidelmann.[1304]

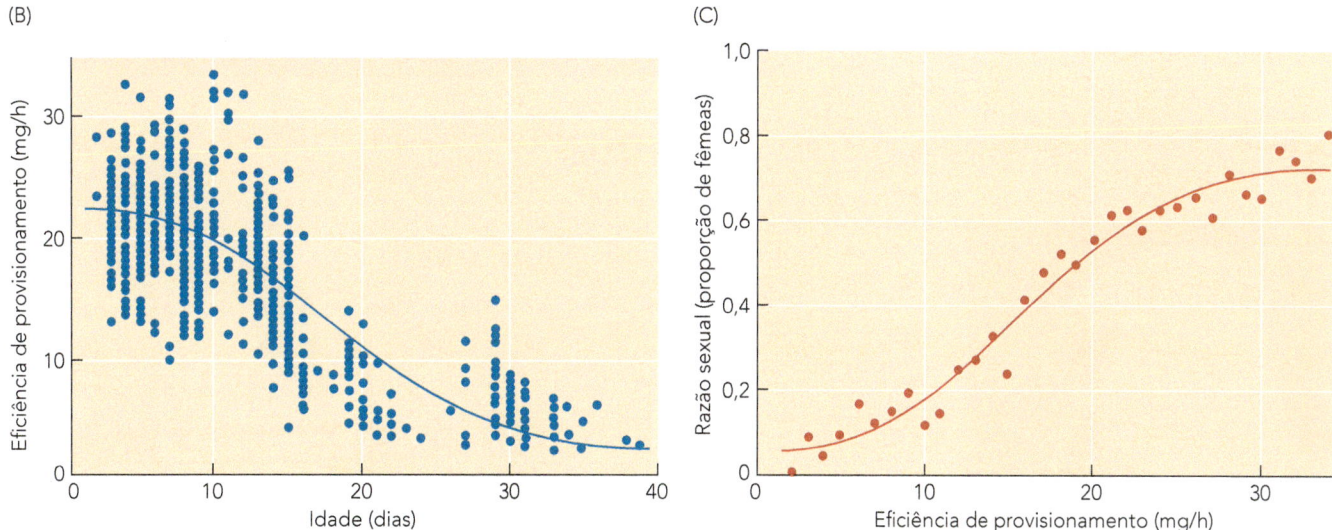

pecial devido à quantidade absoluta de alimento necessária para atingir a maturidade ser menor para larvas que estão mais adiantadas no caminho da metamorfose para se tornarem adultos.[1358]

Adultos de besouros-coveiros distribuem comida desigualmente para a prole ao alimentar diretamente algumas larvas enquanto recusam outras. Na garça-branca grande, *Ardea alba*, os pais realizam uma abordagem de não interferir e deixar seus filhotes lutarem pela posse de pequenos peixes trazidos ao ninho e jogados na frente deles (Figura 12.25).[991] A luta entre filhotes pode se desenrolar ao ponto de um ninhego dominante bater em um irmão ou irmã até a morte ou atirá-lo para fora do ninho, monopolizando assim o alimento trazido. Você pode se perguntar como comportamentos dessa natureza podem aumentar a aptidão dos pais quando levam à morte certa de um ou até dois membros de uma ninhada de três ou quatro.

Talvez os pais não ganhem nada com o **fratricídio**, que pode ter evoluído devido à vantagem adaptativa obtida pelo filhote capaz de se livrar de seus irmãos. Imagine uma família com dois filhotes, cada um dos quais acabará produzindo três filhotes sobreviventes em média. Agora imagine que se um dos dois eliminar o outro, o filhote fratricida aumente seu rendimento para cinco filhotes sobreviventes, graças à habilidade de se empanturrar com o alimento adicional que seus pais oferecem após a morte de seu irmão ou irmã. Apesar do fratricida perder três sobrinhos, que seu ir-

FIGURA 12.24 Cuidado parental diferenciado pelo besouro-coveiro, Nicrophorus vespilloides. (A) Um besouro adulto inspeciona a prole, que vive dentro de uma bola de carniça preparada pelos pais para sua ninhada. (B) Quando a mãe estiver presente, a larva sênior (mais velha e maior) é mais alimentada e cresce mais do que quando a mãe estiver ausente. Este efeito não se aplica às larvas júnior (mais novas e menores). A, fotografia de C.F. Rick Williams; B, adaptada de Smiseth, Lennox e Moore.[1348]

FIGURA 12.25 Agressão entre filhotes na garça-branca-grande, Ardea alba. Dois filhotes lutam ininterruptamente em uma batalha que pode resultar na morte de um deles. A garça adulta boceja enquanto a luta continua. Fotografia de Douglas Mock, para Mock, Drummond e Stinson.[993]

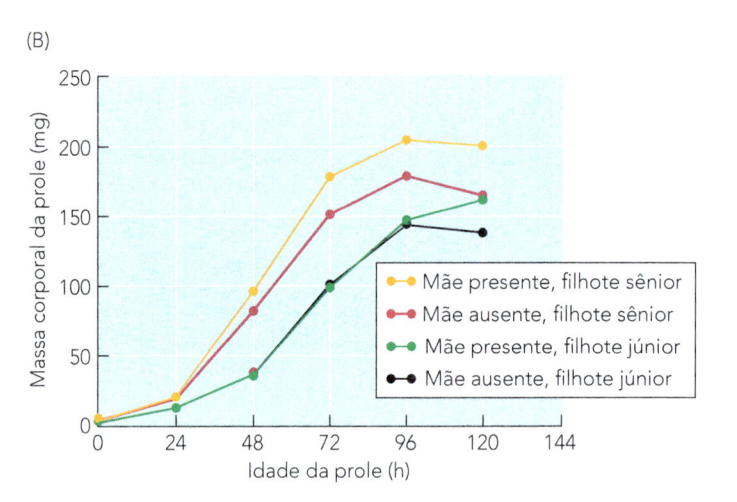

mão teria produzido se não fosse sua morte prematura, esse custo genético é mais do que compensado, do ponto de vista individual do fratricida, pelos seus dois filhotes extras; sobrinhos e sobrinhas compartilham um quarto de seus genes com um tio ou tia, enquanto pais e filhos têm metade dos genes em comum (*ver* página 470). Faça você mesmo as contas. Mas os pais de uma prole fratricida perdem os três netos que seu filhote morto teria, número não compensado pelos dois netos extras vindos do irmão sobrevivente. Este é o tipo de situação que presumivelmente leva ao conflito pais e filhos, conceito desenvolvido por Bob Trivers depois de perceber que algumas ações podem aumentar a aptidão de um filhote à medida que reduzem o sucesso reprodutivo de seus pais, e vice-versa.[1466]

Em alguns animais nos quais o fratricídio ocorre, os pais podem resistir e aparentemente resistem mesmo ao comportamento fratricida dos filhotes. Evidências para essa alegação vêm de estudos de uma ave marinha chamada atobá, na qual alguns indivíduos podem apresentar "fratricídio antecipado": um filhote mais velho "A" descarta um filhote mais novo "B" nos primeiros dias da curta e infeliz vida desse ninhego.[889] A habilidade do filhote A de matar seu irmão ou irmã se baseia em parte no padrão de postura e incubação dos ovos nos atobás. Nessas espécies, as fêmeas depositam um ovo, começam a incubá-lo e então alguns dias mais tarde depositam um segundo ovo. Como o primeiro ovo eclode mais cedo que o segundo,

FIGURA 12.26 Fratricídio antecipado no atobá-pardo, *Sula leucogaster*. Um filhote muito jovem está morrendo bem diante de um dos pais, que continua a criar o filhote fratricida maior que forçou o irmão ou a irmã mais jovem para fora do ninho e para o sol. Fotografia do autor.

o filhote A é relativamente grande no momento em que o filhote B entra em cena. Em espécies com fratricídio antecipado, o filhote A imediatamente começa a maltratar o filhote B, logo forçando-o a sair do ninho, onde ele morre de insolação ou de fome (Figura 12.26).

Fratricídio antecipado é uma prática comum no atobá-grande, *Sula dactylatra*, mas não no atobá-de-pés-azuis, *Sula nebouxii*, cujos filhotes A se envolvem em fratricídio com menos frequência e geralmente mais tarde no período de desenvolvimento. Se, porém, for dada a um par de filhotes de atobás-de-pés-azuis a chance de ser criado por um atobá-grande, que tolera a agressão fraternal, o filhote A frequentemente mata o filhote B rapidamente sob o olhar despreocupado de um de seus pais substitutos. Em constraste, pais atobás-de-pés-azuis parecem manter seus filhotes A sob controle durante seus primeiros dias de convívio com os irmãos. Se assim for, então quando os filhotes de atobá-grande forem dados a pais atobás-de-pés-azuis, os pais adotivos deveriam ser capazes de evitar algumas vezes o fratricídio. Como previsto, eles assim o fazem (Figura 12.27),[889] fornecendo evidências de que os pais podem interferir na rivalidade letal entre os irmãos, desde que seja de seu interesse.

Observações de garças revelaram que a intervenção parental definitivamente não ocorre quando duas jovens garças lutam. De fato, batalhas mortais entre irmãos são favorecidas por decisões prévias tomadas pelos pais referentes a quando começar a incubar os ovos; portanto, assim que as fêmeas depositam seu primeiro ovo, a incubação começa, da mesma forma que para os atobás. Como um ou dois dias separam a postura de cada ovo numa postura de três ovos, os jovens eclodem assincronicamente, com o primeiro a nascer tendo vantagem no crescimento. Como resultado, esse filhote será muito maior do que o terceiro a nascer, o que

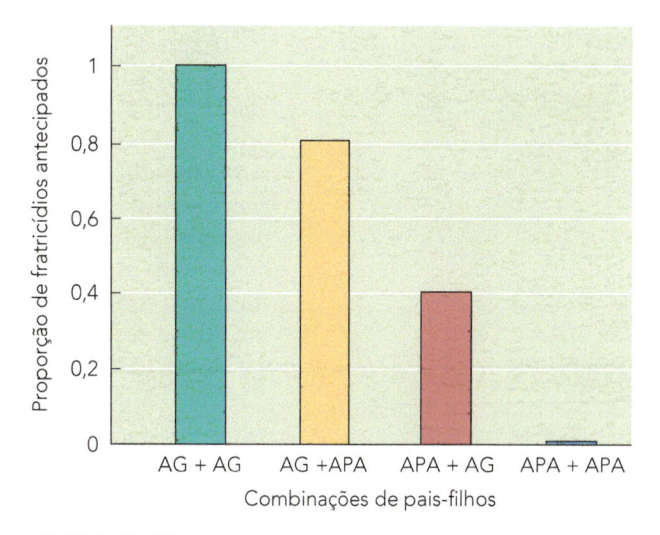

FIGURA 12.27 Atobás parentais podem controlar até certo ponto o fratricídio. A taxa de fratricídio inicial pelo atobá-grande (AG), *Sula dactylatra*, declina quando eles são colocados em ninhos com a intervenção de pais atobás-de-pés-azuis adotivos (APA), *Sula nebouxii*. Ao contrário, a taxa de fratricídio inicial pelos filhotes de atobá-de-pés-azuis aumenta quando eles são dados a pais atobás-grandes adotivos. Adaptada de Lougheed e Anderson.[889]

ajuda a garantir que o filhote sênior irá monopolizar os peixes pequenos que os pais trazem para o ninho. O filhote sênior não é apenas maior, mas também mais agressivo porque, a julgar pelo que acontece na garça-vaqueira, *Bubulcus ibis*, o primeiro ovo a ser posto recebe quantidades relativamente grandes de androgênios – hormônios facilitadores de agressão. As taxas de alimentação desiguais resultantes exageram ainda mais as diferenças de tamanho entre os filhotes, criando o "pigmeu" da ninhada, que frequentemente morre da combinação dos efeitos da agressão e da fome.[1292]

> ### Para discussão
>
> **12.13** Como mencionado acima e em outros lugares, algumas fêmeas de aves fazem ajustes nos androgênios que fornecem aos ovos de acordo com vários fatores. No caso das garças-vaqueiras, *Bubulcus ibis*, a posição do ovo na sequência de posturas está ligada à sua infusão com androgênios. No caso dos canários, *Serinus canaria*, a habilidade do pai de cantar uma canção atraente influencia a disposição da mãe de adicionar hormônios sexuais masculinos aos ovos (*ver* Capítulo 10).[537] Em outras aves, as fêmeas ajustam a quantidade de esforço alimentar em relação à qualidade do pai da prole. Fêmeas de chapim-azul, *Cyanistes caeruleus*, por exemplo, proveem menos comida para as proles de um parceiro cuja coroa de penas tenha sido manipulada para refletir menos luz ultravioleta.[697] Por que esses tipos diferentes de decisões podem ser considerados exemplos do favoritismo parental, e o que os três exemplos têm em comum, a respeito de como as decisões maternais aumentam a aptidão da mãe?
>
> **12.14** As aves não são os únicos animais em que conflitos intensos e às vezes fatais ocorrem entre irmãos. Por exemplo, hienas-malhadas fêmeas, *Crocuta crocuta*, (*ver* página 291) frequentemente dão à luz gêmeos, que competem agressivamente pelo leite da mãe. As brigas entre filhotes às vezes levam um deles à morte. Digamos que você queira testar a proposição que esses casos de fratricídio ocasionais sejam adaptativos. Desenvolva uma ou mais hipóteses e então faça uso das seguintes descobertas: (1) o investimento total das mães a pares de filhotes nos quais o fratricídio eventualmente ocorre é menor do que das mães de gêmeos que não cometem fratricídio; (2) as fêmeas não reduzem a quantidade de cuidado que elas oferecem depois que o fratricídio ocorreu; (3) o fratricídio é mais comum quando as fêmeas têm que viajar grandes distâncias à procura de caça; e (4) as fêmeas às vezes apartam as brigas entre os gêmeos e podem proteger preferencialmente o filhote subordinado.[657,1549]

Assim, garças parentais não apenas toleram o fratricídio, como de fato o promovem. Por quê? Talvez porque os interesses parentais sejam satisfeitos quando os próprios filhotes eliminam aqueles membros da ninhada que dificilmente sobreviverão para reproduzir. Apesar de em anos bons os pais poderem suprir uma grande prole com quantidade suficiente de alimento, na maioria dos anos o alimento é moderadamente escasso, tornando impossível para os adultos criar os três filhotes. Quando não houver comida suficiente para sobreviver, a redução da prole obtida por meio do fratricídio economiza tempo e energia dos pais que de outra forma seriam gastos com um filhote com pouca ou nenhuma chance de chegar à idade adulta mesmo que seus irmãos não o tivessem matado.

Uma forma de testar essa hipótese é criar proles artificialmente sincrônicas de garças-vaqueiras.[992] Em um experimento, proles sincrônicas foram formadas colocando-se filhotes que houvessem eclodido no mesmo dia naquele ninho; proles assincrônicas normais foram reunidas juntando filhotes que difeririam em idade pelo intervalo típico de um dia e meio. Uma categoria de proles exageradamente assincrônicas também foi criada colocando filhotes que haviam eclodido com diferença de três dias entre eles no mesmo ninho. Se o intervalo de eclosão normal é ótimo para promover redução eficiente da prole, então o número de filhotes sobreviventes por unidade de esforço parental deveria ser mais alto para as proles assincrônicas. Essa previsão foi confirmada. Membros de proles sincrônicas não apenas lutaram mais e sobreviveram menos, mas exigiram mais alimento por dia do que proles normais, resultando em baixa eficiência parental (Tabela 12.1).

Tabela 12.1 O efeito da assincronia de eclosão na eficiência parental em garças-vaqueiras

	Média de sobrevivência por ninho	Alimento levado ao ninho por dia (ml)	Eficiência parental[a]
Prole sincrônica	1,9	68,3	2,8
Prole normalmente assincrônica	2,3	53,1	4,4
Prole exageradamente assincrônica	2,3	65,1	3,5

Fonte: Mock e Ploger[992]
[a] O número de filhotes sobreviventes dividido pelo volume de alimento levado ao ninho por dia x 100.

O mesmo resultado foi encontrado para o atobá-de-pés-azuis, no qual proles sincrônicas experimentais com dois filhotes lutaram mais e exigiram muito mais alimento do que proles-controle compostas de pares de filhotes eclodidos assincronicamente.[1079]

Pais e mães de garças-vaqueiras e outras semelhantes a ela parecem saber (inconscientemente) o que estão fazendo quando manipulam o conteúdo hormonal de seus ovos e os incubam de forma a gerar diferenças em tamanho e habilidade de luta entre seus filhotes. A rivalidade entre irmãos e o fratricídio ajudam os pais a dedicar seu cuidado apenas para filhotes que tenham boas chances de se reproduzir, enquanto mantêm os custos da entrega de alimento os menores possíveis. Embora casos desse tipo representem exemplos extremos do favoritismo parental, até mesmo aquelas aves nidificadoras que dão preferência na entrega de alimento para um filhote vigoroso estão na verdade praticando o infanticídio, acelerando o definhamento daqueles filhotes improváveis de reproduzir mesmo se bem alimentados.

Para discussão

12.15 Em espécies como os atobás e as garças, as decisões dos pais sobre a incubação e a alocação de hormônios colocam seu segundo ou terceiro filhote em grande risco de ser destruído. Se o segundo ou terceiro ovo a ser posto está destinado a produzir filhotes que morrerão em alguns dias, por que os pais não economizam a energia gasta nos ovos supérfluos, o que também economizaria a energia de seus filhotes preferidos? Uma possibilidade recebe o rótulo de hipótese do seguro: os adultos investem em um ovo reserva de forma a ter um substituto para o primeiro ovo favorito caso alguma coisa der errado com esse ovo ou com o filhote depois que o ovo eclodir.[273] Como você testaria experimentalmente essa hipótese?

Como avaliar o valor reprodutivo da prole

Pais que tenham recursos alimentares limitados à disposição podem usar o comportamento dos filhotes para decidir como distribuir seu investimento parental em direção aos indivíduos mais capazes de atingir a idade adulta. Considere um experimento em que alguns filhotes de pardal *Passer domesticus*, receberam alimento extra dos pesquisadores, enquanto outros filhotes não receberam. Você pode pensar que os pais abençoados com proles alimentadas estariam ansiosos para reduzir seu esforço provedor; mas, ao contrário, as mães continuaram com a mesma taxa alta de entrega de alimentos e os pais na verdade aumentaram seu esforço parental significativamente.[995] Filhotes bem-alimentados têm maior probabilidade de retribuir seus pais pelo alimento adicional sobrevivendo para reproduzir.

Pardais parentais certamente julgam o estado fisiológico de seus juvenis pela aparência e pelo comportamento de pedido, fator que frequentemente influencia o comportamento parental em aves (*ver* página 311). Um aspecto informativo da aparência dos ninhegos pode ser o revestimento vermelho brilhante de suas bocas, mostradas conspicuamente por muitos ninhegos de pássaros à medida que se esticam para solicitar alimento de um pai retornando da busca (Figura 12.28).[1272] Como a cor vermelha

FIGURA 12.28 Um sinal genuíno da condição? A boca vermelha do filhote de andorinha-das-chaminés, *Hirundo rustica*, é exposta quando os filhotes pedem alimento para seus pais. A intensidade do vermelho na boca de um filhote pode revelar algo sobre a força de seu sistema imunológico. Fotografia de Bruce Lyon.

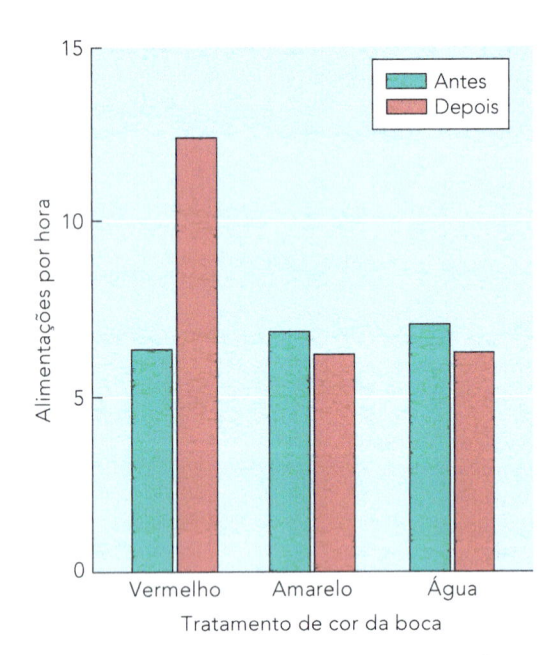

FIGURA 12.29 A cor do interior da boca afeta a quantidade de alimento que um ninhego de andorinha-das-chaminés recebe de seus pais. Depois que os pesquisadores coloriram as bocas de alguns filhotes com duas gotas de corante alimentício, eles receberam mais alimento. Em contraste, filhotes que receberam duas gotas de corante alimentício amarelo ou água não receberam alimento extra. Adaptadas de Saino e colaboradores.[1272]

do revestimento da boca é gerada por pigmentos carotenoides presentes no sangue e como acredita-se que os carotenoides contribuam para a função imunológica, uma boca de um vermelho vivo poderia sinalizar um filhote saudável, que fará bom uso do alimento recebido. Na andorinha-das-chaminés, *Hirundo rustica*, filhotes com a boca mais vermelha apresentaram maior peso seis dias após a eclosão e maior crescimento das penas no 12º dia do que filhotes com bocas mais pálidas.[371]

Pais que alimentaram preferencialmente aqueles membros de uma ninhada com bocas mais vermelhas estariam investindo em filhotes com **alto valor reprodutivo**, ou seja, jovens mais saudáveis com maior probabilidade de sobreviver e se reproduzir em comparação a seus irmãos menos saudáveis. Se os pais de fato tomam decisões adaptativas dessa natureza, então filhotes infectados pela injeção de um material estranho deveriam ter a boca mais pálida do que aqueles que não tiveram seus sistemas imunológicos desafiados. Além disso, os pais deveriam alimentar filhotes com bocas artificialmente avermelhadas mais do que alimentam filhotes com bocas com a coloração natural. Quando a equipe de pesquisa de Nicola Saino testou ambas as previsões na andorinha-das-chaminés, os resultados foram positivos (Figura 12.29).[1272]

Por outro lado, entre as explicações alternativas para a coloração viva da boca [274] está a possibilidade direta que filhotes de aves ganhem por ter bocas coloridas simplesmente porque isso torna a boca do filhote mais visível para seus pais, especialmente quando o ninho for feito dentro de uma cavidade em árvores ou outros locais escuros.[642] Philipp Heeb e seus colaboradores descobriram que quando eles pintavam as bocas de filhotes de chapins-reais, *Parus major*, essas aves com bocas amarelas artificialmente recebiam alimento com mais frequência em ninhos em caixas relativamente escuras do que aves com bocas pintadas de vermelho, cujas bocas eram menos visíveis sob condições de baixa luminosidade. Em caixas com clarabóias, porém, os filhotes de boca vermelha não foram negligenciados, como demonstrado pela sua habilidade de atingir o mesmo peso que seus irmãos de boca amarela.[642] O fato de que as bocas de alguns filhotes refletem fortemente a radiação ultravioleta também é consistente com a hipótese de que a cor da boca é planejada simplesmente para ajudar os pais a encontrarem um receptáculo dentro do qual o alimento deve ser colocado, porque os sinais ultravioleta saltam aos olhos contra o fundo visual de um ninho típico.[698]

Talvez, portanto, fosse melhor conter nosso julgamento sobre se filhotes de aves estão comunicando alguma coisa acerca de sua condição física a seus pais por meio da cor do interior de suas bocas. Não obstante, algum aspecto da aparência do filhote deve oferecer informação sobre sua condição, permitindo a seus pais decisões adaptativas sobre como fornecer-lhe alimento. No andorinhão-real, *Tachymarptis melba*, por exemplo, a pele do filhote reflete a luz ultravioleta (UV) em várias graduações. Quanto maior e mais pesado for o filhote de certa idade, mais áreas da pele refletem ultravioleta (Figura 12.30). Andorinhões que se reproduzem tardiamente parecem usar essa informação, porque tendem a entregar alimento a filhotes com pele altamente reflexiva e a restringir a alimentação de filhotes tratados com vaselina bloqueadora de UV. Essa regra de decisão ajudaria os pais a evitarem o fracasso completo da ninhada quando os recursos estiverem declinando, ao desistir de filhotes de baixo valor e concentrar-se naqueles poucos com a maior chance de crescerem.[125]

Andorinhão-real

Para discussão

12.16 No início da estação reprodutiva, quando filhotes de andorinhão-real estão apenas começando sua vida fora do ovo, muitos insetos tendem a estar disponíveis para os pais oferecerem como alimento para sua prole. Nesse momento, como um adulto deveria utilizar a informação obtida da pele refletora de UV de seus filhotes para decidir como dividir o alimento abundantemente disponível para seus jovens?

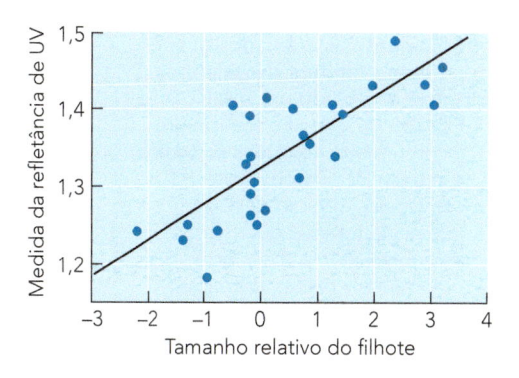

FIGURA 12.30 A luz ultravioleta refletida na pele dos filhotes de andorinhão-real, *Tachymarptis melba*, pode oferecer informação aos pais sobre a condição física do filhote, já que a reflexão UV é maior em filhotes maiores. Adaptada de Bize e colaboradores.[125]

Da mesma forma, Bruce Lyon e seus colaboradores suspeitaram que as plumas longas e alaranjadas nas costas e gargantas dos filhotes do galeirão americano (*Fulica americana*) poderiam ser a pista usada por seus pais para determinar quais indivíduos alimentar e quais ignorar. Galeirões produzem grandes ninhadas, mas logo após os filhotes começarem a eclodir, as aves adultas iniciam o que aos humanos parece um processo especialmente desagradável de redução da prole. À medida que alguns filhotes pedem alimento para um parental, ele pode não apenas recusar-se a oferecer algo para comer, mas também bicar agressivamente a cabeça do filhote. Por fim, esses filhotes param de pedir e tombam mortos sobre a água.

Para testar a ligação entre a ornamentação dos filhotes e as decisões no cuidado parental, Lyon e colegas apararam as pontas alaranjadas dessas penas especiais em metade dos filhotes de uma ninhada, enquanto deixava os outros membros da ninhada intocados. Os filhotes de plumagem laranja inalterada foram alimentados com mais frequência por seus pais e cresceram mais rapidamente também (Figura 12.31).[905] Em ninhadas-controle nas quais todos os filhotes tiveram a plumagem laranja aparada, os jovens foram alimentados com frequência e sobreviveram tão bem quanto ninhadas-controle consistindo apenas em filhotes com plumagem laranja intocada. Esse resultado demonstra que os pais de ninhadas experimentais mistas rejeitaram os filhotes sem plumagem laranja porque eles não eram tão fortemente ornamentados quanto o resto da prole com as plumas intactas, e não porque os pais não conseguiram reconhecê-los como seus próprios filhotes.[905]

Há outras espécies nas quais os jovens filhotes variam na coloração de suas penas. No bem estudado chapim-real, os pais não baseiam suas decisões de fornecimento de alimentos na intensidade do amarelo na plumagem de sua prole.[1471] Alguém pode

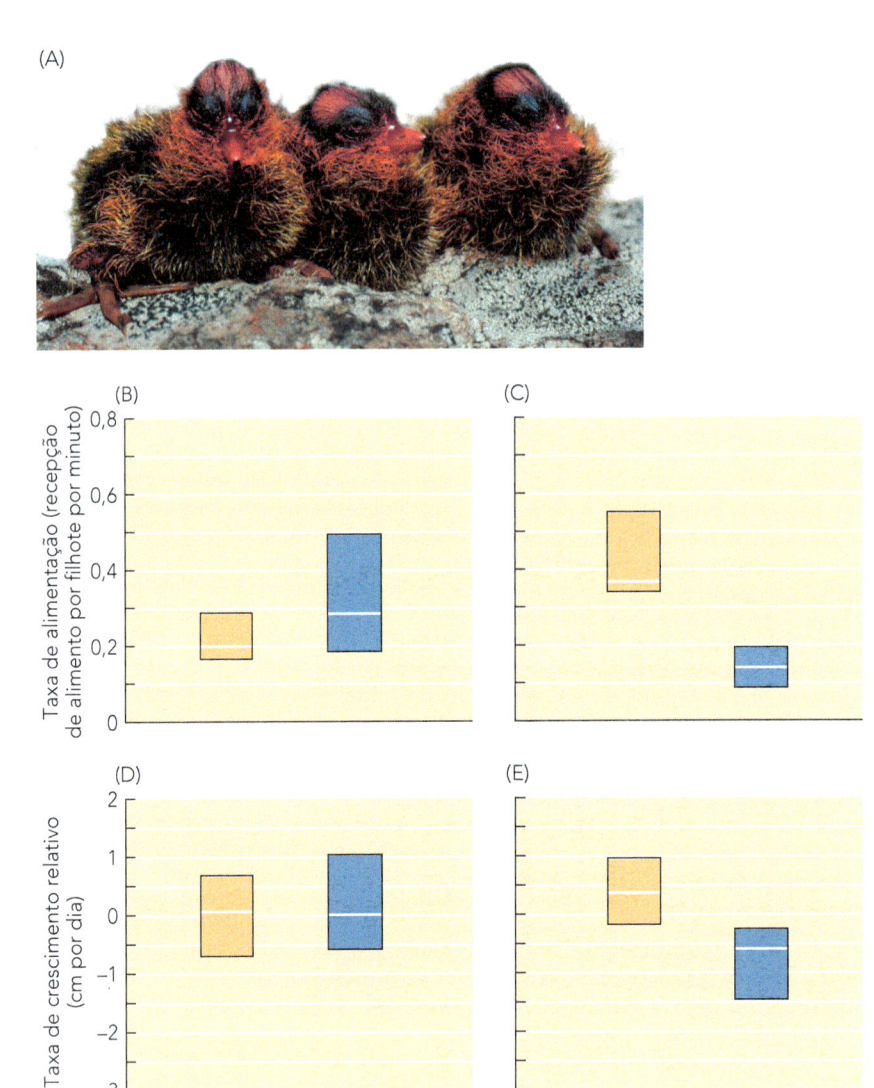

FIGURA 12.31 O efeito dos ornamentos alaranjados nas penas de filhotes de galeirões sobre o cuidado parental. (A) Filhotes de galeirão têm penas incomumente coloridas próximas à cabeça. (B) Grupos-controle compostos inteiramente de filhotes inalterados que tiveram as pontas laranja das plumas ornamentais pretas aparadas foram alimentados à mesma taxa média. (C) Em ninhadas experimentais nas quais metade dos filhotes era laranja e metade era preta, os indivíduos ornamentados receberam alimento mais frequentemente de seus pais. (D) A taxa de crescimento relativo dos filhotes em ambos os grupos-controle foi a mesma, mas (E) filhotes ornamentados cresceram mais rápido em ninhadas mistas quando comparados a filhotes experimentalmente alterados. A, fotografia de Bruce Lyon; B-E, adaptada de Lyon, Eadie e Hamilton.[905]

se perguntar porque diferentes espécies de aves diferem com relação à influência da aparência da prole sobre as decisões parentais. Mesmo assim, a mensagem subjacente fornecida por galeirões, atobás e garças é que os pais não necessariamente tratam cada filhote da mesma forma, em vez disso com frequência ajudam alguns a sobreviver às custas de outros. Casos desse tipo nos lembram de que a seleção age não sobre a variação no número de filhotes produzidos, mas sobre o número que sobrevive para se reproduzir e passar adiante as características hereditárias de seus pais.

Pega-rabuda

FIGURA 12.32 Probabilidade de sobrevivência do filhote e defesa do ninho por parentais do corvídeo pega-rabuda, *Pica pica*. (A) A probabilidade de que os filhotes de idades diferentes sobrevivam até desenvolver penas. (B) A relação entre a idade do filhote e a intensidade da defesa do ninho pelo adulto, medido pela proximidade que o adulto chega de um observador humano (quanto maior a pontuação mais perto o adulto chegava). Adaptada de Redondo e Carranza.[1200]

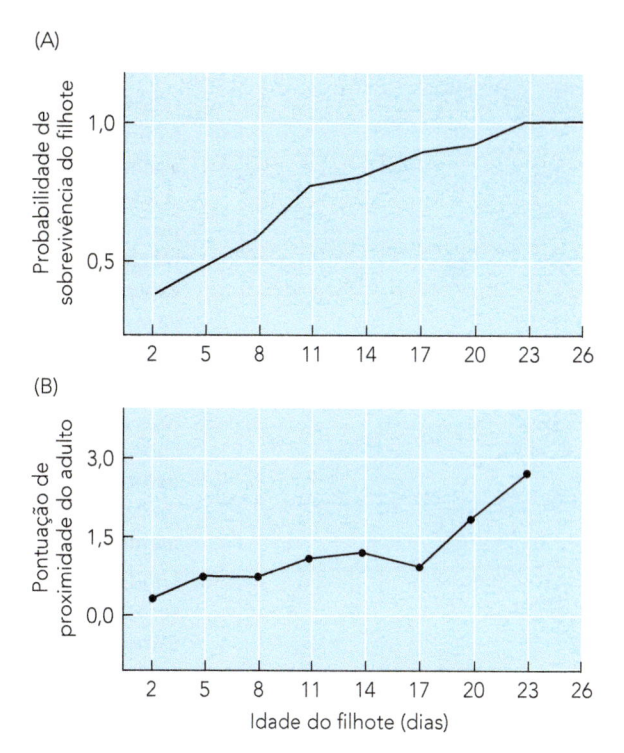

Para discussão

12.17 Filhotes do corvídeo pega-rabuda (*Pica pica*) são mais prováveis de sobreviver à medida que envelhecem (Figura 12.32A).[1200] Levando em conta esse fato, use a abordagem de custo-benefício para explicar porque os pais desse corvídeo mudam seu comportamento defensor em resposta à aproximação do ninho por um biólogo ao longo do período de nidificação (Figura 12.32B).

12.18 Use o conceito de valor reprodutivo para fazer previsões sobre as decisões de fuga de um pato-real, *Anas platyrhynchos*, incubando. Esses patos, que nidificam em meio à vegetação aquática densa, precisam tomar uma decisão quando um predador potencial se aproxima. Eles podem aumentar as chances de salvar a si mesmos fugindo em disparada de seu ninho; porém, sua partida barulhenta frequentemente apontará a localização do ninho, com a provável perda de todos os ovos ali presentes. Ou podem permanecer esperando, ficando tão escondidos quanto possível, aumentando a chance de que o predador passe pelo ninho e seu conteúdo, mas também aumentando seu risco pessoal de ser morto. Faça previsões sobre como esses patos responderão em relação ao número de ovos sendo incubados, o tamanho médio dos ovos e seu estágio de desenvolvimento. Confira suas previsões com os dados presentes em Albrecht e Klvana.[10]

Resumo

1. O tempo, energia e recursos que os pais devotam à sua prole têm custos, incluindo fecundidade reduzida no futuro e menores oportunidades de acasalar no presente, assim como o benefício óbvio do aumento da sobrevivência da progênie assistida. A abordagem de custo-benefício ajuda a explicar porque as fêmeas proveem mais provavelmente cuidado parental do que os machos, considerando os custos para os machos de ajudar os filhotes de paternidade mista, custos que as fêmeas raramente experimentam porque em geral estão geneticamente relacionadas a todos os filhotes em suas ninhadas.

2. Exceções a essa regra geral ocorrem. Quando machos cuidam de seus filhotes, esses casos também podem ser analisados por uma abordagem de custo-benefício. Portanto, o cuidado paternal em peixes frequentemente pode ser favorecido, porque os machos cuidando dos ovos depositados em seus territórios podem ser mais atraentes a parceiras potenciais do que machos sem ovos para cuidar. Em contraste, o custo do cuidado parental para as fêmeas pode incluir grandes reduções na taxa de crescimento e consequente perda de fecundidade.

3. Uma abordagem evolutiva do cuidado parental rende a expectativa de que os pais serão capazes de identificar seus próprios filhotes quando o risco de investir em estranhos genéticos for alto. Como previsto, o reconhecimento da prole está bem distribuído, particularmente em espécies coloniais nas quais oportunidades para dirigir cuidado parental erroneamente são frequentes. Porém, adultos de muitas espécies algumas vezes adotam filhotes não genéticos, incluindo parasitas de ninhada especializados com a consequente perda de aptidão. Hipóteses múltiplas existem para explicar esses casos intrigantes, incluindo a possibilidade de adultos hospedeiros altamente discriminatórios perderem aptidão ao rejeitar erroneamente seus próprios filhotes algumas vezes.

4. Outro quebra-cabeça Darwiniano está na indiferença demonstrada por alguns animais à agressão letal entre seus filhotes. Casos assim podem ser explicados como parte da estratégia parental para deixar os próprios filhotes identificarem quais indivíduos mais provavelmente sobreviverão e, portanto, que jovens oferecerão recompensa pela continuidade do investimento parental. O princípio mais geral é que a seleção raramente favorece o tratamento igualitário dos filhotes, pois alguns jovens têm maior probabilidade de se reproduzir do que outros.

Leitura sugerida

Bons livros sobre cuidado parental incluem *The Evolution of Parental Care** de Timothy Clutton-Brock[280] e *Mother Nature*** de Sarah Hrdy.[688] Existe uma vasta literatura sobre parasitas de ninhos e suas interações com seus hospedeiros; para uma magnífica revisão, ver *Cuckoos, Cowbirds and Other Cheats**** de Nick Davies.[361] O fratricídio em aves é o tema de um excelente artigo de Doug Mock e seus colaboradores,[993] assim como de um bom livro de Mock, escrito para o público geral.[994]

---

* N. de T. "A evolução do cuidado parental".
** N. de T. "Mãe natureza".
*** N. de T. "Cucos, chopins e outros trapaceiros".

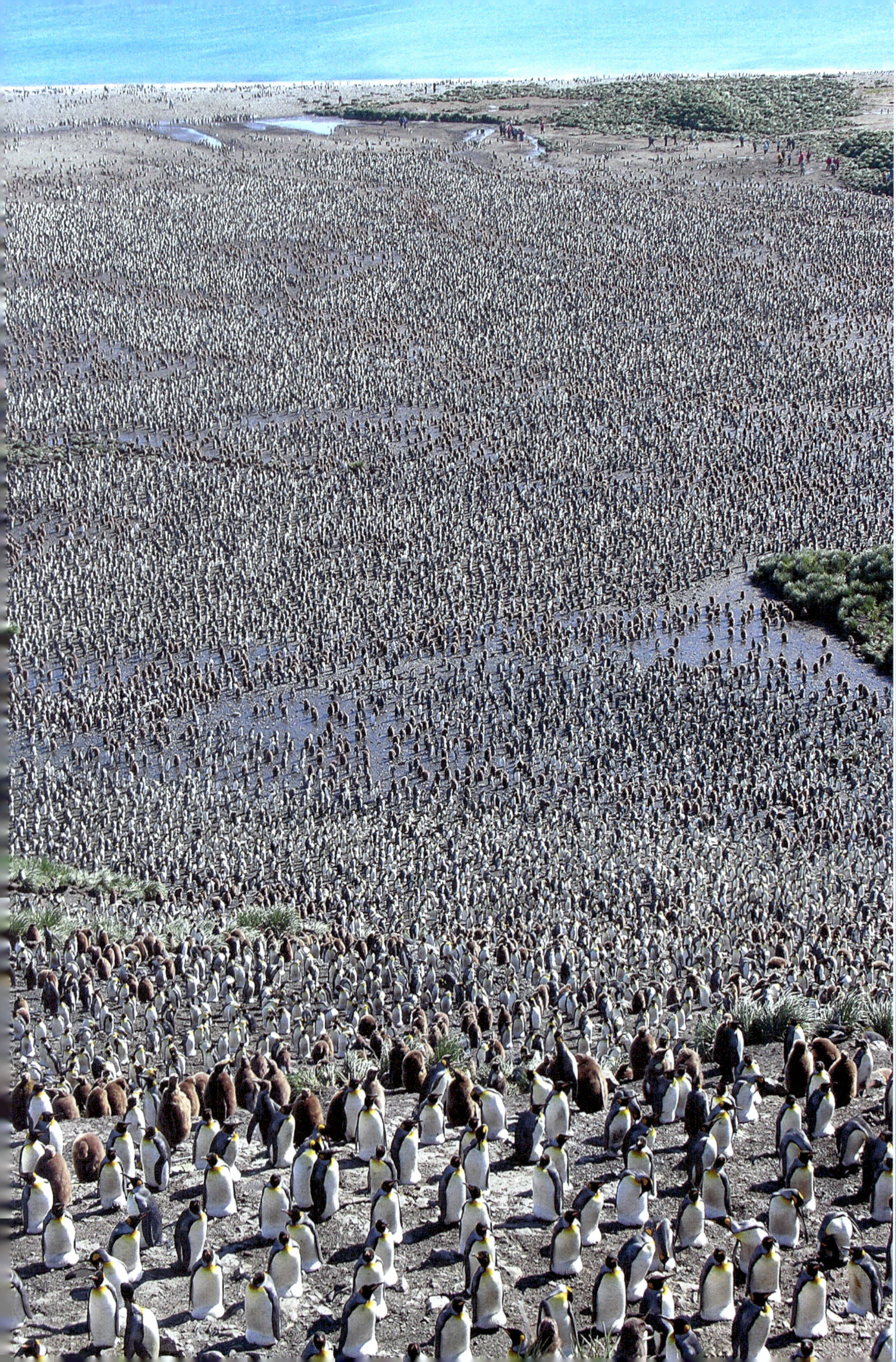

13
A Evolução do Comportamento Social

Não procure automaticamente o spray mata-insetos na próxima vez que você encontrar uma colônia de vespas *Polistes* sob o beiral de sua casa (*ver* Figura 3.10). Ao menos essa seria a recomendação do grande biólogo evolucionista W.D. Hamilton, que escreveu:

> *Vespas sociais estão entre os insetos menos amados... No entanto, se estatísticas não têm o poder de alterar uma impressão geral, quem sabe outra abordagem possa alterar. Cada aluno, talvez como parte de sua educação religiosa, deveria sentar e observar um ninho de vespas* Polistes *por apenas uma hora... Acho que poucos não ficariam comovidos com o que veem. É um mundo humano em suas aparentes motivações e atividades muito além do que parece razoável se esperar de um inseto: atividade de construção, dever, rebelião, cuidado materno, violência, trapaça, covardia, união diante de uma ameaça – tudo isso está presente.*[613]

Desnecessário dizer que, se você escolher seguir a interessante sugestão de Hamilton, seja muito cuidadoso quando se aproximar de um ninho de vespas-caboclas, pois essas e outras vespas sociais têm poderosos ferrões. Se você não provocar um ataque das vespas, será capaz de observar no ninho melodramas quase-humanos, que envolvem tanto fêmeas competindo quanto cooperando ao criarem sua progênie. Se eu lhe dissesse que apenas uma das várias fêmeas no ninho pode ser a mãe de todos os ovos e

◀ **Pinguins-imperadores são animais** *intensamente sociais durante a estação de acasalamento. Dezenas de milhares de adultos se reúnem em um viveiro da Antártica para criarem sua prole. Fotografia de Nancy Pearson.*

larvas ali presentes, e que esses juvenis foram alimentados muitas vezes com alimento coletado por outras fêmeas, que não a sua mãe, eu esperaria que você ficasse pelo menos levemente surpreso. Embora o cuidado parental evolua quando os benefícios do comportamento excedam seus custos (*ver* Capítulo 12), é difícil imaginar como a aptidão de um adulto aumentaria se comportando parentalmente com jovens filhos de outros indivíduos. Ainda, ajudantes de ninhos são encontrados não apenas em vespas, mas em muitos outros insetos, bem como em alguns pássaros e mamíferos. Esses indivíduos que se autossacrificam representam um impressionante enigma darwiniano, cuja solução tem sido procurada por alguns dos melhores biólogos evolutivos do mundo, incluindo W. D. Hamilton e o próprio Charles Darwin.

Esse capítulo procura esmiuçar de que modo o altruísmo e outros atos de ajuda de organismos sociais podem ser analisados a partir de uma perspectiva adaptativa. Mas, primeiro, devemos abordar uma questão mais básica: por que alguns animais vivem em grupos em vez de viverem sozinhos?

Os custos e benefícios da vida social

Você pode pensar que o motivo pelo qual tantos animais se juntam a outros de mesma espécie é que as criaturas sociais são superiores na escala evolutiva e, por isso, são fundamentalmente melhor adaptados do que os animais de vida solitária. Você pode manter esse ponto de vista porque sabe que os humanos são altamente sociais e gostaria de pensar que nós, bem como algumas outras espécies altamente sociais, representamos o auge do processo evolutivo. Mas se você acreditasse nessas coisas, estaria equivocado, porque a seleção natural não visa parâmetros pré-definidos (*ver* Capítulo 1). Em vez disso, em cada espécie, geração após geração, tipos relativamente sociais e relativamente solitários competem inconscientemente uns com os outros, de forma a determinar quem, na média, produz mais prole sobrevivente. Em algumas espécies, os indivíduos mais sociais têm ganhado, mas na grande maioria são os tipos solitários que consistentemente têm deixado mais descendentes (e assim mais cópias de seus genes) para a próxima geração.

Viver sozinho é melhor do que viver junto quando a razão custo-benefício é melhor para indivíduos solitários do que para os indivíduos sociais (Tabela 13.1). Os custos de viver com outros podem ser consideráveis. Por exemplo, na maioria das espécies sociais, os animais têm de despender tempo e energia para conseguir *status* social. Aqueles que não ocupam as posições mais altas devem sinalizar regularmente o estado de submissão aos superiores, a fim de serem autorizados a permanecer no

Tabela 13.1 *Alguns custos e benefícios potenciais da vida social*

Custos	Benefícios
Maior visibilidade de indivíduos agrupados para os predadores	Defesa contra predadores via efeito de diluição ou via defesa mútua (*ver* Capítulo 6)
Maior transmissão de doenças e parasitas entre os membros do grupo	Oportunidades de receber assistência dos outros ao tratar dos patógenos
Maior competição por alimento entre os membros do grupo	Aumentar o forrageamento via efeito central de informação (*ver* Capítulo 7)
Tempo e energia gastos pelos subordinados ao se relacionarem com companheiros mais dominantes	Subordinados têm permissão concedida para permanecer a salvo dentro do grupo
Maior vulnerabilidade do macho ao adultério	Oportunidade para alguns machos tentarem adultério
Maior vulnerabilidade das fêmeas de terem ovos atirados dos ninhos ou terem seus ninhos parasitados e outras formas de interferência reprodutiva realizadas por outros indivíduos	Oportunidade para ejetar ovos alheios, parasitar ninhos e interferir na reprodução de rivais

(A) Ajudantes

Comportamentos sociais:
- ■ Comportamento agonístico
- □ Comportamento de submissão

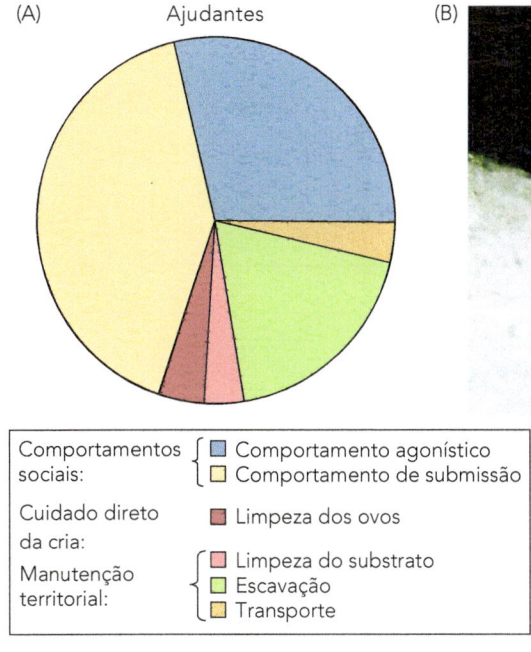

Cuidado direto da cria:
- ■ Limpeza dos ovos

Manutenção territorial:
- ■ Limpeza do substrato
- ■ Escavação
- ■ Transporte

FIGURA 13.1 O orçamento energético de "ajudantes" subordinados não reprodutivos que se associam com pares reprodutivos no peixe ciclídeo, *Neolamprologus pulcher*. (A) A maior proporção da energia do peixe subordinado é despendida no desempenho de comportamentos de submissão – especialmente, a exibição do tremor da cauda. A maioria do orçamento energético restante do peixe subordinado é gasta atacando intrusos e removendo areia e detritos da área defendida pelo par reprodutivo e seus ajudantes. (B) Um ajudante subordinado tremula sua cauda quando o peixe dominante aproxima-se por trás. A, adaptada de Taborsky e Grantner;[1420] B, fotografia de Michael Taborsky.

grupo. O comportamento de submissão pode ocupar a maior parte da vida social de um subordinado (Figura 13.1).[1420]

Para discussão

13.1 No peixe ciclídeo *Neolamprologus pulcher*, conhecido por sua criação cooperativa, os ajudantes vivem com um par reprodutivo dentro do território comunal do grupo. Na Figura 13.2, as localidades ocupadas por cinco desses ajudantes são mostradas por um período de três dias; no dia 3, o maior ajudante (1) foi removido pelos pesquisadores, mas o contorno de seu território permanece na figura.[1540] Como você interpretaria esses dados levando em conta a possibilidade de que os ajudantes estejam competindo uns com os outros enquanto ajudam o par reprodutivo? Qual benefício os ajudantes podem obter ao alcançar dominância sobre os outros ajudantes?

A interferência reprodutiva dos outros também aumenta o preço da socialidade. Machos reprodutivos que vivem em estreita associação com rivais mais atrativos podem perder suas parceiras para esses indivíduos, enquanto fêmeas reprodutivas podem incubar ovos depositados em seus ninhos por parasitas de cria de sua própria espécie.[684] Essas penalidades reprodutivas custosas estão presentes na vida social do pica-pau *Melanerpes formicivorus*, ave que forma grupos reprodutivos contendo ao menos três fêmeas e quatro machos. Todas as fêmeas põem ovos no mesmo ninho em buraco arbóreo, talvez porque qualquer fêmea que tente manter um ninho para ela própria tenha seus ovos destruídos pelas companheiras vingativas.[788] Mesmo quando várias fêmeas concordam em usar o mesmo ninho, quase todos os primeiros ovos postos são removidos por outra fêmea do grupo (Figura 13.3).[1021] Finalmente, essas fêmeas "reprodutoras cooperativas" botam ovos no mesmo dia, momento em que elas param de ejetar os ovos e incubam a ninhada. Contudo, nesse meio-tempo, mais de um terço dos ovos postos pelos pica-paus podem ter sido destruídos. Ter seus ovos ejetados é um custo real da vida social para as fêmeas dessa espécie.

Neolamprologus brichardi

FIGURA 13.2 Efeito de remoção do ajudante subordinado de alta posição hierárquica em um grupo do peixe ciclídeo (*Neolamprologus pulcher*) de reprodução cooperativa. A remoção ocorreu no dia 3 em um aquário que continha um par reprodutivo e cinco ajudantes. (Os pontos de diversas cores representam os diferentes peixes e mostram onde esses indivíduos foram vistos em um determinado dia.) Adaptada de Werner e colaboradores; fotografia de Michael Taborsky.[1540]

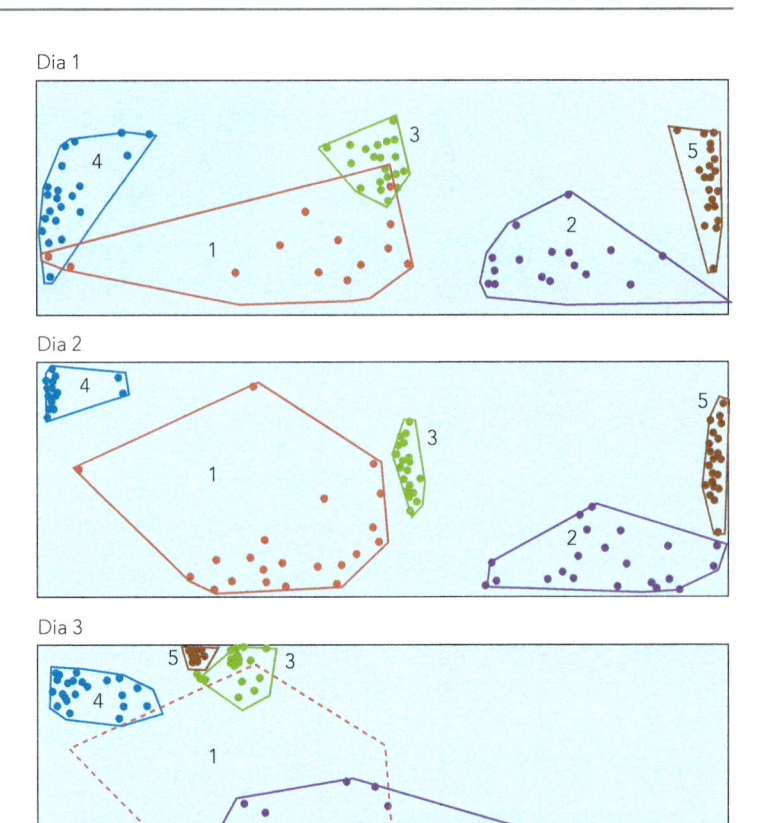

FIGURA 13.3 Interferência reprodutiva em um animal social. Um membro do grupo reprodutivo do pica-pau *Melanerpes formicivorus* remove um ovo do ninho que ela compartilha com algumas companheiras. Fotografia de Walt Koenig.

Além desses custos reprodutivos diretos, a socialidade tem duas outras desvantagens potenciais. A primeira é a elevada competição por alimento, que ocorre em animais tão diferentes como os tordos-zornais coloniais, *Turdus pilaris*, (Figura 13.4)[1573] e os bandos de leões, cujas fêmeas são frequentemente afastadas de suas capturas por parceiros famintos.[1284] A segunda é o aumento da vulnerabilidade a parasitas e patógenos, que infestam espécies sociais de todos os tipos[16] (*ver* Rosengaus e colaboradores[1240]). Evidência da importância desse segundo ponto vem de testes da previsão de que quanto maior o grupo, maior será o risco de infecção por micróbios danosos. Essa previsão é sustentada pela descoberta de que o grau de socialidade entre abelhas está associado à habilidade que as espécies têm em combater bactérias estafilococos. Para demonstrar esse ponto, pesquisadores lavaram a cutícula de abelhas, desde as espécies solitárias que nidificam em isolamento até as espécies altamente sociais em que os milhares até milhões de membros vivem juntos em suas colônias. A solução resultante contina compostos químicos de proteção dos corpos das abelhas. A solução corporal obtida das abelhas altamente sociais era 300 vezes mais efetiva em destruir bactérias do que o fluido antibacteriano derivado de espécies solitárias.[1393] Se assumirmos que os compostos defensivos produzidos pelas abelhas têm custo elevado, então temos a evidência de que indivíduos em grandes grupos pagam um preço especial para combater o maior risco de contaminação bacteriana associada à sua natureza social.

O fato de alguns animais sociais terem evoluído respostas que ajam contra patógenos e parasitas pode possibilitar a eles reduzirem o dano que causam, mas não pode eliminar totalmente a carga que eles impõem. Assim, abelhas melíferas aquecem seus ninhos em resposta a uma infestação por um fungo patogênico, o que aparentemente ajuda a matar o fungo sensível ao calor, mas às expensas de tempo e energia investidos pelas operárias produtoras de calor.[1379] Da mesma forma, cupins podem reduzir o efeito letal de um fungo invasor de seus ninhos, pois membros coloniais não expostos podem adquirir alguma proteção simplesmente pela associação com outros de seu grupo já imunes ao patógeno.[1462] Mesmo assim, a existência de respostas especiais à contaminação por fungos sugere a alta probabilidade que uma colônia se torne contaminada, talvez porque ela proporcione um grande alvo. Além do mais, os mecanismos antifúngicos não aparecem de graça, mas requerem gastos fisiológicos por parte dos cupins.

Uma elevada probabilidade de infecção contagiosa se aplica claramente às andorinhas-de-dorso-acanelado, *Petrochelidon pyrrhonota*, que fazem ninhos lado a lado nos penhascos em colônias compostas de poucas aves a alguns milhares de pares. Quanto mais andorinhas nidificam juntas, maior a chance de que ao menos um pássaro se infeste com insetos sugadores de sangue, que podem se espalhar rapidamente de um ninho para outro.[188] Charles e Mary Brown demonstraram que os insetos foram responsáveis por causar danos nos filhotes das andorinhas; eles fumigaram alguns ninhos de uma colônia infestada e deixaram outros ninhos como controle, sem tratamento. Os filhotes borrifados com inseticida pesaram muito mais e tiveram maiores expectativas de sobrevivência do que aqueles infestados por parasitas que impediam seu crescimento (Figura 13.5).

Os parasitas, bactérias e fungos que atrapalham a vida das andorinhas e de outras criaturas sociais demonstram que para a socialidade evoluir, os custos combinados da vida em sociedade devem ser superados por benefícios compensatórios. Andorinhas-de-dorso-acanelado podem se juntar às outras para obter vantagem do forrageamento melhorado, seguindo companheiros a bons locais de alimentação (*ver* Capítulo 7),[189, 572] enquanto outros animais, como os machos do pinguim imperador que cuidam dos ovos, economizam energia ao amontoarem-se ombro a ombro durante o rigoroso inverno antártico.[28] Outros ainda, como as leoas, juntam forças para se defenderem de inimigos de sua própria espécie, incluindo os machos infanticidas.[1386]

Tordo-zornal

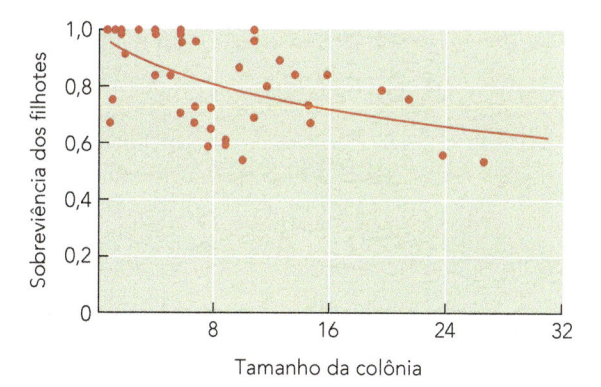

FIGURA 13.4 Competição por alimento é um custo da socialidade no tordo-zornal, pássaro canoro que nidifica em colônias frouxas nas florestas. Quanto maior a colônia, menor a taxa de sobrevivência dos filhotes, devido à alta mortalidade juvenil causada em grande parte pela fome. Adaptada de Wiklund e Andersson.[1573]

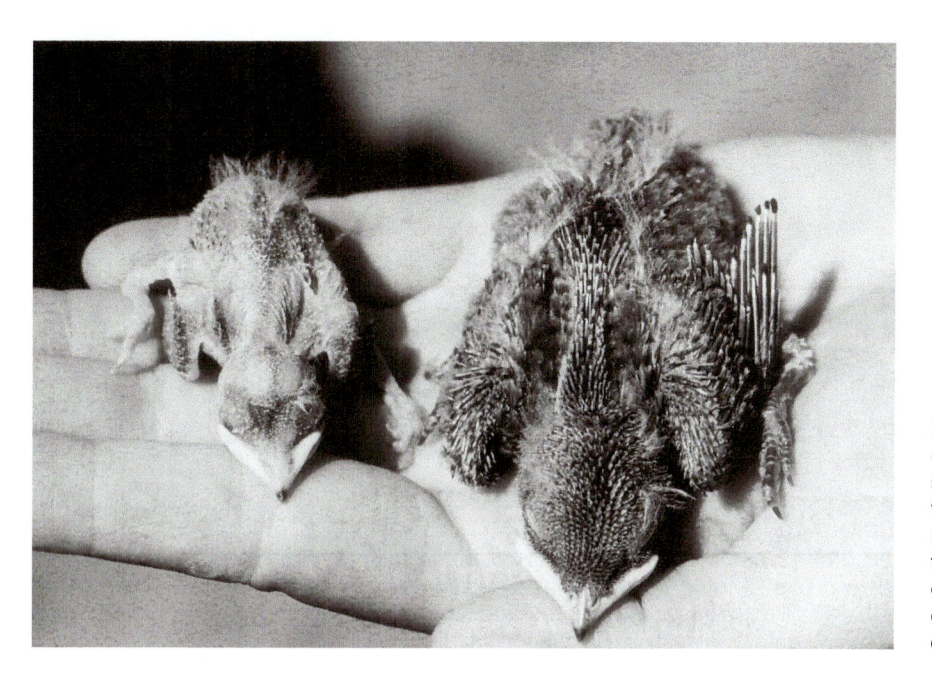

FIGURA 13.5 Efeito de parasitas em filhotes de andorinhas-de-dorso-acanelado, *Petrochelidon*. O filhote muito maior da direita vem de um ninho tratado com inseticida; o filhote raquítico de mesma idade da esquerda ocupou um ninho infestado por insetos. Adaptada de Brown e Brown.[188]

FIGURA 13.6 Viver socialmente com benefícios defensivos? Os membros desse denso cardume do pequeno (5 centímetros de comprimento) peixe-gato, vivendo em um recife de coral próximo à Sulawesi, têm forças unidas para aumentar suas chances de sobrevivência. Agrupamentos de juvenis nessa e em outras espécies podem aumentar a sobrevivência individual tanto pela intimidação de alguns predadores, por meio do tamanho coletivo do cardume, quanto pela amplificação de suas defesas, caso os peixes sejam protegidos por espinhos ou repelentes químicos.

Contudo, o benefício adaptativo mais comum para animais sociais parece ser a melhor proteção contra predadores (Figura 13.6).[16] Muitos estudos mostram que animais em grupo ganham por diluírem o risco de serem capturados, por notarem perigo mais cedo ou por atacarem juntos seus inimigos (*ver* Capítulo 6). No pomacentrídeo, peixe de coral com nome científico memorável (*Abudefduf abdominalis*), machos em grandes grupos reprodutivos perseguem outro peixe predador de ovos em cerca de um quarto da frequência comparados a machos em pequenas agregações. E quando o macho que defende um ninho é removido de um grupo pequeno, seus ovos são atacados por um predador antes dos ovos do macho removido de um grupo grande, indicando que machos de *A. abdominalis* definitivamente recebem benefícios antipredadores mútuos por nidificarem juntos.

Machos em colônias reprodutivas de sargo-de-orelha-azul, *Lepomis macrochirus*, também cooperam para espantar o bagre que come seus ovos para longe de seus ninhos no fundo de lagos de águas doces (Figura 13.7).[586] Se o comportamento social do sargo-de-orelha-azul tiver de fato evoluído em resposta à predação, então espécies proximamente relacionadas que nidificam sozinhas sofreriam menos predação. Como previsto, a solitária perca-sol, *Lepomis gibbosus*, membro do mesmo gênero

FIGURA 13.7 Defesa mútua na sociedade de sargo-de-orelha-azul. Cada macho colonial defende um território limitado pelos sítios de nidificação de outros machos, enquanto um robalo (acima), peixe-gato (esquerda), lesmas e perca-sol (primeiro plano à direita) percorrem a colônia em busca de ovos. Cortesia de Mart Gross.

que o sargo-de-orelha-azul, tem poderosas mandíbulas mordedoras e por isso consegue repelir inimigos que ingerem seus ovos, enquanto o sargo-de-orelha-azul não pode morder com força com sua pequena e delicada boca.[586] Por serem solitárias, as percas-sol não são, de modo algum, inferiores ou menos adaptadas que os sargos-de-orelha-azul; simplesmente ganham menos com a vida social, fazendo da nidificação solitária a sua tática adaptativa.

A evolução do comportamento de ajuda

Animais que vivem juntos têm o potencial de ajudar uns aos outros, e eles frequentemente o fazem, como os machos do pomacentrídeo e do sargo-de-orelha-azul demonstram. Até meados dos anos 1960, biólogos não deram atenção a esse tipo de comportamento de ajuda, pois consideravam que os animais deveriam ajudar uns aos outros para o benefício da espécie como um todo. Porém, quando George C. Williams ressaltou os defeitos desse tipo de suposição (*ver* página 21), ações de ajuda, especialmente as de autossacrifício, repentinamente se tornaram muito mais interessantes aos biólogos evolutivos.

Interações sociais podem variar com diferentes compensações para os dois participantes da interação (Figura 13.8, Tabela 13.2). Às vezes, dois indivíduos que se ajudam mutuamente, estão engajados em um mutualismo. Quando uma leoa conduz um gnu para uma emboscada letal montada por membros de seu grupo,[1377] normalmente a condutora cooperativa obterá alguma carne, mesmo que ela não derrube e estrangule o antílope. Do mesmo modo, se vários machos de sargo-de-orelha-azul tiverem êxito em defender-se do bagre que entrou em sua colônia de nidificação, os ovos de todos os ninhos dos machos são mais propensos a sobreviverem até a eclosão. Quando ambas as partes desfrutam de amplos ganhos reprodutivos dessa interação, o mutualismo, ou cooperação, geralmente não requer nenhuma explicação evolutiva especial.

Isso não equivale a dizer que o mutualismo seja desinteressante. Considere as coalizões de leões em que machos expulsam os rivais que vivem com um grupo de fêmeas. Quando machos que cooperam são bem-sucedidos, eles podem ganhar acesso

Mutualismo
Ganho compartilhado de aptidão direta
Exemplo: Captura de presa por bando de leões

Reciprocidade ← AJUDANTE → **Altruísmo obrigatório**

Ganho adiado de aptidão direta (dependente de retribuição)
Exemplo: Trocas de sangue em morcego-vampiro

Perda permanente da aptidão direta (com potencial para ganho de aptidão indireta)
Exemplo: Operárias de abelha melífera forrageando para a colônia

Altruísmo facultativo
Perda temporária de aptidão direta (com potencial para ganho de aptidão indireta seguido pela reprodução pessoal)
Exemplo: Gralha-azul ajudando no ninho e então ganhando território parental

FIGURA 13.8 As diferentes categorias de comportamento de ajuda. Ajudantes cooperativos podem ser classificados em quatro grupos com base nas consequências de aptidão de suas ações.

Tabela 13.2	*O sucesso reprodutivo de indivíduos que se engajam em diferentes tipos de interações sociais*	
	Efeito no sucesso reprodutivo do	
Tipo de interação	Doador social	Receptor social
Mutualismo (cooperação)	+	+
Reciprocidade	+ (adiado)	+
Altruísmo	−	+
Comportamento egoísta	+	−
Comportamento maldoso[a]	−	−

[a]Você não deveria ficar surpreso pelo fato de que o comportamento maldoso quase nunca é observado na natureza; você deveria ficar surpreso pelo altruísmo não ser incomum, apesar da perda de sucesso reprodutivo enfrentado pelos altruístas.

FIGURA 13.9 Cooperação entre competidores. Machos jovens de *Passerina amoena* têm variação na coloração, desde marrom opaco a azul e laranja brilhante (sua pontuação de plumagem oscila desde menos de 16 até mais de 32). Machos jovens brilhantes permitem que machos opacos, mas não machos de coloração intermediária, estabeleçam território em sua vizinhança. Como resultado, machos marrons com frequência encontram suas parceiras sexuais no primeiro ano, enquanto machos jovens de plumagem intermediária permanecem tipicamente não pareados. Adaptada de Greene e colaboradores;[574] cortesia de Erick Greene.

a um grande grupo de fêmeas sexualmente receptivas. Quando Craig Packer e seus colaboradores analisaram coalizões de leões, descobriram que sociedades de dois ou três machos compartilhavam acesso às fêmeas quase da mesma forma. Mesmo assim, alguns machos nesses grupos não se saem tão bem quanto outros. Por que os machos em desvantagem toleram essa situação? Provavelmente porque se eles fossem sozinhos, suas chances de adquirir e de defender um grupo poderiam ser próximas a zero, pois um macho tem pouca chance contra dois ou três rivais. Assim, alguns machos podem ser mais ou menos forçados a cooperar com companheiros dominantes se quiserem qualquer chance de acasalamento.[786]

Do mesmo modo, machos jovens subordinados da espécie *Passerina amoena*, que têm plumagem marrom opaco, engajam-se em um mutualismo interessante com machos jovens dominantes, de plumagem colorida e brilhante (Figura 13.9). Os machos brilhantes expulsam agressivamente outros machos com plumagem brilhante ou intermediária para longe dos territórios de alta qualidade e com boa cobertura de arbustos, mas toleram vizinhos com plumagem opaca, que são permitidos a se estabelecerem em um ótimo hábitat logo ao lado dos companheiros com coloração brilhante. Uma hipótese para o comportamento surpreendente dos machos brilhantes é que eles ganham com a presença de pássaros próximos com baixa posição hierárquica, pois podem se acasalar com as fêmeas desses machos. Nos ninhos amostrados por Erick Greene e seus colaboradores, machos com plumagem opaca frequentemente criam entre um e dois filhotes extrapar, provavelmente a prole genética de seus vizinhos mais brilhantes.[574]

Levando em conta os custos de tentar criar uma família próxima a machos dominantes, por que machos opacos aceitam morar perto deles? Talvez porque os passari-

FIGURA 13.10 Comportamento cooperativo de corte do piprídeo *Chiroxiphia linearis*. Os dois machos estão na fase de pirueta da exibição dupla para a fêmea, posicionada no lado direito da trepadeira.

nhos subordinados podem, ao menos, ter territórios de alta qualidade, que os habilita a adquirir uma parceira social com mais frequência do que os machos de plumagem de brilho intermediário. Aqueles machos de *status* social intermediário são muitas vezes expulsos por rivais dominantes para hábitats tão pobres que nenhuma fêmea se unirá a eles. Embora machos jovens pardos possam criar frequentemente os filhotes de outros machos, eles também têm oportunidade de produzir seus próprios filhotes, atingindo sucesso reprodutivo, ao contrário da maioria dos jovens de plumagem intermediária e de *status* social intermediário, que têm de esperar o próximo ano para se acasalarem.

Para discussão

13.2 Levando em conta as diferenças no sucesso reprodutivo para as três categorias de machos dos pássaros *P. amoena*, como podemos explicar a persistência evolutiva dos machos com plumagem opaca e, especialmente, dos com plumagem intermediária?

O fato de que tanto os vizinhos jovens opacos quanto os brilhantes ganharem alguma aptidão de suas interações significa que seu acordo social constitui-se em um mutualismo. Mas e as coalizões de machos do piprídeo *Chiroxiphia linearis*, estudadas por David McDonald, em que apenas um dos dois machos cooperativos se reproduz? Nesse pássaro, machos formam pares e cantam repetidamente altos duetos para atrair fêmeas para exibição de corte.[482, 963] Fêmeas visitantes pousam no poleiro de exibição do par, usualmente uma seção horizontal de liana que se encontra a cerca de 30 cm acima do solo, e, em resposta, os dois machos se precipitam e pousam próximos à provável parceira antes de realizarem piruetas surpreendentes (Figura 13.10). Após uma série desses movimentos, os machos se agitam vagarosamente em frente à fêmea, mostrando a bonita plumagem no "voo borboleta". À medida que a visitante começa a pular com entusiasmo no poleiro em resposta a essas exibições, um macho

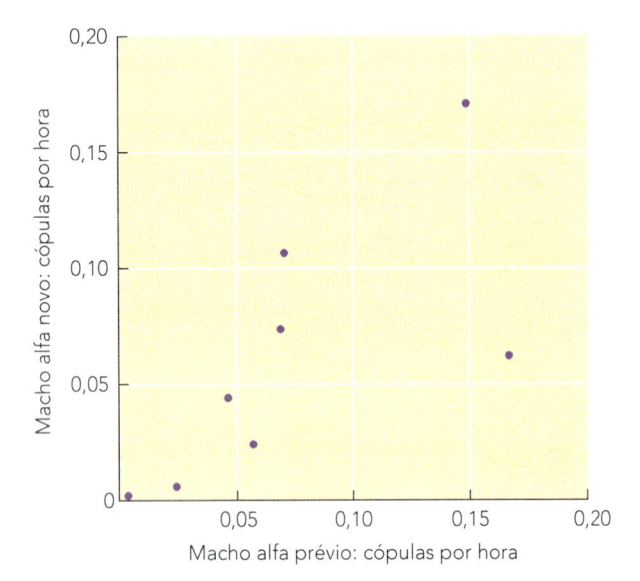

FIGURA 13.11 Cooperação com compensação final. Após a morte de seu companheiro alfa, o macho beta do *Chiroxiphia linearis* (agora um alfa) copula com tanta frequência quanto seu antecessor, presumivelmente porque as fêmeas atraídas para a dupla, no passado, continuam a visitar a arena de exibição quando receptivas. Adaptada de McDonald e Potts.[963]

da dupla sai discretamente, enquanto o outro macho permanece para copular com ela. Então, a fêmea voa e o macho que acasalou chama pelo seu parceiro de exibição, que se apressa em voltar para retomar as suas funções.

Marcando os machos em poleiros de exibição, McDonald e observadores dos *Chiroxiphia linearis* encontraram que em cada sítio havia apenas um macho reprodutivo. Esse macho alfa pode ter alguns companheiros, mas nenhum se reproduz, nem mesmo o colega favorito do alfa, o macho beta, que por sua vez é dominante sobre quaisquer outros cooperadores de meio expediente.[963] De que maneira trabalhar pesado pelo interesse de um macho alfa sexualmente monopolizador pode ser adaptativo para os subordinados? Seguindo machos pacientemente por anos, McDonald descobriu que os machos subordinados gastam ao menos 10 anos tentando ser aceitos como o principal companheiro de dança de um macho alfa. Machos jovens e socialmente ativos que faziam algumas exibições com muitos outros machos, especialmente com aqueles mais atrativos paras as fêmeas, tinham melhor chance de porventura alcançar a posição beta na hierarquia.[964] Apenas quando um subordinado alcança esse nível, ele tem a chance de realizar o último passo até a posição alfa, seja pela morte ou pelo desaparecimento de seu companheiro mais dominante. Concedendo todas as fêmeas ao macho alfa, um macho beta pode estabelecer sua reivindicação para ser o próximo na linha, mantendo outros (na maioria mais jovens) pássaros à distância. Quando um macho beta se torna alfa, ele normalmente se acasala com muitas das fêmeas que copularam com o alfa anterior (Figura 13.11).[963] Assim, machos beta formam um mutualismo com seus parceiros excludentes, pois essa é a única forma de se juntar à fila para, quem sabe, se tornar um macho alfa reprodutor.

Para discussão

13.3 Em muitas espécies de formigas, duas ou mais fêmeas não aparentadas podem unir forças para fundar uma colônia após terem se acasalado. As fêmeas podem cooperar cavando o ninho e produzindo a primeira geração de operárias, mas então começam a lutar até que uma delas deixe o ninho.[112] Como pode ser vantajoso participar dessa associação? Que previsão você pode fazer sobre as taxas de sobrevivência e a produtividade média das colônias fundadas por fêmeas solitárias? Sob quais condições seria correto chamar esse sistema social de mutualismo? Desenvolva ao menos uma hipótese de custo-benefício para explicar o momento de mudança do comportamento cooperativo para o agressivo. Se o comportamento das duas rainhas for produto da seleção natural, não seleção de grupo, qual previsão você pode fazer sobre as interações entre elas durante a fase de estabelecimento da colônia antes da fase de luta?

A hipótese da reciprocidade

O estudo dos piprídeos *Chiroxiphia linearis* mostra que algumas ações de autossacrifício superficiais realmente aumentam as chances reprodutivas dos indivíduos ajudantes. Outro caso possível desse tipo envolve o suricata (*Suricata suricatta*), pequeno mamífero africano que forrageia em grupo. De tempos em tempos, um suricata interrompe a escavação do solo para encontrar insetos e sobe numa árvore ou num cupinzeiro para observar a aproximação de predadores (Figura 13.12).[282] Caso um gavião (*Accipiter gentilis*) apareça para ataque, normalmente o sentinela em cima da árvore é o primeiro a dar o alarme, que compele todos os suricatas forrageadores a correrem em busca de abrigo. Uma explicação para esse comportamento é que os sentinelas ajudam outros, no presente momento, aumentando o risco pessoal, pois serão recompensados pelos seus companheiros quando esses mudarem para a função de vigia. Bob Trivers chamou esse tipo de relacionamento social de "altruísmo recíproco" (também conhecido como **reciprocidade**), pois indivíduos que receberam ajuda eventualmente retornam os favores que receberam.[1464] Se o custo inicial de ajudar for modesto, mas o benefício de receber o favor devolvido for maior, então a seleção favorece o gesto inicial. Imagine, por exemplo, que um suricata sentinela tenha uma chance de 2% de ser morto a cada 100 horas gastas procurando por inimigos. Mas imagine que cada hora que ele gasta em seu ponto de observação, outro companheiro a devolverá. Se ter outros vigiando o perigo por 100 horas melhorar a chance de sobrevivência do sentinela prestativo em mais de 2%, então o benefício será maior que o custo, o que torna a reciprocidade mais provável de se espalhar pela população (mas veja a seguir a discussão sobre o "dilema do prisioneiro").

Contudo, considere uma explicação alternativa para o comportamento de sentinela. Talvez os vigias estejam saciados e não necessitem procurar alimento, então eles sobem nas árvores para melhor localizar o perigo para eles mesmos. Antes de oferecer assistência custosa aos outros de seu bando, os "sentinelas" estariam assegurando benefícios pessoais de aptidão, especialmente se um gavião perseguir os companheiros fugitivos mais do que o sentinela alerta. Observe que esse argumento requer que os suricatas saciados estejam mais a salvo no ponto de vigilância do que em um buraco. Além do mais, o sentinela tem de ser menos atacado do que seus companheiros correndo para um abrigo. Finalmente, essa hipótese também requer que os companheiros do sinalizador ganhem mais ao correr para um buraco do que permanecendo parados em um lugar se esforçando para evitar a detecção pelo predador.

FIGURA 13.12 Sentinela de suricata em alerta para a aproximação de predadores. Fotografia de Nigel J. Dennis.

Como podemos comparar a hipótese de reciprocidade com a alternativa de segurança pessoal? A hipótese da reciprocidade prediz que os suricatas devem seguir uma rotação regular da função de sentinela e que os sentinelas podem correr algum risco de predação. Contudo, na realidade, a função de sentinela é estabelecida casualmente e os vigias estão mais próximos de um buraco para fuga do que os seus companheiros, sugerindo que os vigias não se colocam em perigo. A hipótese de segurança pessoal também é apoiada pela descoberta de que suricatas solitários gastam a mesma proporção do dia em comportamento de sentinela se comparados a suricatas membros de um bando. Além do mais, quando se oferece alimentação suplementar aos suricatas, o que reduz o custo de tempo para espreitar predadores, eles aumentam a quantidade de tempo gasto em um local de vigia. Dessa forma, o que inicialmente parece ser uma rotação de vigias pode ser realmente o produto de indivíduos gastando tanto tempo quanto possível durante o dia em uma posição relativamente segura.

Isso não quer dizer que a reciprocidade esteja ausente da natureza.[1089,1575] Quando papa-moscas-pretos, *Ficedula hypoleuca*, observaram dois pares de vizinhos, ambos atacando corujas-do-mato (*Strix aluco*) empalhadas colocadas simultaneamente perto de seus ninhos, os papa-moscas escolheram ajudar o par de vizinhos que os tinham ajudado uma hora antes em 30 de 32 testes.[802] O outro par ignorado pelos papa-moscas não tinha sido capaz de ajudá-los previamente, porque eles tinham sido capturados e detidos durante o período em que a coruja-do-mato foi colocada perto do ninho do par. Em outras palavras, os papa-moscas parecem lembrar quem os ajudou e quem não os ajudou, e usam essa informação para retribuir àqueles que os ajudaram enquanto ignoram aqueles que não cooperaram. Note que os papa-moscas podem escolher indivíduos particulares para ajudar (ou para negar ajuda), ao contrário dos suricatas, cujas decisões comportamentais afetam todo o grupo, não apenas alguns membros.

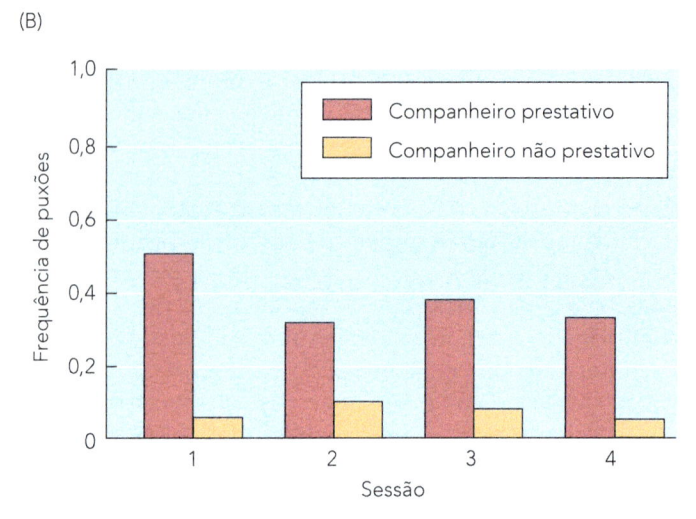

FIGURA 13.13 Demonstração experimental de reciprocidade em sagui. (A) Uma gaiola com compartimento duplo e com uma ferramenta de puxar que um sujeito (o ator, à direita) poderia usar para arrastar o alimento em direção ao seu companheiro (à esquerda, alcançando a recompensa alimentar). (B) A proporção do teste durante o qual um sagui recíproco puxou alimento para um companheiro prestativo (treinado a sempre colocar um item alimentar ao alcance do outro macaco) e um companheiro não prestativo (treinado para nunca colocar um item alimentar ao alcance de outro indivíduo). A, fotografia cortesia de Marc Hauser; B, adaptada de Hauser e colaboradores.[634]

A capacidade para reciprocidade também parece existir em outro primata, o sagui-de-cabeça-branca, *Saguinus oedipus,* como Marc Hauser e seus colaboradores demonstraram experimentalmente,[634] construindo uma gaiola especial com compartimentos separados para dois macacos (Figura 13.3). Um deles tinha acesso a uma barra de puxar que poderia ser usada para deixar o alimento ao alcance tanto do puxador quanto do seu companheiro (dependendo do local em que o pesquisador colocava o alimento). A questão era: um sagui retribuiria ao outro sagui que usou a ferramenta para dar-lhe alimento? Hauser e colaboradores condicionaram um macaco a sempre puxar o alimento para que seu companheiro o alcançasse. Então, esse puxador constante foi pareado com um indivíduo não aparentado geneticamente, que chamaremos de ator. Foram dadas oportunidades ao ator e ao altruísta treinado para revezarem-se puxando alimento ao longo de 24 testes. O ator retribuiu o companheiro treinado por cerca de um terço da metade do tempo, muito mais do que quando o ator foi pareado com um macaco "desertor", treinado para nunca usar a ferramenta de puxar para entregar alimento para o companheiro de gaiola. Em outras palavras, quando pareados com um companheiro prestativo, os saguis retribuíam, mas quando recebiam a oportunidade de ajudar um companheiro não prestativo, os saguis recusavam.

Embora pelo menos alguns animais tenham a capacidade para reciprocidade, o comportamento não é particularmente comum, talvez porque uma população composta de altruístas recíprocos seria vulnerável à invasão de indivíduos felizes em aceitar ajuda, mas ansiosos para esquecer a restituição. "Desertores" reduzem a aptidão dos "ajudantes" nesse sistema, o que devia tornar a reciprocidade menos provável de evoluir. O problema pode ser ilustrado com o modelo de jogo teórico chamado de **dilema do prisioneiro** (Figura 13.14), baseado em uma situação humana (*ver também* a Figura 6.34). Imagine que um crime foi cometido por duas pessoas, que concordaram em não delatar um ao outro, caso sejam capturados. A polícia os conduziu para serem interrogados e os colocou em salas separadas. Os policiais têm evidência suficiente para condenar ambos por pequenos delitos, mas precisam que os criminosos se

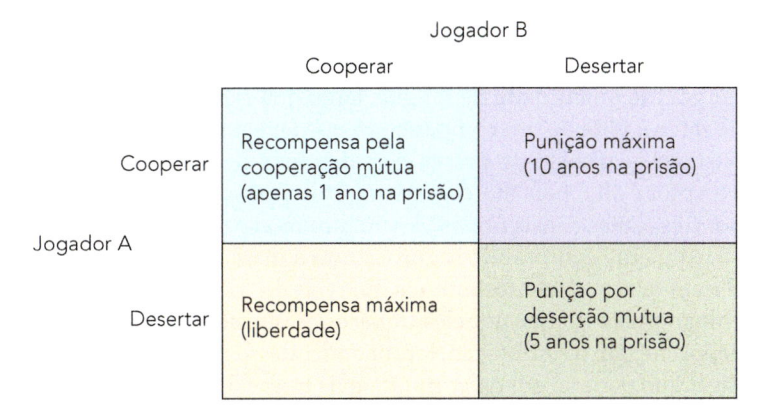

	Jogador B	
	Cooperar	Desertar
Jogador A Cooperar	Recompensa pela cooperação mútua (apenas 1 ano na prisão)	Punição máxima (10 anos na prisão)
Jogador A Desertar	Recompensa máxima (liberdade)	Punição por deserção mútua (5 anos na prisão)

FIGURA 13.14 O dilema do prisioneiro. O diagrama dispõe em ordem as compensações para o jogador A associadas com cooperar ou não cooperar com o jogador B. Desertar é uma escolha adaptativa para o jogador A, considerando as condições especificadas aqui (se os dois indivíduos interagirem apenas uma vez).

comprometam mutuamente, a fim de prendê-los por um crime mais sério. A polícia, assim, oferece liberdade a cada suspeito se ele delatar seu companheiro. Se o suspeito A aceitar a oferta ("desertar"), enquanto B mantiver o acordo ("cooperar"), A consegue sua liberdade (a recompensa máxima) enquanto B fica com a punição máxima – digamos, 10 anos na prisão (o "ganho dos tolos"). Se juntos eles mantiverem o acordo (cooperar + cooperar), então a polícia terá de decidir pela condenação de ambos com baixas penas, levando a, digamos, 1 ano de prisão para cada suspeito. E se cada um delatar o outro, a polícia usará essa evidência contra ambos e renegar a oferta de liberdade para o informante, então A e B serão punidos severamente com, digamos, uma sentença de 5 anos de prisão cada.

Em um ambiente em que as recompensas para as várias respostas são classificadas "deserte enquanto outro jogador coopera" > "ambos cooperam" > "ambos desertam" > "coopere enquanto outro jogador deserta", a resposta ótima do sujeito A é sempre desertar, nunca cooperar. Sob essas circunstâncias, se o suspeito B mantiver a alegação de inocência conjunta, A recebe uma recompensa que excede o prêmio que ele alcança cooperando com um B cooperativo; se o suspeito B delatar A, desertar é ainda a melhor tática para A, pois ele sofre menos punição quando ambos os jogadores desertam do que quando ele coopera enquanto seu companheiro o delata. Pela mesma razão, o suspeito B sempre sairá na frente, em média, se ele desertar e delatar seu amigo.

Esse modelo prediz que a cooperação recíproca nunca deve evoluir. Como, então, podemos considerar os casos de reciprocidade que observamos na natureza? Uma resposta vem ao examinar cenários em que dois jogadores interagem repetidamente, não apenas uma vez. Robert Axelrod e W. D. Hamilton têm mostrado que quando essa condição se aplica, indivíduos que usam a regra de decisão simples "faça para o indivíduo X como ele fez para você na última vez que vocês se encontraram" podem receber, além de tudo, maiores ganhos do que os trapaceiros que aceitam assistência, mas não retornam o favor.[54] Quando múltiplas interações são possíveis, as recompensas de cooperação mútua se somam, excedendo os ganhos de curto-prazo de uma única deserção. De fato, o acúmulo potencial de recompensas podem mesmo favorecer indivíduos que "perdoam" um jogador companheiro por uma deserção ocasional, porque a tática pode encorajar a manutenção de um relacionamento de longo prazo com seus ganhos adicionais.

Morcegos-vampiros parecem encontrar as condições exigidas para a reciprocidade adaptativa múltipla. Esses animais devem encontrar escassas vítimas das quais obtêm suas refeições sanguíneas que são seu único alimento. Após uma noite de forrageamento, os morcegos retornam para seu abrigo onde indivíduos que se conhecem reúnem-se regularmente. Um morcego que tenha obtido sucesso em uma dada noite pode coletar grande quantidade de sangue, tanto que ele se dispõe a regurgitar uma quantia que salve a vida de um companheiro que teve uma jornada de má sorte. Sob essas circunstâncias, o custo do presente ao doador é modesto, mas o benefício potencial ao receptor é alto, pois morcegos-vampiros morrem se falharem em conseguir alimento por três noites consecutivas. Assim, um morcego cooperativo que transfere sangue está realmente comprando seguro contra a inanição de percurso. Indivíduos que estabelecem relacionamentos mútuos duráveis de "doe e aceite" estão em melhor situação a longo prazo do que aqueles trapaceiros que aceitam um presente sanguíneo, mas depois negam a retribuição, terminando, desse modo, um acordo potencialmente durável que poderia envolver muito mais trocas de alimento.[1575]

Altruísmo e seleção indireta

Reciprocidade é realmente um tipo especial de mutualismo em que o indivíduo prestativo tolera uma perda de curto prazo, até que sua ajuda seja retribuída, momento em que ele ganha aumento líquido em aptidão. No entanto, há alguns casos nos quais um doador de fato perde permanentemente oportunidades de produzir sua própria progênie como resultado de ajuda a outro indivíduo. Em biologia evolutiva, esse tipo de comportamento de autossacrifício é chamado de **altruísmo** (*ver* Tabela 13.2). Ações altruístas, se elas existem, são um enigma darwiniano especialmente estimulante para os adaptacionistas, porque violam a "regra" de que os caracteres não podem se espalhar por tempo evolutivo se eles diminuem o sucesso reprodutivo de um indivíduo em comparação a outros indivíduos (*ver* Capítulo 1).

A fim de explicar como o altruísmo poderia evoluir, W. D. Hamilton desenvolveu uma explicação especial que não se apoiava nos argumentos "para o bem do grupo";[609] em vez disso, a teoria de Hamilton baseou-se na premissa de que os indivíduos se reproduzem com o objetivo inconsciente de propagar seus alelos com mais sucesso do que outros indivíduos. A reprodução pessoal contribui para esse objetivo final em uma maneira direta, mas ajudar indivíduos geneticamente similares, – isto é, os parentes – que sobrevivem para se reproduzir, pode prover uma rota indireta para o mesmo fim.

Para entender o porquê, o conceito de **coeficiente de parentesco** vem a calhar. Esse termo se refere à probabilidade que um alelo em um indivíduo esteja presente em outro, pois ambos os indivíduos o herdaram de um ancestral comum recente. Imagine, por exemplo, que um progenitor tem o genótipo *Aa*, e que *a* é uma forma rara do gene *A*. Qualquer descendente desse progenitor terá 50% de chances de herdar o alelo *a*, porque qualquer óvulo ou espermatozoide que o progenitor doe à produção de um filho tem uma chance em duas de possuir o alelo *a*. O coeficiente de parentesco (*r*) entre o progenitor e a prole é, então, 1/2 ou 0,5.

O coeficiente de parentesco varia para as diferentes categorias de parentes. Por exemplo, um tio e o filho de sua irmã têm uma chance em quatro de compartilharem um alelo por descendência, pois o homem e sua irmã têm uma chance em duas de ter esse alelo em comum, e a irmã tem uma chance em duas de passar aquele alelo para qualquer descendente. Assim, o coeficiente de parentesco entre o tio e seu sobrinho é de $1/2 \times 1/2 = 1/4$ ou 0,25. Para dois primos, o valor de *r* cai para 1/8 ou 0,125. Em contraste, o coeficiente de parentesco entre indivíduos não aparentados é 0.

Conhecendo o coeficiente de parentesco entre altruístas e os indivíduos que eles ajudam, podemos determinar o destino de um alelo "altruísta" raro em competição com um alelo "egoísta" comum. A questão chave é se o alelo altruísta se torna mais abundante se seus portadores renunciam a reprodução e, em vez disso, ajudam seus parentes a se reproduzirem. Imagine que um animal tem potencial de ter um filhote ou, alternativamente, investir seus esforços na prole de seus irmãos, assim contribuindo para que três sobrinhos ou sobrinhas sobrevivam, que de outra maneira teriam morrido. Um progenitor compartilha metade de seus genes com um filhote; o mesmo indivíduo compartilha um quarto de seus genes com cada sobrinho ou sobrinha.

Portanto, nesse exemplo, a reprodução direta rende $r \times 1 = 0{,}5 \times 1 = 0{,}5$ unidades genéticas contribuídas diretamente para a próxima geração, enquanto o altruísmo direcionado aos parentes rende $r \times 3 = 0{,}25 \times 3 = 0{,}75$ unidades genéticas passadas indiretamente nos corpos de parentes. Nesse exemplo, a tática altruísta é adaptativa porque resulta em mais alelos compartilhados transmitidos para a próxima geração.

Para discussão

13.4 Se um ato altruísta aumenta o sucesso genético do altruísta, então em que sentido esse tipo de altruísmo realmente é egoísta? Em português cotidiano, palavras como "altruísmo" e "egoísmo" trazem consigo uma implicação sobre a motivação e as intenções do indivíduo prestativo. Por que o uso cotidiano dessas palavras poderia nos causar problemas quando as ouvimos em um contexto evolutivo? Considere aqui a distinção proximal–distal. Se um indivíduo inadvertidamente ajudasse outro ao custo reprodutivo para si próprio, o comportamento poderia ser chamado altruísta sob a definição evolutiva?

Outra maneira de olhar para essa questão é comparar as consequências genéticas para indivíduos que ajudam outros ao acaso *versus* aqueles que ajudam diretamente os seus parentes próximos. Se a ajuda for dada aleatoriamente, então nenhuma forma de um gene tem maior probabilidade de se beneficiar mais do que qualquer outra, e o alelo do altruísmo paga um preço pela ajuda que aumenta a aptidão dos portadores das outras formas do gene. Mas se os parentes próximos ajudam uns aos outros seletivamente, então quaisquer alelos familiares raros que eles possuam podem sobreviver melhor, levando àqueles alelos a aumentar em frequência em comparação com outras formas do gene na população em geral. Quando se pensa nesses termos, fica claro que um tipo de seleção natural pode ocorrer quando indivíduos distintos geneticamente diferem em seus efeitos no sucesso reprodutivo de parentes próximos. Jerry Brown chama essa forma de seleção de **seleção indireta**, que ele contrasta com a **seleção direta** para caracteres que promovem sucesso na reprodução pessoal (Figura 13.15A).[192]

Uma breve divagação é necessária para lidar ainda com outro termo, a **seleção de parentesco**, originalmente definido por Maynard Smith para incluir os efeitos evolutivos tanto da ajuda dada pelos progenitores aos seus parentes descendentes (progênie) como do altruísmo direcionado aos **parentes não descendentes** (outros parentes que não a progênie). Contudo, recentemente, a seleção de parentesco é usada de modo mais amplo para explicar o altruísmo fornecido a outros parentes não descendentes. Em outras palavras, a seleção de parentesco normalmente é um sinônimo para a seleção indireta, termo que mantém o foco claramente na distinção entre os efeitos parentais na prole e os efeitos da ajuda do doador nos parentes não descendentes,[192] daí o porquê de falarmos aqui em seleção indireta no lugar de seleção de parentesco.

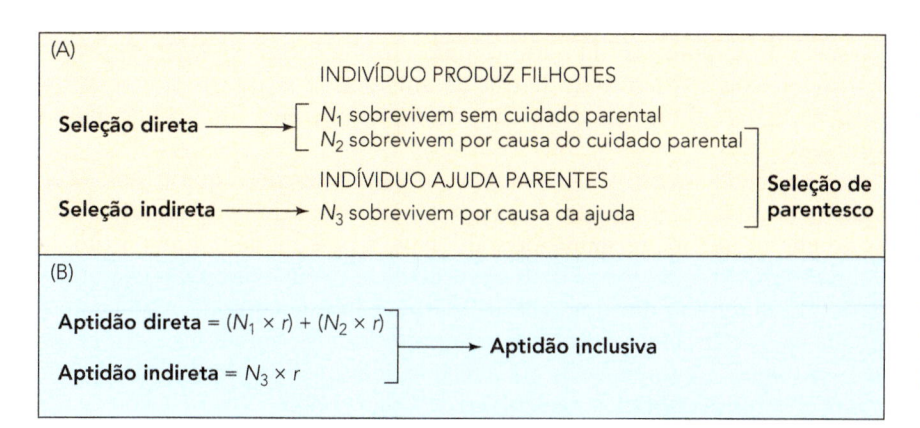

FIGURA 13.15 Os componentes de seleção e aptidão. (A) Seleção direta age na variação do sucesso reprodutivo individual. Seleção indireta age na variação nos efeitos individuais do sucesso reprodutivo de seus parentes. (B) Aptidão direta é medida em termos de reprodução pessoal; aptidão indireta é medida em termos de ganhos genéticos derivados da ajuda aos parentes que se reproduzem. Aptidão inclusiva é a soma das duas medidas e representa a contribuição genética total de um indivíduo para a próxima geração. N representa o número de filhotes em cada categoria; r é o coeficiente de parentesco. Adaptada de Brown.[192]

(A)
INDIVÍDUO PRODUZ FILHOTES
Seleção direta →
- N_1 sobrevivem sem cuidado parental
- N_2 sobrevivem por causa do cuidado parental

INDIVÍDUO AJUDA PARENTES
Seleção indireta →
- N_3 sobrevivem por causa da ajuda

Seleção de parentesco

(B)
Aptidão direta = $(N_1 \times r) + (N_2 \times r)$
Aptidão indireta = $N_3 \times r$
→ Aptidão inclusiva

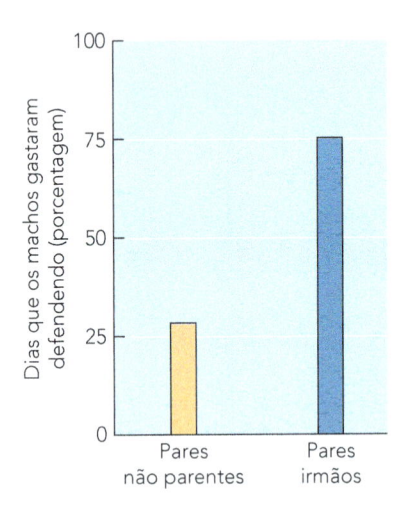

A importância do parentesco

Estar consciente das consequências evolutivas que acontecem quando agentes que interagem socialmente são geneticamente aparentados tem moldado a forma com que biólogos veem o comportamento social. Por exemplo, a descoberta de um número imenso de colônias de formigas-argentinas, que cobrem grandes porções da Califórnia e interagem de forma pacífica, gerou a previsão de que essas colônias seriam geneticamente muito similares – e elas são, provavelmente porque as numerosas formigas pertençam à mesma supercolônia e sejam todas descendentes de uma população que sofreu severa perda de diversidade genética no passado.[1382] Mas há lugares onde membros de duas supercolônias diferentes têm contato e, como previsto, essas formigas diferentes geneticamente atacam com ferocidade umas às outras.

O comportamento de formigas-argentinas da Califórnia é similar, se bem que em escala bem maior, àquele dos grupos de anêmonas que formam clones competitivos de indivíduos geneticamente idênticos. As anêmonas clones contêm castas especializadas, incluindo exploradores e guerreiros, bem como reprodutores.[487] Aqui temos outro caso de indivíduos geneticamente idênticos capazes de desenvolver diferentes fenótipos, com altruístas extremos preparados a se sacrificarem por seus parentes geneticamente idênticos, mas fenotipicamente diferentes. Exploradores se movem ao longo da borda entre dois grupos, localizando o "inimigo" para que os guerreiros possam iniciar o ataque, armados com tentáculos de luta com pontas brancas que podem causar real dano ao oponente.

Outra ilustração da importância do parentesco para evolução do comportamento cooperativo vem do estudo de um peixe ciclídeo, *Pelivicachromis taeniatus*, em que os pares sexuais, às vezes, consistem em irmão e irmã, enquanto outros casais são dois indivíduos não aparentados. Pares de irmãos se ajudam mutuamente e de modo mais significativo do que os casais não aparentados quando há a necessidade de defender o ninho onde os ovos são monitorados pelo peixe-mãe (Figura 13.16).[1439]

Pelivicachromis taeniatus

FIGURA 13.16 Pares de irmãos do peixe ciclídeo *Pelivicachromis taeniatus* cooperam mais que machos e fêmeas não aparentados ao guardar um ninho contendo seus ovos. Adaptada de Thünken e colaboradores.[1439]

Seleção indireta e grito de alarme do esquilo-de-belding

Agora temos muitos exemplos de animais, desde anêmonas até zebras,[1157] que se baseiam em seu parentesco com outros quando tomam decisões inconscientes sobre como responder a esses indivíduos. Contudo, não faz muito tempo, a possibilidade de que a seleção indireta tenha moldado o comportamento era considerada nova. Uma das primeiras pessoas a considerar os possíveis efeitos da seleção indireta nas interações sociais foi Paul Sherman em seu estudo com o esquilo (*Vrocitellus beldingi*, espécie nativa da Califórnia, que recebeu seu nome em homenagem ao biólogo californiano Lyman Belding).[1314] Esses roedores norte-americanos, do tamanho de ratos, produzem um assobio (Figura 13.17) quando um coiote ou texugo se aproxima. O som do assobio do esquilo manda outro esquilo vizinho correr em busca de segurança, justamente como um grito de alarme de um suricata alerta os companheiros para o perigo. Mas os esquilos são como os suricatas em se comportar apenas em seu próprio interesse?

Sherman respondeu negativamente a essa questão ao descobrir que esquilos que dão gritos de alarme são seguidos e mortos por doninhas, texugos e coiotes em maiores taxas do que os que não gritam. Além do mais, a possibilidade que o grito de alarme tenha evoluído como forma de reciprocidade também é improvável, porque a chance de um indivíduo dar um grito de alarme não está correlacionada com a familiaridade ou a extensão da associação entre o vocalizador e os animais que se beneficiam de seu sinal.[1315] Lembre-se de que a reciprocidade é mais provável de evoluir quando os recíprocos pertencem a associações de longo prazo.

A observação de Sherman de que fêmeas adultas de esquilos com parentes nos arredores dão custosos gritos de alarme duas vezes mais do que os machos é consistente tanto com a hipótese do cuidado parental (baseada na seleção direta) como na hipótese do altruísmo (baseada na hipótese indireta). Você pode recordar que fêmeas de esquilos americanos tendem a se estabelecer próximas às suas mães, enquanto os machos se dispersam para longas distâncias de seu ninho natal (*ver* Figura 8.12). Se a hipótese do cuidado parental estiver correta, esperaríamos que as fêmeas dessem mais gritos de alarme do que os machos, pois apenas as fêmeas de esquilos moram próximas de sua cria. Se a hipótese do altruísmo for correta, também podemos prever o viés da fêmea no grito de alarme, pois as fêmeas não apenas moram próximas de sua prole genética, mas também são circundadas por outras fêmeas parentes, tais como irmãs, tias e primas. Quando fêmeas autossacrificantes alertam seus parentes não descendentes, elas poderiam ser compensadas pelos riscos pessoais que elas adquirem pela probabilidade aumentada que parentes não descendentes sobrevivam para transmitir genes compartilhados, resultando em ganhos de aptidão indireta para os altruístas. Fêmeas com filhotes morando próximos, bem como fêmeas com apenas vizinhos parentes não descendentes, apresentam de fato maior probabilidade de emitir gritos quando detectam um predador do que as fêmeas que não têm parentes na vizinhança. Essas descobertas sugerem que tanto a seleção direta quanto a indireta contribuem para a manutenção do comportamento dos gritos de alarme nessa espécie.[1314]

FIGURA 13.17 Um esquilo *Vrocitellus beldingi* dá um grito de alarme após notar um predador terrestre. Fotografia de George Lepp, cortesia de Paul Sherman.

O conceito de aptidão inclusiva

Uma vez que a aptidão (*fitness*) obtida pela reprodução direta (aptidão direta) e a aptidão alcançada pela ajuda na sobrevivência de parentes não descendentes (aptidão indireta) possam ser expressas em unidades genéticas idênticas, podemos somar a contribuição de genes total de um indivíduo para uma próxima geração, criando uma medida quantitativa que pode ser chamada de **aptidão inclusiva** (*ver* Figura 13.15B). Observe que o cálculo da aptidão inclusiva não é medido apenas pela adição da representação genética de sua prole mais aquela de todos os seus parentes. Em vez disso, o que conta é o efeito que o próprio indivíduo exerce sobre a propagação genética dos genes (1) diretamente nos corpos de crias sobreviventes, possível apenas por meio das ações dos pais, e não pelos esforços de outros, e (2) indiretamente, via parentes não descendentes que não teriam existido sem a assistência do mesmo indivíduo. Por exemplo, se o animal mencionado anteriormente foi bem-sucedido na criação de um filhote e também adotou outros três filhotes de seus irmãos, então sua aptidão direta seria $1 \times 0,5 = 0,5$, e sua aptidão indireta seria $3 \times 0,25 = 0,75$; a soma desses dois resultados fornece uma medida da aptidão inclusiva ou o sucesso genético ($0,5 + 0,75 = 1,25$).

O conceito de aptidão inclusiva, contudo, é tipicamente usado não para assegurar as medidas absolutas das contribuições genéticas ao longo da vida dos indivíduos, mas para nos ajudar a comparar as consequências evolutivas (genéticas) das duas estratégias hereditárias alternativas;[1183] ou seja, a aptidão inclusiva se torna importante como meio para determinar o sucesso genético relativo de duas ou mais estratégias comportamentais competidoras. Se, por exemplo, desejamos saber se uma estratégia altruísta é superior à outra que promove a reprodução pessoal, podemos comparar as consequências da aptidão inclusiva das duas estratégias. Para uma determinada estratégia altruísta ser adaptativa, a aptidão inclusiva dos indivíduos altruístas tem que ser maior do que se esses indivíduos tentassem a reprodução pessoal. Um alelo raro "para" o altruísmo se tornará mais comum apenas quando a aptidão indireta obtida pelo altruísta for maior do que a aptidão direta que ele perderia como um resultado de seu comportamento de autossacrifício. Esse argumento é frequentemente apresentado como **regra de Hamilton**: um gene para o altruísmo se espalhará apenas se $r_b B > r_c C$. Em outras palavras, calculamos a aptidão indireta obtida pela multiplicação do número extra de parentes que existe graças às ações do altruísta (*B*) pelo coeficiente médio do parentesco entre o altruísta e aqueles indivíduos extras (r_b); calculamos a aptidão direta perdida multiplicando o número de filhotes não produzidos pelo altruísta (*C*) pelo coeficiente de parentesco entre os pais e a prole (r_c). Por exemplo, se o custo genético de um ato altruísta foi a perda de um filhote (1 × r_c = 1 × 0,5 = 0,5 unidade genética), mas o ato altruísta levou à sobrevivência de três sobrinhos que de outra forma não sobreviveriam (3 × r_b = 3 × 0,25 = 0,75 unidades genéticas), o altruísta experimentaria um ganho líquido em aptidão inclusiva, dessa forma aumentando a frequência de qualquer alelo distinto associado ao seu comportamento altruísta.

> ### Para discussão
>
> **13.5** Digamos que no cálculo de aptidão inclusiva de um macho em uma coalizão de leões, você mediu sua aptidão direta multiplicando por 0,5 o número de filhotes produzidos pelo macho e, então, você adicionou, como aptidão indireta, o número total de todos os filhotes produzidos pelos outros membros da coalizão multiplicado pelo valor médio de *r* entre aqueles filhotes e o macho em questão. Os seus cálculos de aptidão inclusiva seriam contestados por quais motivos?

Aptidão inclusiva e o martim-pescador-malhado

O valor da regra de Hamilton pode ser ilustrado pelo estudo de Uli Reyer no martim-pescador-malhado, *Ceryle rudis*.[1212] Essas atraentes aves africanas nidificam colonialmente em túneis nas margens de grandes lagos e rios. Alguns machos jovens são incapazes de encontrar parceiras e, em vez disso, tornam-se *ajudantes primários* que trazem peixe para suas mães e seus filhotes e ao mesmo tempo atacam cobras predadoras e mangustos que ameaçam o ninho. Esses machos estão propagando seus genes efetivamente pela ajuda que desempenham em favor de seus aparentados com tanta eficácia quanto possível ao ajudar a criar seus irmãos? Eles têm outras opções: poderiam ajudar outros pares de indivíduos não aparentados desempenhando o papel de *ajudantes secundários* ou poderiam simplesmente evitar participar da estação reprodutiva, esperando pelo próximo ano, adotando uma estratégia de *retardatários*.

Para saber porque os ajudantes primários ajudam, necessitamos conhecer os custos e benefícios de suas ações. Ajudantes primários trabalham mais do que os retardatários e os mais despreocupados ajudantes secundários (Figura 13.18). Os maiores sacrifícios dos ajudantes primários se traduzem em menor probabilidade de sua sobrevivência para retornar ao local de procriação no próximo ano (apenas 54% retornam) comparada com ajudantes secundários (74% retornam) ou retardatários (70% retornam). Além disso, apenas dois em cada três ajudantes primários sobreviventes encontram uma parceira no segundo ano e reproduzem diretamente, enquanto 91% dos ajudantes secundários que retornam são bem-sucedidos na estação reprodutiva. Muitos ajudantes secundários formam pares com as mesmas fêmeas que ajudaram no ano anterior (10 das 27 amostras do estudo de Reyer), sugerindo que o acesso aumentado à uma potencial parceira é uma compensação final ao seu altruísmo inicial.

Esses dados nos habilitam para calcular o custo da aptidão direta para os ajudantes altruístas primários em termos de reprodução individual reduzida no segundo ano de vida. Para simplificar, devemos restringir nossa comparação a apenas aqueles ajudantes primários que ajudam seus pais na criação dos filhotes no primeiro ano e então são bem-sucedidos em se acasalar no segundo ano, caso sobrevivam e encontrem uma parceira *versus* ajudantes secundários que ajudam não aparentados sem nenhum outro ajudante no primeiro ano e então se reproduzem no segundo ano, caso sobrevivam e encontrem uma parceira.

Ajudantes primários se lançam na ajuda a seus pais para produzirem filhotes ao custo de terem menos chances de se reproduzirem diretamente no próximo ano. Em-

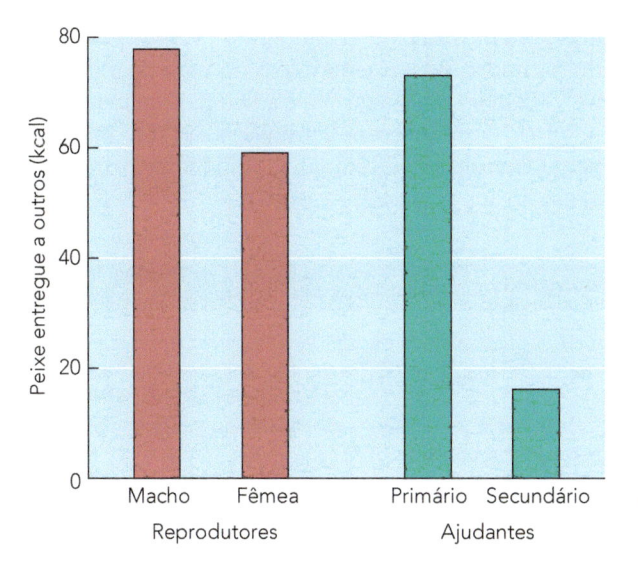

FIGURA 13.18 Altruísmo e parentesco nos martins-pescadores-malhados. Ajudantes primários fornecem mais calorias por dia em peixe para uma fêmea nidificadora e sua prole do que ajudantes secundários, não aparentados aos reprodutores que recebem a ajuda. Adaptada de Reyer.[1212]

bora ajudantes primários tenham mais sucesso do que retardatários no segundo ano (0,41 *versus* 0,29 unidades de aptidão direta), ajudantes secundários tem ainda mais sucesso (0,84 unidades de aptidão direta) porque têm maior taxa de sobrevivência e maior probabilidade de obter uma parceira (Tabela 13.3).

Mas o custo para os ajudantes primários de 0,43 unidades perdidas de aptidão direta (0,84 − 0,41 = 0,43) no segundo ano é compensado pelo ganho em aptidão indireta durante o primeiro ano? À medida que esses machos aumentam o sucesso reprodutivo de seus pais, criam filhotes-irmãos que não existiriam de outra forma, e dessa maneira propagam indiretamente seus genes. No estudo de Reyer, os pais de um ajudante primário ganharam 1,8 unidades extras de filhotes, em média, quando seu filho ajudante estava presente. Alguns ajudantes primários auxiliaram seus pais genéticos, neste caso os 1,8 irmãos extras eram irmãos e irmãs de pai e mãe, com um coeficiente de parentesco de 0,5. Mas em outros casos um progenitor morreu e o outro se acasalou novamente; portanto, o ajudante seria apenas meio-irmão da cria produzida ($r = 0,25$). O coeficiente médio de parentesco para os filhos que ajudam um casal ficou entre 0,25 e 0,5 ($r = 0,32$). Desse modo, o ganho médio para os ajudantes primários foi de 1,8 extra irmãos x 0,32 = 0,58 unidades de aptidão indireta, número maior do que a perda de aptidão direta média vivenciada no segundo ano de vida.

Tabela 13.3 *Cálculos da aptidão inclusiva para machos de martim-pescador-malhado*

Tática comportamental	Primeiro ano			Segundo ano				
	y	r	f_1	o	r	s	m	f_2
Ajudante primário	1,8 × 0,32 = 0,58			2,5 × 0,50 × 0,54 × 0,60 = 0,41				
Ajudante secundário	1,3 × 0,00 = 0,00			2,5 × 0,50 × 0,74 × 0,91 = 0,84				
Retardatário	0,0 × 0,00 = 0,00			2,5 × 0,50 × 0,70 × 0,33 = 0,29				

Fonte: Reyer[1212]

Símbolos: y = jovens extra produzidos pelos pais ajudados; o = prole produzida por ex-ajudantes reprodutores e retardatários; r = coeficiente de parentesco entre o macho e y, e entre o macho e o; f_1 = aptidão no primeiro ano (aptidão indireta para o ajudante primário); f_2 = aptidão direta no segundo ano; s = probabilidade de sobrevivência no segundo ano; m = probabilidade de encontrar uma parceira no segundo ano.

Reyer usou a regra de Hamilton para mostrar que os ajudantes primários sacrificam a reprodução direta futura do segundo ano aumentando o número de parentes não descendentes no primeiro ano.[1212] Pelo fato desses irmãos adicionais aparentados carregarem alguns alelos dos ajudantes, eles fornecem ganhos em aptidão indireta que compensam mais do que a perda em aptidão direta que os ajudantes primários vivenciariam no segundo ano em relação aos ajudantes secundários.

Para discussão

13.6 Considerando os resultados de nossos cálculos de aptidão inclusiva para machos de martins-pescadores, por que sempre há retardatários? Seria uma estratégia mal-adaptativa ser um retardatário? É possível usar a teoria de estratégia condicional (ver página 231) para analisar esse caso? Você pode usar a teoria para explicar por que não há machos martins-pescadores-malhados completamente estéreis?

13.7 Outro problema relacionado a leões: digamos que um bando de leões consiste tipicamente em 10 fêmeas reprodutivamente maduras. Imagine que um macho, trabalhando sozinho, tenha uma chance de 30% de adquirir e defender um bando por um ano. Contudo, um par de machos tem 80% de chance de manter um bando pelo mesmo período. (1) Assumindo que todas as fêmeas se acasalam com o macho ou machos que controlam seu bando e produzam um filhote durante o ano e assumindo que ambos os machos, em um bando com dois machos, produzam igual número de filhotes, deveriam dois machos não aparentados se juntar para assegurar esse harém de fêmeas? (2) E se os machos fossem primos? (3) Agora imagine que os machos sejam meio-irmãos, mas o macho dominante obtenha 80% de todas as cópulas e, desse modo, 80% dos filhotes seriam seus. Um subordinado se juntaria a uma coalizão com o seu meio-irmão dominante? Em todos os seus cálculos de aptidão inclusiva, identifique os componentes de aptidão direta e indireta. (Essa questão é cortesia de Mike Beecher, a quem quaisquer reclamações devem ser direcionadas.)

Aptidão inclusiva e os ajudantes de ninho

Nos martins-pescadores-malhados, os ajudantes primários aumentam sua aptidão indiretamente por meio de sua produção incrementada de parentes não descendentes, enquanto ajudantes secundários aumentam sua aptidão diretamente incrementando as chances futuras de reprodução direta. Ajudantes primários demonstram que o altruísmo pode ser adaptativo; ajudantes secundários mostram que ajudar não significa ser altruísta, mas em vez disso pode gerar benefícios de aptidão direta para os ajudantes. Desse modo, uma só espécie oferece suporte para duas diferentes hipóteses adaptacionistas sobre a evolução do comportamento cooperativo de ajuda. Essas hipóteses podem ser testadas para outros casos de ajudantes no ninho, encontrados em uma variedade de outras aves, bem como em peixes, mamíferos e insetos.[192, 1186, 1419]

Cada caso de ajudantes de ninho representa um quebra-cabeça que merece ser analisado à luz de uma série completa de hipóteses, incluindo a possibilidade que o cuidado da prole de outros seja um efeito colateral não adaptativo de outros caracteres adaptativos. Como Ian Jamieson salientou, ajudar talvez tenha originado em algumas espécies de aves como um subproduto incidental de mudanças genéticas ou ecológicas que tornaram adaptativo para jovens adultos o atraso na dispersão de seu território natal.[709,710] Se essas aves "caseiras" foram expostas aos filhotes recém-nascidos cuidados pelos pais, é possível que o chamado dos filhotes tenha ativado o comportamento parental nos jovens adultos não reprodutivos. Esse comportamento poderia então ser mantido ao longo do tempo evolutivo como subproduto de dois caracteres adaptativos, dispersão atrasada e tendência ao cuidado de filhotes de outros indivíduos, mesmo que alimentar esses filhotes reduzisse a aptidão desses ajudantes não reprodutivos.

FIGURA 13.19 Cooperação entre parentes da gralha *Aphelocoma coerulescens*. Nessa gralha, residente da Flórida, os ajudantes de ninho fornecem alimento para os jovens, defesa do território e proteção contra predadores. Baseada no desenho de Sarah Landry, adaptada de Wilson.[1588]

Essa hipótese do subproduto não adaptativo pressupõe que a seleção não poderia eliminar a tendência do ajudante de alimentar os filhotes de seus pais sem também destruir a capacidade do jovem que permanece em casa investir em seus próprios filhotes mais tarde. Essa previsão é testável. Uma dessas previsões-chave é que os mecanismos latentes do cuidado parental não deveriam ser diferentes nas espécies com ajudantes daquelas espécies sem ajudantes. O grupo de aves conhecidas como gralhas fornece o teste comparativo necessário. Na gralha-mexicana (*Aphelocoma ultramarina*) e nas gralhas *Aphelocoma coerulescens*, alguns indivíduos que não se acasalam ajudam seus pais a criar filhotes adicionais (Figura 13.19). A gralha *Aphelocoma californica* é um membro do mesmo gênero, mas sem ajudantes de ninho; nessa espécie, apenas indivíduos que se acasalam possuem altos níveis de prolactina, enquanto indivíduos que não se acasalam possuem baixos níveis desse hormônio, o que parece regular o cuidado parental em muitas aves. Em contraste, ajudantes não reprodutivos nas duas outras espécies de gralha têm níveis de prolactina que se comparam com os níveis encontrados em seus pais reprodutivos.[1290,1497] Além disso, a prolactina em gralhas mexicanas não reprodutivas aumenta até altos níveis antes de existir jovens para alimentar (Figura 13.20), sugerindo que a seleção favorece indivíduos não reprodutivos dessa espécie a alcançar níveis hormonais necessários para o cuidado dos filhotes. Esses resultados são contrários à explicação do subproduto não adaptativo para o cuidado dos filhotes.

Mas se ajudar é adaptativo, os ajudantes derivam sua aptidão inclusiva via rota direta, indireta ou ambas? Nas gralhas-mexicanas e gralhas *A. coerulescens*, alguns ajudantes permanecem no ninho e herdam seu território dos pais – um benefício direto. Mas benefícios de aptidão indireta são também possíveis para os ajudantes, se os pais com ajudantes criam mais filhotes do que pais sem assistentes não reprodutores (Tabela 13.4).[192,1618] Por exemplo, nas aves de reprodução cooperativa do gênero *Turdoides*, quanto mais alta foi a razão adultos *versus* jovens sobreviventes (valor afetado pelo número de ajudantes no grupo), maior foi a probabilidade da prole de adultos reprodutivos receber assistência mais prolongada, o que aumentou a probabilidade que eles se tornassem mais pesados, forrageassem com mais eficiência e dispersassem melhor do seu grupo. A dispersão bem-sucedida foi associada com reprodução individual mais precoce, então ajudantes talvez tenham tido genes compartilhados com a próxima geração mais cedo do que de outra forma.[1222]

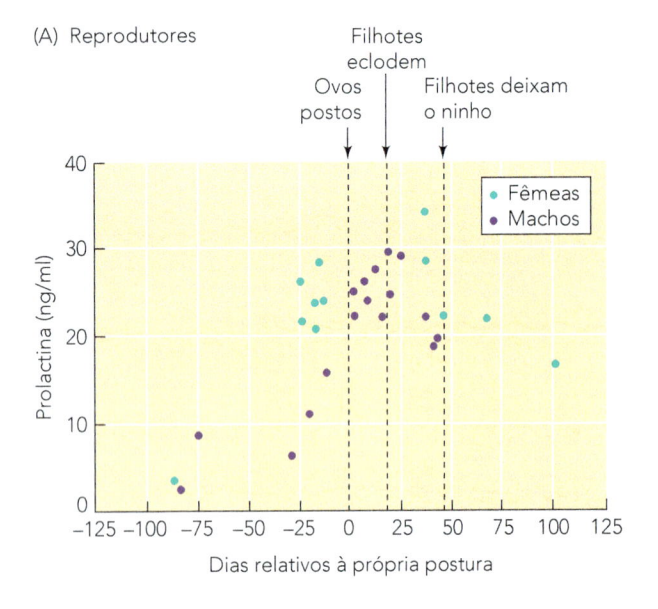

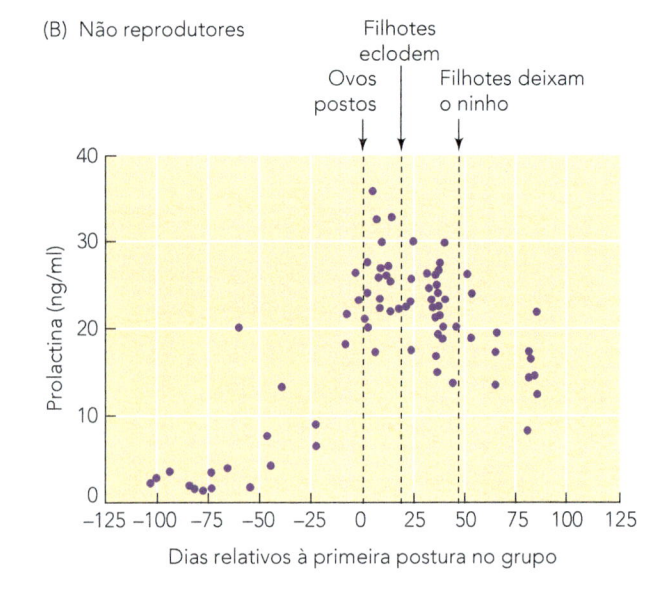

FIGURA 13.20 Mudanças sazonais nas concentrações de prolactina em (A) reprodutores e (B) ajudantes de ninho não reprodutores em gralhas-mexicanas. Aves não reprodutoras em um grupo exibem o mesmo padrão de produção de prolactina aumentada antes da eclosão dos ovos que os adultos reprodutivos. Adaptada de Brown e Vleck.[195]

Outra possível forma na qual os ajudantes poderiam melhorar sua aptidão indireta é aumentando a longevidade de seus pais. Fornecendo alimento extra para os filhotes, os ajudantes de ninho de uma espécie de maluro (*Malurus cyaneus*) possibilitam que sua mãe produza ovos mais leves com significativamente menos gordura e proteína do que aqueles postos por uma mãe sem ajudantes.[1256] Diminuindo esse investimento gamético por ninhada, as fêmeas com ajudantes poderiam viver mais e, dessa forma, ter mais oportunidades ao longo da vida para se reproduzir. Desse modo, os ajudantes poderiam maximizar a produtividade ao longo da vida de um aparentado, melhorando sua própria aptidão indireta.[284]

No entanto, temos que considerar a possibilidade que quaisquer benefícios aparentes supridos pelos ajudantes possam ser realmente o efeito da ocupação de territórios superiores, com mais alimento ou melhores locais de nidificação. Diferenças no número de filhotes criados pelos pais, com e sem ajudantes, poderiam ser devidas às diferenças na qualidade dos territórios defendidos pelos casais nas duas categorias, e não porque um conjunto tinha ajudantes de ninho e o outro não os tinha. Ronald Mumme testou essa hipótese capturando e removendo os ajudantes de alguns pares reprodutores aleatoriamente selecionados de gralhas *Aphelocoma coerulescens*, enquanto deixou outros ajudantes sem interferência. A remoção experimental dos ajudantes reduziu o sucesso reprodutivo dos pares expe-

Tabela 13.4 *Efeito dos ajudantes de ninho em Aphelocoma coerulescens sobre o sucesso reprodutivo de seus pais e sobre sua própria aptidão inclusiva*

	Pais sem experiência reprodutiva[a]	Pais com experiência reprodutiva
Número médio de filhotes produzidos sem ajudantes	1,03	1,62
Número médio de filhotes produzidos com ajudantes	2,06	2,20
Aumento no sucesso reprodutivo resultante da ajuda	1,03	0,58
Número médio de ajudantes	1,70	1,90
Aptidão indireta obtida por ajudante	0,60	0,30

Fonte: Emlen[439]

[a] Inclui pares em que um dos progenitores tenha reproduzido, motivo pelo qual alguns pares dessa categoria adquirem um ajudante de ninho.

rimentais em aproximadamente 50%, medido pelo número de filhotes sobreviventes 60 dias após o nascimento (Figura 13.21). Aparentemente, os ajudantes realmente ajudam nessa espécie.[1023]

De fato, ajudantes dessas gralhas também aumentam as chances de seus pais sobreviverem para se reproduzir novamente no próximo ano, como sugerido para uma espécie de maluro. A sobrevivência parental aumentada significa que os ajudantes de gralha são responsáveis por mais filhotes aparentados irmãos no futuro; esses filhotes irmãos extras resultam em média 0,30 unidades adicionais de aptidão indireta para os ajudantes.[1022] Os ganhos de aptidão indireta total obtidos pela ajuda no ninho têm o potencial de exceder o custo em termos de perda de aptidão direta, especialmente se aves jovens não têm quase nenhuma chance de reprodução direta. Quando poucas opções são disponíveis para a dispersão de jovens adultos, ajudar pode ser a melhor opção adaptativa para os indivíduos com potencial para serem altruístas ou para se reproduzirem diretamente. Indivíduos desse tipo podem ser chamados de *altruístas facultativos* (ver Figura 13.8), pois não estão confinados na função de ajudantes.

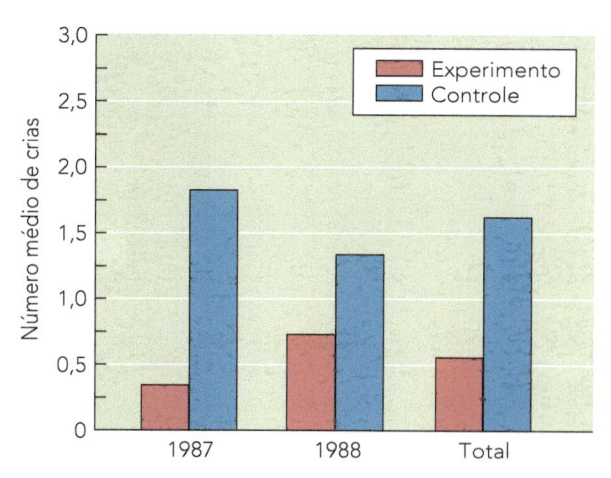

FIGURA 13.21 Ajudantes de ninho auxiliam pais a criarem mais irmãos na gralha *A. coerulescens*. O gráfico mostra números de filhotes vivos após 60 dias nos ninhos experimentais que perderam seus ajudantes e em ninhos-controle não manipulados durante um experimento de 2 anos. Adaptada de Mumme.[1023]

É possível testar se os hábitats de nidificação saturados contribuem para a manutenção do comportamento de ajuda de ninho. Se as aves jovens permanecem nos seus territórios natais porque não podem encontrar outro hábitat adequado de nidificação, então caso seja dada uma oportunidade a esses indivíduos de conseguirem bons territórios, eles imediatamente se tornariam reprodutores. Jan Komdeur realizou um experimento com a felosa-das-seychelles, *Acrocephalus sechellensis*, pequena ave marrom que teve importante função no teste de hipóteses evolutivas sobre a ajuda de ninho. Quando Komdeur translocou 58 aves de uma ilha (Cousin) para duas ilhas próximas sem nenhuma felosa, ele criou territórios vagos em Cousin, e os ajudantes de ninho imediatamente pararam de ajudar e se mudaram para os pontos abertos onde iniciaram a reprodução. Já que as ilhas que receberam os indivíduos inicialmente tinham muito mais territórios disponíveis do que pássaros, Komdeur supôs que os filhotes de adultos transferidos também deixariam seus ninhos para se reproduzirem diretamente. De fato, assim fizeram, fornecendo evidências que jovens aves ajudam apenas quando têm pouca chance de aumentar sua aptidão direta pela dispersão.[793]

Além disso, a estratégia condicional sofisticada que controla as decisões de dispersão feitas pelos jovens felosas-das-seychelles é sensível à qualidade de seu território natal. Aves que reproduzem ocupam sítios que variam em tamanho, cobertura de vegetação e suprimento de insetos. Usando essas variáveis para dividir os territórios dos felosas em categorias de baixa, média e alta qualidade, Komdeur mostrou que ajudantes jovens em bons territórios sobreviveram melhor enquanto também aumentaram as chances de seus pais se reproduzirem de forma bem-sucedida. Jovens aves, cujos pais tiveram melhores sítios, frequentemente se estabeleceram no mesmo local, assegurando ganhos tanto em aptidão direta quanto indireta no processo. Em contrapartida, jovens aves que ocuparam territórios natais pobres tiveram poucas chances de se estabelecer no ano seguinte, e tampouco puderam ter um efeito positivo no sucesso reprodutivo de seus pais; eles abandonaram o ninho e tentaram encontrar uma oportunidade de reproduzirem diretamente.[792]

A probabilidade de uma felosa dispersar também foi influenciada tanto no caso em que seus pais genéticos estavam vivos e no controle do território familiar quanto no caso em que um ou ambos os pais tinham sido substituídos por pais adotivos (Figura 13.22).[431] Desse modo, a dispersão dos ajudantes torna-se mais provável se as oportunidades de ajudar parentes próximos forem reduzidas ou perdidas por mudanças no par reprodutor que controla o território.

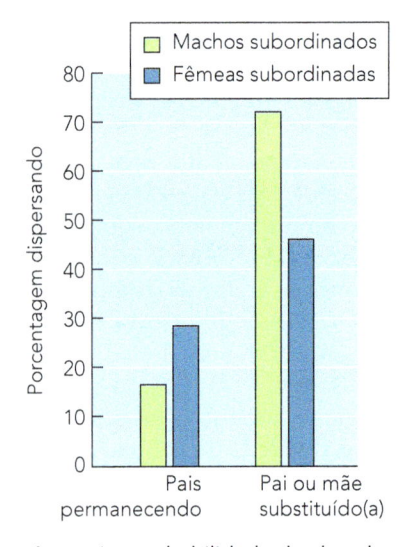

FIGURA 13.22 Ajudantes de felosa-das-seychelles têm maior probabilidade de abandonar seus territórios natais se perderem um ou ambos os pais que tenham ajudado previamente. Observe as anilhas coloridas que possibilitam aos pesquisadores acompanhar os indivíduos. Fotografia de Cas Eikenaar; dados de Eikenaar e colaboradores.[431]

> ### Para discussão
>
> **13.8** Ajudantes no ninho têm sido encontrados em apenas 3% de todas as espécies de aves.[631] Um atributo dessa pequena minoria de aves que tem sido relacionado frequentemente com a evolução dos ajudantes é a dispersão retardatária dos juvenis, como ilustramos para as gralhas *A. coerulescens* da Flórida e as felosas-das-seychelles. Mas outro fator que poderia ter promovido a evolução do comportamento de ajuda seria uma baixíssima taxa de mortalidade de adultos. Às vezes, essas duas ideias têm sido apresentadas como hipóteses competitivas, mas como elas poderiam refletir a mesma pressão ecológica que faz a ajuda no ninho uma opção "faça o melhor de uma má condição" para aves jovens?

A flexibilidade do comportamento exibido pelas felosas-das-seychelles não é única para essa espécie. Considere como uma fêmea jovem de abelheiro-da-cara-branca (*Merops bullockoides*) toma decisões condicionais adaptativas sobre a reprodução (Figura 13.23). Essa ave africana nidifica em colônias dispersas em bancos de areia. Como os machos de martim-pescador-malhado, jovens fêmeas de abelharuco-de-testa-branca podem escolher entre acasalar, ajudar um par reprodutor no seu ninho ou esperar pela próxima estação reprodutiva na própria colônia. Se um macho solteiro, dominante e mais velho corteja uma fêmea jovem, ela quase sempre deixa sua família e o território natal para nidificar em uma diferente parte da colônia, particularmente se seu parceiro tem um grupo de ajudantes para assistir na alimentação da cria que eles produzirão, e sua escolha usualmente resulta em altas recompensas em aptidão direta. Mas se machos subordinados e jovens são os únicos parceiros potenciais disponíveis para ela, a jovem fêmea normalmente recusará o parceiro. Machos jovens vêm com poucos ou nenhum ajudante, e, quando tentam nidificar, são frequentemente atacados pelos pais, que tentam forçá-los a abandonar suas parceiras e retornar ao ninho natal para criarem seus irmãos e irmãs.

Uma fêmea que opta por não parear sob condições desfavoráveis pode escolher colocar um ovo no ninho de um estranho ou tornar-se ajudante de ninho em seu próprio território natal – desde que o par reprodutor seja seus pais, com quem ela tem parentesco próximo. Se um ou ambos os pais tiverem morrido ou abandonado o ninho, ela provavelmente não criará os filhotes, uma vez que são no máximo meio-irmãos; em vez disso, ela simplesmente esperará, conservando sua energia para um período melhor para se reproduzir.[442] Dessa forma, embora filhas de abelheiros tenham o po-

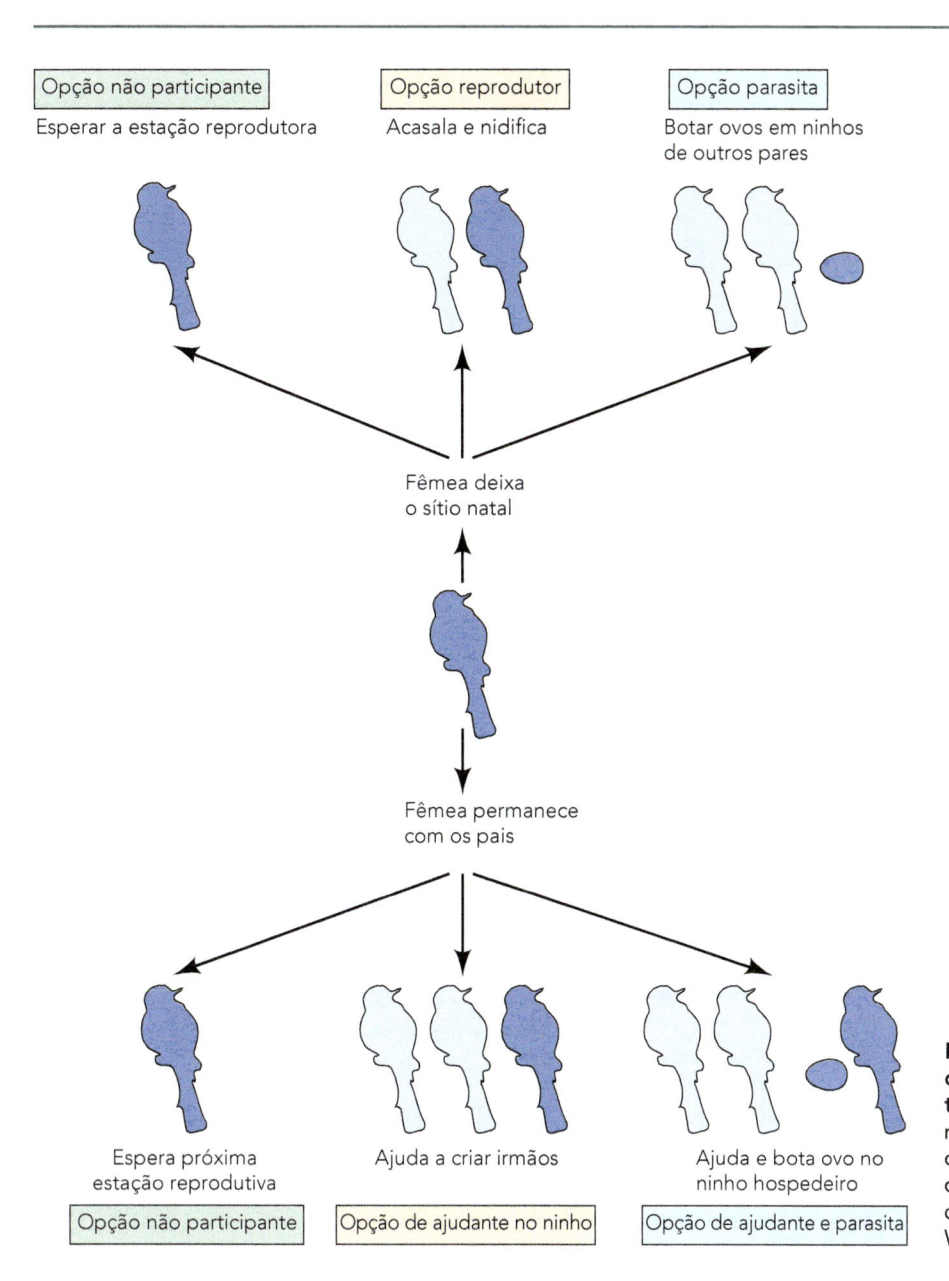

Opção não participante	Opção reprodutor	Opção parasita
Esperar a estação reprodutora	Acasala e nidifica	Botar ovos em ninhos de outros pares

Fêmea deixa o sítio natal

Fêmea permanece com os pais

Espera próxima estação reprodutiva	Ajuda a criar irmãos	Ajuda e bota ovo no ninho hospedeiro
Opção não participante	Opção de ajudante no ninho	Opção de ajudante e parasita

FIGURA 13.23 Táticas reprodutivas condicionais dos abelharucos-de-testa-branca. Fêmeas dessa espécie têm muitas opções, entre as quais a ajuda de ninho. Fêmeas selecionam uma determinada tática dependendo das circunstâncias. Adaptada de Emlen, Wrege e Demong.[442]

tencial para se tornarem ajudantes de ninho, elas escolhem essa opção apenas quando os benefícios da aptidão indireta são substanciais.

A história evolutiva da ajuda no ninho

Ajudantes de ninho não são tão comuns entre as aves, o que nos leva a perguntar sobre as circunstâncias ecológicas especiais responsáveis pela evolução do comportamento de ajuda. Dustin Rubenstein e Irby Lovette exploraram esse tópico com uma análise comparativa de espécies africanas de estorninhos. Entre dúzias de espécies dentro desse grupo, algumas têm ajudantes de ninho, enquanto outras não os têm. Rubenstein e Lovette consideraram os sistemas sociais das espécies com relação aos seus hábitats e descobriram que a ajuda estava fortemente associada com os estorninhos que vivem nas savanas africanas comparados aos que vivem em desertos ou florestas (Figura 13.24). As savanas são hábitats na África onde a chuva é sazonal e altamente variável, de acordo com os registros climatológicos realizados ao longo de um século. À medida que as espécies ocuparam as savanas, elas evoluíram independentemente seus sistemas de reprodução cooperativa repetidas vezes, sugerindo

FIGURA 13.24 Reprodução cooperativa nos estorninhos africanos está associada com espécies que vivem nas planícies da savana onde a chuva é sazonal e irregular. Adaptada de Rubenstein e Lovette.[1249]

	Sistema social	Hábitat
Cinnyrincinclus leucogaster	Cooperativo	Savana
Hartlaubius aurata	Não cooperativo	Não savana
Lamprotornis australis	Não cooperativo	Savana
Lamprotornis mevesii	Cooperativo	Savana
Lamprotornis unicolor	Cooperativo	Savana
Lamprotornis caudatus	Cooperativo	Savana
Lamprotornis purpuroptera	Cooperativo	Savana
Lamprotornis chalybaeus	Não cooperativo	Savana
Lamprotornis iris	Cooperativo	Savana
Lamprotornis nitens	Cooperativo	Savana
Lamprotornis chalcurus	Cooperativo	Savana
Lamprotornis purpureus	Não cooperativo	Savana
Lamprotornis acuticaudus	Não cooperativo	Savana
Lamprotornis chloropterus	Cooperativo	Savana
Lamprotornis fischeri	Cooperativo	Savana
Lamprotornis albicapillus	Cooperativo	Savana
Lamprotornis bicolor	Cooperativo	Savana
Lamprotornis superbus	Cooperativo	Savana
Lamprotornis pulcher	Cooperativo	Savana
Lamprotornis splendidus	Não cooperativo	Não savana
Lamprotornis ornatus	Não cooperativo	Não savana
Lamprotornis regius	Cooperativo	Savana
Lamprotornis hildebrandti	Cooperativo	Savana
Lamprotornis shelleyi	Não cooperativo	Savana
Poeoptera kenricki	Não cooperativo	Não savana
Poeoptera stuhlmanni	Não cooperativo	Não savana
Poeoptera lugubris	Não cooperativo	Não savana
Poeoptera sharpii	Não cooperativo	Não savana
Poeoptera femoralis	Não cooperativo	Não savana
Speculipastor bicolor	Cooperativo	Savana
Grafisia torquata	Não cooperativo	Savana
Neocichla gutturalis	Cooperativo	Savana
Hylopsar purpureiceps	Não cooperativo	Não savana
Hylopsar cupreocauda	Não cooperativo	Não savana
Notopholia corruscus	Não cooperativo	Não savana
Onychognathus morio	Não cooperativo	Savana
Onychognathus neumanni	Não cooperativo	Não savana
Onychognathus salvadorii	Não cooperativo	Não savana
Onychognathus frater	Não cooperativo	Não savana
Onychognathus blythii	Não cooperativo	Não savana
Onychognathus walleri	Não cooperativo	Não savana
Onychognathus fulgidus	Não cooperativo	Não savana
Onychognathus albirostris	Não cooperativo	Não savana
Onychognathus tenuirostris	Não cooperativo	Não savana
Onychognathus nabouroup	Não cooperativo	Não savana

Legenda:
- Cooperativo
- Não cooperativo
- Savana
- Não savana

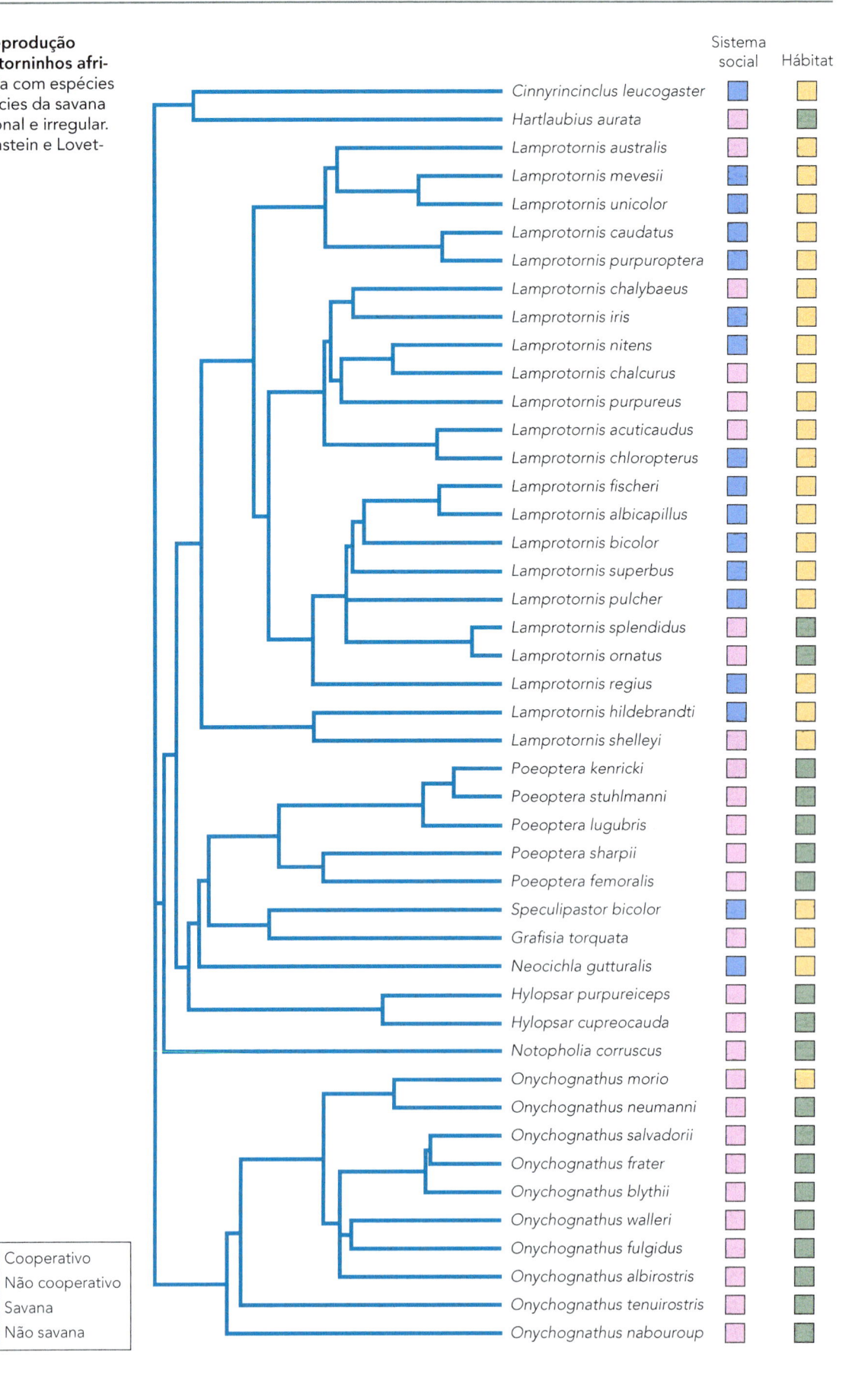

uma conexão causal entre o fator ambiental (hábitat de savana) e o sistema social (ajuda no ninho).[1249]

Esse cenário, que focaliza a imprevisibilidade ecológica como direcionador do prolongamento da vida familiar, difere de outra explicação, oferecida por Rita Covas e Michael Griesser.[304] Para Covas e Griesser, o fato de espécies de vida longa serem bem representadas em espécies cujos jovens demoram para deixar o ninho indica uma conexão causal entre os dois padrões. Esses biólogos argumentaram que a dispersão tardia e a não reprodução pelas jovens aves requerem *previsibilidade ambiental* sob a forma de acesso garantido aos recursos controlados pelos seus pais territoriais. Sua conclusão, contudo, tem sido discutida por Daniel Blumstein e Anders Møller, cujos testes de hipótese de longevidade, envolvendo mais de 250 espécies de aves norte-americanas, resultaram em nenhuma relação causal entre longevidade e vida social nesse grupo, uma vez controlados os efeitos independentes como tamanho corporal, taxa de mortalidade e idade da primeira reprodução durante a vida social.[134] Em outras palavras, pode ser que a vida social surja porque em alguns ambientes a dispersão tardia e a reprodução sejam vantajosas, o que torna possível para os indivíduos viverem mais, e não que viver mais cause a evolução da reprodução cooperativa.

Insetos ajudantes de ninho

Embora algumas aves forneçam exemplos impressionantes de comportamento adaptativo da ajuda de ninho, o fenômeno também ocorre em formas altamente sofisticadas de certos insetos, incluindo as vespas *Polistes* já mencionadas no início do capítulo. Colônias de vespas *Polistes* normalmente consistem em uma ou mais fêmeas reprodutivamente ativas e um número de ajudantes de ninho, ou operárias, as quais são sempre fêmeas. De modo a gerar um conjunto de fêmeas ajudantes no início do ciclo colonial, as fêmeas reprodutoras fertilizam alguns óvulos pela liberação de espermatozoides de um órgão de armazenamento quando os óvulos passam pelo oviduto. Os ovos **diploides** gerarão fêmeas, enquanto para produzir um filho, a rainha necessita apenas fazer a postura de um ovo não fertilizado (**haploide**) (Figura 13.25).

As rainhas de vespas *Polistes* produzem filhas precocemente no ciclo colonial, porque muitas permanecem no ninho para ajudar a produzir mais crias, que no fim do ciclo incluirão tanto irmãos quanto irmãs, que serão destinados à reprodução e não à ajuda de ninho. No entanto, as filhas ajudantes de vespas *Polistes* têm ovários funcionais e são capazes de reproduzir. Mesmo se elas não tenham copulado, poderiam colocar ovos não fertilizados e produzir filhos, contribuindo para a sua aptidão direta se esses filhos sobrevivessem. Mas apesar de sua aparente capacidade para a reprodução individual, as operárias geralmente não fazem essa opção e, em vez

FIGURA 13.25 Determinação sexual haplodiploide nos Hymenoptera. (A) Quando um macho de abelha haploide copula com uma fêmea adulta diploide, ele fornece a ela uma quantidade de espermatozoides que serão estocados na espermateca da fêmea. (B) Quando uma fêmea "decide" produzir um filho, ela libera um óvulo maduro haploide de seu ovário e põe um ovo não fertilizado, que desenvolverá um macho. Quando produz uma filha, a fêmea fertiliza o óvulo maduro com espermatozoide de sua espermateca quando o óvulo passa pelo oviduto. Para fins de simplicidade, apenas dois cromossomos são mostrados aqui. Fotografia do autor.

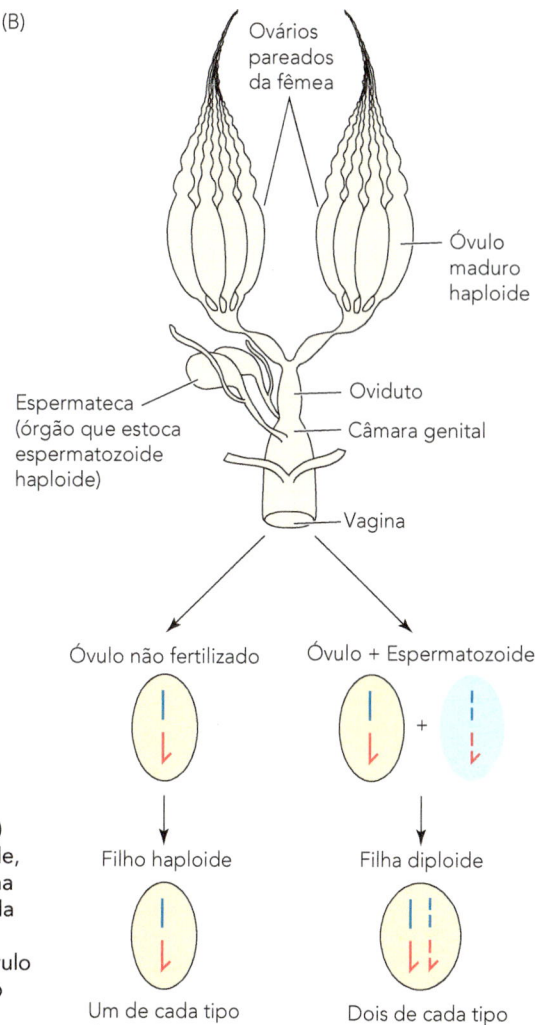

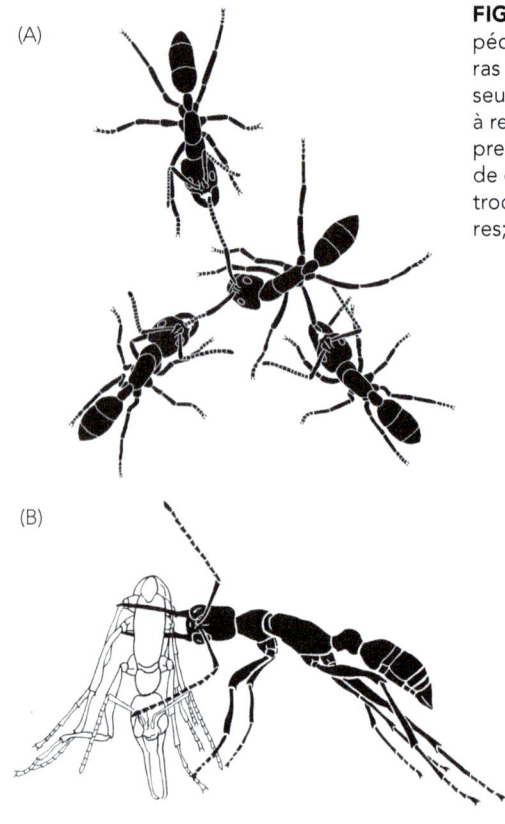

FIGURA 13.26 Conflito reprodutivo dentro de colônias de formigas. Em duas espécies de formigas, os indivíduos aptos a reproduzir são detectados pelas companheiras de ninho e fisicamente imobilizadas por horas ou dias. (A) A rainha espalhou com seu ferrão uma substância na formiga do centro. Três operárias seguram a pretendente à reprodução pelos apêndices, prevenindo-a de qualquer movimento. (B) A formiga em preto segurou e prendeu uma companheira de ninho cujos ovários estavam em início de desenvolvimento. Após segurar a formiga cativa por 3 ou 4 dias, uma operária pode trocar de lugar com outra para continuar a imobilização. A, de Monnin e colaboradores;[1004] B, desenho de Malu Obermayer, adaptada de Liebig, Peeters e Hölldobler.[862]

disso, trabalham, frequentemente de forma incansável, em benefício da rainha ou de seus filhos e filhas reprodutores. A explicação padrão para a recusa das operárias em se reproduzir individualmente tem sido que, ao desistir voluntariamente da reprodução direta em favor da ajuda e ao aumentar o sucesso relativo reprodutivo de seus parentes, as operárias teriam um ganho adicional líquido em aptidão inclusiva.

Uma hipótese um pouco distinta, mas relacionada ao altruísmo das operárias, argumenta que elas são coagidas a esse comportamento por meio de ações de policiamento da rainha ou outras operárias nas colônias. Tipicamente, essa punição é expressa na forma de destruição de quaisquer ovos postos pelas operárias. Mas o comportamento pode ser mais elaborado, como na formiga-tocandira, *Dinoponera quadriceps*, em que a fêmea dominante reprodutora (a rainha funcional) espalha com seu ferrão uma substância química sobre uma competidora potencial, que após será imobilizada por operárias de baixa posição hierárquica durante dias (Figura 13.26A).[1004] Da mesma forma, operárias de *Harpegnathos saltator* punem as companheiras de ninho, que têm seus ovários desenvolvidos, por meio de uma imobilização efetiva (Figura 13.26B), prevenindo-as de qualquer ação. Essas táticas inibem o desenvolvimento dos ovários das formigas imobilizadas.[862]

Tom Wenseleers e Francis Ratnieks testaram se essas sanções impostas sobre as operárias que tentam se reproduzir podem ser mais eficientes para que essa classe de indivíduos se comportasse de forma altruísta. Comparando dados quantitativos de 20 espécies de insetos sociais sobre (1) a eficiência dos esforços de policiamento dentro das colônias e (2) a proporção de operárias que colocaram ovos não fertilizados em suas colônias, Wenseleers e Ratnieks mostraram que quanto maior a probabilidade dos ovos de operárias serem destruídos, menor a proporção de operárias reprodutivas na colônia (Figura 13.27A). Esse resultado sustenta a hipótese do altruísmo forçado.[1539]

Outra forma de observar esse tema seria considerar a porcentagem de machos em uma colônia de insetos sociais filhos de operárias, número que pode variar entre 0 e 100%. Se o policiamento por operárias for responsável pelos casos em que poucos são os machos filhos das operárias, então esses casos deveriam envolver espécies cujas operárias seriam mais proximamente aparentadas aos filhos da rainha do que aos filhos de outras operárias. Essa previsão também está correta (Figura 13.27B).

Para discussão

13.9 Considerando a conclusão dos dados na Figura 13.27B, por que será que quanto mais machos copulam com uma rainha de abelha melífera, mais atrativa a rainha é para as operárias em sua colônia e por mais tempo ela mantém uma força de trabalho que atua em seu interesse, e não pelos interesses reprodutivos particulares das operárias?[1219]

Em contraste, uma previsão-chave da hipótese do altruísmo voluntário não é encontrada. Se um alto grau de parentesco promove o comportamento altruísta, então

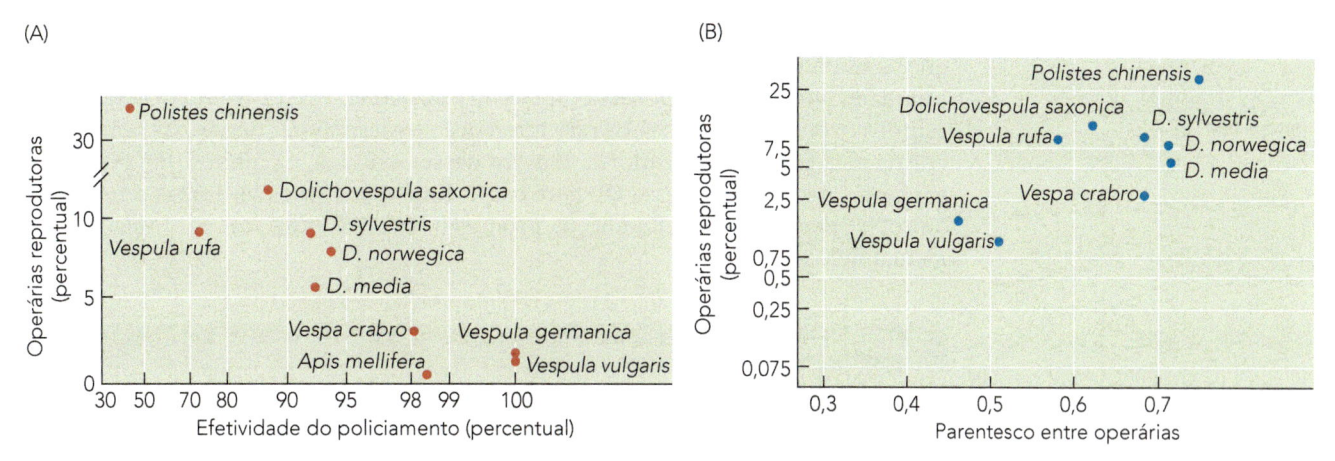

FIGURA 13.27 Operárias de insetos sociais são forçadas a serem altruístas? (A) A porcentagem de operárias reproduzindo nos ninhos de vespas sociais diminui à medida que outras operárias aumentam a eficiência na destruição dos ovos das operárias. (B) A porcentagem de operárias reproduzindo em colônias de vespas sociais aumenta conforme o parentesco entre as operárias aumenta. Os dados de ambos os gráficos sustentam a hipótese do altruísmo involuntário. Adaptada de Wenseleers e Ratnieks.[1538]

quanto mais proximamente aparentadas as operárias forem umas com as outras (e, mais importante, com as futuras rainhas e machos produzidos na colônia), menor a probabilidade de uma operária produzir seus próprios filhos; na realidade, o exato oposto é verdadeiro (Figura 13.28).[1187, 1538]

Podemos alocar ambas as explicações para o altruísmo observando que uma seria proximal e outra distal. Em nível proximal, as operárias são forçadas a desistir de se reproduzir pelo policiamento da colônia. Em nível distal, como as chances de reprodução das operárias declinam, a probabilidade de que o altruísmo involuntário das operárias venha a se tornar adaptativo para elas aumenta porque se rC for muito baixo, então rB não necessita ser maior para favorecer indivíduos que ajudam seus parentes. Mas ainda há a necessidade de alguns benefícios para a seleção indireta resultar na dispersão do altruísmo de alguma forma. O altruísmo de operárias resulta em ganhos de aptidão indireta no sentido de que os altruístas ajudem sua mãe a produzir reprodutores filhos e filhas "extras". Considerando a alta taxa de perda de ninhos construídos e defendidos por uma simples vespa *Polistes* contra outras

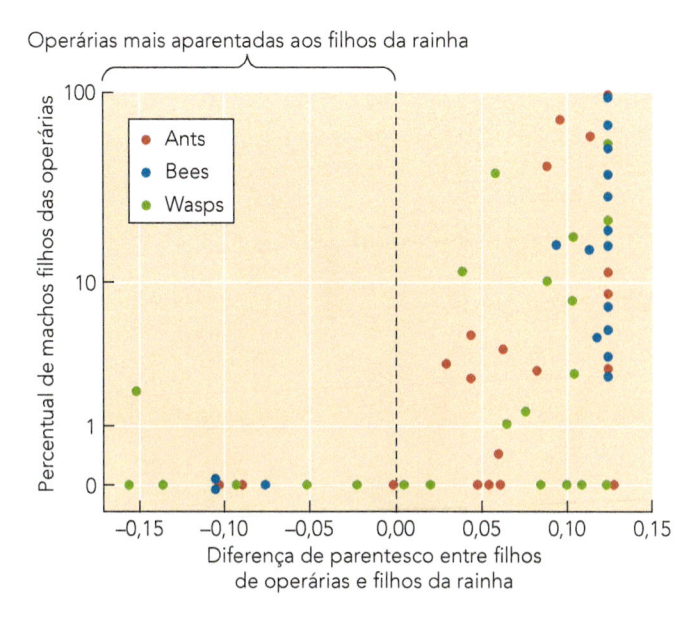

FIGURA 13.28 A proporção de machos produzidos por operárias varia entre formigas, abelhas sociais e vespas sociais. Quanto maior a diferença no parentesco dos filhos das operárias e da rainha (valores maiores que zero), maior a proporção de machos produzidos pelas operárias da colônia. Adaptada de Wenseleers e Ratnieks.[1539]

fêmeas de vespas e predadores de ninho,[511,1054] podemos estar bastante confiantes de que os ajudantes normalmente maximizam o sucesso reprodutivo da rainha quando a ajudam. Nossa confiança nessa conclusão é sustentada pelos resultados de alguns estudos experimentais envolvendo a remoção experimental de vespas fêmeas subordinadas pelos pesquisadores. Em um desses estudos, os ninhos que perderam ajudantes não sobreviveram tão bem como aqueles em que elas foram retidas; em outro, o papel das subordinadas na produção da prole extra foi registrado experimentalmente.[1323,1441]

> ### Para discussão
>
> **13.10** Colônias de himenópteros sociais às vezes perdem suas rainhas e podem permanecer órfãs por um tempo. Qual previsão você pode fazer sobre a proporção de operárias que criam seus próprios filhos em colônias órfãs? Que previsão você pode fazer sobre a proporção de operárias que continuarão a se comportar altruisticamente nessas colônias, as quais variam no grau com que as operárias são aparentadas umas com as outras?

Em alguns insetos sociais, as fêmeas subordinadas também encarregam-se de ajudar rainhas com as quais elas não possuem nenhum parentesco genético. Sob essas circunstâncias, nenhum ganho de aptidão indireta é possível para as operárias. Esse quebra-cabeça comportamental tem sido explicado com a ajuda de uma **teoria transacional** do comportamento social. Essa teoria (também conhecida como "contratual") considera as sociedades como arenas nas quais dominantes e subordinadas "negociam" seus direitos reprodutivos dentro do grupo.[734,1204] Uma derivação da teoria transacional é o modelo de concessões, no qual um membro dominante do grupo concede uma certa quantidade de reprodução aos indivíduos mais inferiores hierarquicamente, possibilitando a eles algumas vantagens em permanecer no grupo, maximizando, assim, a aptidão do animal que permite essa concessão. Embora essa teoria seja aplicada principalmente aos insetos sociais, ela pode ser empregada a outros organismos sociais nos quais um indivíduo domina um número de subordinados. Por exemplo, machos de chimpanzés competem intensamente pela dominância nos seus grupos, mas o macho dominante pode permitir que alguns de seus subordinados se acasalem de vez em quando, desde que eles o ajudem a se manter no topo (Figura 13.29).[418]

Nas vespas *Polistes*, quando fêmeas não aparentadas ajudam uma rainha dominante, elas não obtêm aptidão indireta de sua assistência, como parentes da rainha obtêm, então essas fêmeas devem exigir algumas compensações em termos de aptidão direta por permanecer e ajudar. Pode-se prever que, dessa forma, rainhas aliadas

FIGURA 13.29 Machos alfa de chimpanzés permitem o acasalamento de outros machos do grupo. Quando o efeito da posição hierárquica de dominância foi controlado estatisticamente, o sucesso de acasalamento de um determinado macho foi altamente correlacionado com o número de vezes que o macho deu auxílio ao indivíduo dominante nas interações competitivas com outros machos do bando. Adaptada de Duffy, Wrangham e Silk.[418]

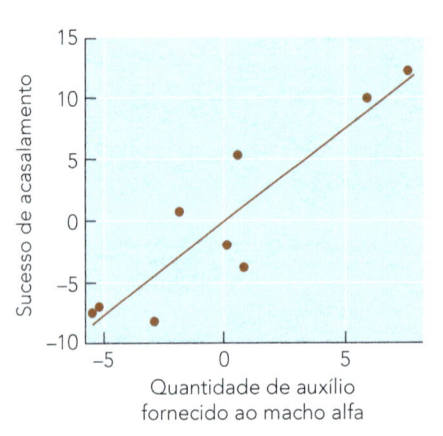

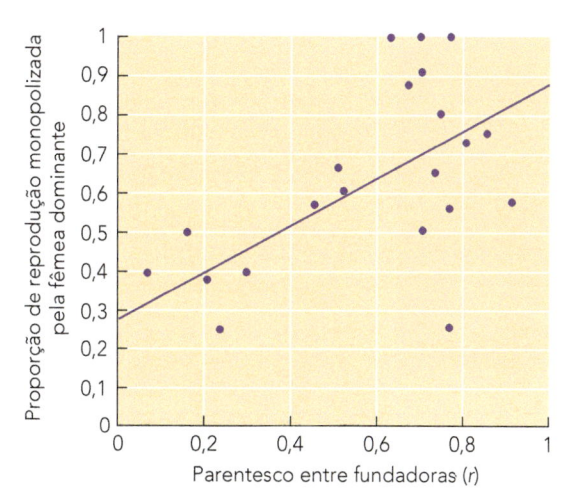

Polistes fuscatus rainha

FIGURA 13.30 Teste de uma hipótese baseada na teoria transacional. Quando uma rainha de *Polistes fuscatus* não é intimamente aparentada a outras fêmeas fundadoras que se associam a ela para iniciar uma colônia, ela aparentemente concede algumas chances reprodutivas às suas companheiras, reduzindo o grau de monopólio que a fêmea dominante tem sobre a reprodução no ninho. Adaptada de Reeve e colaboradores.[1206]

às fêmeas não aparentadas devam fazer maiores concessões para manter as ajudantes do que rainhas afortunadas o suficiente para ter um grupo de parentes disponíveis. De fato, quando fêmeas dominantes da vespa *Polistes fuscatus* se associam a ajudantes não aparentadas, as diferenças reprodutivas entre dominantes e subordinadas são menores do que quando todas as fêmeas em uma colônia dessa espécie são aparentadas umas as outras (Figuras 13.30).[1206]

Hipóteses transacionais alternativas estão disponíveis, contudo, para casos nos quais as subordinadas ajudam rainhas não aparentadas. Talvez em vez de aceitar concessões de uma rainha, ajudantes subordinadas se reproduzam desde que consigam evitar o controle da fêmea dominante, algo em que elas podem ser muito boas. Em outras palavras, pode haver um cabo-de-guerra dentro da colônia, em que os membros tentam obter tantas oportunidades quanto possíveis para se reproduzirem em vez de simplesmente aceitar o que a rainha está disposta a oferecer.

O fato é que existem numerosos exemplos de sociedades de insetos que não se encaixam claramente no modelo de concessões. Em uma abelha social australiana, por exemplo, grupos reprodutivos compostos por dois indivíduos não aparentados exibem maior grau de desvio reprodutivo (com as dominantes levando a maior parte) do que se encontra em duplas de indivíduos intimamente aparentados.[835] Esse resultado não é consistente com as expectativas da hipótese de concessões, mas condiz com as previsões de um cenário alternativo de cabo-de-guerra, no qual as dominantes são enfrentadas por subordinadas difíceis de controlar. Quando os membros de uma unidade social gastam tempo lutando uns com os outros, elas têm menos tempo para contribuir para a produtividade colonial. Desse modo, sob um cenário de cabo-de-guerra, esperaríamos que grupos de indivíduos não aparentados produzissem menos filhos do que grupos de aparentados, que teriam um incentivo em termos de aptidão indireta para moderar os conflitos com suas irmãs.

Subordinadas não aparentadas a um membro dominante do grupo poderiam, algumas vezes, tolerar uma redução na reprodução individual, pois (1) teriam poucas chances de fundar um ninho sozinhas e (2) teriam alguma chance de herdar um ninho no qual são ajudantes após a morte da rainha, momento em que sua compensação reprodutiva poderia ser substancial. (Observe a similaridade entre essa hipótese e aquelas propostas para explicar os ajudantes secundários nos martins-pescadores-malhados e exibições de parceiros beta nos piprídeos *Chiroxiphia linearis*). Esse tipo de altruísmo facultativo (*ver* Figura 13.8) pode ser considerado ainda outro tipo de contrato social, com alguns indivíduos ajudando outros em tro-

Sericornis frontalis

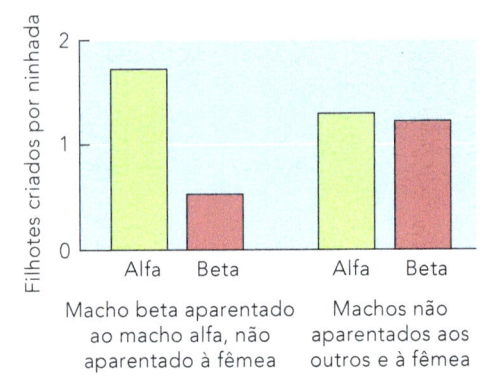

FIGURA 13.31 O efeito do parentesco sobre a igualdade de oportunidades reprodutivas em *Sericornis frontalis* que reproduzem cooperativamente. Adaptada de Whittingham, Dunn e Macgrath.[1560]

ca da permissão para permanecer na colônia onde teriam alguma chance de se tornarem reprodutores dominantes. Em apoio a essa hipótese, observações de 28 ninhos de *Polistes dominulus* resultaram 13 registros de uma mudança de dominância dentro do ciclo colonial, 10 das quais foram efetuadas por ajudantes residentes;[1186] isso também ocorre em uma vespa social tropical pertencente a uma subfamília diferente. Nessa vespa, uma fêmea dominante tipicamente assume a reprodução total, enquanto as subordinadas a ajudam sendo ou não parentes da rainha. Na realidade, as não reprodutoras têm sua própria hierarquia de dominância em fila esperando a morte da rainha, o que dá à subordinada de alta posição hierárquica a chance de se tornar reprodutora independente. Além disso, pelo fato dessa nova dominante herdar um grupo de operárias, sua prole provavelmente sobreviverá mesmo se ela morrer antes do fim de um ciclo reprodutivo.[1403] O ponto é que existe uma riqueza de hipóteses alternativas para explicar a ajuda de ninho em Hymenoptera, e as evidências sugerem que muitas delas são válidas para uma ou outra formiga, abelha ou vespa.

Para discussão

13.11 Quando uma nova rainha da vespa *P. dominulus* assume controle de um ninho, outras fêmeas na colônia dispersam frequentemente.[1443] Explique por que (em termos distais) as dispersoras optariam por deixar o ninho em que viviam.

13.12 A Figura 13.31 contém dados do sucesso reprodutivo relativo de machos alfa e beta de *Sericornes frontalis* em dois tipos diferentes de associações de reprodução cooperativa.[1560] O padrão observado é consistente com qualquer hipótese derivada da teoria transacional?

13.13 Coalizões de machos de leões parecem ser de dois tipos: grupos grandes de indivíduos altamente aparentados e grupos menores de indivíduos não aparentados. Use duas hipóteses baseadas na teoria transacional para prever qual o grau de monopolização reprodutiva que poderia ser observado nos dois tipos de coalizão. Em uma hipótese, dominantes (em total controle do grupo) concedem oportunidade de reprodução a subordinados a fim de reterem seus serviços como membros do grupo; na outra hipótese, dominantes (sem controle completo) e subordinados estão engajados em um cabo-de-guerra sobre quem se reproduzirá. Verifique os dados reais apresentados por Craig Packer e colegas.[1092]

A evolução do comportamento eussocial

Na tentativa de traçar a história evolutiva da eussocialidade, W. D. Hamilton[609] e Richard Alexander[16] propuseram que as primeiras operárias altruístas não reprodutoras devem ter feito uso de caracteres que teriam evoluído para outra função, provavelmente o cuidado e assistência da prole produzida pela própria fêmea. Essa hipótese fornece uma previsão testável: os genes para o comportamento maternal expressos nas rainhas fundadoras de insetos eussociais existentes também serão aqueles que afetam o comportamento das fêmeas operárias não reprodutoras.[27] Rainhas fundadoras iniciam colônias (Figura 13.32), constroem os ninhos que acomodarão os ovos e, então, alimentam as larvas resultantes com alimento coletado longe do ninho. A maioria das larvas mais provavelmente se tornarão operárias, as quais expandem o ninho e atendem as crias da colônia. Em contraste, as rainhas de colônias estabelecidas e futuras rainhas em espera não desempe-

FIGURA 13.32 Uma fêmea fundadora de *Polistes*. Esta fêmea iniciou o ninho sozinha. Se ela tiver sorte, as filhas que ela criou nas células a ajudarão na produção de mais prole nas próximas semanas. Fotografia do autor.

nham atividades maternais, mas repousam no ninho enquanto as operárias cuidam das crias.

Para comparar a atividade genética nas operárias em relação às fundadoras, às rainhas estabelecidas e às futuras rainhas, uma equipe de pesquisadores examinou 32 genes expressos nos cérebros da vespa *Polistes metricus*.[1457] Esses genes eram similares ao conjunto encontrado em abelhas melíferas, conhecido por influenciar o comportamento das fêmeas adultas. Como esperado pelas hipóteses históricas sobre a evolução do comportamento eussocial das operárias, elas e as fundadoras exibem padrões similares de expressão gênica nas células cerebrais, padrão substancialmente diferente daquele encontrado em duas outras categorias das fêmeas de vespas *Polistes* (Figura 13.33). Esse resultado sugere que a seleção atuou sobre os genes já disponíveis nos cérebros das fêmeas, de forma que indivíduos não reprodutores ativaram os genes que no passado teriam sido expressos apenas nas fêmeas que teriam sua própria prole. Observe a similaridade entre essa explicação para o comportamento das operárias de insetos e aquela dada anteriormente para as bases históricas do comportamento de ajuda de ninho entre as aves (*ver* página 476). Em ambos os casos, indivíduos que não tenham se reproduzido comportam-se como pais cuidando de sua própria prole.

Para discussão

13.14 A Figura 13.34 mostra uma filogenia de várias espécies de abelhas do gênero *Lasioglossum*, com o sistema social das espécies sobrepostas na árvore evolutiva. Qual é o número mínimo de vezes que a eussocialidade evoluiu nesse grupo? Quantas vezes a eussocialidade foi perdida completa ou parcialmente? (Perda parcial da eussocialidade ocorreu naquelas espécies classificadas como "polimórficas", ou seja, nesses casos algumas populações são eussociais e outras não.) De que modo essa filogenia é relevante para a visão comum de que sistemas sociais complexos são em geral superiores, e mais recentemente evoluídos, do que os sistemas mais simples? Para um artigo de quando a socialidade evoluiu em *Lasioglossum*, veja Brady e colaboradores.

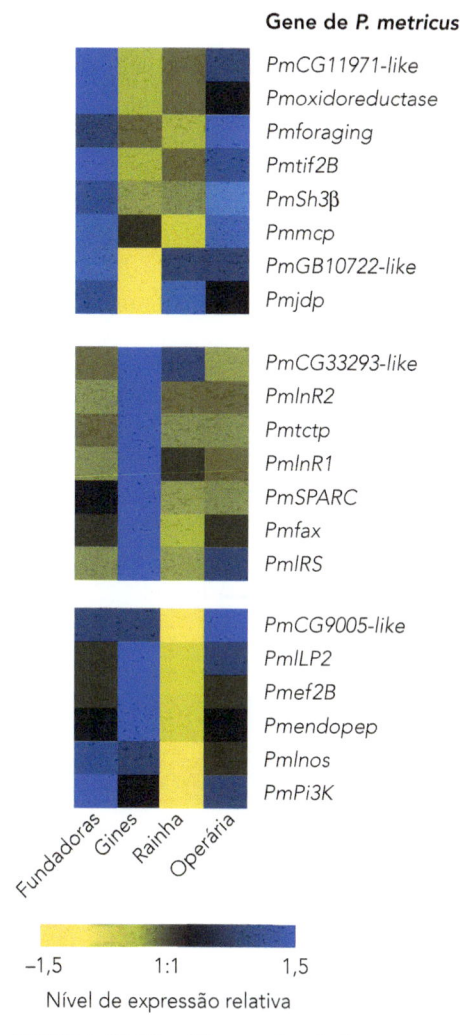

FIGURA 13.33 Fêmeas fundadoras e operárias da vespa *Polistes metricus* têm padrão similar de atividade de seus genes, enquanto futuras reprodutoras (gines) e as rainhas exibem padrões muito semelhantes. Os genes escolhidos para a análise são conhecidos por serem expressos nos cérebros de operárias de abelhas melíferas; os níveis de expressão dos genes variam entre baixo (-1,5) a alto (+1,5). Adaptada de Toth e colaboradores.[1457]

FIGURA 13.34 A eussocialidade tem uma história evolutiva. Entre as muitas espécies de abelhas pertencentes ao gênero *Lasioglossum*, algumas são eussociais, outras são solitárias e, ainda, outras são polimórficas (exibem ambos os padrões em diferentes populações). A espécie parasita social explora colônias estabelecidas de outras abelhas. A fotografia mostra duas fêmeas de *L. (Sphecodogastra) oenotherae*, espécie solitária cujos parentes mais próximos são na maioria abelhas eussociais. Adaptada de Danforth, Conway e Ji;[347] fotografia de Bryan Danforth

Socialidade
- Solitário
- Polimórfico
- Eussocial
- Parasita social
- Incerto

L. (Lasioglossum) athabascense
L. (Lasioglossum) fuscipenne
L. (Lasioglossum) sisymbrii
L. (Lasioglossum) titusi
L. (Lasioglossum) pavonotum
L. ("Dialictus") figueresi
L. (Evylaeus) marginatum
L. (Evylaeus) politum
L. (Evylaeus) albipes (solitary)
L. (Evylaeus) albipes (social)
L. (Evylaeus) calceatum
L. (Evylaeus) duplex
L. (Evylaeus) nigripes
L. (Evylaeus) malachurum
L. (Evylaeus) lineare
L. (Evylaeus) apristum
L. (Evylaeus) laticeps
L. (Evylaeus) mediterraneum
L. (Evylaeus) boreale
L. (Evylaeus) comagenense
L. (Evylaeus) quebecense
L. (Evylaeus) fulvicorne
L. (Evylaeus) subtropicum
L. (Evylaeus) truncatum
L. (Sphecodogastra) noctivaga
L. (Sphecodogastra) oenotherae
L. (Evylaeus) pauxillum
L. (Evylaeus) interruptum
L. (Evylaeus) cinctipes
L. (Evylaeus) brevicorne
L. (Evylaeus) limbellum
L. (Evylaeus) lucidulum
L. (Evylaeus) villosulum (França)
L. (Evylaeus) villosulum (Espanha)
L. (Evylaeus) puncticolle
L. (Evylaeus) pectorale
L. (Hemihalictus) lustrans
L. (Sudila) alphenum
L. (Evylaeus) inconditum
L. (Evylaeus) morio
L. (Evylaeus) gattaca
L. (Dialictus) cressonii
L. (Dialictus) pilosum
L. (Paralictus) asteris
L. (Dialictus) zephyrum
L. (Dialictus) imitatum
L. (Dialictus) rohweri
L. (Dialictus) hyalinum
L. (Dialictus) gundlachii
L. (Dialictus) umbripenne
L. (Dialictus) parvum
L. (Dialictus) tegulare
L. (Dialictus) vierecki

Lasioglossum oenotherae

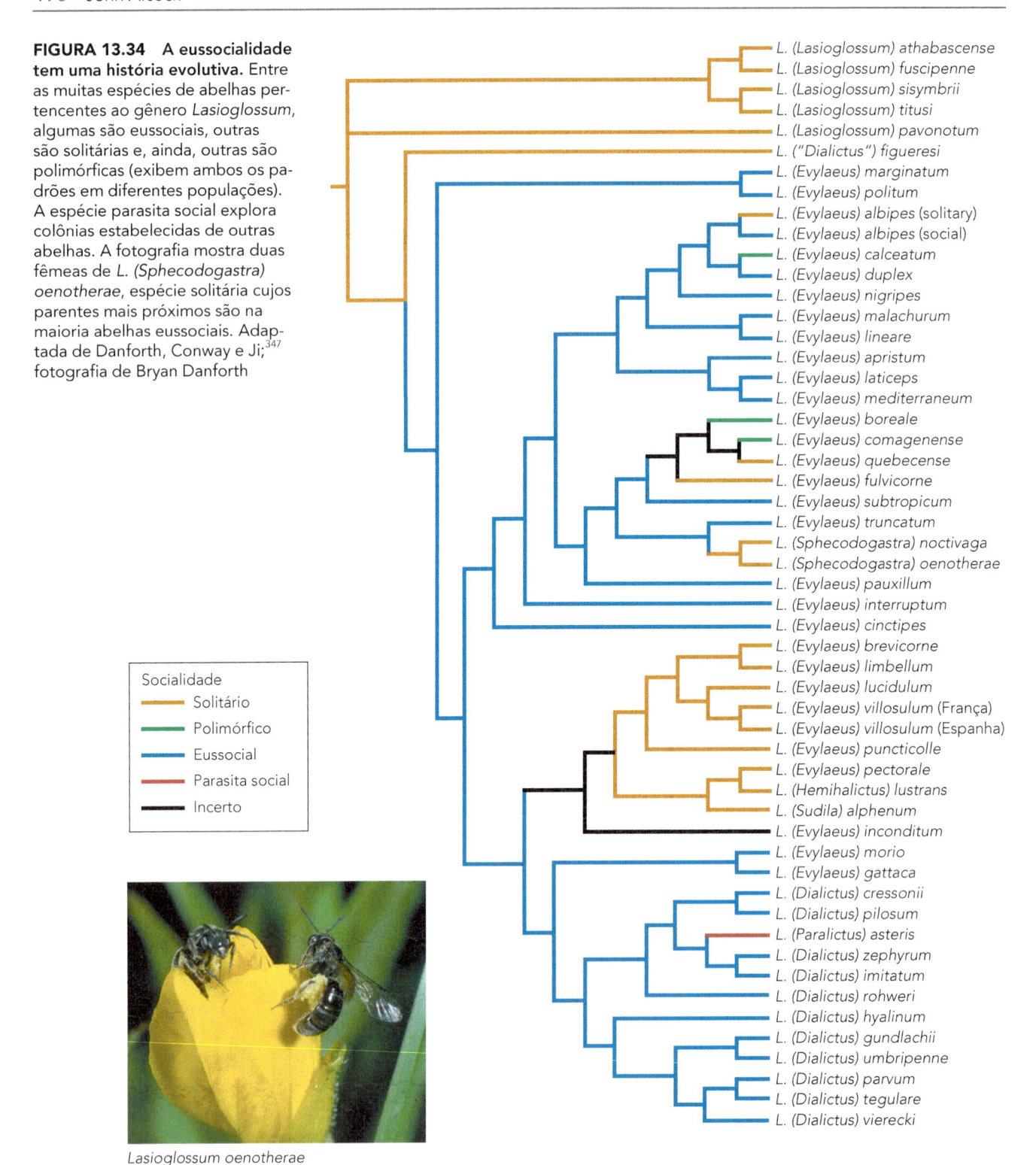

Determinação sexual haplodiploide e a evolução do altruísmo extremo

Em muitos insetos sociais, ajudantes são, como já notamos, capazes de reprodução "egoísta", enquanto que outras operárias ajudantes têm tão poucas chances de reprodução individual direta que podem ser consideradas *altruístas obrigatórias* (*ver* Figura 13.8). A anatomia e o comportamento dessas castas estéreis com ovários não desen-

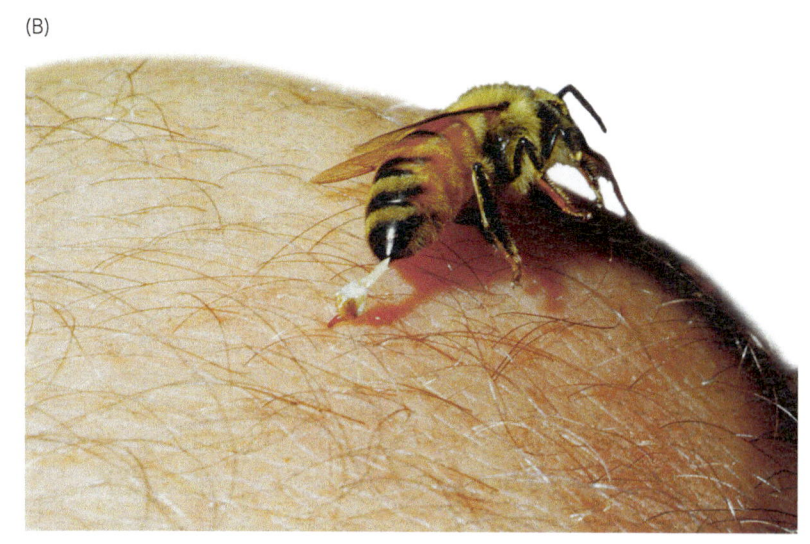

FIGURA 13.35 Sacrifício de operárias de insetos sociais. (A) Em uma colônia de cupins nasutos, soldados incapazes de reproduzir atacam intrusos da colônia e borrifam nesses inimigos repelentes grudentos estocados em suas cabeças. (B) Quando uma abelha melífera ferroa um vertebrado, ela morre após deixar seu ferrão e saco de veneno associado inserido no corpo da vítima. A, fotografia do autor; B, fotografia do joelho de Bernd Heinrich por Bernd Heinrich.

volvidos frequentemente revelam uma especialização extrema para o autossacrifício. Operárias de abelhas melíferas, por exemplo, têm um ferrão serrilhado projetado para penetrar e ficar preso na pele de inimigos vertebrados que ameaçarem sua colmeia, melhorando a defesa, mesmo que isso signifique a morte da defensora (Figura 13.35). Soldados de formigas de algumas espécies têm imensas mandíbulas capazes de atravessar os corpos de insetos predadores que invadam a colônia. Outras espécies de formigas têm soldados-granada, que desempenham missões suicidas quando inimigos entram na colônia, constringindo seus músculos abdominais tão violentamente que estoura uma grande glândula abdominal, espalhando uma cola sobre seus inimigos.[944]

Charles Darwin estava bem ciente dos insetos eussociais – aqueles com uma casta de operárias essencialmente estéril – e a solução para o problema de sua evolução foi bem próxima à hipótese da aptidão indireta já discutida neste capítulo. Darwin notou que colônias de insetos sociais são famílias estendidas, então quando membros estéreis do grupo ajudam outros a sobreviver para reproduzir, as ajudantes (mesmo que elas morram no processo) estão ajudando a manter os caracteres familiares – incluindo a habilidade dos membros reprodutores da família gerar ajudantes estéreis.[348]

O maior avanço após a explicação de Darwin veio 120 anos depois, quando W. D. Hamilton desenvolveu sua famosa análise genética de custo-benefício do altruísmo de operárias. Lembre-se que, de acordo com a regra de Hamilton, o altruísmo pode evoluir quando a perda do altruísta na reprodução individual (C) multiplicado pelo grau de parentesco de um pai ou mãe progenitor com sua prole (r_c) for menor que o número adicional de parentes reprodutores que só existam devido às ações do altruísta (B) multiplicado pelo grau de parentesco entre o altruísta e os indivíduos ajudados (r_b). Hamilton percebeu que se r_b, o parentesco do altruísta com os parentes que ele ajudou, fosse particularmente alto, então a parte da aptidão indireta na equação seria aumentada. Ele foi também o primeiro a apontar que r_b para irmãs poderia ainda ser extraordinariamente alto em Hymenoptera devido ao sistema haplodiploide da determinação sexual nesse grupo.[609]

Faremos agora uma longa avaliação da hipótese haplodiploide para a evolução da eussocialidade porque ela é uma ideia genial que tem desempenhado um papel importante no estudo do comportamento social. Contudo, mesmo se o método de determinação sexual nos Hymenoptera teve pouco a ver com a evolução do altruísmo extremo no grupo, isso não significa que a seleção indireta (ou de parentesco) seja irrelevante para a evolução da eussocialidade. A hipótese haplodiploide apenas identifica um fator que poderia fazer a seleção indireta particularmente efetiva em uma ordem de insetos. Outros fatores poderiam promover a seleção indireta para o altruísmo nos Hymenoptera e outros grupos de animais.

Hamilton enfocou a haplodiploidia nos Hymenoptera porque percebeu a significância da haploidia dos machos com relação ao coeficiente de parentesco entre as filhas desses machos. Já que os machos de formigas, abelhas e vespas têm apenas um conjunto cromossômico, e não dois conjuntos, todos os espermatozoides haploides que um macho produz são cromossomicamente (e, por isso, geneticamente) idênticos. Então, se uma fêmea de formiga, abelha ou vespa copula com apenas um macho, todos os espermatozoides que ela receber terão o mesmo conjunto de genes. Quando a fêmea usa os espermatozoides para fertilizar seus óvulos, todas as suas filhas diploides carregarão o mesmo conjunto de cromossomos e genes paternos, os quais formarão 50% de seu genótipo total. O outro conjunto de cromossomos carregados pela filha de himenópteros provém de sua mãe. Os óvulos haploides da mãe não são geneticamente uniformes, porque ela é diploide; a formação de gametas por um progenitor com dois conjuntos de cromossomos envolve a produção de uma célula com apenas um conjunto retirado aleatoriamente de cada conjunto paterno e materno daqueles presentes no progenitor. Um óvulo produzido por uma fêmea de abelha, formiga ou vespa compartilhará, em média, 50% dos alelos carregados em seus outros óvulos. Dessa forma, quando um óvulo de uma abelha-rainha se funde com um espermatozoide geneticamente idêntico, a prole resultante compartilhará, em média, 75% dos seus alelos: 50% de seu pai e de 0 a 50% de sua mãe (Figura 13.36).

Sob o sistema haplodiploide de determinação sexual, irmãs em himenópteros podem, portanto, ter um coeficiente de parentesco de 0,75, mais alto do que 0,5 calculado para uma mãe e suas filhas e filhos. Como consequência desse fato genético, $r_c \times C$ deveria ser menor do que $r_b \times B$ com mais frequência nos Hymenoptera do que em outros grupos, o que facilitaria a evolução da eussocialidade nesses insetos. Se irmãs realmente tiverem parentesco mais próximo, a seleção indireta poderia mais facilmente favorecer himenópteros que, dessa forma, colocariam todos seus ovos (alelos) "a serviço" de uma irmã em vez de investir na reprodução individual. Talvez não seja coincidência que a ordem Hymenoptera tenha o maior número de espécies eussociais com castas unicamente de fêmeas do que qualquer outra ordem.

Testando a hipótese haplodiploide

Observe, contudo, que existe uma explicação alternativa para certas características especiais da eussocialidade nos himenópteros, que não tem nada a ver com o sistema haplodiploide da determinação sexual. Sim, existem muitos Hymenoptera eussociais com fêmeas operárias e não machos, mas o cuidado parental unicamente feminino é comum nesse grupo, fornecendo muitas oportunidades evolutivas para as fêmeas de himenópteros utilizarem suas capacidades parentais no cuidado de parentes em vez de cuidar da própria prole. A explicação haplodiploide, embora seja brilhante, necessita ser testada, o que tem sido feito. Por exemplo, se uma operária fêmea de uma colônia de abelhas, formigas ou vespas eussociais for lucrar através de seu parentesco potencialmente alto com as outras fêmeas, ela deveria prestar ajuda seletiva às suas irmãs reprodutivamente aptas ao invés de aos seus irmãos. Embora irmãs de himenópteros compartilhem até 75% de seus genes, uma irmã compartilha apenas 25% de seus genes com seus irmãos haploides (ver Figura 13.25). Machos não recebem nenhum gene paterno que suas irmãs possuem. O restante do genoma que irmãs e ir-

(A) Parentesco genético mãe-filha

Genótipo da fêmea fundadora

Cromossomo A

Cromossomo B

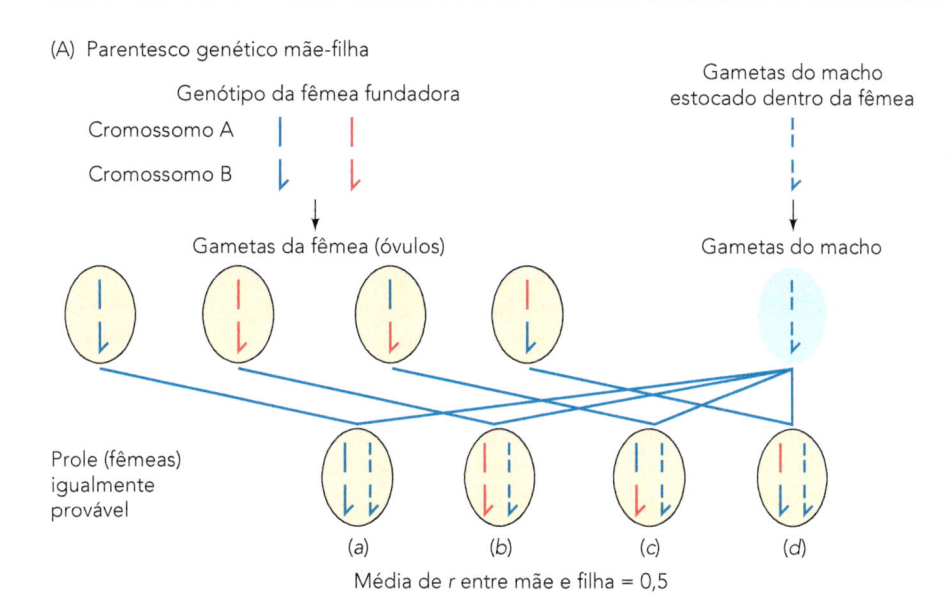

Gametas da fêmea (óvulos)

Gametas do macho estocado dentro da fêmea

Gametas do macho

Prole (fêmeas) igualmente provável

(a)　(b)　(c)　(d)

Média de *r* entre mãe e filha = 0,5

FIGURA 13.36 Haplodiploidia e a evolução da eussocialidade nos Hymenoptera. O grau de parentesco de uma fêmea de vespa (A) para suas filhas e (B) suas irmãs. Para simplificar, apenas dois cromossomos são mostrados. Filhos da rainha se desenvolvem de ovos não fertilizados com apenas uma cópia de cada cromossomo, assim, mães compartilham 50% de seus genes com seus filhos.

(B) Parentesco genético irmã-irmã

Escolha qualquer irmã e a compare com os possíveis genótipos de suas irmãs

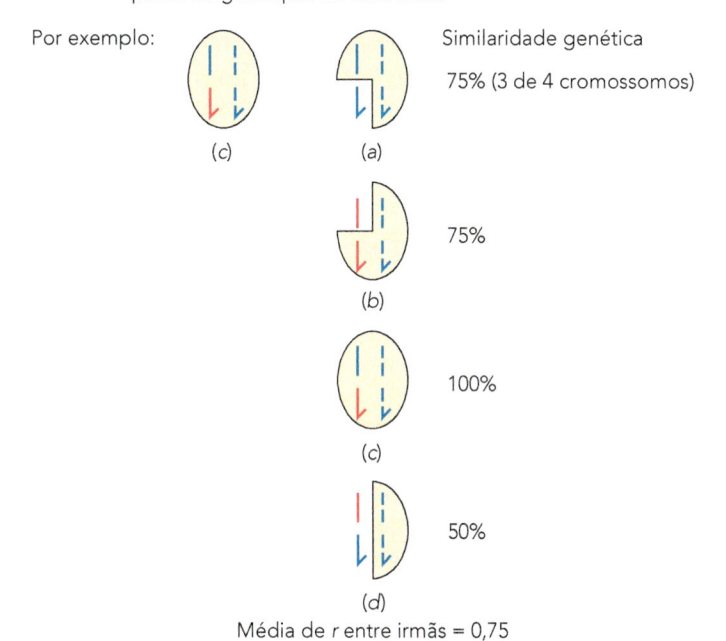

Por exemplo:

Similaridade genética

(c)　(a)　75% (3 de 4 cromossomos)

(b)　75%

(c)　100%

(d)　50%

Média de *r* entre irmãs = 0,75

mãos recebem de suas mães varia entre de 0 a 100% idênticos, mas na média em torno de 50%; 50% de uma metade significa que uma irmã compartilha, em média, apenas um quarto de seus genes com seus irmãos ($r = 0{,}25$). Em parte porque irmãs são três vezes mais proximamente aparentadas entre si do que com seus irmãos, Bob Trivers e Hope Hare perceberam que em himenópteros espera-se que as operárias favoreçam a produção três vezes mais de irmãs do que irmãos.[1467]

Uma operária que favoreça a produção das irmãs traria conflito entre as operárias e sua mãe, porque a rainha geralmente não tem nada a ganhar tendo suas colônias produzindo mais um sexo do que outro. Por quê? Porque, como a razão sexual padrão nos sugere,[1578] uma rainha doa 50% de seus genes para cada cria, tanto macho quanto fêmea. Dessa forma, ela não ganha nenhuma vantagem genética por ter mais filhas do que filhos ou vice-versa. Imagine uma população hipotética de uma espécie de formiga na qual as rainhas tendessem a produzir mais um sexo do que o outro. Nessa situação, quaisquer rainhas mutantes que fizessem o oposto e tivessem mais crias pertencentes ao sexo mais raro seria recompensada em netos (as). Se os machos são escassos, por exemplo, então uma rainha que usasse seu capital parental para gerar filhos criaria descendentes com abundância de parceiros potenciais e, desse modo, muito mais oportunidades para reproduzir do que um número comparável de filhas. A maior aptidão de rainhas produzindo filhos adicionaria efetivamente mais machos à próxima geração, levando a razão sexual de volta a igualdade de sexos. Se ao longo do tempo a razão sexual excedesse e se tornasse inclinada para machos, então rainhas produzindo filhas ganhariam em sucesso reprodutivo, mudando a razão sexual para o outro lado. Quando a razão de investimento para filhos e filhas é 1:1, não existe nenhuma vantagem para uma especialista em produzir filhos ou filhas. Assim, uma estratégia de investimento igual proporcional é favorecida pela seleção frequência-dependente (*ver* página 229) que atua sobre as rainhas.

Existe pouca dúvida que as rainhas de abelhas melíferas, por exemplo, poderiam ovipositar em uma razão que beneficiasse seus genes e não aqueles de suas filhas operárias. Essa conclusão vem de um experimento no qual rainhas foram confinadas em partes da sua colmeia onde o favo de cria tinha apenas células menores de forma a acomodar células de operárias (suas filhas). Sob essas circunstâncias, as rainhas puseram apenas ovos fertilizados, destinados a produzirem fêmeas. (*ver também* Ratnieks e Keller[1199]) Mas quando as rainhas confinadas foram posteriormente liberadas e tiveram acesso às células vazias pequenas e grandes, compensaram sua recente superprodução de filhas ao procurarem células maiores, que eram preenchidas por ovos não fertilizados destinados a originarem seus filhos.[1548] Dessa forma, rainhas de abelhas melíferas claramente têm a capacidade de determinar o sexo da prole produzida em suas colmeias fazendo a postura de ovos haploides não fertilizados (filhos) em células grandes e ovos diploides fertilizados (filhas operárias) em células menores, embora dependam das operárias para a construção de células de cria dos dois tipos para ambos os sexos da prole.

Rainhas de outros insetos sociais também controlam o destino ontogenético de sua prole,[1470] com rainhas mais velhas de uma formiga coletora,[1295] por exemplo, produzindo rainhas filhas e filhos apenas após a passagem do inverno frio. Quando operárias foram experimentalmente sujeitas ao frio enquanto a rainha foi privada do frio, apenas as operárias e não as novas rainhas foram produzidas.

Mas mesmo se rainhas controlam o sexo de seus ovos, talvez operárias recusem-se a dar alimento aos irmãos enquanto larvas, preferindo nutrir suas irmãs em desenvolvimento. Se as operárias, de fato, tentam maximizar sua própria aptidão inclusiva, então o peso somado de todas as fêmeas reprodutoras adultas (medida dos recursos dedicados à produção de fêmeas) criadas pelas operárias das colônias deveria ser três vezes o peso somado de todos os machos. Quando Trivers e Hare pesquisaram a literatura sobre a razão dos pesos totais dos dois sexos produzidos nas colônias de diferentes espécies de formigas, eles encontraram uma razão de investimento de 3:1, favorável às operárias, e não a razão de 1:1 esperada caso as rainhas tivessem o controle completo da produção da prole.[1467]

Para discussão

13.15 Por que, precisamente, uma operária de formiga ganharia se a colônia investisse o triplo na produção de fêmeas reprodutivas do que na produção de machos? Ilustre sua resposta com um caso em que a prole feminina e a masculina custem exatamente a mesma quantia para ser produzida, de tal forma que 100 unidades de investimento (como alimento para as larvas) renderá o mesmo número de machos adultos como de fêmeas.

> Considere a razão sexual da população e explique porque pode não compensar às operárias forçar a colônia a produzir somente fêmeas reprodutivas, mesmo quando as operárias compartilhariam muito mais genes com essas fêmeas do que com seus irmãos

A hipótese haplodiploide também gera outras previsões. Operárias de himenópteros deveriam privilegiar a produção de fêmeas apenas se sua mãe tivesse sido fecundada por um único macho. Rainhas que copulam com dois ou mais machos haploides têm espermatozoides com dois ou mais genótipos com os quais fertilizarão seus óvulos. Filhas com diferentes pais (i.e., meias-irmãs) não serão proximamente aparentadas. Apenas quando fêmeas têm o mesmo pai compartilharão 75% dos seus genes (ver Figura 13.25). Na realidade, em alguns himenópteros, rainhas acasalam com vários machos, e isso justifica plenamente naquelas espécies em que as rainhas mais poliândricas produzem a prole de maior capacidade reprodutiva.

Outro fator que reduz o parentesco entre operárias e os indivíduos que elas ajudam a produzir é a coexistência de um número de rainhas não aparentadas no mesmo ninho, fenômeno comum nos insetos sociais. Tanto as rainhas poliândricas quanto ninhos com muitas rainhas podem nos ajudar a entender a evolução do comportamento das operárias.[138, 1053] Por exemplo, considere uma espécie de formiga do gênero *Formica*, cujas rainhas podem ser monogâmicas ou poliândricas. Liselotte Sündstrom percebeu que essa espécie fornecia uma oportunidade magnífica para descobrir se as operárias direcionavam a alocação de alimento para os futuros irmãos reprodutores e irmãs reprodutoras em função do r_b; sim, elas direcionavam. As filhas de mães monogâmicas que se acasalavam uma vez direcionavam amplamente seus investimentos para a produção de rainhas irmãs. Mas operárias em colônias com rainhas que acasalaram múltiplas vezes comportaram-se de modo diferente. Para essas operárias, os irmãos eram tão geneticamente valiosos quanto as irmãs, e elas não deslocaram a produção da colônia para fêmeas.[1404]

Ulrich Mueller também mostrou que as operárias de himenópteros alteram seus investimentos em companheiras de ninho de acordo com seu coeficiente de parentesco.[1016] Ele manipulou experimentalmente colônias de uma abelha eussocial, removendo a rainha fundadora de alguns ninhos, mas a deixando em outras colônias. Quando uma colônia tinha sua rainha fundadora, a assimetria usual no parentesco persistiu entre operárias e suas irmãs ($r = 0,75$) e seus irmãos ($r = 0,25$). Sob essas condições, um viés em direção ao investimento em progênie feminina é esperado de acordo com a hipótese haplodiploide. Mas em uma colônia na qual a fundadora foi removida, uma filha assumiu a liderança reprodutiva; sob essas condições, suas irmãs operárias estavam ajudando na produção de sobrinhas ($r = 0,375$) e sobrinhos ($r = 0,375$), e não na produção de irmãs adicionais. Desse modo, a assimetria do parentesco desaparece, e as operárias deveriam tratar a produção de machos mais favoravelmente nessas colônias. De fato, operárias nas colônias experimentais investiram mais em machos (o peso combinado equivaleu a 63% do peso total de todos os reprodutores reprodutivos) do que as operárias nas colônias onde as rainhas fundadoras foram deixadas (nas quais os machos constituíram 43% do peso total).

Para discussão

13.16 Se uma fêmea de uma espécie de vespa monogâmica pudesse ajudar a produzir mais irmãs com *r* de 0,75, por que ela se reproduziria, já que reprodutores são relacionados à sua prole por apenas 0,5? A seguir, use a lei de Hamilton para explicar por que algumas "operárias" produzidas no início do ano deixam seus ninhos-natais à espera de oportunidades para "adotar" ninhos contendo indivíduos não aparentados, em vez de se tornarem ajudantes nos ninhos de suas mães.[1380]

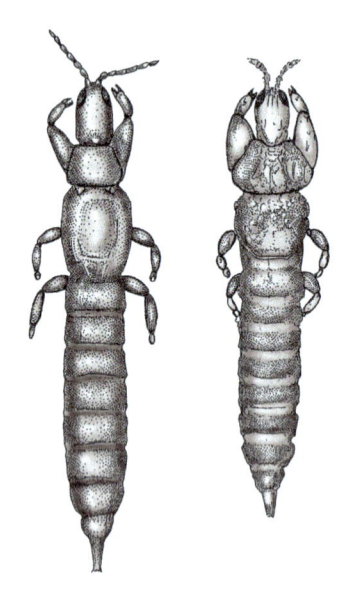

FIGURA 13.37 Um soldado estéril de tripes (direita) próximo à fêmea fundadora reprodutora (esquerda). Note as pernas anteriores maiores do soldado usadas para defender a galha ocupada por suas aparentadas. Desenho baseado em uma fotografia, cortesia de B. Kranz e Bernie Crespi.

13.17 Conforme vimos, ajudantes e rainhas de insetos sociais podem disputar muitas coisas, apesar de serem membros de uma família (p. ex., ver Heinze, Hölldobler e Peeters[648]). Por que, por exemplo, uma operária com uma mãe monogamicamente acasalada deixaria sua mãe produzir filhas, mas tentaria produzir seus próprios filhos (assumindo que nessa espécie social, operárias tenham ovários funcionais)? Por outro lado, por que uma futura rainha não fecundada seria muito agressiva em relação às operárias que põem ovos no período anterior ao seu acasalamento, mas depois de acasalar ela deixa de ser agressiva? (Rainhas de algumas formigas põem ovos em sua colônia natal tanto antes quanto depois do acasalamento.[332])

A hipótese haplodiploide baseia-se na premissa que o parentesco excepcionalmente próximo entre ajudante e receptora promove a evolução da eussocialidade. Se isso for verdade, então outros mecanismos que resultam no parentesco genético extremamente próximo entre os membros dos grupos sociais deveriam também estar associados com a formação de castas estéreis e o comportamento extraordinário de autossacrifício. Tanto o endocruzamento quanto a reprodução clonal ou assexuada podem resultar em coeficientes de parentesco muito altos entre os membros da família. Como mencionado anteriormente, as anêmonas formam clones nos quais alguns indivíduos se sacrificam por outros se desenvolvendo como exploradores ou guerreiros agressivos.[55] O mesmo tipo de coisa ocorreu com certas espécies de tripes com sistemas de acasalamento entre irmão e irmã; como previsto, uma casta estéril adepta do autossacrifício evoluiu em algumas dessas espécies altamente endogâmicas.[253] Os soldados altruístas possuem pernas anteriores robustas e com espinhos (Figura 13.37), para melhor imobilizar inimigos que invadem as galhas de plantas onde os altruístas vivem com seus irmãos relativamente indefesos.

O autossacrifício extremo também ocorre em alguns afídeos cujas mães se reproduzem assexuadamente; todas as suas filhas são cópias idênticas do mesmo genótipo, o que significa que o valor de r para as irmãs é 1,0. Várias espécies de afídeos com reprodução assexuada, como os tripes formadores de galhas, têm a habilidade de formar clones compostos de fêmeas reprodutivamente capazes e irmãs-soldados não reprodutoras.[707, 1387] Em pelo menos uma espécie, os soldados se agregam ao redor de uma abertura da galha para melhor repelir os inimigos que tentam entrar na câmara da galha em busca das irmãs das soldados.[1139] Alguns afídeos da Amazônia usam as poderosas pernas dianteiras espinhosas (ou partes bucais endurecidas com forma de espada) para repelir predadores, como larvas de moscas sirfídeas; quando esses insetos se aproximam da abertura da galha (Figura 13.38). Certos soldados de afídeos fazem mais do que simplesmente deter seus inimigos: eles injetam uma proteína inseticida venenosa pelas partes bucais tubulares que atravessam o corpo do predador e o matam.[821]

Em algumas espécies de afídeos, muitos soldados morrem na defesa de suas irmãs. Nos experimentos conduzidos por William Foster, em média aproximadamente 20 soldados de *Pemphigus spyrothecae* morrem na batalha para repelir uma larva de mosca sirfídeo. Na ausência dos soldados, contudo, uma larva predadora poderia comer todos os 100 afídeos não soldados que Foster agregava em seus testes.[483] Em um experimento adicional, todos os afídeos que ocupavam uma amostra de galhas foram removidos das galhas originais antes de serem devolvidas aos seus lares em grupos rearranjados que tanto incluíam alguns soldados quanto estavam sem defensores. As galhas sem soldados foram dez vezes mais atacadas por sirfídeos ou outros insetos predadores do que aquelas em que os soldados estavam presentes.[484] Dessa forma, na natureza, soldados de afídeos não morrem em vão, pois também se beneficiam em forma de aptidão indireta quando os beneficiários de suas ações sobrevivem para reproduzir.

Devido à natureza da reprodução assexuada nos afídeos, sempre considerou-se que grupos familiares em uma galha fossem realmente um clone. Mas quando Patrick Abbot e colaboradores usaram tecnologia de *DNA fingerprinting* para examinar essa premissa em *Pemphigus obesinymphae*, fizeram a surpreendente descoberta que, em média, aproximadamente 40% dos habitantes de uma dada galha eram intrusos de galhas próximas. Esses afídeos deixaram a folha de galha nas quais nasceram e se mudaram para a galha vizinha para tirar vantagem dos recursos alimentares, bem como da proteção oferecida pelos soldados da outra galha. Quando as colônias de parentesco misturado foram desafiadas por um pseudopredador, uma larva de mosca-das-frutas, os afídeos que viviam em sua colônia natal atacaram como se o intruso fosse uma larva de sirfídeo. No entanto, embora aproximadamente 40% dos afídeos nas colônias misturadas fossem forasteiros, eles contribuíram com apenas 2% dos soldados que responderam ao potencial predador (Figura 13.39). Em vez de ajudar com defesa, os intrusos ficaram livres para se desenvolver relativamente mais rápido, alcançando o estágio reprodutivo antes dos soldados, mais lentos em maturação, e que, nessa espécie, mudam da forma defensiva para a forma reprodutiva ao longo do tempo. O comportamento egoísta das galhas geneticamente não aparentadas reduziu os benefícios obtidos pelos soldados altruístas que defendiam suas colônias originais.[1]

Soldados ocorrem em outras espécies além de anêmonas, tripes, insetos sociais e afídeos, incluindo vespas parasitas muito pequenas do gênero *Copidosoma*. Quando uma vespa fêmea desse tipo parasita uma lagarta do repolho, ela insere dois ovos dentro do corpo da lagarta. Conforme os ovos se desenvolvem, eles se dividem em uma série de milhares de outros ovos. Em determinado ponto, a massa de ovos que derivou de um dos ovos originais gera filhas clones geneticamente idênticas, enquanto o outro conjunto de ovos torna-se um clone de filhos. Entre as filhas geneticamente idênticas, dois fenótipos diferentes se desenvolvem. Uma forma normalmente é idêntica à forma materna. Indivíduos desse tipo usualmente acasalam com os irmãos quando eles mudam para a forma de adultos e emergem do cadáver da lagarta; o outro tipo, contudo, se transformará em larvas assassinas que nunca alcançam a maturidade e que, em vez disso, procuram e destroem a prole de outras fêmeas de *Copidosoma*, bem como seus próprios irmãos em desenvolvimento.[544]

Devido ao fato de que irmãos e irmãs de *Copidosoma* desenvolverem a partir de ovos diferentes geneticamente, uma explicação de seleção indireta poderia tornar claro o porquê de fêmeas-soldados matarem seus irmãos e não suas irmãs. No entanto, irmãos e irmãs ainda compartilham um número substancial de genes; assim, existe um custo de aptidão inclusiva associado com o fratricídio nessa espécie. O benefício contrabalançador deriva do sistema de acasalamento da vespa, que, como mencionado, envolve cópulas entre irmãos e irmãs. Pelo fato que um irmão pode inseminar muitas irmãs, a destruição de muitos irmãos por soldados especialistas não reduz a probabilidade de que suas irmãs não soldados sejam efetivamente fecundadas após a eclosão. Dessa forma, devido à remoção de alguns irmãos, os soldados beneficiam suas irmãs idênticas reduzindo a competição por alimento dentro da lagarta. Se para cada irmão eliminado ($r = 0,5$), uma irmã extra ($r = 1,0$) puder alcançar a maturidade, uma fêmea-soldado obtém um ganho adicional em genes transmitidos para a próxima geração.

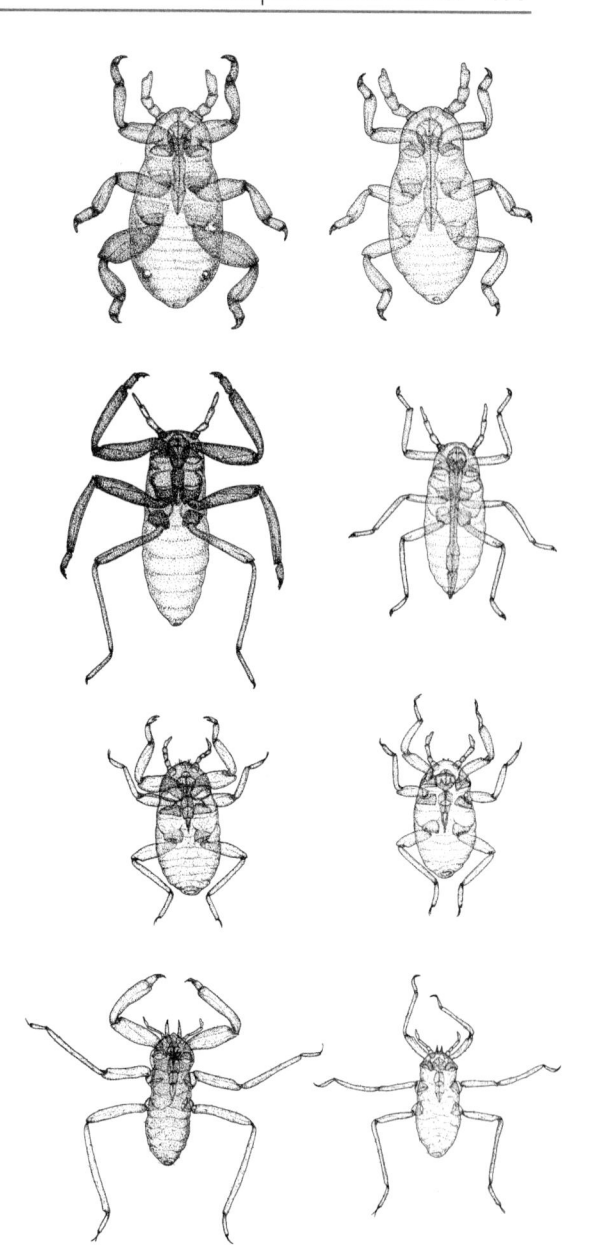

FIGURA 13.38 Altruísmo em afídeos. Quatro espécies de afídeos cujos soldados obrigatoriamente estéreis (esquerda) com pernas para agarrar e bicos curtos e afiados protegem suas companheiras de colônia mais delicadas, que possuem potencial para reproduzir quando amadurecem. As espécies foram desenhadas em escalas diferentes por Christina Thalia Grant. Adaptada de Stern e Foster.[1388]

Eussocialidade na ausência de parentesco muito próximo

Embora os estudos descritos acima sejam geralmente consistentes com a argumentação de que um alto coeficiente de parentesco possa facilitar a evolução do altruísmo, muitas questões permanecem não resolvidas. Observe, por exemplo, que os afídeos

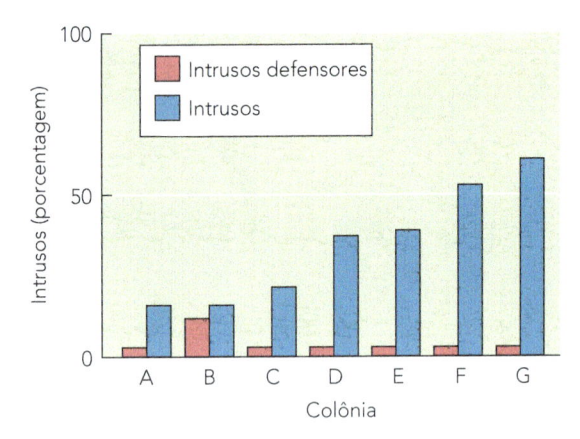

FIGURA 13.39 Comportamento egoísta dos invasores dos afídeos clones. Colônias de afídeos podem conter afídeos intrusos originários de outras galhas. Embora esses intrusos formem uma proporção considerável do grupo, quase nenhum recém-chegado toma parte na defesa da galha. Em vez disso, defensores são formados quase exclusivamente por população nativa da colônia. Adaptada de Abbot, Withgott e Moran.[1]

soldados altruístas são extremamente raros, aparecendo em apenas 1% das milhares de espécies de afídeos com reprodução assexuada. Mesmo entre os muitos afídeos formadores de galhas, os soldados são ainda incomuns, tendo evoluído em aproximadamente 50 espécies,[1837] geralmente aquelas cujas colônias desenvolvem lentamente e ocupam galhas com aberturas pelas quais seus predadores podem entrar.[1140] Como vimos, o altruísmo em soldados nesses poucos afídeos pode, às vezes, persistir em colônias contendo intrusos não aparentados, condição que diminui o parentesco médio dos indivíduos da colônia.

De modo similar, entre os Hymenoptera eussociais, as irmãs são frequentemente pouco aparentadas,[34] por razões já discutidas. Mensurações diretas do r para prole feminina das duas espécies de vespas eussociais poliândricas mostraram valores de r inferiores a 0,40.[1242] Da mesma forma, em colônias de vespas *Polistes*, a média do r entre as companheiras de ninho quase nunca alcança o valor máximo de 0,75, mas frequentemente cai abaixo de 0,50.[1396] Esses resultados poderiam aumentar se a rainha atual tivesse recém substituído a rainha anterior, ou se várias fêmeas contribuíssem simultaneamente na produção da prole ou, como notado anteriormente, se a única rainha tivesse acasalado com mais de um macho, todos os fenômenos de ocorrência comprovada em alguns insetos sociais.

O ponto é que o sistema haplodiploide de determinação sexual não garante que operárias nas colônias dos himenópteros eussociais atuais sejam altamente aparentadas. É possível que altos coeficientes de parentesco fossem uma precondição para as origens dos sistemas eussociais no passado. William Hughes e colaboradores checaram a validade dessa suposição construindo uma filogenia na qual mostraram a distribuição de espécies altamente poliândricas, levemente poliândricas e monogâmicas.[691] Essa árvore da vida mostra que a poliandria, forte ou fraca, evoluiu independentemente muitas vezes em Hymenoptera, mas que surgiu sempre de um ancestral monogâmico (Figura 13.40). Subsequente a sua origem dos ancestrais monogâmicos, a eussocialidade talvez tenha sido retida mesmo quando a poliandria começou a ser característica de algumas linhagens, e os altos valores de r foram consequentemente perdidos. Em abelhas melíferas, por exemplo, a poliandria talvez tenha se espalhado secundariamente porque os benefícios em se ter alta diversidade genética dentro de uma colônia promove a resistência a doenças[1424] ou especialização operária e eficiência nas tarefas,[1095] como discutido no Capítulo 11 (*ver* página 401). Dessa maneira, a vida altamente eussocial das atualmente poliândricas abelhas melíferas talvez seja mantida por pressões seletivas que diferem daquelas que foram responsáveis pela origem da eussocialidade nessas espécies.

Mesmo assim, podemos dizer com certeza que o método haplodiploide de determinação sexual não é absolutamente essencial para a origem ou manutenção de um sistema social complexo. Os cupins, por exemplo, têm machos e fêmeas diploides, mas são eussociais como as abelhas melíferas e vespas *Polistes*. Outro organismo diplodiploide, eussocial e de aparência bizarra é o rato-toupeira-pelado.[208, 1317] Esse mamífero alongado e sem pelos (Figura 13.41) vive em um complexo labirinto de túneis na planície africana onde podem residir 200 indivíduos. É impressionante o tamanho do lar subterrâneo onde membros da colônia cooperam movendo toneladas de terra para a superfície a cada ano enquanto escavam à procura de tubérculos. Além disso, na época da reprodução, o acasalamento é restrito à grande "rainha" e

FIGURA 13.40 Seleção indireta e a origem da eussocialidade nos Hymenoptera. Neste grupo, existem muitas espécies eussociais diferentes e, entre essas, a poliandria evoluiu com frequência de forma independente. Mas, baseado nesta filogenia, as espécies ancestrais foram sempre monogâmicas, condição primordial para existir alto grau de parentesco entre irmãs nos himenópteros. Adaptada de Hughes e colaboradores.[691]

Comportamento Animal 499

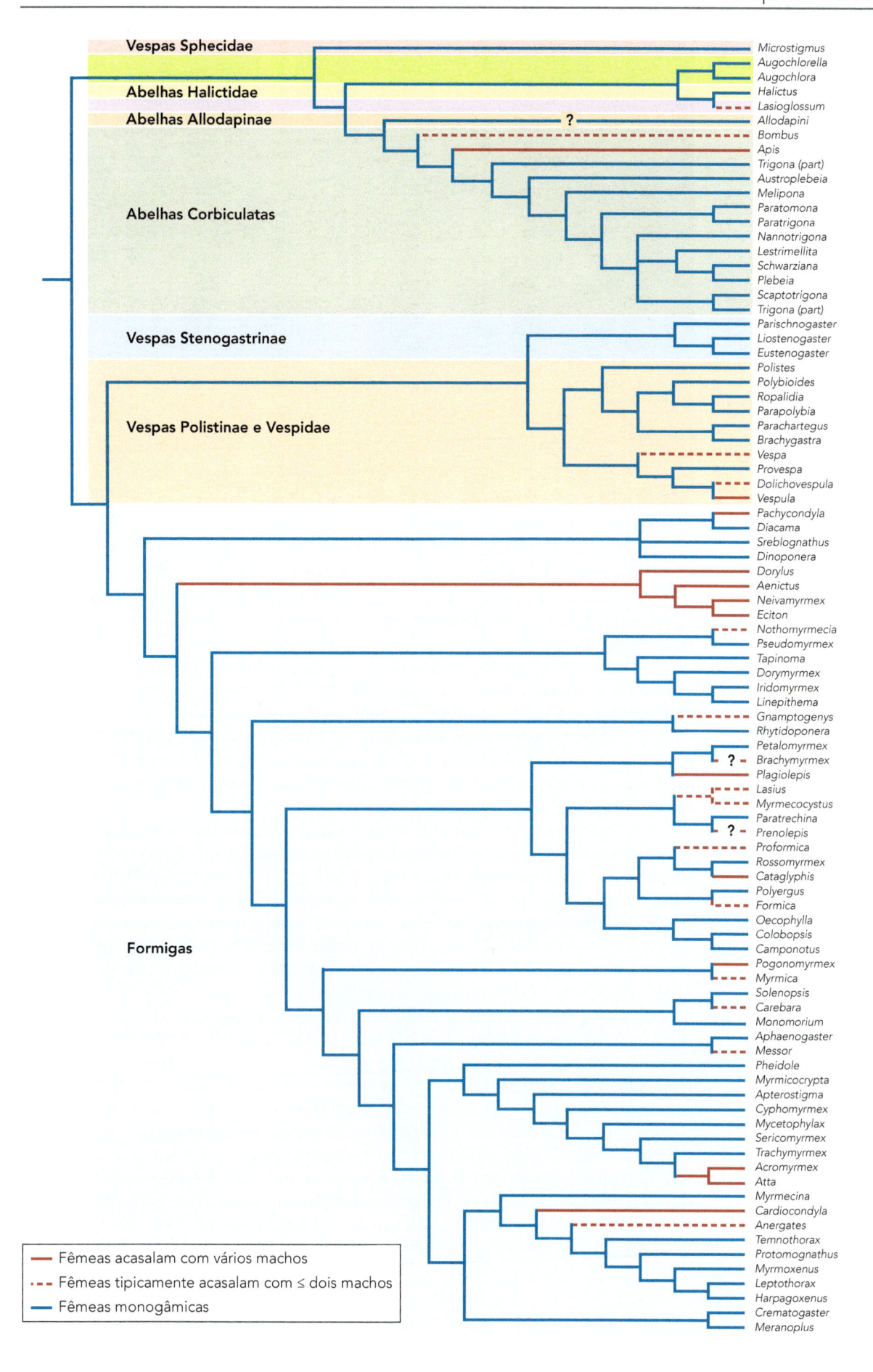

Vespas Sphecidae
- Microstigmus
- Augochlorella
- Augochlora

Abelhas Halictidae
- Halictus
- Lasioglossum

Abelhas Allodapinae
- Allodapini
- Bombus
- Apis

Abelhas Corbiculatas
- Trigona (part)
- Austroplebeia
- Melipona
- Paratomona
- Paratrigona
- Nannotrigona
- Lestrimellita
- Schwarziana
- Plebeia
- Scaptotrigona
- Trigona (part)

Vespas Stenogastrinae
- Parischnogaster
- Liostenogaster
- Eustenogaster

Vespas Polistinae e Vespidae
- Polistes
- Polybioides
- Ropalidia
- Parapolybia
- Parachartegus
- Brachygastra
- Vespa
- Provespa
- Dolichovespula
- Vespula

Formigas
- Pachycondyla
- Diacama
- Sreblognathus
- Dinoponera
- Dorylus
- Aenictus
- Neivamyrmex
- Eciton
- Nothomyrmecia
- Pseudomyrmex
- Tapinoma
- Dorymyrmex
- Iridomyrmex
- Linepithema
- Gnamptogenys
- Rhytidoponera
- Petalomyrmex
- Brachymyrmex
- Plagiolepis
- Lasius
- Myrmecocystus
- Paratrechina
- Prenolepis
- Proformica
- Rossomyrmex
- Cataglyphis
- Polyergus
- Formica
- Oecophylla
- Colobopsis
- Camponotus
- Pogonomyrmex
- Myrmica
- Solenopsis
- Carebara
- Monomorium
- Aphaenogaster
- Messor
- Pheidole
- Myrmicocrypta
- Apterostigma
- Cyphomyrmex
- Mycetophylax
- Sericomyrmex
- Trachymyrmex
- Acromyrmex
- Atta
- Myrmecina
- Cardiocondyla
- Anergates
- Temnothorax
- Protomognathus
- Myrmoxenus
- Leptothorax
- Harpagoxenus
- Crematogaster
- Meranoplus

Legenda:
— Fêmeas acasalam com vários machos
--- Fêmeas tipicamente acasalam com ≤ dois machos
— Fêmeas monogâmicas

FIGURA 13.41 Mamífero com casta efetivamente estéril. Ratos-toupeira-pelados vivem em colônias grandes formadas por muitos operários e operárias que servem uma rainha e um ou poucos machos reprodutivos. Fotografia de Raymond Mendez.

aos vários "reis" que vivem em uma câmara no centro do ninho. Outras fêmeas nem mesmo ovulam. Em vez disso, elas funcionam como ajudantes estéreis de ninho, desempenhando funções de apoio para as rainhas e reis, como são a maioria dos machos na colônia.[825]

O altruísmo é visto nos vertebrados eussociais como voluntário ou seria o produto do policiamento de um ou mais membros da colônia? De fato, a rainha de ratos-toupeira parece ser uma xerife, quando ela mesma empurra outros membros da colônia, induzindo altos níveis de estresse em fêmeas e machos subordinados. Lembre-se que as interações agressivas também ocorrem em grupos de aves onde existem ajudantes de ninho, e essas envolvem ações como destruição de ovos de algumas fêmeas e expulsão do território do grupo.[637]

Em nível proximal, os efeitos da agressividade da rainha suprimem a produção de hormônios sexuais de seus subordinados, tornando-os incapazes de reproduzir. Dessa forma, o altruísmo mostrado pelos subordinados de rato-toupeira-pelado existe em parte porque eles são forçados a desistir da reprodução. Nesse estágio, suas opções são deixar a colônia para tentar reproduzir de modo independente (opção muito arriscada) ou aceitar seu *status* não reprodutivo e ajudar a rainha-mãe o suficiente para poder permanecer dentro de um grupo seguro. Ao nível distal, a decisão de permanecer com a rainha agressiva talvez seja adaptativa porque operários de rato-toupeira são muito aparentados a outros operários naquelas colônias cujos pais são irmãos.[1202] Quando um irmão e irmã se acasalam, sua cria resultante do endocruzamento têm provavelmente coeficientes de parentesco acima de 0,5, porque ambos os pais compartilham alelos familiares raros como resultado de terem o mesmo pai e mãe.

No entanto, nem todo o rei e rainha de ratos-toupeira são irmãos nem mesmo primos; alguns ratos-toupeira evidentemente preferem formar pares com não aparentados.[266] Além disso, colônias do rato-toupeira-pelado e de seu grupo irmão, o rato-toupeira-de-damaraland, produzem alguns indivíduos especialmente gordos que aparentemente deixam o ninho para fundar uma nova colônia em outro local, presumivelmente com um indivíduo não aparentado do sexo oposto oriundo de outro grupo.[165,1281] O fato de que operários de ratos-toupeira em algumas colônias não

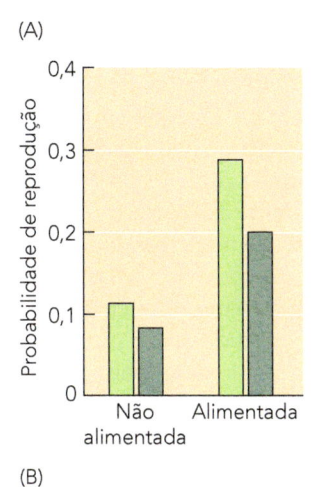

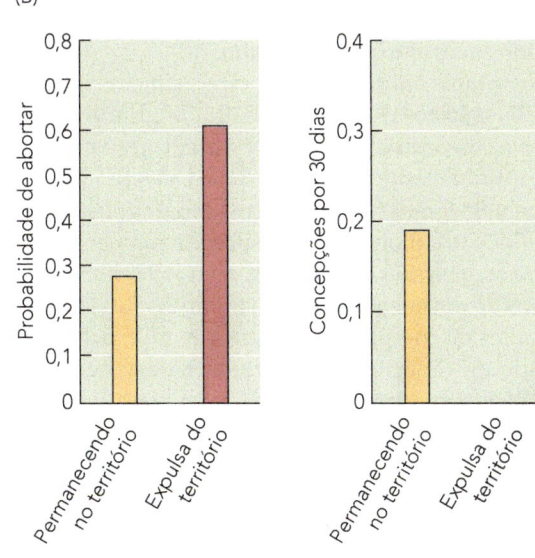

FIGURA 13.42 Estudos sobre a socialidade nos suricatas. (A) O efeito da alimentação suplementar sobre a probabilidade de que fêmeas jovens (verde-claro) e machos jovens (verde-escuro) alcancem algum sucesso reprodutivo durante sua vida. (B) Fêmeas subordinadas temporariamente separadas do bando foram mais propensas a abortar e menos aptas a conceber durante o período de expulsão do que aquelas fêmeas que evitaram a expulsão. A, adaptada de Russel e colaboradores;[1257] B, adaptada de Young e colaboradores.[1631]

sejam extraordinariamente tão aparentados sugere que a evolução da eussocialidade não é absolutamente dependente de alto parentesco genético. Além disso, pares reprodutores de ratos-toupeira-de-damaraland têm um coeficiente de parentesco de 0,02, ou seja, nenhum endocruzamento. Como resultado, o parentesco médio entre os membros da mesma colônia é muito próximo de 0,5, o coeficiente de parentesco padrão entre irmãos de uniões sem endocruzamento.[213] Nos ratos-toupeira-pelados, como nos ratos-toupeira-de-damaraland e muitas outras espécies, os ajudantes normalmente cuidam dos irmãos, e isso aparenta ser suficiente para explicar a evolução da socialidade complexa.

Para discussão

13.18 Nos suricatas, outro mamífero africano de reprodução cooperativa, os ajudantes provêm insetos aos mais jovens, o que os ajuda a ganharem peso mais rapidamente. À luz desse resultado, por que uma equipe de pesquisadores forneceu alimento suplementar a um grupo de suricatas jovens, enquanto privou outro grupo equivalente de tal alimento? Ver Figura 13.42A[1257]. E porque os pesquisadores coletaram os dados mostrados na Figura 13.42B?[1631]

FIGURA 13.43 A vida em uma fortaleza pode fornecer incentivo contra dispersão em muitos insetos sociais. A probabilidade de um jovem cupim *spinifex* fundar uma colônia que alcance o tamanho do monte mostrado aqui é extremamente baixa. Milhões de operárias trabalhando durante muitos anos no oeste da Austrália produziram este castelo seguro feito de argila vermelha dura como concreto. Fotografia do autor.

A ecologia da eussocialidade

A regra de Hamilton que o altruísmo pode evoluir quando $r_c \times C$ for menor do que $r_b \times B$ contém mais elementos do que r_b. De fato, o altruísmo pode se espalhar mesmo quando r_b for próximo de zero, desde que o C (o número de crias que o ajudante desiste de produzir para ser um altruísta) também seja muito baixo. Em outras palavras, se a ecologia das espécies for de tal modo que os jovens adultos migrantes têm pouca chance de se reproduzir de forma bem-sucedida, então os indivíduos que permanecem em seu sítio natal para ajudar seus aparentados estão provavelmente assegurando aptidão indireta suficiente para tornar o comportamento de ajuda de ninho a opção adaptativamente superior – argumento que apresentamos anteriormente quando discutimos aves ajudantes de ninho.

Para muitos animais sociais, especialmente insetos sociais, as chances que um indivíduo migrante consiga um dia construir alguma coisa semelhante a colônia natal é infinitamente pequena (Figura 13.43).[16] Considere que uma fêmea fundadora em besouros eussociais da família Curculionidae leva aproximadamente um ano para escavar seu caminho de apenas 5 centímetros no tronco de um eucalipto.[765] A maioria das fundadoras morre antes de completar essa primeira fase, pela qual uma rede de túneis será construída na árvore. Uma vez estabelecida a longa rede de túneis, contudo, uma colônia pode persistir por décadas, com as ajudantes filhas assegurando um local onde auxiliam sua mãe na criação de machos reprodutores e novas fêmeas fundadoras, algumas das quais talvez dispersem e tornem-se bem-sucedidas, aumentando a aptidão indireta das irmãs que permanecem e cooperam.

Uma das muitas funções das ajudantes é a defesa do valioso ninho construído pela mãe contra predadores e potenciais usurpadores de sua própria espécie. A defesa do ninho-fortaleza, onde os membros da colônia podem se alimentar de forma segura, ocorre nesses besouros bem como em alguns tripes e muitas espécies de cupins. Similarmente, afídeos soldados tendem a pertencer a espécies cujas galhas são normalmente duras e resistentes.[1216] Mas a defesa de um ninho grande e durável não é a única forma pela qual operárias estéreis podem aumentar a reprodução de suas parentes. David Queller e Joan Strassmann argumentam que, em muitas formigas, abelhas e vespas eussociais, o serviço mais importante das operárias estéreis é coletar alimento para suas larvas parentes.[1185] Enquanto defensores de fortaleza como cupins e afídeos tipicamente vivem em meio a um abundante material vegetal digerível, a formiga, vespa e abelha devem viajar para longe do ninho para procurar o alimento escasso. Fazendo isso, a operária corre o risco de ser capturada por predadores. Devido à alta taxa de mortalidade sob essas condições, uma fêmea que vivesse e forrageasse sozinha morreria antes de sua prole alcançar independência. Se, contudo, uma fêmea nidificando pudesse obter ajuda de outras, o cuidado continuaria a ser fornecido para sua cria mesmo se ela morresse prematuramente. Sob essas circunstâncias, ajudantes aparentadas à fêmea reprodutora ganhariam considerável aptidão indireta por conduzirem a prole à vida adulta.[462]

Dessa forma, embora certos fatores genéticos talvez maximizem a evolução do altruísmo, fatores ecológicos que aumentem o efeito positivo da ajuda sobre a sobrevivência dos parentes são igualmente importantes. No entanto, nosso entendimento da socialidade complexa é ainda incompleto. Por exemplo, existem sete espécies africanas de ratos-toupeira, e todas são escavadoras com comportamentos parentais. Para todas essas espécies, os custos de abandonar um ninho subterrâneo seguro com amplos suprimentos de alimento seriam altos, e os benefícios da ajuda também altos, levando em conta o valor do ninho, o cuidado requerido pelos imaturos e a vantagem da vida comunal nos túneis. Assim, poderíamos esperar que existisse eussocialidade nas sete espécies. Contudo, a evidência direta da eussocialidade está disponível apenas para duas espécies, os ratos-toupeira-pelados e os ratos-toupeira-de-damaraland (embora algumas pessoas acreditem que outros ratos-toupeira talvez também exibam elementos da eussocialidade).[208] Além disso, de um modo geral, castas de operários são extremamente raras em roedores escavadores, dos quais existem muitas espécies.[713] De fato, a ocupação conjunta de um buraco por vários adultos foi relatada em apenas poucos roedores.[825] Esses fatos criam questões desconfortáveis para o argumento de que ninhos-fortaleza promovem a evolução da eussocialidade.[713] O uso de túneis subterrâneos e os altos custos associados da dispersão devem ser apenas parte da história ecológica por trás da evolução dos mamíferos eussociais.

Em geral, é mais fácil tentar explicar por que uma espécie evoluiu uma característica específica do que por que uma espécie não evoluiu determinada característica. Por exemplo, pesquisadores têm explicado de forma convincente os aspectos da vida social das gralhas-azuis. Mas o que dizer de seu parente próximo, a gralha-da-califórnia, espécie não social? Por que indivíduos dessa espécie não são sociais? Deve haver ocasiões em que as jovens gralhas têm poucas chances de encontrar um território disponível. Por que elas não evoluíram a habilidade de permanecer como ajudantes de ninho sob essas condições? Ainda há muito a ser aprendido sobre as bases genéticas e ecológicas do altruísmo e da vida social antes que possamos desvendar esse grande quebra-cabeça evolutivo.

Resumo

1. Em sociedades animais, os indivíduos frequentemente toleram a presença próxima de outros membros de suas espécies apesar da interferência reprodutiva, elevada competição por limitados recursos e risco aumentado de doenças associados à vida social. Sob essas circunstâncias ecológicas, as vantagens da socialidade (a melhora efetiva da defesa contra predadores) são suficientemente grandes para contrabalançar os muitos e diversos custos da vida social. A visão comum de que a vida social seria sempre evolutivamente superior à vida solitária está incorreta.

2. Animais que vivem juntos podem se ajudar de várias formas. Alguns atos cooperativos talvez elevem imediatamente o sucesso reprodutivo individual de ambos (mutualismo). Outros talvez ainda sejam realizados a custos que serão recompensados quando o receptor retribuir ao ajudante em uma próxima oportunidade (reciprocidade). Finalmente, algumas ações de ajuda são consideradas altruístas porque reduzem o sucesso reprodutivo do ajudante ao mesmo tempo em que aumentam o resultado reprodutivo de outro indivíduo.

3. Mutualismo e reciprocidade podem se espalhar na população via ação de seleção natural direta. Se, contudo, um ajudante realmente reduz sua aptidão direta enquanto aumenta a aptidão de outro, seu altruísmo se torna um quebra-cabeça evolutivo. Talvez os custos da aptidão direta de certos tipos de altruísmo sejam contrabalançados pelos ganhos em aptidão indireta gerados quando um indivíduo aumenta o número de seus parentes não descendentes sobreviventes.

4. Um alelo para o altruísmo pode se espalhar em competição com uma forma alternativa de um gene que promove reprodução individual, desde que indivíduos altruístas aumentem suficientemente o sucesso reprodutivo dos seus parentes, que a aptidão indireta que eles ganhem compense qualquer redução em sua aptidão direta. Como esperado, a enorme maioria de casos de altruísmo encontrados na natureza se enquadra nessa descrição. Ajudantes que se autossacrificam, que podem ser estéreis, quase sempre assistem parentes próximos, aumentando assim sua aptidão inclusiva (a soma de sua aptidão direta e indireta).

5. Embora a aptidão indireta obtida pela ajuda aumente, se o coeficiente de parentesco entre ajudante e beneficiário for alto, castas estéreis podem evoluir mesmo quando o grau de parentesco não for grande entre os membros do grupo, desde que a ecologia da espécie seja tal que ajudantes consigam melhorar a aptidão direta das parentes, especialmente se os fatores forem desfavoráveis à reprodução direta de indivíduos que dispersam do ninho natal. Mas muitas questões sobre o altruísmo extremo permanecem não respondidas.

Leitura sugerida

O estudo de W. D. Hamilton[609] provocou uma revolução no entendimento do comportamento social; veja também revisões de Richard Alexander,[16] Mary Jane West-Eberhard[1541] e Steve Emlen.[441] Recomendo *Helping and Communal Breeding in Birds* de Jerry Brown, como um guia para o entendimento dos tipos de seleção que afetam a evolução do comportamento social.[192] David Sloan Wilson e Edward O. Wilson argumentam que a teoria da seleção de grupo deve substituir a teoria da seleção parental, se quisermos entender a evolução do comportamento social. Embora alguns discordem (p.ex., Foster e colaboradores.[481] e West, Griffiths e Gardner[1546]), você pode ler sobre o posicionamento dos Wilson em "Rethinking the theoretical foundation of Sociobiology".[1586]

Para a maioria de nós, os "insetos sociais" são sinônimos de "formigas, abelhas e vespas sociais" (*ver* Bourke e Franks,[154] Hölldobler e Wilson,[669] Michener[979] e Wilson[1587]), mas também existem outros invertebrados sociais. Seu comportamento e sua base evolutiva são explorados em *The Other Insect Societies* por James Costa.[302] Há extensa literatura sobre o comportamento social das aves; como exemplos temos o estudo de Uli Reyer sobre os martins-pescadores-malhados;[1212] Jan Komdeur e colegas estudaram as felosas-das-seychelles;[792,796] além da revisão de Walt Koenig e Ron Mumme sobre o pica-pau *Melanerpes formicivorus*.[787] O comportamento social de mamíferos tem atraído muita atenção: veja Packer[1090] sobre leões e Wolf e Sherman[1613] sobre roedores, bem como Sherman, Jarvis e Alexander[1317] sobre ratos-toupeira-pelados em especial.

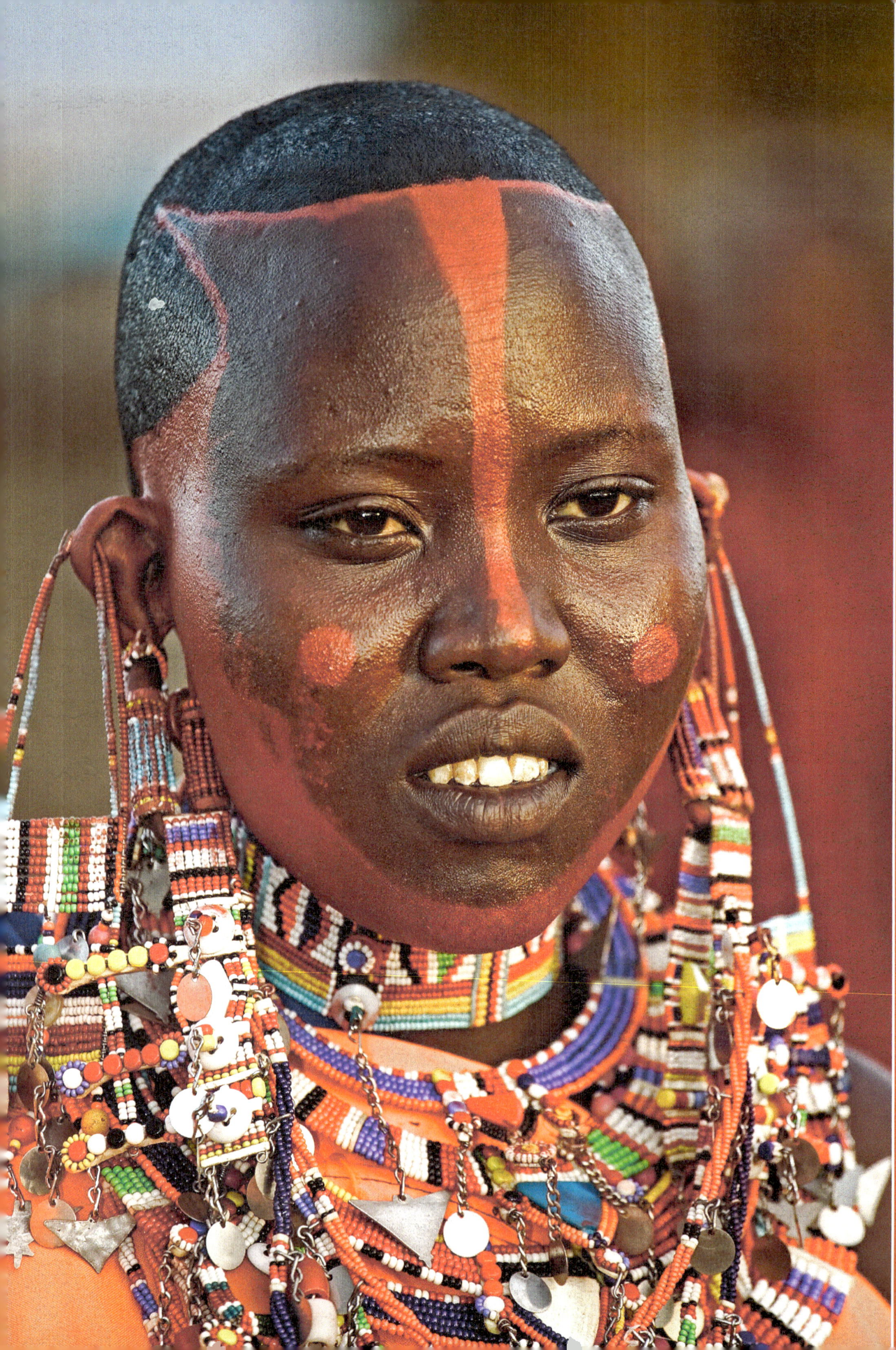

14
A Evolução do Comportamento Humano

A espécie humana é uma espécie animal com uma história evolutiva. Sim, somos diferentes e bastante encantadores à nossa maneira, mas também o são as gaivotas tridáctilas e os bitacídeos. Tendo aplicado o pensamento evolucionista às gaivotas tridáctilas e aos bitacídeos, vejamos se podemos fazer o mesmo aos seres humanos. Se nossa evolução tem sido moldada pela seleção natural, então deve haver alguma conexão entre nosso comportamento e a capacidade de passar nossos genes para as gerações seguintes. Essa proposição, entretanto, tem sido rejeitada por aqueles que acreditam que nosso comportamento é essencialmente "cultural", em oposição ao "biológico". E é claro que nossas tradições culturais influenciam nosso comportamento. Se, por exemplo, eu tivesse nascido e sido criado por aborígenes da Papua Nova Guiné, acharia natural ser visto em público completamente nu, com apenas uma cabaça longa, fina e oca cobrindo meu pênis (Figura 14.1). Não tendo crescido na Papua Nova Guiné, não tenho qualquer desejo de andar com um apetrecho semelhante aqui em Tempe, Arizona, nem em qualquer outro lugar, a propósito. As diferenças óbvias no comportamento humano nas culturas em todo o mundo podem nos levar a pensar que não podemos usar a teoria evolucionista para tentar compreender o comportamento de nossa espécie. Mas, visto que as culturas humanas são produtos de um cérebro evoluído,

◀ **Esta mulher masai** segue as tradições específicas de sua cultura na escolha dos ornamentos. Fotografia de Martin Harvey.

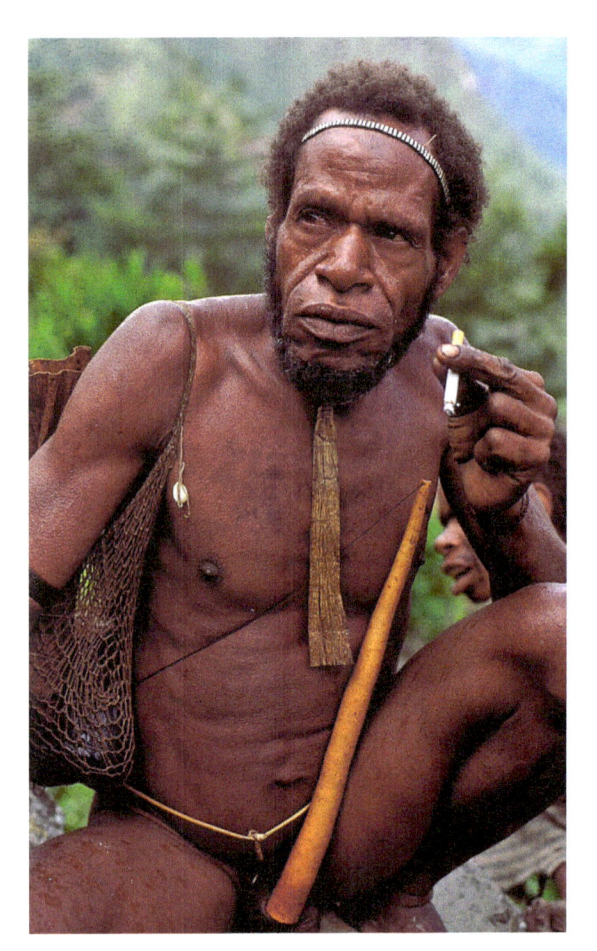

FIGURA 14.1 Tradições culturais são influências poderosas no comportamento humano. Homens de várias partes de Nova Guiné, incluindo este homem dani de Irian Jaya, tradicionalmente vestem uma bainha grande para o pênis e praticamente mais nada.

compreender nossa evolução poderia fornecer informações de por que fazemos o que fazemos, seja na Nova Guiné ou em Nova Iorque. Por isso, usaremos a teoria da seleção natural para abordar alguns dos mistérios darwinistas associados ao nosso comportamento. Nosso primeiro passo é analisar por que certa vez eu doei sangue para um banco de sangue. Minha doação realmente teria a ver com a evolução humana?

A abordagem adaptacionista ao comportamento humano

Quando doei sangue, eu não estava só. Alguns de nós, ligados às pequenas bolsas plásticas de sangue, nos comportávamos altruisticamente, porque estávamos correndo um pequeno risco de complicação médica para fornecer um benefício substancial em aptidão a um receptor desconhecido que necessitava de uma transfusão. Você pode retomar, do capítulo anterior, uma hipótese distal para explicar atos de ajuda e autossacrifício, ou seja: eles geram aptidão indireta àquele que ajuda. Doação de sangue, entretanto, não pode produzir esses ganhos quando o doador e aquele que recebe a doação não são aparentados, como acontece na maioria dos casos. Além disso, essa ação dificilmente pode ser considerada um caso padrão de reciprocidade com eventual restituição ao doador, visto que a maioria das pessoas que recebem transfusão de sangue nem sabe quem foi o doador.

Por essa razão, algumas pessoas afirmam que a doação de sangue é imune à análise evolucionista e, em vez disso, é um tipo de altruísmo "puro" praticado sem nenhuma possibilidade de ganho em aptidão. De acordo com Peter Singer, "O bom senso diz que aqueles que doam sangue o fazem para ajudar outros, não por um benefício disfarçado para si mesmo."[1335] Pode ser que sim, mas Richard Alexander discordou de Singer. Talvez, ele disse, o doador seja restituído, não pelo sangue do receptor, mas pelos amigos rotineiros do doador, que talvez fiquem impressionados e desejem cooperar com alguém "tão altruísta a ponto de abrir mão de seu bem mais valioso por um perfeito estranho."[18]

Na visão de Alexander, a doação de sangue ocorre em nível proximal porque, devido a nossos mecanismos psicológicos, nos sentimos melhores quando fazemos uma boa ação, talvez especialmente em benefício de pessoas não aparentadas conosco. De acordo com Alexander, nossos cérebros devem ter um sistema especial que nos recompensa por certas ações de modo a nos encorajar a adotar comportamento adaptativo. Esse mecanismo seria semelhante ao centro de reconhecimento de faces do cérebro humano, o qual, como você pode lembrar (ver páginas 135-136), nos fornece a capacidade adaptativa de identificar visualmente indivíduos de forma muito rápida e precisa. O suposto mecanismo do "altruísmo" em nosso cérebro motiva alguns de nós em sociedades ocidentais a doar sangue de vez em quando ou a exibir outra forma de caridade de baixo custo aprovada culturalmente. No passado, quando nossos sistemas psicológicos estavam evoluindo, nossos ancestrais hominídeos não podiam doar sangue nem doar roupas usadas ao Exército da Salvação, mas podiam ajudar seus companheiros em potencial com várias pequenas ações. Em um ambiente social no qual o sucesso reprodutivo de um indivíduo depende claramente da formação e manutenção de bons relacionamentos com outras pessoas, aqueles que realizam atos de caridade facilmente percebidos, pouco prováveis de serem retribuídos como todos sabemos, podem adquirir uma reputação por sua generosidade, estimulando outros a juntarem-se a eles em alianças benéficas e, desse modo, gerando uma recompensa em aptidão por seu comportamento.

Essa hipótese de **reciprocidade indireta** para doação de sangue, acordo no qual o doador obtém ganhos em aptidão de outros que testemunham a sua boa ação, rende

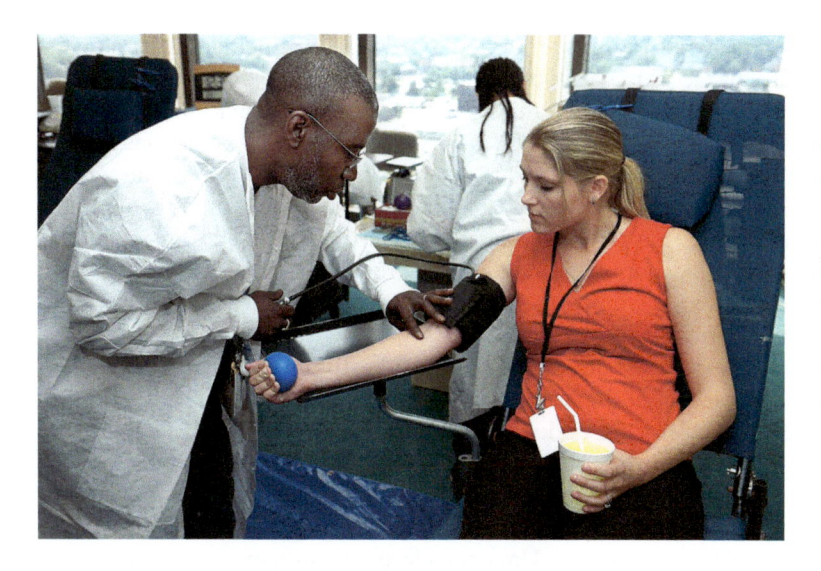

FIGURA 14.2 Doadores de sangue geralmente informam seu altruísmo. Talvez eles esperem (e recebam) uma recompensa na forma de reputação por seu comportamento.

muitas hipóteses testáveis. Primeiramente, os doadores de sangue não pagos deveriam quase sempre informar seus amigos que eles doaram sangue. Bobbi Low e Joel Heinen relatam que estudantes na Universidade de Michigan doam significativamente mais em campanhas para arrecadação de fundos quando recebem um broche ou um adesivo que informa sobre sua participação. Esses avisos são distribuídos rotineiramente pela Cruz Vermelha Americana em suas campanhas para doação de sangue (Figura 14.2).[890]

A segunda predição é que pessoas seriam relutantes em divulgar sua recusa a doar sangue. Em um estudo na Alemanha, 34% dos entrevistados disseram que embora nunca tenham doado sangue, eles se disporiam a fazê-lo, enquanto somente 17% disseram que simplesmente não seriam doadores.[1223] Em um estudo semelhante nos Estados Unidos, 30% dos estudantes de uma amostra marcaram um item indicando que provavelmente não doariam sangue em um posto de coleta que seria instalado na semana seguinte; os outros 70% deixaram o item em branco, o que significava, de acordo com as instruções recebidas, que provavelmente doariam sangue na semana seguinte. Na realidade, apenas 17% dos estudantes realmente seguiram em frente, mostrando que muito daqueles que deixaram de marcar o item "não doador" não quiseram reconhecer, mesmo em um questionário anônimo, que eles não participariam da doação de sangue.[265]

A terceira predição é que, quando as pessoas têm a chance de escolher quem ajudar, preferirão auxiliar pessoas conhecidas por serem generosas.[1039] Para testar essa predição, Klaus Wedekind e Manfred Milinski delinearam um jogo experimental que envolvia muitas rodadas para doar e (potencialmente) receber doações. Os jogadores receberam certa quantidade em dinheiro no início do jogo e foi dada a oportunidade de doar parte desse dinheiro a outros jogadores. O doador poderia especificar qual receptor, desconhecido do doador, receberia um franco suíço (ou dois), mas de fato o receptor recebia quatro francos, sendo o dinheiro excedente proveniente dos experimentadores. Assim, o doador pagou um preço pequeno para dar ao receptor um grande benefício. Conforme cada jogador tomava sua decisão de abrir mão de um ou dois francos, ele tomava conhecimento do histórico de doação de cada receptor em potencial, lembrando que ele não conhecia a identidade desses indivíduos, nem se essa pessoa havia lhe doado alguma quantidade de dinheiro nas rodadas anteriores. Mesmo assim, os indivíduos com histórico de doação tiveram maiores chances de receber doações em dinheiro de outros jogadores, como predito pela hipótese do altruísmo recíproco indireto.[1526]

Milinski e alguns outros pesquisadores têm usado jogos semelhantes para investigar os efeitos de doação para caridade. Eles descobriram que aqueles conhecidos (sob pseudônimo) por doar tanto para membros do grupo de jogadores quanto ao UNICEF (o respeitado fundo para crianças das Nações Unidas), não apenas receberam maior quantidade em dinheiro de seus companheiros de jogo, mas também receberam mais votos em uma eleição para o conselho estudantil (organizada pelos experimentadores). Em outras palavras, doações públicas parecem impulsionar a reputação social da pessoa generosa, aumentando a probabilidade de que outros acreditem que essa pessoa tinha em mente os melhores interesses do grupo, merecendo assim apoio financeiro e político.[981]

Outra variação desse tema envolveu grupos de estudantes universitários que assistiam a uma aula, na qual uma organizadora profissional de caridade discutia as oportunidades de ajudar a caridade que ela representava. Em alguns grupos, foi permitido aos estudantes indicar sua disposição ou recusa em contribuir na frente de seus colegas de classe. Porém, em outros grupos, os estudantes preencheram um questionário em que eles poderiam indicar sua intenção à organizadora sem deixar que seus colegas de classe soubessem. Uma parcela significativamente maior dos estudantes nos "grupos públicos" fez ofertas de caridade, comparados com aqueles que responderam em grupos nos quais não precisavam revelar suas decisões publicamente. Além disso, quando solicitado aos estudantes no fim da aula para avaliar seus colegas de classe sobre questões como integridade de caráter, algo que eles já tinham feito no início da aula, a pontuação dos estudantes "generosos" subiu substancialmente, diferente daqueles que não fizeram ofertas – mas somente nos grupos nos quais as respostas dos participantes foram de conhecimento público.[107]

Uma recompensa em potencial por ser visivelmente generoso pode não ser apenas o desenvolvimento de uma boa reputação, mas também a sinalização direta sobre seu valor para membros do sexo oposto. Visto que mulheres tipicamente se interessam mais por recursos controlados por um parceiro reprodutivo em potencial (veja a seguir), espera-se que homens solteiros ou potencialmente poligínicos digam que dariam dinheiro para organizações de caridade, garantindo que as fêmeas que o observam estejam conscientes de sua generosidade. Uma equipe de psicólogos sociais verificou que estudantes universitários homens foram de fato generosos com fundos de caridade imaginários apresentados a eles, destinando quantias muito maiores para entidades de caridade do que as mulheres jovens também participantes da pesquisa.[585] Um jogo semelhante revelou que a caridade pode ser muito mais um tipo de autopromoção do que suspeitaríamos normalmente, se houver garantia de que os doadores possam ser identificados e seu altruísmo comparado pelos observadores.[76, 621]

Para discussão

14.1 Quase todos nós, vez ou outra, fomos abordados por alguém pedindo uma doação, nos entregando alguma coisa, panfleto, caneta ou enfeite, antes ou durante seu pedido por dinheiro.[264] Por que, em termos evolutivos, essa tática é tão comum entre aqueles que solicitam caridade?

A controvérsia da sociobiologia

Os estudos que mencionei acima não estabeleceram ligação direta entre aquisição de reputação por generosidade e aumento no sucesso reprodutivo. Na verdade, seria difícil fazer essa ligação no mundo moderno, considerando o acesso que temos a um controle de natalidade eficiente. Para testar a predição de que a reciprocidade indireta confere benefícios em aptidão aos indivíduos generosos, presumivelmente deveríamos testar a relação entre essas variáveis em uma sociedade tradicional, na qual as pessoas vivem em grupos relativamente pequenos, onde o comportamento de cada indivíduo está sob constante vigilância e onde não há preservativos ou pílulas contraceptivas. Mas não tenho dúvidas de que, mesmo se estudos dessa natureza mostrassem que pessoas cujas reputações tivessem melhorado por sua generosidade a indivíduos não aparentados de fato tivessem maior aptidão, muitas pessoas ainda se oporiam à conclusão de que nossa bondade é um produto da seleção natural. Mesmo W. D. Hamilton, cuja pesquisa sobre aptidão abrangente fundamentou-se no princípio de que indivíduos devem se comportar pelos interesses de seus genes, escreveu: "Não gosto da ideia de que meu comportamento e o comportamento dos meus amigos ilustrem a ideia de minha própria teoria da socialidade ou qualquer outra. Prefiro pensar que estamos acima disso tudo, sujeitos a leis mais misteriosas."[621]

Enquanto Hamilton demonstrava certo desconforto com a análise evolucionista do nosso comportamento, outros eram completamente hostis, como ilustrado pela resposta à publicação em 1975 de *Sociobiologia: a nova síntese*, de E. O. Wilson. O capítulo final desse livro sobre evolução do comportamento humano gerou uma furiosa controvérsia liderada por alguns colegas do próprio Wilson na Universidade de Harvard, que o acusaram de promover uma visão infundada e perigosa do comportamento humano.[21] Wilson e alguns outros responderam essas acusações de forma eficiente[1589] e hoje, muitos anos depois, a **sociobiologia** humana está prosperando com os rótulos de ecologia comportamental humana, **psicologia evolucionista** e antropologia evolucionista.[14] Embora essa controvérsia tenha perdido a força, vez ou outra ainda ouvimos a mesma crítica feita em 1975 pelos oponentes de Wilson. Aqui estão três dessas queixas com uma refutação para cada uma.

"Nós, humanos, não fazemos as coisas apenas porque buscamos aumentar nossa aptidão inclusiva." Alguns oponentes dos estudos evolucionistas do comportamento humano têm realçado que, embora os seres humanos desejem muitas coisas grandiosas, o desejo por maximizar nosso sucesso reprodutivo raramente, ou nunca, está no topo de nossa lista.[1238] Se você tivesse perguntado a Picasso por que ele quis pintar ou a Bill por que ele quis se casar com Jane, Picasso e Bill não teriam respondido que queriam aumentar seu sucesso genético. Se um filhote de cuco pudesse falar, entretanto, ele não diria que rolou os ovos do hospedeiro para fora do ninho "porque desejo propagar tantas cópias quanto possível dos meus genes." Nem cucos nem humanos precisam estar conscientes das razões distais de suas atividades para se comportarem de forma adaptativa. Os valiosos mecanismos de tomada de decisão do cérebro humano foram moldados pela seleção natural para aumentar nossa aptidão, não nos provendo com a capacidade de monitorar as consequências reprodutivas de cada uma das nossas ações. É suficiente que os mecanismos proximais, como impulso sexual bem desenvolvido, motivem os indivíduos a realizar ações, como copular, correlacionadas com aptidão – a produção de prole. Em nível proximal, fazemos sexo, gostamos de alimentos doces e sentimos satisfação por nossas ações de caridade porque possuímos mecanismos psicológicos que facilitam esses comportamentos. Porque o mel tem gosto doce, queremos nos alimentar dele e, quando o fazemos, adquirimos calorias úteis que podem contribuir para nossa sobrevivência e nosso sucesso reprodutivo sem nunca termos consciência da função evolutiva de nossa paixão por doces.

"Mas nem todo ser humano é biologicamente adaptativo!" Ao longo dos anos, críticos têm afirmado que várias práticas culturais, como circuncisão, proibições contra a ingestão de alimentos perfeitamente comestíveis e uso de mecanismos de controle de natalidade, têm baixa probabilidade de aumentar a aptidão individual. Se algum ser humano faz algo que diminua sua aptidão, os críticos argumentam, então a sociobiologia não pode nos dizer nada sobre comportamento humano. Observe, entretanto, que as afirmações desses críticos baseiam-se na ideia de que a teoria da seleção natural requer que todos os aspectos de todos os organismos sejam atualmente adaptativos.[557] Essa afirmação está errada, como vimos anteriormente (*ver* Tabela 6.1). A abordagem adaptacionista é usada por pessoas que querem identificar mistérios interessantes, produzir hipóteses plausíveis e testar explicações alternativas. Se, por exemplo, um adaptacionista fosse examinar o celibato motivado religiosamente, estaria completamente consciente da possibilidade do traço ser um subproduto mal-adaptativo de certos módulos cerebrais que controlam outras habilidades geralmente adaptativas. Todavia, ainda assim um sociobiólogo poderia tentar produzir uma hipótese testável sobre como a aceitação do celibato poderia paradoxalmente permitir que padres deixassem mais cópias dos seus genes do que se não fossem celibatários. Desnecessário dizer que isso seria um desafio, mas talvez não insuperável para alguém consciente da seleção indireta.

Mesmo se fossem desenvolvidas vinte hipóteses adaptacionistas sobre o celibato, não há garantia de que qualquer uma resistiria aos testes. Isto é como deveria ser. T. H. Huxley, o grande defensor da teoria darwinista, escreveu: "Há uma verdade maravilhosa ao se dizer que depois de estar certo neste mundo, a melhor de todas as coisas é estar clara e definitivamente errado, porque assim você vai chegar a algum lugar."[703] Se nossa hipótese sociobiológica sobre o sacerdócio celibatário estivesse errada, os testes adequados nos diriam, os quais nos permitiriam descartar algumas ideias.

"Abordagens evolucionistas ao comportamento humano são baseadas em uma doutrina politicamente reacionária que apoia desigualdade e injustiça sociais." Os críticos originais da sociobiologia a denunciaram como politicamente perigosa porque temiam que essa abordagem pudesse dar cobertura às políticas sociais imorais, de certo modo promovidas por demagogos racistas e fascistas do passado.[21, 22] De acordo com essa visão, a afirmação de que determinado traço é adaptativo implica dizer que ele é bom e geneticamente determinado e, por isso, não pode nem deve ser mudado. Afinal de contas, se alguém afirma que a dominância masculina é adaptativa, não está dizendo que a situação é desejada e que as alegações feministas contrariam o que é geneticamente fixo e moralmente necessário? A insinuação dos críticos é que os sociobiólogos eram de direita e permitiam que suas políticas conservadoras afetassem sua "ciência". Os que fizeram essa afirmação nunca fizeram nenhum esforço para testar essa acusação, apenas recentemente testada por uma equipe de pesquisadores da Universidade do Novo México. Eles avaliaram a atitude política de um grande grupo de candidatos ao doutorado em Psicologia, 31 dos quais disseram estar entusiasmados com a sociobiologia *versus* outros 137 que se identificaram com uma ou outra teoria do comportamento não adaptacionista. Os dois grupos não diferiram em nada em suas posturas políticas, as quais, no geral, foram muito mais liberais que a média americana.[1475] Obviamente que esse é apenas um estudo, mas ele não apoia a controvérsia de que os sociobiólogos acadêmicos sejam caracteristicamente reacionários em suas posições políticas.

Todavia, mesmo que os sociobiólogos fundadores não pretendessem frear políticas sociais progressivas, suas pesquisas poderiam ter sido utilizadas por pessoas não cientistas mal intencionadas? Talvez. A teoria da evolução de Darwin tem sido mal compreendida e mal utilizada por alguns para defender a ideia de que ricos são seres evolutivamente superiores, assim como para promover estratégias descaradamente racistas para "melhoramento da espécie humana" por meio de acasalamento seletivo. Esperamos que as perversões políticas da teoria da evolução tenham sido tão desacreditadas que nunca mais aconteçam de novo. O ponto crucial aqui, entretanto, é que os sociobiólogos tentaram *explicar* porque existe o comportamento social, e não justificar qualquer traço em particular. A distinção é facilmente compreendida nos casos que envolvem outros animais. Biólogos que estudam o infanticídio em langures-cinza ou como pequenos copépodes marinhos se alimentam do olho do tubarão-da-groenlândia nunca são acusados de apoiarem as práticas de infanticídio nem de cegamento dos tubarões. Dizer que algo é biologicamente ou evolutivamente adaptativo significa dizer apenas que tende a elevar a aptidão inclusiva de indivíduos com esse traço, nada mais.

Além disso, uma hipótese que uma habilidade comportamental é adaptativa não significa dizer que a característica é inflexível do ponto de vista do desenvolvimento.

Todos os sociobiólogos compreendem que o desenvolvimento é um processo interativo envolvendo tanto genes quanto ambiente. Mude o ambiente e você mudará as interações gene-ambiente subjacente a um fenótipo comportamental, podendo resultar em uma mudança fenotípica. Um exemplo clássico da biologia humana envolve a aquisição de linguagem, habilidade claramente adaptativa que depende de um número vasto de interações gene-ambiente extraordinariamente complexas. Mude o ambiente cultural ao qual o bebê está exposto, digamos, uma criança de pais que falam inglês é criada por adultos que falam urdu, e todos sabemos o que acontecerá. Mas, se os bebês adotam a língua local, eles necessitam genes muito específicos para isso, especialmente aqueles genes que codificam proteínas que promovem o desenvolvimento dos módulos mentais subjacentes à aprendizagem da linguagem. Essas unidades neurais evoluíram especificamente no contexto de aquisição de linguagem, em vez de serem um efeito colateral de algum tipo de inteligência generalizada, como podemos verificar na existência de dois fenótipos humanos raros. Por um lado, certos indivíduos com elevado grau de retardo falam muito, produzindo sentenças gramaticais completas com pouco significado inerente. Por outro lado, alguns indivíduos que falam inglês com inteligência normal ou acima da média têm grande problema com as regras de gramática, frequentemente falhando, por exemplo, em adicionar *ed* aos verbos quando desejam falar de eventos passados.[1143] Esse tipo de evidência nos diz que a seleção está por trás da evolução de mecanismos especiais que promovem a aquisição de linguagem de forma fácil e eficiente para a grande maioria de nós.

Para discussão

14.2 Em 1981, a primeira escola especial para crianças surdas abriu na Nicarágua. Embora nunca tenha sido ensinada uma linguagem de sinais às crianças da escola, eles inventaram uma por conta própria que se tornou cada vez mais complexa.[1308] Essa língua rara tem muitas das propriedades fundamentais de qualquer língua, incluindo uma divisão de informações em unidades separadas e a apresentação gramatical de palavras (nesse caso gestos). Qual o significado desse estudo de caso na discussão de bases evolutivas da habilidade de aprender línguas em seres humanos?

14.3 Philip Kitcher declarou que uma "ciência socialmente relevante" como a sociobiologia requer "padrões elevados de evidências", porque se um erro for cometido (hipótese for confirmada como verdadeira sendo falsa), as consequências sociais podem ser especialmente graves. Por exemplo, a hipótese de que os homens estão mais dispostos do que as mulheres a buscar poder político e *status* elevado nos negócios e na ciência é perigosa porque "ameaça sufocar as aspirações de milhões".[778] Como você supõe que um sociobiólogo responderia à afirmação de Kitcher?

Teoria da cultura arbitrária

Uma alternativa popular para a abordagem evolucionista ao comportamento humano é a teoria de que tradições culturais humanas surgem de acidentes da história e da inventividade quase ilimitada da mente humana. De acordo com essa teoria, a maioria das nossas atividades tem pouco ou nada a ver com maximização de aptidão, mas em vez disso refletem os processos mais ou menos arbitrários pelos quais as tradições surgem e são passadas adiante de geração a geração.[1144] O contraste entre as abordagens adaptacionista e da cultura arbitrária pode ser ilustrado pelas diferenças entre sociobiólogos e antropólogos culturais em suas análises de adoção, comum em algumas sociedades e menos comum em outras. Certa vez, por exemplo, incríveis 30% de todas as crianças foram adotadas na Oceania (as ilhas do Oceano Pacífico Central), levando a afirmar que essa característica peculiar da vida nesta parte do mundo é uma anomalia cultural imune à análise evolucionista.[1271] Entretanto, quando Joan Silk analisou dados sobre o grau de parentesco entre aqueles que adotaram e os adotados em amostras relativamente grandes de 11 culturas diferen-

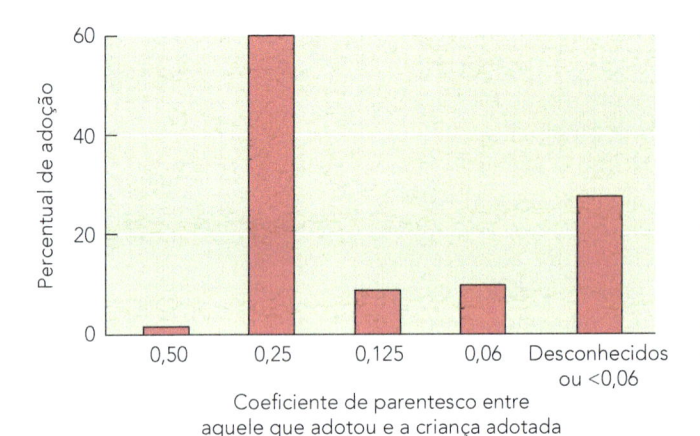

FIGURA 14.3 A hipótese da aptidão indireta para adoção pode ser testada pelo exame do coeficiente de parentesco entre pais adotivos e crianças adotadas. Nas 11 sociedades das ilhas da Oceania, pais adotivos e crianças adotadas eram parentes próximos, rendendo ganhos em aptidão indireta para aqueles que adotam. Adaptada de Silk.[1329]

tes na Oceania,[1329] ela descobriu que a maioria daqueles que adotavam na verdade estavam adotando parentes próximos (Figura 14.3). A natureza da adoção fortemente direcionada pelo parentesco nessas sociedades lança dúvidas sobre a hipótese da cultura arbitrária, enquanto apoia uma hipótese de aptidão indireta para essa forma de altruísmo humano.

Curiosamente, 96% dos mais de 400 adultos entrevistados nas Ilhas Marshall, pequeno país da Oceania, disseram que crianças adotadas deveriam ser criadas por seus parentes. Quando perguntados se estavam dispostos a adotar, 69% indicou prontidão para adotar crianças aparentadas, enquanto bem menos (41%) disseram que estavam preparados para assumir um não aparentado.[1231]

A sensibilidade das pessoas ao parentesco com aqueles que eles podem ajudar vai além de uma simples divisão de parentes *versus* não parentes. Joonghwan Jeon e David Buss demonstraram esse fato pedindo a cerca de 200 estudantes universitários para avaliarem sua disposição em ajudar quatro tipos de primos: filhos do tio paterno, filhos da tia paterna, filhos do tio materno e filhos da tia materna. (Antes de seguir a leitura, você pode avaliar sua própria disposição para ajudar em relação a esses quatro grupos.) Para simplificar, Jeon e Buss solicitaram que seus estudantes assumissem que as mães e os irmãos delas e os pais e os irmãos deles eram de fato irmãos de mesmos pais. Jeon e Buss perceberam que um altruísta em potencial tinha maior possibilidade de não ser de fato primo de um filho de um tio por parte de pai porque (1) o pai do altruísta pode não ser seu pai verdadeiro (devido a uma relação extrapar de sua mãe) e (2) o primo do altruísta pode não ser realmente filho de seu tio (porque a esposa de seu tio poderia ter um parceiro extrapar). Em contraste, um altruísta em potencial lidando com filhos ou filhas das irmãs da sua mãe tem certeza de ser aparentado desses primos (considerando a suposição feita acima). A certeza de maternidade é sempre maior que a certeza de paternidade. As duas outras categorias de primos são intermediárias na probabilidade de parentesco porque em cada caso há uma ligação na qual o suposto pai pode não ser realmente o pai biológico, se sua parceira tiver se envolvido em cópula extraconjugal.[722] Conforme predito, a disposição em ajudar as quatro categorias de primos foi proporcional à probabilidade deles serem primos (Figura 14.4).

Embora as pessoas tendam a favorecer os parentes genuínos em se tratando de se comportar altruisticamente, às vezes nos comportamos de forma generosa com indivíduos não aparentados sem considerar aparentemente benefícios pessoais. Assim, a minoria dos pais adotivos na Oceania no passado e no presente assumiu uma criança de um estranho, seus competidores genéticos, e alguns deram aos seus filhos adotados o mesmo amor e carinho que pais geralmente dariam aos próprios filhos. Essas exceções ao padrão de adoção típico na Oceania são impossíveis de explicar por uma perspectiva sociobiológica? Não necessariamente. Silk sugere que famílias pequenas em algumas culturas agrícolas podem se beneficiar com filhos adotivos, mesmo não aparentados, porque adotar pessoas pode contribuir à força de trabalho familiar, aumentando a produtividade econômica da unidade familiar e melhorando as chances de sobrevivência dos filhos biológicos daqueles que adotam. Essa hipótese de aptidão direta gera a predição que pequenas famílias na Oceania teriam maior probabilidade de adotar do que as maiores, predição que Silk mostrou estar correta.

Uma hipótese evolucionista alternativa para adoção entre não aparentados, que ocorre em muitas outras sociedades além daquelas na Oceania, reconhece que algu-

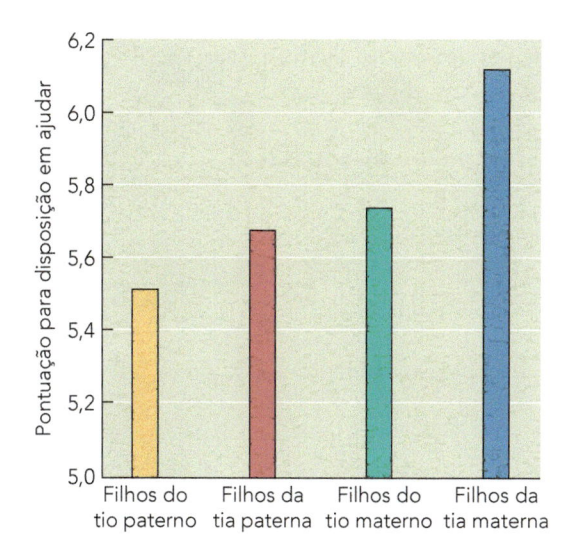

FIGURA 14.4 A probabilidade de ser aparentado a alguém afeta a disposição das pessoas em ajudar seus primos. Altruístas em potencial têm maior probabilidade de serem completamente aparentados aos filhos de suas tias no lado materno da família, e os respondentes dizem que esses indivíduos merecem maior assistência do que as outras três categorias de primos. Nestes outros tipos, a chance de que os tios maternos, o próprio pai do altruísta ou seus tios paternos tenham sido traídos reduz o grau proporcional de parentesco entre os supostos primos. A linha pontilhada em vermelho indica casos nos quais o parentesco entre "eu" e um primo poderia ser reduzido se a esposa do pai indicado tivesse se envolvido em reprodução extraconjugal. Adaptada de Jeon e Buss.[722]

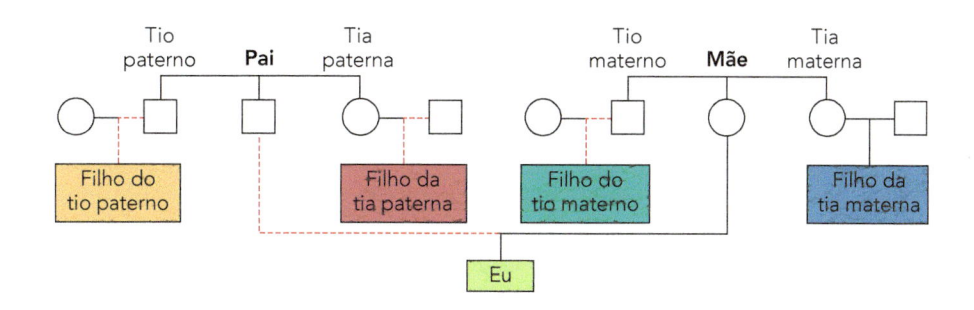

mas decisões podem ser o subproduto mal-adaptativo de outro mecanismo proximal adaptativo. A adoção de um não parente pode ser, por exemplo, uma consequência de sistemas motivacionais que geram nos adultos o desejo de ter filhos e constituir uma família. De acordo com essa hipótese, embora os adultos que adotam crianças estranhas possam reduzir sua aptidão, o anseio por ter e cuidar de crianças é sempre adaptativo porque se aplica aos filhos biológicos. Visto que esses mecanismos psicológicos tendem a aumentar a aptidão, eles são mantidos nas populações humanas mesmo que algumas vezes induzam as pessoas a se comportarem de forma mal-adaptativa.

O ponto é que, no passado, a seleção favoreceu indivíduos cujo comportamento foi guiado por desejos que os direcionavam para o sucesso reprodutivo. Como visto anteriormente, esses desejos proximais, como forte motivação ao sexo e anseio por ter uma família, são os que realmente controlam nosso comportamento, não os cálculos matemáticos imparciais das consequências em aptidão das várias oportunidades a nós expostas. Por isso, pessoas incapazes de satisfazer suas vontades proximais às vezes fazem certas coisas que não aumentam sua aptidão inclusiva, como quando um casal impossibilitado de ter filhos adota uma criança não aparentada geneticamente a eles.

Essa hipótese do efeito colateral para adoção gera predições testáveis, como maridos e esposas que perderam a única criança ou casais incapazes de gerar filhos próprios provavelmente estariam mais propensos a adotar filhos não aparentados. De fato, a infertilidade é de longe a razão mais comum citada pelos casais californianos que desejam adotar; além disso, mulheres que passaram por tratamento de infertilidade têm maior probabilidade de adotar do que mulheres que não foram tratadas para essa condição.[466]

FIGURA 14.5 Adoção ocorre em animais não humanos, frequentemente quando adultos acabaram de perder a prole, mas encontram um substituto. Aqui, vários pinguins-imperadores competem pela "posse" de um filhote. Fotografia de Kim Westerskov.

Outra predição dessa hipótese do efeito colateral é que a adoção também pode ocorrer algumas vezes em animais não humanos quando adultos acabaram de perder sua prole e acidentalmente encontram um substituto. Mais de 80% dos pinguins-reis observados alimentando filhotes de outros eram reprodutores mal-sucedidos, perdendo seus ovos ou filhotes durante a estação reprodutiva;[848] membros de outras espécies de pinguins que perderam seus filhotes também tentam adotar (Figura 14.5).[740]

A probabilidade de uma aplicação mal-adaptativa da motivação parental pode ser alta especialmente em sociedades humanas modernas porque esses ambientes são tão diferentes daqueles nos quais nossos mecanismos psicológicos próximos evoluíram. Em sociedades ocidentais, é comum que bebês sejam disponibilizados para indivíduos não aparentados que não conhecem os pais do adotado, algo que nunca aconteceria no passado distante. Sob essa nova condição, nossos sistemas emocionais e motivacionais, evoluídos há muito tempo, têm probabilidade especial de nos levar a comportar-se de forma mal-adaptativa e, assim, revelar algo sobre as características selecionadas naturalmente de nossas psiques.

A abundância de hipóteses sociobiológicas testáveis sobre adoção (e não discutimos ainda a possibilidade da adoção ser vista como uma forma de comportamento caridoso que aumenta a reputação social daqueles que adotam) nos fala sobre a natureza reprodutiva da teoria evolucionista. Nenhuma hipótese evolucionista explica todos os casos de adoção, da mesma forma que nenhuma hipótese resolve cada aspecto de um fenômeno anatômico ou fisiológico complexo. Entretanto, o exemplo da adoção explica que uma abordagem evolucionista pode mais do que manter sua posição contra a teoria concorrente da cultura arbitrária.

Para discussão

14.4 Marshall Sahlins argumenta que a sociobiologia se contradiz porque as pessoas na maioria das culturas nem mesmo têm palavras que expressem frações. Sem frações, uma pessoa não consegue calcular coeficientes de parentesco e, sem essa informação (Sahlins afirma), as pessoas não podem determinar como se comportar de forma a maximizar sua aptidão indireta.[1271] Sahlins nocauteou a teoria sociobiológica?

14.5 Uma visão comum em alguns grupos é que as diferenças comportamentais entre homens e mulheres são amplamente derivadas dos efeitos de pressões culturais de acordo com os papéis masculinos e femininos estereotipados. Assim, meninos recebem certos brinquedos para se divertir, como armas e miniaturas de caminhões, e meninas recebem brinquedos diferentes, como bonecas e carrinhos de bebê. O estereótipo sexual envolvido na seleção dos brinquedos de meninos e meninas incentiva meninos para os "papéis masculinos" enquanto direciona as meninas para "papéis femininos" aprovados culturalmente. Dois pesquisadores deram aos macacos juvenis machos e fêmeas ambos os tipos de brinquedos para medir a quantidade de tempo que eles gastavam com cada tipo. Por que fizeram isso? Qual predição baseada em uma hipótese de cultura arbitrária eles foram capazes de testar? Confira os resultados em Alexander e Hines.[15]

Teoria da evolução cultural

Além da abordagem evolucionista e sua opositora direta, a teoria da cultura arbitrária, outro tipo de análise do comportamento humano baseia-se na teoria da evolução cultural.[1220] Adeptos dessa abordagem aceitam que o comportamento humano é proveniente dos muitos mecanismos psicológicos proximais adaptativos, mas também estão intrigados com a enorme diferença entre os comportamentos exibidos nas diversas culturas, um indicativo do poder das influências culturais sobre nosso comportamento. Eles também argumentam que a cooperação em grandes grupos de pessoas requer uma explicação que a abordagem adaptacionista padrão não pode prover, particularmente no que diz respeito às ações que parecem tanto irracionais quanto mal-adaptativas. Então, por exemplo, quando pessoas são convidadas a se envolverem em jogos experimentais em que têm a oportunidade de aceitar ou recusar uma quantia oferecida a eles por outro jogador que recebeu, digamos dez dólares para jogar, as pessoas com frequência rejeitam ofertas que consideram injustamente baixas, digamos um dólar em vez de três ou quatro. Agindo assim, aqueles que rejeitaram negam a outro jogar a quantia restante dos dez dólares e, na verdade, acabam punindo a si mesmos para punir o outro por sua oferta mesquinha. Um jogador racional pegaria qualquer quantia oferecida e dessa forma assumiria a liderança em relação aos demais que estavam dispostos a renunciar dinheiro para punir jogadores gananciosos (veja revisão em Gaulin e McBurney[526]).

Na verdade, a maioria das pessoas possui um senso bastante forte do que é justo e do que não é, e essas pessoas geralmente se entusiasmam para impor sanções àqueles que se comportam de forma injusta.[458] Essas ações têm um preço sobre aqueles que fazem o policiamento para beneficiar outros (assim como é verdade em insetos sociais nos quais algumas fêmeas assumem o papel de forçar outros indivíduos a desempenhar um papel específico[1538]). Adeptos da teoria da evolução cultural argumentam que ações desse tipo necessitam de explicação especial, como a fornecida, por exemplo, em termos de competição evolutiva entre culturas com tradições diferentes.[650] Essas tradições que fomentam ação grupal eficaz, por exemplo, controlando indivíduos egoístas, egocêntricos ou antissociais, têm melhores chances de sobreviver ao processo de seleção cultural. Essas regras tradicionais podem moldar o comportamento das pessoas tão fortemente que elas podem até induzir respostas mal-adaptativas em termos estritamente darwinianos.

A teoria da evolução cultural tem defensores fortes os quais desejam analisar o comportamento humano, especialmente a relação desse comportamento com a Economia e a moralidade.[543, 977] Este capítulo, entretanto, manterá o foco na abordagem adaptacionista, em parte porque acredito que apenas o comportamento humano irracional não é razão para abandonar o adaptacionismo. Por exemplo, o policiamento custoso por pessoas ávidas para punir transgressores sociais poderia render benefícios ocultos ao moralista em questão por demonstrar aos outros que estão dispostos a pagar o preço para defender *todas* as suas ideias e crenças, algumas das quais podem bem ser pessoalmente vantajosas para os vigilantes e seus parentes. Esse argumento adaptacionista traça um paralelo que leva em consideração comportamentos custosos motivados religiosamente, como automutilação durante celebrações religiosas.[206, 1373] Os indivíduos religiosos fanáticos se autoidentificam como pessoas dispostas a sofrer por sua fé; essas pessoas estão informando aos outros de orientação semelhante que podem contar com elas, com o objetivo de se juntar aos seus correligionários em empreendimentos mutuamente benéficos. Em outras palavras, algumas ações custosas podem ter benefícios em aptidão sutis, mas substanciais para os indivíduos. Se isso for verdade, significa que a abordagem adaptacionista seria suficiente para fornecer uma explicação distal para essas ações, não importando qual a base proximal (p.ex., cultural).

Para discussão

14.6 Use a abordagem do subproduto mal-adaptativo para explicar por que as pessoas dão gorjetas consideráveis a garçons e garçonetes que não conhecem e nunca encontrarão novamente. Use o mesmo argumento para explicar por que alguém inscrito para participar de jogos propostos por evolucionistas culturais frequentemente se comportará de maneira contrária aos próprios interesses econômicos mesmo quando não conhecem quem são seus parceiros no jogo ou como estes indivíduos têm se comportado, digamos, em relação às ofertas monetárias feitas aos outros nesses jogos.

Preferências adaptativas por parceiros

Tendo examinado algumas hipóteses adaptacionistas sobre doação de sangue e adoção de crianças, examinaremos a aplicação da abordagem ao comportamento reprodutivo humano. Discorrer sobre esse componente do nosso comportamento é um desafio, porque as normas e regras culturais acerca do comportamento sexual humano são extraordinariamente diversificadas. Existem sociedades monogâmicas, poligínicas e poliândricas, algumas nas quais você não pode se casar com pessoas não aparentadas que pertençam a seu clã, outras nas quais homens podem se casar com meninas pré-puberes, algumas nas quais homens e seus parentes efetuam pagamentos para a noiva, e outras nas quais mulheres devem trazer um dote valioso ao seu casamento.

Apesar de toda essa variedade cultural, certos fatos biológicos da vida ainda se aplicam à nossa espécie como um todo. Vale lembrar, as mulheres são mamíferos fêmeas típicos e assim mantêm o controle da reprodução em virtude de seu investimento fisiológico na produção de óvulos, na nutrição dos embriões e no fornecimento de leite materno aos bebês depois do nascimento. Embora os homens sejam capazes e geralmente dispostos a fazer grande investimento parental em seus filhos, suas decisões reprodutivas se ajustam a um cenário definido pela fisiologia e psicologia femininas.[338, 527] Por exemplo, considere a significância reprodutiva para os homens da variação na fertilidade feminina, que varia em função da idade, saúde e peso corporal da mulher, entre outras coisas. Mulheres pré-adolescentes e pós-menopausa obviamente não podem engravidar. Mulheres aos 20 anos têm maior probabilidade de engravidar do que mulheres aos 40. Mulheres saudáveis são mais férteis que mulheres adoentadas. Mulheres substancialmente acima ou abaixo do peso têm menor probabilidade de engravidar do que mulheres com peso médio.[1458]

Levando em conta a realidade de que mulheres diferenciam-se na probabilidade de conceber, muitos biólogos evolucionistas têm predito que homens devem possuir mecanismos psicológicos que permitem avaliar de forma exata a fertilidade feminina. Uma forma de verificar essa predição é buscar uma correlação positiva entre a fertilidade feminina e o que os homens consideram "boa aparência". Observe que a expectativa evolucionista aqui é muito diferente de uma explicação alternativa frequentemente citada para as preferências masculinas, nas quais homens e mulheres têm sido doutrinados culturalmente para aceitação de um conjunto de normas sociais. Essas pressões culturais com frequência ditam padrões quase impossíveis de beleza feminina como um modo de manter a maioria das mulheres na defensiva sobre sua aparência e sua idade.[1610]

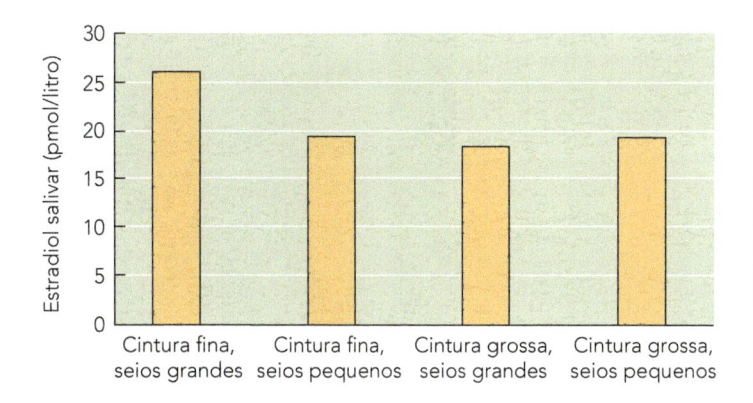

FIGURA 14.6 A forma do corpo se correlaciona com a fertilidade em mulheres. Mulheres com características geralmente preferidas pelos homens – cintura fina e seios grandes – são mais férteis do que mulheres com outras formas corpóreas, com base em uma amostra de mulheres polonesas saudáveis com idade entre 24 e 37 anos de idade que não tomavam pílulas anticoncepcionais. Adaptada de Jasiénska e colaboradores.[714]

Dessa forma, seriam os padrões de beleza em sociedades modernas essencialmente arbitrários, talvez até impostos às mulheres por homens maliciosos, ou refletem a evolução de um interesse inconsciente masculino relativo à fertilidade das parceiras em potencial? Em culturas ocidentais, homens geralmente preferem as seguintes características femininas: lábios carnudos, nariz pequeno, seios grandes, circunferência da cintura substancialmente menor que a do quadril (a figura da ampulheta)[1336] e peso intermediário em vez de magreza ou obesidade.[1458] Os homens também preferem certos odores femininos[300] e estímulos vocais;[290, 693] mulheres que produzem os sons e odores preferidos são também visualmente atraentes aos homens. Os atributos favorecidos estão associados à homeostase ontogenética, sistema imunológico forte, boa saúde, níveis elevados de estrógeno e, especialmente, juventude:[527, 1437] todas essas características juntas compõem a receita da fertilidade elevada. Por exemplo, o nível de estrógeno circulante em uma amostra de mulheres polonesas saudáveis está correlacionado com a forma do corpo (Figura 14.6). O estrógeno em maior quantidade presente nas mulheres com seios grandes e cintura fina nesse estudo talvez signifique que elas tenham três vezes mais chances de conceber comparadas com as outras participantes.[714]

Para discussão

14.7 Acabamos de apresentar a hipótese da fertilidade para preferência masculina por mulheres com corpo de ampulheta. Produza uma hipótese diferente para essa preferência sexual, com base nos seguintes aspectos: (1) o acúmulo de gordura corporal na parte inferior do corpo de uma gestante ocorre de forma a promover o crescimento do cérebro do feto enquanto (2) a gordura na parte superior do corpo (abdominal) difere em sua composição e não é utilizada para o desenvolvimento do cérebro do embrião. Uma vez que você tenha desenvolvido sua hipótese, use-a para produzir pelo menos uma predição testável. Compare sua explicação e predição com aquela de William Lassek e Steven Gaulin.[843]

Pelo menos algumas características físicas que os homens em sociedades ocidentais tendem a achar sexualmente atraentes podem estar relacionadas ao potencial feminino de engravidar. Mas mesmo mulheres com fertilidade elevada podem conceber durante somente alguns dias a cada mês quando estão ovulando. Se homens avaliam mulheres em termos de seu valor reprodutivo imediato, poderíamos esperar que homens preferissem o odor corpóreo feminino durante sua fase fértil mais do que o odor da mesma mulher durante sua fase não ovulatória. Devendra Singh e Matthew Bronstad mostraram, conforme previsto, que homens acham o cheiro de uma camiseta usada por uma mulher na fase ovulatória "mais prazeroso e sensual" do que o cheiro de uma camiseta usada pela mesma mulher quando ela não estava na fase fértil.[1337] Posteriormente, outro grupo de pesquisa testou a predição que o rosto das mulheres deveria ser mais atraente durante a fase fértil do que durante a fase não fértil do ciclo menstrual, o que foi comprovado. Homens que viram fotografias do rosto de uma mulher quando ela estava e quando ela não estava ovulando geralmente votaram no "rosto fértil".[1228]

FIGURA 14.7 Machos dominantes de chimpanzés preferem copular com fêmeas mães mais velhas* (aquelas que já tiveram filhotes anteriormente). Fêmeas nulíparas (aquelas que não deram a luz ainda) são as menos preferidas. Adaptada de Muller, Thompson e Wrangham.[1019]

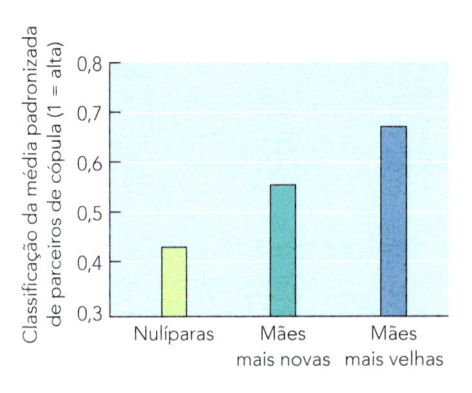

Mãe chimpanzé idosa com filhote

Geoffrey Miller e colaboradores usaram um método incomum para testar a hipótese que o comportamento masculino tem sido moldado por uma capacidade inconsciente para acessar a fertilidade feminina. Eles recrutaram certo número de dançarinas do ventre que trabalhavam em Albuquerque, algumas das quais tomavam pílulas anticoncepcionais e outras que não tomavam. Essas mulheres se dispuseram a cooperar com os pesquisadores lhes contando a quantia que elas recebiam como gorjeta após sua apresentação erótica. Antes de continuar lendo, talvez você queira identificar qual hipótese adaptacionista Miller e seus colaboradores tinham em mente.

Visto que a equipe de pesquisa considerava provável que homens sejam capazes, mais do que se suspeita, de detectar as pistas de fertilidade feminina e que as devem achar atraentes, a equipe predisse que as dançarinas que não tomavam pílulas anticoncepcionais e que estavam ovulando recebiam quantias maiores em dinheiro de seus clientes do que aquelas que não estavam ovulando, seja porque tomavam pílulas anticoncepcionais ou porque estavam na fase não ovulatória do ciclo menstrual. Os resultados de sua pesquisa confirmaram a predição, com mulheres ganhando duas vezes mais quando estavam férteis em comparação com quando estavam menstruando ou tomando pílulas anticoncepcionais.[984]

Para discussão

14.8 Em nossa espécie, homens preferem relacionar-se com mulheres jovens pelas razões discutidas acima. Mas entre nossos parentes próximos, os chimpanzés, fêmeas mais velhas no estro são abordadas com maior frequência por machos motivados sexualmente (Figura 14.7).[1019] Portanto, qual predição você consegue produzir sobre a fertilidade de fêmeas mais velhas de chimpanzés, assim como sobre a ocorrência de menopausa nessa espécie? Verifique sua predição com os dados em Thompson e colaboradores.[1430]

14.9 Alguns acreditam que homens em sociedades ocidentais geralmente preferem parceiras sexuais mais jovens do que eles devido a uma convenção cultural arbitrária aprendida por eles quando eram mais jovens. Que predição pode ser feita a partir dessa hipótese em relação às preferências dos meninos adolescentes por parceiras de idades diferentes? Que conclusões podem ser extraídas dos dados na Figura 14.8?[764]

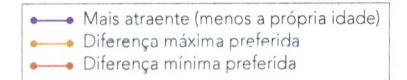

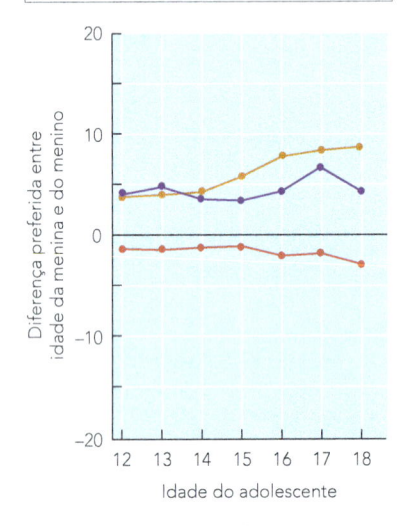

FIGURA 14.8 Parceiras para encontros preferidas pela idade por meninos adolescentes. A idade de parceiras preferidas pode ser vista em relação à idade do sujeito masculino. Adaptada de Kenrick e colaboradores.[764]

---

* N. de T. No original, *old parous females*.

Preferências femininas adaptativas por parceiros

Apresentamos o argumento de que, devido à variação da fertilidade da mulher e devido ao grande efeito da fertilidade feminina sobre o sucesso reprodutivo masculino, homens devem encontrar pistas sexualmente atraentes associadas com fertilidade elevada. Embora homens também variem em fertilidade em certo grau, o nível de variação é muito menor do que nas mulheres, pois não há um equivalente masculino para o ciclo menstrual ou menopausa. Por outro lado, a maioria dos homens em qualquer idade pode fornecer grande quantidade de esperma em qualquer dia do mês para qualquer mulher disposta a receber seus gametas. Não surpreende que os biólogos evolucionistas nunca tenham se preocupado em explorar se a escolha feminina por parceiros resulta de uma avaliação da fertilidade masculina. De fato, os adaptacionistas têm abordado dois outros aspectos: a capacidade do homem em prover bons genes aos seus filhos e sua capacidade (e disposição) em prover recursos à prole de sua parceira. Ambos os traços parecem variar de forma marcante entre os homens e ambos poderiam afetar o sucesso reprodutivo de uma mulher.

Em uma perspectiva evolucionista, portanto, espera-se que mulheres achem atraentes aqueles atributos físicos masculinos que indiquem qualidade genética elevada ou habilidade parental. Alguns pesquisadores descobriram que mulheres de fato preferem homens com feições "masculinas": queixo proeminente e maçãs do rosto salientes (Figura 14,9)[735] Além disso, a simetria facial tem sido identificada como um algo a mais (não apenas em sociedades ocidentais[874]), assim como o torso atlético e musculoso[527] e voz grave[459]. Essa combinação tem sido associada aos níveis elevados de testosterona, boa saúde atual e, talvez o mais importante, boa saúde durante o desenvolvimento juvenil. Apesar da homeostase ontogenética (ver página 89), déficits nutricionais no início do desenvolvimento podem ter alguns efeitos negativos duradouros com efeitos sobre a sobrevivência e o sucesso reprodutivo.[895] O desenvolvimento masculino está especialmente em risco por causa dos possíveis danos causados pelos efeitos colaterais do hormônio sexual masculino, a testosterona. Por isso, a capacidade do homem de desenvolver normalmente, apesar dos níveis elevados de testosterona circulante, é um possível indicador de um sistema imunológico forte capaz de superar a desvantagem imposta pelo hormônio.[474] Se homens fortes e saudáveis podem passar para seus filhos a defesa contra doenças, suas parceiras se beneficiarão.

Além disso, esses homens provavelmente podem competir de forma eficiente com seus rivais pela dominância em seu grupo. Neste contexto, é relevante que os

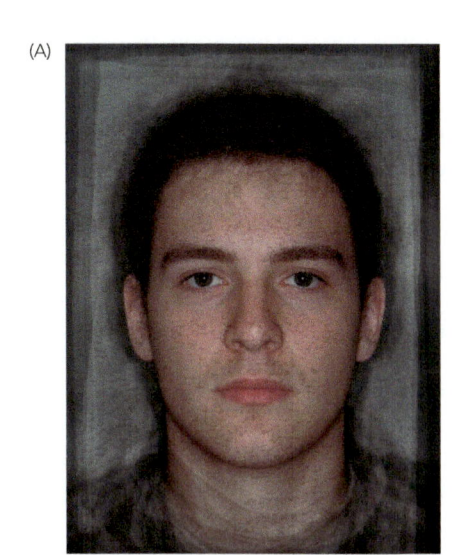

FIGURA 14.9 Imagens faciais modificadas digitalmente permitindo testar a preferência por sujeitos com (A) faces masculinizadas *versus* (B) faces feminilizadas. Fotografia por Ben Jones e Lisa De Bruine do *Face Research Laboratory, University of Aberdeen*; de Jones e colaboradores.[735]

homens classificados como tendo os rostos mais dominantes, masculinos e atraentes sejam aqueles com maior força nos punhos, que se correlaciona bem com a força física em geral. Além do mais, homens com maior força nos punhos se envolvem mais cedo em relações sexuais e têm mais parceiros sexuais (autorrelatado) do que indivíduos com punhos mais fracos.[510] No curso da evolução humana, homens dominantes e poderosos provavelmente têm sido capazes de proteger suas parceiras, assim como prover a elas e a seus filhos recursos geralmente associados aos homens com *status* social e político elevados.[220, 562]

> ### Para discussão
>
> **14.10** Como os seguintes resultados podem ser entendidos em termos do valor adaptativo das preferências femininas por parceiros? Homens com voz grossa têm mais filhos em uma cultura tradicional de caçadores-coletores, os Hazda da Tanzânia.[42] Homens mais altos têm maior chance de serem escolhidos em competições de "encontros-relâmpago*" do que rivais mais baixos.[102] Ainda em outro estudo, cerca de dois terços das mulheres entrevistadas afirmaram ter terminado pelo menos um relacionamento romântico em potencial depois de um primeiro beijo insatisfatório com seus parceiros.[1509] Finalmente, em um estudo político, pesquisadores verificaram que eleitores foram capazes de acertar os vencedores da corrida ao cargo de governador cerca de 70% das vezes depois de uma apresentação de 100 milissegundos do rosto dos dois principais candidatos, ambos eram desconhecidos dos sujeitos.[68]

A importância para a mulher de ter um bom provedor como parceiro tem sido estabelecida nos estudos, mostrando que mulheres em culturas sem controle de natalidade que conseguem maridos relativamente ricos tendem a ter maior aptidão do que mulheres cujos parceiros não podem oferecer muitos benefícios materiais. Entre o povo Ache no Paraguai, os filhos dos homens que eram bons caçadores de fato tiveram mais chance de sobreviver até a idade reprodutiva do que os filhos dos caçadores menos habilidosos.[749] Da mesma forma, vários estudos de sociedades tradicionais na África e no Irã têm revelado correlação positiva entre o sucesso reprodutivo da mulher e a riqueza do marido, medidos pela posse de terra ou pelo número de animais no rebanho do marido.[141, 706, 911] Mesmo em sociedades modernas, renda familiar se correlaciona com saúde dos filhos, com o efeito aumentando conforme as crianças ficam mais velhas. Doenças crônicas na infância podem reduzir o poder aquisitivo de crianças que atingem a idade adulta, assim perpetuando a pobreza ao longo das gerações,[242] com todas as consequências reprodutivas que isso tem sobre os seres humanos.

Evidências desse tipo têm convencido alguns psicólogos evolucionistas a prever que mulheres geralmente colocarão riqueza, *status* social e influência política acima de boa aparência quando se trata da escolha de parceiros. Essa predição evolucionista tem sido apoiada por muitos estudos com questionários e entrevistas, como em Buss.[219] Entretanto, mesmo quando pesquisadores encontram diferenças claras entre os sexos no valor atribuído para "boas perspectivas financeiras" *versus* "boa aparência", as medidas absolutas de importância dada a esses atributos não têm sido especialmente altas para nenhum dos sexos. Mas homens e mulheres nesses estudos geralmente não precisam especificar quais os itens da lista de atributos são absolutamente essenciais à escolha de parceiro *versus* quais seriam interessantes de ter em um parceiro, mas não cruciais. Por isso, uma equipe de psicólogos sociais liderada por Norm Li tentou colocar restrições nas escolhas feitas pelas pessoas entrevistadas, dando-lhes um orçamento limitado para gastar criando um parceiro ideal hipo-

---

* N. de T. Eventos de encontros-relâmpago (do inglês *speed-dating*) são reuniões organizadas para que pessoas solteiras avaliem parceiros românticos em potencial em encontros com duração entre três e oito minutos. Ao final de cada encontro, um sinal é emitido e os participantes mudam de lugar, reorganizando os casais e iniciando assim novo encontro com outro candidato.

tético.⁸⁶⁰ Para cada sujeito foi dada uma lista de características e solicitado que decidissem quanto da sua quantia limitada de "dólares românticos"* eles usariam comprando qualquer item, como atratividade física, criatividade, renda anual e assim por diante. Para conseguir um parceiro no segundo nível de atratividade física, criatividade ou renda anual (o nível mais alto era 10), seriam necessários dois dólares românticos; para conseguir alguém no oitavo nível seriam necessários oito dólares românticos. Quando a pessoa entrevistada tinha apenas 20 dólares românticos para aplicar, seus investimentos diferiram enormemente de acordo com o sexo. Homens destinaram 21% do orçamento total para aquisição de uma parceira fisicamente atraente; mulheres gastaram 10% da mesma quantidade para o mesmo fim. Por outro lado, mulheres com esses orçamentos limitados destinaram 17% de seu dinheiro para aumentar a renda anual de um parceiro ideal, enquanto homens investiram apenas 3% dos seus dólares românticos nesse atributo.

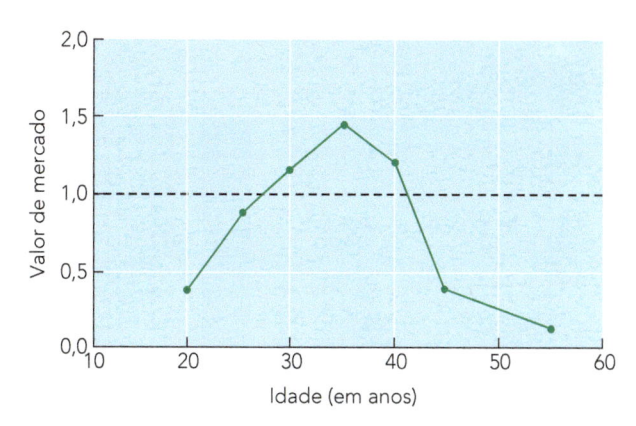

FIGURA 14.10 Idade e valor de mercado dos homens. Valor de mercado é medido pelo número de anúncios femininos em sessões pessoais de jornais que requeriam homem de certa faixa etária dividido pelo número de homens daquelas faixas etárias que anunciaram sua disponibilidade. Adaptada de Pawlowski e Dunbar.¹¹¹¹

Depois de terem especificado como gastariam seus primeiros 20 dólares românticos, os participantes receberam dois incrementos de 20 dólares. Ao chegarem no terceiro incremento de 20 dólares românticos, os sexos não diferiram de forma marcante no que diz respeito aos atributos que compravam. Já tendo comprado o que realmente valorizavam, eles podiam gastar e gastaram em outros atributos. Esse experimento nos diz que as pessoas veem algumas características dos parceiros como itens essenciais e outras como mero luxo, ou complementos. Os elementos essenciais não são os mesmos para homens e mulheres, como predito pela abordagem evolucionista.⁸⁶⁰

Classificados pessoais, cujo custo limita o número de palavras usadas pelos anunciantes, também fornecem evidência relevante sobre o que as pessoas consideram fundamentalmente importante em um parceiro. Por exemplo, mulheres procurando parceiros em jornais têm muito mais chances do que homens de especificar que procuram alguém relativamente rico.¹⁵²⁰ Em consonância com esse objetivo, mulheres que anunciaram em jornais tanto do Arizona quanto da Índia frequentemente também especificaram interesse em alguém mais velho do que elas;⁷⁶² homens mais velhos em geral têm renda maior que homens mais novos.²¹⁹

Se mulheres realmente estão bastante interessadas na riqueza dos parceiros e na capacidade de prover seus filhos, então homens dos 30 aos 40 anos deveriam ser mais desejados porque homens nessa idade têm renda relativamente alta e maior chance de viver tempo suficiente para investir grande quantidade de recursos em seus filhos por muitos anos. Alguém pode calcular o "valor de mercado" de homens de idades diferentes usando amostras de classificados pessoais e dividir o número de mulheres que requisitaram uma faixa etária em particular em seus anúncios pelo número de homens naquela faixa etária que anunciaram sua disponibilidade; essa medida combina oferta e procura. Homens na casa dos 30 anos têm o maior valor de mercado (Figura 14.10).¹¹¹¹

Para discussão

14.11 Se uma abordagem evolucionista ao comportamento reprodutivo humano é útil, qual deveria ser o formato da curva de valor de mercado para mulheres? Adicione os pontos dos dados esperados no gráfico apresentado na Figura 14.10. Confira sua predição contra os dados de Pawlowski e Dunbar.¹¹¹¹

---

* N. de T. A expressão "dólares românticos", do original *"mate dollars"*, refere-se ao valor numérico atribuído à importância de cada característica avaliada.

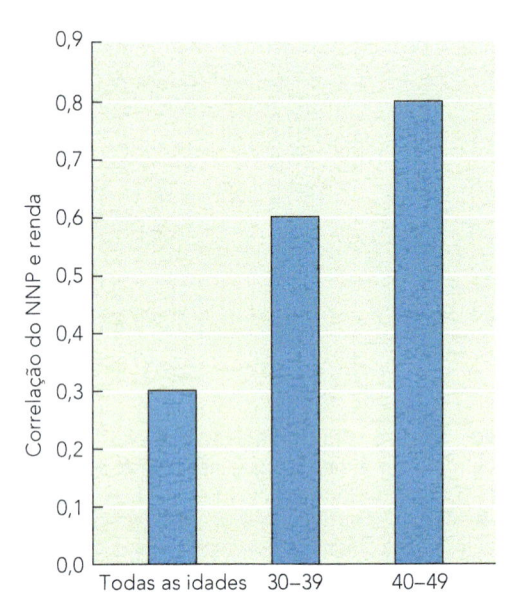

FIGURA 14.11 Renda elevada aumenta o sucesso de cópulas masculinas. Renda correlaciona-se positivamente com o número de nascimentos em potencial (NNP) no ano anterior para homens canadenses solteiros de vários grupos etários, mas especialmente para homens mais velhos. Adaptada de Perusse.[1120]

Pode ser, entretanto, que o interesse feminino pelo poder aquisitivo de parceiros em potencial seja uma resposta puramente racional ao fato de que homens em quase todas as culturas controlam a economia da sociedade, tornando difícil para uma mulher adquirir bem-estar material por conta própria. Se essa hipótese não evolucionista explica porque as mulheres favorecem homens abastados, então mulheres em boa situação financeira e que não dependem dos recursos de um parceiro deveriam dar muito menos importância ao poder aquisitivo masculino. Ao contrário dessa predição, várias pesquisas têm mostrado que mulheres com rendas relativamente maior do que o esperado dão maior importância, e não menor, ao *status* financeiro do possível parceiro.[1459, 1566] Por exemplo, mulheres universitárias relativamente ricas valorizaram mais a condição financeira e o *status* em parceiros para longo prazo em potencial do que mulheres menos ricas.[224]

Preferência de acasalamento é uma coisa, mas comportamento de acasalamento é outra. É realmente mais provável que as mulheres copulem mais com homens que possuem os atributos que elas preferem do que com homens que não os têm? No povo Ache do Leste do Paraguai, é mais provável que bons caçadores com *status* social elevado tenham casos extraconjugais e produzam mais filhos ilegítimos do que caçadores pobres, sugerindo que mulheres nessa sociedade acham provedores habilidosos atraentes sexualmente.[749] Da mesma forma, na Portugal renascentista era mais provável que homens nobres se casassem mais de uma vez e mais provável que tivessem mais filhos ilegítimos do que homens de posto social mais baixo. Esses resultados são consistentes com a predição de que mulheres usam a posse de recursos como pista quando selecionam um pai para seus filhos.[139]

Se buscarmos a marca do passado evolutivo em nossa psique, então mulheres nas sociedades ocidentais modernas também deveriam usar o controle de recursos e seus correlatos, como *status* social elevado, quando decidem quais homens aceitar como parceiros sexuais. Para estudar a relação entre renda masculina e sucesso de cópulas na Quebec moderna, Daniel Perusse coletou dados de uma amostra grande de respondentes sobre com que frequência eles copularam com cada uma das parceiras sexuais no ano anterior. Com essa informação, Perusse foi capaz de estimar o número de nascimentos de criança em potencial (NNP) que um homem teria sido responsável, caso ele e sua parceira não tivessem efetuado controle de natalidade. O sucesso de acasalamento masculino, medido pelo NNP, correlacionou-se fortemente com a renda, especialmente para homens não casados (Figura 14.11). Perusse concluiu que homens canadenses solteiros frequentemente tentam se relacionar com mais de uma mulher, mas sua capacidade para isso é afetada por sua riqueza e sua posição social. Esses resultados foram replicados em grande detalhe com uma amostra aleatória ainda maior de homens vivendo nos Estados Unidos.[745] Assim, o esforço para alcançar renda alta e *status* elevado exibido por homens na América do Norte pode ser um produto da seleção no passado por mulheres exigentes, ocorrida em ambientes nos quais nascimentos em potencial tinham grandes chances de serem reais.[1120]

FIGURA 14.12 Fertilidade declina à medida que a renda familiar aumenta nos Estados Unidos (e em muitas outras sociedades industrializadas). Aqui apresentamos a média do número de filhos por família em relação ao valor da renda por membro da família. As famílias foram agrupadas em décimos, portanto, os 10% de menor renda estão representados por D1 e os 10% de maior renda estão representados por D10. Os dados são de lares nos Estados Unidos, em 1994, conforme coletados pelo *Institute for Social Research*, na *University of Michigan*.

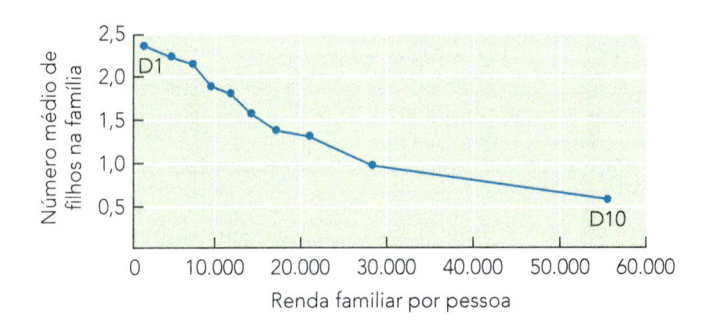

> **Para discussão**
>
> **14.12** Embora mulheres pareçam preferir homens que tragam riqueza ao relacionamento, na maioria das culturas modernas, renda familiar elevada não se correlaciona positivamente com número de filhos gerados (Figura 14.12). De fato, casais pobres frequentemente têm mais filhos vivos do que casais ricos. Essa descoberta invalida uma análise evolucionista do comportamento humano, como tem sido afirmado?[1494] Talvez você queira contrastar o ambiente atual com aquele dos nossos ancestrais. Resultados mostram que na Finlândia pré-industrial o número de filhos sobreviventes foi menor para mulheres com fertilidade elevada em famílias sem terra e com poucos recursos. Em contraste, mulheres de famílias abastadas e proprietárias de terras que tiveram muitos bebês também tiveram aptidão maior.[542] Esses resultados seriam úteis? Além disso, encaixe o seguinte resultado em sua análise: numa avaliação de dados modernos de 145 países, a fertilidade mostrou-se negativamente ligada à densidade populacional.[900]

Preferências condicionais masculinas e femininas por parceiros

O tipo de pesquisa que revisamos até o momento nos diz o que as pessoas desejam em um parceiro ideal, mas a maioria das pessoas sabe que parceiros ideais são pouco disponíveis. Assim, você não ficará surpreso ao saber que nem todo homem formou par com uma modelo fértil extraordinariamente bela, nem cada mulher está casada com um indivíduo extremamente rico, excelente pai, com os melhores genes.[223] Na realidade, embora muitos homens avaliem a atratividade sexual das mulheres de forma muito semelhante, a escolha da parceira real com frequência diverge consideravelmente daquela desejada evolutivamente. O mesmo é verdade para as mulheres. Por quê? Parte do argumento é que há trocas envolvidas em qualquer pareamento. Homens que se casam com mulheres extremamente atraentes podem perder a paternidade para outros homens atraídos por suas parceiras. Mulheres que se casam com homens extremamente fortes e poderosos podem perder recursos para outras mulheres atraídas por seus parceiros. Talvez esse tipo de consideração embase resultados como aqueles apresentados na Figura 14.13.[1411]

O que parece verdade é que as escolhas de parceiros das pessoas no mundo real não são fixas, mas podem variar de muitas maneiras dependendo de um conjunto de fatores.[513] Um fator que influencia as decisões de acasalamento de mulheres antes da

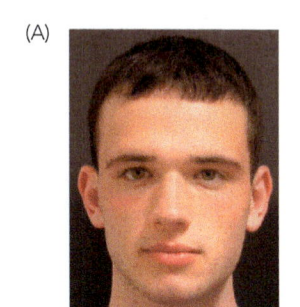

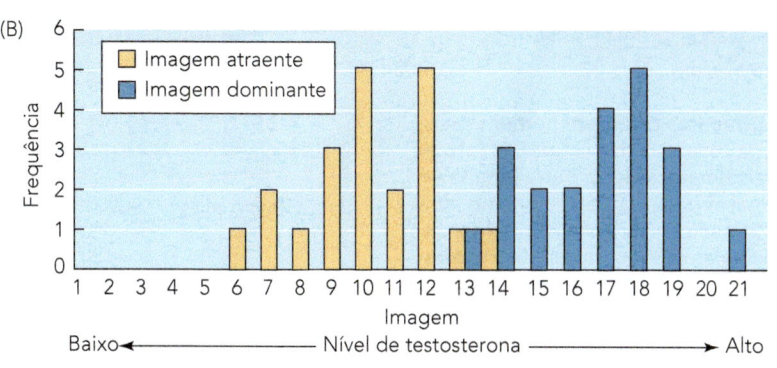

FIGURA 14.13 Mulheres diferem no que diz respeito às características faciais que elas associam com homens dominantes *versus* homens atraentes. (A) Neste estudo, imagens digitais do mesmo rosto masculino foram alteradas para refletir os efeitos ontogenéticos da testosterona de níveis baixos para altos (da esquerda para direita). (B) Quando se solicitou que mulheres jovens avaliassem essas fotografias pela atratividade física, elas tenderam a escolher a fotografia do meio, enquanto que quando elas classificaram as imagens em termos de dominância social, elas tenderam a escolher aquelas semelhantes à imagem da direita. Adaptada de Swaddle e Reierson.[1411]

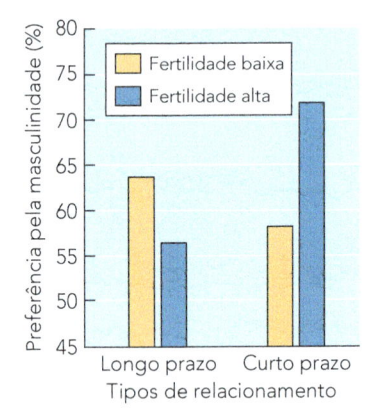

FIGURA 14.14 Ciclo Menstrual afeta a classificação feminina de corpos masculinizados de homens (aqueles com ombros largos e quadril estreito). Mulheres que classificaram duas imagens de corpo masculino, um relativamente feminilizado e outro masculinizado, as avaliaram de forma diferente dependendo da fase de seu ciclo menstrual. Mulheres férteis (ovulando – barras azuis) julgaram as duas imagens; para um relacionamento de longo prazo em potencial favoreceram a imagem feminilizada, enquanto escolheram a imagem masculinizada quando questionadas sobre sua preferência para um relacionamento de curto prazo. Adaptada de Little, Jones e Burriss.[873]

menopausa é o ciclo menstrual, que garante apenas um pequeno período de fertilidade cada mês. Muito embora sabe-se que as mulheres desconhecem quando estão perto de ovular, alguns psicólogos evolucionistas têm usado a abordagem adaptacionista para predizer que mulheres mudariam suas preferências de acasalamento ao longo do curso do ciclo menstrual. O argumento aqui é que mulheres podem ganhar em aptidão sendo particularmente seletivas sexualmente durante os poucos dias do pico de fertilidade mensal.

Atualmente, existe evidência considerável de que as preferências sexuais das mulheres realmente mudam ao longo do curso do ciclo menstrual,[515, 735] em particular com relação às preferências para relacionamentos sexuais de curto prazo. Por exemplo, quando solicitadas a avaliar um par de parceiros em potencial para um encontro sexual breve, mulheres férteis tendem a favorecer o cheiro e a aparência do homem mais masculino[873] (Figura 14.14), além de serem também mais inclinadas em favor dos homens com rostos simétricos.[874] Essa mudança na preferência por parceiros apoia a visão que mulheres com parceiros sociais de qualidade média ou baixa estão tentando inconscientemente engravidar de parceiros sexuais dotados dos "bons genes" universais, que podem tornar seus filhos homens especialmente atraentes e dominantes. De forma alternativa, mulheres seletivas teriam maior chance de assegurarem "genes complementares" melhores de um parceiro extraconjugal, que gerarão melhores genótipos na prole, talvez particularmente em relação ao desenvolvimento do sistema imunológico (*ver também* o Capítulo 11, páginas 398-399). Essa segunda hipótese é apoiada pela descoberta de que mulheres cujos parceiros são semelhantes a elas em relação aos genes do MHC* (que desempenham um papel crucial na defesa contra patógenos [veja Brown e Eklund[193]]) relataram menor satisfação com seus parceiros e um número maior de parceiros extrapar em relação àquelas mulheres em relacionamentos com homens geneticamente diferentes em relação a esses genes.[521] Se essas mulheres engravidassem depois de decidirem com base na desigualdade do MHC, seus filhos teriam melhores chances de ser heterozigotos em relação a esses genes, fator que pode promover melhor imunidade contra doenças.[194]

Além das mudanças cíclicas na avaliação dos parceiros, mulheres aparentemente também ajustam suas estratégias reprodutivas de acordo com uma série de fatores, incluindo uma avaliação realista do seu próprio valor de mercado como parceira. Uma equipe de pesquisa liderada por Anthony Little estabeleceu que mulheres que se avaliam como "muito atraentes" mostraram uma preferência mais forte por rostos relativamente masculinos e relativamente simétricos do que mulheres que se consideram ter atração média ou baixa (Figura 14.15).[872] David Buss e Todd Shackelford relataram

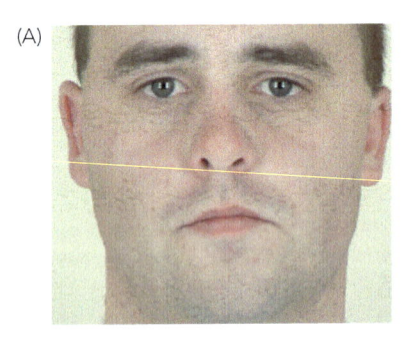

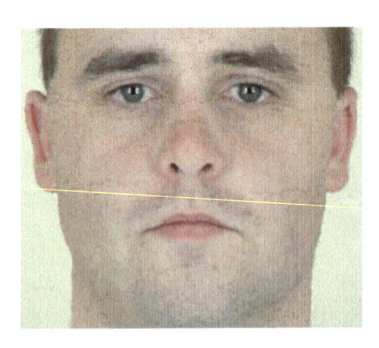

FIGURA 14.15 Mulheres que se consideram mais atraentes preferem homens mais atraentes. (A) Quando foi dada às mulheres a opção de escolha entre um par de fotografias de homens alteradas digitalmente, sendo uma mais simétrica que a outra (direita *versus* esquerda), as mulheres diferiram no grau com o qual afirmavam preferir o rosto mais simétrico. (B) Mulheres que se avaliaram como muito atraentes escolheram o rosto mais simétrico quase que 70% das vezes, enquanto que mulheres com autoavaliação de atração mais baixa escolheram menos de 60% das vezes. Segundo Little e colaboradores.[872]

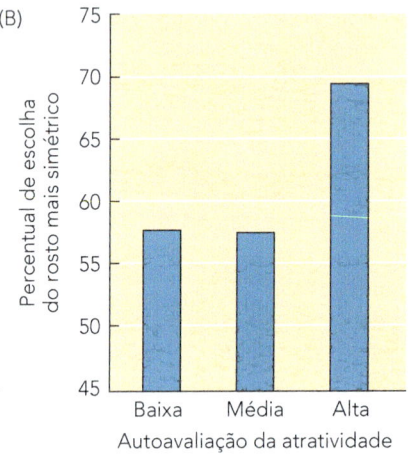

---

* N. de T. Complexo de Histocompatibilidade Principal, do original *Major Histocompatibility Complex*.

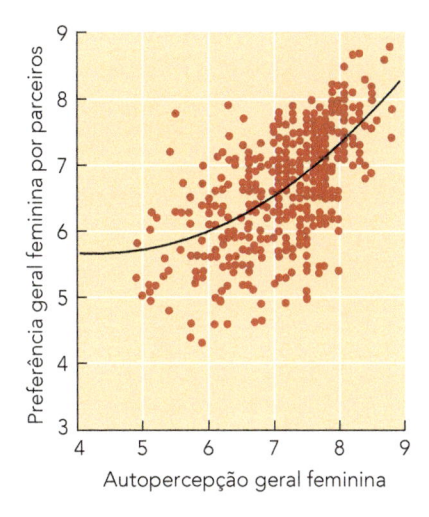

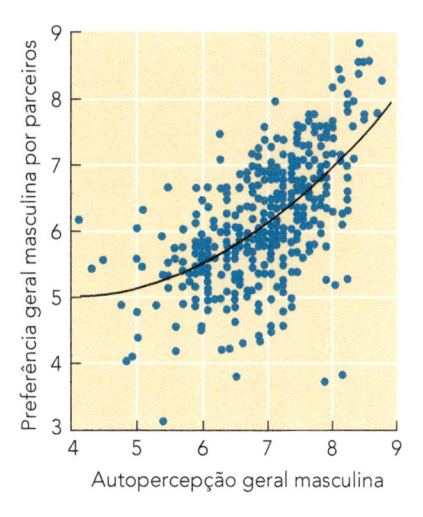

FIGURA 14.16 **Autopercepção de atração afeta as preferências por parceiros em ambos os sexos.** O grau com o qual homens e mulheres se consideram atraentes se correlaciona com suas preferências por parceiros. Indivíduos menos atraentes estão dispostos a aceitar menos de um parceiro. Os valores para preferência por parceiros são as pontuações médias das respostas dos sujeitos em questões sobre a importância de dez atributos em suas decisões nos encontros, como: em uma escala de 1 a 9, quão importante é para você a atração física? Os valores para autopercepção são as pontuações médias da avaliação dos próprios participantes sobre como eles pontuariam esses dez atributos. Adaptada de Buston e Emlen.[224]

que mulheres fisicamente atraentes não desejam apenas um parceiro extremamente atraente, elas também têm padrões elevados no que tange à riqueza, à capacidade de assumir compromisso e a habilidades parentais.[223] Finalmente, Peter Buston e Steve Emlen verificaram que *tanto* homens *quanto* mulheres que se consideram parceiros de qualidade elevada para relacionamentos de longo prazo expressaram preferência por parceiros de qualidade igualmente alta, enquanto aqueles indivíduos com autopercepção mais baixa de valor de mercado foram menos exigentes (Figura 14.16).[224]

Para discussão

14.13 Quais benefícios em aptidão pode conseguir uma pessoa com valor de mercado modesto em selecionar um parceiro com valor mais ou menos igual em vez de investir em uma pessoa com fertilidade ou riqueza muito maior?

A estratégia reprodutiva condicional das mulheres evidentemente também leva em consideração a duração em potencial do relacionamento. Assim, somente as mulheres em um relacionamento de longo prazo com um companheiro comprometido mostraram mudanças no desejo sexual ao longo do ciclo menstrual, com o pico ocorrendo próximo do período de ovulação. Um aumento no desejo sexual nesse período aumenta a probabilidade de que a mulher venha a conceber o filho de um homem que provavelmente estará presente para ajudar durante a sua criação.[1142] A psicologia sexual diferente de mulheres comprometidas reduz o risco de concepção no período em que um parceiro de longo prazo não está disponível.

A estratégia reprodutiva condicional dos homens parece que também capacita os indivíduos a selecionar táticas diferentes para diferentes tipos de relacionamentos sexuais. Relacionamentos sexuais de curto prazo requerem relativamente pouco comprometimento por parte do homem porque qualquer filho gerado será cuidado por outra pessoa. Em contraste, um relacionamento de longo prazo, como num casamento, requer transferências dispendiosas de recursos a uma mulher e investimento parental nos seus filhos. Uma análise de custo-benefício gera a predição de que homens deveriam ter padrões bem mais baixos para uma parceira eventual do que para uma esposa. De fato, quando o psicólogo social Doug Kenrick examinou um grupo de universitários quanto ao nível mínimo aceitável de inteligência que eles exigiriam em um parceiro para interações que iam desde um primeiro encontro ao casamento, tanto homens como mulheres ajustaram o nível mínimo de forma similarmente ascendente em relação ao grau de comprometimento em longo prazo. Mas homens e mulheres diferiram de modo contundente quando consideraram seus padrões para parceiros em um encontro sexual casual (Figura 14.17).[761] A estratégia condicional dos dois sexos não são idênticas.

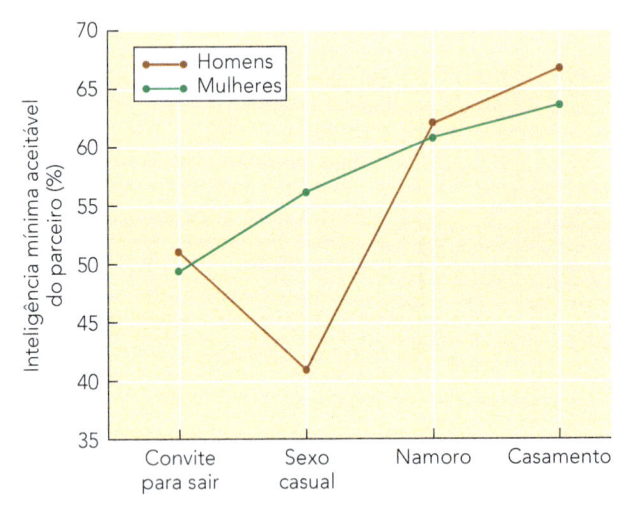

FIGURA 14.17 Diferenças sexuais na seletividade de parceiros. Homens universitários diferem de mulheres universitárias em relação à inteligência mínima exigida para um parceiro de sexo casual. Entretanto, homens e mulheres apresentam padrões semelhantes no que diz respeito à inteligência mínima que afirmam ser essencial a parceiros de matrimônio. "Inteligência" foi pontuada em uma escala de QI na qual a marca de 50 pontos significa que o indivíduo considerado apresentou um QI mais alto do que metade da população. Segundo Kenrick e colaboradores.[761]

Assim, a teoria dos jogos, e especialmente a teoria de estratégias condicionais, explica porque há tanta variação entre as pessoas em suas táticas reprodutivas. Nós, como as felosas-das-seychelles e os abelharucos-de-testa-branca, podemos escolher uma gama restrita de respostas baseadas na análise de muitas variáveis, como nosso *status* social, nossa aparência, os atributos de parceiros em potencial e competidores do mesmo sexo e o grau de investimento requerido para um relacionamento sexual.

Conflito sexual

Visto que as preferências por parceiros e os interesses genéticos de homens e mulheres não são os mesmos, esperaríamos observar grande conflito sexual em nossa espécie, como observamos na maioria dos animais (*ver* Capítulo 19). Uma fonte importante de conflito sexual surgiria se os homens estivessem, em média, mais interessados em adquirir múltiplas parceiras sexuais do que as mulheres, conforme sugerido. A base para essa visão é que, embora homens monogâmicos possam promover seu sucesso reprodutivo ajudando uma parceira, homens poligínicos com várias esposas ou de uma ou duas parceiras extraconjugais podem potencialmente produzir ainda mais descendentes. Poliginia quase certamente tem sido a opção dos homens com recursos substanciais ao longo da nossa história como espécie, a julgar pelo fato de que a aquisição de várias esposas foi culturalmente sancionada em 83% de todas as sociedades pré-industriais.[1024]

Casos extraconjugais, que poderiam também ter sido parte do padrão reprodutivo ancestral, têm potencial para aumentar substancialmente a aptidão de um homem adúltero, especialmente se seus filhos ilegítimos são criados por suas parceiras extraconjugais e os maridos delas.

Entretanto, a atividade extraconjugal tem custos potenciais assim como benefícios potenciais para homens se sua infidelidade resultar em desvio de recursos dos filhos já existentes para buscar uma parceira adicional (ou duas). Jeffrey Winking e colaboradores testaram se esse custo mediaria as tendências poligínicas masculina em uma sociedade tradicional, o povo Tsimane da Bolívia.[1602] Se a atividade extraconjugal reduz as chances de que os descendentes já existentes atinjam seu sucesso reprodutivo máximo, devido à perda do investimento parental, então a frequência com que homens têm casos sexuais diminuirá à medida que o homem e sua parceira primária tenham mais filhos. O padrão predito de fato ocorre (Figura 14.18).

Apesar dos custos da atividade extraconjugal para os homens, muitos ainda estão motivados, pelo menos sob certas condições, a procurar variedade sexual, o que se expressa na disposição de alguns homens a pagar por prostitutas; mulheres, por outro lado, quase nunca pagam homens para ter relações sexuais com elas. Além disso, homens, não mulheres, também apoiam a enorme indústria pornográfica nas sociedades ocidentais porque estão dispostos a pagar apenas para olhar a nudez feminina. Observe que nas sociedades modernas esses aspectos particulares do comportamento sexual masculino certamente são mal-adaptativos; prostitutas quase que universalmente utilizam métodos contraceptivos eficientes ou se submetem a abortos quando grávidas, e é baixa a probabilidade de que pagar por pornografia aumente o sucesso reprodutivo de um homem. A prostituição e a indústria pornográfica se aproveitam da psique masculina, a qual evoluiu antes do controle de natalidade moderno e da publicação da *Playboy*.[1416]

David Buss e David Schmitt esclareceram essas diferenças entre os sexos simplesmente perguntando para uma amostra de estudantes universitários

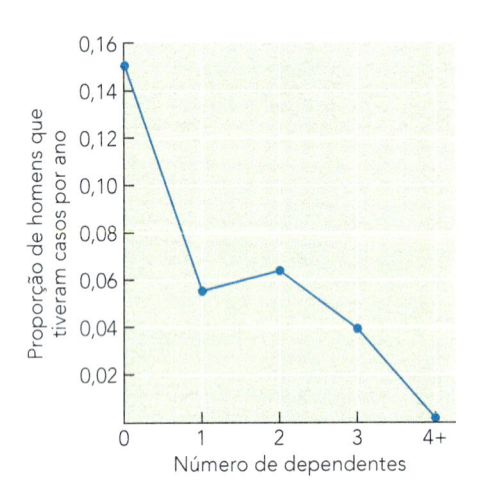

FIGURA 14.18 Homens em uma sociedade tradicional têm menor probabilidade de se envolver em casos extraconjugais, em certo ano, se tiverem um número relativamente grande de dependentes para cuidar com suas esposas. Adaptada de Winking e colaboradores.[1602]

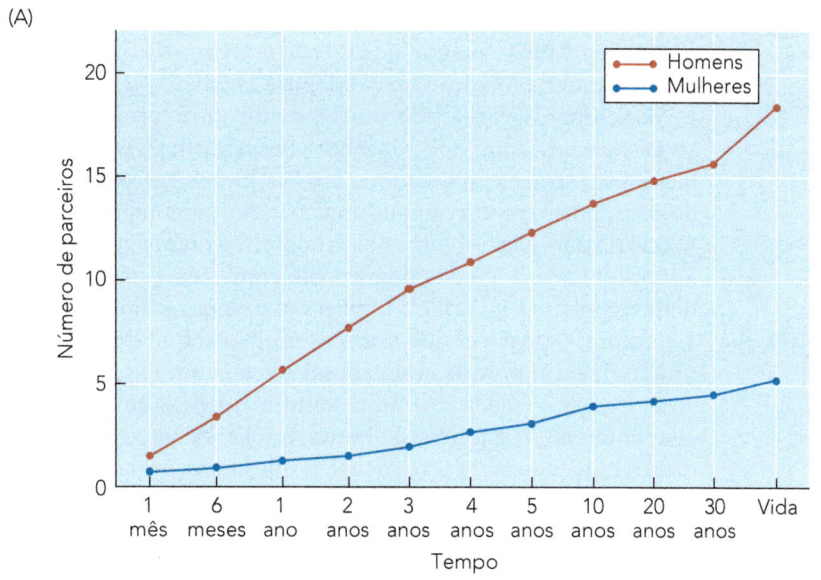

FIGURA 14.19 Diferenças sexuais no desejo pela variedade sexual. (A) Homens e mulheres diferem no número de parceiros sexuais que afirmam que gostariam de ter hipoteticamente em períodos de tempo distintos. (B) Homens e mulheres também diferem na probabilidade estimada na qual eles concordariam em ter relações sexuais com um indivíduo atraente do sexo oposto depois de tê-los conhecido por períodos de tempo variados. Adaptada de Buss e Schmitt.[221]

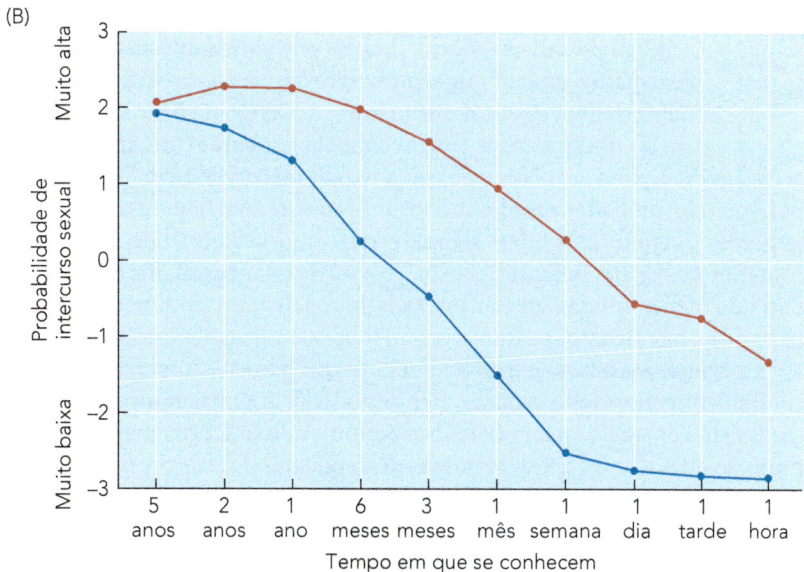

quantos parceiros sexuais eles gostariam de ter ao longo de períodos de tempo diferentes. Nesse estudo, os homens quiseram mais parceiras que as mulheres (Figura 14.19A). Além disso, quando Buss e Schmitt solicitaram aos sujeitos para avaliar a probabilidade na qual eles ou elas se disporiam a ter relação sexual com um parceiro desejável em potencial depois de ter conhecido essa pessoa em períodos variando de uma hora a cinco anos, as diferenças entre homens e mulheres também foram dramáticas (Figura 14.19B): "Depois de conhecer uma parceira em potencial por apenas uma hora, homens ficam um pouco relutantes em considerar ter relações sexuais, mas essa relutância não é forte. Para a maioria das mulheres, sexo depois de conhecer alguém por apenas uma hora é virtualmente impossível".[221]

O entusiasmo tipicamente maior dos homens em comparação ao das mulheres por atividades sexuais se reflete nos resultados de outro estudo conduzido por Martie Haselton.[628] Ela perguntou a cerca de 100 universitários e 100 universitárias se tiveram encontros com pessoas do sexo oposto nos quais a outra pessoa evidentemente pensou que eles estavam mais (ou menos) interessados sexualmente nessa pessoa do que realmente estavam. Homens relataram um número quase igual de encontros durante o ano anterior nos quais mulheres haviam "superestimado" e "subestimado" as intenções românticas dos homens. Mulheres, por outro lado, afirmaram que era

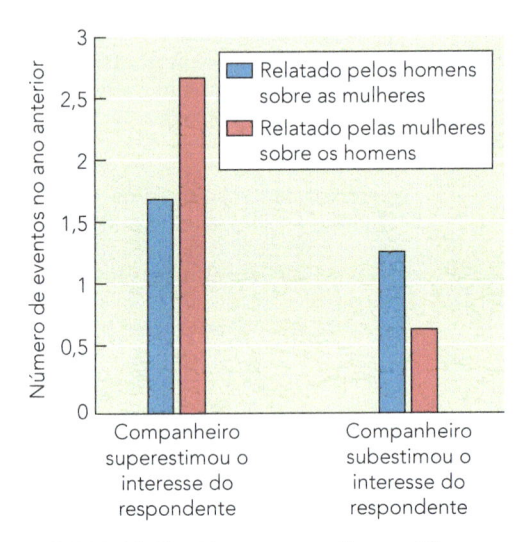

FIGURA 14.20 Homens e mulheres diferem na tendência de superestimar o interesse sexual por parte de um companheiro. Homens têm maior probabilidade de pensar que as mulheres estão interessadas neles quando na verdade elas não estão. Adaptada de Haselton.[628]

muito mais provável os homens pensarem que elas estavam interessadas sexualmente neles quando de fato não estavam, do que o engano contrário de subestimar a intenção sexual (Figura 14.20).

Esse tipo de viés foi documentado de outra forma por dois psicólogos sociais que enviaram dois cúmplices, um homem jovem atraente e uma mulher jovem atraente, na seguinte missão. Eles se aproximavam de estranhos do sexo oposto em um campus universitário, perguntando para alguns deles: "Você iria para cama comigo hoje à noite?" Nenhuma mulher concordou com a proposta, mas 75% dos homens disseram sim. Lembre-se que os sujeitos homens tinham conhecido a mulher cerca de um minuto atrás.[269]

Agora, é possível que todas as mulheres que disseram não nesse estudo o fizeram porque eram sensatas e temiam engravidar, não queriam se arriscar a se machucar ou a contrair doenças em um encontro sexual com um homem estranho. Portanto, mulheres homossexuais deveriam ter menos inibições sobre sexo casual, já que interações sexuais entre duas mulheres não pode resultar em gravidez e dificilmente terminam em ataque físico. Mas mulheres homossexuais não têm mais interesse em ter múltiplas parceiras do que mulheres heterossexuais.[59]

Quais são as consequências em aptidão para mulheres cujos parceiros são capazes de satisfazer seus desejos por variedade sexual? A poliginia traz o risco para a mulher que seu parceiro desvie recursos dela e de seus filhos para outra mulher e seus descendentes. Ao longo da história evolutiva, as mulheres da nossa espécie provavelmente ganharam em aptidão quando tinham acesso exclusivo aos recursos e ao cuidado parental do homem. No Utah do século XIX, por exemplo, mulheres casadas monogamicamente com homens mórmons relativamente pobres tiveram mais filhos sobreviventes em média (6,9) do que mulheres casadas com mórmons ricos poligínicos (5,5).[640] Apesar das esposas dos homens poligínicos terem tido menor aptidão, os homens poligínicos tiveram ganhos muito melhores do que os homens monógamos porque tiveram filhos de várias esposas, não apenas uma.

Os benefícios em potencial da poliginia aos homens aumentam a probabilidade de conflito entre maridos e esposas. Por outro lado, algumas mulheres são receptivas aos casos extraconjugais, que podem lhes permitir adquirir bens materiais adicionais, mais proteção ou melhores genes para seus descendentes de seus parceiros extrapar. Se o parceiro extrapar rico ou poderoso se tornar o parceiro principal de uma mulher, ela pode trocar um marido de *status* baixo por um superior socialmente, com todos os efeitos positivos sobre sua aptidão que essa negociação traz.[1287] O ponto principal é: homens e mulheres têm o potencial de elevar suas aptidões acasalando-se com mais de um parceiro; por isso, é possível que um marido reduza a aptidão de sua esposa e vice-versa.

Esse aspecto da vida pode ser responsável por algumas das características do comportamento humano. Por exemplo, é comum que homens se preocupem com a paternidade dos filhos de suas esposas e como resultado eles dão atenção especial à semelhança entre eles e seus supostos filhos. Esposas são bem conscientes desse interesse por parte dos maridos e geralmente são rápidas em sugerir que o recém-nascido parece-se muito com o marido (apesar de juízes imparciais detectarem maior semelhança entre a aparência do bebê e a aparência da mãe).[26] Além disso, a avaliação da semelhança de um pai entre ele e seu filho é um fator importante no seu investimento na criança, conforme autorrelatos em pesquisas.[41]

Para discussão

14.14 Se duas pessoas de olhos azuis se casam e têm filhos, todos os seus filhos terão o fenótipo olhos azuis, enquanto indivíduos de olhos marrons que se reproduzem podem ter filhos com a cor dos olhos variada. Homens de olhos azuis acham mulheres de olhos azuis mais atraentes do que mulheres de olhos marrons.[828] Como um biólogo evolucionista pode interpretar esses resultados?

Outro resultado de conflitos por aptidão em potencial entre homem e mulher pode ser a capacidade de sentir ciúme sexual, estado emocional que ajuda os indivíduos a detectar e interferir no comportamento sexual desvantajoso de um parceiro(a). Entretanto, a natureza do ciúme sexual deve diferir entre os sexos, de acordo com os psicólogos evolucionistas, porque o prejuízo reprodutivo gerado por um parceiro com múltiplos acasalamentos é diferente para homens e mulheres. Uma mulher cujo marido consegue uma parceira a mais (em uma sociedade poligínica) ou divorcia-se dela em favor de uma nova parceira geralmente perde parte ou todo o acesso a riqueza do marido e, assim, os meios para sustentar ela e seus filhos. Por isso, o ciúme sexual da mulher, de acordo com essa teoria, deve ser focado na possível perda de um ajudante e provedor atencioso, o que é mais provável de acontecer quando um homem fica emocionalmente envolvido com outra mulher. Por outro lado, um marido cuja mulher acasala-se com outro homem, sem saber, pode acabar criando os filhos gerados por aquele homem. O ciúme sexual de um homem, por isso, deve centrar-se na possível perda da paternidade e do investimento parental originado da atividade sexual extraconjugal da esposa e não na perda em potencial de recursos ou de comprometimento emocional.[337]

Então se essa visão estiver correta, se solicitarmos que homens e mulheres imaginem suas respostas a duas cenas, uma na qual seu parceiro desenvolve forte amizade com outro indivíduo e outra na qual um parceiro mantém relações sexuais com outro indivíduo, mulheres deveriam achar a primeira cena mais perturbadora do que a segunda, enquanto homens deveriam se aborrecer mais com a ideia de sua parceira copular com outro homem. Dados de várias culturas confirmam essas predições.[220, 337] Por exemplo, em um estudo envolvendo estudantes universitários suecos, que vivem em uma cultura razoavelmente permissiva sexualmente, 63% das mulheres acharam a ideia da infidelidade emocional mais preocupante, enquanto quase exatamente a mesma porcentagem dos homens considerou a infidelidade sexual mais perturbadora.[1567]

Um efeito do comportamento possessivo e do ciúme sexual masculino é a redução da possibilidade de que outro homem forneça esperma a sua parceira. Sob esse prisma, o casamento, incluindo a lua de mel, pode ser uma instituição cultural que tem a função de guarda de parceiro (*ver* página 531). Em toda parte, homens desejam monopolizar ou restringir o acesso sexual às suas parceiras, embora eles não necessariamente sejam bem-sucedidos. O casamento institucionaliza essa ambição. Embora por vezes escute-se falar sobre sociedades em que a liberdade sexual completa é a regra, a noção de que essas culturas existem realmente parece ter sido uma interpretação (sonhadora?) errônea por parte dos observadores de fora. Em todas as culturas estudadas até agora, o adultério cometido por uma mulher, ou até mesmo a suspeita, é considerado uma ofensa ao seu marido e geralmente leva à violência.[341] Presumivelmente, a suspeita da perda de paternidade explica por que mulheres grávidas nos Estados Unidos correm risco dobrado de ataques de violência doméstica comparadas com mulheres não grávidas.[207] Em algumas outras sociedades, uma mulher que traiu seu marido pode ser legalmente morta pelo parceiro ofendido.[337]

Para discussão

14.15 Felizmente, os homens nos Estados Unidos não têm permissão sob qualquer circunstância para matar suas esposas. Infelizmente, esposos cometem esse crime ocasionalmente, com quase 14.000 homicídios desse tipo segundo os registros do FBI acumulados entre os anos de 1976 e 1994. Em alguns casos, um triângulo amoroso estava envolvido.[1309] Em um subconjunto dos homicídios, mulheres jovens tiveram muito mais chance de serem vítimas do que mulheres mais velhas. Analise esse resultado tão imparcialmente quanto possível em termos de custos e benefícios em potencial ao marido assassino. Com esses efeitos de aptidão em mente, considere a possibilidade de que o assassinato da esposa em um contexto de infidelidade em potencial seja uma adaptação evoluída.

Contraste essa possibilidade com uma explicação alternativa, que o assassinato da esposa ocorreu como subproduto mal-adaptativo do mecanismo psicológico que inspira ciúme sexual violento em homens que imaginam que suas parceiras são infiéis.

14.16 A guarda de parceiro é uma resposta evoluída à competição de esperma (ver o Capítulo 10). Se a competição de esperma tem sido um fator na evolução humana, podemos fazer algumas predições sobre o investimento relativo dos homens em seus testículos, os órgãos produtores de esperma, comparado com o investimento feito pelos nossos dois parentes mais próximos, chimpanzés e gorilas. Fêmeas de chimpanzé acasalam-se regularmente com vários machos no mesmo cio, enquanto fêmeas de gorilas geralmente não, visto que elas vivem tipicamente em bandos, cada um deles controlado por um único macho poderoso. Quão grande (proporcionalmente ao tamanho do corpo) deveriam ser os testículos dos machos chimpanzés em relação aos testículos dos machos gorilas? Se os testículos dos homens são mais parecidos com aqueles dos chimpanzés, o que isso pode nos dizer sobre a intensidade de competição de esperma durante nosso passado evolutivo? Se, por outro lado, humanos parecem-se mais com gorilas, qual conclusão justificaria? Compare suas predições com Harcourt e colaboradores.[619]

Sexo coercivo

O fato de o assassinato de mulheres suspeitas de adultério ainda ser tolerado em algumas partes do mundo é uma das manifestações menos atraentes do conflito sexual em nossa espécie. Outra é a ocorrência comum de cópula forçada, a propósito, fenômeno que não se limita aos seres humanos (Figura 14.21). Apesar do fato de os estupradores humanos serem com frequência punidos de forma severa, o estupro ocorre em todas as culturas estudadas até hoje.[1438] Embora a maioria das pessoas ache o assunto bastante desagradável e, por isso, difícil de discutir o comportamento com calma, se compreendermos o fenômeno de forma mais aprofundada, poderemos adotar melhor posição para reduzir a frequência de estupro na nossa sociedade.

Esforços para analisar as causas do estupro incluem o trabalho de Susan Brownmiller em seu livro bastante influente *Against Our Will*.[199] Em sua visão, estupradores agem em nome de todos os homens para incutir medo em todas as mulheres, com o objetivo de intimidá-las e controlá-las, mantendo-as "em seu lugar". A hipótese de intimidação de Brownmiller implica que alguns homens estão dispostos a assumir riscos substanciais associados ao estupro para prover benefício para o restante dos homens

FIGURA 14.21 Estupro ocorre em animais não humanos. (A) No besouro *Tegrodera aloga*, um macho (direita) pode cortejar uma fêmea (esquerda) decorosamente puxando as antenas dela até o sulco em sua cabeça; cópula prossegue somente se a fêmea responder a corte. (B) De forma alternativa, um macho (embaixo) pode forçar uma fêmea (em cima) a acasalar-se correndo até ela, agarrando-a, jogando-a de lado e inserindo sua genitália evertida com a fêmea lutando para se libertar. Fotografias do autor.

da sociedade. Essa teoria padece de todos os problemas inerentes à lógica da hipótese de "para o bem do grupo" (com a dificuldade adicional de que os grupos compostos por apenas um sexo não podem ser o foco de qualquer tipo realista de seleção de grupo), mas podemos testá-la mesmo assim. Se a função evolutiva do traço fosse subjugar todas as mulheres, então seria de se esperar que o elemento estuprador na sociedade masculina escolhesse mulheres dominantes mais velhas (ou mulheres jovens que aspiram posição de poder) para demonstrar a penalidade que acompanha a tentativa de escapar do papel tradicional de subordinação. Essa predição não se confirma: a maioria das vítimas dos estupradores é composta por jovens mulheres pobres.[1436]

Uma hipótese evolucionista alternativa proposta por Randy e Nancy Thornhill diz que o estupro é uma tática adaptativa em uma estratégia sexual condicional.[1436] De acordo com os Thornhill, a seleção sexual tem favorecido machos com a capacidade de cometer estupro sob certas condições como meio de fertilizar ovos e deixar descendentes. Nessa visão, estupro de estranhas por homens é análogo à cópula forçada nas moscas-escorpião *Panorpa* (*ver* páginas 349-350), nas quais machos incapazes de oferecer presentes nupciais usam a tática de poucos ganhos como última opção para tentar coagir as fêmeas a copularem com eles. De acordo com essa hipótese, machos humanos incapazes de atrair parceiras disponíveis sexualmente também podem usar o estupro como opção reprodutiva de último recurso. (Incidentemente, observe que há outros tipos de estupradores além dos fracassados que usam violência para forçar estranhas a acasalar-se com eles.[969])

A proposta de que o estupro pode servir como função sexual adaptativa tem enfurecido muitas pessoas, incluindo Brownmiller, que escreveu: "É reducionista e reacionário isolar o estupro de outros tipos de comportamento antissocial violento para dignificá-lo com significado adaptativo."[200] Essa resposta, entretanto, confunde os esforços de explicar o estupro com tentativas de desculpar ou justificar o comportamento. Como visto anteriormente, quando um biólogo evolucionista examina o valor adaptativo de um traço, seja ele o estupro na espécie humana, cópulas forçadas nas moscas-escorpião ou parasitismo de ninhos pelos chopins, seu objetivo é explicar as causas evolutivas do comportamento e não justificar o estupro, nem o parasitismo de ninhos ou qualquer outra coisa.

A hipótese explicativa de que o estupro humano é uma tática reprodutiva evoluída controlada por estratégia condicional gera a predição que algumas mulheres estupradas ficariam grávidas, o que acontece, mesmo em sociedades modernas em que muitas mulheres tomam pílulas contraceptivas.[1438] De fato, é mais provável que cópulas de estupros resultem em gravidez do que sexo consensual.[554] No passado, com a ausência de tecnologia para controle de natalidade e procedimentos de aborto confiáveis, estupradores tinham probabilidade ainda maior de produzir filhos por cópula forçada. Além disso, se estupro for produto de um mecanismo reprodutivo evoluído, então os estupradores deveriam atacar com maior frequência mulheres com fertilidade elevada, assim como as andorinhas-dos-barrancos e outros pássaros que identificam fêmeas férteis (ovipositando) e tentam forçar aqueles indivíduos a copular com eles.[86, 1371] Em contraste, na visão de Brownmiller, o estupro não tem nada a ver com reprodução, mas é meramente outra forma de comportamento antissocial violento guiado pelo desejo dos homens de dominar as mulheres. Observe que essa hipótese focaliza a causa proximal do estupro, não as suas consequências reprodutivas distais; é possível que estupradores sejam motivados puramente pelo desejo de ferir mulheres e ter filhos seja apenas um resultado de sua agressão. A noção, entretanto, que o estupro não tem nenhum componente sexual proximal leva à predição que a distribuição de idade das vítimas de estupro deveria ser a mesma das mulheres assassinadas por assaltantes homens. Dados criminais estão em desacordo com essa previsão (Figura 14.22).

Embora essas descobertas sugiram que o estupro pode aumentar a aptidão de alguns homens, é também inteiramente possível que o estupro não seja adaptativo em si, mas na verdade é um subproduto mal-adaptativo da psique sexual masculina, que causa excitação sexual rápida, desejo por variedade de parceiras sexuais e inte-

FIGURA 14.22 Testando hipóteses alternativas para o estupro. Se o estupro for motivado puramente pela intenção de atacar mulheres violentamente (hipótese proximal), deveríamos esperar que a distribuição das vítimas de estupro combinasse com a distribuição das vítimas femininas de homicídios. Em vez disso, vítimas de estupro têm maior probabilidade de serem mulheres jovens (férteis), resultado consistente com as hipóteses distais que propõem que o estupro está ligado às táticas reprodutivas masculinas. Dados sobre vítimas de estupro provenientes de relatórios policiais de 1974-1975 de 26 cidades dos Estados Unidos. Adaptada de Thornhill e Thornhill.[1436]

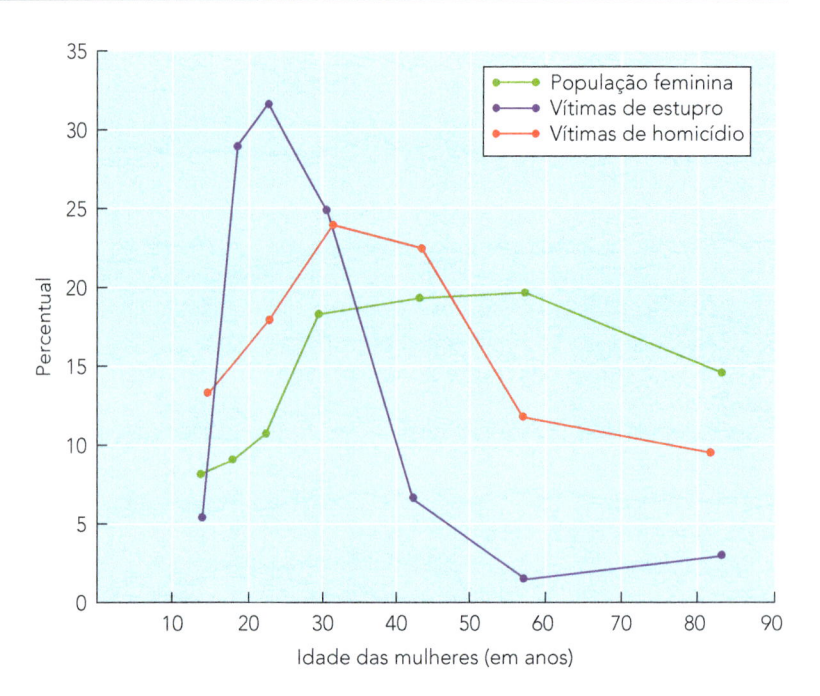

resse por sexo impessoal, todos os atributos que geram muitas consequências adaptativas (p.ex., aumento de aptidão) enquanto incidentalmente também levam alguns homens a estuprar algumas mulheres.[1438] Afinal de contas, sabe-se que homens se envolvem em muitas atividades sexuais decididamente não reprodutivas, incluindo masturbação, estupro homossexual e estupro de mulheres pós-menopausa e meninas pré-puberes, assim como machos de muitas espécies não humanas também exibem atividade sexual que não pode resultar em descendência, como a monta para cópula de filhotes desmamados por machos de elefantes marinhos.[1239] Além disso, uma tentativa de estimar as consequências reprodutivas do estupro por homens em uma sociedade tradicional rendeu a conclusão que o custo em aptidão ao estuprador ultrapassou o benefício em cerca de dez vezes,[1349] resultado que sugere fortemente que o estupro não é uma adaptação, pelo menos nesta sociedade.

Ainda que a cópula coerciva reduza geralmente a aptidão dos seus praticantes, o estupro como hipótese do subproduto seria sustentável se os sistemas motivacionais do comportamento sexual masculino tivessem um efeito líquido positivo sobre a aptidão. Uma única previsão para a hipótese do subproduto é que estupradores teriam níveis elevados incomuns de atividade sexual com parceiras consensuais bem como não consensuais. Algumas evidências apoiam essa hipótese,[832, 1098], mas como é verdade para muitas outras questões na sociobiologia humana, mais dados são necessários. Todavia, nesse caso, como em muitos outros, a abordagem adaptacionista tem gerado novas hipóteses inteiramente testáveis em princípio e prática. O ângulo evolucionista sobre o estupro agora está à mercê de exame cético minucioso, e, como resultado, podemos acabar alcançando uma melhor compreensão das causas distais do comportamento. Quando alcançarmos essa compreensão, não seremos obrigados de maneira alguma a ter mais condescendência com as atividades ilegais e imorais dos estupradores.[1438]

Para discussão

14.17 Discussões sobre estupro são quase sempre carregadas emocionalmente. A partir de uma perspectiva evolucionista, por que mulheres podem ter uma resposta especialmente visceral ao tópico e um desejo intenso de punir os estupradores? Por que a maioria dos homens também deseja deter o estupro? Uma compreensão da teoria evolucionista teria levado à revisão de uma lei pela Suprema Corte dos Estados Unidos que continha a seguinte afirmação: "Estupro, sem sombra de dúvidas, merece punição séria; mas em termos de depravação moral e do injúrio à pessoa e ao público, isso não se compara com um homicídio... [Estupro] não inclui... nem mesmo um ferimento sério para outra pessoa" (citado em Jones[739]).

14.18 Natalie Angier afirma que homens casados têm a mesma probabilidade de fertilizar um óvulo por cópula com suas esposas que estupradores têm quando forçam cópula com uma vítima.[40] No passado, a probabilidade de que um filho de um homem casado sobrevivesse para reproduzir era quase que certamente muito maior do que a probabilidade de uma criança de um estuprador, porque homens casados cuidam de seus filhos enquanto estupradores não. Angier está correta, por isso, em afirmar que o estupro não pode ser uma tática adaptativa? (Lembre-se que *adaptativo* significa "vantajoso reprodutivamente"). Como você explica o fato de que homens de *status* baixo têm maior propensão de estuprar mulheres estranhas a eles enquanto homens de *status* elevado predominam na categoria de estupro de conhecidas ou parceiras?[1487]

Cuidado parental adaptativo

Você pode ter concluído que biólogos evolucionistas estão interessados apenas em atividades sexuais humanas. Embora seja verdade que adaptacionistas tenham estudado intensamente o componente reprodutivo do nosso comportamento, isso não significa que outros aspectos do comportamento humano tenham sido ignorados. O espectro completo das ações humanas é um "parque de diversões" para os pesquisadores que usam a abordagem evolucionista.[526] Como vimos no início deste capítulo, questões sobre reciprocidade, reputação e julgamento social podem ser analisadas em termos de sua significância distal. Agora abordaremos a análise evolucionista do comportamento parental.

Como visto anteriormente, em nossa espécie, homens e mulheres podem prover cuidado parental aos descendentes, o que gera benefícios (melhorias nas chances de sobrevivência dos descendentes) e custos (incluindo aumento na mortalidade parental). Esses custos não são triviais, especialmente para mulheres em sociedades pré-industriais. Em um estudo com mais de 20.000 casais entre 1860 e 1895, cujas histórias reprodutivas estão registradas no Banco de Dados Populacionais de Utah, as mulheres apresentaram maior probabilidade que os homens de morrer no período de um ano após o nascimento do último filho (Figura 14.23).[1116] Para ambos os sexos, entretanto, a taxa de mortalidade aumentou conforme o tamanho da família aumentou.

Visto que ter e criar filhos são atividades custosas, espera-se que os pais sejam minuciosos em respeito a quanto cuidado eles oferecerão a certo descendente.[1605] Por exemplo, os pais de uma criança que chora em tom muito agudo não respondem tão rapidamente quanto responderiam a um bebê que chora de forma mais típica.[508] Mas bebês com padrões normais de choro algumas vezes também são ignorados ou mesmo mortos por um dos pais. Isso parece ser um tipo de comportamento que derrotaria a análise evolucionista.

Mas talvez não. Lembre-se que o impacto individual no patrimônio genético da geração seguinte não é determinado pelo número de bebês concebidos ou nascidos, mas pelo número de descendentes que atingem a idade reprodutiva. Se bebês com choro de tom agudo têm sérias imperfeições de nascença que tornam improvável sua sobrevivência e reprodução, então pais que reduzem ou interrompem seus investimentos nessas crianças podem ter mais recursos para dar a outra criança atual ou futura mais viável. (E bebês incapazes de chorar normalmente em geral apresentam doenças sérias ou imperfeições congênitas.[508]) Da mesma forma, se carregar um feto até o nascimento ou cuidar de um recém-nascido ameaça reduzir o sucesso reprodutivo ao longo da vida de uma mulher, então interromper o seu investimento

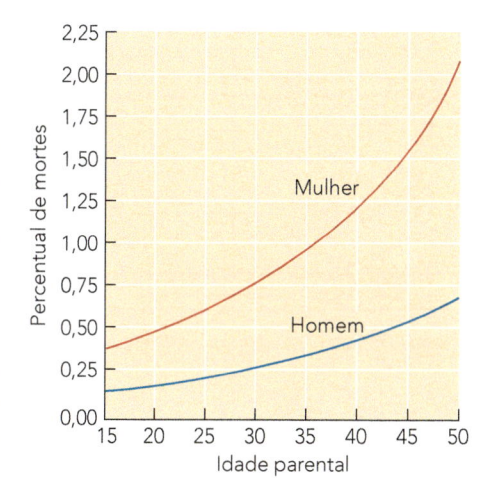

FIGURA 14.23 Taxas de mortalidade são mais altas para mulheres do que para homens no ano depois do nascimento do último filho, indicando que os custos do esforço parental são especialmente severos para mulheres. Adaptada de Penn e Smith.[1116]

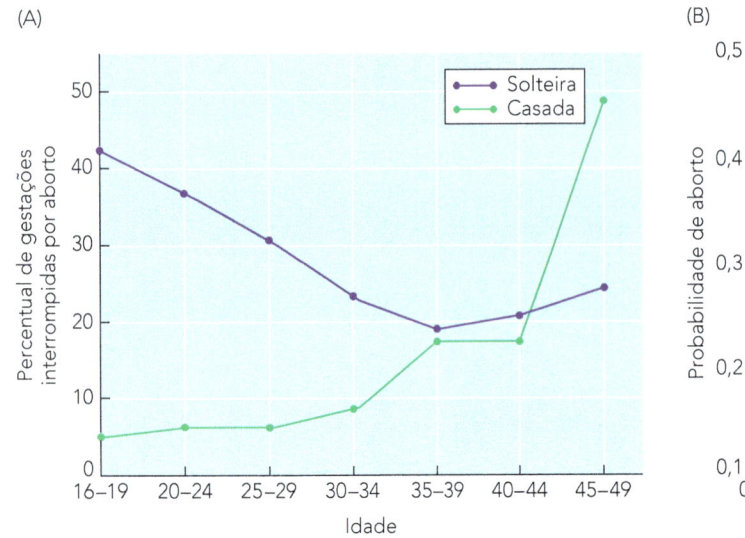

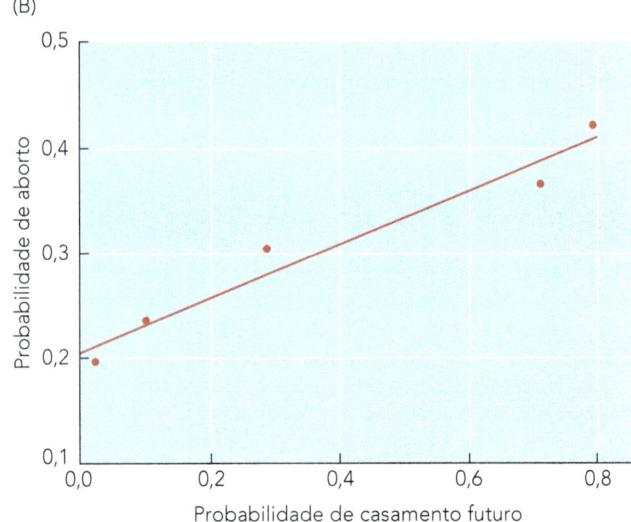

FIGURA 14.24 Mulheres utilizam o aborto de forma adaptativa? (A) Mulheres solteiras na Inglaterra e no País de Gales têm menor probabilidade de interromper a gravidez através do aborto conforme vão ficando mais velhas, enquanto mulheres casadas mais velhas têm maior probabilidade de gravidez interrompida por aborto conforme envelhecem. Essas diferenças refletem os custos e benefícios diferentes de investimento nos filhos, quando a mulher tem ou não apoio do marido. (B) A probabilidade de que uma mulher solteira se submeta a um aborto apresenta-se em função da probabilidade relacionada à idade de que ela atraia marido no futuro. Adaptada de Lycett e Dunbar.[901]

naquela prole pode aumentar potencialmente, e não reduzir, a sua aptidão.[340] Na maior parte da história da humanidade, quando mulheres solteiras tentaram criar uma criança sem assistência, elas provavelmente falharam. Uma predição evolucionista, portanto, é que mulheres grávidas solteiras têm maior probabilidade de interromper suas gestações do que mulheres casadas, que têm parceiros para ajudá-las a criar os filhos.

Entretanto, a predição evolucionista de que mulheres solteiras buscam abortos mais do que mulheres casadas deve se aplicar mais fortemente às mulheres mais jovens em relação às mais velhas, porque mulheres jovens solteiras têm grande chance de assegurar um marido e seu apoio para aumentar aptidão no futuro mais do que mulheres mais velhas. É esperado também que mulheres mais velhas *casadas* interrompam a gravidez com maior frequência, considerando o aumento da possibilidade de complicações médicas para mulheres grávidas mais velhas, o que poderia colocar em risco sua capacidade de cuidar de seus filhos e netos ainda dependentes. Quando a disposição de mulheres britânicas em levar uma gravidez até o fim foi examinada em relação à idade e ao estado civil, os resultados estiveram completamente de acordo com essas predições (Figura 14.24).[901]

Homens, assim como mulheres, podem prover ou negar investimento parental aos descendentes. Visto que os homens correm o risco de cuidar de filhos de uma parceira gerados por outro homem, a predição sociobiológica é que homens casados deveriam ter mecanismos psicológicos evoluídos que os protegessem contra esse risco. Como temos visto, homens estão atentos aos sinais de infidelidade, como na pouca semelhança entre sua aparência e àquela da criança considerada sua. Homens são também sexualmente ciumentos e se eles ficam sabendo de uma traição da esposa, é provável que reajam de forma extremamente negativa.[1416] A preocupação masculina com paternidade é tão obsessiva que maridos de vítimas de estupro em muitos países podem legalmente se divorciar de suas infelizes esposas.[199]

Padrasto é outra categoria de homem colocado na posição de criar os filhos de outros. Para testar a predição que padrastos deveriam favorecer seus descendentes biológicos mais do que os enteados, Mark Flinn monitorou algumas famílias de Trinidad nas quais o padrasto vivia com seus filhos próprios assim como com aqueles que sua esposa teve com outro homem. Nessas famílias, o percentual de interações que envolviam conflitos de um ou outro tipo aconteceu cerca de duas vezes mais para interações entre padrasto e enteado do que aquelas entre pai e filhos biológicos.[741] Da mesma forma, na sociedade americana moderna, é de longe mais provável que filhos biológicos de um homem recebam dinheiro para faculdade em relação aos enteados filhos de sua parceira atual ou filhos de uma parceira anterior (Figura 14.25).[30]

O mesmo padrão se aplica às madrastas, que apresentam menor probabilidade de cuidar dos enteados do que dos filhos biológicos. Lares nos quais a mãe cuida de enteados ou filhos adotivos gastam menos com alimentos do que lares em que mães residem com seus filhos biológicos. Além disso, em famílias mistas, filhos biológicos das mães recebem, em média, um ano a mais de formação escolar do que os enteados que moram com ela. Observe que, ao estudarem famílias mistas, os pesquisadores eliminaram a possibilidade de enteados receberem oportunidades educacionais reduzidas porque mulheres recasadas seriam, em média, menos capazes de pagar pela educação de qualquer criança em seus lares.[241]

Enteados não só tendem a receber menos recursos dos padrastos, mas também correm grande risco de serem atacados fisicamente, descoberta feita por Martin Daly e Margo Wilson ao testarem a hipótese evolucionista de que nossos mecanismos psicológicos evoluídos nos encorajam a direcionar nosso cuidado parental para nossos filhos biológicos.[342] Um subproduto desse mecanismo pode ser a maior tendência de padrastos e madrastas maltratarem crianças que não são suas. De acordo com essa predição, Daly e Wilson verificaram que em Hamilton, Ontário, era 40 vezes mais provável que crianças com quatro anos de idade ou mais novas sofressem maus-tratos em famílias com padrasto ou madrasta do que em famílias com ambos os pais biológicos presentes. Observe que, para ambas as categorias de pais canadenses, a probabilidade absoluta de uma criança ser maltratada foi pequena (Figura 14.26), mas o risco relativo foi muito maior para crianças em lares com padrasto ou madrasta.[339] Daly e Wilson argumentaram que os sistemas psicológicos que promovem cuidado parental seletivo no Canadá e em qualquer outro lugar[343] geralmente levam ao aumento da aptidão pela motivação dos adultos para investir em seus descendentes, mas esses mesmos aspectos da psicologia parental podem ocasionalmente ter efeitos mal-adaptativos para alguns poucos pais com famílias mistas.

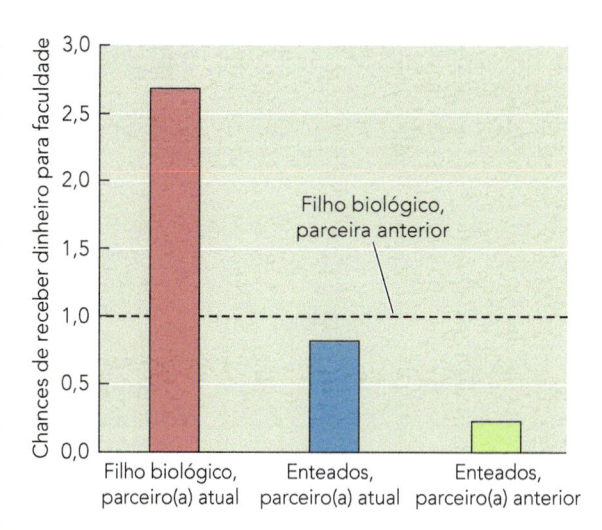

FIGURA 14.25 Favoritismo parental. As chances de um homem dar dinheiro para faculdade de um filho são muito maiores se o homem for o pai biológico do receptor em potencial do que se ele for o padrasto da criança. As quatro categorias de filhos examinados neste estudo foram filhos biológicos vivendo com o pai biológico, filhos biológicos vivendo com a parceira anterior do pai e enteados do homem vivendo com ele ou com uma parceira anterior. A quantia oferecida aos filhos biológicos vivendo com a parceira anterior foi utilizada como padrão para contrastar as outras doações. Adaptada de Anderson, Kaplan e Lancaster.[30]

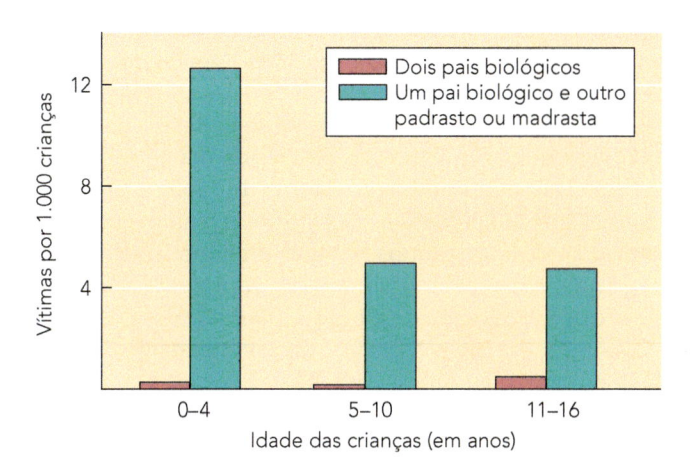

FIGURA 14.26 Maus-tratos infantis e o parentesco entre os pais e filhos. Maus-tratos infantis tem maior chance de ocorrer em lares com padrasto ou madrasta do que em lares com os dois pais biológicos. Adaptada de Daly e Wilson.[339]

> **Para discussão**
>
> **14.19** Daly e Wilson encontraram que enteados incorrem em um aumento de cerca de 100 vezes do risco de maus-tratos infantis fatais, em comparação com crianças criadas por dois pais biológicos.[342] Aplique a explicação deles para os maus-tratos infantis pelos padrastos a esses casos de infanticídio. Como a hipótese de Daly e Wilson difere da hipótese de infanticídio por leões e langures machos (ver Capítulo 1)? O que você precisaria saber para testar as duas explicações alternativas para infanticídio por padrastos? Agora imagine a seguinte hipótese: maus-tratos infantis por padrastos ocorre porque os novos cuidadores geralmente chegam à família algumas vezes depois do nascimento da criança e pode faltar um mecanismo psicológico, talvez hormonal, que promova a tolerância a comportamentos infantis difíceis, como choro por cólica e manha. Na ausência desses dispositivos de proteção psicológica, a situação pode ficar terrivelmente ruim, e elas ficam, embora muito raramente. Como essa hipótese pode ser válida frente às outras duas? Que significado poderia haver em comparar o comportamento parental do pai biológico – digamos, servindo nas forças armadas – ausente no primeiro ano de vida do filho com as respostas parentais de um padrasto que foi morar junto com uma parceira que tem criança de um ano de idade que está começando a andar?

Ajudando os filhos a casar

Vimos que adultos cuidam de seus filhos de forma seletiva, geralmente favorecendo filhos biológicos em relação aos não aparentados. Mas até mesmo em famílias sem enteados, pais nem sempre tratam sua progênie de forma idêntica quando o assunto é fornecer os benefícios parentais. Um exemplo envolve os sacrifícios materiais feitos pelos pais para ajudar seus filhos a conseguirem esposas. Em algumas sociedades, é exigida do noivo e de sua família a doação de recursos como gado, dinheiro ou trabalho – o dote do noivo ou os bens que leva o homem que se casa – para a família da noiva (Figura 14.27); em outras sociedades, a família da noiva envia sua filha para casar-se junto com uma doação especial – o dote da noiva ou bens que leva a mulher que se casa – para seu novo marido e sua família.

Se o pagamento do dote do noivo ou da noiva fossem tradições culturais puramente arbitrárias, então poderíamos predizer que as duas formas de pagamento deveriam ser igualmente representadas entre as culturas em todo o mundo, mas elas não são.[525] (Antes de seguir a leitura, use a teoria da seleção sexual para predizer se dote do noivo ou da noiva deveria ser a prática mais comum em todo o mundo.)

Visto que os machos tipicamente competem pelo acesso às fêmeas, podemos predizer que o pagamento do dote do noivo deveria ser de longe mais comum que o dote da noiva. De fato, esse é o caso. Pagamentos de dote dos noivos foram registrados em 66% das 1.267 sociedades descritas no *Ethnographic Atlas*,[1024] enquanto o dote da noiva é uma prática padrão em apenas 3% dessas sociedades. Pagamentos de dote do noivo foram frequentemente encontrados em particular nas culturas poligínicas, ocorrendo em mais de 90% daquelas sociedades classificadas sob o rótulo de "poliginia geral", nas quais mais de 20% dos homens casados têm mais de uma esposa (Tabela 14.1). Quando alguns homens monopolizam muitas mulheres, as mulheres núbeis se tornam um recurso valioso e especialmente escasso. Um modo de assegurar várias esposas e assim atingir sucesso reprodutivo excepcional é prover pagamentos aos pais da noiva ou outros parentes. Para isso, requer-se geralmente grande riqueza.

FIGURA 14.27 Noivos precisam pagar dote em muitas culturas africanas tradicionais, como os Masai do Quênia e da Tanzânia. O pai, aqui com sua filha prestes a se casar, receberá gado do futuro marido dela e dos parentes do noivo. Fotografia de Jason Lauré.

Tabela 14.1	A relação entre o sistema de acasalamento de culturas humanas, pagamento de dote e sistemas de herança que favorecem filhos homens			
	Pagamento de dote pela família do noivo		**Filhos homens favorecidos**	
Sistema de acasalamento	Não	Sim	Não	Sim
Monogamia	62%	38%	42%	58%
Poliginia limitada	46%	54%	20%	80%
Poliginia geral	9%	91%	3%	97%

Fonte: Hartung[625]
Nota: Os dados são do *Ethnographic Atlas* de Murdock[1024] para 112 culturas monogâmicas, 290 culturas que praticam poliginia limitada (menos de 20% dos homens são poligínicos) e 448 culturas que praticam poliginia geral (mais de 20% dos homens são poligínicos).

Homens ricos em sociedades poligínicas podem produzir muitos filhos, o que permite que os pais ricos garantam mais descendentes, colocando os seus recursos principalmente nas mãos dos filhos, em vez das filhas, cuja aptidão direta é limitada pelo número de embriões que elas mesmas podem produzir. Investimento parental tendencioso pode ocorrer mesmo postumamente, quando os pais passam a maior parte dos seus bens a um filho ou filhos homens, permitindo que esses indivíduos se tornem homens poligínicos bem-sucedidos.[140] Regras de herança que favorecem filhos homens são, de fato, associadas à prática de poliginia (*ver* Tabela 14.1).[625]

Guy Cowlishaw e Ruth Mace confirmaram que esse padrão era verdadeiro após controlar a não independência das culturas – isto é, depois de lidar com o problema estatístico de como tratar a informação proveniente de várias culturas que podem ter herdado práticas semelhantes, como resultado da partilha de uma cultura ancestral comum recente. Primeiro, eles construíram uma filogenia cultural baseada nas informações linguísticas; esse diagrama identificou quais culturas eram estreitamente relacionadas e quais não eram. Eles então sobrepuseram o sistema de acasalamento de cada cultura sobre a filogenia para identificar aquelas culturas cujos sistemas de acasalamento mudou para poliginia de um predecessor monogâmico e vice-versa. Mudanças culturais independentes para poliginia estiveram muito mais associadas com as regras de herança que favorecem os filhos do que estiveram as mudanças monogâmicas.[306]

Mesmo em sociedades ocidentais supostamente monogâmicas, homens ricos podem ter oportunidades extraordinárias para sucesso em cópulas porque, como visto anteriormente, sua riqueza os torna atraentes para mulheres. Se pais em sociedades modernas mantêm o viés selecionado ancestralmente que os motiva a favorecer descendentes com potencial reprodutivo mais alto, podemos predizer que mesmo hoje em dia, pais muito ricos deveriam ser inclinados a deixar a maior parte da herança aos filhos do que às filhas – uma predição que tem sido comprovada (Figura 14.28).[1353]

Em contraste à prevalência do investimento parental direcionado aos descendentes homens, sociedades nas quais os pais deixam significativamente mais para suas filhas são raras – como alguém pode prever, visto que as mulheres normalmente são procuradas como parceiros de casamento. Entretanto, Lee Cronk encontrou uma sociedade tribal, os Mukogodo no Quênia, na qual os pais geralmente proveem mais alimento e mais cuidado médico (por meio de uma clínica missionária católica local) à suas filhas do que aos seus filhos.[323] Os Mukogodo abandonaram recente-

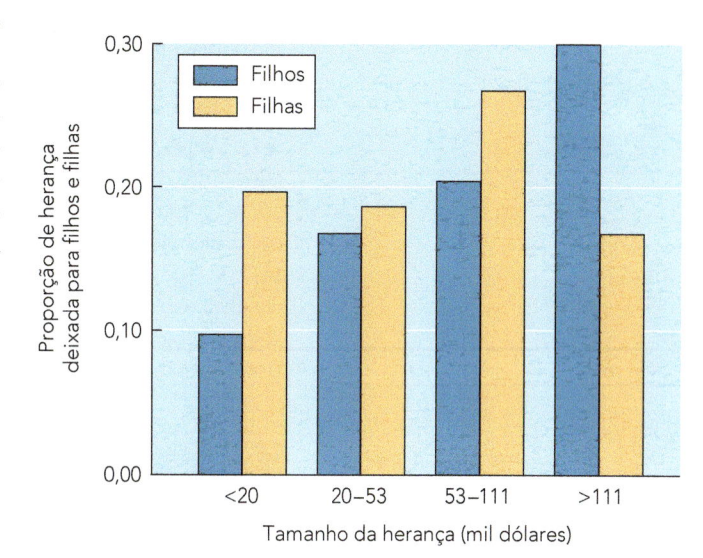

FIGURA 14.28 Decisões de herança. Pais canadenses abastados direcionam seus legados para seus filhos, que têm maior probabilidade do que as filhas de converter riqueza extraordinária em sucesso reprodutivo extraordinário. Adaptada de Smith, Kish e Crawford.[1353]

mente o tradicional estilo de vida caçador-coletor em favor de uma economia baseada em rebanhos de ovelhas e cabras. Seus rebanhos são pequenos e sua relação com outras tribos pastoris locais é muito pequena. É pouco provável que o filho homem de uma família Mukogodo pobre adquira um rebanho grande o suficiente para pagar o preço por uma esposa de qualquer uma das tribos próximas. Em contraste, uma filha Mukogodo tem boas chances de casar-se com um membro de uma tribo de *status* elevado, visto que a poliginia é o padrão entre esses grupos e são poucas as mulheres disponíveis. Como resultado da maior facilidade de casamento para as filhas do que para os filhos, a média de descendentes de uma filha Mukogodo é quase quatro, enquanto a aptidão direta de um filho é apenas perto de três. Essa desigualdade favorece as famílias que têm mais filhas que filhos, resultado alcançado pelo investimento maior em filhas jovens do que em filhos jovens.

Esse caso ilustra bem o fato de que o comportamento humano é adaptativamente flexível, não arbitrária ou infinitamente variável. Quaisquer que sejam os mecanismos psicológicos que controlam o cuidado parental aos descendentes, esses sistemas evoluídos permitem que os pais favoreçam os filhos sob algumas circunstâncias e filhas sob outras, enquanto os encorajam ao tratamento igualitário sob outro conjunto de condições. A opção escolhida tende a aumentar a aptidão dos pais em seu ambiente específico. As diferenças entre as filhas favorecidas dos Mukogodo e aquelas culturas pastoris próximas nas quais os filhos recebem tratamento preferencial certamente não são genéticas. Em vez disso, essas diferenças parentais refletem nossa capacidade de usar estratégias condicionais evoluídas para selecionar entre um limitado conjunto de opções, escolhendo aquela opção com o maior retorno em aptidão em determinado cenário.

Entre os Mukogodo e a maioria dos outros grupos tribais, homens pagam o preço para adquirir uma noiva. Por que algumas culturas contrárias sancionam pagamentos que ajudam a uma mulher assegurar um marido? Uma resposta seria: em sociedades monogâmicas, nas quais homens tipicamente investem materialmente em seus filhos, pais que ajudam suas filhas a "comprar" o tipo certo de homem, como resultado ganham em aptidão. Homens em culturas monogâmicas socialmente estratificadas variam grandemente em *status* e riqueza. Nessas culturas, mulheres casadas com homens da elite, em geral, devem desfrutar de uma vantagem reprodutiva porque a riqueza de um homem monogâmico não será dividida entre um grupo de esposas, mas em vez disso irá para sua única esposa e seus filhos. Na medida em que a riqueza e o *status* elevado são traduzidos em sucesso reprodutivo, os pais da mulher podem ganhar ao competir com os pais de outras famílias por um marido "alfa", mesmo se isso exija a oferta de incentivo material ao homem certo ou à sua família. Steven Gaulin e James Boster encontraram que pagamentos de dote da noiva ocorrem substancialmente em menos de 0,5% das sociedades não estratificadas, enquanto que 9% das sociedades estratificadas e 60% das culturas estratificadas monogâmicas permitem ou encorajam dotes da noiva.[525] Esse conjunto nada aleatório de associações apoia a hipótese de que a prática de dote da noiva não é um artefato cultural aleatório, mas parte de uma estratégia parental adaptativa. Assim, temos então outro exemplo de como os sociobiólogos, longe de ficarem atordoados com a diversidade cultural, podem fazer uso dela para testar hipóteses evolucionistas sobre o comportamento humano.

Para discussão

14.20 Na tribo africana dos Gabbra, criadores de camelos, o número de camelos de um lar aumenta mais o sucesso reprodutivo de um homem do que de uma mulher. Nos Chewas, que praticam horticultura, quanto maior o terreno de cultivo, maior a fertilidade do indivíduo, mas o efeito é igual para homens e mulheres (Figura 14.29).[664] Nos Gabbra poligínicos, a herança é direcionada para o sexo masculino, e nos Chewas, na qual os indivíduos pertencem à linhagem materna, a herança é direcionada para o sexo feminino. Explique por que, mantendo em mente que a certeza de maternidade (a probabilidade

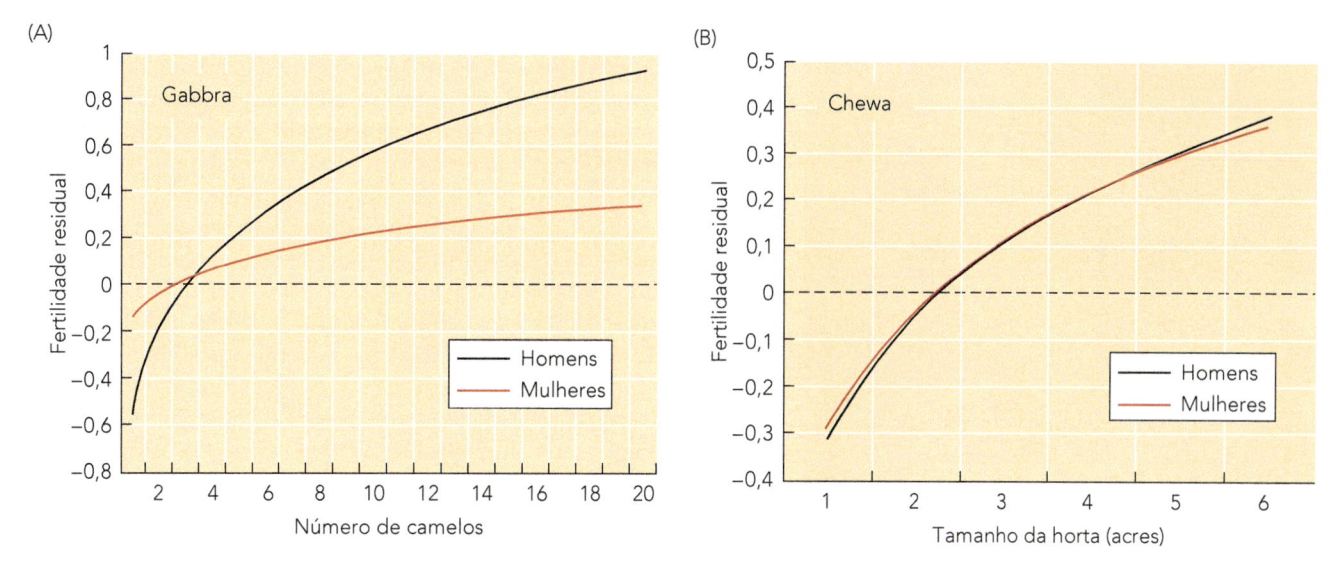

FIGURA 14.29 A riqueza afeta a fertilidade masculina e feminina de forma diferente em duas culturas africanas. No povo Gabbra, a fertilidade residual, medida de sucesso reprodutivo, aumenta mais rapidamente com a riqueza (número de camelos próprios) para homens do que para mulheres. Nos Chewas, os sexos não diferem no efeito que a riqueza (tamanho do terreno) tem sobre sua fertilidade. Adaptada de Holden, Sear e Mace.[664]

> de o filho ser geneticamente aparentado a ela) é sempre maior que a certeza de paternidade (a probabilidade de o filho do suposto pai ser realmente seu filho biológico). Em outras palavras, sob quais condições os avôs ganhariam mais netos geneticamente aparentados por investir mais em suas filhas do que em seus filhos? Como os dados dessas duas culturas ajudam a responder essa questão?

Aplicações da psicologia evolucionista

Embora a capacidade da teoria evolucionista para contribuir com a compreensão puramente acadêmica do nosso comportamento seja suficiente para o deleite de muitos biólogos e psicólogos, alguns também argumentam que há um lado aplicado e realista para esse tipo de abordagem. Por exemplo, investigadores criminais trabalhando em casos de maus-tratos infantis na América do Norte certamente têm se beneficiado em saber da relação estatística entre esse tipo de crime e a presença de padrasto ou madrasta na família, uma conexão descoberta primeiro não por criminologistas, mas por dois psicólogos evolucionistas. Da mesma forma, acredito que mulheres jovens têm muito a ganhar ao entender as bases evolutivas do sexo coercivo, especialmente a realidade do componente reprodutivo do crime, que deriva da psicologia sexual evoluída masculina. Se as mulheres reconhecerem que o sexo coercivo, incluindo o estupro, não é praticado apenas por sociopatas criminosos clássicos, elas podem estar mais prevenidas contra homens mais comuns, cujo impulso sexual intenso os permita sentir desejo sexual mesmo quando suas "parceiras" não sentem.

Além disso, todos devem saber que nosso desejo por filhos, bastante adaptativo e perfeitamente natural, está diretamente ligado a uma explosão populacional humana que passou dos seis bilhões e continua subindo muito em detrimento da Terra. Nossos esforços em colocar as coisas sob controle poderiam ser vantajosos se todos soubéssemos por que achamos que bebês gordos e saudáveis são maravilhosos e por que acreditamos que nada é bom o suficiente para nossos filhos e netos (Figura 14.30), mesmo que o efeito de ter muitos bebês gordinhos e dar-lhes uma educação de classe média seja empurrar o sistema de sustentação da vida de nosso globo cada vez mais perto de colapso.[1115]

FIGURA 14.30 O autor com sua única neta, Abigail Alcock, recente e muito admirada adição a um mundo já lotado. Fotografia de Nick Alcock.

Do mesmo modo necessita de correção a nossa tendência evoluída não apenas para reproduzir com entusiasmo, mas para consumir os recursos da Terra como se não houvesse amanhã. Esse atributo humano é motivado em parte pela produção de grandes famílias, mas talvez mais ainda pelo desejo dos seres humanos de adquirir riqueza e usá-la ostensivamente, componente essencial da estratégia reprodutiva dos homens. Além disso, as pessoas muitas vezes desconsideram o futuro, quando se trata da utilização dos recursos, ou seja, a maioria de nós tende a gastar o que tem agora em vez de poupar algo para o futuro.[1591] Alguns têm associado esse aspecto da psicologia humana às taxas de mortalidade elevada que têm caracterizado a maior parte da evolução humana até muito recentemente. Considerando a realidade de que era improvável uma vida longa, teria sido bastante adaptativo às pessoas durante a nossa história como espécie consumir recursos de uma só vez e ter filhos assim que possível.

Esse argumento pode ser testado comparando o comportamento das pessoas em comunidades modernas nas quais a expectativa de vida varia. Margo Wilson e Martin Daly fizeram o teste, aproveitando que, durante um período perto dos anos 1990, a expectativa de vida variava cerca de 25 anos nos diferentes bairros de Chicago. Se homens possuem estratégias condicionais cujas regras operantes são afetadas pela probabilidade de morte precoce, então poderíamos predizer que indivíduos de bairros com mortalidade elevada deveriam estar preparados para assumir riscos maiores do que aqueles que viviam em lugares em que a morte por causas naturais pode ser adiada. Uma manifestação drástica de tomada de risco por homens é a disposição de envolver-se em violência extrema, a qual também afeta as taxas de homicídios. Conforme predito, a taxa na qual os homicídios ocorrem na vizinhança está estreitamente ligada à expectativa de vida masculina (com os valores ajustados pela remoção dos efeitos do homicídio em si) (Figura 14.31).[1592] Em outras palavras, quando os homens percebem que sua vida pode ser bem curta, são mais propensos a levar uma vida de crime e violência, tática de alto risco, mas com retorno imediato potencialmente alto para aqueles que assumem tais riscos.

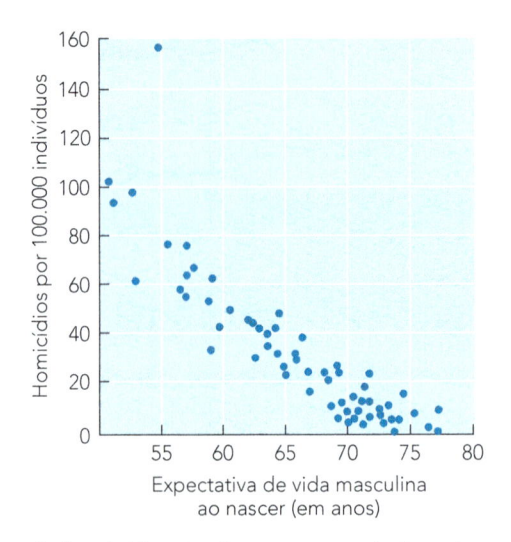

FIGURA 14.31 Taxas de homicídio são altamente correlacionadas com a expectativa de vida masculina. Esses dados são provenientes de vários bairros em Chicago, nos quais homens poderiam esperar viver menos de 55 anos até mais de 75 anos (após remoção dos efeitos dos homicídios em si na expectativa de vida). Adaptada de Wilson e Daly.[1592]

> **Para discussão**
>
> **14.21** Gravidez na adolescência é tratada frequentemente como uma espécie de patologia. Mas você pode argumentar no sentido de que as mulheres deveriam apresentar uma estratégia condicional que considerasse a expectativa de vida quando tomassem decisões sobre o início da reprodução? Nesse caso, qual é o padrão predito para a média de idade da primeira gravidez nos diversos bairros de Chicago mencionado há pouco? Veja Wilson e Daly[1592] para conferir sua resposta.

O fato é que nenhum produto da seleção natural, seja ele o nosso desejo de ter filhos ou o nosso desejo de ter uma boa reputação, garante a produção de resultados social ou moralmente desejáveis, nem para nós nem para a nossa espécie como um todo. Veja nossa capacidade para cooperação. Por um lado, com frequência os humanos se juntam em grupos por objetivos que parecem admiráveis: fazer um programa de computador funcionar melhor, tentar eliminar a poliomielite, esforçar-se para reduzir o crime do colarinho branco, encenar uma peça ou ópera – a lista é interminável. Mas a capacidade de identificar-se com um grupo e formar laços fortes com seus membros também pode ser empregada de formas profundamente agressivas contra outros grupos formados por pessoas com capacidade cooperativa igualmente poderosa.

De fato, Richard Alexander argumentou que a competição violenta por recursos entre grupos humanos levou a evolução da cooperação extraordinária e do senso de moralidade fortemente centrado no grupo que as pessoas exibem hoje.[17] A natureza adaptativamente desagradável da moralidade humana pode ser ilustrada pela análise de qual significado tem o mandamento "não matarás" para as pessoas que o aceitam. O mandamento quase sempre tem sido interpretado como "não matarás membros da sua própria tribo ou comunidade ou nação – mas a destruição de outros seres fora do bando, da cidade ou do país será aceita, até mesmo encorajada, se eles oferecerem qualquer ameaça ao bem-estar comum ou se os recursos que eles controlam possam ser tomados com pequeno risco de danos pessoais."[626] A moralidade altamente seletiva desse tipo pode ser vista na prática generalizada e historicamente frequente de genocídio.[393]

> **Para discussão**
>
> **14.22** Escrevendo sobre genocídio, Stephen Jay Gould revisou a hipótese adaptacionista de que a capacidade de homicídios em larga escala evoluiu como resultado de competição intensa por recursos ou parceiros entre pequenos bandos durante nossa história evolutiva. Gould rejeitou essa hipótese, afirmando o seguinte: "Uma especulação evolucionista só pode ajudar se nos ensina algo que ainda não sabemos – se, por exemplo, aprendêssemos que genocídios são biologicamente comandados por determinados genes, ou mesmo que uma tendência positiva, em vez de uma mera capacidade, regula nossa potencialidade assassina. Mas os fatos observados da história humana se demonstram contrários à determinação e a favor da potencialidade. Cada caso de genocídio pode ser pareado com numerosos incidentes de benevolência social; cada clã de assassinos pode ser pareado com um clã pacífico."[560] Avalie o argumento de Gould de forma crítica à luz do que você conhece sobre (1) a distinção entre causa proximal e distal, (2) estratégia condicional e (3) a diferença entre as hipóteses adaptacionista e da cultura arbitrária.

Richard Wrangham tem apontado que esse tipo especial de comportamento moral praticado por humanos pode bem ser rastreado em um primata ancestral na linhagem que deu origem ao chimpanzé comum e ao *Homo sapiens*. Essas duas são as únicas espécies vivas nas quais os machos se juntam regularmente em bandos com a intenção de assaltar, ou mesmo matar, seus vizinhos antes de retornar para casa

FIGURA 14.32 **Chimpanzés machos cooperam em ataques a outros bandos.** Esta espécie e a nossa própria são as únicas que formam grupos de machos que deixam seus territórios para atacar membros de outros grupos e então retornam para casa após o ataque.

(Figura 14.32).[1621] Chimpanzés machos patrulham as fronteiras do seu território em grupos aparentemente à procura de membros de grupos adjacentes.[989] Se eles encontrarem esses outros chimpanzés, vão atacá-los com crueldade, especialmente outros machos adultos, mas mesmo as fêmeas adultas não estão seguras,[1517] sugerindo que a função adaptativa da hostilidade dos machos é manter todos os outros chimpanzés afastados do território do grupo. Ao fazê-lo, os atacantes protegem ou expandem seu acesso nas bordas de seu território, que as fêmeas do bando precisam para reproduzir com sucesso.[1431] Um estudo mostrou que o tamanho da área defendida estava correlacionado com a frequência com a qual machos acasalaram de forma bem-sucedida com fêmeas receptivas pertencentes ao seu grupo, o que levou ao aumento na aptidão masculina.[1581]

A agressividade em grupo compartilhada por chimpanzés e humanos, duas espécies bastante aparentadas, sugere que o apoio solícito aos membros do grupo e a antipatia muitas vezes forte e violenta a todos os outros podem ser rastreados em um grande símio extinto que habitava a floresta, que dotou as duas espécies modernas com a herança rudimentar do nosso tribalismo. Esses traços, modificados ao longo do tempo, presumivelmente têm sido mantidos até o presente por causa das vantagens seletivas que conferem aos indivíduos capazes de trabalhar juntos para derrotar competidores por recursos limitados, dos quais depende o sucesso reprodutivo individual.

As tentativas de compreensão por biólogos evolucionistas de nossos sistemas morais e outras características do nosso comportamento estão muito longe de serem concluídas, embora progressos tenham sido registrados. Uma coisa é certa: análises evolucionistas demonstraram sem dúvida que algo ser "adaptativo", "natural" ou "evoluído" não significa ser "bom", "moral" ou "desejável". Uma vez que você sabe que os nossos genes têm a capacidade de nos fazer trabalhar para o interesse deles sem considerar nosso bem-estar nem o da maioria das outras pessoas, então pode ser mais fácil lutar contra os nossos impulsos evoluídos. O conhecimento dos resultados evolucionistas, para citar apenas um exemplo, poderia nos tornar menos suscetíveis à exploração por indivíduos inescrupulosos. Pessoas informadas também evitam melhor a hipocrisia e a certeza moral que nos permite sermos cruéis e desumanos com nossos adversários antes de atacá-los e matá-los. Quando Pogo declarou: "Encontramos o inimigo e ele somos nós", ele estava correto, e aqueles que compreendem o papel da seleção natural em moldar a nossa história evolutiva sabem por que ele estava certo. Talvez alguns de vocês possam usar esse conhecimento para ajudar a espécie humana a se tornar menos inimiga de si mesma.

Resumo

1. O ser humano é uma espécie animal evoluída. A sociobiologia humana, campo de estudo que inclui psicologia evolucionista e antropologia evolucionista, emprega a teoria da seleção natural para gerar hipóteses testáveis sobre o possível valor adaptativo do comportamento de nossa espécie.

2. O estudo da sociobiologia tem sido marcado por intensa controvérsia, em parte porque algumas pessoas têm entendido errado os objetivos e os fundamentos dessa disciplina. Ao contrário da visão de alguns críticos, os sociobiólogos não são motivados por uma agenda política, nem as hipóteses sociobiológicas estão embasadas nas premissas de que elementos do comportamento humano são geneticamente determinados ou moralmente desejados. Hipóteses sociobiológicas são elaboradas para explicar, não justificar, nosso comportamento. Testar essas hipóteses pode nos ajudar a compreender por que mecanismos psicológicos nos motivam a nos comportarmos de certas maneiras.

3. Diferente da teoria da cultura arbitrária, que propõe que o comportamento humano é o produto arbitrário de tradições culturais restritas apenas pelos limites de nossa imaginação, a teoria sociobiológica vê o comportamento humano como produto da seleção natural. Ela pressupõe que os seres humanos têm estratégias condicionais que podem ser usadas para aumentar, mais do que para diminuir, a aptidão individual.

4. Muitas hipóteses sociobiológicas têm investigado os elementos do comportamento reprodutivo humano, como ilustrado pelas análises evolucionistas dos diferentes tipos de pistas relevantes para homens e mulheres na avaliação de parceiros em potencial. Homens preferem aquelas características associadas à fertilidade elevada; mulheres tipicamente dão mais ênfase à posse de recursos pelos parceiros em potencial. As decisões que as pessoas fazem baseadas nesses mecanismos psicológicos teriam aumentado a aptidão dos indivíduos vivendo em ambientes pré-contraceptivos. Os mesmos mecanismos podem, entretanto, levar também a comportamentos que a maioria das pessoas condenaria, como sexo coercivo e infidelidade conjugal.

5. Elementos do comportamento parental, assim como elementos da escolha de parceiros, podem ser explicados em termos de suas contribuições ao sucesso reprodutivo individual. Mesmo ações aparentemente mal-adaptativas, como maus-tratos infantis por padrastos, podem ser melhor compreendidas como subprodutos de mecanismos de maximização da aptidão que evoluíram por causa de suas outras consequências, como o desejo geralmente adaptativo de limitar seus investimentos parentais aos seus filhos biológicos.

6. Quando se afirma que algo é adaptativo ou natural, isso não significa dizer que é desejado, moral ou necessário, mas sim apenas que tende a propagar nossos genes. A aceitação generalizada desse ponto poderia nos permitir compreender que ao confiarmos em nossos impulsos é mais provável passarmos nossos genes adiante ao invés de tomarmos decisões que maximizem nossa felicidade pessoal ou o bem geral.

Leitura sugerida

O debate da sociobiologia começou com E. O. Wilson; veja o capítulo final de sociobiologia[1588] e uma crítica no livro de Allen e colaboradores[21] e a resposta de Wilson.[1589] Apresento um resumo desse debate e seus resultados em *O Triunfo da Sociobiologia*.[14] Os preconceitos que muitas pessoas têm sobre a Sociobiologia Humana são descritos por dois dos meus colegas, Doug Kenrick[763] e Owen Jones.[14] Martin Daly e Margo Wilson examinaram criteriosamente algumas críticas da explicação evolucionista para maus-tratos infantis por padrastos, um dos melhores exemplos de pesquisa sociobiológica.[345] Eles também escreveram um conciso capítulo sobre evolução e comportamento humano.[344] A maioria dos artigos clássicos sobre a análise evolucionista do comportamento humano pode ser encontrada, junto com as atualizações e críticas, em *Human Nature*, editado por Laura Betzig.[118] Um livro-texto a partir de uma abordagem evolucionista ao comportamento humano foi escrito por Robert Boyd e Joan Silk.[155] Tratados que focam a psicologia evolucionista incluem os escritos por David Buss[222] e Steven Gaulin e Donald McBurney.[526] Leitores também podem encontrar muitos artigos interessantes sobre comportamento humano no jornal *Evolution and Human Behavior*.

Glossário

Abordagem de custo-benefício Método para estudar o valor adaptativo de características alternativas com base na ideia de que fenótipos vêm associados a custos e benefícios; adaptações têm melhor relação custo–benefício que versões alternativas daquela característica.

Adaptação Característica que confere maior aptidão inclusiva a indivíduos do que qualquer alternativa existente exibida por outros indivíduos dentro de uma população; característica que se espalhou, está se espalhando ou se mantendo em uma população, como resultado da seleção natural ou seleção indireta.

Adaptacionista(s) Biólogo comportamentalista que desenvolve e testa hipóteses sobre o possível valor adaptativo de uma característica. Pessoas que usam a abordagem adaptacionista para testar se determinada característica favorece indivíduos a propagarem seus genes especiais com mais eficiência do que se esses indivíduos se comportassem de forma diferente.

Alelo Forma de um gene; alelos tipicamente codificam variantes distintas de uma mesma enzima.

Altruísmo Comportamento de ajuda que aumenta a aptidão direta do recebedor e ao mesmo tempo reduz a aptidão direta do doador.

Aprendizado Mudança duradoura e normalmente adaptativa no comportamento de um animal que pode ser rastreada até um evento específico de experiência na vida do indivíduo.

Aptidão Medida dos genes passados à geração seguinte por um indivíduo, usualmente definida em termos do número de filhotes sobreviventes produzidos pelo indivíduo.

Aptidão direta Os genes passados por um indivíduo via sua própria reprodução no corpo dos filhotes sobreviventes.

Aptidão inclusiva A soma das aptidões direta e indireta de um indivíduo.

Aptidão indireta Os genes passados por um indivíduo indiretamente por ajudar parentes não descendentes, de fato produzindo parentes que não teriam existido sem a ajuda do indivíduo.

Área de vida Área que um animal ocupa, mas não defende, em contraste com o território, que é defendido.

Arrastamento Envolve a reprogramação do relógio biológico para que as atividades de um organismo sejam marcadas em consonância com condições locais.

Assembleias reprodutivas explosivas Formação temporária de grandes grupos de indivíduos reprodutores.

Benefício da aptidão Aspecto de uma característica que tende a aumentar a aptidão inclusiva dos indivíduos.

Causa distal A razão evolutiva ou histórica pela qual algo é da forma que é.

Causa proximal Causa imediata, subjacente, baseada na operação dos mecanismos internos possuídos pelo indivíduo.

Centro de comando Agrupamento neural ou conjunto integrado de agrupamentos que tem responsabilidade primária pelo controle de uma atividade comportamental.

Ciclo em livre curso O ciclo de atividade de um indivíduo expresso em ambiente constante.

Coeficiente de parentesco A probabilidade de que um alelo presente em um indivíduo esteja presente em um parente próximo; a proporção do total do genótipo de um indivíduo presente em outro como resultado de ancestralidade comum.

Compatibilidade genética A habilidade dos genes presentes em um espermatozoide de complementar os genes presentes em um óvulo, resultando em maior probabilidade do desenvolvimento de uma prole melhor.

Competição espermática Competição entre machos que determina de quem é o espermatozoide que fertilizará o óvulo quando ambos os machos forem aceitos pela fêmea.

Comportamento de enfrentamento (*mobbing*) Quando presas se aproximam e tentam atacar um predador.

Conclusão científica No método científico, hipótese testada e então aceita ou rejeitada com base nos resultados dos testes.

Condicionamento operante Tipo de aprendizado baseado em tentativa e erro, no qual uma ação, ou operante, torna-se mais frequentemente executada se for recompensada.

Conflito entre pais e filhos Conflito de interesses que ocorre quando pais podem ganhar aptidão ao reduzir o cuidado parental ou os recursos de uma prole de forma a investir em outras proles agora ou mais tarde, mesmo que a prole privada teria maior aptidão recebendo cuidado parental ou recursos.

Cooperação Ação mutuamente benéfica.

Cópula extrapar Acasalamento de macho ou fêmea com outro indivíduo diferente de seu(sua) parceiro(a) principal em espécie aparentemente monogâmica.

Depressão endogâmica Tendência de indivíduos fruto de endogamia a ter aptidão mais baixa que membros não frutos de endogamia da mesma espécie.

Dilema do prisioneiro Teoria dos jogos na qual o benefício aos indivíduos é estabelecido de forma que a cooperação mútua entre os jogadores gera retorno menor do que a deserção, que ocorre quando um indivíduo aceita ajuda de outro, mas não retribui o favor.

Diploide Ter duas cópias de cada gene no genótipo de um indivíduo.

Distribuição livre ideal A distribuição espacial de indivíduos livres para escolher onde ir de forma a maximizar a aptidão individual.

Efeito de diluição Segurança numérica derivada da compensação da capacidade dos predadores locais em consumir presas.

Escolha críptica da fêmea Habilidade da fêmea em receber o esperma de mais de um macho e escolher qual fertilizará seus óvulos.

Estampagem Forma de aprendizado em que indivíduos expostos a certos estímulos essenciais, em geral cedo na vida, formam uma associação com um objeto (ou indivíduo) e podem mais tarde demonstrar comportamento sexual em direção a objetos similares.

Estímulo sinal O componente efetivo de uma ação ou objeto que dispara um padrão fixo de ação em um animal.

Estratégia condicional Conjunto de regras que permite aos indivíduos usarem diferentes táticas sob condições ambientais diferentes; a capacidade comportamental diferencial de ser flexível em resposta a certas pistas ou situações.

Estratégia condicional *Ver Estratégia.*

Estratégia Conjunto distinto de regras para o comportamento exibido por um animal.

Estratégia evolutivamente estável Conjunto de regras do comportamento que quando adotado por parte da população não pode ser substituído por nenhuma estratégia alternativa.

Estratégia evolutivamente estável *Ver Estratégia.*

Etologia O estudo dos mecanismos proximais e valores adaptativos do comportamento animal.

Eussocialidade Sistema social no qual castas não reprodutivas especializadas trabalham para os membros reprodutivos do grupo.

Evolução convergente A aquisição independente ao longo do tempo por seleção natural de características semelhantes em duas ou mais espécies não aparentadas.

Evolução divergente Evolução por seleção natural de diferenças entre espécies intimamente aparentadas que vivem em ambientes diferentes e, portanto, sujeitas a pressões seletivas diferentes.

Exibição de comportamento estereotipado (*display*) Usado como sinal de comunicação por indivíduos.

Exploração sensorial A evolução de sinais que ativam sistemas sensoriais estabelecidos em receptores de sinais de forma a promover respostas favoráveis ao emissor do sinal.

Fenótipo Qualquer aspecto mensurável de um indivíduo que emerge da interação dos genes deste indivíduo com seu ambiente.

Feromônio Substância volátil liberada por um indivíduo como um sinal odorífero para outros.

Filogenia Genealogia evolucionista das relações entre um número de espécies ou grupos de espécies que pode ser usada para desenvolver hipóteses sobre a história evolutiva de um dado caráter.

Filtragem de estímulo A capacidade da célula nervosa e da rede neural de ignorar algo que poderia disparar uma resposta deles.

Fotoperíodo O número de horas de luz em 24 horas.

Fratricídio A morte de um filhote por seu irmão ou irmã.

Gene Segmento de DNA, tipicamente aquele que codifica informações sobre a sequência de aminoácidos que produzem uma proteína.

Genótipo A constituição genética de um indivíduo; pode se referir aos alelos de um gene possuído pelo indivíduo ou ao seu pacote total de genes.

Gerador de padrão central Grupo de células no sistema nervoso central que produz um padrão particular de sinais necessário para a resposta funcional do comportamento.

Guarda de parceiro Ações tomadas pelo macho (em geral) para evitar que sua parceira sexual adquira esperma de outros machos. Ver também *Monogamia de guarda de parceiro*.

Haploide Ter apenas uma cópia de cada gene no genótipo, como, por exemplo, nos espermatozoides e óvulos de organismos diploides.

Hierarquia de dominância Ordenação social dentro de um grupo, na qual alguns indivíduos dão lugar a outros, em geral lhes concedendo recursos úteis sem lutar.

Hipótese Explicação provisória que exige testes antes de ser aceita.

Hipótese da preferência da fêmea Explicação para a formação de *leks* de acasalamento em que fêmeas preferem escolher machos reunidos em um grupo em vez de inspecioná-los um a um.

Hipótese da segurança de fertilidade Possível explicação para o comportamento de fêmeas que acasalam com mais de um parceiro por ciclo reprodutivo, com o benefício de aumentar a taxa de fertilização dos óvulos.

Hipótese do benefício material Explicação de por que fêmeas de algumas espécies acasalam com muitos machos por ciclo reprodutivo, com a vantagem para as fêmeas poliândricas de ganharem acesso aos benefícios materiais controlados por muitos machos.

Hipótese do subproduto Explicação para um atributo prejudicial ou não adaptativo que pode ocorrer como subproduto de um mecanismo proximal com alguma outra consequência adaptativa para o indivíduo.

Homeostase do desenvolvimento Capacidade dos mecanismos de desenvolvimento embrionário entre os indivíduos de produzir características adaptativas, apesar dos efeitos potencialmente deletérios de genes mutantes e condições ambientais subótimas.

Hotshot Macho cujos atributos têm atração especial para fêmeas sexualmente receptivas.

Hotspot Local cujas propriedades atraem fêmeas sexualmente receptivas aos machos capazes de manter esse sítio contra machos rivais.

Instinto Padrão de comportamento que se desenvolve na maioria dos indivíduos, promovendo uma resposta funcional para um estímulo desencadeador da primeira vez que o comportamento é realizado.

Interneurônio Célula nervosa que repassa mensagens tanto de uma célula sensorial ao sistema nervoso central (interneurônio sensorial) quanto do sistema nervoso central para os neurônios que comandam células musculares (interneurônio motor).

Investimento parental Atividades parentais custosas que aumentam a probabilidade de sobrevivência para uma prole existente, mas reduzem a probabilidade do pai/mãe produzir proles no futuro.

***Lek* de acasalamento** Sítio de exibição que fêmeas visitam para selecionar um parceiro dentre os machos que se apresentam em seu pequeno território desprovido de recursos.

Liberador Estímulo sinalizador dado por um indivíduo como um sinal social para outro.

Macho satélite Macho que espera próximo a outro para interceptar fêmeas atraídas pelos sinais produzidos pelo outro macho ou atraídas pelos recursos defendidos pelo outro macho.

Manada egoísta Grupo de indivíduos cujos membros usam outros como escudos vivos contra predadores.

Mecanismo liberador inato Mecanismo neural hipotético que se acredita controlar uma resposta inata para certo estímulo.

Método comparativo Procedimento para testar hipóteses evolutivas com base em comparações meticulosas entre espécies de comprovado parentesco evolutivo.

Migração Movimento de ida e vinda regular entre duas localidades relativamente distantes por animais que usam recursos concentrados nesses diferentes locais.

Modelo de limiar de poliginia Explicação para a poliginia baseada na premissa de que as fêmeas ganharão em aptidão por acasalar com um parceiro já pareado se os recursos controlados por esse macho excederem bastante aqueles sob controle de machos não pareados.

Monogamia Sistema de acasalamento em que um macho se acasala com apenas uma fêmea, e uma fêmea se acasala com apenas um macho, em uma estação reprodutiva.

Monogamia de assistência ao parceiro Monogamia que surge porque um macho ganha mais aptidão oferecendo cuidado parental à prole da parceira do que procurando por parceiras adicionais.

Monogamia de assistência ao parceiro *Ver Monogamia*

Monogamia de guarda de parceiro Sistema de acasalamento que ocorre quando um ou outro membro do casal guarda seu parceiro de forma a evitar que esse adquira um par adicional.

Monogamia forçada pela fêmea Sistema de acasalamento no qual fêmeas evitam que seus machos copulem com mais de um indivíduo, resultando em pareamentos de um macho com uma fêmea.

Mutualismo Relação mutuamente benéfica ou ação cooperativa.

Neurônio Célula nervosa.

Núcleo Conjunto denso de corpos celulares de neurônios dentro do sistema nervoso.

Padrão fixo de ação Resposta inata, altamente estereotipada, liberada por um estímulo simples e definido; assim que o padrão é ativado, a resposta é realizada até o fim.

Padrão reprodutivo associado Mudança sazonal no comportamento reprodutivo intimamente correlacionada a mudanças nas gônadas e hormônios, em contraste com um padrão reprodutivo dissociado, no qual o arranjo do comportamento reprodutivo aparentemente não é desencadeado por uma forte mudança nos hormônios circulantes.

Padrão reprodutivo dissociado *Ver Padrão reprodutivo associado.*

Parasita de ninhada Animal que explora o cuidado parental de outros indivíduos que não sejam seus pais.

Parentes não descendentes Outros parentes que não sua prole.

Pleiotropia A capacidade de um gene de ter múltiplos efeitos no desenvolvimento de um indivíduo.

Poder de detenção de recurso Capacidade inerente de um indivíduo derrotar outros quando competindo por recursos úteis.

Poliandria Sistema de acasalamento no qual a fêmea tem diversos parceiros por estação reprodutiva.

Polifenismo Ocorrência de dois ou mais fenótipos dentro de uma mesma espécie cujas diferenças são induzidas por diferenças chave no ambiente experimentado por membros individuais dessa espécie.

Poliginia Sistema de acasalamento em que um macho fecunda os ovos de diversas parceiras por estação reprodutiva.

Poliginia de competição embaralhada Machos poligínicos adquirem diversas parceiras amplamente espalhadas por encontrá-las primeiro.

Poliginia de defesa de fêmeas Machos poligínicos diretamente defendem diversas parceiras.

Poliginia de defesa de recursos Machos poligínicos adquirem diversas parceiras atraídas pelos recursos sob seu controle.

Poliginia de *lek* Machos poligínicos atraem diversas parceiras para um território de exibição.

Poliginia por competição embaralhada *Ver Poliginia.*

Potencial de ação Sinal nervoso; mudança autorregenerável na carga elétrica da membrana que viaja ao longo da célula nervosa.

Presente nupcial Item alimentar transferido do macho para a fêmea antes ou durante a cópula.

Psicologia evolucionista Estudo do valor adaptativo de mecanismos psicológicos, especialmente de humanos; componente essencial da sociobiologia.

Quebra-cabeça ou charada darwinista Característica que aparentemente reduz a aptidão do indivíduo que a possui; características desse tipo chamam a atenção dos biólogos evolucionistas.

Razão sexual operacional (RSO) A taxa de machos receptivos por fêmea receptiva em um dado período.

Receptor ilegítimo Indivíduo que escuta os sinais de outros, ganhando assim informações que ele usa para reduzir a aptidão do sinalizador.

Reciprocidade Também conhecida como **altruísmo recíproco**, em que uma ação generosa é retornada em uma data futura pelo recebedor da assistência.

Reciprocidade indireta Forma de reciprocidade em que uma ação generosa é retornada em uma data futura por outros indivíduos que não aquele que recebeu a assistência.

Regra de Hamilton Argumento de W. D. Hamilton de que o altruísmo pode se espalhar por uma população onde $rB>C$ (com r sendo o coeficiente de parentesco entre o altruísta e o indivíduo ajudado, B sendo o valor adaptativo do benefício recebido pelo indivíduo ajudado e C sendo o custo do altruísmo em termos de aptidão direta perdida pelo altruísta devido à sua ação).

Relógio biológico Mecanismo fisiológico interno que permite aos organismos marcar o tempo de um grande conjunto de processos e atividades biológicas.

Reversão do papel sexual Mudança no padrão típico de comportamento de machos e fêmeas como quando, por exemplo, fêmeas competem pelo acesso aos machos, e quando machos escolhem seletivamente entre parceiras potenciais.

Ritmo circadiano Ciclo comportamental de cerca de 24 horas que se expressa independentemente de mudanças ambientais.

Ritmo circanual Ciclo anual de comportamentos que se expressam independentemente de mudanças ambientais.

Seleção Os efeitos das diferenças entre indivíduos em sua habilidade de transmitir cópias de seus genes à próxima geração.

Seleção artificial Processo idêntico à seleção natural, exceto pelo homem controlar o sucesso reprodutivo de tipos alternativos dentro da população selecionada.

Seleção artificial *Ver Seleção.*

Seleção de grupo Processo que ocorre quando grupos diferem em seus atributos coletivos, e o atributo interfere na chance de sobrevivência dos grupos.

Seleção de parentesco Processo que ocorre quando indivíduos diferem em aspectos que afetam seu cuidado parental ou comportamento de ajuda, e, portanto, a sobrevivência de sua própria prole ou a sobrevivência de parentes não descendentes.

Seleção de perseguição Os efeitos recíprocos e espirais de machos tentando explorar os mecanismos de escolha de parceiro da fêmea enquanto as fêmeas evoluem resistência a essas tentativas.

Seleção dependente de frequência Forma de seleção natural na qual os indivíduos que pertencem ao menos comum de dois tipos na população são os mais aptos devido a sua menor frequência na população.

Seleção dependente de frequência *Ver Seleção*

Seleção direta Sinônimo de seleção natural agindo sobre diferenças hereditárias entre os indivíduos na produção de filhotes.

Seleção indireta Processo que ocorre quando indivíduos diferem quanto a seu efeito sobre a sobrevivência de parentes não descendentes, criando diferenças na aptidão indireta de indivíduos interagindo com essa categoria de parentes.

Seleção natural (seleção direta) Processo que ocorre quando indivíduos diferem em suas características e essas características estão correlacionadas a diferenças no sucesso reprodutivo. A seleção natural pode produzir mudanças evolutivas quando essas características são herdáveis.

Seleção *run away* Forma de seleção sexual que ocorre quando a preferência da fêmea por um dado atributo do macho cria uma alça de retroalimentação positiva, favorecendo tanto os machos com esses atributos quanto as fêmeas que os preferem.

Seleção sexual Forma de seleção natural que ocorre quando indivíduos variam em sua habilidade de competir com outros por parceiros ou de atrair membros do outro sexo. Assim como na seleção natural, quando a variação entre indivíduos está correlacionada a diferenças genéticas, a seleção sexual leva a mudanças genéticas na população.

Sinal honesto Sinais que transmitem informações precisas sobre a habilidade real de luta do emissor ou verdadeiro valor como parceiro potencial.

Sinalizador ilegítimo Indivíduo que produz sinais capazes de induzir outros a responderem de forma a reduzir a aptidão do receptor do sinal.

Sinapse Ponto de aproximação entre uma célula nervosa e a outra.

Sociobiologia Disciplina que usa a teoria evolutiva como fundamentação para o estudo do comportamento social; termo muitas vezes usado para referir-se a estudos desse tipo envolvendo humanos.

Sucesso reprodutivo O número de filhotes sobreviventes produzidos por um indivíduo; aptidão direta.

Tática Padrão de comportamento possível por algum tipo de mecanismo hereditário subjacente; táticas são frequentemente mencionadas quando alguém deseja distinguir entre uma opção disponível a um indivíduo em contraposição a estratégia, que especifica uma resposta fixa para uma situação particular.

Teoria da cultura arbitrária A visão de que o comportamento humano é o produto arbitrário de toda e qualquer tradição cultural às quais estamos expostos na sociedade; não se espera, portanto, que nossas ações sejam explicáveis em termos evolutivos.

Teoria da otimização Teoria evolutiva baseada no pressuposto de que os atributos dos organismos são otimizados, isto é, melhor do que outros em termos de relação custo-benefício; a teoria é usada para gerar hipóteses sobre o possível valor adaptativo de características em termos do benefício líquido adquirido por indivíduos que apresentam esse atributo.

Teoria do bom pai Explicação da preferência das fêmeas por parceiros cuja aparência ou comportamento sinalizam que aquele parceiro potencial oferece cuidado parental acima da média para sua prole.

Teoria do parceiro saudável Explicação da preferência das fêmeas pelos machos cuja aparência ou comportamento sinalizam que esses parceiros em potencial dificilmente lhes transmitirão doenças contagiosas ou parasitas.

Teoria dos bons genes Argumento de que a escolha de parceiros aumenta a aptidão individual porque provê a prole de indivíduos que escolhem com genes que promovem o sucesso reprodutivo, incrementando a chance dos filhotes sobreviverem ou se reproduzirem com sucesso.

Teoria dos jogos Abordagem evolutiva para estudar o valor adaptativo em que as recompensas aos indivíduos associados a uma tática comportamental dependem do que outros indivíduos do grupo estão fazendo.

Teoria transacional A visão de que unidades sociais se formam como resultado da habilidade dos indivíduos para negociar por oportunidades reprodutivas uns com os outros; a teoria da concessão é derivada da abordagem transacional baseada na premissa de que membros dominantes do grupo concedem alguns direitos reprodutivos para outros em troca por sua cooperação enquanto parte do grupo.

Territorialidade Exibição da tendência de defender uma área contra invasores.

Valor adaptativo A contribuição que uma característica ou gene dá à aptidão inclusiva.

Valor reprodutivo Medida da probabilidade que uma dada prole alcance a idade reprodutiva, ou o potencial de um indivíduo de gerar descendentes que sobrevivam.

Referências

1. Abbot P, Withgott JH, Moran NA (2001) Genetic conflict and conditional altruism in social aphid colonies. *Proceedings of the National Academy of Sciences USA* 98: 12068–12071.
2. Acharya L, McNeil JN (1998) Predation risk and mating behavior: The responses of moths to bat-like ultrasound. *Behavioral Ecology* 9: 552–558.
3. Adkins-Regan E (1981) Hormone specificity, androgen metabolism, and social behavior. *American Zoologist* 21: 257–271.
4. Airey DC, Castillo-Juarez H, Casella G, Pollak EJ, DeVoogd TJ (2000) Variation in the volume of zebra finch song control nuclei is heritable: Developmental and evolutionary implications. *Proceedings of the Royal Society of London, Series B* 267: 2099–2104.
5. Airey DC, DeVoogd TJ (2000) Greater song complexity is associated with augmented song system anatomy in zebra finches. *NeuroReport* 11: 2339–2344.
6. Alatalo RV, Lundberg A (1984) Polyterritorial polygyny in the pied flycatcher *Ficedula hypoleuca*—evidence for the deception hypothesis. *Annales Zoologici Fennici* 21: 217–228.
7. Alaux C, Robinson GE (2007) Alarm pheromone induces immediate-early gene expression and slow behavioral response in honey bees. *Journal of Chemical Ecology* 33: 1346–1350.
8. Alberts SC, Watts HE, Altmann J (2003) Queuing and queue-jumping: long-term patterns of reproductive skew in male savannah baboons, *Papio cynocephalus*. *Animal Behaviour* 65: 821–840.
9. Alberts SC, Buchan JC, Altmann J (2006) Sexual selection in wild baboons: from mating opportunities to paternity success. *Animal Behaviour* 72: 1177–1196.
10. Albrecht T, Klvana P (2004) Nest crypsis, reproductive value of a clutch and escape decisions in incubating female mallards *Anas platyrhynchos*. *Ethology* 110: 603–614.
11. Alcock J, Eickwort GC, Eickwort KR (1977) The reproductive behavior of *Anthidium maculosum* and the evolutionary significance of multiple copulations by females. *Behavioral Ecology and Sociobiology* 2: 385–396.
12. Alcock J, Bailey WJ (1995) Acoustical communication and the mating system of the Australian whistling moth *Hecatesia exultans* (Noctuidae: Agaristidae). *Journal of Zoology* 237: 337–352.
13. Alcock J, Bailey WJ (1997) Success in territorial defence by male tarantula hawk wasps *Hemipepsis ustulata*: The role of residency. *Ecological Entomology* 22: 377–383.
14. Alcock J (2001) *The Triumph of Sociobiology*. Oxford University Press, New York.
15. Alexander GM, Hines M (2002) Sex differences in response to children's toys in nonhuman primates (*Cercopithecus aethiops sabaeus*). *Evolution and Human Behavior* 23: 467–479.
16. Alexander RD (1974) The evolution of social behavior. *Annual Review of Ecology and Systematics* 5: 325–383.
17. Alexander RD (1979) *Darwinism and Human Affairs*. University of Washington Press, Seattle, WA.
18. Alexander RD (1987) *The Biology of Moral Systems*. Aldine de Gruyter, Hawthorne, NY.
19. Allen BJ, Levinton JS (2007) Cost of bearing a sexually selected ornamental weapon in a fiddler crab. *Functional Ecology* 21: 154–161.
20. Allen GR, Kazmer DJ, Luck RF (1994) Post-copulatory male behaviour, sperm precedence and multiple mating in a solitary parasitoid wasp. *Animal Behaviour* 48: 635–644.
21. Allen L, Beckwith B, Beckwith J, Chorover S, Culver D, Daniels N, Dorfman D (1975) Against "sociobiology." *New York Review of Books* 22 (Nov. 13): 43–44.
22. Allen L, Beckwith B, Beckwith J, Chorover S, Culver D, Duncan M, Gould SJ (1976) Sociobiology—another biological determinism. *BioScience* 26: 182–186.
23. Allison T, Puce A, McCarthy G (2000) Social perception from visual cues: The role of the STS region. *Trends in Cognitive Sciences* 4: 267–278.

24. Allman J, Rosin A, Kumar R, Hasenstaub A (1998) Parenting and survival in anthropoid primates: Caretakers live longer. *Proceedings of the National Academy of Sciences USA* 95: 6866–6869.
25. Allman J (1999) *Evolving Brains*. Scientific American Library, New York.
26. Alvergne A, Faurie C, Raymond M (2007) Differential facial resemblance of young children to their parents: who do children look like more? *Evolution and Human Behavior* 28: 135–144.
27. Amdan GV, Csondes A, Fondrk MK, Page RE (2006) Complex social behavior derived from maternal reproductive traits. *Nature* 439: 76–78.
28. Ancel A, Visser H, Handrich Y, Masman D, Maho YL (1997) Energy saving in huddling penguins. *Nature* 385: 304–305.
29. Anderson JB, Brower LP (1996) Freeze-protection of overwintering monarch butterflies in Mexico: Critical role of the forest as a blanket and an umbrella. *Ecological Entomology* 21: 107–116.
30. Anderson KG, Kaplan H, Lancaster J (1999) Paternal care by genetic fathers and stepfathers I: Reports from Albuquerque men. *Evolution and Human Behavior* 20: 405–432.
31. Andersson J, Borg-Karlson A-K, Wiklund C (2000) Sexual cooperation and conflict in butterflies: A male-transferred antiaphrodisiac reduces harassment of recently mated females. *Proceedings of the Royal Society of London, Series B* 267: 1271–1275.
32. Andersson M, Gotmark F, Wiklund CG (1981) Food information in the black-headed gull, *Larus ridibundus*. *Behavioral Ecology and Sociobiology* 9: 199–202.
33. Andersson M (1982) Female choice selects for extreme tail length in a widowbird. *Nature* 299: 818–820.
34. Andersson M (1984) The evolution of eusociality. *Annual Review of Ecology and Systematics* 15: 165–189.
35. Andersson M (1994) *Sexual Selection*. Princeton University Press, Princeton, NJ.
36. Andersson S, Amundsen T (1997) Ultraviolet colour vision and ornamentation in bluethroats. *Proceedings of the Royal Society of London, Series B* 264: 1587–1591.
37. Andrade MCB (1996) Sexual selection for male sacrifice in the Australian redback spider. *Science* 271: 70–72.
38. Andrade MCB (1998) Female hunger can explain variation in cannibalistic behavior despite male sacrifice in redback spiders. *Behavioral Ecology* 9: 33–42.
39. Andrade MCB (2003) Risky mate search and male self-sacrifice in redback spiders. *Behavioral Ecology* 14: 531–538.
40. Angier N (1999) *Woman, An Intimate Geography*. Houghton Mifflin Company, New York.
41. Apicella CL, Marlowe FW (2004) Perceived mate fidelity and paternal resemblance predict men's investment in children. *Evolution and Human Behavior* 25: 371–378.
42. Apicella CL, Feinberg DR, Marlowe FW (2007) Voice pitch predicts reproductive success in male hunter-gatherers. *Biology Letters* 3: 682–684.
43. Apollonio M, Festa-Bianchet M, Mari F, Bruno E, Locati M (1998) Habitat manipulation modifies lek use in fallow deer. *Ethology* 104: 603–612.
44. Aragón S, Møller AP, Soler JJ, Soler M (1999) Molecular phylogeny of cuckoos supports a polyphyletic origin of brood parasitism. *Journal of Evolutionary Biology* 12: 495–506.
45. Arnold SJ (1980) The microevolution of feeding behavior. In: Kamil A, Sargent T (eds) *Foraging Behavior: Ecology, Ethological and Psychological Approaches*. Garland STPM Press, New York.
46. Arnold SJ (1983) Sexual selection: The interface of theory and empiricism. In: Bateson PPG (ed) *Mate Choice*. Cambridge University Press, Cambridge.
47. Arnold TW (1999) What limits clutch size in waders? *Journal of Avian Biology* 30: 216–220.
48. Arnqvist G, Kirkpatrick M (2005) The evolution of infidelity in socially monogamous passerines: The strength of direct and indirect selection on extrapair copulation behavior in females. *American Naturalist* 165: S26–S37.
49. Arnqvist G (2006) Sensory exploitation and sexual conflict. *Philosophical Transactions of the Royal Society of London, Series B* 361: 375–386.
50. Arnqvist G, Kirkpatrick M (2007) The evolution of infidelity in socially monogamous passerines revisited: A reply to Griffith. *American Naturalist* 169: 282–283.
51. Aspi J, Hoffman AA (1998) Female encounter rates and fighting costs of males are associated with lek size in *Drosophila mycetophaga*. *Behavioral Ecology and Sociobiology* 42: 163–170.
52. Averof M, Cohen SM (1997) Evolutionary origins of insect wings from ancestral gills. *Nature* 385: 627–630.
53. Avise JC (2004) *Molecular Markers, Natural History and Evolution*. Sinauer Associates, Sunderland, MA.
54. Axelrod R, Hamilton WD (1981) The evolution of cooperation. *Science* 211: 1390–1396.
55. Ayre DJ, Grosberg RK (2005) Behind anemone lines: factors affecting division of labour in the social cnidarian *Anthopleura elegantissima*. *Animal Behaviour* 70: 97–110.
56. Bachmann GC, Chappell MA (1998) The energetic cost of begging behaviour in nestling house wrens. *Animal Behaviour* 55: 1607–1618.
57. Backwell PRY, Jennions MD (2004) Coalition among male fiddler crabs. *Nature* 439: 414–417.
58. Badyaev AV, Foresman KR, Fernandes MV (2000) Stress and developmental stability: Vegetation removal causes increased fluctuating asymmetry in shrews. *Ecology* 81: 336–345.
59. Bailey JM, Gaulin S, Agyei Y, Gladue BA (1994) Effects of gender and sexual orientation on evolutionarily relevant aspects of human mating psychology. *Journal of Personality and Social Psychology* 66: 1081–1093.
60. Baker AJ, Gonzalez PM, Piersma T, Niles LJ, do Nascimento IDS, Atkinson PW, Clark NA, Minton CDT, Peck MK, Aarts G (2004) Rapid population decline in red knots: fitness consequences of decreased refuelling rates and late arrival in Delaware Bay. *Proceedings of the Royal Society of London, Series B* 275: 875–882.
61. Baker MC, Bottjer SW, Arnold AP (1984) Sexual dimorphism and lack of seasonal-changes in vocal control regions of the white-crowned sparrow brain. *Brain Research* 295: 85–89.
62. Baker MC, Cunningham MA (1985) The biology of bird-song dialects. *Behavioral and Brain Sciences* 8: 85–133.
63. Bakst MR (1998) Structure of the avian oviduct with emphasis on sperm storage in poultry. *Journal of Experimental Zoology* 282: 618–626.
64. Balcombe JP (1990) Vocal recognition of pups by mother Mexican free-tailed bats, *Tadarida brasiliensis mexicana*. *Animal Behaviour* 39: 960–966.
65. Balda RP (1980) Recovery of cached seeds by a captive *Nucifraga caryocatactes*. *Zeitschrift für Tierpsychologie* 52: 331–346.
66. Balda RP, Kamil AC (1992) Long-term spatial memory in Clark's nutcracker, *Nucifraga columbiana*. *Animal Behaviour* 44: 761–769.
67. Ballentine B, Hyman J, Nowicki S (2004) Vocal performance influences female response to male bird song: an experimental test. *Behavioral Ecology* 15: 163–168.
68. Ballew CC, Todorov A (2007) Predicting political elections from rapid and unreflective face judgments. *Proceedings of the National Academy of Sciences USA* 104: 17948–17953.
69. Balmford A, Deutsch JC, Nefdt RJC, Clutton-Brock T (1993) Testing hotspot models of lek evolution: Data from three species of ungulates. *Behavioral Ecology and Sociobiology* 33: 57–65.

70. Balshine-Earn S (1995) The costs of parental care in Galilee St Peter's fish, *Sarotherodon galilaeus*. *Animal Behaviour* 50: 1–7.
71. Balthazart J, Baillien M, Charlier TD, Cornil CA, Ball GF (2003) The neuroendocrinology of reproductive behavior in Japanese quail. *Domestic Animal Endocrinology* 25: 69–82.
72. Baptista LF, Petrinovich L (1984) Social interaction, sensitive phases and the song template hypothesis in the white-crowned sparrow. *Animal Behaviour* 32: 172–181.
73. Baptista LF, Petrinovich L (1986) Song development in the white-crowned sparrow: Social factors and sex differences. *Animal Behaviour* 34: 1359–1371.
74. Baptista LF, Morton ML (1988) Song learning in montane white-crowned sparrows: From whom and when. *Animal Behaviour* 36: 1753–1764.
75. Barber JR, Conner WE (2007) Acoustic mimicry in a predator-prey interaction. *Proceedings of the National Academy of Sciences USA* 104: 9331–9334.
76. Barclay P, Willer R (2007) Partner choice creates competitive altruism in humans. *Proceedings of the Royal Society of London, Series B* 274: 749–753.
77. Barta Z, Giraldeau LA (2001) Breeding colonies as information centers: a reappraisal of information-based hypotheses using the producer-scrounger game. *Behavioral Ecology* 12: 121–127.
78. Bartlett TQ, Sussman RW, Cheverud JM (1993) Infant killing in primates: A review of observed cases with special reference to the sexual selection hypothesis. *American Anthropologist* 95: 958–990.
79. Basolo AL (1990) Female preference predates the evolution of the sword in swordtail fish. *Science* 250: 808–810.
80. Basolo AL (1995) Phylogenetic evidence for the role of a pre-existing bias in sexual selection. *Proceedings of the Royal Society of London, Series B* 259: 307–311.
81. Basolo AL (1998) Evolutionary change in a receiver bias: A comparison of female preference functions. *Proceedings of the Royal Society of London, Series B* 265: 2223–2228.
82. Bass AH (1996) Shaping brain sexuality. *American Scientist* 84: 352–363.
83. Bateman AJ (1948) Intra-sexual selection in *Drosophila*. *Heredity* 2: 349–368.
84. Baum DA, Larson A (1991) Adaptation reviewed: A phylogenetic methodology for studying character macroevolution. *Systematic Zoology* 40: 1–18.
85. Baylies MK, Bargiello TA, Jackson FR, Young MW (1987) Changes in abundance or structure of the *Per* gene-product can alter periodicity of the *Drosophila* clock. *Nature* 326: 390–392.
86. Beecher MD, Beecher IM (1979) Sociobiology of bank swallows: Reproductive strategy of the male. *Science* 205: 1282–1285.
87. Beecher MD, Beecher IM, Hahn S (1981) Parent-offspring recognition in bank swallows, *Riparia riparia*: II. Development and acoustic basis. *Animal Behaviour* 29: 95–101.
88. Beecher MD (1982) Signature systems and kin recognition. *American Zoologist* 22: 477–490.
89. Beecher MD, Medvin MB, Stoddard PK, Loesche P (1986) Acoustic adaptations for parent-offspring recognition in swallows. *Experimental Biology* 45: 179–193.
90. Beecher MD, Stoddard PK, Campbell SE, Horning CL (1996) Repertoire matching between neighbouring song sparrows. *Animal Behaviour* 51: 917–923.
91. Beecher MD, Campbell E, Nordby JC (2000) Territory tenure in song sparrows is related to song sharing with neighbours, but not to repertoire size. *Animal Behaviour* 59: 29–37.
92. Beecher MD, Campbell SE, Burt JM, Hill CE, Nordby JC (2000) Song-type matching between neighbouring song sparrows. *Animal Behaviour* 59: 21–27.
93. Beecher MD, Burt JM (2004) The role of social interaction in bird song learning. *Current Directions in Psychological Science* 13: 224–228.
94. Beecher MD, Campbell E (2005) The role of unshared song in the singing interactions between neighbouring song sparrows. *Animal Behaviour* 70: 1297–1304.
95. Beecher MD, Burt JM, O'Loghlen AL, Templeton CN, Campbell SE (2007) Bird song learning in an eavesdropping context. *Animal Behaviour* 73: 929–935.
96. Beering M (2001) *A Comparison of the Patterns of Dance Language Behavior in House-hunting and Nectar-foraging Honey Bees*. University of California, PhD. thesis. Riverside, CA.
97. Behrmann M, Winocur G, Moscovitch M (1992) Dissociation between mental imagery and object recognition in a brain-damaged patient. *Nature* 359: 636–637.
98. Beletsky LD, Orians GH (1989) Territoriality among male red-winged blackbirds. III. Testing hypotheses of territorial dominance. *Behavioral Ecology and Sociobiology* 24: 333–339.
99. Bell CP (1997) Leap-frog migration in the fox sparrow: Minimizing the cost of spring migration. *Condor* 99: 470–477.
100. Bell CP (2000) Process in the evolution of bird migration and pattern in avian ecogeography. *Journal of Avian Biology* 31: 258–265.
101. Bell DA, Trail PW, Baptista LF (1998) Song learning and vocal tradition in Nuttall's white-crowned sparrows. *Animal Behaviour* 55: 939–956.
102. Belot M, Fancesconi M (2006) Can anyone be "The One:" evidence on mate selection from speed dating. *CEPR Discussion Papers* 5926.
103. Ben-Shahar Y, Robichon A, Sokolowski MB, Robinson GE (2002) Influence of gene action across different time scales on behavior. *Science* 296: 741–744.
104. Benkman CW (1990) Foraging rates and the timing of crossbill reproduction. *Auk* 107: 376–386.
105. Bennett ATD, Cuthill IC, Norris KJ (1994) Sexual selection and the mismeasure of color. *American Naturalist* 144: 848–860.
106. Bentley D, Hoy RR (1974) The neurobiology of cricket song. *Scientific American* 231 (Aug.): 34–44.
107. Bereczkei T, Birkas B, Kerekes Z (2007) Public charity offer as a proximate factor of evolved reputation-building strategy: an experimental analysis of a real-life situation. *Evolution and Human Behavior* 28: 277–284.
108. Berglund A, Rosenqvist G, Svensson I (1986) Mate choice, fecundity and sexual dimorphism in two pipefish species (Syngnathidae). *Behavioral Ecology and Sociobiology* 19: 301–307.
109. Berglund A, Rosenqvist G, Robinson-Wolrath S (2006) Food or sex—males and females in a sex role reversed pipefish have different interests *Behavioral Ecology and Sociobiology* 60: 281–287.
110. Bergman M, Gotthard K, Berger D, Olofsson M, Kemp DJ, Wiklund C (2007) Mating success of resident versus non-resident males in a territorial butterfly. *Proceedings of the Royal Society of London, Series B* 274: 1659–1665.
111. Bernal XE, Page RA, Rand AS, Ryan MJ (2007) Cues for eavesdroppers: Do frog calls indicate prey density and quality? *American Naturalist* 169: 409–415.
112. Bernasconi G, Strassmann JE (1999) Cooperation among unrelated individuals: The ant foundress case. *Trends in Ecology and Evolution* 14: 477–482.
113. Berthold P (1991) Genetic control of migratory behaviour in birds. *Trends in Ecology and Evolution* 6: 254–257.
114. Berthold P, Helbig AJ, Mohr G, Querner U (1992) Rapid microevolution of migratory behaviour in a wild bird species. *Nature* 360: 668–670.
115. Berthold P, Pulido F (1994) Heritability of migratory activity in a natural bird population. *Proceedings of the Royal Society of London, Series B* 257: 311–315.

116. Berthold P, Querner U (1995) Microevolutionary aspects of bird migration based on experimental results. *Israel Journal of Zoology* 41: 377–385.
117. Berthold P (2003) Genetic basis and evolutionary aspects of bird migration. *Advances in the Study of Behavior* 33: 175–229.
118. Betzig L (ed) (1997) *Human Nature, A Critical Reader*. Oxford University Press, New York.
119. Biesmeijer JC, Seeley TD (2005) The use of waggle dance information by honey bees throughout their foraging careers. *Behavioral Ecology and Sociobiology* 59: 133–142.
120. Billing J, Sherman PW (1998) Antimicrobial functions of spices: Why some like it hot. *Quarterly Review of Biology* 73: 3–49.
121. Birkhead TR, Møller AP (1992) *Sperm Competition in Birds: Evolutionary Causes and Consequences*. Academic Press, London.
122. Birkhead TR, Møller AP (eds) (1998) *Sperm Competition and Sexual Selection*. Academic Press, San Diego, CA.
123. Birkhead TR, Chaline N, Biggins JD, Burke T, Pizzari T (2004) Nontransitivity of paternity in a bird. *Evolution* 58: 416–420.
124. Bissoondath CJ, Wiklund C (1995) Protein content of spermatophores in relation to monandry/polyandry in butterflies. *Behavioral Ecology and Sociobiology* 37: 365–372.
125. Bize P, Piault R, Moureau B, Heeb P (2006) A UV signal of offspring condition mediates context-dependent parental favouritism. *Proceedings of the Royal Society of London, Series B* 273: 2063–2068.
126. Bjork A, Dallai I, Pitnick S (2007) Adaptive modulation of sperm production rate in *Drosophila bifurca*, a species with giant sperm. *Biology Letters* 3: 517–519.
127. Bjorksten TA, Fowler K, Pomiankowski A (2000) What does sexual trait FA tell us about stress? *Trends in Ecology and Evolution* 15: 163–166.
128. Blackledge TA (1998) Stabilimentum variation and foraging success in *Argiope aurantia* and *Argiope trifasciata* (Araneae: Araneidae). *Journal of Zoology* 246: 21–27.
129. Blackledge TA, Wenzel JW (1999) Do stabilimenta in orb webs attract prey or defend spiders? *Behavioral Ecology* 10: 372–376.
130. Blackledge TA, Wenzel JW (2001) Silk mediated defense by an orb web spider against predatory mud-dauber wasps. *Behaviour* 138: 155–171.
131. Blanckenhorn WU (2005) Behavioral causes and consequences of sexual size dimorphism. *Ethology* 11: 977–1016.
132. Bloom G, Sherman PW (2005) Dairying barriers affect the distribution of lactose malabsorption. *Evolution and Human Behavior* 26: 301–312.
133. Blount JD, Metcalfe NB, Birkhead TR, Surai PF (2003) Carotenoid modulation of immune function and sexual attractiveness in zebra finches. *Science* 300: 125–127.
134. Blumstein DT, Møller AP (2008) Is sociality associated with high longevity in North American birds? *Biology Letters* 4: 146–148.
135. Boggess J (1984) Infant killing and male reproductive strategies in langurs (*Presbytis entellus*). In: Hausfater G, Hrdy S (eds) *Infanticide: Comparative and Evolutionary Perspectives*. Aldine, Chicago.
136. Bollmer JL, Sanchez T, Cannon MD, Sanchez D, Cannon B, Bednarz JC, De Vries T, Struve MS, Parker PG (2003) Variation in morphology and mating system among island populations of Galapagos Hawks. *Condor* 105: 428–438.
137. Boncoraglio G, Saino N (2007) Habitat structure and the evolution of bird song: a meta-analysis of the evidence for the acoustic adaptation hypothesis. *Functional Ecology* 21: 132–142.
138. Boomsma JJ, Grafen A (1990) Intraspecific variation in ant sex ratios and the Trivers-Hare hypothesis. *Evolution* 44: 1026–1034.
139. Boone JL, III (1986) Parental investment and elite family structure in preindustrial states: A case study of late medieval-early modern Portuguese genealogies. *American Anthropologist* 88: 859–878.
140. Borgerhoff Mulder M (1988) Reproductive consequences of sex-biased inheritance. In: Standen V, Foley R (eds) *Comparative Socioecology of Mammals and Man*. Blackwell, London.
141. Borgerhoff Mulder M (1990) Kipsigis women's preferences for wealthy men: Evidence for female choice in mammals. *Behavioral Ecology and Sociobiology* 27: 255–264.
142. Borgia G (1985) Bower quality, number of decorations and mating success of male satin bowerbirds (*Ptilonorhynchus violaceus*). *Animal Behaviour* 33: 266–271.
143. Borgia G (1986) Sexual selection in bowerbirds. *Scientific American* 254 (June): 92–100.
144. Borgia G (1995) Why do bowerbirds build bowers? *American Scientist* 83: 542–547.
145. Borgia G, Coleman SW (2000) Co-option of male courtship signals from aggressive display in bowerbirds. *Proceedings of the Royal Society of London, Series B* 267: 1735–1740.
146. Borgia G, Egeth M, Uy JAC, Patricelli GL (2004) Juvenile infection and male display: testing the bright male hypothesis across individual life histories. *Behavioral Ecology* 15: 722–728.
147. Borgia G (2006) Preexisting traits are important in the evolution of elaborated male sexual display. *Advances in the Study of Behavior* 36: 249–303.
148. Borries C (1997) Infanticide in seasonally breeding multimale groups of Hanuman langurs (*Presbytis entellus*) in Ramnagar (South Nepal). *Behavioral Ecology and Sociobiology* 41: 139–150.
149. Borries C, Launhardt K, Epplen C, Epplen JT, Winkler P (1999) Males as infant protectors in Hanuman langurs (*Presbytis entellus*) living in multimale groups—defence pattern, paternity and sexual behaviour. *Behavioral Ecology and Sociobiology* 46: 350–356.
150. Borries C, Launhardt K, Epplen C, Epplen JT, Winkler P (1999) DNA analyses support the hypothesis that infanticide is adaptive in langur monkeys. *Proceedings of the Royal Society of London, Series B* 266: 901–904.
151. Bouchard TJ, Jr. (1997) IQ similarity in twins reared apart: Findings and responses to critics. In: Sternberg R, Grigorenko E (eds) *Intelligence: Heredity and Environment*. Cambridge University Press, New York.
152. Bouchard TJ, Jr., McGue M (1981) Familial studies of intelligence: A review. *Science* 212: 1055–1059.
153. Boulcott PD, Walton K, Braithwaite VA (2005) The role of ultraviolet wavelengths in the mate-choice decisions of female three-spined sticklebacks. *Journal of Experimental Biology* 208: 1453–1458.
154. Bourke AFG, Franks NR (1995) *Social Evolution in Ants*. Princeton University Press, Princeton, NJ.
155. Boyd RS, Silk JB (2006) *How Humans Evolved*, Fourth ed. University of California Press, Los Angeles, CA.
156. Braaten RF, Reynolds K (1999) Auditory preference for conspecific song in isolation-reared zebra finches. *Animal Behaviour* 58: 105–111.
157. Bradbury JW (1977) Lek mating behavior in the hammer-headed bat. *Zeitschrift für Tierpsychologie* 45: 225–255.
158. Bradbury JW (1981) The evolution of leks. In: Alexander RD, Tinkle DW (eds) *Natural Selection and Social Behavior*. Chiron Press, New York.
159. Bradbury JW, Gibson RM (1983) Leks and mate choice. In: Bateson P (ed) *Mate Choice*. Cambridge University Press, Cambridge.
160. Bradbury JW, Vehrencamp SL, Gibson RM (1989) Dispersion of displaying male sage grouse. I. Patterns of temporal variation. *Behavioral Ecology and Sociobiology* 24: 1–14.
161. Bradbury JW, Vehrencamp SL (1998) *Principles of Animal Communication*. Sinauer Associates, Sunderland, MA.

162. Brady SG, Sipes S, Pearson A, Danforth BN (2006) Recent and simultaneous origins of eusociality in halictid bees. *Proceedings of the Royal Society of London, Series B* 273: 1643–1649.
163. Brakefield PM, Liebert TG (2000) Evolutionary dynamics of declining melanism in the peppered moth in The Netherlands. *Proceedings of the Royal Society of London, Series B* 267: 1953–1957.
164. Brandt Y (2003) Lizard threat display handicaps endurance. *Proceedings of the Royal Society of London, Series B* 270: 1061–1068.
165. Braude S (2000) Dispersal and new colony formation in wild naked mole-rats: Evidence against inbreeding as the system of mating. *Behavioral Ecology* 11: 7–12.
166. Breed MD, Guzmán-Novoa E, Hunt GJ (2004) Defensive behavior of honey bees: Organization, genetics, and comparisons with other bees. *Annual Reviews of Entomology* 49: 271–298.
167. Breininger DR, Larson VL, Duncan BW, Smith RB, Oddy DM, Goodchild MF (1995) Landscape patterns of Florida scrub jay habitat use and demographic success. *Conservation Biology* 9: 1442–1453.
168. Brenowitz EA (1991) Evolution of the vocal control system in the avian brain. *Seminars in the Neurosciences* 3: 399–407.
169. Brenowitz EA, Lent K, Kroodsma DE (1995) Brain space for learned song in birds develops independently of song learning. *Journal of Neuroscience* 15: 6281–6286.
170. Brenowitz EA, Margoliash D, Nordeen KW (1997) An introduction to birdsong and the avian song system. *Journal of Neurobiology* 33: 495–500.
171. Brenowitz EA, Beecher MD (2005) Song learning in birds: diversity and plasticity, opportunities and challenges. *Trends in Ecology and Evolution* 28: 127–132.
172. Bretman A, Wedell N, Tregenza T (2004) Molecular evidence of post-copulatory inbreeding avoidance in the field cricket *Gryllus bimaculatus*. *Proceedings of the Royal Society of London, Series B* 271: 159–164.
173. Breven KA (1981) Mate choice in the wood frog, *Rana sylvatica*. *Evolution* 35: 707–722.
174. Briskie JV, Martin PR, Martin TE (1999) Nest predation and the evolution of nestling begging calls. *Proceedings of the Royal Society of London, Series B* 266: 2153–2159.
175. Britt EJ, Hicks JW, Bennett AF (2006) The energetic consequences of dietary specialization in populations of the garter snake, *Thamnophis elegans*. *Journal of Experimental Biology* 209: 3164–3169.
176. Bro-Jørgensen J, Durant SM (2003) Mating strategies of topi bulls: getting in the centre of attention. *Animal Behaviour* 65: 585–594.
177. Bro-Jørgensen J (2007) Reversed sexual conflict in a promiscuous antelope. *Current Biology* 17: 2157–2161.
178. Bro-Jørgensen J, Johnstone RA, Evans MR (2007) Uninformative exaggeration of male sexual ornaments in barn swallows. *Current Biology* 17: 850–855.
179. Brockmann HJ, Penn D (1992) Male mating tactics in the horseshoe crab, *Limulus polyphemus*. *Animal Behaviour* 44: 653–665.
180. Brockmann HJ, Colson T, Potts W (1994) Sperm competition in horseshoe crabs (*Limulus polyphemus*). *Behavioral Ecology and Sociobiology* 35: 153–160.
181. Brockmann HJ (2002) An experimental approach to alternative mating tactics in male horseshoe crabs (*Limulus polyphemus*). *Behavioral Ecology* 13: 232–238.
182. Brooks DR, McLennan DA (1991) *Phylogeny, Ecology, and Behavior*. University of Chicago Press, Chicago, IL.
183. Brotherton PNM, Manser MB (1997) Female dispersion and the evolution of monogamy in the dik-dik. *Animal Behaviour* 54: 1413–1424.
184. Brower JVZ (1958) Experimental studies of mimicry in some North American butterflies. 1. The monarch, *Danaus plexippus*, and viceroy, *Limenitis archippus*. *Evolution* 12: 3–47.
185. Brower LP, Calvert WH (1984) Chemical defence in butterflies. In: Vane-Wright RI, Ackery PR (eds) *The Biology of Butterflies*. Academic Press, London.
186. Brower LP (1996) Monarch butterfly orientation: Missing pieces of a magnificent puzzle. *Journal of Experimental Biology* 199: 93–103.
187. Brower LP, Fink LS, Walford P (2006) Fueling the fall migration of the monarch butterfly. *Integrative and Comparative Biology* 46: 1123–1142.
188. Brown CR, Brown MB (1986) Ecto-parasitism as a cost of coloniality in cliff swallows (*Hirundo pyrrhonota*). *Ecology* 67: 1206–1218.
189. Brown CR, Brown MB (1996) *Coloniality in the Cliff Swallow: The Effect of Group Size on Social Behavior*. University of Chicago Press, Chicago, IL.
190. Brown JL, Orians GH (1970) Spacing patterns in mobile animals. *Annual Review of Ecology and Systematics* 1: 239–262.
191. Brown JL (1975) *The Evolution of Behavior*. W. W. Norton, New York.
192. Brown JL (1987) *Helping and Communal Breeding in Birds: Ecology and Evolution*. Princeton University Press, Princeton, NJ.
193. Brown JL, Eklund A (1994) Kin recognition and the major histocompatibility complex: An integrative review. *American Naturalist* 143: 435–461.
194. Brown JL (1997) A theory of mate choice based on heterozygosity. *Behavioral Ecology* 8: 60–65.
195. Brown JL, Vleck CM (1998) Prolactin and helping in birds: Has natural selection strengthened helping behavior? *Behavioral Ecology* 9: 541–545.
196. Brown JR, Ye H, Bronson RT, Dikkes P, Greenberg ME (1996) A defect in nurturing in mice lacking the immediate early gene *fosB*. *Cell* 86: 297–309.
197. Brown KM (1998) Proximate and ultimate causes of adoption in ring-billed gulls. *Animal Behaviour* 56: 1529–1543.
198. Brown WM, Cronk L, Grochow K, Jacobson A, Liu CK, Popovi Z, Trivers RL (2005) Dance reveals symmetry especially in young men. *Nature* 438: 1148–1150.
199. Brownmiller S (1975) *Against Our Will*. Simon and Schuster, New York.
200. Brownmiller S, Merhof B (1992) A feminist response to rape as an adaptation in men. *Brain and Behavioral Sciences* 15: 381–382.
201. Bruce MJ (2006) Silk decorations: controversy and consensus. *Journal of Zoology* 269: 89–97.
202. Buchan JC, Alberts SC, Silk JB, Altmann J (2003) True paternal care in a multi-male primate society. *Nature* 425: 179–181.
203. Buchanan KL, Catchpole CK (2000) Song as an indicator of male parental effort in the sedge warbler. *Proceedings of the Royal Society of London, Series B* 267: 321–326.
204. Buehler DM, Piersma T (2008) Travelling on a budget: predictions and ecological evidence for bottlenecks in the annual cycle of long-distance migrants. *Philosophical Transactions of the Royal Society of London, Series B* 363: 247–266.
205. Bugoni L, Krause L, Petry MV (2001) Marine debris and human impacts on sea turtles in southern Brazil. *Marine Pollution Bulletin* 42: 1330–1334.
206. Bulbulia J (2004) The cognitive and evolutionary psychology of religion. *Biology & Philosophy* 19: 655–686.
207. Burch RL, Gallup GG (2004) Pregnancy as a stimulus for domestic violence. *Journal of Family Violence* 19: 243–247.
208. Burda H, Honeycutt RL, Begall S, Locker-Grutjen O, Scharff A (2000) Are naked and common mole-rats eusocial and if so, why? *Behavioral Ecology and Sociobiology* 47: 293–303.

209. Burger J, Gochfeld M (2001) Smooth-billed ani (*Crotophaga ani*) predation on butterflies in Mato Grosso, Brazil: risk decreases with increased group size. *Behavioral Ecology and Sociobiology* 49: 482–492.

210. Burke T, Bruford MW (1987) DNA fingerprinting in birds. *Nature* 327: 149–152.

211. Burke T (1989) DNA fingerprinting and other methods for the study of mating success. *Trends in Ecology and Evolution* 4: 139–144.

212. Burkhardt RW (2004) *Patterns of Behavior: Konrad Lorenz, Niko Tinbergen, and the Founding of Ethology*. University of Chicago Press, Chicago, IL.

213. Burland TM, Bennett NC, Jarvis JUM, Faulkes CG (2002) Eusociality in African mole-rats: new insights from patterns of genetic relatedness in the Damaraland mole-rat (*Cryptomys damarensis*). *Proceedings of the Royal Society of London, Series B* 269: 1025–1030.

214. Burley NT, Symanski R (1998) "A taste for the beautiful": Latent aesthetic mate preferences for white crests in two species of Australian grassfinches. *American Naturalist* 152: 792–802.

215. Burmeister SS, Jarvis ED, Fernald RD (2005) Rapid behavioral and genomic responses to social opportunity. *PLoS Biology* 3: 1–9.

216. Burness G, Casselman SJ, Schulte-Hostedde AI, Moyes CD, Montgomerie R (2004) Sperm swimming speed and energetics vary with sperm competition risk in bluegill (*Lepomis macrochirus*). *Behavioral Ecology and Sociobiology* 56: 65–70.

217. Burt JM, Campbell SE, Beecher MD (2001) Song type matching as threat: a test using interactive playback. *Animal Behaviour* 62: 1163–1170.

218. Buskirk RE, Frolich C, Ross KG (1984) The natural selection of sexual cannibalism. *American Naturalist* 123: 612–625.

219. Buss DM (1989) Sex differences in human mate preferences: Evolutionary hypothesis tested in 37 cultures. *Behavioral and Brain Sciences* 12: 1–149.

220. Buss DM, Larsen RJ, Westen D, Semmelroth J (1992) Sex differences in jealousy: Evolution, physiology, and psychology. *Psychological Science* 3: 251–255.

221. Buss DM, Schmitt DP (1993) Sexual strategies theory: An evolutionary perspective on human mating. *Psychological Review* 100: 204–232.

222. Buss DM (2007) *Evolutionary Psychology, The New Science of the Mind*, 3rd edn. Allyn and Bacon, Boston, MA.

223. Buss DM, Shackelford TK (2008) Attractive women want it all: Good genes, economic investment, parenting proclivities, and emotional commitment. *Evolutionary Psychology* 6: 134–146.

224. Buston PM, Emlen ST (2003) Cognitive processes underlying human mate choice: The relationship between self-perception and mate preference in Western society. *Proceedings of the National Academy of Sciences USA* 100: 8805–8810.

225. Byers JA, Wiseman PA, Jones L, Roffe TJ (2005) A large cost of female mate sampling in pronghorn. *American Naturalist* 166: 661–668.

226. Calvert WH, Brower LP (1986) The location of monarch butterfly (*Danaus plexippus* L.) overwintering colonies in Mexico in relation to topography and climate. *Journal of the Lepidopterists' Society* 40: 164–187.

227. Cantoni D, Brown R (1997) Paternal investment and reproductive success in the California mouse, *Peromyscus californicus*. *Animal Behaviour* 54: 377–386.

228. Carde RT, Staten RT, Mafra-Neto A (1998) Behaviour of pink bollworm males near high-dose, point sources of pheromone in field wind tunnels: insights into mechanisms of mating disruption. *Entomologia Experimentalis et Applicata* 89: 35–46.

229. Cardoso GC, Mota PG, Depraz V (2007) Female and male serins (*Serinus serinus*) respond differently to derived song traits. *Behavioral Ecology and Sociobiology* 61: 1425–1436.

230. Carew TJ (2000) *Behavioral Neurobiology: The Cellular Organization of Behavior*. Sinauer Associates, Sunderland, MA.

231. Carey M, Nolan V, Jr. (1975) Polygyny in indigo buntings: A hypothesis tested. *Science* 190: 1296–1297.

232. Carey S (1992) Becoming a face expert. *Philosophical Transactions of the Royal Society of London, Series B* 335: 95–103.

233. Caro TM (1986) The functions of stotting in Thomson's gazelles: Some tests of the predictions. *Animal Behaviour* 34: 663–684.

234. Caro TM (1986) The functions of stotting: A review of the hypotheses. *Animal Behaviour* 34: 649–662.

235. Caro TM (1995) Pursuit-deterrence revisited. *Trends in Ecology and Evolution* 10: 500–503.

236. Caro TM, Graham CM, Stoner CJ, Vargas JK (2004) Adaptive significance of antipredator behaviour in artiodactyls. *Animal Behaviour* 67: 205–228.

237. Carpenter SJ, Erickson JM, Holland FD (2003) Migration of a Late Cretaceous fish. *Nature* 423: 70–74.

238. Carroll SB, Grenier JK, Weatherbee SD (2005) *From DNA to Diversity: Molecular Genetics and the Evolution of Animal Design*. Blackwell Publishing, Malden, MA.

239. Carter R (1998) *Mapping the Brain*. Weidenfeld and Nicolson, London.

240. Case A, Lin I-F, McLanahan S (2000) How hungry is the selfish gene? *Economic Journal* 110: 781–804.

241. Case A, Lin I-F, McLanahan S (2001) Educational attainment of siblings in stepfamilies. *Evolution and Human Behavior* 22: 269–289.

242. Case A, Lubotsky D, Paxson C (2002) Economic status and health in childhood: The origins of the gradient. *American Economic Review* 92: 1308–1334.

243. Casselman SJ, Montgomerie R (2004) Sperm traits in relation to male quality in colonial spawning bluegill. *Journal of Fish Biology* 64: 1700–1711.

244. Catania KC, Kaas JH (1996) The unusual nose and brain of the star-nosed mole. *BioScience* 46: 578–586.

245. Catania KC, Kaas JH (1997) Somatosensory fovea in the star-nosed mole: Behavioral use of the star in relation to innervation patterns and cortical representation. *Journal of Comparative Neurology* 387: 215–233.

246. Catania KC (2000) Cortical organization in insectivora: The parallel evolution of the sensory periphery and the brain. *Brain Behavior and Evolution* 55: 311–321.

247. Catania KC, Remple MS (2002) Somatosensory cortex dominated by the representation of teeth in the naked molerat brain. *Proceedings of the National Academy of Sciences USA* 99: 5692–5697.

248. Catania KC, Remple FE (2005) Asymptotic prey profitability drives star-nosed moles to the foraging speed limit. *Nature* 433: 519–522.

249. Catania KC, Henry EC (2006) Touching on somatosensory specializations in mammals. *Current Opinion in Neurobiology* 16: 467–473.

250. Catchpole CK, Slater PJB (1995) *Bird Song, Biological Themes and Variations*. Cambridge University Press, Cambridge.

251. Cézilly F, Nager RG (1995) Comparative evidence for a positive association between divorce and extra-pair paternity in birds. *Proceedings of the Royal Society of London, Series B* 262: 7–12.

252. Chaine AS, Lyon BE (2008) Adaptive plasticity in female mate choice dampens sexual selection on male ornaments in the lark bunting. *Science* 319: 459–462.

253. Chapman T, Crespi B (1998) High relatedness and inbreeding in two species of haplodiploid eusocial thrips (Insecta: Thysanoptera) revealed by microsatellite analysis. *Behavioral Ecology and Sociobiology* 43: 301–306.

254. Chapman T, Bangham J, Vinti G, Lung O, Wolfner MF, Smith HK, Partridge L (2003) The sex peptide of *Drosophila melanogaster*: Female post-mating responses analyzed by using RNA interference. *Proceedings of the National Academy of Sciences USA* 100: 9923–9928.

255. Charlton B, Reby D, McComb K (2007) Female red deer prefer the roars of larger males. *Biology Letters* 3: 382–385.

256. Charrier I, Mathevon N, Jouventin P (2003) Vocal signature recognition of mothers by fur seal pups. *Animal Behaviour* 65: 543–550.

257. Cheng K (2000) How honeybees find a place: Lessons from a simple mind. *Animal Learning and Behavior* 28: 1–15.

258. Cheng MY, Bullock CM, Li CY, Lee AG, Bermak JC, Belluzzi J, Weaver DR, Leslie FM, Zhou QY (2002) Prokineticin 2 transmits the behavioural circadian rhythm of the suprachiasmatic nucleus. *Nature* 417: 405–410.

259. Cheng R-C, Tso I-M (2007) Signaling by decorating webs: luring prey or deterring predators? *Behavioral Ecology* 18: 1085–1091.

260. Chilton G, Lein MR, Baptista LF (1990) Mate choice by female white-crowned sparrows in a mixed-dialect population. *Behavioral Ecology and Sociobiology* 27: 223–227.

261. Christy JH (1995) Mimicry, mate choice, and the sensory trap hypothesis. *American Naturalist* 146: 171–181.

262. Chuang C-Y, Yang E-C, Tso I-M (2008) Deceptive color signaling in the night: a nocturnal predator attracts prey with visual lures. *Behavioral Ecology* 19: 237–244.

263. Chuang CY, Yang EC, Tso I-M (2007) Diurnal and nocturnal prey luring of a colorful predator. *Journal of Experimental Biology* 210: 3830–3837.

264. Cialdini RB (2001) The science of persuasion. *Scientific American* 284 (Feb.): 76–81.

265. Cioffi D, Garner R (1998) The effect of response options on decisions and subsequent behavior: Sometimes inaction is better. *Personality and Social Psychology Bulletin* 24: 463–472.

266. Ciszek D (2000) New colony formation in the "highly inbred" eusocial naked mole-rat: Outbreeding is preferred. *Behavioral Ecology* 11: 1–6.

267. Clapham J (2001) Why do baleen whales migrate? A response to Corkeron and Connor. *Marine Mammal Science* 17: 432–436.

268. Clarac F, Pearlstein E (2007) Invertebrate preparations and their contribution to neurobiology in the second half of the 20th century. *Brain Research Reviews* 54: 113–161.

269. Clark RD, Hatfield E (1989) Gender differences in receptivity to sexual offers. *Journal of Psychology and Human Sexuality* 2: 39–55.

270. Clayton DF (1997) Role of gene regulation in song circuit development and song learning. *Journal of Neurobiology* 33: 549–571.

271. Clayton NC, Krebs JR (1994) Hippocampal growth and attrition in birds affected by experience. *Proceedings of the National Academy of Sciences USA* 91: 7410–7414.

272. Clayton NS (1998) Memory and the hippocampus in food-storing birds: A comparative approach. *Neuropharmacology* 37: 441–452.

273. Clifford LD, Anderson DJ (2001) Experimental demonstration of the insurance value of extra eggs in an obligately siblicidal seabird. *Behavioral Ecology* 12: 340–347.

274. Clotfelter ED, Schubert KA, Nolan V, Ketterson ED (2003) Mouth color signals thermal state of nestling dark-eyed juncos (*Junco hyemalis*). *Ethology* 109: 171–182.

275. Clucas B, Owings DS, Rowe MP (2008) Donning your enemy's cloak: ground squirrels exploit rattlesnake scent to reduce predation risk. *Proceedings of the Royal Society of London, Series B* 275: 847–852.

276. Clutton-Brock T (2007) Sexual selection in males and females. *Science* 318: 1882–1885.

277. Clutton-Brock TH, Albon SD (1979) The roaring of red deer and the evolution of honest advertisement. *Behaviour* 69: 145–170.

278. Clutton-Brock TH, Albon SD, Gibson RM, Guinness FE (1979) The logical stag: Adaptive aspects of fighting in red deer. *Animal Behaviour* 27: 211–225.

279. Clutton-Brock TH, Harvey PH (1984) Comparative approaches to investigating adaptation. In: Krebs JR, Davies NB (eds) *Behavioural Ecology: An Evolutionary Approach*. Blackwell, Oxford.

280. Clutton-Brock TH (1991) *The Evolution of Parental Care*. Princeton University Press, Princeton, NJ.

281. Clutton-Brock TH, Parker GA (1992) Potential reproductive rates and the operation of sexual selection. *Quarterly Review of Biology* 67: 437–456.

282. Clutton-Brock TH, O'Riain MJ, Brotherton PNM, Gaynor D, Kansky R, Griffin AS, Manser M (1999) Selfish sentinels in cooperative mammals. *Science* 284: 1640–1644.

283. Clutton-Brock TH, Hodge SJ, Spong G, Russell AF, Jordan NR, Bennett NC, Sharpe LL, Manser MB (2006) Intrasexual competition and sexual selection in cooperative mammals. *Nature* 444: 1065–1068.

284. Cockburn A, Sims RA, Osmond HL, Green DJ, Double MC, Mulder RA (2008) Can we measure the benefits of help in cooperatively breeding birds: the case of superb fairy-wrens *Malurus cyaneus*? *Journal of Animal Ecology* 77: 430–438.

285. Cohen L, Lehéricy S, Chochon F, Lemer C, Rivaud S, Dehaene S (2002) Language-specific tuning of visual cortex? Functional properties of the Visual Word Form Area. *Brain* 125: 1054–1059.

286. Cohen ML (1992) Epidemiology of drug resistance: implications for a post-antimicrobial era. *Science* 257: 1050–1055.

287. Colantuoni C, Purcell AE, Bouton CM, Pevsner J (2000) High throughput analysis of gene expression in the human brain. *Journal of Neuroscience Research* 59: 1–10.

288. Colarelli SM, Dettmann JR (2003) Intuitive evolutionary perspectives in marketing practices. *Psychology & Marketing* 20: 837–865.

289. Collins JP, Cheek JE (1983) Effect of food and density on development of typical and cannibalistic salamander larvae in *Ambystoma tigrinum nebulosum*. *American Zoologist* 23: 77–84.

290. Collins SA, Missing C (2003) Vocal and visual attractiveness are related in women. *Animal Behaviour* 65: 997–1004.

291. Conley AJ, Corbin CJ, Browne P, Mapes SM, Place NJ, Hughes AL, Glickman SE (2006) Placental expression and molecular characterization of aromatase cytochrome P450 in the spotted hyena (*Crocuta crocuta*). *Placenta* 28: 668–675.

292. Conover MR (1994) Stimuli eliciting distress calls in adult passerines and response of predators and birds to their broadcast. *Behaviour* 131: 19–37.

293. Conroy CJ, Cook JA (2000) Molecular systematics of a holarctic rodent (Microtus: Muridae). *Journal of Mammalogy* 81: 344–359.

294. Cook LM (2003) The rise and fall of the *Carbonaria* form of the peppered moth. *Quarterly Review of Biology* 78: 399–417.

295. Coombs WP, Jr (1990) Behavior patterns of dinosaurs. In: Weishampel DB, Dodson P, Osmólska H (eds) *The Dinosauria*. University of California Press, Berkeley.

296. Cooper WE, Pérez-Mellado V, Baird TA, Caldwell JP, Vitt LJ (2004) Pursuit deterrent signalling by the bonaire whiptail lizard *Cnemidophorus murinus*. *Behaviour* 141: 297–311.

297. Cordero C, Eberhard WG (2003) Female choice of sexually antagonistic male adaptations: a critical review of some current research. *Journal of Evolutionary Biology* 16: 1–6.

298. Corkeron PJ, Connor RC (1999) Why do baleen whales migrate? *Marine Mammal Science* 15: 1228–1245.

299. Cornwallis CK, Birkhead TR (2007) Changes in sperm quality and numbers in response to experimental manipulation

299. of male social status and female attractiveness. *American Naturalist* 170: 758–770.
300. Cornwell RE, Boothroyd L, Burt DM, Feinberg DR, Jones BC, Little AC, Pitman R, Whiten S, Perrett DI (2004) Concordant preferences for opposite-sex signals? Human pheromones and facial characteristics. *Proceedings of the Royal Society of London, Series B* 271: 635–640.
301. Coss RG, Goldthwaite RO (1995) The persistence of old designs for perception. *Perspectives in Ethology* 11: 83–148.
302. Costa JT (2006) *The Other Insect Societies*. Harvard University Press, Cambridge, MA.
303. Court GS (1996) The seal's own skin game. *Natural History* 105(8): 36–41.
304. Covas R, Griesser M (2007) Life history and the evolution of family living in birds. *Proceedings of the Royal Society of London, Series B* 274: 1349–1357.
305. Cowlishaw G, Dunbar RIM (1991) Dominance rank and mating success in male primates. *Animal Behaviour* 41: 1045–1056.
306. Cowlishaw G, Mace R (1996) Cross-cultural patterns of marriage and inheritance: A phylogenetic approach. *Ethology and Sociobiology* 17: 97–98.
307. Cox GW (1985) The evolution of avian migration systems between temperate and tropical regions of the New World. *American Naturalist* 126: 452–474.
308. Coyne J (1998) Not black and white. *Nature* 396: 35–36.
309. Craig CL, Bernard GD (1990) Insect attraction to ultraviolet-reflecting spider webs and web decorations. *Ecology* 71: 616–623.
310. Craig P (1996) Intertidal territoriality and time-budget of the surgeonfish, *Acanthurus lineatus*, in American Samoa. *Environmental Biology of Fishes* 46: 27–36.
311. Creel S, Winnie J, Jr, Maxwell B, Hamlin K, Creel M (2005) Elk alter habitat selection as an antipredator response to wolves. *Ecology* 86: 3387–3397.
312. Creel S, Christianson D (2008) Relationships between direct predation and risk effects. *Trends in Ecology and Evolution* 23: 194–201.
313. Crespi BJ (2000) The evolution of maladaptation. *Heredity* 84: 623–629.
314. Crews D (1975) Psychobiology of reptilian reproduction. *Science* 189: 1059–1065.
315. Crews D, Greenberg N (1981) Function and causation of social signals in lizards. *American Zoologist* 21: 273–294.
316. Crews D (1984) Gamete production, sex hormone secretion, and mating behavior uncoupled. *Hormones and Behavior* 18: 22–28.
317. Crews D, Moore MC (1986) Evolution of mechanisms controlling mating behavior. *Science* 231: 121–125.
318. Crews D, Hingorani V, Nelson RJ (1988) Role of the pineal gland in the control of annual reproductive behavioral and physiological cycles in the red-sided garter snake (*Thamnophis sirtalis parietalis*). *Journal of Biological Rhythms* 3: 293–302.
319. Crews D (1991) Trans-seasonal action of androgen in the control of spring courtship behavior in male red-sided garter snakes. *Proceedings of the National Academy of Sciences USA* 88: 3545–3548.
320. Crews D (1992) Behavioral endocrinology and reproduction: An evolutionary perspective. *Oxford Reviews of Reproductive Biology* 14: 303–370.
321. Cristol DA, Switzer PV (1999) Avian prey-dropping behavior. II. American crows and walnuts. *Behavioral Ecology* 10: 220–226.
322. Crockford C, Wittig RM, Seyfarth RM, Cheney DL (2007) Baboons eavesdrop to deduce mating opportunities. *Animal Behaviour* 73: 885–890.
323. Cronk L (1993) Parental favoritism toward daughters. *American Scientist* 81: 272–279.
324. Cullen E (1957) Adaptations in the kittiwake to cliff nesting. *Ibis* 99: 275–302.
325. Cumming GS (1996) Mantis movements by night and the interactions of sympatric bats and mantises. *Canadian Journal of Zoology* 74: 1771–1774.
326. Cumming JM (1994) Sexual selection and the evolution of dance fly mating systems (Diptera: Empididae; Empidinae). *Canadian Entomologist* 126: 907–920.
327. Cummings ME, Rosenthal GG, Ryan MJ (2003) A private ultraviolet channel in visual communication. *Proceedings of the Royal Society of London, Series B* 270: 897–904.
328. Cunningham EJA, Russell AF (2000) Egg investment is influenced by male attractiveness in the mallard. *Nature* 404: 74–77.
329. Cunningham EJA (2003) Female mate preferences and subsequent resistance to copulation in the mallard. *Behavioral Ecology* 14: 326–333.
330. Curtin R, Dolhinow P (1978) Primate social behavior in a changing world. *American Scientist* 66: 468–475.
331. Cutler DM, Miller G, Norton DM (2007) Evidence on early-life income and late-life health from America's Dust Bowl era. *Proceedings of the National Academy of Sciences USA* 104: 13244–13249.
332. Cuvillier-Hot V, Gadagkar R, Peeters C, Cobb M (2002) Regulation of reproduction in a queenless ant: aggression, pheromones and reduction in conflict. *Proceedings of the Royal Society of London, Series B* 269: 1295–1300.
333. Dagg AI (1998) Infanticide by male lions hypothesis: A fallacy influencing research into human behavior. *American Anthropologist* 100: 940–950.
334. Dale J, Montgomerie R, Michaud D, Boag P (1999) Frequency and timing of extrapair fertilisation in the polyandrous red phalarope (*Phalaropus fulicarius*). *Behavioral Ecology and Sociobiology* 46: 50–56.
335. Dale S, Rinden H, Slagsvold T (1992) Competition for a mate restricts mate search of female pied flycatchers. *Behavioral Ecology and Sociobiology* 30: 165–176.
336. Dale S, Slagsvold T (1994) Polygyny and deception in the pied flycatcher: Can females determine male mating status? *Animal Behaviour* 48: 1207–1217.
337. Daly M, Wilson M, Weghorst ST (1982) Male sexual jealousy. *Ethology and Sociobiology* 3: 11–27.
338. Daly M, Wilson M (1983) *Sex, Evolution and Behavior*, 2nd edn. Willard Grant Press, Boston.
339. Daly M, Wilson M (1985) Child abuse and other risks of not living with both parents. *Ethology and Sociobiology* 6: 197–210.
340. Daly M, Wilson M (1988) *Homicide*. Aldine de Gruyter, Hawthorne, NY.
341. Daly M, Wilson M (1992) The man who mistook his wife for a chattel. In: Barkow J, Cosmides L, Tooby J (eds) *The Adapted Mind*. Oxford University Press, New York.
342. Daly M, Wilson M (1998) *The Truth about Cinderella*. Yale University Press, New Haven, CT.
343. Daly M, Wilson M (2001) An assessment of some proposed exceptions to the phenomenon of nepotistic discrimination against stepchildren. *Annales Zoologici Fennici* 38: 287–296.
344. Daly M, Wilson M (2005) Human behavior as animal behavior. In: Bolhuis JJ, Giraldeau LA (eds) *Behavior of Animals: Mechanisms, Function, and Evolution*. Blackwell Publishing, Oxford.
345. Daly M, Wilson M (2008) Is the "Cinderella Effect" controversial?: A case study of evolution-minded research and critiques thereof. In: Crawford C, Dennis K (eds) *Foundations*

of *Evolutionary Psychology*. Lawrence Erlbaum Associates, New York.
346. Damen WGM, Saridaki T, Averof M (2002) Diverse adaptations of an ancestral gill: A common evolutionary origin for wings, breathing organs, and spinnerets. *Current Biology* 12: 1711–1716.
347. Danforth BN, Conway L, Ji SQ (2003) Phylogeny of eusocial *Lasioglossum* reveals multiple losses of eusociality within a primitively eusocial clade of bees (Hymenoptera: Halictidae). *Systematic Biology* 52: 23–36.
348. Darwin C (1859) *On the Origin of Species*. Murray, London.
349. Darwin C (1871) *The Descent of Man and Selection in Relation to Sex*. Murray, London.
350. Darwin C (1892) *The Various Contrivances by which Orchids are Fertilised by Insects*. D. Appleton, New York.
351. Davies NB (1978) Territorial defence in the speckled wood butterfly (*Pararge aegeria*): The resident always wins. *Animal Behaviour* 26: 138–147.
352. Davies NB, Halliday TR (1978) Deep croaks and fighting assessment in toads *Bufo bufo*. *Nature* 275: 683–685.
353. Davies NB (1983) Polyandry, cloaca-pecking and sperm competition in dunnocks. *Nature* 302: 334–336.
354. Davies NB, Houston AI (1984) Territory economics. In: Krebs JR, Davies NB (eds) *Behavioural Ecology: An Evolutionary Approach*. Blackwell Scientific Publications, Oxford.
355. Davies NB, Lundberg A (1984) Food distribution and a variable mating system in the dunnock, *Prunella modularis*. *Journal of Animal Ecology* 53: 895–912.
356. Davies NB (1985) Cooperation and conflict among dunnocks, *Prunella modularis*, in a variable mating system. *Animal Behaviour* 33: 628–648.
357. Davies NB, de L. Brooke M (1988) Cuckoos versus reed warblers: Adaptations and counteradaptations. *Animal Behaviour* 36: 262–284.
358. Davies NB (1992) *Dunnock Behaviour and Social Evolution*. Oxford University Press, Oxford.
359. Davies NB, Hartley IR, Hatchwell BJ, Langmore NE (1996) Female control of copulations to maximize male help: A comparison of polygynandrous alpine accentors, *Prunella collaris*, and dunnocks, *P. modularis*. *Animal Behaviour* 51: 27–47.
360. Davies NB, Kilner RM, Noble DG (1998) Nestling cuckoos *Cuculus canorus* exploit hosts with begging calls that mimic a brood. *Proceedings of the Royal Society of London, Series B* 265: 673–678.
361. Davies NB (2000) *Cuckoos, Cowbirds and Other Cheats*. T & A D Poyser, London.
362. Davis-Walton J, Sherman PW (1994) Sleep arrhythmia in the eusocial naked mole-rat. *Naturwissenschaften* 81: 272–275.
363. Davis LA, Roalson EH, Cornell KL, McClanahan KD, Webster MS (2006) Genetic divergence and migration patterns in a North American passerine bird: implications for evolution and conservation. *Molecular Ecology* 15: 2141–2152.
364. Dawkins R (1977) *The Selfish Gene*. Oxford University Press, New York.
365. Dawkins R, Krebs J (1978) Animal signals: Information or manipulation? In: Krebs JR, Davies NB (eds) *Behavioural Ecology: An Evolutionary Approach*. Blackwell, Oxford.
366. Dawkins R (1980) Good strategy or evolutionarily stable strategy? In: Barlow GW, Silverberg J (eds) *Sociobiology: Beyond Nature/Nurture?* Westview Press, Boulder, CO.
367. Dawkins R (1982) *The Extended Phenotype*. W.H. Freeman, San Francisco.
368. Dawkins R (1986) *The Blind Watchmaker*. W.W. Norton, New York.
369. Dawkins R (1989) *The Selfish Gene*. Oxford University Press, Oxford.
370. Dawson JW, Dawson-Scully K, Robert D, Robertson RM (1997) Forewing asymmetries during auditory avoidance in flying locusts. *Journal of Experimental Biology* 200: 2323–2335.
371. de Ayala RM, Saino N, Møller AP, Anselmi C (2007) Mouth coloration of nestlings covaries with offspring quality and influences parental feeding behavior. *Behavioral Ecology* 18: 526–534.
372. de Belle JS, Sokolowski MB (1987) Heredity of *rover/sitter*: Alternative foraging strategies of *Drosophila melanogaster* larvae. *Heredity* 59: 73–83.
373. de Belle JS, Hilliker AJ, Sokolowski MB (1989) Genetic localization of *foraging (for)*: A major gene for larval behavior in *Drosophila melanogaster*. *Genetics* 123: 157–163.
374. De Block M, Stoks R (2007) Flight-related body morphology shapes mating success in a damselfly. *Animal Behaviour* 74: 1093–1098.
375. de Kort SR, Clayton NS (2006) An evolutionary perspective on caching by corvids. *Proceedings of the Royal Society of London, Series B* 273: 417–423.
376. de Renzi E, di Pellegrino G (1998) Prosopagnosia and alexia without object agnosia. *Cortex* 34: 403–415.
377. DeCoursey PJ, Buggy J (1989) Circadian rhythmicity after neural transplant to hamster third ventricle: Specificity of suprachiasmatic nuclei. *Brain Research* 500: 263–275.
378. Dediu D, Land DR (2007) Linguistic tone is related to the population frequency of the adaptive haplogroups of two brain size genes, *ASPM* and *Microcephalin*. *Proceedings of the National Academy of Sciences USA* 104 (26): 10944–10949.
379. DeHeer CJ, Goodisman MAD, Ross KG (1999) Queen dispersal strategies in the multiple-queen form of the fire ant *Solenopsis invicta*. *American Naturalist* 153: 660–675.
380. delBarco-Trillo J, Ferkin MH (2004) Male mammals respond to a risk of sperm competition conveyed by odours of conspecific males. *Nature* 431: 446–449.
381. Delhey K, Peters A, Johnsen A, Kempenaers B (2007) Fertilization success and UV ornamentation in blue tests *Cyanistes caeruleus*: correlational and experimental evidence. *Behavioral Ecology* 18: 399–409.
382. Dennett DC (1995) *Darwin's Dangerous Idea*. Simon & Schuster, New York.
383. Dennis TE, Rayner MJ, Walker MM (2007) Evidence that pigeons orient to geomagnetic intensity during homing. *Proceedings of the Royal Society of London, Series B* 274: 1153–1158.
384. Dethier VG (1962) *To Know a Fly*. Holden-Day, San Francisco.
385. Dethier VG (1976) *The Hungry Fly: A Physiological Study of the Behavior Associated with Feeding*. Harvard University Press, Cambridge, MA.
386. Deutsch CJ, Haley MP, Le Boeuf BJ (1990) Reproductive effort of male northern elephant seals: Estimates from mass loss. *Canadian Journal of Zoology* 68: 2580–2593.
387. Deutsch JC (1994) Uganda kob mating success does not increase on larger leks. *Behavioral Ecology and Sociobiology* 34: 451–459.
388. Deviche P, Sharp PJ (2001) Reproductive endocrinology of a free-living, opportunistically breeding passerine (White winged Crossbill, *Loxia leucoptera*). *General and Comparative Endocrinology* 123: 268–279.
389. DeVoogd TJ (1991) Endocrine modulation of the development and adult function of the avian song system. *Psychoneuroendocrinology* 16: 41–66.

390. DeWolfe BB, Baptista LF, Petrinovich L (1989) Song development and territory establishment in Nuttall's white-crowned sparrow. *Condor* 91: 297–407.
391. DeWoody JA, Fletcher DE, Mackiewicz M, Wilkins SD, Avise JC (2000) The genetic mating system of spotted sunfish (*Lepomis punctatus*): Mate numbers and the influence of male reproductive parasites. *Molecular Ecology* 9: 2119–2128.
392. Dhondt AA, Schillemans J (1983) Reproductive success of the great tit in relation to its territorial status. *Animal Behaviour* 31: 902–912.
393. Diamond JM (1992) *The Third Chimpanzee*. HarperCollins Publishers, New York.
394. Diamond JM (1999) Dirty eating for healthy living. *Nature* 400: 120–121.
395. Diamond JM (2000) Talk of cannibalism. *Nature* 407: 25–26.
396. Dias PC (1996) Sources and sinks in population biology. *Trends in Ecology and Evolution* 11: 326–330.
397. Dibattista JD, Feldheim KA, Gruber SH, Hendry AP (2008) Are indirect genetic benefits associated with polyandry? Testing predictions in a natural population of lemon sharks. *Molecular Ecology* 17: 783–795.
398. Dickens M, Berridge D, Hartley IR (2008) Biparental care and offspring begging strategies: hungry nestling blue tits move towards the father. *Animal Behaviour* 75: 167–174.
399. Dickinson JL, Rutowski RL (1989) The function of the mating plug in the chalcedon checkerspot butterfly. *Animal Behaviour* 38: 154–162.
400. Dickinson JL (1995) Trade-offs between postcopulatory riding and mate location in the blue milkweed beetle. *Behavioral Ecology* 6: 280–286.
401. Dickinson JL, Weathers WW (1999) Replacement males in the western bluebird: Opportunity for paternity, chick-feeding rules, and fitness consequences of male parental care. *Behavioral Ecology and Sociobiology* 45: 201–209.
402. Dickinson JL (2001) Extrapair copulations in western bluebirds (*Sialia mexicana*): female receptivity favors older males. *Behavioral Ecology and Sociobiology* 50: 423–429.
403. Dloniak SM, French JA, Place NJ, Weldele ML, Glickman SE, Holekamp KE (2004) Non-invasive monitoring of fecal androgens in spotted hyenas (*Crocuta crocuta*). *General and Comparative Endocrinology* 135: 51–61.
404. Dloniak SM, French JA, Holekamp KE (2006) Rank-related maternal effects of androgens on behaviour in wild spotted hyaenas. *Nature* 440: 1190–1193.
405. Dodson GN, Beck MW (1993) Pre-copulatory guarding of penultimate females by male crab spiders, *Misumenoides formosipes*. *Animal Behaviour* 46: 951–959.
405a. Dodson GN (1997) Resource defense mating system in antlered flies, *Phytalmia* spp. (Diptera: Tephritidae). *Annals of the Entomological Society of America* 90: 496–504.
406. Dornhaus A, Chittka L (2001) Food alert in bumblebees (*Bombus terrestris*): possible mechanisms and evolutionary implications. *Behavioral Ecology and Sociobiology* 50: 570–576.
407. Double MC, Cockburn A (2003) Subordinate superb fairy-wrens (*Malurus cyaneus*) parasitize the reproductive success of attractive dominant males. *Proceedings of the Royal Society of London, Series B* 270: 379–384.
408. Doucet SM, Montgomerie R (2003) Multiple sexual ornaments in satin bowerbirds: ultraviolet plumage and bowers signal different aspects of male quality. *Behavioral Ecology* 14: 503–509.
409. Doupe AJ, Solis MM (1997) Song- and order-selective neurons develop in the songbird anterior forebrain during vocal learning. *Journal of Neurobiology* 33: 694–709.
410. Downes S (2001) Trading heat and food for safety: Costs of predator avoidance in a lizard. *Ecology* 82: 2870–2881.
411. Drăgăniou TI, Nagle L, Kreutzer M (2002) Directional female preference for an exaggerated male trait in canary (*Serinus canaria*) song. *Proceedings of the Royal Society of London, Series B* 269: 2525–2531.
412. Draud M, Lynch PAE (2002) Asymmetric contests for breeding sites between monogamous pairs of convict cichlids (*Archocentrus nigrofasciatum*, Cichlidae): pair experience pays. *Behaviour* 139: 861–873.
413. Drea CM, Weldele ML, Forger NG, Coscia EM, Frank LG, Licht P, Glickman SE (1998) Androgens and masculinization of genitalia in the spotted hyaena (*Crocuta crocuta*). 2. Effects of prenatal anti-androgens. *Journal of Reproduction and Fertility* 113: 117–127.
414. Drea CM, Place NJ, Weldele ML, Coscia EM, Licht P, Glickman SE (2002) Exposure to naturally circulating androgens during foetal life incurs direct reproductive costs in female spotted hyenas, but is prerequisite for male mating. *Proceedings of the Royal Society of London, Series B* 269: 1981–1987.
415. Drews C (1996) Contests and patterns of injuries in free-ranging male baboons (*Papio cynocephalus*). *Behaviour* 133: 443–474.
416. Dudley R (2000) Evolutionary origins of human alcoholism in primate frugivory. *Quarterly Review of Biology* 75: 3–15.
417. Dudley R, Byrnes G, Yanoviak SP, Borrell B, Brown RM, McGuire JA (2007) Gliding and the functional origins of flight: biomechanical novelty or necessity? *Annual Review of Ecology, Evolution and Systematics* 38: 179–201.
418. Duffy KG, Wrangham RW, Silk JB (2007) Male chimpanzees exchange political support for mating opportunities. *Current Biology* 17: R585–R587.
419. Dufour KW, Weatherhead PJ (1998) Bilateral symmetry as an indicator of male quality in red-winged blackbirds: Associations with measures of health, viability, and parental effort. *Behavioral Ecology* 9: 220–231.
420. Duncan J, Seitz RJ, Kolodny J, Bor D, Herzog H, Ahmed A, Newell FN, Emslie H (2000) A neural basis for general intelligence. *Science* 289: 457–460.
421. Dunlap AS, Chen BB, Bednekoff PA, Greene TM, Balda RP (2006) A state-dependent sex difference in spatial memory in pinyon jays, *Gymnorhinus cyanocephalus*: mated females forget as predicted by natural history. *Animal Behaviour* 72: 401–411.
422. Dunn PO, Cockburn A (1999) Extrapair mate choice and honest signaling in cooperatively breeding superb fairy-wrens. *Evolution* 53: 938–946.
423. Eadie JM, Fryxell JM (1992) Density dependence, frequency-dependence, and alternative nesting strategies in goldeneyes. *American Naturalist* 140: 621–641.
424. East ML, Hofer H, Wickler W (1993) The erect "penis" is a flag of submission in a female-dominated society: Greetings in Serengeti spotted hyenas. *Behavioral Ecology and Sociobiology* 33: 355–370.
425. Eberhard WG (1996) *Female Control: Sexual Selection by Cryptic Female Choice*. Princeton University Press, Princeton, NJ.
426. Eberhard WG (2003) Substitution of silk stabilimenta for egg sacs by *Allocyclosa bifurca* (Araneae: Araneidae) suggests that silk stabilimenta function as camouflage devices. *Behaviour* 140: 847–868.
427. Eberhard WG (2005) Evolutionary conflicts of interest: are female conflicts of interest different? *American Naturalist* 165: S19–S25.
428. Eberhard WG (2006) Stabilimenta of *Philoponella vicina* (Araneae: Uloboridae) and *Gasteracantha cancriformis* (Araneae: Areneidae): evidence against a prey attraction function. *Biotropica* 39: 216–220.
429. Edvardsson M (2007) Female *Callosobruchus maculatus* mate when they are thirsty: resource-rich ejaculates as mating effort in a beetle. *Animal Behaviour* 74: 183–188.
430. Eggert A-K, Sakaluk SK (1995) Female-coerced monogamy in burying beetles. *Behavioral Ecology and Sociobiology* 37: 147–154.

431. Eikenaar C, Richardson DS, Brouwer L, Komdeur J (2007) Parent presence, delayed dispersal, and territory acquisition in the Seychelles warbler. *Behavioral Ecology* 18: 874–879.
432. Eising CM, Groothuis TGG (2003) Yolk androgens and begging behaviour in black-headed gull chicks: an experimental field study. *Animal Behaviour* 66: 1027–1034.
433. Ellegren H (2001) Hens, cocks, and avian sex determination. *EMBO Reports* 2: 192–196.
434. Ellis AW, Young AW (1996) *Human Cognitive Neuropsychology*. Psychology Press, East Sussex, UK.
435. Emlen DJ (2000) Integrating development with evolution: A case study with beetle horns. *BioScience* 50: 403–418.
436. Emlen DJ (2001) Costs and the diversification of exaggerated animal structures. *Science* 291: 1534–1536.
437. Emlen DJ (2008) The evolution of animal weapons. *Annual Review of Ecology, Evolution and Systematics* 39: 387–413.
438. Emlen ST, Oring LW (1977) Ecology, sexual selection and the evolution of mating systems. *Science* 197: 215–223.
439. Emlen ST (1978) Cooperative breeding. In: Krebs JR, Davies NB (eds) *Behavioural Ecology: An Evolutionary Approach*. Blackwell, Oxford.
440. Emlen ST, Demong NJ, Emlen DJ (1989) Experimental induction of infanticide in female wattled jacanas. *Auk* 106: 1–7.
441. Emlen ST (1991) Evolution of cooperative breeding in birds and mammals. In: Krebs JR, Davies NB (eds) *Behavioural Ecology: An Evolutionary Approach*. Blackwell Scientific, Oxford.
442. Emlen ST, Wrege PH, Demong NJ (1995) Making decisions in the family: An evolutionary perspective. *American Scientist* 83: 148–157.
443. Emlen ST, Wrege PH, Webster MS (1998) Cuckoldry as a cost of polyandry in the sex-role-reversed wattled jacana, *Jacana jacana*. *Proceedings of the Royal Society of London, Series B* 265: 2359–2364.
444. Endler JA (1991) Interactions between predators and prey. In: Krebs JR, Davies NB (eds) *Behavioural Ecology: An Evolutionary Approach*. Blackwell Scientifi c, Oxford.
445. Engqvist L (2007) Male scorpionflies assess the amount of rival sperm transferred by females' previous mates. *Evolution* 61: 1489–1494.
446. Esch HE, Zhang SW, Srinivasan MV, Tautz J (2001) Honeybee dances communicate distances measured by optic flow. *Nature* 411: 581–583.
447. Evans HE (1966) *Life on a Little Known Planet*. Dell, New York.
448. Evans HE (1973) *Wasp Farm*. Anchor Press, Garden City, NY.
449. Evans JP, Magurran AE (2000) Multiple benefits of multiple mating in guppies. *Proceedings of the National Academy of Sciences USA* 97: 10074–10076.
450. Ewer RF (1973) *The Carnivores*. Cornell University Press, Ithaca, NY.
451. Faaborg J, Parker PG, DeLay L, de Vries TJ, Bednarz JC, Paz SM, Naranjo J, Waite TA (1995) Confirmation of cooperative polyandry in the Galapagos hawk (*Buteo galapagoensis*). *Behavioral Ecology and Sociobiology* 36: 83–90.
452. Fadool DA, Tucker K, Perkins R, Fasciani G, Thompson RN, Parsons AD, Overton JM, Koni PA, Flavell RA, Kaczmarek LK (2004) Kv1.3 channel gene-targeted deletion produces "super-smeller mice" with altered glomeruli, interacting scaffolding proteins, and biophysics. *Neuron* 41: 389–404.
453. Falls JB (1988) Does song deter territorial intrusion in white-throated sparrows (*Zonotrichia albicollis*)? *Canadian Journal of Zoology* 66: 206–211.
454. Farley CT, Taylor CR (1991) A mechanical trigger for the trot-gallop transition in horses. *Science* 253: 306–308.
455. Farner DS (1964) Time measurement in vertebrate photoperiodism. *American Naturalist* 95: 375–386.
456. Farner DS, Lewis RA (1971) Photoperiodism and reproductive cycles in birds. *Photophysiology* 6: 325–370.
457. Farries MA (2001) The oscine song system considered in the context of the avian brain: Lessons learned from comparative neurobiology. *Brain Behavior and Evolution* 58: 80–100.
458. Fehr E, Schmidt KM (1999) A theory of fairness, competition, and cooperation. *Quarterly Journal of Economics* 114: 817–868.
459. Feinberg DR (2008) Are human faces and voices ornaments signaling common underlying cues to mate value? *Evolutionary Anthropology* 17: 112–118.
460. Ferguson JN, Young LJ, Hearn EF, Matzuk MM, Insel TR, Winslow JT (2000) Social amnesia in mice lacking the oxytocin gene. *Nature Genetics* 25: 284–288.
461. Fernald RD (1993) Cichlids in love. *The Sciences* 33: 27–31.
462. Field J, Shreeves G, Sumner S, Casiraghi M (2000) Insurance-based advantage to helpers in a tropical hover wasp. *Nature* 404: 869–871.
463. Field SA, Keller MA (1993) Alternative mating tactics and female mimicry as post-copulatory mate-guarding behaviour in the parasitic wasp *Cotesia rubecula*. *Animal Behaviour* 46: 1183–1189.
464. Fink B, Neave N, Seydel H (2007) Male facial appearance signals physical strength to women. *American Journal of Human Biology* 19: 82–87.
465. Fink S, Excoffier L, Heckel G (2006) Mammalian monogamy is not controlled by a single gene. *Proceedings of the National Academy of Sciences USA* 103: 10956–10960.
466. Fisher AP (2003) Still "not quite as good as having your own"? Toward a sociology of adoption. *Annual Review of Sociology* 29: 335–361.
467. Fisher J (1954) Evolution and bird sociality. In: Huxley J, Hardy AC, Ford EB (eds) *Evolution as a Process*. Allen & Unwin, London.
468. Fiske P, Rintamäki PT, Karvonen E (1998) Mating success in lekking males: A meta-analysis. *Behavioral Ecology* 9: 328–338.
469. Fitzpatrick MJ, Ben-Shahar Y, Smid HM, Vet LEM, Robinson-Wolrath S, Sokolowski MB (2005) Candidate genes for behavioral ecology. *Trends in Ecology and Evolution* 20: 96–104.
470. Fitzpatrick MJ, Feder E, Rowe L, Sokolowski MB (2007) Maintaining a behaviour polymorphism by frequency-dependent selection on a single gene. *Nature* 447: 210–212.
471. Flinn MV (1988) Step-parent/step-offspring interactions in a Caribbean village. *Ethology and Sociobiology* 9: 335–369.
472. Foellmer MW, Fairbairn DJ (2003) Spontaneous male death during copulation in an orb-weaving spider. *Proceedings of the Royal Society of London, Series B* 270: S183–S185.
473. Follett BK, Mattocks PW, Jr, Farner DS (1974) Circadian function in the photoperiodic induction of gonadotropin secretion in the white-crowned sparrow, *Zonotrichia leucophrys gambelii*. *Proceedings of the National Academy of Sciences USA* 71: 1666–1669.
474. Folstad I, Karter AJ (1992) Parasites, bright males, and the immunocompetence handicap. *American Naturalist* 139: 603–622.
475. Foltz DW, Schwagmeyer PL (1989) Sperm competition in the thirteen-lined ground squirrel: Differential fertilization success under field conditions. *American Naturalist* 133: 257–265.
476. Ford EB (1955) *Moths*. Collins, London.
477. Forsgren E, Amundsen T, Borg AA, Bjelvenmark J (2004) Unusually dynamic sex roles in a fish. *Nature* 429: 551–554.
478. Forster LM (1992) The stereotyped behaviour of sexual cannibalism in *Latrodectus hasselti* Thorell (Araneae: Theridiidae), the Australian redback spider. *Australian Journal of Zoology* 40: 1–11.

479. Fossøy F, Johnsen A, Lifjeld JT (2006) Evidence of obligate female promiscuity in a socially monogamous passerine. *Behavioral Ecology and Sociobiology* 60: 255–259.
480. Fossøy F, Johnsen A, Lifjeld JT (2008) Multiple genetic benefits of female promiscuity in a socially monogamous passerine. *Evolution* 62: 145–156.
481. Foster KR, Wenseleers T, Ratnieks FLW, Queller DC (2006) There is nothing wrong with inclusive fitness. *Trends in Ecology and Evolution* 21: 599–600.
482. Foster MS (1977) Odd couples in manakins: A study of social organization and cooperative breeding in *Chiroxiphia linearis*. *American Naturalist* 111: 845–853.
483. Foster WA (1990) Experimental evidence for effective and altruistic colony defence against natural predators by soldiers of the gall-forming aphid *Pemphigus spyrothecae* (Hemiptera: Pemphigidae). *Behavioral Ecology and Sociobiology* 27: 421–439.
484. Foster WA, Rhoden PK (1998) Soldiers effectively defend aphid colonies against predators in the field. *Animal Behaviour* 55: 761–765.
485. Fox EA (2002) Female tactics to reduce sexual harassment in the Sumatran orangutan (*Pongo pygmaeus abelii*). *Behavioral Ecology and Sociobiology* 52: 93–101.
486. Francis CM, Elp A, Brunton JA, Kunz TH (1994) Lactation in male fruit bats. *Nature* 367: 691–692.
487. Francis L (1976) Social organization within clones of the sea anemone *Anthopleura elegantissima*. *Biological Bulletin* 150: 361–375.
488. Francis RC, Soma KK, Fernald RD (1993) Social regulation of the brain-pituitary-gonadal axis. *Proceedings of the National Academy of Sciences USA* 90: 7794–7798.
489. Frank LG, Holekamp HE, Smale L (1995) Dominance, demographics and reproductive success in female spotted hyenas: A long-term study. In: Sinclair ARE, Arcese P (eds) *Serengeti II: Research, Management, and Conservation of an Ecosystem*. University of Chicago Press, Chicago.
490. Frank LG, Weldele ML, Glickman SE (1995) Masculinization costs in hyaenas. *Nature* 377: 584–585.
491. Fretwell SD, Lucas HK, Jr. (1969) On territorial behavior and other factors influencing habitat distribution in birds. I. Theoretical development. *Acta Biotheoretica* 19: 16–36.
492. Friberg U, Arnqvist G (2003) Fitness effects of female mate choice: preferred males are detrimental for *Drosophila melanogaster* females. *Journal of Evolutionary Biology* 16: 797–811.
493. Frith CB, Frith DW (2001) Nesting biology of the spotted catbird, *Ailuroedus melanotis*, a monogamous bowerbird (Ptilonorhynchidae), in Australian Wet Tropics upland rainforests. *Australian Journal of Zoology* 49: 279–310.
494. Frith CB, Frith DW (2004) *Bowerbirds*. Oxford University Press, London.
495. Frost WN, Hoppe TA, Wang J, Tian LM (2001) Swim initiation neurons in *Tritonia diomedea*. *American Zoologist* 41: 952–961.
496. Froy O, Gotter AL, Casselman AL, Reppert SM (2003) Illuminating the circadian clock in monarch butterfly migration. *Science* 300: 1303–1305.
497. Fu P, Neff BD, Gross MR (2001) Tactic-specific success in sperm competition. *Proceedings of the Royal Society of London, Series B* 268: 1105–1112.
498. Fuentes A (2002) Patterns and trends in primate pair bonds. *International Journal of Primatology* 23: 953–978.
499. Fullard JH, Yack JE (1993) The evolutionary biology of insect hearing. *Trends in Ecology and Evolution* 8: 248–252.
500. Fullard JH (1997) The sensory coevolution of moths and bats. In: Hoy RR, Popper AN, Fay RR (eds) *Comparative Hearing: Insects*. Springer, New York.
501. Fullard JH, Dawson JW, Otero LD, Surlykke A (1997) Bat-deafness in day-flying moths (Lepidoptera, Notodontidae, Dioptinae). *Journal of Comparative Physiology A* 181: 477–483.
502. Fullard JH (2000) Day-flying butterflies remain day-flying in a Polynesian, bat-free habitat. *Proceedings of the Royal Society of London, Series B* 267: 2295–2300.
503. Fullard JH, Otero LD, Orellana A, Surlykke A (2000) Auditory sensitivity and diel flight activity in Neotropical Lepidoptera. *Annals of the Entomological Society of America* 93: 956–965.
504. Fullard JH, Dawson JW, Jacobs DS (2003) Auditory encoding during the last moment of a moth's life. *Journal of Experimental Biology* 206: 281–294.
505. Fullard JH, Ratcliffe JM, Soutar AR (2004) Extinction of the acoustic startle response in moths endemic to a bat-free habitat. *Journal of Evolutionary Biology* 17: 856–861.
506. Fuller RC, Houle D, Travis J (2005) Sensory bias as an explanation for the evolution of mate preferences. *American Naturalist* 166: 437–446.
507. Funk DH, Tallamy DW (2000) Courtship role reversal and deceptive signals in the long-tailed dance fly, *Rhamphomyia longicauda*. *Animal Behaviour* 59: 411–421.
508. Furlow FB (1997) Human neonatal cry quality as an honest signal of fitness. *Evolution and Human Behavior* 18: 175–194.
509. Fusani L, Gahr M, Hutchison JB (2001) Aromatase inhibition reduces specifically one display of the ring dove courtship behavior. *General and Comparative Endocrinology* 122: 23–30.
510. Gallup AC, White DD, Gallup GG (2007) Handgrip strength predicts sexual behavior, body morphology, and aggression in male college students. *Evolution and Human Behavior* 28: 423–429.
511. Gamboa GJ (1978) Intraspecific defense: advantage of social cooperation among paper wasp foundresses. *Science* 199: 1463–1465.
512. Gamboa GJ (2004) Kin recognition in eusocial wasps. *Annales Zoologici Fennici* 41: 789–808.
513. Gangestad SW, Simpson JA (2000) Trade-offs, the allocation of reproductive effort, and the evolutionary psychology of human mating. *Behavioral and Brain Sciences* 23: 624–644.
514. Gangestad SW, Simpson JA, Cousins AJ, Garver-Apgar CE, Christensen PN (2004) Women's preferences for male behavioral displays change across the menstrual cycle. *Psychological Science* 15: 203–207.
515. Gangestad SW, Thornhill R (2008) Human oestrus. *Proceedings of the Royal Society of London, Series B* 275: 991–1000.
516. Garamszegi LZ, Eens M (2004) Brain space for a learned task: strong intraspecific evidence for neural correlates of singing behavior in songbirds. *Brain Research Reviews* 44: 187–193.
517. Garamszegi LZ (2005) Bird songs and parasites. *Behavioral Ecology and Sociobiology* 59: 169–180.
518. Garcia J, Ervin FR (1968) Gustatory-visceral and teleceptor-cutaneous conditioning: Adaptation in internal and external milieus. *Communications in Behavioral Biology (A)* 1: 389–415.
519. Garcia J, Hankins WG, Rusiniak KW (1974) Behavioral regulation of the milieu interne in man and rat. *Science* 185: 824–831.
520. Garstang M (2004) Long-distance, low-frequency elephant communication. *Journal of Comparative Physiology A* 190: 791–805.
521. Garver-Apgar CE, Gangestad SW, Thornhill R, Miller RD, Olp JJ (2006) Major histocompatibility complex alleles, sexual responsivity, and unfaithfulness in romantic couples. *Psychological Science* 17: 830–835.
522. Gaskett AC, Herberstein ME (2008) Orchid sexual deceit provokes pollinator ejaculation. *American Naturalist* 171: E206–E212.
523. Gaulin SJC, FitzGerald RW (1986) Sex differences in spatial ability: An evolutionary hypothesis and test. *American Naturalist* 127: 74–88.

524. Gaulin SJC, FitzGerald RW (1989) Sexual selection for spatial-learning ability. *Animal Behaviour* 37: 322–331.
525. Gaulin SJC, Boster JS (1990) Dowry as female competition. *American Anthropologist* 92: 994–1005.
526. Gaulin SJC, McBurney DH (2003) *Psychology, An Evolutionary Approach*, 2nd edn. Prentice Hall, Upper Saddle River, NJ.
527. Geary DC (1998) *Male, Female: The Evolution of Human Sex Differences*. American Psychological Association, Washington, DC.
528. Gentner TQ, Hulse SH (2000) European starling preference and choice for variation in conspecific male song. *Animal Behaviour* 59: 443–458.
529. Gesquiere LR, Wango EO, Alberts SC, Altmann J (2007) Mechanisms of sexual selection: Sexual swellings and estrogen concentrations as fertility indicators and cues for male consort decisions in wild baboons. *Hormones and Behavior* 51: 114–125.
530. Getting PA (1983) Mechanisms of pattern generation underlying swimming in *Tritonia*. II. Network reconstruction. *Journal of Neurophysiology* 49: 1017–1035.
531. Getting PA (1989) A network oscillator underlying swimming in *Tritonia*. In: Jacklet JW (ed) *Neuronal and Cellular Oscillators*. Dekker, New York.
532. Getz LL, Carter CS (1996) Prairie-vole partnerships. *American Scientist* 84: 56–62.
533. Getz LL, McGuire B, Carter CS (2003) Social behavior, reproduction and demography of the prairie vole, *Microtus ochrogaster*. *Ethology, Ecology and Evolution* 15: 105–118.
534. Ghalambor CK, Martin TE (2001) Fecundity-survival tradeoffs and parental risk-taking in birds. *Science* 292: 494–497.
535. Gibson RM (1996) A re-evaluation of hotspot settlement in lekking sage grouse. *Animal Behaviour* 52: 993–1005.
536. Gibson RM, Aspbury AS, McDaniel LL (2002) Active formation of mixed-species grouse leks: a role for predation in lek evolution? *Proceedings of the Royal Society of London, Series B* 269: 2503–2507.
537. Gil D, Leboucher G, Lacroix A, Cue R, Kreutzer M (2004) Female canaries produce eggs with greater amounts of testosterone when exposed to preferred male song. *Hormones and Behavior* 45: 64–70.
538. Gil D, Naguib MKR, Rutstein A, Gahr M (2006) Early condition, song learning, and the volume of song brain nuclei in the zebra finch (*Taeniopygia guttata*). *Journal of Neurobiology* 66: 1602–1612.
539. Gilardi JD, Duffey SS, Munn CA, Tell LA (1999) Biochemical functions of geophagy in parrots: Detoxification of dietary toxins and cytoprotective effects. *Journal of Chemical Ecology* 25: 897–922.
540. Gill FB, Wolf LL (1975) Economics of feeding territoriality in the golden-winged sunbird. *Ecology* 56: 333–345.
541. Gill FB, Wolf LL (1978) Comparative foraging efficiencies of some montane sunbirds in Kenya. *Condor* 80: 391–400.
542. Gillespie DOS, Russell AF, Lummaa V (2008) When fecundity does not equal fitness: evidence of an offspring quantity versus quality trade-off in pre-industrial humans. *Proceedings of the Royal Society of London, Series B* 275: 713–722.
543. Gintis H (2008) Behavior: Punishment and cooperation. *Science* 318: 1345–1346.
544. Giron D, Ross KG, Strand MR (2007) Presence of soldier larvae determines the outcome of competition in a polyembryonic wasp. *Journal of Evolutionary Biology* 20: 165–172.
545. Glickman SE, Frank LG, Licht P, Yalckinkaya T, Siiteri PK, Davidson J (1993) Sexual differentiation of the female spotted hyena: One of nature's experiments. *Annals of the New York Academy of Sciences* 662: 135–159.
546. Glickman SE, Cunha GR, Drea CM, Conley AJ, Place NJ (2006) Mammalian sexual differentiation: lessons from the spotted hyena. *Trends in Endocrinology and Metabolism* 17: 349–356.
547. Gobbini MI, Haxby JV (2006) Neural systems for recognition of familiar faces. *Neuropsychologia* 45: 32–41.
548. Gobes SMH, Bolhuis JJ (2007) Birdsong memory: A neural dissociation between song recognition and production. *Current Biology* 17: 789–793.
549. Gomendio M, Garcia-Gonzalez F, Reguera P, Rivero A (2008) Male egg carrying in *Phyllomorpha laciniata* is favoured by natural not sexual selection. *Animal Behaviour* 75: 763–770.
550. Gonzalez-Voyer A, Székely T, Drummond H (2007) Why do some siblings attack each other? Comparative analysis of aggression in avian broods. *Evolution* 61: 1946–1955.
551. Goodall J (1988) *In the Shadow of Man*. Houghton Mifflin, Boston.
552. Goodisman MAD, Kovacs JL, Hoffman EA (2007) The significance of multiple mating in the social wasp *Vespula maculifrons*. *Evolution* 61: 2260–2267.
553. Göth A, Evans CS (2004) Social responses without early experience: Australian brush-turkey chicks use specific visual cues to aggregate with conspecifics. *Journal of Experimental Biology* 207: 2199–2208.
554. Gottschall JA, Gottschall TA (2003) Are per-incident rape-pregnancy rates higher than per-incident consensual pregnancy rates? *Human Nature* 14: 1–20.
555. Gotzek D, Ross KG (2007) Genetic regulation of colony social organization in fire ants: an integrative overview. *Quarterly Review of Biology* 82: 201–226.
556. Gould JL (1982) Why do honey bees have dialects? *Behavioral Ecology and Sociobiology* 10: 53–56.
557. Gould SJ, Lewontin RC (1979) The spandrels of San Marco and the Panglossian paradigm: A critique of the adaptationist programme. *Proceedings of the Royal Society of London, Series B* 205: 581–598.
558. Gould SJ (1981) Hyena myths and realities. *Natural History* 90: 16–24.
559. Gould SJ (1986) Evolution and the triumph of homology, or why history matters. *American Scientist* 74: 60–69.
560. Gould SJ (1996) The diet of worms and the defenestration of Prague. *Natural History* 105: 18–24ff.
561. Goymann W, East ML, Hofer H (2001) Androgens and the role of female 'hyperaggressiveness' in spotted hyenas (*Crocuta crocuta*). *Hormones and Behavior* 39: 83–92.
562. Grammar K, Fink B, Møller AP, Thornhill R (2003) Darwinian aesthetics: sexual selection and the biology of beauty. *Biological Reviews* 78: 385–407.
563. Granados-Fuentes D, Tseng A, Herzong ED (2006) A circadian clock in the olfactory bulb controls olfactory responsivity. *Journal of Neuroscience* 26: 12219–12225.
564. Grant BS, Owen DF, Clarke CA (1996) Parallel rise and fall of melanic peppered moths in America and Britain. *Journal of Heredity* 87: 351–357.
565. Grant BS (1999) Fine tuning the peppered moth paradigm. *Evolution* 53: 980–984.
566. Grant BS, Wiseman LL (2002) Recent history of melanism in American peppered moths. *Journal of Heredity* 93: 86–90.
567. Grant PR, Grant BR (2002) Unpredictable evolution in a 30-year study of Darwin's finches. *Science* 296: 707–711.
568. Graves JA, Whiten A (1980) Adoption of strange chicks by herring gulls, *Larus argentatus*. *Zeitschrift für Tierpsychologie* 54: 267–278.
569. Gray EM (1997) Do red-winged blackbirds benefit genetically from seeking copulations with extra-pair males? *Animal Behaviour* 53: 605–623.
570. Gray EM (1997) Female red-winged blackbirds accrue material benefits from copulating with extra-pair males. *Animal Behaviour* 53: 625–639.
571. Gray JR, Thompson PM (2004) Neurobiology of intelligence: Science and ethics. *Nature Reviews Neuroscience* 5: 471–482.

572. Greene E (1987) Individuals in an osprey colony discriminate between high and low quality information. *Nature* 329: 239–241.
573. Greene E, Orsak LT, Whitman DW (1987) A tephritid fly mimics the territorial displays of its jumping spider predators. *Science* 236: 310–312.
574. Greene E, Lyon BE, Muehter VR, Ratcliffe L, Oliver SJ, Boag PT (2000) Disruptive sexual selection for plumage colouration in a passerine bird. *Nature* 407: 1000–1003.
575. Greenspan RJ (2004) E Pluribus Unum, Ex Uno Plura: Quantitative and single-gene perspectives on the study of behavior. *Annual Review of Neuroscience* 27: 79–105.
576. Greenwood PJ (1980) Mating systems, philopatry, and dispersal in birds and mammals. *Animal Behaviour* 28: 1140–1162.
577. Grémillet D, Pichegru L, Kuntz G, Woakes AG, Wilkinson S, Crawford RJM, Ryan PG (2008) A junk-food hypothesis for gannets feeding on fishery waste. *Proceedings of the Royal Society of London, Series B* 275: 1149–1156.
578. Grether GF (2000) Carotenoid limitation and mate preference evolution: A test of the indicator hypothesis in guppies (*Poecilia reticulata*). *Evolution* 54: 1712–1714.
579. Grether GF, Kasahara S, Kolluru GR, Cooper EL (2004) Sex-specific effects of carotenoid intake on the immunological response to allografts in guppies (*Poecilia reticulata*). *Proceedings of the Royal Society of London, Series B* 271: 45–49.
580. Griesser M, Ekman J (2005) Nepotistic mobbing behaviour in the Siberian jay, *Perisoreus infaustus*. *Animal Behaviour* 60: 345–352.
581. Griffin DR (1958) *Listening in the Dark*. Yale University Press, New Haven, CT.
582. Griffith SC, Owens IPF, Thuman KA (2002) Extra pair paternity in birds: a review of interspecific variation and adaptive function. *Molecular Ecology* 11: 2195–2212.
583. Griffith SC (2007) The evolution of infidelity in socially monogamous passerines: Neglected components of direct and indirect selection. *American Naturalist* 169: 274–281.
584. Grim T (2007) Experimental evidence for chick discrimination without recognition in a brood parasite host. *Proceedings of the Royal Society of London, Series B* 274: 373–381.
585. Griskevicius V, Tybur JM, Sundie JM, Cialdini RB, Miller GF, Kenrick DT (2007) Blatant benevolence and conspicuous consumption: When romantic motives elicit costly displays. *Journal of Personality and Social Psychology* 93: 85–102.
586. Gross MR, MacMillan AM (1981) Predation and the evolution of colonial nesting in bluegill sunfish (*Lepomis macrochirus*). *Behavioral Ecology and Sociobiology* 8: 163–174.
587. Gross MR (1982) Sneakers, satellites, and parentals: Polymorphic mating strategies in North American sunfishes. *Zeitschrift für Tierpsychologie* 60: 1–26.
588. Gross MR, Sargent RC (1985) The evolution of male and female parental care in fishes. *American Zoologist* 25: 807–822.
589. Gross MR (1991) Evolution of alternative reproductive strategies: frequency-dependent sexual selection in male bluegill sunfish. *Philosophical Transactions of the Royal Society of London, Series B* 332: 59–66.
590. Gross MR (1996) Alternative reproductive strategies and tactics: Diversity within species. *Trends in Ecology and Evolution* 11: 92–98.
591. Grozinger CM, Sharabash NM, Whitfield CW, Robinson GE (2003) Pheromone-mediated gene expression in the honey bee brain. *Proceedings of the National Academy of Sciences USA* 100 (Suppl. 2): 14519–14525.
592. Grunt JA, Young WC (1953) Consistency of sexual behavior patterns in individual male guinea pigs following castration and androgen therapy. *Journal of Comparative Physiology and Psychology* 46: 138–144.
593. Gubernick DJ, Teferi T (2000) Adaptive significance of male parental care in a monogamous mammal. *Proceedings of the Royal Society of London, Series B* 267: 147–150.
594. Gurney ME, Konishi M (1980) Hormone-induced sexual differentiation of brain and behavior in zebra finches. *Science* 208: 1380–1383.
595. Guzmán-Novoa E, Prieto-Merlos D, Uribe-Rubio JL, Hunt GJ (2003) Relative reliability of four field assays to test defensive behaviour of honey bees (*Apis mellifera*). *Journal of Apicultural Research* 42: 42–46.
596. Gwinner E, Dittami J (1990) Endogenous reproductive rhythms in a tropical bird. *Science* 249: 906–908.
597. Gwinner E (1996) Circannual clocks in avian reproduction and migration. *Ibis* 138: 47–63.
598. Gwynne DT (1981) Sexual difference theory: Mormon crickets show role reversal in mate choice. *Science* 213: 779–780.
599. Gwynne DT (1983) Beetles on the bottle. *Journal of the Australian Entomological Society* 23: 79.
600. Gwynne DT, Bussiere LF, Ivy TM (2007) Female ornaments hinder escape from spider webs in a role-reversed swarming dance fly. *Animal Behaviour* 73: 1077–1082.
601. Hack MA (1998) The energetics of male mating strategies in field crickets. *Journal of Insect Behavior* 11: 853–868.
602. Hadfield JD, Burgess MD, Lord A, Phillimore AB, Clegg SM, Owens IPF (2006) Direct versus indirect sexual selection: genetic basis of colour, size and recruitment in a wild bird. *Proceedings of the Royal Society of London, Series B* 273: 1347–1353.
603. Haesler S, Rochefort C, Georgi B, Licznerski P, Osten P, Scharff C (2007) Incomplete and inaccurate vocal imitation after knockdown of *FoxP2* in songbird basal ganglia nucleus area X. *PLoS Biology* 5: 1–13.
604. Hahn TP (1995) Integration of photoperiodic and food cues to time changes in reproductive physiology by an opportunistic breeder, the red crossbill, *Loxia curvirostra* (Aves: Carduelinae). *Journal of Experimental Zoology* 272: 213–226.
605. Hahn TP, Wingfield JC, Mullen R, Deviche PJ (1995) Endocrine bases of spatial and temporal opportunism in arctic-breeding birds. *American Zoologist* 35: 259–273.
606. Hahn TP (1998) Reproductive seasonality in an opportunistic breeder, the red crossbill, *Loxia curvirostra*. *Ecology* 79: 2365–2375.
607. Hahn TP, Pereyra ME, Sharbaugh SM, Bentley GE (2004) Physiological responses to photoperiod in three cardueline finch species. *General and Comparative Endocrinology* 137: 99–108.
608. Halgren E, Dale AM, Sereno MI, Tootell RBH, Marinkovic K, Rosen BR (1999) Location of human face-selective cortex with respect to retinotopic areas. *Human Brain Mapping* 7: 29–37.
609. Hamilton WD (1964) The genetical theory of social behaviour, I, II. *Journal of Theoretical Biology* 7: 1–52.
610. Hamilton WD (1971) Geometry for the selfish herd. *Journal of Theoretical Biology* 31: 295–311.
611. Hamilton WD, Zuk M (1982) Heritable true fitness and bright birds: A role for parasites? *Science* 218: 384–387.
612. Hamilton WD (1995) *The Narrow Roads of Gene Land. Vol. 1. Evolution of Social Behaviour*. W.H. Freeman, Oxford.
613. Hamilton WD (1996) Foreword. In: Turillazzi S, West-Eberhard MJ (eds) *Natural History and the Evolution of Paper Wasps*. Oxford University Press, Oxford, pp v–vi.
614. Hammock EAD, Young LJ (2004) Functional microsatellite polymorphism associated with divergent social structure in vole species. *Molecular Biology and Evolution* 21: 1057–1063.
615. Hamner WM (1964) Circadian control of photoperiodism in the house finch demonstrated by interrupted-night experiments. *Nature* 203: 1400–1401.
616. Hanby JP, Bygott JD (1987) Emigration of subadult lions. *Animal Behaviour* 35: 161–169.

617. Hanifin CT, Brodie ED, Jr, Brodie ED, III (2008) Phenotypic mismatches reveal escape from arms-race coevolution. *PLoS Biology* 6: doi:10.1371/journal.pbio.0060060.
618. Harbison H, Nelson DA, Hahn TP (1999) Long-term persistence of song dialects in the mountain white-crowned sparrow. *Condor* 101: 133–148.
619. Harcourt AH, Harvey PH, Larson SG, Short RV (1981) Testis weight, body weight and breeding system in primates. *Nature* 293: 55–57.
620. Hardouin LA, Reby D, Bavoux C, Burneleau G, Bretagnolle L (2007) Communication of male quality in owl hoots. *American Naturalist* 169: 552–562.
621. Hardy CL, Van Vugt M (2006) Nice guys finish first: The competitive altruism hypothesis. *Personality and Social Psychology Bulletin* 32: 1402–1413.
622. Hare B, Brown M, Williamson C, Tomasello M (2002) The domestication of social cognition in dogs. *Science* 298: 1634–1636.
623. Harlow HF, Harlow MK (1962) Social deprivation in monkeys. *Scientific American* 207 (Nov.): 136–146.
624. Harlow HF, Harlow MK, Suomi SJ (1971) From thought to therapy: Lessons from a primate laboratory. *American Scientist* 59: 538–549.
625. Hartung J (1982) Polygyny and inheritance of wealth. *Current Anthropology* 23: 1–12.
626. Hartung J (1995) Love thy neighbor: The evolution of in-group morality. *Skeptic* 3: 86–99.
627. Harvey PH, Pagel MD (1991) *The Comparative Method in Evolutionary Biology*. Oxford University Press, London.
628. Haselton MG (2003) The sexual overperception bias: Evidence of a systematic bias in men from a survey of naturally occurring events. *Journal of Research in Personality* 37: 34–47.
629. Haskell DG (1999) The effect of predation on begging-call evolution in nestling wood warblers. *Animal Behaviour* 57: 893–901.
630. Hasselquist D (1998) Polygyny in great reed warblers: A long-term study of factors contributing to fitness. *Ecology* 79: 2376–2350.
631. Hatchwell BJ, Komdeur J (2000) Ecological constraints, life history traits and the evolution of cooperative breeding. *Animal Behaviour* 59: 1079–1086.
632. Hauber ME, Kilner RM (2007) Coevolution, communication, and host chick mimicry in parasitic finches: who mimics whom? *Behavioral Ecology and Sociobiology* 61: 497–503.
633. Haugen TO, Winfield IJ, Vøllestad LA, Fletcher JM, James JB, Stenseth NC (2006) The ideal free pike: 50 years of fitness-maximizing dispersal in Windermere. *Proceedings of the Royal Society of London, Series B* 273: 2917–2924.
634. Hauser MD, Chen MK, Chen F, Chuang E, Chuang E (2003) Give unto others: genetically unrelated cotton-top tamarin monkeys preferentially give food to those who altruistically give food back. *Proceedings of the Royal Society of London, Series B* 270: 2363–2370.
635. Hauser MD (2006) *Moral Minds: How Nature Designed Our Universal Sense of Right and Wrong*. Ecco Press, New York.
636. Hausfater G (1975) Dominance and reproduction in baboons (*Papio cynocephalus*): A quantitative analysis. *Contributions in Primatology* 7: 1–150.
637. Haydock J, Koenig WD (2002) Reproductive skew in the polygynandrous acorn woodpecker. *Proceedings of the National Academy of Sciences USA* 99: 7178–7183.
638. Hayes LD (2000) To nest communally or not to nest communally: A review of rodent communal nesting and nursing. *Animal Behaviour* 59: 677–688.
639. Healy SD, Rowe C (2007) A critique of comparative studies of brain size. *Proceedings of the Royal Society of London, Series B* 274: 453–464.
640. Heath KM, Hadley C (1998) Dichotomous male reproductive strategies in a polygynous human society: Mating versus parental effort. *Current Anthropology* 39: 369–374.
641. Hedwig B (2000) Control of cricket stridulation by a command neuron: efficacy depends on the behavioral state. *Journal of Neurophysiology* 83: 712–722.
642. Heeb P, Schwander T, Faoro S (2003) Nestling detectability affects parental feeding preferences in a cavity-nesting bird. *Animal Behaviour* 66: 637–642.
643. Heinrich B (1979) *Bumblebee Economics*. Harvard University Press, Cambridge, MA.
644. Heinrich B (1984) *In a Patch of Fireweed*. Harvard University Press, Cambridge, MA.
645. Heinrich B (1988) Winter foraging at carcasses by three sympatric corvids, with emphasis on recruitment by the raven, *Corvus corax*. *Behavioral Ecology and Sociobiology* 23: 141–156.
646. Heinrich B (1989) *Ravens in Winter*. Summit Books, New York.
647. Heinrich B (2004) *The Geese of Beaver Bog*. HarperCollins Publishers, New York.
648. Heinze J, Hölldobler B, Peeters C (1994) Conflict and cooperation in ant societies. *Naturwissenschaften* 81: 489–497.
649. Heistermann M, Ziegler T, van Schaik CP, Launhardt K, Winkler P, Hodges JK (2001) Loss of oestrus, concealed ovulation and paternity confusion in free-ranging Hanuman langurs. *Proceedings of the Royal Society of London, Series B* 268: 2445–2451.
650. Henrich J (2006) Cooperation, punishment, and the evolution of human institutions. *Science* 312: 60–61.
651. Herberstein ME, Craig CL, Coddington JA, Elgar MA (2000) The functional significance of silk decorations of orb-web spiders: A critical review of the empirical evidence. *Biological Reviews* 75: 649–669.
652. Hibbitts TJ, Whiting MJ, Stuart-Fox DM (2007) Shouting the odds: vocalization signals status in a lizard. *Behavioral Ecology and Sociobiology* 61: 1169–1176.
653. Hidalgo-Garcia S (2006) The carotenoid-based plumage coloration of adult Blue Tits *Cyanistes caeruleus* correlates with the health status of their brood. *Ibis* 148: 727–734.
654. Hill GE (2002) *A Red Bird in a Brown Bag: The Function and Evolution of Colorful Plumage in the House Finch*. Oxford University Press, Oxford.
655. Hitchcock CL, Sherry DF (1990) Long-term memory for cache sites in the black-capped chickadee. *Animal Behaviour* 40: 701–712.
656. Hofer H, East ML (2003) Behavioral processes and costs of co-existence in female spotted hyenas: a life history perspective. *Evolutionary Ecology* 17: 315–331.
657. Hofer H, East ML (2008) Siblicide in Serengeti spotted hyenas: a long-term study of maternal input and cub survival. *Behavioral Ecology and Sociobiology* 62: 341–351.
658. Hogg JT (1984) Mating in bighorn sheep: Multiple creative male strategies. *Science* 225: 526–529.
659. Höglund J, Lundberg A (1987) Sexual selection in a monomorphic lek-breeding bird: Correlates of male mating success in the great snipe *Gallinago media*. *Behavioral Ecology and Sociobiology* 21: 211–216.
660. Höglund J, Alatalo RV (1995) *Leks*. Princeton University Press, Princeton, NJ.
661. Högstedt G (1983) Adaptation unto death: Function of fear screams. *American Naturalist* 121: 562–570.
662. Hohoff C, Franzen K, Sachser N (2003) Female choice in a promiscuous wild guinea pig, the yellow-toothed cavy (*Galea musteloides*). *Behavioral Ecology and Sociobiology* 53: 341–349.
663. Holden C, Mace R (1997) Phylogenetic analysis of the evolution of lactose digestion in adults. *Human Biology* 69: 605–628.

664. Holden CJ, Sear R, Mace R (2003) Matriliny as daughter-biased investment. *Evolution and Human Behavior* 24: 99–112.
665. Holekamp KE (1984) Natal dispersal in Belding's ground squirrels (*Spermophilus beldingi*). *Behavioral Ecology and Sociobiology* 16: 21–30.
666. Holekamp KE, Sherman PW (1989) Why male ground squirrels disperse. *American Scientist* 77: 232–239.
667. Holland B, Rice WR (1998) Chase-away sexual selection: Antagonistic seduction versus resistance. *Evolution* 52: 1–7.
668. Holland B, Rice WR (1999) Experimental removal of sexual selection reverses intersexual antagonistic coevolution and removes a reproductive load. *Proceedings of the National Academy of Sciences USA* 96: 5083–5088.
669. Hölldobler B, Wilson EO (1990) *The Ants*. Harvard University Press, Cambridge, MA.
670. Hölldobler B, Wilson EO (1994) *Journey to the Ants*. Harvard University Press, Cambridge, MA.
671. Holley AJF (1984) Adoption, parent-chick recognition, and maladaptation in the herring gull *Larus argentatus*. *Zeitschrift für Tierpsychologie* 64: 9–14.
672. Holloway CC, Clayton DF (2001) Estrogen synthesis in the male brain triggers development of the avian song control pathway in vitro. *Nature Neuroscience* 4: 170–175.
673. Holmes WG, Sherman PW (1982) The ontogeny of kin recognition in two species of ground squirrels. *American Zoologist* 22: 491–517.
674. Holmes WG, Sherman PW (1983) Kin recognition in animals. *American Scientist* 71: 46–55.
675. Holmes WG (1986) Identification of paternal half-siblings by captive Belding's ground squirrels. *Animal Behaviour* 34: 321–327.
676. Holmes WG (2004) The early history of Hamiltonian-based research on kin recognition. *Annales Zoologici Fennici* 41: 691–711.
677. Hoogland JL, Sherman PW (1976) Advantages and disadvantages of bank swallow (*Riparia riparia*) coloniality. *Ecological Monographs* 46: 33–58.
678. Hoogland JL (1998) Why do female Gunnison's prairie dogs copulate with more than one male? *Animal Behaviour* 55: 351–359.
679. Hoover JP, Reetz MJ (2006) Brood parasitism increases provisioning rate, and reduces offspring recruitment and adult return rates, in a cowbird host. *Oecologia* 149: 165–173.
680. Hoover JP, Robinson SK (2007) Retaliatory mafia behavior by a parasitic cowbird favors host acceptance of parasitic eggs. *Proceedings of the National Academy of Sciences USA* 104: 4479–4483.
681. Hopkins CD (1998) Design features for electric communication. *Journal of Experimental Biology* 202: 1217–1228.
682. Hori M (1993) Frequency-dependent natural selection in the handedness of scale-eating cichlid fish. *Science* 260: 216–219.
683. Hosken DJ, Stockley P (2004) Sexual selection and genital evolution. *Trends in Ecology and Evolution* 19: 87–93.
684. Hotker H (2000) Intraspecific variation in size and density of avocet colonies: Effects of nest-distances on hatching and breeding success. *Journal of Avian Biology* 31: 387–398.
685. Houston DC, Gilardi JD, Hall AJ (2001) Soil consumption by elephants might help to minimize the toxic effects of plant secondary compounds in forest browse. *Mammal Review* 31: 249–254.
686. Howlett RJ, Majerus MEN (1987) The understanding of industrial melanism in the peppered moth (*Biston betularia*) (Lepidoptera: Geometridae). *Biological Journal of the Linnean Society* 30: 31–44.
687. Hrdy SB (1977) *The Langurs of Abu*. Harvard University Press, Cambridge, MA.
688. Hrdy SB (1999) *Mother Nature: A History of Mothers, Infants, and Natural Selection*. Pantheon, New York.
689. Hristov I, Conner WE (2005) Sound strategy: acoustic aposematism in the bat-tiger moth arms race. *Naturwissenschaften* 92: 164–169.
690. Huang Z-Y, Robinson GE (1992) Honeybee colony integration: Worker-worker interactions mediate hormonally regulated plasticity in division of labor. *Proceedings of the National Academy of Sciences USA* 89: 11726–11729.
691. Hughes WOH, Oldroyd BP, Beekman M, Ratnieks FLW (2008) Ancestral monogamy shows kin selection is key to evolution of sociality. *Science* 320: 1213–1216.
692. Huk T, Winkel W (2006) Polygyny and its fitness consequences for primary and secondary female pied flycatchers. *Proceedings of the Royal Society of London, Series B* 273: 1681–1688.
693. Hume DK, Montgomerie RD (2001) Facial attractiveness signals different aspects of "quality" in women and men. *Evolution and Human Behavior* 22: 93–112.
694. Hunt J, Simmons LW (2002) Confidence of paternity and paternal care: covariation revealed through the experimental manipulation of the mating system in the beetle *Onthophagus taurus*. *Journal of Evolutionary Biology* 15: 784–795.
695. Hunt J, Brooks R, Jennions MD, Smith MJ, Bentsen CL, Bussière LF (2004) High-quality male field crickets invest heavily in sexual display but die young. *Nature* 432: 1024–1027.
696. Hunt S, Bennett ATD, Cuthill IC, Griffiths R (1998) Blue tits are ultraviolet tits. *Proceedings of the Royal Society of London, Series B* 265: 451–455.
697. Hunt S, Cuthill IC, Bennett ATD, Griffiths R (1999) Preferences for ultraviolet partners in the blue tit. *Animal Behaviour* 58: 809–815.
698. Hunt S, Kilner RM, Langmore NE, Bennett ATD (2003) Conspicuous, ultraviolet-rich mouth colours in begging chicks. *Proceedings of the Royal Society of London, Series B* 270: S25–S28.
699. Hunter ML, Krebs JR (1979) Geographic variation in the song of the great tit (*Parus major*) in relation to ecological factors. *Journal of Animal Ecology* 48: 759–785.
700. Hurst LD, Peck JR (1996) Recent advances in understanding of the evolution and maintenance of sex. *Trends in Ecology and Evolution* 11: 46–52.
701. Husak JF, Fox SF, Lovern MB, Van den Bussche RA (2006) Faster lizards sire more offspring: sexual selection on whole-animal performance. *Evolution* 60: 2122–2130.
702. Husak JF, Irschick DJ, Meyers JJ, Lailvaux SP, Moore IT (2007) Hormones, sexual signals, and performance of green anole lizards (*Anolis carolinensis*). *Hormones and Behavior* 52: 360–367.
703. Huxley TH (1910) *Lectures and Lay Sermons*. E. P. Dutton, New York.
704. Hyman J, Hughes M, Searcy WA, Nowicki S (2004) Individual variation in the strength of territory defense in male song sparrows: Correlates of age, territory tenure, and neighbor aggressiveness. *Behaviour* 141: 15–27.
705. Ijichi N, Shibao H, Miura T, Matsumoto T, Fukatsu T (2004) Soldier differentiation during embryogenesis of a social aphid, *Pseudoregma bambucicola*. *Entomological Science* 7: 141–153.
706. Irons W (1979) Cultural and biological success. In: Chagnon NA, Irons W (eds) *Evolutionary Biology and Human Social Behavior: An Anthropological Perspective*. Duxbury Press, North Scituate, MA.
707. Itô Y (1989) The evolutionary biology of sterile soldiers in aphids. *Trends in Ecology and Evolution* 4: 69–73.
708. Jacobs LF, Gaulin SJC, Sherry DF, Hoffman GE (1990) Evolution of spatial cognition: Sex-specific patterns of spatial behavior predict hippocampal size. *Proceedings of the National Academy of Sciences USA* 87: 6349–6352.

709. Jamieson IG (1989) Behavioral heterochrony and the evolution of birds' helping at the nest: An unselected consequence of communal breeding? *American Naturalist* 133: 394–406.
710. Jamieson IG (1991) The unselected hypothesis for the evolution of helping behavior: Too much or too little emphasis on natural selection? *American Naturalist* 138: 271–282.
711. Jamieson IG (1997) Testing reproductive skew models in a communally breeding bird, the pukeko, *Porphyrio porphyrio*. *Proceedings of the Royal Society of London, Series B* 264: 335–340.
712. Jarvis ED, Ribeiro S, da Silva ML, Ventura D, Vielliard J, Mello CV (2000) Behaviourally driven gene expression reveals song nuclei in hummingbird brain. *Nature* 406: 628–632.
713. Jarvis JUM, Bennett NC (1993) Eusociality has evolved independently in two genera of bathygerid mole-rats—but occurs in no other subterranean mammal. *Behavioral Ecology and Sociobiology* 33: 253–260.
714. Jasiénska G, Ziomkiewicz A, Ellison PT, Lipson SF, Thune I (2004) Large breasts and narrow waists indicate high reproductive potential in women. *Proceedings of the Royal Society of London, Series B* 271: 1213–1217.
715. Jasiénska G, Lipson SF, Ellison PT, Thune I, Ziomkiewicz A (2006) Symmetrical women have higher potential fertility. *Evolution and Human Behavior* 27: 390–400.
716. Jaycox ER, Parise SG (1980) Homesite selection by Italian honey bee swarms, *Apis mellifera ligustica* (Hymenoptera: Apidae). *Journal of the Kansas Entomological Society* 53: 171–178.
717. Jaycox ER, Parise SG (1981) Homesite selection by swarms of black-bodied honey bees, *Apis mellifera caucasia* and *A. m. carnica*. *Journal of the Kansas Entomological Society* 54: 697–703.
718. Jeffreys AJ, Wilson V, Thein SL (1985) Hypervariable "minisatellite" regions in human DNA. *Nature* 314: 67–73.
719. Jennions MD, Backwell PRY (1996) Residency and size affect fight duration and outcome in the fiddler crab *Uca annulipes*. *Biological Journal of the Linnean Society* 57: 293–306.
720. Jennions MD, Petrie M (2000) Why do females mate multiply? A review of the genetic benefi ts. *Biological Reviews* 75: 21–64.
721. Jenssen TA, Lovern MB, Congdon JD (2001) Field-testing the protandry-based mating system for the lizard, *Anolis carolinensis*: does the model organism have the right model? *Behavioral Ecology and Sociobiology* 50: 162–171.
722. Jeon J, Buss DM (2007) Altruism toward cousins. *Proceedings of the Royal Society of London, Series B* 274: 1181–1187.
723. Jesseau SA, Holmes WG, Lee TM (2008) Mother-offspring recognition in communally nesting degus, *Octodon degus*. *Animal Behaviour* 75: 573–582.
724. Jiguet F, Bretagnolle V (2006) Manipulating lek size and composition using decoys: An experimental investigation of lek evolution models. *American Naturalist* 168: 758–768.
725. Jiménez JA, Hughes KA, Alaks G, Graham L, Lacy RC (1994) An experimental study of inbreeding depression in a natural habitat. *Science* 266: 271–273.
726. Jin H, Clayton DF (1997) Localized changes in immediate-early gene regulation during sensory and motor learning in zebra finches. *Neuron* 19: 1049–1059.
727. Jinks RN, Markley TL, Taylor EE, Perovich G, Dittel AI, Epifanio CE, Cronin TW (2002) Adaptive visual metamorphosis in a deep-sea hydrothermal vent crab. *Nature* 420: 68–70.
728. Johansson J, Turesson H, Persson A (2004) Active selection for large guppies, *Poecilia reticulata*, by the pike cichlid, *Crenicichla saxatilis*. *Oikos* 105: 595–605.
729. Johns T (1990) *With Bitter Herbs They Shall Eat It: Chemical Ecology and the Origins of Human Diet and Medicine*. University of Arizona Press, Tucson, AZ.
730. Johnsen A, Andersson S, Ornberg J, Lifjeld JT (1998) Ultraviolet plumage ornamentation affects social mate choice and sperm competition in bluethroats (Aves: *Luscinia s. svecica*): A field experiment. *Proceedings of the Royal Society of London, Series B* 265: 1313–1318.
731. Johnsen A, Andersen V, Sunding C, Lifjeld JT (2000) Female bluethroats enhance offspring immunocompetence through extra-pair copulations. *Nature* 406: 296–299.
732. Johnson CH, Hastings JW (1986) The elusive mechanisms of the circadian clock. *American Scientist* 74: 29–37.
733. Johnsson JI, Sundström F (2007) Social transfer of predation risk information reduces food locating ability in European minnows (*Phoxinus phoxinus*). *Ethology* 113: 166–173.
734. Johnstone RA (2000) Models of reproductive skew: A review and synthesis. *Ethology* 106: 5–26.
735. Jones BC, DeBruine LM, Perrett DI, Little AC, Feinberg DR, Smith MJL (2008) Effects of menstrual cycle phase on face preferences. *Archives of Sexual Behavior* 37: 78–84.
736. Jones CM, Healy SD (2006) Differences in cue use and spatial memory in men and women. *Proceedings of the Royal Society of London, Series B* 273: 2241–2247.
737. Jones IL, Hunter FM (1998) Heterospecific mating preferences for a feather ornament in least auklets. *Behavioral Ecology* 9: 187–192.
738. Jones JS, Wynne-Edwards KE (2000) Paternal hamsters mechanically assist the delivery, consume amniotic fluid and placenta, remove fetal membranes, and provide parental care during the birth process. *Hormones and Behavior* 37: 116–125.
739. Jones OD (1999) Sex, culture, and the biology of rape: Toward explanation and prevention. *California Law Review* 87: 827–942.
740. Jouventin P, Barbraud C, Rubin M (1995) Adoption in the emperor penguin, *Aptenodytes forsteri*. *Animal Behaviour* 50: 1023–1029.
741. Jukema J, Piersma T (2005) Permanent female mimics in a lekking shorebird. *Biology Letters* 2: 161–164.
742. Just J (1988) Siphonoecetinae (Corophiidae). 6: A survey of phylogeny, distribution, and biology. *Crustaceana*, Supplement 13: 193–208.
743. Kalko EKV (1995) Insect pursuit, prey capture and echolocation in pipistrelle bats (Microchiroptera). *Animal Behaviour* 50: 861–880.
744. Kalmijn AJ (1982) Electric and magnetic field detection in elasmobranch fi shes. *Science* 218: 916–918.
745. Kanazawa S (2003) Can evolutionary psychology explain reproductive behavior in the contemporary United States? *Sociological Quarterly* 44: 291–302.
746. Kannisto V, Christensen K, Vaupel JW (1997) No increased mortality in later life for cohorts born during famine. *American Journal of Epidemiology* 145: 987–994.
747. Kanwisher N, McDermott J, Chun MM (1997) The fusiform face area: A module in human extrastriate cortex specialized for face perception. *Journal of Neuroscience* 17: 4302–4311.
748. Kanwisher N, Downing P, Epstein R, Kourtzi Z (2001) Functional neuroimaging of human visual recognition. In: Cabeza R, Kingstone A (eds) *The Handbook of Functional Neuroimaging*. MIT Press, Cambridge, MA.
749. Kaplan H, Hill K (1985) Hunting ability and reproductive success among male Ache foragers: Preliminary results. *Current Anthropology* 26: 131–133.
750. Kasumovic MM, Andrade MCB (2006) Male development tracks rapidly shifting sexual versus natural selection pressures. *Current Biology* 16: R242–R243.
751. Keeton WT (1969) Orientation by pigeons: Is the sun necessary? *Science* 165: 922–928.
752. Kell CA, von Kriegsterin K, Rosler R, Kleinschmidt A, Laufs H (2005) The sensory cortical representation of the human penis: revisiting somatotopy in the male homunculus. *Journal of Neuroscience* 25: 5984–5987.
753. Keller L, Ross KG (1998) Selfish genes: A green beard in the red fire ant. *Nature* 394: 573–575.

754. Keller LF, Grant PR, Grant BR, Petren K (2001) Heritability of morphological traits in Darwin's Finches: misidentified paternity and maternal effects. *Heredity* 87: 325–336.
755. Kemp DJ (2002) Sexual selection constrained by life history in a butterfly. *Proceedings of the Royal Society of London, Series B* 269: 1341–1345.
756. Kemp DJ, Wiklund C (2003) Residency effects in animal contests. *Proceedings of the Royal Society of London, Series B* 271: 1707–1711.
757. Kemp DJ (2007) Female butterflies prefer males bearing bright iridescent ornamentation. *Proceedings of the Royal Society of London, Series B* 274: 1043–1047.
758. Kemp DJ (2008) Female mating biases for bright ultraviolet iridescence in the butterfly *Eurema hecabe* (Pieridae). *Behavioral Ecology* 19: 1–8.
759. Kempenaers B, Verheyen GR, van der Broeck M, Burke T, van Broeckhoven C, Dhondt AA (1992) Extra-pair paternity results from female preference for high quality males in the blue tit. *Nature* 357: 494–496.
760. Kempenaers B, Verheyen GR, Dhondt AA (1997) Extrapair paternity in the blue tit (*Parus caeruleus*): Female choice, male characteristics, and offspring quality. *Behavioral Ecology* 8: 481–492.
761. Kenrick DT, Sadalla EK, Groth G, Trost MR (1990) Evolution, traits, and the stages of human courtship: Qualifying the parental investment model. *Journal of Personality* 58: 97–116.
762. Kenrick DT, Keefe RC (1992) Age preferences in mates reflect sex differences in reproductive strategies. *Behavioral and Brain Sciences* 15: 75–133.
763. Kenrick DT (1995) Evolutionary theory versus the confederacy of dunces. *Psychological Inquiry* 6: 56–61.
764. Kenrick DT, Keefe RC, Gabrielidis C, Cornelius JS (1996) Adolescent's age preferences for dating partners: Support for an evolutionary model of life-history strategies. *Child Development* 67: 1499–1511.
765. Kent DS, Simpson JA (1992) Eusociality in the beetle *Australoplatypus incompertus* (Coleoptera: Curculionidae). *Naturwissenschaften* 79: 86–87.
766. Kerverne EB (1997) An evaluation of what the mouse knockout experiments are telling us about mammalian behaviour. *Bioessays* 19: 1091–1098.
767. Kessel EL (1955) Mating activities of balloon flies. *Systematic Zoology* 4: 97–104.
768. Ketterson ED, Nolan V, Jr. (1999) Adaptation, exaptation, and constraint: A hormonal perspective. *American Naturalist* 154 Supplement: S4–S25.
769. Kettlewell HBD (1955) Selection experiments on industrial melanism in the Lepidoptera. *Heredity* 9: 323–343.
770. Kilner RM, Noble DG, Davies NB (1999) Signals of need in parent-offspring communication and their exploitation by the common cuckoo. *Nature* 397: 667–672.
771. Kilner RM, Madden JR, Hauber ME (2004) Brood parasitic cowbird nestlings use host young to procure resources. *Science* 305: 877–879.
772. Kimball RT, Braun EL, Ligon JD, Lucchini V, Randi E (2001) A molecular phylogeny of the peacock-pheasants (Galliformes: *Polyplectron* spp.) indicates loss and reduction of ornamental traits and display behaviours. *Biological Journal of the Linnean Society* 73: 187–198.
773. Kimchi T, Xu J, Dulac C (2007) A functional circuit underlying male sexual behaviour in the female mouse brain. *Nature* 448: 1009–1015.
774. King AP, West MJ (1983) Epigenesis of cowbird song—a joint endeavour of males and females. *Nature* 305: 704–706.
775. Kirchner WH, Grasser A (1998) The significance of odor cues and dance language information for the food search behavior of honeybees (Hymenoptera: Apidae). *Journal of Insect Behavior* 11: 169–178.
776. Kirkpatrick M (1982) Sexual selection and the evolution of female choice. *Evolution* 36: 1–12.
777. Kirn JR, DeVoogd TJ (1989) The genesis and death of vocal control neurons during sexual differentiation in the zebra finch. *Journal of Neuroscience* 9: 3176–3187.
778. Kitcher P (1985) *Vaulting Ambition*. MIT Press, Cambridge, MA.
779. Kiyota M, Insley SJ, Lance SL (2008) Effectiveness of territorial polygyny and alternative mating strategies in northern fur seals, *Callorhinus ursinus*. *Behavioral Ecology and Sociobiology* 62: 739–746.
780. Klein SL (2000) The effects of hormones on sex differences in infection: From genes to behavior. *Neuroscience and Biobehavioral Reviews* 24: 627–638.
781. Klump GM, Kretzschmar E, Curio E (1986) The hearing of an avian predator and its avian prey. *Behavioral Ecology and Sociobiology* 18: 317–324.
782. Knox TT, Scott MP (2006) Size, operational sex ratio, and mate-guarding success of the carrion beetle, *Necrophila americana*. *Behavioral Ecology* 17: 88–96.
783. Knudsen B, Evans RM (1986) Parent-young recognition in herring gulls (*Larus argentatus*). *Animal Behaviour* 34: 77–80.
784. Kodric-Brown A, Brown JH (1984) Truth in advertising: The kinds of traits favored by sexual selection. *American Naturalist* 124: 309–323.
785. Kodric-Brown A (1993) Female choice of multiple male criteria in guppies: Interacting effects of dominance, coloration and courtship. *Behavioral Ecology and Sociobiology* 32: 415–420.
786. Koenig WD (1981) Coalitions of male lions: Making the best of a bad job? *Nature* 293: 413–414.
787. Koenig WD, Mumme RL (1987) *Population Ecology of the Cooperatively Breeding Acorn Woodpecker*. Princeton University Press, Princeton, NJ.
788. Koenig WD, Mumme RL, Stanback MT, Pitelka FA (1995) Patterns and consequences of egg destruction among joint-nesting acorn woodpeckers. *Animal Behaviour* 50: 607–621.
789. Koetz AH, Westcott DA, Congdon BC (2007) Spatial pattern of song element sharing and its implications for song learning in the chowchilla, *Orthonyx spaldingii*. *Animal Behaviour* 74: 1019–1028.
790. Kokko H, Jennions MD, Brooks DR (2006) Unifying and testing models of sexual selection. *Annual Review of Ecology, Evolution and Systematics* 37: 43–46.
791. Kölliker M (2007) Benefits and costs of earwig (*Forficula auricularia*) family life. *Behavioral Ecology and Sociobiology* 61: 1489–1497.
792. Komdeur J (1992) Importance of habitat saturation and territory quality for evolution of cooperative breeding in the Seychelles warbler. *Nature* 358: 493–495.
793. Komdeur J (1992) Influence of territory quality and habitat saturation on dispersal options in the Seychelles warbler: An experimental test of the habitat saturation hypothesis for cooperative breeding. *Acta XX Congressus Internationalis Ornithologici* 20: 1325–1332.
794. Komdeur J, Kraaijeveld-Smit F, Kraaijeveld K, Edelaar P (1999) Explicit experimental evidence for the role of mate guarding in minimizing loss of paternity in the Seychelles warbler. *Proceedings of the Royal Society of London, Series B* 266: 2075–2081.
795. Komdeur J (2001) Mate guarding in the Seychelles warbler is energetically costly and adjusted to paternity risk. *Proceedings of the Royal Society of London, Series B* 268: 2103–2111.

796. Komdeur J, Burke T, Richardson DS (2007) Explicit experimental evidence for the effectiveness of proximity as mate-guarding behaviour in reducing extra-pair fertilization in the Seychelles warbler. *Molecular Ecology* 16: 3679–3688.

797. Komers PE, Brotherton PNM (1997) Female space use is the best predictor of monogamy in mammals. *Proceedings of the Royal Society of London, Series B* 264: 1261–1270.

798. Konishi M (1965) The role of auditory feedback in the control of vocalization in the white-crowned sparrow. *Zeitschrift für Tierpsychologie* 22: 770–783.

799. Konishi M (1985) Birdsong: From behavior to neurons. *Annual Review of Neuroscience* 8: 125–170.

800. Kramer MG, Marden JH (1997) Almost airborne. *Nature* 385: 403–404.

801. Krams I, Krama T, Iguane K, Mand R (2007) Long-lasting mobbing of the pied flycatcher increases the risk of nest predation. *Behavioral Ecology* 18: 1082–1084.

802. Krams I, Krama T, Igaune K, Mand R (2008) Experimental evidence of reciprocal altruism in the pied flycatcher. *Behavioral Ecology and Sociobiology* 62: 599–605.

803. Krebs JR (1971) Territory and breeding density in the great tit, *Parus major* L. *Ecology* 52: 2–22.

804. Krebs JR (1982) Territorial defence in the great tit (*Parus major*): Do residents always win? *Behavioral Ecology and Sociobiology* 11: 185–194.

805. Krebs JR, Kacelnik A (1991) Decision-making. In: Krebs JR, Davies NB (eds) *Behavioural Ecology: An Evolutionary Approach*. Blackwell Scientific Publications, Oxford.

806. Krishnamani R, Mahaney WC (2000) Geophagy among primates: Adaptive significance and ecological consequences. *Animal Behaviour* 59: 899–915.

807. Krohmer RW (2004) The male red-sided garter snake (*Thamnophis sirtalis parietalis*): Reproductive pattern and behavior. *ILAR Journal* 45: 65–74.

808. Kroodsma DE, Canady RA (1985) Differences in repertoire size, singing behavior, and associated neuroanatomy among marsh when populations have a genetic basis. *Auk* 102: 439–446.

809. Kroodsma DE, Konishi M (1991) A suboscine bird (Eastern Phoebe, *Sayornis phoebe*) develops normal song without auditory-feedback. *Animal Behaviour* 42: 477–487.

810. Kroodsma DE, Liu WC, Goodwin E, Bedell PA (1999) The ecology of song improvisation as illustrated by North American sedge wrens. *Auk* 116: 373–386.

811. Kroodsma DE, Sánchez J, Stemple DW, Goodwin E, da Silva ML, Vielliard JME (1999) Sedentary life style of Neotropical sedge wrens promotes song imitation. *Animal Behaviour* 57: 855–863.

812. Kroodsma DE (2005) *The Singing Life of Birds: The Art and Science of Listening to Birdsong*. Houghton Miffl in, New York.

813. Krüger O, Davies NB (2002) The evolution of cuckoo parasitism: a comparative analysis. *Proceedings of the Royal Society of London, Series B* 269: 375–381.

814. Kruuk H (1964) Predators and anti-predator behaviour of the black-headed gull *Larus ridibundus*. *Behaviour Supplements* 11: 1–129.

815. Kruuk H (1972) *The Spotted Hyena*. University of Chicago Press, Chicago.

816. Kruuk H (2004) *Niko's Nature: The Life of Niko Tinbergen and His Science of Animal Behavior*. Oxford University Press, Oxford.

817. Kuhn TS (1996) *The Structure of Scientific Revolutions*, 3rd edn. University of Chicago Press, Chicago, IL.

818. Kukalová-Peck J (1978) Origin and evolution of insect wings and their relation to metamorphosis, as documented by the fossil record. *Journal of Morphology* 158: 53–126.

819. Kusmierski R, Borgia G, Crozier RH, Chan BHY (1993) Molecular information on bowerbird phylogeny and the evolution of exaggerated male characters. *Journal of Evolutionary Biology* 6: 737–752.

820. Kusmierski R, Borgia G, Uy A, Crozier RH (1997) Labile evolution of display traits in bowerbirds indicates reduced effects of phylogenetic constraint. *Proceedings of the Royal Society of London, Series B* 264: 307–313.

821. Kutsukake M, Shibao H, Nikoh N, Morioka M, Tamura T, Hoshino T, Ohgiya S, Fukatsu T (2004) Venomous protease of aphid soldier for colony defense. *Proceedings of the National Academy of Sciences USA* 101: 11338–11343.

822. Kvarnemo C, Moore GI, Jones AG (2007) Sexually selected females in the monogamous Western Australian seahorse. *Proceedings of the Royal Society of London, Series B* 274: 521–525.

823. Kvist A, Lindstrom A, Green M, Piersma T, Visser GH (2001) Carrying large fuel loads during sustained bird flight is cheaper than expected. *Nature* 413: 730–732.

824. LaBas N, Hockman LR (2005) An invasion of cheats: the evolution of worthless nuptial gifts. *Current Biology* 15: 64–67.

825. Lacey EA, Sherman PW (1991) Social organization of naked mole-rat colonies: Evidence for divisions of labor. In: Sherman PW, Jarvis JUM, Alexander RD (eds) *The Biology of the Naked Mole-Rat*. Princeton University Press, Princeton, NJ.

826. Lacey EA, Wieczorek JR (2001) Territoriality and male reproductive success in arctic ground squirrels. *Behavioral Ecology* 12: 626–631.

827. Lack D (1968) *Ecological Adaptations for Breeding in Birds*. Methuen, London.

828. Laeng B, Mathisen R, Johnsen JA (2007) Why do blue-eyed men prefer women with the same eye color? *Behavioral Ecology and Sociobiology* 61: 371–384.

829. Lafferty KD, Goodman D, Sandoval CP (2006) Restoration of breeding by snowy plovers following protection from disturbance. *Biodiversity and Conservation* 15: 2217–2230.

830. Laiolo P, Tella JL, Carrete M, Serrano D, López G (2004) Distress calls may honestly signal bird quality to predators. *Proceedings of the Royal Society of London, Series B* 271: S513–S515.

831. Laist DW (1987) Overview of the biological effects of lost and discarded plastic debris in the marine environment. *Marine Pollution Bulletin* 18: 319–326.

832. Lalumiére ML, Chalmers LJ, Quinsey VL, Seto MC (1996) A test of the mate deprivation hypothesis of social coercion. *Ethology and Sociobiology* 17: 299–318.

833. Lande R (1981) Models of speciation by sexual selection of polygenic traits. *Proceedings of the National Academy of Sciences USA* 78: 3721–3725.

834. Lang AB, Kalko EKV, Romer H, Bockholdt C, Dechmann DKN (2006) Activity levels of bats and katydids in relation to the lunar cycle. *Oecologia* 146: 659–666.

835. Langer P, Hogendoorn K, Keller L (2004) Tug-of-war over reproduction in a social bee. *Nature* 428: 844–847.

836. Langmore NE, Cockrem JF, Candy EJ (2002) Competition for male reproductive investment elevates testosterone levels in female dunnocks, *Prunella modularis*. *Proceedings of the Royal Society of London, Series B* 269: 2473–2478.

837. Langmore NE, Hunt S, Kilner RM (2003) Escalation of a coevolutionary arms race through host rejection of brood parasitic young. *Nature* 422: 157–160.

838. Langmore NE, Kilner RM (2007) Breeding site and host selection by Horsfield's bronze-cuckoos, *Chalcites basalis*. *Animal Behaviour* 74: 995–1004.

839. Lank DB, Oring LW, Maxson SJ (1985) Mate and nutrient limitation of egg-laying in a polyandrous shorebird. *Ecology* 66: 1513–1524.

840. Lank DB, Smith CM, Hanotte O, Burke T, Cooke F (1995) Genetic polymorphism for alternative mating behaviour in lekking male ruff *Philomachus pugnax*. *Nature* 378: 59–62.

841. Lanyon SM (1992) Interspecific brood parasitism in blackbirds (Icterinae): A phylogenetic perspective. *Science* 255: 77–79.
842. Lappin AK, Brandt Y, Husak JF, Macedonia JM, Kemp DJ (2006) Gaping displays reveal and amplify a mechanically based index of weapon performance. *American Naturalist* 168: 100–113.
843. Lassek WD, Gaulin SJC (2008) Waist-hip ratio and cognitive ability: is glueteofemoral fat a privileged store of neurodevelopmental resources? *Evolution and Human Behavior* 29: 26–34.
844. Latta SC, Brown C (1999) Autumn stopover ecology of the blackpoll warbler (*Dendroica striata*) in thorn scrub forest of the Dominican Republic. *Canadian Journal of Zoology* 77: 1147–1156.
845. Lauder GV, Leroi AM, Rose MR (1993) Adaptations and history. *Trends in Ecology and Evolution* 8: 294–297.
846. Leal M (1999) Honest signalling during prey-predator interactions in the lizard *Anolis cristatellus*. *Animal Behaviour* 58: 521–526.
847. Lebigre C, Alatalo RV, Siitari H, Parri S (2007) Restrictive mating by females on black grouse leks. *Molecular Ecology* 16: 4380–4389.
848. Lecomte N, Kuntz G, Lambert N, Gendner JP, Handrich Y, Le Maho Y, Bost CA (2006) Alloparental feeding in the king penguin *Animal Behaviour* 71: 457–462.
849. Leech SM, Leonard ML (1997) Begging and the risk of predation in nestling birds. *Behavioral Ecology* 8: 644–646.
850. Leitner S, Nicholson J, Leisler B, DeVoogd TJ, Catchpole CK (2002) Song and the song control pathway in the brain can develop independently of exposure to song in the sedge warbler. *Proceedings of the Royal Society of London, Series B* 269: 2519–2524.
851. Lema SC, Nevitt GA (2004) Variation in vasotocin immunoreactivity in the brain of recently isolated populations of a death valley pupfish, *Cyprinodon nevadensis*. *General and Comparative Endocrinology* 135: 300–309.
852. Lemaster MP, Mason RT (2001) Evidence for a female sex pheromone mediating male trailing behavior in the red-sided garter snake, *Thamnophis sirtalis parietalis*. *Chemoecology* 11: 149–152.
853. Lemon WC, Barth RH (1992) The effects of feeding rate on reproductive success in the zebra finch, *Taeniopyga guttata*. *Animal Behaviour* 44: 851–857.
854. Lendrem DW (1986) *Modelling in Behavioural Ecology: An Introductory Text*. Croom Helm, London.
855. Leonard ML, Horn AG, Porter J (2003) Does begging affect growth in nestling tree swallows, *Tachycineta bicolor*? *Behavioral Ecology and Sociobiology* 54: 573–577.
856. Leoncini I, Le Conte Y, Costagliola G, Plettner E, Toth AL, Wang M, Huang Z, Bécard J-M, Crauser D, Slessor KN, Robinson GE (2004) Regulation of behavioral maturation by a primer pheromone produced by adult worker honey bees. *Proceedings of the National Academy of Sciences USA* 101: 17559–17564.
857. Lesch KP (1998) Serotonin transporter and psychiatric disorders: Listening to the gene. *Neuroscientist* 4: 25–34.
858. Levey DJ, Stiles FG (1992) Evolutionary precursors of long-distance migration: Resource availability and movement patterns in Neotropical landbirds. *American Naturalist* 140: 447–476.
859. Levine JD (2004) Sharing time on the fly. *Current Opinion in Cell Biology* 16: 1–7.
860. Li NP, Bailey JM, Kenrick DT, Linsenmeier JAW (2002) The necessities and luxuries of mate preferences: Testing the tradeoffs. *Journal of Personality and Social Psychology* 82: 947–955.
861. Lichtenstein G, Sealy SG (1998) Nesting competition, rather than supernormal stimulus, explains the success of parasitic brown-headed cowbird chicks in yellow warbler nests. *Proceedings of the Royal Society of London, Series B* 265: 249–254.
862. Liebig J, Peeters C, Hölldobler B (1999) Worker policing limits the number of reproductives in a ponerine ant. *Proceedings of the Royal Society of London, Series B* 266: 1865–1870.
863. Ligon JD (1999) *The Evolution of Avian Mating Systems*. Oxford University Press, New York.
864. Lill A (1974) Sexual behavior of the lek-forming white-bearded manakin (*Manacus manacus trinitatis* Hartert). *Zeitschrift für Tierpsychologie* 36: 1–36.
865. Lim MM, Murphy AZ, Young LJ (2004) Ventral striatopallidal oxytocin and vasopressin V1a receptors in the monogamous prairie vole (*Microtus ochrogaster*). *Journal of Comparative Neurology* 468: 555–570.
866. Lim MM, Wang X, Olazábal DE, Ren X, Terwilliger EF, Young LJ (2004) Enhanced partner preference in a promiscuous species by manipulating the expression of a single gene. *Nature* 429: 754–757.
867. Lima SL, Dill LM (1990) Behavioral decisions made under the risk of predation: A review and prospectus. *Canadian Journal of Zoology* 68: 619–640.
868. Lin CP, Danforth BN, Wood TK (2004) Molecular phylogenetics and evolution of maternal care in Membracine treehoppers. *Systematic Biology* 53: 400–421.
869. Lincoln GA, Guinness F, Short RV (1972) The way in which testosterone controls the social and sexual behavior of the red deer stag (*Cervus elaphus*). *Hormones and Behavior* 3: 375–396.
870. Lind J, Fransson T, Jakobsson S, Kullberg C (1999) Reduced take-off ability in robins (*Erithacus rubecula*) due to migratory fuel load. *Behavioral Ecology and Sociobiology* 46: 65–70.
871. Lindauer M (1961) *Communication among Social Bees*. Harvard University Press, Cambridge, MA.
872. Little AC, Burt DM, Penton-Voak IS, Perrett DI (2001) Self-perceived attractiveness influences human female preferences for sexual dimorphism and symmetry in male faces. *Proceedings of the Royal Society of London, Series B* 268: 39–44.
873. Little AC, Jones BC, Burriss RP (2007) Preferences for masculinity in male bodies change across the menstrual cycle. *Hormones and Behavior* 51: 633–639.
874. Little AC, Jones BC, Burt DM (2007) Preferences for symmetry in faces change across the menstrual cycle. *Biological Psychology* 76: 209–216.
875. Lloyd JE (1965) Aggressive mimicry in *Photuris*: Firefly *femmes fatales*. *Science* 149: 653–654.
876. Lloyd JE (1975) Aggressive mimicry in *Photuris* fireflies: Signal repertoires by *femmes fatales*. *Science* 197: 452–453.
877. Lloyd JE (1980) Insect behavioral ecology: Coming of age in bionomics or compleat biologists have revolutions too. *Florida Entomologist* 63: 1–4.
878. Lockard RB, Owings DH (1974) Seasonal variation in moonlight avoidance by bannertail kangaroo rats. *Journal of Mammalogy* 55: 189–193.
879. Lockard RB (1978) Seasonal change in the activity pattern of *Dipodomys spectabilis*. *Journal of Mammalogy* 59: 563–568.
880. Lockhart DJ, Barlow C (2001) Expressing what's on your mind: DNA arrays and the brain. *Nature Reviews Neuroscience* 2: 63–68.
881. Loesche P, Stoddard PK, Higgins BJ, Beecher MD (1991) Signature versus perceptual adaptations for individual vocal recognition in swallows. *Behaviour* 118: 15–25.
882. Loher W (1972) Circadian control of stridulation in the cricket *Teleogryllus commodus* Walker. *Journal of Comparative Physiology* 79: 173–190.

883. Loher W (1979) Circadian rhythmicity of locomotor behavior and oviposition in female *Teleogryllus commodus*. *Behavioral Ecology and Sociobiology* 5: 383–390.
884. Lohmann KJ, Lohmann CMF, Ehrhart LM, Bagley DA, Swing T (2004) Geomagnetic map used in sea-turtle navigation. *Nature* 428: 909–910.
885. Lore R, Flannelly K (1977) Rat societies. *Scientific American* 236 (May): 106–116.
886. Lorenz KZ (1952) *King Solomon's Ring*. Crowell, New York.
887. Lotem A (1993) Learning to recognize nestlings is maladaptive for cuckoo *Cuculus canorus* hosts. *Nature* 362: 743–745.
888. Lotem A, Nakamura H, Zahavi A (1995) Constraints on egg discrimination and cuckoo-host co-evolution. *Animal Behaviour* 49: 1185–1209.
889. Lougheed LW, Anderson DJ (1999) Parent blue-footed boobies suppress siblicidal behavior of offspring. *Behavioral Ecology and Sociobiology* 45: 11–18.
890. Low BS, Heinen JT (1993) Population, resources, and environment: Implications of human behavioral ecology for conservation. *Population and Environment* 15: 7–41.
891. Loyau A, Saint Jalme M, Cagniant C, Sorci G (2005) Multiple sexual advertisements honestly reflect health status in peacocks (*Pavo cristatus*). *Behavioral Ecology and Sociobiology* 58: 552–557.
892. Loyau A, Saint Jalme M, Mauget R, Sorci G (2007) Male sexual attractiveness affects the investment of maternal resources into the eggs in peafowl (*Pavo cristatus*). *Behavioral Ecology and Sociobiology* 61: 1043–1052.
893. Loyau A, Saint Jalme M, Sorci G (2007) Non-defendable resources affect peafowl lek organization: A male removal experiment. *Behavioural Processes* 74: 64–70.
894. Lummaa V, Vuorisalo T, Barr RG, Lehtonen L (1998) Why cry? Adaptive significance of intensive crying in human infants. *Evolution and Human Behavior* 19: 193–202.
895. Lummaa V (2003) Early developmental conditions and reproductive success in humans: Downstream effects of prenatal famine, birthweight, and timing of birth. *American Journal of Human Biology* 15: 370–379.
896. Lundberg P (1985) Dominance behavior, body-weight and fat variations, and partial migration in European blackbirds *Turdus merula*. *Behavioral Ecology and Sociobiology* 17: 185–189.
897. Lundberg P (1988) The evolution of partial migration in birds. *Trends in Ecology and Evolution* 3: 172–176.
898. Lung O, Tram U, Finnerty CM, Eipper-Mains MA, Kalb JM, Wolfner MF (2002) The *Drosophila melanogaster* seminal fluid protein Acp62F is a protease inhibitor that is toxic upon ectopic expression. *Genetics* 160: 211–224.
899. Luschi P, Hays GC, Del Seppia C, Marsh R, Papi F (1998) The navigational feats of green sea turtles migrating from Ascension Island investigated by satellite telemetry. *Proceedings of the Royal Society of London, Series B* 265: 2279–2284.
900. Lutz W, Testa MR, Penn DJ (2006) Population density is a key factor in declining human fertility. *Population and Environment* 28: 69–81.
901. Lycett JE, Dunbar RIM (1999) Abortion rates reflect the optimization of parental investment strategies. *Proceedings of the Royal Society of London, Series B* 266: 2355–2358.
902. Lynch CB (1980) Response to divergent selection for nesting behavior in *Mus musculus*. *Genetics* 96: 757–765.
903. Lyon BE, Montgomerie RD, Hamilton LD (1987) Male parental care and monogamy in snow buntings. *Behavioral Ecology and Sociobiology* 20: 377–382.
904. Lyon BE (1993) Conspecific brood parasitism as a flexible female reproductive tactic in American coots. *Animal Behaviour* 46: 911–928.
905. Lyon BE, Eadie JM, Hamilton LD (1994) Parental choice selects for ornamental plumage in American coot chicks. *Nature* 371: 240–243.
906. Lyon BE (2003) Ecological and social constraints on conspecific brood parasitism by nesting female American coots (*Fulica americana*). *Journal of Animal Ecology* 72: 47–60.
907. Lyon BE (2007) Mechanism of egg recognition in defenses against conspecific brood parasitism: American coots (*Fulica americana*) know their own eggs. *Behavioral Ecology and Sociobiology* 61: 455–463.
908. MacDonald IF, Kempster B, Zanette L, MacDougall-Shackleton SA (2006) Early nutritional stress impairs development of a song-control brain region in both male and female juvenile song sparrows (*Melospiza melodia*) at the onset of song learning. *Proceedings of the Royal Society of London, Series B* 273: 2559–2564.
909. MacDougall-Shackleton EA, Derryberry EP, Hahn TP (2002) Nonlocal male mountain white-crowned sparrows have lower paternity and higher parasite loads than males singing local dialect. *Behavioral Ecology* 13: 682–689.
910. MacDougall-Shackleton SA, Sherry DF, Clark AP, Pinkus R, Hernandez AM (2003) Photoperiodic regulation of food storing and hippocampus volume in black-capped chickadees, *Poecile atricapillus*. *Animal Behaviour* 65: 805–812.
911. Mace R (1998) The coevolution of human fertility and wealth inheritance strategies. *Philosophical Transactions of the Royal Society of London, Series B* 353: 389–397.
912. Macrae CN, Alnwick KA, Milne AB, Schloerscheidt AM (2002) Person perception across the menstrual cycle: Hormonal influences on social-cognitive functioning. *Psychological Science* 13: 532–536.
913. Madden JR (2001) Sex, bowers and brains. *Proceedings of the Royal Society of London, Series B* 268: 833–838.
914. Madden JR (2003) Bower decorations are good predictors of mating success in the spotted bowerbird. *Behavioral Ecology and Sociobiology* 53: 269–277.
915. Madden JR (2003) Male spotted bowerbirds preferentially choose, arrange and proffer objects that are good predictors of mating success. *Behavioral Ecology and Sociobiology* 53: 263–268.
916. Maguire EA, Burgess N, Donnett JG, Frackowiak RSJ, Frith CD, O'Keefe J (1998) Knowing where and getting there: A human navigation network. *Science* 280: 921–934.
917. Maguire EA, Gadian DG, Johnsrude IS, Good CD, Ashburner J, Frackowiak RSJ, Frith CD (2000) Navigation-related structural change in the hippocampi of taxi drivers. *Proceedings of the National Academy of Sciences USA* 97: 4398–4403.
918. Maguire EA, Wollett K, Spiers HJ (2006) London taxi drivers and bus drivers: A structural MRI and neuropsychological analysis. *Hippocampus* 16: 1091–1101.
919. Maguire EA, Spiers HJ (2007) The neuroscience of remote spatial memory: a tale of two cities. *Neuroscience* 149: 7–27.
920. Mak GK, Enwere EK, Gregg C, Pakarainen T, Poutanen M, Huhtaniemi I, Weiss S (2007) Male pheromone-stimulated neurogenesis in the adult female brain: possible role in mating behavior. *Nature Neuroscience* 10: 1003–1011.
921. Mallach TJ, Leberg PL (1999) Use of dredged material substrates by nesting terns and black skimmers. *Journal of Wildlife Management* 63: 137–146.
922. Mangel M, Clark C (1988) *Dynamic Modelling in Behavioral Ecology*. Princeton University Press, Princeton, NJ.
923. Mant J, Brandli C, Vereecken NJ, Schulz CM, Francke W, Schiestl FP (2005) Cuticular hydrocarbons as sex pheromone of the bee *Colletes cunicularius* and the key to its mimicry by the sexually deceptive orchid, *Ophrys exaltata*. *Journal of Chemical Ecology* 31: 1765–1787.

924. Marasco PD, Catania KC (2007) Response properties of primary afferents supplying Eimer's organ. *Journal of Experimental Biology* 210: 765–780.
925. Marden JH, Waage JK (1990) Escalated damselfly territorial contests and energetic wars of attrition. *Animal Behaviour* 39: 954–959.
926. Marden JH, Kramer MG (1994) Surface-skimming stoneflies: A possible intermediate stage in insect flight evolution. *Science* 266: 427–430.
927. Marden JH (1995) How insects learned to fly. *The Sciences* 35: 26–30.
928. Marden JH, Kramer MG (1995) Locomotor performance of insects with rudimentary wings. *Nature* 377: 332–334.
929. Marden JH, O'Donnell BC, Thomas MA, Bye JY (2000) Surface-skimming stoneflies and mayflies: The taxonomic and mechanical diversity of two-dimensional aerodynamic locomotion. *Physiological and Biochemical Zoology* 73: 751–764.
930. Marden JH, Thomas MA (2003) Rowing locomotion by a stonefly that possesses the ancestral pterygote condition of co-occurring wings and abdominal gills. *Biological Journal of the Linnean Society* 79: 341–349.
931. Maret TJ, Collins JP (1994) Individual responses to population size structure: The role of size variation in controlling expression of a trophic polyphenism. *Oecologia* 100: 279–285.
932. Margulis SW, Saltzman W, Abbott DH (1995) Behavioural and hormonal changes in female naked mole-rats (*Heterocephalus glaber*) following removal of the breeding female from a colony. *Hormones and Behavior* 29: 227–247.
933. Margulis SW, Altmann J (1997) Behavioural risk factors in the reproduction of inbred and outbred oldfield mice. *Animal Behaviour* 54: 397–408.
934. Marler CA, Moore MC (1989) Time and energy costs of aggression in testosterone-implanted free-living male mountain spiny lizards (*Sceloporus jarrovi*). *Physiological Zoology* 62: 1334–1350.
935. Marler CA, Moore MC (1991) Supplementary feeding compensates for testosterone-induced costs of aggression in male mountain spiny lizards, *Sceloporus jarrovi*. *Animal Behaviour* 42: 209–219.
936. Marler CA, Walsberg G, White ML, Moore MC (1995) Increased energy-expenditure due to increased territorial defense in male lizards after phenotypic manipulation. *Behavioral Ecology and Sociobiology* 37: 225–231.
937. Marler P (1955) Characteristics of some animal calls. *Nature* 176: 6–8.
938. Marler P, Tamura M (1964) Culturally transmitted patterns of vocal behavior in sparrows. *Science* 146: 1483–1486.
939. Marler P (1970) Birdsong and speech development: Could there be parallels? *American Scientist* 58: 669–673.
940. Marra PP, Holmes RT (2001) Consequences of dominance-mediated habitat segregation in American Redstarts during the nonbreeding season. *Auk* 118: 92–104.
941. Marshall RC, Buchanan KL, Catchpole CK (2003) Sexual selection and individual genetic diversity in a songbird. *Proceedings of the Royal Society of London, Series B* 270: S248–S250.
942. Martín J, López P (2000) Chemoreception, symmetry and mate choice in lizards. *Proceedings of the Royal Society of London, Series B* 267: 1265–1269.
943. Martin TE, Schwabl H (2008) Variation in maternal effects and embryonic development rates among passerine species. *Philosophical Transactions of the Royal Society of London, Series B* 363: 1663–1674.
944. Maschwitz U, Maschwitz E (1974) Platzende Arbeiterinnen: Eine neue Art der Feindabwehr bei sozialen Hautflüglern. *Oecologia* 14: 289–294.
945. Massaro DW, Stork DG (1998) Speech recognition and sensory integration. *American Scientist* 86: 236–244.
946. Massaro M, Chardine JW, Jones IL (2001) Relationships between black-legged kittiwake nest site characteristics and susceptibility to predation by large gulls. *Condor* 103: 793–801.
947. Mateo JM, Holmes WG (1997) Development of alarm-call responses in Belding's ground squirrels: The role of dams. *Animal Behaviour* 54: 509–524.
948. Mateo JM, Johnston RE (2000) Kin recognition and the "armpit effect": Evidence of self-reference phenotype matching. *Proceedings of the Royal Society of London, Series B* 267: 695–700.
949. Mateo JM (2002) Kin-recognition abilities and nepotism as a function of sociality. *Proceedings of the Royal Society of London, Series B* 269: 721–727.
950. Mateo JM (2006) The nature and representation of individual recognition odours in Belding's ground squirrels. *Animal Behaviour* 71: 141–154.
951. Mather MH, Roitberg BD (1987) A sheep in wolf's clothing: Tephritid flies mimic spider predators. *Science* 236: 308–310.
952. Matsumoto-Oda A, Hamai M, Hayaki H, Hosaka K, Hunt KD, Kasuya E, Kawanaka K, Mitani JC, Takasaki H, Takahata Y (2007) Estrus cycle asynchrony in wild female chimpanzees, *Pan troglodytes schweinfurthii*. *Behavioral Ecology and Sociobiology* 61: 661–668.
953. Matthews LH (1939) Reproduction in the spotted hyena *Crocuta crocuta* (Erxleben). *Philosophical Transactions of the Royal Society of London, Series B* 230: 1–78.
954. Mattila HR, Seeley TD (2007) Genetic diversity in honey bee colonies enhances productivity and fitness. *Science* 317: 362–364.
955. May M (1991) Aerial defense tactics of flying insects. *American Scientist* 79: 316–329.
956. Maynard Smith J (1974) The theory of games and the evolution of animal conflicts. *Journal of Theoretical Biology* 47: 209–221.
957. Mayr E (1961) Cause and effect in biology. *Science* 134: 1501–1506.
958. Mayr E (1963) *Animal Species and Evolution*. Harvard University Press, Cambridge, MA.
959. McCandliss BD, Cohen L, Dehaene S (2003) The visual word form area: expertise for reading in the fusiform gyrus. *Trends in Cognitive Sciences* 7: 293–299.
960. McCracken GF, Bradbury JW (1981) Social organization and kinship in the polygynous bat *Phyllostomus hastatus*. *Behavioral Ecology and Sociobiology* 8: 11–34.
961. McCracken GF (1984) Communal nursing in Mexican free-tailed bat maternity colonies. *Science* 223: 1090–1091.
962. McCracken GF, Gustin MK (1991) Nursing behavior in Mexican free-tailed bat maternity colonies. *Ethology* 89: 305–321.
963. McDonald DB, Potts WK (1994) Cooperative display and relatedness among males in a lek-mating bird. *Science* 266: 1030–1032.
964. McDonald DB (2007) Predicting fate from early connectivity in a social network. *Proceedings of the National Academy of Sciences USA* 104: 10910–10914.
965. McGlothlin JW, Jawor JM, Ketterson ED (2007) Natural variation in a testosterone-mediated trade-off between mating effort and parental effort. *American Naturalist* 170: 864–875.
966. McGraw KJ, Hill GE (2000) Differential effects of endoparasitism on the expression of carotenoid- and melanin-based ornamental coloration. *Proceedings of the Royal Society of London, Series B* 267: 1525–1531.

967. McGraw KJ, Ardia DR (2003) Carotenoids, immunocompetence, and the information content of sexual colors: an experimental test. *American Naturalist* 162: 704–712.
968. McGuire B, Bemis WE (2007) Parental care. In: Wolff JO, Sherman PW (eds) *Rodent Societies: An Ecological and Evolutionary Perspective.* University of Chicago Press, Chicago.
969. McKibbin WF, Shackelford TK, Goetz AT, Starratt VG (2008) Why do men rape? An evolutionary psychological perspective. *Review of General Psychology* 12: 86–97.
970. McNair DB, Massiah EB, Frost MD (2002) Ground-based autumn migration of Blackpoll Warblers at Harrison Point, Barbados. *Caribbean Journal of Science* 38: 239–248.
971. Medvin MB, Stoddard PK, Beecher MD (1993) Signals for parent-offspring recognition: A comparative analysis of the begging calls of cliff swallows and barn swallows. *Animal Behaviour* 45: 841–850.
972. Meire PM, Ervynck A (1986) Are oystercatchers (*Haemoptopus ostralegus*) selecting the most profitable mussels (*Mytilus edulis*)? *Animal Behaviour* 34: 1427–1435.
973. Mello CV, Ribeiro S (1998) ZENK protein regulation by song in the brain of songbirds. *Journal of Comparative Neurology* 383: 426–438.
974. Melo L, Mendes AR, Monteriro da Cruz MAO (2003) Infanticide and cannibalism in wild common marmosets. *Folia Primatologica* 74: 48–50.
975. Mendonca MT, Daniels D, Faro C, Crews D (2003) Differential effects of courtship and mating on receptivity and brain metabolism in female red-sided garter snakes (*Thamnophis sirtalis parietalis*). *Behavioral Neuroscience* 117: 144–149.
976. Mery F, Belay AT, So AKC, Sokolowski MB, Kawecki TJ (2007) Natural polymorphism affecting learning and memory in *Drosophila. Proceedings of the National Academy of Sciences USA* 104: 13051–13055.
977. Mesoudi A, Danielson P (2008) Ethics, evolution and culture. *Theory in BioSciences* 127: 229–240.
978. Meyer A, Morrisey JM, Schartl M (1994) Recurrent origin of a sexually selected trait in *Xiphophorus* fishes inferred from a molecular phylogeny. *Nature* 368: 539–542.
979. Michener CD (1974) *The Social Behavior of the Bees: A Comparative Study.* Harvard University Press, Cambridge, MA.
980. Michl G, Török J, Griffith SC, Sheldon BC (2002) Experimental analysis of sperm competition mechanisms in a wild bird population. *Proceedings of the National Academy of Sciences USA* 99: 5466–5470.
981. Milinski M, Semmann D, Krambeck HJ (2002) Donors to charity gain in both indirect reciprocity and political reputation. *Proceedings of the Royal Society of London, Series B* 269: 881–883.
982. Milius S (2004) Where'd I put that? *Science News* 165: 103–105.
983. Miller DE, Emlen JT, Jr. (1975) Individual chick recognition and family integrity in the ring-billed gull. *Behaviour* 52: 124–144.
984. Miller GF, Tybur J, Jordan B (2008) Ovulatory cycle effects on tip earnings by lap-dancers: Economic evidence for human estrus? *Evolution and Human Behavior* 28: 375–381.
985. Miller JA (2007) Repeated evolution of male sacrifice behavior in spiders correlated with genital mutilation. *Evolution* 61: 1301–1315.
986. Miller LA, Surlykke A (2001) How some insects detect and avoid being eaten by bats: Tactics and countertactics of prey and predator. *BioScience* 51: 570–581.
987. Mills MGL (1990) *Kalahari Hyaenas: Comparative Behavioural Ecology of Two Species.* Unwin Hyman, London.
988. Milton K (2004) Ferment in the family tree: Does a frugivorous dietary heritage influence contemporary patterns of human ethanol use? *Integrative and Comparative Biology* 44: 304–314.
989. Mitani JC, Watts DP (2005) Correlates of territorial boundary patrol behaviour in wild chimpanzees. *Animal Behaviour* 70: 1079–1086.
990. Mitchell DP, Dunn PO, Whittingham LA, Freeman-Gallant CR (2007) Attractive males provide less parental care in two populations of the common yellowthroat. *Animal Behaviour* 73: 165–170.
991. Mock DW (1984) Siblicidal aggression and resource monopolization in birds. *Science* 225: 731–733.
992. Mock DW, Ploger BJ (1987) Parental manipulation of optimal hatch asynchrony in cattle egrets: An experimental study. *Animal Behaviour* 35: 150–160.
993. Mock DW, Drummond H, Stinson CH (1990) Avian siblicide. *American Scientist* 78: 438–449.
994. Mock DW (2004) *More Than Kin and Less Than Kind: The Evolution of Family Conflict.* Harvard University Press, Cambridge, MA.
995. Mock DW, Schwagmeyer PL, Parker GA (2005) Male house sparrows deliver more food to experimentally subsidized offspring. *Animal Behaviour* 70: 225–236.
996. Moffat SD, Hampson E, Hatzipantelis M (1998) Navigation in a "virtual" maze: Sex differences and correlation with psychometric measures of spatial ability in humans. *Human Behavior and Evolution* 19: 73–87.
997. Moiseff A, Pollack GS, Hoy RR (1978) Steering responses of flying crickets to sound and ultrasound: Mate attraction and predator avoidance. *Proceedings of the National Academy of Sciences USA* 75: 4052–4056.
998. Möller A, Pavlick B, Hile AG, Balda RP (2001) Clark's nutcrackers *Nucifraga columbiana* remember the size of their cached seeds. *Ethology* 107: 451–461.
999. Møller AP (1988) Female choice selects for male sexual tail ornaments in the monogamous swallow. *Nature* 332: 640–642.
1000. Møller AP (1992) Female swallow preference for symmetrical male sexual ornaments. *Nature* 357: 238–240.
1001. Møller AP, Swaddle JP (1997) *Asymmetry, Developmental Stability, and Evolution.* Oxford University Press, New York.
1002. Møller AP (1999) Asymmetry as a predictor of growth, fecundity and survival. *Ecology Letters* 2: 149–156.
1003. Money J, Ehrhardt AA (1972) *Man and Woman, Boy and Girl.* Johns Hopkins University Press, Baltimore, MD.
1004. Monnin T, Ratnieks FLW, Jones GR, Beard R (2002) Pretender punishment induced by chemical signalling in a queenless ant. *Nature* 419: 61–65.
1005. Mooney R, Hoese W, Nowicki S (2001) Auditory representation of the vocal repertoire in a songbird with multiple song types. *Proceedings of the National Academy of Sciences USA* 98: 12778–12783.
1006. Moore J, Ali R (1984) Are dispersal and inbreeding avoidance related? *Animal Behaviour* 32: 94–112.
1007. Moore MC, Kranz B (1983) Evidence for androgen independence of male mounting behavior in white-crowned sparrows (*Zonotrichia leucophrys gambelii*). *Hormones and Behavior* 17: 414–423.
1008. Moreno J, Veiga JP, Cordero PJ, Mínguez E (1999) Effects of paternal care on reproductive success in the polygynous spotless starling *Sturnus unicolor. Behavioral Ecology and Sociobiology* 47: 47–53.
1009. Morley R, Lucas A (1997) Nutrition and cognitive development. *British Medical Bulletin* 53: 123–124.
1010. Morrison CD, Berthoud H-R (2007) Neurobiology of nutrition and obesity. *Nutrition Reviews* 65: 517–534.
1011. Morrison RIG, Davidson NC, Wilson JR (2007) Survival of the fattest: body stores on migration and survival in red knots *Calidris canutus islandica. Journal of Avian Biology* 38: 479–487.

1012. Morrow EH, Arnqvist G (2003) Costly traumatic insemination and a female counter-adaptation in bed bugs. *Proceedings of the Royal Society of London, Series B* 270: 2377–2381.
1013. Morrow PA, Bellas TE, Eisner T (1976) Eucalyptus oils in defensive oral discharge of Australian sawfly larvae (Hymenoptera: Pergidae). *Oecologia* 24: 193–206.
1014. Moss C (1988) *Elephant Memories*. William Morrow, New York.
1015. Mouritsen H, Frost BJ (2002) Virtual migration in tethered flying monarch butterflies reveals their orientation mechanisms. *Proceedings of the National Academy of Sciences USA* 99: 10162–10166.
1016. Mueller UG (1991) Haplodiploidy and the evolution of facultative sex ratios in a primitively eusocial bee. *Science* 254: 442–444.
1017. Müller CA, Manser MB (2007) "Nasty neighbours" rather than "dear enemies" in a social carnivore. *Proceedings of the Royal Society of London, Series B* 274: 959–965.
1018. Muller MN, Wrangham R (2002) Sexual mimicry in hyenas. *Quarterly Review of Biology* 77: 3–16.
1019. Muller MN, Thompson ME, Wrangham RW (2006) Male chimpanzees prefer mating with old females. *Current Biology* 16: 2234–2238.
1020. Muller MN, Kahlenberg SM, Thompson ME, Wrangham RW (2007) Male coercion and the costs of promiscuous mating for female chimpanzees. *Proceedings of the Royal Society of London, Series B* 274: 1009–1014.
1021. Mumme RL, Koenig WD, Pitelka FA (1983) Reproductive competition in the communal acorn woodpecker: Sisters destroy each other's eggs. *Nature* 306: 583–584.
1022. Mumme RL, Koenig WD, Ratnieks FLW (1989) Helping behaviour, reproductive value, and the future component of indirect fitness. *Animal Behaviour* 38: 331–343.
1023. Mumme RL (1992) Do helpers increase reproductive success? An experimental analysis in the Florida scrub jay. *Behavioral Ecology and Sociobiology* 31: 319–328.
1024. Murdock GP (1967) *Ethnographic Atlas*. Pittsburgh University Press, Pittsburgh, PA.
1025. Murphy CG (2003) The cause of correlations between nightly numbers of male and female barking treefrogs (*Hyla gratiosa*) attending choruses. *Behavioral Ecology* 14: 274–281.
1026. Musiega DE, Kazadi SN, Fukuyama K (2006) A framework for predicting and visualizing the East African wildebeeste migration-route in variable climatic conditions using geographic information system and remote sensing. *Ecological Research* 21: 530–543.
1027. Myerscough MR (2003) Dancing for a decision: a matrix model for nest-site choice by honeybees. *Proceedings of the Royal Society of London, Series B* 270: 577–582.
1028. Nagarajan R, Lea SEG, Goss-Custard JD (2002) Reevaluation of patterns of mussel (*Mytilus edulis*) selection by European Oystercatchers (*Haematopus ostralegus*). *Canadian Journal of Zoology* 80: 846–853.
1029. Nash DR, Als TD, Maile R, Jones GR, Boomsma JJ (2008) A mosaic of chemical coevolution in a large blue butterfly. *Science* 319: 88–90.
1030. Neal JK, Wade J (2007) Courtship and copulation in the adult male green anole: Effects of season, hormone and female contact on reproductive behavior and morphology. *Behavioural Brain Research* 177: 177–185.
1031. Nealen PM, Perkel DJ (2000) Sexual dimorphism in the song system of the Carolina wren *Thryothorus ludovicianus*. *Journal of Comparative Neurology* 418: 346–360.
1032. Neff BD (2003) Decisions about parental care in response to perceived paternity. *Nature* 422: 716–719.
1033. Nelson DA (1999) Ecological influences on vocal development in the white-crowned sparrow. *Animal Behaviour* 58: 21–36.
1034. Nelson DA (2000) Song overproduction, selective attrition and song dialects in the white-crowned sparrow. *Animal Behaviour* 60: 887–898.
1035. Nelson DA, Hallberg KI, Soha JA (2004) Cultural evolution of Puget Sound white-crowned sparrow song dialects. *Ethology* 110: 879–908.
1036. Nelson DA, Soha JA (2004) Male and female white-crowned sparrows respond differently to geographic variation in song. *Behaviour* 141: 53–69.
1037. Nelson RJ (2005) *An Introduction to Behavioral Endocrinology*, 3rd edn. Sinauer Associates, Sunderland, MA.
1038. Nesse RM (2005) Maladaptation and natural selection. *Quarterly Review of Biology* 80: 62–70.
1039. Nesse RM (2007) Runaway social selection for displays of partner value and altruism. *Biological Theory* 2: 143–155.
1040. Neudorf DL, Sealy SG (2002) Distress calls of birds in a neotropical cloud forest. *Biotropica* 34: 118–126.
1041. Newcomer SD, Zeh JA, Zeh DW (1999) Genetic benefits enhance the reproductive success of polyandrous females. *Proceedings of the National Academy of Sciences USA* 96: 10236–10241.
1042. Newman EA, Hairline PH (1982) The infrared "vision" of snakes. *Scientific American* 20 (Mar.): 116–127.
1043. Newton PN (1986) Infanticide in an undisturbed forest population of hanuman langurs, *Presbytis entellus*. *Animal Behaviour* 34: 785–789.
1044. Nicholls JA, Goldizen AW (2006) Habitat type and density influence vocal signal design in satin bowerbirds. *Journal of Animal Ecology* 75: 549–558.
1045. Nieh JC (1998) The role of a scent beacon in the communication of food location by the stingless bee, *Melipona panamica*. *Behavioral Ecology and Sociobiology* 43: 47–58.
1046. Nieh JC (1999) Stingless-bee communication. *American Scientist* 87: 428–435.
1047. Nieh JC, Contrera FAL, Rangel J, Imperatriz-Fonseca VL (2003) Effect of food location and quality on recruitment sounds and success in two stingless bees, *Melipona mandacaia* and *Melipona bicolor*. *Behavioral Ecology and Sociobiology* 55: 87–94.
1048. Nieh JC (2004) Recruitment communication in stingless bees (Hymenoptera, Apidae, Meliponini). *Apidologie* 35: 159–182.
1049. Nieh JC, Barreto LS, Contrera FAL, Imperatriz-Fonseca VL (2004) Olfactory eavesdropping by a competitively foraging stingless bee, *Trigona spinipes*. *Proceedings of the Royal Society of London, Series B* 271: 1633–1640.
1050. Nijhout HF (2003) Development and evolution of adaptive polyphenisms. *Evolution & Development* 5: 9–18.
1051. Noë R, Sluijter AA (1990) Reproductive tactics of male savanna baboons. *Behaviour* 113: 117–170.
1052. Nolen TG, Hoy RR (1984) Phonotaxis in flying crickets: Neural correlates. *Science* 226: 992–994.
1053. Nonacs P (1986) Ant reproductive strategies and sex allocation theory. *Quarterly Review of Biology* 61: 1–21.
1054. Nonacs P, Reeve HK (1995) The ecology of cooperation in wasps: Causes and consequences of alternative reproductive decisions. *Ecology* 76: 953–967.
1055. Nordby JC, Campbell SE, Beecher MD (1999) Ecological correlates of song learning in song sparrows. *Behavioral Ecology* 10: 287–297.
1056. Norris DR, Marra PP, Kyser TK, Sherry TW, Ratcliffe LM (2004) Tropical winter habitat limits reproductive success on the temperate breeding grounds in a migratory bird. *Proceedings of the Royal Society of London, Series B* 271: 59–64.
1057. Nottebohm F, Arnold AP (1976) Sexual dimorphism in vocal control areas of songbird brain. *Science* 194: 211–213.

1058. Nowicki S, Peters S, Podos J (1998) Song learning, early nutrition, and sexual selection in birds. *American Zoologist* 38: 179–190.
1059. Nowicki S, Searcy WA, Hughes M (1998) The territory defense function of song in song sparrows: A test with the speaker occupation design. *Behaviour* 135: 615–628.
1060. Nowicki S, Hasselquist D, Bensch S, Peters S (2000) Nestling growth and song repertoire size in great reed warblers: Evidence for song learning as an indicator mechanism in mate choice. *Proceedings of the Royal Society of London, Series B* 267: 2419–2424.
1061. Nowicki S, Searcy WA, Peters S (2002) Brain development, song learning and mate choice in birds: a review and experimental test of the "nutritional stress hypothesis." *Journal of Comparative Physiology A* 188: 1003–1114.
1062. Nowicki S, Searcy WA, Peters S (2002) Quality of song learning affects female response to male bird song. *Proceedings of the Royal Society of London, Series B* 269: 1949–1954.
1063. Nunn CL, Gittleman JL, Antonovics J (2000) Promiscuity and the primate immune system. *Science* 290: 1168–1170.
1064. O'Connell-Rodwell CE (2007) Keeping an "Ear" to the ground: Seismic communication in elephants. *Physiology* 22: 287–294.
1065. O'Donnell RP, Shine R, Mason RT (2004) Seasonal anorexia in the male red-sided garter snake, *Thamnophis sirtalis parietalis*. *Behavioral Ecology and Sociobiology* 56: 413–419.
1066. O'Neill KM (1983) Territoriality, body size, and spacing in males of the bee wolf *Philanthus basilaris* (Hymenoptera; Sphecidae). *Behaviour* 86: 295–321.
1067. Oldroyd BP, Fewell JH (2007) Genetic diversity promotes homeostasis in insect colonies. *Trends in Ecology and Evolution* 22: 408–413.
1068. Olendorf R, Getty T, Scribner K, Robinson SK (2004) Male red-winged blackbirds distrust unreliable and sexually attractive neighbours. *Proceedings of the Royal Society of London, Series B* 271: 1033–1038.
1069. Olson DJ, Kamil AC, Balda RP, Nims PJ (1995) Performance of four seed-caching corvid species in operant tests of nonspatial and spatial memory. *Journal of Comparative Psychology* 109: 173–181.
1070. Ophir AG, Wolff JO, Phelps SM (2008) Variation in neural V!aR predicts sexual fidelity and space use among male prairie voles in semi-natural settings. *Proceedings of the National Academy of Sciences USA* 105: 1249–1254.
1071. Orians GH (1962) Natural selection and ecological theory. *American Naturalist* 96: 257–264.
1072. Orians GH (1969) On the evolution of mating systems in birds and mammals. *American Naturalist* 103: 589–603.
1073. Oring LW, Knudson ML (1973) Monogamy and polyandry in the spotted sandpiper. *The Living Bird* 11: 59–73.
1074. Oring LW (1985) Avian polyandry. *Current Ornithology* 3: 309–351.
1075. Oring LW, Colwell MA, Reed JM (1991) Lifetime reproductive success in the spotted sandpiper (*Actitis macularia*): Sex differences and variance components. *Behavioral Ecology and Sociobiology* 28: 425–432.
1076. Oring LW, Fleischer RC, Reed JM, Marsden KE (1992) Cuckoldry through stored sperm in the sequentially polyandrous spotted sandpiper. *Nature* 359: 631–633.
1077. Orrell KS, Jenssen TA (2002) Male mate choice by the lizard *Anolis carolinensis*: a preference for novel females. *Animal Behaviour* 63: 1091–1102.
1078. Osborne KA, Robichon A, Burgess E, Butland S, Shaw RA, Coulthard A, Pereira HS, Greenspan RJ, Sokolowski MB (1997) Natural behavior polymorphism due to a cGMPdependent protein kinase of *Drosophila*. *Science* 277: 834–836.
1079. Osorno JL, Drummond H (1995) The function of hatching asynchrony in the blue-footed booby. *Behavioral Ecology and Sociobiology* 37: 265–274.
1080. Östlund-Nilsson S, Holmlund M (2003) The artistic three-spined stickleback (*Gasterosteus aculeatus*). *Behavioral Ecology and Sociobiology* 53: 214–220.
1081. Östlund S, Ahnesjö I (1998) Female fifteen-spined sticklebacks prefer better fathers. *Animal Behaviour* 56: 1177–1183.
1082. Ostner J, Heistermann M (2003) Intersexual dominance, masculinized genitals and prenatal steroids: comparative data from lemurid primates. *Naturwissenschaften* 90: 141–144.
1083. Ostner J, Chalise MK, Koeing A, Launhardt K, Nikolet J, Podzuweit D, Borries C (2006) What Hanuman langurs know about female reproductive status. *American Journal of Primatology* 68: 701–712.
1084. Outlaw DC, Voelker G, Mila B, Girman DJ (2003) Evolution of long-distance migration in and historical biogeography of *Catharus* thrushes: A molecular phylogenetic approach. *Auk* 120: 299–310.
1085. Outlaw DC, Voelker G (2006) Phylogenetic tests of hypotheses for the evolution of avian migration: a case study using the Motacillidae. *Auk*. 123: 455–466.
1086. Owens DD, Owens MJ (1996) Social dominance and reproductive patterns in brown hyenas, *Hyaena brunnea*, of the central Kalahari desert. *Animal Behaviour* 51: 535–551.
1087. Owens IPF, Short RV (1995) Hormonal basis of sexual dimorphism in birds: Implications for sexual selection theory. *Trends in Ecology and Evolution* 10: 44–47.
1088. Owings DH, Coss RG (1977) Snake mobbing by California ground squirrels: Adaptive variation and ontogeny. *Behaviour* 62: 50–69.
1089. Packer C (1977) Reciprocal altruism in *Papio anubis*. *Nature* 265: 441–443.
1090. Packer C (1986) The ecology of sociality in felids. In: Rubenstein DI, Wrangham RW (eds) *Ecological Aspects of Social Evolution*. Princeton University Press, Princeton, NJ.
1091. Packer C, Scheel D, Pusey AE (1990) Why lions form groups: Food is not enough. *American Naturalist* 136: 1–19.
1092. Packer C, Gilbert DA, Pusey AE, O'Brien SJ (1991) A molecular genetic analysis of kinship and cooperation in African lions. *Nature* 351: 562–565.
1093. Packer C (1994) *Into Africa*. University of Chicago Press, Chicago.
1094. Page RA, Ryan MJ (2008) The effect of signal complexity on localization performance in bats that localize frog calls. *Animal Behaviour* 76: 761–769.
1095. Page RE, Robinson GE, Fondrk MK, Nasr ME (1995) Effects of worker genotypic diversity on honey-bee colony development and behavior (*Apis mellifera* L.). *Behavioral Ecology and Sociobiology* 36: 387–396.
1096. Page TL (1985) Clocks and circadian rhythms. In: Kerkut GA, Gilbert LI (eds) *Comprehensive Insect Physiology, Biochemistry, and Pharmacology*. Pergamon Press, New York.
1097. Pagnucco K, Zanette L, Clinchy M, Leonard ML (2008) Sheep in wolf's clothing: host nestling vocalizations resemble their cowbird competitor's. *Proceedings of the Royal Society of London, Series B* 275: 1061–1065.
1098. Palmer CT (1991) Human rape: Adaptation or by-product? *Journal of Sex Research* 28: 365–386.
1099. Palombit RA, Seyfarth RM, Cheney DL (1997) The adaptive value of "friendships" to female baboons: Experimental and observational evidence. *Animal Behaviour* 54: 599–614.
1100. Pangle KL, Peacor S, Johannsson OE (2007) Large nonlethal effects of an invasive invertebrate predator on zooplankton population growth rate. *Ecology* 88: 402–412.
1101. Panhuis TM, Wilkinson GS (1999) Exaggerated male eye span influences contest outcome in stalk-eyed flies (Diopsidae). *Behavioral Ecology and Sociobiology* 46: 221–227.

1102. Papaj DR, Messing RH (1998) Asymmetries in physiological state as a possible cause of resident advantage in contests. *Behaviour* 135: 1013–1030.
1103. Parker GA (1970) Sperm competition and its evolutionary consequences in the insects. *Biological Reviews* 45: 526–567.
1104. Parker GA, Baker RR, Smith VGF (1972) The origin and evolution of gamete dimorphism and the male-female phenomenon. *Journal of Theoretical Biology* 36: 529–553.
1105. Parker GA (2006) Sexual conflict over mating and fertilization: an overview. *Philosophical Transactions of the Royal Society of London, Series B* 361: 235–259.
1106. Partecke J, von Haeseler A, Wikelski M (2002) Territory establishment in lekking marine iguanas, *Amblyrhynchus cristatus*: support for the hotshot mechanism. *Behavioral Ecology and Sociobiology* 51: 579–587.
1107. Partecke J, Gwinner E (2007) Increased sedentariness in European blackbirds following urbanization: a consequence of local adaptation? *Ecology* 88: 882–890.
1108. Patricelli GL, Uy JAC, Walsh G, Borgia G (2002) Male displays adjusted to female's response. *Nature* 415: 279–280.
1109. Patricelli GL, Uy JAC, Borgia G (2003) Multiple male traits interact: attractive bower decorations facilitate attractive behavioural displays in satin bowerbirds. *Proceedings of the Royal Society of London, Series B* 270: 2389–2395.
1110. Patricelli GL, Uy JAC, Borgia G (2004) Female signals enhance the efficiency of mate assessment in satin bowerbirds (*Ptilonorhynchus violaceus*). *Behavioral Ecology* 15: 297–304.
1111. Pawłowski B, Dunbar RIM (1999) Impact of market value on human mate choice decisions. *Proceedings of the Royal Society of London, Series B* 266: 281–285.
1112. Peakall R (1990) Responses of male *Zaspilothynnus trilobatus* Turner wasps to females and the sexually deceptive orchid it pollinates. *Functional Ecology* 4: 159–167.
1113. Pelli DG, Farell B, Moore DC (2003) The remarkable inefficiency of word recognition. *Nature* 423: 752–756.
1114. Pengelley ET, Asmundson SJ (1974) Circannual rhythmicity in hibernating animals. In: Pengelley ET (ed) *Circannual Clocks*. Academic Press, New York.
1115. Penn DJ (2003) The evolutionary roots of our environmental problems: Toward a Darwinian ecology. *Quarterly Review of Biology* 78: 275–301.
1116. Penn DJ, Smith KR (2007) Differential fitness costs of reproduction between the sexes. *Proceedings of the National Academy of Sciences USA* 104: 553–558.
1117. Pennisi E (2000) Fruit fly genome yields data and a validation. *Science* 287: 1374.
1118. Pereyra ME, Sharbaugh SM, Hahn TP (2005) Interspecific variation in photo-induced GnRH plasticity among nomadic carduelline finches. *Brain Behavior and Evolution* 66: 35–49.
1119. Perrigo G, Bryant WC, vom Saal FS (1990) A unique neural timing system prevents male mice from harming their own offspring. *Animal Behaviour* 39: 535–539.
1120. Perusse D (1993) Cultural and reproductive success in industrial societies: Testing the relationship at the proximate and ultimate levels. *Behavioral and Brain Sciences* 16: 267–283.
1121. Petit LJ (1991) Adaptive tolerance of cowbird parasitism by prothonotary warblers: A consequence of site limitation? *Animal Behaviour* 41: 425–432.
1122. Petrie M, Halliday T, Sanders C (1991) Peahens prefer peacocks with elaborate trains. *Animal Behaviour* 41: 323–332.
1123. Petrie M (1992) Peacocks with low mating success are more likely to suffer predation. *Animal Behaviour* 44: 585–586.
1124. Petrie M (1994) Improved growth and survival of offspring of peacocks with more elaborate trains. *Nature* 371: 585–586.
1125. Petrie M, Halliday T (1994) Experimental and natural changes in the peacock's (*Pavo cristatus*) train can affect mating success. *Behavioral Ecology and Sociobiology* 35: 213–217.
1126. Petrusková T, Petrusek A, Pavel V, Fuchs R (2007) Territorial meadow pipit males (*Anthus pratensis*; Passeriformes) become more aggressive in female presence. *Naturwissenschaften* 94: 643–650.
1127. Pfaff JA, Zanetter L, MacDougall-Shackleton SA, MacDougall-Shackleton EA (2007) Song repertoire size varies with HVC volume and is indicative of male quality in song sparrows (*Melospiza melodia*). *Proceedings of the Royal Society of London, Series B* 274: 2035–2040.
1128. Pfennig DW, Collins JP (1993) Kinship affects morphogenesis in cannibalistic salamanders. *Nature* 362: 836–838.
1129. Pfennig DW, Sherman PW, Collins JP (1994) Kin recognition and cannibalism in polyphenic salamanders. *Behavioral Ecology* 5: 225–232.
1130. Pfennig DW, Rice AM, Martin RA (2007) Field and experimental evidence for competition's role in phenotypic divergence. *Evolution* 61: 257–271.
1131. Phelps SM, Ophir AG (2009) Monogamous brains and alternative tactics: Neuronal V1aR, space use and sexual infidelity among male prairie voles. In: Dukas R, Ratcliffe JM (eds) *Cognitive Ecology*. University of Chicago Press, Chicago.
1132. Phillips BL, Shine R (2006) An invasive species induced rapid adaptive change in a native predator: cane toads and black snakes in Australia. *Proceedings of the Royal Society of London, Series B* 273: 1545–1550.
1133. Phillips RA, Furness RW, Stewart FM (1998) The influence of territory density on the vulnerability of Arctic skuas *Stercorarius parasiticus* to predation. *Biological Conservation* 86: 21–31.
1134. Picciotto MR (1999) Knock-out mouse models used to study neurobiological systems. *Critical Reviews in Neurobiology* 13: 103–149.
1135. Pierce GJ, Ollason JG (1987) Eight reasons why optimal foraging theory is a complete waste of time. *Oikos* 49: 111–118.
1136. Pierotti R, Murphy EC (1987) Intergenerational conflicts in gulls. *Animal Behaviour* 35: 435–444.
1137. Pietrewicz AT, Kamil AC (1977) Visual detection of cryptic prey by blue jays (*Cyanocitta cristata*). *Science* 195: 580–582.
1138. Pietsch TW, Grobecker DB (1978) The compleat angler: Aggressive mimicry in the antennariid anglerfish. *Science* 201: 369–370.
1139. Pike N (2007) Specialised placement of morphs within the gall of the social aphid *Pemphigus spyrothecae*. *BMC Evolutionary Biology* 7: 18.
1140. Pike N, Whitfield JA, Foster WA (2007) Ecological correlates of sociality in *Pemphigus* aphids, with a partial phylogeny of the genus. *BMC Evolutionary Biology* 7: 185.
1141. Pike TW, Blount JD, Lindstrom J, Metcalfe NB (2007) Dietary carotenoid availability influences a male's ability to provide parental care. *Behavioral Ecology* 18: 1100–1105.
1142. Pillsworth EG, Haselton MG, Buss DM (2004) Ovulatory shifts in female sexual desire. *Journal of Sex Research* 41: 55–65.
1143. Pinker S (1994) *The Language Instinct*. W. Morrow & Co., New York.
1144. Pinker S (2002) *The Blank Slate: The Modern Denial of Human Nature*. Viking, New York.
1145. Pinxten R, de Ridder E, Eens M (2003) Female presence affects male behavior and testosterone levels in the European starling (*Sturnus vulgaris*). *Hormones and Behavior* 44: 103–109.
1146. Piper WH, Evers DC, Meyer MW, Tischler KB, Kaplan JD, Fleischer RC (1997) Genetic monogamy in the common loon (*Gavia immer*). *Behavioral Ecology and Sociobiology* 41: 25–32.

1147. Pischedda A, Chippindale AK (2006) Intralocus sexual conflict diminishes the benefits of sexual selection *PLoS Biology* 4: 2099–2103.
1148. Pitcher T (1979) He who hesitates lives: Is stotting antiambush behavior? *American Naturalist* 113: 453–456.
1149. Pitkow LJ, Sharer CA, Ren XL, Insel TR, Terwilliger EF, Young LJ (2001) Facilitation of affiliation and pair-bond formation by vasopressin receptor gene transfer into the ventral forebrain of a monogamous vole. *Journal of Neuroscience* 21: 7392–7396.
1150. Pitnick S, Garcia-Gonzalez F (2002) Harm to females increases with male body size in *Drosophila melanogaster*. *Proceedings of the Royal Society of London, Series B* 269: 1821–1828.
1151. Pizzari T, Birkhead TR (2000) Female feral fowl eject sperm of subdominant males. *Nature* 405: 787–789.
1152. Place NJ, Glickman SE (2004) Masculinization of female mammals: Lessons from *Nature*. In: Baskin L (ed) *Hypospadias and Genital Development*. Kluwer Academic/ Plenum Publishers, New York.
1153. Plaistow S, Siva-Jothy MT (1996) Energetic constraints and male mate securing tactics in the damselfly *Calopteryx splendens xanthosoma* (Charpentier). *Proceedings of the Royal Society of London, Series B* 263: 1233–1238.
1154. Platt JR (1964) Strong inference. *Science* 146: 347–353.
1155. Platzen D, Magrath RD (2004) Parental alarm calls suppress nestling vocalization. *Proceedings of the Royal Society of London, Series B* 271: 1271–1276.
1156. Plomin R, Fulker DW, Corley R, DeFries JC (1997) Nature, nurture, and cognitive development from 1 to 16 years: A parent-offspring adoption study. *Psychological Science* 8: 442–447.
1157. Pluhácek J, Bartos L, Vichová J (2006) Variation in incidence of male infanticide within subspecies of plains zebra (*Equus burchelli*). *Journal of Mammalogy* 87: 35–40.
1158. Polak M, Wolf LL, Starmer WT, Barker JSF (2001) Function of the mating plug in *Drosophila hibisci* Bock. *Behavioral Ecology and Sociobiology* 49: 196–205.
1159. Polak M (ed) (2003) *Developmental Instability: Causes and Consequences*. Oxford University Press, New York.
1160. Porter RH, Tepper VJ, White DM (1981) Experiential influences on the development of huddling preferences and "sibling" recognition in spiny mice. *Developmental Psychobiology* 14: 375–382.
1161. Powell AN, Collier CL (2000) Habitat use and reproductive success of western snowy plovers at new nesting areas created for California least terns. *Journal of Wildlife Management* 64: 24–33.
1162. Powell GVN, Bjork RD (2004) Habitat linkages and the conservation of tropical biodiversity as indicated by seasonal migrations of three-wattled bellbirds. *Conservation Biology* 18: 500–509.
1163. Powzyk JA, Mowry CB (2003) Dietary and feeding differences between sympatric *Propithecus diadema diadema* and *Indri indri*. *International Journal of Primatology* 24: 1143–1162.
1164. Pravosudov VV, Clayton NS (2002) A test of the adaptive specialization hypothesis: Population differences in caching, memory, and the hippocampus in black-capped chickadees (*Poecile atricapilla*). *Behavioral Neuroscience* 116: 515–522.
1165. Pravosudov VV, de Kort SR (2006) Is the western scrub-jay (*Aphelocoma californica*) really an underdog among food-caching corvids when it comes to hippocampal volume and food caching propensity? *Brain, Behavior and Evolution* 67: 1–9.
1166. Preston-Mafham R, Preston-Mafham K (1993) *The Encyclopedia of Land Invertebrate Behaviour*. MIT Press, Cambridge, MA.
1167. Prete FR (1995) Designing behavior: A case study. *Perspectives in Ethology* 11: 255–277.
1168. Pribil S, Searcy WA (2001) Experimental confirmation of the polygyny threshold model for red-winged blackbirds. *Proceedings of the Royal Society of London, Series B* 268: 1643–1646.
1169. Proctor HC (1991) Courtship in the water mite *Neumania papillator*: Males capitalize on female adaptations for predation. *Animal Behaviour* 42: 589–598.
1170. Proctor HC (1992) Sensory exploitation and the evolution of male mating behaviour: A cladistic test. *Animal Behaviour* 44: 745–752.
1171. Pruett-Jones S, Pruett-Jones M (1994) Sexual competition and courtship disruptions: Why do male bowerbirds destroy each other's bowers? *Animal Behaviour* 47: 607–620.
1172. Prum RO (1999) Development and evolutionary origin of feathers. *Journal of Experimental Zoology* 285: 291–306.
1173. Pryke SR, Andersson S (2003) Carotenoid-based epaulettes reveal male competitive ability: experiments with resident and floater red-shouldered widowbirds. *Animal Behaviour* 66: 217–224.
1174. Puce A, Allison T, McCarthy G (1999) Electrophysiological studies of human face perception. III: Effects of top-down processing of face-specific potentials. *Cerebral Cortex* 9: 445–458.
1175. Pulido F, Berthold P, Mohr G, Querner U (2001) Heritability of the timing of autumn migration in a natural bird population. *Proceedings of the Royal Society of London, Series B* 268: 953–959.
1176. Pulido F (2007) The genetics and evolution of avian migration. *BioScience* 57: 165–174.
1177. Purseglove JW, Brown EG, Green CL, Robbins SRJ (1981) *Spices*. Longman, London.
1178. Purves D, Brannon EM, Cabeza R, Huettel SA, LaBar KS, Platt ML, Woldorff M (2007) *Principles of Cognitive Neuroscience*. Sinauer Associates, Sunderland, MA.
1179. Pusey AE, Packer C (1987) The evolution of sex-biased dispersal in lions. *Behaviour* 101: 275–310.
1180. Pusey AE, Packer C (1994) Infanticide in lions. In: Parmigiani S, vom Saal FS (eds) *Infanticide and Parental Care*. Harwood Academic Press, Chur, Switzerland.
1181. Pusey AE, Wolf M (1996) Inbreeding avoidance in animals. *Trends in Ecology and Evolution* 11: 201–206.
1182. Queller DC, Strassmann JE, Hughes CR (1993) Microsatellites and kinship. *Trends in Ecology and Evolution* 8: 285–288.
1183. Queller DC (1996) The measurement and meaning of inclusive fitness. *Animal Behaviour* 51: 229–232.
1184. Queller DC (1997) Why do females care more than males? *Proceedings of the Royal Society of London, Series B* 264: 1555–1557.
1185. Queller DC, Strassmann JE (1998) Kin selection and social insects. *BioScience* 48: 165–175.
1186. Queller DC, Zacchi F, Cervo R, Turillazzi S, Henshaw MT, Santorelli LA, Strassmann JE (2000) Unrelated helpers in a social insect. *Nature* 405: 784–787.
1187. Queller DC (2006) To work or not to work. *Nature* 444: 42–43.
1188. Quillfeldt P (2002) Begging in the absence of sibling competition in Wilson's storm-petrels, *Oceanites oceanicus*. *Animal Behaviour* 64: 579–587.
1189. Quinn JL, Creswell W (2006) Testing domains of danger in the selfish herd: sparrowhawks target widely spaced redshanks in flocks. *Proceedings of the Royal Society of London, Series B* 273: 2521–2526.
1190. Quinn JS, Woolfenden GE, Fitzpatrick JW, White BN (1999) Multi-locus DNA fingerprinting supports genetic monogamy in Florida scrub-jays. *Behavioral Ecology and Sociobiology* 45: 1–10.
1191. Quinn VS, Hews DK (2000) Signals and behavioural responses are not coupled in males: Aggression affected by replacement

1192. Racey PA, Skinner JD (1979) Endocrine aspects of sexual mimicry in spotted hyenas *Crocuta crocuta*. *Journal of Zoology* 187: 315–326.

1193. Rachlow JL, Berkeley EV, Berger J (1998) Correlates of male mating strategies in white rhinos (*Ceratotherium simum*). *Journal of Mammalogy* 79: 1317–1324.

1194. Ralls K, Brugger K, Ballou J (1979) Inbreeding and juvenile mortality in small populations of ungulates. *Science* 206: 1101–1103.

1195. Ralph MR, Foster RG, Davis FC, Menaker M (1990) Transplanted suprachiasmatic nucleus determines circadian rhythm. *Science* 247: 975–978.

1196. Ramirez MI, Azcarate JG, Luna L (2003) Effects of human activities on monarch butterfly habitat in protected mountain forests, Mexico. *Forestry Chronicle* 79: 242–246.

1197. Rasmussen KM (2001) The "fetal origins" hypothesis": challenges and opportunities for maternal and child nutrition. *Annual Review of Nutrition* 21: 73–95.

1198. Ratcliffe JM, Fenton MB, Galef BG (2003) An exception to the rule: common vampire bats do not learn taste aversions. *Animal Behaviour* 65: 385–389.

1199. Ratnieks FLW, Keller L (1998) Queen control of egg fertilization in the honey bee. *Behavioral Ecology and Sociobiology* 44: 57–62.

1200. Redondo T, Carranza J (1989) Offspring reproductive value and nest defense in the magpie (*Pica pica*). *Behavioral Ecology and Sociobiology* 25: 369–378.

1201. Reed WL, Clark ME, Parker PG, Raouf SA, Arguedas N, Monk DS, Snadjr E, Nolan V, Jr, Ketterson ED (2006) Physiological effects on demography: A long-term experimental study of testosterone's effects on fitness. *American Naturalist* 167: 667–683.

1202. Reeve HK, Westneat DF, Noon WA, Sherman PW, Aquadro CF (1990) DNA "fingerprinting" reveals high levels of inbreeding in colonies of the eusocial naked mole-rat. *Proceedings of the National Academy of Sciences USA* 87: 2496–2500.

1203. Reeve HK, Sherman PW (1993) Adaptation and the goals of evolutionary research. *Quarterly Review of Biology* 68: 1–32.

1204. Reeve HK, Keller L (1997) Reproductive bribing and policing as evolutionary mechanisms for the supression of within-group selfishness. *American Naturalist* 150 Supplement: S42–S58.

1205. Reeve HK (2000) Review of *Unto Others: The Evolution and Psychology of Unselfish Behavior. Evolution and Human Behavior* 21: 65–72.

1206. Reeve HK, Starks PT, Peters JM, Nonacs P (2000) Genetic support for the evolutionary theory of reproductive transactions in social wasps. *Proceedings of the Royal Society of London, Series B* 267: 75–79.

1207. Reeve HK, Sherman PW (2001) Optimality and phylogeny. In: Orzack SH, Sober E (eds) *Adaptationism and Optimality*. Cambridge University Press, Cambridge.

1208. Reichard M, Le Comber SC, Smith C (2007) Sneaking from a female perspective. *Animal Behaviour* 74: 679–688.

1209. Reid JM, Monaghan P, Ruxton GD (2002) Males matter: The occurrence and consequences of male incubation in starlings (*Sturnus vulgaris*). *Behavioral Ecology and Sociobiology* 51: 255–261.

1210. Reid JM, Arcese P, Cassidy ALEV, Heibert SM, Smith JNM, Stoddard PK, Marr AB, Keller LK (2005) Fitness correlates of song repertoire size in free-living song sparrows (*Melospiza melodia*). *American Naturalist* 165: 299–310.

1211. Reppert SM, Zhu HS, White RH (2004) Polarized light helps monarch butterflies navigate. *Current Biology* 14: 155–158.

1212. Reyer H-U (1984) Investment and relatedness: A cost/benefit analysis of breeding and helping in the pied kingfisher. *Animal Behaviour* 32: 1163–1178.

1213. Reynolds AM, Smith AD, Reynolds DR, Carreck NL, Osborne JL (2007) Honeybees perform optimal scale-free searching flights when attempting to locate a food source. *Journal of Experimental Biology* 210: 3763–3770.

1214. Reynolds JD, Gross MR (1990) Costs and benefits of female mate choice: Is there a lek paradox? *American Naturalist* 136: 230–243.

1215. Reynolds SM, Dryer K, Bollback J, Uy JAC, Patricelli GL, Robson T, Borgia G, Braun MJ (2007) Behavioral paternity predicts genetic paternity in Satin Bowerbirds (*Ptilonorhynchus violaceus*), a species with a non-resourcebased mating system *Auk* 124: 857–867.

1216. Rhoden PK, Foster WA (2002) Soldier behaviour and division of labour in the aphid genus *Pemphigus* (Hemiptera, Aphididae). *Insectes Sociaux* 49: 257–263.

1217. Rhodes G, Proffitt F, Grady JM, Sumich A (1998) Facial symmetry and the perception of beauty. *Psychonomic Bulletin and Review* 5: 659–669.

1218. Rhodes G (2006) The evolutionary psychology of facial beauty. *Annual Review of Psychology* 57: 199–226.

1219. Richard F-J, Tarpy D, Grozinger C (2007) Effects of insemination quantity on honey bee queen physiology. *PLoS ONE* doi:10.1371/journal.pone.0000980.

1220. Richerson PJ, Boyd R (2005) *Not by Genes Alone: How Culture Transformed Human Evolution*. University of Chicago Press, Chicago, IL.

1221. Ridley AR, Child MF, Bell MBV (2007) Interspecific audience effects on the alarm-calling behaviour of a kleptoparasitic bird. *Biology Letters* 3: 589–591.

1222. Ridley AR, Raihani NJ (2007) Variable postfledging care in a cooperative bird: causes and consequences. *Behavioral Ecology* 18: 994–1000.

1223. Riedel S, Hinz A, Schwarz R (2000) Attitude towards blood donation in Germany: Results of a representative survey. *Infusion Therapy and Transfusion Medicine* 27: 196–199.

1224. Rintamäki PT, Alatalo RV, Höglund J, Lundberg A (1995) Male territoriality and female choice on black grouse leks. *Animal Behaviour* 49: 759–767.

1225. Rintamäki PT, Lundberg A, Alatalo RV, Höglund J (1998) Assortative mating and female clutch investment in black grouse. *Animal Behaviour* 56: 1399–1403.

1226. Rintamäki PT, Höglund J, Alatalo RV, Lundberg A (2001) Correlates of male mating success on black grouse (*Tetrao tetrix* L.) leks. *Annales Zoologici Fennici* 38: 99–109.

1227. Robert D, Amoroso J, Hoy RR (1992) The evolutionary convergence of hearing in a parasitoid fly and its cricket host. *Science* 258: 1135–1137.

1228. Roberts SC, Havlicek J, Flegr J, Hruskova M, Little AC, Jones BC, Perrett DI, Petrie M (2004) Female facial attractiveness increases during the fertile phase of the menstrual cycle. *Proceedings of the Royal Society of London, Series B* 271: S270–S272.

1229. Robinson GE (1998) From society to genes with the honey bee. *American Scientist* 86: 456–462.

1230. Robinson GE (2004) Beyond nature and nurture. *Science* 304: 397–399.

1231. Roby JL, Whittenburg KP (2005) The feasibility of intrafamily and in-country adoptions on the Marsh Islands. *Families in Society* 86: 547–557.

1232. Rodd FH, Hughes KA, Grether GF, Baril CT (2002) A possible non-sexual origin of mate preference: are male guppies mimicking fruit? *Proceedings of the Royal Society of London, Series B* 269: 475–481.

of an evolutionarily lost colour signal. *Proceedings of the Royal Society of London, Series B* 267: 755–758.

1233. Roeder KD, Treat AE (1961) The detection and evasion of bats by moths. *American Scientist* 49: 135–148.
1234. Roeder KD (1963) *Nerve Cells and Insect Behavior*. Harvard University Press, Cambridge, MA.
1235. Roeder KD (1970) Episodes in insect brains. *American Scientist* 58: 378–389.
1236. Roff DA, Fairbairn DJ (2007) The evolution and genetics of migration in insects. *BioScience* 57: 155–164.
1237. Rohwer S, Spaw CD (1988) Evolutionary lag versus bill-size constraints: A comparative study of the acceptance of cowbird eggs by old hosts. *Evolutionary Ecology* 2: 27–36.
1238. Rose M (1998) *Darwin's Spectre*. Princeton University Press, Princeton, NJ.
1239. Rose NA, Deutsch CJ, Le Boeuf BJ (1991) Sexual behavior of male northern elephant seals: III. The mounting of weaned pups. *Behaviour* 119: 171–192.
1240. Rosengaus RB, Maxmen AB, Coates LE, Traniello JFA (1998) Disease resistance: A benefit of sociality in the dampwood termite *Zootermopsis angusticollis* (Isoptera: Termopsidae). *Behavioral Ecology and Sociobiology* 44: 125–134.
1241. Rosenqvist G (1990) Male mate choice and female-female competition for mates in the pipefish *Nerophis ophidion*. *Animal Behaviour* 39: 1110–1116.
1242. Ross KG (1986) Kin selection and the problem of sperm utilization in social insects. *Nature* 323: 798–800.
1243. Rowland WJ (1994) Proximate determinants of stickleback behavior: an evolutionary perspective. In: Bell M, Foster S (eds) *The Evolutionary Biology of the Threespine Stickleback*. Oxford University Press, Oxford.
1244. Rowley I, Chapman G (1986) Cross-fostering, imprinting, and learning in two sympatric species of cockatoos. *Behaviour* 96: 1–16.
1245. Royle NJ, Hartley IR, Parker GA (2002) Begging for control: when are offspring solicitation behaviours honest? *Trends in Ecology and Evolution* 17: 434–440.
1246. Rubenstein DR, Chamberlain CP, Holmes RT, Ayres MP, Waldbauer JR, Graves GR, Tuross NC (2002) Linking breeding and wintering ranges of a migratory songbird using stable isotopes. *Science* 295: 1062–1065.
1247. Rubenstein DR, Hobson KA (2004) From birds to butterflies: animal movement patterns and stable isotopes. *Trends in Ecology and Evolution* 19: 256–263.
1248. Rubenstein DR (2007) Female extrapair mate choice in a cooperative breeder: trading sex for help and increasing offspring heterozygosity. *Proceedings of the Royal Society of London, Series B* 274: 1895–1903.
1249. Rubenstein DR, Lovette IJ (2007) Temporal environmental variability drives the evolution of cooperative breeding in birds. *Current Biology* 17: 1414–1419.
1250. Rudge DW (2006) Myths about moths: a study in contrasts. *Endeavour* 30: 19–23.
1251. Ruegg KC, Smith TB (2002) Not as the crow flies: a historical explanation for circuitous migration in Swainson's thrush (*Catharus ustulatus*). *Proceedings of the Royal Society of London, Series B* 269: 1375–1381.
1252. Ruegg KC, Hijmans RJ, Moritz C (2006) Climate change and the origin of migratory pathways in the Swainson's thrush, *Catharus ustulatus*. *Journal of Biogeography* 33: 1172–1182.
1253. Ruffieux L, Elouard JM, Sartori M (1998) Flightlessness in mayflies and its relevance to hypotheses on the origin of insect flight. *Proceedings of the Royal Society of London, Series B* 265: 2135–2140.
1254. Runcie MJ (2000) Biparental care and obligate monogamy in the rock-haunting possum, *Petropseudes dahli*, from tropical Australia. *Animal Behaviour* 59: 1001–1008.
1255. Rundus AS, Owings DS, Joshi SS, Chinn E, Giannini N (2007) Ground squirrels use an infrared signal to deter rattlesnake predation. *Proceedings of the National Academy of Sciences USA* 104: 14372–14374.
1256. Russell AF, Langmore NE, Cockburn A, Astheimer LB, Kilner RM (2007) Reduced egg investment can conceal helper effects in cooperatively breeding birds. *Science* 317: 941–944.
1257. Russell AF, Young AJ, Spong G, Jordan NR, Clutton-Brock TH (2007) Helpers increase the reproductive potential of offspring in cooperative meerkats. *Proceedings of the Royal Society of London, Series B* 274: 513–520.
1258. Rutowski RL (1998) Mating strategies in butterflies. *Scientific American* 279 (July): 64–69.
1259. Ryan MJ, Tuttle MD, Taft LK (1981) The costs and benefits of frog chorusing behavior. *Behavioral Ecology and Sociobiology* 8: 273–278.
1260. Ryan MJ (1985) *The Tüngara Frog*. University of Chicago Press, Chicago.
1261. Ryan MJ, Wagner WE, Jr. (1987) Asymmetries in mating behavior between species: Female swordtails prefer heterospecific males. *Science* 236: 595–597.
1262. Ryan MJ, Fox JH, Wilczynski W, Rand AS (1990) Sexual selection for sensory exploitation in the frog *Physalaemus pustulosus*. *Nature* 343: 66–67.
1263. Ryan MJ, Keddy-Hector A (1992) Directional patterns of female mate choice and the role of sensory biases. *American Naturalist* 139: S4–S35.
1264. Ryan MJ, Rand AS (1999) Phylogenetic influence on mating call preferences in female tungara frogs, *Physalaemus pustulosus*. *Animal Behaviour* 57: 945–956.
1265. Rydale J, Roininen H, Philip KW (2000) Persistence of bat defence reactions in high Arctic moths (Lepidoptera). *Proceedings of the Royal Society of London, Series B* 267: 553–557.
1266. Rydell J, Arlettaz R (1994) Low-frequency echolocation enables the bat *Tadarida teniotis* to feed on tympanate insects. *Proceedings of the Royal Society of London, Series B* 257: 175–178.
1267. Ryner LC, Goodwin SF, Castrillon DH, Anand A, Baker BS, Hall JC, Taylor BJ, Wasserman SA (1996) Control of male sexual behavior and sexual orientation in *Drosophila* by the *fruitless* gene. *Cell* 87: 1079–1089.
1268. Sacks OW (1985) *The Man Who Mistook His Wife for a Hat and Other Clinical Tales*. Summit Books, New York.
1269. Sadowski JA, Moore AJ, Brodie ED, III (1999) The evolution of empty nuptial gifts in a dance fly, *Empis snoddyi* (Diptera: Empididae): Bigger isn't always better. *Behavioral Ecology and Sociobiology* 45: 161–166.
1270. Safran RJ, Adelman JS, McGraw KJ, Hau M (2008) Sexual signal exaggeration affects male physiological state in barn swallows. *Current Biology* 18: R461–R462.
1271. Sahlins M (1976) *The Use and Abuse of Biology*. University of Michigan Press, Ann Arbor.
1272. Saino N, Ninni P, Calza S, Martinelli R, de Bernardi F, Møller AP (2000) Better red than dead: Carotenoid-based mouth coloration reveals infection in barn swallow nestlings. *Proceedings of the Royal Society of London, Series B* 267: 57–61.
1273. Salewski V, Bruderer B (2007) The evolution of bird migration—a synthesis. *Naturwissenschaften* 94: 268–279.
1274. Sánchez F, Korine C, Steeghs M, Laarhoven LJ, Cristescu SM, Harren FJM, Dudley R, Pinshow B (2006) Ethanol and methanol as possible odor cues for Egyptian fruit bats (*Rousettus aegyptiacus*). *Journal of Chemical Ecology* 32: 1289–1300.
1275. Sandberg R, Moore FR (1996) Migratory orientation of red-eyed vireos, *Vireo olivaceus*, in relation to energetic condition and ecological context. *Behavioral Ecology and Sociobiology* 39: 1–10.
1276. Sandercock BK, Jaramillo A (2002) Annual survival rates of wintering sparrows: Assessing demographic consequences of migration. *Auk* 119: 149–165.

1277. Sargent RC (1989) Allopaternal care in the fathead minnow, *Pimephales promelas*: Stepfathers discriminate against their adopted eggs. *Behavioral Ecology and Sociobiology* 25: 379–386.

1278. Sargent TD (1976) *Legion of Night, The Underwing Moths.* University of Massachusetts Press, Amherst, MA.

1279. Sato T (1994) Active accumulation of spawning substrate: A determinant of extreme polygyny in a shell-brooding cichlid fish. *Animal Behaviour* 48: 669–678.

1280. Sax A, Hoi H, Birkhead TR (1998) Copulation rate and sperm use by female bearded tits, *Panurus biarmicus*. *Animal Behaviour* 56: 1199–1294.

1281. Scantlebury M, Speakman JR, Oosthuizen MK, Roper TJ, Bennett NC (2006) Energetics reveals physiologically distinct castes in a eusocial mammal. *Nature* 440: 795–797.

1282. Schaller GB (1964) *The Year of the Gorilla.* University of Chicago Press, Chicago.

1283. Schamel D, Tracy DM, Lank DB (2004) Male mate choice, male availability and egg production as limitations on polyandry in the red-necked phalarope. *Animal Behaviour* 67: 847–853.

1284. Scheel D, Packer C (1991) Group hunting behaviour of lions: A search for cooperation. *Animal Behaviour* 41: 711–722.

1285. Schieb JE, Gangestad SW, Thornhill R (1999) Facial attractiveness, symmetry and cues of good genes. *Proceedings of the Royal Society of London, Series B* 266: 1913–1917.

1286. Schlaepfer MA, Runge MC, Sherman PW (2002) Ecological and evolutionary traps. *Trends in Ecology and Evolution* 17: 474–480.

1287. Schmitt DP, Shackelford TK, Duntley J, Tooke W, Buss DM (2001) The desire for sexual variety as a key to understanding basic human mating strategies. *Personal Relationships* 8: 425–455.

1288. Schneider JM, Lubin Y (1997) Infanticide by males in a spider with suicidal maternal care, *Stegodyphus lineatus*. *Animal Behaviour* 54: 305–312.

1289. Schneider JS, Stone MK, Wynne-Edwards KE, Horton TH, Lydon J, O'Malley B, Levine JE (2003) Progesterone receptors mediate male aggression toward infants. *Proceedings of the National Academy of Sciences USA* 100: 2951–2956.

1290. Schoech SJ (1998) Physiology of helping in Florida scrub-jays. *American Scientist* 86: 70–77.

1291. Schwabl H (1983) Auspragung und Bedeutung des Teilzugverhaltnes einer sudwestdeutschen Population der Amsel *Turdus merula*. *Journal für Ornithologie* 124: 101–116.

1292. Schwabl H, Mock DW, Gieg JA (1997) A hormonal mechanism for parental favouritism. *Nature* 386: 231.

1293. Schwagmeyer PL (1994) Competitive mate searching in the 13–lined ground squirrel: Potential roles of spatial memory? *Ethology* 98: 265–276.

1294. Schwagmeyer PL (1995) Searching today for tomorrow's mates. *Animal Behaviour* 50: 759–767.

1295. Schwander T, Humbert JY, Brent CS, Cahan SH, Chapuis L, Renai E, Keller L (2008) Maternal effect on female caste determination in a social insect. *Current Biology* 18: 265–269.

1296. Schwensow N, Eberle M, Sommer S (2008) Compatibility counts: MHC-associated mate choice in a wild promiscuous primate. *Proceedings of the Royal Society of London, Series B* 275: 555–564.

1297. Sealy SG (1995) Burial of cowbird eggs by parasitized yellow warblers: An empirical and experimental study. *Animal Behaviour* 49: 877–889.

1298. Searcy WA, Nowicki S, Hughes M, Peters S (2002) Geographic song discrimination in relation to dispersal distances in song sparrows. *American Naturalist* 159: 221–230.

1299. Seeley TD (1977) Measurement of nest cavity volume by the honey bee (*Apis mellifera*). *Behavioral Ecology and Sociobiology* 2: 201–227.

1300. Seeley TD (1995) *The Wisdom of the Hive.* Harvard University Press, Cambridge, MA.

1301. Seeley TD, Buhrman SC (1999) Group decision making in swarms of honey bees. *Behavioral Ecology and Sociobiology* 45: 19–32.

1302. Seeley TD, Visscher PK (2003) Choosing a home: how the scouts in a honey bee swarm perceive the completion of their group decision making. *Behavioral Ecology and Sociobiology* 54: 511–520.

1303. Seeley TD, Tarpy DR (2007) Queen promiscuity lowers disease within honeybee colonies. *Proceedings of the Royal Society of London, Series B* 274: 67–72.

1304. Seidelmann K (2006) Open-cell parasitism shapes maternal investment patterns in the Red Mason bee *Osmia rufa*. *Behavioral Ecology* 17: 839–846.

1305. Semel B, Sherman PW (2001) Intraspecific parasitism and nest-site competition in wood ducks. *Animal Behaviour* 61: 787–803.

1306. Semple S, McComb K, Alberts S, Altmann J (2002) Information content of female copulation calls in yellow baboons. *American Journal of Primatology* 56: 43–56.

1307. Senar JC, Figuerola J, Pascual J (2002) Brighter yellow blue tits make better parents. *Proceedings of the Royal Society of London, Series B* 269: 257–261.

1308. Senghas A, Kita S, Özyürek A (2004) Children creating core properties of language: Evidence from an emerging sign language in Nicaragua. *Science* 305: 1779–1782.

1309. Shackelford TK, Buss DM, Weekes-Shackelford VA (2003) Wife killings committed in the context of a lovers triangle. *Basic and Applied Social Psychology* 25: 137–143.

1310. Shavit A, Millstein RL (2008) Group selection is dead! Long live group selection. *BioScience* 58: 574–575.

1311. Sheldon BC (1993) Sexually-transmitted disease in birds: occurrence and evolutionary significance. *Philosophical Transactions of the Royal Society of London, Series B* 339: 491–497.

1312. Shelly TE (2001) Lek size and female visitation in two species of tephritid fruit flies. *Animal Behaviour* 62: 33–40.

1313. Sherman G, Visscher PK (2002) Honeybee colonies achieve fitness through dancing. *Nature* 419: 920–922.

1314. Sherman PW (1977) Nepotism and the evolution of alarm calls. *Science* 197: 1246–1253.

1315. Sherman PW (1981) Kinship, demography and Belding's ground squirrel nepotism. *Behavioral Ecology and Sociobiology* 8: 251–259. 1316. Sherman PW (1988) The levels of analysis. *Animal Behaviour* 36: 616–618.

1317. Sherman PW, Jarvis JUM, Alexander RD (eds) (1991) *The Biology of the Naked Mole-Rat.* Princeton University Press, Princeton, N J.

1318. Sherman PW, Hash GA (2001) Why vegetable dishes are not very spicy. *Evolution and Human Behavior* 22: 147–163.

1319. Sherry DF (1984) Food storage by black-capped chickadees: Memory of the location and contents of caches. *Animal Behaviour* 32: 451–464.

1320. Sherry DF, Forbes MRL, Kjurgel M, Ivy GO (1993) Females have a larger hippocampus than males in the brood-parasitic brown-headed cowbird. *Proceedings of the National Academy of Sciences USA* 90: 7839–7843.

1321. Shine R, Langkilde T, Mason RT (2003) Cryptic forcible insemination: male snakes exploit female physiology, anatomy, and behavior to obtain coercive matings. *American Naturalist* 162: 653–667.

1322. Shorey L (2002) Mating success on white-bearded manakin (*Manacus manacus*) leks: male characteristics and relatedness. *Behavioral Ecology and Sociobiology* 52: 451–457.

1323. Shreeves G, Cant MA, Bolton A, Field J (2003) Insurance-based advantages for subordinate cofoundresses in a temperate

paper wasp. *Proceedings of the Royal Society of London, Series B* 270: 1617–1622.
1324. Shuster SM (1989) Male alternative reproductive strategies in a marine isopod crustacean (*Paracerceis sculpta*): the use of genetic markers to measure differences in the fertilization success among alpha, beta, and gamma-males. *Evolution* 43: 1683–1689.
1325. Shuster SM, Wade MJ (1991) Equal mating success among male reproductive strategies in a marine isopod. *Nature* 350: 608–610.
1326. Shuster SM (1992) The reproductive behaviour of alpha, beta, and gamma morphs in *Paracerceis sculpta*: A marine isopod crustacean. *Behaviour* 121: 231–258.
1327. Shuster SM, Sassaman CA (1997) Genetic interaction between male mating strategy and sex ratio in a marine isopod. *Nature* 338: 373–377.
1328. Shuster SM, Wade MJ (2003) *Mating Systems and Strategies*. Princeton University Press, Princeton, N.J.
1329. Silk JB (1980) Adoption and kinship in Oceania. *American Anthropologist* 82: 799–820.
1330. Simmons LW (2001) *Sperm Competition and Its Evolutionary Consequences in the Insects*. Princeton University Press, Princeton, NJ.
1331. Simmons LW, Emlen DJ (2006) Evolutionary trade-off between weapons and testes. *Proceedings of the National Academy of Sciences USA* 103: 16346–16351.
1332. Simmons P, Young D (1999) *Nerve Cells and Animal Behaviour*, 2nd edn. Cambridge University Press, Cambridge.
1333. Simpson SJ, Sword GA, Lorch PD, Couzin ID (2006) Cannibal crickets on a forced march for protein and salt. *Proceedings of the National Academy of Sciences USA* 103: 4152–4156.
1334. Sinervo B, Miles DB, Frankino WA, Klukowski M, DeNardo DF (2000) Testosterone, endurance, and darwinian fitness: Natural and sexual selection on the physiological bases of alternative male behaviors in side-blotched lizards. *Hormones and Behavior* 38: 222–233.
1335. Singer P (1981) *The Expanding Circle: Ethics and Sociobiology*. Farrar, Straus, and Giroux, New York.
1336. Singh D (1993) Adaptive significance of female physical attractiveness: Role of the waist-to-hip ratio. *Journal of Personality and Social Psychology* 65: 293–307.
1337. Singh D, Bronstad PM (2001) Female body odour is a potential cue to ovulation. *Proceedings of the Royal Society of London, Series B* 268: 797–801.
1338. Sisneros JA, Bass AH (2003) Seasonal plasticity of peripheral auditory frequency sensitivity. *Journal of Neuroscience* 23: 1049–1058.
1339. Sisneros JA (2007) Sacculat potentials of the vocal plainfin midshipman fish, *Porichthys notatus*. *Journal of Comparative Physiology A* 193: 413–424.
1340. Skals N, Anderson P, Kanneworff M, Löfstedt C, Surlykke A (2005) Her odours make him deaf: crossmodal modulation of olfaction and hearing in a male moth. *Journal of Experimental Biology* 208: 595–601.
1341. Skinner BF (1966) Operant behavior. In: Honig W (ed) *Operant Behavior*. Appleton-Century-Crofts, New York.
1342. Slabbekoorn H, den Boer-Visser A (2006) Cities change the songs of birds. *Current Biology* 16: 2326–2331.
1343. Slagsvold T (1998) On the origin and rarity of interspecific nest parasitism in birds. *American Naturalist* 152: 264–272.
1344. Slagsvold T, Hansen BT (2001) Sexual imprinting and the origin of obligate brood parasitism in birds. *American Naturalist* 158: 354–367.
1345. Slagsvold T, Hansen BT, Johannessen LE, Lifjeld JT (2002) Mate choice and imprinting in birds studied by cross-fostering in the wild. *Proceedings of the Royal Society of London, Series B* 269: 1449–1455.
1346. Small TW, Sharp PJ, Deviche P (2007) Environmental regulation of the reproductive system in a flexibly breeding Sonoran Desert bird, the Rufous-winged Sparrow, *Aimophila carpalis*. *Hormones and Behavior* 51: 483–495.
1347. Smiseth PT, Bu RJ, Eikenaes AK, Amundsen T (2003) Food limitation in asynchronous bluethroat broods: effects on food distribution, nestling begging, and parental provisioning rules. *Behavioral Ecology* 14: 793–801.
1348. Smiseth PT, Lennox L, Moore AJ (2007) Interaction between parental care and sibling competition: Parents enhance offspring growth and exacerbate sibling competition. *Ecology* 88: 3174–3182.
1349. Smith EA, Borgerhoff Mulder M, Hill K (2001) Controversies in the evolutionary social sciences: A guide for the perplexed. *Trends in Ecology and Evolution* 16: 128–135.
1350. Smith HG (1991) Nestling American robins compete with siblings by begging. *Behavioral Ecology and Sociobiology* 29: 307–312.
1351. Smith HG, Montgomerie RD (1991) Sexual selection and the tail ornaments of North American barn swallows. *Behavioral Ecology and Sociobiology* 28: 195–201.
1352. Smith MD, Conway CJ (2007) Use of mammalian manure by nesting burrowing owls: a test of four functional hypotheses. *Animal Behaviour* 73: 65–73.
1353. Smith MS, Kish BJ, Crawford CB (1987) Inheritance of wealth as human kin investment. *Ethology and Sociobiology* 8: 171–182.
1354. Smith RL, Larsen E (1993) Egg attendance and brooding by males of the giant water bug *Lethocerus medius* (Guerin) in the field (Heteroptera, Belostomatidae). *Journal of Insect Behavior* 6: 93–106.
1355. Smith RL (1997) Evolution of paternal care in giant water bugs (Heteroptera: Belostomatidae). In: Choe JC, Crespi BJ (eds) *Social Competition and Cooperation among Insects and Arachnids, II Evolution of Sociality*. Cambridge University Press, Cambridge.
1356. Smith SM (1978) The 'underworld' in a territorial species: Adaptive strategy for floaters. *American Naturalist* 112: 571–582.
1357. Smith TB, Skulason S (1996) Evolutionary significance of resource polymorphisms in fishes, amphibians, and birds. *Annual Review of Ecology and Systematics* 27: 111–133.
1358. Smithseth PT, Ward RJS, Moore AJ (2007) Parents influence asymmetric sibling competition: experimental evidence with partially dependent young. *Ecology* 88: 3174–3182.
1359. Snow DW (1956) Courtship ritual: The dance of the manakins. *Animal Kingdom* 59: 86–91.
1360. Sober E, Wilson DS (1998) *Unto Others: The Evolution and Psychology of Unselfish Behavior*. Harvard University Press, Cambridge, MA.
1361. Sockman KW, Sewall KB, Ball GF, Hahn TP (2005) Economy of mate attraction in the Cassin's finch. *Biology Letters* 1: 34–37.
1362. Sogabe A, Matsumoto K, Yanagisawa Y (2007) Mate change reduces the reproductive rate of males in a monogamous pipefish *Corythoichthys haematopterus*: The benefit of long-term pair bonding. *Ethology* 113: 764–771.
1363. Sogabe A, Yanagisawa Y (2007) Sex-role reversal of a monogamous pipefish without higher potential reproductive rate in females. *Proceedings of the Royal Society of London, Series B* 274: 2959–2963.
1364. Soha JA, Nelson DA, Parker PG (2004) Genetic analysis of song dialect populations in Puget Sound white-crowned sparrows. *Behavioral Ecology* 15: 636–646.
1365. Sokolowski M, Wahlsten D (2001) Gene-environment interaction. In: Chin H, Moldin SO (eds) *Methods in Genomic Neuroscience*. CRC Press, Boca Raton, FL.

1366. Soler M, Soler JJ, Martinez JG, Møller AP (1995) Magpie host manipulation by great spotted cuckoos: Evidence for an avian Mafia? *Evolution* 49: 770–775.
1367. Soma KK, Tramontin AD, Wingfield JC (2000) Oestrogen regulates male aggression in the non-breeding season. *Proceedings of the Royal Society of London, Series B* 267: 1089–1092.
1368. Sommer V (1994) Infanticide among the langurs of Jodhpur: Testing the sexual selection hypothesis with a long-term record. In: Parmigiani S, vom Saal FS (eds) *Infanticide and Parental Care*. Harwood Academic Press, Chur, Switzerland.
1369. Sommer V (1994) Infanticide among free-ranging langurs (*Presbytis entellus*) of Jodhpur (Rajasthan/India): Recent observations and a reconsideration of hypotheses. *Primates* 28: 163–197.
1370. Sordahl TA (2004) Field evidence of predator discrimination abilities in American Avocets and Black-necked Stilts. *Journal of Field Ornithology* 75: 376–386.
1371. Sorenson LG (1994) Forced extra-pair copulation in the white-cheeked pintail: Male tactics and female responses. *Condor* 96: 400–410.
1372. Sorenson MD, Payne RB (2001) A single ancient origin of brood parasitism in African finches: implications for host-parasite coevolution. *Evolution* 55: 2550–2567.
1373. Sosis R (2004) The adaptive value of religious ritual. *American Scientist* 92: 166–172.
1374. Soukup SS, Thompson CF (1998) Social mating system and reproductive success in house wrens. *Behavioral Ecology* 9: 43–48.
1375. Spencer KA, Buchanan KL, Goldsmith AR, Catchpole CK (2003) Song as an honest signal of developmental stress in the zebra finch (*Taeniopygia guttata*). *Hormones and Behavior* 44: 132–139.
1376. Spencer KA, Wimpenny JH, Buchanan KL, Lovell PG, Goldsmith AR, Catchpole CK (2005) Developmental stress affects the attractiveness of male song and female choice in the zebra finch (*Taeniopygia guttata*). *Behavioral Ecology and Sociobiology* 58: 423–428.
1377. Stander PE (1992) Cooperative hunting in lions: The role of the individual. *Behavioral Ecology and Sociobiology* 29: 445–454.
1378. Stapley J, Whiting MJ (2005) Ultraviolet signals fighting ability in a lizard. *Biology Letters* 2: 169–172.
1379. Starks PT, Blackie CA, Seeley TD (2000) Fever in honeybee colonies. *Naturwissenschaften* 87: 229–231.
1380. Starks PT (2001) Alternative reproductive tactics in the paper wasp *Polistes dominulus* with specific focus on the sitand-wait tactic. *Annales Zoologici Fennici* 38: 189–199.
1381. Starks PT (2002) The adaptive significance of stabilimenta in orb-webs: a hierarchical approach. *Annales Zoologici Fennici* 39: 307–315.
1382. Starks PT (2003) Selection for uniformity: xenophobia and invasion success. *Trends in Ecology and Evolution* 18: 159–162.
1383. Starks PT (2004) Recognition Systems. *Annales Zoologici Fennici* 41: 689–892.
1384. Stein Z, Susser M, Saenger G, Marolla F (1972) Nutrition and mental performance. *Science* 178: 708–713.
1385. Stenmark G, Slagsvold T, Lifjeld JT (1988) Polygyny in the pied flycatcher, *Ficedula hypoleuca*: A test of the deception hypothesis. *Animal Behaviour* 36: 1646–1657.
1386. Sterck EHM, Watts DP, van Schaik CP (1997) The evolution of female social relationships in nonhuman primates. *Behavioral Ecology and Sociobiology* 41: 291–310.
1387. Stern DL, Foster WA (1996) The evolution of soldiers in aphids. *Biological Reviews* 71: 27–80.
1388. Stern DL, Foster WA (1997) The evolution of sociality in aphids: A clone's-eye-view. In: Choe J, Crespi B (eds) *Social Competition and Cooperation in Insects and Arachnids: II Evolution of Sociality*. Princeton University Press, Princeton.
1389. Stevens M, Cuthill IC, Windsor AMM, Walker HJ (2006) Disruptive contrast in animal camouflage. *Proceedings of the Royal Society of London, Series B* 273: 2433–2438.
1390. Stevens M (2007) Predator perception and the interrelation between different forms of protective coloration. *Proceedings of the Royal Society of London, Series B* 274: 1457–1464.
1391. Stoltz JA, Elias DO, Andrade MCB (2008) Females reward courtship by competing males in a cannibalistic spider. *Behavioral Ecology and Sociobiology* 62: 689–697.
1392. Stoutamire WP (1974) Australian terrestrial orchids, thynnid wasps and pseudocopulation. *American Orchid Society Bulletin* 43: 13–18.
1393. Stow A, Briscoe D, Gillings M, Holley M, Smith S, Leys R, Silberbauer T, Turnbull C, Beattie A (2007) Antimicrobial defences increase with sociality in bees. *Biology Letters* 3: 422–424.
1394. Stowers L, Holy TE, Meister M, Dulac C, Koentges G (2002) Loss of sex discrimination and male-male aggression in mice deficient for *TRP2*. *Science* 295: 1493–1500.
1395. Strand CR, Small TW, Deviche P (2007) Plasticity of the Rufous-winged Sparrow, *Aimophila carpalis*, song control regions during the monsoon-associated summer breeding period. *Hormones and Behavior* 52: 401–408.
1396. Strassmann JE, Hughes CR, Queller DC, Turillazzi S, Cervo R, Davis SK, Goodnight KF (1989) Genetic relatedness in primitively eusocial wasps. *Nature* 342: 268–269.
1397. Strassmann JE (2001) The rarity of multiple mating by females in the social Hymenoptera. *Insectes Sociaux* 48: 1–13.
1398. Strum SC (1987) *Almost Human*. W.W. Norton, New York.
1399. Stuart-Fox DM, Moussalli A, Marshall NJ, Owens IPF (2003) Conspicuous males suffer higher predation risk: visual modelling and experimental evidence from lizards. *Animal Behaviour* 66: 541–550.
1400. Stumpner A, Lakes-Harlan R (1996) Auditory interneurons in a hearing fly (*Therobia leonidei*, Ormiini, Tachinidae, Diptera). *Journal of Comparative Physiology A* 178: 227–233.
1401. Stutt AD, Siva-Jothy MT (2001) Traumatic insemination and sexual conflict in the bed bug *Cimex lectularius*. *Proceedings of the National Academy of Sciences USA* 98: 5683–5687.
1402. Sullivan JP, Jassim O, Fahrbach SE, Robinson GE (2000) Juvenile hormone paces behavioral development in the adult worker honey bee. *Hormones and Behavior* 37: 1–14.
1403. Sumner S, Casiraghi M, Foster W, Field J (2002) High reproductive skew in tropical hover wasps. *Proceedings of the Royal Society of London, Series B* 269: 179–186.
1404. Sündstrom L (1994) Sex ratio bias, relatedness asymmetry and queen mating frequency in ants. *Nature* 367: 266–268.
1405. Surlykke A (1984) Hearing in notodontid moths: a tympanic organ with a single auditory neuron. *Journal of Experimental Biology* 113: 323–334.
1406. Surlykke A, Fullard JH (1989) Hearing of the Australian whistling moth, *Hecatesia thyridion*. *Naturwissenschaften* 76: 132–134.
1407. Susser M, Stein Z (1994) Timing in prenatal nutrition: A reprise of the Dutch famine study. *Nutrition Reviews* 52: 84–94.
1408. Svensson BG (1997) Swarming behavior, sexual dimorphism, and female reproductive status in the sex role-reversed dance fly species *Rhamphomyia marginata*. *Journal of Insect Behavior* 10: 783–804.
1409. Svensson GP, Löfstedt C, Skals N (2004) The odour makes the difference: male moths attracted by sex pheromones ignore the threat by predatory bats. *Oikos* 104: 91–97.
1410. Swaddle JP (1999) Limits to length asymmetry detection in starlings: Implications for biological signalling. *Proceedings of the Royal Society of London, Series B* 266: 1299–1303.

1411. Swaddle JP, Reierson GW (2002) Testosterone increases perceived dominance but not attractiveness in human males. *Proceedings of the Royal Society of London, Series B* 269: 2285–2289.
1412. Swaddle JP (2003) Fluctuating asymmetry, animal behavior, and evolution. *Advances in the Study of Behavior* 32: 169–205.
1413. Swaisgood RR, Rowe MP, Owings DH (2003) Antipredator responses of California ground squirrels to rattlesnakes and rattling sounds: the roles of sex, reproductive parity, and offspring age in assessment and decision-making rules. *Behavioral Ecology and Sociobiology* 55: 22–31.
1414. Swan LW (1970) Goose of the Himalayas. *Natural History* 79: 68–75.
1415. Sweeney BW, Vannote RL (1982) Population synchrony in mayflies: A predator satiation hypothesis. *Evolution* 36: 810–821.
1416. Symons D (1979) *The Evolution of Human Sexuality*. Oxford University Press, New York.
1417. Székely T, Thomas GH, Cuthill IC (2006) Sexual conflict, ecology, and breeding systems in shorebirds. *BioScience* 56: 801–808.
1418. Szigeti B, Török J, Hegyi G, Rosivall B, Hargitai R, Szõllõsi E, Michl G (2007) Egg quality and parental ornamentation in the blue tit *Parus caeruleus*. *Journal of Avian Biology* 38: 105–112.
1419. Taborsky M (1994) Sneakers, satellites, and helpers: Parasitic and cooperative behavior in fish reproduction. *Advances in the Study of Behavior* 23: 1–100.
1420. Taborsky M, Grantner A (1998) Behavioural time-energy budgets of cooperatively breeding *Neolamprologus pulcher* (Pisces: Cichlidae). *Animal Behaviour* 56: 1375–1382.
1421. Takahashi M, Arita H, Hiraira-Hasegawa M, Hasegawa T (2008) Peahens do not prefer peacocks with more elaborate trains. *Animal Behaviour* 75: 1209–1219.
1422. Tallamy DW (2001) Evolution of exclusive paternal care in arthropods. *Annual Review of Entomology* 46: 139–165.
1423. Tarpy DR, Nielsen DI (2002) Sampling error, effective paternity, and estimating the genetic structure of honey bee colonies (Hymenoptera: Apidae). *Annals of the Entomological Society of America* 95: 513–528.
1424. Tarpy DR (2003) Genetic diversity within honeybee colonies prevents severe infections and promotes colony growth. *Proceedings of the Royal Society of London, Series B* 270: 99–103.
1425. Taylor ML, Wedell N, Hosken DJ (2007) The heritability of attractiveness. *Current Biology* 17: R959–R960.
1426. Temrin H, Arak A (1989) Polyterritoriality and deception in passerine birds. *Trends in Ecology and Evolution* 4: 106–108.
1427. Thom MD, Hurst JL (2004) Individual recognition by scent. *Annales Zoologici Fennici* 41: 765–787.
1428. Thomas MA, Walsh KA, Wolf MR, McPheron BA, Marden JH (2000) Molecular phylogenetic analysis of evolutionary trends in stonefly wing structure and locomotor behavior. *Proceedings of the National Academy of Sciences USA* 97: 13178–13183.
1429. Thomas ML, Payne-Makrisa CM, Suarez AV, Tsutsui ND, Holway DA (2006) When supercolonies collide: territorial aggression in an invasive and unicolonial social insect. *Molecular Ecology* 15: 4303–4315.
1430. Thompson ME, Jones JH, Pusey AE, Brewer-Marsden S, Goodall J, Marsden D, Matsuzawa T, Nishida T, Reynolds V, Sugiyama Y, Wrangham RW (2007) Aging and fertility patterns in wild chimpanzees provide insights into the evolution of menopause. *Current Biology* 17: 2150–2156.
1431. Thompson ME, Kahlenberg SM, Gilby IC, Wrangham RW (2007) Core area quality is associated with variance in reproductive success among female chimpanzees at Kibale National Park. *Animal Behaviour* 73: 501–512.
1432. Thornhill R (1975) Scorpion-flies as kleptoparasites of web-building spiders. *Nature* 258: 709–711.
1433. Thornhill R (1976) Sexual selection and nuptial feeding behavior in *Bittacus apicalis* (Insecta: Mecoptera). *American Naturalist* 119: 529–548.
1434. Thornhill R (1981) *Panorpa* (Mecoptera: Panorpidae) scorpionflies: Systems for understanding resource-defense polygyny and alternative male reproductive efforts. *Annual Review of Ecology and Systematics* 12: 355–386.
1435. Thornhill R, Alcock J (1983) *The Evolution of Insect Mating Systems*. Harvard University Press, Cambridge, MA.
1436. Thornhill R, Thornhill NW (1983) Human rape: An evolutionary analysis. *Ethology and Sociobiology* 4: 137–173.
1437. Thornhill R, Gangestad SW (1999) Facial attractiveness. *Trends in Cognitive Sciences* 3: 452–460.
1438. Thornhill R, Palmer CT (2000) *A Natural History of Rape: The Biological Bases of Sexual Coercion*. MIT Press, Cambridge, MA.
1439. Thünken T, Bakker TCM, Baldauf SA, Kullmann H (2007) Active inbreeding in a cichlid fish and its adaptive significance. *Current Biology* 17: 225–229.
1440. Tibbetts EA (2002) Visual signals of individual identity in the wasp *Polistes fuscatus*. *Proceedings of the Royal Society of London, Series B* 269: 1423–1428.
1441. Tibbetts EA, Reeve HK (2003) Benefits of foundress associations in the paper wasp *Polistes dominulus*: Increased productivity and survival, but no assurance of fitness returns. *Behavioral Ecology* 14: 510–514.
1442. Tibbetts EA, Dale J (2004) A socially enforced signal of quality in a paper wasp. *Nature* 432: 218–222.
1443. Tibbetts EA (2007) Dispersal decisions and predispersal behavior in *Polistes* paper wasp 'workers.' *Behavioral Ecology and Sociobiology* 61: 1877–1883.
1444. Tinbergen N, Perdeck AC (1950) On the stimulus situations releasing the begging response in the newly hatched herring gull (*Larus argentatus* Pont.). *Behaviour* 3: 1–39.
1445. Tinbergen N (1951) *The Study of Instinct*. Oxford University Press, New York.
1446. Tinbergen N (1958) *Curious Naturalists*. Doubleday, Garden City, NY.
1447. Tinbergen N (1959) Comparative studies of the behaviour of gulls (Laridae): a progress report. *Behaviour* 15: 1–70.
1448. Tinbergen N (1960) *The Herring Gull's World*. Doubleday, Garden City, New York.
1449. Tinbergen N (1963) On the aims and methods of ethology. *Zeitschrift für Tierpsychologie* 20: 410–433.
1450. Tishkoff S, Reed F, Ranciaro A, Voight BF, Babbitt CC, Silverman JS, Powell K, Mortensen HM, Hirbo JB, Osman M, Ibrahim M, Omar S, Lema G, Nyambo TB, Ghori J, Bumpstead S, Pritchard JK, Wray GA, Deloukas P (2007) Convergent evolution of lactase persistence in Africa and Europe. *Nature Genetics* 39: 31–40.
1451. Tobias J (1997) Asymmetric territorial contests in the European robin: The role of settlement costs. *Animal Behaviour* 54: 9–21.
1452. Toh KL, Jones CR, He Y, Eide EJ, Hinz WA, Virshup DM, Ptácek LJ, Fu Y-H (2001) An h*Per2* phosphorylation site mutation in familial advanced sleep phase syndrome. *Science* 291: 1040–1043.
1453. Toma DP, Bloch G, Moore D, Robinson GE (2000) Changes in *period* mRNA levels in the brain and division of labor in honey bee colonies. *Proceedings of the National Academy of Sciences USA* 97: 6914–6919.
1454. Tomkins JL, Simmons LW (1998) Female choice and manipulations of forceps size and symmetry in the earwig *Forficula auricularia* L. *Animal Behaviour* 56: 347–356.
1455. Tomkins JL, Hazel W (2007) The status of the conditional evolutionarily stable strategy. *Trends in Ecology and Evolution* 22: 522–528.
1456. Toth AL, Robinson GE (2007) Evo-devo and the evolution of social behavior. *Trends in Genetics* 23: 334–341.

1457. Toth AL, Varala K, Newman TC, Miguez FE, Hutchinson SK, Willoughby DA, Simons JF, Egholm M, Hunt JH, Hudson ME, Robinson GE (2007) Wasp gene expression supports an evolutionary link between maternal behavior and eusociality. *Science* 318: 441–444.

1458. Tovée MJ, Maisey DS, Emery JL, Cornelissen PL (1999) Visual cues to female physical attractiveness. *Proceedings of the Royal Society of London, Series B* 266: 211–218.

1459. Townsend JM (1989) Mate selection criteria: A pilot study. *Ethology and Sociobiology* 10: 241–253.

1460. Trainor BC, Marler CA (2002) Testosterone promotes paternal behaviour in a monogamous mammal via conversion to estrogen. *Proceedings of the Royal Society of London, Series B* 269: 823–829.

1461. Trainor BC, Bird IM, Alday NA, Schlinger BA, Marler CA (2003) Variation in aromatase activity in the medial preoptic area and plasma progesterone is associated with the onset of paternal behavior. *Neuroendocrinology* 78: 36–44.

1462. Traniello JFA, Rosengaus RB, Savoie K (2002) The development of immunity in a social insect: Evidence for the group facilitation of disease resistance. *Proceedings of the National Academy of Sciences USA* 99: 6838–6842.

1463. Tregenza T, Simmons LW, Wedell N, Zuk M (2006) Female preference for male courtship song and its role as a signal of immune function and condition. *Animal Behaviour* 72: 809–818.

1464. Trivers RL (1971) The evolution of reciprocal altruism. *Quarterly Review of Biology* 46: 35–57.

1465. Trivers RL (1972) Parental investment and sexual selection. In: Campbell B (ed) *Sexual Selection and the Descent of Man*. Aldine, Chicago.

1466. Trivers RL (1974) Parent-offspring conflict. *American Zoologist* 14: 249–264.

1467. Trivers RL, Hare H (1976) Haplodiploidy and the evolution of the social insects. *Science* 191: 249–263.

1468. Trivers RL (1985) *Social Evolution*. Benjamin Cummings, Menlo Park, CA.

1469. Tsai ML, Dai CF (2003) Cannibalism within mating pairs of the parasitic isopod, *Ichthyoxenus fushanensis*. *Journal of Crustacean Biology* 23: 662–668.

1470. Tschinkel WR, Porter SD (1988) Efficiency of sperm use in queens of the fire ant, *Solenopsis invicta* (Hymenoptera: Formicidae). *Annals of the Entomological Society of America* 81: 777–781.

1471. Tschirren B, Fitze PS, Richner H (2005) Carotenoid-based nestling colouration and parental favouritism in the great tit. *Oecologia* 143: 477–482.

1472. Tsubaki Y, Hooper RE, Siva-Jothy MT (1997) Differences in adult and reproductive lifespan in the two male forms of *Mnais pruinosa costalis* Selys (Odonata: Calopterygidae). *Research in Population Ecology* 39: 149–155.

1473. Turek FW, McMillan JP, Menaker M (1976) Melatonin: effects of the circadian rhythms of sparrows. *Science* 194: 1441–1443.

1474. Tuttle EM, Pruett-Jones S, Webster MS (1996) Cloacal protuberances and extreme sperm production in Australian fairy-wrens. *Proceedings of the Royal Society of London, Series B* 263: 1359–1364.

1475. Tybur JM, Miller GF, Gangestad SW (2007) Testing the controversy—An empirical examination of adaptationists' attitudes toward politics and science. *Human Nature* 18: 313–328.

1476. Tyler WA (1995) The adaptive significance of colonial nesting in a coral-reef fish. *Animal Behaviour* 49: 949–966.

1477. Uetz GW, Smith EI (1999) Asymmetry in a visual signaling character and sexual selection in a wolf spider. *Behavioral Ecology and Sociobiology* 45: 87–94.

1478. Urban MC (2007) Risky prey behavior evolves in risky habitats. *Proceedings of the National Academy of Sciences USA* 104: 14377–14382.

1479. Urquhart FA (1960) *The Monarch Butterfly*. University of Toronto Press, Toronto.

1480. Uy JAC, Borgia G (2000) Sexual selection drives rapid divergence in bowerbird display traits. *Evolution* 54: 273–278.

1481. Uy JAC, Patricelli GL, Borgia G (2001) Complex mate searching in the satin bowerbird *Ptilonorhynchus violaceus*. *American Naturalist* 158: 530–542.

1482. Vahed K (1998) The function of nuptial feeding in insects: Review of empirical studies. *Biological Reviews* 73: 43–78.

1483. Vallet E, Beme I, Kreutzer M (1998) Two-note syllables in canary songs elicit high levels of sexual display. *Animal Behaviour* 55: 291–297.

1484. van Gils JA, Schenk IW, Bos O, Piersma T (2003) Incompletely informed shorebirds that face a digestive constraint maximize net energy gain when exploiting patches. *American Naturalist* 161: 777–793.

1485. van Schaik CP, Kappeler PM (1997) Infanticide risk and the evolution of male-female associations in primates. *Proceedings of the Royal Society of London, Series B* 264: 1687–1694.

1486. van Staaden MJ, Romer H (1998) Evolutionary transition from stretch to hearing organs in ancient grasshoppers. *Nature* 394: 773–778.

1487. Vaughan AE (2003) The association between offender SES and victim-offender relationship in rape offences—revised. *Sexualities, Evolution & Gender* 5: 103–105.

1488. Veiga JP (2003) Infanticide by male house sparrows: gaining time or manipulating females? *Proceedings of the Royal Society of London, Series B* 270: S87–S89.

1489. Velho TAF, Pinaud R, Rodigues PV, Mello CV (2005) Co-induction of activity-dependent genes in songbirds. *European Journal of Neuroscience* 22: 1667–1678.

1490. Vereecken NJ, Mahé G (2007) Larval aggregations of the blister beetle *Stenoria analis* (Schaum) (Coleoptera: Meloidae) sexually deceive patrolling males of their host, the solitary bee *Colletes hederae* Schmidt & Westrich (Hymenoptera: Colletidae). *Annales de la SociŽtŽ Entomologique de France* 43: 493–496.

1491. Vieites DR, Nieto-Román S, Barluenga M, Palanca A, Vences M, Meyer A (2004) Post-mating clutch piracy in an amphibian. *Nature* 431: 305–308.

1492. Vincent ACJ, Sadler LM (1995) Faithful pair bonds in wild seahorses, *Hippocampus whitei*. *Animal Behaviour* 50: 1557–1569.

1493. Vincent ACJ, Marsden AD, Evans KL, Sadler LM (2004) Temporal and spatial opportunities for polygamy in a monogamous seahorse, *Hippocampus whitei*. *Behaviour* 141: 141–156.

1494. Vining DR, Jr. (1986) Social versus reproductive success: The central theoretical problem of human sociobiology. *Behavioral and Brain Sciences* 9: 167–187.

1495. Visscher PK (2003) How self-organization evolves. *Nature* 421: 799–800.

1496. Vitousek MN, Mitchell MA, Woakes AJ, Niemack MD, Wikelski M (2007) High costs of female choice in a lekking lizard. *PLoS ONE* 2: e567. doi:510.1371/journal.pone.0000567.

1497. Vleck CM, Brown JL (1999) Testosterone and social and reproductive behaviour in *Aphelocoma* jays. *Animal Behaviour* 58: 943–951.

1498. von Engelhardt N, Kappeler PM, Heistermann M (2000) Androgen levels and female social dominance in *Lemur catta*. *Proceedings of the Royal Society of London, Series B* 267: 1533–1539.

1499. von Frisch K (1956) *The Dancing Bees*. Harcourt Brace Jovanovich, New York.

1500. von Frisch K (1967) *The Dance Language and Orientation of Bees*. Harvard University Press, Cambridge, MA.
1501. Waage JK (1973) Reproductive behavior and its relation to territoriality in *Calopteryx maculata* (Beauvois) (Odonata:Calopterygidae). *Behaviour* 47: 240–256.
1502. Waage JK (1979) Dual function of the damselfly penis: Sperm removal and transfer. *Science* 203: 916–918.
1503. Waage JK (1997) Parental investment—minding the kids or keeping control? In: Gowaty PA (ed) *Feminism and Evolutionary Biology: Boundaries, Interactions, and Frontiers*. Chapman and Hall, New York.
1504. Wade J (2005) Current research on the behavioral neuroendocrinology of reptiles. *Hormones and Behavior* 48: 451–460.
1505. Wagner RH, Helfenstein F, Danchin E (2004) Female choice of young sperm in a genetically monogamous bird. *Proceedings of the Royal Society of London, Series B* 271: S134–S137.
1506. Walcott C (1972) Bird navigation. *Natural History* 81: 32–43.
1507. Walcott C (1996) Pigeon homing: Observations, experiments and confusions. *Journal of Experimental Biology* 199: 21–27.
1508. Wallraff HG, Chappel J, Guilford T (1999) The roles of the sun and the landscape in pigeon homing. *Journal of Experimental Biology* 202: 2121–2126.
1509. Walter C (2008) Affairs of the lips: why we kiss. *Scientific American* 19 (Jan.): 24–29.
1510. Walther BA, Gosler AG (2001) The effects of food availability and distance to protective cover on the winter foraging behaviour of tits (Aves: *Parus*). *Oecologia* 129: 312–320.
1511. Ward MP, Weatherhead PJ (2005) Sex-specific differences in site fidelity and the cost of dispersal in yellow-headed blackbirds. *Behavioral Ecology and Sociobiology* 59: 108–114.
1512. Ward P, Zahavi A (1973) The importance of certain assemblages of birds as "information-centres" for food finding. *Ibis* 115: 517–534.
1513. Ward PI (2007) Postcopulatory selection in the yellow dung fly *Scathophaga stercoraria* (L.) and the mate-now-chooselater mechanism of cryptic female choice. *Advances in the Study of Behavior* 37: 343–369.
1514. Warner RR (1984) Mating behavior and hermaphroditism in coral reef fishes. *American Scientist* 72: 128–136.
1515. Watson PJ (1998) Multi-male mating and female choice increase offspring growth in the spider *Neriene litigiosa* (Linyphiidae). *Animal Behaviour* 55: 387–403.
1516. Watt PJ, Chapman R (1998) Whirligig beetle aggregations: What are the costs and the benefits? *Behavioral Ecology and Sociobiology* 42: 179–184.
1517. Watts DP, Muller M, Amsler SJ, Mbabazi G, Mitani JC (2006) Lethal group aggression by chimpanzees in Kibale National Park, Uganda. *American Journal of Primatology* 68: 161–180.
1518. Watts HE, Holekamp KE (2007) Hyena societies. *Current Biology* 17: R657–R660.
1519. Watts HE, Holekamp KE (2009) Ecological determinants of survival and reproduction in the spotted hyena. *Journal of Mammalogy*. In press.
1520. Waynforth D, Dunbar RIM (1995) Conditional mate choice strategies in humans—evidence from lonely hearts advertisements. *Behaviour* 132: 755–779.
1521. Weathers WW, Sullivan KA (1989) Juvenile foraging proficiency, parental effort, and avian reproductive success. *Ecological Monographs* 59: 223–246.
1522. Webster MS (1994) Female-defence polygyny in a Neotropical bird, the Montezuma oropendula. *Animal Behaviour* 48: 779–794.
1523. Webster MS, Robinson SK (1999) Courtship disruptions and male mating strategies: Examples from female-defense mating systems. *American Naturalist* 154: 717–729.
1524. Webster MS, Reichart L (2005) Use of microsatellites for parentage and kinship analyses in animals. *Molecular Evolution* 395: 222–238.
1525. Webster MS, Tarvin KA, Tuttle EM, Pruett-Jones S (2007) Promiscuity drives sexual selection in a socially monogamous bird. *Evolution* 61: 2205–2211.
1526. Wedekind C, Milinski M (1996) Human cooperation in the simultaneous and the alternating Prisoner's Dilemma: Pavlov versus Generous Tit-for-Tat. *Proceedings of the National Academy of Sciences USA* 93: 2686–2689.
1527. Wedell N, Tregenza T (1999) Successful fathers sire successful sons. *Evolution* 53: 620–625.
1528. Wehner R, Wehner S (1990) Insect navigation: Use of maps or Ariadne's thread? *Ethology, Ecology and Evolution* 2: 27–48.
1529. Wehner R, Lehrer M, Harvey WR (1996) Navigation: Migration and homing. *Journal of Experimental Biology* 199: 1–261.
1530. Weidinger K (2000) The breeding performance of blackcap *Sylvia atricapilla* in two types of forest habitat. *Ardea* 88: 225–233.
1531. Weimerskirch H, Salamolard M, Sarrazin F, Jouventin P (1993) Foraging strategy of wandering albatrosses through the breeding season: A study using satellite telemetry. *Auk* 110: 325–342.
1532. Weimerskirch H, Martin J, Clerquin Y, Alexandre P, Jiraskova S (2001) Energy saving in flight formation. *Nature* 413: 697–698.
1533. Weiss MR (2003) Good housekeeping: why do shelter-dwelling caterpillars fling their frass? *Ecology Letters* 6: 361–370.
1534. Wells JCK (2003) Parent-offspring conflict theory, signaling of need, and weight gain in early life. *Quarterly Review of Biology* 78: 169–202.
1535. Welty J (1982) *The Life of Birds*, 3rd edn. Saunders College Publishing, Philadelphia, PA.
1536. Wenner AM, Wells P (1990) *Anatomy of a Controversy*. Columbia University Press, New York.
1537. Wenninger EJ, Averill AL (2006) Influence of body and genital morphology on relative male fertilization success in oriental beetle. *Behavioral Ecology* 17: 656–663.
1538. Wenseleers T, Ratnieks FLW (2006) Enforced altruism in insect societies. *Nature* 444: 50.
1539. Wenseleers T, Ratnieks FLW (2006) Comparative analysis of worker reproduction and policing in eusocial Hymenoptera supported relatedness theory. *American Naturalist* 168: E163–E179.
1540. Werner NY, Balshine S, Leach B, Lotem A (2003) Helping opportunities and space segregation in cooperatively breeding cichlids. *Behavioral Ecology* 14: 749–756.
1541. West-Eberhard MJ (1975) The evolution of social behavior by kin selection. *Quarterly Review of Biology* 50: 1–33.
1542. West-Eberhard MJ (1979) Sexual selection, social competition, and evolution. *Proceedings of the American Philosophical Society* 123: 222–234.
1543. West-Eberhard MJ (2003) *Developmental Plasticity and Evolution*. Oxford University Press, New York.
1544. West MJ, King AP (1990) Mozart's starling. *American Scientist* 78: 106–114.
1545. West PM, Packer C (2002) Sexual selection, temperature, and the lion's mane. *Science* 297: 1339–1343.
1546. West SA, Griffiths SW, Gardner A (2008) Social semantics: how useful has group selection been? *Journal of Evolutionary Biology* 21: 374–385.
1547. Westneat DF, Stewart IRK (2003) Extra-pair paternity in birds: Causes, correlates, and conflict. *Annual Review of Ecology and Systematics* 34: 365–396.
1548. Wharton KE, Dyer FC, Huang ZY, Getty T (2007) The honeybee queen influences the regulation of colony drone production. *Behavioral Ecology* 18: 1092–1099.

1549. White PA (2008) Maternal response to neonatal sibling conflict in the spotted hyena, *Crocuta crocuta*. *Behavioral Ecology and Sociobiology* 62: 353–361.
1550. White SA, Nguyen T, Fernald RD (2002) Social regulation of gonadotropin-releasing hormone. *Journal of Experimental Biology* 205: 2567–2581.
1551. Whiteman EA, Côté IM (2004) Monogamy in marine fishes. *Biological Reviews* 79: 351–375.
1552. Whitfield CW, Cziko A-M, Robinson GE (2004) Gene expression profiles in the brain predict behavior in individual honey bees. *Science* 302: 296–299.
1553. Whitfield CW, Ben-Shahar Y, Brillet C, Leoncini I, Crauser D, LeConte Y, Rodriguez-Zas S, Robinson GE (2006) Genomic dissection of behavioral maturation in the honey bee. *Proceedings of the National Academy of Sciences USA* 103: 16068–16075.
1554. Whitfield DP (1990) Individual feeding specializations of wintering turnstone *Arenaria interpres*. *Journal of Animal Ecology* 59: 193–211.
1555. Whitham TG (1979) Habitat selection by *Pemphigus* aphids in response to resource limitation and competition. *Ecology* 59: 1164–1176.
1556. Whitham TG (1979) Territorial defense in a gall aphid. *Nature* 279: 324–325.
1557. Whitham TG (1980) The theory of habitat selection examined and extended using *Pemphigus* aphids. *American Naturalist* 115: 449–466.
1558. Whitham TG (1986) Costs and benefits of territoriality: Behavioral and reproductive release by competing aphids. *Ecology* 67: 139–147.
1559. Whiting MJ (1999) When to be neighbourly: Differential agonistic responses in the lizard *Platysaurus broadleyi*. *Behavioral Ecology and Sociobiology* 46: 210–214.
1560. Whittingham LA, Dunn PO, Macgrath RD (1997) Relatedness, polyandry and extra-group paternity in the cooperatively-breeding white-browed scrubwren (*Sericornis frontalis*). *Behavioral Ecology and Sociobiology* 40: 261–270.
1561. Whittingham LA, Dunn PO (1998) Male parental effort and paternity in a variable mating system. *Animal Behaviour* 55: 629–640.
1562. Wickler W (1968) *Mimicry in Plants and Animals*. World University Library, London.
1563. Wickler W, Seibt U (1981) Monogamy in Crustacea and man. *Zeitschrift für Tierpsychologie* 57: 215–234.
1564. Widdig A, Bercovitch FB, Streich WJ, Sauermann U, Nürnberg P, Krawczak M (2004) A longitudinal analysis of reproductive skew in male rhesus macaques. *Proceedings of the Royal Society of London, Series B* 271: 819–826.
1565. Widemo F, Owens IPF (1995) Lek size, male mating skew and the evolution of lekking. *Nature* 373: 148–151.
1566. Wiederman MW, Allgeier ER (1992) Gender differences in mate selection criteria: Sociobiological or socioeconomic explanation? *Ethology and Sociobiology* 13: 115–124.
1567. Wiederman MW, Kendall E (1999) Evolution, sex, and jealousy: Investigation with a sample from Sweden. *Evolution and Human Behavior* 20: 121–128.
1568. Wiens JJ (2001) Widespread loss of sexually selected traits: how the peacock lost its spots. *Trends in Ecology and Evolution* 19: 517–523.
1569. Wiersma P, Verhulst S (2005) Effects of intake rate on energy expenditure, somatic repair and reproduction of zebra finches. *Journal of Experimental Biology* 208: 4091–4098.
1570. Wigby S, Chapman T (2004) Female resistance to male harm evolves in response to manipulation of sexual conflict. *Evolution* 58: 1028–1037.
1571. Wikelski M, Baurle S (1996) Pre-copulatory ejaculation solves time constraints during copulations in marine iguanas. *Proceedings of the Royal Society of London, Series B* 263: 439–444.
1572. Wiklund C, Karlsson B, Leimar O (2001) Sexual conflict and cooperation in butterfly reproduction: a comparative study of polyandry and female fitness. *Proceedings of the Royal Society of London, Series B* 268: 1661–1667.
1573. Wiklund CG, Andersson M (1994) Natural selection of colony size in a passerine bird. *Journal of Animal Ecology* 63: 765–774.
1574. Wilbrecht L, Crionas A, Nottebohm F (2002) Experience affects recruitment of new neurons but not adult neuron number. *Journal of Neuroscience* 22: 825–831.
1575. Wilkinson GS (1984) Reciprocal food sharing in the vampire bat. *Nature* 308: 181–184.
1576. Wilkinson GS, Dodson GN (1997) Function and evolution of antlers and eye stalks in flies. In: Choe JC, Crespi BJ (eds) *The Evolution of Mating Systems in Insects and Arachnids*. Cambridge University Press, Cambridge.
1577. Williams CK, Lutz RS, Applegate RD (2003) Optimal group size and northern bobwhite coveys. *Animal Behaviour* 66: 377–387.
1578. Williams GC (1966) *Adaptation and Natural Selection*. Princeton University Press, Princeton, NJ.
1579. Williams GC (1975) *Sex and Evolution*. Princeton University Press, Princeton, NJ.
1580. Williams GC (1996) *The Pony Fish's Glow*. Basic Books, New York.
1581. Williams JM, Oehlert GW, Carlis JV, Pusey AE (2004) Why do male chimpanzees defend a group range? *Animal Behaviour* 68: 523–532.
1582. Williams TC, Williams JM (1978) An oceanic mass migration of land birds. *Scientific American* 239 (Oct.): 166–176.
1583. Willows AOD (1971) Giant brain cells in mollusks. *Scientific American* 224 (Feb.): 68–75.
1584. Wilmer JW, Allen PJ, Pomeroy PP, Twiss SD, Amos W (1999) Where have all the fathers gone? An extensive microsatellite analysis of paternity in the grey seal (*Halichoerus grypus*). *Molecular Ecology* 8: 1417–1429.
1585. Wilson AB, Martin-Smith KM (2007) Genetic monogamy despite social promiscuity in the pot-bellied seahorse (*Hippocampus abdominalis*). *Molecular Ecology* 16: 2345–2352.
1586. Wilson DS, Wilson EO (2007) Rethinking the theoretical foundation of sociobiology. *Quarterly Review of Biology* 82: 327–348.
1587. Wilson EO (1971) *The Insect Societies*. Harvard University Press, Cambridge, MA.
1588. Wilson EO (1975) *Sociobiology, The New Synthesis*. Harvard University Press, Cambridge, MA.
1589. Wilson EO (1976) Academic vigilantism and the political significance of sociobiology. *BioScience* 26: 187–190.
1590. Wilson EO, Holldobler B (2005) Eusociality: Origin and consequences. *Proceedings of the National Academy of Sciences USA* 102: 13367–13371.
1591. Wilson M, Daly M, Gordon S (1998) The evolved psychological apparatus of humans is one source of environmental problems. In: Caro T (ed) *Behavioral Ecology and Conservation Biology*. Oxford University Press, New York, NY.
1592. Wilson MI, Daly M (1997) Life expectancy, economic inequality, homicide, and reproductive timing in Chicago neighborhoods. *British Medical Journal* 314: 1271–1274.
1593. Wilson RS, Angelitta MJ, Jr, James RS, Navas C, Seebacher F (2007) Dishonest signals of strength in male slender crayfish (*Cherax dispar*) during agonistic encounters. *American Naturalist* 170: 284–291.
1594. Wiltschko R, Wiltschko W (2003) Avian navigation: from historical to modern concepts. *Animal Behaviour* 65: 257–272.
1595. Windmill JFC, Jackson JC, Tuck EJ, Robert D (2006) Keeping up with bats: Dynamic auditory tuning in a moth. *Current Biology* 16: 2418–2423.

1596. Windmill JFC, Fullard JH, Robert D (2007) Mechanics of a 'simple' ear: tympanal vibrations in a noctuid moth. *Journal of Experimental Biology* 210: 2637–2548.
1597. Winfree R (1999) Cuckoos, cowbirds and the persistence of brood parasitism. *Trends in Ecology and Evolution* 14: 338–343.
1598. Wingfield JC, Moore MC (1987) Hormonal, social and environmental factors in the reproductive biology of free-living male birds. In: Crews D (ed) *Psychobiology of Reproductive Behavior: An Evolutionary Perspective*. Prentice-Hall, Englewood Cliffs, NJ.
1599. Wingfield JC, Jacobs J, Hillgarth N (1997) Ecological constraints and the evolution of hormone-behavior interrelationships. *Annals of the New York Academy of Sciences* 807: 22–41.
1600. Wingfield JC, Ramenofsky M (1997) Corticosterone and facultative dispersal in response to unpredictable events. *Ardea* 85: 155–166.
1601. Winker K, Pruett CL (2006) Seaonal migration, speciation, and morphological convergence in the genus *Catharus* (Turdidae). *Auk* 123: 1052–1068.
1602. Winking J, Kaplan H, Gurven M, Rucas S (2007) Why do men marry and why do they stray? *Proceedings of the Royal Society of London, Series B* 274: 1643–1649.
1603. Winkler SM, Wade J (1998) Aromatase activity and regulation of sexual behaviors in the green anole lizard. *Physiology & Behavior* 64: 723–731.
1604. Winterer G, Goldman D (2003) Genetics of human prefrontal function. *Brain Research Reviews* 43: 134–163.
1605. Winterhalder B, Smith EA (2000) Analyzing adaptive strategies: Human behavioral ecology at twenty-five. *Evolutionary Anthropology* 9: 51–72.
1606. Wirsing AJ, Heithaus MR, Dill LM (2007) Can you dig it? Use of excavation, a risky foraging tactic, by dugongs is sensitive to predation danger. *Animal Behaviour* 74: 1085–1091.
1607. Wise KK, Conover MR, Knowlton FF (1999) Response of coyotes to avian distress calls: Testing the startle-predator and predator-attraction hypotheses. *Behaviour* 136: 935–949.
1608. Wojcieszek JM, Nicholls JA, Goldizen AW (2007) Stealing behavior and the maintenance of a visual display in the satin bowerbird. *Behavioral Ecology* 18: 689–695.
1609. Wolanski E, Gereta E, Borner M, Mduma S (1999) Water, migration and the Serengeti ecosystem. *American Scientist* 87: 526–533.
1610. Wolf N (1990) *The Beauty Myth*. Chatto & Windus, London.
1611. Wolff JO, Mech SG, Dunlap AS, Hodges KE (2002) Multi-male mating by paired and unpaired female prairie voles (*Microtus ochrogaster*). *Behaviour* 139: 1147–1160.
1612. Wolff JO, Macdonald DW (2004) Promiscuous females protect their offspring. *Trends in Ecology and Evolution* 19: 127–134.
1613. Wolff JO, Sherman PW (eds) (2007) *Rodent Societies, An Ecological & Evolutionary Perspective*. University of Chicago Press, Chicago, IL.
1614. Wong MYL, Munday PL, Buston PM, Jones GP (2008) Monogamy when there is potential for polygyny: tests of multiple hypotheses in a group-living fish. *Behavioral Ecology* 19: 353–361.
1615. Woodroffe R, Vincent A (1994) Mother's little helpers: Patterns of male care in mammals. *Trends in Ecology and Evolution* 9: 294–297.
1616. Woods WA, Hendrickson H, Mason J, Lewis SM (2007) Energy and predation costs of firefly courtship signals. *American Naturalist* 170: 702–708.
1617. Woodward J, Goodstein D (1996) Conduct, misconduct and the structure of science. *American Scientist* 84: 479–490.
1618. Woolfenden GE, Fitzpatrick JW (1984) *The Florida Scrub Jay: Demography of a Cooperative-Breeding Bird*. Princeton University Press, Princeton, NJ.
1619. Woolley SC, Doupe AJ (2008) Social context-induced song variation affects female behavior and gene expression. *PLoS Biology* 6: doi:10.1371/journal.pbio.0060062.
1620. Woyciechowski M, Kabat L, Król E (1994) The function of the mating sign in honey bees, *Apis mellifera* L.: New evidence. *Animal Behaviour* 47: 733–735.
1621. Wrangham RW (1999) Evolution of coalitionary killing. *Yearbook of Physical Anthropology* 42: 1–30.
1622. Wynne-Edwards VC (1962) *Animal Dispersion in Relation to Social Behaviour*. Oliver & Boyd, Edinburgh.
1623. Yack JE, Fullard JH (1990) The mechanoreceptive origin of insect tympanal organs: A comparative study of similar nerves in tympanate and atympanate moths. *Journal of Comparative Neurology* 300: 523–534.
1624. Yack JE (1992) A multiterminal stretch receptor, chordotonal organ, and hair plate at the wing-hinge of *Manduca sexta*: Unravelling the mystery of the noctuid moth ear B cell. *Journal of Comparative Neurology* 324: 500–508.
1625. Yack JE, Fullard JH (2000) Ultrasonic hearing in nocturnal butterflies. *Nature* 403: 265–266.
1626. Yack JE, Kalko JEV, Surlykke A (2007) Neuroethology of ultrasonic hearing in nocturnal butterflies (Hedyloidea). *Journal of Comparative Physiology A* 193: 577–590.
1627. Yager DD, May ML (1990) Ultrasound-triggered, flightgated evasive maneuvers in the flying praying mantis, *Parasphendale agrionina*. II. Tethered flight. *Journal of Experimental Biology* 152: 41–58.
1628. Yapici N, Kim Y-J, Ribiero C, Dickson BJ (2008) A receptor that mediates the post-mating switch in *Drosophila* reproductive behaviour. *Nature* 451: 33–38.
1629. Yoder JM, Marschall EA, Swanson DA (2004) The cost of dispersal: predation as a function of movement and site familiarity in ruffed grouse. *Behavioral Ecology* 15: 469–476.
1630. Yom-Tov Y, Geffen E (2006) On the origin of brood parasitism in altricial birds. *Behavioral Ecology* 17: 196–205.
1631. Young AJ, Carlson AA, Monfort SL, Russell AF, Bennett NC, Clutton-Brock TH (2006) Stress and the suppression of subordinate reproduction in cooperatively breeding meerkats. *Proceedings of the National Academy of Sciences USA* 103: 12005–12010.
1632. Young LJ, Wang Z (2004) The neurobiology of pair bonding. *Nature Neuroscience* 7: 1048–1054.
1633. Young MW (2000) Marking time for a kingdom. *Science* 288: 451–453.
1634. Zach R (1979) Shell-dropping: Decision-making and optimal foraging in northwestern crows. *Behaviour* 68: 106–117.
1635. Zahavi A (1975) Mate selection—A selection for a handicap. *Journal of Theoretical Biology* 53: 205–214.
1636. Zedrosser A, Støen O-G, Saebø S, Swenson JR (2007) Should I stay or should I go? Natal dispersal in the brown bear. *Animal Behaviour* 74: 369–376.
1637. Zeh JA, Zeh DW (1996) The evolution of polyandry I: Intragenomic conflict and genetic incompatibility. *Proceedings of the Royal Society of London, Series B* 263: 1711–1717.
1638. Zeh JA (1997) Polyandry and enhanced reproductive success in the harlequin beetle-riding pseudoscorpion. *Behavioral Ecology and Sociobiology* 40: 111–118.
1639. Zeh JA, Zeh DW (1997) The evolution of polyandry II: Post-copulatory defenses against genetic incompatibility. *Proceedings of the Royal Society of London, Series B* 264: 69–75.
1640. Zeh JA, Newcomer SD, Zeh DW (1998) Polyandrous females discriminate against previous mates. *Proceedings of the National Academy of Sciences USA* 95: 13273–13736.
1641. Zeh JA, Zeh DW (2003) Toward a new sexual selection paradigm: Polyandry, conflict and incompatibility. *Ethology* 109: 929–950.

1642. Zera AJ, Denno RF (1997) Physiology and ecology of dispersal polymorphism in insects. *Annual Review of Entomology* 42: 207–231.
1643. Zera AJ, Potts J, Kobus K (1998) The physiology of life-history trade-offs: Experimental analysis of a hormonally induced life-history trade-off in *Gryllus assimilis*. *American Naturalist* 152: 7–23.
1644. Zera AJ, Zhao Z, Kaliseck K (2007) Hormones in the field: evolutionary endocrinology of juvenile hormone and ecdysteroids in field populations of the wing-dimorphic cricket *Gryllus fi rmus*. *Physiological and Biochemical Zoology* 80: 592–606.
1645. Zhu H, Sauman I, Yuan A, Emery-Le M, Emery P, Reppert SM (2008) Cryptochromes define a novel circadian clock mechanism in monarch butterflies that may underlie sun compass navigation. *PLoS Biology* 6: 1–18.
1646. Ziegler HP, Marler P (eds) (2008) *Neuroscience of Birdsong*. Cambridge University Press, New York.
1647. Zucker I (1983) Motivation, biological clocks and temporal organization of behavior. In: Satinoff E, Teitelbaum P (eds) *Handbook of Behavioral Neurobiology: Motivation*. Plenum Press, New York.
1648. Zuk M, Simmons LW, Cupp L (1993) Calling characteristics of parasitized and unparasitized populations of the field cricket *Teleogryllus oceanicus*. *Behavioral Ecology and Sociobiology* 33: 339–343.
1649. Zuk M, Johnsen TS, MacLarty T (1995) Endocrine-immune interactions, ornaments and mate choice in red jungle fowl. *Proceedings of the Royal Society of London, Series B* 260: 205–210.
1650. Zuk M, Kolluru GR (1998) Exploitation of sexual signals by predators and paraistoids. *Quarterly Review of Biology* 73: 415–438.
1651. Zuk M, Rotenberry JT, Tinghitella RM (2006) Silent night: adaptive disappearance of a sexual signal in a parasitized population of field crickets. *Biology Letters* 2: 521–524.

Créditos das Ilustrações

Capa: Great Gray Owl (*Strix nebulosa*) at nest. © Michael Quinton/Minden Pictures.

Capítulo 1 *Opener*: © Mark Moffett/Minden Pictures. 1.2: © 2004 by Wiley-Liss, Inc., a subsidiary of John Wiley & Sons, Inc. 1.8: © Science Photo Library/Photo Researchers, Inc. 1.12: © Emmanuelle Bonzami/ istockphoto.com. 1.13: © Heini Wehrle/AGE Fotostock. 1.15: From *The Far Side* by Gary Larson. Reproduced by permission of Chronicle Features, San Francisco. 1.16: © George Schaller/Bruce Coleman, Inc.

Capítulo 2 *Opener*: © Glenn Bartley/AGE Fotostock. 2.2 *sonograms*: © 2002 by the Society for Neuroscience. 2.2 *zebra finch*: Photograph by David McIntyre, courtesy of Atsuko Takahashi. 2.7 *galah*: Photograph by the author. 2.7 *cockatoo*: © John Cancalosi/Alamy. 2.12: © Raymond Neil Farrimond/ShutterStock. 2.15 *sonograms*: © 2001 by the National Academy of Sciences, U.S.A. 2.15 *swamp sparrow*: © Dennis Donohue/ShutterStock. 2.16 *parrot*: © Stepan Jezek/ShutterStock. 2.16 *hummingbird*: © Daniel Hebert/ShutterStock. 2.16 *songbird*: © John A. Anderson/ShutterStock. 2.17: © Dave Allen Photography/ShutterStock. 2.19: © Andrew Williams/ ShutterStock. 2.21: © David Dohnal/ShutterStock. 2.25: © Michael Woodruff/ShutterStock. 2.27: Courtesy of Dave Menke/U.S. Fish and Wildlife Service.

Capítulo 3 *Opener*: © Gavriel Jecan/AGE Fotostock. 3.1: © manfredxy/ShutterStock. 3.2: © 2004 by the American Association for the Advancement of Science. 3.5: © Nina Leen/Time Life Pictures/Getty Images. 3.7: © Bryan Eastham/ShutterStock. 3.12: © Shari L. Morris/AGE Fotostock. 3.14: © Alonso Carlos Sanchez/OSF/Photolibrary.com. 3.17: © 1995 by L.P.P. Ltd. (formerly Laser Pages Publishing Ltd.). 3.24: David McIntyre. 3.25: © Nina Leen/Time Life Pictures/Getty Images. 3.26: © Nina Leen/Time Life Pictures/Getty Images. 3.28: © Joan Ramon Mendo Escoda/ShutterStock. 3.29: © 1998 by the Psychonomic Society. 3.31D: © Mark Moffett/Minden Pictures. 3.39: Courtesy of Dave Menke/U.S. Fish and Wildlife Service. 3.45: © Worldwide Picture Library/Alamy.

Capítulo 4 *Opener*: Photograph by the author. 4.6 *inset*: © David Tipling/Naturepl.com. 4.7: © Ian Wyllie/OSF/Photolibrary.com. 4.30: © 2002 by the National Academy of Sciences, U.S.A. 4.36: © by MIT Press. 4.38: © 2002 by Oxford University Press. 4.40A: Photograph by the author. 4.40B: © blickwinkel/Alamy. 4.43: © Robert Pickett/Papilio/Alamy.

Capítulo 5 *Opener*: © François Gohier/Photo Researchers, Inc. 5.14: Photograph by Raymond Mendez. 5.16: © Martin Creasser/Alamy. 5.17: © Mary McDonald/Naturepl.com. 5.18: © Chad A. Ivany/ShutterStock. 5.21: © Timothey Kosachev/ ShutterStock. 5.22: Courtesy of Dave Menke/U.S. Fish and Wildlife Service. 5.23A: Photograph courtesy of Gloria Mak.

Capítulo 6 *Opener*: Photograph by the author. 6.2: © birdpix/Alamy. 6.4: © gary forsyth/istockphoto.com. 6.5: © Markus Varesvuo/Naturepl.com. 6.12: © blickwinkel/Alamy. 6.17 *left*: © Michael Tweedie/Photo Researchers, Inc. 6.25: © 1987 by the American Association for the Advancement of Science. 6.26: © Steve Bloom Images/Alamy. 6.31: © Terry Wall/Alamy. 6.33 *flock*: © Mike Lane/AGE Fotostock. 6.33 *individual*: © David Dohnal/ShutterStock.

Capítulo 7 *Opener*: Photograph by Bruce Lyon. 7.1: © 7877074640/ShutterStock. 7.2: © Rui Saraiva/ShutterStock. 7.4: © Jane Burton/Naturepl.com. 7.5: © 2003 by the University of Chicago Press. 7.6 *shark*: © Ian Scott/ShutterStock. 7.6 *dugong*: © Wildlife GmbH/Alamy. 7.7: © Byron Jorjorian/Alamy. 7.12: © Al Parker Photography/ShutterStock. 7.18: © Jeremy Woodhouse/Photodisc/Photolibrary.com. 7.22: © Michael Meyer/istockphoto.com.

Capítulo 8 *Opener*: © Suzi Eszterhas/Naturepl.com. 8.1 *left*: © Dennis Donohue/ShutterStock. 8.2: © Dmitry Kosterev/ShutterStock. 8.4: David McIntyre. 8.9: © Wolfgang Zintl/ShutterStock. 8.11: © John Kirinic/ShutterStock. 8.12: © Shari L. Morris/AGE Fotostock. 8.14: © Brian Scott/Alamy. 8.15: © Alistair Scott/ShutterStock. 8.16 *map*: © 2004 by Blackwell Publishing and the Society for Conservation Biology. 8.17 *thrush*: © mike mckavett/Alamy. 8.17 *map*: © 2003 by the American Ornithological Union. 8.19: © 2001 by Nature Publishing Group. 8.20: © Rick & Nora Bowers/Alamy. 8.21: © Jim Zipp/Photo Researchers, Inc. 8.22: © 2002 by the Royal Society of London. 8.24: © Karel Brož/ShutterStock. 8.25 *map*: © 1997 by the Cooper Ornithological Society. 8.25 *fox sparrow*: Courtesy of James C. Leupold/U.S. Fish and Wildlife Service. 8.28 *female*: © Scott Leslie/Minden Pictures. 8.28 *male*: © Rick & Nora Bowers/Alamy. 8.30: © Christian Musat/ShutterStock. 8.31: © P. Craig-Cooper/Peter Arnold, Inc. 8.32: Photograph by the author.

Capítulo 9 *Opener*: © Dave Watts/Alamy. 9.3: © 1995 by the Nature Publishing Group. 9.4: © Andrew Parkinson/Naturepl.com. 9.8: © 2002 by Elsevier. 9.12 *sonograms*: © 2000 by the Royal Society. 9.12 *bowerbird*: © Tony Heald/Naturepl.com. 9.23: © 1987 by Prentice-Hall Inc., Englewood Cliffs, N.J. 9.29: © Roger Wilmshurst/Photo Researchers, Inc. 9.31: © Merlin D. Tuttle/Bat Conservation International/Photo Researchers, Inc. 9.33A: © Andrew Darrington/Alamy. 9.34 *bunting*: © Gertjan Hooijer/ShutterStock. 9.34 *blackbird*: © Karel Brož/ShutterStock. 9.34 *chaffinch*: © Andrew Howe/istockphoto.com.

Capítulo 10 *Opener*: Photographs by Nicolas Vereecken. 10.6: Photograph by David M. Phillips/The Population Council. 10.10: © 2000 by Academic Press Ltd. 10.11: Courtesy of the author. 10.13: © 2000 by the American Institute of Biological Sciences. 10.15: © Gregory Dimijian/Photo Researchers, Inc. 10.21: © 1996 by the Royal Society of London. 10.22A: Photograph by Doug Emlen. 10.29: © 1979 by the American Association for the Advancement of Science. 10.32: © Juniors Bildarchiv/Alamy. 10.33B: © Juniors Bildarchiv/AGE Fotostock. 10.34: © Gertjan Hooijer/ShutterStock. 10.41A: ©2002 by the Royal Society of London. 10.41 *canary*: © ene/istockphoto.com. 10.42: © Jason Gallier/Alamy. 10.43 *chart*: © 2003 by Oxford University Press. 10.43 *bowerbird*: © Konrad Wothe/Photolibrary.com. 10.44 *peacock*: © John Kirinic/ShutterStock. 10.50A: © Andrew Syred/Photo Researchers, Inc.

Capítulo 11 *Opener*: © Ted Mead/Photolibrary.com. 11.2: Courtesy of Stephen Childs/Creative Commons Attribution License. 11.3: © Dr. Paul A. Zahl/Photo Researchers, Inc. 11.5: Photograph by João Paulo Krajewski. 11.7: © 2000 by Academic Press Ltd. 11.10: © 2000 by Elsevier. 11.11: © Bengt Lundberg/Naturepl.com. 11.12: © Bill Coster/Alamy. 11.17: © Dave Watts/Alamy. 11.19: © Oliver Smart/Alamy. 11.20: Photograph by Dustin Rubenstein. 11.27: © Joe Gough/ShutterStock. 11.29A: © Arco Images GmbH/Alamy. 11.29B: © Humberto Olarte Cupas/Alamy. 11.34: © Rick & Nora Bowers/Alamy. 11.36: © J. Norman Reid/ShutterStock. 11.37: © Hugh Maynard/Naturepl.com. 11.38: Photograph courtesy of Frédéric Jiguet. 11.39 *grouse*: © Worldwide Picture Library/Alamy. 11.39 *iguana*: © Michael Zysman/ShutterStock. 11.40 *maps*: © 2000 by Springer Verlag. 11.40 *grouse*: Photograph by Marc Dantzker. 11.41: © Stockbyte/Alamy. 11.42: © Liz Leyden/istockphoto.com. 11.43: © Michelle Gilders/Alamy. 11.44: © Morales/AGE Fotostock. 11.45: Courtesy of Scott Bauer/USDA ARS. Box 11.1: © Cephas Picture Library/Alamy.

Capítulo 12 *Opener*: Photograph by Bruce Lyon. 12.3A: © David Fleetham/Alamy. 12.3B: © David Thompson/OSF/Photolibrary.com. 12.10 *cliff swallow*: David McIntyre. 12.10 *barn swallow*: © David Kjaer/Naturepl.com. 12.13: © Reimar/Alamy. 12.17 *great tit*: © David Dohnal/ShutterStock. 12.17 *blue tit*: © Marcin Perkowski/istockphoto.com. 12.19: © Rick & Nora Bowers/Alamy. 12.21: © Jemini Joseph/ShutterStock. 12.22: © 2003 by the Nature Publishing Group. 12.30: © Hanne & Jens Eriksen/Naturepl.com. 12.32: © Tony Campbell/ShutterStock.

Capítulo 13 *Opener*: © Nancy Pearson. 13.2: © 2003 by Oxford University Press. 13.4: © Maslov Dmitry/ShutterStock. 13.5: © 1986 by the Ecological Society of America. 13.6: © Reinhard Dirscherl/Alamy. 13.12: © Nigel J. Dennis/Photo Researchers, Inc. 13.16: Courtesy of Xhienne/Wikimedia. 13.18: © Gerrit de Vries/ShutterStock. 13.26A: © 2002 by the Nature Publishing Group. 13.26B: © 1999 by the Royal Society of London. 13.29: © Steve Bloom Images/Alamy. 13.30: David McIntyre. 13.31: © Roger Powell/Naturepl.com. 13.42: Courtesy of Andrew D. Sinauer.

Capítulo 14 *Opener*: © Martin Harvey/Alamy. 14.1: © maggiegowan.co.uk/Alamy. 14.2: © dlewis33/istockphoto.com. 14.7: © John Cancalosi/Naturepl.com. 14.13: © 2002 by the Royal Society of London. 14.15: © 2001 by the Royal Society of London and with permission of the Perception Lab at the University of St. Andrews. 14.32: © Kristin Mosher/Danita Delimont/Alamy.

Índice

Abbot, Patrick, 496
Abedus, 428, *429*
Abelha asiática, *243*
Abelha *Colletes hederae*, 111
Abelha exploradora, 252-253, *254*
Abelha fundadora, 488-489, 495
Abelha melífera africana, 198
Abelha operária, 64-67
Abelha solitária *Osmia rufa*, 444, *445*
Abelharucos-de-testa-branca, 480-481
Abelhas
  aptidão indireta, 487
  custos da socialidade, 460
  eussocialidade, 489
  percepção ultravioleta, 131
  poliandria, 400-401
  Ver também Abelhas melíferas
Abelhas Alodapinae, *499*
Abelhas corbiculadas, *499*
Abelhas enfermeiras ou babás, 64-65, *66*, 67
Abelhas forrageiras, 64-65, *66*, 67, 159
Abelhas halictinas, *499*
Abelhas Megachilidae, *402*
Abelhas melíferas
  altruísmo obrigatório, 490-491
  aprendizado, 98-99
  defesa comunal, 198
  desenvolvimento do comportamento, 64-67
  Gene *for*, 87-88
  genes-relógio, 158-159
  navegação, 139-140
  poliandria, 400-401
  resposta a patógenos fúngicos, 461
  seleção de hábitat e separação das colmeias, 252-253, *254*
  sistemas de acasalamento, 379-380
Abelhas sem ferrão, 243-245, *246*
Abelhas *Stenogastrinae*, *499*
Abelhas tropicais, sem ferrão, 243-245, *246*
Abelhas-rainha, poliandria, 400-401
Abertura da cloaca, 307
Abordagem adaptacionista
  comportamento de enfrentamento em gaivotas, 185-189
  crítica ao, 188
  método comparativo de teste de hipótese, 190-195
  revisão, 185-190
Abordagem de custo-benefício
  à camuflagem, 200-204

  a colônias de nidificação, 231-232
  à dispersão, 257-261
  à migração, 265-270
  à territorialidade, 274-277
  ao comportamento antipredação, 196-204
  ao cuidado parental, 422-430
  revisão, 188
  teoria da otimização e, 211-212, *213*
  teoria dos jogos e, 213-216
Aborto, 532-536
Abudefduf abdominalis, 462
Ácaros aquáticos, 300-302
Acasalamento cooperativo, 459, *460*
Acasalamentos múltiplos, 388
Aconophora, *423*
Aconophorini, *423*
Acromyrmex, *499*
Adaptação
  abordagem de custo-benefício, 188
  definições de, 187, 190
  limitações, *186*
Adaptation and Natural selection (Williams), 21
Adaptation Unto death (Högstedt), 210
Adoção, de estranhos genéticos, 433-435
Adoção enviesada ao parentesco, 513-514
Adolescentes, parceiros de encontro preferidos, *520*
Adolescentes, parceiros preferenciais para encontros, *520*
Aedeagus, 366
Aenictus, *499*
Afídeos
  eussocialidade, 496-498
  preferência de hábitat, 254-255, *256*
Against our will (Brownmiller), 532-533
Agelaius phoeniceus
  efeito querido inimigo, 282
  guarda de parceiro, 358-359
  hipocampo, 102
  hipótese do limiar de poliginia, 408
  poliandria, 395, 402
Agendas comportamentais
  ciclos de longo prazo, 161-167
  mecanismo de relógio mestre, 157-160
  mecanismos e ciclos comportamentais em grilos, 153-156, 157
  sem ritmos circadianos, 160-161
Agregação de grupos, 543-544
Agressão
  em hienas fêmeas, 291-292

  hormônios e, 173
  territorialidade e, 274, *275*
  testosterona e, 176
  Ver também Agressividade de grupo
Águia-pescadora-americana, 232
Ailuroedus
  A. crassirostris, 331
  A. melanotis, 331
Ajudantes no ninho
  aptidão inclusiva, 476-481
  história evolutiva dos, 481-483
  inseto, 483-488
  papa-mosca, 474-476
Ajudantes primários, 474-476
Ajudantes secundários, 474, 476
Albatroz errante, *140*
Alce, 226-227
Alchisme, *423*
Álcool, 235-238
Alelos, 14-16
Alexander, Richard, 488, 508, 543
Allocebus trichotis, 386
Allodapini, *499*
Allomyrina dichotomus, 343
Alma-de-mestre, 314
Alteração sexual, 97
Altruísmo
  adoção, 513-514
  ajudantes no ninho (*ver* Ajudantes no ninho)
  aptidão inclusiva e, 473-474
  consequências sobre a aptidão, 463
  descrito, 470-472
  efeito no sucesso reprodutivo, 463
  facultativo, 479, 487-488
  hipótese haplodiploide, 490-497
  reciprocidade indireta, 508-510
  recíproco (*ver* Reciprocidade)
Altruísmo facultativo, 463, 479, 487-488
Altruísmo obrigatório, 463, 490-491
Altruísmo recíproco, 467
  Ver também Reciprocidade
Amandava subflava, 439
Ambiente social, mudanças comportamentais em respostas ao, 168-181
Ambliosspiza abifrons, 439
Amblyornis
  A. inornatus, 331, 332
  A. macgregoriae, 331
  A. sublaris, 331

Amizade, 345-346
Amnésia social, 83-84
Amoroso, John, 126
Anabrus simplex (Mormon cricket), 338-339
Análise da palavra, *138*
Análise de microssatélite, 389-390
Andersson, Malte, 365
Andorinha-de-bando ou
andorinha-das-chaminés
  penas da cauda e escolha de parceiro, 363
  reconhecimento da prole, 432-433
  simetria do corpo e escolha de parceiro, 91
  testosterona nos machos, 176
Andorinha-do-barranco
  custos em saúde da socialidade, 461
  reconhecimento do filhote, 432-433
Andorinha-do-barranco, 193-194, 432
Andorinha-do-mar-ártico, 262
Andorinhão-real, 451
Andorinhas
  reconhecimento da prole, 432-433
  Ver também tipos específicos
Andorinhas-das-árvores, 311
Andorinha-serradora, 432
Andrade, Maydianne, 361
Andrógenos
  comportamento de pedido em
  guincho-comum, 313
  comportamento dos ninhegos, 448
  pseudopênis das hienas, 289, 291, 292
Androstenediona, 472
Anêmonas, 472
Anergates, 499
Angier, Natalie, 535
Anolis
  A. cristatellius, 209
  comportamento reprodutivo, 334-335
  exposição de abdome, 208-209
Anólis verde, 173-174
Anomalopsiza imberis, 439
Anseriformes, 44
Ansiedade, 87
Antilocapra, 367
Antílope cob-leche, *415*
Antílopes, 371
Antropologia evolucionista, 511
Aphaenogaster, 499
Aphelocoma
  A. californica, 477
  A. coerulescens, 477, 478, 479
  A. ultramarina, 477, 478
Apini, *246*
Apis, 499
  A. florea, 243, 246
  A. mellifera, 243, 246, *485*
  danças, 243-246
  poliandria, 400-401
  Ver também Abelhas melíferas
Apodiformes, 44
Aprendizado
  interações entre gene e ambiente, 69
  valor adaptativo, 97-104
  Ver também Aprendizado espacial
Aprendizado da aversão de sabores, 102-104
Aprendizado do canto, em aves. *Ver* Sistema
  de controle do canto em aves;
Aprendizado espacial
  estudos em gêmeos humanos, *80*
  valor adaptativo, 99-102
Apterostigma, 499
Aptidão
  definição, 187
  medidas de, 189-190

Aptidão da fêmea, paridade do parceiro e, 367-369
Aptidão direta, *471*, 473
Aptidão inclusiva, *471*
  ajudantes no ninho (*ver* Ajudantes no ninho)
  conceito de, 473-474
  definição, 473
  estudos sobre martim-pescador e, 474-476
Aptidão indireta, *471*, 473, 514
Aquisição da linguagem, 87, 513
Aranha australiana
  plasticidade do desenvolvimento, 96-97, *98*
  suicídio sexual, 361, *362*
Aranha de jardim, 92-94
Aranha papa-mosca, 206
Aranha sierra dome *Linyphia litigiosa*, 396-397
Aranhas
  comportamento de ornamentação da teia, 233-235
  guarda de parceiros, 380-381
  pulmões foliáceos, *297*
Aranhas orbiculárias
  comportamento de ornamentação da teia, 233-235
  guarda de parceiro, 357
Araponga *Procnias tricarunculatus*, 262, *263*
Arara, 237, *238*
Archboldia, 331
Área de vida, 275
Área facial fusiforme, 136
Área X, *41*
Arenas, 410
Arenas de exibição, 410
Arganaz-do-campo
  aprendizado espacial, 100-101
  "errantes", 13
  monogamia, 4-13, 25
  sistemas de acasalamento, 380
Arginina-vasotocina, 180-181
Argiope aemula, 234
Armamentos, machos, *343*
Arnold, Steve, 80-81
Arnqvist, Göran, 306, 403-404
Aromatase, *171*, 172
Artiodáctila, 208
Artocebus calabarensis, 386
Árvore filogenética, 7
Asclépias (serralhas), 205, 209-210
Assembleias reprodutivas explosivas, 410
Astatotilapia burtoni, 96, 97
Astyanax mexicanus, 319
Atobá-de-pés-azuis, 447
Atobá-do-cabo, 223
Atobá-grande, 447
Atobá-pardo, *447*
Atobás, 446-447
Atta, 499
Augochlora, 499
Augocholorella, 499
Austroplebeia, 499
Avahi laniger, 386
Aves
  ajudantes no ninho, 474-481
  análise de custo-benefício do cuidado parental, 422
  anatomia reprodutiva da fecundação, *355*
  aprendizado espacial, 99-102
  avaliação do valor reprodutivo da prole, 449-453
  canto (*ver* Sistemas de controle do canto em aves; Canto das aves)
  cantos de medo, 210-211

chamado de alerta "seet", 318-319
ciclos de comportamento de longo prazo, 161-162, 164-167
competição espermática, *354*, 355-356
comportamento de forrageio ótimo, 220-224
comportamento de pedido, 109, *110*, 311-316
cromossomos sexuais, 36-37
diferenças genéticas no comportamento migratório, 76-78, *79*
diferenças sexuais no hipocampo, *102*
estampagem, 69-70
memória espacial, 70-72
migração (*ver* Migração)
monogamia do macho, 387-393
navegação, 139-140, *141*
parasitas de prole (*ver* Parasitas de prole)
parasitismo de prole interespecífico, 435-438
plumagem do macho e escolha de parceiro da fêmea, 362-363
quebra de códigos, 112
Ver também Aves canoras; aves específicas
Aves altriciais, 438
Aves marinhas, colônias de nidificação e, 231-232
Aves parasitas
  parasitismo de prole (*ver* Parasitismo de prole)
  quebra de códigos, 112
Axelrod, Robert, 469
Axônios, *114*

Babuíno da savana
  dominância e acesso sexual a parceiros, 342-344
  guarda de parceiro, 357-358
  táticas de acasalamento alternativas, 345-346
Babuínos
  cuidado paternal, 433
  som das fêmeas durante a cópula, 12
  Ver também, Babuínos da savana
Bagre, 462
Bagre-listrado, *462*
Balda, Russ, 72
Baleias, 268
Bancos de algas, 226
Baptista, Luis, 33
Barata, 120
Barata d'água, 427
Baratas, 120
Baratas d'água
  cuidado paternal, 428-430
  infanticídio, 24
Basolo, Alexandra, 305
Bass, Andrew, 124
Beecher, Michael, 50-52
Beija-flor *Archilochus colubris*, 262
Beija-flores, 43-45, *46*
Beleza, atratividade das mulheres para os homens, 518-520
Bell, Christopher, 263
Belostoma, 428, *429*
Belostomatidae, 428-430
Benefício da aptidão
  definição, 188
  do aprendizado do canto em aves, 46-47
Benefícios materiais, em poliandria, 402-404
Bengali-vermelho, *34*
Benkman, Craig, 166
Berthold, Peter, 76
Besouro ambrósia, 502-503

Besouro assassino, 200
Besouro blister, 111, *205*
Besouro buprestídeo, *186*
Besouro vira-bosta, *340, 343*
Besouro-arlequim, *276*
Besouro-carniceiro, 358
Besouro-coveiro, 382, 444-445, *446*
Besouro-rinoceronte, *343*
Bico-de-lacre, *437*
Biesmeijer, Jacobus, 240
Billing, Jennifer, 236
Biston betularia, 19, 200-202
Bitacídeo, 349-350, 353, 371
Bitacídio de abdome escuro, 360, *361*, 364
Blumstein, Daniel, 483
Bolbonota, 423
Bolbonotini, 423
Bolsa para a prole, 337
Bombini, *246*
Bombus, 499
Borboleta azul, 111
Borboleta Hesperiidae, 203-204
Borboleta *Pararge aegeria*, 278-279
Borboleta-amarela, *132*
Borboleta-monarca
 coloração de advertência, 205-206
 migração e seleção de hábitat, 142-144, 269-270
Borboletas
 "chapinhar na lama", 196
 percepção ultravioleta, 131, *132*
 poliandria, 402
 Ver também Borboleta-monarca
Borgia, Gerald, 329
Borrelho-de-coleira-interrompida, 393
Bosques de Oyamel, 142, 269-270
Boster, James, 540
Bovidae, 208
Brachygastra, 499
Brachymyrmex, 499
Bradbury, Jack, 411
Brandstad, Matthew, 348-349
Brânquias, 296-297
Brânquias dos artrópodes, 296-297
Brânquias foliáceas, 296, *297*
Bretagnolle, Vincent, 412
Brockmann, Jane, 348-349
Brontops robustus, *343*
Brontothere, *343*
Brower, Lincoln, 269
Brown, Charles e Mary, 461
Brown, Jerry, 471
Brownmiller, Susan, 532-533
Bruderer, Bruno, 263
Bubalornis albirostris, *439*
Buchanan, Katherine, 55
Bufo bufo, 320-321
Bulbo olfativo, 160
Burger, Joanna, 196
Burley, Nancy, 305
Buss, David, 514, 526-527, 528-529
Buston, Peter, 527
Bythrograea thermydron, 134

Cabana em Girau, *332*
Cabanas com mastros, *332*
Caboz, 339
Cacatua, 35
Cacatua Galah, 35
Cacatua rosa, 35
Cacomantis flabelliformis, *436*
Caixa de Skinner, 102, *103*

Calhandrinha-das-marismas, 211
Calloconophora, 423
Calopteryx maculata, 353-354
Calvert, William, 269
Camaleão, *343*
Camarão-palhaço, 381
Camaroptera brevicaudata, *439*
Campbell, Elizabeth, 51-52
Camponotus, 499
Campos magnéticos, 144-145, *146*
Campylenchia, 423
Camuflagem, abordagem de custo-benefício, 200-204
Camundongo *Acomis*, 73
Camundongo doméstico
 ambiente social e prioridades comportamentais, 168-170
 infanticídio, 169-170
 pistas de cheiro e preferência do parceiro, 168-169
 seleção artificial, 17-18
 Ver também Camundongo
Camundongo *Peromyscus polionotus*, 260
Canalização, 94
Canário
 escolha de parceiro, 364-365
 fornecimento de andrógenos aos ovos, 448
Canibalismo
 langures, 23
 salamandras-tigre, 95-96
 sexual, 360-361, 375
Canibalismo sexual, 360-361, 375
Cantaridina, *205*
Canto
 peixe-sapo, 124-125
 Ver também Canto das aves
Canto das aves
 aprendizado de dialetos, 30-32, *33*
 benefícios do aprendizado do canto, 48-53
 benefícios reprodutivos do aprendizado do canto, 46-47
 causas distais, 43-57
 causas proximais, 30-43
 complementaridade entre causas proximais e distais, 58-59
 desenvolvimento do sistema de controle do canto, 36-39
 experiência social e desenvolvimento do canto, 33-35
 filogenia do aprendizado do canto, 43-45
 operação do sistema de controle do canto, 40-43
 pardais, 30-35
 preferência das fêmeas e aprendizado do canto pelos machos, 53-57
Canto das aves
Cão das pradarias de Gunninson, 395
Caprimulgus longirostris, *436*
Características faciais, atratividade do macho e, 521, *525*
Caranguejos, 134
Caranguejo-violinista, 282, 323
Cardiocondyla, 406, 499
Carduelis pinus, *439*
Cardume, 462
Carebara, 499
Carey, Michael, 408
Carneiro canadense, *348*, 404
Caro, Tim, 207
Carotenoides
 coloração da mucosa oral dos ninhegos, 450
 coloração dos lebistes, 302, 309
Cartaxo, 161-162, *163*

Casais de aves, 212, *213*
Casamento, 538-540
Cascavéis, 194
Casos extraconjugais, 524, 528, 530
Castração, 174, *175*
Cataglyphis, 140, 499
Catania, Kenneth, 129
Catchpole, Clive, 55
Catecol-O-metiltranferase, 86
Catharus, 263, *264*, *267*, *268*
Catocala relicta, 202
Causas distais, 9-11
Causas proximais, 9-11
Cavalo-marinho, 381-382
Cavalos, 227
Celibato, 511-512
Células nervosas, 108
Células nervosas liberadoras de gonadotropina, 96
Centris pallida, 107-108
Centro vocal superior, 40, *41*, 42, 55
Centros de comando
 cronogramas comportamentais e, 153-167
 revisão, 150-153
 Ver também Sistemas de controle do canto em aves; Geradores de padrão central
Centros de comando neural. *Ver* Centros de comando
Ceratocephalus grayanus, *343*
Cercos, 120
Cérebro
 desenvolvimento e subnutrição maternal, 89-91
 tamanho e aves construtoras de cabanas, 333
Cerococcyx montanus, *436*
Cervidae, 208
Cervo, 173, 323, *324*
Chamado de "skrraa", 300
Chamaeleo montium, *343*
Chapim-azul
 aptidão da prole de machos mais velhos, 396
 experimento com parasitismo de prole, 438
 experimento de criação cruzada, 70
 favoritismo parental, 448
 luz ultravioleta e, 133-134
 plumagem do macho e escolha de parceiro da fêmea, 362-363
Chapim-de-bigodes, 395
Chapim-palustre, 73
Chapim-real
 aprendizado do canto, *48*, 49
 avaliação dos pais sobre o valor reprodutivo da prole, 450-451
 experimento de adoção cruzada, 70
 experimento de parasitismo de prole, 438
 grito de alerta "seet", 318, *319*
 sítio reprodutivo, 251
Chapim-real, 251
Chapim-sibilino
 diferenças entre os indivíduos, 72
 memória espacial, 70-71
Chapinhar na lama, 196
Chapman, Tracey, 373
Charadas darwinistas
 exemplos, 204-211
 no comportamento alimentar, 231-238
Charadrius nivosus, 250
Cheirogaleus
 C. major, 386
 C. medius, 386

Chimpanzé
    agressão de grupo, 543-544
    conflito sexual, 372
    etanol e, 235
    investimento dos machos em testículos, 532
    modelo de acasalamento de concessões, 486
    preferência de parceiro, 520
Chlamydera sp., 331
Chloebia goldiae, 439
Chopim
    parasitismo de prole, 102, 316, 437, 440
    quebra de códigos, 112
Chopim-de-cabeça-castanha, 102, 441, *442*
Chrysococcyx osculans, 436
Ciclídeo *Amatitlania nigrofasciata*, 281
Ciclídeo joaninha, 224
Ciclo lunar, 162-163
Ciclo menstrual, 174, 525-526
Ciclos de chamado, em grilos, 153, 154-155
Ciclos de longo prazo
    ciclo circanual, 161-162
    efeitos do ambiente físico sobre, 162-167
Ciclos em livre curso, 155
Ciconiiformes, 44
Ciência, certezas e, 25-26
Cimicídeo *Oeciacus vicarius*, 461
Cinnyrinicinclus leucogaster, 482
Cisticola fulvicapilla, 439
Ciúmes sexuais, 531
Cladonota, 423
Clamator
    C. glandarius, 436
    C. jacobinus, 436
Classificados de relacionamento, 523-524
Clayton, Nicky, 73
Clethrionomys gapperi, 6
Clitóris, 289, 294
Cloaca, 307
Clucas, Barbara, 203
Clusia, 303
Cnemidophorus murinus, 210
Cobra-de-jardim vermelha
    padrão reprodutivo dissociado, *173*, 178-179
    testosterona e comportamento reprodutivo, 179-180
Coccyzus
    C. americanus, 436
    C. erythrophthalmus, 436
Codorna da Virgínia, 212, *213*
Codorna japonesa, 171-172, 174
Coeficiente de parentesco, 470
Coevolução, *186*
Coliiformes, *44*
Colletes hederae, 108
Colobopsis, 499
Colônia de cupins Nasutes, 491
Colônias de nidificação, perspectivas de custo-benefício, 231-232
Coloração
    charadas darwinistas e, 205-206
    lebistes, 302, 309
    mucosa oral dos ninhegos, 450
Coloração críptica, 200-202
Coloração da mucosa oral, 450
Columbiformes, 44
Columbus, Christopher, 236
Combatente, 350, *416, 417*
Comer argila, 237-238
Comer terra, 237-238
Competição espermática, 352-356
Competição macho-macho, 342-344

Competição por parceiros
    dispersão em leões e, 260
    estratégias de acasalamento condicionais, 347-350
    estratégias distintas, 350-352
    guarda de parceiro, 356-359 (*ver também* Guarda de parceiro)
    hierarquia de dominância e, 342-344
    seleção sexual e, 340-341
    táticas alternativas, 345-346
    Ver também Competição espermática
Complexo central, 143
Comportamento alimentar
    charadas Darwinistas, 231-238
    estratégias, 229
    táticas, 231
    teoria dos jogos e, 228-231
    Ver também Comportamento de forrageio; Teoria do forrageio ótimo
Comportamento antipredação
    abordagem de custo-benefício, 196-204
    quebra-cabeça darwinista, 204-216
    teoria da otimização, 211-212, *213*
Comportamento de acasalamento
    humanos, 524
    lebistes, 302-303, *304*
    louva-a-deus, 152
    pistas de cheiro e camundongo doméstico, 168-169
    testosterona e codorna japonesa, 171-172
    Ver também Comportamento de corte; Comportamento reprodutivo; Comportamento sexual
Comportamento de ajuda
    altruísmo (*ver* Altruísmo)
    categorias e consequências da aptidão, *463*
    hipótese da reciprocidade, 466-470
    mutualismo, 463-466
    parentesco e, 472
    seleção indireta, 471-473
Comportamento de autossacrifício. *Ver* Altruísmo
Comportamento de construção de cabanas, 330-333
Comportamento de corte
    ácaros aquáticos, 300-302
    como sinal da qualidade do parceiro, 366-369
    pássaros-caramanchão-acetinados, 330
    pombos, 150
    Ver também Comportamento de acasalamento, Comportamento reprodutivo
Comportamento de enfrentamento
    abordagem adaptacionista, 185-190
    gaivotas, 184-189, 191-193
    método comparativo de teste de hipótese, 191-195
Comportamento de forrageio
    efeito de genes simples em larva de drosófila, 85-86
    Ver também Comportamento alimentar; Teoria do forrageio ótimo
Comportamento de fuga
    geradores centrais de padrão em lesmas marinhas, 123-124
    interneurônios sensoriais em grilos, 121-122
    receptores auditivos em mariposas, 112-120
    17β-estradiol, *171*, 172
Comportamento de gritar, 310-311
Comportamento de pedido
    aves nidificadoras, 311-316
    filhotes de gaivota, 109, *110*

resposta adaptativa ao parasitismo de prole, 442-443
Comportamento de sentinela, 466-467
Comportamento de voo, em grilos, 155-156
Comportamento egoísta, sucesso reprodutivo e, *463*
Comportamento eussocial
    base hipotética, 488-489
    ecologia do, 501-503
    hipótese haplodiploide, 490-497
    parentesco e, 491, 492, *493*, 495, 496
    sem parentesco muito próximo, 497-502
Comportamento humano
    casamento, 538-540
    cuidado parental adaptativo, 535-540
    irracional, 517-518
    preferência de parceiro adaptativa (*Ver* Preferência adaptativa por parceiro)
    psicologia evolucionista, 541-545
    reciprocidade indireta, 508-510
    teoria da cultura arbitrária, 513-516
    teoria da evolução cultural, 517-518
    visão adaptacionista, 508-518
Comportamento irracional em humanos, 517-518
Comportamento malicioso, *463*
Comportamento parental do macho. *Ver* Cuidado paternal
Comportamento reprodutivo
    conflito sexual, 371-375
    diferenças nos papéis sexuais, 330-339
    hormônios e, 172-175
    pássaro-caramanchão, 329-332
    pistas de odor e camundongo doméstico, 168-169
    Ver também Escolha de parceiro; Competição por parceiro; Comportamento de acasalamento; Comportamento sexual
Comportamento sexual
    lebistes, 302-303, *304*
    pseudomacho, 308-309
    roedores, 84
    Ver também Comportamento reprodutivo; Comportamento de acasalamento
Comportamento sexual de pseudomacho, 308-309
Comportamento social
    custos e benefícios, 458-463
    em macacos Rhesus, 90, *91*
    mudanças em resposta ao ambiente, 168-181
    Ver também Altruísmo; Comportamento de ajuda
Comunicação
    canto das aves (*Ver* canto das aves)
    charadas darwinistas, 309-311
    comportamento de pedido em aves, 311-316
    receptores ilegítimos, 317-319
    sinais honestos em disputas, 320-324
    sinalizadores ilegítimos, 324-325, *326*
Comunicação ultrassônica
    mariposas, 294-296, 299
    Ver também Ecolocação
Condicionamento operante, 102, 103
Conflito sexual
    em humanos, 528-531
    revisão, 371-375
    Ver também Lutas
Conflitos entre pais e filhos, 446-447
Construtores de cabana com mastro, 331
controvérsia sociobiológica, 510-513
Cooperação, 463
    Ver também Mutualismo
Copidosoma, 497

Cópula, performance do macho e escolha de parceiro da fêmea, 366
Cópulas extrapar, 388-393
Coraciiformes, 44
Cordylochernes scorpioides, 275-276
Corpora allata, 67
Corruíra da Costa Leste, 98
Corruíra de casa, 380
Corruíra-do-campo, 52-53
Corte com vibrações, 300-302
Corte do macho
    como sinal da qualidade do parceiro, 366-369
    Ver também Comportamento de corte
Córtex somatossensorial, 128-129
Córtex visual humano, *137*
Coruja de orelha, 321
Coruja-buraqueira, 24-25
Corvidae, 99-100
Corvídeo Pinyon jay, 99-100, *101*
Corvinella corvina, 439
Corvo, 188, 221
Corvo *Corvus caurinus*, 220-221
Corvo da Flórida
    ajudantes no ninho, 477, *478*, 479
    hábitat, 251
    monogamia, 388
Corvo *Nucifraga columbiana*, 71-72
Corvos, 310-311
Corythoichthys haematopterus, 337
Côté, Isabelle, 383
Covas, Rita, 483
Cowlishaw, Guy, 539
Craciformes, 44
Creel, Scott, 227
Crematogaster, 499
Cresswell, Will, 215
Criação dos filhos, mortalidade parental e, 535
Crisopídeo, *118*
Crockford, Catherine, 357
Cromossomos W, 36-37
Cromossomos Z, 36-37
Cronk, Lee, 539
Crotophaga sulcirostris, 436
Cruza-bico escocês, 166-167, 168
Cruza-bico escocês, 166-167, *168*
Cuco
    como parasita de prole, 315, *316*, 435-436
    quebra de código, 112
    respostas adaptativas ao parasitismo de prole por, 440, *441*, 442-444
Cuco canoro, 112, 315, 316, *441*
Cuco *Chrysococcyx lucidus*, 442-443
Cuco-de-horsfield, 442, *443*
Cuco-rabilongo, 440
Cuculiformes, 44
Cuculus sp., *436*
Cuidado maternal, análise de custo-benefício, 422-425
Cuidado parental
    adoção de estranhos genéticos, 433-435
    análise de custo-benefício, 422-430
    avaliação do valor reprodutivo da prole, 449-453
    discriminação, 430-443
    diversidade em, 421
    favoritismo parental, 444-453
    humano, 535-540
    reconhecimento da prole, 430-433
    resposta adaptativa ao parasitismo de prole interespecífico, 439-444
    Ver também Infanticídio; Cuidado paternal
Cuidado parental adaptativo, humano, 535-540

Cuidado paternal
    análise de custo-benefício, 426-430
    escolha de parceiro e, 362-363
    monogamia de assistência do parceiro, 381-382, 384-385, 387, 388
    poliginia em peixes e, 424
    testosterona e, 170, 171, 177
    Ver também Infanticídio
Cupins, 461, 498
Curictini, 429
Curva-bico-franjado, 166-167, *168*
Custo da aptidão, 188
Cycnia tenera, 209-210
Cyphomyrmex, 499

Dale, Svein, 408
Daly, Martin, 537, 542
Dança circular, 239
Dança das abelhas
    história evolutiva, *246*
    origem e modificação, 243-246
    revisão, 238-241
    seleção de ninho e, 252-253, *254*
    valor adaptativo, 242-243
Dança do requebrado, 239-240, *241*
Daphnia, 197
Darwin, Charles
    definição de seleção sexual, 340
    princípio de imperfeição, 308
    seleção artificial e, 16
    sobre insetos eussociais, 491
    teoria evolutiva, 14
Daubentonia madagascarensis, 386
Davies, Nick, 278, 320, 407, 435
Dawkins, Richard, 309
Defesa comunal, em insetos sociais, 198-199
Defesas sociais, teoria dos jogos, 213-216
Degu, 431
Dendritos, 114
Depressão endogâmica, 259-260, *261*
Descriminação de parentesco, 74-75, *76*
Desenvolvimento
    como processo interativo, 63-64
    Ver também Desenvolvimento comportamental
Desenvolvimento do comportamento
    características adaptativas, 88-104
    comportamento da abelha melífera, 64-67
    diferenças ambientais e, 73-75
    diferenças genéticas entre indivíduos e, 76-78
    diferenças hereditárias na preferência alimentar de serpentes-de-garter, 79-82
    efeitos de genes únicos, 82-87
    estampagem, 69-70
    evolução e, 87-88
    falácia da natureza x criação, 68-69
    genes e ambiente em, 69-72
    homeostase ontogenética, 89-94
    polifenismo, 94-97
    teoria interativa, 64-72
    valor adaptativo do aprendizado, 97-104
Desnutrição materna, desenvolvimento cerebral do feto, 89-91
Destruição de hábitats, borboletas-monarcas e, 269-270
Detectores de margem, 203
Determinação haplodiploide do sexo
    altruísmo extremo, 490-497
    revisão, 483
Dethier, Vincent, 152
Diabo-espinhoso australiano, *201*
Diacama, 499
Dialetos, no canto de aves, 30-32, *33*
Dialictus sp., *490*

Diamond, Jared, 238
Dickinson, Janis, 358, 435
Dietas especializadas, 104
Dietas generalistas, 102-104
Diferenças sexuais
    no aprendizado espacial, 100-101
    no hipocampo das aves, *102*
Dik-dik, 385-386
Dilema do prisioneiro, 468-469
Dinoponera, 499
    D. quadriceps, 484
Dinossauro ceratopsida, *343*
Diplonychus, 429
Direcionamento das borboletas-monarcas, 269-270
Disparador, 110
Dispersão
    perspectiva de custo-benefício, 257-261
    Ver também Migração
Disputas territoriais, 278-283
Doação de sangue, 508-509
Doações para caridade, 508, 510
Doença da cria pútrida, 401
Doenças, como um custo para espécies sociais, 460-461
Doenças sexualmente transmissíveis, poliandria e, 393-394
Dolichovespula sp., *485*, 499
Dorylus, 499
Dorymyrmex, 499
Dote, 538, 539-540
Dote do noivo, 538-539
Doucet, Stéphanie, 332-333
Doupe, Allison, 57
Dromococcyx phasianellus, 436
Drongo de cauda furcada, 325
Drosophila
    comportamento de forrageio, 228-229
    gene *for*, 87
    genes-relógio, 158-159
    peptídeo sexual e comportamento reprodutivo, 172-173
    sistema de acasalamento, 380
Drosophila melanogaster
    efeito dos genes simples no comportamento alimentar das larvas, 85-86
    seleção *chase-away*, 372-374
Dudley, Robert, 235
Dugongos, 226
Dulac, Catherine, 84

Eberhard, William, 234, 235, 366
Eciton, 499
Ecolocalização, 113
Ecologia comportamental humana, 511
Efeito "querido inimigo", 281-282
"Efeito Coolidge", 342
Efeito de diluição, 196, 197-198, 317
Efeito de risco, 227
Efeito do gene simples, 82-87
Efemeróptero, 197-198, *297*
Eggert, Anne-Katrin, 382
Elasmotherium sibiricum, *343*
Elefante africano, 237
Elefante marinho, *337*
Elminia longicaudata, 439
Emlen, Steve, 386, 404, 527
Empidae, 290-291
Empídio de cauda longa, *338*
Enchenopa sp., *423*
Enchophyllum, 423
Endogamia, 398
Enteados, 537
Epigaulus sp., *343*

Epipodos, *297*
Erechita, 423
Eremophia alpestris, 439
Ervynck, A., 223
Escarabídeo chifrudo, 347-348
Escaravelho asiático, 366
Escolha críptica da fêmea, 366
Escolha de hábitat, 251
Escolha de parceiro
  cópula, 366
  corte do macho como um sinal da qualidade do parceiro, 366-369
  cuidado paternal e, 362-363
  pela fêmea, 360
  presentes nupciais, 360-361
  sem benefícios materiais, 363-366
  teoria dos bons genes, 367-368, 369-371
Escrevedeira-da-lapônia, *178*
Escrevedeira-da-neve, 387
Escrevedeira-de-garganta-branca, 47
Escrevedeira-de-testa-branca, *178*
Escrevedeira-de-testa-branca pugetense, *178*
Escrevedeira-dos-caniços, 315, 440, *444*
Esgana-gata
  escolha de parceiro, 362
  percepção de luz ultravioleta, 131-132, *133*
Esgana-gata, *424*, 426-427
Esgana-gata marinha, 362
Espécies bactericidas, 236-237
Esperança
  ciclo lunar e, 162
  comportamento reprodutivo, *335*, 339
  mosca parasitoide, 127
Esperma, tamanho relativo e sucesso reprodutivo, 334-336
Espermatóforos, 300
Esquilo dourado do solo, 161, *162*
Esquilo terrícola da Califórnia, 194, 203
Esquilo terrícola do Ártico, *186*, 277
Esquilo-de-treze-listras, 409
Esquilos-de-belding
  dispersão, 259, 260
  grito de alerta e seleção indireta, 472-473
  pistas olfativas e aprendizado, 74-75, *76*
Estampagem, 69-70
Estorninho-magnífico, 398, 402-403
Estorninho-malhado, *40*
Estorninho-preto, 387, *388*
Estorninhos
  ajudantes no ninho, 481-483
  efeitos ambientais sobre o comportamento do macho, 168
  mimetismo, 34
  monogamia, 384, 387, *388*
  preferência de canto, *40*
Estranhos genéticos, adoção de, 433-435
Estratégias condicionais
  acasalamento, 347-350
  forrageio, 231
  preferência de parceiro em humanos, 525-528
Estratégias de acasalamento
  condicionais, 347-350
  distintas, 350-352
Estratégias de acasalamento distintas, 350-352
Estratégias evolutivamente estáveis, 278-279
Estrilda astrid, 439
Estrildidae, 437
Estrógeno
  atratividade das mulheres aos homens, 519
  comportamento de corte em pombos, 150
  desenvolvimento do sistema de canto das aves, 37-38
  territorialidade em pardais canoros, 178, *179*

Estudos de gêmeos, *80*
Estupro, 532-535
Etanol, 235-236
Etil oleato, 67
Etologia, 110
Euchaetes egle, 209-210
Euglossini, *246*
Euoticus
  E. elegantulus, 386
  E. inustus, 386
Euplectes macrourus, 439
Eurema hecabe, 131
Eurocephalus anguitimens, 439
Eustenogaster, 499
Evans, Christopher, 88
Evolução
  desenvolvimento comportamental e, 87-88
  história evolutiva e mecanismos comportamentais, *10-11*
  infanticídio em langures, 19-21
  revisão, 14-16
  seleção artificial, 16-18
  seleção de parentesco, 471
  tentilhões de Darwin, 18-19
  Ver também Seleção natural; Seleção sexual
Evolução convergente, no comportamento de enfrentamento, 193-194
Evolução divergente, comportamento de enfrentamento em gaivotas, 192-193
Evylaeus sp., *490*
Exibição sexual, 302-306
Exibições
  flexões em *Anolis*, 208-209
  pré-copulatórias, 56
  sexuais, 302-306
  sinais honestos, 320-324
Exibições de ameaça, 320-324
Exibições de ameaça do macho, 320-324
Exibições pré-copulatórias, 56
Exocruzamento, 398
Experimento da mãe substituta, 90
Experimentos de isolamento, 90, *91*
Experimentos nocaute, 82-84
Exploração sensorial, 300-309

Fadool, Debi, 82
Fadrozole, 178, *179*
Faisão *Bonasa umbellus*, 257-258
Falácia da natureza *versus* criação, 64, 68-69
Faláropo-de-bico-fino, 392
Faláropo-de-bico-grosso, 391
Falso vampiro, 405
Família dos corvos
  aprendizado espacial, 99-100
  comportamento de forrageio ótimo, 220-221
Famílias mistas, 537
Farley, Donald, 165
Favoritismo parental
  diversidade em, 444-445
  infanticídio e, 445-449
Fecundidade, riqueza e, *525*, 540, *542*
Felosa-azul-de-garganta-preta, 265, 272
Felosa-das-seychelles
  ajudantes no ninho, 479, *480*
  guarda de parceiros, 358, *359*
Felosa-dos-juncos, 42, 55, 368
Felosas
  comportamento de pedido dos ninhegos, 311-312
  seleção de hábitat, 249, 251
  Ver também tipos específicos
Fenótipo, 64
Feromônio mandibular da rainha, 66

Feromônios, 66
Ferreirinha
  competição espermática, *354*
  fêmeas competitivas e testosterona, 176
  poliandria, 402, *403*
  poliginia de defesa de recurso, 407
Ferreirinha-alpina, 407
Fewell, Jennifer, 401
Fiandeiras, *297*
Filogenia, 7
Filtragem de estímulos
  definição, 125
  sistema auditivo, 125-126, 127
Finlândia, 525
FitzGerald, Randall, 100
Flinn, Mark, 536-537
Flor pata-de-canguru, 339
"Flutuadores", 279-280
Foca-cinzenta, 346
Ford, E.B., 205
Forma do corpo, fecundidade em mulheres e, *519*
Formação em V, 265, *266*
Formica, 495, 499
Formiga argentina, 472
Formiga cortadeira, 494
Formiga de fogo, 259
Formigas
  ajuda nos ninhos, 484
  altruísmo obrigatório, 491
  poliginia de defesa da fêmea, 406
  trilhas de forrageio, *140*
Foster, William, 496
Fotoperíodo
  infanticídio em camundongo doméstico, 169
  ritmo circanual e, 161-162
Fotossensibilidade, comportamento reprodutivo do pardal, 164-165, *166*
Frango d'água
  ornamento dos filhotes e cuidado parental, 451, *452*
  parasitismo de prole, 436
Frango d'água roxo, 391
Fretwell, Steve, 251
Fringilla coelebs, 439
Fuentes, Agustin, 385
Fullard, James, 119, 295

Gado vermelho, 166
Gafanhoto *Taeniopoda eques*, 203
Gaivota *Chroicocephalus novaehollandiae*, 184
Gaivota tridáctila, 192-193, 335
Gaivota-argêntea, 109, *110*
Gaivota-de-bico-manchado, *434*
Gaivotas
  adoção de estranhos genéticos, 433-434
  comportamento de enfrentamento, 184-189, 191-193
  comportamento de pedido pelos filhotes, 109-*110*
  evolução divergente, 192-193
  parentesco ancestral com as andorinhas-de-barranco, 193-194
  Ver também Gaivota tridáctila
Galago sp., *386*
Galbuliformes, *44*
Galha do choupo, 254, *255*
Galhas, 254, *255*
Galliformes, *44*
Galo, 394, 399
Galo-lira, 371, 413, 414
Gambá-das-rochas, 385, *387*

Gametas
  comparação de tamanho, 334
  sucesso reprodutivo e, 334-336
Gamo, 414
Gânglio, 115
Gânglio protocerebral, 151, 152
Gânglio segmental, 151
Gânglio subesofágico, 151, 152
Gânglio torácico, 115, *117*
Ganso comum, 69, 109-110
Garça-branca-grande, 445, *446*
Garças, 447-449
Garça-vaqueira, 448-449
Garcia, John, 102
Gastrópodes marinhos, 220-221
Gaulin, Steven, 100-540
Gavião-bombachinha-grande, *318*
Gavião-das-galápagos, 391-393
Gazela-de-thomson, 206-208
Gazelas, 206-208
Geffen, Eli, 438
Gene *5-HTT*, 87
Gene *apterous*, 296
Gene *ASPM*, 87
Gene *avpr1a*, 5, 9-10, 13, 25
Gene COMT, 86
Gene egr-1, 96
Gene *fosB*, 82-83
Gene *FoxP2*, 39
Gene *fruitless*, 173
Gene *GnRH*, 96
Gene *microcefalina*, 87
Gene Oxt, 83-84
Gene pdm/nubbin, 296
Gene per, 158-159
Gene *tau*, 158
Gene *Trpc2*, 84
Gene V1aR, 5
Gene ZENK, 39, 40, 44-45, 57
Gene *for*, 68, 86, 87-88
Genes, variação genética e, 14-16
Genes homeobox, 87
Genes Hox, 87
Genes MHC, 526
Genes-relógio, 158-159
Genocídio, 543
Genótipo, 64
Geococcyx californianus, 436
Geospiza fortis, 436
Geradores de padrão central, 122-125
Gerenciamento de hábitats, 251
Ghalambor, Cameron, 422
Gibão, 393
Gill, Frank, 227-228
Girafa, *342*
Giro fusiforme, 135-136, *138*
Glândula pineal, 179
Glândulas odoríferas, 74-75
Glicocorticosteroides, 176
Glicosídios cardíacos, *205*, 210
Gnamptogenys, 499
Gobião-de-faixa-azul, *357*
Gobião-esmeralda, 383
Gochfeld, Michael, 196
Goldberg, Rube, 307
Gônadas, flutuação do tamanho sensível à luz em aves, 164-165
Gorilas, 532
Göth, Ann, 88
Gould, Stephen Jay, 188, 288-289, 308, 543
Grafisia torquata, 482
Gralha *Aphelocoma californica*, 477
Gralha siberiana, 194-195
Gralha-azul, 202, *203*, *206*, 99-100

Gralhas
  ajudantes nos ninhos, 477, *478*, 479
  aprendizado espacial, 99-100
  Ver também Tipos específicos
Gralhas mexicanas, 99-100, 477, *478*
Grandes Lagos, 197
Grant, Peter e Rosemary, 18
Grasser, Andreas, 241
Greene, Erick, 232, 464
Greenwood, Paul, 260
Griesser, Michael, 483
Griffin, Donald, 113
Griffith, Simon, 404
Grilo do campo, 317, 397, 399, *400*
Grilo-da-areia, 155-156
Grilos
  interneurônios sensoriais e comportamento de fuga, 121-122
  mecanismo de relógio mestre, 157
  mecanismo relógio e ciclo de canto, 153, 154-155
  perspectiva do custo-benefício sobre a dispersão, 257
  ritmo circadiano no comportamento de voo, 155-156
  sistema nervoso, *157*
Grim, Thomas, 444
Grito de alerta "seet", 318-319
Grito de enfrentamento, 318
Gritos, 210-211
Gritos de alerta, 472-473
Gritos de medo, 210-211
Gruiformes, 44
Gryllus firmus, 155-156
Guarda de parceiro
  monogamia e, 6-9, 380-381, 383, 385, *387*
  revisão, 356-359
Guarda-rios-malhado, 474-476
Guayaquila, 423
Guepardo, 208
Guerra escalonada, 280
Guincho-comum
  colônias de nidificação, 232
  comportamento de enfrentamento, 185-189
  efeito dos andrógenos no comportamento de pedido, 313
Guira guira, 436
Gwinner, Eberhard, 78

H. cupreocauda, 482
H. purpureiceps, 482
Habilidade verbal, *80*
Habilidades cognitivas, estudo em gêmeos humanos, *80*
Hábitat sumidouro, 251
Hahn, Thomas, 166
Halictus, 499
Halliday, Tim, 320, 365
Hamilton, W. D., 214, 368, 457, 469, 470, 488, 491, 492, 511
Hamner, William, 165
Hamster da Sibéria, 384
Hapalemur sp., *386*
Hare, Hope, 493-494
Harlow, Margaret e Harry, 90
Harmonia axyridis, *14*, 14-15
Harpagoxerus, 499
Harpegnathos saltator, 484
Hartlaubius aurata, 482
Haselton, Martie, 529
Haskell, David, 312
Hauser, Marc, 467-468
Hausfater, Glen, 343
Hecatesia exultans, 294-295, 299

Heckel, Gerald, 25
Heeb, Philipp, 450
Heinen, Joel, 509
Heinrich, Bernd, 310-311
Hemihalictus lustrans, 490
Hereditariedade, mudança evolutiva e, 14
Heterozigose, poliandria e, 398
Hibisco, 254, *255*
Hiena malhada
  hierarquia de dominância das fêmeas, 344
  infanticídio, 448
  pseudopênis, 287, 288-294, 300
Hierarquia de dominância
  acesso sexual a parceiros, 342-344
  fêmeas de hiena pintada, 293-294
Hilara sartor, 290-291
Himenópteros
  determinação haplodiploide do sexo e eussocialidade, 491-497
  evolução da eussocialidade em, 498, *499*
  parentesco, 491, 492, *493*, 495, 498
  revisão da determinação haplodiploide do sexo, 483
Hipocampo
  diferenças comportamentais em aves, 72-73
  diferenças sexuais em aves, *102*
  em chupins, 102
  navegação em humanos, 137-138, *139*
Hipótese da assimetria de recompensas, 282-283
Hipótese da assistência de parceiro, 384-385, 387
Hipótese da compatibilidade genética, da poliandria, 398-399
Hipótese da fecundidade, da preferência do parceiro do macho, 519-520
Hipótese da maximização calórica, 223-224
Hipótese da minimização energética, 227
Hipótese da preferência da fêmea, 412, 414-416
"Hipótese de máfia", 440-441
Hipótese do centro de informações, 232
Hipótese do local atraente, 412-414
Hipótese do macho atraente, 412-414
Hipótese do seguro fecundidade, 395
Hipótese do subproduto, 291-292
Hippocampus whitei, 381-382
Hirundidae, 194
Hogstett, Goran, 210, 211
Holekamp, Kay, 291
Holland, Brett, 372
Homem que confundiu sua mulher com um chapéu, O (Sacks), 136
Homens
  ciúmes sexuais, 531
  estupro e, 532-535
  homicídios e, 542
  preferência de parceira adaptativa, 518-520
  preferência de parceira condicional, 525, 527-528
Homeostase ontogenética, 89-94
Homicídio, 531, 542
Hoover, Jeffrey, 441
Hoplophorionini, *423*
Hori, Michio, 229, 230
Hormônio juvenil
  abelhas melíferas, 67
  comportamento de voo em grilos, 156
  ritmo circadiano em grilos, 156, 157
Hormônio liberador de gonadotropina, 173, 177
Hormônio luteinizante, 166
Hormônios
  comportamento reprodutivo e, 172-175
  Ver também Estrógeno; Hormônios sexuais; Testosterona

Hormônios sexuais
    pseudopênis da hiena e, 288-290
    Ver também Estrógeno; Testosterona
Horvathinia, 429
Howlett, R. J., 201
Hoy, Ronald, 121, 126
Hrdy, Sarah, 20
Hughes, William, 498
Humanos
    aprendizado espacial, 101
    aquisição da linguagem e, 87
    comer terra, 237
    efeito do gene simples em, 86-87
    estudos em gêmeos sobre as habilidades cognitivas verbais e espaciais, *80*
    inteligência, 86-87
    leitura labial, 134-135
    mapa sensorial cortical, *131*
    mecanismos de percepção adaptativa, 134-136
    navegação, 137-139
    privação nutricional e desenvolvimento intelectual, 89-91
    reconhecimento de faces, 135-136
    simetria facial e atratividade, 92, *93*
    temperos e, 236-237
Huxley, T. H., 512
Hyaenidae, 288
Hydrocyrius, 429
Hylopsar
Hymenocera picta, 381
Hypargos niveoguttatus, 439
Hypergerus atriceps, 439
Hypolimnas bolina, 360
Hypsoprora, 423
Hypsoprorini, 423

Ichthyoxenus fushanensis, 375
Iguana-marinha
    poliginia de arena, *413*, 414
    seleção de parceiro da fêmea, 367
    táticas de acasalamento, 346, *347*
Ilha Kauai, 317
Ilhas Marshall, 514
Imitadores de fêmeas, 350, 351
Inanição. *Ver* Inanição materna; Subnutrição
Incêndios florestais, 251
Incêndios naturais, 251
Indri indri, 386
Infanticídio
    camundongo doméstico, 169-170
    humanos, 535
    langures, 19-23, 24
    leões, 23-24
    monogamia do macho e comportamento de proteção, 385
    teoria da seleção de grupo, 21-22
    teoria evolutiva, 19-21
    testando hipóteses alternativas, 22-24
Infanticídio, 445-449
"Infanticídio precoce", 446-447
Insetos
    ajudantes no ninho, 483-488
    asas, 296-299
    sinais honestos em disputas, 321-322
Insetos operários
    eussocialidade, 488-495
    funções dos, 502-503
Insetos sociais
    ajudantes no ninho, 483-488
    defesa comunal, 198-199
    Ver também Comportamento eussocial
Insetos soldados
    altruísmo obrigatório, 491
    eussocialidade e, 496-498

Insetos-rainha
    controle da produção de descendentes, 494
    determinação sexual haplodiploide e, 492, 494, 495
Instinto, 110
Inteligência
    humana, 86-87
    subnutrição materna, 89-91
Interneurônio sensorial AN2, 121-122
Interneurônio sensorial int-1, 121-122
Interneurônios, 115
Interneurônios de natação ventrais, 123, 124
Interneurônios dorsais de natação, 123, 124
Interneurônios dorsais lombares, 123, 124
Interneurônios sensoriais, 121-122
Investimento parental, 335-336
Iridomyrmex, 499
Isópodes marinhos, 350-351
Isópodes parasitas, 375

Jaçanã, 24, 391
Jamieson, Ian, 476
Japu, 405
Jardineiro-verde, 333, 379
Jeon, Joonghwan, 514
Jiguet, Frederic, 412
Joaninha, *14*, 14-15
Junção Magnética Anômala de Auckland, 141
Junco, 177
Junco hyemalis, 439
Junco *Junco hyemalis*, 177
Junco-de-olhos-amarelos, 387
Juruviara, 266

Kaas, Jon, 129
Kamil, Alan, 202
Kawanaphila, 339
Kemp, Darrell, 278-279
Kenrick, Doug, 527
Kessel, E. L., 290
Ketterson, Ellen, 177
Kipling, Rudyard, 188
Kirchner, Wolfgang, 241
Kirkpatrick, Mark, 368, 403-44
Kitcher, Philip, 513
Kob de Uganda, 415
Koenikea, 301
Komdeur, Jan, 358, 479
Kramer, Melissa, 297
Krebs, John, 73
Kronides, 423
Kroodsman, Donald, 52-53
Kruger, Oliver, 435
Kruuk, Hans, 185-189, 292
Kubanochoerus gigas, 343
Kuro (estorninho), 34

Lacey, Eileen, 277
Lagartixa *Ptenopus garrulus*, 321
Lagartixa-da-montanha, 91-92
Lagarto *Cnemidophorus*, 308-309
Lagarto *Cnemidophorus murinus*, 209, *210*
Lagarto *Uta*, 322-323
Lagarto-de-colar, 132, *133*, 342, *343*
Lagarto-de-espinho, 274, 275
Lagartos
    disputas territoriais, 281-282
    exibição de ameaça, 304, *305*
    partenogênicos, 308-309
Lagartos partenogênicos, 308-309
Lago Windermere, 251-252
Lagoa Batiquitos, 250
Lagonosticta sanguinodorsalis, 439

Lagostim, 323
Lagostim australiano, 323
Lâmina de Occam, 191-192
Lamprotornis sp., 482
Lande, Russell, 368
Langmore, Naomi, 442
Langur Hanuman, 19-23, 24, 403
Lanius senator, 439
Laridae, 194
Larva de *Symphyta*, 199, *200*
Lasioglossum sp., 489, *490*, 499
Lasius, 499
Leal, Manuel, 208
Lebiste, 395
Lebistes
    coloração, 302, 309
    predador de, 224
    preferência de parceiro, 302-303, *304*
Leicester, Condado de, 236
Leioscyta, 423
Leitura labial, 134, 135
Lemingues, 22
Lemmiscus, 6
    L. curtatus, 6
Lemur catta, 386
Lêmure cinza, 400
Lêmures, 294
Leões
    benefícios da socialidade, 461
    cor da juba e seleção de parceiros, 345
    dispersão, 260-261
    infanticídio, 23-24
    mutualismo, 463-464
Lepilemur mustelinus, 386
Leptothorax, 499
Lésbicas, 530
Lesma-banana, 79
Lesma-marinha, 123-124
Lestes viridis, 91, *92*
Lestrimellita, 499
Lethocerus, 428-429, *429*
Leuctra, 298
Levey, Douglas, 262
Levine, Jon, 170
Lewontin, Richard, 188
Li, Norm, 522
Libélula vermelha, 357
Libélula-de-asas-negras
    conflitos territoriais, *280*
    cópula e competição espermática, 353-354
    poliginia de defesa de recursos, 404, 406
Libélulas, 91, *92*, 280
    Ver também Libélulas-de-asas-negras
Lill, Alan, 410-411
Limnogeton, 429
Lin, Chung-Ping, 422
Lindauer, Martin, 243, *244*
Linguagem de sinais, 513
Linguagens tonais, 87
Linpithema, 499
Liostenogaster, 499
Little, Anthony, 526
Lloyd, Jim, 409
Lobo marinho subantártico, 431
Lobo-marinho-do-norte, 346
Lobos, 226-227
Lobos óticos, 157
Lockard, Robert, 162
Locustella ochotensis, 439
"Lógica se... então...", 12-13
Lohmann, Ken, 145
Lorenz, Konrad, 69, 109, 110
Loris tradigradus, 386
Louva-a-deus, *118*, 151-152
Lovette, Irby, 481

Low, Bobbi, 509
Lundberg, Arne, 407
Luta
　dominância sexual e, 342
　inofensivas, 320
　Ver também Exibição de ameaça dos machos
Luz polarizada, orientação por bússola e, 144
Luz ultravioleta (uv)
　andorinha-real, 451
　migração da borboleta-monarca, 143
　percepção animal da, 131-134
Lynch, Carol, 17-18
Lyon, Bruce, 451

Macaco-de-gibraltar, 393
Macacos Rhesus
　comer argila, 237
　desenvolvimento do comportamento social, 90, 91
Maçarico
　bandos egoístas, 214-215
　comportamento de forrageio ótimo, 222, 225
　estratégias de acasalamento, 350
　monogamia do macho, 392-393
　seleção dependente de frequência, 230-231
　tamanho da desova, 392
Maçarico-de-papo-vermelho, 222, 225, 269
Maçarico-de-perna-vermelha, 214-215
Maçarico-pintado, 379, 392-393
Mace, Ruth, 539
Machos satélites, 348-349, 350
Madden, Joah, 333
Madrasta, 537
Magnificação cortical, modo táctil, 127-130, 131
Majerus, M.E.N., 201
Maluro, 334
Maluro-de-asa-branca, 389-390
Maluro-magnífico
　ajudantes no ninho, 478
　parasitismo de prole e, 442-443
　poliandria, 395-396
Manada egoísta, 214
Manadas, 260-261
Mandarim
　aprendizado do canto, 32
　comportamento de forrageio ótimo, 222
　desenvolvimento do comportamento e, 64
　desenvolvimento do sistema de canto, 37-39
　influência do estresse na estrutura do canto, 57
　plumagem do macho e escolha de parceiro da fêmea, 362
　preferência da fêmea e aprendizado do canto no macho, 53-57
　preferência do parceiro e exibições, 305, 306
Mandarim-de-cauda-longa, 305
Mangusto listrado, 282
Mapas sensoriais corticais, 129, 130, 131
Marcação de trilhas com cheiro por abelhas melíferas, 244-245
Marden, Jim, 297
Margens "falsas", 203
Mariposa Agaristidae, 294-295, 296, 299
Mariposa Biston betularia, 200-202
Mariposa Sphingidae, 295
Mariposa-azul, 408
Mariposa-do-ártico, 186
Mariposas
　camuflagem, 200-202
　charadas Darwinistas, 209-210
　evolução e coloração, 19
　rede neural, 115
　sistema de recepção sonora, 294-296
　Ver também Mariposas noctuídeas

Mariposas noctuídeas
　filtragem do estímulo auditivo, 125-126
　habilidade para ouvir ultrassom, 195
　ouvidos, 114, 120, 295-296
　receptores auditivos e comportamento de fuga, 112-120
Mariposas Saturniidae, 295-296
Mariquita-amarela, 440
Mariquita-de-costas-negras
　comportamento migratório, 76-78
　preferência de hábitat e sucesso reprodutivo, 251
Mariquita-de-mascarilha, 363
Mariquita-de-pernas-claras, 266-267
Mariquita-de-rabo-vermelho, 276
Mariquita-protonotária, 440, 441
Marler, Catherine, 274
Marler, Peter, 30
Martin, Tom, 422
Mateo, Jill, 74, 75
Matthews, L. Harrison, 288
Mattila, Heather, 401
Maus-tratos infantis, 537
May, Mike, 122
McCracken, Gary, 430, 431
McDonald, David, 465, 466
McGwire, Mark, 290
Mecanismo liberador inato, 110
Mecanismos de relógio. Ver Relógios biológicos
Mecanorreceptores, 128
Meire, P. M., 223
Melatonina, 160
Melípona, 244, 246, 499
　M. panamica, 245
　M. rufiventris, 246
Meliponini, 246
Melro-preto, 78, 271-272, 316, 319
Membracinae, 422-423
Membracini, 423
Membracis, 423
Membrana timpânica, 114, 120
Memória espacial
　aves, 70-72
　poliginia de competição embaralhada, 409
Menura, 331
Meranoplus, 499
Mergulhão, 388
Mergulhão-de-pescoço-preto, 335
Mérgulo mínimo, 304
Mesopálio caudomedial, 57
Messor, 499
Metcalfiella monogramma, 423
Método comparativo, 190-195
Meyer, Alex, 305
Microcebus
　M. murinus, 386
　M. rufus, 386
Microstigmus, 499
Microtus, 6, 100-101
　M. californicus, 6
　M. montanus, 6
　M. ochrogaster, 4-13, 6
　M. pennsylvanicus, 4, 6
　M. pinetorum, 6
Migração
　benefícios, 268-270
　borboletas-monarcas, 142-144
　como tática condicional, 271-273
　custos, 265-267
　diferenças genéticas entre aves, 76-78, 79
　escrevedeira-de-testa-branca, 141-142
　evolução, 262-264

mecanismos adaptativos, 141-146
　revisão, 261-262
Milinski, Manfred, 509
Miller, Geoffrey, 520
Miller, Jeremy, 361
Miriápode, 297
Mirmecocystus, 499
Mizra coquereli, 386
Modelo de concessão, 486-487
Modelo do limiar de poliginia, 408-409
Modelos Lande-Kirkpatrick, 368-369
Moller, Anders, 363, 483
Molothrus
　M. aeneus, 437
　M. ater, 437
　M. bonariensis, 437, 439
　M. rufoaxillaris, 437
Monodon monoceros, 343
Monogamia
　arganaz-do-campo, 4-13, 25
　explicações proximais e distais, 9-11
　guarda de parceiro e, 6, 7-9, 380-381, 383, 385, 387
　níveis de análise, 8-10
　riqueza e casamento em humanos, 539, 540
　teste de hipótese, 12-13
　Ver também Monogamia do macho
Monogamia de assistência de parceiro, 381-382
Monogamia do macho
　distribuição das fêmeas e, 381
　em aves, 387-393
　forçada pela fêmea, 382-383
　guarda de parceiro, 380-381, 383
　hipótese da assistência do parceiro, 381-382
　mamíferos, 384-386, 387
Monogamia forçada pela fêmea, 382-383
Monogamia genética, 388
Monogamia social, 388
Monomorium, 499
Montegomerie, Bob, 333, 334
Mooney, Richard, 42
Moore, Frank, 266
Moore, Michael, 274
Moralidade, 543-544
Morcego molossídeo, 430-431
Morcego Trachops cirrhosus, 317
Morcego-cabeça-de-martelo, 411
Morcegos
　aprendizado de aversão de gosto, 104
　caça visual, 162
　ecolocalização, 113
　frugivoria, 236
　Ver também, Morcego-vampiro
Morcego-vampiro
　ausência de aversão ao gosto, 104
　reciprocidade de rodadas múltiplas, 469-470
Morocconites annulatus, 343
"Mortalidade social", 21
Morte do embrião, poliandria e, 399
Mosca do gênero Phytalmia, 321
Mosca varejeira, 152-153
Mosca-das-frutas
　poliginia de arena, 415-416, 418
　seleção chase-away, 372-374
　tamanho do espermatozoide, 334
　territorialidade, 281
　Ver também Drosophila; Drosophila melanogaster
Mosca-das-frutas mediterrânea, 281, 416, 418
Moscas parasitoides, 126, 127
Moscas Tephritidae, 206
Motacilla alba, 439

Motoristas de táxi, 137-138
Mucosa oral, 450
Mueller, Ulrich, 495
Mulheres
  atratividade do homem, 518-520
  ciúmes sexuais, 531
  comportamento de acasalamento, 524
  mortalidade relacionada ao parto, 535
  preferência de parceiro condicional, 525-528
  preferências adaptativas por parceiro, 521-524
Mulheres homossexuais, 530
Muller, Martin, 293
Mume, Ronald, 478-479
Musaranho mascarado, 127, 130
Músculos de voo, 257
Musophagiformes, 44
Mutações, adaptações e, 186
Mutualismo, 463-46
Mycetophylax, 499
Myrmecina, 499
Myrmica sp., 111, 499
Myrmicocrypta, 499
Myrmoxenus, 499

Nannotrigona, 499
Narceja-real, 413
Narval, 343
Navegação, 137-141
Navegação de mapa geomagnético, 144-145, 146
Neal, Jennifer, 173, 174
Necrophila americana, 358
Neff, Bryan, 433
Néfila, 302, 303
Neivamyrmmex, 499
Neocichla gutturalis, 482
Neoestriado caudomedial, 41, 45
Neoestriado caudomedial ventral, 40
Neolamprologus
  N. brichardi, 460
  N. pulcher, 459
Neomorphus geoffroyi, 436
Nephila pilipes, 303
Nepidae, 428, 429
Nepini, 429
Nepoidea, 429
Nervo recorrente, 153
Neudorf, Diane, 210
Neumania, 301
  N. papillator, 301
Neurônio cerebral, 2, 123, 124
Neurônio marca-passo, 125
Neurônios, 108, 114
Neurônios de flexão dorsal, 123, 124
Neurônios de flexão ventral, 123, 124
Neurotransmissores, 115
Nicrophorus
  N. defodiens, 382
  N. vespilloides, 444-445, 446
Ninhegos
  avaliação parental dos, 449-453
  chamado de pedido e parasitismo de prole, 442-443
  coloração da mucosa oral, 450
  comportamento de pedido, 109, 110, 311-316
  efeito dos andrógenos no comportamento, 448
Nível de análise, 7-9
Noctua pronuba, 120
Nolan, Val, 408
Nothomyrmecia, 499
Notocera, 423

Notopholia corruscus, 482
Nowicki, Steve, 55, 56
Núcleo
  definição, 40
  sistema de canto em aves, 40-43
Núcleo magnocelular lateral do nidopálio anterior, 41, 42
Núcleo robusto do arcopálio, 40, 41
Núcleo sônico motor, 125
Núcleo supraquiasmático, 158, 159-160
Número potencial de concepções, 524
Nunn, Charles, 393
Nycticebus
  N. coucang, 386
  N. pygmaeus, 386

Obesidade epidêmica, 186
Oceania, 513-514
Oceophylla, 499
Ochropepla sp., 423
Odores, comportamento de reconhecimento e, 73-75, 76
Oldroyd, Benjamin, 401
Oncyhognathus sp., 482
Onthophagus
  O. acuminatus, 340
  O. nigriventris, 347-348
  O. raffrayi, 343
Opistogantho, 424
Orangotango, 371-372
Orçamento doméstico
  preferência de parceiro em humanos e, 522-524
  Ver também Riqueza
Órgão vomeronasal, 84
Órgãos de Eimer, 128
Origem das espécies, A (Darwin), 14
Oring, Lew, 386, 392, 404
Ormia ochracea, 126, 317
Ornamentação das teias, 233-235
Ornamentação do macho, preferência de parceiro da fêmea e, 369-370
Ornamentos
  escolha de parceiro da fêmea e, 369-370
  ornamento dos filhotes e cuidado parental, 451 452
  sexualmente selecionados, 341
  Ver também Ornamentos da teia
Orquídeas, 99, 111
Ortygospiza atricollis, 439
Osmia rufa, 444, 445
Osso sesamoide radial, 307-308
Ostraceiro, 223-224
Otolemur
  O. crassicaudatus, 386
  O. garnetti, 386
Ouvidos, mariposas Noctuidae, 114, 120, 295-296
Ovo hopi, 237
Ovos, tamanho relativo e sucesso reprodutivo, 334-336
Ovos haploides, himenópteros, 483
Owings, Donald, 162
Oxitocina, 83

Pachycondyla, 499
Packer, Craig, 345, 464
Padrão fixo de ação, 110-111
Padrastos, 536-537
Padrões reprodutivos associados, 173-174
Padrões reprodutivos dissociados, 173, 178-179
Palio ventral, 4, 5, 9-10, 12

Panorpa, 349-350
Papa-mosca, 355-356
Papa-mosca-de-colar, 355-356
Papa-moscas-preto,
  hipótese do limiar de poliginia, 408-409
  padrões reprodutivos e sucesso dos filhotes, 397
  reciprocidade, 467
Paracerceis sculpta, 350-351
Parachartegus, 499
Paralictus asteris, 490
Parapolybia, 499
Parasitas, 460-461
Parasitas de prole
  chupim, 102, 316, 437, 440
  comportamento de pedido, 315, 316
  cuco, 315, 316, 435-436
  interespecífico, 435-438
  resposta adaptativa ao, 439-444, 442-443
Parasitismo de prole interespecífico
  respostas adaptativas a, 439-444
  revisão, 435-438
Parasitismo obrigatório, 438, 439
Paratigona, 499
Paratomona, 499
Paratrechina, 499
Parcimônia, 191-192
Pardais
  benefícios de aprendizado do canto, 50-53
  combinação do tipo de canto, 50-52
  comportamento de pedido, 313-314
  exibições pré-copulatórias, 56
  experiência social e aprendizado do canto, 34-35
  hormônios e territorialidade, 177-178, 179
  preferências da fêmea e aprendizado do canto pelo macho, 56
Pardal, 449
Pardal *Aimophila carpalis*, 166, 167
Pardal inglês, 437
Pardal *Passerella iliaca*, 273, 274
Pareamento de genótipos, em poliandria, 398-399
Parentes não descendentes, 471
Parentesco
  altruísmo em martins-pescadores, 474-476
  determinação do sexo haplodiploide e eussocialidade, 491, 492, 493, 495, 496
  disposição humana em ajudar primos, 514, 515
  himenópteros, 498
  importância da, 472
Parischnogaster, 499
Parisoma subcaeruleum, 439
Parker, Geoffrey, 336
Parque nacional dos Serengeti, 269
Pars lateralis, 143
Partecke, Jesko, 78
Parturiente, mortalidade parental e, 535
Pássaro *Carduelis pinus*, 166
Pássaro *Hylophylax naevioides*, 176
Pássaro *Melospiza georgiana*
  preferência da fêmea e aprendizado do canto nos machos, 55, 57
  sistema de controle do canto, 42-43
Pássaro *Nectarinia reichenowi*, 227-228
Pássaro Parulinae, 42
Pássaro *Passerina amoena*, 464-465
Pássaro preto *Xanthocephalus xanthocephalus*, 256, 257
Pássaro-caramanchão
  aprendizado do canto, 48
  comportamento reprodutivo, 329-332
  escolha de parceiro, 364, 366

poliginia de arena, 404
sistemas de acasalamento, 379
Pássaros canoros
　comportamento de pedido dos ninhegos, 311-316
　filogenia do aprendizado do canto, 43-45
　migração (ver Migração)
　percepção ultravioleta, 133-134
　poliandria, 396
　sinais honestos entre os machos, 323-324
　sistema de controle do canto, 46
　Ver também Canto das aves; Pardais; aves específicas
Pássaros Oscine, 46
Pássaros-caramanchão
　chamado "skrraa", 300
　competição macho-macho, 342
　comportamento reprodutivo, 329-333, 342
　Ver também Pássaro-caramanchão-acetinado
Pássaros-caramanchão-de-alameda, 331
Passer domesticus, 439
Passeriformes, 43, 44
Pato-carolino, 436
Patógenos, 460-461
Patógenos fúngicos, 461
Pato-olho-de-ouro, *431*
Pato-real
　fêmeas evitando cópulas extrapar, 394
　fuga de predadores quando nidificando, 453
　investimento da fêmea nos ovos, 370-371
Pavão
　escolha de parceiro, 365, 369-370
　poliginia de arena, 414
Pavoa, 365, 369-370
Pedipalpos, 357, 361
Pega-rabuda, 440-441, 452, *453*
Peixe ciclídeo africano
　poliginia de defesa de recurso, 406, *407*
　seleção dependente de frequência, 229-230
　Ver também Ciclídeos
Peixe ciprinodontídeo do rio Amargosa, 180-181
Peixe *Cyprinodon nevadensis amargosae*, 180-181
Peixe de coral *Abudefduf abdominalis*, 462
Peixe do gênero *Xiphophorus*, 319
Peixe joaninha, 251-252
Peixe-cachimbo, 337, 382
Peixe-cirurgião, 274
Peixe-pescador, 325, *326*
Peixes
　bolsa de transporte da prole, 337
　cuidado paternal, *424*, 426-428
　monogamia de guarda de parceiro, 383
　percepção ultravioleta, 131-132, *133*
　Ver também Sargo-de-orelha-azul; Peixes ciclídeos; Lebistes; *tipos específicos*
Peixes ciclídeos
　comportamento de corte, 302
　desenvolvimento flexível do comportamento agressivo, 96, *97*
　disputas territoriais, 281
　hormônios e comportamento reprodutivo, 173
　parentesco e comportamento cooperativo, 472
　poliginia de defesa de recursos, 406, *407*
　reprodução cooperativa, 459, *460*
　seleção dependente de frequência, 229-230
Peixe-sapo, 126
Peixe-sapo de nadadeira lisa, 124-125
Peixe-unicórnio, *343*
Pelicano vulgar, 265, *266*
Peliviachromis taeniatus, 472

Pemphigus
　P. obesinymphae, 496-497
　P. spyrothecae, 496
Pênis
　escolha de parceiro da fêmea e, 366
　libélula, 353, *354*
Peptídeo sexual, 172-173
Perca-sol, *462*, 463
Percevejo, 374
Perereca arborícola, 415
Perissodus microlepis, 229-230
Pernilongo-de-costas-negras, 197
Perodicticus potto, 386
Peromyscus californicus, 170, 177
Perrigo, Glenn, 169
Perseguições com peito elevado, 150
Peru-do-mato, 88
Peru-do-mato australiano, 88
Perusse, Daniel, 524
Petalomyrmex, 499
Petinha dos prados, 357
　diferenças sexuais no aprendizado espacial, 100, *101*
　guarda de parceiro, 356
　poliginia, 4
　roedor-da-campina, *6*
Petréis, 314
Petrie, Marion, 365, 369
Petrinovich, Lewis, 33
Petronia dentata, 439
Petterus sp., 386
Phaenicophaeus
　P. curvirostris, 436
　P. superciliosus, 436
Phaner furcifer, 386
Pheidole, 499
Philya, 423
Photinus, 324-352, 409
　P. greeni, 324
Phylloscopus trochilus, 439
Phytalmia
　P. alcicornis, 321
　P. mouldsi, 321
Piaya cayana, 436
Pica pica, 453
Pica-pau, 459, *460*
Pieridae, 402
Pietrewicz, Alexandra, 202
Pinguim-de-adélie, 214, *215*
Pinguim-imperador, 461, *516*
Pinguim-real, 516
"Piping", 253
Pisciformes, 44
Pisco-de-peito-azul
　atratividade do macho e guarda de parceiros, 359
　compatibilidade genética, 398
　cópulas extrapar, 394
　luz ultravioleta e, 133, *134*
Pisco-de-peito-ruivo, 283
Pistas de cheiro
　comportamento antipredador e, 203-204
　comportamento de reconhecimento e, 73-75, *76*
　preferência de parceiro em camundongos domésticos, 168-169
Pistas olfativas
　comportamento antipredador e, 203-204
　comportamento de reconhecimento e, 73-75, *76*
Piuí, 45
Placas branquiais, 297, *298*
Plagiolepis, 499
Plati, 307

Platycotis, 423
　P. tuberculata, 423
Plebeia, 499
Plecópteros, 297-298, *299*
Pleiotropia, *186*
Ploceidae, 437
Plocepasser mahaii, 439
Ploceus ocularis, 439
Plomin, Robert, 78
Plumagem
　escolha de parceiro da fêmea e, 362-363
　ornamentação dos filhotes e cuidado parental, 451, *452*
Poder de detenção de recursos, 279-281
Poecilimon veluchianus, 127
Poepter sp., 482
Pogonomyrmex, 499
Polegar do panda, 307-308
Poliandria
　aves, 388-393
　benefícios, *394*, 395
　benefícios materiais, 402-404
　"conveniência", 404
　diversidade em, 393
　doenças sexualmente transmissíveis e, 393-394
　himenóptera, 498
　hipótese do seguro fertilidade, 395
　hipótese dos bons genes, 395-401
Poliandria de conveniência, 404
Polifenismo, 94-97
Poliginia
　arena, 410-418
　aves, 390
　competição embarlhada (*scrambled competition*), 409-410
　cuidado paternal em peixes, *424*
　defesa da fêmea, 404-406
　defesa de recursos, 406-409
　diversidade em, 404
　dote do noivo, 538-539
　humana, 528-530
　roedor-da-campina, 4
Poliginia de arena, 404, 410-418
Poliginia de competição embarlhada, 404, 409-410
Poliginia de defesa da fêmea, 404-406
Poliginia de defesa de recursos, 404, 406-409
Poliginia sequencial de defesa de fêmea, 405
Polistes, 499
　comportamento social, 457-458
　P. chinensis, 485
　P. dominulus, 74, 488
　P. fuscatus, 73-74
　P. metricus, 489
　parentesco, 498
　Ver também Vespas *Polistes*
Polybia, 199
Polybioides, 499
Polyergus, 499
Pombo doméstico, 16, 139-141
Pombos, 16
Pombo-torcaz, 150
Porção traqueossiríngea do núcleo hipoglossal, 41
Porco-de-chifre, *343*
Pornografia, 528
Porquinho-da-índia, 175, 395
Portugal, 524
Posição do sol, navegação e, 140-141
"Postura de rede", 300
Potenciais de ação, 114-115
Potnia, 423
Povo Ache, 522, 524

Povo Aymara, 237
Povo Chewa, 540, *541*
Povo Dani, *508*
Povo Grabba, 540, *541*
Povo Hazda, 522
Povo Masai, *538*
Povo Mukagodo, 539-540
Povo Tsimane, 528
Praias artificiais, 250
Preá-de-dentes-amarelos, 395
Predação
    comportamento de pedido em aves, 312
    socialidade como forma de defesa contra, 462
Preferência adaptativa por parceiros
    conflito sexual, 528-531
    homens, 518-520
    mulheres, 521-524
    sexo coercivo, 532-535
    teoria da estratégia condicional, 525-528
Prenolepis, 499
Presentes nupciais, 337, 360-361
Priapella, 307
    P. olmecae, 305-306
Pribil, Stanislav, 408
Primatas
    comer terra, 237
    monogamia do macho, 385
    reciprocidade em, 467-468
Princípio do panda, 307-308, 430
Prionodura, 331
Procineticina, 2, 160
Proctor, Heather, 300, 301
Proformica, 499
Progesterona, 170, *171*
Prolactina, 477, *478*
Prole, avaliação do valor reprodutivo da, 449-453
Promiscuidade, 388
Propithecus sp., *386*
Prossímios, 385
Prostituição, 528
Proteína Acp62F, 372
Proteína Kv1.3, 82
Proteína PER, 158, *159*
Proteína PK2, 160
Protomagnathus, 499
Provespa, 499
Prunella
    P. modularis, 439
    P. montanella, 439
Pseudoescorpiões, 275-276, 399
Pseudomyrmex, 499
Pseudopênis
    hienas malhadas, 287, 288-294, 300
    hipótese adaptacionista, 293-294
    morte materna no nascimento do filhote, 291
    origem, 288-290
    valor adaptativo, 291-293
Psicologia evolucionista, 511, 541-545
Psitacídeos
    comer argila, 237, 238
    filogenia do aprendizado do canto e, 43-45
    sistema de controle do canto, 46
Psitaciformes, 44
Ptenopus garrulus, 321
Ptilonorhynchus, 331
Pulga d'água, 197
Pulmões foliáceos, 296, *297*
Pycnonotus barbatus, 439

Quebra de códigos, 111-112
Quelea quelea, 439

Queller, David, 452, 502-503
Quillfeldt, Petra, 314
Quinn, John, 215

Rã australiana, 410
Rã europeia, 320-321
Rabirruivo-comum, *79*
Rabirruivo-preto, 78, *79*
Racey, P. A., 287
"Rainhas", rato-toupeira-pelado, 294
Ramosella thalli, 423
Rana temporaria, 353
Ranatrinae, 429
Ratnieks, Francis, 484
Rato da Noruega, 102-103
Rato-branco, 102-103
Rato-canguru-de-cauda-de-bandeira, 162-163, *164*
Rato-toupeira
    ausência de ritmo circadiano, 160-161
    eussocialidade, 498, 500-503
    mapa cortical sensorial, *131*
Rato-toupeira africano, 502-503
Rato-toupeira-da-damaralândia, 500-502
Rato-toupeira-pelado
    ausência de ritmo circadiano, 160-161
    eussocialidade, 498, 500-502
    "rainha", 294
Razão sexual operacional, 336
Receptor auditivo A1, A2, 114-119, 125-126
Receptor do peptídeo sexual, 172
Receptores auditivos, mariposas noctuídeas, 112-120
Receptores ilegítimos, 317-318
Receptores V1a, 4, 5, 9-10, 12-13
Reciprocidade
    consequências em aptidão, *463*
    descrição, 466-470
    efeito sobre o sucesso reprodutivo, *463*
Reciprocidade de múltiplas rodadas, 469-470
Reciprocidade indireta, 508-510
Reconhecimento da prole, 430-433
Reconhecimento entre pais e filhos, 430-433
Reconhecimento facial, 135-136
Regra de Hamilton, 473-474, 491, 501-502
Relógio circadiano. *Ver* Relógio biológico
Relógio mestre, 157-160
Relógios biológicos
    ciclos comportamentais em grilos, 153-156, 157
    migração das borboletas-monarcas, 142-143
    navegação, 141
    relógio-mestre, 157-160
    revisão, 153-154
    Ver também Ritmo circadiano; Ritmo circanual
Rendeira, 410-411
"Retardatários", 474
Reversão do papel sexual, 336-339
Reyer, Uli, 474
Rhamphomyia longicauda, 338
Rhytidonoponera, 499
Rice, Bill, 372
Rinoceronte gigante, *343*
Riqueza
    casamento e, 538-540
    preferência de parceiro em humanos, 522-524
Ritmos circadianos
    animais sem comportamento circadiano, 160-161
    canto do grilo, 155
    relógio-mestre, 157-160
Ritmos circanuais, 161-162

Robert, Daniel, 126
Robinson, Gene, 68
Robinson, Scott, 441
Rodentia, 294
Roeder, Kenneth, 112-113, 114-118, 151
Roedor-da-Califórnia, 6, 170, 171, 177, 384-385
Roedor-da-montanha, *6*
Roedor-da-sebe, 6
Roedor-de-patas-brancas, 259-260
Roedor-do-dorso-vermelho, *6*
Roedor-do-pinheiral, 6, 100-101
Roedores
    experimentos nocaute, 82-84
    mecanismo de relógio-mestre, 160
    olfação, 82
    Ver também Camundongo doméstico
Roedores escavadores, 503-504
    Ver também Ratos-toupeiras
Roedores/voles
    Aprendizado espacial, 100-101
    Ver também roedor-da-campina; arganaz-do-campo
Rolinha-do-mar, 230-231
Ropalidia, 499
Rossomyrmex, 499
Rouxinol-grande-dos-caniços, 55
Rubenstein, Dustin, 398, 481
Ryan, Mike, 317

Sabiá-de-óculos, *263*, 267, 268
Sabiá-laranjeira, 422
Sacks, Oliver, 136
Sagui, 467-468
Sahlins, Marshall, 516
Saino, Nicola, 450
Sakaluk, Scott, 382
Salamandra-tigre, 95-96
Salário, preferência de parceiro em humanos e, 522-524
Salewski, Volker, 263
Salmão coho, 334
Saltitar, 206-208
Sandberg, Ronald, 266
Sapo da planície, *348*
Sapo *Physalaemus pustulosus*, 317
Sapos, competição espermática, 353
Sardinhas, 237
Sargo-de-orelha-azul
    benefícios da socialidade, 462
    cuidado paternal, 433
    espermatozoides, 336
    mutualismo, 463
    táticas de acasalamento, 352
Scaphidura oryzivora, 437, 439
Scaptogrigona, 499
Sceloporus virgatus, 304, 305
Scenopoeetes, 331
Schmitt, David, 528-529
Schwarziana, 499
Sealy, Spencer, 210
Searcy, William, 58, 408
Seeley, Thomas, 240, 242, 401
Seleção artificial
    na regulação temporal da migração em aves, 77-78
    panorama geral, 16-18
Seleção *chase-away*, 367, 372-374
"Seleção cumulativa," 309
Seleção de grupo, 21-22
Seleção de hábitat
    afídeos, 254-255, *256*
    custos e benefícios da dispersão, 257-261
    revisão, 249-253

Seleção de parentesco, 471
Seleção dependente de frequência, 229, 231
Seleção direta, 471
Seleção indireta, 471-473
Seleção intrassexual, 342
Seleção multinível, 22
Seleção natural
  evolução de características ontogenéticas, 88
  revisão, 14-16
  seleção sexual e, 340-341
Seleção *runaway*, 367, 368-369
Seleção sexual
  competição espermática, 352-356
  corte do macho como sinal da qualidade do parceiro, 366-369
  definição darwinista, 340
  escolha do parceiro, 360-371
  estratégias de acasalamento condicionais, 347-350
  estratégias de acasalamento distintas, 350-352
  guarda de parceiro, 356-359 (*ver também* Guarda de parceiro)
  seleção natural e, 340-341
  táticas de acasalamento alternativas, 345-346
Senso de direção
  borboleta-monarca, 144
  navegação, 140-141
Sensores de vento, 120
Sequência de bases, 7
Sericomyrmex, 499
Sericornis-de-sobrancelhas-brancas, 435, 488
Sericulus, 331
Serotonina, 86-87
Serpente-negra australiana, 19
Serpentes-de-garter
  comportamento de corte, 306-307
  diferenças hereditárias na preferência alimentar, 79-82
Sexo coercivo, 532-535
Shackelford, Todd, 527
Sherman, Gavin, 242, 243
Sherman, Paul, 236, 272
Shuster, Steve, 272, 351
Silk, Joan, 514
Simetria. *Ver* Simetria corporal
Simetria corporal, 91-94
Simetria facial
  atratividade do macho, 521
  escolha de parceiros em humanos, 92, 93
Sinais de corte, artificiais, 304-305
Sinais honestos
  em disputas, 320-324
  ninhegos e, 312-313, 314
Sinal de estímulo, 110
Sinalizadores ilegítimos, 324-325, 326
Sinapse, 115
Singer, Peter, 508
Singh, Devendra, 519
Siringe, 41
Sisão, 412
Sistema auditivo
  mariposas, 294-296
  Ver também Ouvidos
Sistema de controle do canto em aves
  desenvolvimento, 36-39
  flutuações de tamanho geradas pelo ambiente, 166, 167
  operação, 40-43
  variação de tamanho dentro da espécie e, 98
  Ver também Canto das aves

Sistema imunológico
  em espécies poliândricas, 393-394, 398
  testosterona e, 176
Sistemas auditivos, filtragem dos estímulos, 125-126, 127
Sistemas de acasalamento
  diversidade de, 379-380
  monogamia do macho (*ver* Monogamia do macho)
  poliandria, 393-404
  poliginia (*ver* Poliginia)
  teoria da distribuição das fêmeas, 407
Skinner, B. F., 102
Skinner, J. D., 289
Skua, 190
Slabbekoorn, Hans, 49
Slagsvold, Tore, 408, 438
Smith, Bob, 428, 429
Smith, Elizabeth, 93
Smith, John, Maynard, 471
Sociobiologia, 510-513
Sociobiology: the new synthesis (Wilson), 511
Soldadinhos, 422-423
Soldados de formigas, 491
Solenopsis, 499
Solicitação de ninho, 150
Speculipastor bicolor, 482
Spermestes cucullatus, 439
Sphecodogastra sp., 490
Sporopipes frontalis, 439
Sreblognathus, 499
Stalotypa fairmairii, 423
Sterassman, Joahn, 502-503
Stiles, Gary, 262
Strigiformes, 44
Struthioniformes, 44
Sturnus vulgaris, 439
Styracosaurus albertensis, 343
Subnutrição, desenvolvimento do cérebro do feto e, 89-91
Sucesso reprodutivo
  aprendizado do canto em aves, 46-47
  medidas do, 189-190
  mudança evolutiva e, 14
Sudila alphenum, 490
Sulco temporal superior, 135
Sundstrom, Liselotte, 495
Superóxido dismutase, 430
Suricata
  altruísmos recíproco, 466-467
  hierarquia de dominância da fêmea, 344
  socialidade, 501-502
Surniculus lugubris, 436
Swaisgood, Ronald, 194
Swan, Lawrence, 265
Sweeney, Bernard, 197-198
Symanski, Richard, 305
Syngnathus typhle, 337
Synthetoceras sp., 343
Syrphidae, 496

Tangará-de-cauda-longa, 465-466
Tapera naevia, 436
Tapinoma, 499
Tarsius sp., 386
Tartaruga-marinha, 186
Tartaruga-verde, 144-145, 146
Taxis, 137-138
Taylor, Richard, 227
Tecelão-de-sobrancelha-branca, 178
Tecnologia do isótopo estável, 272
"Teias de descanso", 234-235
Teleogryllus, 153, 154-155
  T. oceanicus, 121-122, 317, 368

Temnothora, 499
Temperos, 236-237
Temperos antimicrobianos, 236-237
Tentilhão *Carpodacus cassinii*, 53-54
Tentilhão comum, 30, *319*
Tentilhão Estrildidae, 437
Tentilhões de Darwin, 18-19
Tentilhões de Galápagos, 18-19
Teoria da cultura arbitrária, 513-516
Teoria da distribuição livre ideal, 252
Teoria da evolução cultural, 517-518
Teoria da exploração, 325
Teoria da otimização, 211-212, 213
Teoria das diferenças sexuais
  do comportamento reprodutivo, 330-336
  testes, 336-339
Teoria do ambiente novo, 324, 325
Teoria do bom pai, 363
  Ver também Cuidado paternal
Teoria do forrageio ótimo
  críticas à, 225-226
  hipótese da maximização calórica, 223-224
  revisão, 220-222
Teoria do instinto
  quebra de códigos e, 111-112
  revisão, 110
Teoria do parceiro saudável, 367
Teoria dos bons genes
  para a escolha de parceiros, 367-368, 369-371
  para a poliandria, 395-401
Teoria dos jogos
  aplicada à defesa social, 213-216
  aplicada a disputas territoriais, 278-279
  comportamento alimentar e, 228-231
Teoria transacional do comportamento social, 486-488
Terpsiphone viridis, 439
Territorialidade
  aprendizado do canto nas aves e, 52-53
  disputas territoriais, 278-283
  hormônios e pardais canoros, 177-178, *179*
  perspectiva de custo-benefício, 274-277
  testosterona e pardais, 176
Tesourinha, 424, *425*
Teste de hipótese, 12-13, 22-24
Teste do fã, *240*
Testículos, 532
Testosterona
  agressão, 176
  agressividade territorial, 274
  atratividade do macho, 521
  comportamento de acasalamento em codornas, 171-172
  comportamento de corte em pombos, 150
  comportamento de pedido em gaivotas, *313*
  comportamento parental do macho em roedores, 170, *171*
  comportamento reprodutivo, 173-175
  comportamento reprodutivo das serpentes-de-garter, 179-180
  desenvolvimento do sistema de canto das aves, 37
  efeitos múltiplos da, 176-177
  17β-estradiol e, *171*, 172
  pseudopênis das hienas, 289
Tetraz-rabo-de-faisão, 341, *414*
Thamnophis elegans, 79-82
Therobia leonidei, 127
Thornhill, Nancy, 533
Thornhill, Randy, 350, 360, 533
Tibbetts, Elizabeth, 73

Tico-tico-da-califórnia
  aprendizado do dialeto, 30-32, *33*
  canto do, *50*
  ciclos hormonais e reprodutivos, 174, *175*
  experiência social e desenvolvimento do canto, 33-35
  fotossensibilidade e comportamento reprodutivo, 164-165, *166*
  migração, 141-142
  preferência da fêmea e aprendizado do canto no macho, 53-54
  seleção de dialeto, *51*
  testosterona e territorialidade, 176
Tilápia, 427-428
Tímpano, 114, *120*, 296
Tinamiformes, *44*
Tinbergen, Niko, 109, 110
Tobias, Joe, 283
Tolerância/intolerância à lactose, 18
Tomada de decisão, louva-a-deus, 151-152
Topi, 411
Topi africana, 371
Tordo *Sialia mexicana*, 435
Tordo-americano, 256
Tordo-de-cabeça-marrom, *102*
Tordos
  análise de custo benefício do cuidado parental, 422
  comportamento de pedido dos ninhegos, 313
  disputas territoriais, 283
  seleção de hábitat, 256
Tordo-zornal, *461*
Toupeira do leste, *130*
Toupeira-nariz-de-estrela
  comportamento alimentar, 219
  magnificação cortical, 127-129, *130*
Traça, 299
Trachymyrmex, *499*
Treinamento, 155
Tribulus cistoides, 18
Trigona, 244, *499*
  T. spinipes, 246
Trilobita, *343*
Trinitinos, 537
Trinta-réis-miúdo, 250
Trinta-réis-real, *199*
Triocerus montium, *343*
Tripes, 496
Tritonia diomedea, 123-124
Tritropidia, *423*
Trivers, Bob, 335, 476, 493, 494
Trogoniformes, *44*
Trypoxylus dichotomus, *343*
Turdidae, 263, *264, 267, 268*
Turniciformes, *44*
Tylopelta, *423*

Uca mjoebergi, 282
Uetz, George, 93
Umbonia, *423*
Ungulado protoceratídeo, *343*
Unionicola, 301
Upupa epops, 265
Upupiformes, *44*
Urso grizzly, 261
Urso-pardo, 261
Utah, 530

Vaca leiteira, 18
Vaga-lume, 324-325, 409
Valor adaptativo, 196
Valor reprodutivo, avaliação parental do, 449-453
Vannote, Robin, 198
Varecia variegata, *386*
Variação, mudança evolutiva e, 14
Variação genética, evolução e, 14-16
Vasopressina, 4, 9-10
Vespa, *499*
  V. crabro, *485*
Vespa *Pepsis* sp., 282-283
Vespa predadora de cigarras, *335*
Vespas. *Ver* Vespas polistes; polistes; vespas sociais
Vespas parasitas, 497
Vespas Polistes
  ajudantes no ninho, 483-484, 486-487, 488
  comportamento social, 457-458
  eussocialidade, 489
  modelo de concessões do comportamento reprodutivo, 486-487
  reconhecimento de pistas, 73-74, 204
Vespas *Polistines*, *499*
Vespas sociais
  ajudantes no ninho, 483-488
  comportamento social, 457-458
  defesa comunal, *199*
  Ver também vespas *Polistes*; Polistes
Vespas Sphecidae, *499*
Vespas Thynninae, 99
Vespas Vespinae, *499*
Vespula, *499*
  V. germânica, *485*
  V. rufa, *485*
  V. vulgaris, *485*
Vibriça, *130*
Vidua sp., *439*
Viduidae, 437
Violência doméstica, 531
Visscher, Kirk, 242, 243
Viúva de espáduas vermelhas, 279-280
Viuvinha, 437
von Frisch, Karl, 240

Waage, John, 353
Wade, Michael, 351
Wate, Juli, 173-174
Watson, Paul, 396-397
Watts, Heather, 291
Weathers, Wes, 435
Wedekind, Klaus, 509
Weidinger, Karel, 251
Weimerskirch, Henri, 265
Weiss, Martha, 204
Wenseleers, Tom, 484
West, Peyton, 345
Whiteman, Elizabeth, 383
Whitfield, Charles, 65
Whitfield, Philip, 230
Whitham, Tom, 254, 255
Why do birds sing? (Marler), 30
Wieczorek, John, 277
Wigby, Stewart, 373
Wiklund, Christer, 278-279, 402
Williams, George C., 21, 463
Wilson, David S., 22, 27, 505
Wilson, E.O., 16, 22, 511
Wilson, Margo, 537, 542
Windermere, Lago, 251-252
Winking, Jeffrey, 528
Wolanski, Eric, 269
Wolf, Larry, 227-228
Wolff, Jerry, 5-6, 13, 14
Woolley, Sarah, 57
Wrangham, Richard, 293, 543
Wynne-Edwards, V.C., 21

Xifóforo, 305-306
Xifosuro
  assembleias reprodutivas explosivas, 410
  brânquias foliáceas, 296, *297*
  machos satélites, 348-349
  sobrepesca, 222
Xiphophorus, 305-306, *307*
  X. helleri, *307*
  X. maculates, *307*

Yack, Jane, 295
Yang, Larry, 4
Yoder, James, 257
Yom-Tov, Yoram, 438

Zach, Reto, 220-221
Zaragateiro-meridional, 325, 477
Zeh, Jeanne, 399
Zera, Anthony, 156
Zuk, Marlene, 317, 368